HANDBUCH DER PFLANZENANALYSE

HERAUSGEGEBEN VON

G. KLEIN
WIEN UND HEIDELBERG

ERSTER BAND

ALLGEMEINE METHODEN DER PFLANZENANALYSE

SPRINGER-VERLAG WIEN GMBH
1931

ALLGEMEINE METHODEN DER PFLANZENANALYSE

BEARBEITET VON

R. BRIEGER · F. FEIGL · P. HIRSCH · E. KEYSSNER
G. KLEIN · H. KLEINMANN · G. KÖGEL · H. LIEB
H. LINSER · J. MATULA · L. MICHAELIS · C. WEYGAND

MIT 323 ABBILDUNGEN

SPRINGER-VERLAG WIEN GMBH
1931

ISBN 978-3-7091-2330-0 ISBN 978-3-7091-2337-9 (eBook)
DOI 10.1007/978-3-7091-2337-9

URSPRÜNGLICH ERSCHIENEN BEI JULIUS SPRINGER IN VIENNA 1931.
SOFTCOVER REPRINT OF THE HARDCOVER 1ST EDITION 1931

Vorwort.

HUSEMANN (Pflanzenstoffe, Berlin: Julius Springer 1871) versuchte zum erstenmal eine einheitlich durchgearbeitete, umfassende Darstellung der Pflanzeninhaltsstoffe (der damals herrschenden Tendenz nach Auffindung von Heilmitteln entsprechend mit pharmakologischer Einstellung).

Wenn ich nach 60 Jahren neuerlich einen derartigen Versuch wage, so entspringt dies dem von mir beim Arbeiten immer wieder schmerzlich empfundenen Fehlen eines Werkes, in dem die Analyse der Pflanzenstoffe zusammengetragen ist.

Die Zahl der an Pflanzenstoffen interessierten Forschungsgebiete und noch mehr der einzelnen Forscher, die nach pflanzenchemischen Kenntnissen verlangen, steigt immer mehr. Andererseits ist in den letzten Jahrzehnten so viel gesichertes Material über Pflanzenstoffe zusammengetragen worden, haben die besten Chemiker die Konstitutionsaufklärung auch der kompliziertesten Pflanzenstoffe so weit gebracht, ihre Analyse und Handhabung so vereinfacht, daß man aus einer schier unübersichtlichen Fülle von Material schöpfen kann.

Um etwas Einheitliches zu schaffen, mußte vielseitige Beschränkung auferlegt werden.

Geboten wird vorwiegend nur das statische Material der Pflanzenstoffe, soweit sie regelmäßig und nach gebräuchlichen, analytischen Methoden in greifbarer Menge vorliegen. Das Dynamische, die labilen Produkte des intermediären Stoffwechsels, ebenso wie die für das physiologische Verständnis nötigen energetischen Umsetzungen, werden nur in einem Musterbeispiel am Zuckerstoffwechsel, dem einzigen, der schon genügend weit geklärt ist, von dem Hauptbearbeiter NEUBERG vorgeführt. Auf die biochemischen Zusammenhänge wurde bei den einzelnen Stoffen kurz hingewiesen. Auf die pharmakologische Wirkung und Bedeutung der Stoffe einzugehen, hätte den Rahmen des Werkes wohl gesprengt. Dagegen wurde auf genaue Angaben über die Verbreitung der Stoffe im Pflanzenreich, soweit sie nur in vereinzelten Spezies oder auf systematische Gruppen beschränkt gefunden wurden, großer Wert gelegt. Diese Bearbeitung ist größtenteils von C. WEHMER, dem Bearbeiter von „*Die Pflanzenstoffe*“, in Umkehrung der Anordnung seines bekannten Werkes, in dankenswerter, mühevoller Arbeit durchgeführt. Die vom Herausgeber selbst gemachten Einschaltungen sind im Text durchlaufend in Klammern ( ) gesetzt.

Die *Anordnung* der Stoffe folgt nur insoweit der üblichen Gruppierung in den chemischen Lehrbüchern, als nicht methodisch-analytische oder biochemisch-physiologische Gesichtspunkte anders bestimmten.

Der Hauptwert wurde auf die *Analyse* der Stoffe gelegt. Es sind also einheitlich bei jedem Stoff bzw. jeder Stoffgruppe die genaue chemische und physikalische Charakteristik, die eindeutigen und bewährten Methoden zum *qualitativen* und *quantitativen* makro- und womöglich mikrochemischen Nachweis und zur histochemischen Auffindung gegeben. Besonderes Gewicht ist auf Darstellung und Isolierung der Körperklasse bzw. des Stoffes *aus der Pflanze* und seine Trennung von nahestehenden oder gleichartig reagierenden und störenden Stoffen gelegt. Das ist natürlich in den wenigsten Fällen heute schon vollständig möglich. Gerade die Isolierung, Trennung und quantitative Erfassung aller in einem physiologischen Prozeß zusammenspielenden Stoffe, nebeneinander für den Physiologen und Biochemiker das Endziel chemischer Arbeit, ist in den wenigsten Fällen erreicht. An einem Musterbeispiel der Analyse der Stickstoffverbindungen aus unserem Laboratorium (KEYSSNER) ist dies versucht. Erst die durchgreifende Bearbeitung der einzelnen Stoffwechselvorgänge zwingt zur analytischen Erfassung aller dabei beteiligten Stoffe. Vorläufig muß man schon zufrieden sein, für jeden einzelnen Körper eine brauchbare Methode vorzufinden. Für spezielle Fragen wird man sich immer wieder die Methoden zusammenbauen, zum Teil erst schaffen müssen.

Eine vollständige Aufführung aller irgendwie beschriebener Stoffe wurde nicht erstrebt. Es schien wichtiger, das *gesicherte* Material herauszuheben, dafür aber dieses chemisch und analytisch so genau zu charakterisieren, daß man danach arbeiten kann. Je nach Stoff und Autor sind manche Kapitel mehr chemisch, andere mehr pflanzenanalytisch.

Unbekanntere Stoffe wurden in eigenen Kapiteln zusammengedrängt, wie Glykoside mit wenig bekannter Konstitution, weniger erforschte Pflanzenstoffe, chemisch nicht näher erforschte Stoffe.

In dem letzten Teil „Besondere Methoden" wurde für besondere Bedürfnisse auf wichtigen geschlossenen Arbeitsgebieten dem Physiologen, Hygieniker, Agrikulturchemiker und Pharmakologen Rechnung getragen. Es sind nur ausgewählte Kapitel.

Über Notwendigkeit und Umfang des *ersten* Bandes kann man verschiedener Meinung sein. Der analytische Chemiker mag vielleicht finden, daß das meiste bekannt und auch an vielen Stellen schon dargestellt ist. Ob jedem alles geläufig ist? Für mich war bestimmend, daß das Werk allen, die mit Pflanzenanalyse und Pflanzenmaterial zu tun haben, auch wenn sie nicht von Haus aus Chemiker sind, in gedrängter und doch möglichst vollständiger Darstellung die Handhabung aller wichtigen und erprobten Instrumente und Methoden bieten und dadurch das Einarbeiten erleichtern soll. Großer Wert wurde darauf gelegt, dem Leser neben den gravimetrischen alle physikalischen und besonders optischen Methoden, die bei fast gleicher Genauigkeit für Serienbestimmungen so material- und zeitsparend sind, nahezubringen. Wie dem Nichtchemiker die chemischen Methoden, wurden besonders für den Chemiker alle nötigen Winke zur Vorbehandlung und allgemeinen Aufarbeitung des Pflanzenmaterials zusammengetragen. Die Kapitel Bestimmung der Leitfähigkeit, Wasserstoffionenkonzentration und Calorimetrie sind wieder mehr für physiologische Bedürfnisse breiter gehalten.

Einer Schwäche, die schon in der Materie liegt, sind wir uns wohl bewußt. Bei der Vielzahl derer, die Pflanzenstoffe bearbeiten, ändern sich täglich unsere Erkenntnisse, die Bearbeitung gewisser Körperklassen ist im vollen Fluß. Hier wie an vielen anderen Stellen macht sich die Unmöglichkeit, etwas Fertiges, Abgeschlossenes zu bieten, besonders fühlbar.

Da eine Gesamtübersicht über die vielfätige, zum Teil sehr verstreute und schwer zugängliche Literatur dem einzelnen heute schon unmöglich ist, wäre ich allen Kollegen für Hinweise auf Fehlendes und Neuhinzugekommenes besonders dankbar.

Allen Herren Mitarbeitern bin ich für die verständnisvolle Einstellung in die besondere Zielrichtung, dem Verlag für seine Großzügigkeit und weitestes Entgegenkommen zu besonderem Danke verpflichtet.

Möge das Werk allen, die pflanzenchemisch zu arbeiten haben, dem organischen Chemiker, dem Analytiker, dem Biochemiker, dem Nahrungsmittelchemiker, dem Pharmakognosten und Pharmakologen, dem chemisch arbeitenden Mediziner, dem Agrikulturchemiker, vielleicht auch dem Systematiker und Genetiker ein erster, unentbehrlicher Führer in die allgemeinen und speziellen Methoden der Pflanzenanalyse und das große, vielseitige Gebiet der Pflanzenstoffe werden, oder doch nach irgendeiner Richtung hin Wertvolles bieten.

Wien und Heidelberg, im Juni 1931.

G. Klein.

Inhaltsverzeichnis.

I. Allgemeine chemische und physikalische Methoden.

I. Allgemeine chemische und physikalische Methoden.

1. Vorschriften zur Prüfung der wichtigsten Reagenzien auf Reinheit[1,2].

Von **Paul Hirsch,** Oberursel i. T.

Äthyläther. Der Äther stellt eine klare, farblose, leichtbewegliche Flüssigkeit von spezifischem Gewichte 0,720 (es ist hier zu bemerken, daß dadurch, daß der Äther sehr leicht Wasserdampf aus der Luft aufnimmt, eine Erhöhung des spezifischen Gewichtes eintreten kann) und vom Siedepunkt 34—36° dar. Es muß von einem reinen Äther verlangt werden, daß mit Wasser befeuchtetes blaues Lackmuspapier nicht gerötet wird, und daß mit Äther getränktes Filtrierpapier nach dem Verdunsten des Äthers nicht mehr riecht.

20 cm³ Äther dürfen beim Abdunsten bei Zimmertemperatur nur einen geruchlosen Beschlag hinterlassen. Dieser darf blaues Lackmuspapier weder röten noch entfärben. Beim Abdunsten auf dem Wasserbad muß der Beschlag vollständig verschwinden. Da peroxydhaltige Äther bei dieser Probe zu Explosionen Anlaß geben, ist vorher Peroxydfreiheit (s. u.) festzustellen.

Die gleiche Menge Äther darf 1 g entwässertes Kupfersulfat beim Schütteln in verschlossener Flasche nicht grün oder blau färben.

Zur Prüfung auf *Aldehyd* und *Vinylalkohol* wird die gleiche Menge Äther mit 5 cm³ Nesslers Reagens in einer Flasche mit eingeriebenem Glasstopfen etwa 1 Minute lang geschüttelt: Ein rotbrauner, bald schwarz werdender Niederschlag darf sich nicht abscheiden.

Zur Prüfung auf *Äthylperoxyd, Wasserstoffsuperoxyd* und *Ozon* werden 10 cm³ Äther mit 1 cm³ wäßriger Kaliumjodidlösung (1 : 10) in einer Flasche mit eingeriebenem Glasstopfen häufiger geschüttelt und etwa 1 Stunde bei Lichtabschluß stehengelassen: Weder der Äther noch die Kaliumjodidlösung darf eine Färbung zeigen.

Zur Prüfung auf *Aceton* werden 20 cm³ Äther mit 6 cm³ Barytwasser und 6 Tropfen Quecksilberchloridlösung (1 : 20) 1 Minute lang geschüttelt, die wäßrige Schicht filtriert und zu dem klaren Filtrat Schwefelammonium zugegeben: Innerhalb 10 Minuten darf keine dunkle Farbe auftreten.

Zur Prüfung auf *Schwefelverbindungen* werden 20 cm³ Äther mit 1 Tropfen Quecksilber 2 Minuten lang geschüttelt. Weder darf eine Veränderung der blanken Oberfläche des Quecksilbers noch eine schwarze Abscheidung eintreten. Von einem „wasserfrei über Natrium destillierten" Äther muß außer obigen Proben noch verlangt werden, daß, wenn man 15 cm³ Äther in einer trockenen Flasche mit einem erbsengroßen Stück blanken Natriums zusammenbringt, nur eine ganz geringfügige Gasentwicklung eintritt, und daß die metallischen Schnittflächen des Natriums innerhalb 6 Stunden ihren Glanz nicht völlig verlieren.

Alkohol. Absoluter Äthylalkohol. Er bildet eine farblose klare Flüssigkeit, welche bei 78° siedet. Er muß das spezifische Gewicht von höchstens 0,797

[1] Bei der Zusammenstellung dieses Abschnittes konnte ich von „Mercks Prüfung der chemischen Reagenzien auf Reinheit" Gebrauch machen. Manche Bestimmungen habe ich wörtlich übernommen, wo es sich um Präparate handelte, bei denen Merck bahnbrechend vorgegangen ist. Auf dieses Werk sei wegen weiterer Prüfungsmethoden verwiesen, ebenso auf P. Hirsch „Prüfung der gebräuchlichsten Lösungen und Reagenzien auf Reinheit", Abderhalden: Handbuch der biologischen Arbeitsmethoden, Abt. I, Teil 1, S. 149/240.

[2] Die Angaben über das spezifische Gewicht beziehen sich auf 15°/15°.

zeigen. Lackmuspapier darf durch Alkohol nicht verändert werden. (Bei längerem Stehen an der Luft — in nicht vollgefüllten Flaschen — tritt leicht saure Reaktion auf.)

Nach langsamem Verdunsten sollen 50 cm³ Alkohol keinen wägbaren Rückstand hinterlassen.

Zur Prüfung auf *Fuselöl* verreibt man einige Tropfen Alkohol zwischen den Händen. Es darf kein unangenehmer Geruch sich bemerkbar machen: Nach Mischen von 10 cm³ Alkohol und 30 cm³ Wasser in einem Erlenmeyer soll keine Trübung oder Färbung und kein fremdartiger Geruch auftreten. Werden 10 cm³ Alkohol und 0,2 cm³ 15proz. Kalilauge auf 1 cm³ eingedampft und mit verdünnter Schwefelsäure übersättigt, so darf kein Geruch nach Fuselöl sich bemerkbar machen.

Zur Prüfung auf *Aldehyd* vermischt man 10 cm³ Alkohol mit 10 cm³ Wasser und 2 cm³ ammoniakalischer Silberlösung: Es darf sich bei Lichtabschluß innerhalb 15 Stunden die Mischung weder färben noch trüben. Zur Prüfung auf *Aceton* wird wie unter Äther angegeben verfahren.

Zur Prüfung auf *reduzierende Verunreinigungen* gibt man zu 10 cm³ Alkohol einen Tropfen Kaliumpermanganatlösung (1 : 1000): Die rote Färbung darf innerhalb 10 Minuten nicht in Gelb übergehen.

Zur Prüfung auf *Melassespiritus* überschichtet man 5 cm³ konzentrierte Schwefelsäure mit 5 cm³ Alkohol: Innerhalb 1 Stunde darf an der Berührungsstelle der beiden Flüssigkeiten keine rosarote Zone entstehen. Zur Prüfung auf *Metalle* und *Gerbstoff* werden 10 cm³ Alkohol mit 1 cm³ Ammoniaklösung (0,96) oder mit 5 cm³ Schwefelwasserstoffwasser versetzt: Es darf keine Färbung eintreten.

Feinsprit, 96proz. Alkohol. Sein spezifisches Gewicht darf höchstens 0,811 betragen, im übrigen muß er den für absoluten Alkohol gestellten Anforderungen genügen. Außer diesem 96proz. Alkohol werden vielfach verwendet: 90 Vol.-Proz. (85 Gew.-Proz.) und etwa 70 Vol.-Proz. (etwa 62 Gew.-Proz.) Alkohol enthaltender Spiritus (Weingeist).

Ammoniaklösung. Die Lösung von Ammoniakgas in Wasser ist eine klare farblose Flüssigkeit. Ihr spezifisches Gewicht nimmt mit steigendem Gehalt an Ammoniak ab.

10 cm³ Ammoniaklösung dürfen nach dem Verdampfen auf dem Wasserbade keinen wägbaren Rückstand hinterlassen.

Zur Prüfung auf *Chlorid* und *Pyridin* werden 10 cm³ Ammoniaklösung mit 30 cm³ Wasser verdünnt: Die Mischung soll nach dem Übersättigen mit 15 cm³ Salpetersäure (1,150 bis 1,152) farblos bleiben, nach Zusatz von Silbernitratlösung darf keine Veränderung eintreten.

Zur Prüfung auf *Sulfat* werden 10 cm³ Ammoniaklösung mit Essigsäure angesäuert, zum Sieden erhitzt und Bariumchloridlösung hinzugegeben: Nach 15stündigem Stehen darf sich kein Bariumsulfat abscheiden.

Zur Prüfung auf *Carbonat* mischt man 20 cm³ Ammoniak mit 20 cm³ Kalkwasser und kocht auf: Es darf höchstens sehr schwache Trübung erfolgen.

Zur Prüfung auf *Phosphat* werden 20 cm³ Ammoniak mit 40 cm³ Salpetersäure (1,150 und 1,152) und 25 cm³ Ammoniummolybdatlösung versetzt: Nach zweistündigem Stehen bei etwa 40° darf sich kein gelber Niederschlag abscheiden. Zur Prüfung auf *Schwefelwasserstoff* versetzt man 10 cm³ Ammoniak mit mehreren Tropfen ammoniakalischer Bleiacetatlösung: Die Flüssigkeit darf weder eine braune noch gelbe Farbe annehmen, noch darf sich ein dunkel gefärbter Niederschlag abscheiden.

Zur Prüfung auf *Magnesia* werden 20 cm³ Ammoniak mit Ammoniumphosphatlösung versetzt: Nach zweistündigem Stehen darf sich kein Niederschlag gebildet haben.

Zur Prüfung auf *Kalk* gibt man zu einer Mischung von 10 cm³ Ammoniak mit 20 cm³ Wasser Ammoniumoxalatlösung: Es darf kein Niederschlag entstehen.

Zur Prüfung auf *Schwermetalle* versetzt man eine Mischung von 5 cm³ Ammoniak und 20 cm³ Wasser mit einigen Tropfen Schwefelammonium. Es darf keine Veränderung eintreten: Zur Prüfung auf *Teerbasen* (Anilin, Pyrrol, Pyridin usw.) wird eine Mischung von 10 cm³ Ammoniak und 20 cm³ Salpetersäure (1,150—1,152) auf dem Wasserbade eingedampft: Es soll ein reinweißer Abdampfrückstand hinterbleiben. Zur Prüfung auf *oxydierbare Verunreinigungen* wird eine Mischung von 20 cm³ Ammoniak und 40 cm³ verdünnter Schwefelsäure (1,110—1,114) mit 2 Tropfen 0,1 n-Kaliumpermanganatlösung versetzt und 5 Minuten lang gekocht: Die Rosafärbung darf nicht verschwinden.

Zur *Gehaltsbestimmung* titriert man Ammoniak nach Verdünnen mit Wasser unter Anwendung von Methylorange als Indicator mit n-Salzsäure.

Ammoniumchlorid. Es stellt ein weißes krystallinisches Pulver dar, das in 3 Teilen Wasser und 60 Teilen Alkohol löslich ist. 5 g Ammoniumchlorid soll nach schwachem Glühen keinen wägbaren Rückstand hinterlassen.

Zur Prüfung auf *Sulfat, Schwermetalle, Kalk, Ammoniumrhodanid* und *Teerbasen* wird wie unter Ammoniak bzw. Ammoniumcarbonat verfahren.

Zur Prüfung auf *Phosphat* und *Arseniat* versetzt man eine Lösung von 5 g Ammoniumchlorid in 20 cm^3 Wasser mit 3 cm^3 Magnesiamischung und 10 cm^3 Ammoniak: Innerhalb 15 Stunden darf kein Niederschlag eintreten.

Ammoniumcarbonat. Man bezeichnet als Ammoniumcarbonat ein Gemenge von doppeltkohlensaurem und carbaminsaurem Ammonium, das eine weiße, durchscheinende, an der Luft leicht sich zersetzende und dann undurchsichtig werdende, nach Ammoniak riechende Krystallmasse darstellt. Es ist in 5 Teilen Wasser löslich. Sein Gehalt an Ammoniak soll wenigstens 31,76% betragen.

5 g Ammoniumcarbonat sollen nach dem Glühen keinen wägbaren Rückstand hinterlassen.

Zur Prüfung auf *Sulfat, Chlorid, Phosphat, Schwermetalle, Kalk* und *Teerbasen* wird wie unter Ammoniak angegeben verfahren. Eine Prüfung auf *Thiosulfat* wird analog der Prüfung auf Chlorid vorgenommen.

Zur Prüfung auf *Ammoniumrhodanid* versetzt man eine Lösung von 1 g Ammoniumcarbonat in 20 cm^3 Wasser und 2 cm^3 Salzsäure (1,124—1,126) mit einem Tropfen Eisenchloridlösung: Es darf keine Rotfärbung eintreten.

Ammoniummolybdat. Das Salz stellt große farblose oder schwach grünlich schimmernde Krystalle dar, die in Wasser sehr leicht löslich sind. Beim Erhitzen geht das Ammoniummolybdat unter Abspaltung von Ammoniak und Wasser in Molybdänsäureanhydrid über.

Zur Prüfung auf *Phosphat* verfährt man wie folgt: 10 g Ammoniummolybdat werden in 25 cm^3 Wasser und 20 cm^3 Ammoniak gelöst. Es muß vollständige klare Lösung eintreten. Zu dieser Lösung werden 150 cm^3 Salpetersäure (1,20) gegeben. Innerhalb 15 Stunden bei etwa 40^0 darf kein gelber Niederschlag ausfallen. Zur Prüfung auf *Sulfat* versetzt man eine Lösung von 1 g Ammoniummolybdat in 10 cm^3 Wasser und 5 cm^3 Salpetersäure (die Ammoniummolybdatlösung ist allmählich unter Umschütteln in die Salpetersäure einzutragen) mit Bariumnitratlösung: Es darf keine Fällung eintreten. Zur Prüfung auf *Chlorid* wird eine gleiche Lösung, wie unter Sulfat angegeben, mit Silbernitratlösung versetzt: Es darf höchstens eine schwache Opalescenz sich zeigen.

Zur Prüfung auf *Nitrat* versetzt man eine Lösung von 1 g Ammoniummolybdat und einer Spur Natriumchlorid in 10 cm^3 Wasser mit 1 Tropfen Indigolösung (1 : 100) und 10 cm^3 konzentrierter Schwefelsäure: Die blaue Farbe der Flüssigkeit darf beim Umschütteln nicht verschwinden.

Bei der Prüfung auf *Schwermetalle* darf beim Versetzen einer Lösung von 2 g Ammoniummolybdat in 5 cm^3 Wasser und 5 cm^3 Ammoniaklösung mit einigen Tropfen Schwefelammonium weder eine grüne Färbung noch die Abscheidung eines Niederschlages eintreten.

Ammoniumnitrat. Die Prüfung der farblosen, in Wasser leicht löslichen Krystalle wird wie bei Ammoniumchlorid angegeben ausgeführt. Auf *Chlorid* ist wie unter Ammoniummolybdat angegeben zu verfahren, es darf keine Spur von Opalescenz eintreten.

Zur Prüfung auf *Nitrat* wird eine Lösung von 1 g Ammoniumnitrat in 20 cm^3 Wasser mit 1 cm^3 verdünnter Schwefelsäure und 1 cm^3 einer frisch bereiteten, farblosen Lösung von Metaphenylendiamin (0,5 : 100) versetzt: Es darf keine gelbe oder gelbbraune Färbung eintreten.

Ammoniumoxalat. Es stellt farblose Krystalle dar, die in 25 Teilen kaltem Wasser löslich sind.

3 g des Salzes sollen keinen wägbaren Glührückstand hinterlassen.

Zur Prüfung auf *Sulfat* werden 5 g Ammoniumoxalat in 200 cm^3 Wasser gelöst, die Lösung zum Sieden erhitzt und dann mit 10 cm^3 Salzsäure und Bariumchloridlösung versetzt: Nach 15stündigem Stehen soll sich kein Bariumsulfat abgeschieden haben.

Die Prüfung auf *Chlorid* und *Schwermetalle* wird analog den Angaben bei den anderen Ammoniumsalzen ausgeführt.

Ammoniumrhodanid. Das Ammoniumrhodanid bildet farblose, in Wasser und Alkohol leicht lösliche Krystalle.

2 g des Salzes sollen keinen wägbaren Glührückstand hinterlassen. 1 g des Salzes soll sich in 10 cm^3 absolutem Alkohol vollständig klar lösen.

Die Prüfung auf *Sulfat* und *Schwermetalle* wird wie bei den anderen Ammoniumsalzen ausgeführt.

Zur Prüfung auf *Eisenoxydsalze* wird eine Lösung von 1 g Ammoniumrhodanid in 20 cm^3 Wasser mit einigen Tropfen Salzsäure versetzt: Die Lösung muß vollständig farblos bleiben.

Ammoniumsulfat. Das Ammoniumsulfat stellt farblose Krystalle dar, die in 2 Teilen kaltem oder einem Teil siedendem Wasser löslich, in Alkohol fast unlöslich sind.

3 g Ammoniumsulfat sollen keinen wägbaren Glührückstand hinterlassen.

Die Prüfung auf *Chlorid, Nitrat* und *Schwermetalle* ist analog der bei den anderen Ammoniumsalzen gegebenen Vorschriften auszuführen.

Die Prüfung auf *Phosphat* und *Arseniat* ist wie bei Ammoniumchlorid angegeben zu tätigen.

Zur Prüfung auf *Ammoniumrhodanid* wird eine Lösung von 1 g Ammoniumsulfat in 20 cm^3 Wasser und 2 cm^3 Salzsäure mit einem Tropfen Eisenchloridlösung versetzt, sie darf keine rote Farbe annehmen.

Ammoniumsulfid. Schwefelammoniumlösung, die Lösung des Schwefelwasserstoffes in Ammoniak, bildet eine farblose oder schwach gelblich gefärbte Flüssigkeit von stark alkalischer Reaktion.

10 cm^3 Schwefelammonium sollen nach dem Verdampfen und Glühen keinen wägbaren Rückstand hinterlassen.

Zur Prüfung auf *Ammoniumcarbonat* werden 10 cm^3 Schwefelammonium mit 3 cm^3 Calciumchloridlösung versetzt: Auch nach dem Erwärmen soll keine Fällung eintreten.

Zur Prüfung auf *Arsen, Antimon* und *Zinn* werden 50 cm^3 Schwefelammonium mit Salzsäure angesäuert: Es darf sich kein gefärbter Niederschlag abscheiden.

Aceton. Das Aceton stellt eine klare farblose Flüssigkeit vom spezifischen Gewicht 0,798 und vom Siedepunkte 55—56^0 dar.

25 cm^3 Aceton dürfen keinen wägbaren Abdampfrückstand hinterlassen. Blaues Lackmuspapier darf durch es nicht gerötet werden. Es muß sich mit gleichen Raumteilen Wasser klar mischen. Aldehyd darf in reinem Aceton nicht vorhanden sein. Zum Nachweis des *Aldehydes* erwärmt man 10 cm^3 Aceton mit 5 cm^3 ammoniakalischer Silberlösung, die durch Mischen von 10 cm^3 Silbernitratlösung (1 : 20) mit 5 cm^3 Ammoniaklösung (0,96) hergestellt wird, 15 Minuten lang auf einem vor Licht geschützten Wasserbade von etwa 50^0. Die Flüssigkeit darf sich weder bräunlich färben noch metallisches Silber abgeschieden werden.

Aceton soll nicht mehr *durch Kaliumpermanganat oxydierbare Stoffe* enthalten, als das 10-cm^3-Aceton mit einem Tropfen Kaliumpermanganatlösung (1 : 1000) versetzt und 15 Minuten bei einer Temperatur von 15^0 gehalten noch Rotfärbung zeigen.

Aceton darf kein Wasser enthalten. Mischt man gleiche Raumteile Aceton und Petroläther (Siedepunkt 40—70^0), so darf keine Schichtbildung eintreten.

Bariumacetat. Es bildet ein weißes krystallinisches Pulver, das in 2 Teilen Wasser und 100 Teilen Alkohol löslich ist.

Zur Prüfung auf *Chlorid* werden zu einer Lösung von 1 g des Salzes in 20 cm^3 Wasser 5 cm^3 Salpetersäure und Silbernitratlösung gegeben: Die Lösung darf sich höchstens ganz schwach trüben.

Zur Prüfung auf *Nitrat* gibt man zu einer Lösung von 1 g Bariumacetat und einer Spur Natriumchlorid in 10 cm^3 Wasser 1 Tropfen Indigolösung (1 : 100) und 10 cm^3 konzentrierte Schwefelsäure: Beim Umschütteln darf die blaue Farbe nicht verschwinden.

Zur Prüfung auf *Kalk* und *Alkalien* versetzt man eine zum Sieden erhitzte Lösung von 5 g Bariumacetat in 200 cm^3 Wasser und 2 cm^3 Salzsäure mit 15 cm^3 Schwefelsäure. Nach 15 Stunden wird filtriert. Das Filtrat darf nach Zusatz von Alkohol nur eine ganz schwache Trübung zeigen und nicht mehr als 0,004 g Rückstand nach dem Verdampfen und Glühen hinterlassen.

Zur Prüfung auf *Schwermetalle* wird eine Lösung von 1 g Bariumacetat in 20 cm³ Wasser mit Schwefelwasserstoffwasser versetzt: Es darf keine Veränderung eintreten. Ebenso darf Zusatz von Ammoniak und Schwefelammonium weder eine dunkle Färbung noch Ausfällen eines Niederschlages bewirken.

Bariumchlorid. Es bildet farblose Krystalle, löslich in 2—5 Teilen kaltem oder 1,5 Teilen siedendem Wasser und unlöslich in absolutem Alkohol. Die wäßrige Lösung soll gegen Lackmus neutral reagieren.

Die Prüfung auf *Schwermetalle* und *Nitrat* wird wie bei den anderen Bariumsalzen beschrieben ausgeführt.

Zur Prüfung auf *Alkalien* versetzt man eine zum Sieden erhitzte Lösung von 3 g Bariumchlorid in 100 cm³ Wasser und 2 cm³ Salzsäure mit 10 cm³ verdünnter Schwefelsäure und filtriert nach 15stündigem Stehen. Das Filtrat soll höchstens 0,001 g Glührückstand hinterlassen. Zur Prüfung auf *Strontium-* oder *Calciumchlorid* schüttelt man 1 g gepulvertes Bariumchlorid 5 Minuten lang mit 20 cm³ absolutem Alkohol und filtriert. Das Filtrat darf keinen wägbaren Glührückstand hinterlassen.

Zur Prüfung auf *Bariumchlorat* werden 2 g Chlorid fein zerrieben und mit 10 cm³ konzentrierter Salzsäure erwärmt: Weder Gelbfärbung des Krystallpulvers oder der Flüssigkeit noch Geruch nach Chlor soll auftreten.

Bariumhydroxyd. Das Bariumhydroxyd bildet weiße Krystalle, die in 20 Teilen kaltem und 3 Teilen siedendem Wasser löslich sind. Es enthält jedoch fast immer eine geringe Menge von Bariumcarbonat, die ungelöst zurückbleiben.

Zur Prüfung auf *Chlorid, Kalk, Alkalien, Schwermetalle* verfährt man wie bei den anderen Bariumsalzen angegeben.

Benzin (Petroleumäther). Unter Benzin versteht man die niedrig siedende Fraktion des Petroleums. Es bildet eine farblose, nicht fluorescierende, leicht entzündbare, flüchtige Flüssigkeit, die bei 0° nicht erstarrt. Benzin löst sich in absolutem Alkohol und Äther in allen Verhältnissen, nicht hingegen in Wasser. Es hat das spezifische Gewicht 0,666—0,686. 100 cm³ Benzin sollen bei der Destillation auf dem Wasserbade zwischen 40 und 70° wenigstens 80 cm³ Destillat liefern. 10 cm³ Benzin sollen an 10 cm³ Wasser beim Schütteln keine sauer reagierenden Bestandteile abheben. 20 cm³ Benzin sollen beim Erwärmen auf dem Wasserbade keinen Rückstand hinterlassen. Benzin soll auf Papier keinen Fettfleck geben. 5 cm³ Benzin mit 10 cm³ alkoholischer, ammoniakalischer Silbernitratlösung 5 Minuten lang vor Licht geschützt, in einem Wasserbade von etwa 50° erwärmt, darf keine Bräunung der Mischung bewirken.

Benzol. Es erstarrt beim Abkühlen mit Eis zu Krystallblättern, die bei +4° schmelzen. Es siedet bei 79—80° und hat das spezifische Gewicht 0,883.

Zur Prüfung auf *Thiophen* werden 50 cm³ Benzol mit 20 cm³ konzentrierter Schwefelsäure geschüttelt. Die Schwefelsäure soll farblos bleiben. Gibt man zu der Schwefelsäure ein Kryställchen Isatin, so darf die Schwefelsäure nach erneutem Umschütteln und nach einstündigem Stehen weder eine grüne noch blaue Farbe zeigen.

Bleiessig. Bleiessig bildet eine klare farblose Flüssigkeit vom spezifischen Gewichte 1,235—1,240. Er reagiert gegen Lackmus alkalisch, Phenolphthalein hingegen wird nicht rot gefärbt.

Zur Prüfung auf *Kupfer* und *Eisen* werden 10 cm³ Bleiessig mit 2 cm³ verdünnter Essigsäure angesäuert und mit Kaliumferrocyanidlösung versetzt: Es soll ein reinweißer Niederschlag entstehen.

Borsäure. Sörensen stellt folgende Anforderungen: 20 g Borsäure werden mit 100 cm³ ausgekochtem Wasser in einem kleinen Kolben auf stark siedendem Wasserbade erwärmt, wodurch alles in Lösung gehen muß. Nach Abkühlung der Lösung, zuletzt in Eiswasser, wodurch der größte Teil der Borsäure wieder ausfällt, wird filtriert und abgesaugt und das Filtrat auf etwaige Verunreinigungen untersucht.

a) das Filtrat darf weder *Sulfat* noch *Chlorid* enthalten.

b) In kleine Reagensgläser werden 3 × 5 cm³ des Filtrates abpipettiert und zu jeder Probe 2 Tropfen Methylorangelösung (0,1 g Methylorange in 1 l Wasser) gegeben, wodurch alle drei Proben orange gefärbt werden müssen. Fügt man jetzt einen Tropfen 0,1 n-Natriumhydroxydlösung zu der einen Probe, so muß sie dadurch gelb werden, während ein Tropfen 0,1 n-Salzsäure, zu einer anderen der Proben gefügt, dieselbe ausgesprochen rot macht.

Diese einfache Probe fußt auf der Tatsache, daß eine wäßrige Lösung reiner Borsäure mit Methylorange versetzt die Umschlagfarbe des Indicators annimmt, aber alkalische bzw. saure Reaktion zeigt, wenn kleine Mengen von *Basen* oder von fremden Säuren zugegen sind. Kontrollversuche mittels reiner, mehrere Male umkrystallisierter Borsäure haben gezeigt, daß diese Probe es ermöglicht, einen Gehalt an Basen oder an fremden, einigermaßen starken Säuren zu entdecken, wenn derselbe in 1 g Borsäure wenigstens einen Tropfen einer 0,1 n-Lösung entspricht.

c) 21 cm³ vom Filtrate, 4 g Borsäure entsprechend, werden in einem gewogenen Platintiegel eingedampft, mit etwa 10 g käuflicher Flußsäure und etwa 5 cm³ konzentrierter Schwefelsäure versetzt, dann wieder eingedampft, geglüht und gewogen.

Das Gewicht des Glührückstandes, nötigenfalls für den Gehalt der Flußsäure an nicht flüchtigen Stoffen korrigiert, darf nicht mehr als 2 mg betragen.

Brucin. Es bildet kleine weiße Krystalle, die in kaltem Wasser schwer, in siedendem Wasser leichter löslich sind. Brucin ist in 85proz. Alkohol und in Chloroform leicht löslich. Gegen Lackmuspapier reagiert eine wäßrige Brucinlösung schwach alkalisch. Sie dreht die Ebene des polarisierten Lichtes nach links. Bei 100° getrocknetes Brucin zeigt F 178°.

Zur Bestimmung des Wassergehaltes trocknet man Brucin bei 100°. Es sei bemerkt, daß Brucin mit 2 und 4 Molekülen Wasser krystallisieren kann.

Zur Prüfung auf Salpetersäure löst man 0,01 g Brucin in 5 cm³ reiner konzentrierter Schwefelsäure: Die Lösung soll farblos oder höchstens einen kaum sichtbaren schwachrosa Farbton zeigen. Die Schwefelsäure, die zu dieser Prüfung angewandt wird, ist mittels Diphenylamin auf Abwesenheit von Salpetersäure zu prüfen.

Calciumcarbonat. Das weiße kleinkrystallinische Pulver ist in ausgekochtem Wasser unlöslich, in kohlensäurehaltigem Wasser etwas löslich. 5 g Calciumcarbonat sollen in 25 cm³ Salzsäure oder 25 cm³ Salpetersäure oder 60 cm³ verdünnter Essigsäure vollständig und klar löslich sein.

Die Prüfung auf *Schwermetalle, Sulfat* wird, wie unter Calciumchlorid angegeben, mit einer Lösung von Calciumcarbonat in verdünnter Salzsäure vorgenommen.

Zur Prüfung auf *Magnesia* löst man 1 g Calciumcarbonat in 10 cm³ verdünnter Salzsäure, fügt 10 cm³ Ammoniak und Ammoniumoxalatlösung im Überschuß hinzu und läßt 5 Stunden stehen. Nach Filtrieren versetzt man das Filtrat mit Natriumphosphatlösung: Nach 15stündigem Stehen darf keine Abscheidung erfolgt sein.

Zur Prüfung auf *Chlorid* löst man 1 g Calciumcarbonat in 5 cm³ Salpetersäure und 25 cm³ Wasser und gibt Silbernitratlösung hinzu: Es darf keine Abscheidung von Silbernitrit eintreten.

Zur Prüfung auf *Phosphat* versetzt man eine Lösung von 10 g Calciumcarbonat in 50 cm³ Salpetersäure mit 25 cm³ Ammoniummolybdatlösung und läßt 15 Stunden bei 40° stehen: Es darf sich kein gelber Niederschlag ausscheiden.

Zur Prüfung auf *Alkalien* und *Ätzkalk* erhitzt man 5 g Calciumcarbonat mit 50 cm³ Wasser zum Sieden und filtriert: Gegen Lackmuspapier darf das Filtrat nicht alkalisch reagieren und höchstens 0,001 g Glührückstand hinterlassen.

Calciumchlorid. Das krystallisierte Calciumchlorid bildet an der Luft leicht zerfließende farblose Krystalle, die in Wasser und Alkohol leicht löslich sind. 2 g sollen sich in 20 cm³ absolutem Alkohol vollständig lösen.

Zur Prüfung auf *Sulfat* versetzt man 20 cm³ einer 10proz. Calciumchloridlösung nach Ansäuern mit 1 cm³ Salzsäure mit Bariumchloridlösung: Innerhalb 15 Stunden darf keine Abscheidung von Bariumsulfat eingetreten sein.

Zur Prüfung auf *Nitrat* versetzt man 10 cm³ Calciumchloridlösung mit 1 Tropfen Indigolösung und 10 cm³ konzentrierter Schwefelsäure: Nach vorsichtigem Umschütteln darf die blaue Farbe nicht verschwinden.

Zur Prüfung auf *Ammoniumsalze* kocht man 2 g Calciumchlorid mit 10 cm³ Natronlauge: Feuchtes Lackmuspapier darf durch die entweichenden Dämpfe nicht gebläut werden.

Zur Prüfung auf *Baryt* versetzt man 20 cm³ Calciumchloridlösung mit 20 cm³ Gipswasser: Innerhalb 3 Stunden darf kein Niederschlag auftreten.

Zur Prüfung auf *Schwermetalle* gibt man zu einer Lösung von 2 g Calciumchlorid in 20 cm³ Wasser nach Zusatz von 1 cm³ Salzsäure Schwefelwasserstoffwasser: Es darf keine Veränderung eintreten. Ebensowenig darf Zusatz von 5 cm³ Ammoniaklösung und einigen Tropfen Schwefelammonium weder eine dunkle Färbung noch Abscheidung eines Niederschlags bewirken.

Die Prüfung auf *Arsen* wird mittels des MARSHschen Apparates vorgenommen.

Das wasserfreie Calciumchlorid bildet weiße, granulierte, poröse Massen. Eine Lösung von 10 g granuliertem Calciumchlorid in 100 cm³ Wasser darf durch Phenolphthaleinlösung nicht oder nur äußerst schwach gerötet werden. Eine etwa eingetretene Rotfärbung muß auf Zusatz von 0,1 cm³ 0,1 n-Salzsäure verschwinden.

Die Prüfung auf *Arsen* wird wie oben angegeben ausgeführt.

Chloroform. Es stellt eine klare, farblose, leicht flüchtige Flüssigkeit dar, die in Wasser wenig löslich ist.

Mit absolutem Alkohol, Äther, fetten und ätherischen Ölen mischt sich Chloroform in jedem Verhältnis. Sein spezifisches Gewicht beträgt 1,485—1,489. Es siedet zwischen 60 und 62⁰. Alkoholgehalt 0,6—1,0 %.

25 cm³ Chloroform dürfen nach dem Verdampfen auf dem Wasserbade keinen wägbaren Rückstand hinterlassen.

Zur Prüfung auf *Chlor* schüttelt man 20 cm³ Chloroform mit 5 cm³ Jodzinkstärkelösung: Es darf keine blaue Färbung eintreten.

Zur Prüfung auf *Salzsäure* schüttelt man 20 cm³ Chloroform etwa 1 Minute lang mit 10 cm³ Wasser: Das Wasser soll neutral reagieren und mit Silbernitratlösung keine Trübung geben.

Zur Prüfung auf *Phosgen* überschichtet man 10 cm³ Chloroform mit klarem Barytwasser: An der Berührungsschicht der beiden Flüssigkeiten darf sich kein weißer Ring bilden.

Zur Prüfung auf *Aldehyd* erwärmt man 11 cm³ Chloroform mit 10 cm³ Kalilauge unter häufigem Umschütteln ungefähr 1 Minute lang: Weder Gelb- noch Braunfärbung darf eintreten. Ein vollkommen alkoholfreies Chloroform soll diese Prüfung auf Aldehyd auch bei Anwendung von festem Kaliumhydroxyd aushalten.

Zur Prüfung auf *organische Verunreinigung* schüttelt man 20 cm³ Chloroform mit 12 cm³ konzentrierter Schwefelsäure und 4 Tropfen Formol in einem vorher mit konzentrierter Schwefelsäure gespülten Glasstöpselglase häufig durch: Innerhalb 1/2 Stunde darf sich die Schwefelsäure nicht verfärben.

Chlorwasser. Die klare, blaßgrünlichgelbe Flüssigkeit von starkem Chlorgeruch soll etwa 0,4 % Chlor enthalten. 20 g Chlorwasser sollen nach Verdampfen in einer Glasschale auf dem Wasserbade keinen wägbaren Rückstand hinterlassen.

Zur Prüfung auf *Salzsäure* schüttelt man 20 g Chlorwasser mit etwa 5 g reinem Quecksilber 5 Minuten lang, filtriert, versetzt das Filtrat mit Phenolphthalein und läßt n-Kalilauge zutropfen, bis Rotfärbung eintritt. Zur Erreichung des Farbumschlags sollen nicht mehr als 0,1 cm³ n-Kalilauge benötigt werden.

Chlorwasserstoffsäure (Salzsäure). 20 cm³ Salzsäure sollen, in einer Platinschale auf dem Wasserbade verdampft, keinen wägbaren Rückstand hinterlassen.

Zur Prüfung auf *Schwefelsäure* dampft man in einer Platinschale auf dem Wasserbade 80 cm³ Salzsäure bis auf etwa 5 cm³ ein, verdünnt den Rest mit 20 cm³ Wasser und gibt Bariumchloridlösung hinzu: Nach 15 Stunden darf keine Abscheidung von Bariumsulfat erfolgt sein.

Zur Prüfung auf *Chlor* versetzt man 50 cm³ verdünnte Salzsäure mit Jodzinkstärkelösung: Innerhalb 10 Minuten darf keine Blaufärbung der Flüssigkeit eintreten.

Zur Prüfung auf *schwefelige Säure* fügt man 50 cm³ der zu prüfenden verdünnten Salzsäure zu 50 cm³ Wasser, die mit 1 Tropfen 0,1 n-Jodlösung und einigen Tropfen Stärkelösung blau gefärbt sind: Nach dem Umschütteln soll die blaue Farbe nicht verschwinden.

Zur Prüfung auf *Schwermetalle* müssen drei Proben angestellt werden: Leitet man in 200 cm³ verdünnte Salzsäure unter Erwärmen auf ungefähr 70⁰ Schwefelwasserstoff, so darf keine Fällung oder Farbänderung eintreten. Versetzt man 40 cm³ verdünnte Salzsäure mit 50 cm³ Ammoniak und einigen Tropfen Schwefelammonium, so darf weder eine dunkle

Färbung noch Abscheidung eines Niederschlages eintreten. 25 cm³ verdünnte Salzsäure sollen nach Zusatz von einigen Tropfen Kaliumrhodanidlösung keine rötliche Färbung zeigen.

Zur Prüfung auf *Kalk* werden 40 cm³ verdünnte Salzsäure mit 50 cm³ Ammoniak und Ammoniumoxalatlösung versetzt: Nach zweistündigem Stehen darf sich kein Niederschlag abgeschieden haben.

Zur Prüfung auf *Arsen* gibt man zu 30 cm³ auf 60° erwärmter Salpetersäure 100 cm³ Salzsäure tropfenweise und verdampft die Mischung nach Zusatz von 5 cm³ arsenfreier konzentrierter Schwefelsäure auf dem Wasserbade soweit als möglich. Der Rest wird auf dem Sandbade bis zur beginnenden Entwicklung von Schwefelsäuredämpfen erhitzt. Der Abdampfrückstand wird nach Verdünnen mit 20 cm³ Wasser einer Prüfung auf Arsen im Marshschen Apparate unterworfen.

Citronensäure. Sie stellt farb- und geruchlose, an warmer Luft oberflächlich verwitternde, rhombische Prismen dar, die in 0,75 Teilen kaltem, in 0,5 Teilen siedendem Wasser, ferner in 1 Teil 85proz. Alkohol und in 50 Teilen Äther löslich sind.

Zur Prüfung auf *Oxalsäure* und *Weinsäure* wird 1 g Citronensäure in 2 cm³ Wasser gelöst, die Lösung mit 10 Tropfen Kaliumacetatlösung (1 : 2) und 5 cm³ Alkohol versetzt: Es darf keine Trübung eintreten. Auch nach zweistündigem Stehen darf eine Ausscheidung von Krystallen nicht wahrnehmbar sein.

Zur Prüfung auf *Weinsäure* und *Zucker* wird 1 g Citronensäure mit 10 cm³ Schwefelsäure in einem mit Schwefelsäure ausgespülten Porzellanmörser zerrieben. Diese Mischung darf sich beim Erhitzen während einer Stunde in siedendem Wasserbade höchstens schwach gelb, nicht aber braun färben.

Schwefelsäure darf sich in 20 cm³ einer wäßrigen Lösung 1 : 10 mit Bariumchloridlösung nicht nachweisen lassen.

Kalk darf sich in 20 cm³ einer wäßrigen Lösung 1 : 10 mittels Ammoniumoxalatlösung nicht nachweisen lassen.

Zur Prüfung auf *Blei* werden zu einer Lösung von 5 g Citronensäure in 10 cm³ Wasser 12 cm³ Ammoniaklösung 0,96 versetzt: Zusatz von Schwefelwasserstoffwasser darf keine Dunkelfärbung bewirken.

1 g Citronensäure darf keinen wägbaren Glührückstand hinterlassen.

Eisenammoniakalaun (Ferriammoniumsulfat). Das Salz stellt amethystfarbene, durchsichtige Krystalle dar, die in 2 Teilen Wasser löslich und in Alkohol unlöslich sind. Die wäßrige Lösung des Salzes reagiert sauer.

Zur Prüfung auf *Eisenoxydulsalz* versetzt man die Lösung von 1 g Eisenammoniakalaun in 20 cm³ Wasser mit 1 cm³ Salzsäure und 1 Tropfen frisch bereiteter Ferricyankaliumlösung: Weder Grün- noch Blaufärbung darf eintreten.

Zur Prüfung auf *Chlorid* gibt man zu 30 cm³ einer wäßrigen Lösung 1 : 20 3 cm³ Salpetersäure und Silbernitratlösung: Es darf keine Fällung eintreten.

Eisenchlorid. Es bildet eine gelbe, krystallinische, an feuchter Luft zerfließende Masse, die in Wasser, Alkohol und Äther leicht löslich ist. Die Lösungen reagieren sauer. 10 g Eisenchlorid sollen in 10 cm³ Wasser vollständig und klar löslich sein.

Zur Prüfung auf *Chlor* und *Salzsäure* nähert man einer Eisenchloridlösung einen mit Jodzinkstärkelösung getränkten Papierstreifen: Er darf sich nicht blau färben. Ebensowenig dürfen sich beim Nähern eines mit Ammoniak befeuchteten Glasstabes Nebel bilden.

Zur Prüfung auf *Eisenoxydulsalz* versetzt man eine wäßrige Eisenchloridlösung 1 : 20 mit 1 cm³ Salzsäure und einigen Tropfen Ferricyankaliumlösung: Es darf keine Blaufärbung eintreten.

Zur Prüfung auf *Sulfat* setzt man zu einer Lösung von 10 g Eisenchlorid in 100 cm³ Wasser 25 cm³ Ammoniaklösung und filtriert. Das Filtrat darf nach Ansäuern mit Essigsäure und Zusatz von Bariumchloridlösung innerhalb 15 Stunden keinen Niederschlag von Bariumsulfat geben.

Eisenchlorür. Eisenchlorür bildet ein blaßgrünes, hygroskopisches Pulver, das in einem Teil Wasser, dem einige Tropfen Salzsäure zugesetzt sind, löslich ist. Ebenso löst es sich auch in Alkohol.

Zur Prüfung auf *Eisenchlorid* löst man 1 g Chlorür in 1 cm³ Wasser und 2—3 Tropfen Salzsäure: Die Lösung soll blaßgrün oder grün sein und keine gelbgrüne Farbe zeigen.

Nach Zusatz von Schwefelwasserstoffwasser darf nur eine ganz geringe Trübung durch ausgeschiedenen Schwefel eintreten.

Eisenoxyd. (Präparat nach L. Brandt als Urtitersubstanz für die Eisenbestimmung mit Kaliumpermanganat in salzsaurer Lösung.) Es bildet ein rotbraunes Pulver, löslich in konzentrierter Salzsäure, das vor dem Gebrauche bei 120° zu trocknen ist.

Prüfung auf *Wasser* und *flüchtige Verunreinigungen:* 3 g des bei 120° getrockneten Eisenoxydes dürfen beim Glühen nicht mehr als 0,003 g an Gewicht verlieren. Der Platintiegel darf nicht in den reduzierenden Teil der Flamme eintauchen.

Prüfung auf in *Wasser* lösliche Verunreinigungen: 100 cm³ Wasser werden mit 5 g Eisenoxyd zum Sieden erhitzt und filtriert; 50 cm³ des vollkommen klaren Filtrates dürfen nach dem Verdampfen und Glühen keinen wägbaren Rückstand hinterlassen.

Prüfung auf *Chlorid:* Ein Gemisch von 1 g Eisenoxyd und 3 g wasserfreiem Natriumcarbonat wird in einem Platintiegel geschmolzen. Nach dem Erkalten wird die Schmelze mit 50 cm³ heißem Wasser ausgelaugt und die Lösung filtriert; wird das Filtrat mit 20 cm³ Salpetersäure und Silbernitratlösung versetzt, so darf höchstens Opalescenz eintreten.

Prüfung auf *Nitrat:* Eine Mischung von 5 cm³ verdünnter Essigsäure und 10 cm³ Wasser wird mit 1 g Eisenoxyd zum Sieden erhitzt und filtriert; wird das Filtrat mit 1 Tropfen Indigolösung (1 : 1000) und 10 cm³ konzentrierter Schwefelsäure versetzt, so darf die blaue Farbe der Flüssigkeit beim Umschütteln nicht verschwinden.

Prüfung auf *Sulfat:* Eine Lösung von 4 g krystallisiertem Natriumcarbonat in 20 cm³ Wasser wird mit 1 g Eisenoxyd unter öfterem Umschütteln 1 Stunde lang im siedenden Wasserbade erwärmt und sodann filtriert. Das Filtrat wird nach Zusatz von 10 cm³ Salzsäure zum Sieden erhitzt und mit Bariumchloridlösung versetzt; nach zweistündigem Stehen darf keine Abscheidung von Bariumsulfat erfolgt sein.

Prüfung auf *Silicat:* Ein Gemisch von 3 g Eisenoxyd und 15 g wasserfreiem Natriumcarbonat wird in einem Platintiegel geschmolzen, die Schmelze nach dem Erkalten mit heißem Wasser ausgelaugt und die Lösung filtriert. Das Filtrat wird mit Salzsäure angesäuert, in einer Platinschale eingedampft, der Abdampfrückstand $^1/_2$ Stunde bei ca. 120° getrocknet und sodann in 10 cm³ Salzsäure und 50 cm³ Wasser gelöst. Die Lösung wird filtriert, das Filter mit Wasser ausgewaschen und eingeäschert. Das Gewicht der Asche darf nicht mehr als 0,001 g betragen.

Prüfung auf *Eisenoxydul:* 1 g Eisenoxyd wird in 10 cm³ konzentrierter Salzsäure unter Erwärmen auf dem Wasserbade gelöst und die Lösung mit 40 cm³ Wasser verdünnt; wird diese Lösung mit Ferricyankaliumlösung versetzt, so darf weder Grün- noch Blaufärbung eintreten.

Prüfung auf in *Salzsäure unlösliche Verunreinigungen, fremde Schwermetalle, Kalk* und *Magnesia:* 10 g Eisenoxyd werden in 70 cm³ konzentrierter Salzsäure unter Erwärmen auf dem Wasserbade gelöst. Die mit 200 cm³ verdünnte Lösung soll vollkommen klar sein und darf keinen oder doch nur äußerst geringen unlöslichen Rückstand zeigen. Im letzteren Falle wird filtriert, der Rückstand zunächst mit verdünnter Salzsäure und dann mit Wasser ausgewaschen, geglüht und gewogen. Das Gewicht des in Salzsäure unlöslichen Rückstandes darf nicht mehr als 0,001 g betragen.

In das Filtrat wird bis zur vollständigen Reduktion des Eisenchlorides Schwefelwasserstoff eingeleitet; der sich abscheidende Schwefel darf nicht dunkel gefärbt sein. Die Flüssigkeit wird filtriert. Der Schwefel wird in einer Porzellanschale mit konzentrierter Salzsäure auf dem Wasserbade erwärmt und die Lösung nach dem Verdünnen mit Wasser filtriert. Der Rückstand wird samt dem Filter in der Porzellanschale verbrannt, die Asche in Salzsäure gelöst und die Lösung mit dem salzsauren Auszug vereinigt. Wird in diese Lösung Schwefelwasserstoff eingeleitet, so darf weder eine Färbung noch Abscheidung eines Niederschlages eintreten.

Das nach dem Fällen mit Schwefelwasserstoff erhaltene Filtrat wird gekocht, bis der Schwefelwasserstoff entfernt ist, sodann mit Salpetersäure oxydiert und mit Ammoniaklösung im Überschuß versetzt. Die Lösung wird nun erwärmt, bis der Geruch nach Ammoniak fast verschwunden ist, filtriert und der Niederschlag mit heißem Wasser ausgewaschen. Ein Teil des Niederschlages von Eisenhydroxyd, etwa die Hälfte, wird in Salzsäure gelöst und die Lösung nach dem Verdünnen mit Wasser in einer Platinschale mit Natronlauge heiß gefällt und filtriert. Wird das Filtrat mit Salzsäure angesäuert und sodann mit Ammoniaklösung bis zur alkalischen Reaktion versetzt und erwärmt, bis der Geruch nach Ammoniak verschwunden ist, so darf keine oder doch nur äußerst geringe flockige Abscheidung wahrnehmbar sein. Im letzteren Falle wird der Niederschlag abfiltriert und ausgewaschen; das Gewicht desselben darf nach dem Glühen nicht mehr als 0,001 betragen.

Ein kleiner Teil des Niederschlages von Eisenhydroxyd wird mit wasserfreiem Natriumcarbonat an der Luft (auf dem Deckel eines Platintiegels) geschmolzen; die Schmelze darf keine grüne Farbe zeigen.

Das nach dem Ausfällen des Eisens erhaltene Filtrat wird mit wenig Schwefelammonium versetzt; es darf weder eine dunkle Färbung noch Abscheidung eines Niederschlages eintreten. Nach Zusatz von Salzsäure bis zur sauren Reaktion wird die Flüssigkeit konzentriert, dann filtriert, vollständig eingedampft und der Abdampfrückstand schwach geglüht. Der nach vollständiger Verflüchtigung der Ammoniumsalze verbleibende Rückstand wird in Salzsäure gelöst, die Lösung filtriert, mit Ammoniaklösung bis zur alkalischen Reaktion und Ammoniumoxalatlösung versetzt. Nach 15stündigem Stehen darf keine oder doch nur äußerst geringe Abscheidung von Calciumoxalat erfolgt sein. Im letzteren Falle wird der Niederschlag abfiltriert, ausgewaschen und geglüht; das Gewicht des Calciumoxydes darf nicht mehr als 0,001 g betragen.

Die mit Ammoniumoxalatlösung geprüfte Flüssigkeit darf nach Zusatz von Ammoniumphosphatlösung innerhalb 15 Stunden keine Ausscheidung zeigen.

Quantitative Bestimmung: 0,5 g des bei 120^0 getrockneten Eisenoxydes werden in 10 cm^3 Salzsäure und einigen Tropfen Salpetersäure unter Erwärmen auf dem Wasserbade gelöst. Die Lösung wird mit 200 cm^3 Wasser verdünnt, zum Sieden erhitzt und mit 20 cm^3 Ammoniaklösung versetzt. Der Niederschlag wird abfiltriert, mit heißem Wasser bis zum Verschwinden der Chloridreaktion ausgewaschen, getrocknet, geglüht und gewogen.

Eisenoxydulammoniumsulfat (Mohrsches Salz). Es bildet schwach bläulichgrün gefärbte Krystalle oder ein gleichgefärbtes krystallinisches Pulver, das in 6 Teilen Wasser löslich ist. Es enthält genau ein Siebentel seines Gewichtes an metallischem Eisen in Form von Oxydul.

Zur Prüfung auf *Eisenoxydsalz* gibt man zu einer Lösung von 1 g gepulvertem Mohrschen Salz in 20 cm^3 ausgekochtem Wasser 1 cm^3 Salzsäure und einige Tropfen Ammoniumsulfocyanatlösung: Es darf nicht sofort eine Rotfärbung eintreten.

Eisenoxydulsulfat. Die blaßgrünlichblauen Krystalle sind in 1,8 Teilen kaltem Wasser und 0,5 Teilen siedendem Wasser löslich. In Alkohol und Äther sind sie unlöslich.

Eine mit ausgekochtem und wieder abgekühltem Wasser frisch bereitete Lösung 1 : 20 soll klar und von grünlichblauer Farbe sein.

(Prüfung auf *basisches Ferrisulfat*).

Zur Prüfung auf *Salze*, der *Alkalien*, *Kupfer* und *Zink* versetzt man eine Lösung von 5 g Ferrosulfat in 100 cm^3 Wasser mit 5 cm^3 Salpetersäure, kocht einige Minuten, setzt 25 cm^3 Ammoniaklösung hinzu und filtriert: Das Filtrat sei farblos. 60 cm^3 des Filtrates dürfen nicht mehr als 0,001 g Glührückstand hinterlassen. Der Rest des Filtrates, mit Essigsäure angesäuert und mit Ferrocyankaliumlösung versetzt, darf während zweistündigem Stehen keine Abscheidung eines weißen oder braunroten Niederschlages zeigen.

Essigsäure. Eisessig. Eisessig ist eine klare, farblose, stechend riechende Flüssigkeit, welche bei etwa 10^0 erstarrt und zwischen 110—119^0 siedet. Das spezifische Gewicht ist höchstens 1,064. 100 Teile Eisessig sollen mindestens 96 Teile Essigsäure enthalten.

Essigsäure. Sie ist eine farblose Flüssigkeit vom spezifischen Gewicht 1,071, von der 100 Teile 90 Teile Essigsäure enthalten sollen.

Verdünnte Essigsäure. 100 Teile verdünnte Essigsäure sollen ungefähr 30 Teile Essigsäure enthalten, ihr spezifisches Gewicht beträgt 1,040—1,042.

10 cm^3 Eisessig bzw. Essigsäure bzw. 30 cm^3 verdünnte Essigsäure sollen keinen wägbaren Abdampfrückstand hinterlassen.

Zur Prüfung auf *Salzsäure* werden 5 bzw. 15 cm^3 Essigsäure mit 50 cm^3 Wasser verdünnt, mit 5 cm^3 Salpetersäure versetzt und dann Silbernitratlösung hinzugegeben: Es darf keine Trübung entstehen.

Zum Nachweis vorhandener *Schwefelsäure* werden 10 cm^3 bzw. 30 cm^3 Essigsäure mit 150 cm^3 Wasser zum Sieden erhitzt; nach Zusatz von Bariumchloridlösung darf nach 15 Stunden Stehen keine Abscheidung von Bariumsulfat eintreten.

Zum Nachweis *reduzierender Verunreinigungen* werden 0,3 cm^3 0,1 n-Kaliumpermanganatlösung mit einer Mischung von 5 bzw. 15 cm^3 Essigsäure und 15 cm^3 Wasser versetzt: Die rote Farbe darf innerhalb 15 Minuten nicht verschwinden.

Zur Prüfung auf *Schwermetalle* werden 20 bzw. 60 cm³ Essigsäure mit 100 cm³ Wasser verdünnt: Einleiten von Schwefelwasserstoff darf keine Veränderung bewirken. Zur Prüfung auf *Erden* werden 10 cm³ bzw. 30 cm³ Essigsäure mit 100 cm³ Wasser verdünnt, nach Übersättigung mit Ammoniak darf weder Schwefelammonium eine grüne Färbung noch Ammoniumoxalatlösung eine Trübung oder Abscheidung eines Niederschlages bewirken.

Zur *quantitativen Bestimmung* titriert man die Essigsäure unter Anwendung von Phenolphthalein als Indicator mit n-Kalilauge.

Essigsäureanhydrid. Es stellt eine farblose, stechend riechende Flüssigkeit vom spezifischen Gewichte 1,083 dar, die bei 137° siedet; bringt man es mit Wasser zusammen, so tritt zunächst keine Mischung ein, sondern es sinkt darin zu Boden. Allmählich tritt jedoch Lösung unter Bildung von Essigsäure ein.

Zur Prüfung auf *Salzsäure* wird eine Lösung von 1 cm³ Essigsäureanhydrid in 50 cm³ Wasser nach Zusatz von 5 cm³ Salpetersäure mit Silbernitratlösung versetzt: Es darf höchstens schwache Opalescenz eintreten. 10 cm³ Essigsäureanhydrid dürfen keinen Abdampfrückstand hinterlassen.

In gleicher Weise, wie Essigsäure mit n-Kalilauge titriert, sollen 5 g Essigsäureanhydrid verdünnt mit Wasser auf 50 cm³ mindestens 19,3 cm³ n-Kalilauge bis zum Eintritt der Rotfärbung gebrauchen.

Gerbsäure (Tannin). Das Tannin ist ein gelbes Pulver oder krystallähnliche, glänzende Schüppchen, die in 1 Teil Wasser sowie in 2 Teilen 85proz. Alkohol zu einer klaren Flüssigkeit löslich sind. Die wäßrige Lösung reagiert gegen Lackmus sauer. Die Gerbsäure ist ebenfalls in etwa 8 Teilen Glycerin und in Äther löslich, allerdings ist die Löslichkeit in Äther von der Alkoholhaltigkeit abhängig. Die Lösungen des Tannins drehen die Ebene des polarisierten Lichtes nach rechts.

Zur Prüfung auf *anorganische Verunreinigungen*, besonders auf Zink, werden 4 g Tannin verbrannt, sie sollen nicht mehr als 0,005 g Rückstand hinterlassen. Löst man den Glührückstand in 2 cm³ Essigsäure, verdünnt mit 8 cm³ Wasser, filtriert und versetzt das Filtrat mit Schwefelwasserstoffwasser, so darf nur eine ganz schwache Trübung auftreten.

Zur Prüfung auf *Zucker* und *Dextrin* mischt man 10 cm³ einer 20proz. wäßrigen Tanninlösung mit 10 cm³ 85proz. Alkohol: Innerhalb 1 Stunde muß die Mischung klar bleiben und darf auch nach weiterem Zusatz von 5 cm³ Äther keine Trübung auftreten.

Kaliumbichromat. Die dunkelgelbroten Säulen oder Tafeln sind löslich in 10 Teilen kaltem oder etwa 1,5 Teilen siedendem Wasser. Die wäßrige Lösung rötet blaues Lackmuspapier.

Zur Prüfung auf *Sulfat* versetzt man 100 cm³ einer 3proz. Lösung des Salzes mit 30 cm³ Salzsäure und Bariumchloridlösung: Es darf innerhalb 15 Stunden kein Bariumsulfat ausfallen.

Zur Prüfung auf *Chlorid* gibt man zu einer Lösung von 1 g Kaliumbichromat in 20 cm³ Wasser 10 cm³ Salpetersäure und erwärmt auf etwa 50°: Nach Zusatz von einigen Tropfen Silbernitratlösung darf innerhalb 5 Minuten keine Trübung auftreten.

Kaliumbromid. Es bildet farblose, würfelförmige, glänzende, luftbeständige Krystalle, die in 2 Teilen Wasser und in etwa 200 Teilen 85proz. Alkohol löslich sind.

Zur Prüfung auf *Kaliumcarbonat* bringt man zerriebenes Kaliumbromid mit angefeuchtetem roten Lackmuspapier in Berührung: Es darf nicht sofort Bläuung eintreten. Ebensowenig darf eine 5proz. wäßrige Kaliumbromidlösung durch Phenolphthaleinlösung gerötet werden.

Zur Prüfung auf *Bromat* versetzt man eine 10proz. Bromkaliumlösung mit verdünnter Schwefelsäure: Es darf keine Färbung eintreten; Chloroform, das mit dieser Mischung geschüttelt wird, darf sich nicht gelb färben.

Zur Prüfung auf *Jodid* setzt man zu einer 5proz. Kaliumbromidlösung 3 Tropfen Eisenchloridlösung und Stärkelösung hinzu: Innerhalb 10 Minuten darf sich keine Blaufärbung zeigen.

Kaliumchlorid. Es stellt farblose, würfelförmige Krystalle oder ein weißes Krystallpulver dar, das in 3 Teilen kaltem Wasser löslich, in absolutem Alkohol und Äther unlöslich ist.

Die Prüfung auf *Sulfat* und *Nitrat* wird in der üblichen Weise vorgenommen: Die Proben sollen vollständig negativ ausfallen.

Zur Prüfung auf *Chlorat* gibt man zu einer Lösung von 1 g Kaliumchlorid in 20 cm³ Wasser Jodzinkstärkelösung und Salzsäure: Es darf keine Blaufärbung eintreten.

Zur Prüfung auf *Magnesia* versetzt man eine Lösung von 1 g Kaliumchlorid in 5 cm³ Wasser mit 5 cm³ Ammoniak und Natriumphosphatlösung: Nach 15stündigem Stehen darf sich kein Niederschlag von Ammoniummagnesiumphosphat gebildet haben.

Zur Prüfung auf *alkalische Erden* und *Schwermetalle* benutzt man eine 6proz. Kaliumchloridlösung. Weder durch Ammoniumoxalatlösung noch durch Natriumcarbonatlösung, noch durch Schwefelammonium darf eine Veränderung bewirkt werden.

Kaliumchromat. Gelbe, luftbeständige Krystalle, die sich in 2 Teilen kaltem Wasser lösen. Die wäßrige Lösung (1 : 20) zeigt gegen Lackmuspapier schwach alkalische Reaktion.

Zur Prüfung auf *freies Alkali* versetzt man eine Lösung von 0,1 g Kaliumchromat in 25 cm³ Wasser mit einigen Tropfen Phenolphthaleinlösung: Sie darf keine rote Färbung annehmen. Zur Prüfung auf *Sulfat* und *Chlorid* verfährt man wie bei anderen Reagenzien angegeben. Auch hier müssen die Proben negativ ausfallen.

Kaliumferricyanid (rotes Blutlaugensalz). Es bildet rubinrote, glänzende Krystalle, die in 2,5 Teilen kaltem und 1,5 Teilen siedendem Wasser löslich sind.

Zur Prüfung auf *Eisenoxydulsalz* stellt man sich eine Lösung von 2 g Kaliumferricyanid in 400 cm³ Wasser her. Nach Zusatz von 5 cm³ Schwefelsäure wird 0,1 n-Kaliumpermanganatlösung titriert. Bis zum Farbumschlag von Gelbgrün in Gelbrot dürfen höchstens 0,2 cm³ Kaliumpermanganatlösung verbraucht werden.

Eine Prüfung auf *Sulfat* wird in der üblichen Weise vorgenommen.

Zur Prüfung auf *Chlorid* wird ein Gemisch von 0,5 g gepulvertem Kaliumferricyanid und 1 g Kaliumnitrat durch Eintragen von kleinen Mengen in einen zum Glühen erhitzten Porzellantiegel verpufft und sodann noch einige Minuten geglüht. Der Glührückstand wird mit 20 cm³ Wasser ausgelaugt, die Lösung filtriert und das Filtrat nach Zusatz von 0,5 g Kalisalpeter in einem Porzellantiegel zur Trockne eingedampft. Der Abdampfrückstand wird geschmolzen, die Schmelze in 20 cm³ Wasser gelöst und die Lösung nach Zusatz von 3 cm³ Salpetersäure mit Silbernitratlösung versetzt: Es darf höchstens Opalescenz eintreten.

Kaliumferrocyanid (gelbes Blutlaugensalz). Zitronengelbe, ziemlich luftbeständige, tafelförmige Krystalle, die in 4 Teilen kaltem und 2 Teilen siedendem Wasser löslich, in Alkohol unlöslich sind.

Zur Prüfung auf *Kaliumcarbonat* übergießt man 1 g gepulvertes Kaliumferrocyanid mit verdünnter Schwefelsäure: Es darf keine Gasentwicklung stattfinden.

Zur Prüfung auf *Sulfat* und *Chlorid* verfährt man in gleicher Weise wie unter Kaliumferricyanid angegeben.

Kaliumhydroxyd. Die drei im Handel erhältlichen Präparate des Kaliumhydroxydes unterscheiden sich hauptsächlich durch einen verschiedenen Gehalt an Chlorid, Sulfat, Silicat und Tonerde. Im folgenden werden nur die Prüfungsbestimmungen für das reinste Präparat angegeben.

Zur Prüfung auf *Chlorid* versetzt man eine Lösung von 1 g Kaliumhydroxyd in 20 cm³ Wasser und 5 cm³ Salpetersäure mit einigen Tropfen Silbernitratlösung: Innerhalb 1 Minute darf höchstens ganz schwache Opalescenz eintreten. Die Prüfung auf *Nitrat* kann in der üblichen Weise mit Indigolösung vorgenommen werden.

Zur Prüfung auf *Nitrit* versetzt man eine Lösung von 1 g Kaliumhydroxyd in 10 cm³ Wasser und 11 cm³ verdünnter Schwefelsäure mit Jodzinkstärkelösung: Es darf keine Blaufärbung auftreten.

Die Prüfung auf *Sulfat* wird ebenfalls in der üblichen Weise vorgenommen.

Zur Prüfung auf *Phosphat* versetzt man eine Lösung von 5 g Kaliumhydroxyd in 50 cm³ Wasser mit 30 cm³ Salpetersäure und 25 cm³ einer salpetersauren Lösung von Ammoniummolybdat: Nach zweistündigem Stehen bei 40° darf keine gelbe Abscheidung erfolgen.

Zur Prüfung auf *Silicat* dampft man 5 g Kaliumhydroxyd, gelöst in 25 cm³ Wasser und 25 cm³ Salzsäure in einer Platinschale auf dem Wasserbade zur Trockne und trocknet den Rückstand $^1/_2$ Stunde lang bei etwa 120°. Man löst den Rückstand sodann in 10 cm³ Salzsäure und 90 cm³ Wasser, filtriert einen etwa unlöslichen Rückstand ab und wäscht diesen aus: Es darf nach Glühen nicht mehr als 0,001 g wiegen.

Zur Prüfung auf *Tonerde, Kalk* und *Schwermetalle* verfährt man wie folgt: 5 g Kaliumhydroxyd sollen sich in 10 cm³ Wasser klar und farblos lösen. Diese Lösung wird mit 25 cm³ verdünnter Essigsäure, dann mit 10 cm³ Ammoniaklösung versetzt und nach dem Verdünnen mit 55 cm³ Wasser auf dem Wasserbade erwärmt, bis der Geruch nach Ammoniak verschwunden ist. Nach Zusatz von einigen Tropfen Ammoniaklösung darf innerhalb 15 Stunden keine oder doch nur äußerst geringe flockige Abscheidung erfolgen. Im letzteren Falle wird der Niederschlag abfiltriert und ausgewaschen; das Gewicht desselben darf nach dem Glühen nicht mehr als 0,001 g betragen.

Mit dem Filtrat werden folgende Prüfungen ausgeführt: 50 cm³ desselben versetzt man mit Ammoniumoxalatlösung; nach zweistündigem Stehen darf keine Abscheidung von Calziumoxalat erfolgt sein.

Werden 50 cm³ des Filtrates mit einigen Tropfen Schwefelammonium versetzt, so darf weder Grün- noch Braunfärbung noch Abscheidung eines Niederschlages eintreten.

Zur Prüfung auf in *Alkohol unlösliche Verunreinigungen* löst man 5 g Kaliumhydroxyd in 10 cm³ Wasser und vermischt mit 50 cm³ 85proz. Alkohol: Innerhalb 1 Stunde darf sich nichts abscheiden.

Kaliumcarbonat. Es bildet ein weißes, körniges, hygroskopisches Pulver, das in einem Teil Wasser löslich und in absolutem Alkohol unlöslich ist.

Zur Prüfung auf *Chlorid* versetzt man eine Lösung von 1 g Kaliumcarbonat in 20 cm³ Wasser nach Ansäuern mit Salpetersäure mit Silbernitratlösung: Es darf höchstens schwache Opalescenz auftreten.

Zur Prüfung auf *Sulfat* und *Nitrat* verfährt man wie in früheren Beispielen angegeben: Die Proben müssen vollständig negativ ausfallen.

Zur Prüfung auf *Kaliumcyanid* löst man 0,5 g Ferrosulfat in 5 cm³ Wasser, gibt 5 cm³ 5proz. Kaliumcarbonatlösung, 1—2 Tropfen Eisenchloridlösung hinzu und erwärmt auf etwa 60—70°. Versetzt man das Gemisch mit Salzsäure bis zur sauren Reaktion, so darf weder Grünfärbung noch Abscheidung eines blau gefärbten Niederschlages eintreten.

Zur Prüfung auf *Sulfid, Sulfit* und *Thiosulfat* gibt man 1 cm³ einer 5proz. wäßrigen Kaliumcarbonatlösung zu 10 cm³ 0,1 n-Silbernitratlösung: Es soll ein gelblichweißer Niederschlag entstehen, der durch Erwärmen auf 60—70° nicht dunkler gefärbt wird.

Kaliumjodid. Weiße, würfelförmige, an der Luft nicht feucht werdende Krystalle, die sich in etwa 0,75 Teilen Wasser, in etwa 12 Teilen 85proz. Alkohol und in etwa 40 Teilen absolutem Alkohol lösen.

Zur Prüfung auf *Kaliumcarbonat* bringt man zerriebenes Jodkalium auf feuchtes rotes Lackmuspapier: Es soll sich dasselbe nicht sofort violettblau färben.

Die Prüfung auf *Sulfat* wird wie üblich, die Prüfung auf *Nitrat* wie unter Eisenoxyd angegeben vorgenommen.

Zur Prüfung auf *Jodat* und *Eisenoxydsalz* versetzt man eine mit ausgekochtem und wieder erkaltetem Wasser frisch bereitete Lösung (1 : 20) mit Stärkelösung und 2—3 Tropfen verdünnter Schwefelsäure: Es darf keine Blaufärbung innerhalb 1 Minute eintreten.

Zur Prüfung auf *Cyanid* erwärmt man eine Lösung von 1 g Kaliumjodid in 20 cm³ Wasser mit einem Körnchen Ferrosulfat, einem Tropfen Eisenchloridlösung und 5 cm³ Natronlauge auf 50—60°: Nach Zusatz von 10 cm³ Salzsäure darf keine Blaufärbung eintreten. Die Prüfung auf *Schwermetalle* führt man in der üblichen Weise aus.

Kaliumjodat. Das weiße krystallinische Pulver ist in 13 Teilen kaltem und 5 Teilen siedendem Wasser löslich. Seine 5proz. wäßrige Lösung soll klar sein und weder blaues noch rotes Lackmuspapier verändern.

Zur Prüfung auf *freie Säure* gibt man zu einer Lösung von 0,5 g Kaliumjodat in 20 cm³ ausgekochtem Wasser ein Kryställchen von neutralem Jodkalium und einige Tropfen Stärkelösung: Innerhalb von 30 Sekunden darf sich die Flüssigkeit nicht blau färben.

Zur Prüfung auf *Jodid* schüttelt man eine Lösung von 1 g Kaliumjodat in 20 cm³ Wasser nach Zusatz von 3—5 Tropfen verdünnter Schwefelsäure mittlerer Form: Dasselbe darf keine violette Farbe annehmen.

Zur Prüfung auf *Chlorat* versetzt man eine Lösung von 0,2 g Kaliumjodat in 20 cm³ Wasser mit 20 cm³ Salpetersäure und 10 cm³ Silbernitratlösung. Nach tüchtigem Umschütteln wird filtriert und das Filtrat nach Zusatz von 10 cm³ chloridfreier Formaldehydlösung (etwa 35proz.) zum Sieden erhitzt: Es darf weder Trübung noch Abscheidung eines Niederschlags auftreten.

Kaliumnitrat. Die farblosen durchsichtigen Krystalle oder das krystallinische Pulver ist in 4 Teilen kaltem und ungefähr 0,5 Teilen siedendem Wasser löslich, in Alkohol fast unlöslich.

Prüfung auf *Chlorid*: Die Lösung von 1 g Kaliumnitrat in 20 cm^3 Wasser darf nach Zusatz von 1 cm^3 Salpetersäure durch Silbernitratlösung nicht verändert werden.

Prüfung auf *Chlorat* und *Perchlorat*: Wird 1 g Kaliumnitrat schwach geglüht, der Rückstand in 20 cm^3 Wasser gelöst, die Lösung mit 1 cm^3 Salpetersäure und Silbernitratlösung versetzt, so darf keine Veränderung eintreten.

Prüfung auf *Sulfat*: Die Lösung von 3 g Kaliumnitrat in 60 cm^3 Wasser darf nach Zusatz von 1 cm^3 Salzsäure und Bariumchloridlösung innerhalb 15 Stunden keine Abscheidung von Bariumsulfat zeigen.

Prüfung auf *Nitrit*: Die Lösung von 1 g Kaliumnitrat in 20 cm^3 Wasser wird mit 1 cm^3 verdünnter Schwefelsäure und 1 cm^3 einer frisch bereiteten farblosen Lösung von salzsaurem Metaphenylendiamin (0,5 : 100) versetzt; es darf keine gelbe oder gelbbraune Färbung eintreten.

Prüfung auf *Kalk* und *Schwermetalle*: Die Lösung von 3 g Kaliumnitrat in 50 cm^3 Wasser darf weder durch Schwefelwasserstoffwasser noch nach Zusatz von Ammoniaklösung durch Ammoniumoxalatlösung verändert werden; nach Zusatz von Schwefelammonium darf weder Grün- noch Braunfärbung noch Abscheidung eines Niederschlags eintreten.

Prüfung auf *Eisen*: Die Lösung von 1 g Kaliumnitrat in 20 cm^3 Wasser darf nach Zusatz von 1 cm^3 Salzsäure durch Kaliumrhodanidlösung nicht gerötet werden.

Kaliumnitrit. Kaliumnitrit kommt als Krystalle oder weiße bis schwach gelblich gefärbte, zähe, hygroskopische Stangen in Handel. Es ist in Wasser sehr leicht löslich, gegen Lackmuspapier reagiert die wäßrige Lösung alkalisch.

Zur *quantitativen Bestimmung* läßt man in eine Mischung von 50 cm^3 0,1 n-Kaliumpermanganatlösung, 300 cm^3 Wasser und 25 cm^3 verdünnte Schwefelsäure unter fortwährendem Umschütteln 20 cm^3 einer Lösung von 1 g Kaliumnitrit in 100 cm^3 Wasser langsam einfließen. Nach 10 Minuten fügt man 3 g Kaliumnitrit hinzu und titriert das freie Jod unter Anwendung von Stärkelösung als Indicator mit 0,1 n-Natriumthiosulfatlösung.

Die Prüfung auf *Chlorid*, *Sulfat* und *Schwermetalle* wird in der üblichen Weise vorgenommen.

Kaliumoxalat (neutral). Es bildet Säulen, die in 3 Teilen Wasser löslich sind.

Zur Prüfung auf *neutrale Reaktion* gibt man zu einer Lösung von 10 g Kaliumoxalat in 100 cm^3 Wasser Phenolphthaleinlösung: Nach Zusatz von 0,1 cm^3 0,1 n-Kalilauge soll Rotfärbung eintreten.

Die Prüfung auf *Chlorid*, *Sulfat* und *Schwermetalle* vollführt man in der üblichen Weise.

Kaliumpermanganat. Die dunkelvioletten, fast schwarzen, stahlblau glänzenden Prismen lösen sich in 16 Teilen kaltem und 3 Teilen siedendem Wasser. Die wäßrige Lösung (1 : 100) reagiert gegen Lackmus neutral.

Zur Prüfung auf *Sulfat* und *Chlorid* erhitzt man eine Lösung von 0,5 g Kaliumpermanganat in 25 cm^3 Wasser mit 2 cm^3 85proz. Alkohol zum Sieden und filtriert. Das farblose Filtrat darf nach Zusatz von 2 cm^3 Salpetersäure weder durch Bariumnitrat- noch durch Silbernitratlösung mehr als opalescierend getrübt werden. Ein „schwefelsäurefreies" Präparat darf keine Abscheidung von Bariumsulfat geben. Zur Prüfung auf *Nitrat* trägt man 1 g krystallisierte Oxalsäure in kleinen Mengen in eine auf 50—60° erhitzte Lösung von 0,5 g Kaliumpermanganat in 5 cm^3 Wasser ein, erhitzt zum Sieden und filtriert. 2 cm^3 des klaren farblosen Filtrates mit 5 cm^3 konzentrierter Schwefelsäure vermischt und nach dem Erkalten mit 1 cm^3 Ferrosulfatlösung überschichtet, sollen keine gefärbte Zone an der Berührungsfläche der beiden Flüssigkeiten ergeben.

Kaliumphosphat (primäres). Nach Sörensen muß ein brauchbares Kaliumphosphat folgende Anforderungen erfüllen:

Das Salz muß in Wasser klar löslich sein und darf weder *Sulfat* noch *Chlorid* enthalten.

Getrocknet 24 Stunden bei 100° und 20—30 mm Druck darf das Salz höchstens 0,1 % verlieren (ca. 5 g werden für die Probe benutzt), und bei nachfolgendem vorsichtigem Glühen im Platintiegel soll der Gewichtsverlust 13,23 $\pm$ 0,1 % betragen.

Kaliumrhodanid. Die farblosen prismatischen Krystalle sind an der Luft leicht zerfließlich und in Alkohol und Wasser leicht löslich. 1 g Kaliumrhodanid soll in 10 cm^3 siedendem absolutem Alkohol vollständig klar löslich sein.

Zur Prüfung auf *Chlorid*, *Sulfat* und *Schwermetalle* verfährt man in der üblichen Weise.

Zur Prüfung auf *Ammoniumsalze* erhitzt man 3 g Kaliumrhodanid mit 10 cm³ Natronlauge zum Sieden: Feuchtes rotes Lackmuspapier darf durch die entweichenden Dämpfe nicht gebläut werden.

Zur Prüfung auf *Eisen* versetzt man 20 cm³ einer 5proz. Lösung mit 0,5 cm³ Salzsäure: Es darf keine Rotfärbung entstehen.

Kaliumsulfat. Die weißen, harten Krystalle sind in 10 Teilen kaltem und 4 Teilen siedendem Wasser löslich.

Die Prüfung auf *Nitrat*, *Chlorid*, *Schwermetalle* und *Eisen* wird in der üblichen Weise vorgenommen.

Zur Prüfung auf *Ammoniumsalz* gibt man zu einer Lösung von 1 g Kaliumsulfat in 20 cm³ Wasser einige Tropfen NESSLERS Reagenz: Es darf höchstens eine schwach gelbe Färbung auftreten.

Zur Prüfung auf *Kalk* und *Magnesia* versetzt man je 20 cm³ der wäßrigen Lösung (1 : 20) mit Ammoniumoxalat- bzw. Natriumphosphatlösung: Es darf keine Veränderung eintreten.

Kaliumnatriumtartrat (Seignettesalz). Die farblosen durchsichtigen Säulen lösen sich in 1,4 Teilen Wasser zu einer gegen Phenolphthaleinlösung neutral reagierenden Flüssigkeit.

Die Prüfung auf *Chlorid*, *Sulfat*, *Ammoniumsalze* und *Schwermetalle* führt man in der üblichen Weise aus.

Zur Prüfung auf *Kalk* schüttelt man eine Lösung von 1 g Kaliumnatriumtartrat in 10 cm³ Wasser mit 5 cm³ verdünnter Essigsäure einige Minuten lang. Es scheidet sich ein weißer krystallinischer Niederschlag ab, von dem man abfiltriert. Das Filtrat versetzt man nach dem Verdünnen mit den gleichen Volumen Wasser mit 8—10 Tropfen Ammoniumoxalatlösung: Innerhalb 1 Minute darf keine Trübung eintreten.

Kupfersulfat. Die blauen durchscheinenden, wenig verwitternden Krystalle sind in 3,5 Teilen kaltem und 1 Teil siedendem Wasser löslich, in Alkohol fast unlöslich.

Auf *Alkalimetalle* prüft man durch Einleiten von H_2S in eine Lösung von 3 g Kupfersulfat in 100,0 Wasser + 5 cm³ Salzsäure. Das eingedampfte Filtrat darf nicht mehr als 1 mg Glührückstand geben.

Zur Prüfung auf *Eisen* füllt man eine siedende Lösung von 5 g Kupfersulfat in 25 cm³ Wasser und 2 cm³ Salpetersäure mit 20 cm³ Ammoniakflüssigkeit. Der gut ausgewaschene Filterrückstand darf beim Veraschen nicht mehr als 1 mg Rückstand liefern.

Magnesiumchlorid. Die weißen, zerfließlichen Krystalle lösen sich in 0,6 Teilen kaltem oder 0,3 Teilen heißem Wasser. In 5 Teilen 85proz. Alkohol sind sie ebenfalls löslich.

2 g Magnesiumchlorid sollen sich in 10 cm³ 85proz. Alkohol vollständig und klar lösen.

Zur Prüfung auf *Sulfat*, *Ammoniumsalze*, *Schwermetalle* und *Kalk* verfährt man wie früher bereits angegeben.

Zur Prüfung auf *Phosphat* und *Arseniat* fügt man zu einer Lösung von 3 g Magnesiumchlorid und 6 g Ammoniumchlorid in 24 cm³ Wasser 12 cm³ Ammoniaklösung: Innerhalb 15 Stunden darf weder eine Trübung noch ein Niederschlag auftreten.

Zur Prüfung auf *Bariumsalze* versetzt man eine Lösung von 1 g Magnesiumchlorid in 20 cm³ Wasser mit verdünnter Schwefelsäure: Es darf keine Veränderung eintreten.

Magnesiumsulfat. Es bildet kleine, farblose, an der Luft kaum verwitternde Krystalle, die in 1 Teil kaltem und 0,3 Teilen siedendem Wasser löslich, in Alkohol unlöslich sind. Die wäßrige Lösung soll in Lackmuspapier neutral reagieren.

Die Prüfung auf *Chlorid* mittels Silbernitratlösung und auf *Eisen* mittels Kaliumrhodanid wird wie oben angegeben bewerkstelligt.

Die Prüfung auf *Phosphat* und *Arseniat* wird wie bei Magnesiumchlorid beschrieben vollzogen, während man die Prüfung auf Arsen mittels Zinnchlorür vornimmt.

Natriumacetat. Es bildet farblose, durchsichtige, in warmer Luft verwitternde Krystalle, die in etwa 1 Teil Wasser löslich sind. Sie lösen sich auch in 29 Teilen kaltem und in 1 Teil siedendem 85proz. Alkohol. Die gesättigte wäßrige Lösung des Natriumacetates reagiert gegen Lackmuspapier alkalisch. Durch Phenolphthaleinlösung darf sie nicht oder nur sehr schwach gerötet werden. Natriumacetat muß die übliche Prüfung auf *Chlorid, Sulfat, Schwermetalle* und *Kalk* sowie auf *Eisenoxydsalz* aushalten.

Natriumbicarbonat. Die weißen Krystallkrusten oder das krystallinische Pulver sind in 12 Teilen Wasser löslich. In absolutem Alkohol ist Natriumbicarbonat unlöslich. Die wäßrige Lösung reagiert gegen Lackmus alkalisch.

Prüfung auf *Sulfat:* Wird die Lösung von 2 g Natriumbicarbonat in 30 cm^3 Wasser mit 10 cm^3 Salzsäure versetzt und zum Sieden erhitzt, so darf nach Zusatz von Bariumchloridlösung und 15stündigem Stehen keine Abscheidung von Bariumsulfat erfolgt sein.

Prüfung auf *Thiosulfat* und *Chlorid:* Die Lösung von 1 g Natriumbicarbonat in 47 cm^3 Wasser und 3 cm^3 Salpetersäure muß klar sein und darf nach Zusatz von Silbernitratlösung innerhalb 10 Minuten höchstens schwache Opalescenz zeigen.

Prüfung auf *Phosphat:* Die Lösung von 2 g Natriumbicarbonat in 20 cm^3 Wasser und 20 cm^3 Salpetersäure wird mit 10 cm^3 Ammoniummolybdatlösung versetzt; beim Erwärmen auf 30—40° darf innerhalb 2 Stunden Abscheidung eines gelben Niederschlages nicht eintreten.

Prüfung auf *Silicat*: 5 g Natriumbicarbonat werden in einer Platinschale in 15 cm^3 Wasser und 25 cm^3 Salzsäure gelöst. Die Lösung wird auf dem Wasserbade eingedampft, der Abdampfrückstand $^1/_2$ Stunde bei 120° getrocknet und sodann in 3 cm^3 Salzsäure und 25 cm^3 Wasser gelöst. Diese Lösung soll klar sein.

Prüfung auf *Rhodanid:* Die Lösung von 1 g Natriumbicarbonat in 3 cm^3 Salpetersäure und 47 cm^3 Wasser darf durch einen Tropfen Eisenchloridlösung nicht rötlich gefärbt werden.

Prüfung auf *Kaliumsalz:* 1 g Natriumbicarbonat darf beim Erhitzen im Reagensglas Ammoniak nicht entwickeln, welches mit feuchtem Kurkumapapier nachzuweisen wäre.

Prüfung auf *Schwermetalle:*

a) Die Lösung von 3 g Natriumbicarbonat in 40 cm^3 Wasser und 8 cm^3 Salzsäure darf auf Zusatz von Schwefelwasserstoffwasser keine Veränderung erleiden; versetzt man die Flüssigkeit mit 5 cm^3 Ammoniaklösung und einigen Tropfen Schwefelammonium, so darf weder Fällung noch Grün- oder Braunfärbung eintreten.

b) Die Lösung von 1 g Natriumbicarbonat in 15 cm^3 Wasser und 2 cm^3 Salzsäure darf durch Kaliumrhodanidlösung höchstens schwach rötlich gefärbt werden.

Prüfung auf *Monocarbonat* (neutrales Natriumcarbonat):

a) Die bei einer 15° nicht übersteigenden Temperatur und unter Vermeidung von starkem Schütteln hergestellte Lösung von 1 g Natriumbicarbonat in 20 cm^3 Wasser darf auf Zusatz von 3 Tropfen Phenolphthaleinlösung höchstens schwach gerötet werden.

b) 1 g des über Schwefelsäure getrockneten Natriumbicarbonates darf beim Glühen nicht mehr als 0,638 g Rückstand hinterlassen.

Natriumchlorid. Es bildet weiße, würfelförmige Krystalle oder ein krystallinisches Pulver.

Die Prüfung auf *Sulfat, Kaliumsalze, Ammoniumsalze, Magnesia, alkalische Erden, Schwermetalle* und *Eisen* wird wie bei den anderen Natriumsalzen angegeben ausgeführt.

Zur Prüfung auf *Jodid* versetzt man 20 cm^3 einer 5proz. Kochsalzlösung mit einem Tropfen Eisenchloridlösung und fügt dann Stärkelösung hinzu: Es darf keine Blaufärbung eintreten.

Natriumhydroxyd. Analog dem Kaliumhydroxyd unterscheiden sich die im Handel erhältlichen Präparate hauptsächlich durch einen verschiedenen Gehalt an *Chlorid, Sulfat, Silicat* und *Tonerde.*

Die Prüfungsbedingungen für das reinste Natriumhydroxyd sind die gleichen wie für Kaliumhydroxyd und werden in gleicher Weise wie dort angegeben ausgeführt.

Natriumcarbonat. Die farblosen durchscheinenden, an der Luft verwitternden Krystalle sind in 1,6 Teilen kaltem und 0,2 Teilen siedendem Wasser löslich. Gegen Lackmuspapier reagiert die wäßrige Lösung stark alkalisch. 100 Teile krystallisiertes Natriumcarbonat enthalten 37 Teile wasserfreies Salz. Das entwässerte Natriumcarbonat des Handels, Natrium carbonicum siccatum, entspricht der Formel $Na_2CO_3 + 2\,H_2O$ mit rund 74 % Na_2CO_3.

20 g Natriumcarbonat sollen sich in 80 cm^3 Wasser klar und farblos lösen.

Natriumcarbonat muß die unter Natriumbicarbonat angegebenen Prüfungen auf *Chlorid, Sulfat, Phosphat, Silicat, Kaliumsalze, Ammoniumsalze* und *Schwermetalle* aushalten.

Prüfung auf *Nitrat:* Man löst 1 g Natriumcarbonat in 10 cm³ verdünnter Schwefelsäure und schichtet diese Flüssigkeit auf 5 cm³ einer Lösung von 0,5 g Diphenylamin in 100 cm³ konzentrierter Schwefelsäure und 20 cm³ Wasser. An der Berührungsfläche der beiden Schichten darf keine Blaufärbung eintreten.

Prüfung auf *Natriumhydroxyd:* In einem Meßkölbchen von 100 cm³ Inhalt löst man 3 g Natriumcarbonat in 50 cm³ Wasser, versetzt die Flüssigkeit mit einer Lösung von 6 g krystallisiertem Bariumchlorid in 30 cm³ Wasser und füllt mit Wasser bis zur Marke auf. Nach tüchtigem Umschütteln filtriert man und versetzt 50 cm³ des Filtrates mit Phenolphthaleinlösung. Die Flüssigkeit darf keine rote Farbe annehmen.

Prüfung auf *Magnesia* und *Kalk:* Wird die Lösung von 10 g Natriumcarbonat in 11 cm³ Wasser und 10 cm³ Salzsäure mit 5 cm³ Ammoniaklösung und Ammoniumoxalatlösung versetzt, so darf Trübung nicht eintreten; nach Zusatz von Ammoniumphosphatlösung darf keine Abscheidung erfolgen.

Prüfung auf *Arsen:* Man setzt die Wasserstoffentwicklung im MARSHschen Apparat mit Hilfe von 20 g arsenfreiem, granuliertem Zink und verdünnter Schwefelsäure in Gang und bringt alsdann eine Lösung von 30 g Natriumcarbonat in 100 cm³ verdünnter Schwefelsäure in kleinen Mengen in den Entwicklungskolben des MARSHschen Apparates; nach einstündigem Gange darf in der Reduktionsröhre kein Anflug von Arsen wahrnehmbar sein.

Natriumthiosulfat. Die farb- und geruchlosen Krystalle sind bei gewöhnlicher Temperatur luftbeständig; sie lösen sich in weniger als 1 Teil kaltem Wasser. Die wäßrige Lösung 1 : 1 reagiert gegen Lackmuspapier schwach alkalisch.

Zur Prüfung auf *Carbonat, Sulfat* und *Sulfit* versetzt man eine Lösung von 3 g Natriumthiosulfat in 50 cm³ Wasser mit 0,1 n-Jodlösung, bis die Flüssigkeit schwach gelb gefärbt ist. Hierzu sind etwa 120 cm³ Jodlösung erforderlich. Nach Zusatz von Bariumchloridlösung darf keine Trübung eintreten.

Zur Prüfung auf *freies Alkali* versetzt man eine 10proz. Natriumthiosulfatlösung mit Phenolphthaleinlösung: Es darf keine Rötung auftreten.

Zur Prüfung auf *Sulfid* gibt man zu einer 10proz. Natriumthiosulfatlösung Zinksulfatlösung hinzu: Es darf keine Veränderung eintreten.

Zur Prüfung auf *Kalk* fügt man zu einer 10proz. Natriumthiosulfatlösung Ammoniak und Ammoniumoxalatlösung: Es darf keine Trübung auftreten.

Natriumnitrat. Die Prüfung der farblosen durchsichtigen, in 1,2 Teilen Wasser und in 80 Teilen 85proz. Alkohol löslichen Krystalle wird in gleicher Weise wie bei Kaliumnitrat angegeben vorgenommen.

Natriumnitrit. Seine Prüfung nimmt man in gleicher Weise wie die des Kaliumnitrites vor.

Natriumoxalat nach SÖRENSEN. Natriumoxalat nach SÖRENSEN, welches als Ursubstanz in der Acidimetrie und Oxydimetrie verwendet wird, ist mit Alkohol gefällt und bei 240° getrocknet.

Weißes, krystallinisches Pulver, löslich in 31 Teilen kaltem und 16 Teilen siedendem Wasser.

Das Präparat ist 100proz.

Prüfung auf *hygroskopische Feuchtigkeit:* 10 g Natriumoxalat dürfen beim Trocknen im Wassertrockenschrank während 24 Stunden nicht mehr als 0,001 g verlieren.

Prüfung auf *Natriumcarbonat* bzw. saures Natriumoxalat: In einem konischen Kolben von Jenaer Glas werden etwa 250 cm³ Wasser und 10 Tropfen Phenolphthaleinlösung (0,5 g Phenolphthalein in 50 cm³ Alkohol und 50 cm³ Wasser gelöst) unter Zuleitung von reiner, kohlensäurefreier Luft bis auf etwa 180 cm³ eingedampft und nach dem Abkühlen auf gewöhnliche Temperatur 5 g Natriumoxalat zugesetzt. Durch vorsichtiges Schütteln unter stetiger Zuleitung von reiner Luft geht das Oxalat, wenngleich langsam, in Lösung. Die Lösung darf, wenn sie rot gefärbt ist, nicht mehr als höchstens 4 Tropfen 0,1 n-Säure verbrauchen, um farblos zu werden, während eine ursprünglich farblose Lösung mit höchstens 2 Tropfen 0,1 n-Natronlauge eine deutliche rote Färbung annehmen muß.

Prüfung auf *Chlorid* und *Sulfat:* 10 g Natriumoxalat werden in einem Platintiegel, am besten mit Hilfe einer Spirituslampe (Leuchtgas ist schwefelhaltig), zersetzt; das gebildete Carbonat wird in Salpetersäure gelöst und die Lösung von der Kohle abfiltriert. In der einen Hälfte des Filtrates darf durch Silbernitratlösung keine Salzsäure, in der anderen Hälfte durch Bariumnitratlösung keine Schwefelsäure nachweisbar sein.

Prüfung auf *Eisen* und *Kalium:* 10 g Natriumoxalat werden in einem Platintiegel durch Glühen zersetzt und jede Spur von Kohle wird durch die Gasgebläselampe weggeglüht. Der Rest muß, mit warmem Wasser in einer Platinschale behandelt, vollständig löslich sein, höchstens darf eine kaum wägbare Spur von Eisenoxyd ungelöst bleiben. Die, wenn nötig, filtrierte Lösung wird mit möglichst eisenfreier Salzsäure übersättigt, sodann in einer Platinschale auf dem Wasserbade eingedampft und der Rückstand 2 Stunden im Trockenschrank bei 120° stehengelassen. Hiernach muß der Rückstand in Wasser klar gelöst sein, und die Lösung darf mit Kaliumrhodanidlösung nur eine Spur von Eisen erkennen lassen und mit Natriumkobaltinitritlösung keine Reaktion auf Kalium geben.

Prüfung auf *organische Verunreinigungen:* In einem reinen, gut ausgeglühten Reagensglas wird 1 g Natriumoxalat mit 10 cm³ reiner, konzentrierter Schwefelsäure erst schwach, solange Gasentwicklung stattfindet, dann stärker, bis zum beginnenden Verdampfen der Schwefelsäure, erwärmt. Nach dem Abkühlen wird die Farbe der Schwefelsäure mit der Farbe anderer 10 cm³ der Schwefelsäure, die auf dieselbe Weise, nur ohne Natriumoxalatzusatz, behandelt worden sind, verglichen. Das Natriumoxalat darf auf diese Weise der Schwefelsäure nur einen äußerst schwachen, bräunlichen Farbenton geben.

Quantitative Bestimmung: 0,4—0,5 g des bei 100° bis zur Gewichtskonstanz getrockneten Natriumoxalates werden in einem Platintiegel mit aufgelegtem Deckel vorsichtig erhitzt. Um eine Fehlerquelle, die durch den Schwefelgehalt des Leuchtgases bedingt wird, zu umgehen, verwende man zum Halten des Tiegels eine Asbestplatte, die ein kreisrundes Loch besitzt, oder man benütze eine Berzelius-Spirituslampe.

Die Überführung des Oxalates in Carbonat ist in $^1/_4$—$^1/_2$ Stunde beendet, und man verbrennt sodann die vorhandene Kohle durch stärkeres Erhitzen bei halbbedecktem Tiegel. Nach dem Erkalten löst man den Tiegelinhalt in Wasser und titriert kalt mit 0,2 n-Salzsäure unter Anwendung von Methylorange als Indicator.

Natriumphosphat (sekundäres). $Na_2HPO_4 + 12\,H_2O$. Die farblosen, durchscheinenden, an trockener Luft verwitternden Krystalle lösen sich in 6 Teilen Wasser. Gegen Lackmuspapier reagiert die wäßrige Lösung alkalisch.

Die Prüfung auf *Chlorid, Nitrat* (mittels Indigolösung), auf *Schwermetalle,* auf *Kalium* und auf *Arsen* (mit Hilfe des MARSHschen Apparates) wird in der üblichen Weise vorgenommen.

Zur Prüfung auf *Carbonat* und *Sulfat* versetzt man eine Lösung von 1 g Natriumphosphat in 2 cm³ Wasser mit 1 cm³ Salzsäure: Es darf kein Aufbrausen eintreten, Zusatz von Bariumchloridlösung darf keine Abscheidung von Bariumsulfat ergeben.

Natriumphosphat (sekundäres, nach SÖRENSEN). $Na_2HPO_4 + 2\,H_2O$. Ein sekundäres Natriumphosphat mit sehr nahe dieser Zusammensetzung beschreibt JULIUS THOMSEN; dieser Forscher hat gezeigt, daß die Aufnahme der ersten 2 Moleküle Krystallwasser durch das wasserfreie Salz eine größere Wärmetönung (pro Molekül Krystallwasser berechnet) hervorruft als die der folgenden zehn. Das Salz hat den Vorteil vor den gewöhnlichen bekannten Salzen mit 12 oder mit 7 Molekülen Wasser, daß es bei gewöhnlicher Temperatur und gewöhnlichem Feuchtigkeitsgehalt der Zimmerluft luftbeständig ist. Es wird ganz einfach durch Verwitterung reinen gewöhnlichen Natriumphosphates unter passenden Umständen dargestellt, welche sich leicht bewirken lassen, und man erhält es dann als ein weißes, körniges Pulver, welches beim Stehenlassen nicht zusammenbackt wie das gewöhnliche Natriumphosphat. Da das Salz sich jahrelang unverändert aufbewahren läßt, eignet es sich vorzüglich als Standardstoff, da es nur notwendig ist, ein für allemal den Wassergehalt in einer größeren Portion zu bestimmen. Der Wassergehalt liegt immer so nahe an dem von der Theorie verlangten, daß man bei allen gewöhnlichen Analysen mit der theoretisch berechneten Zusammensetzung des Salzes rechnen darf.

Für die *Darstellung des Salzes* verfährt man am besten folgendermaßen: Man breitet reines, gewöhnliches, sekundäres Natriumphosphat in einigermaßen dünnen Schichten auf Papier aus und läßt es, soweit als möglich gegen den Staub geschützt, bei gewöhnlicher Zimmertemperatur (18—22°) liegen. Bei täglichem guten Umrühren, und wenn man die nach einigen Tagen etwa gebildeten Klumpen zerstößt, ist die Verwitterung nach 8—14 Tagen beendet; die Geschwindigkeit der Verwitterung ist aber natürlich von der Temperatur und dem Feuchtigkeitsgrade der Luft abhängig.

Wenn die Verwitterung scheinbar vorbei ist, wägt man auf einem Stück Papier 100 g des Salzes (auf 0,1 g genau) und kontrolliert durch erneutes Wägen nach ein paar Tagen (Liegenlassen an der Luft), ob die Verwitterung zu Ende ist oder nicht. Verfügt man über eine Probe im voraus analysierten Salzes von der Zusammensetzung $Na_2HPO_4 + 2H_2O$, dann ist es zu empfehlen, auch 100 g von diesem Salz abzuwägen und es als Kontrolle neben die andere Portion zu legen; ändert nun diese Kontrollprobe ihr Gewicht nicht, dann kann man sicher sein, daß die vorhandenen Temperatur- und Feuchtigkeitsverhältnisse passend sind.

Die Anforderungen hinsichtlich der Reinheit sind die folgenden:

a) Das Salz muß *klar löslich* in *Wasser* sein und weder *Sulfat* noch *Chlorid* enthalten.

b) Beim Trocknen 24 Stunden bei 100° und 20—30 mm Druck und nachfolgendem vorsichtigem Glühen, bis das Gewicht konstant wird, soll der gesamte Gewichtsverlust 25,28 ± 0,1 % betragen. Für die Probe werden etwa 5 g angewandt.

Natriumsulfat. $Na_2SO_4 + 10\,H_2O$. Es bildet farblose, verwitternde Krystalle, die sich in 3 Teilen kaltem und 0,4 Teilen siedendem Wasser lösen. Die wäßrige Lösung reagiert neutral gegenüber Lackmuspapier. In Alkohol ist Natriumsulfat unlöslich. Im Handel ist ferner getrocknetes Natriumsulfat mit etwa 88,6 % Na_2SO_4, ferner wasserfreies Salz.

Die Prüfung auf *Chlorid, Kalk* und *Magnesia,* auf *Schwermetalle* und *Arsen* wird in der üblichen Weise ausgeführt.

Oxalsäure. Mit 2 Molekülen Krystallwasser bildet Oxalsäure farb- und geruchlose, prismatische Krystalle, die in 10 Teilen kaltem, in etwa 3 Teilen siedendem und in 2,5 Teilen Alkohol löslich sind. Wasserhaltige Oxalsäure zerfließt bei etwa 98° in ihrem Krystallwasser. Wasserfreie Oxalsäure schmilzt bei 187°. Durch Erwärmen auf 70° verliert die wasserhaltige Oxalsäure vollständig ihr Krystallwasser. Wasserfreie Oxalsäure sublimiert bei 100°.

3 g krystallisierte Oxalsäure dürfen keinen wägbaren Glührückstand hinterlassen.

Die Prüfung auf *Schwefelsäure,* auf *Chlorid* und auf *Schwermetalle* wird in der üblichen Weise mit je 5 g Oxalsäure vorgenommen.

Zur Prüfung auf *Ammoniumverbindungen* löst man 2,5 g Oxalsäure und 5 g Kaliumhydroxyd in 30 cm³ Wasser und versetzt die Lösung mit etwa 15 Tropfen Nesslers Reagens: Es darf höchstens eine schwach gelbe Färbung eintreten.

Die Prüfung auf *Salpetersäure* mittels Diphenylaminlösung muß vollständig negativ ausfallen.

Phosphorsäure. Zur Prüfung auf *flüchtige Säuren* mischt man 20 cm³ Phosphorsäure in einem Destillierkolben mit 50 cm³ Wasser und destilliert unter Benutzung eines Kugelaufsatzes 50 cm³ ab. Bei der Titration des Destillates mittels 0,1 n-Kalilauge unter Benutzung von Methylorange als Indicator dürfen bis zum Farbenumschlag nach Gelb höchstens 0,1 cm³ der Lauge verbraucht werden.

Zur Prüfung auf *Salpetersäure* mischt man 2 cm³ Phosphorsäure mit 2 cm³ konzentrierter Schwefelsäure und überschichtet mit 1 cm³ Ferrosulfatlösung: Es darf keine gefärbte Zone auftreten.

Zur Prüfung auf *Halogenwasserstoffsäuren, phosphorige Säure, Schwefelsäure, Schwermetalle, Erden, Arsen* und *auf durch Kaliumpermanganat oxydierbare Verunreinigungen* benützt man verdünnte Phosphorsäure und verfährt sonst in der üblichen Weise.

Zur Prüfung auf *Metaphosphorsäure* tropft man die mit 10 Teilen Wasser verdünnte Säure in eine verdünnte Eiweißlösung: Es darf keine Trübung entstehen.

Phosphorwolframsäure. Die kleinen weißen oder schwach gelbgrün gefärbten Krystalle sind in Wasser sehr leicht löslich.

Die Prüfung auf *Nitrat* wird in der üblichen Weise mittels Indigolösung vorgenommen.

Zur Prüfung auf *Ammoniumsalze* erwärmt man eine Lösung von 1 g Phosphorwolframsäure in 10 cm³ Wasser mit 5 cm³ Natronlauge: Die entweichenden Dämpfe dürfen feuchtes rotes Lackmuspapier nicht bläuen.

Pikrinsäure. Die blaßgelben, glänzenden Krystalle schmelzen bei 122,5°. Sie sind in 100 Teilen kaltem und ungefähr 30 Teilen siedendem Wasser, in 15 Teilen Alkohol, 20 Teilen Benzol und 75 Teilen Äther löslich.

Zur Prüfung auf *wasserunlösliche Verunreinigungen* und *Harze* löst man 1 g Pikrinsäure in 100 cm³ Wasser. Die Pikrinsäure soll sich vollständig und klar lösen. Zusatz von 1 oder 2 Tropfen verdünnter Schwefelsäure darf innerhalb 15 Stunden keine Abscheidung geben. Beim Filtrieren soll auf dem Filter Harz nicht zurückbleiben.

Zur Prüfung auf in *Benzol unlöslichen Verunreinigungen* löst man 1 g Pikrinsäure in 20 cm³ Benzol: Vollständige und klare Lösung muß erzielt werden.

Zur Prüfung auf *Oxalsäure* versetzt man eine Lösung von 1 g Pikrinsäure in 100 cm³ Wasser mit Calciumchloridlösung: Nach zweistündigem Stehen soll keine Abscheidung von Calciumoxal erfolgt sein.

Zur Prüfung auf *freie* und *gebundene Schwefelsäure* versetzt man 2 g Pikrinsäure mit 10 cm³ Salpetersäure und dampft auf dem Wasserbade zur Trockne ein. Den Rückstand löst man in 100 cm³ siedendem Wasser und 5 cm³ Salpetersäure, filtriert nach dem Erkalten und versetzt das Filtrat mit Bariumnitratlösung: Es darf nicht sofort eine Trübung eintreten.

Zur Prüfung auf *anorganische Verunreinigungen* verascht man vorsichtig 1 g mit einigen Tropfen Paraffinöl oder Glycerin durchfeuchteter Pikrinsäure in einer Platinschale: Es darf nicht mehr als 0,001 g Glührückstand hinterbleiben.

Platinchlorid — Chlorwasserstoffsäure. Braunrote, krystallinische, sehr hygroskopische Salzmasse, welche sich in Wasser, Alkohol und Äther mit gelber Farbe löst. Die wäßrige Lösung reagiert gegen Lackmuspapier sauer.

Prüfung auf *Löslichkeit* in absolutem Alkohol: 1 g Platinchlorid soll sich in 10 cm³ absolutem Alkohol vollständig und klar lösen.

Ebenso ist Platinchlorid in Wasser klar löslich; diese Lösung sei rein gelb und nicht rot oder dunkelbraun, was auf Anwesenheit von Platinchlorür oder Iridium hindeuten würde.

Prüfung des Glührückstandes auf *in Salpetersäure lösliche Verunreinigungen:* 2 g Platinchlorid werden stark geglüht, wobei 0,752 g Rückstand bleiben sollen. Der zurückbleibende Platinschwamm wird mit verdünnter Salpetersäure auf dem Wasserbade ¼ Stunde digeriert; sodann filtriert man, dampft das Filtrat auf dem Wasserbade ein und glüht den Abdampfrückstand. Der Glührückstand darf nicht mehr als 0,005 g betragen.

Die Prüfung auf *Sulfat* wird mittels Bariumchloridlösung, die Prüfung auf *Nitrat* mittels Ferrosulfat in der üblichen Weise vorgenommen.

Zur Prüfung auf *Bariumsalz* versetzt man die wäßrige Lösung mit einigen Tropfen Schwefelsäure: Nach dreistündigem Stehen darf keine Abscheidung von Bariumsulfat erfolgt sein.

Quecksilberchlorid. Es löst sich in 16 Teilen kaltem, in 3 Teilen siedendem Wasser, in 3 Teilen 85proz. Alkohol und etwa 17 Teilen Äther.

Als Zeichen, daß das Quecksilberchlorid kein *Quecksilberchlorür* oder andere in Äther unlösliche Produkte enthält, wird angesehen, daß 1 g gepulvertes Quecksilberchlorid in 25 cm³ Äther vollständig unlöslich ist.

Zur Prüfung auf *durch Schwefelwasserstoff nicht fällbare Verunreinigungen* leitet man in eine Lösung von 6 cm³ Quecksilberchlorid in 100 cm³ Wasser und 5 cm³ Salzsäure so lange Schwefelwasserstoff ein, bis alles Quecksilber gefällt ist, und filtriert. Nach dem Eindampfen des Filtrates darf kein wägbarer Rückstand hinterbleiben.

Zur Prüfung auf *Arsen* schüttelt man den bei der vorstehenden Prüfung erhaltenen Niederschlag von Schwefelquecksilber mit einer Mischung von 5 cm³ Ammoniaklösung und 45 cm³ Wasser. Das Filtrat darf nach dem Ansäuern mit Salzsäure weder Gelbfärbung noch Abscheidung eines gelben Niederschlages geben.

Salpetersäure. 10 cm³ dürfen keinen wägbaren Abdampfrückstand hinterlassen.

Die Prüfung auf *Arsen* wird wie unter Salzsäure angegeben ausgeführt.

Die Prüfung auf *Schwefelsäure, Halogenwasserstoffsäuren,* auf *Schwermetalle* und *Erden* wird in der üblichen Weise vorgenommen.

Zur Prüfung auf *Jodsäure* verdünnt man 5 cm³ Salpetersäure mit 10 cm³ Wasser, gibt 1 Stückchen Zink hinzu und schüttelt nach etwa 1 Minute mit Chloroform: Das Chloroform darf nicht violett gefärbt werden.

Schwefelsäure. 10 cm³ Schwefelsäure sollen nach dem Abrauchen im Platintiegel (Abzug!) keinen wägbaren Glührückstand hinterlassen.

Die Prüfung auf *Salpetersäure* wird mittels Diphenylaminlösung vorgenommen.

Zur Prüfung auf *Halogenwasserstoffsäuren, Schwermetalle* und *Kalk* und auf *Arsen* verfährt man wie in früheren Beispielen angegeben.

Zur Prüfung auf *Selen* überschichtet man 2 cm³ Schwefelsäure mit 2 cm³ Salzsäure, in der 1 Stückchen Natriumsulfit gelöst wird: Es soll keine rötliche Zone, noch beim Erwärmen eine rot gefärbte Ausscheidung entstehen.

Zur Prüfung auf *salpetrige Säure* und *schweflige Säure* verdünnt man 15 cm³ Schwefelsäure mit 60 cm³ Wasser und gibt 1 Tropfen 0,1 n-Permanganatlösung hinzu: Die Rosafärbung soll innerhalb 3 Minuten nicht verschwinden.

Zur Prüfung auf *Blei* verdünnt man 10 cm³ Schwefelsäure mit 50 cm³ 85proz. Alkohol: Es darf keine Trübung eintreten, noch soll sich nach zweistündigem Stehen Bleisulfat abgeschieden haben.

Zur Prüfung auf *Ammoniumsalze* verdünnt man 2 cm³ Schwefelsäure mit 30 cm³ Wasser, gibt Kalilauge bis zur alkalischen Reaktion hinzu, versetzt hierauf mit 10—15 Tropfen NESSLERs Reagens: Höchstens eine schwach gelbe, nicht jedoch braunrote Färbung oder Fällung darf eintreten.

Silbernitrat. Es bildet farblose, glänzende Krystalle oder geschmolzen weiße Stäbchen mit strahlig krystallinischem Geruch, die in 0,6 Teilen Wasser und in 14 Teilen 85proz. Alkohol löslich sind.

Zur Prüfung auf *Chlorid* löst man 5 g Silbernitrat in 5 cm³ Wasser und läßt diese Lösung in 100 cm³ Wasser einfließen: Eine Trübung darf nicht eintreten.

Zur Prüfung auf *Salpeter* löst man 0,5 g Silbernitrat in 0,5 cm³ Wasser und mischt die Lösung mit 20 cm³ absolutem Alkohol: Nach einige Minuten langem Umschütteln darf weder eine Trübung noch eine Abscheidung eintreten.

Zur Prüfung auf *Kupfer-, Wismut-* und *Bleisalze* löst man 1 g Silbernitrat in 5 cm³ Wasser und versetzt die Lösung mit 10 cm³ Ammoniaklösung: Die Flüssigkeit muß klar und farblos bleiben.

Zur Prüfung auf *durch Salzsäure nicht fällbare Verunreinigungen* versetzt man 50 cm³ einer 1proz. Silbernitratlösung mit 3 cm³ Salzsäure bei Siedetemperatur, filtriert den Niederschlag ab und dampft das Filtrat zur Trockne ein: Es darf kein wägbarer Rückstand hinterbleiben.

Tetrachlorkohlenstoff. Die klare farblose Flüssigkeit hat das spezifische Gewicht 1,604; sie siedet bei 76—77°.

25 cm³ Tetrachlorkohlenstoff dürfen nach dem Verdampfen auf dem Wasserbade keinen wägbaren Rückstand hinterlassen.

Prüfung auf *Chlor:* Werden 20 cm³ Tetrachlorkohlenstoff mit 5 cm³ Jodzinkstärkelösung geschüttelt, so darf Blaufärbung derselben nicht eintreten.

Prüfung auf *Salzsäure:* 20 cm³ Tetrachlorkohlenstoff werden mit 10 cm³ Wasser etwa 1 Minute lang geschüttelt: Das Wasser soll neutrale Reaktion zeigen und darf durch Silbernitratlösung nicht verändert werden.

Prüfung auf *organische Verunreinigungen:* Werden 20 cm³ Tetrachlorkohlenstoff mit 15 cm³ konzentrierter Schwefelsäure in einem vorher mit Schwefelsäure gespülten Glasstöpselglase häufig geschüttelt, so darf sich die Schwefelsäure innerhalb 1 Stunde nicht färben.

Prüfung auf *Aldehyd:* Werden 10 cm³ Tetrachlorkohlenstoff und 10 cm³ Kalilauge unter häufigem Umschütteln ungefähr 1 Minute lang erwärmt, so darf weder Gelb- noch Braunfärbung in der Kalilauge eintreten.

Prüfung auf *Schwefelkohlenstoff:* Man läßt eine Mischung von 10 cm³ Tetrachlorkohlenstoff und 10 cm³ einer Lösung von 10 g Kaliumhydroxyd in 100 g absolutem Alkohol etwa 1 Stunde stehen; nach Zusatz von 5 cm³ verdünnter Essigsäure und Kupfersulfatlösung darf innerhalb 2 Stunden Abscheidung eines gelben Niederschlages nicht eintreten.

Tierkohle. Prüfung auf *in Wasser lösliche Verunreinigungen:* 20 cm³ Wasser werden nach Zusatz von 1 g Tierkohle unter Verwendung eines Rückflußkühlers ungefähr 5 Minuten lang gekocht und filtriert; das Filtrat darf nach dem Verdampfen nicht mehr als 0,003 g Rückstand hinterlassen.

Prüfung auf *in Alkohol lösliche Verunreinigungen:* 40 cm³ Alkohol (85proz.) werden nach Zusatz von 2 g Tierkohle unter Verwendung eines Rückflußkühlers ungefähr 5 Minuten lang gekocht und filtriert: 20 cm³ des Filtrates sollen nach dem Verdampfen nicht mehr als 0,001 g Rückstand hinterlassen.

Prüfung auf *Sulfat, Chlorid* und *Nitrat:* Man kocht 50 cm³ Wasser mit 1 g Tierkohle einige Minuten lang und filtriert; das Filtrat soll farblos und von neutraler Reaktion sein.

Versetzt man 10 cm³ des Filtrates mit Bariumnitratlösung, so darf sofort keine Trübung eintreten. 10 cm³ des Filtrates dürfen durch Silbernitratlösung höchstens schwach opalisierend getrübt werden. Werden 10 cm³ des Filtrates mit einem Tropfen Indigolösung und 10 cm³ konzentrierter Schwefelsäure versetzt, so darf die blaue Farbe der Flüssigkeit beim Umschütteln nicht verschwinden.

Prüfung auf *Kupfer, Eisen* und *Kalk:* Eine Mischung von 40 cm³ Wasser und 10 cm³ Salzsäure wird mit 1 g Tierkohle ungefähr 5 Minuten lang gekocht und filtriert. Werden 10 cm³ des Filtrates mit 5 cm³ Ammoniaklösung versetzt, so darf weder Blaufärbung der Flüssigkeit noch flockige Abscheidung erfolgen; nach weiterem Zusatz von Ammoniumoxalatlösung darf nicht sofort Trübung eintreten.

Prüfung auf *anorganische Verunreinigungen:* 1 g Tierkohle darf nach dem Verbrennen nicht mehr als 0,10 g Rückstand hinterlassen.

Prüfung auf *Schwefelwasserstoff:* Man erhitzt 1 g Tierkohle mit 40 cm³ Wasser und 10 cm³ Salzsäure und prüft die entweichenden Dämpfe mit feuchtem Bleiacetatpapier: Eine Bräunung des letzteren darf nicht eintreten.

Prüfung auf das *Entfärbungsvermögen:* 40 cm³ einer Lösung von 0,2 g Bismarckbraun in 100 cm³ Wasser werden mit 0,1 g Tierkohle unter Verwendung eines Rückflußkühlers 10 Minuten lang gekocht und filtriert; das Filtrat soll nahezu farblos sein.

Uranylacetat. Das gelbe krystallinische Pulver ist in Wasser leicht löslich. Wegen seines Gehaltes an etwas basischem Salz erhält man klare Lösung nur nach Zusatz von etwas Essigsäure.

Zur Prüfung auf *Sulfat* benützt man eine Lösung von 1 g Uranylacetat in 20 cm³ Wasser und 2—3 cm³ verdünnter Essigsäure. Zusatz von Bariumchloridlösung darf keine Trübung oder Fällung bewirken.

Zur Prüfung auf *alkalische Erden* und auf *fremde Metalle* benützt man ebenfalls essigsäurehaltige Uranylacetatlösung und verfährt sonst wie in analogen Fällen angegeben.

Zur Prüfung auf *Natriumsalze* löst man 5 g Uranylacetat in 200 cm³ Wasser und 10 cm³ verdünnter Essigsäure. Man versetzt die Lösung in der Siedehitze mit Ammoniaklösung im Überschuß, filtriert und dampft das Filtrat zur Trockne ein. Der Abdampfrückstand wird geglüht, der Glührückstand in Wasser gelöst und die Lösung unter Anwendung von Methylorange als Indicator mit n-Salzsäure titriert. Bis zum Eintritt der Rotfärbung soll nicht mehr als 0,1 cm³ n-Salzsäure verbraucht werden.

Wasserstoffsuperoxydlösung 30proz. (Perhydrol, MERCK). Farblose Flüssigkeit vom spezifischen Gewicht 1,115—1,119, welche 30 Gewichtsprozente Wasserstoffsuperoxyd enthält. Eine Wasserstoffsuperoxydlösung, welche 30 Gewichtsprozente Wasserstoffsuperoxyd enthält, wird als 100-volumprozentig bezeichnet: Durch diese Bezeichnung soll zum Ausdruck gebracht werden, daß aus solchem Wasserstoffsuperoxyd das 100fache Volumen Sauerstoff in Freiheit gesetzt werden kann. Die saure Reaktion wird durch den hohen Gehalt an Wasserstoffsuperoxyd bedingt. Die Lösung reagiert gegen Lackmuspapier sauer.

Prüfung auf *freie Säuren:* 10 cm³ Perhydrol werden mit 100 cm³ Wasser verdünnt und zur Zersetzung des Wasserstoffsuperoxydes mit einigen Körnchen Platinmohr oder Braunstein versetzt. Man läßt die Flüssigkeit unter häufigem Umschütteln so lange stehen, bis die Sauerstoffentwicklung aufgehört hat, und filtriert. Das Filtrat soll nach Zusatz von Phenolphthaleinlösung durch einen Tropfen 0,1 n-Kalilauge gerötet werden.

Prüfung auf *nichtflüchtige Verunreinigungen:* 10 cm³ Perhydrol dürfen nach dem Verdampfen auf dem Wasserbade keinen wägbaren Rückstand hinterlassen.

Prüfung auf *Salzsäure:* 1 cm³ Perhydrol mit 20 cm³ Wasser verdünnt und mit 1 cm³ Salpetersäure versetzt, darf durch einige Tropfen Silbernitratlösung nicht verändert werden.

Prüfung auf *Schwefelsäure:* Man verdünnt 1 cm³ Perhydrol mit 20 cm³ Wasser, fügt 1 cm³ Salzsäure hinzu, erhitzt zum Sieden und versetzt mit Bariumchloridlösung. Nach 15stündigem Stehen darf keine Abscheidung von Bariumsulfat erfolgt sein.

Prüfung auf *Phosphorsäure:* Man dampft 5 cm³ Perhydrol auf dem Wasserbade ein, nimmt einen etwa vorhandenen Rückstand mit 3 cm³ Wasser auf, versetzt die Lösung mit 1 g Magnesiamischung und 3 cm³ Ammoniaklösung. Nach 15stündigem Stehen darf keine Abscheidung erfolgt sein.

Prüfung auf *Fluorwasserstoff:* Dampft man 10 cm³ Perhydrol nach Zusatz von 0,1 g Magnesiumoxyd auf ein kleines Volumen ein, bringt die konzentrierte Lösung auf ein Uhrglas, verdampft zur Trockne und übergießt den Trockenrückstand mit Schwefelsäure, so darf das Uhrglas nach 2—3stündigem Stehen keine Ätzung aufweisen.

Prüfung auf *Oxalsäure:* Die Lösung von 2 cm³ Perhydrol in 10 cm³ Wasser darf durch Calciumchlorid nicht verändert werden.

Quantitative Bestimmung: Man wägt 1 g Perhydrol in ein Meßkölbchen von 100 cm³ Inhalt und füllt mit Wasser bis zur Marke auf. 20 cm³ dieser Lösung werden mit 50 cm³ Wasser verdünnt, mit 20 cm³ verdünnter Schwefelsäure versetzt und mit 0,1 n-Kaliumpermanganatlösung titriert. Bis zum Eintritt der Rotfärbung sollen mindestens 35 cm³ verbraucht werden. 1 cm³ 0,1 n-Kaliumpermanganatlösung entspricht 0,0017008 g Wasserstoffsuperoxyd.

Weinsäure. Die farblosen Krystalle oder Krystallkrusten sind in 0,8 Teilen Wasser und in 4 Teilen 85proz. Alkohol löslich. 1 g Weinsäure soll keinen wägbaren Glührückstand hinterlassen. Von einem brauchbaren Präparat muß verlangt werden, daß es frei von *Kalk, Schwefelsäure, Blei* und *anderen Metallen* ist. Die Prüfung auf diese Stoffe wird in der üblichen Weise vorgenommen.

Zur Prüfung auf *Oxalsäure* versetzt man eine Lösung von 2 g Weinsäure in 20 cm³ Wasser mit Ammoniaklösung bis zur alkalischen Reaktion und fügt dann Calciumsulfatlösung hinzu: Es darf keine Abscheidung von Calciumoxalat eintreten.

Wismutsubnitrat (Basisches Wismutnitrat). Das weiße kleinkrystallinische Pulver ist unlöslich in Wasser und Alkohol, dagegen löslich in verdünnten Mineralsäuren.

Die Prüfung auf *Chlorid, Sulfat* und *Arsen* nimmt man in der üblichen Weise mit salpeter- bzw. schwefelsauren Lösungen vor.

Zur Prüfung auf *Ammoniak* erwärmt man 1 g Wismutsubnitrat mit 10 cm³ Natronlauge. Rotes Lackmuspapier darf durch die entweichenden Dämpfe nicht gebläut werden.

Zur Prüfung auf *Carbonat, Blei, Kupfer, Salze der alkalischen Erden* usw. übergießt man 0,5 g Wismutsubnitrat bei Zimmertemperatur mit 25 cm³ verdünnter Schwefelsäure. Ohne Entwicklung von Kohlensäure soll vollständige klare Lösung eintreten. 10 cm³ dieser Lösung sollen nach Zusatz von Ammoniaklösung im Überschuß ein farbloses Filtrat geben. 10 cm³ der schwefelsauren Lösung, mit 100 cm³ Wasser verdünnt, sollen nach dem vollständigen Ausfällen des Wismuts durch Schwefelwasserstoff ein Filtrat geben, welches nach dem Eindampfen keinen wägbaren Rückstand hinterläßt.

Zink. Die Handelspräparate sind: Zink granuliert, in dicken Stäbchen, in dünnen Stäbchen, in Platten, als Pulver, in Spänen und als Staub.

Zur Prüfung auf *Arsen* benützt man 20 g Zink und nimmt die Prüfung wie üblich unter Benützung arsenfreier verdünnter Schwefelsäure im MARSHschen Apparat vor. Man läßt die Wasserstoffentwicklung so lange gehen, bis alles Metall gelöst ist. In der Reduktionsröhre darf sich kein Anflug von Arsen zeigen.

Zur Prüfung auf durch *Kaliumpermanganat* oxydierbare Verunreinigungen übergießt man 10 g Zink in einem durch Bunsenventil verschließbaren Kölbchen mit einem Gemisch von 60 cm³ Wasser und 15 cm³ reiner konzentrierter Schwefelsäure. Es soll alles in Lösung gehen und keine schwarzen Flocken ungelöst bleiben. Die Lösung des Zinks versetzt man tropfenweise mit 0,1 n-Kaliumpermanganatlösung; bis zum Eintritt einer deutlichen Rosafärbung sollen nicht mehr als 0,1 cm³ verbraucht werden.

Zur Prüfung auf *Schwefel* und *Phosphor* übergießt man in einem schmalen Reagensglas 1 g Zink mit 5—10 cm³ verdünnter arsenfreier Schwefelsäure und schiebt in den oberen Teil der Röhre zwecks Zurückhaltung mit gerissenem Wasserdampf einen Bausch Watte. Über die Öffnung des Reagensglases legt man ein Stück Filtrierpapier, das man mit einer Silbernitratlösung getränkt und vorsichtig getrocknet hat. Nach zweistündigem Stehen in einem dunklen und schwefelwasserstofffreien Raum darf das Silbernitratpapier weder Gelb- noch Schwarzfärbung zeigen.

Zur Prüfung auf *Stickstoff*, die bei Zinkstaub vorzunehmen ist, verfährt man wie folgt: 20 g Zinkstaub werden in einer Mischung von 20 cm³ konzentrierter Schwefelsäure und 200 cm³ Wasser unter Erwärmen gelöst. Nach dem Erkalten wird die Flüssigkeit mit 100 cm³ stickstofffreier Natronlauge versetzt und destilliert, bis ungefähr 75 cm³ übergegangen sind. Das Destillat wird in einer Borlage aufgefangen, welche 2—3 cm³ 0,2 n-Salzsäure und 10 cm³ Wasser enthält, und unter Anwendung von Methylorange als Indicator mit 0,2 n-Kalilauge titriert. Zur Neutralisation des Ammoniaks aus dem Zinkstaub dürfen nicht mehr als 0,3 cm³ 0,2 n-Salzsäure erforderlich sein.

Zur *Wertbestimmung des Zinkstaubs* bringt man 1 g Zinkstaub in ein mit Glasstopfen verschließbares Fläschchen von etwa 200 cm³ Inhalt, gibt einige Glasperlen hinzu und darauf eine Mischung von 30 cm³ Kaliumjodatlösung und 100 cm³ Natronlauge (Kaliumjodatlauge: 15,25 g auf 300 cm³ Wasser; Natronlauge: 300 g Natriumhydroxyd auf 1000 cm³ Wasser). Man schüttelt nun den Inhalt des Fläschchens 5 Minuten lang kräftig durch und bringt denselben, ohne zu filtrieren, in einen Meßkolben von 1000 cm³ Inhalt, füllt mit Wasser bis zur Marke auf und mischt. Von dieser Lösung werden 100 cm³ in einen Joddestillationsapparat gebracht, nach Hinzufügen von 50 cm³ verdünnter Schwefelsäure und Verdrängung der Luft durch Kohlensäure destilliert und das Jod in Kaliumjodidlösung (1 : 5) aufgefangen. In etwa 20 Minuten ist die Destillation gewöhnlich beendet, was an der Farblosigkeit des Retorteninhaltes zu erkennen ist. Das überdestillierte Jod wird mit 0,1 n-Natriumthiosulfatlösung titriert. 6 Jod entsprechen 15 Zink.

Zinkchlorid. Das weiße, an der Luft zerfließliche Pulver ist leicht in Wasser und Alkohol löslich.

Zur Prüfung auf einen *zu großen Gehalt* an *Zinkoxychlorid* löst man 1 g Zinkchlorid in 1 cm³ ausgekochtem Wasser. Die Lösung soll klar oder höchstens ganz schwach getrübt sein. Auf Zusatz von 3 cm³ 85proz. Alkohol entsteht ein sofortiger Niederschlag, der auf Zusatz von einem Tropfen Salzsäure in Lösung gehen soll.

Die Prüfung auf *Sulfat* sowie auf *fremde Metalle* und *Alkalien* wird in der üblichen Weise vorgenommen.

Zinksulfat. Die farblosen, an trockener Luft verwitternden Krystalle sind in 0,6 Teilen Wasser löslich. Zinksulfat ist in Alkohol fast unlöslich.

Die Prüfung auf *Chlorid, Nitrat, Ammoniumsalze, Eisen,* andere *fremde Metalle* und auf *Arsen* wird in der üblichen Weise vorgenommen.

Zur Prüfung auf *freie Schwefelsäure* schüttelt man 2 g Zinksulfat mit 10 cm³ 85proz. Alkohol, filtriert nach etwa 10 Minuten und verdünnt das Filtrat mit 10 cm³ Wasser. Blaues Lackmuspapier darf durch das verdünnte Filtrat nicht gerötet werden.

2. Allgemeine Arbeitsmethoden,

Wägen, Erhitzen, Glühen, Kochen, Kühlen, Abdampfen, Einengen, Trocknen, Umkrystallisieren, Auswaschen usw.

Von C. WEYGAND, Leipzig.

Mit 62 Abbildungen.

A. Wägen.

Jede mechanische Wägung geht auf einen *Massenvergleich* zurück. Verglichen werden aber nicht die Massen selbst, sondern die am Wägegut angreifende Schwerkraft der Erde wird entweder — bei der *Hebelwaage* — zu der gleichzeitig an einem oder mehreren, in unmittelbarer Nachbarschaft befindlichen Körpern von bekannter Masse angreifenden in Beziehung gesetzt, oder es werden *elastische Formänderungen* registriert, die Körper von bekannter Masse an gewissen physikalischen Systemen hervorrufen; daraus, daß ein zu späterer Zeit unter gleichen Bedingungen einwirkender Körper die gleiche Formänderung hervorruft, wird auf Massengleichheit geschlossen. So mißt man bei der *Federwaage* die Kontraktion oder die Dilatation eines zur Schraubenlinie aufgewickelten elastischen Metalldrahts, an der *Neigungswaage* den Winkel, um den ein Zeiger aus seiner Ruhelage verschoben wird, bei der *Torsionsfederwaage* den Winkel, um den eine in zwei Spiralfedern aufgehängte Achse sich dreht.

Die wichtigsten Eigenschaften jeder Waage sind: *Empfindlichkeit, Tragfähigkeit* und *reproduzierbare Genauigkeit.* Die Empfindlichkeit hängt bei der *Hebelwaage* vom Gewicht des schwingenden Systems und von der Entfernung zwischen Unterstützungspunkt und Drehpunkt ab, bei der Federwaage von Form und spezifischen Eigenschaften des Materials, außerdem aber im höchsten Grade von der *Güte der mechanischen Ausführung.*

Die Tragfähigkeit ist bei Federwaagen davon abhängig, wie weit der elastive oder tordierte Bestandteil beansprucht werden darf, ohne irreversible Formänderungen zu erleiden. Bei der Hebelwaage ist eine obere Belastungsgrenze einmal dadurch gegeben, daß schon reversible elastische Deformationen des schwingenden Systems die Empfindlichkeit herabsetzen, derart, daß eine bei geringeren Belastungen an sich hochempfindliche Waage bei unerlaubt hohen *schlechter arbeitet* als eine an sich unempfindlichere bei gleicher Beanspruchung. Außerdem läuft man Gefahr, bei zu hohen Belastungen den *Waagebalken* dauernd zu deformieren oder die Schneiden und Lager zu schädigen.

Man kann die im Laboratorium meist verwendeten Hebelwaagen nach den Belastungsgrenzen in drei Klassen teilen. *Tarierwaagen* mit einer Tragfähigkeit bis zu mehreren Kilogrammen, *analytische Waagen* mit einer solchen von etwa 200 g und die *mikrochemischen* Waagen, deren Tragfähigkeit etwa 20 g beträgt. Die *Federwaage* trägt bei mäßiger Genauigkeit nicht mehr als die Tarierwaage, die Torsionswaage ist nur für sehr geringe Belastungen bestimmt.

Da bei *allen* Waagentypen die senkrecht nach unten wirkende *Schwerkraft* das bewegende Moment ist, spielt die sachgemäße Aufstellung eine sehr wichtige Rolle. Nur die *Handwaage*, die nicht aufgestellt, sondern aufgehängt wird, stellt sich von allein in der richtigen Lage ein. Auf ein besonderes *Wägezimmer* wird man selbst für analytische Waagen im biologischen Laboratorium leichter verzichten können, als manchmal angegeben wird. Räume, in denen mit agressiven Chemikalien (Säuredämpfe, Chlor, Ammoniak usw.) operiert wird, sind selbstverständlich für alle feineren Instrumente ungeeignet.

Die zu den *Hebelwaagen* gelieferten *Gewichtssätze* sind nicht immer völlig fehlerfrei, es gibt Verfahren, nach denen man die einzelnen Stücke zunächst gegeneinander ausgleicht und sie schließlich an ein Normalgewicht anschließt, die Beschreibung würde hier zu weit führen, es sei daher auf das einschlägige Kapitel im Lehrbuch der analytischen Chemie von TREADWELL (9) verwiesen.

Bei der reinen *Gewichtsanalyse* ist es an sich gleichgültig, ob das Bezugsgewichtstück absolut genau ist, es genügt vielmehr, wenn der Gewichtssatz in sich stimmt. Bei maßanalytischen Methoden hebt sich ein etwaiger Absolutfehler dann heraus, wenn die Titer auf Grund von Einwaagen mit dem gleichen Gewichtssatz bestimmt werden, nicht aber, wenn käufliche Lösungen oder z. B. Fixanalsubstanzen verwendet werden. Ebenso ist es nötig, daß die Gewichte absolut stimmen, wenn die Untersuchung in der Messung eines Gasvolumens gipfelt. Die Genauigkeit der von renommierten Firmen zu mäßigen Preisen gelieferten geprüften Sätze ist indessen auch für feinere Arbeiten völlig ausreichend.

Da die Wägungen nicht im *Vakuum*, sondern in der lufterfüllten Atmosphäre vor sich gehen, besitzen bei den Hebelwaagen Wägegut, Tara und Gewichtstücke einen von ihrem Volumengewicht abhängigen *Auftrieb*, den man im allgemeinen vernachlässigt, obwohl die spezifischen Gewichte der Gewichtsstücke und der Taragefäße, die bei allen feineren Wägungen den Hauptanteil der Masse ausmachen, sich nur zum Teil kompensieren. Kennt man die mittleren spezifischen Gewichte der Tarastücke (Porzellan 2,2—2,5, Glas 2,5—3,0, Quarzglas 2,2, Platin 21,4), so kann man unter Zugrundelegen eines spezifischen Gewichts von 8,0 für die Gewichtsstücke, die in der Hauptsache aus Messing bestehen[1], die Wägung auf den luftleeren Raum reduzieren, man bedient sich entweder der bequemen Reduktionstabelle von KOHLRAUSCH (11) oder berechnet die Korrektur nach der Formel $k = 1{,}20\left[\frac{1}{s} - \frac{1}{8{,}0}\right]$ mg, worin s das spezifische Gewicht des Wägeguts ist. Wog der Körper in Luft a Gramm, so ist sein Gewicht im Vakuum gleich dem Gewicht in Luft, vermehrt um $a \cdot k$ *Milligramm.*

Beispiel: Eine Quarzschale wog mit Messinggewichten austariert 26,4361 g, ihr auf den luftleeren Raum reduziertes Gewicht ist dann gleich dem gefundenen, vermehrt um

[1] Da die hauptsächlich in Frage kommenden *Gramm*stücke mit eingeschraubtem Kopf ein gewisses Luftvolumen enthalten, so fällt das mittlere spezifische Gewicht etwas kleiner aus. Messing hat gewöhnlich 8,4—8,5.

$26{,}4361 \cdot 1{,}20 \left[\frac{1}{2{,}2} - \frac{1}{8{,}0}\right]$ mg = 8,7 mg, aus der Tabelle entnimmt man $k = 0{,}40$, was zu demselben Korrektionsglied führt. Die Reduktion auf den luftleeren Raum ist bei den gewöhnlichen analytischen Arbeiten unnötig, bei Eichungen von Meßgeräten und Atomgewichtsbestimmungen aber oft unerläßlich.

Von der Reduktion auf den luftleeren Raum, die naturgemäß um so dringlicher wird, je kleiner das Gewicht der eigentlichen *Analysen*substanz, also etwa eines getrockneten oder geglühten Niederschlags im Verhältnis zum *Taragewicht* ist, was vor allem bei *mikroanalytischen* Arbeiten, die in der experimentellen Biologie eine ständig wachsende Rolle spielen, statthat, macht man sich praktisch dadurch frei, daß man als Gegengewichte in der Hauptsache nicht *Messinggewichte*, sondern gleichdimensionierte, leere Taragefäße (Tiegel, Schalen, Filterbecher, Absorptionsgefäße usw.) aus demselben Material verwendet und nur die dann noch bleibende Differenz mit Gewichtsstücken austariert.

Zur Aufstellung feinerer Waagen bedient man sich üblicherweise der auf Mauerkonsolen montierten Schieferplatte, es ist jedoch unter Umständen sogar besser, einen festen freistehenden, nicht zu leichten Holztisch zu wählen, wenn sich sonst Schwierigkeiten ergeben.

Die Theorie der Wägung setzt eigentlich voraus, daß bei der Hebelwaage beide wirksamen Hebelarme gleich lang sind, eine Forderung, die stets nur annähernd erfüllt ist, und der bei einseitiger Erwärmung noch weniger genügt wird. Man macht sich von dem dadurch entstehenden Fehler entweder nach der *Methode der doppelten Wägung* unabhängig, indem man Wägegut und Tara *vertauscht*, d. h. die rechte und linke Schale einmal mit diesem und das andere Mal mit jenem belastet, wobei man zwei voneinander abweichende Werte erhält, aus denen in genügender Annäherung das arithmetische Mittel zu ziehen ist. Diese Korrektur ist bei älteren, langarmigen Instrumenten natürlich wichtiger als bei den modernen, die ausnahmslos möglichst kurzarmig gebaut werden.

Ein anderes Mittel, den Fehler auszuschalten, besteht darin, nach BONDEL das Wägegut zuerst mit Schrot, Sand oder Hilfsgewichten auszutarieren, es dann zu entfernen und die Analysengewichte auf derselben Schale aufzusetzen, die vorher das Wägegut getragen hatte. Auch diese Vorsichtsmaßregeln kommen für gewöhnliche analytische (auch mikroanalytische) Arbeiten nicht in Frage.

a) Handwaagen und Tarierwaagen.

Die *Handwaage* (Abb. 1) kann je nach Größe mit einigen Hundert Gramm belastet werden und spricht bei sorgfältiger Handhabung noch auf etwa 0,01 g

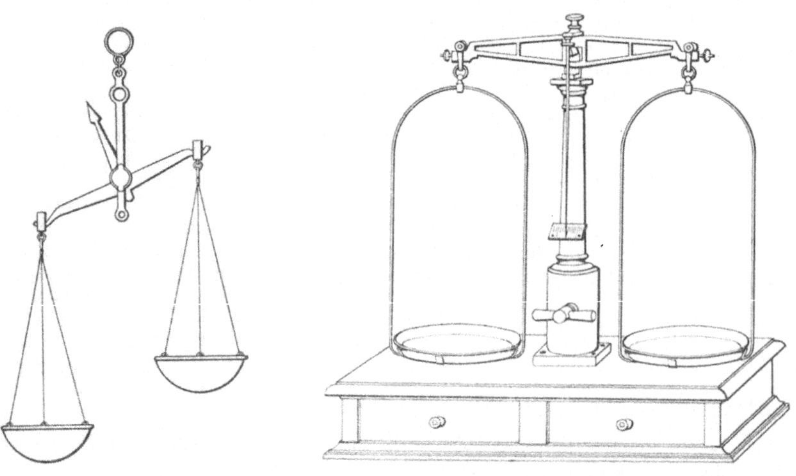

Abb. 1. Handwaage. Abb. 2. Tarierwaage.

an. Sie ist für präparative Zwecke häufig ausreichend. Um mit ihr zu wägen, faßt man den Ring mit den Daumen und Zeigefinger der linken Hand und läßt den Zeiger zwischen dem 4. und 5. Finger derselben Hand schwingen.

Tarierwaagen (Abb. 2) haben, falls sie *offen* montiert sind, bei höherer Belastung (bis zu Kilogrammen) etwa die gleiche Genauigkeit, sie besitzen meistens eine *Skala*, an der man nach dem Ausschlag des Zeigers ein Übergewicht abschätzen kann (vgl. analytische Waagen) und sind häufig mit einer Arretierungsvorrichtung versehen, die bei Nichtgebrauch die Schneiden und Lager schont (vgl. bei den analytischen Waagen).

Soll die Wägegenauigkeit größer sein (bis zu 0,1 mg), so muß die Waage wie jede analytische Waage gegen Luftströmungen durch einen Kasten mit Glasfenstern geschützt werden und sorgfältiger ausgeführt sein (Schneiden aus Achat).

b) Analytische Waagen.

Die analytische Waage steht im Inneren des *Waagekastens*, dessen Rahmen aus Holz oder Metall hergestellt sein kann. Er besitzt zwei seitliche Türen und einen beweglichen *Vorderschieber*, der durch Gegengewichte ausbalanciert in jeder Lage stehenbleibt. Andere Konstruktionen sind unpraktisch. Der Kastenboden ruht auf drei Füßen, von denen die beiden vorderen in üblicher Weise mit Hilfe von Schrauben sich heben und senken lassen, so daß die Waage mit Lot oder Libelle genau nivelliert werden kann (Abb. 3). Im Inneren des Kastens erhebt sich der *Stempel*, er trägt das mittlere *Lager*. Im Ruhezustand liegt darüber, ohne direkte Berührung, der *Waagebalken* mit der nach unten gerichteten mittleren Schneide in den vom Stempel getragenen Rasten. Der Balken trägt an den Enden in möglichst gleichen Abständen von der mittleren die beiden seitlichen, nach oben zeigenden Schneiden, über denen wieder, von seitlichen Ansätzen des Stempels unterstützt, die *Gehänge* mit den *Waagschalen* ruhen. Die Waagschalen schließlich werden von unten her durch Metall- oder Achatstifte am Pendeln verhindert.

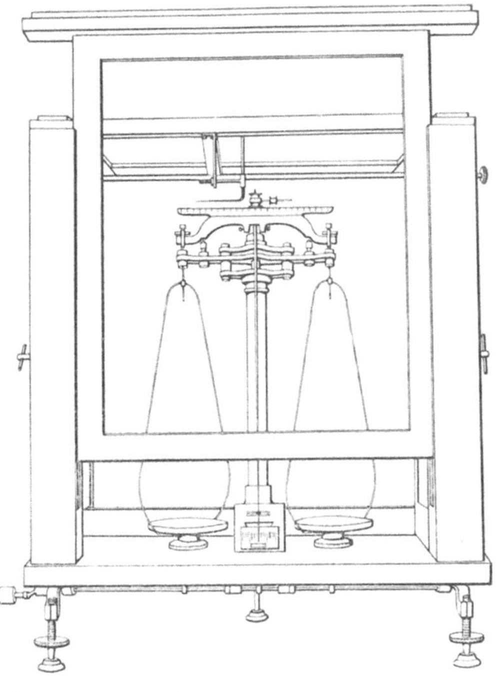

Abb. 3. Analytische Waage.

Durch Auslösen der *Arretierung*, die teils in der Mitte als Schraube, teils seitlich als Kurbel ausgebildet ist, werden nacheinander die Rasten des Waagebalkens, der Gehänge und der Waageschalen gesenkt, so daß der Balken und mit ihm die Schalen zum freien Schwingen kommen. Von der Mitte des Waagebalkens aus erstreckt sich fast bis zum Kastenboden der *Zeiger*, der die Bewegungen des Balkens mitmacht und, wenn die ausgelöste Waage sich selbst überlassen bleibt, eine gedämpfte Schwingung vollführt, deren Amplitüden sich durch die Umkehrstellungen der Zeigerspitze vor einer Elfenbeinskala markieren.

Da man zweckmäßig keine kleineren Gewichtstücke als 0,01, 0,02 und 0,05 g auflegt, erfolgt die Festlegung der dritten, vierten und eventuell der fünften Kommastelle, also der Milli-, der Zehntel- und Hundertstel-Milligramme einerseits nach dem Hebelgesetz durch Aufsetzen eines Laufgewichts und andererseits durch Beobachtung der *Nullpunktverschiebung*.

Die erste Aufgabe bei jeder analytischen Wägung ist daher die *Nullpunktbestimmung*. Der Zeiger der ausgelösten Waage würde im allgemeinen nicht genau in der Mitte der Skala zur Ruhe kommen, da auch bei vorheriger Einregulierung mit Hilfe der dazu bestimmten Flügel- oder Rändelschraube im Laufe von Stunden, infolge der Tagesschwankungen der Temperatur, sich die Länge der Balken ändert. In praxi bestimmt man die Ruhelage des Zeigers nicht durch Zuwarten bis zum völligen Stillstand, sondern ermittelt, während die Waage bei *geschlossenen Türen* und *gesenktem Vorderschieber* frei schwingt die *Umkehrpunkte* der Zeigerspitze vor der Skala, die meistens 10—12 Striche auf beiden Seiten des mittleren besitzt. Je nach der erforderlichen Wägegenauigkeit begnügt man sich mit ganzen, oder man schätzt die Fünftel oder Zehntel zwischen zwei benachbarten Teilstrichen. Da es sich um eine gedämpfte Schwingung handelt, braucht man zur Nullpunktbestimmung eine *ungerade* Anzahl von aufeinanderfolgenden Umkehrpunkten, bei modernen, kurzarmigen Waagen genügen ausnahmslos *drei.* Hat man die Waage ausgelöst, so läßt man sie zwei bis dreimal ausschwingen und findet dann z. B. folgende Umkehrpunkte: links 3,4, rechts 4,2, links 3,2; man nimmt das Mittel der beiden linken Ablesungen, also 3,3, subtrahiert es von 4,2 und halbiert die Differenz 0,9; dann ist + 0,45 die Ruhelage des Zeigers oder der akzidentelle Nullpunkt, auf den man die Ablesung bei der nun folgenden Wägung bezieht. Liegt dieser Punkt rechts von der Mitte, so erhält er das Plus-, liegt er links, das Minus-Vorzeichen.

Nachdem die Waage wieder arretiert ist, bringt man das Wägegut auf die linke Schale und tariert mit Gewichtsstücken derart aus, daß der Zeiger noch eben nach rechts, bei Zufügung eines 0,01-g-Stücks aber bereits nach *links* ausschlägt. Damit ist das Gewicht bis auf die Zentigramme festgelegt. Es betrage 16,34 g Die Milligramme bestimmt man mit dem Laufgewicht bzw. dem *Reiter*, einem zweckmäßig geformten Stück Gold-, Silber- oder Aluminiumdraht. Das Gewicht des Reiters beträgt z. B. 10 mg, dann wirkt es nach dem Hebelgesetz, vom Mittelpunkt bis genau über den Aufhängungspunkt der rechten Waagschale auf dem Balken verschoben, als Übergewicht von 0—10 mg. Der Balken trägt je nach seiner Konstruktion eine Teilung oder ein besonderes „Balkenlineal", mit im allgemeinen 100 Teilstrichen oder Kerben. Wird der Reiter von Strich zu Strich versetzt, so ändert sich die Belastung um je 0,1 mg. Man kann also diejenige Stellung des Reiters heraussuchen, bei der die wie oben ermittelte Ruhelage des Zeigers der akzidentellen Nullage am nächsten kommt, und hat damit das Gewicht der Tara auf 0,0001 g ermittelt. Viel bequemer ist es indessen, auf das Heraussuchen dieser bestimmten Kerbe zu verzichten und nur diejenige der zehn, die Belastungen von 0—9,0 angebenden Stellungen in ganzen Milligrammen festzustellen, bei der die Zeigerspitze nach rechts und links am *gleichmäßigsten* pendelt.

Man habe so z. B. die Ruhelage —0,34 gefunden. Dann ist offenbar die Belastung der rechten Hälfte der Waage um so viel zu groß, daß die Ruhelage um die zwischen den Punkten + 0,45 und —0,34 gelegene Strecke, also um 0,79 Teilstriche verschoben worden ist. Ein für allemal bestimmt man nun vorher denjenigen Betrag, um den bei *verschiedenen* Belastungen, etwa bei 1, 5, 20 und 50 g auf jeder Schale, die Ruhelage sich ändert, wenn der Reiter um 1 mg verschoben wird. Habe man für die vorliegende Belastung eine Änderung von 4,4 Teilstrichen pro Milligramm ermittelt, so entspricht der Änderung von 0,79 Teilstrichen nach dem Aufsetzen der Gewichte und des Reiters eine Gewichtsveränderung von 0,79 : 4,4, also von rund 0,2 mg. Hing der Reiter auf dem mit 6,0 bezeichneten Teilstrich des Lineals, oder hing er in der entsprechenden Kerbe, so ist das angezeigte Gewicht von 16,3460 g um 0,2 mg zu vermindern, und das Endresultat heißt 16,3458 g.

Man irrt sich niemals, wenn man folgende Regel beachtet: Liegt der Ruhepunkt bei der Wägung *links* vom Ruhepunkt der *unbelasteten* Waage, so ist die der Ruhepunktsverschiebung entsprechende Anzahl von Zehntelmilligrammen zu subtrahieren, liegt er *rechts* davon, so ist sie zu addieren — gleichgültig, ob die Ruhelage der unbelasteten Waage links oder rechts gefunden wurde.

Moderne kurzarmige Waagen werden häufig mit einem nur 5 mg schweren Reiter betrieben, der dann nicht nur über den halben, sondern über den ganzen Balken verschoben wird, in diesem Falle ist die unbelastete Waage im Gleichgewicht, wenn der Reiter in der 0-Kerbe über der linken Waagschale hängt. Da so die Abstände von Kerbe zu Kerbe doppelt so groß sind, ist auch die Genauigkeit, mit der der Reiter in einer bestimmten Lage hängt, doppelt so groß.

Die eben geschilderte, sog. *Schwingungsmethode* erlaubt bei genügender Empfindlichkeit der Waage noch die Festlegung der Hundertstel Milligramme oder jedenfalls die der Fünfzigstel. Im obigen Falle, bei einer Gewichtsänderung von 4,4 Teilstrichen pro Milligramm, entspricht eine Änderung des Nullpunkts von 0,1 Teilstrich einer Gewichtsänderung von 0,023 mg. Da bei der Ruhelageausrechnung mit dem Faktor 2 dividiert wird, sich andererseits die Umkehrpunkte bis auf ein Zehntel Skalenteil exakt schätzen lassen, so ist die Ruhelage auf 0,05 Skalenteile definiert, und die Wägegenauigkeit beträgt also fast 0,01 mg.

Das eben beschriebene einfachste Modell der Analysenwaage ist mehrfach modifiziert und verfeinert worden. Im folgenden sollen die wichtigsten Typen kurz besprochen werden.

1. Aperiodische oder *Dämpfungswaagen.* Die Pendelbewegungen werden pneumatisch gedämpft, so daß man nicht mehr Umkehrpunkte, sondern die wirkliche, nach wenigen Schwingungen eingetretene *Ruhelage* notiert. Alle Dämpfungswaagen bedürfen einer *sehr sorgfältigen Behandlung*, da die geringste Unachtsamkeit dazu führen kann, die pneumatische in eine ganz unkontrollierbare mechanische Dämpfung überzuführen, die das Resultat völlig fälscht. Sie sind nur geübten Analytikern zu empfehlen, der Zeitgewinn ist so gering, daß er ernstlich nur bei Serienarbeiten oder weitgetriebener Arbeitsteilung in Speziallaboratorien, nicht aber beim wissenschaftlichen Arbeiten in Frage kommt.

2. Analysenwaagen mit konstanter Empfindlichkeit. Die Änderung der Empfindlichkeit hängt wesentlich von der elastischen Durchbiegung des Balkens ab (s. o.), durch Auswahl geeigneten Materials gelingt es, diesen Mangel fast völlig zu beseitigen. Es ist dann möglich, die Empfindlichkeit derart zu regulieren, daß z. B. eine Nullpunktverlegung von 5 Teilstrichen ein für allemal, bei beliebiger Belastung in normalen Grenzen, einer Gewichtsänderung von genau 1 mg entspricht, wodurch die Rechnung bei Anwendung der Schwingungsmethode sich wesentlich vereinfacht. Ist dazu die Schwingungsamplitude klein, so wird die Dämpfung so gering, daß man lediglich die Distanz zwischen einem linken und einem rechten Umkehrpunkt zu bestimmen hat, die man als „Ausschlag" bezeichnet. Der *Ausschlag* gibt dann in ganzen Skalenteilen unmittelbar die Zehntelmilligramme, während die Hundertstel geschätzt werden können. Betreibt man die Waage dann noch mit einem 50-mg-Reiter (bei über den ganzen Balken erstreckter Teilung und 100 Kerben), so hat man nur die Zehntelgrammstücke aufzulegen und erreicht dadurch praktisch die gleiche Wägezeit, wie bei einer Dämpfungswaage. Da bei derartigen Instrumenten die Skala mit bloßem Auge nicht mehr ablesbar ist, wird sie durch Lupe oder Hohlspiegel vergrößert, eine Maßnahme, die auch bei anderen feineren Instrumenten Anwendung findet.

3. Waagen mit automatischer Gewichtsauflage. Diese Typen sind fast nur für Serienarbeit zweckmäßig, sie bieten den Vorteil, bei völlig geschlossener Waage arbeiten zu können. Näheres darüber bei F. Emich (2).

4. Kollimationsablesung. Da die Amplitude und damit die Ablesegenauigkeit (nicht aber notwendig die reproduzierbare Genauigkeit der Wägung) mit der *Länge* des Zeigers wächst, diese aber durch die Waagebalkendimensionen begrenzt ist und sich auch wegen der dann eintretenden mechanischen Störungen (Zittern der Zeigerspitze) nicht beliebig vergrößern läßt, verwendet man in

Spezialfällen einen *Lichtstrahl* als Zeiger, indem man durch einen im Drehpunkt des schwingenden Systems angebrachten Hohlspiegel das Bild eines schwarzen Fadens auf einer beleuchteten, durchsichtigen Skala entwirft, die mit dem Fernrohr beobachtet wird. Sinnvoll ist diese Anordnung natürlich nur bei Präzisionswaagen, für deren Betrieb besondere Vorsichtsmaßregeln bezüglich der Aufstellung und der Temperaturkonstanz des Wägezimmers erforderlich sind. Ein Vorzug liegt in der weniger ermüdenden Ablesearbeit.

Für alle analytischen Waagen gilt ganz allgemein, daß das Instrument ceteris paribus um so zuverlässiger arbeiten wird, je *einfacher* die Konstruktion ist. Komplizierte Bauart erschwert u. a. das in bestimmten Abständen unbedingt nötig werdende *Reinigen* der Waage, über das weiter unten bei der Mikrowaage das Nötige gesagt wird, sie verdeckt gelegentlich aber auch einen Mangel der Konstruktion. So findet man gelegentlich die sog. *Pinselarretierung* der Waagschalen, wo an Stelle der Metallstifte Marderhaarpinsel angebracht sind, ohne daß dadurch ein Vorteil erreicht würde.

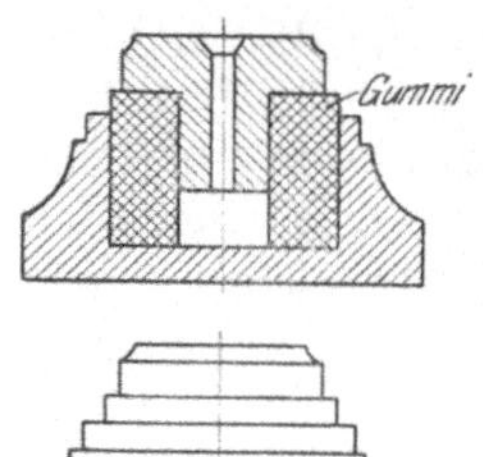

Abb. 4. Stoßdämpfer von SARTORIUS.

Nützliche Hilfsmittel sind gegebenenfalls die *Stoßdämpfer* (Abb. 4) von SARTORIUS. Zur Ablesung bei künstlichem Licht genügt bei allen Waagen ohne Lupe, Fernrohr oder Hohlspiegel eine helle Deckenbeleuchtung, die letzteren Typen können durch eine in 60 cm Entfernung über dem Kasten schwebende 60-Watt-Lampe beleuchtet werden. Es existieren Spezialbeleuchtungseinrichtungen, die indessen nach Meinung des Verfassers nahezu in allen Fällen völlig entbehrlich sind. Schlimmstenfalls schalte man eine Scheibe aus dem *Zeißschen* wärmeabsorbierenden Glas dazwischen.

c) Mikrochemische Waagen.

Als *mikrochemische Waagen* bezeichnet man Instrumente, mit denen die Hundertstel und Tausendstel Milligramm in prinzipiell gleicher Weise festgelegt werden können, wie bei der analytischen Hebelwaage die Zehntel und Hundertstel (Abb. 5).

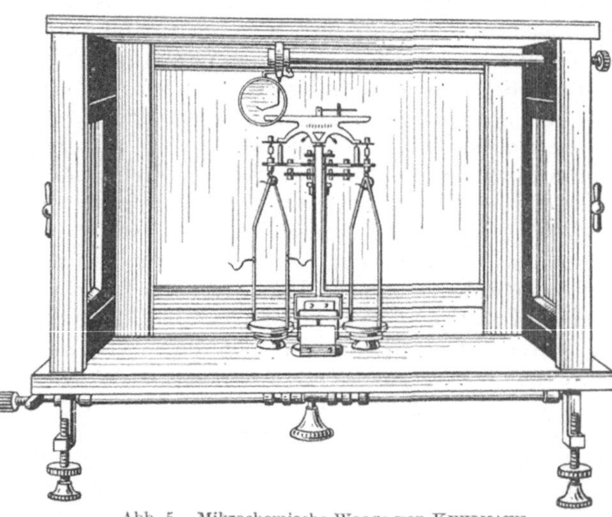

Abb. 5. Mikrochemische Waage von KUHLMANN.

Die im Handel befindlichen mikrochemischen Waagen unterscheiden sich in ihrer Bauart kaum von den größeren Modellen. Die Steigerung der Empfindlichkeit wird nur durch die Ausführung der gleichen Konstruktionselemente in verkleinertem Maßstabe und in äußerster Präzision erreicht. *Es existieren keine eigentlichen Neukonstruktionen, die an sich eine höhere reproduzierbare Genauigkeit verbürgen,* sondern es kommt ganz allein auf die sorgfältige feinmechanische Arbeit an. Mit der Güte des *Schneidenschliffs* und der Genauigkeit der *Balkenteilung* steht und fällt die Güte der Mikrowaage, deren Konstruktion im übrigen vorteilhaft von der möglichsten

Einfachheit sein kann. Das von F. PREGL (5) angeregte älteste und noch unübertroffene Modell von W. H. F. KUHLMANN vereinigt in sich alle denkbaren Vorzüge, vor allem den der bequemen Reinigung, womit nicht gesagt sein soll, daß Instrumente anderer Werkstätten nicht brauchbar wären. Verfasser kennt aus eigener Erfahrung die Mikrowaagen von BUNGE, SARTORIUS und WELHARTITZKY, die bei geeigneter Handhabung ebenfalls durchaus befriedigende Resultate liefern.

Da die Amplitüde der mikrochemischen Waagen sehr klein sein muß, damit die Dämpfung der Schwingung gering ist, sind zur Ablesung in allen Fällen Lupen, Fernrohre oder Hohlspiegel nötig, der Hohlspiegel hat vor der Lupe den Vorzug, daß eine falsche Stellung der Zeigerspitze an der bei schiefer Betrachtung sofort auftretenden Parallaxe erkenntlich ist, das Fernrohr vermeidet die Parallaxe natürlich von sich aus.

Die Skala, vor der der Zeiger schwingt, oder die am Zeiger angebracht im Gesichtsfeld des Fernrohrs vor einer Nullmarke pendelt, ist so gewählt, daß eine Gewichtsänderung von 0,1 mg den *Ausschlag* (s. o.) um zehn ganze Skalenteile verändert. Man erreicht dies praktisch durch *Regulierung der Empfindlichkeit*, indem man eine dafür bestimmte Schraubenmutter vertikal auf- oder niederbewegt und so den Schwerpunkt des schwingenden Systems verlegt. Die Empfindlichkeitsregulierung ist mühsam, sie wird aber bei der korrekt behandelten Waage erst nach langer Zeit nötig und sollte dann nie von Ungeübten, sondern besser bei Gelegenheit einer Überholung des Instruments vom Fachmann besorgt werden. Der *reproduzierbaren Genauigkeit* ist durch folgende Umstände eine untere Grenze gesetzt:

Da die mikrochemische Waage ebenso wie die normale Analysenwaage mit einem *Reiter* betrieben wird, der, von Kerbe zu Kerbe versetzt, die Belastung um 0,1 mg verändert, so kommt es darauf an, mit welcher Genauigkeit der Reiter in jeder einzelnen Kerbe stets von neuem zur Ruhe gelangt. Bei mit der Teilmaschine hergestellten Kerben ist die Entfernung von Kerbe zu Kerbe bis auf mindesten 1 % definiert. Das würde also eine exakte Festlegung der Tausendstel Milligramme an sich ermöglichen. Nicht ganz so günstig steht es mit dem *Reitersitz*: hier wird man höchstens mit einer Genauigkeit von 2 % zu rechnen haben, so daß praktisch eine Wägegenauigkeit von 2—3 Tausendstel Milligrammen herauskommt. Da die Einwaagen bei mikrochemischen Arbeiten im allgemeinen nicht weniger als 3 mg betragen, läßt sich das Gewicht auf 0,1 % festlegen, was bei den meistens größeren Fehlerquellen der Methoden völlig ausreicht.

Das Arbeiten mit der Mikrowaage ist also grundsätzlich dasselbe, wie es oben bei der Analysenwaage mit konstanter Empfindlichkeit geschildert worden ist.

Man bestimmt aus einem linken und einem rechten Umkehrpunkt unter Verwerfung der ersten 2—3 Schwingungen den „Ausschlag" der unbelasteten Waage, wobei man zwischen je zwei Teilstrichen der Skala die Zehntel schätzt und zweckmäßig vom Mittelpunkt aus die Skalenteile mit ± 10, 20, 30 usf. bezeichnet. Man habe z. B. einen linken Umkehrpunkt von —46 (also einen zwischen dem vierten und fünften Strich belegenen) und einen rechten von + 41 gefunden, der Ausschlag beträgt dann —5. Mit Gramm-, Dezi- und Zentigrammstücken, danach durch Aufsetzen der richtigen Kerbe des Balkenlineals tariert man das Wägegut und beobachtet z. B. nun einen linken Umkehrpunkt von + 2, einen rechten von + 56, der „Ausschlag" beträgt dann + 58, was man sofort einsieht, wenn man sich die Schwingungsamplitüde so vergrößert denkt, daß der linke Umkehrpunkt bei ± 0 gelegen wäre, der rechte Umkehrpunkt würde dann natürlich bei 56 + 2 = + 58 gelegen sein. Die Differenz zwischen dem Ausschlag der unbelasteten Waage (—5) und dem der belasteten (+ 48) beträgt also + 53, und dem entspricht bei der vorausgesetzten Empfindlichkeit ein Übergewicht von 0,053 mg, das dem durch Gewichtsstücke und Reiter angezeigten zuzurechnen ist. Liegt der Ausschlag der belasteten Waage *links* von dem der unbelasteten, so ist der entsprechende absolute Wert abzuziehen. Besser als eine weitere Erläuterung wird das Verfahren durch eine kleine Tabelle klar, in der alle vorkommenden Variationen enthalten sind.

Ermittelung des Ausschlags			Ermittelung des Übergewichts		Übergewicht
linker	rechter	Ausschlag	Ausschlag der Waage		
Umkehrpunkt			unbelastet	belastet	
— 5	+15	+10	+20	+55	+35
+ 5	+15	+20	—20	+55	+75
—15	— 5	—20	+20	—55	—75
			—20	—55	—35
			+55	+20	—35
			—55	+20	+75
			+55	—20	—75
			—55	—20	+35

Besondere Vorsichtsmaßregeln. Das Arbeiten mit der Mikrowaage verlangt eine Anzahl von Vorsichtsmaßregeln, die im wesentlichen von F. PREGL (5) ersonnen worden sind, und deren Beachtung erst brauchbare Resultate gewährleistet.

Entgegen anderen Meinungen lehrt die Erfahrung, daß der *Platz* für die Mikrowaage nicht schwerer zu schaffen ist als für jede gute Analysenwaage. Die *Unterlage* spielt keine ausschlaggebende Rolle, da die Waage — cum grano salis — nicht besonders erschütterungsempfindlich ist. Sehr viel wichtiger ist es, sie vor allzu starken *Temperaturschwankungen* zu schützen, das Wägezimmer bzw. der Raum, in dem das Instrument benutzt wird, sollte möglichst Doppelfenster haben.

Hat die Waage — etwa am Morgen nach einer kalten Nacht — Temperaturänderungen erfahren, so löst man sie zunächst einige Male aus und arretiert wieder, um durch diese leichten Erschütterungen thermische Nachwirkungen aufzuheben. Vor jeder Serie von Wägungen läßt man sie etwa 5—10 Minuten bei geöffnetem Vorderschieber und geöffneten Seitentüren stehen, damit sich die Temperatur des Instruments der Raumtemperatur vollkommen angleicht (nach PREGL „Klimaausgleich“). Bei der Bedienung hüte man sich, mit Kopf oder Händen unnötig nahe oder lange in die unmittelbare Nähe der Waage zu kommen, man überzeuge sich davon, daß der Ausschlag sich alsbald ändert, wenn man, während die Waage schwingt, die rechte oder linke Hand auf eine Seitentür legt. Es folgt daraus, daß die Zimmertemperatur im Rahmen des Erträglichen günstigerweise so hoch als möglich sein soll, bei Temperaturen unter 15° stellen sich bereits merkliche Schwierigkeiten ein. Wer die Skala mit bloßem Auge nicht mühelos ablesen kann, benutze eine langbrennweitige *Leselupe* (nur bei der Hohlspiegelkonstruktion anwendbar). Bei schwingender Waage dürfen die Unterarme keinesfalls auf der Tischplatte aufliegen! Ist der Reiter in eine Kerbe eingehängt, so versetze man ihn durch einen leichten Stoß mit dem Haken des Transporteurs in Schwingungen, um ihn sich exakt an der tiefsten Stelle „einreiten“ zu lassen (PREGL).

Von Zeit zu Zeit reguliert man die Nullage an der dazu dienenden Einrichtung (Flügel- oder Rändelmutter), auch kontrolliere man in Abständen die *Empfindlichkeit*, indem man den Ausschlag bei der Reiterstellung 0 bestimmt, den Reiter dann in die benachbarte 0,1-Kerbe einhängt und feststellt, ob der Ausschlag um nahezu 100 Einheiten (10 Skalenteile) nach links verlegt wird: Toleranz 97—103. Es ist nicht nötig, die Genauigkeit der Nullpunktsregulierung zu weit zu treiben oder sie zu oft zu wiederholen, wir regulieren erst dann, wenn der Ausschlag der unbelasteten Waage größer als ± 20 wird. Bei Nichtgebrauch wird das Instrument durch Überstülpen eines Pappkastens vor Staub geschützt.

Je nachdem, ob die Waage häufig oder seltener benutzt wird, muß sie in Abständen von 4—6 Monaten gründlich gereinigt werden, die dafür gegebenen Vorschriften gelten sinngemäß auch für die Reinigung der gewöhnlichen Analysenwaagen. Man entferne nacheinander Waagschalen, Gehänge und Waagebalken mit größter Vorsicht, am besten faßt man die Einzelteile nur mit sauberen Fingern, nicht aber mit der Pinzette an, wobei man über Daumen und Zeigefinger je einen Lederfingerling ziehen kann. Der Waagekasten wird erst äußerlich und dann innen mit einem nicht fasernden Baumwollappen ausgewischt, aus den Ecken entfernt man den angesammelten Staub mit einem Marderhaarpinsel. Darauf putzt man unter Kontrolle mit Lupe und Taschenlampe das mittlere

Lager sowie die Pfannen der Arretierungskontakte am Stempel mit einem weichen Rehlederlappen peinlichst aus. Um die Pfannen zu säubern, zieht man den Lederlappen über ein stumpf zurechtgeschnittenes Streichholz und bearbeitet sie ziemlich kräftig mit drehenden Bewegungen. Hat die Waage vorher stark „geklebt", d. h. lösten sich die Kontakte beim Auslösen nur schwierig, so daß die erste Schwingungsamplitüde groß war, so befeuchtet man mit etwas Alkohol. In ähnlicher Weise werden die drei Schneiden des Balkens gesäubert, wobei man den Lappen zwischen die Backen der Gewichtspinzette nimmt, die Kontakte gewischt und die Kerben des Lineals mit einem entfetteten Pinsel von Staubfäserchen befreit. Sehr genau hat man darauf zu achten, daß bei diesen Operationen die *Zeigerspitze* nicht verbogen wird, wodurch sie leicht nach dem Wiederaufsetzen des Balkens in eine falsche Lage geraten kann. An der Zeigerspitze, ebenso an der *Skala*, haften u. U. Fäserchen, die mit dem Pinsel entfernt werden müssen. Ebenso hüte man sich, die *Empfindlichkeitsregulierung* zu berühren. Der gesäuberte Waagebalken wird wieder eingehängt. Sehr sorgfältig sind auch die Lager und Kontakte der *Gehänge* zu reinigen, die Lager sollen, mit der Lupe im voll reflektierten Licht betrachtet, völlig spiegelblank sein, wozu ein oftmaliges kräftiges Abwischen mit dem über das Streichholz gezogenen Lederlappen notwendig ist. Zuletzt reinigt man die Waagschalen, vor allem auch an ihrer *unteren* Seite, und die Kontaktstifte am Kastenboden und hängt sie in richtiger Anordnung in die Gehänge ein. Schon beim Einsetzen der Gehänge achte man darauf, daß die Markierungen mit denen des Balkens übereinstimmen. Sobald die Waage zusammengesetzt ist, registriert man annähernd den Nullpunkt, läßt sie dann mindestens eine halbe Stunde stehen und reguliert endgültig ein — die Flügelschraube bediene man nur mit den Fingern, falls nicht eine besondere Vorrichtung vorhanden ist.

Manche Mikrowaagentypen werden neuerdings mit einem sog. *Balkenschutzkasten* geliefert, der aus einem Metallrahmen mit Glasscheiben besteht, Durchlässe für die Waagschalen hat und den Balken vor Wärmestrahlen schützen soll. Verfasser konnte sich im Lauf längerer Versuche von den Vorzügen dieser Anordnung nicht überzeugen. Die Kästen sind manchmal am Stempel derart montiert, daß sie sich bei der Reinigung nicht entfernen lassen, was unbedingt zu fordern ist. Sie erschweren den *Klimaausgleich* und können dann, wenn die im Inneren befindliche Luft andere Temperatur besitzt als die des Waagekastens, beim Schwingen der Waage zu höchst störenden Strömungen Anlaß geben. Sie haben ihren Sinn bei den sog. Ultrawaagen (s. u.) und sind dort am Platze. Man glaube nicht, eine Mikrowaage mit Balkenschutzkasten werde unter ungünstigen äußeren Umständen genauer arbeiten als eine andere.

Da die *Mengen*, mit denen man mikroanalytisch zu arbeiten pflegt, stets nur einige Milligramme betragen, so spielen sich mit wenigen Ausnahmen alle Gewichtsänderungen im Bereich der 10 vom Reiter beherrschten Milligramme ab, und ein besonderer Gewichtssatz erübrigt sich eigentlich. Es ist tatsächlich nicht notwendig, mehr als etwa ein 0,01- und ein 0,02-g-Stück zu besitzen, deren Gewicht mit Bezug auf den 5-mg-Reiter genau bekannt sein soll. Beträgt der Unterschied in den Gewichten zwischen Ein- und Auswaage mehr als 0,02 g = 20 mg, so ist es nicht mehr sinnvoll, das Gewicht auf einzelne tausendstel Milligramme anzugeben, hier ist eine Wägegenauigkeit von 0,02 mg, die jeder tadellose analytische Gewichtssatz hergibt, mehr als ausreichend. Selbst bei den Auswaagen der eigentlichen organischen Mikroanalyse, z. B. der Kohlensäure und des Wassers, hat es oft keinen Wert, bei normalen Substanzmengen (3—5 mg) auf einzelne Tausendstel zu wägen, die Hundertstel reichen vollkommen aus, wie man sich durch eine einfache Rechnung überzeugen kann.

Man ermittle also die genaue Korrektur der beiden Gewichtsstücke von 0,01 und 0,02 g gegen den Reiter als Bezugselement und kontrolliere von Zeit zu Zeit. Führt man regelmäßig Serienanalysen aus, so hält man sich noch ein zweites 0,02- und ein 0,05-g-Stück. Bei dem weiten Umfang, in dem in der Mikroanalyse für die substanztragenden Geräte Tarastücke verwendet werden, langt man damit stets aus. Es ist viel bequemer, nach beendeter Analysenserie am Abend z. B. ein CO_2-Absorptionsröhrchen mit wenigen Körnchen Taraschrot in einigen Minuten neu auszutarieren, als ständig eine größere Anzahl von Gewichten aufsetzen und notieren zu müssen. Rechnet man die Durchschnittszunahme des CO_2-Röhrchen zu 12 mg pro Analyse, so ergibt sich, daß man bei einer Tagesleistung von 6, ja sogar von 8 Analysen, nicht nötig haben wird, zu Dezigrammen zu greifen.

Die Form und das Material, aus dem die Gewichtsstücke bestehen, ist im Prinzip gleichgültig, sehr gut bewährt sich *Aluminium*, das ausgezeichnet konstant ist und wegen seines niedrigen spezifischen Gewichts die Stücke handlicher ausfallen läßt. Von Zeit zu Zeit werden sie mit Alkohol abgerieben und gesäubert. Sie bleiben am besten ständig im Waagekasten auf einem Stück schwarzen Glanzpapier neben der rechten Waagschale liegen.

Gewichtssätze für Mikrowaagen bis zu 10-g-Stücken sind im Handel. Es mag hier bemerkt werden, daß es vorteilhafter ist, wenn die vier Stücke jeder Größenordnung aus 5, 2, 2 und 1 Einheit, statt wie häufig üblich aus 5, 2, 1 und 1 Einheit bestehen, indem man im ersten Falle z. B. aus $5 + 2 + 2 + 1$ Dezigramm ein volles Gramm zusammensetzen kann und sich daher oft den zeitraubenden Wechsel erspart, während man, falls $5 + 2 + 1 + 1 = 0{,}9$ g nicht ausreichte, gezwungenermaßen fünf einzelne Handgriffe ausführen muß. Das Aufheben der Gewichte im Waagekasten auf schwarzem Glanzpapier erspart übrigens auch bei Makrowägungen viel Zeit.

Zum Bedienen der Mikrogewichte und der metallenen Tarastücke hält man sich eine Elfenbeinpinzette, deren zweckmäßige Form aus Abb. 6 hervorgeht, und benutzt sie unter keinen Umständen zu irgendwelchem anderen Zweck, ausgenommen die Reinigung der Schneiden, doch ist dafür wiederum eine gewöhnliche Elfenbeinpinzette mit spitzen Backen praktischer. Zum Auf- und Abnehmen des Reiters nimmt man die frisch ausgeglühte Platinpinzette, da der letztere sich mit der Elfenbeinpinzette nicht sicher fassen läßt.

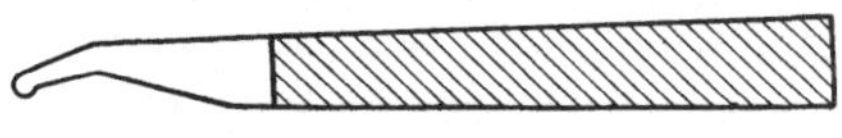

Abb. 6. Gewichtspinzette (Modell von KUHLMANN).

Näheres über die sonstigen Operationen an der Mikrowaage findet sich im Kapitel *Quantitative mikrochemische Elementaranalyse.*

Eine neue Dämpfungsmethode, die prinzipiell einwandfrei und der pneumatischen Dämpfung unbedingt vorzuziehen ist, wendet W. H. F. KUHLMANN seit kurzem bei manchen seiner Instrumente an. Im Drehpunkt der Waage ist ein waagerecht nach vorn zeigender, aus Achat geschliffener, spindelförmiger Rotationskörper angebracht, auf dem zunächst eine kleine Last in Gestalt eines im Scharnier beweglichen Achatstäbchen aufliegt. Das Gewicht ist so bemessen, daß die ausgelöste Waage sich aperiodisch ihrer Nullage nähert, durch Lüften und Wiederauflegen des Stäbchens, welche Manipulation von außen her geschieht, gelingt es binnen kurzem, den Zeiger in fast völlige Ruhe zu versetzen, so daß man, ohne Umkehrpunkte bestimmen zu müssen, bei völlig ungehemmter, ausgelöster Waage direkt den jeweiligen Ausschlag ablesen kann. Die Einrichtung ist nicht ganz billig, sie arbeitet nur dann korrekt, wenn sie mit der äußersten Präzision ausgeführt ist, schont aber bei Serienanalysen den Beobachter in sehr merklicher Weise. Sie wird meistens bei Präzisionswaagen mit Kollimationsablesung verwendet.

Bezüglich der pneumatischen Dämpfung sei auf das Urteil von F. EMICH (3) verwiesen, der betont, daß man namentlich bei Mikrowaagen gut tut, jede Zutat zu vermeiden, die wie die Dämpfungstöpfe Luftströmungen im Waageninneren, die ja bei schwingender Waage doch nie völlig ausbleiben werden, größere Angriffsflächen bietet. Um Mißverständnissen vorzubeugen, mag noch einmal betont werden, daß pneumatisch gedämpfte Waagen in bestimmten Fällen, wenn es sich um Dauerbetrieb mit geschulten Arbeitskräften handelt, durchaus am Platze sein können und auch mit Erfolg benutzt werden, als Universalinstrumente für den Laboratoriumsbedarf eignen sie sich nicht.

d) Ultrawaagen.

Als *Ultrawaagen* werden Instrumente bezeichnet, die den Mikrowaagen analog gebaut sind, die jedoch eine um das Zehnfache höhere Empfindlichkeit besitzen, so daß eine Ausschlagsänderung von einem Teilstrich der Skala einer Belastungsänderung von 0,001 mg entspricht und man — theoretisch — sowie bei der Mikrowaage die Tausendstel, nun die zehntausendstel Milligramme abschätzen kann.

Nach dem oben Gesagten ist es völlig abwegig, die Ultrawaage mit einem 5 mg schweren Reiter betreiben zu wollen, Verfasser konnte in längeren Versuchsserien feststellen, daß unter diesen Umständen die Ultrawaage eher eine geringere als eine größere Genauigkeit hergibt als die Mikrowaage. Betreibt man sie indessen mit einem Reiter von 0,5 mg, so daß einer Verschiebung in die Nachbarkerbe eine Belastungsänderung von 0,01 mg entspricht, so ist an sich eine definierte Wägegenauigkeit von 0,2—0,3 γ ($1\,\gamma = 0{,}001$ mg) möglich. Der Zeiger der Waage dient nur als Hilfsinstrument beim Auslösen, es hat sich herausgestellt, daß man ohne Kollimationseinrichtung nicht zum Ziele kommt. Da die Waage gegen geringste Temperaturschwankungen noch empfindlicher ist als die Mikrowaage, muß man erstens über einen möglichst temperaturkonstanten Raum verfügen und außerdem einen zweiten äußeren Schutzkasten anbringen, um den Einfluß der Körperwärme abzuhalten. Auslösung und Reiterverschiebung müssen aus größerer Entfernung bedient werden, zum Aufsetzen des Wägeguts und der Gewichte bzw. Tarastücke braucht man besonders lange Pinzetten, um nicht mit der Hand in die unmittelbare Nähe des Waagekastens zu kommen.

Unter diesen und anderen Kautelen gelingt es, das Gewicht von *Platingeräten* bis auf etwa $^1/_4\,\gamma = 0{,}00025$ mg zu definieren.

Vorläufig fehlen indessen die Methoden für eine organische „Ultraanalyse" mit geringen Ausnahmen (Veraschen im Platinschiffchen), so bedeutungsvoll sie im besonderen für biologische Untersuchungen werden könnten. Ultrawaagen werden von W. H. F. Kuhlmann und P. Bunge hergestellt. Bei anorganischen Ultraanalysen bediente man sich bisher der im folgenden beschriebenen Nernst-Waagen.

e) Neigungswaagen.

Noch weiter als mit den *Ultrawaagen* kommt man mit der von Nernst konstruierten *Neigungswaage*. Ihr Prinzip ist äußerst einfach; der Waagebalken besteht aus einem *Glasfaden*, dessen eine fein ausgezogene Spitze zugleich den Zeiger darstellt, und der am anderen Ende zu einem Haken gebogen ist. Als *Schneide* dient ein lockerer oder fester gespannter Quarzfaden, der Waagebalken wird mit einem Tropfen Schellack oder Siegellack aufgekittet. Die Belastungsgrenzen sind sehr gering, 10—20 mg, so daß man nur mit bestimmten leichten, mit Bügeln zum Aufhängen versehenen Spezialtaragefäßen arbeiten kann, die Hantierung ist nicht einfach. Jede Waage muß u. U. individuell geeicht werden, da die Ausschläge der Belastung nicht immer proportional sind; zur Ablesung ist ein besonderes konstruiertes Mikroskop mit Okularmikrometer erforderlich, denn Zeiger und Glasskala befinden sich auch nicht annähernd in derselben Ebene. Wir beschränken uns hier auf einige Angaben über die von F. Emich, E. Donau, E. H. Riesenfeld und H. F. Möller modifizierten Modelle.

Emich (3) beschreibt zwei Modelle, das empfindlichere mit einer reproduzierbaren Genauigkeit von $0{,}1\,\gamma = 1$ zehnmillionstel Gramm und einer Tragkraft von ca. 20 mg (Gewicht der Taraschälchen aus Platinfolie ca. 15 mg). Die Waage ist während des Arbeitens luftdicht abgeschlossen, so daß man den Innenraum mit Chlorcalcium oder Phosphorpentoxyd trocken zu halten vermag, notwendig ist die Abdichtung deshalb, da jegliche Luftströmungen im Inneren vermieden werden müssen. Die Abmessungen des Gehäuses sind 12 cm (Länge), 4,5 cm (Breite) und 8 cm (Höhe). Das weniger empfindliche Modell besitzt eine Genauigkeit 0,3 γ, die Taragefäße wiegen ca. 50 mg, die Abmessungen des Gehäuses sind 28,5 × 5,5 × 10 cm.

RIESENFELD und MÖLLER haben ein Modell beschrieben, das noch 3×10^{-8} g $= 0{,}03\,\gamma$ betragende Gewichtsunterschiede festzulegen erlaubt, die Tragfähigkeit ist etwa 20 mg, die Abmessungen sind fast die gleichen wie bei dem empfindlicheren Instrument von EMICH. Die Genannten konnten damit elektrolytische Silberbestimmungen bei Einwaagen von minimal $72{,}0\,\gamma = 0{,}072$ mg korrekt durchführen.

Über die besonderen Vorsichtsmaßregeln müssen die Originalarbeiten bzw. der sehr ausführliche Aufsatz von F. EMICH (2) im Handbuch der biologischen Arbeitsmethoden nachgelesen werden.

Nach dem gleichen Prinzip wie die NERNST-Waage ist auch die Waage von STEELE und GRANT konstruiert, sie unterscheidet sich indessen von jener dadurch, daß das relative Gewicht einer luftgefüllten Quarzkugel durch *Herabsetzung des Gasdrucks im Inneren* des Waagekastens in bestimmter Weise verändert wird. Während bei STEELE und GRANT der Waagebalken auf einem Quarzfaden als „Schneide“ ruht, ist er bei der Waage von PETTERSON an Quarzfäden *aufgehängt*, im übrigen ist das Prinzip das gleiche. Die PETTERSON-Waage übertrifft alle anderen Instrumente mit ihrer Wägegenauigkeit von 0,00025 g, bei einer oberen Belastungsgrenze von 250 mg, was einer relativen Genauigkeit von 10^{-8}—10^{-9} entspricht. Auf Einzelheiten kann hier nicht eingegangen werden, doch durfte auch der Hinweis auf diese — übrigens nicht im Handel befindlichen — Instrumente nicht unterbleiben, da immer damit zu rechnen ist, daß sie für biologische Zwecke noch eine besondere Bedeutung gewinnen, wenn die Analysenmethoden, sei es auch nur in Spezialfällen, entwickelt werden sollten.

f) Torsions- (Feder-) Waagen.

Die *Torsions*waagen von Hartmann & Braun (Abb. 7) sind eigentlich besonders konstruierte *Federwaagen.* Sie sind als *Schnellwaagen* für analytische und mikroanalytische Zwecke gedacht, wenn es angängig ist, das Gewicht der Taragefäße gering zu halten oder ganz auf Taragefäße zu verzichten (Mikro-Blutzuckerbestimmung von IVAR BANG).

Als Maß für die Belastung benutzt man die elastischen Deformationen zweier, durch eine leichte und fein gelagerte waagerechte Achse verbundener, vertikal stehender Spiralfedern. Die Achse trägt einen leichten Arm, an dessen Ende eine aus dem Gehäuse herausragende Aufhängevorrichtung *a* angebracht ist, und der im Inneren einen vor einer besonderen Nullmarke spielenden arretierbaren Zeiger *c* besitzt. Beide Federn können in bestimmten Grenzen gespannt und entspannt werden. Die Waage schwingt fast aperiodisch, da sie magnetisch gedämpft wird: die Achse trägt außer dem Zeigerarm ein dünnes Aluminiumsegment und dieses bewegt sich zwischen den Polen eines permanenten Magneten, was bei der geringen magnetischen Suszeptibilität des Aluminiums zwar eine ideale Dämpfung aber keinen Wägefehler bewirkt.

Mit dem freien Ende der vorderen, größeren Spiralfeder fest verbunden ist ein zweiter Zeiger, der sich vor der ein Kreissegment von etwa 200° bildenden, je nach der Empfindlichkeit in 120—500 Intervalle geteilten Skala bewegen läßt, wobei er die Feder in bestimmter Weise elastisch deformiert. Auch die hintere

Spiralfeder läßt sich spannen und entspannen, dazu dient ein an der Rückseite des Gehäuses befindlicher Rändelknopf.

Die Wägung gestaltet sich folgendermaßen: Man stellt den Skalenzeiger auf 0, löst die Arretierung und dreht am hinteren Knopf bis der Zeiger des Achsenarmes genau auf seiner eigenen Nullmarke steht. Danach arretiert man, hängt die Tara ein, löst aus und dreht den Skalenzeiger soweit nach links, bis der Achsenzeiger wieder auf der Nullmarke einspielt. Man arretiert nun von neuem und liest das Taragewicht unmittelbar an der Skala ab. Bei der Substanzwägung verfährt man sinngemäß genau so, die Differenz der beiden Ablesungen ergibt das Substanzgewicht.

Solche Instrumente werden für ganz verschiedene Belastungen gebaut, bei einer Gesamttragkraft von 0,5 g entspricht ein Skalenteil einem Milligramm, da man bequem halbe Striche schätzen kann, erreicht man also eine maximale Genauigkeit von 0,1 %. Die empfindlichsten Typen tragen maximal 6 mg, die kleinste reproduzierbare Gewichtsänderung ist 0,005 mg, es kommt also immer auf dieselbe Wägegenauigkeit hinaus. Alle Instrumente haben eine in Scharnieren bewegliche Schutzkappe für das herausragende Ende des Achsenarmes, die bei genauen Wägungen zugeklappt wird, bevor man die Arretierung auslöst, um Luftströmungen auszuschließen.

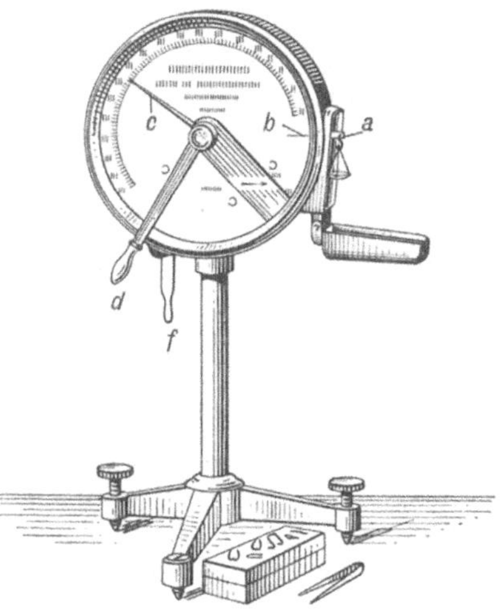

Abb. 7. Torsionsfederwaage von Hartmann & Braun.

Ein prinzipieller Nachteil der Torsionsfederwaagen ist es, daß sie strenggenommen nur bei einer *bestimmten Temperatur* ganz exakte Werte liefern, sie liegt im allgemeinen bei 15°, was nicht als besonders glücklich bezeichnet werden kann, 18° wäre als Durchschnitt der normalen Zimmertemperaturen günstiger. Allzu erhebliche Fehler entstehen indessen durch Nichtbeachtung der Raumtemperatur kaum.

Um einen Überblick über die Leistungsfähigkeit der einzelnen Waagenmodelle zu geben, mag die folgende Tabelle dienen, deren Angaben zum Teil der entsprechenden Zusammenstellung von F. EMICH (4) entnommen sind:

Waagentypen	Maximale Belastung	Absolute Genauigkeit	Relative Genauigkeit
Tarierwaage	1 kg	0,1 mg	10^{-7}
Analysenwaage	200 g	0,02 mg	10^{-7}
Mikrochemische Waage	20 g	0,002 mg	10^{-7}
Ultrawaage (KUHLMANN)	10 g	0,00025 mg	$2,5 \cdot 10^{-8}$
NERNST-Waage nach EMICH A	15 bzw. 0,1 mg	0,1 γ	10^{-3}
„ nach EMICH B	50 bzw. 0,3 mg	0,3 γ	10^{-3}
„ nach RIESENFELD und MÖLLER	17 bzw. 5 mg	0,03 γ	10^{-5}
Waage von STEELE und GRANT	100 mg	0,1 γ	10^{-6}
Waage von PETTERSON	250 mg	0,00025 γ	10^{-8}—10^{-9}
Torsionsfederwaage	2 bzw. 4 mg	5,0 γ	10^{-3}

Sind in der Tabelle unter dem Stichwort „maximale Belastung“ zwei Werte angegeben, so bezieht sich der erste auf das Gewicht der *Tara*, der zweite auf das des *Wägeguts*. Man entnimmt aus der Zusammenstellung, daß die *Hebelwaagen*, was die *relative* Genauigkeit anlangt, allen anderen (mit alleiniger Ausnahme des

Modells von PETTERSON) weit überlegen sind. Bedenkt man, daß es sich beim chemischen und mikrochemischen Arbeiten in den allermeisten Fällen darum handelt, neben einer Tara von relativ großer Masse (Tiegel, Absorptionsgefäße usw.) darin enthaltene Substanzmengen genau zu wägen, deren Gewicht nur einen kleinen Bruchteil der Bruttomasse ausmacht, so leuchtet es ohne weiteres ein, daß die *Hebelwaage* für diese Zwecke vorläufig ihre herrschende Stellung weiter beibehalten dürfte.

Eine besondere Stellung nehmen die *hydrostatischen* Waagen zur Bestimmung des spezifischen Gewichts von Flüssigkeiten ein, die im Abschnitt „allgemeine physikalische Methoden" dieses Handbuchs besprochen werden.

Wir beschließen das Kapitel mit einigen Angaben über besondere Maßnahmen beim *Wägen luft- und feuchtigkeitsempfindlicher Substanzen.*

Hygroskopische Substanzen dürfen im allgemeinen nicht in offenen Gefäßen gewogen werden, ebensowenig wie solche, die Kohlensäure aus der Luft anziehen. Hat man z. B. aus einer zu analysierenden Lösung *Calcium* als Oxalat gefällt und durch Glühen im Platintiegel in CaO übergeführt, so tariert man ein großes Wägeglas mit der erforderlichen Genauigkeit aus, stellt es neben den Platintiegel in den Exsiccator (KOH-Füllung), überführt den Tiegel, nachdem er ausgekühlt ist, sehr schnell in das Wägeglas, verschließt es mit dem eingeschliffenen Deckel und wägt.

Hat man zur Elementaranalyse hygroskopische oder an der Luft zersetzliche Substanzen abzuwägen, so füllt man sie sehr schnell in das Schiffchen ein und bringt dieses sofort in ein sog. *Wägeschweinchen* (Abb. 8), das man vorher tariert hat und dann verschlossen zur Wägung bringt. Unter Umständen wird man genötigt sein, nach dem Einfüllen im Schiffchen noch einmal nachzutrocknen. Es ist stets — besonders bei mikrochemischen Arbeiten — darauf zu achten, daß die *Hilfstara* (Wägeglas oder Schweinchen) im selben Zustand *tariert* und *gewogen* wird, also entweder beide Male mit *trockener* innerer Oberfläche, oder wenn angängig *mit* der bei Zimmertemperatur konstanten Wasserhaut. Das gleiche gilt natürlich auch für die äußere *Oberfläche*, da ein direkt aus dem Exsiccator kommendes Glasgerät an der Atmosphäre zunächst dauernd an Gewicht zunimmt und erst nach 10—15 Minuten praktisch gewichtskonstant wird. Man hat also die Wahl, entweder zu warten, bis der Endzustand erreicht ist, oder aber so schnell zu wägen, daß man die während der kurzen Zeit bis zur Ablesung eintretende Gewichtszunahme, genauer die Differenz der im allgemeinen verschiedenen Gewichtszunahmen bei der Tarierung und bei der eigentlichen Wägung vernachlässigen darf. Besser als durch theoretische Überlegungen überzeugt man sich von der erworbenen Geschicklichkeit im Wägen durch einige eigene Testversuche. Man wird dabei den ganz erheblichen Vorteil, den das Arbeiten nach der oben (S. 28) geschilderten *Schwingungsmethode* bietet, leicht einsehen.

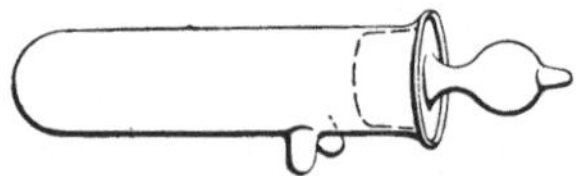

Abb. 8. Wägeschweinchen.

Handelt es sich bei der Abwägung hygroskopischer Substanzen nur um die Bestimmung einzelner Elementarbestandteile (Halogen, Schwefel, Asche), so kann man sich mit einer *Differenzwägung* helfen. Man tariert den im verschlossenen Gefäß befindlichen Substanzvorrat, füllt schnell und geschickt eine passende Menge in eine Schale oder ein anderes geeignetes Gefäß ab, verschließt wieder und wägt zurück. Wegen der Einzelheiten ist bei den entsprechenden Abschnitten dieses Handbuchs das Nötige nachzulesen.

Man kann sich diese Manipulationen erleichtern, wenn man dabei unter einer Glocke arbeitet, die mit trockenem Bombenstickstoff gefüllt ist, der ständig in ziemlich lebhaftem Tempo nachströmt und das Zutreten feuchter, kohlensäurehaltiger Luft bis zu einem gewissen Grade verhindert.

Völlig abwegig ist dagegen das leider immer noch nicht historisch gewordene Verfahren, das Innere einer gewöhnlichen Analysen- oder einer mikrochemischen Waage durch Aufstellen von Porzellanschalen mit Chlorcalcium oder Natronkalk trocken bzw. kohlensäurefrei halten zu wollen.

B. Erhitzen, Glühen und Kochen.

a) Gasheizung.

Offene Flammen. Als Wärmequelle steht heute wohl ausnahmslos in jedem Laboratorium *Leuchtgas* zur Verfügung. Die meisten Brennertypen gehen auf die Konstruktionsidee von BUNSEN zurück:

Das Gas entströmt einer Metalldüse, gelangt in ein senkrecht nach oben gerichtetes Rohr, das in Höhe der Düsenmündung quer durchbohrt ist, so daß vom strömenden Gas Luft angesaugt wird, sich ihm beimischt und die Flamme „entleuchtet" wird, da der Sauerstoffüberschuß so groß ist, daß es nirgends mehr zur Ausscheidung von glühendem Kohlenstoff kommt. Dadurch erreicht man eine höhere Flammentemperatur und vermeidet das lästige *Rußen* (Abb. 9).

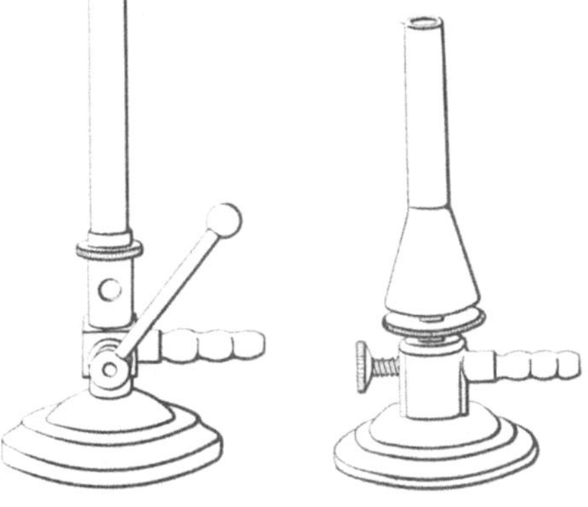

Abb. 9. Bunsenbrenner. Abb. 10. Teklubrenner.

Je nach dem Maß der Luftzufuhr ändert sich Gestalt und Struktur der Flamme: ist wenig Luft beigemischt, so bleibt sie flackernd, hoch und beweglich, bei stärkerer Zufuhr trennt sie sich in einen kegelförmigen *inneren*, grünlichen, und einen äußeren, blauen Bezirk, sie beginnt zu *rauschen*, wird kürzer und starr. Je mehr Luft beigemischt ist, um so größer wird die Fortpflanzungsgeschwindigkeit der Flamme; übertrifft sie die Strömungsgeschwindigkeit des Gases, so schlägt „der Brenner zurück", sie entspringt dann der unteren Düse. Die *Luftzufuhr* läßt sich durch einen über geschobenen Eisenring mit Fenstern beliebig regulieren, zweckmäßig ist im Inneren des Brennerrohrs eine Sparflamme angebracht.

Der Bunsenbrenner ist wirtschaftlich nur bei mäßigen Dimensionen. Er hat an seiner heißesten Stelle eine Temperatur von ca. 1400°, man kann damit Porzellan- und Platintiegel üblicher analytischer Dimensionen auf kräftige Rotglut bringen. Etwas mehr erreicht man mit dem *Teklubrenner* (Abb. 10), der sich im Prinzip vom Bunsenbrenner in keiner Weise unterscheidet, er verbraucht sehr viel Gas und ist ziemlich unwirtschaftlich. Bessere Eigenschaften haben die modernen Ausbildungen des alten *Allihnschen*-Brenners, bei dem das Brennerrohr nicht wie beim Teklu *unten*, sondern *oben* zum Trichter erweitert und mit einem Metallsieb bespannt ist, so daß man viele kleine, sehr niedrige grüne Kegel und darüber eine straffe, heiße blaue Zone erhält. Von diesen Typen mögen Mekerbrenner (Metallsieb, Abb. 11) und Frankebrenner (Sieb aus keramischer Masse) genannt sein. Sie liefern je nach der Luftzufuhr kleine, sehr heiße Flammen (bis 1800°) oder große Flammen von der Temperatur des Bunsenbrenners.

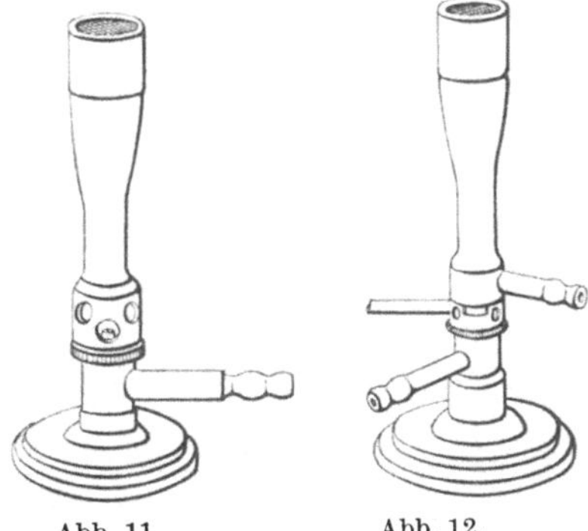

Abb. 11. Mekerbrenner. Abb. 12. Meker-Gebläsebrenner.

Beim direkten Erhitzen von Platin-, Porzellan- oder Glasgefäßen ist stets peinlich darauf zu achten, daß die innere, grüne Zone die Wandungen nicht berührt, die Folgen sind bei *Platin*: Zerstörung durch Carbidbildung, bei Porzellan und Glas: Zerspringen infolge von ungleichförmiger Erwärmung und Abscheidung von *Glanzkohle*.

Soll die Flamme eine bestimmte Form erhalten, so bedient man sich geeigneter *Aufsätze*, Schwalbenschwanzaufsätze, Pilze usw., zum Erhitzen von langen Rohren dienen *Reihenbrenner*. Noch höher kommt man mit Leuchtgas beim *Einblasen* von Preßluft, da bei gesteigerter Strömungsgeschwindigkeit ein größerer Luftüberschuß beigemengt werden kann (Meker- und Frankebrenner, Abb. 12), beim *Gebläsebrenner* wird die Luft erst unmittelbar vor der Austrittsstelle zugemischt (Abb. 13). Das Gebläse ist unentbehrlich zur Glasbearbeitung, wird aber auch von keinem anderen offenen Heizgerät übertroffen, wenn es gilt, größere Tiegel gleichmäßig zu erhitzen.

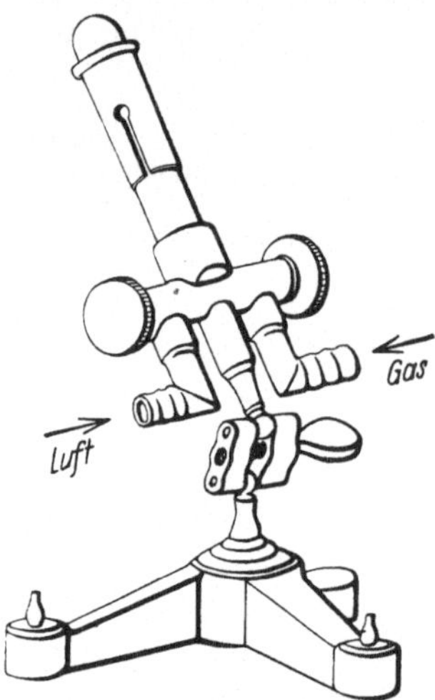

Abb. 13. Gebläsebrenner.

Die höchsten Temperaturen erreicht man mit dem *Knallgasgebläse* (H_2 u. O_2), dem *Acetylen-Sauerstoffgebläse* und dem *Lichtbogen* zwischen Kohlestiften, diese Einrichtungen dienen zu Spezialzwecken, es muß hier auf die einschlägige Literatur verwiesen werden.

Zum Biegen von Glasröhren bis zum Durchmesser von etwa 6—8 mm verwendet man sog. *Schnittbrenner*, die eine fächerartige, je nach der Natur des Gases mehr oder weniger leuchtende Flamme liefern. Heizkästen (s. d.) und größere Porzellanschalen erwärmt man über *Heizspiralen* bzw. im OSTWALD-Ofen, einem Eisenblechzylinder der im Inneren eine solche Spirale trägt.

Gasöfen. Eine viel bessere Wärmeausnützung als bei offenen Flammen erlauben die verschiedenen Gasöfen. Hier wird die *Ausstrahlung* nach Möglichkeit vermieden, so daß man mit geringen Mitteln sehr hohe Temperaturen auch in größeren Räumen erreicht. Sie werden im biologischen Laboratorium zu präparativen Zwecken kaum Verwendung finden, eher zu analytischen, doch wird man sich dann vorkommenden Falles noch besser der elektrischen Widerstandsöfen bedienen (vgl. S. 41), weshalb hier der Hinweis genügen möge. Spezialbrenner für mikroanalytische Arbeiten sind in den betreffenden Kapiteln dieses Handbuchs beschrieben.

b) Elektrische Heizung.

Heizplatten. *Elektrische Heizplatten* sind in allen Fällen ungemein praktisch, in denen leichtentzündliche Flüssigkeiten von niederem Siedepunkt destilliert oder längere Zeit unbeaufsichtigt im Sieden erhalten werden sollen, falls dafür, wie häufig, kein Wasserdampf zur Verfügung steht. Ihre Konstruktion kann als allgemein bekannt gelten, sehr bequem sind solche Typen, die einen regulierbaren Vorschaltwiderstand haben und sich daher verschiedenen Bedürfnissen anpassen lassen. Auf diese Platten kann man Rundkolben, Kochkolben, Erlenmeyer usw. unmittelbar aufsetzen, man spart also das sonst unerläßliche Wasserbad. Besonders zu empfehlen sind sie beim Arbeiten mit metallischen Alkalien (Kalium und Natrium), wo sich bei einem Kolbenbruch aus dem Zusammentreffen der Metalle mit dem heißen Wasser u. U. schwer zu löschende Brände und Explosionen ergeben können. Sie sind im Betrieb etwas teurer als Gasbrenner, doch ist der Unterschied bei Wasserbadtemperaturen nicht sehr erheblich.

Elektrische Widerstandsöfen. Widerstandsöfen (Abb. 14) kommen im biologischen Laboratorium nur bei analytischen Arbeiten in Frage, wenn Niederschläge auf bestimmte hohe Temperaturen zu erhitzen sind. Wir nennen den Ofen von HERÄUS, bei dem der Heizdraht in *Kieselgur* eingebettet ist und das Modell der *Berliner Porzellanmanufaktur*. Näheres über die Handhabung findet man in den Gebrauchsanweisungen der betreffenden Firmen.

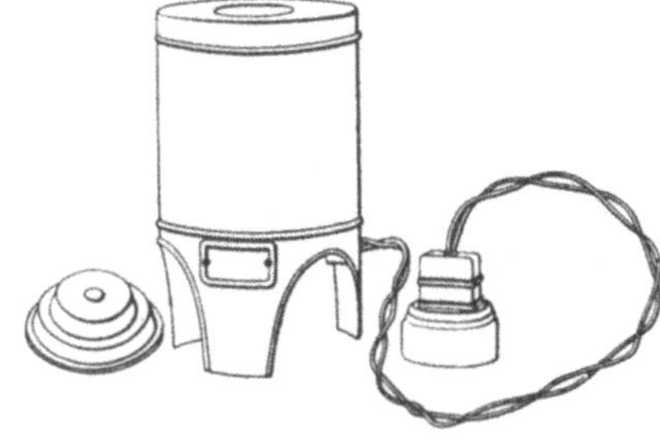

Abb. 14. Elektrischer Widerstandsofen von HERÄUS.

c) Dampfheizung.

Für alle Arbeiten mit niedrig siedenden, entzündlichen Flüssigkeiten ist *Wasserdampfheizung* das ideale Verfahren. Man unterscheidet *direkte* Dampfheizung, wobei der Dampf aus einer Düse mit regulierbarer Geschwindigkeit unmittelbar zu dem zu erwärmenden Gefäß gelangt, das dann auf einem Metalltopf nach Art eines *Wasserbades* (s. u.) *auf*gesetzt wird. In der Anschaffung teuer, aber im Betrieb angenehmer und mindestens ebenso wirtschaftlich sind sog. Dampftöpfe mit *indirekter* Heizung: Der Dampf durchströmt einen *Manteltopf* aus emailliertem Eisen und gibt dort die Kondensationswärme viel vollkommener nutzbar ab als bei der direkten Bedampfung, der Kolben steht in dem mit Wasser gefüllten Topfinneren, so daß eine ideale Wärmeübertragung statthat, er läßt sich zudem je nach den Dimensionen weitgehend eintauchen.

Die Heizung mit *gespanntem* Dampf von Temperaturen über 100° kommt nur in Spezialfällen in Frage.

d) Behelfsmäßige Heizung.

In Notfällen greift man am besten zu in Stahlflaschen komprimierten Heizgasen, wie Acetylen, Blaugas (hauptsächlich Äthylen), Ölgas, Naturgas usw., die nach eventueller Abänderung der Luftzufuhr in Bunsen- und Gebläsebrennern verwendet werden können. Nur für Acetylen, das wegen der erheblichen Rußentwicklung nicht sehr bequem ist, bedarf es besonderer Brenner. Unter Umständen können auch die im Handel befindlichen Spiritus- und Petroleum-Gaskocher gute Dienste leisten. Selbst die einfache BERZELIUSsche Alkohollampe reicht noch in manchen Fällen aus, wenn es sich z. B. um eine Sterilisierung durch Kochen an Ort und Stelle handelt. Gelegentlich hat sie sogar gegenüber der Gasflamme den Vorteil, bestimmt schwefelfrei zu sein.

e) Bäder.

Die direkte Erhitzung durch die Flamme ist in vielen Fällen, bei Destillationen, beim Kochen am Rückfluß usw. wegen der unvermeidlichen Überhitzung der Gefäßwände untunlich.

Für Temperaturen bis 100° verwendet man ausschließlich das *Wasserbad*. Ist die Erhitzungsdauer kurz, so genügt ein einfacher Kochtopf, auf dem man die sog. Wasserbadringe aus Porzellan oder Metall auflegt. Bei länger dauernden Arbeiten muß dafür gesorgt werden, daß das verdampfende Wasser kontinuierlich ersetzt wird. Die verbreitetste und bequemste Konstruktion zeigt Abb. 15.

Man reguliert den Zufluß so, daß aus dem dünnen Schwanenhals nur langsam Leitungswasser zutropft, durch den Überlauf wird das Niveau im Bad ständig auf der gleichen Höhe gehalten. Als Beispiel für eine Behelfsvorrichtung mag der Überlauf von Förster dienen, der sich jederzeit in wenigen Minuten zusammenstellen läßt: Überlauf (Saugreagensrohr) und Bad sind hier durch ein einfaches Heberrohr aus Glas verbunden. Die Arbeitsweise erhellt ohne weiteres aus der Skizze (Abb. 16). Wasserbadringe lassen sich allerdings bei solchen Behelfseinrichtungen nicht verwenden, um das Entweichen von Wasserdampf zu vermeiden, kann man Bad und Kolben mit einem Tuch bedecken.

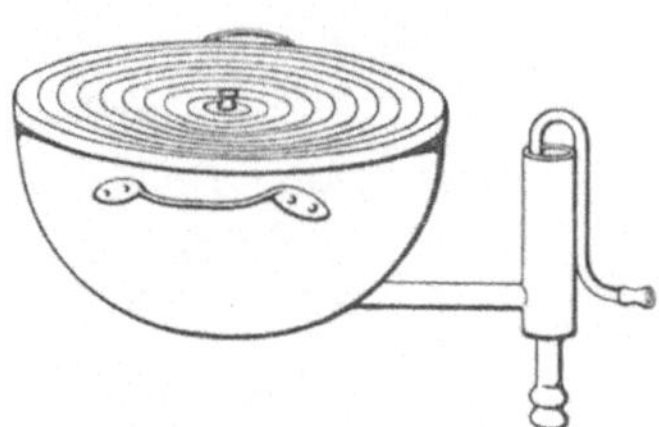

Abb. 15. Wasserbad mit Überlauf.

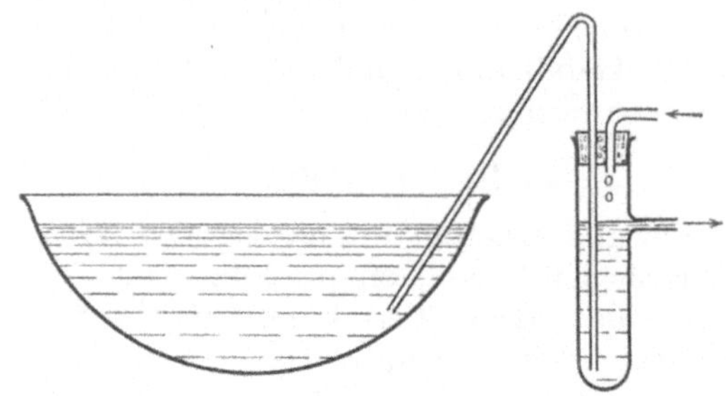

Abb. 16. Behelfsmäßiger Überlauf nach FÖRSTER.

Sehr bequem, wenn auch entbehrlich, sind Bäder mit verstellbarer Lamellen-(Iris-) Blende nach LÖSSNER.

Auf dem gewöhnlichen Wasserbad lassen sich Äther, Schwefelkohlenstoff, Chloroform, Methylalkohol und Essigester bequem abdestillieren, Äthylalkohol und Benzol noch mit ausreichender Geschwindigkeit. Es wird empfohlen, gegebenenfalls Kochsalz zuzusetzen (Siedepunkt der gesättigten NaCl-Lösung 109°), doch ist dies Verfahren nicht sehr sauber; das *Kupfer* der Bäder wird stark angegriffen.

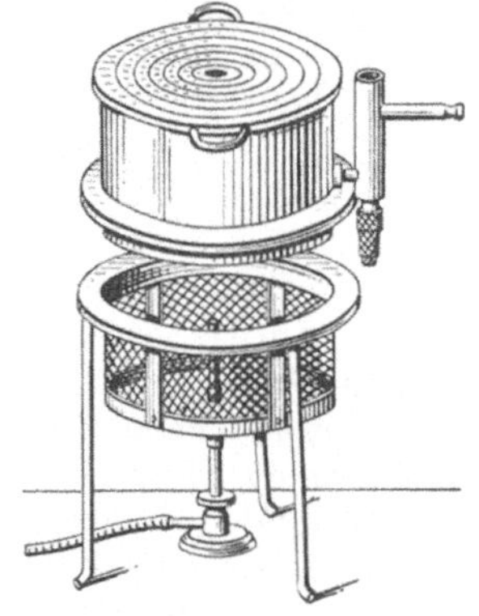

Abb. 17. Sicherheits-Wasserbad nach ZELLNER.

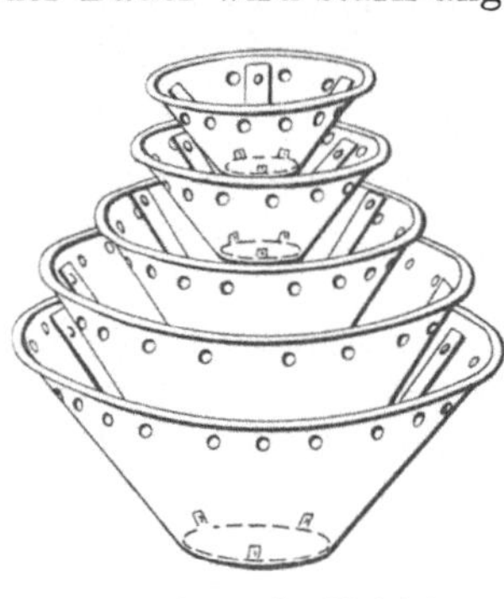

Abb. 18. BABOsche Siedetrichter.

Sehr empfehlenswert sind die *Sicherheits*untersätze für Wasserbäder nach ZELLNER (Abb. 17), die nach Art der DAVYschen Sicherheitslampe die Entzündung von brennbaren Dämpfen an der Flamme des Brenners weitgehend verhindern. Mit STEINKOPF (6) wollen wir aber den Hinweis darauf nicht unterlassen, daß man sich durch das *Sicherheits*bad nicht zur Leichtfertigkeit verführen lassen sollte, es genügt eine schadhafte Stelle, um die ganze Einrichtung illusorisch zu machen.

Über *Dampfbäder* ist oben das Nötige gesagt worden, hier mag noch erwähnt werden, daß man mit einer einfachen Blechkanne im Laboratorium selbst Wasserdampf entwickeln kann, den man mit isoliertem Bleirohr fortleitet, so daß die Heizflamme in weiter Entfernung vom Dampfbad zu stehen kommt (2—3 m) und Entzündungen nicht mehr befürchtet zu werden brauchen.

Für mittlere Temperaturen oberhalb von 100° kommen zunächst *Luftbäder* in Frage. Das einfachste Luftbad ist eigentlich bereits das *Eisendrahtnetz* mit oder ohne Asbesteinlage. Besser wirkt der *Babotrichter*, ein Kegelstumpfmantel aus Schwarzblech mit eingefügten Tonröhren oder Asbeststreifen, wie Abb. 18 zeigt. Beim Babotrichter ist die Wärmeübertragung bereits so weit gleichmäßig, daß man mit seiner Hilfe bei einiger Übung selbst Vakuuumdestillationen von gutartig siedenden Stoffen ausführen kann. Der günstigste Öffnungswinkel ist etwa 80°. Noch sicherer als der Babotrichter wirken Luftbäder, die aus einem hohen Eisenblechzylinder mit eingehängtem, möglichst in der Höhe verstellbarem Babotrichter versehen sind. Diese Modelle sind ganz besonders für Vakuum- und Hochvakuumdestillationen mit größeren Mengen zu empfehlen, da sie die Überhitzung der Destillatdämpfe, besonders wenn man am oberen Ende mit Asbestpapier abdeckt, so weit vermeiden, wie es überhaupt möglich ist. Wichtig ist es, den Brenner nicht zu nahe an den Babotrichter zu bringen, um eine von vornherein möglichst ausgeglichene Erhitzung zu erzielen.

Flüssigkeitsbäder für höhere Temperaturen sind weniger für Destillationen als zum Erhitzen von Reaktionsansätzen praktisch. Als Füllmaterial kommen in Frage: Rüböl, Paraffin (liquidum oder solidum), Ricinusöl und für Temperaturen über 200° *Cylinderöl.* Sie sind nicht ohne Nachteile, da man auf die Dauer doch von den sich entwickelnden Dämpfen (Verkrackung der Öle an den Gefäßwänden) belästigt wird, doch lassen sich wegen ihrer hohen Wärmekapazität bei konstantem Gasdruck damit ziemlich enge Temperaturgrenzen stundenlang einhalten. Man kann sie auch mit *Thermoregulatoren* betreiben (vgl. S. 63).

Sehr sauber und bequem zum Erhitzen von Siedekolben sind Bäder aus niedrigschmelzenden Metallegierungen. WOODsches Metall (4 Bi + 2 Pb + 1 Cd + 1 Sn) schmilzt bei 71°, ROSE-Metall (9 Bi + 1 Pb + 1 Sn) bei 94°. Es ist nicht empfehlenswert, die Legierungen selbst herzustellen. Ihr Hauptvorzug bei Vakuumdestillationen ist der, daß sie sehr schnell heiß werden und ebenso schnell auskühlen, man hat daher die Wärmedosierung in einer auf keine andere Weise erreichbaren Art in der Hand, ohne Überhitzungen fürchten zu müssen, was besonders dann wichtig ist, wenn man es mit unregelmäßig siedenden oder stark schäumenden Flüssigkeiten zu tun hat. Entgegen anderen Angaben kann man bei den beiden genannten Metallegierungen den Kolben ohne Gefahr auch während des Wiedererstarrens der Bäder darin lassen, läßt er sich dann nicht glatt herausheben (was natürlich nur dann möglich ist, wenn er nicht zu weit eingesenkt war), so schmilzt man erneut auf. Etwa anhaftende Metallteile lassen sich nach dem Erstarren fast immer bequem abblättern. Es wird empfohlen, den Kolben vor dem Einsetzen in das Bad *anzurußen*, doch wirkt diese Maßnahme nur bei ganz frischen Bädern sicher, ist das Metall, wie es nach einiger Zeit fast stets eintritt, partiell oxydiert, so nützt sie nicht mehr viel (Änderung der Oberflächenspannung). Die allmählich sich ansammelnden Oxyde („Krätze“) zieht man von Zeit zu Zeit mit einem Spatel ab, bewahrt sie auf und reduziert sie gelegentlich durch Zusammenschmelzen mit Kaliumcyanid im Porzellantiegel, den erhaltenen Regulus gibt man ins Bad zurück. Metallbäder verwende man stets in *halbkugeligen* Eisenschalen, da man nur dann größere Kolben tief genug einsenken kann, ohne allzuviel Material zu verbrauchen. WOODsches Metall kann bequem auf 250° erhitzt werden, für kurze Zeit sogar ohne erheblichen Schaden bis gegen 360°, bei 400° wird die Oxydationsgeschwindigkeit zu groß, man nimmt dann lieber *Weichlot* (1 Pb + 1 Sn) vom Schmelzpunkt 200° oder auch technisches Blei vom Schmelzpunkt ca. 300°. Bei hohen Temperaturen (helle Rotglut) ist die Giftigkeit der *Bleidämpfe* zu beachten!

Will man ohne Thermoregulator mit Flüssigkeitsbädern konstante Temperaturen erreichen, so läßt man ein geeignetes Material im hartgelöteten, verschlossenen Gefäß unter Rückflußkühlung sieden. Zur Wärmeübertragung auf das Reaktionsgefäß bedient man sich, wie beim Dampftopf des Wassers, einer Ölfüllung. Mehr Verwendung finden solche Anordnungen beim *Trocknen* (vgl. S. 61).

Erwähnt werden soll schließlich, daß es unter Umständen vorteilhaft sein kann, Flüssigkeiten nicht von außen, sondern von innen her zu beheizen. Man senkt dazu entweder eine Heizschlange oder einen geeigneten Widerstandsdraht hinein. Das Verfahren ist im großen weitaus wirtschaftlicher als die Außenbeheizung, im kleinen findet es Anwendung bei der Molekulargewichtsbestimmung nach der Siedemethode.

Früher viel gebraucht, heute aber vielleicht zu Unrecht weniger beliebt, sind Bäder, die mit festen, hitzebeständigen Materialien gefüllt sind. Am einfachsten mit *Seesand*, dabei ist die Wärmeübertragung nicht ideal, doch läßt sich mit Hilfe von halbkugeligen Eisenschalen der Reaktionskolben sehr gut einbetten, sie haben den Vorzug besonderer Sauberkeit, sind aber ziemlich träge, d. h. sie heizen sich nur langsam an, halten aber andererseits ihre Temperatur gut inne. An Stelle von Seesand kann man *Eisenfeilspäne* verwenden, Aluminiumgrieß, der manchmal empfohlen wird, ist nicht so günstig wegen der hohen Wärmekapazität des Leichtmetalls, das sich außerdem oberflächlich oxydiert und dann noch schlechter leitet.

Auch elektrisch heizbare Pulverbäder sind konstruiert worden; sie bestehen aus einer Schale beliebiger, zweckmäßig schmaler Form von nichtleitender keramischer Masse, man füllt sie mit einer „Kryptol" genannten besonderen Sorte von Kohlegrieß und schließt die Füllung an die Lichtleitung an. Je nach der Stärke der Kryptolschicht erhält man an einzelnen Stellen beliebige Temperaturen (mit Starkstrom bis 2500°), schaltet man einen Regulierwiderstand vor, so kann man sehr bequem beliebige Wärmegrade erreichen und lange Zeit konstant halten.

Beim Einschalten von Kryptolbädern ist einige Vorsicht nötig. Die Leitfähigkeit der Kohlegrießschicht ist natürlich davon abhängig, wie innig sich die einzelnen Körner *berühren*, da nun beim Anheizen zunächst okkludierte Gase ausgetrieben werden, wobei die Körner eine gewisse Volumzunahme erfahren, sinkt der Widerstand anfangs rapide, um später wieder geringer zu werden, infolgedessen steigt die Temperatur sofort sehr schnell an, und man muß sich hüten, von vornherein die ganze später erforderliche Spannung anzulegen, wobei es zum mindesten zum Durchbrennen der Sicherungen kommen kann.

Kryptolbäder finden vorzugsweise beim analytischen Arbeiten Verwendung, wenn es sich darum handelt, eine größere Anzahl von Chargen (z. B. KJELDAHL-Kolben) möglichst unbeaufsichtigt längere Zeit auf mittleren Temperaturen zu halten.

f) Kochen am Rückflußkühler.

Wir besprechen das Erhitzen am Rückflußkühler in diesem Kapitel und nicht unter dem Abschnitt *Kühlung*, da es sich dabei nicht um eine Kälteerzeugung aus *reaktions*wichtigen Gründen, sondern um eine reine Hilfsmaßnahme beim Erhitzen und Siedenlassen von Lösungen handelt.

Luftkühlung. Der einfachste Rückflußkühler besteht in einem weiten (10—20 mm), möglichst dünnwandigen Glasrohr, das am oberen Ende zu einem Stutzen ausgebildet ist, in den man zur Abhaltung von Feuchtigkeit und Luftkohlensäure ein Chlorcalcium- bzw. Natronkalkrohr mit Hilfe von Kork- oder Gummistopfen einsetzen kann. Das Kühlrohr selbst wird entweder durch Kork oder durch Gummi mit dem Reaktionsgefäß verbunden, oder es ist in den Kolbenhals eingeschliffen. Mit reiner Luftkühlung kommt man im allgemeinen aus, wenn der Siedepunkt der Lösung oberhalb von 140° liegt, natürlich braucht man je nach der Heftigkeit des Siedens, des Dampfdrucks, den das Destillat bei Zimmertemperatur zeigt (z. B. sehr hoch bei *Pyridin*), und nach der Höhe des Siedepunktes Kühlrohre von verschiedener Länge. Daß man bei höher siedenden

Flüssigkeiten keine Wasserkühlung verwendet, ist darin begründet, daß die meist aus Glas geblasenen Instrumente bei dem steilen Temperaturabfall an der wassergekühlten Innenfläche zerspringen.

Wasserkühlung. Man unterscheidet *Aufsatzkühler* und *Einhängekühler.* Die ersteren werden luftdicht durch Kork, Gummi (wenig empfehlenswert und fast nur bei *wäßrigen* Lösungen verwendbar, dort aber wiederum überflüssig) oder Schliff mit dem Reaktionsgefäß verbunden.

Das einfachste und in vielen Fällen ausreichende Modell ist der LIEBIG-*kühler,* den man jederzeit aus einer weiteren und einer engeren (Luftkühlrohr) Glasröhre mit 2 Korkstopfen und zwei gewöhnlichen Biegeröhren zusammensetzen kann. Da der LIEBIG-Kühler im Abschnitt *Destillation* besprochen wird, sei auf diesen verwiesen. Viel besser, so daß man die *Höhe* erheblich verkürzen kann, ist der *Kugelkühler* (Abb. 19). Er ist fast stets aus einem Stück geblasen und sollte die Wasserzuführungen immer an der *gleichen Seite* tragen, man spanne ihn so in die Stativklammer ein, daß beide Ansätze nach hinten zeigen. Beim Aufsteigen im Kühlerinneren erleidet der Dampf, indem er die Verengerungen passiert, adiabatische Zustandsänderungen, es kommt zu Wirbelbewegungen, die für eine gute Durchmischung der Dämpfe sorgen. Der Wirkungsgrad ist außerordentlich von der geschickten Ausführung abhängig, man weise vor allem Kühler zurück, bei denen die einzelnen Kugeln nicht ineinander übergehen, sondern durch kurze zylindrische Stücke getrennt sind. Beim Kochen auf dem Wasserbade mache man sich zur Regel, für *Methyl-* und *Äthylalkohol,* für *Essigester* und *Benzol,* für *Chloroform* und *Tetrachlorkohlenstoff* einen mindestens *vier* Kugeln enthaltenden Kühler zu verwenden, für *Äther, Aceton* und *Bromäthyl* braucht man *sechs,* für *Schwefel*kohlenstoff *acht.* Darüber hinaus zu gehen hat keinerlei Sinn.

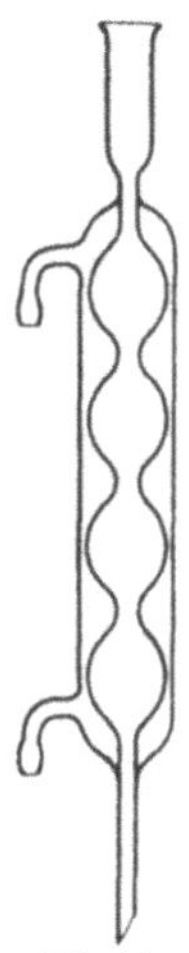

Abb. 19. Kugelkühler.

Statt der Kugelreihe kann man im Inneren des Kühlermantels auch ein schraubenförmig gebogenes einfaches Kühlrohr anbringen. Solche Typen, „Schlangenkühler", finden zwar besonders als absteigende, kompendiöse *Destillations*kühler Verwendung, doch sind sie bei nicht zu kleinem Lumen des inneren Rohres und nicht zu geringer Steighöhe der Schraube auch als Rückflußkühler brauchbar. Ein Kühler von 60 cm Höhe bei 12 Schraubenwindungen reicht für *Äther* aus. Es werden namentlich von Schlangenkühlern die verschiedensten Typen in den Handel gebracht, denen ein entscheidender Vorzug vor dem einfachsten Modelle kaum zuzusprechen ist, solange es sich nur um Modifikationen der Schlangenform handelt. Alle diese Rückflußkühler, die im Grunde nichts anderes sind als Abwandlungen des LIEBIG-*Kühlers,* haben den einen prinzipiellen Nachteil, daß das Kühlwasser mit den zu kondensierenden Dämpfen in *gleichem* Sinne strömt, sie arbeiten also nicht nach dem ökonomischen Gegenstromprinzip. Es ist indessen nicht empfehlenswert, diesem in praxi nicht in Erscheinung tretenden Mangel durch besondere, meistens sperrige Zusatzstücke abhelfen zu wollen, da man durch eine etwas lebhafte Stromgeschwindigkeit des Kühlwassers auch in besonderen Fällen das gleiche erreicht. Man kann beim häufigen Gebrauch mehrerer Rückflußkühler diese unter Umständen zweckmäßig auch untereinander verbinden.

Sehr wirksame Rückflußkühler sind die bereits den *einzuhängenden* Modellen verwandten Typen, bei denen das Wasser nicht zwischen Kühlschlange bzw. Kugelreihe und Mantel läuft, sondern seinerseits die rückläufige Schlange durchfließt, während die Dämpfe zwischen Mantel und Kühlrohr aufsteigen. Diese Anordnung hat zwei Vorteile: Erstens nützt man dabei die Kühlwirkung der

Luft aus, und zweitens wirkt die Kühlflüssigkeit wenigstens im absteigenden Teil der Schlange nach dem *Gegenstromprinzip*, natürlich ist außerdem die kühlende Fläche größer. Schließlich kann man nach STOLZENBERG den äußeren Mantel noch einmal wieder mit Wasser kühlen, doch sind diese Modelle vielleicht bereits etwas zu kompliziert. Abb. 20 u. 21 zeigen zwei solche Kühlertypen, der zweite sog. *Schraubenkühler* (Greiner & Friedrich, Stützerbach) dürfte vielleicht das wirksamste aller denkbaren Modelle vorstellen. Auf die unzähligen im Handel befindlichen Variationen einzugehen, ist nicht notwendig, sie bieten sämtlich nichts wesentlich Neues.

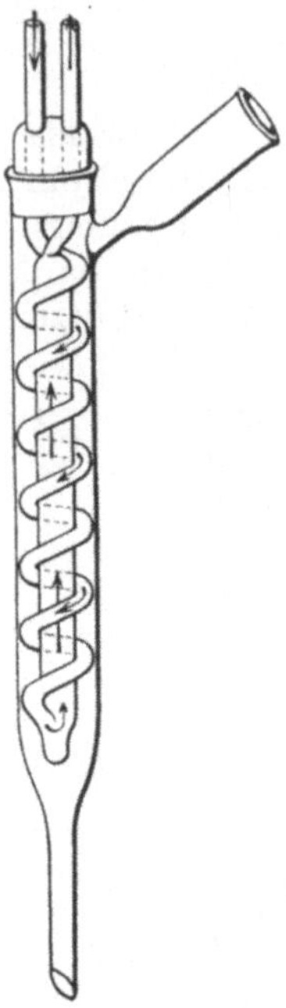

Abb. 20. Rückflußkühler mit innerer Schlange.

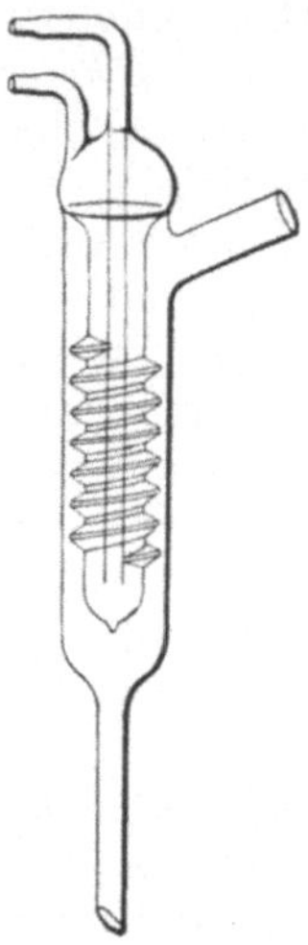

Abb. 21. Schraubenkühler von Greiner & Friedrich.

Beachtung verdient indessen ein Umstand, der bei *allen* Rückflußkühlern ausnahmslos auftritt; sowie das Wasser einigermaßen lebhaft strömt, bildet sich an der Mantelfläche *Tau*, fließt allmählich abwärts, und die angesammelte Feuchtigkeit bedroht die Verbindung zwischen Kolben und Kühler. Kein noch so guter Korkstopfen ist auf die Dauer dicht genug, um das Eindringen dieses Kondenswassers zu verhindern. Man wird ihn also paraffinieren oder mit Kollodium überziehen müssen. Das Paraffinieren hilft indessen bei tagelangem Erhitzen auch nicht mehr, wenn z. B. siedendes Benzol den Stopfen allmählich extrahiert. Kollodiumüberzüge machen den Kork für spätere Benutzung unbrauchbar. Als Abhilfe bedient man sich im Laboratorium einer sehr einfachen Maßnahme: Man umwickelt das Mündungsrohr des Kühlers zwischen Stopfen und Mantel mit einer mehrfachen Lage von Filtrierpapier und fixiert den Wulst mit Draht oder Bindfaden. Das Filtrierpapier saugt dann das Kondenswasser ein, und dieses wird von der vom Bade her aufsteigenden warmen Luft wieder langsam verdunstet. Sollte auch diese Maßregel nicht genügen, so befestigt man nach Abb. 22 ein Glasschälchen mit Ablauf am Mündungsrohr, das man entweder von Zeit zu Zeit entleert, oder dessen Ablauf man mit einem Schlauch verbindet.

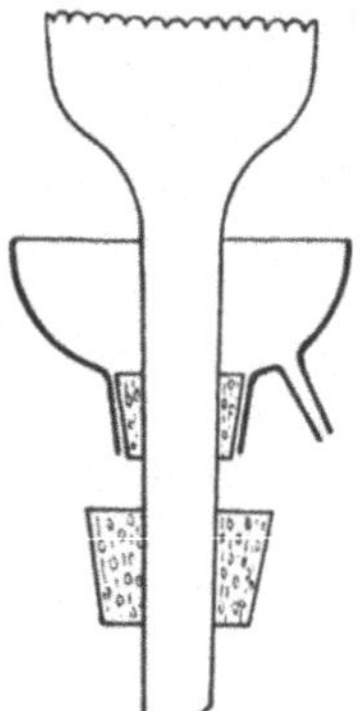

Sehr wirksam und dabei kompendiös sind die von SOXHLET angegebenen wegen ihrer Undurchsichtigkeit indessen im Laboratorium wenig verwendeten metallenen Kugelkühler, bei denen infolge der hohen Wärmeleitfähigkeit des Materials die Kühlfläche kleiner sein kann als bei den Glasmodellen. Sie haben den Nachteil, sich nicht besonders gut reinigen zu lassen.

Kommt es darauf an, unter peinlichstem Feuchtigkeitsausschluß zu arbeiten, oder verbietet sich die Anwendung von Korkstopfen aus chemischen Gründen (Chlorierungen usw.), so wählt man Reaktionsgefäße mit *eingeschliffenem* Kühler.

Abb. 22. Glasschälchen zum Auffangen des Kondenswassers.

Ist der Kolbenschliff als Außenschliff (Abb. 23) gebildet, so ist man gegen die Wirkungen des Kondenswassers gesichert, ist er als Innenschliff (Abb. 24) hergestellt, so kann man dem Kolbenhals eine in der Zeichnung angedeutete Erweiterung geben und den Raum zwischen dieser Manschette und dem Kühlrohr mit Quecksilber füllen (Abzug!), da sich natürlich ein Dichten der Schliffe mit Fett hier von selbst verbietet. Aus diesem Grunde müssen solche Kühlerschliffe ganz besonders sorgfältig hergestellt sein, es ist ratsam, dafür entweder *Normalschliffe* großer Firmen zu wählen, die zu Bruch gegangene Kegel- oder Mantelteile nachliefern, oder noch besser den genormten DIN-Schliff. Zu einem Kühler läßt man sich zweckmäßig eine Batterie von Reaktionsgefäßen verschiedenen Fassungsvermögens herstellen. Da es nicht immer nötig ist, die siedende Flüssigkeit vollkommen gegen Feuchtigkeit und Kohlensäure abzuschließen, bieten die vielleicht noch zu wenig verwendeten

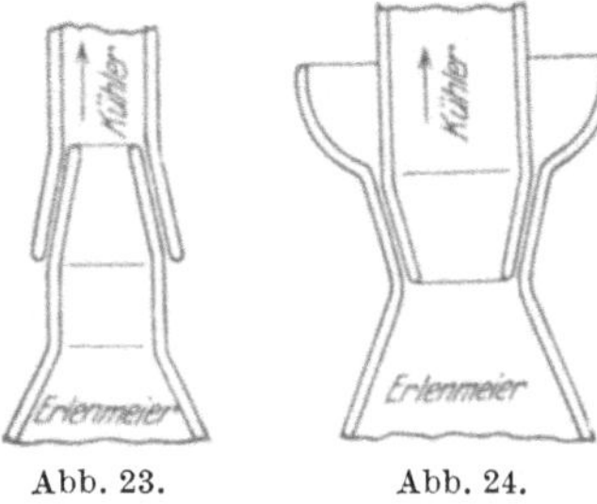

Abb. 23. Abb. 24.

Einhängekühler manchmal merkliche Vorteile. Sie bestehen im Prinzip aus nichts als einer rückläufigen, wasserdurchflossenen Kühlschlange, die in den dann zweckmäßig langen Hals des Siedegefäßes hineinhängt (Abb. 25). Besonders wirksam sind dabei *Metall*kühler (Aluminium) wegen der besseren Wärmeableitung. Zu bedenken ist, daß sich auf der mit der Luft kommunizierenden Kühlschlange natürlich alsbald Feuchtigkeit niederschlägt. Mit solchen metallenen Einhängekühlern kann man selbst in offenen Gefäßen Ätherdämpfe ohne Gefahr der Entzündung kondensieren.

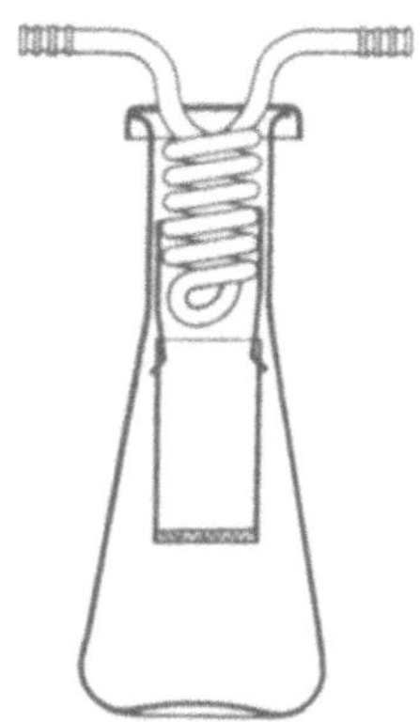

Abb. 25. Einhängekühler aus Aluminium mit angehängtem Frittentiegel von Schott & Gen. (Jena).

Von allen besprochenen Typen sind zweifellos die *Kugelkühler* auch heute noch die im Grunde praktischsten. Sie lassen sich ebensogut als auf- wie als absteigende Kühler verwenden, durch das gerade Lumen lassen sich feste wie flüssige Zusätze während der Reaktion zwanglos einführen, ebenso Gase einleiten. Ihre Wirksamkeit ist bei mäßigen Dimensionen völlig ausreichend. Sie sollten als Standardgeräte in jedem Laboratorium vorhanden sein, daneben wird man für Spezialzwecke besondere Modelle mit Vorteil verwenden können.

Zum Schluß mögen einige Worte über die zweckmäßig zu wählenden *Siedegefäße* und *Siedeerleichterer* gesagt werden.

Handelt es sich um *Reinigungsoperationen* (Umkrystallisieren, Entfärben usw.), so ist das souveräne Siedegefäß der *Erlenmeyerkolben*. Das gleiche gilt bei quantitativen Arbeiten. Sollen langandauernde Operationen vorgenommen werden (Extrahieren, Perkolieren), so ist der *Rundkolben* am Platze, eventuell, wenn gleichzeitig gerührt werden soll, in der Form des *Kochkolbens* mit abgeplattetem Boden. Nur der Rundkolben, nicht aber Erlenmeyer- und Kochkolben vertragen das *Evakuieren*.

Niemals versäume man, einen *Siedeerleichterer* anzuwenden. Beim Kochen wäßriger Flüssigkeiten in offenen Bechergläsern bedient man sich der *Siedeglocke* (Abb. 26), die man sich aus einem Biegerohr selbst herstellt. Beim Kochen am Rückflußkühler gibt man 2—3 erbsengroße Stücke unglasierten gebrannten Tons oder Porzellans (Siedesteinchen) hinzu. In beiden Fällen ist das wirksame Prinzip das gleiche, ein innerhalb der siedenden Flüssigkeit befindliches Gasvolum. Während man aber bei Anwendung der Siedeglocke das Kochen beliebig unterbrechen kann, werden Siedesteine dabei sofort wirkungslos, da bei der ge-

Abb. 26. Siedeglocke.

ringsten Abkühlung die Lösung die Poren verstopft. Sie sind also danach zu erneuern. Weitere, wenn auch nicht so wirksame Hilfsmittel sind der *Siedefaden* aus Wollgarn und *Siedestäbchen*, aus harzarmem Fichtenholz geschnittene Späne von geeigneter Länge.

Für quantitative Arbeiten können *Tariergranaten* oder die allerdings kostbaren *Platintetraeder* dienen (vgl. Molekulargewichtsbestimmung).

Schließlich kann man Siedeverzüge auch durch Einleiten eines indifferenten Gasstroms aus einer Capillare aufheben, was immer dann nötig ist, wenn man mit *Unterdruck* arbeiten muß.

g) Erhitzen unter Druck.

Wenn es gilt, Reaktionsansätze auf Temperaturen zu erhitzen, die oberhalb des Siedepunkts der vorliegenden Lösung liegen, bzw. wenn das Entweichen gasförmiger Produkte verhindert werden soll, so muß man in geschlossenen Gefäßen arbeiten. Für derartige Versuche sollte, wenn irgend möglich, aus Sicherheitsgründen ein von den allgemeinen Arbeitsräumen getrennter Raum benutzt werden.

Handelt es sich darum, Flüssigkeiten von nicht zu tiefem Siedepunkt nur wenig zu überhitzen (z. B. Schwefelwasserstoffällungen, um sie besser filtrierbar zu machen), so kann man sich behelfsmäßig dazu sehr gut der gewöhnlichen Bier- oder Selterwasserflaschen mit Patentverschluß bedienen. Ist der Gummiverschluß untunlich, so befestigt man den Stopfen einer Schliffflasche in der nach Abb. 27 ersichtlichen Weise. Besser sind besondere *Druckflaschen* in Rundkolbenform und Druckflaschen nach LINTNER, die statt eines eingeschliffenen Stopfens ein aufgeschliffenes Plättchen tragen (Abb. 27), doch wird man dabei ohne Zwischendichtung nicht gut auskommen (Leder).

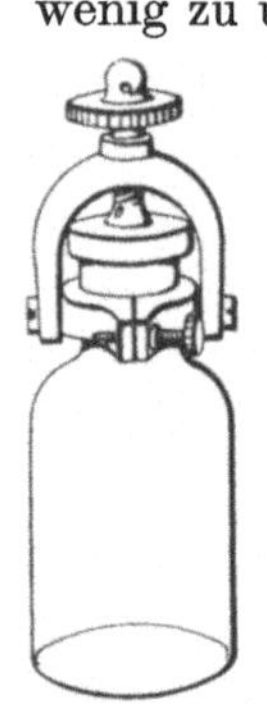

Abb. 27. Vorrichtung zum Verschließen von Druckgefäßen.

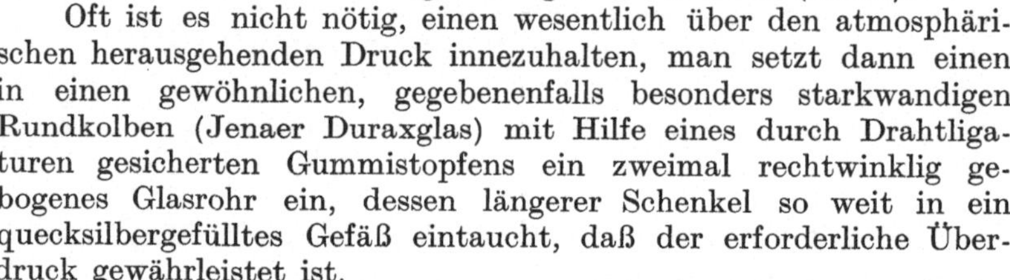

Oft ist es nicht nötig, einen wesentlich über den atmosphärischen herausgehenden Druck innezuhalten, man setzt dann einen in einen gewöhnlichen, gegebenenfalls besonders starkwandigen Rundkolben (Jenaer Duraxglas) mit Hilfe eines durch Drahtligaturen gesicherten Gummistopfens ein zweimal rechtwinklig gebogenes Glasrohr ein, dessen längerer Schenkel so weit in ein quecksilbergefülltes Gefäß eintaucht, daß der erforderliche Überdruck gewährleistet ist.

Ebenso für mäßige Überdrucke geeignet ist der PAPINsche *Topf*, ein gußeisernes, innen emailliertes Gefäß mit verschraubbarem Deckel, der durch einen Lederring gedichtet ist und ein Sicherheitsventil nach dem bekannten Hebelprinzip trägt. Durch Beschwerung des Ventilhebels läßt sich der maximal erreichbare Innendruck in gewissen Grenzen beliebig variieren.

Die bisher beschriebenen Einrichtungen sind einerseits nur für geringe Überdrucke geeignet, andererseits stellt sich jeweils nur derjenige Maximaldruck ein, den das reagierende System von sich aus entwickelt.

Sehr hohe Drucke halten die starkwandigen, aus besonderen Gläsern hergestellten *Bombenrohre* aus, ihr Fassungsvermögen ist indessen nicht sehr groß. Das Zuschmelzen dieser Röhren (vor dem Gebläse) erfordert einige Übung, es kann hier nicht beschrieben werden. Zum Erhitzen der Bombenröhren dient in den meisten Fällen der *Schießofen*, ein Eisenblechkasten mit ein oder zwei cylindrischen Mänteln, die meist etwas schräg liegen (evtl. ist der ganze Ofen schräg zu stellen) und die die eigentlichen, aus stärkerwandigem Eisen geformten Schutzrohre aufnehmen, in welche die zugeschmolzenen Bombenröhren eingelegt werden (Abb. 28). Der äußere Blechkasten hat einen Tubus zum Einsetzen des (mit Asbestwolle befestigen) Thermometers und wird von unten durch einen Reihenbrenner geheizt, man kann bei Spezialgläsern bis auf etwa 400° gehen. Das offene Ende trägt einen zurückklappbaren Glassplitterfang in Gestalt einer schweren Eisenplatte.

Zum Erhitzen auf mäßige, bestimmte Temperaturen ist sehr bequem der VOLHARD*sche Petroleumofen,* bei dem die Bombenröhren in die Bohrungen eines hartgelöteten Hohlkörpers mit metallenem Rückflußkühler eingelegt werden. Verschiedene Temperaturen erreicht man dadurch, daß man die leichtsiedenden Anteile der Heizflüssigkeit so weit abdestilliert, bis ein eingesetztes Thermometer den gewünschten Stand zeigt, und dann den Rückflußkühler in Betrieb nimmt. Natürlich kann man jede beliebige andere geeignete Heizflüssigkeit verwenden. Langt man mit 100° aus, so stellt man die Bombenröhren, mit Tuch umwickelt, einfach in siedendes Wasser.

Große Vorsicht ist beim nachherigen Öffnen geboten. Unter allen Umständen läßt man das Rohr im Ofen oder im Bad *vollkommen auskühlen.* Erst dann nähert man (Schutzbrille!) der capillar ausgezogenen Spitze eine Bunsenflamme (bei schwer schmelzbaren Gläsern die Stichflamme des Gebläses) und wartet ab, bis der Überdruck sich durch das erweichende Glas einen Ausweg gesucht hat. Erst dann zieht man das Bombenrohr heraus und öffnet es in geeigneter Weise. Bei der *Füllung* der Röhren ist darauf zu achten, ob *entweder* die Lösung keine Gase entwickeln kann, dann ist der entstehende Druck in weiten Grenzen vom freien Gasraum unabhängig, und man kann ohne Bedenken zu dreiviertel füllen, *oder* ob die Lösung Gase gelöst enthält (Salzsäure, Ammoniak), die beim Erhitzen ausgetrieben werden, bzw. ob gasförmige Reaktionsprodukte auftreten (Halogen- und Schwefelbestimmung in organischen Verbindungen). In diesem Falle ist der Druck um so größer, je kleiner der verfügbare Gasraum, und man hat darauf sinngemäß Rücksicht zu nehmen. Zu bedenken ist schließlich, daß *Alkalien* (auch Ammoniak) bei höheren Temperaturen die Glaswände rapide angreifen, man muß daher unter Umständen mit *silbernen* Einsätzen arbeiten und die Röhren senkrecht stellen, wozu man aber besonderer Öfen oder Bäder bedarf, hier mag der Hinweis genügen.

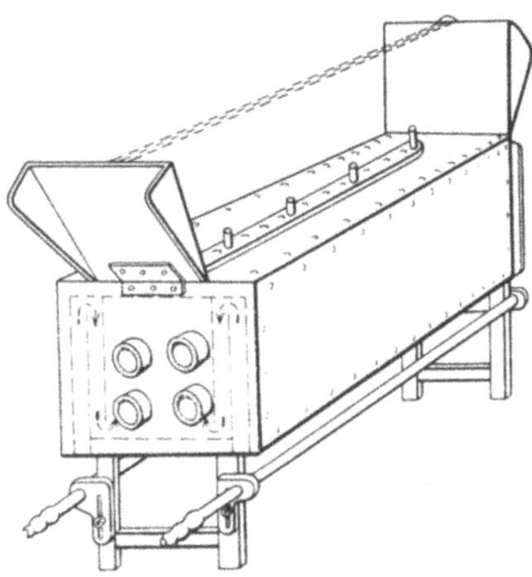

Abb. 28. Bombenofen.

Größere Ansätze lassen sich in den an sich sehr sauberen Bombenröhren nicht verarbeiten. In solchen Fällen muß man zu den sog. *Autoklaven* greifen, die in den verschiedensten Größen und Variationen im Handel sind. Man unterscheidet gewöhnliche Druckautoklaven (bis 100 Atmosphären) und Hochdruckautoklaven (über 100 Atmosphären). Eine eingehende Beschreibung solcher Instrumente an dieser Stelle erscheint kaum gerechtfertigt. Es muß genügen, darauf hinzuweisen, daß man Schüttelautoklaven, Autoklaven mit Rührwerk, mit Vorrichtungen zum Einlassen komprimierter Gase, mit und ohne Vorrichtungen zur Druckmessung, auch zur automatischen Registrierung des Druckverlaufs konstruiert hat. Die eigentlichen Druckgefäße stehen meist in Heizbädern, oder sie werden mit Widerstandsöfen erhitzt, wobei automatische Temperaturregler Verwendung finden.

C. Kühlen.

a) Kühlmittel.

Das bequemste und einfachste Kühlmittel ist die *Luft*, sie wird hauptsächlich beim Kochen am *Rückflußkühler* verwendet, worüber im vorangehenden Abschnitt das Nötige gesagt ist. Wichtig ist es, sich darüber klar zu sein, daß jede chemische Operation, die in offenen Gefäßen ohne Schutzvorrichtungen vor sich geht, praktisch unter *Luftkühlung* abläuft. Da die *Kühlfläche* aber bei den gewöhnlich aus äußeren Gründen der Kugelform mehr oder weniger genäherten Gestalt der Reaktionsgefäße bei weitem nicht im selben Maße wächst wie der Reaktionsraum ($r^2 : r^3$), so können Vorgänge, die im Reagensrohr völlig harmlos verlaufen, sich bei größeren Ansätzen zu explosionsartiger Heftigkeit steigern, wenn die Reaktionswärme zu langsam abgeführt wird. Beispiel: Fettverseifung im kleinen und im technischen Maßstab.

Nächst der Luft ist das in fast unbeschränkten Mengen zur Verfügung stehende fließende Wasser das beliebteste Kühlmittel. Luft und Wasser *erwärmen* sich indessen während des Kühlvorganges und müssen daher ständig erneuert werden.

Eis oder *Schnee* dagegen verbrauchen zugeführte Wärmemengen zunächst für eine Zustandsänderung, das *Schmelzen*, und die sehr hohe Schmelzwärme des Eises macht dieses daher zu einem hervorragenden Kältespeicherer.

Tiefere Temperaturen, von 0^0 bis etwa -50^0 erreicht man noch bequem durch sog. *Kältemischungen*; das eigentliche Kühlmittel dabei ist die entstehende *wäßrige Lösung*, deren Erstarrungspunkt infolge der durch den gelösten Stoff eintretenden Gefrierpunktserniedrigung des Wassers bis zu 50^0 unter Null liegen kann. Die fast ausschließlich angewandten Kältemischungen bestehen aus Eis oder Schnee einerseits und *Steinsalz* (denaturiertes, rotgefärbtes Viehsalz) oder *krystallisiertem Chlorcalcium* (Calcium chloratum crystallisatum, Hexahydrat) andererseits. Eine Vorbedingung ist, daß das verwendete Eis möglichst gut zerkleinert und abgetropft ist, die Stücke sollen im Durchschnitt höchstens haselnußgroß, besser kleiner sein. Zum Zerbrechen des Eises dient die *Eismühle* oder der zweckmäßig aus Holz bestehende Eismörser mit hölzernem Stempel.

Eis und *Salz* mischt man im Verhältnis 2 : 1 bis 3 : 1, man erreicht damit Temperaturen von -21^0. Es ist darauf zu achten, daß die Mischung genügende Mengen von Kühllauge bildet, da diese allein die Kälteübertragung auf das einzubettende Reaktionsgefäß bewirkt.

Eis und krystallisiertes *Chlorcalcium* mischt man im Verhältnis 2 : 3, die tiefste erreichbare Temperatur beträgt -55^0. Ist eine der beiden Komponenten nicht völlig trocken, so erhält man etwa -40^0.

Keine von allen anderen Kombinationen bietet irgendwelche Vorteile, es sei denn, daß man in seltenen Fällen bestimmte enge Temperaturgrenzen innehalten will. Ist man zufällig nicht im Besitz krystallisierten Chlorcalciums, so nimmt man 1 Teil Schnee oder Eis und 1 Teil 65,5proz. Schwefelsäure (spezifisches Gewicht 1,564), die Abkühlung geht bis zu -37^0. Die Schwefelsäure ist zweckmäßig vorzukühlen, man kann z. B. konzentrierte Schwefelsäure durch Einwerfen einer gewogenen Menge *Eis* verdünnen. Eine nahezu 65,5proz. Schwefelsäure erhält man so durch Übergießen von 3 Teilen Eis mit 7 Teilen der handelsüblichen 94proz. Säure.

Steht kein *Eis* zur Verfügung, so kann man auch mit Leitungswasser und leichtlöslichen Salzen in Notfällen zum Ziel kommen. Folgende Mischungen sind die besten:

100 Teile Wasser von 10,8°,	150 Teile Rhodankalium	—23,7°
100 „ „ „ 13,2°,	133 „ Rhodanammonium	—18,0°
100 „ „ „ 10,8°,	250 „ kryst. Chlorcalcium	—12,4°
100 „ „ „ 13,3°,	30 „ Chlorammonium	— 5,1°

1 Teil Wasser von 10°, 1 Teil Chlorammonium, 1 Teil Kaliumnitrat —25°.

Notwendig ist es, die Salze vorher zu trocknen und sie nach Möglichkeit fein zu pulverisieren. Zum Ansetzen von Kältemischungen nehme man nicht zu kleine Gefäße, je größer das Volumen ist, um so länger wird die Wirkung anhalten (vgl. o. S. 50). Eisen- oder Emailletöpfe umwickle man mit Tüchern. Praktisch sind Holzstoffeimer, wie sie als Kinderspielzeug im Handel sind. Näheres im Abschnitt *Kühlmethoden*. Über *Kältemischungen* siehe ferner Chemiker-Kalender (1).

Ein anderes wirksames Kühlmittel ist — allerdings nur in beschränktem Umfang wegen des stechenden Geruchs und der Giftigkeit — flüssiges Ammoniak. Man entnimmt es der Stahlflasche, die man mit dem Ventil nach unten in den Flaschenbock spannt. Die dem Ventil entströmende Flüssigkeit verdunstet zum Teil, der Rest kühlt sich auf den Atmosphärensiedepunkt von — 33° ab. Leitet man zur Beschleunigung der Verdunstung trockenen Wasserstoff ein, so erreicht man noch wesentlich tiefere Temperaturen. Selbstverständlich kann man mit Ammoniak nur unter einem sehr gut ziehenden *Abzug* arbeiten.

Wirksamere Kältemischungen als alle bisher besprochenen erhält man mit *Kohlensäureschnee*. Der Siedepunkt der Kohlensäure bei Atmosphärendruck liegt *oberhalb* der Sublimationstemperatur, entströmt flüssige Kohlensäure einer Stahlflasche, so wird daher ein Teil fest. Man setzt an das Ventil der Flasche ein etwa 2 cm weites und 15 cm langes Messingrohr, das mit passendem Gewinde im Handel ist, spannt die Flasche, Ventil schräg nach unten, in den Bock, zieht über das Rohr einen *Samtbeutel*, den man am besten doppelt nimmt, öffnet ziemlich weit und läßt so lange ausströmen, bis man im Beutel genügend Kohlensäureschnee abfühlt. Das Ventil kühlt sich dabei so stark ab, daß es mit der bloßen Hand unter Umständen nicht mehr zu bedienen ist, man halte daher ein wollenes Tuch oder den Schraubenschlüssel bereit. Man vermeide es beim Arbeiten mit Kohlensäureschnee, diesen in direkte Berührung mit der menschlichen Haut zu bringen, besonders ihn nicht etwa mit der bloßen Hand zusammenzupressen. Es entstehen brandwundenartige Verletzungen.

Die Temperatur des Kohlensäureschnees beträgt — 78,8°, er ist indessen kein brauchbares Kühlmittel, da er, ebenso wie gewöhnlicher Schnee, wegen seiner Struktur ein sehr schlechter Wärmeleiter ist.

Man verwendet ihn daher ausschließlich im Gemisch mit Äther, Aceton und Alkohol. Die folgenden Mischungen sind erprobt: CO_2 und *Äther:* —90°, CO_2 und *Aceton* —86°, CO_2 und 85,5proz. *Alkohol* —68°, CO_2 und 78,5proz. Alkohol —53°.

Zum Ansetzen dieser Mischungen nimmt man Weinhold- oder Dewar-Gefäße (s. u.). Der nach der oben beschriebenen, im Laboratorium einzig durchführbaren Methode erhaltene Kohlensäureschnee ist nicht ganz billig, man erhält heute an einzelnen Orten nach amerikanischem Muster bereits sog. *Trockeneis*, d. i. feste, in Stücke gepreßte Kohlensäure, im Handel, die sehr haltbar und billiger ist und in einfachen Kisten mit der Bahn versandt wird.

Für noch tiefere Temperaturen kommt allein *flüssige Luft* in Frage, jetzt ein Produkt der Großtechnik und ebenfalls bahnversendungsfähig. Die Temperatur hängt von der Zusammensetzung ab, die sich beim Aufbewahren ändert. Frisch verflüssigte Luft hat ziemlich die Temperatur des siedenden Stickstoffs, etwa —190° (Stickstoff —195,7°), in dem Maße wie der leichter siedende Stickstoff abdampft, steigt die Temperatur bis zum Sauerstoffsiedepunkt von —182°. „Flüssige Luft“ aus der Stickstoffindustrie (Leuna, Oppau) ist fast reiner *Sauer-*

stoff. Man hüte sich, flüssige Luft mit oxydierbaren organischen Stoffen (Fett, Äther, Aceton) in Berührung zu bringen!

Durch Einleiten eines trockenen Wasserstoffstroms kann man durch Steigerung der Verdunstungsgeschwindigkeit Temperaturen von etwa —200° erreichen, noch höhere Kältegrade werden im normalen Laboratoriumsbetrieb nicht gebraucht.

b) Kühlgefäße und Kühlmethoden.

Über die einfachsten Behelfsmittel ist oben bei den Kältemischungen aus Eis und Salzen das Nötige schon gesagt. Will man tiefe Temperaturen längere Zeit konstant halten, so bedient man sich *doppelwandiger* Gefäße.

Man stellt z. B. zwei Bechergläser oder zwei Glasstutzen ineinander, füllt den Zwischenraum mit *Sägespänen*, besser mit *Kieselgur*, und deckt oben mit einem Pappring ab. In vielen Fällen vorzüglich verwendbar sind die handelsüblichen *Thermosflaschen*, besonders die größeren Ausführungen mit weitem Hals.

Der *Thermosflasche* liegt das Prinzip von WEINHOLD zugrunde, den Zwischenraum zwischen zwei Glasmänteln *hoch zu evakuieren*, das absolute Vakuum ist bekanntlich der beste aller Wärmeisolatoren. DEWAR versilberte zuerst die Innenfläche des WEINHOLD-*Gefäßes* um Wärmestrahlen zu reflektieren. An Stelle von Silberüberzügen haben sich auch solche aus Kupfer bzw. kupferhaltigen Legierungen bestens bewährt. Die üblichen Formen der heute fast ausschließlich verwendeten DEWAR-Gefäße zeigen Abb. 29 und 30.

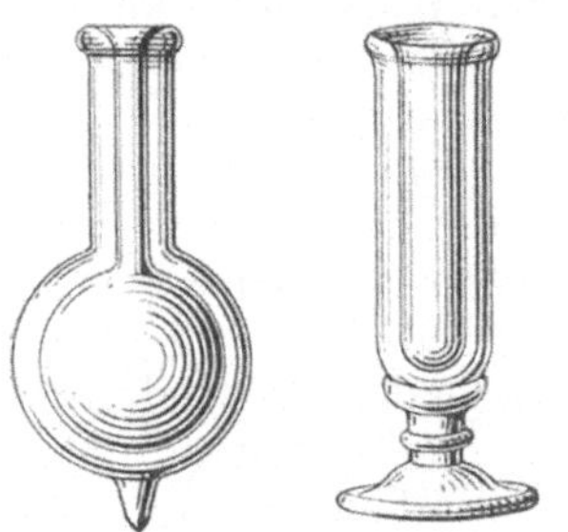

Abb. 29. DEWAR-Gefäße.

Abb. 30. DEWAR-Gefäß (offene Schale).

Beim Einfließenlassen von flüssiger Luft in das zimmerwarme Gefäß kann es zu starken Spannungen namentlich am Boden und dem oberen Rand kommen, wobei unter Umständen das Gerät zu Bruch geht. Man legt daher auf den *Boden* einen Bausch *Glaswolle* (nicht etwa Holz- oder Baumwolle!), den Rand taucht man in geschmolzenes Paraffin ein und läßt dieses erstarren. Manchmal ist der Rand bereits mit Aluminiumbronze überzogen, was ebenfalls eine ausreichende Schutzmaßnahme bedeutet.

Neuerdings werden auch DEWAR-Gefäße aus Jenaer Glas mit sehr kleinem Ausdehnungskoeffizienten hergestellt, bei denen man sich diese Vorsichtsmaßregeln sparen kann, man vergewissere sich darüber beim Einkauf.

A. STOCK hat vorgeschlagen, den Zwischenraum der DEWAR-Gefäße nicht zu evakuieren, sondern mit einem leicht kondensierbaren Gas oder Dampf (SO_2, CS_2) zu füllen. Beim Eingießen der flüssigen Luft bildet sich dann von selbst ein sehr hohes Vakuum aus. Natürlich wirken diese Geräte *nur*, wenn sie mit flüssiger Luft, nicht aber wenn sie mit anderen Kältemischungen verwendet werden als „DEWAR"-Gefäße.

In manchen Fällen wird man es vorziehen, das Reaktionsgemisch nicht von außen her mit dem Kühlmittel zu umgeben, sondern von innen her abzukühlen. Alsdann hängt man eine *Kühlschlange* aus Glas oder Metall hinein und läßt Wasser, Kühllauge oder gekühlte Luft durchströmen.

Sehr elegant ist die Methode von E. RUFF und FISCHER: Man taucht das Reaktionsgefäß in *Petroläther* vom Siedepunkt ca. 35°, senkt in das Reaktionsgemisch eine von Biegung zu Biegung weiter werdende Kühlschlange (Abb. 31), verbindet sie mit einer der handelsüblichen Vorratsflaschen für flüssige Luft und drückt diese mit Hilfe eines Gasometers in die Kühlschlange herüber (Chlorcalciumrohr zwischenschalten!). Durch Regelung des Tempos kann man nun ganz beliebige Temperaturen einstellen und ziemlich gut konstant halten. Zu bedenken ist, daß die starkgekühlten Teile sich alsbald mit Tau beschlagen, man kann indessen die Kühlschlange und das Reaktionsgefäß durch einen Schliff verbinden.

Arbeitet man mit wäßrigen Lösungen, so besteht die wirksamste aller Kühlmethoden im *Einwerfen von Eisstücken.* (Diazotieren, Ausschütteln von zersetzlichen wäßrigen Lösungen.) Kleine, dünnwandige Gefäße (Reagensgläser) kann man gelegentlich sehr bequem dadurch abkühlen, daß man sie mit einem Streifen Filtrierpapier umwickelt, in Äther taucht und mit dem Gebläse den Äther zum Verdampfen bringt. Die Verdunstungskälte läßt die Temperatur auf —20° sinken. Natürlich wiederholt man die Manipulation mehrmals. Größere Gefäße taucht man in ein Ätherbad und läßt durch dieses einen lebhaften Luftstrom streichen, dabei ist Vorsicht wegen der entzündlichen Dämpfe zu üben!

Zur schnellen Abkühlung mikroskopischer Präparate (Schmelzen, Lösungen) bedeckt man die Rückseite des Objektträgers mit einem kurzen Filtrierpapierstreifen und spritzt aus einem der offizinellen Vorratsgefäße Chloräthyl auf.

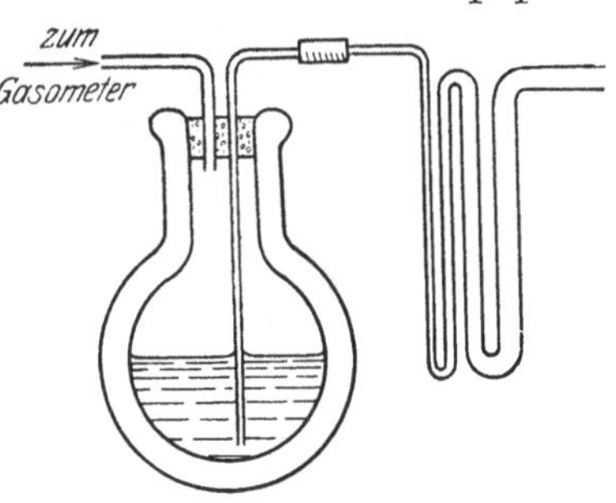

Abb. 31. Kühlschlange nach E. RUFF und FISCHER.

Zur Kühlung größerer Ansätze auf längere Zeit sind die beschriebenen Verfahren sämtlich ungeeignet. Hierfür sind unbedingt automatische *Kühlschränke* vorzuziehen, die entweder elektrisch oder mit Gas betrieben werden. Sie arbeiten wohl ausnahmslos mit *Ammoniak* als Kühlflüssigkeit nach dem Prinzip von LINDE, die erreichbaren Temperaturen gehen bis gegen —20°. Eine nähere Beschreibung würde hier zu weit führen.

Wegen der Spezialapparaturen zum *Abfiltrieren* unter Kühlung (Eistrichter, Kühlnutschen usw.) vergleiche man den Abschnitt *Filtrieren* dieses Handbuchs.

D. Abdampfen und Einengen.

a) Verdampfen bei erhöhter Temperatur.

Über das Verdampfen wäßriger Lösungen und solcher, die keine entzündlichen Dämpfe entwickeln (Tetrachlorkohlenstoff, Chloroform) ist der Abschnitt *Erhitzen und Kochen* nachzulesen. Verbietet es sich, wie bei quantitativen Arbeiten, die Lösungen im Sieden zu erhalten, so läßt sich der Prozeß einmal durch die Wahl geeigneter Gefäße (Porzellanschalen mit großer Oberfläche) beschleunigen, ferner kann man entweder durch Aufblasen eines Luftstroms für ständige Fortführung der Dämpfe sorgen oder aber diese durch einen umgekehrten Trichter absaugen. So kann man z. B. die in einem Becherglas enthaltene wäßrige Lösung am schnellsten und saubersten auf dem Wasserbad einengen, wenn man einen Trichter bis dicht über den Flüssigkeitsspiegel *einsenkt* und ihn an die Wasserstrahlpumpe anschließt. Damit die Wirkung nicht dadurch teilweise aufgehoben wird, daß der Trichter als *Rückflußkühler* wirkt, bedeckt man ihn mit einem sauberen Tuch.

Mit dieser Anordnung kann man auf Wasser- (besser auf Dampf-)Bädern selbst kleine Mengen (100 cm^3) von Alkohol, Äther usw. gefahrlos abdampfen, man lasse sich indessen nicht zu unvorsichtiger Handhabung verführen. Größere Sicherheit und zum Teil verbesserte Wirkung erzielt man mit Spezialtrichtern. Der Absaugtrichter nach VOGEL (8) bewirkt eine besonders günstige Führung des

Luftstroms, der gezwungen ist, die ganze Flüssigkeitsoberfläche zu überschreiten, er ist aber nur für *leichtsiedende* Flüssigkeiten geeignet.

b) Verdampfen bei gewöhnlicher Temperatur.

Auch hier ist es zweckmäßig in den Grenzen des Gegebenen für eine möglichst große Oberfläche Sorge zu tragen. Man verfährt fast ausnahmslos so, daß man die Lösung in einer *Krystallisierschale* oder *Porzellanschale* zusammen mit einem die Dämpfe der Lösung bindenden Mittel in einen *Exsiccator* (vgl. den Abschnitt *Trocknen*) bringt und, wenn es tunlich ist, den Exsiccator evakuiert.

Die besten Absorptionsmittel für größere Mengen von Wasserdämpfen sind *konzentrierte Schwefelsäure* und gekörntes, schaumiges *Chlorcalcium*. Handelt es sich um wäßrige Lösungen, so wird man unter allen Umständen evakuieren, das gleiche gilt für Methyl- und Äthylalkohol, die ebenfalls von Schwefelsäure und Chlorcalcium am besten absorbiert werden. Für Äther kommt nur Schwefelsäure in Frage (Bildung von Äthylschwefelsäure), beim Evakuieren ist zu beachten, daß er nicht ins Sieden gerät, auch ist die Verdunstungskälte unter Umständen so groß, daß es noch zur Taubildung kommt. STEINKOPF und BOHRMANN lassen die Schale mit der Ätherlösung auf der Schwefelsäure schwimmen (runder Boden!), wodurch eine zu starke Abkühlung verhindert wird.

Basische Flüssigkeiten (Pyridin) oder wäßrige Lösungen, die basische, flüchtige Bestandteile enthalten (Ammoniak, aliphatische Amine) bringt man über konzentrierte Schwefelsäure, saure (Salzsäure, Eisessig) über festes Kaliumhydroxyd. Sehr praktisch sind dafür die neuerdings in den Handel gebrachten Kaliumhydroxyd-Perlen wegen der großen Oberfläche. *Natronkalk* ist kein brauchbares Trockenmittel.

Benzol, Essigester, Aceton, Ligroin werden ziemlich gut von Paraffinschnitzeln aufgenommen, die man gegebenenfalls mehrfach erneuert. Zur Entfernung der letzten Anteile wird man unter Umständen das Hochvakuum anwenden müssen, über die Anwendung der *Gasfalle*, eines mit ausgeglühter Absorptionskohle gefüllten, mit flüssiger Luft gekühlten Gefäßes vergleiche den Abschnitt *Trocknen.*

(Zum Einengen großer Flüssigkeitsmengen in Extrakten, Preßsäften, Gärgut usw. hat sich in vielen Fällen, wo erhöhte Temperatur und Sauerstoffgegenwart nicht schaden, das Vertreiben der Flüssigkeit nach dem Föhnprinzip (Blasen von heißer Luft, 60—70° C, über flache Schalen) im FAUST-HEIM-Apparat (Fa. Lautenschläger) sehr bewährt.)

c) Verdampfen unter Rückgewinnung des Lösungsmittels.

Das Verdampfen unter Rückgewinnung des Lösungsmittels unterscheidet sich nur wenig von der eigentlichen Destillation, das meiste wird im Abschnitt *Destillation* dieses Handbuchs nachgelesen werden können. Über die Verdampfung s. a. den Abschnitt Behandlung des Pflanzenmaterials S. 536ff. Man bringt die Lösung in einen *Rund-* oder *Kochkolben*, einen *Erlenmeyer* oder einen *Vakuum*kolben und verbindet mit einem geeigneten Kühler. Zum Auffangen des Destillats stellt man entweder offene Gefäße unter, oder man schließt eine Flasche mit doppelt durchbohrtem Stopfen an, dessen eine Bohrung das Kühlrohr, dessen andere ein Chlorcalcium- oder Natronkalkrohr aufnimmt. Beim Abdestillieren von *Äther* oder *Schwefelkohlenstoff* schließe man eine *Saugflasche* mit einem Korkstopfen an und verbinde den Saugansatz mit einem Schlauch, den man über die Tischkante zu Boden hängen läßt, damit etwa nicht kondensierte Dämpfe unschädlich abziehen können. Gegebenenfalls kühlt man die Vorlage mit Eis oder Kältemischung.

Öfters kommt es vor, daß zwecks späterer Destillation oder sonstiger Weiterverarbeitung eine sehr verdünnte Lösung weitgehend eingeengt werden muß (Extrakt). Dann ist es unpraktisch, das ganze Volum auf einmal in einen sehr großen Kolben zu bringen und davon nur wenige Kubikzentimeter Rückstand zu behalten. Man wählt dann einen Kolben, der dem zu erwartenden Volum des Rückstandes entspricht, setzt einen Tropftrichter auf und läßt die Lösung in dem Maße zufließen, wie sie verdampft, wobei man den Tropftrichter in Abständen nachfüllt.

Sehr wichtig ist das Verdampfen im *Vakuum*. Da der Siedepunkt jeder Flüssigkeit mit abnehmendem Druck (in geometrischem Verhältnis) sinkt, kann man im Vakuum Flüssigkeiten unter Umständen bis gegen 250^0 unterhalb ihrer Atmosphärensiedepunkte zum Kochen bringen.

Die einfachste Vorrichtung, um im Laboratorium Unterdruck zu erzeugen, ist die *Wasserstrahlpumpe* nach Bunsen. Sie ist überall verwendbar, wo man über Wasserdruck von einigen Atmosphären verfügt, also fast an allen städtischen Wasserleitungen. Wasserstrahlpumpen arbeiten natürlich stets am besten im Keller und Erdgeschoß des Laboratoriumsgebäudes, wo der Druck am höchsten ist. Kaum ein anderes Laboratoriumsgerät ist in derart zahllosen Variationen im Handel — es zeigt sich indessen, daß keine einzige aller dieser oft laut empfohlenen Abwandlungen irgendeinen Vorteil vor dem *einfachsten* Modell bietet. Der Wirkungsgrad der Pumpe hängt fast ausschließlich von der Geschicklichkeit und Sorgfalt ab, mit der sie hergestellt ist, höchstens ganz untergeordnet dagegen von der *Form*. Es ist leicht einzusehen, daß es bei den leicht zu reinigenden und billigen aus Glas geblasenen Pumpen immerhin von Zufällen abhängt, ob das einzelne Stück schließlich völlig befriedigt oder nicht. Ganz vorzüglich sind die von der Firma *Wetzel*, Berlin in den Handel gebrachten sog. *Normalpumpen*, deren Konstruktion die denkbar einfachste ist. Natürlich kann man Wasserstrahlpumpen nur an Hähne mit ziemlich weitem Durchlaß anschließen, zur Verbindung dient ein etwa 8 cm langes Stück weiten Kautschukschlauchs mit Stoffeinlage, das sowohl am Hahn wie an der Pumpe mit Drahtligaturen befestigt wird. Das Ausflußrohr verlängere man mit einem Stück Biegerohr und übergeschobenem Verbindungsschlauch bis fast auf den Boden des Abflußbeckens, da man dann vom Geräusch des Wasserstrahls weniger belästigt wird. Vom Ansatzstück der Pumpe führt ein *Druckschlauch* (dickwandiger Kautschukschlauch mit engem Lumen) zur *Sicherheitsflasche*. Diese ist eine dreifach tubulierte Woulffsche Flasche von etwa 500 cm^3 Inhalt, die äußeren Tuben tragen Zu- und Ableitung, der innere einen einfachen Glashahn zur Aufhebung und eventuellen Regulierung des Vakuums. Den Unterdruck mißt man mit einem abgekürzten Quecksilbermanometer.

Beim Abdampfen im Vakuum der Wasserstrahlpumpe (9—15 mm, je nach der Temperatur des Wassers) sind die gewöhnlichen Siedeerleichterer nicht brauchbar, am ehesten wirkt noch der *Siedefaden*; man führt daher in den Kolben eine haarfein ausgezogene Glasröhre ein, durch die entweder Luft, oder falls das sich verbietet, ein indifferentes Gas (Kohlensäure, Wasserstoff, Stickstoff), das man dem Gasometer oder auch direkt dem Entwicklungsapparat (Kipp) entnimmt, eingesaugt wird. Den Gasstrom reguliert man so, daß er das Vakuum nicht schädigt, indem man eine Stück Druckschlauch zwischenschaltet, einen Baumwollfaden einlegt und nun mit dem Schraubenquetschhahn drosselt. Bringt man keinen Faden in das Schlauchlumen, so kleben die Wände fast ausnahmslos völlig zusammen und versperren jeden Durchlaß. Das erreichbare Vakuum (wie man im Laboratoriumsjargon fälschlich aber kaum mißverständlich statt *Unterdruck* zu sagen pflegt) hängt vom Dampfdruck des abdestillierten Lösungsmittels ab, es ist um so tiefer, je höher der Siedepunkt der flüchtigen Anteile liegt, kann aber niemals unter die jeweilige Dampftension des Wassers sinken.

Die Wasserstrahlpumpe hat den sehr großen Vorzug, daß die zum Betrieb erforderliche Flüssigkeit verloren gegeben werden kann und sich daher ständig erneuert, weshalb es keine Bedeutung hat, wenn flüchtige Destillate in die Pumpe gelangen, was stets der Fall sein wird, wenn man nicht besondere Vorkehrungen trifft. Es ist nur in Ausnahmefällen lohnend, im Vakuum abdestillierende Lösungsmittel wiederzugewinnen, die Kosten für die notwendige starke Kühlung einer zwischenzuschaltenden Vorlage sind meistens höher. Hat man indessen sehr kostbare Lösungsmittel zu entfernen, wie etwa reines *Hexan*, so kühlt man mit flüssiger Luft oder Äther-Kohlensäure. Sind sehr große Mengen Lösungsmittel zu destillieren, so wird allerdings durch möglichst weitgehende Kondensation die Arbeit sehr beschleunigt.

Die mit einem Unterdruck von 10—15 mm Quecksilber erreichbare Senkung der Siedepunkte hängt von der Lage des Atmosphären-Siedepunkts ab. Je höher dieser ist, um so beträchtlicher ist die Erniedrigung, Wasser siedet etwa bei 30°, also 70° tiefer, Stoffe wie Nitrobenzol, Acetophenon u. a., deren normaler Siedepunkt bei oder über 200° liegt, sieden 100—125° niedriger. S. a. die Tabelle S. 537.

Oft tritt beim Einkochen im Vakuum ein besonderes lästiges *Schäumen* ein, man kann es häufig durch Zugabe von einigen Tropfen *Octylalkohol* beseitigen, manchmal bleibt indessen auch nichts übrig, als auf das eigentliche Siedenlassen zu verzichten und sich mit einer allerdings viel länger dauernden *Verdunstung* zu begnügen. Dann ist es vorteilhaft eine sog. *Gasfalle* anzubringen, ein zwischen Kolben und Pumpe geschaltetes Kondensationsgefäß, das mit flüssiger Luft gekühlt wird. An dieser Stelle herrscht dann wegen der vollkommenen Kondensation der Dämpfe ein sehr hohes Vakuum, natürlich unterläßt man dann das Einsaugen von Luft durch die Kapillare. Über einen Apparat zur Verhütung des Schäumens beim Eindampfen im Vakuumapparat siehe den Beitrag von BRIEGER S. 541.

Zur Erzeugung tieferer Drucke dienen *Öl-* und *Quecksilber*pumpen. Die *Öl*pumpen sind *Kreiselpumpen* oder auch *Kolbenpumpen*. Die ersteren sind handlicher, man erreicht mit ihnen bequem Drucke von $^1/_{100}$ mm Quecksilber — allerdings nur dann, wenn man die Ölfüllung peinlich vor *flüchtigen Dämpfen*, auch Wasserdampf schützt. Dies kann durch Zwischenschaltung von Phosphorpentoxydrohren und Gasfallen (s. o.) geschehen, doch wird man die Ölpumpe zum Abdampfen weniger oft benutzen als zum Destillieren. Trifft man keine besonderen Vorkehrungen zur Trockenhaltung, so liefert die *Kapselpumpe* nach GAEDE der Firma *Leybold* in Köln einen Unterdruck von 1—2 mm, was einer Siedepunktsenkung von etwa 50° gegenüber der Wasserstrahlpumpe bedeutet. Den Druck der Ölpumpe mißt man angenähert mit dem Quecksilbermanometer, genauer mit dem Manometer von McLEOD (vgl. u.).

Die höchsten, im Laboratorium benötigten Druckerniedrigungen erreicht man mit den ungemein praktischen Quecksilber-Dampfstrahlpumpen nach VOLMER von *Hanff & Buest* in Berlin. Das Prinzip ist genau das gleiche wie bei der Wasserstrahlpumpe, nur daß an Stelle des einer Düse entströmenden Wasserstrahls ein Strahl von Quecksilberdampf tritt. Die VOLMER-Pumpe bedarf einer *Vorvakuums*, es genügt im allgemeinen das Vakuum der Wasserstrahlpumpe von 10 bis höchstens 15 mm, je niedriger der Druck der Vorpumpe ist, um so besser ist das Hauptvakuum, es kann bis auf 10^{-6} mm kommen (*Hochvakuum*).

Eine ins einzelne gehende Beschreibung der Quecksilber-Dampfstrahlpumpe kann hier nicht gegeben werden; die aus *Quarzglas* angefertigten Modelle sind trotz der ziemlich hohen Anschaffungspreise unbedingt vorzuziehen. Betreibt man die Quecksilberpumpe mit dem Wasserstrahlpumpen-Vorvakuum, so braucht man keine besonderen Vorsichtsmaßregeln wegen etwa nicht kondensierter flüchtiger Anteile zu treffen, diese werden von der Pumpe selbsttätig ausgeschieden. Natürlich kann es sich dabei nur um Spuren handeln, auf jeden Fall wird man eine gut gekühlte Vorlage zwischenschalten müssen, die schon deshalb gut wirksam sein wird, weil man zum Hochvakuum nur bei sehr hochsiedenden Flüssigkeiten greift.

Ein eigentliches „Sieden" gibt es im Hochvakuum nicht, beim Erhitzen entweichen anfangs sämtliche noch gelösten Gase unter leichtem Aufbrausen, später vollzieht sich die Destillation, da jeder Anlaß zu einem Siedeverzug fehlt, nur an der *Oberfläche* der Flüssigkeit ohne jede weitere Erscheinung.

Zum *Abdichten* der Gefäße genügen im allgemeinen tadellose Kautschukstopfen, die man mit *Vaseline* oder *Lanolin* einfettet. Näheres im Abschnitt *Destillation*.

Beim Abdampfen und Einengen im Vakuum wird man im allgemeinen auf eine genaue Druckmessung verzichten können. Sehr bequem läßt sich der Druck im Vakuum von etwa 1 mm abwärts schätzen, wenn man ein kleines, zwei eingeschmolzene Aluminiumplatten als Elektroden enthaltenes Rohr (GEISSLERsche Röhre, PLÜCKER-Röhre) einschaltet und mit Hilfe eines Induktoriums von 1—2 cm Funkenlänge unter Spannung setzt. Man beobachtet dabei charakteristische Leuchterscheinungen. Sinkt das Vakuum unter 0,001 mm, so tritt im Kathodenraum das apfelgrüne Fluorescenzlicht auf. Solche GEISSLER-Röhren werden indessen mit der Zeit durch kathodische Metallzerstäubung undurchsichtiger, sehr bequem ist eines der neuerdings überall im Handel befindlichen kleinen *Hochfrequenzgeräte*, das an die Lichtleitung angeschlossen wird: Nähert man den mit Hartgummigriff versehenen beigegebenen Metallstab dem evakuierten System, so erhält man die gleichen Leuchterscheinungen im Inneren und hat den Vorteil, die ganze Apparatur „ableuchten" und dabei undichte Stellen sofort auffinden zu können.

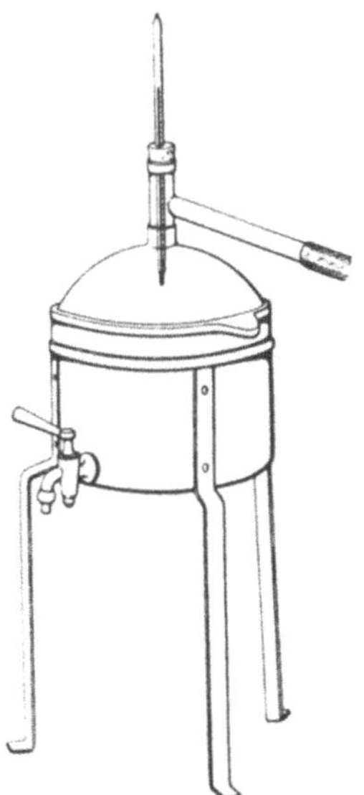

Abb. 32. Vakuumtopf.

Zur genauen Messung kleiner Drucke dient unter anderem das Differentialmanometer von MC LEOD, dessen Prinzip darin besteht, die Volumänderungen eines bekannten von Quecksilber eingeschlossenen Gasvolums zu verfolgen.

Während man beim Abdampfen im Vakuum, falls es sich nur um kleinere Mengen handelt und ein lebhaftes Kochenlassen angängig ist, mit den gewöhnlichen Rundkolben auslangt, ist es bei größeren Ansätzen vorteilhafter, besondere *Vakuumtöpfe* zu verwenden. Es sind flache oder halbkugelige Porzellan-, Glas- oder Metalltöpfe mit aufgeschliffenem Glasdeckel (Abb. 32) oder aufschraubbarer, mit einem Kautschukring gedichteter Haube. Schliffe müssen natürlich mit Fett gedichtet werden, da dieses indessen zum Teil ablaufen und das Abdampfgut verunreinigen kann, stellt man in den Dampftopf eine Porzellan- oder Krystallisierschale und füllt den Zwischenraum mit einem flüssigen, hochsiedenden Wärmeüberträger. Über Vakuumverdampfung größerer Lösungsmittelmengen s. a. den Abschnitt Behandlung des Pflanzenmaterials S. 536.

Hat man sehr große Ansätze zu verarbeiten und erwartet wenig Rückstand, so verbindet man das Eindampfgefäß durch einen Heber mit Glashahn mit der Vorratslösung, evakuiert und läßt dabei durch abwechselndes Öffnen und Schließen des Hahnes in dem Maße neue Lösung ansaugen, wie das Lösungsmittel verdampft. SCHULZE und TOLLENS haben speziel für die Gewinnung zersetzlicher

Zuckerarten aus Pflanzenextrakten einen Apparat angegeben, in welchem die Vorratslösung, ehe sie in den Verdampfungskolben eintritt, noch zweckmäßig vorgewärmt wird (Abb. 33). Da es sich hier nur um das Abdestillieren von Wasser oder Alkohol handelte, die man doch verloren gab, saugt das Heberrohr der Vorlage das Destillat selbsttätig durch die Pumpe ab.

H. SCHMALFUSS und K. KALLE (8) haben den Apparat von SCHULZE und TOLLENS (s. oben) dadurch verfeinert, daß sie nicht nur den eigentlichen Destillationstrakt, sondern auch den Vorrat unter Vakuum bzw. unter Kohlensäure halten, was zur Folge hat, daß man auch mit sehr empfindlichen Stoffen zum Ziel kommt.

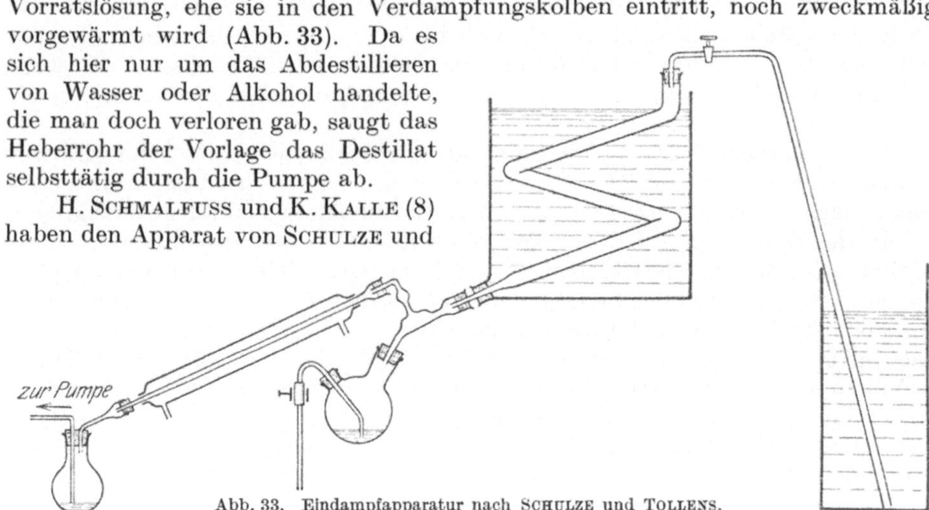

Abb. 33. Eindampfapparatur nach SCHULZE und TOLLENS.

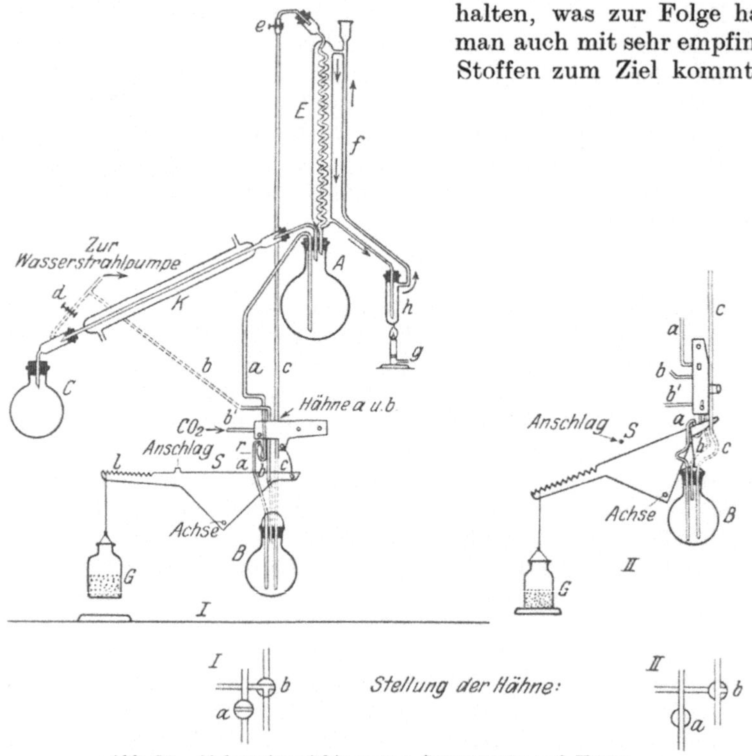

Abb. 34. Abdampfvorrichtung von SCHMALFUSS und KALLE.

Die Apparatur (Abb. 34) enthält drei Rundkolben: A, in dem der *Vorrat* sich befindet, welcher portionsweise nach B abgesaugt wird, und die Vorlage C, in der sich das Destillat ansammelt. Die *Verdampfung* erfolgt in einer Schlange *D*, die mit Wasser von geeigneter Temperatur (etwa 40^0) geheizt wird. Die Vorrichtung arbeitet, nachdem sie einmal in Gang gesetzt ist, automatisch in folgender Weise:

Aus dem Vorratsgefäß *A* (ca. 3000 cm^3 Fassungsvermögen) gelangt ein Teil der Lösung durch Heberwirkung nach *B*. Alsdann wird der Zufluß nach *B* gesperrt und gleichzeitig aus einem Kippapparat Kohlensäure zugelassen, von der die Lösung unter Mitwirkung des Vakuums in geeignetem Tempo bis zum oberen (linken) Tubus der Verdampfungsschlange hochgedrückt wird, von wo aus sie tropfenweise in die Schlange gelangt. Die Lösungsmitteldämpfe werden im Kühler *K* kondensiert und in *C* gesammelt. Die konzentrierte Lösung kehrt nach *A* zurück. Ist auf diese Weise *B* allmählich leichter geworden, so tritt die Selbststeuerung *S* in Funktion, sperrt den Kohlensäureapparat ab und gibt den Zufluß von *A* nach *B* wieder frei. Nachdem die Kohlensäure aus *B* abgesaugt ist, wird *B* von *A* her nachgefüllt, die Selbststeuerung stellt im richtigen Augenblick die Verbindung mit dem Kipp wieder her und schließt die Heberleitung von *A* nach *B*, so daß nun die Verdampfung der bereits etwas konzentrierteren Lösung eine Zeitlang weitergeht, bis das Spiel von neuem beginnt. Bei *r* befindet sich ein Rückschlagventil. Eine 3000 cm^3 betragende verdünnte (Zucker-) Lösung wurde innerhalb von 2 Tagen auf 100 cm^3 eingeengt.

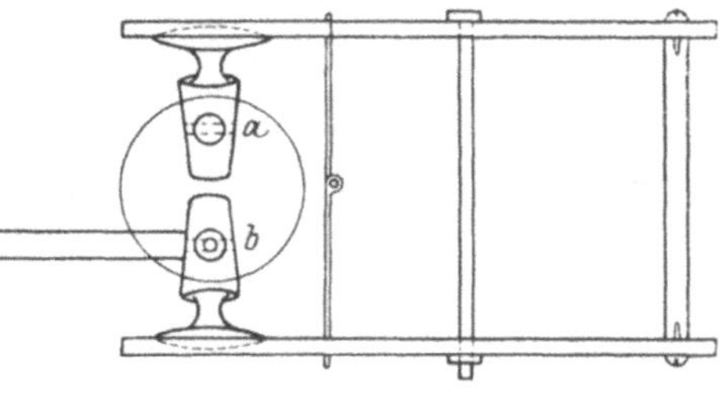

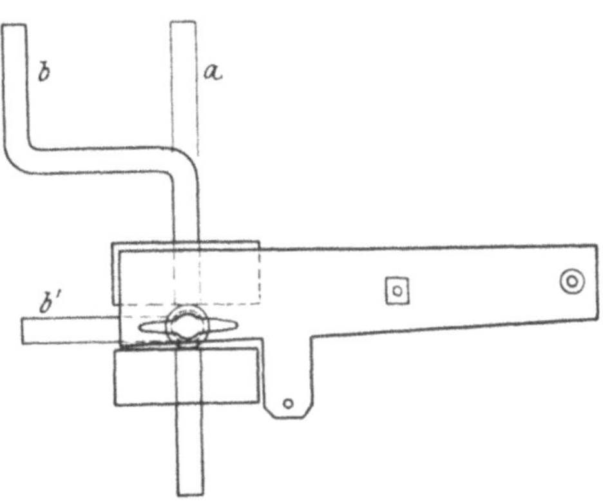

Abb. 35. Stellvorrichtung für die Hähne *a* und *b*.

Wir beschreiben die einzelnen Teile zunächst genauer: Die *Selbststeuerung S* besteht aus dem um eine Achse drehbaren Waagebalken mit Anschlag, der rechts den Kolben *B* trägt, links ein Gegengewicht *G*. Das letztere kann mit längerem oder kürzerem Hebelarm *l* zur Wirkung gebracht werden, wodurch sich die Menge der Einzelportionen, die nach *B* gelangen, den vorliegenden Bedürfnisse anpassen läßt. Wird *B* durch die einfließende Lösung schwerer, so geht die Anordnung von der Stellung II in die Stellung I über. Das hat zur Folge, daß nach Abb. 35 die beiden Glashähne *a* und *b* um 90^3 gedreht werden; der Mechanismus ist aus der Abb. 35 ersichtlich. In Stellung II war durch *a* der Zufluß von *A* nach *B* möglich und der Kohlensäureapparat bei *b* abgesperrt. In Stellung I ist jetzt der Zufluß von *A* nach *B* gesperrt, dagegen durch *b* für die Kohlensäure der Weg nach *B* frei gegeben.

Die *Warmwasserheizung* wird von *h* aus reguliert, das einen nicht eingezeichneten Reichertschen Thermoregulator (S. 63) trägt und vom Brenner *g* geheizt wird. Der Sinn, in dem das Wasser strömt, ist durch Pfeile markiert. Wir geben nun in Stichworten die nötigen Handgriffe an, mit denen, nachdem die einzuengende Lösung in *A* eingebracht ist, die Apparatur in Gang gesetzt wird:

1. Quetschhähne *d* und *e* schließen, Selbststeuerung *S* in Stellung II.

2. Wasserstrahlpumpe in Betrieb setzen. Die Lösung wird von B her angesaugt.

3. Sobald der Heber *a* gefüllt ist, Quetschhahn *d* öffnen. *A*, *C* und *E* werden gleichfalls evakuiert, der Heber *a* übernimmt den Transport der Lösung von *A* nach *B*.

4. Sobald *B* gesunken ist und die Selbststeuerung Stellung I angenommen hat, Quetschhahn *e* so weit öffnen, daß 2—3 Tropfen je Sekunde in die Verdampfungsschlange fallen.

War die Warmwasserheizung vorher einreguliert, so funktioniert der Apparat von nun an automatisch und bedarf keiner Aufsicht mehr.

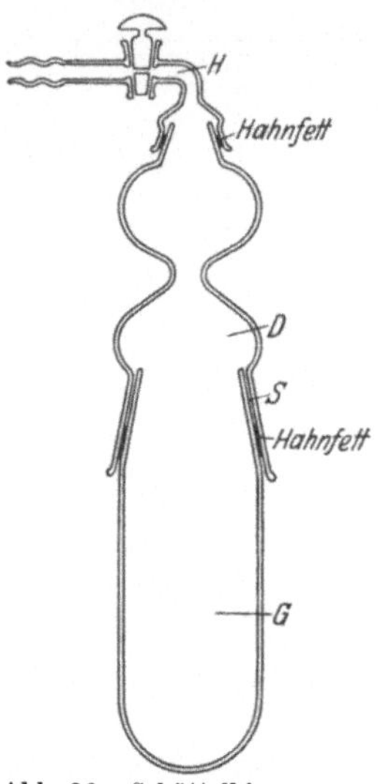

Abb. 36. Schüttelbirne zum Eindampfen stoßender Lösungen nach SCHMALFUSS und WERNER.

Sehr beschleunigt wird das Abdampfen durch gleichzeitiges *Rühren*, für solche Zwecke sind besondere Apparate im Handel, der Rührer muß durch eine Stopfbüchse geführt werden. Quecksilberverschlüsse (vgl. das Kapitel *Rühren* und *Schütteln*) sind *nicht* anwendbar, da natürlich das Quecksilber eingesaugt werden würde. *Rühren* oder *Schütteln* sind auch die einzigen Mittel, um das Stoßen zu verhindern, das beim Ausscheiden fester Anteile aus Lösungen eintritt (Überhitzung an den schlecht leitenden Krystallkrusten) und die Siedecapillare wirkungslos macht.

H. SCHMALFUSS und H. WERNER (8) haben für solche Fälle eine Schüttelbirne angegeben, die Abb. 36 zeigt. Das zylindrische Gefäß *G* enthält die Lösung, die Haube *D* ist angeschliffen, doch wird der Schliff nur an der bezeichneten Zone geschmiert, so daß die Lösung nicht verunreinigt werden kann. Die Einschnürung oberhalb von *D* bricht die Gewalt der Stöße. Auch der obere Schliff ist so konstruiert, daß keine Verunreinigung durch Schmiermittel eintritt. Die Autoren empfehlen ein Hahmfett von 4 Teilen Kolophonium, 3 Teilen Bienenwachs und 6 Teilen Vaseline, in einer Porzellanschale zusammengeschmolzen. Für höhere Temperaturen soll *Graphit* als Dichtungsmittel geeignet sein. Die Schüttelbirne wird mit einem Korkstopfen in eine Blechbüchse eingepaßt, der Stopfen trägt einen Rückflußkühler, das Ganze wird auf einer Schüttelmaschine montiert, die die Heizflamme trägt. Die Verbindung von Brenner, Kühler und Schüttelbirne mit den Gas-, Wasser- und Saugleitungen wird durch lange Schläuche bewirkt, die den Bewegungen der Maschine folgen.

d) Besondere Maßnahmen.

Bei quantitativen Arbeiten tritt oft die sehr lästige Erscheinung des *Kriechens* auf, es scheiden sich an den oberen Teilen der Schale, die nicht von Flüssigkeit benetzt und daher gekühlt sind, Krystallkrusten aus, saugen die Lösung capillar an und wachsen immer höher, schließlich sogar über die wiederum kühleren Ränder hinaus. Oft genügt ein sehr einfaches Mittel, man stellt zwei Schalen ineinander, eine innere, flacher gewölbte und eine äußere tiefere (Abb. 37). Dann werden die Ränder der inneren heißer sein als der Boden, so daß die sich abscheidenden Krusten von oben her ausgetrocknet werden.

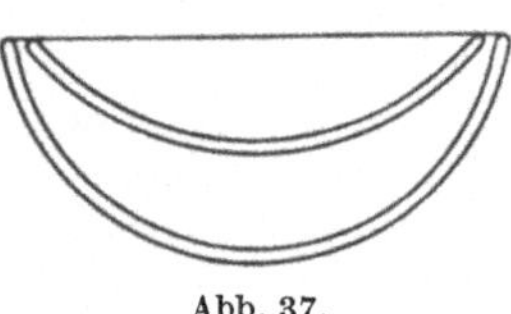
Abb. 37.

Man kann auch von vornherein die Schale von oben her erhitzen, indem man sie in einen *Ringbrenner* einhängt.

Apparaturen zum kontinuierlichen Eindampfen großer Flüssigkeitsmengen im Vakuum, die im biologischen Laboratorium von Bedeutung sein können, werden auch im technischen Maßstab hergestellt, sie sind dann noch mit Einrichtungen zum laufenden Abziehen des Destillats versehen, so daß auch die Vorlagen in kleineren Dimensionen gehalten und doch die Lösungsmittel zurückgewonnen werden können.

Bei mit Laboratoriumsmitteln zusammengestellten Apparaturen läßt sich übrigens leicht eine entsprechende Vorrichtung anbringen. Verschließt man z. B. in dem SCHULZE-TOLLENSschen Apparat die Vorlage mit einem dreifach durchbohrten Gummistopfen, dessen dritte Bohrung einen einfachen Glashahn trägt, und legt zwei weitere Hähne in das Zu- und in das (verkürzte) Ableitungsrohr, so kann man nach sinngemäßem Schließen und Öffnen die Vorlage abnehmen, entleeren, wieder anfügen, ohne die Pumpe abstellen zu müssen. Bei Wiederherstellung der Verbindung mit der Apparatur wird sich zwar der Unterdruck verschlechtern, man benutzt dann die kurze Wartezeit, um neue Vorratslösung anzusaugen.

E. Trocknen.

a) Das Trocknen von Geräten und festen Substanzen.

1. Im präparativen Maßstab.

Bei vielen chemischen Arbeiten ist es notwendig mit *trockenen Geräten* zu arbeiten. Man kann zwei Trocknungsgrade unterscheiden, den praktisch in den allermeisten Fällen ausreichenden, den man erhält, wenn man die Einzelteile einer Apparatur (Kühler, Kolben, Rohre usw.) im *Dampfschrank* bei 100^0 trocknet und sie zusammensetzt, noch ehe sie völlig ausgekühlt sind. Nur in besonderen Fällen sind noch höhere Ansprüche zu stellen; da es sich dann selbstverständlich um entweder völlig verblasene oder sehr genau abgedichtete Aggregate handeln wird, ist es am einfachsten, die ganze Apparatur, eventuell unter Zwischenschaltung von Phosphorpentoxydrohren oder Gasfallen, mehrere Stunden auf Hochvakuum auszupumpen. Das Verschwinden der letzten Reste adhärierender Feuchtigkeit erkennt man an der Güte des Vakuums, z. B. am Ausbleiben des apfelgrünen Fluorescenzlichtes.

Kleinere Apparaturbestandteile, Kühlrohre, Destillationskolben, trocknet man unter gleichzeitigem Durchsaugen von Luft durch Erhitzen über der leuchtenden Flamme des Bunsenbrenners, oft genügt es auch, z. B. einen Erlenmeyerkolben zuerst mit Alkohol und dann mit dem reinen, trockenen Lösungsmittel zu spülen, das zur Verwendung kommen soll.

Das sehr beliebte Mittel, mit Alkohol und Äther zu spülen und dann mit Luft auszublasen, ist nicht immer einwandfrei, Äther hinterläßt fast stets einen Rückstand, es kann aber oft bequem sein, wenn es gilt, feuchte Gefäße schnell *lufttrocken* zu machen.

Feste Reagenzien oder *Reaktionsprodukte* kann man entweder durch *Erwärmen* oder mit *Trockenmitteln* trocknen, natürlich können beide Maßnahmen kombiniert werden, und man kann die Wirkung durch Anwendung des Vakuums noch weitersteigern.

In den meisten Fällen wird man für eine *Vortrocknung* Sorge tragen. Entweder läßt man die Materialien (falls sie nicht hygroskopisch oder sonst luftempfindlich sind) zunächst in flacher Schicht zwischen Filtrierpapier an der Luft liegen, oder man sorgt schon bei der Isolierung von Reaktionsprodukten dafür, daß anhaftende Feuchtigkeit möglichst entfernt wird. Sei es durch Nachwaschen mit Alkohol (vgl. die Abschnitte *Umkrystallisieren* und *Filtrieren*) oder durch Einschlagen in mehrfache Filtrierpapierlagen oder Koliertücher und Abpressen auf einer Laboratoriumsfilterpresse (Abb. 38).

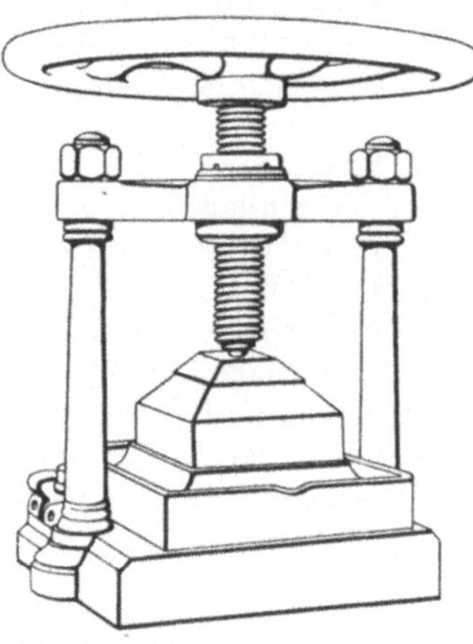
Abb. 38. Laboratoriumsfilterpresse.

Verträgt das Material erhöhte Temperaturen, so bringt man es in Filtrierpapier geschlagen (bei weiter zu verarbeitenden Rohprodukten) oder in Porzellan- bzw. Krystallisierschalen in den *Dampftrockenschrank*. Es ist nicht unbedingt nötig, eine besondere Dampfleitung zur Verfügung zu haben, man kann den nötigen Dampf auch fallweise selbst entwickeln; solche Modelle, die unter dem eigentlichen Schrank ein zweckmäßig metallenes Wasserbad eingebaut enthalten, sind im Handel. Teils werden sie mit Rückflußkühler betrieben, teils läßt man den Dampf entweichen und ersetzt das abdestillierte Wasser. GALLENKAMP hat einen Trockenschrank konstruiert, bei dem der einer Düse entströmende Dampf gleichzeitig vorgetrocknete Luft durch den inneren Raum saugt, wodurch die Dauer der Trocknung sehr abgekürzt werden kann.

Dampftrockenschränke haben den großen Vorteil, daß es nie zu einer unerwünschten Überhitzung kommen kann, sie sind aber an die Temperatur von etwa 100° gebunden. Für höhere Temperaturen benutzt man entweder Heizflüssigkeiten von höherem Siedepunkt oder Lufttrockenschränke.

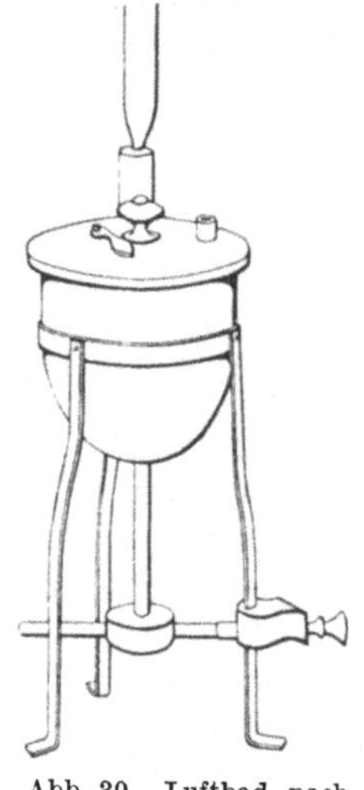
Abb. 39. Luftbad nach VICTOR MEYER.

Einfach und vielseitig verwendbar, doch von beschränkten Abmessungen ist das Luftbad nach VICTOR MEYER (Abb. 39), es wird meistens bei analytischen Arbeiten Verwendung finden, kann aber auch sonst gute Dienste leisten. Prinzipiell genau so konstruiert, nur in größeren Dimensionen gehalten, sind zahlreiche andere Modelle.

Viel häufiger gebraucht und einfacher sind *Lufttrockenschränke*, eiserne Kästen mit vorderer Tür und doppelten Wänden, die meistens durch eine darunter montierte Heizschlange, aber auch im Notfall durch jeden Bunsenbrenner erhitzt werden (Abb. 40). Sie sollen stets *zwei* Tubusansätze tragen, einen für das Thermometer und einen zweiten für den *Thermoregulator*. Es gelingt bei schwankendem Gasdruck nicht, die Temperatur in einem solchen Lufttrockenschrank einigermaßen konstant zu halten, in für fast alle Fälle genügender Weise gelingt dies aber mit dem Gasdruckregulator nach REICHERT (Abb. 41).

Das Prinzip des „Thermoregulators“ ist folgendes: Das Heizgas tritt bei *A* ein und gelangt in das verjüngte Glasrohr *B*. Durch ein feines Loch in dessen Mitte kann jeweils nur eine kleine Menge ungehemmt entweichen, sie genügt jedoch, um das völlige Verlöschen der Heizflammen zu verhindern, wenn aus zufälligen Gründen der Hauptstrom bei *C* gänzlich gesperrt ist. Die untere Mündung *C* von *B* taucht in den Glaskonus *D* ein, der untere Teil *E* ist mit Quecksilber gefüllt, dessen Niveau sich durch Drehen der Stellschraube *F* in den nötigen Grenzen regulieren läßt. Je nachdem, ob das Quecksilber nun den Gasdurchlaß bei *C* mehr oder weniger versperrt, brennen die Heizflammen niedriger oder höher. Um den Regulator in Betrieb zu setzen, hängt man ihn so in den Heizkasten ein, daß die Hauptmasse der Quecksilberfüllung sich in der Nachbarschaft des Trockenguts befindet, heizt bei voll geöffnetem Durchlaß an und drosselt, in der Nähe der gewünschten Temperatur angekommen so weit ab, bis die Heizflammen die aus früherer Erfahrung nötige ungefähre Höhe haben. Das endgültige Einregulieren erfordert dann noch einige Zeit, man merkt sich für später zweckmäßig die *Zahl der freien Schraubenwindungen* für bestimmte Temperaturen. Soll ein und derselbe Regulator für innerhalb weiter Grenzen schwankende Temperaturen Verwendung finden, so muß man unter Umständen die Menge des Quecksilbers verändern.

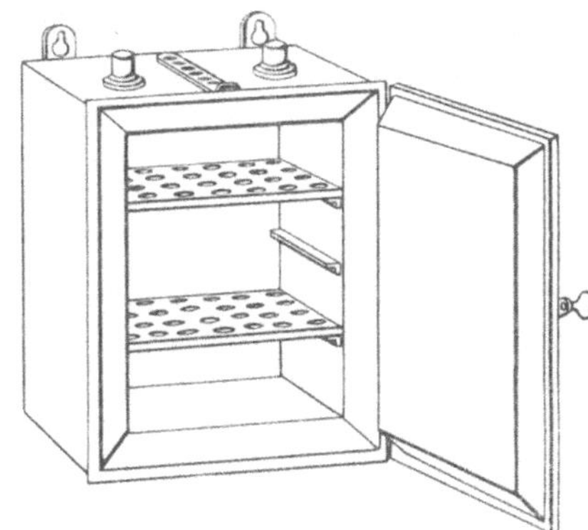
Abb. 40. Trockenschrank.

Da der Thermoregulator erst auf eine, wenn auch geringe Über- oder Untertemperatur anspricht, so schwankt strenggenommen die Temperatur ständig, die Schwankungen bleiben indessen innerhalb so enger Grenzen, daß sie praktisch ohne Bedeutung sind.

Für niedrigere Temperaturen verwendet man das wegen seines hohen Ausdehnungskoeffizienten sehr empfindliche *Toluol*, das vor dem Quecksilber den Vorzug hat, in Berührung mit Leuchtgas nicht wie dieses allmählich zu *verschmutzen*. Quecksilberregulatoren müssen daher von Zeit zu Zeit entleert, gereinigt und frisch gefüllt werden.

Sehr brauchbar sind auch einfache *Gasdruckregler* nach dem *Glocken*prinzip oder *Membran*regulatoren. Von ihrer Beschreibung kann hier abgesehen werden, sie halten lediglich den Gaszufluß konstant, so daß die Flammen ständig in gleicher Höhe brennen, sind aber den sekundären Einflüssen, wie Raumtemperatur, Zugluft usw., gegenüber wirkungslos. Sie haben ihre Hauptbedeutung im Dauerbetrieb von Bädern, die mit siedenden Flüssigkeiten arbeiten: Da die städtischen Leuchtgasnetze zu verschiedenen Tageszeiten unter ziemlich wechselndem Druck stehen, verhindern sie namentlich in den *Abendstunden* automatisch die bei unbeaufsichtigt laufenden Apparaturen sonst eintretenden Überhitzungen, bzw. sie ersparen das Nachregulieren. Solche Druckregler lassen sich entweder an einzelne Zweige des Hausnetzes oder auch an das Hauptrohr legen, schaltet man einem Reichertschen Thermoregulator einen solchen Druckregulator vor, so erreicht man eine besonders gute Temperaturkonstanz.

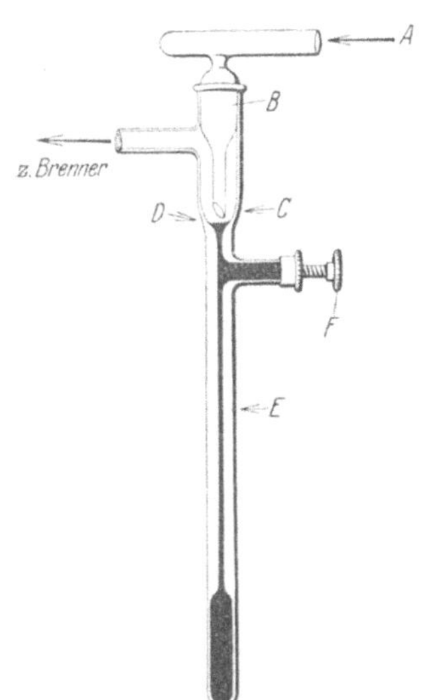

Abb. 41. Thermoregulator nach Reichert.

Ideal sauber und bequem, wenn auch teuer in der Anschaffung und im Betrieb, sind schließlich elektrisch heizbare Trockenschränke, mit und ohne automatische Temperatureinstellung, zum direkten Anschluß an die Lichtleitung.

Exsiccatoren sind Glasgefäße, die gleichzeitig das Trockengut und das Trockenmittel aufnehmen und bequem und dicht verschließbar sein sollen. Für kleinere Mengen (etwa bis zu 1000 g) hat sich am besten die Scheiblersche Form bewährt (Abb. 42). Der untere, kegelstumpfförmige Teil nimmt das feste oder flüssige Trockenmittel auf, am Boden des zylindrischen Oberteils liegt zunächst ein einfaches Eisendrahtnetz, darauf steht der *Einsatz* von Porzellan (Abb. 43). Die Form des aufgeschliffenen Deckels ist zweckmäßig vor allem deshalb, weil es nicht zum Verschmieren des Dichtungsmittels kommt, wie stets nach einiger Zeit bei einfachen Glasplatten. Der Hahn zum Evakuieren sollte stets in einen seitlichen Tubus angebracht sein, Modelle, die den Hahn im Deckel tragen, sind unpraktisch: einmal sind sie zerbrechlicher, und außerdem bietet der seitliche *Tubus* beim Zugreifen eine nützliche Rast, wenn man, wie oft, gezwungen ist, das Gerät mit *einer* Hand zu transportieren. Der Hahn muß nicht eingeschliffen sein, man kann ihn mit genau dem gleichen Erfolg durch einen tadellosen Kautschukstopfen befestigen bzw. einen zerbrochenen so durch einen anderen ersetzen. Niemals aber sollte der Hahn direkt am Gehäuse sitzen, da dann beim Bruch das ganze Gerät verloren ist.

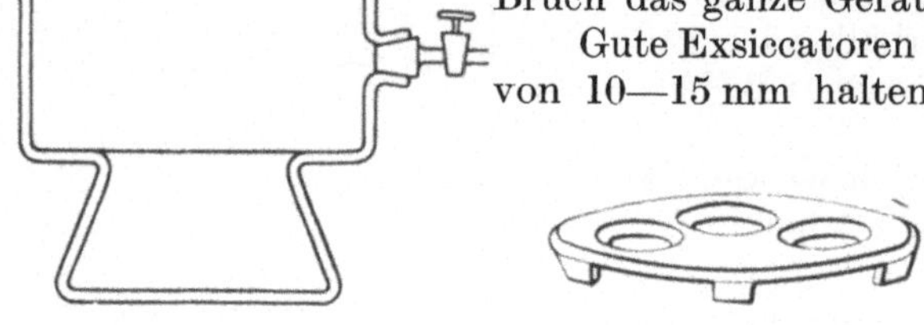

Abb. 42. Exsiccator nach Scheibler. Abb. 43. Exsiccatoreinsatz.

Gute Exsiccatoren müssen tagelang ein Vakuum von 10—15 mm halten, wovon man sich stets vor dem Ankauf durch eine Prüfung mit dem Quecksilbermanometer überzeugt. Von den zahlreichen Abänderungen der Form ist kaum mehr zu sagen, als daß sie zwar den Trocknungsprozeß nicht weiter stören, aber ihn auch nicht ernstlich begünstigen und daß sie im Grunde unpraktischer sind. Das gilt für den *normalen* Laboratoriumsbedarf, gewisse Vorteile in Spezialfällen sollen ihnen nicht abgesprochen werden; seitdem indessen die *Hochvakuum*pumpe zu den bereits unentbehrlichen Hilfsmitteln des Chemikers gehört, erreicht man auch mit dem einfachsten Modell so kurze Trockenzeiten, daß die komplizierteren sich eigentlich erübrigen.

Für *lichtempfindliche* Substanzen nimmt man Exsiccatoren aus *braunem* oder schwarzbraunem, fast lichtundurchlässigem Glas.

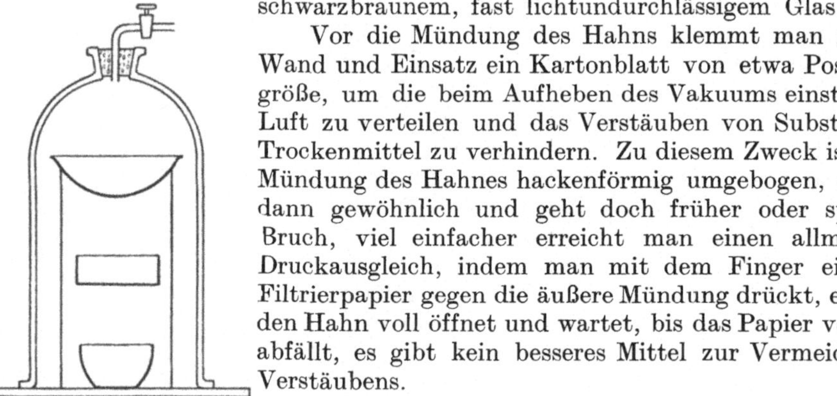

Abb. 44. Glockenexsiccator.

Vor die Mündung des Hahns klemmt man zwischen Wand und Einsatz ein Kartonblatt von etwa Postkartengröße, um die beim Aufheben des Vakuums einströmende Luft zu verteilen und das Verstäuben von Substanz oder Trockenmittel zu verhindern. Zu diesem Zweck ist oft die Mündung des Hahnes hackenförmig umgebogen, sie stört dann gewöhnlich und geht doch früher oder später zu Bruch, viel einfacher erreicht man einen allmählichen Druckausgleich, indem man mit dem Finger ein Stück Filtrierpapier gegen die äußere Mündung drückt, erst dann den Hahn voll öffnet und wartet, bis das Papier von selbst abfällt, es gibt kein besseres Mittel zur Vermeidung des Verstäubens.

Exsiccatoren ohne Hähne sind nicht sehr zu empfehlen, man benutze sie zum Abstellen von Tiegeln oder Wägegläsern, die man sich so für analytische Arbeiten stets trocken und sauber vorrätig hält.

Größere Mengen von Substanzen, besonders wenn sie in sperrigen Gefäßen befindlich sind, trocknet man im Glockenexsiccator mit angeschliffener Grundplatte (Abb. 44), die man sich hütet zu verkratzen (Vorsicht vor Staubteilchen).

Bei Glockenexsiccatoren bringt man das Trockenmittel *oberhalb* des Trockengutes an, da feuchte Luft leichter ist als trockene (H_2O · Dampf-Mol.-Gew. $= 18$, $N_2 = 28$!), diese einzige Tatsache rechtfertigt, falls das Evakuieren nicht angängig ist, gewisse Abänderungen der SCHEIBLERschen Exsiccatorform, bei den hohen Glockenmodellen macht sich das natürlich stärker bemerkbar.

Beim Trocknen größerer Substanzmengen kommt man am schnellsten zum Ziel, wenn man das Material in Filtrierpapier einschlägt und direkt, nachdem der Porzellaneinsatz entfernt ist, auf das Eisendrahtnetz auflegt. Hat man Bedenken wegen der Filterfasern, so überführt man es in eine flache Krystallisierschale, dann hat natürlich das Herausnehmen des Einsatzes keinen Sinn.

Wenn irgend möglich evakuiere man den Exsiccator — es ist natürlich, wie auf Grund gelegentlicher Erfahrung beiläufig bemerkt sein mag, ohne weiteres angängig, jedes bei 15 mm stabile Gerät auch auf *Hochvakuum* zu beanspruchen, da die Mehrbelastung ja kaum $^1/_{50}$ Atmosphäre beträgt.

Trockenmittel. Das gebräuchlichste aller Trockenmittel ist gekörntes, schaumiges Chlorcalcium. Es hat den Vorzug der Billigkeit und der festen Natur, der Trocknungsgrad ist durch den Dampfdruck des Calciumchloridhexahydrats bestimmt und nicht sehr hoch, jedoch für die Mehrzahl aller präparativen Arbeiten ausreichend. Ein Nachteil ist das leichte Zerstäuben (Vorsichtsmaßregeln s. o.). Ebenso schnell wie Chlorcalcium und etwas intensiver wirkt *konzentrierte Schwefelsäure*; man läßt sie aus einer Pipette direkt in den unteren Teil des Exsiccators einfließen und legt einige stärkere sperrige Glasstücke hinein, um beim Transport das Schaukeln der Flüssigkeit zu brechen.

Es gibt auch besondere Glaseinsätze dafür. *Schwefelsäure* ist im *Hochvakuum* wegen merklicher Flüchtigkeit unbrauchbar!

Noch intensiver als Schwefelsäure wirkt *Phosphorpentoxyd*, da die bei der Wasseraufnahme statthabende Umsetzung nicht zu einem Salzhydrat und auch nicht zu einer sich allmählich verdünnenden Lösung führt, sondern zu der *Metaphosphorsäure* HPO_3, deren Dampfdruck äußerst gering ist. Über Phosphorpentoxyd bringt man jedoch nur Material, das entweder schon ziemlich trocken oder aber über Chlorcalcium vorgetrocknet ist, da die *Kapazität* der Pentoxydfüllung nicht sehr groß ist. Die Oberfläche der Füllung, an der sich die glasige Metaphosphorsäure bildet, ist öfters durch Umrühren mit dem Glasstab zu erneuern.

Noch schärfer als Phosphorpentoxyd, aber nur, wenn es sich um die letzten *Spuren* von Feuchtigkeit handelt, trocknet schließlich frisch am Gebläse geglühtes *Aluminiumoxyd*. Auch festes Kaliumhydroxyd in Stangen trocknet sehr gut und schnell und vermag ziemlich viel Wasser aufzunehmen, da noch der Dampfdruck 50proz. Kalilauge bei mittleren Temperaturen recht gering ist. Wenig verwendet wird das an sich sehr brauchbare, heute im Handel billig erhältliche *Bariumoxyd*. Für größere Mengen nicht allzu scharf zu trocknender Stoffe eignet sich auch frisch gebrannter Kalk.

2. Das Trocknen von kleinen Mengen.

Handelt es sich um das Trocknen von relativ kleinen Mengen, z. B. von Material, das zur Analyse kommen soll, so kann man selbstverständlich sämtliche oben beschriebenen Methoden anwenden. Da es sich indessen oft notwendig macht, dafür einen Exsiccator zu reinigen oder frisch zu füllen, der sonst für präparative Zwecke noch hätte verwendet werden können, empfiehlt es sich, zu diesem Zweck die sehr praktischen *Trockenpistolen* zu verwenden, deren Form Abb. 45 zeigt. Die angeschliffene, abnehmbare Kugel enthält Phosphorpentoxyd, abgeschlossen durch einen Glaswollbausch zur Verhinderung des Stäubens. In den zylindrischen Teil bringt man im Porzellan- oder Platinschiffchen, im Wägeschweinchen usw., das Trockengut und evakuiert an der Quecksilberpumpe bis zum Auftreten des Kathodenlichts. Trockenoperationen, die im Exsiccator bei Wasserstrahlvakuum mehrere Tage in Anspruch nehmen, sind so oft schon nach wenigen Stunden quantitativ beendet. Ist es angängig, das Material zu erwärmen, so schiebt man den zylindrischen Anteil in ein hartgelötetes Heizbad mit metallenem Rückflußkühler und läßt darin Wasser oder auch eine höher siedende Flüssigkeit kochen. Auch ganz aus Glas angefertigte Modelle mit Dampfmantel sind im Handel.

Man soll sich indessen nicht über die Bedeutung des dabei erreichten sehr hohen Trocknungs*grades* täuschen. Derart hochgetrocknete Substanzen sind, gleichgültig welcher Natur, in pulveriger Form ungemein hygroskopisch, und allein das beim *Wägen* unvermeidliche Umfüllen macht die Trocknung zum Teil illusorisch, ohne daß allerdings dadurch irgendwelche feststellbare Fehler entstünden. Wertvoll ist ein so hoher Trocknungsgrad aber deshalb, weil manche Substanzen, die bei Gegenwart von Wasserspuren zersetzlich sind, sich oft doch über Pentoxyd im Hochvakuum halten.

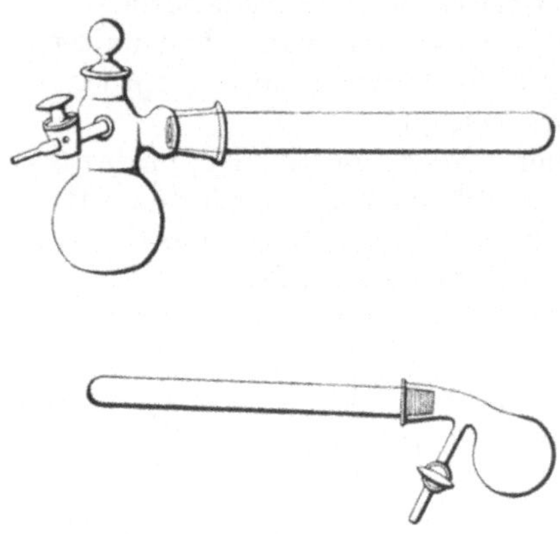

Abb. 45. Trockenpistolen.

Die Trockenpistole macht eigentlich besondere *Heizexsiccatoren*, die mehrfach konstruiert worden sind, überflüssig. Zweckmäßig sind nur die Modelle mit elektrischer Heizung, sei es durch eine mit vakuumdicht eingeführten Zuleitungen versehene gewöhnliche *Heizplatte* oder nach Skita durch zwei unter dem Deckel angebrachte Kohlenfadenlampen. Wir begnügen uns hier mit dem Hinweis. Ist man im Besitz eines *Vakuumtopfes* (vgl. S. 57), so kann man diesen natürlich ohne weiteres in einen sehr brauchbaren Heizexsiccator verwandeln.

3. Trocknen im Gasstrom.

Luftempfindliche Substanzen, bei denen sich aus irgendwelchen Gründen die Anwendung des Vakuums verbietet, müssen in einem indifferenten Gasstrom getrocknet werden. Das Verfahren bedarf kaum einer näheren Beschreibung, man bringt das Trockengut am besten in große Porzellanschiffchen, schiebt diese in ein weites Glasrohr, verschließt und leitet trockenen Wasserstoff, Stickstoff, eventuell Leuchtgas als bequemstes Hilfsmittel darüber. Ist erhöhte Temperatur erlaubt, so bringt man das Trockenrohr in den beiderseits offenen Heizmantel der *Trockenpistole* (s. o.). Gegebenenfalls kann man *teilweise* evakuieren, die Trocknungsgeschwindigkeit ist dabei sehr groß, und die Anordnung kann, einmal vorhanden, mit Vorteil auch bei weniger empfindlichen Stoffen verwendet werden, indem man einfach getrocknete Luft durchsaugt. In ähnlicher Weise läßt sich der Volhardsche Petroleumofen verwenden (vgl. S. 49), im übrigen sind Spezialapparaturen käuflich oder vom Mechaniker leicht anzufertigen.

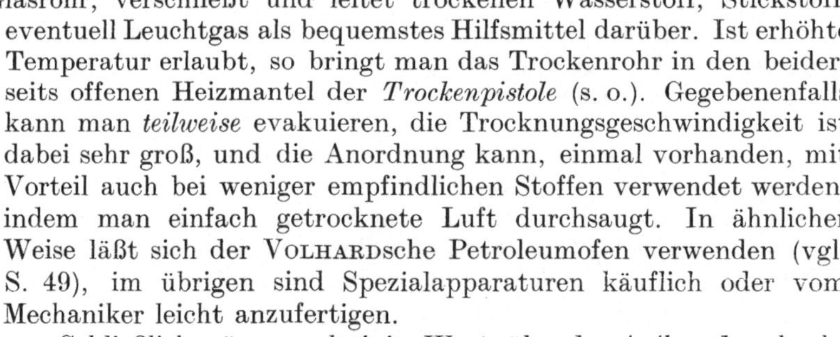

Abb. 46. Kappenflasche.

Schließlich mögen noch einige Worte über das *Aufbewahren* hochgetrockneter Präparate gesagt werden. Im Grunde ist nur eine Maßnahme völlig sicher: Das *Einschmelzen in Glasgefäße*, wenn nötig im Vakuum; dazu kann jedes Reagensglas dienen. Fast alle Dichtungsmittel für Schliffflaschen lassen auf die Dauer doch Feuchtigkeit eindringen, namentlich Fette, Lanolin aber auch Vaselin. Will man aus irgendwelchen Gründen nicht einschmelzen, so benützt man *Kappenflaschen* (Abb. 46), dichtet den inneren Stopfen in geeigneter Weise und bringt in den Raum zwischen diesem und die Kappe, die ebenfalls zu dichten ist, ein Stück metallisches *Natrium*; wegen des auftretenden Unterdrucks schmiere man die Kappe gut ein.

b) Das Trocknen von Flüssigkeiten und Lösungen.

Zum Trocknen von flüssigen Stoffen oder Stoffgemischen verwendet man im Laboratorium fast ausschließlich *Trockenmittel*. Wir zählen die wichtigsten mit ihren Eigenheiten in Tabellenform auf:

Trockenmittel	Trockengrad	brauchbar für	nicht brauchbar für:
Gekörntes Chlorcalcium	gut	Kohlenwasserstoffe Halogenide, Äther, Ester usw.	Alkohole, Amine, Phenole
Geschmolzenes ,,	gut, langsamer		
Gebrannter Kalk	gut	Methyl-, Äthyl- usw. Alkohol	sonst nicht verwendet
Bariumoxyd	,,	Alkohole, Pyridin	Allylalkohol
Kaliumhydroxyd	,,	Basen, ätherische Lösungen von solchen	Ester, saure Lösungen
Kaliumcarbonat (geglüht)	mäßig	Ester, Aceton, Phenylhydrazin, Chloroform	saure Lösungen
Natriumsulfat, wasserfrei	,,	besonders empfindliche Stoffe	
Magnesiumsulfat, wasserfrei			
Phosphorpentoxyd	sehr gut	Ester, Benzol, Schwefelkohlenstoff	basische Lösungen
Natrium	,,	Äther, Benzol, Toluol, Xylol, Petroläther, Ligroin	Chloroform, Tetrachlorkohlenstoff (Explosionsgefahr!)
Calciumspäne	,,	Alkohole	saure Lösungen

Diese Tabelle gibt nur einen orientierenden Überblick, es fehlt in der Literatur an einer kritischen Zusammenstellung; wir beschränken uns auf das wirklich Erprobte, auch wenn weniger bekannte Verfahren scheinbare Vorteile versprechen. Im folgenden wird auf das Trocknen der gebräuchlichen Lösungsmittel kurz eingegangen.

1. Äthyl- und *Methylalkohol* beziehe man von vornherein in möglichst reiner Form. 99—100proz. *Äthyl*alkohol des Handels wird nach einem physikalisch-chemischen Verfahren durch Zusatz von Benzol aus 96proz. hergestellt, er enthält Spuren von Benzol, die nur spektroskopisch nach Anreicherung nachgewiesen sind. Man erhitzt ihn mit gebranntem Kalk in groben Stücken (200 g pro Liter, bei nahezu reinem Alkohol weniger) am Rückflußkühler, mit Chlorcalciumrohr auf dem Wasserbad 4—6 Stunden, destilliert sofort anschließend ab und verwirft den Vorlauf von etwa einem Zehntel der Gesamtmenge, bei größeren Ansätzen weniger (der Grund ist hauptsächlich der, daß der eingeschaltete absteigende Kühler vom Vorlauf gespült werden soll, da er meistens nicht vollkommen trocken sein wird). Geht man vom Kochen am Rückfluß zum Abdestillieren über, so lasse man den Alkohol möglichst nicht ganz aus dem Sieden kommen. Hat man den absteigenden Kühler bereit stehen (in vorher ausprobierter Stellung, das Verbindungsstück mit Korkstopfen eingepaßt), so gelingt es nach Abdrehen der Wasserbadflamme, in wenigen Sekunden die nötigen Griffe auszuführen, ohne daß das Sieden aufhört oder nennenswerte Mengen verlorengingen. Ist der über Kalk siedende Alkohol einmal aus dem Kochen gekommen, so treten sehr heftige Siedeverzüge ein, die auf keine Weise mehr zu beheben sind; man legt dann zwischen Kolben und Wasserbadring, um die Stöße zu dämpfen, an geeigneten Stellen 3—4 festgefaltete Filtrierpapierstreifen.

Bequemer als gebrannter Kalk ist *Bariumoxyd* in Stücken. Die notwendigen Mengen sind geringer, das Ende des Trockenprozesses erkennt man an der *Gelbfärbung* des Alkohols durch gelöstes Bariumäthylat ($2C_2H_5OH + 2BaO \rightarrow Ba(OC_2H_5)_2 + H \cdot Ba(OH)_2$), das sich nur aus völlig trockenem Alkohol bilden kann. Man destilliere ab, solange der Alkohol lebhaft übergeht, die zurückbleibende, dickliche konzentrierte Äthylatlösung verwerfe man nicht, sondern dekantiere sie nach dem Erkalten vom Festen und setze sie bei einer neuen Entwässerungsoperation dem Alkohol zu, wodurch man viel Zeit spart.

Entwässerter Äthylalkohol ist stark hygroskopisch.

*Methyl*alkohol behandelt man genau so, die beim Trocknen mit Bariumoxyd anfallende Methylatlösung ist unter Umständen so konzentriert, daß man mit ihr ohne weiteres eine neue Portion vollkommen trocknen kann, ohne wieder frisches Oxyd zugeben zu müssen. *Methylalkohol* neigt ganz besonders zu hartnäckigem Stoßen, es empfiehlt sich daher, den Kolbenhals, ehe man ihn in die Stativklammer spannt, mit einer mehrfachen Filtrierpapierlage zu umwickeln.

2. *Äther* enthält neben Wasser oft viel Alkohol. Reinen „Äther I" des Handels kann man direkt durch Einpressen von Natriumdraht mit der *Natriumpresse* (Abb. 47) trocknen. Die einsetzende Wasserstoffentwicklung soll keinesfalls stürmisch sein und zu einer fühlbaren Erwärmung führen; eintretendenfalls ist der Äther mit viel Chlorcalcium vorzutrocknen, wobei man in Abständen gut umschüttelt. Äthervorratsflaschen, in denen sich Natrium befindet, sind durch abwärts gebogene Chlorcalciumrohre, niemals aber durch Glasstopfen zu verschließen. Gut vorgetrockneter Äther ist über Nacht gewöhnlich wasserfrei geworden und entwickelt keinen Wasserstoff mehr. Beim längeren Stehen zerfällt das Natrium zu gelblichen Oxydkrusten (Wirkung der gelösten Luft!), die ein fast noch besseres, jedenfalls schneller wirkendes Trockenmittel darstellen als das Metall selbst. Man lasse sie in der Vorratsflasche, wenn man frischen Äther nachfüllt, und presse nach einigen Stunden, während derer man öfter umschüttelt, etwas frischen Natriumdraht ein, der meistens kaum noch angegriffen wird. Äther, der lange gestanden hat, enthält öfters *Äthylperoxyd*, das beim Abdestillieren zu sehr gefährlichen Explosionen Anlaß geben kann! Man verwerfe ihn bei der Billigkeit des Materials. (Über die Feststellung des Peroxydgehaltes s. S. 73 u. 553.)

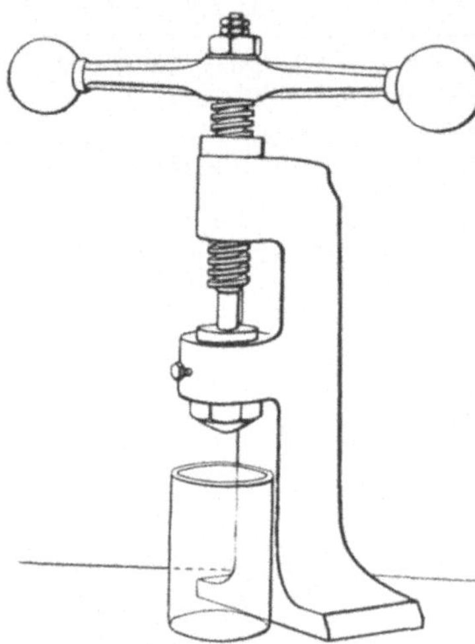

Abb. 47. Natriumpresse.

Natriumdraht stellt man wie folgt her: Düse und Stempel der Presse werden sorgfältig gereinigt und getrocknet, Natriumstücke mit Filtrierpapier vom anhaftenden Petroleum, unter dem sie aufbewahrt wurden, mit dem Messer von den äußeren Krusten befreit. Die Düse wird damit angefüllt, wobei man vorsichtig mit dem Stempel zusammendrückt, und schließlich so ausgepreßt, daß der Draht sich in der unmittelbar darunterstehenden Äther- oder Benzol- usw. -flasche in Windungen zu Boden legt. Düse und Stempel werden durch Einlegen in Spülalkohol sofort vom anhaftenden Natriummetall befreit. An Stelle der Presse kann im Notfall das *Natriummesser* treten, mit dem man dünne Scheiben schneidet.

Sehr fein verteiltes Natrium (oder Kalium) erhält man wie folgt: in einen Rundkolben bringt man etwa bis zur Hälfte trockenes Xylol, trägt saubere Natriumstücke ein, erhitzt bis zum Schmelzen des Metalls (Schmelzpunkt 96°, Kalium 63°), verschließt mit einem Korkstopfen und schüttelt heftig bis zum Wiedererstarren, wobei man sehr kleine Metallkügelchen erhält. Das überstehende Xylol hebert man ab und wäscht mehrfach mit trockenem Äther nach, den man schließlich, wenn nötig, durch andere Flüssigkeiten verdrängt.

Noch intensiver als Natrium oder Kalium allein trocknet die bei Zimmertemperatur *flüssige* Natrium-Kalium-Legierung aus 2 Teilen Kalium und einem Teil Natrium.

Reiner Äther ist nicht lange völlig unzersetzt haltbar, wenn auch die auftretenden Umwandlungsprodukte bei den landläufigen Operationen kaum stören; da solche Verunreinigungen aber bei biologischen Arbeiten unter Umständen falsche Eigenschaften vortäuschen können, mag auch an dieser Stelle ausdrücklich darauf hingewiesen werden. Näheres wolle man im Abschnitt *Umkrystallisieren* und auf S. 553 dieses Handbuchs nachlesen.

3. *Aceton* wird für empfindliche Operationen über die *Bisulfitverbindung* gereinigt und ist als solches im Handel. Man trocknet es über Chlorcalcium oder Kaliumcarbonat (namentlich wenn es sauer ist).

4. *Essigester* enthält oft freie Säure, man schüttelt ihn vor dem Trocknen mit Calciumchlorid mit Sodalösung durch.

5. *Tetrachlorkohlenstoff* trocknet man mit Calciumchlorid oder Phosphorpentoxyd.

6. *Schwefelkohlenstoff* wird nach eventueller Reinigung mit Chlorcalcium oder *Phosphorpentoxyd* behandelt und davon abdestilliert oder dekantiert.

7. *Chloroform.* Reines Chloroform ist nur in völliger Dunkelheit über Kaliumcarbonat einigermaßen haltbar, das offizinelle Handelsprodukt enthält zur Konservierung 0,5 bis 1 % Äthylalkohol und wird mit Kaliumcarbonat getrocknet.

8. *Benzol.* Man preßt Natriumdraht ein wie bei Äther, jedoch möglichst *dünnen*, das Natrium überzieht sich mit *festhaftenden* Krusten und wird daher bald unwirksam.

9. *Toluol, Xylol* wie Benzol.

10. Petroläther, Ligroin werden ebenfalls mit Natrium getrocknet.

11. *Pyridin* läßt man einige Tage lang unter öfterem Umschütteln über Ätzkali oder besser Bariumoxyd stehen und pipettiert am besten vorsichtig vom Bodensatz ab. (Nicht mit dem Mund, sondern mit der Pumpe ansaugen, Chlorcalciumrohr zwischenschalten!)

Nicht durch Trockenmittel, sondern auf anderem Wege erhält man in wasserfreiem Zustand:

12. *Eisessig*, durch Fraktionieren oder mehrmaliges Ausfrierenlassen und Abgießen der flüssigen Anteile.

Lösungen werden im allgemeinen nur dann zu trocknen sein, wenn man wäßrige Reaktionsgemische, gegebenenfalls auch feuchte Drogen, extrahiert oder perforiert hatte.

Bei der Wahl des Trockenmittels ist natürlich die Natur des Lösungsmittels ebenso wie die des gelösten Materials zu beachten. Ist man im Zweifel, so nimmt man, namentlich bei unbekannten Substanzen, am sichersten *Natriumsulfat.*

Das Trocknen kann mit Vorteil in demselben Schütteltrichter vorgenommen werden, in dem das Ausschütteln der wäßrigen Flüssigkeit erfolgte, wenn das Extraktionsmittel spezifisch leichter ist als Wasser. Verwendet man *Chlorcalcium, Kaliumhydroxyd* oder *Kaliumcarbonat,* so gibt man nach dem Abziehen des Wassers zunächst nur wenig Trockenmittel zu, so daß eine konzentrierte Lösung entsteht, die man absitzen läßt und möglichst vollkommen abzieht. Danach langt man mit geringen Mengen frischen Trockenmittels aus. Es ist darauf zu achten, daß am Ende des Prozesses neben der gebildeten Lösung noch feste Anteile vorhanden sind, diese Bedingung ist notwendig aber auch ausreichend zur jeweils vollständigsten Trocknung. Will man die Lösung nicht im Schütteltrichter belassen, so filtriert man sie durch ein trockenes oder mit dem Lösungsmittel befeuchtetes Faltenfilter in einen Erlenmeyerkolben ab.

Bei der Verwendung von Natriumsulfat hat man, da keine Lösung entsteht, kein Anzeichen für Fortschreiten und Beendigung des Prozesses, man ist daher gezwungen, ziemlich reichliche Mengen davon zu nehmen. Wieviel *mindestens* anzuwenden ist, ergibt sich daraus, daß feuchter Äther bei Zimmertemperatur etwas weniger als 3 % Wasser enthält, 1000 cm^3 einer verdünnten ätherischen Lösung also jedenfalls nicht mehr als 25 g. Beim Übergang in das Dekahydrat, $Na_2SO_4 \cdot 10\,H_2O$, vermag wasserfreies Natriumsulfat zwar theoretisch mehr als sein eigenes Gewicht an Wasser zu binden, doch ist die praktische Bindefähigkeit geringer. Man wird daher auf je 1000 cm^3 Äther 50—75 g, wenn die Trocknung beschleunigt werden soll auch mehr, zu rechnen haben. Enthält der Äther *Alkohol,* so steigt die Menge des aufgenommenen Wassers erheblich an, und das Trocknen mit Natriumsulfat wird schwierig, man schüttle daher zum Schluß der Extraktion vor dem Trocknen stets noch mehrmals mit reinem Wasser aus.

Über die zur vollkommenen Trocknung nötigen Zeiten läßt sich nichts Allgemeingültiges sagen; die Dauer hängt sehr von den Umständen und auch von der Geschicklichkeit des Experimentators ab, ätherische, benzolische oder chloroformische Lösungen wird man bei häufigem Umschütteln und geschickter Dosierung mit Chlorcalcium oder Ätzkali (nicht zu verwenden bei Chloroform) schon nach 4—5 Stunden so weit entwässert haben, daß man ohne Bedenken zur Destillation oder zum Einengen übergehen kann. Sicherer ist es allerdings immer, über Nacht stehenzulassen. Kaliumcarbonat, Natriumsulfat brauchen mindestens 12 Stunden, eher noch mehr. Sehr beschleunigen kann man den Prozeß natürlich durch *Schütteln* auf der Maschine und, wenn angängig, durch Erwärmen.

Im übrigen erfordert fast jede vorkommende neue Trockenoperation die Berücksichtigung zufälliger Umstände, so daß die Erfahrung am Objekt zuletzt den Ausschlag gibt, es kann sich hier nur um eine knappe Übersicht der sehr wandelbaren Methoden handeln.

Eine sehr elegante und zum Trocknen von *Drogen* oft anwendbare Methode besteht darin, das feuchte Material mit *Toluol* oder *Xylol* zusammen zu erhitzen, wobei das Wasser mit den Dämpfen des organischen Kohlenwasserstoffs fortgeführt wird, sich aber bei der Kondensation wieder ausscheidet und gegebenenfalls direkt dem Volumen nach quantitativ bestimmt werden kann. Natürlich kann das Toluol oder Xylol extrahierend wirken.

Zum Schluß mögen zwei Mittel genannt werden, mit deren Hilfe man sich leicht davon überzeugen kann, ob ein Lösungsmittel oder eine Lösung praktisch trocken genug ist, um zur weiteren Verarbeitung zu kommen:

Entwässertes schmutzig weißes *Kupfersulfat*, aus Kupfervitriol durch Trocknen bei 250° erhalten, färbt sich beim Übergießen mit feuchten Flüssigkeiten *blau*. Man lernt bald, abzuschätzen, ob eine geringe bläuliche oder bei gelblichen Lösungen grünliche Verfärbung für den fraglichen Zweck zu vernachlässigen ist oder nicht. Absoluter Äther, Alkohol, reines Benzol usw. sollen mit entwässertem Kupfersulfat *nicht* reagieren.

Kaliumbleijodid, ein fast farbloses Komplexsalz, wird von Wasser zum Teil unter Abscheidung von gelbem PbJ_2 zerlegt. Man stellt sich *Reagenspapier* nach folgender Vorschrift her: 4 g Bleinitrat und 15 g Jodkali, je in 15 cm³ warmen Wassers gelöst, zusammengegeben, daß nach dem Abkühlen auskrystallisierte Salz abgesaugt, in 15—20 cm³ Aceton gelöst. Man tränkt damit getrocknete Filtrierpapierstreifen und befreit sie im Schwefelsäureexsiccator durch Evakuieren vom Aceton. Dieses Reagens ist sehr empfindlich, doch nur für *farblose* Flüssigkeiten verwendbar, nicht aber für die häufig gelblichen beim organischen Arbeiten anfallenden Lösungen, es kommt nur für Spezialfälle in Frage.

c) Das Trocknen von Gasen.

Trockenröhren, Waschflaschen und Trockentürme.

Handelt es sich nur darum, das Eindringen feuchter Luft durch Diffusion zu vermeiden, so setzt man auf Kolben, Kühler usw. ein einfaches *Chlorcalciumrohr* (Abb. 48), in das man nicht zu grobstückiges schaumiges Chlorcalcium zwischen Watte oder Glaswolle einfüllt. Genügt Chlorcalcium nicht, so füllt man die untere Hälfte des Rohres abwechselnd mit dünnen Schichten von Glaswolle und Phosphorpentoxyd, die obere zur Schonung des Pentoxyds mit Chlorcalcium.

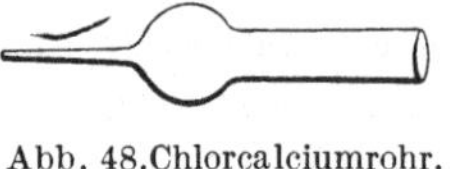

Abb. 48. Chlorcalciumrohr.

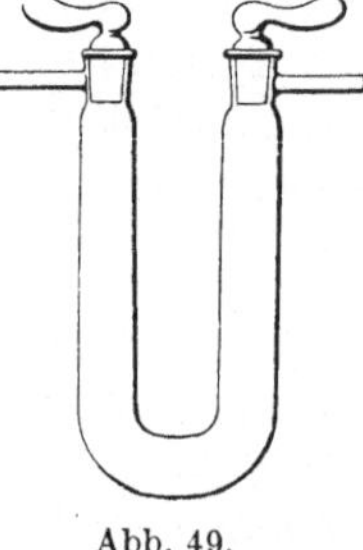

Abb. 49.

Soll ein langsamer Luftstrom getrocknet werden, so schaltet man U-Röhren dazwischen (Abb. 49), die man mit Chlorcalcium, mit schwefelsäuregetränkten Bimssteinstücken oder wie oben wieder zum Teil mit Phosphorpentoxyd beschickt.

Soll gleichzeitig Kohlendioxyd entfernt werden, so schaltet man *befeuchteten* Natronkalk vor, besser und vor allem im *trockenen* Zustand wirkt ein „Askarite" genanntes, allerdings ziemlich teures amerikanisches Präparat, das aus auf Asbest aufgeschmolzenem Natriumhydroxyd besteht. Das Präparat wird jetzt auch von MERCK unter der Bezeichnung „Natronasbest" geliefert.

Diese klein dimensionierten Trockengefäße eignen sich nicht für größere Gasmengen, wie sie bei präparativen Arbeiten gebraucht werden. Hier verwendet man im allgemeinen *Gaswaschflaschen* für flüssige Absorptionsmittel, die sämtlich auf das Prinzip von DRECHSEL (Abb. 50) zurückgehen. Das einfachste Modell bietet keine Gewähr für eine gute Durchmischung, da die einzelnen Gasblasen ziemlich groß sind und nur mit ihrer Oberfläche wirken. Zur besseren Verteilung sind zahlreiche Verbesserungen angegeben worden, wir halten nur zwei für wirklich praktisch: Die *Schraubenwaschflaschen* von *Greiner & Friedrichs* (Abb. 51) für langsames Strömen und die *Frittenwaschflaschen* von *Schott & Gen.* in Jena (Abb. 52). Die Frittengeräte wirken aber nur bei *hohen Geschwindigkeiten* günstig, bei langsamem Strömen entweicht stets nur eine einzelne Blase der jeweils größten Pore.

Man kann aber auch eine (eventuell mehrere) gewöhnliche DRECHSEL-*Flasche* als *Vortrockner* und *Blasenzähler* verwenden und an diese ein U-Rohr oder einen *Trockenturm* anschließen.

Trockentürme (Abb. 53—54) werden mit *festen* Absorptionsmitteln gefüllt, eventuell mit Kombinationen (z. B. Natronkalk, Chlorcalcium, Phosphorpentoxyd

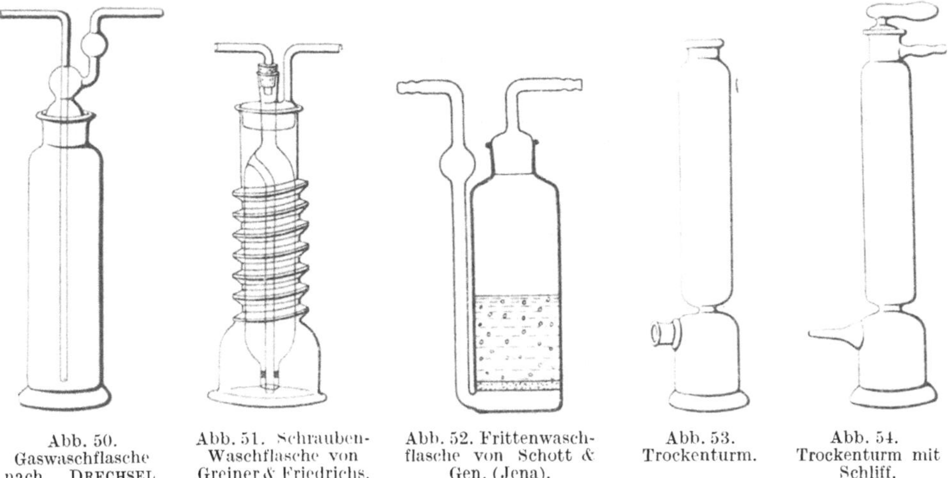

Abb. 50. Gaswaschflasche nach DRECHSEL.

Abb. 51. Schrauben-Waschflasche von Greiner & Friedrichs.

Abb. 52. Frittenwaschflasche von Schott & Gen. (Jena).

Abb. 53. Trockenturm.

Abb. 54. Trockenturm mit Schliff.

in der der Stromrichtung entsprechenden Reihenfolge), sie bieten nur geringe Widerstände und wirken vorzüglich, brauchen aber viel Füllmaterial.

Besondere Formen haben die sog. Phosphorpentoxydrohre, um dem Trockenmittel eine möglichst große Oberfläche zu geben.

In der Technik trocknet man große Gasmengen in *Rieseltürmen* nach dem Gegenstromprinzip, indem man dem aufsteigenden Gas von obenher langsam ein flüssiges Feuchtigkeitsabsorptionsmittel über geeignete Füllmassen (Raschigringe, Glaskugeln) entgegenfließen läßt. Solche Einrichtungen lassen sich mit Trockentürmen leicht herstellen. Spezialapparate sind auch im Handel.

Geeignete Trockenmittel für die am häufigsten vorkommenden Gase sind:

1. Sauerstoff, Stickstoff, Wasserstoff, Kohlensäure, Kohlenoxyd, Schwefeldioxyd, Chlor, Methan: konzentrierte Schwefelsäure, Chlorcalcium, Phosphorpentoxyd. Chlorwasserstoff reagiert mit Phosphorpentoxyd, hier sind nur Schwefelsäure oder Chlorcalcium brauchbar. Bromwasserstoff kann mit Calcium*bromid* getrocknet werden. *Ozon* zerfällt beim Trocknen mit Pentoxyd zum Teil.

2. Äthylen trocknet man mit *gekühlter* Schwefelsäure, da sonst viel Äthylschwefelsäure gebildet wird.

3. Ammoniak, Methylamin: Gebrannter Kalk oder Bariumoxyd in Trockentürmen.

Niemals schalte man *Kalilauge* (CO_2) und *konzentrierte Schwefelsäure* in zwei Waschflaschen direkt hintereinander, sondern bringe stets eine doppelttubulierte Woulffsche Flasche zur Sicherheit dazwischen.

Über die Trockenmethoden von Gasen für analytische Zwecke sind die einschlägigen Kapitel dieses Handbuchs nachzulesen.

F. Umkrystallisieren.

Neben der Destillation ist die *Umkrystallisation* die souveräne Reinigungsmethode bei allen chemischen Arbeiten. Hat man die Wahl zwischen beiden, so entscheidet man sich danach, ob es darauf ankommt, ein Material von mäßigem Reinheitsgrad in möglichst großer Ausbeute zu erhalten, oder ob man den höchsten denkbaren Reinheitsgrad anstrebt. Im ersten Falle wird man manchmal die Destillation vorziehen, im zweiten die Umkrystallisation (natürlich kann sehr oft gerade die Destillation zu *reinsten* Produkten führen, doch ist sie beim Arbeiten im Laboratoriumsmaßstab gerade dann meist mit erheblichen Verlusten verknüpft).

Die *Überführung in krystallisierte Derivate* gewährt auf jeden Fall die höchste Gewißheit, daß man es bei unbekannten Substanzen mit *einheitlichen* chemischen *Verbindungen* und nicht etwa mit konstant siedenden Gemischen zu tun hat.

Das Prinzip der schlechthin „Umkrystallisieren" genannten Methode beruht darauf, daß die große Mehrzahl aller Stoffe eine von der Temperatur in weiten Grenzen abhängige Löslichkeit besitzt. Im allgemeinen nimmt die Löslichkeit mit steigender Temperatur zu, in zahlreichen Fällen ist es jedoch auch umgekehrt (Lithiumcarbonat, buttersaures Calcium).

Die Aufgabe besteht darin, ein *geeignetes Lösungsmittel* zu finden, eine (im allgemeinen) bei dessen Siedepunkt gesättigte oder doch hochkonzentrierte Lösung herzustellen, aus der sich das zu reinigende Material möglichst vollständig und frei von seinen Begleitstoffen beim Erkalten abscheidet, und die ausgeschiedenen Krystalle zu isolieren. Kaum jemals wird es gelingen, alle diese Forderungen in idealer Weise zu erfüllen, doch kann man unter Beachtung einiger allgemeiner Richtlinien fast stets das Gewünschte erreichen.

Man versuche aber nicht, Trennungen von Substanzgemischen durch *Umkrystallisieren* durchzuführen, wenn einfache chemische Methoden besser zum Ziel führen; das Schulbeispiel dafür bilden die natürlichen *Zucker*, deren Erforschung erst möglich wurde, nachdem E. Fischer gelehrt hatte, sie in krystallisierte Derivate zu überführen, deren Löslichkeitsunterschiede und deren Krystallisationsfähigkeit viel größer sind, als die der Stammsubstanzen.

Hochmolekulare Naturstoffe, komplizierte Alkaloide usw. lassen sich aus Gemischen oft viel besser mit Hilfe von Fällungsmitteln abscheiden, mit denen sie oft wieder wohldefinierte und krystallisierbare Additionsverbindungen bilden, wegen der Einzelheiten muß auf die einschlägigen Abschnitte dieses Handbuchs und des weiteren auf die Spezialliteratur verwiesen werden.

Bei der *Auswahl des Lösungsmittels* ist folgendes zu beachten: Es ist durchaus nicht immer diejenige Flüssigkeit die geeignetste, welche am leichtesten löst. Erfahrene Experimentatoren lieben gar zu konzentrierte Lösungen beim Umkrystallisieren nicht besonders, da die Trennung von festem und flüssigem Anteil erschwert wird, konzentrierte Lösungen haften oft sehr fest an den Krystallen, so daß ein anfänglicher Vorteil beim Auswaschen oft illusorisch wird. Es ist auch durchaus nicht das beste, die *Gesamtmenge* der Substanz unter allen Umständen in einer Operation aus der Lösung zurückgewinnen zu wollen, man erhält beim

Einengen der Mutterlaugen meist noch Zweitkrystallisationen, die für präparative Zwecke mehr als genügend rein sind, und verfügt in den zuerst aus verdünnteren Lösungen auskrystallisierten Anteilen über *analysenreines* Material. Je verdünnter die Lösung ist, um so weniger verliert man bei kostbaren Substanzen durch die Zwischenmanipulationen (Umgießen, Abfiltrieren, Auswaschen).

Wenn es angeht, sorgt man dafür, daß die erhaltenen Krystalle weder zu groß noch auch zu fein sind. Es ist ein Irrtum, zu glauben, daß man um so reinere Produkte bekäme, je staubfeiner das anfallende Material ist; solche Krystallisationen lassen sich wegen ihrer großen Oberfläche nur schwer von der anhaftenden Mutterlauge trennen und zudem noch schlecht filtrieren. Die Gefahr, daß bei der Bildung derber Krystallindividuen *Mutterlaugeneinschlüsse* entstünden, wird oft überschätzt. Man leite im allgemeinen die Krystallisation durch geeignete Maßnahmen (s. u.) schon in der Wärme ein, lasse aber, sobald eine größere Anzahl von Krystallisationszentren vorhanden sind, ruhig und ungestört abkühlen, eventuell unter künstlicher Verzögerung des Erkaltens.

Das souveräne Gerät zum Umkrystallisieren ist ausschließlich der *Erlenmeyerkolben* aus gutem Glas (Jenaer oder anderes Geräteglas) oder bei empfindlichen Substanzen aus geblasenem Quarz. Eine ganze Anzahl von Stoffen, die sich beim Umkrystallisieren aus Alkohol in Glasgefäßen schon umlagern, halten sich ohne weiteres in Quarzgefäßen.

Der Erlenmeyer erfüllt durch seine Form die wichtigsten Bedingungen: Die festen Anteile lassen sich mit Glas- oder Metallspateln glatt entfernen (nicht so aus einem Rundkolben), er läßt sich im Unterschied zum *Becherglas* oder PHILLIPS-*becher* bequem abdichten, an den Rückflußkühler anschließen, zu reichlich bemessene Lösungsmittel können ohne weiteres abdestilliert werden, wobei es infolge der schrägen Wände nicht zur Ausscheidung von Krystallkrusten kommt.

Die Zahl der zum Umkrystallisieren verwendbaren Lösungsmittel ist fast unübersehbar, doch kommt man mit einer geringen Anzahl fast in allen Fällen aus. Die folgende Tabelle der Standardlösungsmittel macht keinen Anspruch auf Vollständigkeit. Wegen der Trocknung vgl. S. 67.

1. Destilliertes Wasser. Luftfrei durch Kochen, kohlensäurefrei durch Ausfrierenlassen.
Mit Wasser unbegrenzt mischbar:

2. Methylalkohol, Methanol. Das beste Handelsprodukt ist fast ausnahmslos brauchbar. Höchste Reinigung durch Überführen in Oxalsäure bzw. Benzoesäureester- oder Kaliummethylsulfat und nachheriges Verseifen.

3. Äthylalkohol, Spiritus, Weingeist. Das Handelsprodukt ist fast rein; Entfernung von Aldehyd: pro Liter Alkohol wird eine Lösung von 1,5 g Silbernitrat in 3 cm^3 Wasser zugegeben, danach 3 g mit Alkohol gereinigtes Kaliumhydroxyd, gelöst in 10—15 cm^3 Alkohol, nach dem Erkalten ohne Umschütteln zugegossen. Das entstehende, sehr fein verteilte Silberoxyd oxydiert Aldehyd zu Essigsäure, das Alkali bindet diese als Acetat. Anschließend Abdestillieren und eventuell Trocknen. „Absoluten" Alkohol des Handels läßt man über fein verteiltem Silberoxyd mehrere Tage stehen. Beim nachherigen Trocknen mit Kalk, Bariumoxyd oder Calciumfeilspänen wird die entstandene Essigsäure gebunden (s. auch S. 553).

4. Aceton. Handelsware kann man zur Zerstörung von Beimengungen über *Kaliumpermanganat* destillieren. Völlig reines Aceton „aus der Bisulfitverbindung" ist käuflich.

5. Pyridin. Von Homologen im Laboratorium nicht zu trennen. Reinigung durch Destillation.

6. Eisessig; das Handelsprodukt ist sehr rein.

7. Isopropylalkohol. Wegen des höheren Siedepunktes oft mit Vorteil statt Äthylalkohol verwendbar, Reinigung, Trocknung wie dort.

Mit Wasser begrenzt mischbar:

8. Essigester, Äthylacetat. Käuflicher Ester enthält oft freie Säure und Alkohol. Ausschütteln mit Sodalösung und Wasser, trocknen mit viel Chlorcalcium.

9. Äther, Schwefeläther, Diäthyläther. Oft sauer, schütteln mit Sodalösung. Äther enthält oft oxydierende Verunreinigungen, man schüttelt mit wäßriger schwefliger Säure und Kalkmilch. Zur Entfernung von *Aldehyd* mit alkalischer Permanganatlösung oder mit festem Permanganat und Ätzkali schütteln. *Divinyläther* ($CH_2 : CH \cdot O \cdot CH : CH_2$), ein ständiger Begleiter des Äthers, wird beim Schütteln mit Alkali zerstört und als Aldehyd in Freiheit gesetzt. Ob das früher empfohlene Destillieren über *Phenylhydrazin* (Bindung von Vinylalkohol (?) als Acetaldehyd-phenylhydrazon zweckvoll ist, bleibe dahingestellt. Anstatt diese umständlichen und verlustreichen Reinigungsmethoden auszuführen, kann man oft mit gutem Erfolg den offizinellen „Äther pro Narcosi" verwenden (s. auch S. 553).

Mit Wasser nicht oder kaum mischbar:

10. Tetrachlorkohlenstoff. Enthält manchmal Spuren von Schwefelkohlenstoff.

11. Chloroform. Das Handelsprodukt ist oft unrein; Ausschütteln mit: konzentrierter Schwefelsäure, solange diese sich noch färbt, eventuell länger damit stehenlassen, Ausschütteln mit Wasser, Ammoniak (TRIPLEX), verdünnter Schwefelsäure, Wasser, Sodalösung, trocknen mit Kaliumcarbonat, alles bei gedämpftem Licht, zuletzt bei orangegelbem Licht destillieren, über Kaliumcarbonat im Dunkeln aufbewahren. Die Haltbarkeit ist von Zufällen abhängig.

12. Schwefelkohlenstoff. Das Handelsprodukt ist oft übelriechend und unrein: vielstündiges Schütteln mit Quecksilber und Chlorcalcium, bei gedämpftem Licht destillieren, Vorlauf und Nachlauf verwerfen (ein Drittel der Gesamtmenge), eventuell obige Behandlung wiederholen. Im Dunkeln aufbewahren, wenig haltbar.

13. Petroläther, Ligroin. Im Handel sind vorgereinigte Faktionen, die in Grenzen von etwa 10° sieden, erhältlich. Zum Umkrystallisieren besonders wertvoll die Fraktionen 50—60° und 60—70°. Reinigen (unter starken Verlusten) durch Schütteln mit rauchender Schwefelsäure auf der Maschine während 6—8 Stunden, Auswaschen mit Wasser, dann Sodalösung, vortrocknen mit Chlorcalcium, dann Natriumdraht.

14. Benzol. Man verwende zum Umkrystallisieren im Laboratoriumsmaßstab nur das „krystallisierbare, thiophenfreie" Handelsprodukt, das sehr rein ist.

15. Toluol. Wird nur seltener verwendet, hat aber vor dem Benzol den gleichen Vorteil des höheren Siedepunktes, wie Propyl- vor Äthylalkohol.

16. Xylol. Technisches Xylol ist ein Gemisch der Homologen, siedet nicht einheitlich, ist aber oft wertvoll. Z. B. läßt sich das wichtige *Aluminiumäthylat* daraus umkrystallisieren.

17. Amylalkohol, Fuselöl. (Gemisch von Isomeren.) Sehr gut verwendbar als Zusatz zu Äthylalkohol, um die Löslichkeit zu erhöhen. Reinigung schwierig.

18. Nitrobenzol. Wichtig wegen des hohen Siedepunktes. Das Handelsprodukt ist meistens ausreichend rein, eventuell schütteln mit Ätzkali und destillieren im Vakuum.

19. Anilin. Das Handelsprodukt ist sehr rein, oxydiert sich aber schnell an der Luft. Im Vakuum destillieren, nicht mit Chlorcalcium, sondern mit Ätzkali trocknen.

Seltene Lösungsmittel für Spezialzwecke sind:

Dichloräthylen, gechlorte Äthane, Äthylenbromid, Methylenbromid, Bromoform, die alle ein vorzügliches Lösungsvermögen für Fette haben.

Butylacetat ist neuerdings ein Produkt der Großtechnik, ebenso Butylalkohol.

Tetralin und *Dekalin* sind vierfach bzw. völlig hydriertes Naphthalin.

Tetralin wirkt wie ein höheres Benzolhomologes mit aliphatischer Seitenkette.

Cyclohexanol, Hexalin (Hexahydrophenol) mit dem Charakter eines aliphatischen Alkohols.

Glykol und *Glycerin,* mit Wasser mischbar, wegen ihrer Viscosität unbequem.

Methylal, $CH_3 \cdot O \cdot CH_2 \cdot O \cdot CH_3$, wie Äther, siedet höher.

Dioxan, ein zweifacher innerer Äther des Glykols, $O\left\langle\begin{matrix} CH_2 \cdot CH_2 \\ CH_2 \cdot CH_2 \end{matrix}\right\rangle O$, kann vielleicht eine große Bedeutung gewinnen, es ähnelt im Lösungsvermögen dem Äthyläther, hat den Vorteil des höheren Siedepunktes, ist aber noch wenig untersucht und nicht leicht erhältlich.

Hat man es mit unbekannten Substanzen zu tun, so wird man zunächst versuchen, mit möglichst indifferenten Lösungsmitteln auszukommen. Man hat also die sonst ungemein bequemen Alkohole zu vermeiden, die zu Veresterungen, Umesterungen und Verätherungen Anlaß geben können. Ist man sicher, weder Carboxylgruppen noch alkoholische Hydroxyle im Molekül zu haben, so entfällt diese Einschränkung. Basische Substanzen werden natürlich nicht aus Eisessig, saure nicht aus Anilin umkrystallisiert. Vorsicht ist auch bei der Verwendung von *Wasser* geboten, das bekanntlich viele Ester, Säurechloride usw. hydrolisiert.

Sehr oft wird man zwar kein geeignetes *reines* Lösungsmittel auffinden können, wohl aber mit binären oder ternären Gemischen sehr leicht zum Ziel kommen. *Entweder* kann man z. B. ein in Alkohol zu leicht lösliches Material durch Zugeben von Petroläther schwerer löslich machen, oder aber, man findet, daß Substanzen, die in zwei getrennten Flüssigkeiten schwer löslich sind, sich in einem Gemisch von beiden oft überraschend gut auflösen. Von den genannten „Standard"mitteln sind (bei Zimmertemperatur) außer Wasser und Methylalkohol die sämtlichen übrigen unbegrenzt miteinander mischbar, *Methylalkohol* ist nur mit Petroläther und Ligroin nicht mischbar.

Sehr oft kann man die reinigende Wirkung des Umkrystallisierens durch vorangehende Entfärbung der Lösung durch feste Zusätze steigern. Das beliebteste Mittel ist die *Tier-* oder *Knochenkohle*, auch *Pflanzenkohle*, carbo vegetalis (MERCK). Nicht alle Handelssorten sind rein genug, man extrahiert sukzessive mit Salzsäure, Wasser, Alkohol und Benzol und trocknet bei 110°. Tierkohle reißt hochmolekulare, färbende Verunreinigungen nieder, oft aber auch größere Mengen der gelösten Substanz. Man gibt pro 100 cm^3 1—2 Messerspitzen voll zu der warmen Lösung (Vorsicht wegen des Aufschäumens!) und kocht 1 Minute lang. Längeres Kochen ist sinnlos, das Adsorptionsgleichgewicht stellt sich fast augenblicklich ein. Man filtriert am besten durch gehärtete Filter, oft wird man trotzdem nochmals ohne Kohle umkrystallisieren müssen, um eine graue Verfärbung durch kleine Kohlepartikeln zu beseitigen (Analysenfehler!). An Stelle von Tierkohle ist oft auch *Kieselgur* verwendbar, besonders bei durch kolloidale Beimengungen schwer filtrierbaren Flüssigkeiten (vgl. den Abschnitt *Filtrieren*).

Einige Bemerkungen über die *Technik* des Umkrystallisierens werden hier noch am Platze sein. Man wähle das Lösungsmittel so aus, daß sein Siedepunkt unterhalb des Schmelzpunkts der auskrystallisierenden Substanz liegt, damit es nicht erst zur Ausscheidung von Öltröpfchen kommt. Gegebenenfalls verdünnt man die Lösung so lange, bis die Krystallisation erst bei tieferen Temperaturen einsetzt und arbeitet lieber die Mutterlauge auf. Stets halte man sich eine Probe des Rohprodukts zurück, um damit bei Stoffen, die zur Unterkühlung neigen, die Krystallisation anregen zu können. Das beliebte Kratzen der Glaswände mit dem Glasstab ist nicht immer ohne Nachteil, man füllt besser eine Probe in ein Reagensglas ab, sucht darin durch Reiben, geschicktes Abkühlen usw. Impfkrystalle zu erzeugen und gibt sie nachher zu der Hauptmenge. Die Neigung, ölig auszufallen, zeigen viele Substanzen gerade mit *Wasser*, unter Umständen kann man aus der Not eine Tugend machen, indem man von einer geringen Ölfällung, die manchmal einen großen Teil der Verunreinigungen mitreißt, abfiltriert oder dekantiert und dann erst weiterverdünnt. Nicht immer ist man sicher, daß bei Anwesenheit von Impfkrystallen der Rest der Lösung auch wirklich krystallinisch erstarrt, es kommt bei weiterer Abkühlung doch noch oft zu einer neuen Ölausscheidung. Man durchmustere eine Probe des erhaltenen Produkts unter dem Mikroskop bei schwacher Vergrößerung.

Statt von vornherein aus einem geeigneten Lösungsmittelgemisch umzukrystallisieren, kann es auch vorteilhaft sein, erst eine Lösung in Alkohol, Benzol usw. zu bereiten, diese zu entfärben, zu filtrieren und dann nachträglich Wasser oder auch Petroläther, je nach den Umständen zuzusetzen, bis die Mischung sich eben trübt. Meist setzt dann eine reichliche Fällung ein, die man nach einiger Zeit durch Zugeben von weiteren Mengen des Zusatzes vervollständigen kann.

Hegt man die Vermutung, daß eine bestimmte Substanz ihrer Natur nach eigentlich fest sein sollte, während sie nur ölig erhalten werden kann, so sucht man sie natürlich so weit als möglich zu reinigen. Oft krystallisieren solche Stoffe, wenn sie sehr viscos sind besser nach dem Verdünnen mit einem Lösungsmittel. Starke Abkühlung der Lösung während längerer Zeit und anschließendes langsames Erwärmen auf Zimmertemperatur kann manchmal helfen. (Keimbildung bei tiefer Temperatur, Maximum der Krystallisationsgeschwindigkeit bei höherer.) Elegant verbindet man beide Momente, indem man in ein schmales, hohes Reagensglas füllt und nur den *Boden* in Äther-Kohlensäure-Mischung eintaucht. Man hat dann sämtliche Temperaturen zwischen -80^0 und $+20^0$, zweckmäßig ist es, von Zeit zu Zeit umzurühren, um etwa gebildete Keime in ein zum Weiterwachsen passendes „Klima" zu bringen.

Auch stundenlanges geduldiges Reiben mit dem Glasstab hat in manchen Fällen noch geholfen, wenn alle anderen Mittel versagten. Schließlich lasse man eine Probe offen auf einem Uhrglas stehen und absichtlich verstauben, es gelangen so doch manchmal wirksame Keime, auch von Fremdsubstanzen, hinzu.

Über die Möglichkeit, die Krystallisation durch Animpfen mit chemisch verwandten Stoffen systematisch zu erzwingen, möchte Verfasser auf eigene Arbeiten zum Polymorphismus organischer Substanzen verweisen.

Zu beachten ist, daß manche Substanzen in stöchiometrischen Verhältnissen mit dem Lösungsmittel zusammen auskrystallisieren (*Krystall*-Wasser, -Alkohol, -Benzol usw.). Sie geben diese addierten Moleküle manchmal nur sehr schwer wieder ab, man vermeide solche Lösungsmittel daher, wenn es sich um die Reinigung zur Analyse handelt.

Die *Trennung* der Krystalle von der Mutterlauge wird im Kapitel *Filtrieren* dieses Handbuchs ausführlich abgehandelt, einige Hinweise müssen hier genügen. Hat man etwa ein mit Krystallen durchsetztes Öl und wünscht die festen Anteile zu gewinnen, so bringt man die Masse *vorsichtig* (nicht aufpressen!) auf unglasierten Ton oder Porzellan (sog. Tonteller) und überläßt sie sich selbst. Das Öl zieht sich, oft erst im Verlauf von Tagen, allmählich in die poröse Masse hinein, es kann ihr später durch Extraktionsmittel leicht wieder entzogen werden.

Das früher beliebte Trocknen normaler Krystallisationen auf Tontellern gilt heute kaum noch als kunstgerecht, wohl aber ist es bei *Probeentnahmen* am einfachsten, mit dem Spatel die Probe auf eine Tonscherbe zu legen, nach dem Einsaugen der Mutterlauge auf einen frischen Scherben zu übertragen oder auch nur zu verschieben und dann mit 1—2 Tropfen auszuwaschen. Kann man mit Petroläther nachwaschen, so erhält man in wenigen Minuten trockene Substanz zur Schmelzpunktbestimmung. Diese Manipulation mag überflüssig scheinen, man spart indessen unter Umständen viel Zeit, wenn man, noch bevor die festen Anteile abfiltriert sind, bereits darüber Bescheid weiß, ob der Reinheitsgrad genügt, oder ob die Reinigungsoperation wiederholt werden muß, im letzteren Falle wird man u. a. nicht mühsam auswaschen und trocknen, sondern lösungsmittelfeucht weiterverarbeiten.

Noch in einem Falle ist das Aufbringen auf Ton angezeigt: Manche Substanzen *verschmieren* beim Zusammendrücken mit dem Spatel und lassen sich daher auf Filternutschen schwer verarbeiten.

Beim Trocknen durch Erwärmen sei man vorsichtig, solange noch Mutterlauge in größeren Mengen anhaftet, kann es bei tiefschmelzenden Stoffen zur fast völligen Wiederverflüssigung kommen.

Handelt es sich nicht darum, einen Stoff von vergleichsweise geringen Verunreinigungen zu befreien, sondern ihn durch vielfach wiederholtes Lösen und Auskrystallisierenlassen aus einem Gemisch herauszupräparieren, in dem er vielleicht nur in Prozenten vorhanden ist, so spricht man von *fraktionierter* Krystallisation. Bei der Aufarbeitung von Naturprodukten wird man öfters in dieser Lage sein, wenn es auch immer anzustreben ist, eine solche mühsame und meist nur unvollkommene Maßregel durch geeignete *chemische* Trennungen zu ersetzen, wie oben schon bemerkt wurde. Über die bei der fraktionierten Krystallisation zu beachtenden Bedingungen läßt sich von vornherein nichts Bestimmtes sagen, man muß versuchen, die Wirkung der Anreicherung laufend zu kontrollieren, wozu in wichtigen Fällen *spektroskopische* Methoden (Ergosterin!) gedient haben.

Was schließlich die *vermutliche lösende Wirkung* eines Lösungsmittels auf bestimmte Substanzen von annähernd bekannter Konstitution anlangt, so gilt immer noch die Faustregel: similia similibus solvuntur. Kohlenwasserstoffe lösen sich in *Benzol, Petroläther, Ligroin,* hydroxylhaltige Verbindungen in Alkoholen und in Wasser, Säuren oft in *Eisessig* oder *Essigester.* Bestimmtere Regeln lassen sich nicht geben. Sehr wertvolle Hinweise über die *Trennungsmöglichkeiten* durch Lösungsmittel findet man in einem ursprünglich nur für analytische Zwecke bestimmten Werk von STAUDINGER (9).

Sehr oft wird man bei biologischen Arbeiten eine Lösung durch besondere Verfahren von kolloidal gelösten Stoffen, Pflanzenschleimen, Harzen usw. zu reinigen haben, ehe man krystallisierte Absätze überhaupt erhält. Die Wirkung sehr geringer hochmolekularer Beimengungen ist hier oft ganz erstaunlich und höchst unerwünscht, einiges darüber ist im Abschnitt „Klären trüber Flüssigkeiten" nachzulesen (S. 81). Genaueres findet man in der Spezialliteratur.

Gilt es, zum Zwecke der näheren Charakterisierung wohlausgebildete *Krystallindividuen* zu gewinnen, so läßt man entweder eine warme Lösung im sog. „Schwedischen Topf" mit äußerster Langsamkeit abkühlen, oder man läßt das Lösungsmittel aus einer kaltgesättigten Lösung sehr langsam abdunsten.

In diesem Falle kann man mit Vorteil einen sauberen, d. h. möglichst einheitlichen, nicht verwachsenen (Mikroskop!) Krystallsplitter an einem feinen Glasfaden in die Lösung einhängen, damit er allseitig frei wachsen kann. Als Kitt genügt bei *Wasser* Klebwachs, bei organischen Mitteln nimmt man einen Tropfen der viscosen Lösungen von Cellulosederivaten, die vielfach im Handel sind, klebt den Krystall an und läßt eintrocknen, der gebildete *Film* ist dann in den meisten Fällen unlöslich. Den Glasfaden ziehe man frisch aus, damit er eine unverletzte Oberfläche hat und sich nicht andere Krystalle daran ausbilden. Solche Versuche führt man nicht im allgemeinen Laboratorium, sondern in möglichst temperaturkonstanten Kellerräumen durch, da bei größeren Temperaturschwankungen das Wachstum sich unregelmäßig zu gestalten pflegt. Wie groß man die Einzelindividuen zu züchten vermag, das hängt wesentlich von der Natur der Substanzen ab, man übertreibe die Bemühungen nicht, kleine, wohlausgebildete Krystalle (2—3 mm Kantenlänge) lassen sich oft besser untersuchen als größere mit verrundeten Kanten und muschelig unebenen Flächen.

Daß man in diesen Fällen zu *anderen* Lösungsmitteln greifen wird als beim Umkrystallisieren, ist leicht einzusehen, zu bedenken ist aber auch, das nicht nur der Krystall*habitus*, sondern auch die Krystallform unter Umständen durch das Lösungsmittel beeinflußt wird. Existiert eine Substanz in mehreren polymorphen Formen, so erhält man aus verschiedenen Mitteln gelegentlich sogar Krystallisationen von ganz verschiedenen Schmelzpunkten. Das ist z. B. auch bei den natürlichen *Fetten* der Fall, die Angaben einzelner Autoren über Schmelzpunkt und Aussehen gehen oft auseinander, der Polymorphismus der *Triglyceride* ist gesichert.

Die krystallographische Charakterisierung von wichtigen Naturstoffen ist dringend erwünscht, eignen sich die aus Lösung zu erhaltenden Aggregate dazu nicht, so kann man bei der Beobachtung von zwischen Objektträger und Deckglas erstarrenden *Schmelzen* mit dem *Polarisationsmikroskop* sehr häufig höchst charakteristische Merkmale auffinden, die viel besser als die nicht immer zuverlässige Schmelzpunktsbestimmung zur *Identifizierung* dienen können. (Vgl. den Abschnitt *Mikroskopisch-chemische Methodik.*)

G. Auswaschen.

Das *Auswaschen* von Niederschlägen oder Krystallisationen schließt sich meist an eine *Filtrieroperation* an. Das Auswaschen bei analytischen Arbeiten soll hier nicht behandelt werden, doch gelten allgemein auch sonst die dort zu beachtenden Regeln: Aus der Theorie des Auswaschens folgt, daß man mit der gleichen Menge Waschflüssigkeit einen um so höheren Effekt erreicht, in je kleineren Portionen man sie zusetzt. Das heißt: Man benetze bei jedem Wechsel das Waschgut zwar *vollkommen* aber nicht unnötig reichlich und lasse jedesmal so gut wie möglich ablaufen.

Bei präparativen Arbeiten wird man am häufigsten ein auf einer Nutsche oder einem Saugtrichter gesammeltes Material von anhaftender Mutterlauge zu befreien haben. Oft genügt es, das *mäßig* zusammengepreßte Gut mit demselben Lösungsmittel zu übergießen oder dieses aus der *Spritzflasche* aufzuspritzen, wobei stets das Vakuum aufzuheben ist. Ist alles gut durchfeuchtet, so saugt man ab und wiederholt die Operation je nach den Umständen mehrmals. Vorsicht ist bei *Äther* geboten: Es soll nicht dazu kommen, daß der Äther wegen tiefen Unterdrucks ins Sieden kommt, denn dann krystallisieren in der Filtrierschicht (Papierfilter, Asbest, gesintertes Glas) Substanzteilchen aus und verstopfen die Poren.

Oft hat man Substanzen auszuwaschen, die mit dem Waschmittel zähe, klebrige Pasten bilden, was besonders bei *Wasser* der Fall ist; dann überführt man besser von der Nutsche in einen großen Porzellanmörser und arbeitet hier mit Spatel und Pistill gut durch. Gegebenenfalls kann man solche Materialien auch zunächst *trocknen*, etwa durch Verdrängen des Wassers mit Alkohol, Nachwaschen mit Äther und kurzes Liegenlassen zwischen Filtrierpapier, wonach sie sich besser mit Wasser behandeln lassen.

Man achte darauf, daß es auf der Nutsche nicht zur Bildung von Kanälen und Rissen kommt, durch die das Waschmittel wirkungslos abläuft.

Es ist natürlich danach zu trachten, so auszuwaschen, daß möglichst wenig Substanz weggelöst wird, man kann z. B. wasserlösliche Stoffe mit Alkohol waschen, doch ist es nicht ratsam, sofort zu reinem Alkohol überzugehen, da dabei Fällungen eintreten können, die einmal die Filterporen verstopfen, außerdem aber Verunreinigungen der Mutterlauge mitreißen würden. Man wasche daher zunächst mit verdünntem, dann erst mit reinem Alkohol und verfahre sinngemäß bei jedem Lösungsmittelwechsel.

Neues über Waschmittel ist nicht zu sagen, es finden dieselben Flüssigkeiten Verwendung wie beim Umkrystallisieren. *Petroläther* hinterläßt oft schwerflüchtige Anteile, er ist, soll er als Waschmittel Verwendung finden, vorher zu rektifizieren. *Ligroin* sollte stets durch Petroläther verdrängt werden.

Ist das Waschgut im Waschmittel ganz oder fast unlöslich, z. B. beim Auslaugen von Säuren oder Alkalien aus unlöslichen Salzen oder anderen Stoffen, so bringt man das Material zunächst *nicht* auf das Filter, sondern bemüht sich, stets nur die Hauptmenge der überstehenden Flüssigkeit abzugießen, zu „dekantieren". Danach füllt man neues Waschmittel nach, rührt gut um, läßt wieder absitzen und fährt in der gleichen Weise fort. Dieses Verfahren der *Dekantation* ist bei schwer filtrierbaren Substanzen oft das einzig praktische, auf jeden Fall aber das wirksamste von allen. Man sollte es nicht nur beim analytischen Arbeiten verwenden. Für größere Volumina bedient man sich der Dekantiertöpfe, die seitliche Tuben in verschiedener Höhe zum Ablassen der Flüssigkeit besitzen (Abb. 55). (S. auch S. 547.)

Wegen besonderer Maßnahmen bei *luftempfindlichen* Stoffen ist der Abschnitt Filtrieren nachzusehen, da man die gleichen Einrichtungen wie dort zu verwenden hat. In weniger kritischen Fällen genügt es oft, darauf zu achten, daß das Waschgut ständig von einem indifferenten Mittel bedeckt bleibt, auf das völlige Trockensaugen muß man dann allerdings verzichten, zuletzt bringt man Niederschlag und Filter, eventuell die ganze Nutsche noch feucht in den Exsiccator und evakuiert möglichst schnell.

Abb. 55. Dekantiertopf.

Wie beim *Umkrystallisieren* wird man häufig mit Flüssigkeitsgemischen besser zum Ziel kommen als mit reinen Stoffen.

H. Rühren und Schütteln.

Der möglichst glatte und vollständige Verlauf aller derjenigen Operationen, bei denen *feste* Stoffe oder unvollkommen miteinander mischbare Flüssigkeiten beteiligt sind, hängt im höchsten Maße von der guten Durchmischung ab. Kann man in offenen Gefäßen arbeiten, so führt man einen einfachen *Glasrührer* ein (Abb. 56), der von der Wasserturbine oder besser durch einen Motor betrieben wird. Zahlreiche andere Rührerformen werden angegeben, doch haben sie, wenn das Reaktionsgefäß geräumig genug ist, kaum einen wesentlichen Vorteil vor dem einfach angewinkelten Glasstab. Wenn irgend tunlich, ist der Rührer exzen-

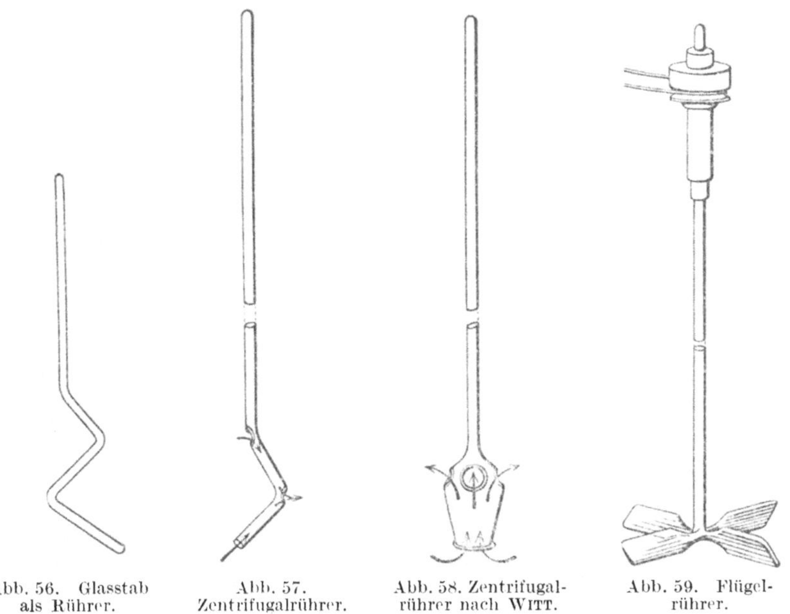

Abb. 56. Glasstab als Rührer. Abb. 57. Zentrifugalrührer. Abb. 58. Zentrifugalrührer nach WITT. Abb. 59. Flügelrührer.

trisch einzuführen, da es sonst nach einiger Zeit zu Kreiselbewegungen der ganzen Flüssigkeitsmenge kommt, ohne daß eine wirkliche Durchmischung der festen und flüssigen Anteile statthat.

Ist man an eine bestimmte Gefäßform gebunden, so muß man sich oft mit sehr kleinen Rührern begnügen, dann eignen sich die Formen nach WITT am besten (sog. Zentrifugalrührer, Abb. 57, 58). Bei stark viscosen Massen verwende man stets Flügelrührer (Abb. 59), da es dann kaum zum Kreiseln der ganzen Flüssigkeit kommen wird.

Muß unter *Luftabschluß* gerührt werden, so gelten die gleichen Regeln. Als Dichtungsmittel verwendet man *Öl* oder *Quecksilber*, die Anordnung geht aus Abb. 60 hervor. Bei diesem Rühren in geschlossenen Gefäßen wird man oft Mühe haben, den Rührer, dessen Glasstab nicht zu dick und vor allem völlig gerade sein sollte, so zu zentrieren, daß er sich nirgends reibt. Die leichten Laboratoriumsstative halten den Zug der Antriebsvorrichtung oft nicht gut ab, man kann dann Motor- und Rührstativ gegenseitig versteifen. Besser sind besondere *Rührstative* mit bleibeschwertem Fuß, wie sie z. B. von *Bender & Hobein* hergestellt werden. Oft kann man den Rührer ausgezeichnet mit Hilfe einer *Korkbohrerhülse* zentrieren, von denen sich ja Stücke in allen möglichen Weiten in jedem Laboratorium finden. Man führt den Rührstab oberhalb des Quecksilberverschlusses durch die in einer besonderen, schweren Klammer befestigte Hülse. Bei der Zusammenstellung von Rührapparaturen leisten *Spezialklammern*, die präzisere Drehungen und Schwenkungen auszuführen erlauben, sehr gute Dienste. Man halte sich ferner Vorgelege und Riemenscheiben, um den Rührer auf eine passende Tourenzahl einstellen zu können.

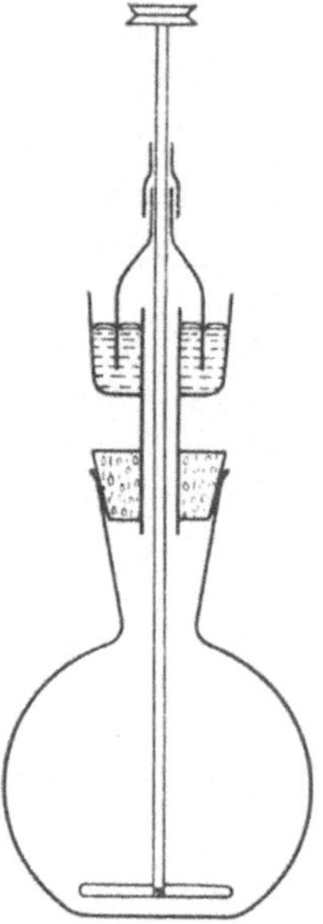

Abb. 60. Vorrichtung zum Rühren mit Quecksilberverschluß.

Mit Hilfe von mehrfach tubulierten Kolben oder entsprechenden Aufsätzen kann man schließlich auch am Rückflußkühler siedende Flüssigkeiten rühren, indifferente Gase durch- oder in die Reaktion eingreifende einleiten und flüssige Reagenzien zufließen lassen.

Man vermeide es, die in das Quecksilber eintauchende, die Rotation des Rührers mitmachende Glocke auf den Rührer *aufzuschmelzen*, da es dann nicht mehr möglich ist, diesen ganz zu entfernen, man verbinde die beiden Teile durch einen übergezogenen Gummischlauch oder durch einen Stopfen.

Anstatt zu *rühren*, wird man oft, namentlich im Laboratorium, ebensogut oder noch vorteilhafter *schütteln*.

Zum Schütteln eignet sich fast jedes beliebige Gefäß, wenn es nur dicht verschließbar ist. Schüttelvorrichtungen existieren in den verschiedensten Ausführungen; eine der ältesten aber vielseitig verwendbarsten ist die *Wippe* oder *Wiege* (Abb. 61). Man befestigt auf der Plattform am einfachsten eine kleine *Holzkiste*, die man nach Bedarf zum Einbetten zerbrechlicher Gefäße mit Holzwolle füllt. Auf der Wippe kann man auch in offenen, stehenden Flaschen schütteln, wenn man ein langes Steigrohr aufsetzt, ebenso lassen sich Reaktionen, bei denen zuzuleitende Gase ständig absorbiert werden, damit sehr gut durchführen, indem man die aufrecht festgeklemmte und gesicherte Flasche mit dem Reaktionsgemisch durch einen längeren Schlauch mit dem Gasometer verbindet.

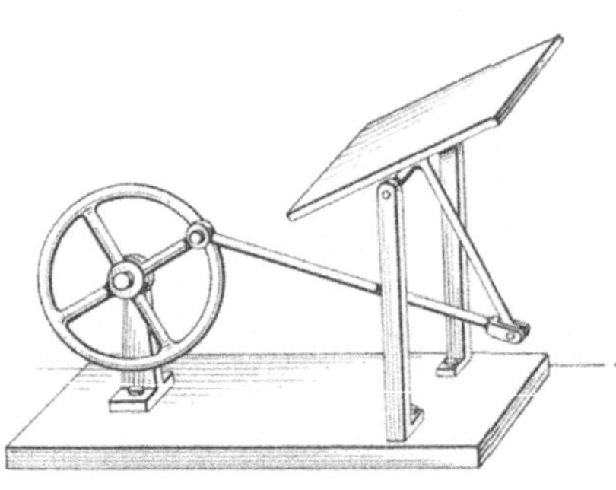

Abb. 61. Schüttelwiege.

Weniger vielseitig sind Schüttelgeräte, bei denen die Schüttelgefäße liegend auf einem Wagen hin und her gefahren werden, auch ist die Schüttelwirkung nicht wesentlich besser als auf der Wippe, vorteilhaft sind sie aber andererseits beim Verarbeiten sehr großer Chargen. Kommt es auf energischste Schüttelwirkung an, so wählt man Modelle, die das Schüttelgut *vertikal* auf- und abbewegen, sie brauchen aber zum Antrieb starke Motoren.

Besondere Schüttelvorrichtungen wendet man bei den für biologische Arbeiten höchst wichtigen *katalytischen Hydrierungen* und *Oxydationen* an. Abb. 62 zeigt ein praktisches Modell zum Arbeiten in der *Schüttelente* mit direktem Anschluß an die Gasbürette. Empfehlenswert ist es, bei laufenden Arbeiten mit vielen Schüttel- und Rührapparaturen, mit einem stärkeren Motor eine Welle

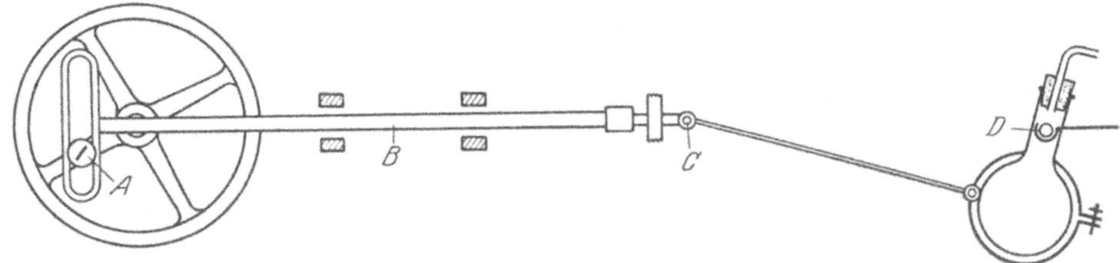

Abb. 62. Schüttelvorrichtung für Hydriergefäße.

anzutreiben, an der verschiedene Abnahmestellen für kleinere und größere Tourenzahlen eingerichtet sind.

In Spezialfällen ist es unmöglich, einen Rührer von *außen* einzuführen, das ist z. B. beim Rühren im hohen Vakuum der Fall. Man hilft sich dann damit, den Rührstab mit einem permanenten Magneten zu versehen und diesen durch die Glaswand hindurch elektromagnetisch in Rotation zu versetzen. Wegen der Einzelheiten muß auf die Originalarbeiten verwiesen werden.

J. Klären trüber Flüssigkeiten, Entfärben.

Die Trübung einer Flüssigkeit kann entweder in einer verhältnismäßig groben, aber durch die gewöhnlichen Filter durchgehenden, unter Umständen auch diese verstopfenden Suspension bestehen oder aus feiner dispersen Teilen von Kolloiddimensionen.

Gröbere, auch schleimige Suspensionen bringt man oft schon durch Einrühren von Kieselgur (Diatomeenerde) in gut filtrierbare Form. Bei quantitativen Arbeiten verwendet man mit Vorteil *Filterschlamm* aus aschefreiem Papier bzw. mit bekanntem Aschegehalt, er wird in Gestalt von leicht zerfallenden Pastillen z. B. von *Schleicher & Schüll* in den Handel gebracht.

Zusätze, die wie die Kieselgur und der Filterschlamm rein adsorptiv wirken, sind ferner Knochenkohle, „aktive" Kohle verschiedener Art und hochdisperse, partiell hydratisierte Kieselsäure, sog. *Silika-Gel*. Auch weißer Ton, Bolus alba, ist wirksam.

Oft erreicht man eine auf andere Weise nicht zu erzwingende Klärung dadurch, daß man die schwebende Verunreinigung chemisch verändert, sie durch geringe Mengen von schwefliger Säure reduziert oder mit Kaliumpermanganat oxydiert. Schweflige Säure und Permanganat sind zugleich *Entfärbungsmittel*.

Auch das Filtrieren von trüben Flüssigkeiten über *Kohleschichten* ist manchmal erfolgreich.

Ein beim Aufarbeiten von Naturstoffen vielfach benutzter Kunstgriff besteht darin, in der Flüssigkeit das Fällungsmittel erst *entstehen* zu lassen: Man gibt z. B. *Bleiacetat* hinzu und leitet Schwefelwasserstoff ein, das zunächst kolloidal gelöste Bleisulfid reißt beim späteren Ausflocken hochmolekulare Verunreinigungen in so vollkommener Weise mit, daß dieses Verfahren wohl alle anderen an Wirksamkeit übertrifft.

Eine andere Kombination ist *Bariumacetat* und *Natriumcarbonat*. Doch bringt man dabei Natriumacetat hinzu, was unter Umständen stören kann. Sehr elegant vermeidet SCHENK diesen Nachteil, indem er Aluminiumsulfat zugibt und mit einer äquivalenten Menge von Bariumhydroxyd ausfällt ($Al_2(SO_4)_3 + 3\,Ba(OH)_2 = 2\,Al(OH)_3 + 3\,BaSO_4$), Aluminiumhydroxyd bleibt allerdings nach neueren Forschungsergebnissen oft in nicht unbeträchtlicher Menge kolloidal gelöst.

Ein *chemisch* wirksames Fällungsmittel für Pflanzenleim und Schleimstoffe ist *Tannin*, man setzt *sehr kleine* Mengen zu, kocht auf, läßt absitzen und prüft mit Eisenchlorid, ob die Tanninreaktion im Überstehenden ganz schwach positiv ist, Überschüsse sind natürlich zu vermeiden. In der *Zuckerchemie* fällt man wäßrige Auszüge gern durch Aufkochen mit großen Mengen *Alkohol*.

Fast alle zum *Klären* verwendeten Mittel wirken auch *entfärbend*, soweit die färbenden Bestandteile hochmolekularer Natur sind. Es ist nicht notwendig, zu kochen, es genügt, die zu entfärbende Lösung einige Stunden mit dem Adsorptionsmittel zu digerieren. Wichtig ist das Lösungsmittel: Ätherische und alkoholische Lösungen sind geeigneter als wäßrige, die Lösungen sollen zweckmäßig möglichst konzentriert sein, da dann verhältnismäßig weniger Substanz mitgerissen wird. Tierkohle, Blutkohle wirkt *oxydierend* auf empfindliche Stoffe (Alkaloide), *Buchenkohle* weniger. Am besten glüht man die gereinigte Kohle im Reagensglas kräftig aus und setzt sie noch warm hinzu, niemals verwende man größere Mengen. Daß gewisse, vor allem hydroxylhaltige Mittel feinste Kohleteilchen hartnäckig festhalten, war schon im Abschnitt Umkrystallisieren (S. 75) erwähnt worden.

Zum Entfärben von *Pflanzenölen* (Leinöl, Baumwollsaatöl usw.) verwendet man neuerdings vielfach die sog. *Bleicherden* (Fullererden), wasserhaltige Silicate, deren besondere Wirksamkeit noch unaufgeklärt ist.

Man vergleiche ferner die Abschnitte *Zentrifugieren* und *Filtrieren* (Ultrafiltration) dieses Handbuchs.

Literatur.

(*1*) Chemiker-Kalender **3** (51. Jg.), 168ff. Berlin 1930.

(*2*) EMICH, F.: Handbuch der biologischen Arbeitsmethoden 1, 3, 183ff. Berlin-Wien 1921. — (*3*) Ebenda 258. — (*4*) Ebenda 269.

(*5*) PREGL, F.: Die quantitative organische Mikroelementaranalyse S. 7, 3. Aufl. Berlin 1930.

(*6*) STEINKOPF: HOUBEN-WEYL, Die Methoden der organischen Chemie **1**, 305, 2. Aufl. Leipzig 1921.

(*7*) SCHMALFUSS, H., u. K. KALLE: Journ. f. prakt. Ch. **109**, 153 (1925).

(*8*) SCHMALFUSS, H., u. H. WERNER: Ebenda S. 345.

(*9*) STAUDINGER, H.: Anleitung zur organischen qualitativen Analyse. Berlin 1923.

(*10*) TREADWELL: Lehrbuch der analytischen Chemie **2**, Leipzig u. Wien.

(*11*) Abgedruckt in (10).

3. Allgemeine Trennungsmethoden beim chemischen Arbeiten.

Von HANS KLEINMANN, Berlin.

Mit 64 Abbildungen.

A. Trennung auf Grund verschiedenen Aggregatzustandes.

a) Filtrieren.

1. Allgemeine Vorschriften zur Filtration.

Die wichtigste Methode zur Trennung von flüssigen und festen Körpern stellt die Filtration dar. Sie beruht darauf, daß die flüssige Phase unter einem gewissen Druck durch eine feste oder poröse Scheidewand getrieben wird, deren Poren kleiner sind als die Teile der festen Phase.

Die Geschwindigkeit der Filtration hängt von der Größe der Poren, von dem treibenden Druck und von der Temperatur ab. Je größer die Teilchen der festen Phase, um so größer können die Poren sein. Doch hängt ihre Größe nicht allein von der Beschaffenheit der Filtermasse ab. Sehr feine Niederschläge verstopfen während der Filtration die Poren und verlangsamen das Filtrieren. Daher geht das Bestreben bei jeder Filtration stets dahin, die Korngröße feiner Niederschläge zu vergrößern. Hierzu läßt man den in einer Flüssigkeit erzeugten Niederschlag möglichst lange, und zwar bei möglichst hoher Temperatur mit der Flüssigkeit in Berührung. Durch Umkrystallisation verschwinden die kleineren Krystalle zugunsten der größeren, während bei amorphen Niederschlägen eine Zusammenballung zu gröberen Flocken eintritt. Die Erzeugung grober krystallinischer Niederschläge ist für analytische Zwecke nicht nur deshalb wichtig, weil sie eine schnellere Filtration ermöglicht, sondern auch weil sie besser ausgewaschen werden können als sehr feinkörnige Niederschläge. Je gröber der Niederschlag, desto geringer sind die Verunreinigungen, die durch Absorption entsprechend der Oberflächengröße des Niederschlages an ihm haften. Andererseits ist zu beachten, daß größere Krystalle leicht Mutterlaugen einschließen können. Bei gelatinösen, das Filter verstopfenden Niederschlägen ist es zweckmäßig, den Niederschlag erst absetzen zu lassen, die überstehende Flüssigkeit abzufiltrieren und den Niederschlag erst mit dem Rest der Flüssigkeit auf das Filter zu bringen.

Als treibender Druck wird gewöhnlich die Schwerkraft angewandt. Durch Anwendung von Unterdruck unterhalb des Filters oder Überdruck oberhalb des Filters läßt sich die Geschwindigkeit der Filtration wesentlich steigern. Die einzelnen Formen der Druckanwendung werden weiter unten besprochen.

Als weiterer Faktor für die Beschleunigung des Filtrationsvorganges ist die Temperatur zu berücksichtigen. Durch Erhöhung der Temperatur wird die innere Reibung der Flüssigkeit in den Poren des Filters verringert. Die innere Reibung des Wassers geht bei Erwärmung von 0—100° auf etwa $^1/_6$ herunter. Es soll daher immer so heiß filtriert werden, wie unter den gegebenen Umständen möglich ist.

Ist ein Niederschlag nach der Filtration auszuwaschen, d. h. ist die Flüssigkeit, in der er enthalten war, zu verdrängen, so sind bei der Ausführung verschiedene Faktoren zu beobachten.

Die zu verdrängende oder auszuwaschende Flüssigkeit ist nicht nur mechanisch in den Poren des Filters oder des Niederschlages enthalten sondern haftet benetzend an deren Oberfläche. Die Absorptionskräfte nehmen sehr schnell mit größer werdender Feinheit der festen Phase zu. Es sind daher beim Auswaschen eines Niederschlages weit größere Mengen Waschflüssigkeit erforderlich als sich aus einer Berechnung der zur rein mechanischen Verdrängung notwendigen Menge ergibt.

Als Regel für jedes Auswaschen ist zu beachten, daß man die Waschflüssigkeit erst vollkommen aus dem Filter abtropfen läßt, bevor man neue Flüssigkeiten aufgießt. Andererseits darf man das Filter nicht längere Zeit „trocken" stehen lassen, sonst bilden sich in dem Filterrückstand Risse, durch die bei weiterem Aufgießen die Waschflüssigkeit abläuft, ohne die Masse gleichmäßig auszuwaschen. Beim Auswaschen mit einer gegebenen Flüssigkeitsmenge ist es vorteilhafter, des öfteren mit geringeren Portionen Waschflüssigkeit als eine geringere Anzahl Male mit einem größeren Volumen auszuwaschen.

Sehr häufig geschieht es, daß eine feste Phase, die in einer Flüssigkeit durch Erhitzen, Zusatz fremder Stoffe, Eintrocknen usw. abgeschieden worden ist, die Neigung zeigt, in kolloidale oder Pseudolösungen überzugehen, sobald die Flüssigkeit, in der sie zur Fällung gelangte, durch eine indifferente Waschflüssigkeit verdrängt wird. Die Lösung erfolgt zunächst in den oberen Schichten des Niederschlages; die Flüssigkeit kommt dann mit den tieferen Schichten, die noch das „Fällungsmilieu" enthalten, wieder in Berührung und wird hier erneut ausgefällt. Hierdurch werden die Poren verengt und das Filter wird verstopft. Bei weiterem Waschen geht die Pseudolösung dann völlig durch das Filter, und man beobachtet ein „Durchlaufen" des Niederschlages.

Zur Verhinderung dieser Erscheinung ist es notwendig, zum Waschen Lösungen anzuwenden, in denen der Niederschlag ausgeflockt verbleibt. Gewöhnlich werden hierzu Salzlösungen angewandt. Da für analytische Zwecke das Salz nachher entfernbar sein muß, so werden gewöhnlich flüchtige Salze wie Ammoniumacetat u. a. gewählt.

Ein weiteres Hilfsmittel zur Flockung kolloidaler Niederschläge stellt die Filtration bei höherer Temperatur dar. So genügt für viele Kolloide schon eine Erwärmung ihrer Lösungen, um sie zum Ausflocken zu bringen. Sehr feinkörnige kolloide Substanzen kann man auch durch die Methode der Ultrafiltration (s. w. u.) von der flüssigen Phase abtrennen.

2. Filtermassen.

Als Filtermassen kommen vor allem Papier, Asbest, Sand, Glaspulver und -wolle, Platinschwamm, Kieselgur, Kohle u. a. m. in Frage.

a) Papierfilter. Das wichtigste Filtermaterial ist zweifellos das als ungeleimtes poröses Blatt oder als Brei zur Anwendung kommende Papier. Filterpapiere werden in Deutschland von der Firma *Schleicher & Schüll* (Düren i. Rhld.) in verschiedenen Formen für technische und wissenschaftliche Zwecke in vorzüglicher Ausführung geliefert. Abgesehen von Papieren verschiedener Porengröße und -dichte werden für analytische Zwecke Filterpapiere in den Handel gebracht, deren Aschengehalt durch Auswaschen mit Salzsäure, Flußsäure und destilliertem Wasser ein minimaler ist. Der verbleibende unvermeidliche Aschengehalt ist genau angegeben.

Für besondere Zwecke kann das Filterpapier durch Eintauchen in Schwefelsäure, Salpetersäure u. a. dichter und härter gemacht werden. Durch derartige „gehärtete" Filter können alkalische Laugen, konzentrierte Salpetersäure, 25proz. Salzsäure u. a. filtriert werden. Die gehärteten Filter besitzen eine glatte Oberfläche, so daß Niederschläge leicht von dem Papier entfernt werden können. Die Papiere können in Bogen oder fertig geschnitten als Rundfilter bzw. geknifft als Faltenfilter bezogen werden.

Für quantitative analytische Zwecke kommen allein Rundfilter zur Anwendung, die fest anliegend in die Filtriervorrichtung eingesetzt werden. Für technische Zwecke oder zum präparativen Arbeiten verwendet man die schneller laufenden Faltenfilter.

Über die rationelle Verwendung von Filtrierpapieren (Aschengehalt, Oberfläche, Farbe usw.) berichtet GUILD (70).

Um den gesamten Feuchtigkeitsgehalt aus Filtrierpapieren zu entfernen, genügt nach HÖK (91) 24stündiges Trocknen über P_2O_5, CaO oder H_2SO_4.

Mitunter empfiehlt es sich, an Stelle von Papierbogen Papierbrei anzuwenden. Einen solchen erhält man, wenn man Filtrierpapierabfälle — am besten in einer Pulverflasche —

zuerst mit wenig, dann, nachdem sich das Papier verteilt hat, mit mehr Wasser zu einem Brei schüttelt. Verwendet man sofort eine größere Wassermenge, so erhält man einen verhältnismäßig groben Brei. Man kann den Papierbrei entweder direkt zu der zu filtrierenden Flüssigkeit hinzufügen, indem man den schlecht filtrierenden Niederschlag bzw. die trübe Flüssigkeit mit dem Brei vermengt und dann durch ein Papierfilter filtriert, oder man bringt den Papierbrei auf eine Unterlage (Wattepfropfen, GOOCH-Tiegel u. a.) und filtriert durch ein solches Filter. Es lassen sich hiermit schleimige und andere schlecht filtrierende Niederschläge oft klar filtrieren. So lassen sich z. B. nach GUTBIER und SAUER (75) Aufquellungen von Pflanzenschleimen sehr gut durch Zellstoffilter filtrieren (Lieferant: *Robert Haag, Stuttgart*). Die Filtermasse wird mit heißem Wasser aufgeschlämmt und ein Siebplättchen, welches mit einem Drahtnetz aus Kupfer oder Nickel bedeckt ist, mit der Masse präpariert. Die Filterschicht muß stark zusammengepreßt, mindestens 2—3 cm dick sein.

b) Asbestfilter. Nächst dem Papier kommen vor allem Asbestfilter für die Filtration in Frage. Asbest, ein wasserhaltiges Magnesiumsilikat, das durch Verwitterung aus Mineralsubstanzen in faseriger Form entsteht, ist als „Asbestfaser" im Handel erhältlich. Zur Anwendung wird der Asbest auf einem grobmaschigen Sieb kräftig gerieben und dann auf einem feineren Sieb mit fließendem Wasser so lange verrührt, bis alle feinen Partikelchen und aller Asbeststaub entfernt sind. Sobald das Wasser klar abläuft, wird der Asbest mit verdünnter Salzsäure (1 : 4) gekocht, dann mit Wasser gewaschen und entweder bei nicht zu hoher Temperatur getrocknet oder in Wasser aufgeschlämmt aufgehoben. Über seine Verarbeitung zu GOOCH-Tiegeln siehe diese.

c) Platinschwamm dient als Filter bei besonders exakten analytischen Arbeiten, wie z. B. Atomgewichtsbestimmungen. Man gewinnt ihn durch Erhitzen von Ammoniumplatinchlorid und nachheriges Zusammenpressen des Rückstandes. Das Metall ist bei starkem Glühen an der Luft etwas flüchtig.

d) Glas (Glaswolle, Glassintermassen), Quarz, Kieselgur, keramische Massen u. a. Ohne Anwendung amorpher Filtermassen kann man (z. B. nach KETOW [109]) grobkörnige Niederschläge oder krystallinische Körper derart filtrieren, daß man einen Trichter mit einem Konus benutzt, der aus einer Reihe lose übereinanderliegender, angeschliffener Ringe gebildet wird. Zum Abfiltrieren grober Partikel wird des öfteren Glaswolle benutzt. Sie eignet sich besonders zum Filtrieren von Säuren, weniger für Alkalien. Die Löslichkeit des Glases in manchen Reagenzien ist zu berücksichtigen. Das gleiche gilt für Quarz, d. h. für feinen Seesand, der mitunter praktisch zur Füllung von GOOCH-Tiegeln (s. d.) benutzt werden kann. So empfiehlt neuerdings wieder LORENZEN (131) die Anwendung von Kieselgur als Filtrationsmasse. Derselbe ist vor der Anwendung durch Auskochen mit verdünnter HCl (1 : 5) und gründliches Auswaschen zu reinigen. Derselbe Autor lobt auch die Anwendung holzschliffreien Zellstoffes. Organische Substanzen, wie Anthracen, Naphthalin, Kautschuk u. a. sind für spezielle Zwecke als Filtersubstanzen benutzt worden. Für technische Zwecke spielen Kohlefilter eine Rolle.

In neuester Zeit sind Filter aus gesintertem Glase oder aus keramischem Material weitgehend zur Anwendung gelangt. Die Glasfilter werden von den Jenaer Glaswerken *Schott & Genossen* in den Handel gebracht.

Sie werden in Form von Filtriergefäßen hergestellt, in denen Glasfiltrierplatten unmittelbar eingeschmolzen sind. Die Filterplatten werden durch Zusammensintern von Glaspulvern bestimmter Korngröße hergestellt und besitzen eine abgestufte Porösität. Für praktische Zwecke genügt eine Anzahl von Filterplatten von vier verschiedenen Porenweiten, die (von grob nach fein) mit 2—3, 3—5, 5—7 und < 7 bezeichnet werden. Die Größe 5—7 dient zur Filtration von Niederschlägen nicht allzu großer Feinheit, während frisch gefälltes Bariumsulfat von Filtern mit der Korngröße < 7 auch bei Anwendung starken Unterdruckes zurückgehalten wird. Die Anwendung dieser Filter ist äußerst zweckmäßig, da die Filtration in den Glasgefäßen mit dem Auge verfolgt werden kann, kein besonderes Dichtungsmaterial notwendig ist, und die Niederschläge für analytische Zwecke durch geeignete Lösungsmittel, z. B. Salpetersäure oder Königswasser, direkt vom Filter herunter gelöst werden können.

Die Glasfiltergeräte können, mit kochenden Reagenzien gefüllt, im Trockenschrank bei 150° getrocknet und in freier Luft abgekühlt werden. Höher als 600° sollen die Geräte nicht erhitzt, auch mit Flußsäure und mit konzentrierten Alkalien sollen sie nicht behandelt werden. Dagegen sind sie gegen Wasser, Laugen und Säuren in den üblichen Konzentrationen recht beständig.

Über Erfahrungen und die Verwendbarkeit der Glasfiltertiegel berichten MOSER und MAXYMOWITSCH, HÜTTIG und NETTE (98) und VON OLSHAUSEN (149). Neuerungen an Glasfiltergeräten werden von PRAUSNITZ (158) angegeben.

HÜTTIG (96) beschreibt die Anwendung gesinterten Glases in Form von Filterplatten.

Auch Quarzgefäße lassen sich nach HÜTTIG und KÜKENTHAL (97) mit filtrierenden Böden herstellen.

Ebenso leicht und sauber wie mit gesinterten Glasfiltern kann man mit Filtern aus keramischem Materiale arbeiten.

Es gelingt, keramische, hochgebrannte, chemisch neutrale Massen zu Filterzwecken herzustellen. Nach WEBER (217) ist die chemische Widerstandsfähigkeit gegen starke Laugen und Säuren bedeutend, die mechanische Festigkeit derart, daß auch bei höchst porösen Massen der Unterdruck einer Wasserstrahlpumpe ohne Schaden vertragen wird. Die Feuerfestigkeit ist derart, daß die Geräte auf dem Gebläse stark geglüht werden können. So werden aus diesen Filtermassen (*D*, *M*, *HB* und *BB* der Firma *W. Haldenwanger*, Spandau) Filterkonusse, Filtertiegel, Quecksilberfilterrohre, Filterkerzen zur Wasserfiltration und ALLIHNsche Rohre zur Invertzuckerbestimmung hergestellt. Ähnliche Geräte werden von der *Staatlichen Porzellanmanufaktur* Berlin oder der Firma *Rosenthal* geliefert.

Im besonderen beschreibt SCHWARZ (182) Filterkonusse aus porösem Material *(Haldenwanger)*, die an Stelle eines Papierfilters in den Trichter gesetzt werden.

Neuartige Porzellanfiltrationsgeräte werden von der *Staatlichen Porzellanmanufaktur* Berlin geliefert.

MOSER und MAXYMOWICZ (139) zeigten in ihren Versuchen über die Verwendbarkeit der Porzellanfiltertiegel in der Gewichtsanalyse, daß die Anforderungen an Gewichtskonstanz erfüllt werden, und daß der etwas erhöhten Angreifbarkeit durch Laugen gegenüber den Glasfiltergeräten die Verwendbarkeit bis zur Rotglut gegenübersteht.

Andrerseits sollen nach GERICKE (62) Filtertiegel (außen glasiert, innen unglasiert) nur für eine beschränkte Zahl von analytischen Bestimmungen (z. B. für die Fe-Bestimmung) benutzt werden und vermögen die eigentlichen GOOCH-Tiegel nicht zu ersetzen.

In einer vergleichenden Untersuchung zwischen Jenenser Glasfiltertiegeln, Berliner und Haldenwanger Tiegel, kommen SIMON und NETH (189) zu dem Ergebnis, daß nach anfänglicher Gewichtsabnahme die Tiegel gegen die üblichen analytischen Reagenzien außer gegen heiße Natronlauge genügend widerstandsfähig sind. Für Laugen sind Quarz- oder Jenenser Tiegel besser als Porzellantiegel. Jenenser Tiegel mit blauer Fritte sind nicht zu empfehlen. Haldenwanger Tiegel zeigten sich außer gegen Ammoniak weniger widerstandsfähig als Berliner und Jenenser Tiegel. Zur Bestimmung schleimiger Niederschläge eignen sich, wenn Glühen erforderlich ist, besonders Berliner Porzellantiegel B.

3. Filtration unter normalem Druck.

Die übliche Form des Filtriergefäßes ist die eines Trichters, gewöhnlich eines Kegels mit einem Winkel von 60°. Das Filtermaterial wird entweder konisch, d. h. unter Anpassung an die Trichterwandung oder flach (mittels Siebplatte) aufgelegt.

Gewöhnlich verwendet man für die konische Form nur Papierfilter. Dasselbe wird in bekannter Weise geknifft und trocken in den Trichter derart eingesetzt, daß derselbe es überragt und das Filter glatt dem Konus des Trichters anliegt. Man erreicht dies, indem man das Filter mit dem in Frage kommenden Lösungsmittel anfeuchtet und durch leichtes Streichen an die Trichterwandung andrückt, bis aus dem Trichterhals die Flüssigkeit nicht mehr abtropft, sondern ein glatter Flüssigkeitsstrahl abläuft.

REGENBRECHT (165) empfiehlt, nach Zusammenfalten des Filters auf die Hälfte, bei weiterem Zusammenfalten auf ein Viertel, die runden Kanten nicht zur Deckung zu bringen, sondern eine gegen die andere etwas zurücktreten zu lassen. Derartige Filter sollen ein besseres Anschmiegen an den Trichter ermöglichen.

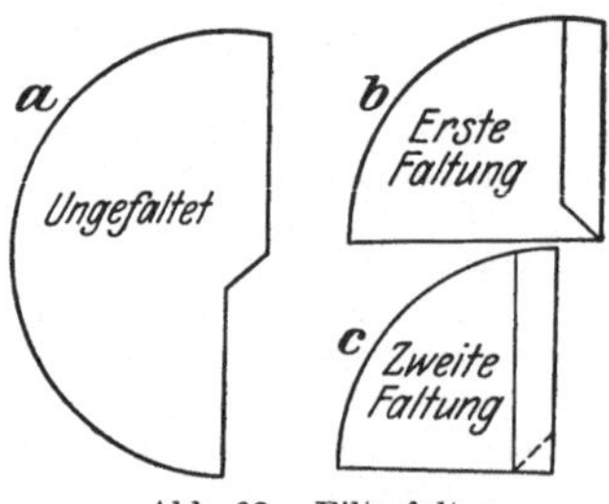

Abb. 63. Filterfaltung.

Eine gute Anpassung an die Trichterform ermöglicht die von der Firma *Schleicher & Schüll* in der Abb. 63 wiedergegebene Filterform.

Die Filtergröße hat sich der Niederschlagsmenge, aber nicht dem Flüssigkeitsvolumen anzupassen. Bei analytischen Arbeiten soll der Niederschlag das Filter höchstens bis zur Hälfte anfüllen.

Für gröbere Trennungen, besonders bei der Filtration größerer Massen, z. B. für präparative Zwecke, verwendet man Koliertücher. Man spannt ein gut ausgelaugtes und ausgewaschenes Leinentuch auf einen viereckigen Rahmen, legt diesen über ein Gefäß und gießt die zu filtrierende Masse auf das Tuch (s. a. S. 546).

Für feinere Trennungen bei präparativen Arbeiten, bei denen es auf ein schnelles Filtrieren größerer Flüssigkeitsmengen ankommt, wählt man Faltenfilter, und zwar besonders dann, wenn es auf das Filtrat, nicht auf den Filterrückstand ankommt, da dieser sich von einem Faltenfilter weniger leicht und meist nicht restlos gewinnen läßt.

Wenn irgend möglich, läßt man das zu filtrierende Gut vor Beginn der Filtration absitzen. Man gießt dann die überstehende Flüssigkeit, ohne den Niederschlag aufzurühren, auf das Filter auf. Läßt sich keine Flüssigkeit mehr abgießen, so wechselt man das Filtratauffanggefäß und bringt dann den aufgewirbelten Niederschlag aufs Filter.

Ein zu stark belastetes Filter reißt leicht an der Spitze ein. Zum Schutz gegen ein Zerreißen taucht man entweder die Spitze des trockenen Filters kurze Zeit in Salpetersäure (spez. Gew. 1,42) und wäscht sie gründlich mit Wasser aus oder man verstärkt sie durch Einsetzen eines zweiten kleineren Filters oder Einsetzen des Filters in einen Porzellan- oder Platinkonus.

Um die Filtration in konischen Trichtern zu beschleunigen, verwendet man entweder Trichter, die einen schnelleren Abfluß der Flüssigkeit an der Innenwand des Trichters gestatten oder verändert die Trichterrohre derart, daß sie die Bildung einer kontinuierlichen saugenden Flüssigkeitssäule ermöglichen.

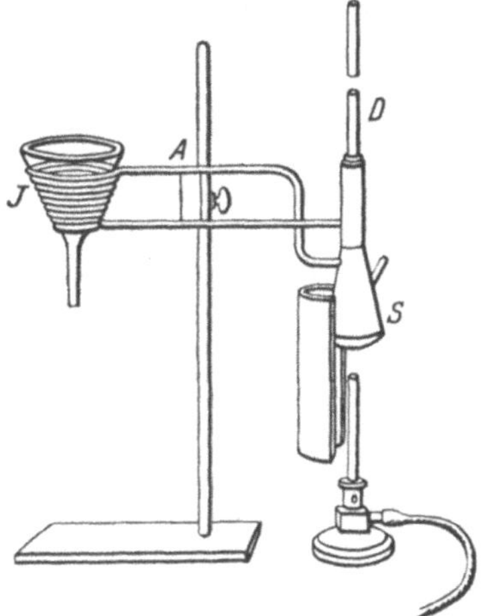

Abb. 64. Heiztrichter mit Dampfkondensierung nach PAUL.

Zu ersterem Zwecke setzt man das Filter in einen durchlöcherten Porzellankonus, der in den Trichterkegel eingesetzt wird, oder man verwendet Trichter mit gerillter Innenwand. Zum zweiten Zwecke verwendet man sogen. Trichter für quantitative Zwecke. Dieselben besitzen eine Einschnürung des Trichterhalses kurz unterhalb des Ansatzes, wodurch sich eine gut ansaugende Flüssigkeitssäule im Ablaufrohr bildet. Deren Wirkung kann noch verstärkt werden, indem man an das Rohr eines Trichters ein langes Schleifenrohr ansetzt. In diesem sammelt sich eine saugend wirkende Flüssigkeitssäule, wodurch das Filtrieren 10—20mal so schnell erfolgt wie ohne Anwendung eines solchen. Die Höhe des Schleifenrohres soll etwa 30 cm betragen. Es ist darauf zu achten, daß das Filter gut dem Glaskonus anliegt.

Die Filtration kann auch dadurch beschleunigt werden, daß sie in der Wärme vor sich geht. Ein derartiges Filter wird stets notwendig, wo eine heiße Flüssigkeit, ohne daß sie abkühlt, z. B. beim Umkrystallisieren einer heiß gesättigten Lösung, zu filtrieren ist. Eine einfache Form eines solchen Trichters besteht darin, daß ein kleinerer aber längerer Trichter in einen weiteren, aber kürzeren eingesetzt wird.

Der Zwischenraum zwischen beiden Trichtern kann mit einer heißen Flüssigkeit als Temperaturbad gefüllt werden. Es sei des weiteren als einfache Vorrichtung ein Trichter zur Heißfiltration, um den eine Bleischlange in Form einer festen Spirale gelegt wird, genannt. Durch die Spirale ist Dampf oder heißes Wasser zu leiten. Sehr zweckmäßig für die Filtration feuergefährlicher Flüssigkeiten ist die Anwendung eines Heißwassertrichters mit elektrischer Heizung.

Die Temperatur des Heizdampfes soll wesentlich höher sein als die der zu filtrierenden Flüssigkeit. Für ätherische Lösungen genügt Wasserdampf, für wäßrige Lösungen kommt Cumoldampf (165°), für höher siedende Substanzen α-Bromnaphthalindämpfe (280°) zur Anwendung. Um den gebildeten Dampf wieder zu kondensieren, verwendet man eine von PAUL (Abb. 64) angewandte Vorrichtung, die die obenstehende Abbildung wiedergibt. Um in der Kälte zu filtrieren, verwendet man eine entsprechende Vorrichtung, indem man den Zwischenraum mit einer Kältemischung füllt.

Eine heizbare Porzellannutsche mit hohlem Kegelmantel wird nach SEXTON (185) von der *Rosenthal A.-G.* hergestellt. Siehe hierzu auch TEDDELER (199), der einen heizbaren Trichter für quantitative Arbeiten beschreibt. Nach WEISS (219) soll sich ein elektrisch geheizter Trichter besonders beim Arbeiten mit Gelatine und Agar bewährt haben.

Zur Vermeidung des dauernden Filternachfüllens sind eine ganze Reihe selbsttätiger Filtrierapparate beschrieben worden.

Eine einfache Vorrichtung ist von FARRAR (47) angegeben. Man stellt sie derart dar, daß man einen Scheidetrichter mit der zu filtrierenden Flüssigkeit über dem Filter befestigt, so daß der Stiel des Scheidetrichters weit in das Filter hineinragt. Von der oberen Öffnung des Scheidetrichters führt man ein zweimal rechtwinklig gebogenes Rohr ebenfalls aber nur bis in die obere Schicht des Filters. Sobald die im Filter filtrierende Flüssigkeit die untere Öffnung des Rohres verschließt, hört der Zufluß auf, bis das Rohr nicht mehr eintaucht, worauf das Spiel von neuem beginnt.

Siehe über selbsttätiges Filtrieren auch FORTNER (52). Ein automatisches Filter, das zur Filtration kleiner Mengen von Kulturflüssigkeit geeignet ist, beschreibt AYLING (6).

4. Filtration bei Unterdruck mittels Saugpumpe.

Eine wesentliche Beschleunigung der Filtration erreicht man durch Anwendung der Saugpumpe. Als solche wird gewöhnlich die Wasserstrahlpumpe benutzt, doch kann selbstverständlich auch jede andere Form der Luftpumpe zur Anwendung gelangen. Die Filtration mittels Saugpumpe erfolgt am einfachsten durch Einsetzen eines konischen Trichters in eine Saugflasche. Praktisch ist die Anordnung nach ALLIHN-WAHL mit eingeschliffenem Trichter. Es ist hierbei noch mehr wie bei der Filtration unter normalem Druck darauf zu achten, daß das Filter fest anliegt und daß die Filterspitze durch einen Konus (s. o.) vor dem Zerreißen geschützt ist. Um eine Verunreinigung des Filtrates durch ein Zurücksteigen von Wasser bei Anwendung der Wasserstrahlpumpe zu verhüten, setzt man in die Saugflasche unter die Trichtermündung ein Gefäß (z. B. Standzylinder, Reagensglas) oder schaltet zwischen Waschflasche und Wasserstrahlpumpe ein Sicherheitsgefäß.

Für heiße Flüssigkeiten ersetzt man im allgemeinen die Saugflasche durch dünnwandige, an einem Stativ festgespannte Destillationskolben. Da diese in den kleinsten Abmessungen erhältlich sind, empfehlen sie sich auch zum Absaugen kleiner Filtratmengen, namentlich wenn das Filtrat unmittelbar der Destillation unterworfen werden soll. Kleine Saugflaschen fallen ohne Beschwerung durch einen Bleiring unter dem Zug der Schlauchverbindung leicht um. Man arbeitet daher auch so, daß man in größere Flaschen Reagensgläser einsetzt oder starkwandige festgeklammerte Röhren mit seitlichem Ansatz direkt als Saugflaschen benutzt.

Der Ansatz soll sich unmittelbar unter dem Stopfen befinden. Andernfalls klammert man das Rohr etwas schräg fest, damit das Filtrat nicht in das seitliche Rohr gerissen wird.

Soll das Saugen als Filtrierhilfe beim Filtrieren durch Papierfilter verwendet werden, so ist es nach HOCKENYOS (90) zweckmäßig, die Saugflasche mit seinem Wasserventilrohr, das bei einem bestimmten Druck Luft einläßt, zu verbinden.

Eine neue Saugflasche für die quantitative Analyse beschreibt KÜHL (122). Sie vermeidet das Entweichen zerstäubter Tröpfchen, das Zurückbleiben von Resten bei der Leerung, erlaubt Entnahme von Proben sowie das Ablassen von Flüssigkeit, während ein neuer Teil abgesaugt wird.

Häufiger als mit konischen Filtern arbeitet man bei Anwendung der Saugpumpe mit Filterplatten. Es seien konische Filter mit Filterplatten nach Witt genannt oder die noch weit häufiger benutzten Porzellannutschen von Büchner.

Auf die Filterplatte werden 1—2 genau passende Papierfilter gelegt, mit der zu filtrierenden Flüssigkeit befeuchtet und leicht angesaugt. Man filtriert den Niederschlag anfänglich ohne oder nur mit geringem Ansaugen, da sich sonst die Poren bei schleimigen Niederschlägen schnell verstopfen. Auch ist darauf zu achten, den Trichter nie vor Beendigung der Filtration völlig trocken saugen zu lassen, da sonst Risse im Niederschlag entstehen, die ein Auswaschen vereiteln.

Infolge der Möglichkeit leichter Reinigung sind Büchner-Trichter mit loser Siebplatte vorteilhaft.

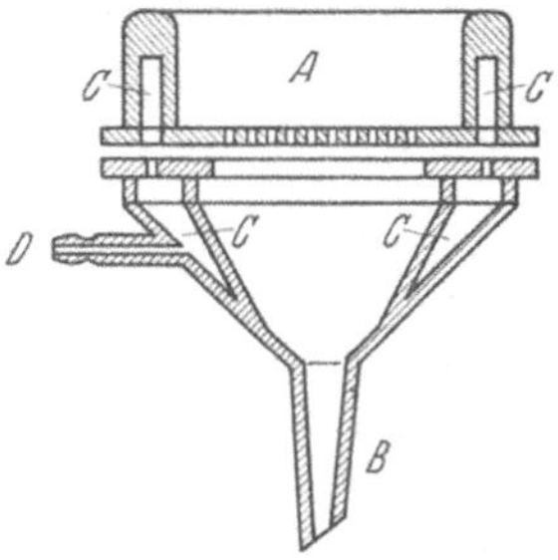

Einen *zwei*teiligen Filterapparat, bei welchem Oberteil und Unterteil durch Unterdruck zusammengehalten werden, und zwar ohne Benutzung von Gummidichtungen, stellt die Nutsche nach Tillmann (*Haldenwanger A.-G.*) dar (s. Abb. 65). Der Vorteil des zweiteiligen Büchner-Trichters für quantitative Arbeiten liegt darin, daß auch der unter der Siebplatte liegende Raum, der beim üblichen Büchner-Trichter unzugänglich ist, Zugang bietet und infolgedessen leicht gereinigt werden kann.

Recht zweckmäßig ist eine von Löwenstein beschriebene Nutsche der *Staatlichen Porzellanmanufaktur.* Sie besitzt getrennte, auswechselbare Siebbecher oder poröse Schalen mit angeschliffener Auflagefläche.

Abb. 65. Zweiteilige Nutsche nach Tillmann.

Eine besondere Ausbildung dieser Nutschen mit Absaugestutzen erlaubt es, in gewöhnliche Flaschen unmittelbar zu filtrieren (s. Abb. 66).

Eine Reihe von Autoren beschreiben Nutschen für warm oder kalt zu haltendes Filtriergut. So gibt Mayer (135) eine Nutsche mit hohlen Wandungen (*Rosenthal A.-G.*) an, während Segebade (184) (*Rosenthal A.-G.*) sowie Seemann (183) Nutschen beschreiben, bei denen allein der Boden hohl gehalten ist. Siehe hierzu auch Göllner (64).

Eine elektrisch heizbare Nutsche wird von der Firma *W. Haldenwanger A.-G.*, Spandau hergestellt. Es handelt sich um einen zweiteiligen Apparat, der aus dem bekannten Büchner-Trichter besteht, sowie einem Mantel, in welchen ein Heizgitter aus Chromnickeldraht eingelegt ist.

Der Trichter kann an jede Lichtleitung angeschlossen werden, ist stets betriebsfertig und ist infolgedessen der dampfbeheizten Nutsche überlegen. Vor dieser hat der elektrisch heizbare Trichter zudem den Vorteil, daß die gesamte Siebfläche gleichmäßig geheizt ist.

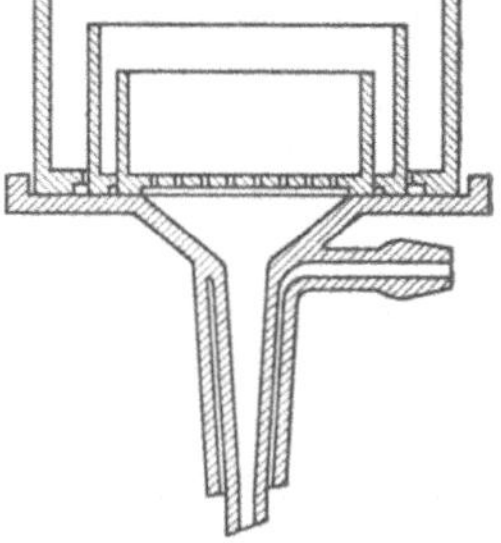

Abb. 66. Nutsche mit auswechselbaren Siebbechern.

Eine Form des Trichters mit Siebplatte, die sehr häufig bei analytischen Arbeiten zur Anwendung gelangt, stellt der sog. Gooch-Tiegel dar. Er besteht aus einem Porzellantiegel mit siebartig durchlöchertem Boden, der mit einer Schicht Filtriermasse, meist mit einer Asbestschicht und eventuell dann mit noch einer Siebplatte bedeckt wird. Ein solches Filter ist nicht hygroskopisch, gestattet das Filtrieren von Säuren und Laugen und kann (eingestellt in einen größeren Porzellanschutztiegel) geglüht und gewogen werden, ohne an Gewicht einzubüßen.

Zur Verhinderung einer zu starken Saugwirkung wird der Gooch-Tiegel mittels eines Kautschukringes in einen Glasvorstoß federnd eingesetzt. Nach Stock-Stähler (195) wird der Gooch-Tiegel folgendermaßen behandelt:

„Ein größerer Vorstoß wird in eine saubere Saugflasche mittels Gummistopfen gesetzt und letzterer durch dickwandigen Vakuumschlauch mit einem *T*-Stück verbunden, dessen einer Schenkel zum Vakuum führt, und dessen anderer Schenkel durch einen Schlauch nebst

Quetschhahn abgeschlossen ist. Durch die obere Öffnung des Vorstoßes zieht man ein kurzes Stück weiten, dünnwandigen Gummischlauches und stülpt es zur Hälfte nach innen ein. Der Gooch-Tiegel soll beim Ansaugen zu $^1/_3$—$^1/_4$ im Vorstoß sitzen. Man gibt nunmehr, ohne zu saugen, so viel gereinigten Asbestbrei in den Tiegel, daß eine $^1/_2$ mm starke Filterschicht entsteht, saugt diese nach dem Abtropfen des Wassers fest, legt dann eine kleine Siebplatte darüber und wäscht nun gründlichst mit Wasser aus, welches man so lange durchsaugt, bis alle losen Asbestfasern fortgeschwemmt sind. Der Tiegel kann jetzt getrocknet und gewogen werden. Beim Filtrieren des Niederschlages saugt man möglichst vorsichtig, damit dieser recht locker bleibt und gut ausgewaschen werden kann. Bei gleichartigen Bestimmungen kann man den Gooch-Tiegel mehrere Male hintereinander benutzen, ohne einen neuen mit Asbest zu beschicken.

Als Einlage für Gooch-Tiegel kann man nach Sweeney und Quam (198) auch das Tiegelmaterial selbst benutzen, indem man es körnt, in den Tiegel bringt, mit einer mit $Ca(OH)_2$ gesättigten 0,5 n-KOH-Lösung tränkt, 10 Stunden bei 110° trocknet, danach mit 6 n-HCl wäscht und wieder erhitzt, bis die Flamme farblos ist. Solche Tiegel werden zur Filtration von AgCl und $BaSO_4$ empfohlen.

In neuerer Zeit werden die Asbest-Gooch-Filter immer mehr durch Gooch-Filter mit porösen Siebplatten verdrängt, die auf S. 86 beschrieben worden sind.

So beschreibt Wobbe (224) Porzellan-Gooch-Tiegel mit poröser Bodenplatte (*Staatl. Porzellanmanufaktur* Berlin), die ohne Asbesteinlage benutzbar sind und über freier Flamme geglüht werden können.

Eine Filtrationsapparatur mit Asbestschichten stellen auch die bekannten Seitz-Filter dar. Sie dienen zur Entkeimung von Flüssigkeiten wie Serum u. a. Die „Seitz-E.K."-Filter arbeiten mit patentierten Entkeimungsschichten, weichen, 3 mm dicken Filterplatten, die wie Filtrierpapier bis zur Erschöpfung benutzt und dann durch neue ersetzt werden. Eine Reinigung der Seitz-E.K.-Schichten ist nicht durchführbar. Ein solches Verfahren ist einfacher als das Arbeiten mit Filterkerzen; die zeitraubende Regenerierung der Filterkörper fällt weg. Erwähnenswert ist, daß die Teile des Filterapparates, welche die nicht entkeimte Flüssigkeit enthalten und die, welche das Filtrat aufnehmen, nicht durch Gummidichtungen, sondern durch die Seitz-E.K.-Schichten selbst gegeneinander abgedichtet sind. Unsicherheiten, wie sie durch alte, rissige Gummidichtungen verursacht werden, sind daher ausgeschlossen. Für manche Zwecke wird allerdings zu beachten sein, daß Seitz-E.K.-Filter geringe Mengen alkalisch reagierender löslicher Stoffe abgeben und auch in geringem Umfange adsorbierend wirken können. Literatur bei Schwenke (182a).

Überall da, wo Niederschläge bei Abschluß von Luft oder in einem bestimmten Gasstrom zu filtrieren bzw. später in ihm zu trocknen oder zu glühen sind, oder wenn es sich um die Filtration sehr kleiner Substanzmengen handelt, verwendet man röhrenförmige Saugfilter. Die einfachste Form ist die der glatten Filterrohre, in die von oben her eine Filterschicht von Watte, Asbest usw. eingebracht wird. Die Form dieser Röhren ist auf alle mögliche Weise variiert worden. So sind Filterrohre mit Siebplatten oder auseinandernehmbare Filterrohre beschrieben worden. Es sei hier noch einmal auf die S. 85 genannten, sehr praktischen Filterrohre mit Glassiebplatte hingewiesen.

Eine besondere Form einer Filterröhre ist die Filtration mittels „Filterkerze". Dieselbe besteht aus gebrannter Infusorienerde und ist in ein größeres Filterrohr eingesetzt. Dieses Berkefeld-Filter stellt ein sehr dichtes Filter dar, das gestattet, Bakterien abzufiltrieren und daher oftmals bei bakteriologischen Arbeiten zur Gewinnung steriler Filtrate benutzt wird.

Eine verbesserte Apparatur für die Filtration mit Berkefeld-Kerzen (vorgeschaltetes Manometer und Windkessel, Filtration in ein graduiertes Gefäß mit Hahn zur sterilen Entnahme der filtrierten Flüssigkeit) empfiehlt Mudd (140). Derselbe Verfasser (141) weist auch darauf hin, daß bei Anwendung der Kerzen das Gelingen der Filtration davon abhängt, welche elektrische Ladung die zu filtrierenden Teilchen tragen.

Hierzu s. a. KRAMER (119). Nach diesem geht z. B. Staphylokokkenbakteriophagus durch BERKEFELD-Filter, nicht aber durch Marienglas, was sich auf elektrische Aufladungen zurückführen ließ.

Eine Vorrichtung zur Beschleunigung der Filtration durch BERKEFELD-Filter beschreibt STENBUCK (193), während ZORN (231) einen Kunstgriff bei der Kerzenfiltration kleiner Flüssigkeitsmengen angibt.

Filterröhren dienen vorzüglich auch zur *Mikrofiltration.*

Filterröhrchen nach PREGL (159), s. Abb. 67. Die Filterröhrchen bestehen aus einem erweiterten oberen Teil, der aus einer 9 mm starken Spindelglasröhre (so benannt, weil daraus Aerometerspindeln verfertigt werden) angefertigt wird, an die eine (gleichfalls außen) 4 mm dicke Glasröhre angesetzt ist. An der Vereinigungsstelle ist das Lumen auf $^1/_2$ mm verengt, worauf der weitere Rohrteil auf einen Durchmesser von 11 mm in der Länge von 4 mm aufgeblasen ist, so daß ein flacher, linsenförmiger Raum zur Aufnahme von Asbestmasse entsteht, deren Ränder auch beim Feuchtwerden am Höhersteigen verhindert werden. Über dieser Erweiterung befindet sich eine zweite Auftreibung, die, etwa kelchartig gestaltet, 35 mm lang ist und an der weitesten Stelle einen äußeren Durchmesser von 11 mm besitzt. Der untere Teil des Röhrchens, der „Schaft", ist etwa 80—90 mm lang.

Das Filterröhrchen wird mit käuflichem GOOCH-Tiegelasbest in trockenem Zustand gefüllt, der mit einem scharfkantigen Glasstab so nachgestopft wird, daß die Peripherie des für die Filtermasse vorgesehenen Raumes damit vollkommen ausgefüllt wird. An der Pumpe füllt man das Röhrchen etwa zweimal mit einer dünnen Aufschwemmflüssigkeit derselben Asbestmasse in Wasser voll, wäscht hierauf mit mehreren Litern warmen Wassers nach, um die zahlreichen, lose sitzenden Asbestteilchen völlig zu entfernen, und sieht besonders darauf, ob die Asbestmenge hinreichend ist, um den für sie bestimmten Raum vollends zu erfüllen. Hierauf wird die Asbestmasse mehrmals gewaschen, und zwar erstens mit heißer Schwefelchromsäure, dann mit Wasser, zweitens mit heißer Salpetersäure und Wasser und schließlich mit Alkohol. Nach dieser Behandlung wird das Filterröhrchen durch Hindurchsaugen eines Luftstromes unter gleichzeitigem Erwärmen getrocknet. Hinsichtlich weiterer Behandlung muß auf die ausführliche Darstellung der Mikrochemie von EMICH (45) verwiesen werden.

Eine Modifikation der PREGLschen Apparatur geben FONTÈS und THIVOLLE (51). Das Filter besteht aus einem Platindrahtnetz, das mit einer Asbestaufschlämmung bedeckt ist.

Saugstäbchen nach EMICH (45). „Zur Herstellung eines Saugstäbchens läßt man ein Röhrchen aus widerstandsfähigem Glas von 2 mm Lumen und $^1/_2$ mm Wandstärke zuerst an der Stelle x auf $^1/_2$ mm zusammenfallen, erweitert dann das kurze Ende ein wenig, steckt daselbst eventuell einen Platinpfropfen mit Stiel hinein und bringt hernach mittels einer Pinzette zuerst groben, dann feinen GOOCH-Tiegelasbest in die trichterartige Erweiterung. Hierauf wird das Röhrchen in die Saugvorrichtung gebracht und unter mäßigem Saugen mit einer Aufschwemmung von Asbest, die man wiederholt aufgießt, zu einem guten Filter gestaltet. Man trocknet über einem Zündflämmchen und stülpt schließlich in einer kleinen Gebläseflamme den unteren Rand einige Male nach innen um. Die Handhabung des Saugstäbchens veranschaulicht Abb. 69.

Abb. 67. Filterröhrchen nach PREGL.

Abb. 68. Saugstäbchen nach EMICH.

Um geringe Flüssigkeitsmengen (bis zu 0,5 cm³) schnell zu filtrieren, empfiehlt MALJAROFF (132) zwei Rohre, die gleich weit an einem Ende plangeschliffen sind. Das andere Ende des einen Rohres wird zu Capillaren ausgezogen, zwischen die geschliffenen Enden wird ein Filter gelegt, die Rohre werden durch Drahtklemme fest aufeinandergepreßt. Dann wird mit dem Mund durch die untere Spitze die Flüssigkeit durchs Filter gesaugt.

Die Anwendung einer Mikrofiltration — an Stelle von Zentrifugieren — empfiehlt SHOHL (186) in den Fällen von Niederschlägen, die an der Oberfläche schwimmen. Er benutzt dazu kleine gewöhnliche Trichter mit einer gut sitzenden

Glasperle im Hals und gießt nur so viel feinfaserigen Asbest darüber, daß die Schicht höchstens 1—2 mm hoch wird. Hierdurch wird es möglich, den Niederschlag mit 1 cm³ 5—10mal auszuwaschen.

Über Mikrofiltration mit Hilfe der Zentrifuge s. S. 97.

Zur Filtration unter Ausschluß von Feuchtigkeit oder zur Filtration in einem indifferenten Gasstrom sei die einfache Apparatur nach EMIL FISCHER (49), s. Abb. 70, genannt. Wird der Saugkolben *l* evakuiert, während der Hahn *e* geöffnet und der Hahn *f* geschlossen ist, so geht die zu filtrierende, in der Flasche *a* enthaltene Flüssigkeit durch einen sog. PUKALLschen Tonzylinder *b* in den Saugkolben über. Der Niederschlag setzt sich an der Tonzelle fest. Durch die mit konzentrierter Schwefelsäure beschickte Waschflasche *i* und den mit Phosphorpentoxyd gefüllten Trockenturm *h* dringt trockene Luft nach. Zum Waschen schließt man Hahn *e* und öffnet *f*, wodurch die in der Flasche *g* befindliche Waschflüssigkeit nach *a* übertritt.

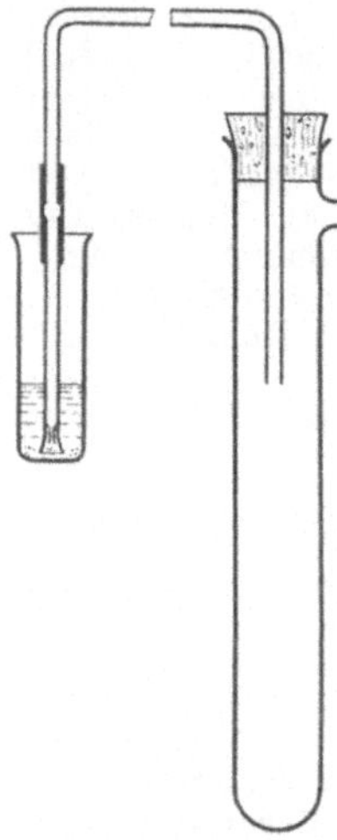

Abb. 69. Handhabung des Saugstäbchens nach EMICH.

Zur Fällung von Niederschlägen und Filtration in einer Stickstoffatmosphäre beschreiben GRAFE und FREUND (67) eine Apparatur, die ihnen zur Abtrennung der Fettsäurekomponenten der Phosphatide bei Abschluß von Luft diente (s. Abb. 71). (Die Apparatur wird von *O. Ewald*, Wien hergestellt.) In einen Zylinder taucht ein Röhrchen, durch das sein Inhalt nach Bedarf angesaugt werden kann. Er gelangt so in ein Gefäß *A*, von dem aus noch Verbindung zu einer Stickstoffbombe besteht und das auf eine Filterkerze aufgesetzt ist. Die Filterkerze sitzt in einem zylindrischen Gefäß *B*, das unten durch einen Hahn verschlossen ist, ferner durch einen Hahn mit einer Stickstoffbombe und durch einen anderen mit einem Gefäß kommuniziert, in das die Flüssigkeit abgelassen werden kann. Das untere Ablaufrohr von *B* ist mittels Gummistopfen in eine Glastulpe eingesetzt, die mit ihrer weiten Öffnung über eine Nutsche gestülpt ist. Auch die Tulpe hat eine seitliche Öffnung mit Glashahn. Die Nutsche endlich sitzt auf einer Saugflasche, von deren Tubus aus der Apparat evakuiert und Stickstoff angesaugt werden kann. Man saugt dann Flüssigkeit aus dem Dialysierzylinder nach *A*, schließt den unteren Hahn von *B* und evakuiert *B* von seinem seitlichen Auslaß her. *A* füllt sich dann automatisch und die Flüssigkeit filtriert. Sobald *B* gefüllt ist, wird unter ständigem Nachleiten von Stickstoff *A* entfernt und in die obere Öffnung eine eingeschliffene Bürette gesetzt. Die Flüssigkeit wird dann mit einem Füllungsmittel gefällt, die überstehende Flüssigkeit dekantiert, der Niederschlag in die Nutsche gelassen und unter Saugen filtriert. Durch Absaugen und Einleiten von Stickstoff wird die Masse grob getrocknet. Man bringt die Fällung zum Schlusse rasch in einen mit Stickstoff gefüllten Exsiccator.

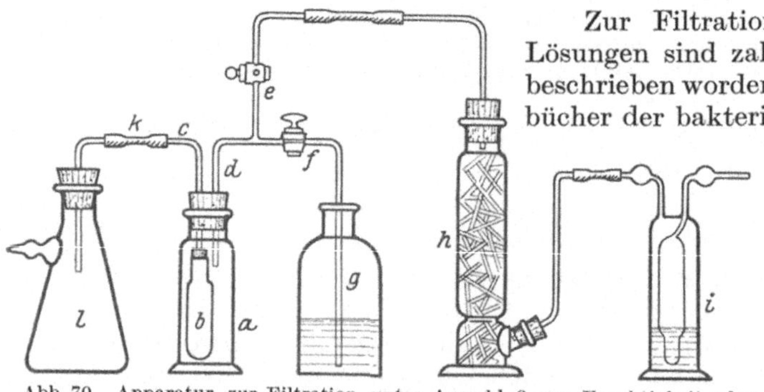

Abb. 70. Apparatur zur Filtration unter Ausschluß von Feuchtigkeit oder im indifferenten Gasstrom nach E. FISCHER.

Zur Filtration steril zu haltender Lösungen sind zahlreiche Apparatformen beschrieben worden. Es muß auf die Lehrbücher der bakteriologischen Technik verwiesen werden. Im folgenden sei ein Beispiel gegeben.

Zur sterilen Filtration von Nährböden ist von FUHRMANN (60) folgende Apparatur angegeben (s. Abb. 72). Man verbindet durch einen Kautschukstopfen das Porzellanfilter *F* luftdicht mit der Röhre *R*, die durch einen zweiten Kautschukstopfen an den starkwandigen Saugkolben *K* angeschlossen ist. Nun reinigt man das Filter durch längeres Durchsaugen von Brunnenwasser, dann destilliertem Wasser und trocknet es hierauf nach Abnahme vom Stopfen bei 100° im Trockenkasten. Zweckmäßig ist es, sämtliche Filter auszuprobieren und die brauchbaren zu reinigen und in weißes Papier staubsicher eingepackt vorrätig zu halten. Vor dem Filtrieren der Nährflüssigkeiten usw. verbindet man das Filter mit dem Druckkolben *K* in der eben angegebenen Weise und diesen mit dem Wattefilter *W* durch einen Druckschlauch. Das Wattefilter besteht aus einer starkwandigen Glasröhre von 10—12 cm Länge und 2 cm innerer Lichte. Sie wird mit reiner, entfetteter Watte und beiderseits mit einfach gebohrten Kautschukstopfen verschlossen, durch die 2 Glasröhren hindurchgehen. Filter, Druckkolben und Wattefilter werden nun 1 Stunde hindurch in strömendem Dampf sterilisiert. Nach dem Erkalten wird der zweite Druckkolben K_I mit einem Druckschlauch an das Wattefilter *W* und an eine Saugpumpe angeschlossen. Jetzt ist das Filter gebrauchsfertig. Die zu filtrierende Nährflüssigkeit kommt in den Zylinder *b* und wird nach Passieren des Filters im Kolben *K* gesammelt. Wenn ein Porzellanfilter ohne glasierten Halsteil verwendet wird, ist letzterer nach dem Sterilisieren mit geschmolzenem Paraffin zu bestreichen. Werden sehr trübe Flüssigkeiten filtriert, so ist durch einen steifen Borstenpinsel von Zeit zu Zeit die Filteroberfläche abzuscheuern. Wenn die Filtration beendet ist, setzt man an die Stelle des Filters eine sterile Eprouvette, die den gleichen Durchmesser wie der Filterhals besitzt.

Zur Füllung steriler Gefäße mit der filtrierten in *K* befindlichen Flüssigkeit, setzt man an das Wattefilter ein Doppelgebläse unter Zwischenschaltung eines Quetschhahnes, setzt das Gebläse unter Druck, entfernt die Eprouvette und füllt ab, indem man den Quetschhahn vor dem Wattefilter öffnet.

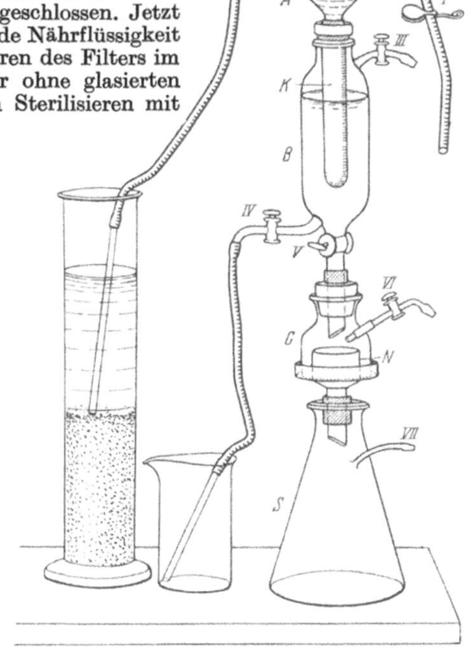

Abb. 71. Apparatur zur Füllung und Filtration in einer Stickstoffatmosphäre nach GRAFE und FREUND.

5. Filtration unter erhöhtem Druck.

Die Filtration unter Druck findet meist zur Verarbeitung größerer Massen Anwendung und kommt daher meist für präparative oder technische Zwecke in Frage. Sie besitzt den Vorteil, daß man nicht nur wie bei der Filtration mittels Saugpumpe 1 Atm. anzuwenden braucht, sondern einen beliebigen Druck, der allein durch die Festigkeit des Materials bedingt ist, ausüben kann. So preßt man die zu filtrierende Flüssigkeit mittels Druckpumpe bei einem Druck bis zu 20 Atm. durch Kammern, die durch große Filterflächen, meist Koliertuch, voneinander getrennt sind. Als Apparate werden die sogen. Filterpressen, die es in verschiedenen Größen und Ausführungsformen gibt, angewandt.

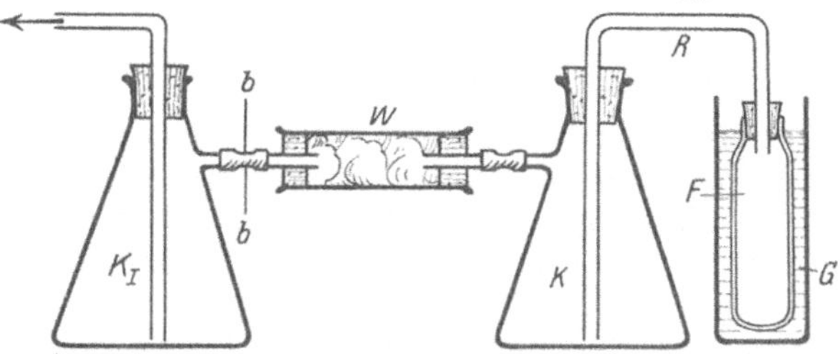

Abb. 72. Apparatur zur sterilen Filtration nach FUHRMANN.

HANNEMANN (80) beschreibt eine praktische Druckfiltervorrichtung, die besonders zur Filtration von Lösungen in flüchtigen Lösungsmitteln geeignet ist. Das Druckfilter (Hersteller *Pflugbeil & Co.*, Berlin N 4, Chausseestr. 120), besteht aus zwei Schalen, die luftdicht verschraubt werden; die obere trägt neben dem Manometer ein Fahrradschlauchventil, durch das mit einer Luftpumpe Luft gepreßt wird.

Für die Gewinnung von Preßsäften kommt häufig die hydraulische Presse von BUCHNER zur Anwendung, die urspünglich zum Auspressen von Hefe für Gärversuche gebaut wurde. Sie stellt eine hydraulische Presse dar, die gestattet, auf eine in einem Leinentuch eingeschlossene in einem Preßzylinder aus Stahl eingebrachte Masse einen hohen Druck auszuüben. Die Flüssigkeit sickert durch feine Bohrungen des Preßgefäßes ab und fließt über einen Tellerrand in ein vorgestelltes Gefäß.

Während die BUCHNER-Presse im allgemeinen für größere Substanzmengen mit Preßgefäßen für etwa 1 Liter Inhalt verwandt wird, ist von KLEINMANN (115, 117) eine hydraulische Mikropresse angegeben worden, die gestattet, unter sehr hohem Druck wenig Preßgut in Gefäßen für rund 10 und 45 cm^3 Volumen auszupressen (Abb. 73). Die Presse eignet sich zur Gewebssaftgewinnung aus pflanzlichen und tierischen Geweben, zum Auspressen von Bakterien oder Pilzmassen, zur Gewinnung von Preßsäften oder ausgepreßten Rückständen bei chemischen Arbeiten, kurz zu jedweder Verwendung, bei der eine Gewinnung eines Preßsaftes bzw. eines trockenen Preßrückstandes aus geringen Substanzmengen erzielt werden soll. Des weiteren ist eine Vorrichtung zum Zusammenpressen von Pulvern und festen Substanzen zu Pastillen in die Presse einfügbar. Da es sich für die besonderen physiologischen Aufgaben, denen die Presse dienen soll, als notwendig erwiesen hat, sehr hohen Druck anzuwenden, so ist die Presse derart konstruiert, daß bei Anwendung der kleinen Gefäße ein Gesamtdruck von maximal 4300 kg und ein spezifischer Druck (kg pro cm^2 = Atm.) von maximal 500 Atm. ausgeübt werden kann. (Die Mikropresse wird von den *Vereinigten Fabriken für Laboratoriumsbedarf*, Berlin, Scharnhorststr. 22, in den Handel gebracht).

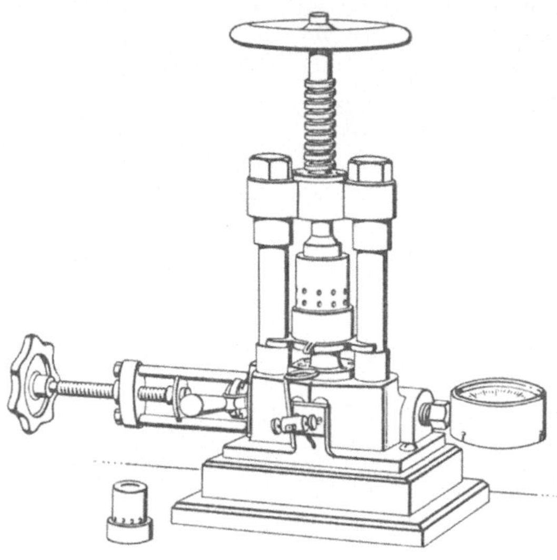

Abb. 73. Hydraulische Mikropresse nach KLEINMANN.

b) Zentrifugieren.

Zur Trennung von festen und flüssigen Phasen bedient man sich vorteilhaft der Zentrifugalkraft. Sowohl bei präparativem Arbeiten wie auch bei analytischem findet die Anwendung von Zentrifugen in steigendem Maße im physiologischen Laboratorium Anwendung. Zentrifugen können zu zweierlei Zwecken gebraucht werden.

1. kann man eine feste Phase in einer Flüssigkeit zum Absetzen bringen und dann die Flüssigkeit durch Abgießen oder Abhebern abtrennen. Diese Form ist die bei analytischen Arbeiten vorzüglich angewandte. Für sie kommen Zentrifugen mit Aufhängevorrichtungen für die zu zentrifugierenden Gefäße zur Anwendung. Bei dieser Arbeitsform kann das Zentrifugieren auch unmittelbar als analytische Methode zur Anwendung gelangen, indem die Höhe der abgeschleuderten Phase bestimmt und aus ihr auf die Konzentration der untersuchten Flüssigkeit geschlossen wird (s. w. u.).

2. kann man unmittelbar eine Flüssigkeit von einem festen Körper scheiden. Hierzu dienen Zentrifugen mit Trommeln mit siebartig durchlöcherter Wandung, an die sich während des Zentrifugierens die feste Substanz ansetzt, während die

Flüssigkeit durch die Löcher der Wandung herausgeschleudert wird. Diese Zentrifugen entsprechen hinsichtlich ihrer Wirksamkeit etwa den Filterpressen. Diese Form der Trennung wird bei präparativen Arbeiten sowie in der Technik bevorzugt.

Allen Zentrifugen ist gemeinsam, daß sie eine senkrechte Achse besitzen, die in einem geeigneten Metallager durch einen Antrieb auf hohe Umdrehungszahlen gebracht werden kann. Die Achse trägt entweder eine Aufhängevorrichtung für senkrecht herabhängende, aber bewegliche Gefäße, die beim Rotieren durch die Zentrifugalkraft horizontal gestellt werden, oder sie trägt konaxial eine Trommel mit siebartig durchlöcherter Wand.

Die Zentrifugalkraft ist der bewegten Masse, der Größe des Radius und dem Quadrat der Umdrehungszahl proportional. Die ausgelösten Energiemengen wachsen also beträchtlich bei höherer Tourenzahl. Es ist daher bei Arbeiten mit Zentrifugen stets Sorgfalt und Vorsicht zu beobachten.

1. Zentrifugen mit Aufhängevorrichtung.

a) Beschreibung der Apparaturen. Die verschiedenen angewandten Zentrifugenformen unterscheiden sich vor allem durch ihre Antriebsform.

Für bescheidenere Anforderungen genügt mitunter die Anwendung einer Zentrifuge, die über eine Übersetzung mittels der Hand angetrieben wird. Derartige Zentrifugen erzielen etwa bis zu 1000 Umdrehungen pro Minute.

Ganz zweckmäßig ist im Laboratorium auch die Anwendung von Zentrifugen, die mit einer Wasserturbine direkt gekuppelt werden und zum Betrieb nur an die Wasserleitung angeschlossen zu werden brauchen. Derartige Zentrifugen erreichen bei 2,5—3 Atm. Wasserdruck etwa 2000 Touren pro Minute. Die genannten Formen verschwinden jedoch allmählich immer mehr, und im gleichen Maße entwickelt sich die Anwendung der durch einen Elektromotor getriebenen Zentrifuge. Es seien hier die sehr zu empfehlenden Ecco-Zentrifugen der Firma *E. Collatz & Co.*, Berlin N 4, Kesselstr. 9, genannt, doch werden gute, im Prinzip ähnliche Elektrozentrifugen auch von zahlreichen anderen Firmen gebaut (*F. M. Lautenschläger G. m. b. H.*, Berlin N 39, Chausseestr. 92. — *Vereinigte Fabriken für Laboratoriumsbedarf*, Berlin N 65, Scharnhorststr. 22).

Für geringe Substanzmengen (2 Gläschen à 15 cm³ Inhalt) und einer Tourenzahl von ca. 2000 pro Minute sei die kleine „Ecco Minima" angeführt. Dieselbe besitzt einen Universalmotor, der an Gleich- und Wechselstrom angeschlossen werden kann, und braucht nicht festgeschraubt zu werden, da sich die Zentrifuge mit ihren Gummifüßen fest an die Tischplatte saugt.

Für höhere Anforderungen sei die „Ecco Superior-H" genannt. Sie leistet je nach Größe des Aufsatzes 2000—4000 Touren pro Minute und unterscheidet sich vor allem von den üblichen, auf einer Konsole fest montierten Zentrifugen dadurch, daß sie an Ketten hängend befestigt ist. Bei hängenden Zentrifugen werden alle Erschütterungen von den Tragketten und Federungen der Aufhängevorrichtung aufgenommen, so daß die Resonnanzgeräusche verschwinden und die Haltbarkeit der Zentrifuge erhöht wird. Hängende Zentrifugen verdienen gegenüber fest aufmontierten den Vorzug.

Marshall (134) beschreibt ähnlich wirkende Schwebezentrifugen der Firma *Funke & Co.*, Berlin N 4.

Als Einsätze dienen für die 2000 Superior-H je nach den gelieferten Zentrifugeneinsätzen entweder kleine Gläser von ca. 15 cm³ oder größere bis zu 100 cm³ Volumen. Für allgemeine präparative Laboratoriumsarbeiten verwendet man die zylindrische Form (Abb. 74), während bei quantitativen Arbeiten zur Sammlung von Niederschlägen auch die spitze vorteilhaft ist (Abb. 75).

Um Niederschläge glühen und wägen zu können, empfehlen Pincussen und Arinstern Zentrifugierröhrchen aus Porzellan mit wulstartig verdicktem Rand zum Aufhängen an einer Drahtschlinge (Hersteller *M. J. Goldberg & Söhne*, Berlin-Charlottenburg 2).

Gunder (71) gibt an, daß er bei Benutzung von Ecco-Zentrifugen (4000 Umdrehungen) und konischen Quarzgefäßen, in denen der Niederschlag gleich ge-

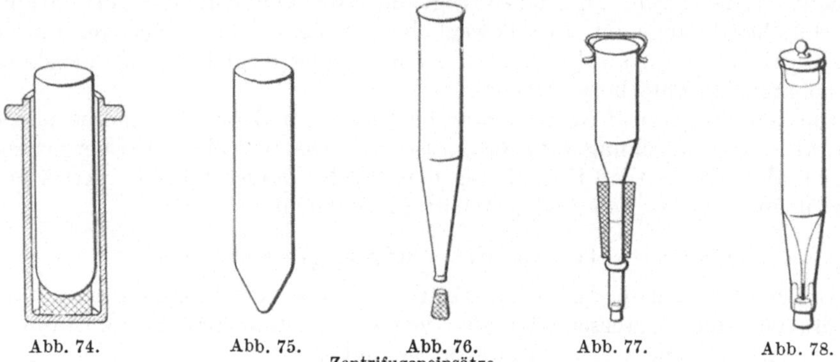

Abb. 74. Abb. 75. Abb. 76. Abb. 77. Abb. 78.
Zentrifugeneinsätze.

glüht werden konnte, bei analytischen Arbeiten gute Resultate und bedeutende Zeitersparnis erzielte.

Für sehr geringe Sedimente, welche beim Absaugen oder Abgießen der Flüssigkeit leicht verlorengehen, dienen die Gefäße (Abb. 76, 77, 78) von denen das letzte das beste ist. Zum Filtrieren von kleinen Flüssigkeitsmengen und Trocknen von Rückständen dient die Einrichtung (Abb. 79). Zur Wasseruntersuchung wie zum Klären von Flüssigkeiten kann man Einsätze für Erlenmeyerkolben verwenden (Abb. 80). Zum Tarieren der Gefäße dient eine Tarierwage, zur Feststellung der Tourenzahl der auf der Zentrifugenachse unmittelbar aufgeschraubte Tourenzähler. Eine noch höhere Tourenzahl von 5000 Touren pro Minute erreicht die hängende Zentrifuge „Ecco Rekord". Als besonderer Vorzug wird vom Fabrikanten angeführt, daß sie eine Freilaufkuppelung besitzt, welche den rotierenden Aufsatz nach Ausschalten des Stromes erst nach 4—5 Minuten zum Stillstand kommen läßt, so daß sich in der zentrifugierten Flüssigkeit kein Wirbel bilden kann.

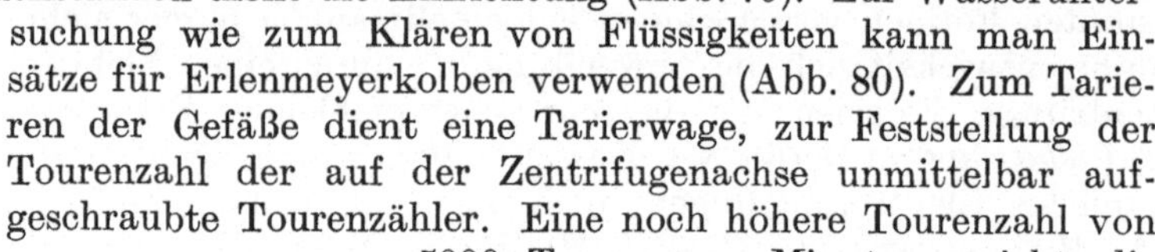

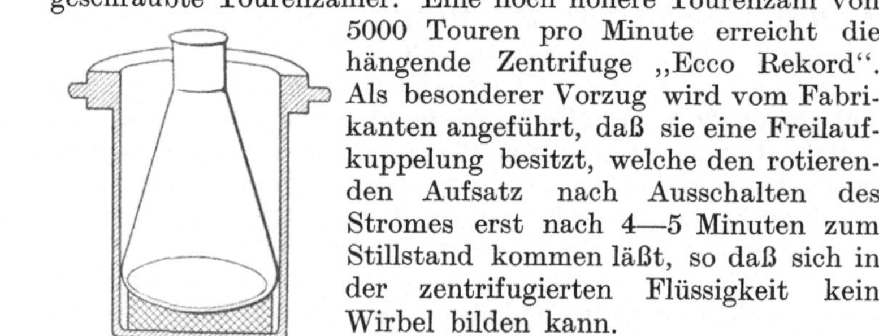

Abb. 79. Abb. 80.
Zentrifugeneinsätze.

Benötigt man besonders hohe Tourenzahlen, so ist die „Ecco Super rapid" sehr zu empfehlen, die die hohe Leistung von 10000 Touren pro Minute aufweist. Sie gestattet das Zentrifugieren von 4 Proben à 1,5 cm³ und ist besonders für biologische und bakteriologische Untersuchungen, sowie für Mikroanalysen geeignet. Um elektrische Zentrifugen genau nach einer bestimmten Zeit automatisch außer Funktion zu setzen, kann ein Zeitschalter für elektrische Zentrifugen mit Laufwerk und Zeitzeichen dienen, das den Untersucher durch Glockenzeichen auf die beendete Sedimentierung aufmerksam macht. Die Schaltung ist auf 1—60 Minuten einstellbar.

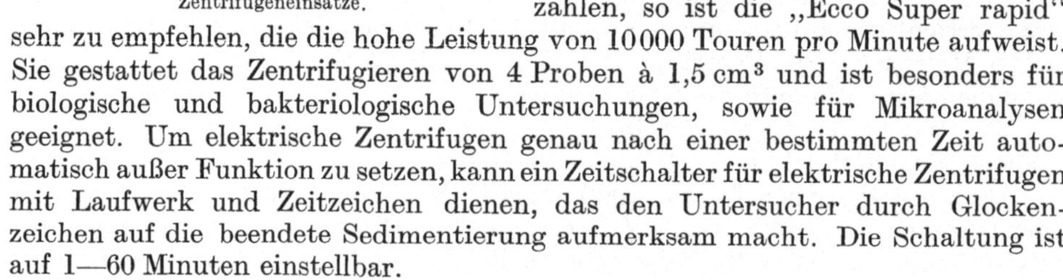

Zur Filtration kann die Zentrifugalkraft mittels folgender Apparaturen verwandt werden.

Zur Filtration mittels Zentrifuge hat PREGL (160) eine sog. Zentrifugalnutsche angegeben (Abb. 81). Sie läßt sich folgendermaßen selbst herstellen:

Durch Stauchen läßt man eine Biegeröhre von 5—6 mm Durchmesser (11 cm lang) auf einer Strecke von etwa 6 mm derart zusammenfallen, daß nur ein capillares Volumen von 0,2—0,15 mm übrigbleibt. Dabei hat man darauf zu achten, daß, wie in Abb. 81 ersichtlich ist, das Lumen zu dem einen Ende der capillaren Verjüngung schärfer abgesetzt ist (rechts in der Abbildung) als zu dem anderen (links in der Abbildung). Von der Seite der allmählichen Verjüngung wird in das Röhrchen ein Watteflocken als Filtermaterial sowie die zu filtrierende Probe eingeführt. Durch Zentrifugieren preßt man die Flüssigkeit durch die Capillare; auf dem Watteflocken sammelt sich der Niederschlag, über dem Korke befindet sich das aufgebrachte Lösungsmittel.

BACH und SCHEPMANN (7) haben eine Mikrofiltrationsvorrichtung konstruiert, die sich in eine Zentrifugenhülse einsetzen läßt. Sie besteht aus einem beiderseitig offenen oberen Rohr zur Aufnahme des Filtrates und einem unten geschlossenen unteren für das Filtrat. Beide sind 40 mm lang und 8 mm weit und fassen etwa 1,5 cm^3. Sie werden durch einen Gummizug zusammengehalten und halten dabei zwischen ihren breiteren geschliffenen Rändern ein Membranfilter gespannt. Die Gummizüge setzen an Glaszapfen an. Das untere Rohr besitzt noch einen Glasansatz, aus dem beim Eindringen des Filtrates die Luft entweichen kann. Der Boden der Zentrifugenhülse muß einen Gummischutz enthalten. Mit dem Apparat kann leicht steril gearbeitet werden. Bei Verwendung sehr keimreichen Materials erfolgt gelegentlich ein Niederschlag auf der Filterscheibe, der sie verstopft. Man kann in solchen Fällen den Niederschlag wieder aufwirbeln und die Filtration wieder fortsetzen. Der Apparat vermeidet die beim Arbeiten mit Unterdruck auftretende, sehr lästige Schaumbildung. Man kann das untere Rohr spitz ausziehen, so daß noch kleinere Flüssigkeitsmengen mit Sicherheit gewonnen werden können.

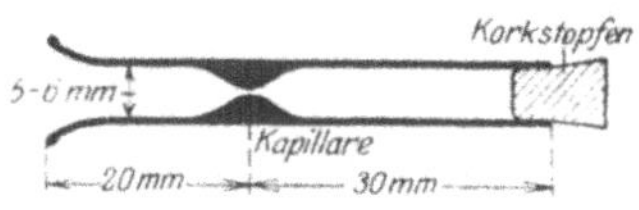

Abb. 81. Zentrifugalnutsche nach PREGL.

SKAU (190) beschreibt einen einfachen Kunstgriff zur Zentrifugalfiltration bei der Reinigung kleiner Materialmengen durch Umkrystallisieren. Es wird ein zur Filtration geeignetes Zentrifugenglas beschrieben zur Trennung von Flüssigkeiten und festen Körpern bei bestimmten Temperaturen. Es ist ein Reagensglas aus Pyrexglas, in der Mitte mit einer Einschnürung versehen, auf der eine Filterscheibe aus Porzellan ruht, die an einem Drahtgriff aus Chromnickeldraht bequem nach oben gezogen werden kann. Gut zugestopft wird das mit der auszukrystallisierenden Flüssigkeit gefüllte Glas mit dem Stopfen nach unten zuerst in ein Bad gebracht, dessen Temperatur etwas über der Krystallisationstemperatur liegt. Nach der Krystallisation wird das Glas umgedreht und zentrifugiert. Die Krystalle werden mit der Filterscheibe herausgezogen.

Für die Ultrafiltration wird von TÓTH (208) die Zentrifugalkraft als treibende Kraft folgendermaßen verwandt: Als Träger der Membran dient eine keramische Masse (Masse *P* 18 der *Staatlichen Porzellanmanufaktur*, Berlin); sie hat die Form eines unten gerundeten Zentrifugenglases und wird mit Hilfe eines Metallringes in ein größeres starkwandiges Zentrifugenglas eingesetzt. Als Membran dienen Kollodium (aus Eisessig) und Viscose. Sie wird mit Lösungen von 2,5proz. Berlinerblau, 1proz. $Fe(OH)_3$, 1proz. Kollargol und Hämoglobin geprüft. Bei den Viscosemembranen ist die Reihenfolge, in der die genannten Kolloide verwendet werden, nicht gleichgültig. Kollargol und Hämoglobin werden nur dann zurückgehalten, wenn man das Filter erst zur Filtration von Eisenhydroxydlösung gebraucht hat.

Zur Filtration von grob dispersen Systemen, z. B. Bakterienaufschwemmungen, kann der Apparat nach Art der CHAMBERLAIN-Kerze auch ohne Membran benutzt werden. Es ist TÓTH (209) durch Ultrafiltration von Serum mittels Zentrifuge gelungen, größere Mengen Serum in 1—$1^1/_2$ Stunde auf die 3—4fache Eiweißkonzentration einzuengen.

b) Handhabung der Zentrifugen. Das Anlassen der Zentrifuge mittels des elektrischen Widerstandes soll stets sehr langsam erfolgen, das Abstellen rasch. Eine gute Zentrifuge soll nach dem Abstellen langsam und sehr ruhig auslaufen. Alle Schwingungserscheinungen sind zu vermeiden. Daher sollen Zentrifugen nur an massiven Wänden, eventuell auf elastischen (Gummi-) Unterlagen montiert werden.

Die Zentrifugen mit Aufhängevorrichtung sind vor Gebrauch sorgfältig auszutarieren, d. h. die gegenüberliegenden Zentrifugengefäße sind mit Metallmantel, Zentrifugenglas und Inhalt derart auszuwägen, daß sie völlig gewichtsgleich sind, damit sie beim Zentrifugieren mit gleichen Fliehkräften die Achse belasten. Ist nur ein Gefäß mit Inhalt zu zentrifugieren, so tariert man das gegenüberliegende durch Einfüllen von Wasser.

Die Zentrifugierzeit richtet sich nach der Art des Niederschlages. Geringe Substanzmengen, die sich in wäßrigen Lösungen nicht abzentrifugieren lassen, sondern wegen der Oberflächenspannung auf der Oberfläche beharren, lassen sich mitunter durch Zusatz von Alkohol, Äther, Aceton und anderen oberflächenspannungserniedrigenden Mitteln abzentrifugieren.

Das bei analytischen Arbeiten oft notwendige Absaugen der überstehenden Flüssigkeit geschieht mittels einer Capillare, die am besten an ihrem unteren Ende häkchenförmig nach aufwärts gekrümmt ist, durch Saugen mittels Gummiball oder Saugpumpe.

KRANE (120) beschreibt hierzu eine Vorrichtung (Spritze und Glasbehälter) durch die ein luftverdünnter Raum geschaffen wird, was die Gefahr eines Aufwirbeln des Niederschlages verringert.

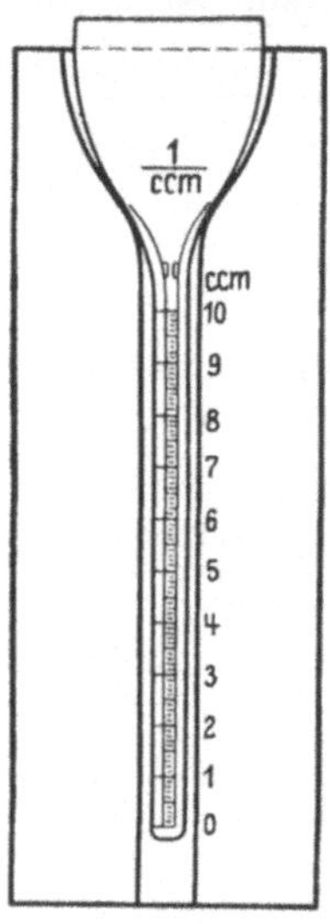

Abb. 82. Hämatokrit mit Einsatz nach KLEINMANN.

Unmittelbar zur analytischen Bestimmung dient die Bestimmung der Höhe eines unter geeigneten Bedingungen gefällten, zentrifugierten Niederschlages mittels besonderer Vorrichtung. Diese Methode ist im besonderen von HAMBURGER (78) durchgebildet und verfeinert worden. Er gebrauchte sie zur mikrochemischen Bestimmung kleiner K- und SO_4-Mengen, indem er Niederschläge unter Bedingungen herstellte, die gleiche Krystallgröße lieferten. Als Schleudergefäße benutzte er sogen. „Chonohämatokrite", d. s. kelchförmige Gefäße von ca. 2,5 cm^3 Inhalt, die sich nach unten in einen starkwandigen capillaren Stiel von 57 cm Länge und 0,04 cm^3 Inhalt fortsetzen. Der Stiel ist in 100 Teile calibriert, so daß das Volumen zwischen zwei Teilstrichen 0,0004 cm^3 entspricht.

Unter Zugrundelegung der speziellen Methodentechnik ist das Volumen des Niederschlages der Menge proportional.

Diese Methodenform, für die KLEINMANN (114) die Bezeichnung „Sedimetrie" vorschlug, ist von diesem Autor zur Bestimmung der Phosphorsäure mit Erfolg verwandt worden. Abb. 82 zeigt einen Hämatokriten in einem von KLEINMANN beschriebenen Holzzylinder, durch den er in gewöhnliche Zentrifugenbecher einsetzbar ist.

ARRHENIUS (3) verwandte diese Methode zur Bestimmung von Ca, Mg, H_3PO_4, H_2SO_4 und HNO_3. Die Niederschläge wurden in Röhren zentrifugiert, die an der Spitze 2,5 cm breit waren und in einen Trichter ausliefen, an den sich eine 4 cm lange Capillare ansetzte, deren Lumen (für kompakte Niederschläge) 1 mm betrug. Es wurde zentrifugiert, bis sich die Höhe der Niederschlagssäule nicht mehr änderte, worauf sie an einem Spiegelmaßstab abgelesen wurde. Die Röhren werden durch Analyse von Lösungen bekannter Konzentration geeicht.

Eine Methode zur Bestimmung von Eiweiß mittels der Zentrifuge beschreibt eingehend SAMSON (171).

2. Zentrifugen mit Schleudertrommel.

Eine elektrische Zentrifuge mit Schleudertrommel, die zum Filtrieren und Trocknen beliebiger Materialien verwendet werden kann, stellt die „Ecco Superior-H" Trommelzentrifuge dar.

Derartige Trommelzentrifugen können nach RICHARDS und STÄHLER in allen Teilen, die mit den zu zentrifugierenden Substanzen in Berührung kommen, aus Porzellan gebaut werden und eignen sich dann zum Abschleudern von Säuren und Laugen wie auch zum quantitativen Arbeiten.

Für besondere Zwecke sind auch Zentrifugen gebaut worden, die bis zu 30000 Touren pro Minute liefern, und mit denen es möglich ist, aus konzentrierten Lösungen Krystalle abzuscheiden.

Es sei hier auf die von SVEDBERG, SVEDBERG und NICHOLS (196), SVEDBERG und RINDE (197) angegebene Ultrazentrifuge hingewiesen, die bei kolloidchemischen Forschungsarbeiten (z. B. bei der Bestimmung der Sedimentationsgeschwindigkeit und des Sedimentationsgleichgewichtes lyophiler Substanzen, bei der Bestimmung von Molekulargewichten u. a. m.) eine bedeutende Rolle spielt.

c) Ultrafiltrieren.

Mittels Papierfilter kann man nur solche festen Teilchen zurückhalten, deren Durchmesser größer als der der Poren ist. Bei grob dispersen Teilchen erreicht man eine Abfiltration bis zu ca. 1 μ Durchmesser als untere Grenze. Zur Abtrennung von Teilchen mit einem Durchmesser zwischen 1 μ und 1 $\mu\mu$ dient die Methode der Ultrafiltration. Sie beruht auf Anwendung von Filtern, die feinporiger sind als Papierfilter und aus Membranen oder Gallerten bestehen.

Die Ultrafiltration dient also 1. zur Gewinnung des Dispersionsmittels mit den Nichtkolloiden in unverdünntem Zustande, 2. zur Gewinnung der kolloiden Phase in festem Zustande, 3. zur Trennung von Kolloiden verschiedener Teilchengröße.

Bei der Begrenzung dieser Darstellung können im folgenden nur beispielsweise Ausschnitte aus diesem technisch sehr vielfältigen Gebiete gegeben werden. Es muß auf die eingehenderen Darstellungen in den Hand- und Lehrbüchern der Kolloidchemie verwiesen werden. Vgl. auch OVERBECK (152), sowie RHEINBOLDT (166).

Im Hinblick auf die bis ins einzelne ausgearbeitete Methodenform der chemischen Analyse mittels Membranfilter muß auf die grundlegenden Arbeiten von JANDER und Mitarbeitern (100) verwiesen werden. Von JANDER und ZAKOWSKI ist neuerdings auch eine zusammenfassende Darstellung dieses Methodenzweiges gegeben (100 a).

1. Herstellung von Ultrafiltern.

Als Ultrafilter gelangen zur Anwendung:

α) *Ultrafilter aus natürlichen Membranen.*

Von tierischen Häuten können für die Ultrafiltration (bzw. für die Dialyse) verwendet werden: Schweinsblase, Därme, Goldschlägerhäutchen, Fischblase, Blinddarm von Schafen (s. WIECHOWSKI [222 a]) Amnionhaut (s. v. CALCAR [33 a]) usw.; von vegetabilischen Häuten: Schilfhäutchen, Cellulose, Seealgen u. ä. Die tierischen Häute werden mit Äther entfettet.

THOMS (201) beschreibt wie folgt die Verwendung von Schilfschläuchen: „Man teile möglichst dickes Schilfrohr von Phragmites communis in ihre Segmente und lege sie $^1/_4$—1 Stunde in kochendes Wasser. An einem Segmentende wird dann durch sorgfältiges Abschneiden eine Strecke der die Höhlungen der Internodien auskleidenden innersten Membrane freigelegt und der kleine Membranzylinder mit einem Seidenfaden zugebunden. Hieran legt man einen dünnen Glasstab mit abgerundeten Enden und bewegt ihn mit leichtem Druck in der Richtung des Rohres. Dabei löst sich die innere Membran von der Schilfwand ab und befindet sich schließlich in ihrer ganzen Ausdehnung auf dem sie vor sich herstülpenden Glasstabe, der dann herausgezogen wird. Man kann so Schläuche von 15 cm Länge und 8—10 cm^3 Inhalt gewinnen, deren Dicke annähernd 0,08 mm entsprechen, und welche aus fast reiner Cellulose bestehen.“ Die Dichte der Säcke prüft man durch Einfüllen einer $^1/_{200}$—$^1/_{300}$ proz. Methylviolett- oder Gentianaviolettlösung und Einhängen in Wasser für $^1/_4$—$^1/_2$ Stunde. Dasselbe muß farblos bleiben.

Eine wesentlich größere Rolle als die natürliche Membran spielen

β) Ultrafilter aus künstlichen Membranen.

Von künstlichen Membranen finden Pergamentpapier, Kollodium, Cellit (Acetylcellulose), Gelatine u. a. Anwendung.

Für präparative Zwecke bedient man sich zweckmäßig auch heute noch Pergamentdialysatoren in Form des sog. Pergamentpapieres (Pergamentpapier *Schleicher & Schüll*, Düren 442:9). Sie finden besonders da Anwendung, wo es sich um die Ultrafiltration nicht wäßriger Systeme handelt, da bei den meisten weiter unten beschriebenen Ultrafiltern organische Lösungsmittel die Membranmasse angreifen.

Da Pergament selten ultradicht ist, muß es auf seine Dichtigkeit geprüft werden (s. w. u.). Undichte Stellen können durch Aufpinseln einer verdünnten Eiweißlösung nach OSTWALD (151) und Koagulation des Eiweißes bei 70° gedichtet werden. Das Eiweiß kann nach dem Trocknen auch durch 10proz. Formollösung gehärtet werden.

Ultrafilter aus Kollodium und Gelatine. Ultrafilter nach BECHHOLD. Als Unterlage für die Membran verwendet BECHHOLD (15, vgl. auch 13 u. 14) Filter von Schleicher & Schüll Nr. 566 u. 575. (Die Firma *Schleicher & Schüll*, Düren i. Rhld., bringt auch fertige Ultrafilter in den Handel.)

Diese Filter werden z. B. mit einer Lösung von 10proz. Kollodiumwolle und 2½proz. Kaliumcarbonat in reinstem Eisessig unter Druck imprägniert. Das Kollodium wird dann durch Eintauchen in kaltes Wasser gelatiniert. Für andere Zwecke benutzt BECHHOLD Gelatine in verschiedenen Konzentrationen wäßriger Lösungen. Die Gelatinefilter werden durch Eintauchen in eine 2—4proz. Formaldehydlösung fixiert. Die Imprägnierung geschieht nach BECHHOLD in einem besonderen Gefäß (von den *Vereinigten Fabriken für Laboratoriumsbedarf*, Berlin N beziehbar) an dessen Stelle aber auch eine einfache Saugflasche oder ein Vakuumexsiccator verwandt werden kann. Die Imprägnationslösung wird zuerst in das Gefäß gebracht; dann wird das Filter in Form von Papierscheiben hineingegeben, das Gefäß verschlossen und mit der Wasserstrahlpumpe evakuiert, bis keine Luftblasen mehr aufsteigen. Nach Entfernung der anhaftenden Luftblasen durch vorsichtiges Schwenken läßt man langsam Luft einströmen, wiederholt den Vorgang 2—3mal, hebt die Filter aus dem Gefäß und läßt unter sorgfältigem Drehen abtropfen. Darauf gelatiniert man das Filter, indem man es in die geeignete Fixierungsflüssigkeit eintaucht. Bei Herstellung von Gelatinefiltern setzt man das Gefäß in lauwarmes Wasser, bei Herstellung von Kollodiumfiltern in ein Eiswasserbad.

Die Herstellung weitsporiger Ultrafilter mit einer in weiten Grenzen abstufbaren Porosität gelingt nach einer neuerlichen Mitteilung von BECHHOLD und SILBEREISEN (18), indem man die auf den BECHHOLD-KÖNIGschen Ultrafiltergeräten (s. d.) erzeugte Schicht aus Eisessigkollodium statt in Wasser in 82proz. oder verdünnterer Essigsäure koaguliert. 82proz. Essigsäure koaguliert gerade noch und liefert sehr poröse Filter; mit zunehmendem Wassergehalt werden die Filter immer dichter. Durch Veränderung der Konzentration des Eisessigkollodiums einerseits und des Wassergehaltes andererseits lassen sich Ultrafilter von beliebiger Porosität erzeugen.

Je nach dem Kollodiumgehalt der Lösung werden Filter verschiedener Dichte erhalten. Zur Charakterisierung der Filterdichte diene folgende Übersicht auf S. 101. Eine Membran vom Prozentgehalt A hält das disperse System B mit der Eigenschaft C gerade quantitativ zurück.

Eine Verbesserung der BECHHOLDschen Apparatur beschreibt MÜLLER (143). Er beschreibt einen Apparat, welcher gestattet, gleichzeitig mehrere Filter unter Ausschluß der Luft mit Kollodium oder Gelatine zu tränken.

Nach neueren Erfahrungen BECHHOLDS sind Vakuumfilter nur für exakte Arbeiten (fraktionierte Filtration, Bestimmung der Teilchengröße usw.) notwendig. Sonst genügen Filter, die man durch Tränken von Papierfiltern mit Essigsäure (auch Wasser) und darauffolgende Imprägnierung mit Eisessig-Kollodium erhält.

Ultrafilter nach OSTWALD (151). Die Darstellung der Filter nach OSTWALD ähnelt sehr der vorangehend gegebenen. Es wird die Anwendung der Filter-

Gallertkonzentration und Durchlässigkeit von Ultrafiltern (nach H. Bechhold).

A	B	C
2	Berlinerblau (+ lysalbinsaures Na) Platinsol nach Bredig Kolloides Eisenoxyd	Mittlere Teilchengröße n. Zsigmondy ca. 44 $\mu\mu$
2,5	Casein in Milch	
3	Koll. Arsensulfid (+ lysalbinsaures Na) Goldlösung (Zsigmondy Nr. 4) (+ lysalbinsaures Na) Bismon (Koll. Wismutoxyd nach Paal)	Teilchengröße ca. 40 $\mu\mu$
3,5	Lysargin (koll. Ag Paal) Kollargol (koll. Ag Heyden) Goldlösung (Zsigmondy Nr. 0) mit lysalbinsaurem Na	Teilchengröße ca. 20 $\mu\mu$ Teilchengröße ca. 4 $\mu\mu$
4	Hämoglobinlösung 1% Gelatinelösung 1%	
Etwas über 4	Diphtherietoxin	
4—4,5	Serumalbumin	Mol. Gew. 5000—15000
4,5	Protalbumose Kieselsäure	
8	Deuteroalbumosen A	Mol. Gew. ca. 2400
10	Deuteroalbumosen B und C Lackmus Dextrin Krystalloide	} Passieren in Spuren Mol. Gew. ca. 965, passiert in kleinen Mengen Passieren glatt

papiere (Sch. u. Sch. 589) empfohlen. Auch ist es zweckmäßig, die mit Nr. 577 bezeichneten Filtrierhüte aus einem Stück zu benutzen.

„Man nimmt ein rundes Filterblatt von gewöhnlichem, rauhem Papier, faltet wie gewöhnlich ein glattes Filter, legt dies in einen sehr sauberen Trichter, in dem es sich gut an die Glaswand anschließt, gießt das Filter im Trichter bis zum Rande voll, z. B. mit 2 proz. Kollodiumlösung, wartet bis das Kollodium durch das Papier läuft, gießt aus, trocknet unter Drehen des Trichters die Kollodiumschicht oberflächlich ab (5—10 Minuten) und legt Trichter mit Filter in destilliertes Wasser. Nach einigen Stunden läßt sich das inzwischen steif gewordene Ultrafilter aus dem Trichter herauslösen. Man reinigt entweder den benutzten Trichter oder sucht einen neuen, möglichst gut anschließenden, in welchen man das Ultrafilter mit leisem Andrücken, eventuell mit Hilfe vorsichtigen Ansaugens, montiert. Trichter und Filter kommen mit Gummistopfen auf eine Saugflasche, die mit der gewöhnlichen Saugpumpe verbunden wird.“

Ultrafilter nach Zsigmondy (232). Diese Ultrafilter haben den Vorteil, aus reinem Kollodium zu bestehen und kein fremdes Material zur Unterlage zu benutzen. Sie gelangen zur Anwendung, wenn man eine Veränderung des zu filtrierenden Systems durch Filtrierpapier befürchtet. (Umladung kolloider Teilchen durch Filtrierpapier.)

„Man verwendet zur Filtration dünne Kollodiumhäutchen, welche man durch Aufgießen von verdünntem Kollodium (200 cm³ 6 proz. Kollodiumlösung, 200 cm³ Äther, 500 cm³

Alkohol) auf Spiegelglasplatten erhalten kann. Die Häutchen werden, wenn sie nicht mehr kleben, samt Unterlage in Wasser gebracht, lassen sich dann von derselben ablösen, auf Papierunterlage in einen Saugtrichter bringen und zum Abfiltrieren von Hydrosolen sowie von feinsten Niederschlägen verwenden. Eine andere Angabe von Zsigmondy, Wilke-Dörfurt und v. Galecki (236) lautet folgendermaßen: „Zur Herstellung der Kollodiumfilter gießt man etwas verdünntes käufliches Kollodium (2000 cm³ 6proz. Kollodium, 200 cm³ Äther, 500 cm³ absoluten Alkohol) auf eine Spiegelglasplatte, sorgt durch Schwenken für eine gleichmäßige Verteilung der ausgegossenen Masse auf der Platte und wartet, bis der meiste Äther verflüchtigt ist und das Kollodium nicht mehr klebt. Beim Ausgießen der Kollodiumlösung ist die Bildung von Luftblasen sorgfältig zu vermeiden (langsam und aus nicht zu großer Höhe gießen!). Filter samt Platte werden hierauf in Wasser getaucht; nach einiger Zeit (5—10 Minuten) läßt sich das Filter leicht von der Unterlage ablösen. Die Filter lassen sich längere Zeit in Wasser aufbewahren, ohne ihre Beschaffenheit zu ändern."

Wenn man die Kollodiumhaut statt auf der Unterlage in ausgespanntem Zustand trocknet oder koaguliert, erhält man nach Liesegang Membranen mit gänzlich verschiedener Permeabilität.

Spontanultrafilter nach Ostwald. Während die bisher beschriebenen Filter die Anwendung der Saugpumpe erfordern, um ein genügend schnelles Filtrieren zu ermöglichen, gibt Ostwald (151) eine Vorschrift, die es ermöglicht, viscose kolloidale Lösungen spontan, d. h. unter dem hydrostatischen Druck ihres Filterinhaltes zu filtrieren. Er erzielt dies durch Imprägnation von feuchten, bzw. mit Wasser gesättigten Filterpapieren mit Kollodium.

Ein gewöhnliches glattes Filter wird in einem sauberen Trichter dicht angelegt, mit heißem Wasser ausgiebig angefeuchtet und das tropfbar vorhandene Wasser durch Ausschwenken gründlich entfernt. Von einer 4 proz. Kollodiumlösung, die ebenfalls vorsichtig erwärmt wird, werden 20—30 cm³ in das nasse Filter gegossen. Durch möglichst schnelles Drehen des Trichters wird eine erste Kollodiumschicht auf dem Papier hergestellt. Man achte darauf, daß das Kollodium nur einmal über die Filterfläche läuft, da sonst zu dicke und zu langsam filtrierende Schichten entstehen. Das überflüssige Kollodium wird sorgfältig ausgegossen, so daß in der Spitze des Filters kein Tropfen zurückbleibt. Man läßt 5—10 Minuten an der Luft trocknen, wobei man das steif gewordene Filter vorübergehend aus dem Trichter herausnimmt. Mit der gleichen angewärmten Kollodiumlösung wird sodann das Filter ein zweites Mal ausgegossen und ebenso behandelt. Nach 5—10 Minuten Trocknen an der Luft wird das Filter in destilliertes Wasser getaucht; nach 20—30 Minuten ist es gebrauchsfertig. Vor dem Gebrauch wird das Filter einmal mit destilliertem Wasser ausgewaschen. Man eicht die Filter mit Nachtblaulösung oder Mastixhydrosol. Zur Filtration wird vorteilhaft der Trichter mit einem Filterhütchen mittels eines durchbohrten Gummistopfens an eine Saugflasche angeschlossen. Der Saugdruck soll dabei nicht zu stark werden.

Beim Verdünnen der 4 proz. Kollodiumlösung mit Ätheralkohol (7 Teile Äther und 1 Teil Alkohol) bei gleicher Arbeitsweise erhält man Filter mit größerer Filtrationsgeschwindigkeit, aber entsprechend geringerer Dichtigkeit. Für viele Zwecke empfiehlt sich z. B. eine 2—3 proz. Lösung, die schneller durchlassende, aber ebenfalls noch nachtblaudichte Filter gibt.

Für präparative Zwecke lassen sich spontane Ultrafilter mit großem Fassungsvermögen darstellen unter Verwendung der von *Schleicher & Schüll* hergestellten Nutschenbecher (Nr. 590) oder Gooch-Tiegeleinsätze (Nr. 552).

Ultrafilter nach Wha. Eine praktische Modifikation der Ultrafilterdarstellung ist von Wha (220) angegeben.

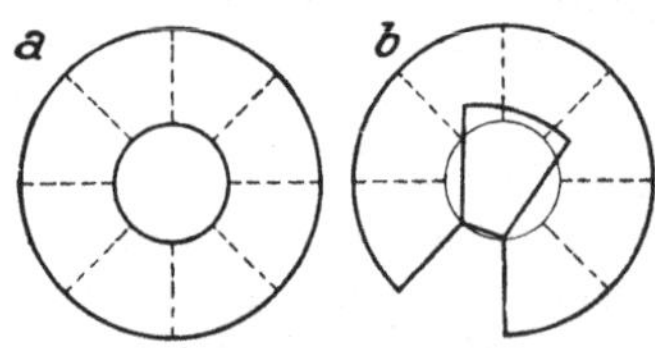

Abb. 83. Herstellung von Ultrafiltern nach Wha.

Filter (5—6 cm Durchmesser) werden in der in der Abbildung angegebenen Weise durchschnitten, wobei der mittlere Teil, dessen Größe einer Siebplatte (von etwa 2 cm Durchmesser) entspricht, frei bleibt. Das Filter *a* wird nun fest an den Trichter (von etwa 5,5 cm Durchmesser) und an die in den Trichter gelegte Siebplatte angelegt, indem man in der in Abb. 83 angedeuteten Weise faltet. Man befeuchtet dann das Filter mit destilliertem Wasser und saugt an der Wasserstrahlpumpe scharf ab, nachdem man das Filter an einer Saugflasche oder besser einem Saugreagensglas angebracht hat. Dann bedeckt man in ähnlicher Weise das Filter *a* mit dem Filter *b*, aber so, daß die Einschnitte in den Filtern nicht übereinander kommen, sondern gegeneinander verschoben sind, legt die den Trichterrand überragenden Teile des Filters nach außen um und schmiegt sie der Glaswand fest an (eventuell unter Zuhilfenahme eines Bindfadens). Auch dieses zweite Filter wird mit destilliertem Wasser befeuchtet, dann scharf abgesaugt, so daß die Filter nur spurweise feucht sind. Jetzt kann, wie oben beschrieben, an die Dichtung mit Kollodium geschritten werden. Die fertigen Trichter (bzw. Filter) müssen stets in mit Toluol versetztem Wasser liegen.

Eintauchfilter nach GIESMA (63). Die Apparatur erlaubt rasche Filtration von Emulsionskolloiden, da diese infolge ihrer Dichte an der zylindrischen Filtrationsmembran hinuntergleiten, sich am Boden sammeln und neuerer, verdünnterer Lösung Platz machen; die Vorrichtung (Hersteller *Lautenschläger*, Berlin) (Abb. 84) besteht im wesentlichen aus einem reagensglasförmigen Porzellanzylinder, einer dazu passenden Hülse aus Filtrierpapier, die man auch selbst herstellen kann, und der eigentlichen Filtriermembran.

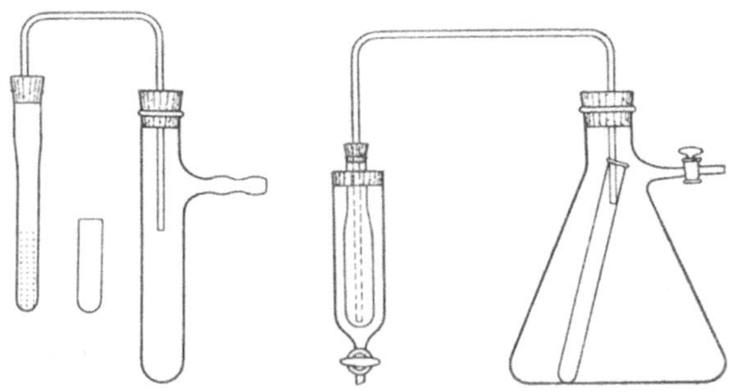

Abb. 84. Vorrichtung für Ultrafiltration nach GIEMSA.

Der Zylinder ist außen und innen glasiert und in seinem unteren, geschlossenen Teil siebartig durchbohrt. Die Filtrierhülse dient als Unterlage für die Kollodiumschicht. Zur Darstellung der Membran stülpt man zunächst die Hülse so weit über den perforierten Teil des Zylinders, bis sie überall prall anliegt. Der obere Rand der Hülse ragt etwa 1 cm über den durchlochten Teil des Zylinders hinaus. Sodann wird die Hülse gut mit Wasser angefeuchtet und das überschüssige Wasser durch Rollen der Hülse auf Filtrierpapier entfernt. Man wischt den unbedeckten Teil des Zylinders völlig trocken ab, taucht bis etwa 1 cm über den oberen Rand in Kollodium hinein, zieht heraus und sorgt durch Drehen des Zylinders für eine möglichst gleichmäßige Verteilung des Kollodiums. Nach Trocknen des Kollodiums wiederholt man die Prozedur noch ein- oder zweimal. Dann fügt man das Absaugerohr in den Apparat und hängt diesen so tief ins Wasser, daß die ganze Membran hiermit bedeckt ist. Nach $^1/_4$stündiger Wässerung entfernt man die letzten Reste des Kollodiumlösungsmittels dadurch, daß man den Zylinder in frisches Wasser taucht und unter Anstellen der Luftpumpe eine Zeitlang hindurchfiltriert. Nunmehr ist der Apparat verwendungsbereit.

Eiweißhaltige Sole filtriert man am besten aus einem verjüngten und in einen Hahn auslaufenden graduierten Glaszylinder (vgl. Abb. 84). Die ersten Anteile des Filtrates gießt man fort. Man achte darauf, daß die ganze Membran dauernd von Flüssigkeit umspült ist, da sie sonst eintrocknet und rissig wird. Das Absaugrohr läßt man zweckmäßig dicht über dem Boden des Filtrierzylinders münden und setzt, um diesen nicht zu beschädigen, einen unten mit zahnförmigen Ausschnitten versehenen Gummischlauch auf sein Ende.

Bemerkungen zu Kollodiumfiltern. Alle Kollodiumfilter mit Ausnahme der Ultrafilter nach SCHOEP (179), die Glycerin enthalten, müssen feucht bzw. unter Wasser aufbewahrt werden, da sie sonst Risse bekommen. Je nach der Herstellung kann man die Porengröße der Filter und damit die Trennungsgrenzen für verschiedene Dispersität der zu filtrierenden Phasen variieren. So konnte BECHHOLD (15) (z. B. Berlinerblau und Hämoglobin), ZSIGMONDY (223) mit Hilfe seiner Membranfilter mannigfache kolloidale Farbstoffe voneinander trennen. Hinsichtlich aller Einzelangaben auf diesem umfangreichen Gebiet muß auf die Originalliteratur verwiesen werden. Zur Variation der Filterdichte dienen vorzüglich zwei Methoden.

a) Kann man die Konzentration der Gallerte variieren, indem man von Kollodiumlösungen Lösungen von 2—6% Gehalt an trockener Kollodiumwolle, von Gelatinelösungen Lösungen von 2—10% Gehalt verwendet. Je höher die Konzentration, desto dichter die Lösung.

Sehr weitporige Membranen erhält man z. B. nach NELSON und MORGAN jr. (147) durch Aufgießen von 2proz. Kollodiumlösung (in $^3/_4$ Alkohol + $^1/_4$ Äther) auf schwach feuchte (angehauchte) Glasplatte.

b) Kann man die Trocknungszeiten variieren. Wählt man die Pause zwischen dem Guß und der Koagulation des Gels kurz, so erhält man durchlässigere Ultrafilter, als wenn man kurze Zeit wartet. Taucht man z. B. das Kollodiumfilter kurz nach dem Guß in Wasser ein, so wird es vollständig durchlässig. Wartet man aber bis zum vollständigen Verdunsten des Alkohols, so wird das Kollodiumhäutchen wasserdicht.

Auch durch Zusatz kleinerer Mengen von Aceton zur Lösung von Celloidin in Alkoholäther kann man nach ASHESHOV (4) die Durchlässigkeit herabsetzen und durch Amylalkohol wieder erhöhen. Nach BROWN (28) (s. auch COLLANDER (35) kann man durch nachträgliche Behandlung der Kollodiumhäute mit Alkohol nach dem Trocknen die Durchlässigkeit verändern.

NELSON und MORGAN jr. (147) beschreiben ein Verfahren, Kollodiummembranen von einer Durchlässigkeit herzustellen, die ca. dreimal größer ist als die der bisherigen.

Bedarf man Membranen von großer Gleichmäßigkeit, so verfährt man nach den sehr genauen Angaben von BJERRUM und MANEGOLD (23); nach Angaben von GROLLMAN (68) sind bei der üblichen Herstellung von Kollodiummembranen quantitativ reproduzierbare Ergebnisse nicht zu erhalten.

Setzt man dem Kollodium nach EGGERTH (44) 10% Milchsäure hinzu, so verlieren die Filter bei Dampfsterilisation noch die Permeabilität für Proteine.

Künstliche Ultrafilter aus anderen Substanzen. Verschiedene Filterarten aus Acetylcellulose und anderen. Nach FRICKE und KLEMPT (56) stellt Acetylcellulose ein geeignetes Material zur Herstellung von Ultrafiltern dar. Als Ausgangslösung dient eine Lösung von Acetylcellulose von DE HAEN in einem Gemisch von 1 Volumen 96proz. Alkohol und 9 Volumen Chloroform. Die Lösung wird auf Glasplatten gegossen, erst zu einer Chloroformatmosphäre, dann an der Luft getrocknet, in 96proz. Alkohol gebadet, die Schicht vom Glase abgezogen und unter Wasser aufbewahrt; je nach Konzentration der Lösung und Austrocknungszeit werden Filter von verschiedener Porengröße erhalten.

Nach DUCLAUX (40) taucht man ein Gewebe in eine Lösung von Celluloseacetat in Eisessig, koaguliert mit Wasser und wäscht das Wasser mit einer mit Wasser nicht mischbaren Flüssigkeit aus.

Von AITKEN und KAY wird das gewöhnliche, im Handel befindliche Cellophan sehr empfohlen.

Über die Behandlung von Cellophanmembranen, um Filter von graduierter Feinheit bis herab zum Molekülsieb zu erhalten, geben McBAIN und KISTLER (9) genaue Vorschriften.

Zur Filtration mittels Cellophan verfährt WILSON (223) folgendermaßen:

Um das Ende einer 10 cm langen Glasröhre wird an einer zirkulären leichten Einkerbung ein Stück Cellophan von 25 cm Durchmesser regenschirmartig gefaltet und mit einem starken Faden und DU PONTS HOUSEHOLD-Zement befestigt. Ein Überzug von Cellophan, dessen Saum angekittet wird, verhindert ein Auseinanderfalten des Filters beim Eingießen von Flüssigkeit. Das Filter hängt man in ein großes Glas, so daß sich das untere Ende des Cellophanfilters ungefähr 2,5 cm oberhalb des Glasbodens befindet. Verschließt man die Röhre mit dem Cellophanfilter mit Watte, so kann man die Apparatur 20 Minuten lang bei 7 kg Druck sterilisieren. Staphylococcus aureus z. B. durchdringt ein solches Filter nicht. Bewegliche Mikroorganismen dagegen durchdringen sämtlich das Cellophan.

Membranfilter nach ZSIGMONDY und BACHMANN (235). Die unter der Bezeichnung Membranfilter nach ZSIGMONDY hergestellten Membran-Cella- und Ultrafeinfilter sind flächenhaft ausgebreitete Gele von Estern der Cellulose, die aus den entsprechenden Organsolen durch Verdunsten des Lösungsmittels entstehen.

Die Membran-Ultrafeinfilter sind für organische Lösungen im allgemeinen nicht zu brauchen; die Cellafilter dagegen sind für alle organischen Lösungsmittel widerstandsfähig. Nach KRATZ dienen im allgemeinen die Membranfilter für quantitative und präparative Arbeiten, zur Ultrafiltration von Kolloiden die Ultrafeinfilter und für die Ultrafiltration von Lösungen mit organischen Lösungsmitteln die Cellafilter. Die Filter werden fabrikmäßig hergestellt *(Vereinigung Göttinger Feinmechanischer Werkstätten)*. Die Porenweiten der Filter sind fabrikatorisch innerhalb weiter Grenzen beeinflußbar. Es werden Filter von einer mittleren Porengröße, wie etwa 1—0,5 μ bis hinab zu Porengrößen, welche selbst für Eiweißmoleküle und gewisse Anilinfarbstoffe unpassierbar sind, hergestellt.

Für bakteriologische Zwecke werden auf maximale Porengröße geeichte Filter geliefert. Filter mit einer maximalen Porenweite kleiner als 0,75 μ garantieren Keimfreiheit so weit, daß selbst ein Durchwachsen der Filter für die meisten Bakterien ausgeschlossen wird.

Als Maße für den Mittelwert der mittleren Porengröße werden dem Filter die Bezeichnung der sog. „Sekunden- bzw. Minutenzahlen" mitgegeben. Diese Zahl gibt die Zeit in Sekunden oder Minuten an, welche verfließt, bis 100 cm³ Flüssigkeit bei einem Überdruck von ca. 60—70 mm Quecksilber eine Fläche von 100 cm² des betr. Filters passiert haben. Die Zahlen geben also eine der Filtrationsgeschwindigkeit umgekehrt proportionale Größe an, die von der Weite und der Zahl der Poren abhängig ist. Da nun bei den Membranfiltern bei gleicher Filterdicke und derselben Ausgangslösung die Zahl der Poren anscheinend eine Funktion des Porenradius ist, so stellen sich diese Sekundenzahlen als eine Funktion des Porenradius dar und sind ein relatives Maß für die Durchschnittswerte der mittleren Porenweite.

Die Membranfilter mit der Bezeichnung „grob" weisen Sekundenzahlen von 1—5 auf. Der mittlere Porendurchmesser dieser Filter liegt im Durchschnitt bei etwa 5 μ, doch ist diese Angabe nur eine ganz angenäherte. Die Filter genügen für die meisten präparativen Zwecke. Für bakteriologische Arbeiten kommen die mit „mittel" bezeichneten Membranfilter zur Anwendung, die eine Sekundenzahl von 10—30 aufweisen. Der Durchmesser der mittleren Poren dieser Filter liegt im Durchschnitt bei 0,1 μ. Als „fein" werden Membranfilter mit den Sekundenzahlen 40—200 bezeichnet. Sie finden hauptsächlich bei kolloidchemischen Arbeiten Anwendung, um Teilchen bis zu 10 $\mu\mu$ hinab abzutrennen. Die Ultrafeinfilter „schnell" mit den Minutenzahlen 1—5 halten Teilchen bis zu 5 $\mu\mu$ zurück. Die Ultrafeinfilter „mittel" mit den Minutenzahlen 10—50 stellen benzopurpurindichte Filter dar. Die Ultrafeinfilter mit Minutenzahlen von 100—500 sind kongorot- und eiweißdicht. Die Filter werden unter Wasser aufbewahrt, in das man zur Verhütung von Schimmelpilzwucherung ein blankes Kupferblech bringt. An Stelle des Wassers kann man auch 0,1 proz. Grotanlösung anwenden. Vor und nach dem Gebrauch sind die Filter auszuwaschen.

Bei Ausführung der Ultrafiltration ist es notwendig, die Porenweite so zu wählen, daß sie etwas kleiner ist als der Durchmesser der kleinsten zu filtrierenden Teilchen. Die richtige Auswahl der Porenweiten ist notwendig, um eine Verstopfung der Membran zu verhindern. Sollte ein Membranfilter sich verstopft haben, so ist zu versuchen, durch kurze Einwirkung verdünnter Säuren, von Formaldehyd-Alaunlösung oder anderen Gerbungsmitteln das Filter zu regenerieren. Die glatte Oberfläche der Menbranfilter ermöglicht eine vollkommene Entfernung des Niederschlages für quantitative Zwecke.

Besondere Angaben über die Anwendung der Membranfilter für quantitative Zwecke gibt JANDER (100).

Es muß hier nochmals auf die eingehenden Darstellungen der Membranfilter in der quantitativen Analyse von JANDER und Mitarbeitern verwiesen werden. (Als Hersteller der beim Arbeiten mit Membranfiltern benutzten Filterapparaten nennt JANDER *E. de Haen A.-G.*, Seelze b. Hannover und die *Vereinigten Lausitzer Glaswerke*, Berlin.)

Es seien hier auch die Ausführungen von AUGSBERGER (5a) genannt, der auf Fehlerquellen bei der Ultrafiltration zu quantitativen Zwecken hinweist und einen neuen leicht konstruierbaren Apparat beschreibt.

Handelt es sich nur um die Gewinnung des Filtrates, so kann man zur schnellen Filtration nach Aufhebung des Vakuums die auf der Membran abgesetzte Niederschlagsschicht durch Watte oder ähnliches vorsichtig entfernen. Bei Filtration größerer Mengen empfiehlt sich zur Filtrationsbeschleunigung die Anwendung einer dauernden Rührung im Aufsatzring.

Über die Anwendung von Membranfiltern in der Mikrobiologie berichtet SCHMIDT (178a).

2. Apparate zur Ausführung von Ultrafiltration.

Als Apparate für die Ultrafiltration verwendet man für Membranfilter zweckmäßig die Apparate nach ZSIGMONDY (234). Die Membranfilter können sowohl zur Filtration im Vakuum wie unter Überdruck angewandt werden. Am einfachsten ist die Filtration im Vakuum der Wasserstrahlpumpe in dem von ZSIGMONDY angegebenen Trichterapparat.

α) *Trichterapparat für Niederdruckfiltration nach* ZSIGMONDY.

Die Apparatur besteht aus 3 Teilen.

1. Einem Trichter mit umgelegtem, abgeschliffenem Rand A,
2. einer Siebplatte, die als Unterlage für das Filter dient, S,
3. einem Aufsatzring zur Aufnahme der zu filtrierenden Flüssigkeit B.

Die Dichtung des Trichters gegen die Siebplatte geschieht durch einen Gummiring. Auf die Siebplatte legt man ein gewöhnliches Papierfilter von der Größe des durchlochten Teiles bzw. des vom Innenrand des Gummidichtungsringes umgrenzten Kreises. Das Papierfilter verteilt die Filtrationsgleichmäßigkeit über die ganze Fläche des Membranfilters, welches sonst nur an den Stellen der Löcher filtriert würde. Über das Papierfilter wird das Membranfilter gelegt. Die Abdichtung des Aufsatzes B gegen die Siebplatte S geschieht entweder durch Gummiring oder wechselt nach der Apparatur (A). Sämtliche Teile werden durch Verschlußvorrichtungen zusammengehalten; und zwar genügt schon ein leichtes Anziehen der Schrauben zur Dichtung. Der zusammengesetzte Trichterapparat wird mit Hilfe eines Gummistopfens luftdicht auf eine Saugflasche bzw. einen WITTschen Topf gesetzt.

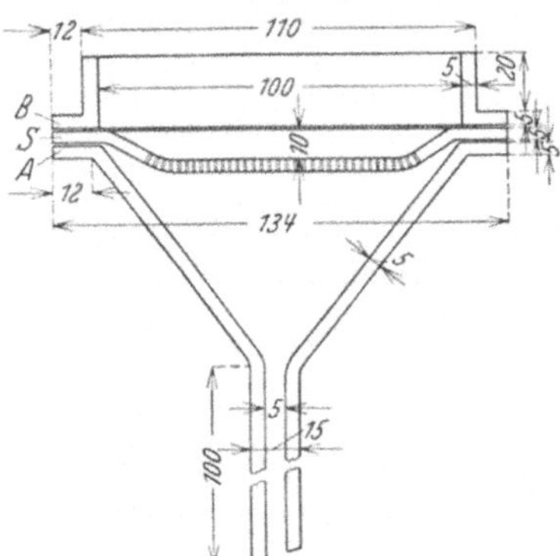

Abb. 85. Trichterapparat für Membranfilter-Ultrafiltration nach ZSIGMONDY.

Derartige Apparate werden meist aus Porzellan hergestellt und können in verschiedenen Ausführungsformen und Größen bezogen werden (s. Abb. 85). Der Apparat PA 9 von 9 cm Durchmesser ist der gewöhnliche für Laboratoriumsarbeiten verwandte. Er kann mit ebener oder gewölbter Siebplatte geliefert werden, welche letztere Form für quantitative Arbeiten notwendig ist. Bei Anwendung gewöhnlicher Siebplatten ist zu beachten, daß der Aufsatzteil zunächst nur lose auf die Siebplatte geschraubt werden darf. Erst dann darf das Vakuum eingestellt werden. Das feste Anziehen der Verschlußringe hat erst dann zu erfolgen, wenn das Membranfilter sich möglichst glatt der Siebplatte angeschmiegt hat. Das sofortige feste Anziehen der Verschlußringe vor Anstellen des Vakuums würde ein Zurückreißen des Filters zur Folge haben. Preiswerter als die Apparatur aus Porzellan ist dieselbe Apparatur aus Glas.

Für bakteriologische und serologische Untersuchungen ist die Anwendung von Bronzetrichterapparaten zu empfehlen. Sie bestehen aus verchromter Phosphorbronze und sind in Dampf sterilisierbar, wobei die fest eingespannten Filter mit sterilisiert werden können. Der Aufsatzteil wird an die Siebplatte und Trichterteile, die aus einem Stück bestehen, durch einen außen aufgesetzten Ring flüssigkeitsdicht festgeschraubt.

Für mikroanalytische Zwecke und biologische Arbeiten ist der BUWA-Apparat Abb. 86 geeignet. Er besteht ganz aus Glas und besitzt ein Filter von 4 cm Durchmesser. Er findet da Anwendung, wo nur kleine Flüssigkeitsmengen zur Verfügung stehen bzw. die zu gewinnende Niederschlagsmenge nur gering ist.

Der BUWA-Apparat besteht im wesentlichen aus einem Kautschukstopfen, in den eine Siebplatte eingelassen ist. Er ist im ganzen auf einem Kelch montiert. Auf den Stopfen wird eventuell als Unterlage eine Filterscheibe und auf diese ein Ultrafilter gelegt. Dieses wird durch einen Glasrand festgedrückt, der mit dem Glaskelch durch Gummizüge verbunden ist.

Ähnlich dem BUWA-Apparat ist der Apparat nach THIESSEN (200). (Die Apparatur wird hergestellt durch die *Verkaufsvereinigung Göttinger Werkstätten*, Göttingen.) Er besitzt einen besseren Verschluß, da das Ultrafilter gegen die Siebplatte durch eine Verschraubung angepreßt ist.

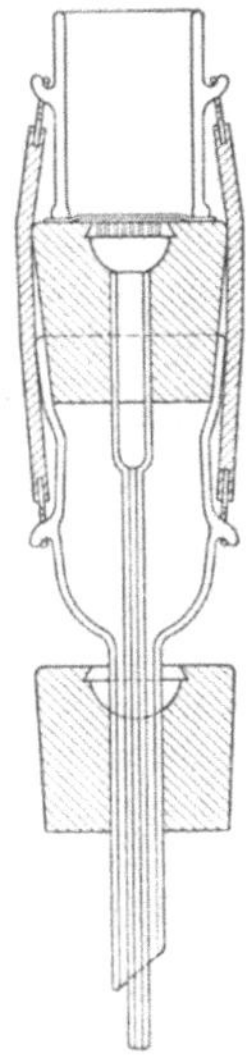

Sehr einfach ist der Apparat nach BOËTIUS (24). (Zu beziehen durch Glasbläserei *E. Greiner*, Stützerbach in Thüringen.) Der Apparat besteht aus 2 Glaszylindern, die durch eine Gummimanschette aufeinander festgehalten werden. Sie tragen zwischen sich eine kleine Porzellansiebplatte, auf die die Filterunterlage mit dem Ultrafilter aufgelegt wird.

Für die Ultrafiltration im Plankton ist ein dem BUWA-Apparat nachgebildeter Apparat von KOLKWITZ (118) angegeben; er stellt einen Membranfiltrierapparat mit Nitrocellulosefiltermembranen dar, deren Porenweite 5 bis ca. 0,5 μ betragen (Hersteller *de Haen*, Seelze b. Hannover).

Abb. 86. BUWA-Apparat.

β) *Apparate für Hochdruckfiltration.*

Dem Niederdruckapparat stehen Apparate für Hochdruckfiltration gegenüber.

Es sei der Bakterien-Druckfiltrationsapparat angeführt, der mit einem Überdruck von 12 Atm. zu filtrieren gestattet. Über eine Apparatur zur Filtration unter Druck bis zu 100 Atm. berichten BRUCKNER und OVERBECK (30). Des weiteren sei der Einheitshochdruckapparat für Filter von 9 cm Durchmesser genannt, der eine Filtration bis zu 125 Atm. gestattet. Er findet Verwendung, um bei Gebrauch feinporiger Ultra-Fein- bzw. -Cellafilter die Filtrationsdauer möglichst abzukürzen.

γ) *Ultrafiltergerät nach* BECHHOLD-KÖNIG.

Einfache und zweckmäßige Apparateformen stellen die von der *Staatlichen Porzellanmanufaktur* in Berlin in den Handel gebrachten Geräte dar. Die Tiegel, Schalen, Nutschen, Ballenfilter bestehen aus einer porösen, in bestimmter Weise glasierten keramischen Masse. Zur Ultrafiltration werden diese Geräte mit einer ultrafiltrierenden Schicht überzogen.

Herstellung der Imprägnierlösung. Für die Ultrafiltration wäßriger Lösungen. Kollodiumwolle wird in Eisessig, zu dem wasserfreies Kaliumcarbonat zugesetzt wurde, gequollen (zu je 4 Gewichtsteilen Kollodiumwolle 1 Gewichtsteil Kaliumcarbonat). Nach mehreren Tagen löst sie sich, besonders bei häufigem Aufrühren, zu einer anfangs sehr viscosen, nachher etwas dünner werdenden Flüssigkeit. Nach etwa 14 Tagen ist die Lösung gebrauchsfertig. 10proz. Eisessigkollodiumlösung mit $2^1/_2$ % K_2CO_3-Zusatz (nach Vorschrift von BECHHOLD) kann von der Firma *Chemische Fabrik auf Aktien, vorm. E. Schering*, Berlin, und durch die Staatl. Porzellanmanufaktur Berlin bezogen werden.

Um durchlässigere Ultrafilter zu erhalten, verdünnt man die Originallösung so weit mit Eisessig, daß sie 8, 6, 5 % usf. Kollodiumwolle enthält.

Stabilisierung. Frisch bereitete Eisessigkollodiumlösungen und ihre Verdünnungen ändern in den ersten Monaten ihre Viscosität; sie werden dünnflüssiger und die Porosität der daraus hergestellten Ultrafilter nimmt zu. Falls es sich um feinere Untersuchungen handelt, empfiehlt es sich daher, die Eisessigkollodiumlösung oder deren jeweilige Verdünnung mit Eisessig zu stabilisieren. Zu dem Zweck wird sie $2^1/_2$ Stunden im Wasserbad auf 90—98° erwärmt.

Für organische Lösungsmittel (Benzol, Öl u. dgl.). Als Imprägnierlösung dient eine Lösung von Kollodium in Alkoholäther. Käuflich in der Apotheke ist eine 4proz.

Lösung; sie gibt die dichtesten Membranen. Die durchlässigeren erhält man aus 2 proz. und 1 proz. Lösungen, die durch Verdünnen mit einem Gemisch von Alkohol und Äther (2 : 1) hergestellt werden.

Die Imprägnierung. Der Tiegel bzw. die Zylinderschale wird luftdicht auf eine Saugflasche mit Vorstoß und Gummidichtung bzw. auf einen Trichter aufgesetzt; sodann wird er zur Hälfte mit Wasser gefüllt und an der Pumpe völlig leer gesaugt. Zweckmäßig ist es, die Geräte schon vorher sich einige Stunden in Wasser vollsaugen zu lassen. Hierauf wird der Tiegel unter dauerndem Saugen mit der Imprägnierlösung bis zum Rande gefüllt. 30 Sekunden nach Beendigung der Füllung wird rasch Luft in die Saugflasche gelassen; nun wird die Kollodiumlösung aus dem Tiegel unter dauerndem Drehen desselben in die Vorratsflasche zurückgegossen, bis sich die Tropfen nur mehr sehr langsam ablösen. Nun haftet an der Tiegelwand eine viscose Schicht von Eisessigkollodium, die durch Koagulation verfestigt wird.

Ballonfilter und Nierenfilter werden von außen mit der Ultrafiltermembran überkleidet. Sie werden in ein Gefäß mit Wasser getaucht, je nach Größe wird 5—10 Minuten lang Wasser eingesaugt, herausgenommen, das durchgetretene Wasser ausgegossen und dann das Ultrafiltergerät in ein Gefäß mit der Imprägnierlösung gesenkt. Nachdem die ganze matte Schicht bis an die Glasur bedeckt ist, wird wieder 30 Sekunden lang angesaugt, herausgenommen, abtropfen gelassen (wie oben) und koaguliert.

Die Koagulation. Für dichte Ultrafilter verwendet man Wasser als Koagulationsmittel, für weitporige verdünnte Essigsäure; je verdünnter die Essigsäure, um so dichter die Ultrafilter.

Zwecks Koagulation der Membran werden Tiegel-, Ballon- oder Nierenfilter rasch in Wasser getaucht. Sie verbleiben mindestens eine Stunde im Wasser. Der Rest der der Membran anhaftenden Säure wird durch Durchfiltrieren von Wasser, eventuell unter Zusatz einer Spur von Ammoniak, entfernt. Das Filter ist alsdann gebrauchsfertig.

Sehr gute Filtrationsgeschwindigkeiten erzielt man durch Koagulation in warmem Wasser.

Zur Herstellung weitporiger Ultrafilter wird in verdünnter Essigsäure koaguliert. Der Tiegel wird zunächst etwa 5 Sekunden mit dem Rande nach unten etwa 1 mm tief in Wasser getaucht, um die am Rand anhaftende dicke Schicht sofort zu koagulieren und dadurch ein Zurückfließen derselben während der nun folgenden langsamen Koagulation zu verhindern. (Bei Ballon- und Nierenfiltern taucht man den Flaschenhals in Wasser.) Hierauf wird der ganze Tiegel von außen mit einer Tiegelzange gepackt, deren Greifer mit Gummischlauch überzogen sind. So wird er rasch in 82 proz. bzw. 72- oder 62 proz. Essigsäure (Gewichtsprozent) getaucht und 20 Stunden darin stehengelassen. Danach wird der Tiegel gut gewässert und ist gebrauchsfertig (82 proz. Essigsäure wird hergestellt aus 100 cm^3 Eisessig [96 %] + 18 cm^3 Wasser, 72proz. Essigsäure aus 100 cm^3 Eisessig + 35 cm^3 Wasser und 62 proz. aus 100 cm^3 Eisessig + 58 cm^3 Wasser).

Zur Ultrafiltration von organischen Solen dient als Imprägnierflüssigkeit eine Alkoholätherkollodiumlösung (vgl. S. 100). Die Koagulation geschieht durch Eintauchen in Toluol.

Die Ultrafiltration. Zur Filtration werden die imprägnierten Tiegel nach der Art der Gooch-Tiegel verwendet, Zylindertiegel und Schalen werden auf einen Trichteruntersatz aufgesetzt, zur Dichtung dienen passende Gummiringe (Weckringe). Ballonfilter und Nierenfilter werden in die zu filtrierende Flüssigkeit getaucht (in ein Becherglas od. dgl.) und das Filtrat in eine Vorlage gesaugt; das Lösungsmittel wird also von außen nach innen gesaugt.

Gummidichtungen werden durch leichte Quellung (z. B. in Tetralin) verbessert.

Tiegel eignen sich zur Ultrafiltration kleiner Flüssigkeitsmengen und zur Analyse; Zylinderschalen eignen sich für präparative Zwecke.

Ballonfilter und Nierenfilter dienen zur Bewältigung größerer Flüssigkeitsmengen. Nierenfilter können in beliebig großer Zahl auf engem Raum in einen Trog gestellt werden und sind besonders leistungsfähig. Bei der Verwendung von Ballon- und Nierenfiltern läßt sich die Flüssigkeit bequem erwärmen oder kühlen.

Durch Rühren der zu ultrafiltrierenden Flüssigkeit wird der Prozeß sehr beschleunigt.

Porengröße der Ultrafilter. Um eine Vorstellung von der Durchlässigkeit der Ultrafilter zu geben, seien hier einige angenäherte Zahlen mitgeteilt:

Filter aus:

10%	Eisessigkollodium	in Wasser	koaguliert	halten Proteosen zurück.
7%	,,	,, ,,	,,	hält Albumin zurück.
5%	,,	,, ,,	,,	an der Grenze der Undurchlässigkeit für Hämoglobin.
4%	,,	,, ,,	,,	hält Kollargol vollkommen zurück.
5%	,,	in 62 proz. Essigsäure	koaguliert	etwa 10% Kollargol-durchlässig.
5%	,,	,, 72 ,, ,,	,,	,, 40% ,, ,,
5%	,,	,, 82 ,, ,,	,,	,, 100% ,, ,,
3%	,,	,, 82 ,, ,,	,,	noch bakteriendicht!

S t e r i l i s a t i o n. Infolge ihrer Herstellungsweise (Eisessig) sind diese Ultrafilter an sich steril, wenn man zum Entwässern steriles Wasser benutzt.

Sie lassen sich außerdem im Dampftopf ohne weiteres sterilisieren. Am besten läßt man dann die mit der Ultrafiltermembran überzogenen Geräte mit dem Wasser des Dampftopfes warm werden (also nicht direkt im kochenden Dampftopf, da sonst leicht Blasenbildung erfolgt). Eine wiederholte Benutzung der imprägnierten Ultrafiltergeräte ist möglich, wenn der Filterrückstand durch ein geeignetes Lösungsmittel ausgewaschen worden ist. Die Aufbewahrung der Ultrafiltermembranen muß unter Wasser (bzw. unter Toluol) geschehen. Es empfiehlt sich, dem Wasser einige Tropfen Chloroform beizufügen oder eine Kupferplatte hineinzustellen zur Verhinderung von Pilzansiedelung.

Z u r E n t f e r n u n g d e r M e m b r a n wird das Ultrafiltergerät in einem Trockenschrank getrocknet, dann in einem schwachleuchtenden Bunsenbrenner unter Vermeidung von Luftzug schwach geglüht; noch zweckmäßiger benutzt man dazu einen elektrischen oder Gasofen. Für größere Tiegel, Schalen und Ballonfilter ist die Muffelglühung vorzuziehen (schwache Rotglut).

Die Zerstörung der Membran nebst der in den Poren eventuell von der Filtration herrührenden organischen Substanz kann auch durch längeres Verweilen in heißer Chromschwefelsäure geschehen (kalt gesättigte Kaliumbichromatlösung gemischt mit dem gleichen Volumen konzentrierter Schwefelsäure).

Die Ultrafiltergeräte ohne Membran eignen sich mit großem Vorteil auch für alle Arten analytischer und präparativer Arbeiten im chemischen, klinischen und biologischen Laboratorium insbesondere zur Filtration schleimiger Niederschläge, wie $Al(OH)_3$, $Fe(OH)_3$ usw.

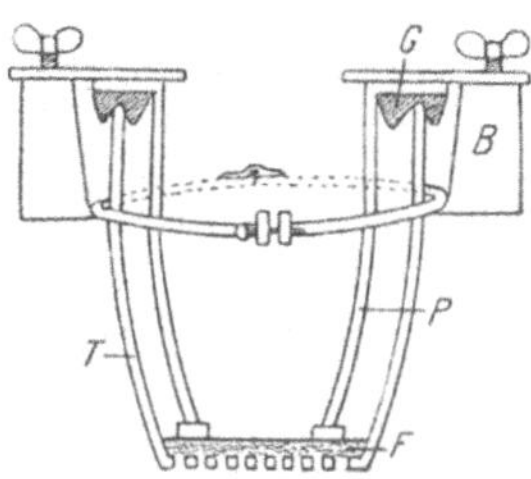

Abb. 87. Ultrafilter-Apparatur nach ZAKARIAS.

Eine Verwendung keramischen Materials zur Filtration kleiner Substanzmengen beschreibt ZAKARIAS (230) (s. Abb. 87). Filtriert wird durch einen porösen, glühbaren Porzellantiegel (*P*), dessen Boden abgesprengt ist, und der z. B. in einen GOOCH-Tiegel paßt (*T*). Zur Aufrechterhaltung des Zwischenraumes zwischen den beiden Tiegelwandungen dient der Gummiring *G*, während die metallene Befestigungsvorrichtung *B* die beiden Tiegel zusammenhält. Als Filterplatte *F* werden unglasierte Porzellanscheiben oder auch DE HAËNsche Membranfilter bzw. Kollodiumfilme verwendet. — Diese Filter eignen sich außer zur quantitativen Analyse auch zur Kolloidfiltration von geringen Flüssigkeitsmengen.

δ) *Die Elektro-Ultrafiltration nach* BECHHOLD-KÖNIG.

Die Elektro-Ultrafiltration dient zur raschen Entfernung von Elektrolyten aus kolloiden Lösungen und Gallerten. Sie gestattet, neben Elektrolyten auch andere gelöste Krystalloide aus der Lösung zu entfernen. Je nach den Bedingungen kann man vermittels Elektro-Ultrafiltration bis zu 180mal rascher entsalzen als durch Dialyse.

Bei der Elektro-Ultrafiltration tritt keine Verdünnung der Lösung ein; man kann sie sogar während des Prozesses konzentrieren.

Man kann die Elektro-Ultrafiltration nach Belieben so leiten, daß die behandelte Lösung neutral, alkalisch oder sauer wird.

D i e G e r ä t e. Die Elektro-Ultrafiltergeräte (*Staatliche Porzellanmanufaktur*, Berlin) bestehen aus poröser Spezialmasse und haben gleiche Form wie die Ultrafiltergeräte nach BECHHOLD-KÖNIG. Wie diese werden sie mit einer Ultrafiltermembran überzogen und behandelt. Von jenen unterscheiden sie sich nur dadurch, daß auf der Filtratseite eine Elektrode aus Platin aufgemalt ist.

Bei der Schale ist die Elektrode dem äußeren Schalenboden (Oberteil der Nutsche) aufgemalt. Einige Platinstriche sind an der zylindrischen Schalenwand hochgeführt. Um diese legt man eine biegsame vernickelte Messingschelle, die durch eine Schraube befestigt, mittels einer Polklemme den Kontakt mit dem Zuleitungsdraht herstellt.

Bei den Ballonfiltern und Nierenfiltern befindet sich auf dem inneren Boden des Ballons eine Platinelektrode aufgemalt. Dieser führt man den Strom durch eine Spiralelektrode zu, die aus einem Platindraht besteht, der unten spiralig gewunden ist und gegen die Platinbemalung gedrückt wird.

Die Apparatur richtet sich nach dem Gebrauchszweck und läßt sich diesem sehr leicht anpassen. Für kleine Mengen (150 bzw. 200 cm^3 Inhalt) verwende man Apparatur I.

Aus der Abb. 88 ergibt sich, daß die zu behandelnde Lösung, die sich in der zylindrischen Schale befindet, sowohl durch den Boden dieser Schale, wie auch in der entgegengesetzten Richtung, durch das Ballonfilter abgesaugt wird.

Für größere Mengen empfiehlt sich Apparatur II (s. Abb. 89).

Bei Apparatur II dient zur Aufnahme der zu behandelnden Flüssigkeit ein Becherglas od. dgl.; in dieses tauchen die beiden außen mit Ultrafiltermembran überzogenen Ballonfilter mit langem Hals und mit innerer Platinbemalung zur Aufnahme der beiden Elektroden. Aus Gründen, die sich aus dem Abschnitt „Stromrichtung und Neutralitätsstörung" ergeben, müssen auch die Ballonfilter verschieden groß sein.

Arbeitsgang. Zur Elektro-Ultrafiltration benötigt man Gleichstrom, dessen Spannung durch Widerstände reguliert werden kann. In den Stromkreis sind Amperemeter (für kleinere Flüssigkeitsmengen bis zu 1 Amp.) und Voltmeter (bis zur Netzspannung) zu legen, um den Gang der Elektro-Ultrafiltration zu regeln.

Nachdem die Saugflasche bzw. die Ballon- oder Nierenfilter evakuiert sind und der Rührer in Gang gesetzt ist, schalte man Strom niederer Spannung ein (etwa 20—40 Volt) und verfolge bei Temperaturempfindlichkeit der Lösung den Anstieg des Thermometers. Bei kleineren Flüssigkeitsmengen lasse man nie mehr als 0,5 Amp. durchgehen. In dem Maße, wie der Zeiger des Amperemeters sinkt, kann man die Spannung steigern, bis man schließlich die volle Netzspannung aufsetzt. Ist das Amperemeter auf 0 gesunken, so lasse man zur Entfernung der letzten Elektrolytspuren noch 1 Stunde Strom wirken, da die Starkstrominstrumente gegen sehr geringe Stromstärken unempfindlich sind. Zur Regulierung der Saugwirkung verfolge man die zu behandelnde Lösung mit Reagenspapier oder setze der Lösung einen Indicator zu.

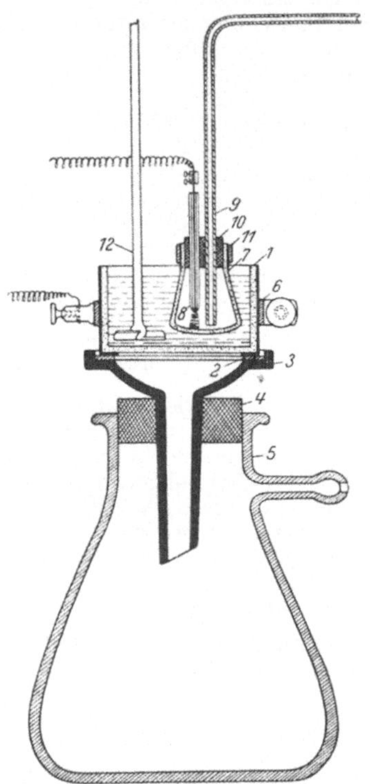

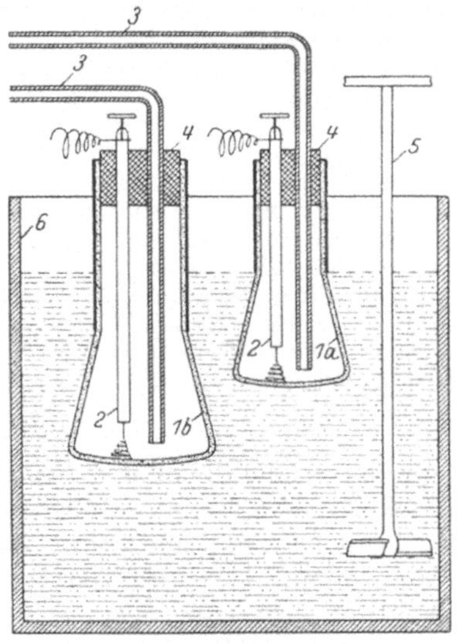

Abb. 88 u. 89. Apparatur zur Elektro-Ultrafiltration nach BECHHOLD-KÖNIG.

Abb. 88. Apparatur I.
1 zylindrische Elektro-Ultrafilterschale, Oberteil der Nutsche. 2 Gummiring. 3 Trichterunterteil der Nutsche. 4 Gummistopfen. 5 Saugflasche. 6 Messingschelle, vernickelt. 7 Elektrofilterballon mit kurzem Hals. 8 Spiralelektrode. 9 Glasrohr zum Absaugen. 10 Gummistopfen. 11 Stativklammer. 12 Rührer.

Abb. 89. Apparatur II.
1a kleiner Elektro-Ultrafilterballon. 1b großer Elektro-Ultrafilterballon. 2 Elektroden mit Platinspiralen. 3 Glasrohr zum Absaugen. 4 Gummistopfen. 5 Rührer. 6 Behälter für zu reinigende Flüssigkeit.

Stromrichtung und Neutralitätsstörung. In den meisten Fällen erfolgt ein Flüssigkeitsstrom in der Richtung Anode —➤ Kathode. Daher wird Säure aus dem Anodenraum in den Mittelraum geführt und macht die zu behandelnde Flüssigkeit sauer. Um dies zu vermeiden, muß die Saugwirkung an der Anode stärker sein als an der Kathode. Dies erreicht man

1. durch Vergrößerung der Saugfläche an der Anode. Bei Apparatur I wird man die Anode an die zylindrische Schale legen und als Kathode ein kleines Ballonfilter wählen. Bei Apparatur II, indem man Ballonfilter von verschiedener Größe verwendet und die Anode an das größere Ballonfilter legt.

2. durch Drosselung der Saugwirkung. Gleiches kann man erreichen, wenn man die Saugwirkung an der Kathode in gewünschtem Maße abdrosselt;

3. durch Stromwendung. Um Neutralitätsstörungen zu vermeiden, kann man auch den Strom von Zeit zu Zeit wenden. Es hat sich gezeigt, daß man den Strom mindestens 2 Minuten in jeder Richtung wirken lassen muß.

Erhöht man die Saugwirkung in der Anodenrichtung, so kann man die zu behandelnde Lösung sogar alkalisch machen. Ähnliches kann man durch Stromwenden erreichen, durch ungleichmäßige Zeitintervalle bei der Stromwendung; z. B. bei Apparatur I, 2 Minuten Strom: oben +, unten —; 5 Minuten: oben —, unten +, usf.

Rührer und Thermometer. In allen Fällen empfiehlt sich eine Rührvorrichtung und Eintauchen eines Thermometers.

d) Dialysieren.

Unter Dialyse versteht man die Trennung kolloider und krystalloider Substanzen mittels Diffusion durch Membranen und Gallerten. Eine Anzahl von diesen sind durchgängig für Krystalloide, gar nicht oder nur sehr wenig durchgängig für Kolloide. Von der Ultrafiltration, die dem gleichen Zweck dient, unterscheidet sich die Dialyse dadurch, daß weder der hydrostatische Druck der filtrierenden Flüssigkeitssäule noch sonst ein äußerer Druck, sondern allein der osmotische Druck der diffundierenden Substanz zur Trennung der beiden Phasen benutzt wird. Praktisch kommt die Dialyse da zur Anwendung, wo ein Gel oder eine kolloide Lösung von echt gelösten Stoffen befreit werden soll. Das Ultrafilter dagegen wird stets da angewandt werden, wo die flüssige Phase schnell und vor allem unverdünnt gewonnen werden soll.

Die Ausführung der Dialyse geschieht derart, daß 2 Gefäße so ineinandergesetzt werden, daß sie durch die Dialysiermembran voneinander getrennt werden. In das eine Gefäß kommt die zu dialysierende Flüssigkeit, in das andere das reine Lösungsmittel. Die Leistung eines derartigen Dialysators ist abhängig von der Beschaffenheit der Membran, von dem Verhältnis der Membranfläche zu dem zu dialysierenden Flüssigkeitsvolumen, von der Temperatur und dem Temperaturunterschied beider Flüssigkeiten und von dem Konzentrationsunterschied der Lösungen an diffundierenden Substanzen zu beiden Seiten der Membranen.

1. Die Membranen.

Die Membranen zur Dialyse können entweder flächenhaft gestaltet sein wie bei der Ultrafiltration, oder sie bilden durch Anwendung der Schlauch- oder Säckchenform unmittelbar das Gefäß zur Aufnahme der zu dialysierenden Lösung. Ihrer Konstitution nach entsprechen sie denselben Substanzen, die zur Herstellung von Ultrafiltern verwendet werden, doch sei ihre Herstellung infolge der mitunter etwas geänderten Technik nochmals kurz beschrieben. Hierbei wird auf die Darstellung der Ultrafilter verwiesen, die auch als Dialysiermembranen anwendbar sind.

α) *Tierische Membranen.*

Von tierischen Membranen verwendet man Blase oder Därme. Die Membranen werden in Wasser geweicht, mechanisch von Fetteilchen gereinigt und mit Äther extrahiert. Sie werden unter Äther aufbewahrt und müssen mit Wasser benetzbar sein. Praktisch ist an Stelle von Pergament die Anwendung von Pergamentpapier. Sehr geeignet sind die ausgezeichneten Diffusionshülsen von *Schleicher & Schüll*, Düren i. Rhld. Von gleicher Firma wird auch Pergamentpapier zur Dialyse C 155/100 in den Handel gebracht.

β) *Kollodiumhülsen* (s. hierzu auch 169).

Aus Filtrierpapier hergestellte Extraktionshülsen von *Schleicher & Schüll* werden durch Ausgießen mit warmem, destilliertem Wasser angefeuchtet; das überschüssige

Wasser wird entfernt. Ehe die Hülsen erkaltet sind, werden sie mit Kollodium (z. B. DAB. 4 proz.) gefüllt und sofort wieder entleert; auf diese Weise wird eine möglichst dünne erste Kollodiumhaut erzeugt. Man gießt das übrige Kollodium wieder heraus und achtet sorgfältig darauf, daß nicht etwa ein Kollodiumtropfen am Boden der Hülse zurückbleibt. Nach 5 Minuten Trocknen gießt man in derselben Weise eine zweite, ebenfalls dünne Schicht und läßt das überschüssige Kollodium gleichfalls sorgfältig herauslaufen. Nach wiederum 5—10 Minuten Trocknen taucht man die ganze Hülse in kaltes Wasser. Nach 20—30 Minuten Wässern ist der Dialysator gebrauchsfertig. Verwendet man verdünntere, z. B. nur 2 proz. Kollodiumlösung (hergestellt durch Verdünnen der käuflichen Lösung mit dem gleichen Volumen einer Mischung von 7 Teilen Äther und 1 Teil absolutem Alkohol), so erhält man weniger dichte aber schneller wirkende Dialysatoren. Man eicht die Dialysatoren z. B. mit 0,05 proz. Nachtblaulösung, die die Membran nicht passieren darf.

Nach MICHAELIS (137). Man gießt einen kleinen Glaszylinder (z. B. von 25 cm³ Inhalt) voll Kollodium, gießt das Kollodium zum größten Teil wieder aus und läßt das zurückbleibende Kollodium trocknen, indem man den Zylinder in horizontaler Lage ständig rollt. Dann gießt man noch eine Schicht Kollodium hinein und läßt in gleicher Weise nochmals trocknen. Nach einiger Zeit kann man den gebildeten Kollodiumschlauch von der Glaswand vorsichtig ablösen und aus dem Glaszylinder herausziehen. Es ist jedoch vorteilhaft, nach dem Entweichen des Äthers den Schlauch mit destilliertem Wasser zu füllen und 10—15 Minuten mit dem Wasser stehenzulassen. Man kann die Ablösung des Schlauches von der Glaswand dadurch erleichtern, daß man zwischen den Schlauch und das Glas etwas destilliertes Wasser gießt. Danach kommt der Schlauch in destilliertes Wasser. Zum Gebrauch wird er zur Hälfte mit destilliertem Wasser gefüllt, dann wird er oben vorsichtig und gut abgetrocknet und ein Gummistopfen durch Eintauchen in Kollodium und Überpinseln gut mit dem Kollodiumschlauch verklebt.

Nach MUZKIN und SIEGEL (145) empfiehlt es sich, das Reagensglas, in dem die Kollodiumhülse hergestellt wird, mit einem schmalen Papierkragen zu versehen. Nach dem Erstarren wird dieser an einigen Stellen vorsichtig abgelöst und in die entstehenden Zwischenräume Wasser gegossen.

Nach TRENDELENBURG (210). Die Durchgängigkeit einer Kollodiumhülse ist bestimmt durch ihren Gehalt an Äther und Alkohol in dem Augenblick, in dem sie nach ihrer Herstellung mit Wasser in Berührung kommt. Damit also eine solche Hülse gleichmäßig durchgängig ist, muß sie zu diesem Zeitpunkt in allen ihren Teilen den gleichen Gehalt an Äther und Alkohol haben. Dies ist schwer zu erreichen, wenn man die Kollodiumhülse durch Ausgießen eines Gefäßes (Zentrifugenglas od. dgl.) herstellt, da der Äther am Boden des Gefäßes langsamer verdunstet als an seinem Rand. Es ist deshalb zweckmäßiger, die Hülsen auf der Außenwand eines Glasgefäßes anzufertigen, da hier die ganze Kollodiumschicht gleichmäßig der Luft ausgesetzt wird. Die bei letzterem Verfahren auftretenden Schwierigkeiten bei der Ablösung der Hülsen von der Unterlage sind durch den Kunstgriff der Gelatinierung des Glases nach GATES (61) überwunden.

Man schmilzt Glasröhren an ihrem unteren Ende so weit zu, daß nur noch eine Öffnung von 1—2 mm Durchmesser offenbleibt. Dann taucht man diese gereinigten, aber nicht besonders entfetteten Röhren in eine warme 10 proz. Lösung gewöhnlicher käuflicher Gelatine 1—2 mal etwas weiter ein, als nachher die Kollodiumhülse reichen soll. Hierdurch wird das enge Loch am unteren Ende der Röhre mit Gelatine verschlossen, ebenso überzieht der ganze eingetauchte Teil des Glasrohres sich mit einer Gelatinehaut. Dann hängt man die Glasröhren an ihrem nicht benutzten Teil mindestens 6 Stunden zum Trocknen auf. Es ist darauf zu achten, daß bei der Trocknung der Gelatineverschluß am unteren Ende des Rohres nicht durch Schrumpfung reißt, da sonst Kollodium dort in das Glasrohr eindringt und die Ablösung der fertigen Hülsen zum mindesten erschwert. Die Röhren mit der angetrockneten Gelatine werden dann mehrmals in die Kollodiumlösung eingetaucht. Nach jedem Eintauchen läßt man die Kollodiumlösung kurz abtropfen, dann wird das Glasrohr in horizontaler Haltung so lange um seine Achse gedreht, bis das Kollodium so weit erstarrt ist, daß es nicht mehr an den abhängigen Teilen des Rohres zu einer dickeren Schicht oder zu Tropfen zusammenfließt. Auf diese Weise wird die Schichtdicke des Kollodiums auf dem ganzen eingetauchten Teil des Glasrohres fast gleichmäßig. Dann trocknet man weiter, bis die Kollodiumschicht nicht mehr deutlich nach Äther, wohl aber noch kräftig nach Alkohol riecht. Hierauf taucht man von neuem in die Kollodiumlösung und wiederholt dies so oft, bis die Schicht auch bei dem oben angegebenen Trocknungsgrad deutlich (0,1—0,2 mm) den Durchmesser des Glasrohres vergrößert. Dies ist durch Vergleich des in die Kollodiumlösung eingetauchten Teiles der Röhre mit dem nicht eingetauchten leicht festzustellen.

Man kann die käufliche 4proz. Kollodiumlösung der Apotheken bei diesem Verfahren gut verwenden. Löst man selbst das Kollodium, so ist es zweckmäßig, neben Äther nicht absoluten Alkohol, sondern 40% von 90—95proz. Alkohol dazu zu verwenden. Man vermindert so die Gefahr, daß durch zu langes Trocknen, d. h. zu weitgehende Verdunstung von Äther und Alkohol die Hülsen vollkommen — auch für Wasser — impermeabel werden.

Ist die Hülse genügend dickwandig und bis zu dem oben angegebenen Grad getrocknet, so stellt man das Glasrohr in zimmerwarmes Wasser und füllt auch sein Lumen damit. Dann erwärmt man bis etwa 40°, wodurch sich nach kurzer Zeit der Gelatineüberzug des Rohres und seiner unteren Öffnung verflüssigt. Die Kollodiumhülse gleitet nun langsam von der Röhre herunter, wobei das Wasser aus dem Inneren des Glasrohres durch das Loch an seinem unteren Ende den Hohlraum in der Hülse füllt, der durch ihr Abgleiten unter dem unteren Ende der Glasröhre entsteht. Die Hülse bleibt auf diese Weise faltenlos und glatt. Bisweilen ist die ganze Hülse auf dem Glase durch drehende Bewegung verschieblich, also gelöst, hängt aber an ihrem oberen Rande fest. Es ist dann zweckmäßig, diesen Rand durch einen kreisförmigen Skalpellschnitt abzuschneiden, worauf die so etwas verkürzte Hülse abgleitet. Die Temperatur des Wassers soll die oben angegebene Temperatur nicht wesentlich überschreiten, da sich das Kollodium sonst um die Glasröhre zusammenzieht und die Hülse dann wesentlich schwerer abzuziehen ist.

Die fertige Hülse soll je nach ihrer Dicke fast klar durchsichtig bis eben ganz leicht opalescent, jedenfalls nicht deutlich trübe sein und keine weiß opaken Stellen enthalten. Ihre Durchgängigkeit prüft man mit einer Alkalichloridlösung als Füllung, $AgNO_3$ als Außenlösung. Nach einer Eintauchdauer von 10—20 Sekunden muß sie von einem gleichmäßigen weißen Schleier von AgCl umgeben sein."

Huzella (99) stellt Kollodiummembranen folgenderweise dar:

Eine stark konzentrierte Rohrzuckerlösung, der zur Invertierung einige Tropfen Essigsäure zugesetzt werden, wird so lange gekocht (Karamelisierung muß vermieden werden), bis ein durch diese Zuckerlösung gezogener Glasstab beim Eintauchen in kaltes Wasser eine feste Zuckerkruste bildet. Dann wird die Zuckerlösung in eine vorgewärmte Schüssel gebracht, und nach der Abkühlung gießt man die Kollodiumlösung über die erstarrte, spiegelglatte Zuckerfläche. Bei der Ätherabdunstung, die man durch Zudecken der Schüssel verlangsamen kann, erfolgt die Membranbildung. Je nach dem gewünschten Permeabilitätsgrad wird zu bestimmter Zeit Wasser über die Membran geschichtet. Nach Auflösung des Zuckers läßt sich die Membran leicht abheben. Gerüste für Kollodiumsäcke und -hülsen erhält man durch Eintauchen vorgewärmter Reagensgläser oder anderer Modelle in heiße Zuckerlösung. Nach Erstarren der Zuckerschicht wird das Reagensglas in die Kollodiumlösung getaucht; nach der Wasserbehandlung läßt sich die Hülse mit Leichtigkeit vom Glas streifen.

Looney (130) beschreibt die Darstellung biegsamer Kollodiumhäutchen durch Zusatz von Äthylacetat zu Lösungen von Kollodium in absolutem Alkohol und trocknem Äther. Den Membranen schadet selbst 14tägiges Trocknen bei Zimmertemperatur nicht.

Zur Dialyse kleiner Flüssigkeitsmengen stellt Wood (226) einen sog. Wasserrosenblatt-Dialysator her.

In den Mittelpunkt einer kleinen, in ihrer eigenen Ebene drehbaren Glasplatte bringt man einige Tropfen Kollodium, welches in passender Weise mit Äther verdünnt wurde, dreht die Glasplatte und verteilt mit einem kleinen Pinsel oder Holz das Kollodium so, daß es eine vollkommen kreisförmige Scheibe bildet, an deren Rand man nach dem Verdunsten des Lösungsmittels einige Tropfen Wasser bringt. Die Kollodiumscheibe löst sich dann in der Regel von der Glasplatte ab oder kann doch mittels der Spitze einer Nadel leicht losgetrennt werden. Ist sie von der Glasplatte durch eine Schicht Wasser getrennt, so senkt man die Platte unter 45° in ein Gefäß mit Wasser, auf dem die Kollodiumscheibe alsdann mit vollkommen trockner Oberseite schwimmt. Auf diese bringt man endlich einen Tropfen der zu dialysierenden Flüssigkeit, der von ihr getragen wird „wie ein Frosch von dem Blatt einer Wasserrose". Kollodiumscheiben, bei deren Herstellung das Kollodium nur mit Äther verdünnt wurde, wirken sehr langsam; diente zum Verdünnen dagegen das Gemisch von Äther und Alkohol, so erfolgt die Dialyse schnell.

γ) *Membranen aus anderen Substanzen.*

Membranen aus Gelatine. Membranen kann man nach HILL (89) aus Gelatine herstellen, indem man Seidentaffet mit heißer 20proz. Gelatinelösung tränkt und nach dem Erkalten in Formalin härtet. Diese Membranen sind sterilisierbar, da sie gegen siedendes Wasser und Dampf, auch unter Druck, widerstandsfähig sind.

Säckchen aus Cellit. Man gießt etwas Cellitlack (12—15proz. Lösung von Cellit, das ist Celluloseacetat, Lösungsmittel belanglos) in ein großes Reagensglas von etwa Lampenzylinderweite, derart, daß die Innenwand einen möglichst gleichmäßigen Überzug erhält, was man durch passendes Drehen des Glases leicht erreicht. Den überschüssigen Lack gießt man ab, läßt das umgekehrte Reagensglas etwa 1 Stunde trocknen und spült es darauf zur Koagulation mit kaltem Wasser 1—2mal aus. Dann lockert man vorsichtig den Rand der Membran und kann sie durch schwaches Ziehen bequem herausnehmen. Die durch das Abtropfen des Lackes am Rande entstandenen langen Fäden eignen sich gut zum Befestigen des Säckchens beim Einhängen in das Dialysiergefäß. BERTARELLI (21) verteilt die Cellitlösung tunlichst gleichmäßig auf die Oberfläche eines Reagensglases von völlig gleichmäßiger Weite und koaguliert durch Eintauchen in Wasser oder Ammonsulfat. Vielleicht dürften konisch verjüngte Gläschen, wie sie als Einsätze in Zentrifugen gebraucht werden, noch geeigneter sein, um das Abstreifen des Säckchens von dem Glaskörper zu erleichtern. Der gen. Autor hält Celluloseexanthogenat für noch günstiger als Cellit.

Derartige Membranen sind weit widerstandsfähiger als die Kollodiumhäute, leichter herzustellen und von ausgezeichneter Wirkung.

Keramische Massen. Für Lösungen, welche organische Membranen angreifen, empfiehlt sich die Anwendung poröser Tonzellen. (S. auch die Ausführungen über Cellafilter unter „Ultrafiltration".)

Um Kolloide von Krystalloiden, die beide in Äther, Ligroin, Alkohol usw. gelöst sind zu trennen, kann man auch Gummimembranen benutzen. Hierzu werden Gummisorten angewandt, die durch langes Liegen in Äther ihre Elastizität nicht verändern.

δ) *Behandlung der Membranen und allgemeine Dialysiervorschriften.*

Die Aufbewahrung der Membran erfolgt je nach ihrer Art verschieden. Vor der Dialyse sind sie stets auf ihre Dichte zu prüfen. Man eicht die Dialysatoren, indem man sie z. B. mit einer 0,05proz. Nachtblaulösung prüft, die die Membran nicht passieren darf. Man kann auch mit anderen kolloiden Farbstoffen, wie Kongorot, Molybdänblau usw., prüfen. Undichte Stellen werden durch Eiweißlösung, die erwärmt wird, gedichtet. Auch mit einem Leim, der aus 10 g Gelatine, 50 cm³ Wasser und 0,5 g Kaliumbichromat besteht, und in dunklen Flaschen aufbewahrt und vor dem Gebrauch auf dem Wasserbad erwärmt wird, kann man dichten, da er am Licht undurchlässig wird.

Ebenso eignet sich eine Verdünnung von gleichen Teilen Kollodiumlösung DAB. und konzentrierter, alkoholischer Schellacklösung 1 : 1 mit Alkoholäther. Die Membranen werden derartig befestigt, daß sie membranartig zwischen Ringe fest eingeklemmt werden, oder daß mit ihnen die Gefäßöffnung umwickelt wird. Die Befestigung erfolgt durch ein Band, die Dichtung gegen das Glasgefäß mittels Kanadabalsam. Hülsen oder Schläuche werden ebenfalls an Glasrohre befestigt.

Da Kollodiumhülsen im Gebrauch durch normale wie anormale Osmose leicht überlaufen, ist es zweckmäßig, sie mit einem Steigrohr zu verschließen.

Zu diesem Zweck schiebt man die fertige Hülse 1—2 cm auf eine Glasmanschette passender Weite, am besten auf ein einige Zentimeter langes Stück desselben Glasrohres, auf dem man die Hülse hergestellt hat. Dann fächelt man die Glasmanschette mit dem daraufgezogenen Rand der Hülse vorsichtig in der Flamme eines Glasbrenners, wobei der Hülsenrand abtrocknet und sich um die Manschette fest zusammenzieht. Es ist hierbei darauf zu achten, daß nur das dem Glas aufliegende Kollodium mit der Flamme in Berührung kommt, nicht aber die eigentliche Hülse, da in diese sofort Löcher einbrennen! Den Rand der Hülse befestigt man dann vollkommen dicht auf der Manschette, indem man ihn durch herumgegossene Kollodiumlösung möglichst rasch festklebt. Während nämlich diese Kollodiumlösung antrocknet, darf der eigentliche Hülsenkörper unter dem unteren Rand der Manschette nicht austrocknen, da er sonst völlig impermeabel wird. Der Kollodiumring wird bei Zimmertemperatur völlig getrocknet, bis zur Verdunstung des gesamten Alkohols, indem man die Hülse senkrecht aufstellt und bis zum unteren Rand der Glasmanschette mit Wasser füllt. Hierdurch ist einer Austrocknung des eigentlichen Hülsenkörpers genügend vorgebeugt. In solche mit einer Glasmanschette endigenden Dialysierhülsen kann man leicht und oft einen Gummistopfen mit Steigrohr einsetzen, was bei Hülsen mit ungeschütztem Rand meist bald zum Einreißen der Hülse führt (s. WEBER [218]).

Je größer die Oberfläche der Dialysiermembran, desto schneller erfolgt die Dialyse. Daher sind verschiedenartige, gefaltete, oberflächenvergrößernde Formen vorgeschlagen worden.

Höhere Temperatur beschleunigt die Dialyse, ebenso ständige Bewegung. Da die Dialyse auf einem Konzentrationsausgleich beruht, ist es notwendig, die Flüssigkeit, gegen die man dialysiert, des öfteren zu wechseln oder sie fließend anzuordnen. Mitunter ist es auch notwendig, den Inhalt des Dialysators, der sich durch Osmose der Außenflüssigkeit verdünnt, einzuengen (eventuell im Vakuum). Dialysiert man gegen Leitungswasser, so beendet man die Dialyse, indem man mehrere Male gegen destilliertes Wasser dialysiert.

Durch Zusatz von Desinfektionsmitteln (Chloroform) zur Außenflüssigkeit bzw. durch Überschichten beider Flüssigkeiten mit Toluol ist einer Fäulnis organischer Kolloide vorzubeugen.

2. Apparate zur Dialyse.

Die Grundform aller Dialysierapparate besteht darin, daß 2 Gefäße, die durch eine Membran getrennt sind, ineinandergesetzt werden. Sehr häufig kann das innere Gefäß durch eine Membranhülse ersetzt werden. Die zu dialysierende Flüssigkeit kommt gewöhnlich in die Hülse, die Flüssigkeit, gegen die man dialysiert, in das Außengefäß.

Die Leistung eines Dialysators ist im wesentlichen abhängig von vier Faktoren: 1. Beschaffenheit der Scheidewand (Diffusionsmittel), 2. Größe der Scheidewand im Verhältnis zu der zu dialysierenden Flüssigkeit, 3. Konzentrationsunterschied der Lösungen beiderseits der Scheidewand, 4. Temperatur und Temperaturunterschied der Lösungen beiderseits der Scheidewand.

Alle Modifikationen von Dialysierapparaten bestehen darin, durch Unterstützung einer der Faktoren, die die Dialyse beschleunigen, die Geschwindigkeit der Dialyse zu vergrößern.

Eine einfache Anordnung, die das Grundprinzip der Dialyse gut zeigt, dazu auch ein steriles Arbeiten ermöglicht, ist der Dialysator nach PROSKAUER (*Vereinigte Fabriken für Laboratoriumsbedarf, Berlin*). Er besteht aus einem Pergamentbeutel, der in einem Gefäß hängt, durch das ein kontinuierlicher Wasserstrom geleitet wird. Die Öffnung des Dialysiergefäßes ist mit Watte verschließbar. Eine ähnliche einfache Vorrichtung für aseptische Dialyse beschreibt auch MULLER (144). Dialysiervorrichtungen, bei denen die Außenflüssigkeit (fast stets Wasser) strömt, wodurch die Dialyse sehr beschleunigt und vollkommener wird, zeigen die Abb. 90 u. 91. Aus ihnen geht die Anordnung deutlich hervor. Eine ohne weiteres verständliche Vorrichtung s. auch Abb. 92. Einen einfachen, dauernd wirkenden Apparat zur Reinigung kolloidaler Stoffe beschreibt BUNGENBERG DE JONG (33). Er fand insbesondere zur Agarreinigung Anwendung. Ein Dialysator, der mit Membranen arbeitet und ein Rühren der zu dialysierenden Flüssigkeiten mittels Wasserturbine gestattet, ist der Dialysierapparat nach SIEGFRIED (*Lieferant Franz Hugershoff, Leipzig*). Die mittlere Kammer, die mit einem Volumen von 2,5, 1 oder 0,08 Liter geliefert wird, nimmt die zu dialysierende Flüssigkeit auf, während die durch ein Rohr kommunizierenden Seitenkammern mit Wasser durchströmt werden (s. Abb. 93).

Eine Beschleunigung erreicht man auch durch die Anwendung der Gleitdialyse nach THOMS (201—204). (Die Apparatur ist erhältlich bei *Altmann, Berlin NW*, Luisenstraße.)

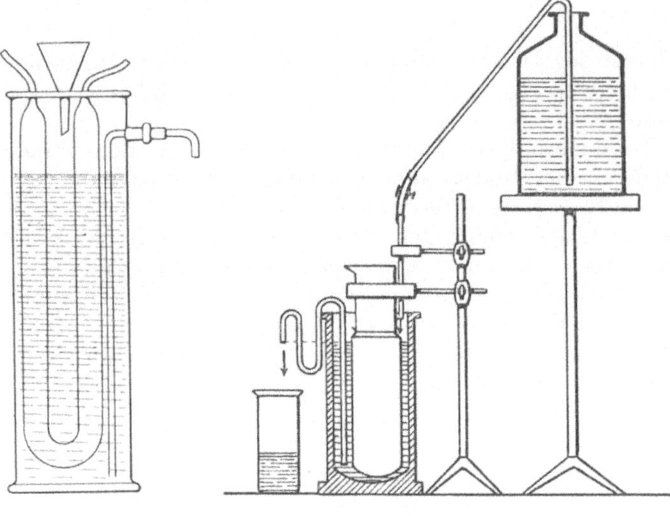

Abb. 90. Abb. 91.

Abb. 90 u. 91. Dialysiervorrichtungen.

Der Apparat kann durch Zusammenfügen zweier mit Schliff versehener gleich großer tubulierter und mit Korken verschließbarer Exsiccatordeckel zusammengestellt werden. Als Membran wird Pergamentpapier gut schließend als Trennungswand dazwischen geklemmt. Durch Anziehen von Klemmschrauben werden die beiden Deckel aneinandergepreßt und in einen Führungsring eingesetzt, der in eine rotierende Achse eingebaut ist. An der Welle befindet sich ein Triebrad, das durch einen Motor oder ähnliches in Bewegung gesetzt wird. Der Apparat kann auch in eine Schaukel eingebaut und in einen Brutschrank eingesetzt werden.

Ein anderer Schnelldialysator ist von GUTBIER, HUBER und SCHIEBER (72) angegeben. Die Apparatur beruht darauf, daß eine Pergamentmembran über einen Umdrehungskörper gezogen wird, der aus einer Holzscheibe und Glasstäben gebaut ist. Die Membran mit dem Drehkörper wird in der Außenflüssigkeit schnell gedreht, während die zu dialysierende Flüssigkeit innerhalb der Membran durch einen Rührer in umgekehrter Richtung bewegt wird. Die Wirksamkeit der Apparatur soll sehr gut sein. (Die Apparatur ist beziehbar durch *Dr.-Ing. W. Schieber*, Bopfing in Württemberg.) Ein neues Modell des Schnelldialysators beschreiben GUTBIER und FAHR (71a) (*Hersteller Wagner & Munz, München*).

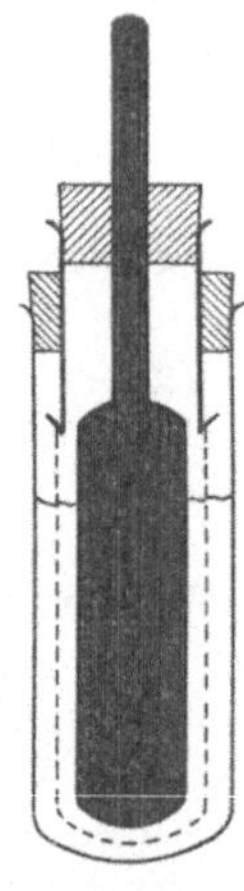

Abb. 92. Ein geschlossenes Glasgefäß oder eine Glasstange steht im Innern der Kollodiumhülse. Dadurch wird die relative Oberfläche der dialysierenden Flüssigkeit vergrößert; ferner kann ihr Niveau gut geregelt werden.

Der für präparative Zwecke geeignetste Dialysator ist nach RHEINBOLDT (167) eine Verbesserung des GUTBIER, HUBER und SCHIEBERschen Dialysators, der Schnelldialysator der *Mineralchemie A.-G.* Oeslau bei Koburg (s. Abb. 94). Zweckmäßig ist es, mit 5 Liter Wasserdurchgang pro Stunde und 100—150 Umdrehungen des Membransackes zu arbeiten. Der Membransack, der aus *einem* Stück Pergament besteht, ist in Falten gelegt. Der Apparat wird in zwei Größen für 100 und 1000 cm^3 geliefert. Für die Dialyse kleiner Kolloidmengen wird als Spezialgerät von der gleichen Firma ein Dialysator hergestellt, in dem mittels auswechselbarer Steinguteinsätze drei verschiedene Größen der *Schleicher & Schüll*schen Diffusionshülsen Nr. 579 verwendet werden können.

Einen ähnlichen Dialysator, der rotiert, beschreiben ASTRUC und CANALS (5).

Eine einfache Form eines rotierenden Dialysators beschreiben WRIGHT und RULE (227). Er besteht aus zwei gegeneinander gepreßten Trichtern mit dazwischen ausgespannter Membran. Durch Drehung der Trichterachse läßt sich die Apparatur rotieren.

Eine Bewegung der Flüssigkeit zur Beschleunigung der Dialyse benutzen ebenfalls KUNITZ und SIMMS (123).

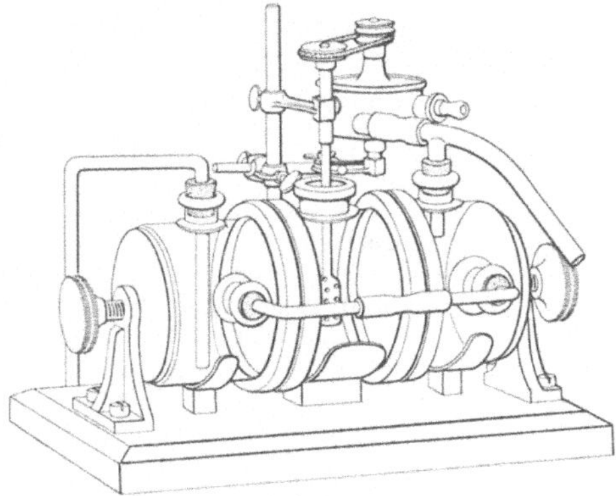

Abb. 93. Dialysierapparat nach SIEGFRIED.

Substanzen, die durch Dialyse gereinigt werden sollen, gibt man zusammen mit einer kleinen Kugel (oder mit einer Luftblase in Kollodiumbeutel), die verschlossen und in Glasröhren auf einer Schüttelmaschine befestigt werden. Durch die Glasröhre zirkuliert destilliertes Wasser von gewünschter Temperatur derart, daß pro Minute jeder Beutel von ca. 8 ccm Wasser umspült wird, während die Maschine in Bewegung ist. Das Rollen der Kugeln verursacht eine Bewegung der Substanz, wodurch z. B. erreicht wird, daß Salze von einer Eiweißlösung in 24 bis 48 Stunden abzutrennen sind.

Um kleine Substanzmengen zu dialysieren, werden verschiedenartige Anordnungen beschrieben. So sei auf die Anordnung des Wasserrosenblatt-Dialysators hingewiesen (s. S. 113).

Einen Mikrodialysierapparat, der aus einfachsten Mitteln aus ineinandergeschobenen Glasröhrchen herzustellen ist, gibt BAER (8) an.

Die Dialyse kleiner Mengen (Serum) unter sterilen Bedingungen beschreibt VOGE (215) folgendermaßen:

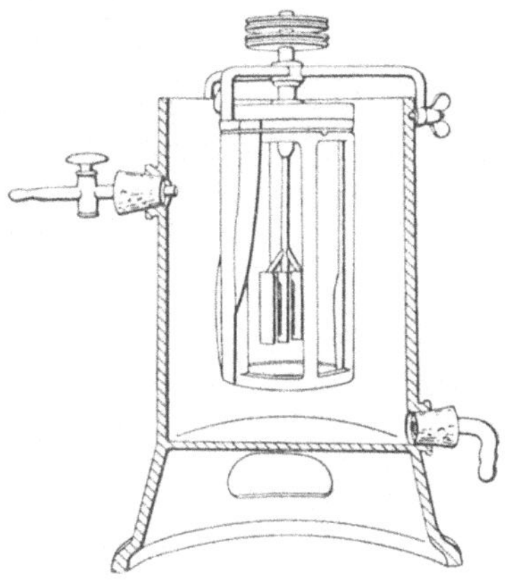

Abb. 94. Dialysator nach GUTBIER, HUBER und SCHIEBER.

Die Dialysierhülsen werden aus einer Lösung von 3 g Pyroxylin in 80 g Äther und 20 g Alkohol in einem Zentrifugenröhrchen hergestellt. Serum wird in einer sterilen Pipette mit Gummihütchen aufgesaugt, in die Dialysierhülse gepreßt und die Dialysierhülse an der Pipette befestigt. Einhängen in steriles Wasser, Durchlauf des Dialysierwassers von einer sterilen, hochstehenden Flasche, Überlauf aus der Flasche, in der die Dialysierhülse steckt. Nach Beendigung Aufsaugen in die Pipette, steril zentrifugieren.

Für die Dialyse leicht oxydabler kolloid-disperser Systeme wird von GUTBIER und OTTENSTEIN (73) ein Überschichten mit flüssigem Paraffin oder gereinigtem Öl und die Anwendung geschlossener Dialysatoren empfohlen. Für besonders oxydationslabile Systeme wird eine Anordnung beschrieben, die gestattet, das Außenwasser zu erneuern und Proben der Innenflüssigkeit, wie des gesamten Dialysatorinhaltes zu entnehmen, ohne daß eine Berührung mit Luft stattfindet.

Zur quantitativen Erfassung des Dialysates ist von GOLODETZ (65) eine Einrichtung angegeben, die dem Prinzip der SOXHLETschen Extraktionsapparate nachgebildet ist. (Der Apparat ist zu beziehen durch *Vereinigte Fabriken für Laboratoriumsbedarf*, Berlin N.) Der Apparat kann auch zur Dialyse im Vakuum verwendet werden. Die Vorrichtung zeigt Abb. 95. Als Membran dient ein nach Durchweichung nach innen gestülpter Pergamentschlauch. Es entseht ein ringförmiger Schlauch, dessen enger konzentrisch, zylindrischer Raum mit der zu dialysierenden Substanz gefüllt wird. Der Kochkolben wird zur Hälfte mit Dialysierflüssigkeit gefüllt, die zum Sieden erhitzt, durch den Kühler wieder abfließt, die Membran umspült und durch das axiale, zylindrische Gefäß wieder in den Kolben abläuft. Die Erwärmung des Dialysierzylinders (bei siedendem Wasser als Extraktionsmittel auf 40—50°) beschleunigt die Dialyse.

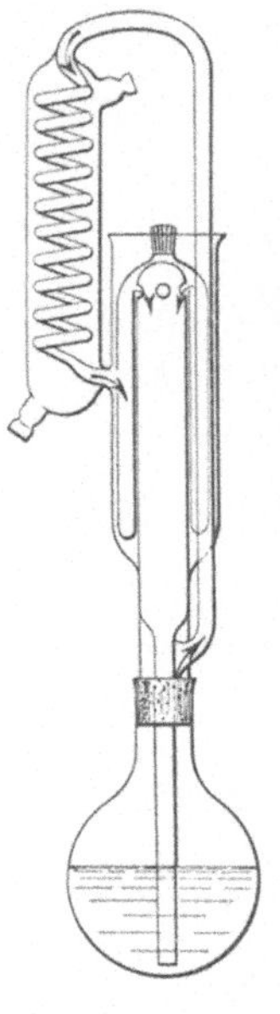

DANCKWORTT und PFAU (37) beschreiben einen anderen Extraktionsdialysator.

Der von *Max Landgraf*, Hannover, hergestellte Apparat besteht aus einem exsiccatorähnlichen Gefäß, in dem zwischen Porzellanringen der bis 2 Liter fassende Kollodiumsack eingehängt wird. Die Außenflüssigkeit läuft durch einen Abflußtubus in ein System von zwei übereinanderliegenden Hahnglasröhren und dann in einen Siederundkolben. Die obere der Hahnröhren wirkt als Heber und der Abfluß wird so reguliert, daß die Flüssigkeit im Rundkolben nicht aus dem Sieden kommt. Die entweichenden Dämpfe passieren ein mit Luftmantel versehenes Rohr, werden im absteigenden LIEBIG-Kühler kondensiert und tropfen wieder in die Außenflüssigkeit zurück. Die untere der beiden Hahnröhren dient zur völligen Entleerung der Außenflächen. Die Dialyse kann auch im Vakuum, mit oder ohne Rühren, vorgenommen werden. Letzteres erübrigt sich meistens, da im Vakuum die Bewegungen innerhalb des Kollodiumsackes lebhaft genug sind.

Abb. 95. Extraktions-Dialyse nach GOLODETZ.

Eine Vorrichtung zur Dialyse im Vakuum ist von MANN (133) angegeben (Abb. 96). In den Teil V wird die Dialysierhülse B gehängt und dann so weit mit Dialysierflüssigkeit gefüllt, daß sie gerade in den Kolben F überfließt. Dann wird evakuiert und der Hahn S geschlossen. Durch Erwärmen des Kolbens F wird ein Umlauf der Dialysierflüssigkeit bewirkt.

Um in einem indifferenten Gase zu dialysieren, kann man vor dem Evakuieren die Luft durch das Gas verdrängen.

Von HANKE und KOESSLER (83) wird eine Apparatur beschrieben, die eine Dialyse gegen immer frisches, destilliertes Wasser unter Gleichbleiben des Gesamtvolumens ermöglicht. Die Diffusion kann bei konstanter Temperatur und unter vermindertem Druck erfolgen. Die Apparatur eignet sich auch zur Extraktion.

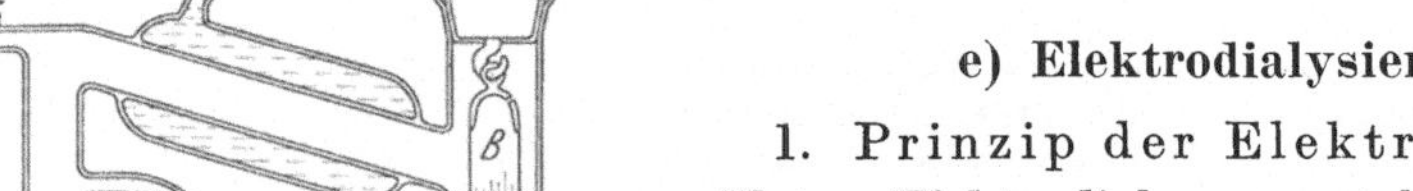

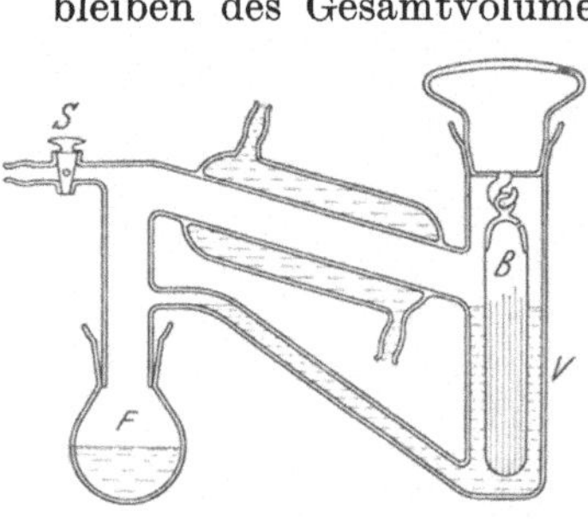

Abb. 96. Dialyse im Vakuum nach MANN.

e) Elektrodialysieren.

1. Prinzip der Elektrodialyse.

Unter Elektrodialyse versteht man den elektrischen Transport von membrandurchgängigen Ionen durch kolloidundurchlässige Membranen. Im folgenden sei die Darstellung des Methodenprinzips von ETTISCH (46, s. a. 170) gegeben.

„Die Elektrodialyse (abgekürzt ED) ist eine Dialyse, die dadurch beschleunigt wird, daß man sie im elektrischen Felde vor sich gehen läßt. Auch ihr kommt also primär der Zweck zu, flüssige Substanzgemische zunächst und hauptsächlich von Elektrolyten zu befreien. Dabei besteht aber außerdem die Möglichkeit, auch Nichtelektrolyte aus jenem Gemisch mit fortzuschaffen (s. w. u.). Die Feldanlegung aber zwingt dazu, für die ED, gegenüber der einfachen Dialyse, besondere Anordnungen hinsichtlich der Apparatur zu treffen, in der sie vor sich gehen soll. Das elektrische Feld bewirkt zunächst, daß Anionen und Kationen in entgegengesetzter Richtung das Substanzgemisch verlassen. An den Elektroden erfolgt sodann aber der Übergang der Ionen in Moleküle usw. (Elektrolyse). Es ist daher notwendig, die Auswanderung in besondere abgeschlossene Räume zu leiten, damit das zu reinigende Substanzgemisch von den abgesonderten Ionen getrennt bleibt. Ferner ist es erforderlich, jene Elektrolysenprodukte zu entfernen, um Rückdiffusionen von Säuren bzw. Laugen zu verhindern.

Diesen Bedingungen wird am einfachsten genügt durch Verwendung eines Dreikammersystems, wie es das Schema der Abb. 97 angibt.

Von den 3 Kammern I, II, II' der Elektrodialysierzelle enthält die mittlere I die zu dialysierende Substanz. Sie wird als Mittelkammer, auch Dialysierkammer bezeichnet. Die beiden endständigen Kammern II und II' enthalten die Elektroden E und E'. Durch sie fließt dauernd der spülende Strom von destilliertem Wasser. Er tritt bei E_1 bzw. E_2 ein, und bei A_1 bzw. A_2 wieder aus. Diese Kammern heißen Endkammern, Elektrodenkammern, auch Spülkammern. Sie sind von der Mittelkammer durch Membranen $M+$ bzw. $M-$ getrennt. An die Elektroden wird die Spannung einer Gleichstromquelle B gelegt, unter Einschalten eines Amperemeters mit den Meßbereichen von etwa 1 Milliampere bis 10 Ampere. Der Regulierwiderstand R regelt die Spannungsverteilung. Das Voltmeter V zeigt an, welches die jeweilige Spannung zwischen den Klemmen der Elektroden (Dialysierspannung) ist. Damit ist man auch über den jeweiligen Widerstand zwischen den Elektroden unterrichtet. Bei solcher Anordnung werden die Elektrolyte aus der Zelle beschleunigt herausgeholt, da die Membranen für diese durchlässig sind. Die Membranen besitzen aber Eigenladung. Es muß daher stets auch eine elektroosmotische Wasserüberführung stattfinden. Bei diesem Vorgang können auch solche Moleküle bzw. Molekülkomplexe die Mittelkammer verlassen, die durch die Membranen eben noch hindurchzutreten vermögen. Auch solche Körper, die in der Mittelkammer nur zu einem äußerst geringen Bruchteil dissoziiert vorhanden sind, werden durch die ED daraus entfernt werden können. Es bleiben also alle diejenigen Körper in der Mittelkammer zurück, die die Membranen nicht durchtreten lassen. Das können große Ionen, große Moleküle usw. sein. Es hat sich gezeigt, daß es im Einzelfalle darauf ankommt, was für Substanzgemische man von Elektrolyten und Nichtelektrolyten befreien soll. Bei gegebenen Membranen, gegebener Spülung und Apparatekonfiguration zeigt die ED einen Verlauf, eine Dauer und einen Endzustand, der abhängt von Natur, Konzentration, Mischungsverhältnis der zu dialysierenden Substanz i. B. Elektrolyte und Nichtelektrolyte. Es ist ferner von hoher Bedeutung, ob die Mittelkammer auch noch Kolloide enthält. Dabei spielt eine Rolle, von welcher Art diese sind. Ferner ist zu beachten, daß die Entfernung von Elektrolyten oder Nichtelektrolyten aus einem Gemisch mit einer oder mehreren anderen Substanzen dazu führen kann, *sekundär* an diesem zurückbleibenden Gemisch Änderungen hervorzurufen, wodurch dieses etwa aus dem gelösten Zustand in den ungelösten übergeht. Dieser Fall zeigt sich gerade bei der Elektrodialyse an Eiweißlösungen (z. B. von Serum) verwirklicht. Aber nicht nur Fällungen können auf diesem Wege zustande kommen, sondern auch noch andere Wirkungen, z. B. Synthesen. Es zeigt sich also, daß es eine ED schlechthin nicht gibt, sondern nur eine solche mit einer bestimmten Substanz zu einem bestimmten Zweck, und schließlich, wie noch zu zeigen sein wird, mit einer bestimmten Membrankombination. Je nachdem die Umstände eine Änderung vorschreiben, ist die Anordnung irgendwie zu ändern. Dabei wird jedesmal ein Probeversuch entscheidend sein müssen.

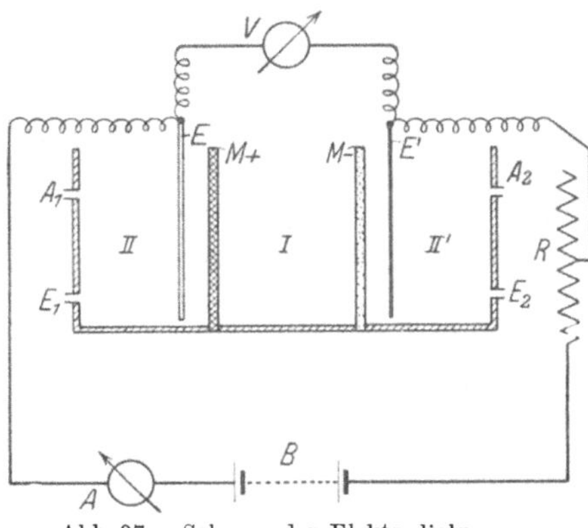

Abb. 97. Schema der Elektrodialyse.

2. Apparate zur Elektrodialyse.

Von Apparaturen zur Elektrodialyse seien folgende Ausführungen genannt, die besonders für Laboratoriumsversuche zur Anwendung gelangen.

Elektrodialyse nach Pauli (155a). Es wird in der Regel durch gewöhnliche Dialyse vorgereinigtes Material benutzt. Der angelegte Strom überschreitet meist nicht eine Dichte von 0,8—0,3 Milliampere pro Quadratzentimeter Membranfläche. Bei dieser Anordnung ist es ohne weiteres möglich, zwei Pergamentpapier- oder Kollodiummembranen zur Abgrenzung des Kolloides zu gebrauchen. Die Elektrodialyse führt auf diesem Wege meist in 48 Stunden zum Ziele und kann bei 440 Volt direkter Spannung ausgeführt werden. Bedingung ist, daß keine Reaktionsänderungen in der Mittelzelle auftreten.

Die Apparatur zeigt die Abb. 98. Die Pergamentpapier- oder Kollodiummembranen werden entsprechend geschnitten und am Rande gut mit Vaselin gefettet. Sie halten infolge des guten Schliffes vollständig dicht beim Zusammensetzen und Anziehen des Apparates. Die Montierung erfolgt in vertikaler Stellung, darauf wird der Apparat horizontal umgelegt. Die zwei Außenzellen sollen getrennt mit Wasser durchspült werden. Als Anoden werden Platindrahtnetzelektroden, als Kathoden auch solche aus Silber- oder aus Kupferdraht verwendet. Die größeren Apparate, die nur zur Vorreinigung dienen, werden mit Graphitelektroden justiert. Bei einiger Erfahrung lernt man es bald, mittels einer eingeschalteten, sehr schwach glühenden Lampe und Widerständen die Stromstärke auch ohne Amperemeter abzustufen, bis man die volle Spannung anlegen kann.

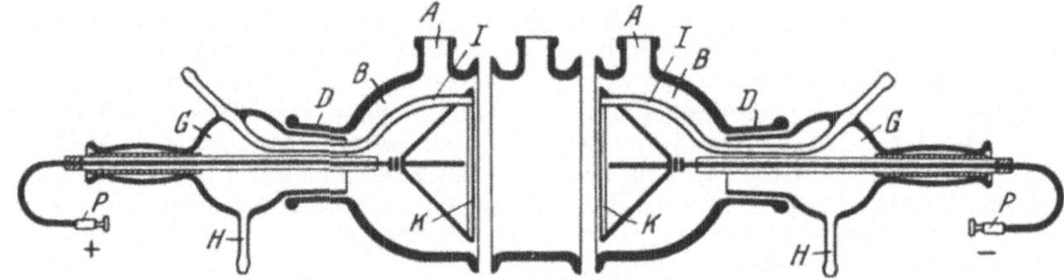

Abb. 98. Apparat zur Elektrodialyse nach Pauli.

Elektrodialyse nach Freundlich und Loeb (54). Der benutzte Apparat hat die Form des Paulischen. Er besteht aus drei Teilen, die mit Schliffen aufeinander passen. Die Membranen werden mit Cellonlack befestigt (man kann auch Gummiringe verwenden).

Fuchs und Honsig (59) berichten über einen einfachen Laboratoriumsapparat zur Elektrodialyse.

Elektrodialyse nach Ettisch (46). Die Apparatur ist speziell zur Elektrodialyse von Serum beschrieben worden, kann aber zweckmäßig allgemein zur Elektrodialyse von Eiweißlösungen Anwendung finden. Hinsichtlich aller Einzelheiten insbesondere hinsichtlich der Herstellung und Kombination verschiedener Membranarten (Kollodium-, Albuminkollodium- und Gelatinekollodium-Membran) muß auf die eingehende Darstellung von Ettisch verwiesen werden.

B. Trennung auf Grund verschiedener Löslichkeit.

a) Die wichtigsten Lösungsmittel.

Die wichtigsten Lösungsmittel sind organische Substanzen. Sie werden zumeist zum Ausschütteln, Extrahieren und Krystallisieren gebraucht und seien im folgenden kurz zusammengestellt.

Es sei darauf hingewiesen, daß stets die reinsten Lösungsmittel verwandt werden sollen, da man mit unreinen Lösungsmitteln häufig Schmieren erhält.

Äther. Gewöhnlicher Äther des Handels enthält gelegentlich Verunreinigungen von Alkohol, der auf starke organische Säuren veresternd wirken kann, ferner, wenn er im Licht und in Berührung mit Luftsauerstoff aufbewahrt wird, Aldehyde, Säuren, Peroxyde und Wasserstoffsuperoxyd. Der Gehalt an Wasserstoffsuperoxyd kann zu Zerstörung empfindlicher Substanzen, der an Peroxyden besonders bei der Extraktion von Fetten beim Eindampfen zu gefährlichen Explosionen führen. Zur Reinigung käuflichen Äthers bzw. zur Herstellung von Narkoseäther verfährt man nach Guérin (69) folgendermaßen:

Man schüttelt den käuflichen Äther je $^1/_2$ Stunde lang mit 3 Volumenprozent des sauren Merkurisulfatreagenses von Denigès, bis nur ein weißer oder gar kein Niederschlag mehr entsteht, dekantiert, filtriert und läßt den Äther eine längere Zeit mit einem großen Überschuß an getrocknetem und gelöschtem Kalk und pulverisiertem Chlorcalcium unter Umschütteln stehen, filtriert und destilliert. Die Aufbewahrung erfolgt lichtgeschützt in dunklen Flaschen. Äther ist in Wasser bei 15° zu 8,22%, bei 20° zu 7,08% löslich. Umgekehrt wird auch Wasser in Äther gelöst. Zum Trocknen darf man nicht Phosphorpentoxyd anwenden. Ebenso vermeide man ein Ausäthern salpetersäurehaltiger Lösungen, da durch Bildung eines unbeständigen Nitrates beim Eindampfen des getrockneten Äthers Explosionen und Entwicklung nitroser Dämpfe entstehen können. Aus Korkstopfen extrahiert Äther Substanzen, die mit Kalilauge eine gelbe Färbung ergeben.

Petroläther. An Stelle von Äther wird wegen seiner Billigkeit, besonders für technische Zwecke, Petroläther angewandt. Flüssige und ungesättigte Fettsäuren sind in Petroläther leicht, Laurin- und Myristinsäure nur wenig und andere feste Fettsäuren fast gar nicht löslich.

Häufig lösen sich Substanzen, die sich in Äther, Chloroform und Benzol leicht lösen, schwer in niedrig siedendem Petroläther. Eine Mischung mit Äther und Petroläther ist daher zum Krystallisieren oft zweckmäßig.

Äthylalkohol. Der für jedes Arbeiten mit organischen Lösungsmitteln äußerst wichtige Äthylalkohol enthält oft Aldehyd und fast stets Säuren. Zur Entfernung desselben versetzt man den Alkohol mit 6—7 % Ätzkali, erhitzt 8—10 Stunden am Rückflußkühler zum Sieden und destilliert.

Technischer Alkohol wird nach VANINO (213) derart gereinigt, daß man ca. 4 Liter Alkohol mit 1 kg gebranntem Marmor und 20 g gepulvertem Kaliumpermanganat mischt, 1 Woche lang unter gelegentlichem Schütteln stehen läßt und dann abfiltriert. Während des Destillierens fängt man von dem Destillat wiederholt 10 cm^3 mit 1 cm^3 starker siruпöser Kalilauge auf und läßt diese 20 Minuten stehen. Tritt keine Gelbfärbung mehr ein, so wird der nunmehr übergehende Alkohol gesondert aufgefangen. Die Destillation wird unterbrochen, wenn noch ungefähr 100 cm^3 Alkohol sich in der Flasche befinden. Zur Entfernung der letzten Wasserspuren aus absolutem Alkohol dient am besten geraspeltes metallisches Calcium. 1 Liter gewöhnlicher, absoluter Alkohol wird mit 20 g Calcium mehrere Stunden lang am Rückflußkühler erwärmt und destilliert. Man erhält einen 99,9proz. Alkohol. Siedepunkt bei 760 mm Druck 78,4°. Spezifisches Gewicht bei 15,4° 0,79367. Wasserfreier Alkohol ist äußerst hydroskopisch.

Benzol. Benzol ist oft mit Thiophen verunreinigt. Man verwendet daher stets Benzol krystallisiert, das übrigens meist noch etwas Toluol enthält. Benzol, das häufig durch Schwefelkohlenstoff verunreinigt ist, reinigt man durch Kochen mit alkoholischer Kalilauge, Waschen mit Wasser und Abdestillieren. Benzoldämpfe sind giftig!

Toluol. Toluol soll vor der Benutzung einige Male mit konzentrierter Salzsäure, dann mit konzentrierter Schwefelsäure geschüttelt, mit Wasser gewaschen, getrocknet und destilliert werden.

Chloroform. Chloroform ist besonders im Licht leicht zersetzlich. Es ist daher dunkel aufzubewahren. Narkosechloroform enthält Alkohol zur Erhöhung der Haltbarkeit. Zur Entfernung des Alkohols schüttelt man entweder mit Wasser oder trocknet das Chloroform mit Calciumchlorid, wodurch der Alkohol gebunden wird. Starke Basen können Chloroform zersetzen. Aldehydartige Verunreinigungen bedingen eine sofortige rotbraune, ins grünschwarz übergehende Fällung. Vorschriften zur Prüfung des Chloroforms gibt das D. A. B.

b) Ausschütteln.

1. Allgemeine Bemerkungen zum Ausschütteln.

Durch Ausschütteln einer Lösung mit einer Flüssigkeit, die mit der Lösung nicht mischbar ist, in der sich aber der gelöste Körper ebenfalls löst, gelingt es, diesen Körper von dem ursprünglichen Lösungsmittel und hierdurch von anderen Lösungsgenossen zu trennen. Durch Abdestillation des zweiten Lösungsmittels, in das die Substanz übergegangen ist, wird es dann möglich, sie zu isolieren.

Das Verhältnis der in der Volumeneinheit enthaltenen Substanzmenge in beiden Lösungsmitteln wird als Teilungskoeffizient bezeichnet. Derselbe ist bei gegebener Temperatur und nach Eintritt des Gleichgewichtszustandes eine Konstante, da sich eine Substanz in beiden Lösungsmitteln stets im Verhältnis der maximalen Löslichkeiten verteilt. Vorauszusetzen ist, daß die gelöste Substanz in beiden Lösungsmitteln das gleiche Molekulargewicht aufweist. Bei Anwesenheit verschiedener gelöster Substanzen verteilt sich dieselbe völlig unabhängig voneinander. Aus dieser Voraussetzung ergibt sich an Hand einer einfachen Überschlagsrechnung, daß man mit einer gegebenen Menge eines Ausschüttelungsmittels ein vollkommeneres Ausschütteln erreicht, wenn man mit kleineren Portionen mehrmals ausschüttelt als mit größeren Teilmengen weniger oft.

Man kann die Substanzmengen, die nach Ausschüttelung in einer wäßrigen Lösung zurückbleibt, berechnen, wenn man die Menge der gelösten Substanz x_0, die Menge des Ausschüttelungsmittels m, die Menge des wässerigen Lösungsmittels l und den Teilungskoeffizienten k kennt. Es ist dann $x_n = x_0 \cdot \left[\frac{k \cdot l}{m + k \cdot l}\right]^n$. Eine große Zahl von Fällen fügt sich diesem einfachen Verteilungssatz, doch gibt es auch Fälle, bei denen infolge von Verbindungen zwischen gelösten Stoffen und den meist organischen Ausschüttelungsmitteln der Verteilungssatz nicht befolgt wird.

Die Abtrennung der Schichten nicht miteinander mischbarer Flüssigkeiten geschieht in sog. Scheidetrichtern (s. w. u.). Häufig kommt es vor, daß sich nach dem Schütteln das Gemisch nicht trennt, sondern daß sich eine Emulsion ergibt oder daß sich an Stelle der Grenzschicht eine unklare blasige Masse bildet. Eine solche Emulsion verschwindet mitunter nach weiterem Verdünnen mit einem der beiden Lösungsmittel; oder man kann versuchen, die Emulsion einer wäßrigen Lösung dadurch zu beseitigen, daß man eine stark konzentrierte Lösung von NaCl oder eines anderen Elektrolyten, wie Ammoniumsulfat oder Calciumchlorid, zusetzt. Kommt man hiermit nicht zum Ziel, so gelingt es oft, durch Filtration des Flüssigkeitsgemisches durch ein dichtes Filter zu einer Klärung zu kommen. Am sichersten und leichtesten gelingt die Trennung des Gemenges durch Zentrifugieren. Bei Ausschütteln mit Äther, Benzol oder Chloroform führt mitunter ein Zusatz von etwas Alkohol zur Trennung.

Nach Trennung der beiden Schichten und Entfernung der einen ist es oft nötig, die zu gewinnende Schicht zu waschen. Das Waschmittel wird durch die chemische Natur der Substanz bedingt.

Ist das Ausschüttelungsmittel mit der ursprünglichen Lösung mischbar, so gelingt es mitunter, die beiden Flüssigkeiten dadurch zu trennen, daß man eine dritte Substanz zusetzt, die nur in der einen Flüssigkeit löslich ist. So kann man z. B. Alkohole aus wäßriger Lösung durch Zusatz von Pottasche abscheiden; und zwar scheiden sich in einem Alkoholgemisch die höheren Alkohole früher ab als die niedrigeren. An Stelle von Kaliumcarbonat ist oft die Anwendung von Kaliumfluorid zweckmäßig.

2. Apparatur zum Ausschütteln.

Scheidetrichter. Außer der gewöhnlichen birnenförmigen Form des Scheidetrichters sind auch flache Formen sowohl von SCHÜTTE (180) als auch von PARKER (155) vorgeschlagen worden. Derartige Apparate eignen sich besonders zur Extraktion von Flüssigkeiten, die leicht Emulsionen bilden.

Um nach dem Ablassen der untersuchten Flüssigkeit auch die obere ablassen zu können, ohne sie mit den im Hahnrohr verbleibenden Resten der schwereren Flüssigkeit zu verunreinigen, sind Scheidetrichter angegeben, die einen doppelt durchbohrten Hahn und getrennte Abflußrohre besitzen.

Ein zweckmäßiges Verfahren bei oftmaligem Ausschütteln einer Flüssigkeit besteht darin, 2 Scheidetrichter in einem Stativ mit Schütteltrichter übereinander derart anzubringen, daß der Ablauf des oberen in den unteren hineinragt. Man schüttelt zunächst im oberen Scheidetrichter, läßt die extrahierte Unterschicht in den zweiten Trichter, schüttelt diesen mit frischem Extraktionsmittel, läßt in den ersten, nunmehr auf dem Stativ nach unten versetzten Trichter ab usw.

Schaukelextraktion nach WIDMARK (221). Der abgebildete Apparat, Abb. 99, besteht aus zwei, durch eine breite Kommunikation verbundenen Scheidetrichtern mit möglichst flachen Böden. Der Glasapparat wird in einem beweglichen Stativ befestigt, das durch einen kleinen elektrischen Motor in eine regelmäßig langsam schaukelnde Bewegung versetzt wird, wodurch ein im Apparat befindliches Extraktionsmittel abwechselnd von einem in den anderen Scheidetrichter dekantiert wird, während die an den Böden der Gefäße befindlichen schwereren Lösungen nicht miteinander in Berührung gelangen. Bei Extraktion von Säuren aus organischer Flüssigkeit soll die Neigung des Apparates (gewöhnlich 11°) zu jeder Seite der Horizontalebene ungefähr 18° erreichen, und eine ganze Schaukelperiode soll eine Zeit von etwa 25—27 Sekunden in Anspruch nehmen. Der hierzu verwendete Apparat ist für die Extraktion eines Volumens bis zu 50 cm³ Flüssigkeit bestimmt. Zehn derartige Apparate können in der gleichen motorgetriebenen Schaukel angebracht und durch einen Motor von etwa $^1/_{16}$ Pferdekraft getrieben werden (s. Abb. 100).

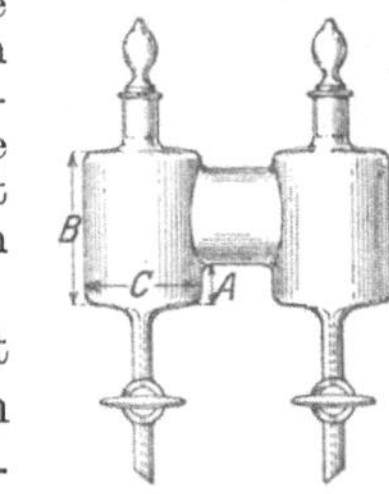

Abb. 99. Schaukelextraktion nach WIDMARK.

Bei der Extraktion einer organischen Säure wird die mit Mineralsäure angesäuerte Lösung („Dimittenslösung") in den einen Scheidetrichter und eine verdünnte Alkalilösung („Rezipienslösung") in den anderen gebracht. Über die Lösungen wird eine solche Menge des Extraktionsmittels geschichtet (350 cm³), daß dasselbe in das Kommunikationsrohr hinaufreicht. Während des Schaukelns erfolgt die Extraktion von der Oberfläche der angesäuerten Lösung und die Säure wird von der zweiten Lösung als Alkalisalz zurückgehalten.

BRUNO (31) beschreibt die Extraktion von Stoffen, die in einer mit dem Extraktionsmittel unmischbaren Flüssigkeit gelöst oder suspendiert sind.

Der Apparat besteht aus vier waagerecht liegenden Flaschen, die um eine gemeinsame waagerechte Achse rotieren, so daß die Grenzfläche der in den Flaschen befindlichen unmischbaren Flüssigkeiten dauernd erneuert wird, die Bildung von Emulsionen dagegen ausgeschlossen sein soll.

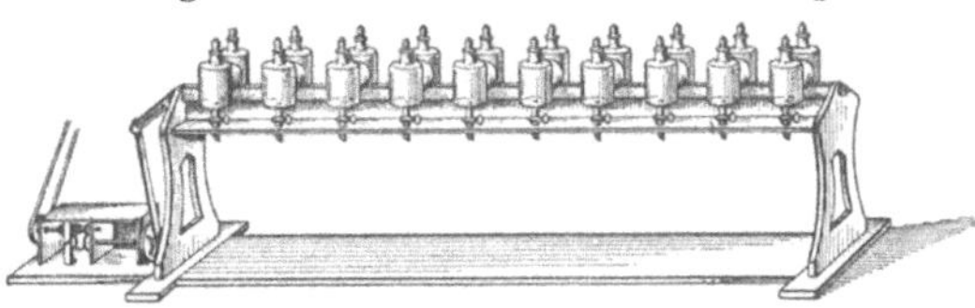
Abb. 100. Schaukelextraktion nach WIDMARK.

Eine Mikroextraktionsmethode (die richtiger eine Mikroausschüttelung ist), die an wäßrigen Alkaloidlösungen mit Chlor als Extraktionsmittel erprobt wurde, beschreibt NIEDERL (148).

Es wird eine Capillare von 1—2 mm innerem Durchmesser und 8—10 cm Länge mit einem Tropfen der zu extrahierenden Flüssigkeit und einer gleichen Menge Extraktionsmittel gefüllt. Dann wird an beiden Seiten zugeschmolzen und mittels einer Zentrifuge die Flüssigkeit mit dem höheren spezifischen Gewicht durch die mit der geringeren Dichte hindurchgezwungen, d. h. die erstere wird in der Zentrifuge nach oben gestellt. Dies wird mehrfach wiederholt und die Capillare an der Berührungsstelle zerschnitten.

c) Selbsttätige Extraktion von Flüssigkeiten.

Für die Extraktion von Substanzen, die sich leicht in Wasser, dagegen schwer in der Ausschüttelungsflüssigkeit lösen, wäre es bei Anwendung des Scheidetrichters notwendig, das Ausschütteln außerordentlich oft zu wiederholen. Es ist in diesem Falle zweckmäßig, eine Vorrichtung zur selbsttätigen Extraktion von Flüssigkeiten zu benutzen; man muß hierbei unterscheiden, ob das Extraktionsmittel spezifisch leichter oder schwerer als die zu extrahierende Flüssigkeit ist.

Extraktion mit spezifisch leichteren Lösungsmitteln. Das Prinzip aller hierfür verwandten Apparate besteht darin, daß das Extraktionsmittel in einem Kölbchen zum Sieden erhitzt wird, sein Dampf in einen Kühler gelangt, in dem er sich kondensiert und dann durch ein Trichterrohr in die zu extrahierende Substanz eintropft. Da das Extraktionsmittel infolge seines leichteren spezifischen Gewichtes sich auf der Oberfläche der zu extrahierenden Flüssigkeit sammelt, kann es dann mittels einer geeigneten Hebervorrichtung wieder in den Siedekolben geleitet werden. Es sind verschiedene Formen derartiger Extraktionsapparate beschrieben worden.

Von älteren Apparaten seien die Vorrichtung von SCHWARZ (s. unter 103), von VAN RIJN (s. unter 103) sowie die Apparate von KUTSCHER und STEUDEL (124) genannt. Von neuen Apparaten sei der Extraktionsapparat von KEMPF (105) empfohlen, bei dem das Trichterrohr unten brausenförmig ausgebildet und mit einer Flachglasspirale umgeben ist (s. S. 551). An dieser entlang müssen die Tröpfchen des kondensierten Extraktionsmittels emporsteigen. Da das Gefäß so ausgebildet ist, daß die Flüssigkeitssäule hoch ist, wird eine gute Durchmischung der zu extrahierenden Flüssigkeit in dem Extraktionsmittel gewährleistet. Ähnlich arbeitet der Apparat von FRIEDRICHS (s. unter 108). Sehr zweckmäßig ist auch der Apparat nach MAASSEN (Lieferant *Vereinigte Fabriken für Laboratoriumsbedarf*, Berlin).

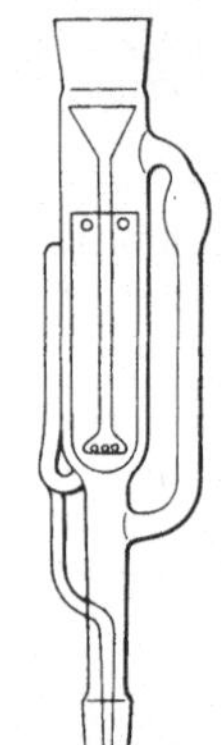

Abb. 101. Einsatz für den Soxhlet-Apparat nach HANDORF (Äthermodell).

FLOYD DE EDS (50) beschreibt einen einfachen Apparat zur fortlaufenden Extraktion von Flüssigkeiten mit solchen, die leichter sind als Wasser.

Eine automatische Vorrichtung, die insbesondere zur Extraktion von Alkaloidlösungen gebraucht wurde, geben PALKIN, MURRAY und WATKINS (153) an.

METZ (136) beschreibt eine Schnellextraktion von Lösungen, die infolge Verdunstung des Lösungsmittels beim Auswaschen auf gewöhnlichem Trichter auskrystallisierten und den Trichter verstopfen.

Über Extraktionsapparate für Flüssigkeiten mit Glassinterplatten siehe FRIEDRICHS (57).

Vorrichtungen, die durch eine mechanische Rührung die Extraktion verbessern, sind von ZELMANOWITZ in der neuen von TOLLMACZ (207) verbesserten Form angegeben worden. Bei der von EMBDEN und LIND (s. unter 108) vorgeschlagenen Form rotiert das Trichterrohr selbst und bewirkt das Rühren.

Da bei den bisher genannten Apparaten die Lösung nahezu bis zum Siedepunkt des angewandten organischen Lösungsmittels erwärmt wird, so daß leicht zersetzliche Substanzen oder leicht zersetzliche Lösungsmittel (z. B. Essigester in Gegenwart von Mineralsäuren) nicht angewandt werden können, ist von KEMPF (104) eine Apparatur vorgeschlagen worden, bei der der Extraktionsraum mit einem Kühlraum gegeben ist. Durch Anwendung von Minderdruck kann man den Siedepunkt des Lösungsmittels noch weiter herabsetzen. Hierbei ist nach KEMPF zu beachten, daß der Druck nicht so weit erniedrigt werden darf, daß der Siedepunkt des Lösungsmittels der Temperatur des Kühlwassers nahekommt; denn dann bleibt die Kondensation der Dämpfe unzureichend und ein großer Teil von ihnen wird von der Pumpe abgesaugt. Ein interessantes, wenn auch nicht unkompliziertes Prinzip zur kontinuierlichen Extraktion von Lösungen durch Lösungsmittel ohne Anwendung von Hitze geben JAVILLIER und DE SAINT-RAT (101) an.

Zur Extraktion geringer Flüssigkeitsmengen sind verschiedenartige Vorschläge gemacht worden.

HANDORF (79) verwendet Einsätze für den Original-Soxhlet-Apparat oder dessen Modifikationen (s. S. 128). Abb. 101 zeigt den Apparat für Lösungen, die leichter sind als die zu extrahierende Flüssigkeit (Äthermodell). Das Becherglas mit der zu extrahierenden Flüssigkeit wird mittels einer Drahtgabel in das Mittelstück des Soxhlet eingeführt und der Trichter, der am unteren Ende eine Brause trägt, auf den Boden des Bechers gestellt.

Ein Mikroextraktionsapparat, der auf dem gleichen Prinzip beruht, wie der Apparat von KUTSCHER und STEUDEL (s. d.), beschreibt LAQUER (127).

Der Apparat (Abb. 102, Hersteller *F. und M. Lautenschläger*, Frankfurt), welcher zur Bestimmung kleiner Mengen Milchsäure verwendet wurde, beruht auf dem Prinzip, durch dasselbe Rohr *c* die Ätherdämpfe in das ungefähr 7 cm³ Flüssigkeit fassende Extraktionsgefäß *d* einströmen zu lassen, indem der mit der zu extrahierenden Substanz beladene Äther wieder in den Siedekolben *a* zurückfließt. Zur Vermeidung von Ätherverlust sind die Glasschliffe *b* und *e* mit Hg gedichtet. Der in dem Kühler *f* kondensierte und durch das Fallrohr *g* abfließende Äther tritt am tiefsten Punkte des Extraktionsgefäßes *d* aus, dessen lichter Durchmesser nur 1,2 cm beträgt. Zur Ausschaltung photodynamischer Wirkungen empfiehlt es sich, über das Extraktionsgefäß ein Schutzblech aus federndem Eisenblech zu schieben. Der Apparat kann bei den Mikrobestimmungen verschiedener in Äther löslicher Substanzen mit Erfolg verwendet werden.

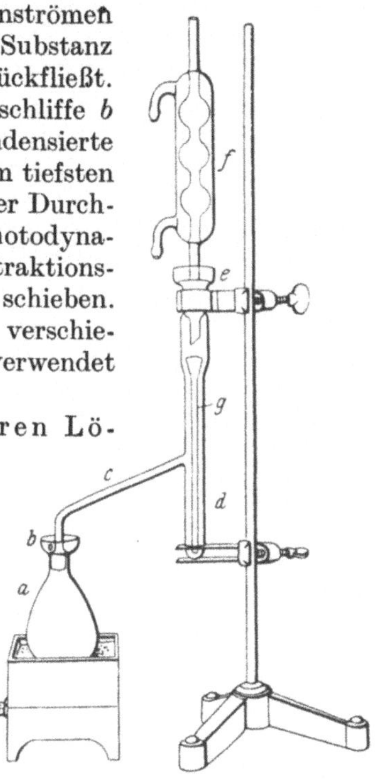

Abb. 102. Mikroextraktionsapparat nach WAGNER.

Extraktion mit spezifisch schwereren Lösungsmitteln. Als spezifisch schwerere Extraktionsmittel kommen vorzüglich Chloroform, Schwefelkohlenstoff, Trichloräthylen und ähnliche gechlorte aliphatische Verbindungen in Frage. Die angegebenen Vorrichtungen entsprechen den Extraktionsapparaten für spezifisch leichtere Extraktionsmittel mit dem Unterschiede, daß entsprechend der Lage des Extraktionsmittels am Boden der zu extrahierenden Flüssigkeit die Abhebervorrichtung eine andere ist. So liegt der von BAUM (12) angegebenen, dem VAN RIJN-Apparat nachgebildeten Vorrichtung ein Überlaufheber zugrunde, der am Boden des Extraktionsgefäßes angebracht ist. Eine andere Vorrichtung ist von BERLIN (s. Abb. 104) angegeben.

Die zu extrahierende Flüssigkeit siedet in *g*, verdampft durch *e*—*c*, kondensiert sich in *h*, tropft durch die zu extrahierende Flüssigkeit in die Chloroformschicht *d* und verdrängt in dem eintauchenden Rohr die ihr gleiche Menge Chloroform, die nach *g* zurückfließt. Nach KEMPF (103) ist die Kölbchenform unzweckmäßig und durch ein langes, schmales Gefäß zu ersetzen.

Einen ganz ähnlichen Apparat zur Extraktion von Flüssigkeiten mit einem spezifisch schwereren Lösungsmittel beschreiben SCHMALFUSS und WERNER (177).

Die Apparate mit Glassinterplatte nach FRIEDRICHS (57) (Lieferant *Greiner & Friedrichs*, Stützerbach) sind auch für spezifisch schwerere Lösungsmittel brauchbar. (Es wird als Beispiel die Extraktion einer n/100-Benzoesäurelösung durch $CHCl_3$, CCl_4, CS_2 beschrieben.)

Die von HANDORF (79) getroffene Ergänzung des Soxhletschen Apparates (s. o.) ist auch für schwere Extraktionsmittel getroffen (Abb. 103). Bei dem nebenstehenden „Chloroformmodell" fällt das Lösungsmittel durch die Capillare des Trichters durch die Flüssigkeit in das auf dem Boden befindliche Lösungsmittel, um von dort durch das Steigrohr abzufließen. (Die Einsätze werden von der Firma *Dargatz*, Hamburg, hergestellt.)

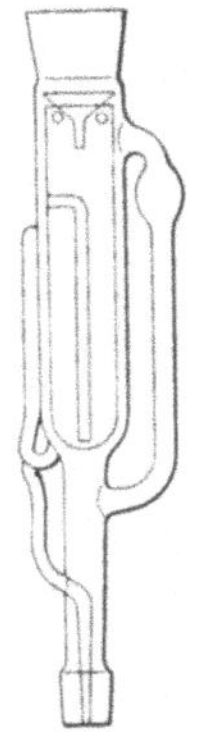

Abb. 103. Einsatz für den Soxhlet-Apparat nach HANDORF (Chloroformmodell).

d) Extraktion fester Körper.

Macerieren und Digerieren. Unter Macerieren versteht man die Behandlung eines festen Materials mit einem Extraktionsmittel bei gewöhnlicher Temperatur; unter Digerieren die entsprechende Behandlung bei gelinder Wäme.

Für diese Zwecke ist zunächst das zu extrahierende Material vorzubereiten. Das Material (Pflanzenteile, Drogen) wird stark zerkleinert oder pulverisiert. Mitunter ist es zweckmäßig, das Material mittels einer anderen Substanz zu zerreiben. So extrahierte Willstätter z. B. Blattfarbstoffe durch Übergießen von 40 g Blättern mit 50 cm³ ca. 40 proz. Aceton und Zerreiben mit 100 g Quarzsand. Auch bei zusammenbackenden Massen ist es nützlich, eine zweite Substanz zuzusetzen, um die Substanz aufzulockern. So wird bei der Herstellung von Opiumtinktur das Opium mit der gleichen Menge reinen Sandes vor der Extraktion gemischt.

Abb. 144. Extraktionsapparat für spezifisch schwerere Extraktionsmittel nach Berlin.

Eine Extraktion gelingt oft besser, wenn man das Material zunächst eine Zeitlang mit dem Extraktionsmittel befeuchtet läßt und ihm dadurch Gelegenheit gibt, sich mit demselben zu durchtränken. Hierbei wird die Extraktion mitunter verbessert, wenn vor dem Befeuchten durch Einbringen der Substanz in ein Vakuum die Luft entfernt und dadurch ein Eindringen der Dämpfe des Lösungsmittels in die Materialporen erleichtert wird.

Nach Einwirkung des Extraktionsmittels auf die Substanz gießt man entweder den Extrakt durch ein Filter oder man wendet zur besseren Abtrennung Preßvorrichtungen an. Man wiederholt die Extraktion so lange, bis das zu extrahierende Material erschöpft ist, was man durch Eindampfen einer Probe auf dem Uhrglase feststellen kann. Durch Abdestillation des Extraktionsmittels kann man die extrahierte Substanz gewinnen.

Eine besondere Form der Extraktion stellt das Perkolieren dar, das besonders zur Gewinnung von Auszügen aus Drogen angewandt wird und im Abschnitt „Behandlung des Pflanzenmaterials“ auf S. 533 eingehend beschrieben ist. Das Perkolieren beruht darauf, daß in der Mischung von Extraktionsgut und Extraktionsmittel das letztere durch allmähliches Hinzutropfen frischen Lösungsmittels verdrängt wird. Die Apparatur besteht aus einem zylindrischen oder kegelförmigen Gefäß, das mit der Droge gefüllt wird. Das Gefäß hat an seinem unteren Ende einen durch einen Hahn verschließbaren Abfluß, der in ein Vorlagegefäß eingesetzt ist. Auf das Extraktionsgefäß wird eine Flasche oder ein Gefäß für das zutropfende Extraktionsmittel aufgesetzt. Die Handhabung beschreibt z. B. Herzog (85, 86) folgendermaßen.

„Die schwach und gleichmäßig befeuchtete Droge läßt man 2—3 Stunden in einem bedeckten Gefäß stehen (bisweilen werden zur Quellung 24 Stunden erforderlich sein). Dann stopft man (über den Schutz durch Glaswolle, s. u.) die Droge lückenlos und ziemlich fest in den Perkolator und gießt bei offenem Hahn so lange das Extraktionsmittel auf, bis die ersten Tropfen unten herausfließen und Flüssigkeit über der Droge steht. Dann schließt man den Hahn und läßt das ganze je nach Art der Droge 1—2 Tage stehen. Jetzt erst beginnt man mit der eigentlichen Verdrängung, indem man den Auszug langsam abtropfen läßt und zugleich dafür sorgt, daß ebenso viel Flüssigkeit wieder oben dazufließt. Das geschieht durch eine, auf den Perkolator gestülpte und mit Flüssigkeit gefüllte Flasche. Denn es ist gut, wenn die Droge möglichst bis zum Schluß der Extraktion mit der Flüssigkeit bedeckt bleibt, damit nicht Luft in den Perkolator dringt und eine ungleichmäßige Verdrängung (schon durch Austrocknen) herbeiführt.“

Zur Herstellung geringer Mengen von Extrakten und Tinkturen genügt auch ein einfacher Apparat, der aus einem länglichen, kelchförmigen Rohre, an dessen spitzem Ende ein Schlauch mit Klemme und Glasrohr angeschlossen ist, besteht.

„Bei der ersten Füllung wird das Glasrohr bei offenem Schlauch so lange hochgebunden, bis die auf die Droge gegossene Flüssigkeit im Rohr hochsteigt. Dann wird der Schlauch durch einen guten Quetschhahn geschlossen und nach erfolgter Maceration wieder die Verdrängung (möglichst mit Flüssigkeitszufuhr durch die aufgestülpte Flasche) begonnen.

Bei beiden Perkolatoren muß dafür gesorgt werden, daß zunächst in die unten befindliche Spitze des Perkolators etwas lose Watte oder besser Glaswolle gesteckt wird, damit nicht Drogenpulver in das Glasrohr dringen und dieses verstopfen kann."

„Das gute Gelingen des Perkolierens hängt davon ab, daß man die Droge am Anfang einige Zeit mit Lösungsmittel mischt, sorgsam und nicht zu lose in den Perkolator stopft und endlich die Flüssigkeit nur langsam tropfenweise auf den Perkolator fließen läßt." „Die Perkolation gut ausgeführt, gibt überraschend gute Resultate, während sie bei nachlässiger Ausführung stets enttäuscht."

Ein besonders praktisches System, nach dem beim Verdrängungsverfahren besonders für Fluidextrakte gearbeitet werden soll, beschreiben KELLY und KRANTZ jun. (102). Von RATTRAY (163) stammt ein automatischer kontinuierlicher Perkolator.

Selbsttätige Extraktion von festen Körpern. Eine bequemere und erschöpfendere Extraktion sowie eine Beschränkung der Extraktionsmittelmengen erreicht man durch Anwendung von selbsttätigen Extraktionsapparaten. Sie beruhen darauf, daß das Extraktionsmittel verdampft und dann mittels einer entsprechenden Vorrichtung kondensiert wird, das Extraktionsgut durchsetzt und beladen mit dem Extraktivstoff wieder in den Destillationskolben zurückkehrt.

Behandlung des Materials. Die zu extrahierende Substanz kommt bei den meisten Apparatformen zunächst in „Extraktionshülsen" (*Schleicher & Schüll*), die in die Extraktionsapparatur eingesetzt werden.

Außer den Extraktionshülsen aus Papier sind auch solche aus gereinigtem Bauxit oder Allundum, einer keramischen Masse, im Handel. Die zu extrahierende Substanz ist möglichst fein zu pulverisieren. Um ein Zusammenbacken des Extraktionsgutes zu verhindern, wird dasselbe oft mit Knochenkohle, Glaswolle oder grobkörnigem, ausgeglühtem Sand gemischt. Auch ist von KARDOS und SCHILLER vorgeschlagen worden, ein siebartig durchlöchertes, mit einem dicht anliegenden Überzug aus Koliertuch versehenes Trichterrohr axial in die das Extraktionsgut enthaltene Hülle einzuführen.

Für die Dichtung von Korken beim Zusammensetzen der Extraktionsapparatur verwendet man Chromgelatine, die man durch Lösen von 4 Teilen Gelatine und 52 Teilen kochendem Wasser und Wachs filtrieren und unter Zusatz von 1 Teil Ammoniumbichromat herstellt. Dieselbe wird durch Belichten völlig wasserdicht. Zum Dichten gegen organische Lösungsmittel verwendet man starke Zuckerlösungen. Am besten wendet man zur Verbindung stets Glasschliff an.

Eine einfache Anordnung zeigt die Apparatur nach STOCK (194). Das zu extrahierende Material kommt in einen kleinen Glaszylinder, dessen untere Öffnung durch umgebundenes Filtrierpapier abgeschlossen ist. Er hängt auf einem Kühler, der auf ein Kölbchen aufgesetzt ist, in dem das Extraktionsmittel siedet. Dasselbe tropft, im Kühler kondensiert, auf das Extraktionsgut, extrahiert dasselbe und filtriert in das Kölbchen zurück. Ganz ähnlich arbeitet die Vorrichtung von GRAEFE, modifiziert von HOLDE und MEYERHEIM (93).

Hier sei auch die einfache Extraktion von HARTMANN (82) genannt, bei der eine Extraktionshülse mittels einer Feder in dem Hals eines Kochkolbens befestigt wird.

Sehr einfach ist auch die Apparatur von BESSON (22). Für analytische Zwecke ist eine einfache Extraktionsform, bei der ein mit Filterpapier ausgekleideter GOOCH-Tiegel in einem Extraktionskolben hängt, von BAN (10) angegeben worden (Hersteller *Vereinigte Fabriken für Laboratoriumsbedarf*, Berlin N).

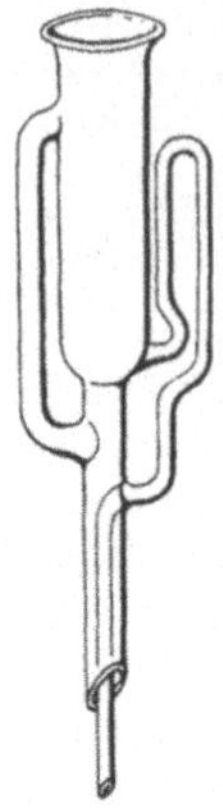

Diese einfachen Vorrichtungen haben den Nachteil, daß das Extraktionsmittel durch Poren und Kanäle des Extraktionsgutes hinabläuft, ohne diese völlig zu erschöpfen.

Man bevorzugt daher in der Praxis fast stets den Apparat nach SOXHLET oder einen seiner vielen Modifikationen. Der ursprüngliche Soxhlet-Apparat besteht aus einem Destillationskolben, einem Kühler und einem zwischen Kolben und Kühler geschalteten Zwischenteil. Die Form dieses Zwischenstückes wird wiedergegeben durch Abb. 105.

Abb. 105. Extraktionsapparat nach SOXHLET.

In den mittleren, zylindrischen Teil des Zwischenstückes, dessen Boden zusammengeschmolzen ist, kommt eine Extraktionshülse von Schleicher & Schüll, die die zu extrahierende Masse aufnimmt. Dieselbe wird gepulvert oder auch in Stücken oder Stangen eingefüllt. Flüssigkeiten können von Filtrierpapier aufgesaugt eingebracht werden. Die Dämpfe des Extraktionsmittels steigen durch das links auf der Abbildung gezeichnete Seitenrohr bis in den Kühler, werden kondensiert, tropfen auf die Hülse und füllen dieselbe an, bis sie durch das rechts auf der Abbildung verzeichnete, am Boden des Mittelstückes befindliche Heberrohr abgehebert und in den Destillierkolben zurückgebracht werden. Durch diese Einrichtung wird der Extrakt nicht kontinuierlich, sondern periodisch abgeführt, wenn er in der Hülse so hoch gestiegen ist, daß die Heberwirkung eintreten kann. Hierdurch wird das Extraktionsgut völlig vom Extraktionsmittel durchdrungen. Die Hülse zur Aufnahme des Extraktionsgutes dient gleichzeitig zur Filtration der Extraktlösung und ermöglicht ein quantitatives Arbeiten. Als Kühler wird der leichten Handhabung halber oft nicht eine lange Kühlerform, sondern ein kompendiöserer Kugelkühler angewandt. Die Heizung erfolgt mittels eines durch Gas oder Elektrizität geheizten Wasserbades. Es sind zahlreiche Modifikationen der Soxhlet-Apparatur angegeben, die zwar an dem Prinzip nichts ändern, aber die Anordnung der einzelnen Teile zweckmäßiger oder weniger zerbrechlich vorsehen bzw. die Extrakte mittels des zu extrahierenden Materials umspülen und somit die Temperatur bei der Extraktion erhöhen.

So vollzieht sich nach HAGEN (76) die Extraktion schneller, wenn man den Mittelkörper so umgestaltet (s. Abb. 106), daß das Kondensat aus dem Kühler sich im Extraktionszylinder nicht ansammelt, sondern nach Berieselung der Substanz sofort in das Kölbchen abfließt. Die Anbringung eines Hahnes an der Schleife des Ablaufrohres dient zur Probeentnahme.

FREDERICK (53) empfiehlt eine neue Flasche mit ebenem Boden, senkrechten Wänden, starker Einschnürung am Halse zum Gebrauch am Soxhlet-Apparat.

Einen großen Metall-Soxhlet aus Kupfer beschreibt BRYANT (32) (Höhe 134,5 cm).

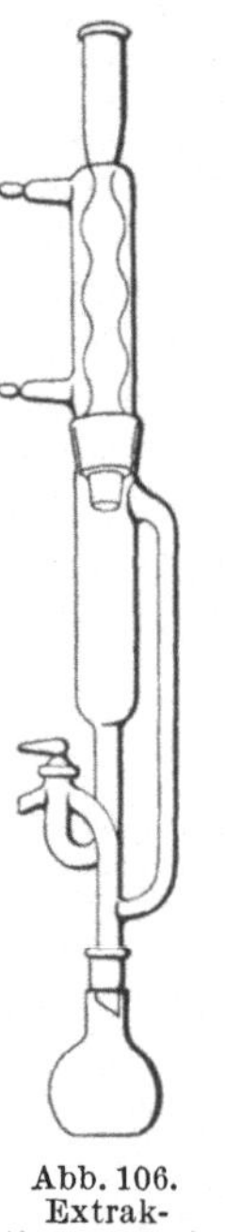

Abb. 106. Extraktionsapparat nach HAGEN.

Als Beispiel für eine Vorrichtung, die eine Probeentnahme des Extraktes ermöglicht, sei die Anordnung von SCHMID (178) genannt. Als Beispiel für eine Apparatur, bei der die Dämpfe des Lösungsmittels den Extrakt erwärmen, sei der Apparat nach RADERMACHER (162) angeführt, bei dem die Dämpfe des Lösungsmittels erst durch den äußeren Mantel gehen und dann erst durch eine Reihe von Öffnungen in den äußeren Teil übertreten, worauf sie im Kühler kondensiert werden und auf das Extraktionsgut tropfen. Bei dieser Konstruktion ist hervorzuheben, daß der zerbrechliche Heber sicher innerhalb des Mantels angeordnet ist, daß die Extraktion dicht unterhalb der Temperatur des Siedepunktes der Extraktionsflüssigkeit vor sich geht, und daß das Abflußrohr sich an der tiefsten Stelle in der Mitte des Einsatzes bildet, wodurch der Ablauf der Flüssigkeit bis auf den letzten Tropfen gewährleistet wird. Ebenso beschreibt SCHAEFER (176) einen Schnellextraktionsaufsatz, bei welchem der Dampf des Extraktionsmittels das Extraktionsgut umspült (Hersteller: *D. H. Göckel*, Berlin NW). Zur Extraktion von Theobromin mit kochendem Chloroform änderte SCHAAP (175) den Soxhlet-Apparat derart, daß sich der Extraktionsraum in auf 70° erwärmtem Wasser befindet (s. Abb. 107). Nach neuerer Modifikation ist der Apparat zur Extraktion mit kochenden Extraktionsflüssigkeiten unter beständigem Überhebern auch für Äther, Petroläther und Benzol geeignet (Hersteller: *L. D. Holfakker*, Amsterdam, 2. Jan Steenstr. 121).

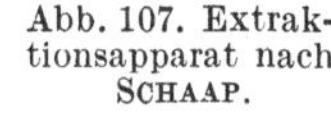

Abb. 107. Extraktionsapparat nach SCHAAP.

Sehr viele Formen von Extraktionsapparaten gehen darauf aus, nach der Extraktion das Lösungsmittel in der gleichen Apparatur wiederzugewinnen.

Nach DE LACY (125) genügt eine Vorrichtung, nach der der Rückflußkühler geschlossen und zu gleicher Zeit ein absteigender Kühler geöffnet werden kann, so daß man ohne Unterbrechung des Siedens und ohne Verlust das Lösungsmittel abdestillieren kann. Bekannt ist der Apparat nach TWISSELMANN (211, 212).

An das verlängerte Verbindungsrohr des Kühlers ist ein Ätherreservoir angeschmolzen, welches durch einen Glashahn von dem Extraktionsraume, dem der SOXHLETsche Heber fehlt, abgeschlossen werden kann. Die Dämpfe des Äthers gelangen durch ein seitlich an das Verbindungsrohr angeschmolzenes Rohr in den unteren Teil des Kühlers, von wo der Äther auf die Extraktionshülsen zurücktropft. Durch Querstellung des Hahnes nach beendeter Extraktion erreicht man, daß der Äther nicht wieder zurückfließt und so ein Verdunsten derselben praktisch ausgeschlossen ist.

Verbesserungen des TWISSELMANNschen Apparates s. auch 212a.

An Stelle der Apparate mit Extraktionshülsen kann man neuerdings zweckmäßig auch Extraktionsapparate mit Glasfilterplatte benutzen. Man kann die Glasfilterplatten entweder unmittelbar in den Extraktionsaufsatz eingeschmolzen anwenden oder Einsatztiegel mit Glasfilterplatten aus porösem Glas an Stelle von Papierhülsen in die Extraktionsapparate hineinstellen. Solche Extraktionshülsen lassen sich beliebig oft verwenden und dienen nicht nur zur Extraktion mit den üblichen organischen Extraktionsmitteln, sondern ebenso mit Säuren zur Extraktion mineralischer Stoffe. DIETERLE (39) gibt eine Modifikation derartiger Extraktionsapparate mit Glasfilterplatten an (*Schott u. Gen.*, Jena), nach der ein Entweichen der letzten Luftmenge und ein ungehinderter Nachfluß des Extraktionsmittels gesichert ist.

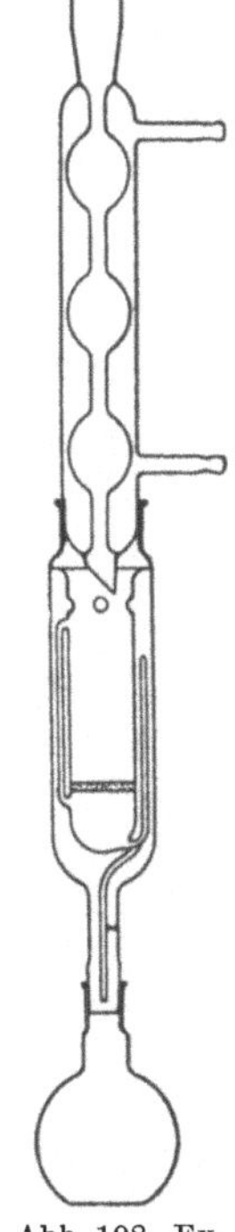

Abb. 108. Extraktionsapparat mit Glassinterplatte.

Ein Extraktionsapparat mit Glasfilter für kleine Stoffmengen leistete nach STECHE (191) gute Dienste bei der Extraktion sehr kleiner Mengen von Pflanzensamen. Zur Extraktion in Nähe des Siedepunktes empfiehlt sich der Extraktionsapparat nach BESCH (*Schott u. Gen.*, Jena) (Abb. 108), bei dem das Extraktionsrohr in ein Dampfmantelrohr eingeschmolzen ist. Der Apparat hat ebenso wie der von RADERMACHER (s. d.) den Vorteil, daß das zerbrechliche Heberrohr geschützt im

Mantelrohr angeordnet ist. (Die Geräte mit Glasfilterplatten sind von den Jenaer Glaswerken *Schott u. Gen.* beziehbar.)

Von besonderen Formen der in sehr großer Anzahl angegebenen Extraktionsapparaten seien noch folgende angeführt.

Einen Laboratoriumsapparat, bei welchem der Kühlraum den Extraktionsraum konzentrisch umschließt, beschreibt PALLMANN (154).

Von CHIBNALL (34) stammt eine Methode zur getrennten Extraktion von Vakuolen und Protoplasmamaterial aus Blattzellen.

VIEHOEVER (214) berichtet über einen kontinuierlich wirksamen, besonders für Pflanzen geeigneten Extraktionsapparat.

Zur Extraktion größerer Mengen, besonders zur Extraktion von Pflanzenteilen im Laboratorium beschreibt SANDO (172) eine geeignete Vorrichtung. Sie besteht zur Hauptsache aus einer unten mit Tubus versehenen Glasflasche, deren Hals in einem doppelt durchbohrten Stopfen den Kühler und das Zuleitungsrohr für das verdampfende Lösungsmittel, das in einem tiefer angeordneten Kolben siedet, trägt. Zu gleichem Zwecke wird vorteilhaft die in Abb. 109 angegebene Apparatur benutzt (dieselbe wird von den *Vereinigten Fabriken für Laboratoriumsbedarf*, Berlin, hergestellt).

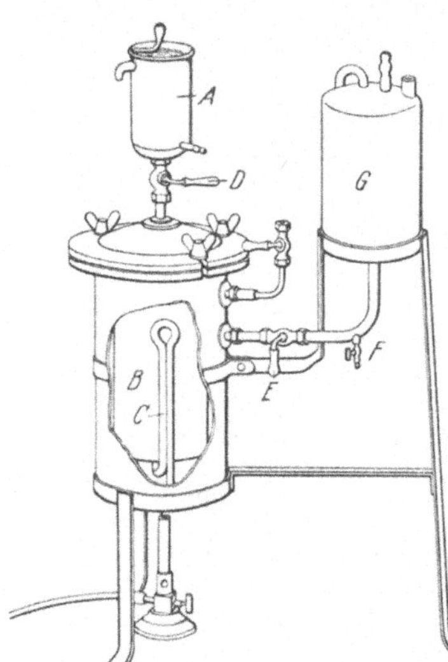

Abb. 109. Apparatur zur Extraktion größerer Mengen von Pflanzenteilen.

Der Apparat besteht ganz aus Kupfer und ist innen stark verzinnt. Das verdampfende Extraktionsmittel wird in der im Kühler *A* befindlichen Kühlschlange kondensiert, fließt von dort in das Extraktionsgefäß *B*, aus dem es durch das Rohr *C* abgehebert wird, dann wieder verdampft usw. Nach beendeter Extraktion wird Hahn *D* geschlossen, Hahn *E* geöffnet, Hahn *F* geschlossen. Das verdampfende Extraktionsmittel wird dann im Gefäß *G* kondensiert.

C. Trennung auf Grund verschiedenen Dampfdruckes.

a) Destillieren.

Unter Destillation versteht man die Überführung von Flüssigkeiten — bei festen Substanzen nach ihrem Schmelzen — in Dampf und Kondensation desselben.

Man unterscheidet verschiedene Formen der Destillation, je nachdem dieselbe unter gewöhnlichem Luftdruck, bei Unterdruck oder Überdruck oder mit Hilfe von Wasserdampf vor sich geht.

Die Methoden der Destillation dienen im besonderen in der Form der sog. fraktionierten Destillation zur Trennung eines Gemisches zweier oder mehrerer Körper von verschiedenen Siedepunkten. Das zu destillierende Flüssigkeitsgemisch wird in einem Kolben erhitzt und zum Verdampfen gebracht. Die Dämpfe treten durch einen seitlichen Ansatz des Gefäßes in einen Kühler über, werden hier zur Flüssigkeit kondensiert, die durch einen Vorstoß in eine Vorlage — in diesem Falle eine Saugflasche — tropft und hier gesammelt wird. In den Destillationskolben wird gewöhnlich zur Beobachtung des Siedevorganges ein Thermometer eingesetzt. Die Grundform der Apparatur kann nun in jedem einzelnen Apparateteil, dem Kolbenkühler, der Vorlage, der Erhitzungs- und Kühlvorrichtung Modifikationen erfahren.

1. Destillation unter gewöhnlichem Druck.

Destillationsgefäße. Die gebräuchlichsten Destillationsgefäße sind Fraktionierkolben, wie sie Abb. 110 zeigen. Für hoch siedende Flüssigkeiten benutzt man Kolben mit tief angesetztem Abflußrohr, für niedrig siedende Flüssigkeiten solche mit hoch angesetztem Abflußrohr. Ihr Volumen wird so gewählt, daß der kugelförmige Anteil des Kolbens von der zu destillierenden Flüssigkeit zu etwa $^2/_3$ gefüllt wird. In den Hals des Kolbens wird mittels durchbohrten Stopfens ein Thermometerrohr eingesetzt, und zwar so, daß der Quecksilberbehälter sich in Höhe des Seitentubus befindet. Durch eine zweite Bohrung des gleichen Stopfens fügt man mitunter noch einen Tropftrichter, durch den man die zu destillierende Flüssigkeit auch während der Destillation in den Kolben nachfließen lassen kann. Es ist dies besonders anzuraten, wenn ein verhältnismäßig großes Volumen Flüssigkeit von einer kleineren Menge fester oder flüssiger Substanz abgetrennt und zweckmäßig hierfür nur ein kleiner Kolben benutzt werden soll. Vorteilhaft auch für die Destillation unter normalem Druck sind die ursprünglich für die Vakuumdestillation empfohlenen Fraktionierkolben nach HOUBEN (95). Sie stellen eine Modifikation des sog. Claisenkolbens dar und verhindern im allgemeinen, daß leicht schäumende oder stoßende Flüssigkeiten in das Abflußrohr und daß die Destillationsdämpfe bis an den Stopfen gelangen; auch erlauben sie die ganze Thermometerskala im Destilliergefäß unterzubringen (s. Abb. 111). Der Tropftrichter wird bei diesem Kolben in das gerade ansteigende Rohr gesetzt.

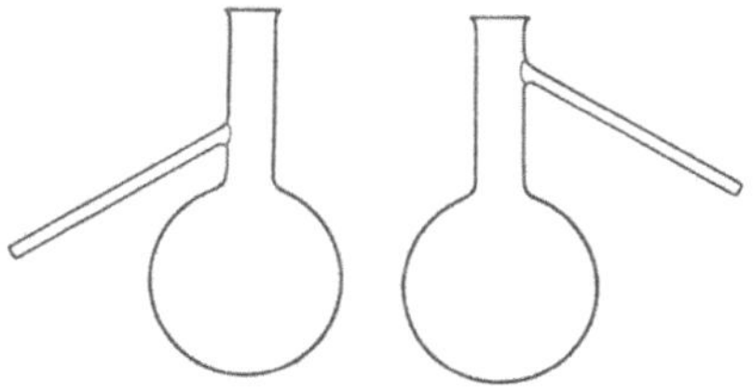

Abb. 110. Fraktionierkolben.

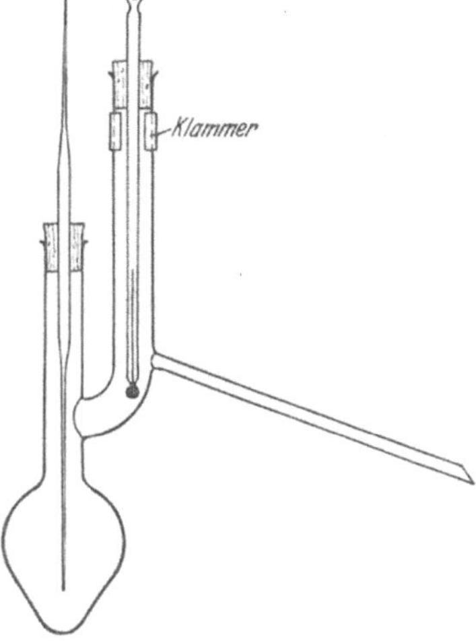

Abb. 111. Fraktionierkolben nach HOUBEN.

Destillationsapparate, die besonders für die Destillation ätzender Flüssigkeiten geeignet sind, beschreiben SATTLER und MORTIMER (174) sowie BROWN (29).

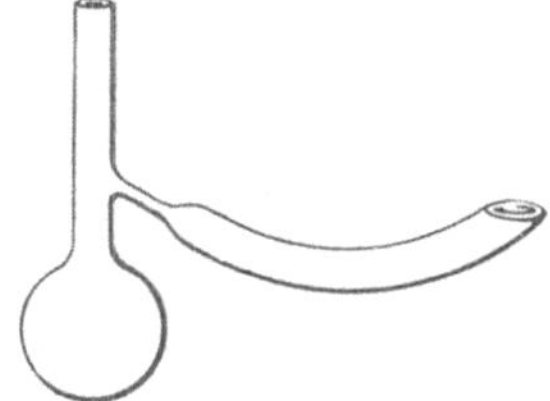

Abb. 112. Destillationskolben nach ANSCHÜTZ.

Zur Destillation von Flüssigkeiten, die leicht erstarren, dienen Kolben mit wurstförmigem Ansatz nach ANSCHÜTZ (s. Abb. 112). Man kann jeden beliebigen Kugelkolben dadurch in einen Destillierkolben verwandeln, daß man ein gewöhnliches Glasknierohr oder besser noch ein T-Stück auf ihn aufsetzt.

Eine speziell für Flüssigkeiten mit hohem Siedepunkt geeignete Destillationsvorrichtung gibt HICKMAN (87) an.

Um beim Destillieren ein Überspritzen feinster Flüssigkeitströpfchen zu verhindern, ist eine Reihe verschiedener Aufsätze angegeben, von denen nur der Destillieraufsatz nach KJELDAHL, wie er für die Stickstoffbestimmung benutzt wird, genannt sei. Die Zahl der Variationen, die für Tropfenfänger angegeben wird, ist so groß, daß auf sie ausführlich nicht eingegangen werden kann. Einen guten Aufsatz zur Destillation schäumender Flüssigkeiten beschreibt FRIEDRICHS (58).

Der Aufsatz besitzt eine kugelförmige Erweiterung, in der der Schaum durch einen aus einer Capillare austretenden Luftstrom zerblasen wird. Die nachgewiesenen Flüssigkeitströpfchen werden in einem zugeschmolzenen Tropfenfänger abgeschieden (*Greiner & Friedrichs*, Stützerbach).

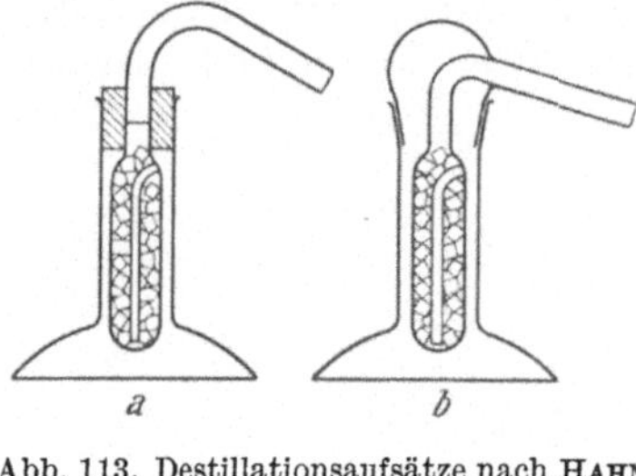

Abb. 113. Destillationsaufsätze nach HAHN.

HAHN (77) beschreibt einen auf folgendem Prinzip beruhenden Destillationsaufsatz.

Alle Destillieraufsätze, die ein Überspritzen wirklich vermeiden, wirken durch die als Rückflußkühler wirkende große Oberfläche und den großen Dampfraum verlängernd auf die Destillationsdauer. Dieser Nachteil wird bei dem Destilliereinsatz vermieden (vgl. Abb. 113a), bei dem der mit Raschigringen gefüllte Dampfreiniger ins Innere des Destillierkolbens verlegt ist. Man kann Einsatz und Überleitungsrohr innerhalb des Stopfens zu sammenstoßen lassen, oberhalb des Stopfens mit Gummischlauch verbinden oder einen weichen Stopfen über die Biegung des aus einem Stück geblasenen Einsatzes schieben. Ein zweites Modell (Abb. 113b) sieht einen in den Kolbenhals eingeschliffenen Einsatz vor. Außer der Verkürzung der Destillationsdauer an sich ermöglicht der Einsatz auch ein rascheres Erhitzen. Der Einsatz kann von *Otto E. Kobe*, Marburg, bezogen werden.

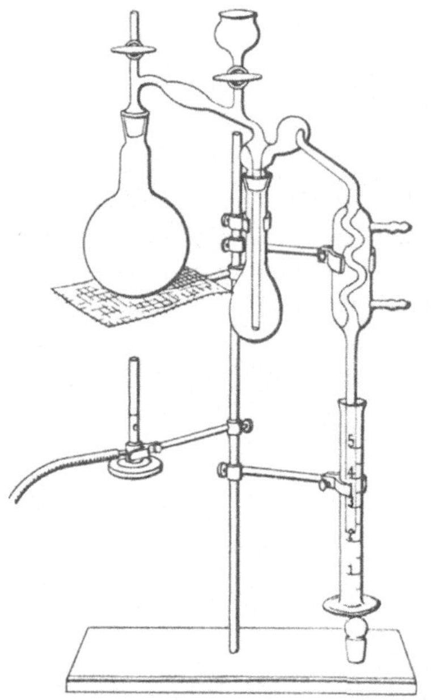

Abb. 114. Mikro-Destillationsapparat nach KLEINMANN. 1/5 natürlicher Größe.

Um ein Überziehen von Flüssigkeit aus dem Destillationskolben zu verhindern, gibt MÜLLER (142) neue Destillationskolben an, bei denen an der Abzweigstelle des Destillationsrohres ein Tropfenfänger eingeschaltet ist.

Um ein Stoßen der zu destillierenden Flüssigkeit durch Siedeverzug zu verhindern, setzt man Substanzen zur Destillierflüssigkeit hinzu, die kleine, oft nur mikroskopische Luftbläschen abgeben, von denen aus sich dann Dampfblasen entwickeln. Man verwendet als derartige Siedeerleichterer kleine Tonstückchen, wie sie durch Zerbrechen eines unglasierten Tontellers gewonnen werden können, capillare Glasfäden, die an einem Ende zugeschmolzen werden, capillar durchbohrte Glasperlen oder, für feinere Arbeiten, tetraedrische Platinschnitzel. Bei der Destillation alkalischer Flüssigkeiten wird Zusatz von etwas Zinkstaub empfohlen, der eine geringe Wasserstoffentwicklung und hierdurch regelmäßiges Sieden bewirkt. Mitunter ist es zweckmäßig, Luft oder ein indifferentes Gas in langsamem Strom während des Siedens durch die Flüssigkeit perlen zu lassen.

KLÄNHARDT (110) teilt mit, daß Schäumen bei der Destillation sich vermeiden läßt, wenn man durch eine Brause in Gestalt eines mit Löchern versehenen Kugelrohres ein komprimiertes Gas auf die Oberfläche der Flüssigkeit strömen läßt. Die Vorrichtung ist auch für Destillation mit Wasserdampf geeignet.

Auch für die Destillation sehr kleiner Flüssigkeitsmengen sind eine Anzahl von Mikrodestillationsapparaten beschrieben worden. Es sei ein Mikrodestillationsapparat von LEFFMANN (128) genannt, der dazu diente, kleine Mengen Alkohol aus glycerinhaltigen Flüssigkeiten abzudestillieren, sowie der Mikrokjeldahldestillationsapparat nach KLEINMANN (113) (s. Abb. 114). Dieser Apparat, der zur Mikro-N-Bestimmung in organischem Material ausgebildet wurde (Hersteller *Vereinigte Fabriken für Laboratoriumsbedarf*, Berlin N, Scharnhorststraße), erlaubt Destillationen von wenigen γ NH_3.

Heizquellen und Kühler. Über Heizquellen und Kühler, im besonderen Rückflußkühler, ist eingehend auf S. 39ff. u. 44ff. berichtet worden. Es muß auf die diesbezügliche Darstellung verwiesen werden. Hier sei zur Ergänzung nur folgendes zugefügt:

Kühler. Die einfachste Kühlervorrichtung ist der sog. LIEBIGsche Kühler. Man kann ihn, wie überhaupt jeden Kühler, entweder schräg absteigend oder, was aus Gründen der Raumersparnis praktisch ist, auch senkrecht absteigend anordnen. Der LIEBIGsche Kühler dient zum Kühlen niedrig, d. h. bis zu ca. 100° siedender Flüssigkeiten. Je niedriger die Flüssigkeit siedet, um so länger muß der Kühler gewählt und desto schneller muß er vom Kühlwasser durchflossen werden. Dieses tritt entsprechend dem Gegenstromprinzip an dem vom Destillierkolben weiter entfernten Kühlertubus ein und fließt durch den näher gelegenen Kühlertubus ab.

Da ein zu langer Kühler unhandlich ist, sind zum Kühlen niedrig siedender Flüssigkeiten Modifikationen des LIEBIGschen Kühlers konstruiert worden, deren Kühlfläche wesentlich vergrößert ist. Es seien hier nur die schon S. 45 genannten Schlangenkühler, die Schraubenkühler nach FRIEDRICHS, der STOLZENBERG-Kühler oder die sog. Energiekühler genannt. Für besonders niedrig siedende Substanzen eignen sich Kühler mit besonders langer Schlange, die durch eine Kältemischung gekühlt werden können.

Hinsichtlich der sehr zahlreichen Modifikationen von Kühlerformen für Spezialzwecke muß auf die ausführlichen Darlegungen in chemischen Handbüchern (s. z. B. HOUBEN [94a]) verwiesen werden. Für höher siedende Flüssigkeiten (100—200°) genügt ein Luftkühler, d. h. ein Glasrohr entsprechend dem inneren Rohr eines LIEBIGschen Kühlers, während für noch höher siedende Flüssigkeiten das nicht zu kurze Ansatzrohr des Fraktionierkolbens selbst genügt.

Für die Verbindung des Kühlers mit dem Kochkolben werden gewöhnlich durchbohrte Kork- oder Gummistopfen angewandt. Handlicher und sauberer als Apparate mit Stopfenverbindung sind solche, bei denen die Verbindung mittels Glasschliffes erfolgt. Zweckmäßig ist die Form, bei der der Kühler in den Kolben eingeschliffen ist, da durch das Anschmelzen einer Manschette eine Dichtungsflüssigkeit aufgegossen werden kann, und die Manschette auch Kondenswasser, welches vom Kühler abtropft, auffängt.

Für Destillationen, bei denen es auf einen geringen Verlust an Destillat nicht ankommt, sind die Glaskühler von HINDEN mit Kugelmundstück, das ohne weiteres auf die meisten Destilliergefäße aufpaßt, geeignet.

Zweckmäßige Kühlerkombinationen, die es gestatten, einen Kühler als Destillations- und Rückflußkühler zu gebrauchen, sind von LÖFBERG (129) (Hersteller *Dittmar & Vierth*, Hamburg) und WOLFFRAM (225) (Hersteller *Greiner & Friedrichs*, Stützerbach i. Thür.) angegeben.

Einen neuen Destillationskühler, der Klettern und Überschäumen vermeidet, beschreibt SCHULEMANN (181) (Hersteller *E. Gundelach*, Gehlberg i. Thür.).

Heizquellen: Zum Abschnitt Heizung (S. 39) sei hinzugefügt, daß Apparate zur selbständigen Unterbrechung von Destillationen für bestimmte Zwecke angenehm sein können.

Eine elektrische Vorrichtung, die durch Schließen der Gaszufuhr der Heizquelle wirkt, ist von RANKOFF (164) beschrieben worden.

Vorlagen. Als Vorlagen dienen entweder offene Vorlagen, d. h. Stehkölbchen oder Erlenmeyerkolben, oder man verwendet für brennbare bzw. schlecht riechende oder giftige Substanzen Gefäße, die gegen das Kühlerrohr abgedichtet werden und einen Tubus zur Ableitung von Gasen oder Dämpfen besitzen.

Offene Vorlagen kann man ohne weiteres über das untere Kühlerende schieben und wenn notwendig, hierbei in eine Kühlvorrichtung einstellen (Wasserbad, Kältemischung).

Bei der anderen Form setzt man den senkrecht absteigenden Kühler unmittelbar oder den schräg absteigenden Kühler mittels eines Vorstoßes, der stumpfwinklig gebogen ist, in eine Saugflasche. Das seitliche Ansatzrohr der Vorlage kann entweder mit einem Schlauchstück zur Ableitung von Gasen und Dämpfen verbunden werden oder es kann bei feuchtigkeitsempfindlichen Substanzen an ein beiderseitig offenes Chlorcalciumrohr geschaltet werden. Zur Absorption von Gasen empfiehlt es sich, eine Absorptionsröhre mit A-Kohle (zu beziehen durch *Bayer & Co.*, Leverkusen b. Köln) hinter die Waschflasche zu schalten. Will man das Destillat einer zweiten Destillation unterwerfen, so ist als Vorlage ein zweiter Destillierkolben zu verwenden. Einen Vorstoß, der so ausgebildet ist, daß die Vorlage, die mit einem Trockenrohr versehen ist, gleich als Vorratsflasche zu benutzen ist, gibt Quam (161) an. Eine einfache, aber zweckmäßige Vorrichtung, die einerseits ein Zurücksteigen einer Vorlageflüssigkeit während der Destillation verhindert, andrerseits einen ständigen Kontakt des Destillates mit der Vorlageflüssigkeit sicherte, wurde von Kleinmann und Pangritz (116) bei der Destillation von $AsCl_3$ angegeben.

Der Kugelkühler taucht in eine Sicherheitsvorlage (s. Abb. 116). Die Vorlageflüssigkeit paßt sich selbsttätig den Druckverhältnissen während der Destillation an, ohne jemals bei Unterdruck durch den Kühler in den Destillationskolben zurücksteigen zu können, weil, sobald ein Teil der Vorlageflüssigkeit in den Kugelkühler zurückgestiegen ist und das Rohr *r* austaucht, durch den seitlichen Tubus der Saugflasche Luft nachdringt. Bei Druckerhöhung kehrt die Vorlage in ihre alte Lage zurück, so daß kein Verlust an dem von der Vorlage zu absorbierenden Destillat entstehen kann. Es ist weiterhin vorteilhaft, den Bodendurchmesser der Saugflasche möglichst klein zu wählen, weil damit erreicht wird, daß das Ableitungsrohr *r* des Reagensglases möglichst tief in die Vorlageflüssigkeit eintaucht. Bei Anwendung dieser Vorlage ist nur wenig abweichende Aufsicht während der Destillation erforderlich.

Vorrichtung für fraktionierte Destillation. Die fraktionierte Destillation dient zur Trennung von Flüssigkeitsgemischen. Hinsichtlich des genauen Arbeitsverfahrens, um eine solche Trennung zweckmäßig durchzuführen, muß auf die Lehrbücher der Technik der organischen Chemie verwiesen werden. Eine gute Darstellung der Theorie gibt Öman (150). Zum Auffangen der einzelnen Fraktionen sind mannigfache Vorlagen beschrieben. So z. B. von Nason (146).

Mit den geschilderten Apparatteilen zur Destillation ist es ohne weiteres möglich, eine fraktionierte Destillation durchzuführen. Man destilliert hierzu unter Kontrolle des Thermometers und Wechsel der Vorlage derart, daß man die zu destillierende Substanz in 3 Teile zerlegt, von denen der zuerst übergehende den vorwiegend niedrig siedenden, der zuletzt übergehende den höher siedenden Bestandteil enthält.

Für sehr genaue fraktionierte Destillation geben Peters jun. und Baker (156) Vorschriften und Apparatebeschreibungen.

Hinsichtlich der fraktionierten Destillation kleiner Substanzmengen seien die von Emich (45) ausgearbeiteten Methoden angeführt. Eine Weiterbildung dieses Verfahrens in vereinfachter Form beschreiben Lanyar und Lechner (126). Widmer (222) gibt eine Kombination ursprünglich von Dufton und von Golodetz beschriebener Apparatformen. Mit diesem Apparat kann bei Atmosphärendruck bis zu 170°, im Vakuum bis zu 190°, destilliert werden. Er ermöglicht, Substanzen sicher zu trennen, deren Kpp. ca. 10° auseinanderliegen. Der Substanzverlust beim Apparat für 20 cm³ Volumen beträgt ungefähr 15—20%, beim noch kleineren Mikrofraktionierapparat ca. 25%.

Für die Fraktionierung größerer Mengen, im besonderen bei der kontinuierlichen Reinigung einzelner Substanzen u. ä., bedient man sich zweckmäßig sog. Kolonnen. Der Kolonnen bedient man sich hauptsächlich zu der „Rektifizieren“ genannten Fraktionierarbeit, also dann, wenn man, unter Verwerfung der — meist geringfügigen — Anteile des Vor- und Nachlaufs, die der Menge nach überwiegende und dabei einheitliche Mittelfraktion gewinnen will, was besonders für die Reinigung von Lösungsmitteln bedeutsam ist.

Eine solche Vorrichtung besteht aus Destillierblase, Verstärkungssäule (Kolonne), Kondensator und Kühler (s. Abb. 115). Der aus der Destillierblase sich entwickelnde Dampf geht durch die Kolonne in den Kondensator, wo er gekühlt wird. Die höher siedenden Anteile werden verflüssigt und laufen in die Kolonne zurück, wo sie sich auf den in der Kolonne befindlichen Querböden ansammeln, z. T. aber mittels besonderer Überläufe in die Destillierblase zurückfließen. Der sich weiter aus der Destillierblase entwickelnde Dampf trifft mit den Rücklaufkondensaten auf den Kolonnenböden zusammen, wodurch z. T. der hoch siedende Anteil des Dampfes kondensiert wird, andererseits aber der niedrig siedende Teil des Kondensates wieder verdampft wird. Es spielt sich also an jedem Kolonnenboden ein Austausch hoch siedender Anteile gegen tiefer siedende ab.

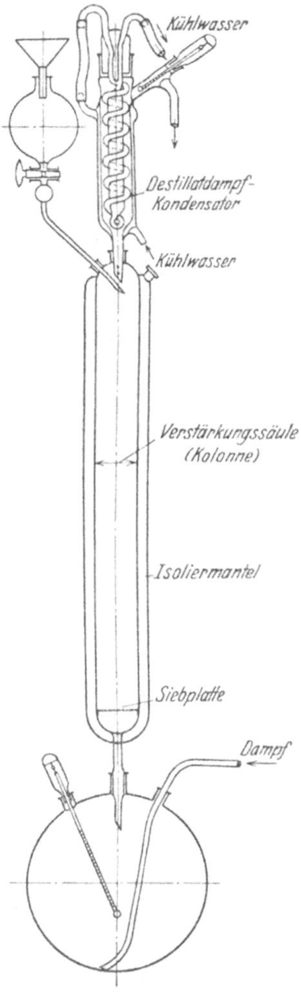

Die einfachste Form derartiger Kolonnenapparate stellen die für das Laboratorium geeigneten Destillationsaufsätze dar. Sie sind entweder mit dem Kolben unmittelbar verschmolzen oder werden mittels Stopfens oder Glasschliff zwischen Kolben und Kühler eingeschaltet. Es sei die alte Form des HEMPELschen Aufsatzes, der mit Glasperlen gefüllt ist, sowie die neue Form genannt, die mittels einer Kühlflüssigkeit je nach der Durchströmungsgeschwindigkeit auf einer bestimmten Temperatur gehalten werden kann, angeführt. Auch der viel benutzte Aufsatz von LE BEL-HENNINGER sei genannt, bei dem zwischen den unteren Verengerungen der Kugel noch Drahtnetze aus Platin, Nickel oder Kupfer anzubringen sind. Beim Arbeiten mit den Aufsätzen muß die Destillation von Zeit zu Zeit unterbrochen bzw. so verlangsamt werden, daß die Flüssigkeit in dem Aufsatz wieder in das Siedegefäß zurückfließen kann. Einen einfachen Aufsatz kann man sich auch dadurch herstellen, daß man den seitlichen Ansatzhals eines Claisenkolbens (s. Abb. 111) mit Glasperlen füllt.

Abb. 115. Fraktionier-Kolonne.

Für leicht siedende Substanzen sehr zu empfehlen ist der Birektificator nach GOLODETZ (zu beziehen von den *Vereinigten Fabriken für Laboratoriumsbedarf*, Berlin), der mit Kugel- oder mit Glasperlenfüllung geliefert werden kann.

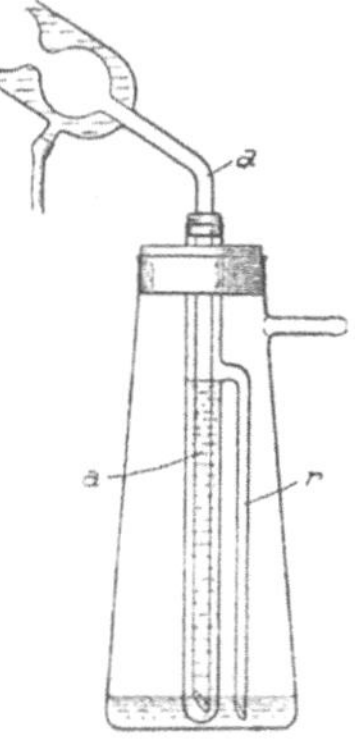

Abb. 116. Sicherheitsvorlage nach KLEINMANN und PANGRITZ.

In den Kugelapparaten (Abb. 117a) gelangt der Dampf aus dem Kolben zuerst in den bald verengten, bald erweiterten Raum zwischen den Kugeln und dem äußeren Rohr und erlangt dabei die erste Rektifikation. Dann geht er durch das Seitenrohr nach dem Schlangenkühler, wird durch Luftabkühlung kondensiert und tritt in das innere Kugelrohr hinein. Hier rieselt das Kondensat von oben nach unten und wird durch die Wärme, welche im äußeren Mantel herrscht, wiederum verdampft. Der neugebildete Dampf geht nach dem Kühler, der weniger flüchtige Rest aber kehrt durch das gebogene Rohr in den Kolben zurück.

Im Kühler mit Perlenfüllung (Abb. 117 b) ist der Gang derselbe. Die Resultate in diesem Apparat sind genauer als im Kugelapparat.

EDEL (43) beschreibt einen Kolonnenfraktionierapparat, der aus aufeinander passenden Aufsätzen besteht, deren Zahl sich nach der Verschiedenheit der Kolonnenapparatur der zu trennenden Flüssigkeiten richtet (Hersteller *Marius* in Utrecht). Mit drei Kugeln konnte der Autor aus 16proz. Alkohol ein Destillat von 92% herstellen, in einer Stunde $^1/_2$ l Äthylacetat von beigemischtem Äther befreien.

Eine größere Kolonnenapparatur kann man im Laboratorium folgendermaßen selbst zusammenstellen. Sie besteht aus einem Destillierkolben, einer mit kurzen Stücken Glasrohr angefüllten Säule und einem Stolzenberg- oder Schraubenkühler als Kondensator. Die Kolonne selbst muß durch Filz oder einen Schutzmantel gut isoliert und der Zwischenraum zwischen Mantel und Kolonne evakuiert oder mit einer Isoliermasse wie Kieselgur ausgefüllt werden. Der Kondensator wird mit Wasser gespeist, das aus einem mit Thermoregulator versehenen größeren Behälter, dessen Oberfläche man mit einer Schicht Paraffinöl übergießt, entnommen wird. Der Wasserstrom muß mittels Pumpen zirkulieren. Bei höher siedenden Substanzen kann man den Kondensator dadurch z. T. ersetzen, daß man das Ende der Kolonne der Luftkühlung aussetzt.

2. Destillation unter vermindertem Druck.

Bezüglich dieses Abschnittes muß auf die Darstellung S. 536ff. verwiesen werden.

Ergänzend sei gesagt: Durch Anwendung von Druckverminderung gelingt es, die Destillation schon bei weit niedrigerer Temperatur durchzuführen, als dies unter gewöhnlichem Druck möglich ist. So kann man bei höher siedenden Flüssigkeiten erwarten, daß man bei einem Druck von 15 mm, wie er z. B. durch Anwendung einer Wasserstrahlpumpe herstellbar ist, einen Siedepunkt erhält, der etwa 100° niedriger liegt als bei Atmosphärendruck. Bei Anwendung noch höherer Vakua (Vakuum des Kathodenlichtes) kann man den Siedepunkt um weitere 80—100° herabsetzen. Somit gelingt es, Substanzen, die unter gewöhnlichem Druck sich nicht unzersetzt destillieren lassen, unter Anwendung des Vakuums leicht zu destillieren.

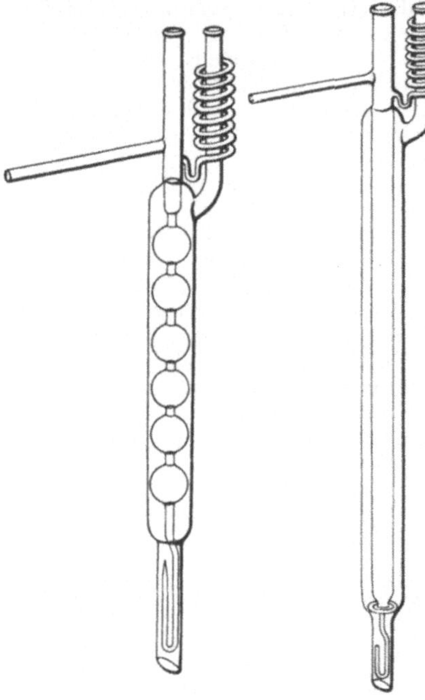

Abb. 117. Birektifikator nach GOLODETZ.

Methoden der Vakuumerzeugung. Für die meisten Laboratoriumsarbeiten genügt die Anwendung der Wasserstrahlpumpe. Die Ausführungen nach WETZEL (*Vereinigte Fabriken für Laboratoriumsbedarf*) oder von VOLLMER (*Hanff & Buest*, Berlin N, Chausseestraße 117) sind zweckmäßig. Der erreichbare Minderdruck beträgt 8—20 mm, je nach der Temperatur des Leitungswassers, das verwandt wird. Die Wasserstrahlpumpe kann auch zweckmäßig als Vorpumpe für stärker wirkende Pumpen Anwendung finden. Da es bei schwankendem Wasserdruck mitunter zu einem Zurücksteigen des Pumpenwassers kommen kann, schaltet man zwischen Pumpe und Apparatur eine Sicherheitsflasche (Saugflasche) und legt vor die Pumpe zweckmäßig noch ein Rückschlagventil. Einfache, selbst herstellbare Ventile sind von BUNSEN angegeben. Sie bestehen aus einem eingeschlitzten Gummischlauch bzw. aus einem angeschnittenen und halb durchbohrten Gummistopfen als Ventil. Ein einfaches, selbst herstellbares Ventil beschreibt auch BREWSTER (26). Ein neues Rückschlagventil (Hg-Vakuummeter) für Evakuierungen mittels der Wasserstrahlpumpe beschreibt SEIKEL (Hersteller *Hallesche Laboratoriumsgerätegesellschaft*, Halle a. S.). Von HOLTZ (94) stammt die Angabe einer Sicherheitsflasche für Vakuumpumpen, bei der das Rückschlagventil in das Innere der Flasche verlegt worden ist (Hersteller *Franz Höpfner*, Nürnberg). Man soll die Pumpe nie abstellen, solange nicht Atmosphärendruck in der Apparatur hergestellt ist bzw. so lange nicht, bis die Apparatur mittels Hahn von der Saugpumpe abgetrennt ist. Zur Verbindung der Wasserstrahlpumpe mit der Wasserleitung dienen dickwandige, sog. Druckschläuche. Da, wo Wasserstrahlpumpen aus örtlichen Gründen nicht anwendbar sind, kann man kleine Kolbenluftpumpen anwenden, die etwa ein Vakuum von 28 mm schaffen.

Für Erzielung hoher Vakua wendet man gewöhnlich Quecksilberluftpumpen an, die nach verschiedenen Prinzipien konstruiert sind. Die verschiedenen Apparatetypen sind so zahlreich, daß diesbezüglich auf ausführliche Abhandlungen verwiesen werden muß.

Hier sei nur die für alle physiologischen Arbeiten sicher ausreichende und sehr zweckmäßige Quecksilberdampfstrahlpumpe nach VOLLMER empfohlen (*Hanff & Buest*, Berlin).

EBERT (41) hat über die Sauggeschwindigkeit der wichtigeren Hochvakuumpumpen im Bereiche 10^{-2}—10^{-6} Vergleiche angestellt.

Die beste Leistungsfähigkeit wies die Diffusionspumpe von GAEDE mit Ölpumpenvorvakuum auf; ihr folgten die Kondensationspumpe von DATE (*Hanff & Buest*), dann das VOLLMER-Aggregat, die VOLLMER-Pumpe aus Quarz und endlich die rotierende Hg-Pumpe nach GAEDE.

Eine einfache Methode zur Destillation unter vermindertem Druck ohne Pumpe sei noch angeführt. Sie stammt von STEMPEL (192). Man verbindet die Vorlage mit einem einseitig geschlossenem Porzellanrohr von etwa 200 mm Länge und 2 mm Wandstärke, das ein einseitig zugeschweißtes, mit 2 g frisch geraspeltem Ca oder Mg beschicktes Eisenrohr von etwa 150 mm Länge enthält. Die mit H_2 oder CO_2 gefüllte Apparatur wird mit der Wasserstrahlpumpe evakuiert, dann das Rohr auf 700^0 (H_2) bzw. 800^0 (CO_2) erhitzt. Durch die Bildung von CaH_2 bzw. $2CaO + C$ entsteht ein Vakuum bis zu 0,05 mm Hg. Bei Anwendung von Mg muß auf 900^0 erhitzt werden. 2 g Ca genügen für eine Destillation von 50—100 cm^3.

Druckmessung. Bei Drucken über 1 mm Hg bedient man sich zum Messen abgekürzter Heberbarometer, deren offener Schenkel mit dem zu messenden Vakuum verbunden wird. Es ist bei ihrer Anwendung darauf zu achten, daß das Vakuum nicht zu plötzlich aufgehoben wird, damit das zurücksteigende Quecksilber nicht Luft mitreißt oder das geschlossene Röhrenende zertrümmert. Um ein Mitreißen von Luft zu verhindern, ist es zweckmäßig, ein Instrument mit vorgesetztem Luftfang zu verwenden. Die Ablesung erfolgt an einer Spiegelglasskala derart, daß sich das Spiegelbild der Pupille mit dem des Skalenteilstriches und der Quecksilberkuppe deckt. Das Manometer wird unmittelbar zwischen Saugpumpe und Vorlage eingeschaltet, wenn das Manometerrohr wie bei der Abbildung T-förmig an die Zuleitung angeblasen ist oder man zweigt das Manometer mittels eines T-Stückes von der Leitung ab. Das Manometer soll gegen die Saugleitung durch einen Hahn abgeschlossen sein. Eine Anleitung zur Herstellung langer und kurzer Manometer gibt WALTHER (216).

Zur Messung von Drucken unter 1 mm benutzt man am zweckmäßigsten die Druckmesser nach MAC LEOD. Dieselben werden gewöhnlich in einer abgekürzten Form nach REIFF (zu beziehen von *Pfeiffer*, Wetzlar) oder v. GAEDE angewandt. Bei der Benutzung der Apparate ist darauf zu achten, daß die Messungen falsch werden, wenn statt eines Gases ein Dampf, d. h. ein Stoff, dessen Temperatur oberhalb der kritischen Temperatur liegt, in den Druckmesser gelangt, wenn also z. B. die Luft in dem Apparat nicht ganz trocken ist.

Destillationskolben. Als Gefäße zur Destillation bei vermindertem Druck kann man die bei der Destillation unter normalem Druck beschriebenen Fraktionierkolben verwenden. Doch ist darauf zu achten, daß die Abflußröhren weit genug sind und daß ihr innerer Durchmesser besonders bei hoch siedenden Körpern nicht unter 7 mm beträgt. Einen Apparat zur Vakuumdestillation empfindlicher Lösungen geben KRAUT, LOBINGER und POLLITZER (121) an. Sie beschreiben einen Apparat, der die bei der üblichen Ausführung der Vakuumdestillation stets auftretende Erhitzung von Teilen der zu destillierenden Flüssigkeit auf eine erheblich höhere Temperatur als die im Dampf gemessene durch dauernde, rasch kreisende Bewegung verhindert. Zur Destillation schäumender Substanzen werden Claisenkolben oder besser noch die unter Abb. 111 angegebenen Kolben von HOUBEN benutzt.

Zur fraktionierten Vakuumdestillation sind sehr viele Apparatformen beschrieben. Von neueren seien die von ANDRÉ (1) und ein praktischer FISCHER-Vakuumfraktionierapparat von SATTLER (173) genannt.

SHRINER (187) gibt einen Spezialvakuumdestillationskolben an, bei dem die Fraktionierkolonne in Form von Glasringen in den Kolbenhals verlegt ist.

Zur Vermeidung von Siedeverzug muß während der Destillation ein feiner Gas- oder Luftstrom durch die Flüssigkeit gesaugt werden. Hierzu setzt man ein capillar ausgezogenes 3—4 mm weites Glasrohr mittels Gummistopfen in den Destillationskolben ein, derart, daß das Ende der Capillaren bis auf die tiefste Stelle des Kolbens hinabreicht. Zur Regulierung des Luftstromes verschließt man die obere Röhrenöffnung mit einem Stückchen Schlauch und einem Quetschhahn. Will man in einem indifferenten oder trockenen Gasstrom arbeiten, so wird das obere Ende des capillaren Rohres mit einem Gasometer oder einer Trockenvorrichtung in Verbindung gesetzt.

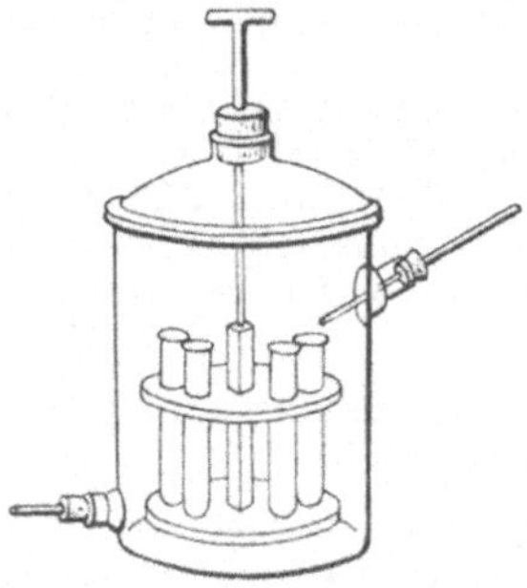

Becker (20) gibt zur Verhinderung des Stoßens ein zweiteiliges Destillationsgefäß an.

Das Destillationsgefäß besteht aus zwei Teilen, dem eigentlichen Kolben, der schräg gestellt wird, und einem eingeschliffenen Verlängerungsrohr. Auf den Hals des eigentlichen Kolbens ist mittels Gummistopfens eine Rolle aufgesetzt, die mit einem Elektromotor verbunden ist, so daß der eigentliche Kolben um den gut gefetteten Schliff rotiert.

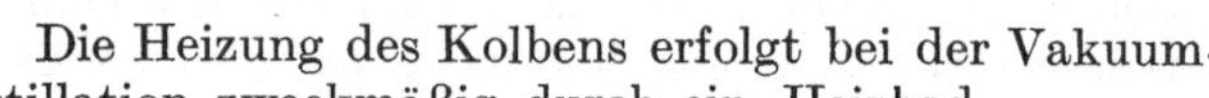

Abb. 118. Vorlage für die Vakuumdestillation nach Brühl.

Die Heizung des Kolbens erfolgt bei der Vakuumdestillation zweckmäßig durch ein Heizbad.

Vorlagen. Als Vorlage dient meistens ein genügend großer zweiter Fraktionierkolben, in den man mittels Stopfen das Abflußrohr des Destillationskolbens bis zur Kugel einführt. Das Abflußrohr der Vorlage wird mit der Luftpumpe verbunden. Sehr wichtig ist es, bei der Vakuumdestillation zur vollkommenen Destillation der Dämpfe gut zu kühlen. Zum fraktionierten Auffangen verschiedener Destillatanteile verwendet man entweder die Vorlage nach Brühl, Abb. 118, oder die in Abb. 119 dargestellte Vorlage von v. Wechmar. Auch sei die Vakuumvorlage nach Klees (111) angeführt. Rojahn (168) beschreibt einen Vorstoß mit Kühl- und Heizvorrichtung.

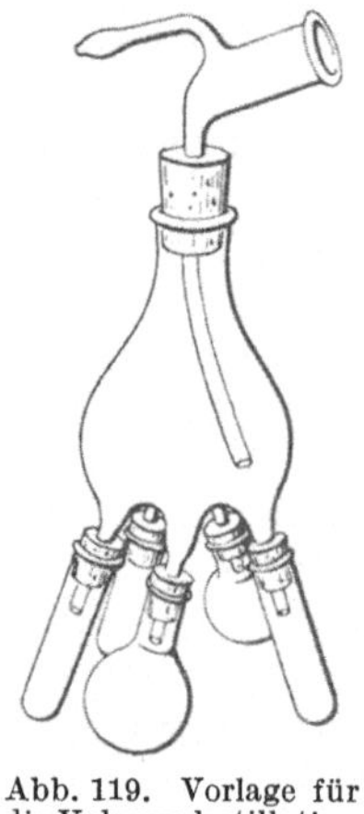

Es sind noch eine große Anzahl von anderen Vorlagen empfohlen, hinsichtlich derer aber auf die ausführlichen Handbücher der organischen Chemie verwiesen werden muß.

Verbindung und Dichtung. Eine Übersicht über Reinigung des Hg für Vakuumapparate, über Schliffverbindungen, Hähne und Vakuumventile gibt z. B. Ebert (41). Zur Verbindung der einzelnen Apparatteile benutzt man dickwandigen Gummischlauch, sog. Druckschlauch. Für längere Strecken verwendet man Glas- oder Bleirohr. Durch Einfetten oder Anwendung von Talkumpulver gelingt es leicht, den Schlauch über die Apparatteile zu streifen.

Abb. 119. Vorlage für die Vakuumdestillation nach v. Wechmar.

Zum Dichten von Verbindungsstellen gebraucht man konzentrierte Gummilösungen wie für Fahrradreifen, wobei man die Apparatur evakuiert, damit die Lösung in die undichten Stellen eindringt. Zum Dichten der Hähne eignet sich für Temperaturen von 15—17° hinauf wasserfreies Lanolin.

Bei Temperaturen über 15—17° schmilzt man es mit $^1/_3$ Gewichtsteil weißen Wachses zusammen. Für Quecksilberluftpumpen verwendet man reines Lanolin, jedoch nur bis zu Temperaturen von 5—8°. Für 13—15° nimmt man ein Gemisch von $^1/_3$ Wachs und $^2/_3$ Lanolin, bis ca. 20° die Hälfte von beiden, bei höheren Temperaturen $^2/_3$ Wachs und $^1/_3$ Lanolin. Bradly und Wilson (25) geben als gute Schmiermittel Mischungen von Paraffin und Paraffinöl und für Druck deren Mischungen mit Kautschuk oder Bienenwachs oder Mischungen dieses mit Lanolin an; für Spezialzwecke wird eine Mischung von H_2SO_4, Melasse, Glycerin oder Vaseline genannt.

Für Glasschliffe, die erhitzt werden, benutzt man als Dichtungsmittel sirupöse Phosphorsäure. Oft genügt es, die Schlifffläche mit Graphit einzureiben (harter Bleistift). Als Kitt empfiehlt sich ein Gemisch von Asbestpulver mit kondensierter Wasserglaslösung, das nach dem Trocknen mit verdünnter Schwefelsäure bepinselt wird (Kieselsäureabscheidung).

Ein Teil Wasserglaslösung (spez. Gew. 1,34), 1 Teil Schlemmkreide und 19 Teile Kaolin geben einen Kitt, der in etwa 12 Stunden trocknet. Auch ein Kitt aus Bleiglätte in Glycerin ist für viele Zwecke anwendbar.

Gesamtanordnung einer Vakuumdestillation. Das Schema der Gesamtanordnung einer Vakuumdestillationsapparatur zeigt Abb. 120. Die Apparatur besteht aus Vorvakuumpumpe (Wasserstrahlpumpe), Vakuumpumpe (Quecksilberdampfpumpe), Manometer und Destillationskolben mit Kühler und Vorlage. Die Anordnung ist aus der Abbildung ohne weiteres ersichtlich.

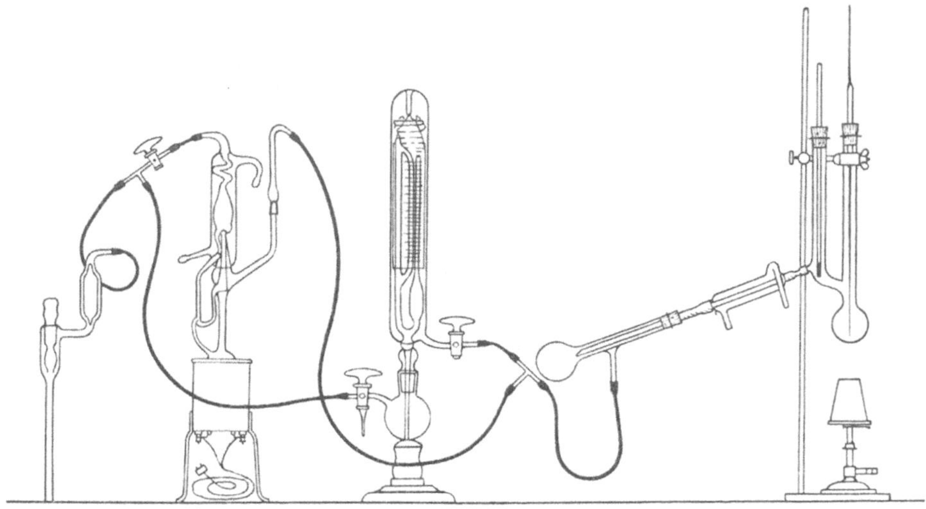

Abb. 120. Gesamtanordnung einer Vakuumdestillation.

3. Destillation mit Wasserdampf.

Eine Destillationsform, die häufig mit Erfolg zur Trennung von Substanzen angewandt wird, ist die Destillation mit Wasserdampf. Da sich die Dampfdrucke von Wasser mit einer mit Wasser nicht mischbaren Substanz, deren Dämpfe in Wasser nicht löslich sind, addieren, so erreicht ihre Summe schon bei einer Siedetemperatur Atmosphärendruck, die niedriger sein muß als die der reinen Komponente. Man kann somit Körper, die bei gewöhnlichem Druck erst oberhalb 100^0 sieden, gemeinsam mit Wasserdampf destillieren und daher aus Gemischen abtrennen. Siehe auch die Ausführungen über Wasserdampfdestillation S. 528. Die Methode kann auf drei verschiedene Weisen ausgeführt werden.

In Form der Wasserdestillation. Sie beruht darauf, daß mit Wasser nicht mischbare Substanzen in einem Kolben mit Wasser gemischt werden und die Mischung gemeinsam dann der Destillation unterworfen wird. Die Wirkung einer derartigen Destillation kann noch dadurch erhöht werden, daß die Siedetemperatur des Wassers durch Zusatz von Salzen (Alkali, Chloride, Sulfate, Carbonate oder Phosphate) erhöht wird.

Destillation mit strömendem Wasserdampf. Diese in der Praxis meist angewandte Form beruht darauf, daß in die zu destillierende Substanz Wasserdampf eingeleitet wird. Als Dampfentwickler dient ein Blechtopf, oder man entnimmt den Dampf einer Dampfleitung. Es darf in diesem Falle nicht vergessen werden, ein Gefäß für Kondenswasser zwischen Dampfleitung und Destillierkolben zu schalten. Verwendet man zur Dampfentwicklung einen Glaskolben, so wird eine Dampfentwicklung ohne Stoßen dadurch erreicht, daß man ein wenig Zink dem Wasser zufügt. An den Dampfentwickler schließt sich das Dampfeinleitungsrohr, das etwas abgebogen wird.

Das Dampfableitungsrohr versieht man an seinem unteren Ende mit einem oder zwei seitlichen Löchern oder man verschließt sein unteres Ende ganz und läßt den Dampf nur an den seitlichen Teilen heraustreten. Zweck-

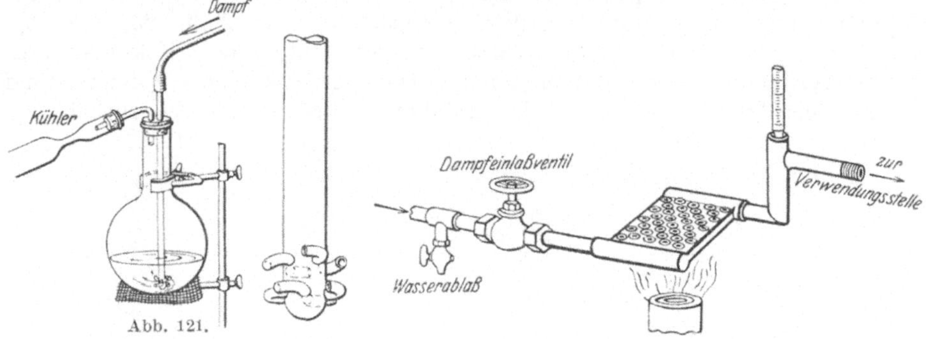

Dampfeinleitungsrohr nach STOLZENBERG. Abb. 122. Dampfüberhitzer nach HEIZMANN.

mäßig für eine gute Durchmischung von Dampf und Flüssigkeit ist die Anwendung des Dampfeinleitungsrohres von STOLZENBERG (s. Abb. 121). Durch Anwendung desselben gerät der Kolbeninhalt in eine schnell drehende Bewegung. Auch eine teilweise Füllung des Kolbeninhaltes mit Glasrohrstücken ist für eine Durchmischung günstig. Als Destillationsgefäß wird ein

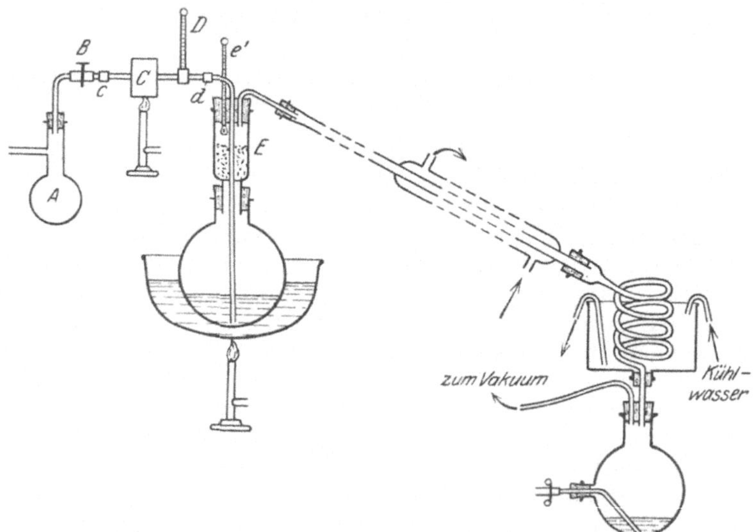

Abb. 123. Apparatur zur Wasserdampfdestillation im luftverdünnten Raum nach HARRIES und HAARMANN.

gewöhnlicher Rundkolben oder ein Fraktionierkolben angewandt, dessen Ableitungsrohr knieförmig umgebogen wird, um ein Überspritzen zu verhindern. Bei starkem Schäumen ist die Anwendung eines kleinen mit Glasscherben gefüllten Aufsatzes zweckmäßig. Der Kolben wird am besten gesondert geheizt. Man verwendet Bunsenbrenner mit Drahtnetz, ein Baboblech oder auch ein Wasser- oder Ölbad.

Zur besseren Dampfdestillation kleinerer Substanzmengen eignet sich die Apparatur nach Pozzi-Escot (157).

Destillation mit überhitztem Wasserdampf. Um auch schwerer flüchtige Substanzen mit Wasserdampf destillieren zu können, schaltet man zwischen Dampfentwickler und Destillierkolben eine Vorrichtung, die es ermöglicht, den Dampf noch höher zu erhitzen. Hierzu dient entweder ein konisch gewundenes Kupferrohr, das man mittels eines Bunsenbrenners erhitzt, oder man verwendet den Dampfüberhitzer nach Heizmann (s. Abb. 122) (zu beziehen von *Hugershoff*, Leipzig). Die Temperatur des austretenden Dampfes mißt man durch ein Thermometer. Das Destillationsgefäß wird in ein Heizbad (Ölbad) gestellt und entsprechend erhitzt. Auch ist der Kolben mit einem in die Flüssigkeit eintauchenden Thermometer zu versehen.

Destillation mit Wasserdampf im luftverdünnten Raum. Mit Wasserdampf flüchtige Stoffe, die bei einer hohen Temperatur angegriffen werden, oder durch heißes Wasser zersetzbare Substanzen lassen sich durch Wasserdampf unter vermindertem Druck noch gut destillieren. Eine hierfür geeignete Destillation geben Harries und Haarmann (81), Abb. 123. *A* stellt den Wasserabscheider, *B* ein Drosselventil, *D* ein Thermometer, *E* einen Glasrohraufsatz zur Verhinderung des Schäumens und *C* den Dampfüberhitzer dar. Die Anordnung der Apparatur geht unmittelbar aus der Abbildung hervor.

b) Sublimieren.

Unter Sublimieren versteht man die unmittelbare Überführung eines festen Stoffes in dampfförmigen Zustand und Kondensation des Dampfes zur festen Phase. Die Sublimation stellt ein außerordentlich zweckmäßiges und empfehlenswertes Reinigungsverfahren dar. Sie erlaubt mit geringsten Materialverlusten eine durchgreifende Trennung zweier Substanzen, von denen die eine nicht oder erst bei wesentlich höherer Temperatur als die andere sublimierbar ist. Sie beschränkt sich keineswegs auf leicht flüchtige Substanzen, sondern erlaubt auch durch Anwendung der Sublimation im Vakuum solche Substanzen zu sublimieren, die unterhalb ihres Zersetzungspunktes unter normalem Druck praktisch nicht sublimierbar sind.

1. Sublimation bei gewöhnlichem Druck.

Die einfachste Methode des Sublimierens besteht in der Anwendung zweier durch Filtrierpapier getrennter Uhrgläser. Die Uhrgläser sind aufeinander eingeschliffen und werden mit einer Metallklammer aufeinandergepreßt. Die zu sublimierende Substanz kommt in das untere Uhrglas, über sie Filtrierpapier und die ganze Apparatur in ein Luft- bzw. Sandbad. Die entstehenden Dämpfe verdichten sich auf dem oberen Uhrglas. Statt des oberen Uhrglases kann man auch einen Trichter anwenden, einen Erlenmeyerkolben oder ähnliches.

Viel besser arbeiten Vorrichtungen mit Wasserkühlung. Man kann sich eine solche selbst herstellen, indem man ein innen durch einen Wasserstrom gekühltes Reagensglas mittels Stopfen in ein Becherglas fest einsetzt. Die in dem Becherglas zu sublimierende Substanz schlägt sich dann auf den gekühlten Reagensglaswandungen nieder. Die Apparatur kann zweckmäßiger gestaltet werden, wenn man beim Arbeiten ein Vakuum anwendet.

Zur Sublimation organischer Substanzen, die sich leicht zersetzen, ist es ratsam, im Luftstrom zu sublimieren, um den Dampf dem Bereich hoher Temperaturen zu entziehen. Bei leicht oxydierenden Substanzen ist es zweckmäßig, in einem indifferenten Gas zu sublimieren. Die einfachste, ohne weiteres verständliche Vorrichtung ergibt sich aus Abb. 124 nach VOLHARD. Die Substanz wird mittels Porzellan- oder Platinschiffchen in die Mitte des Rohres gebracht. Das aus dem Luftbade herausragende Glasrohr wird entweder so lang gemacht, daß Luftkühlung genügt, oder man umwickelt es zur Kühlung mit wasserdurchflossenem, dünnem Bleirohr oder schiebt den Mantel eines LIEBIGschen Kühlers darüber.

Einen neueren Sublimationsapparat beschreiben GUTBIER und PAYER (74). Der Sublimationsapparat dient zur Sublimation von schwer flüchtigen, bei höheren Temperaturen leicht zersetzlichen oder reduzierbaren Stoffen oder Substanzen, die auch in der Nähe des Sublimationspunktes Flüssigkeiten, wie Wasser, Säuren usw., hartnäckig zurückhalten; er besteht aus einer in einem Schamotteofen untergebrachten Hartglasretorte und zwei durch Kühler verbundenen Vorlagen. Das Ableitungsrohr ist mit Schamotte umkleidet; in das Rohr ist eine sich fest an die Wandungen anschmiegende Platinfolie gelegt, so daß das Rohr frei von Ansatz bleibt. Das Material der Stopfen ist Asbest mit Wasserglas. Das Rohr des die Vorlagen verbindenden Kühlers ist in der ersten Vorlage etwas nach oben gebogen. Durch den Apparat wird das Gas gesaugt, das durch ein Sicherheitsventil eintritt. Das Zuleitungsrohr ist am Ende des Retortenhalses nach dem Platinzylinder zu umgebogen; der Gasstrom drückt alle Dämpfe und Sublimationsprodukte fort.

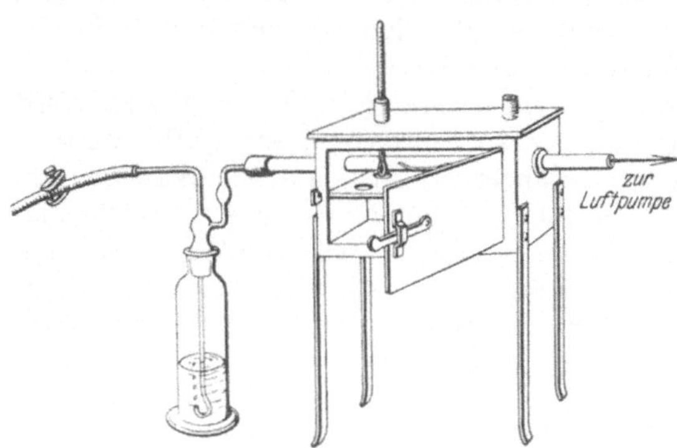

Abb. 124. Sublimationsapparat nach VOLHARD.

2. Sublimation im Vakuum.

Durch Anwendung des Vakuums wird die Geschwindigkeit der Sublimation ganz wesentlich erhöht, da das Vakuum die Diffusion der vergasten Substanzteile erleichtert. Die Tension einer festen Substanz ist aber an sich nur abhängig von der Korngröße und der Temperatur. Daher ist es zur Beschleunigung der Sublimation nicht notwendig, ein besonders hohes Vakuum anzuwenden, sondern es genügt fast stets, ein Vakuum zu benutzen, wie es die Wasserstrahlpumpe liefert.

Eine einfache Vorrichtung zur Sublimation im Vakuum zeigt die Abb. 126.

KEMPF (106 u. 107) empfiehlt zur Vakuumsublimation folgende Apparatur (s. Abb. 125).

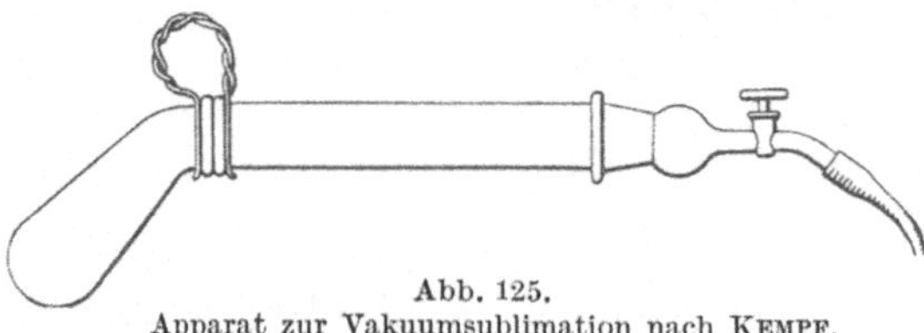
Abb. 125. Apparat zur Vakuumsublimation nach KEMPF.

„Sie wird aus Jenaer Geräteglas angefertigt und besteht aus 3 Teilen, die durch zwei gut schließende Glasschliffe miteinander verbunden sind, nämlich einem birnenförmigen, schräg nach unten gerichteten Gefäß zur Beschickung mit dem Sublimationsgut, einem weiten horizontalen Rohr zur Aufnahme des Sublimates und einer abschließenden Haube mit Hahnrohr, das mit der Luftpumpe verbunden wird. Der Schliff an der Birne ist flanschartig ausgebildet, wie bei den Exsiccatoren und wird, da er mit erhitzt wird, nicht mit Fett od. dgl., sondern mit Graphit gedichtet: am besten durch Bestreichen der Schnittflächen mit einem mittelharten Bleistift. Die Birne wird auch bei starker Belastung sogleich sicher am horizontalen Rohr festgehalten, sobald die Pumpe zu saugen beginnt; die zopfartig geflochtene Klammer aus Messingdraht hält die Birne auch ohne Vakuum am Apparat fest."

Eine einfache, zur Vakuumsublimation dienende Vorrichtung gibt HILGENDORFF. „Zur Aufnahme des Sublimatgutes dient ein evakuierbarer, in ein Wasser- oder Ölbad tauchender Saugstutzen, in den durch einen Gummistopfen ein wassergefüllter Glaszylinder eingesetzt ist.“

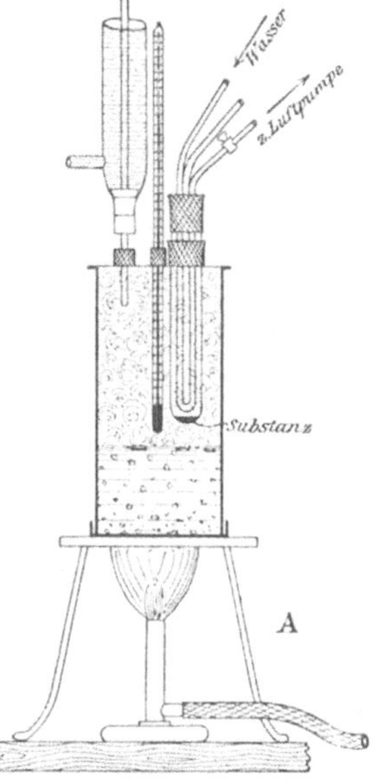

Abb. 126. Vorrichtung zur Vakuumsublimation.

Außer dem Sublimationsapparat für verminderten Druck von HEDLEY (84) sei noch der neuerdings von TIEDEMANN (206) angegebene Apparat beschrieben. Er besteht aus einen evakuierbaren starkwandigen unten aufgetriebenen Glaszylinder von 8 cm Durchmesser und 35 cm Höhe. Seitlich kann ein Thermometer eingeführt werden. In den Hals wird mittels Gummistopfen eine Wasserkühlvorrichtung eingeführt, bestehend aus einem 2 cm breiten, unten birnenförmig aufgetriebenen Glas- oder Metallrohr. Man erhitzt nach Einführung der trockenen Substanz im Ölbad und evakuiert mit Hochvakuumpumpe. Das Sublimat setzt sich in dichten, krystallinen Kuchen an die Kühlbirne an, während die Verunreinigungen quantitativ auf dem Boden liegen bleiben. Der Apparat gestattet die Sublimation von ca. 100 g.

Eine Apparatur zur Sublimation mit Kühlung im Hochvakuum stammt von DIETERLE und HOLLÄNDER (der Apparat wird von der Firma *Hanff & Buest*, Berlin NW, Luisenstraße 76, hergestellt).

Der Apparat besteht aus einem äußeren Mantelgefäß und einem Einsatzgefäß, das zugleich die Kühlvorrichtung enthält. Das erstere hat einen Durchmesser von 7 cm, eine Höhe von 9 cm und ist 1 cm oberhalb des Bodens verjüngt. Sein Boden wird mit dem Sublimationsgut bedeckt. Seitlich ist ein Hahn angeschmolzen, der zur Hochvakuumpumpe führt. Das Einsatzgefäß ist mittels eines sehr langen Schliffes eingesetzt. Unterhalb des Schliffes verjüngt es sich so, daß zwischen ihm und dem Mantel höchstens 1 mm Zwischenraum bleibt; die untere Fläche ist konkav. Im Inneren des Einsatzgefäßes zirkuliert Kühlwasser durch zwei eingeschmolzene Röhren. Der Schliff wird stark mit Hochvakuumfett eingefettet und das Vakuum sehr langsam eingeschaltet, um ein Zerstäuben der Substanz zu vermeiden.

Über Vorrichtungen zur Mikrosublimation s. S. 316ff.

Literatur.

(*1*) ANDRÉ, E.: Bull. Soc. Chim. France (4) **35**, 677 (1924). — (*2*) ANTROPOFF, A. v.: Ber. Dtsch. Chem. Ges. **56**, 2137 (1923). — (*3*) ARRHENIUS, O.: Journ. Amer. Chem. Soc. **44**, 132 (1922). — (*4*) ASHESHOV, J. N.: C. r. Biol. **92**, 362 (1925). — (*5*) ASTRUC, A., u. E. CANALS: Journ. Pharm. et Chim. **2 II**, 14 (1925). — (*5a*) AUGSBERGER, A.: Biochem. Ztschr. **196**, 276 (1928). — (*6*) AYLING, T. H.: Brit. Journ. exper. Path. **5**, 354 (1924).

(*7*) BACH, F. W., u. W. SCHEPMANN: Klin. Wschschr. **5**, Nr 20, 893 (1926). — (*8*) BAER, E.: Kolloid-Ztschr. **46**, 176 (1928). — (*9*) McBAIN, J. W., u. S. S. KISTLER: Journ. Gen. Physiol. **12**, 187 (1928). — (*10*) BAN, N.: Ztschr. f. angew. Ch. **37**, 290 (1924). — (*12*) BAUM, E.: Chem.-Ztg. **28 II**, 1172 (1904). — (*13*) BECHHOLD, H.: Kolloid-Ztschr. **2**, 3 (1907). — (*14*) Ztschr. f. physik. Ch. **60**, 262 (1907). — (*15*) Die Kolloide in Biologie und Medizin, 5. Aufl., Dresden: Theodor Steinkopff 1929. — (*16*) Ztschr. f. Elektrochem. **31**, 496 (1925). — (*17*) BECHHOLD, H., u. L. GUTLOHN: Ztschr. f. angew. Ch. **37**, 494 (1924). — (*18*) BECHHOLD, H., u. K. SILBEREISEN: Biochem. Ztschr. **199**, 1 (1928). — (*19*) BECHHOLD, H., u. V. SZIDON: Kolloid-Ztschr. **36**, Erg.-Bd., 259 (1925). — (*20*) BECKER, H. G.: Journ. Chem. Soc. London **125**, 460 (1924). — (*21*) BERTARELLI, E.: Zentralblatt f. Bakter. u. Parasitenk. **76 I**, 436; **76 II**, 865 (1915). — (*22*) BESSON, A. A.: Chem.-Ztg. **39 III**, 860 (1915). — (*23*) BJERRUM, N., u. E. MANEGOLD: Kolloid-Ztschr. **42**, 2, 97 (1927). — (*24*) BOËTIUS, H.: Ztschr. f. angew. Ch. **38 II**, 724 (1925). — (*25*) BRADLY, M. J., u. H. E. WILSON: Ind. and Engin. Chem. **18**, 1279 (1926). — (*26*) BREWSTER: Ebenda **15**, 32 (1923). — (*28*) BROWN, F.: Ind. and. Engin. Chem. **17**, 706 (1925). — (*29*) BROWN: Biochem. Journ. **9**, 591 (1915). — (*30*) BRUCKNER, B., u. W. OVERBECK: Kolloid-Ztschr. **36**, Erg.-Bd., 192—961 (1925). — (*31*) BRUNO, M. A.: Bull. Soc. Chim. France (4) **35**, 422 (1924). — (*32*) BRYANT: Ind. and Engin. Chem., Analytic. Ed. **1**, 139 (1929). — (*33*) BUNGENBERG DE JONG, H. G.: Rec. trav. chim. Pays-Bas. **42**, 1074 (1923).

(*33a*) v. CALCAR, R. P.: Berl. klin. Wchschr. **41,** 1028 (1904). — (*34*) CHIBNALL, A. C.: Journ. Biol. Chem. **55,** **333** 1923). — (*35*) COLLANDER, R.: Soc. Sci. Fennica, Comment. biol. **2,** 48 (1926); Chem. Zentralblatt **97 II,** 720 (1926).

(*37*) DANCKWORTT, P. W., u. E. PFAU: Arch. der Pharm. u. Ber. Dtsch. Pharm. Ges. **265,** 65 (1927). — (*39*) DIETERLE, H.: Arch. der Pharm. u. Ber. Dtsch. Pharm. Ges. **265,** 116 (1927). — (*40*) DUCLAUX, J.: Amer. Pat. 1693890 v. 30. August 1923.

(*41*) EBERT, H.: Ztschr. f. Physik **19,** 206 (1923). — (*42*) Glas u. Apparat **8,** 153, 163 (1927). — (*43*) EDEL, L. P.: Chemisch Weekblad **21,** 287 (1924). — (*44*) EGGERTH, A. H.: Journ. Biol. Chem. **48,** 203 (1921). — (*45*) EMICH, F.: Mikrochemisches Praktikum. München: J. F. Bergmann 1931. — (*46*) ETTISCH, G., u. W. EWIG: Biochem. Ztschr. **200,** 250 (1928).

(*47*) FARRAR, B. F.: Chemical Analyst. **1923,** Nr 39, 21—22 (1924). — (*49*) FISCHER, E.: Ber. Dtsch. Chem. Ges. **38 I,** 616 (1905). — (*50*) FLOYD DE EDS.: Journ. Labor. a. clin. Med. **8,** 125 (1922). — (*51*) FONTÈS, G., u. L. THIVOLLE: Bull. Soc. Chim. biol. **10,** 495 (1928). — (*52*) FORTNER, C. J.: Chemist-Analyst **1925,** Nr 43, 24. — (*53*) FREDERICK, R. C.: Analyst **49,** 474 (1924). — (*54*) FREUNDLICH, H., u. L. F. LOEB: Biochem. Ztschr. **150,** 522 (1924). — (*56*) FRICKE, R., u. P. KLEMPT: Kolloid-Ztschr. **33,** H. 3, 164 (1923). — (*57*) FRIEDRICHS, J.: Chem. Fabrik Nr 8, 90, **1929.** — (*58*) Ebenda Nr 6, 106, **1928.** — (*59*) FUCHS, W., u. E. HONSIG: Ber. Dtsch. Chem. Ges. **58,** 1323 (1925). — (*60*) FUHRMANN, F.: In OPPENHEIMER-PINCUSSEN: Die Methodik der Fermente III, S. 487. Leipzig: G. Thieme 1929.

(*61*) GATES, F. L.: Journ. of exper. Med. **35,** 635 (1922), nach TRENDELENBURG, P.: Pflügers Arch. **199,** 237 (1923) und mündliche Mitteilung von Dr. WEBER. — (*62*) GERICKE, S.: Chem.-Ztg. **53,** 119 (1929). — (*63*) GIEMSA, G.: Biochem. Ztschr. **132,** 146 (1928). — (*64*) GÖLLNER, K.: Glas u. Apparate **9,** 39 (1928). — (*65*) GOLODETZ, A.: Chem.-Ztg. **37 I,** 259 (1913). — (*67*) GRAFE, V., u. K. FREUND: Biochem. Ztschr. **205,** 259 (1929). — (*68*) GROLLMAN, A.: Journ. Gen. Physiol. **9,** 813 (1926). — (*69*) GUÉRIN, M. G.: Journ. Pharm. et Chim. VII, T. 6, 212 (1912). — (*70*) GUILD, E. J.: Chem. Trade Journ. **90,** 721 (1922). — (*71*) GUNDER, A.: Ztschr. f. anal. Ch. **73,** 441 (1928). — (*71a*) GUTBIER A. u. R. FAHR: Ztschr. f. anorgan. u. allgem. Chem. **157,** 345 (1926). — (*72*) GUTBIER, A., J. HUBER u. W. SCHIEBER: Ber. Dtsch. Chem. Ges. **55,** 1518 (1922). — (*73*) GUTBIER, A., u. B. OTTENSTEIN: Biochem. Ztschr. **177,** 249 (1926). — (*74*) GUTBIER, A. u. Th. PAYER: Chem.-Ztg. **48,** 807 (1924). — (*75*) GUTBIER, A., u. E. SAUER: Ztschr. f. anorg. u. allg. Ch. **128,** 15 (1923).

(*76*) HAGEN, O.: Ztschr. f. angew. Ch. **34,** 499 (1921). — (*77*) HAHN, F. L.: Ztschr. f. anal. Ch. **61,** 52 (1921). — (*78*) HAMBURGER, H. J.: Biochem. Ztschr. **71,** 415 (1915). — (*79*) HANDORF, H.: Ztschr. f. angew. Ch. **35,** 257 (1922). — (*80*) HANNEMANN: Chem.-Ztg. **49,** 140—141 (1925). — (*81*) HARRIES, C., u. R. HAARMANN: Ber. Dtsch. Chem. Ges. **51,** 788 (1918). — (*82*) HARTMANN, W.: Ztschr. f. Unters. Nahrgs.- u. Genußmitteln **42,** 183 (1921). — (*83*) HANKE, M. T., u. K. K. KOESSLER: Journ. Biol. Chem. **66,** 495 (1925). — (*84*) HEDLEY T. J.: Journ. Soc. Chem. Ind. **44,** 752 (1925). — (*85*) HERZOG, J., in J. HOUBEN: Die Methoden der organischen Chemie, 3. Aufl., **1,** 564. Leipzig: Georg Thieme 1925. — (*86*) HERZOG, J., in H. THOMS: Handbuch der praktischen und wissenschaftlichen Pharmazie **1,** 461. Berlin: Urban & Schwarzenberg 1924. — (*87*) HICKMAN, K.: Journ. Soc. Chem. Ind. **48,** 365 (1929). — (*88*) Journ. opt. Soc. America **18,** 69 (1929). — (*89*) HILL, H. W.: Journ. Amer. Chem. Soc. **27 III,** 1058 (1905); Jber. d. Chem. **1 I,** 1270 (1905—08). — (*90*) HOCKENYOS, L.: Chemist-Analyst **17,** Nr 4, 18 (1928). — (*91*) HÖK, W.: Svensk Farm. Tidskr. **33,** 365 (1929). — (*93*) HOLDE, D., u. G. MEYERHEIM: Chem.-Ztg. **35 I,** 369 (1911). — (*94*) HOLTZ, F.: Ebenda **48,** 45 (1924). — (*94a*) HOUBEN, J.: Die Methode d. organ. Chemie, Leipzig: G. Thieme 1925. — (*95*) HOUBEN, J.: Ber. Dtsch. Chem. Ges. **45 III,** 2945 (1912). — (*96*) HÜTTIG, G. F.: Ztschr. f. angew. Ch. **37,** 48 (1924); Keram. Rdsch. **31,** 394 (1923). — (*97*) HÜTTIG, G., u. H. KÜKENTHAL: Chem.-Ztg. **49,** 716 (1925). — (*98*) HÜTTIG, G. F., u. M. NETTE: Keram. Rdsch. **33,** 99 (1925). — (*99*) HUZELLA, TH.: Biochem. Ztschr. **194,** 128 (1928).

(*100*) JANDER, G., in A. STÄHLER: Handbuch der Arbeitsmethoden in der anorganischen Chemie **2,** 2. Hälfte, 928. Berlin: W. de Gruyter 1925. — (*100a*) JANDER, G., u. J. ZAKOWSKI: Membranfilter. Leipzig: Akadem. Verlagsges. 1929. — (*101*) JAVILLIER, M. u. DE SAINT-RAT, L.: Bull. Soc. Chim. France (4) **33,** 996 (1923).

(*102*) KELLY, E. F., u. JOHN G. KRANTZ jun.: Journ. Amer. Pharm. Assoc. **13,** 815 (1924). — (*103*) KEMPF, R., in E. ABDERHALDEN: Handbuch der biochemischen Arbeitsmethoden I und VIII. Berlin: Urban & Schwarzenberg 1910. — (*104*) Chem.-Ztg. **37 II,** 774 (1913). — (*105*) Ebenda **34,** 1365 (1910 und 1915). — (*106*) Sublimieren. In J. HOUBEN: Die Methoden der organischen Chemie, 3. Aufl., **1,** 663. Leipzig: Georg Thieme 1925. — (*107*) Ber. Dtsch. Chem. Ges. **39 IV,** 3722 (1906); Chem.-Ztg. **30 II,** 1250 (1906); Journ. f. prakt. Ch., N. F. **78,** 201 (1908). — (*108*) In E. ABDERHALDEN: Handbuch der biochemischen Arbeitsmethoden 8. Berlin: Urban & Schwarzenberg 1915. — (*109*) Ketow, N.: Russ. Pat. 3398 v. 31. August 1927, Auszug veröffentlicht 30. November 1927. — (*110*) Klänhardt: Chem.-Ztg. **46**, 493 (1922). — (*111*) Klees, P.: Ztschr. f. angew. Ch. **36**, 134 (1923). — (*113*) Kleinmann, H.: Biochem. Ztschr. **179**, 287 (1926). — (*114*) Ebenda **99**, 109 (1919). — (*115*) Pharm. Ztg. **73**, Nr 95, 1498 (1928). — (*116*) Kleinmann, H., u. F. Pangritz: Biochem. Ztschr. **185**, 52 (1927). — (*117*) Kleinmann, H., u. J. Remesow: Ebenda **196**, 152 (1928). — (*118*) Kolkwitz, R.: Ber. Dtsch. Botan. Ges. **42**, 205 (1924). — (*119*) Kramer, S. P.: Journ. Gen. Physiol. **9**, 811—812 (1926). — (*120*) Krane, W.: Ztschr. f. physiol. Ch. **164**, 50 (1927). — (*121*) Kraut, H., K. Lobinger u. F. Pollitzer: Ber. Dtsch. Chem. Ges. **62**, 1939 (1929). — (*122*) Kühl, G. W.: Chem.-Ztg. **52**, 131 (1928). — (*123*) Kunitz, M., u. H. S. Simms: Journ. Gen. Physiol. **11**, 641 (1928). — (*124*) Kutscher, Fr., u. H. Steudel: Ztschr. f. physiol. Chem. **39**, 473 (1903).

(*125*) Lacy, S. A. de: Analyst **49**, 220 (1924). — (*126*) Lanyar, F., u. L. Zechner: Monatshefte f. Chemie **43**, 405 (1922). — (*127*) Laquer, F.: Ztschr. f. physiol. Ch. **118**, 215 (1922). — (*128*) Leffmann, H.: Amer. Journ. Pharm. **96**, 506 (1924). — (*129*) Löfberg, L. E.: Chem.-Ztg. **50**, 86 (1926). — (*130*) Looney, J. M.: Journ. Biol. Chem. **50**, 1 (1922). — (*131*) Lorenzen, I. H.: Apoth.-Ztg. **43**, 1035 (1928).

(*132*) Maljaroff, K. L.: Mikrochemie **6**, 103—105 (1928). — (*133*) Mann, H.: Journ. Biol. Chem. **44**, 207 (1920). — (*134*) Marshall, M. J.: Chem.-Ztg. **53**, 23 (1929). — (*135*) Mayer, F.: Ztschr. f. angew. Ch. **37**, 945 (1924); Österr. Chem.-Ztg. **28.** Jahrg. Neue Folge 11 (1925) — (*136*) Metz, L.: Ztschr. f. anal. Ch. **73**, 219 (1928). — (*137*) Michaelis, L., u. P. Rona: Praktikum der physikalischen Chemie, 4. Aufl., S. 97. Berlin: Julius Springer 1930. — (*139*) Moser, L., u. W. Maxymowitsch: Chem.-Ztg. **50**, 326—327 (1926). — (*140*) Mudd, S.: Amer. Journ. Physiol. **63**, Nr 3, 429 (1923). — (*141*) Mudd, St.: Proc. Soc. exper. Biol. a. Med. **25**, Nr 1, 60 (1927). — (*142*) Müller, A.: Chem.-Ztg. **49**, 691 (1926). — (*143*) Müller, E.: Kolloid-Ztschr. **37**, H. 4, 237 (1925). — (*144*) Muller, L.: C. r. **93 I**, Nr 20, 68 (1925). — (*145*) Muzkin u. Siegel.: Journ. Labor. a. clin. Med. **7**, 564 (1922).

(*146*) Nason, E. H.: Ind. and Engin. Chem. **15**, 1188 (1923). — (*147*) Nelson, J. M., u. D. P. Morgan jun.: Journ. Biol. Chem. **58**, 305 (1923). — (*148*) Niederl, J. B.: Journ. Amer. Chem. Soc. **51**, 474 (1929).

(*149*) Olshausen, v.: Apoth.-Ztg. **40**, 946 (1925). — (*150*) Öman, E.: Svensk Kem. Tidskr. **36**, 223 (1924), ausführl. Ref. Chem. Zentralblatt **1925 I**, 1227. — (*151*) Ostwald, W.: Kleines Praktikum der Kolloidchemie, 6. Aufl. Dresden u. Leipzig: Th. Steinkopff 1926. — (*152*) Overbeck, W.: Chem. Apparatur **13**, 14, 65 (1926).

(*153*) Palkin, S., A. G. Murray u. H. R. Watkins: Ind. and Engin. Chem. **17**, 612 (1925). — (*154*) Pallmann, W.: DRP. 390685 Kl. 42 I v. 14. Juni 1922. — (*155*) Parker: Journ. Amer. Chem. Soc. **35**, 295 (1913). — (*155 a*) Pauli, W.: Biochem. Ztschr. **152**, 355 (1924). — (*156*) Peters jun., W. A., u. Th. Baker: Ind. and. Engin. Chem. **18**, 69 (1926). — (*157*) Pozzi-Escot, M. M. Emm.: Bull. Soc. Chim. Paris (3) **31**, 932 (1904). — (*158*) Prausnitz: Chem.-Ztg. **50**, 809 (1927); Glas u. Apparate **7**, 145. — (*159*) Pregl, Fr.: Die quantitative organische Mikroanalyse, S. 127. Berlin: Julius Springer 1923; siehe auch Szent-Györgyi: Biochem. Ztschr. **136**, 102 (1923); **146**, 303 (1924). — (*160*) Pregl, Fr.: Mikrochemie **2**, H. 5/10, 76 (1924).

(*161*) Quam, G. N.: Ind. and Engin. Chem. **19**, 425 (1927).

(*162*) Radermacher, P.: Chem.-Ztg. **26**, 1177 (1902). — (*163*) Rattray, D. S.: Pharm. Journ. **117**, 195 (1926). — (*164*) Rankoff, G.: Chem. Fabrik **1929**, 401. — (*165*) Regenbrecht, H.: Chemist-Analyst **1923**. — (*166*) Rheinboldt, H.: Dialyse und Ultrafiltration In J. Houben: Die Methoden der organischen Chemie, 3. Aufl., **1**, 465. Leipzig: Georg Thieme 1925. — (*167*) Kolloid-Ztschr. **37**, 387 (1925). — (*168*) Rojahn, C. A.: Chem.-Ztg. **46**, 830 (1922). — (*169*) Rona, P.: Praktikum der physiologischen Chemie **1**, 4. Berlin: Julius Springer 1926. — (*170*) Ebenda **2**, 241. 1928.

(*171*) Samson, K.: Biochem. Ztschr. **208**, 262 (1929). — (*172*) Sando, Ch. E.: Journ. Ind. and Engin. Chem. **16**, 1125 (1924). — (*173*) Sattler, L.: Ebenda **17**, 583 (1925). — (*174*) Sattler, L., u. Bernard R. Mortimer: Ebenda **17**, 495 (1925). — (*175*) Schaap, O. P. A. H.: Pharm. Weekblad **59**, 920 (1922); **60**, 375 (1923). — (*176*) Schaefer, K.: Chem.-Ztg. **46**, 43 (1922). — (*177*) Schmalfuss, H., u. H. Werner: Journ. f. prakt. Ch., N. F. **110**, 37 (1925). — (*178*) Schmid, H.: Chem.-Ztg. **36 III**, 1249 (1912). — (*178 a*) Schmidt: Ztrbl. f. Bakteriolog. u. Parasitenkunde II., Abtlg. 58, S. 464. — (*179*) Schoep, A.: Kolloid-Ztschr. **8 I**, 80 (1911). — (*180*) Schütte: Chem.-Ztg. **35**, 332 (1911). — (*181*) Schulemann, W.: Chem.-Ztg. **51**, 985 (1927). — (*182*) Schwarz, R.: Ztschr. f. angew. Chem. **38**, 748 (1925). — (*182a*) Schwenke: Pharm. Ztg. **1931**, **439**. — (*183*) Seemann, H. E.: Chem.-Ztg. **52**, 131 (1928). — (*184*) Segebade, P.: Ebenda **52**, 557 (1928). — (*185*) Sexton, W. A.: Ebenda **52**, 103 (1928). — (*186*) Shohl, H. T.: Journ. Amer. Chem. Soc. **50**, 417—418 (1928). — (*187*) Shriner, R. L.: Ind. and Engin. Chem. **17**, 569 (1925). — (*189*) Simon, A., u. W. Neth:

Chem. Fabrik 1, 41—49 1928. — (190) SKAU, E. L.: Journ. Physical Chem. 33, 951 (1929). — (191) STECHE, TH.: Ztschr. f. angew. Ch. 39, 509 (1926). — (192) STEMPEL, B.: Arch. der Pharm.; Ber. Dtsch. Pharm. Ges. 267, 484 (1929). — (193) STENBUCK, F. A.: Journ. Labor. a. clin. Med. 11, 189 (1925). — (194) STOCK, A.: Ber. Dtsch. Chem. Ges. 39 II, 1976 (1906). — (195) STOCK-STÄHLER: Praktikum der quantitativen anorganischen Analyse, 3. Aufl., S. 16. Berlin: Julius Springer 1920. — (196) SVEDBERG, THE, u. J. B. NICHOLS: Journ. Amer. Chem. Soc. 45, 2910 (1923). — (197) SVEDBERG, THE, u. H. RINDE: Ebenda 46, 2677 (1924). — (198) SWEENEY, O. R., u. G. N. QUAM: Ebenda 46, 958—960 (1924).

(199) TEDDELER, W.: Glas u. Apparate 9, 40 (1928). — (200) THIESSEN, A.: Biochem. Ztschr. 140, 457 (1923); Ztschr. f. angew. Ch. 37, 76 (1924). — (201) THOMS, H.: Handbuch der praktischen Pharmazie 1. Berlin: Urban & Schwarzenberg 1924. — (202) In E. ABDERHALDEN: Handbuch der biologischen Arbeitsmethoden, Abt. III, Teil B, S. 368. Berlin: Urban & Schwarzenberg 1929. — (203) Ber. Dtsch. Chem. Ges. 50 II, 1235 (1917). — (204) Arb. pharmazeut. Inst. Univ. Berlin 12, 419 (1921). — (206) TIEDEMANN, E.: Veröffentl. Siemens-Konzern V, 2, 229 (1926). — (207) TOLLMACZ, B.: Chem.-Ztg. 37 III, 1381 (1913). — (208) TÓTH, A.: Biochem. Ztschr. 191, 355 (1927). — (209) Ebenda 197, 353 (1928). — (210) TRENDELENBURG, P.: Pflügers Archiv 199, 1/2, 237 (1923). — (211) TWISSELMANN: Chem.-Ztg. 47, 506 (1923). — (212) Ztschr. f. angew. Ch. 38, 611 (1925). — (212a) Chem.-Ztg. 49, 902 (1925).

(213) VANINO, L.: Handbuch der präparativen Chemie 2, 30. Stuttgart: Ferdinand Enke 1914. — (214) VIEHOEVER, A.: Amer. Journ. Pharm. 97, 42 (1925). — (215) VOGE, C. J. B.: Biochem. Journ. 23, 185 (1929).

(216) WALTHER, P.: Pharm. Ztg. 74, 1289 (1929). — (217) WEBER, B.: Ztschr. f. angew. Ch. 40 II, 1585 (1927). — (218) WEBER, H.: Biochem. Ztschr. 158, 463 (1925). — (219) WEISS, E.: Journ. Labor. a. clin. Med. 10, 499—500 (1925). — (220) WHA, CH.: Biochem. Ztschr. 144, 278 (1924). — (221) WIDMARK, E. M. P.: Ebenda 179, 263 (1926). — (222) WIDMER, G.: Helv. chim. Acta 7, 59 (1924). — (222a) WIECHOWSKI: Beiträge z. chem. Physiol. u. Patholog. 9, 232 (1907). — (223) WILSON, F. L.: Arch. of Path. a. Labor. med. 3, Nr 2, 239 (1927). — (224) WOBBE, W.: Arch. der Pharm. u. Ber. Dtsch. Pharm. Ges. 263, 553 (1925). — (225) WOLFFRAM, W.: Chem.-Ztg. 50, 458 (1926). — (226) WOOD, R. W.: Journ. Physical Chem. 27, 565 (1923). — (227) WRIGHT, N. C., u. W. RULE: Journ. Biol. Chem. 75, 185 (1927).

(230) ZAKARIAS, L.: Kolloid-Ztschr. 35, H. 3, 179 (1924); 37, 50 (1925). — (231) ZORN, W.: Zentralblatt f. Bakter. u. Parasitenk. I 89, 111 (1922). — (232) ZSIGMONDY, R.: Kolloidchemie, 5. Aufl. Leipzig: Otto Spamer 1925. — (233) Ztschr. f. angew. Ch. 39 I, 12, 398 (1926); Biochem. Ztschr. 171, 198 (1926). — (234) Ztschr. f. angew. Ch. 26 I, 447 (1913); vgl. G. JANDER: Ebenda 35 II, 721 (1922). — (235) ZSIGMONDY, R., u. W. BACHMANN: Ztschr. f. anorg. Ch. 103, 119 (1918). — (236) ZSIGMONDY, R., E. WILKE-DÖRFURT u. A. v. GALECKI: Ber. Dtsch. Chem. Ges. 45 I, 579 (1912).

4. Qualitative Ermittelung der Elementarbestandteile in organischen Substanzen.

Von C. WEYGAND, Leipzig.

1. Prüfung auf Kohlenstoff und Wasserstoff. Zur *Vorprüfung* erhitzt man eine kleine Probe auf einem Platinblech vorsichtig vom Rande her: *Verkohlung, Entzündung* und Auftreten von brenzlich riechenden Dämpfen sind untrügliche Anzeichen für das Vorliegen einer *organischen* Substanz. Nur sehr wenige kohlenstoffhaltige Stoffe (z. B. Tetrachlorkohlenstoff) verdampfen rückstandslos *ohne* Verkohlung und ohne brennbare Dämpfe zu entwickeln.

Zum völlig sicheren Nachweis von Kohlenstoff mischt man die Probe (wenige Milligramme) mit ausgeglühtem, feinem Kupferoxyd und bringt in ein trockenes, dickwandiges kleines Reagensrohr, bei Flüssigkeiten läßt man einen Tropfen aufsaugen und schichtet neues Oxyd darüber. Das Rohr spannt man waagerecht ein, verbindet mit einem rechtwinklig nach abwärts gebogenen Glasrohr durch einen

Korkstopfen, läßt die Rohrmündung in ein Gefäß mit *Barytwasser* eintauchen und erhitzt das Kupferoxyd (bei leicht flüchtigen Stoffen vorsichtig von vorn her) mit dem Bunsenbrenner.

Die Anwesenheit von *Kohlenstoff* wird an dem Auftreten einer *Trübung* des klaren Barytwassers erkannt, da bei dem Erhitzen mit Kupferoxyd der Kohlenstoff in Kohlensäure übergeführt wird. Gleichzeitig tritt, wenn *Wasserstoff* vorhanden ist, im Einleitungsrohr ein feuchter Beschlag auf. Es ist daher notwendig, die Substanz vor der Probe sorgfältig zu trocknen.

2. Eine entsprechend einfache Probe auf Sauerstoff existiert nicht. Nach TER MEULEN und HESLINGA (2) könnte man die Substanz im reinen Wasserstoffstrom trocken destillieren, über eine Kontaktmasse leiten und aus dem Auftreten von *Wasser* und *Kohlensäure* auf Sauerstoff schließen, man vergleiche darüber das Original. Siehe auch Abschnitt Gasanalyse in Bd. II.

3. Prüfung auf Stickstoff nach LASSAIGNE. Stickstoffhaltige organische Substanzen geben in der Mehrzahl der Fälle beim Zusammenschmelzen mit metallischem Kalium *Cyankali*, worin man die *Cyangruppe* nach den bekannten Methoden der anorganischen analytischen Chemie nachweist.

Etwa 20 mg Substanz werden auf den Boden eines Glührohrs gebracht, darauf ein erbsengroßes Stück *Kalium* (*Natrium* ist *nicht* geeignet) und das Ganze vorsichtig über freier Flamme erhitzt. Leicht flüchtige Stoffe bringt man in den unteren, ausgezogenen Teil eines schwer schmelzbaren Glasrohrs und erhitzt von oben her, so daß die heiße Kaliumschmelze den Dämpfen den Ausgang versperrt, man kann auch flüssige Kalium-Natrium-Legierung verwenden. Zuletzt glüht man 2 Minuten lang kräftig. Dabei kann entstehen: KCN, KCNS, KCl, KBr, KJ, K_2S, KF.

Ist die Reaktion beendet, so taucht man das noch heiße Glühröhrchen in eine kleine Porzellanschale mit Wasser (Abzug, Schutzbrille!), es zerspringt dabei, überschüssiges Metall bildet Kalilauge. Man rührt gut um, entnimmt eine Menge von etwa 3 cm^3, filtriert, gibt *wenig Ferro*sulfat und *Ferri*chloridlösung hinzu (je 2 Tropfen Doppeltnormal-Lösung, Ferrichlorid ist eigentlich entbehrlich, da stets geringe Mengen davon aus Ferrosalz entstehen), prüft mit Lackmus, ob noch überschüssiges Alkali vorhanden ist, fügt gegebenenfalls Natronlauge zu und erhitzt 1 Minute lang zum Sieden. Enthielt die Substanz Stickstoff, so beobachtet man je nach den Umständen beim Ansäuern mit Salzsäure entweder eine *Blaufärbung* oder die Ausscheidung von festem, flockigem Berlinerblau. Bei Stickstoffspuren ist die Lösung nur grünlich, man läßt dann längere Zeit stehen, bis sich einzelne blaue Flocken abgesetzt haben. War das Material stickstofffrei, so ist die Lösung reingelb.

Die Probe von LASSAIGNE ist, wenn sie positiv ausfällt, absolut beweisend, sie versagt aber bei manchen Verbindungstypen. Sehr *schwefelreiche* Stoffe liefern *Rhodankalium* statt Kaliumcyanid; ist daher die Stickstoffprobe negativ ausgefallen, später aber (s. u.) *Schwefel* gefunden worden, so wiederholt man sie mit größeren Mengen von Kaliummetall. *Diazo*verbindungen, die ihren Stickstoff schon bei niederer Temperatur verlieren, zeigen die Reaktion überhaupt nicht. Solche Stoffe kann man unter Umständen mit Natriumsuperoxyd zusammenschmelzen, wobei *Natriumnitrat* entsteht. Die Salpetersäure wird mit Diphenylamin-Schwefelsäure oder mit Ferrosulfat-Schwefelsäure in bekannter Weise diagnostiziert.

Versagen die *qualitativen* Methoden, so führt man eine *quantitative* Stickstoffbestimmung aus, am bequemsten die Mikro-Dumas-Methode nach PREGL. Das Nähere darüber wolle man im folgenden Abschnitt LIEB, *Quantitative mikrochemische Elementaranalyse*, nachlesen.

4. Prüfung auf Schwefel. Einen Teil der von der LASSAIGNEschen Probe überbleibenden Lösung prüft man direkt auf Schwefel, indem man entweder einen Tropfen davon auf eine blanke Silbermünze bringt, ein schwarzbrauner Fleck von Silbersulfid zeigt die Anwesenheit von *Schwefelkalium* an. Noch empfindlicher ist die folgende Probe: Man gibt einen Tropfen der Lösung zu einer frisch bereiteten Lösung von Nitroprussidnatrium, die bei Anwesenheit von Kaliumsulfid vorübergehend eine violette Färbung annimmt.

5. Prüfung auf Halogene (Chlor, Brom, Jod). Bei *Abwesenheit* von Stickstoff *und* Schwefel säuert man einen Teil der LASSAIGNE-Probenlösung mit Salpetersäure an und versetzt mit Silbernitrat, bei Anwesenheit der obigen Anionen fällt Silberhalogenid. Die nähere Untersuchung erfolgt nach den Methoden der anorganischen Chemie. Zum sicheren Nachweis von Chlor neben Brom und Jod dient die *Chromylchloridprobe*, man dampft die neutrale Lösung zur Trockne, bringt den Rückstand in ein trockenes Reagensglas, gibt gepulvertes Kaliumbichromat und etwas konzentrierte Schwefelsäure hinzu, erhitzt und leitet die Dämpfe in verdünnte Natronlauge. Nur bei Anwesenheit von Chlor bildet sich eine flüchtige Chromverbindung (CrO_2Cl_2), gelingt es im Destillat Chrom nachzuweisen, so ist die Anwesenheit von Chlor gesichert. Zur Prüfung auf Brom und Jod unterschichtet man die angesäuerte Lösung im Reagensglas mit Schwefelkohlenstoff und gibt portionsweise Chlorwasser (frisch bereitet!) hinzu. Zunächst färbt sich, wenn Jod zugegen ist, der Schwefelkohlenstoff violett, dann wird er wieder farblos (Oxydation zu Jodsäure) und schließlich bei Gegenwart von Brom bräunlichgelb. Hat man die Halogene nebeneinander nachzuweisen, so wird man gut tun, von etwas reichlicheren Substanzmengen auszugehen.

War Stickstoff abwesend, aber Schwefel vorhanden, so muß man nach dem Ansäuern den Schwefelwasserstoff zunächst verjagen, da man sonst mit Silbernitrat Silbersulfid erhält.

Hat die LASSAIGNEsche Probe Stickstoff angezeigt, so kann man nicht in derselben Lösung auf Halogene prüfen. Man mischt die Substanz mit etwa der sechsfachen Menge von *halogenfreiem* (Prüfen!) gebranntem Kalk und glüht in einem starkwandigen Reagensglas. Stickstoff entweicht oft — nicht immer — als Ammoniak, der Glührückstand wird nach dem Erkalten mit Wasser abgelöscht und dann in Salpetersäure gelöst. Im übrigen verfährt man wie oben.

Besondere Maßregeln:

Sehr flüchtige Substanzen oxydiert man nach CARIUS im geschlossenen Rohr mit hochkonzentrierter Salpetersäure bei 250—300° und prüft nach den Methoden der anorganischen Chemie: Schwefel wird als Schwefelsäure mit Bariumchlorid nachgewiesen, Halogen mit Silbernitrat.

6. Phosphor und Arsen. Man mischt die Substanzprobe innig mit Soda und Kalisalpeter (je 2 Teile), schmilzt in einer Porzellanschale etwas Salpeter und trägt die Mischung portionsweise ein. Die erkaltete Masse löst man in Wasser, säuert mit Salzsäure an und fällt (eventuell nach Vertreiben der überschüssigen Salpetersäure oder deren Reduktion mit Hydrazin) mit Schwefelwasserstoff das Arsen quantitativ aus. Nachweis als Ammoniummagnesiumarseniat. Im Filtrat prüft man mit Ammonmolybdat auf Phosphorsäure.

Bei der Aufbereitung von Pflanzenmaterial verfährt man anders: Die Substanz wird durch Erwärmen mit Kaliumchlorat und Salzsäure (15—20 g Kaliumchlorat auf 100 g Salzsäure) im Porzellantiegel oder, um Arsenverluste zu vermeiden, am Steigrohr auf dem Wasserbad vollständig oxydiert, man hat dann Arsen als Arsensäure und Phosphor als Phosphorsäure vorliegen.

*Mikro*analytische Methoden zum qualitativen Nachweis von Kohlenstoff und Stickstoff sind von F. EMICH (1) angegeben worden, es muß hier auf die Originalliteratur verwiesen werden.

Die *Aschen*analyse wird im Abschnitt *Untersuchung von Aschen* dieses Handbuchs ausführlich behandelt.

Literatur.

(*1*) EMICH, F.: Ztschr. f. anal. Ch. **56**, 1 (1917); **54**, 498 (1915); Mikrochemisches Praktikum, 2. Aufl. S. 103, 106. München 1931.

(*2*) TER MEULEN u. HESLINGA: Neue Methoden der organisch-chemischen Analyse. Leipzig: Akademische Verlagsgesellschaft 1927.

5. Die quantitative mikrochemische Elementaranalyse.

(Bestimmung von C, H, N [DUMAS und KJELDAHL], Cl, Br, J, S, P, Asche nach PREGL; feuchte C-Bestimmung).

Von **HANS LIEB**, Graz.

Mit 23 Abbildungen.

Quantitative Mikroelementaranalyse nach PREGL (19, 20).

Nach diesen Methoden läßt sich mit Substanzmengen von 2—5 mg für jede Bestimmung in unverhältnismäßig kürzerer Zeit die elementare Zusammensetzung einer organischen Substanz bei mindestens gleich großer Genauigkeit ermitteln, wie nach den üblichen Makromethoden.

a) Die mikrochemische Waage von KUHLMANN.

Den Bedürfnissen der quantitativen Mikroanalyse entspricht am besten die von Dr. WILH. H. F. KUHLMANN in Hamburg konstruierte *mikrochemische Waage*, die eine Maximalbelastung bis 20 g zuläßt und bei geringer Belastung noch Wägungen mit einer Genauigkeit von $\pm$ 0,001 mg ermöglicht. Genaueres über die Waage und das Wägen mit ihr vgl. C. WEYGAND: „Allgemeine chemische Methoden“ in diesem Bande.

b) Bestimmung des Kohlenstoffes und Wasserstoffes.

Die Methode beruht auf denselben Prinzipien wie die makroanalytische Bestimmung; die organische Substanz wird im Sauerstoffstrom verbrannt und über ein erhitztes Gemisch von Kupferoxyd und Bleichromat geleitet, wobei der Wasserstoff zu Wasser und der Kohlenstoff zu Kohlendioxyd verbrennt. Diese Verbrennungsprodukte werden in entsprechend gefüllten Absorptionsröhrchen quantitativ aufgefangen und gewogen.

Die für die Verbrennung erforderlichen Gase, *Sauerstoff* und *Luft*, die man in großen Gasometern vorrätig hält, müssen besonders rein sein. Daher füllt man den Gasometer für Luft im Freien und nicht im Laboratorium und benützt nur aus Luft bereiteten Bombensauerstoff, den man bei jeder Erneuerung der Bombenfüllung durch einen Blindversuch auf Reinheit prüfen muß. (Über besondere Maßnahmen zur Reinigung der Gase während der Verbrennung vgl. FR. BÖCK und K. BEAUCOURT (2). Durch Schlauchverbindungen, an denen zur feinen Regulierung des Gasstromes Präzisionsschraubenquetschhähne *Qu* angebracht sind, stehen die Gasometer mit den Druckreglern in Verbindung. Die Schläuche unterzieht man vor ihrer Verwendung einem *künstlichen Alterungsprozeß*, da sie sonst an die durchströmenden Gase Spuren von brennbaren Dämpfen abgeben können. Nach sorgfältigem Auswaschen mit Lauge und Wasser läßt man zu diesem Zwecke 2 Stunden lang Dampf durchströmen. Eine Wiederholung dieser Behandlung nach mehreren Monaten ist zu empfehlen. Für längere Gaszuleitungen verwendet man dünne Blei- oder Glasröhren.

Als *Druckregler DR* (Abb. 127) dienen zwei zylindrische zu $^1/_3$ mit verdünnter Lauge gefüllte Glasflaschen, durch deren Holzdeckel die Glockenröhren *VR* mit

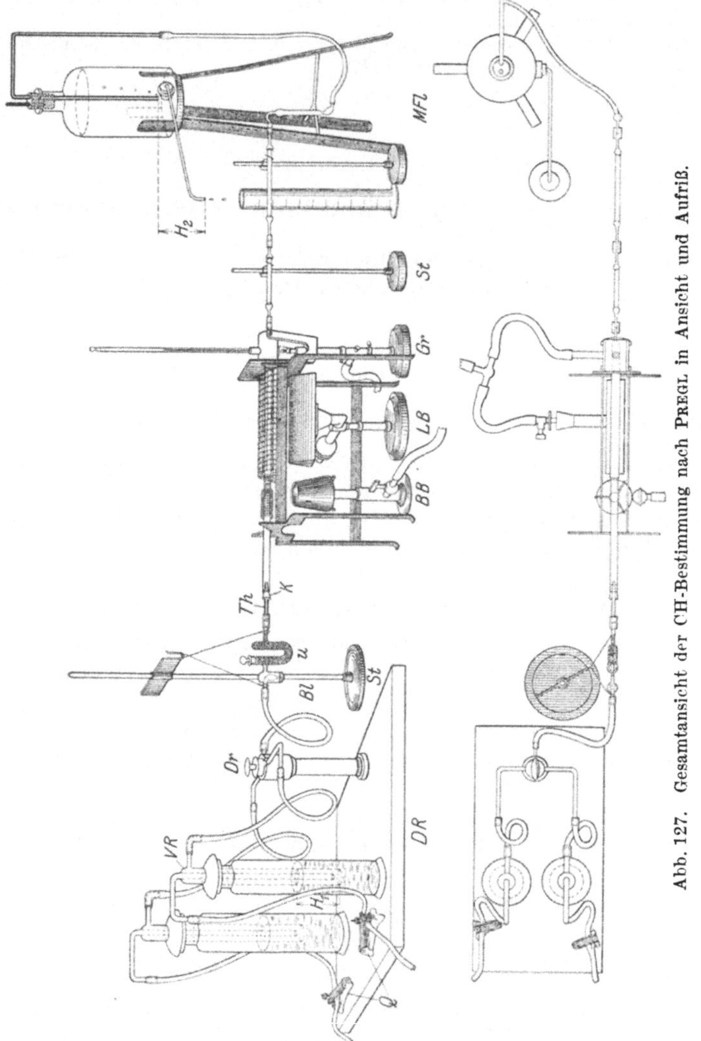

Abb. 127. Gesamtansicht der CH-Bestimmung nach PREGL in Ansicht und Aufriß.

angeschmolzenem Gaszuleitungs- und Ableitungsrohr eingeschoben sind und mittels Metallfedern in der gewünschten Höhe festgehalten werden. Durch die verschiedene Eintauchtiefe des beweglichen Rohres kann das Gas aus dem Ableitungsrohr jeweils nur unter einem bestimmten Druck austreten. Jeder Überschuß des Gases entweicht seitlich aus dem Glockenrohr. Der Gasdruck ist gegeben durch die Niveaudifferenz H_1 der Flüssigkeit im äußeren Gefäß und in der Glockenröhre. Nur beim Verschieben der Glockenröhre ändert sich dieser und dadurch auch die Geschwindigkeit der durch das Verbrennungsrohr streichenden Gase. Man hat es also in der Hand, durch entsprechende Stellung der Glockenröhre eine ganz bestimmte Stromgeschwindigkeit einzustellen. Durch Gummischläuche stehen die beiden Gasableitungsrohre mit einem *Dreiweghahn Dr* in Verbindung, von welchem wieder eine Gummiverbindung zu dem mit einem *Blasenzähler Bl kombinierten U-Rohr* führt. Dieses wird in der Stromrichtung zu $^1/_3$ mit Natronkalk (bzw. Natronasbest, vgl. S. 154) und zu $^2/_3$ mit hirsekorngroßem Chlorcalcium gefüllt und beide Füllungen durch eine dünne Watteschicht voneinander getrennt gehalten. Zur Verhinderung eines Verstäubens der Trocknungsmittel sind auch die Zu- und Ableitungsansätze durch Watteschichten abgegrenzt. Ein mit KRÖNIGschem Glaskitt (vgl. S. 153) eingekitteter Glasstöpsel verschließt das U-Rohr. Den Blasenzähler, dessen Gasaustrittsöffnung nicht mehr als 1 mm lichte Weite haben soll, füllt man mit einer kleinen Menge 50proz. schaumfreier Kalilauge (vgl. N-Bestimmung). Die Verbindung des U-Rohres mit dem Verbrennungsrohr erfolgt durch ein 5 cm langes, zum Verbrennungsrohr hin verjüngtes, dickwandiges Capillarrohr *Th*, das am U-Rohr mit einem kurzen Gummischlauch Glas an Glas und mit dem Verbrennungsrohr mittels eines durchbohrten Gummistopfens *K* verbunden ist.

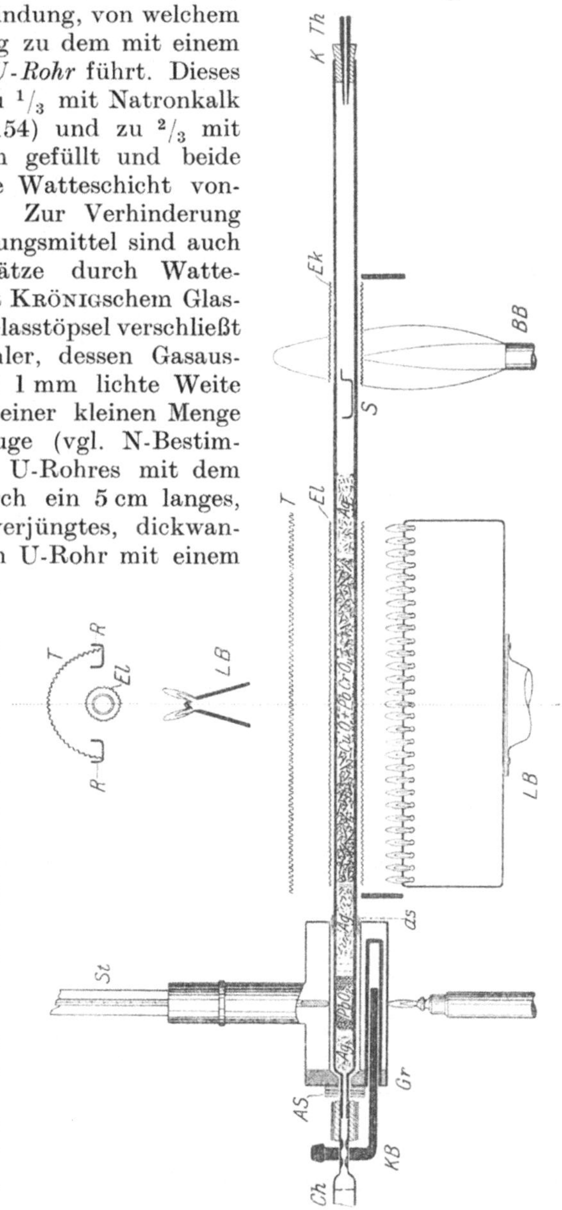

Abb. 128. Das gefüllte Verbrennungsrohr in seiner Lage während der Analyse.

Das *Verbrennungsrohr* aus Jenaer Hartglas (Supremaxglas) von 9,5 bis 10,5 mm äußerem Durchmesser ist 45 cm lang. An dem einen Ende ist ein 2 cm langer Schnabel von 2 mm lichter Weite und 3,2—3,5 mm äußerem Durchmesser angesetzt, der am Ende senkrecht zur Achse abgeschnitten und glatt poliert ist. Die *Universalfüllung* (Abb. 128) des Verbrennungsrohres nach PREGL nimmt man in folgender Weise vor: In das mit Schwefelchromsäure gereinigte trockene Rohr schiebt man mittels eines scharfkantigen Glasstabes zuerst ein Bäuschchen Silberwolle bis zum Schnabel in einer Länge von 1 cm. Statt der Silberwolle wird auch feiner Silberdraht verwendet, der zu kurzen Röllchen aufgesponnen ist. Das Silber wird vor Gebrauch im Wasserstoff- und dann im Sauerstoffstrom ausgeglüht. Die Silberschicht grenzt man durch ein Bäuschchen von gereinigtem, vorher gut ausgeglühtem GOOCH-

Tiegelasbest ab. Es folgt nun eine Schicht *gekörnten Bleisuperoxyds* (zur Mikroelementaranalyse nach PREGL) in einer Länge von 2—2,5 cm, das in erster Linie die Aufgabe hat, die sauren Oxyde des Stickstoffes zu absorbieren.

Statt des gekörnten Bleisuperoxydes kann man nach PREGL auch *Bleisuperoxydasbest* verwenden. Allerdings muß dann auch die Schicht um wenigstens 2 cm verlängert werden. Der Vorteil des Bleisuperoxydasbestes liegt darin, daß ein frisch gefülltes Rohr bereits nach zweistündigem Ausglühen verwendbar ist, und daß bei wasserstoffreichen Verbindungen das Wasser rascher quantitativ ausgetrieben ist; nachteilig ist der Umstand, daß sich die Schicht wegen der geringeren Menge an wirksamer Substanz viel rascher erschöpft.

Mit einem an einem dicken Draht befestigten Wattebausch wischt man dann Bleisuperoxydreste aus dem Rohr weg und führt nun mehrere Schichten von ausgeglühtem Asbest ein, so daß hinter dem Bleisuperoxyd ein etwa 7 mm starker Asbestpfropf, der sog. *Bremspfropf*, entsteht. Dadurch erzielt man an dieser Stelle eine größere Gasreibung. Man achte jedoch darauf, daß der Pfropf nicht zu dicht wird, und überzeuge sich von der Größe der Gasdurchlässigkeit des Rohres durch Anschalten an den Druckregler. Auf dem Bremspfropf folgt eine *3 cm lange Schicht von Silberwolle* und auf diese nach Zwischenlegen eines dünnen Asbestpfropfens eine *14 cm lange Schicht eines Gemisches von drahtförmigem Kupferoxyd und Bleichromat*. Das Gemisch stellt man sich her, indem man auf glühendes, drahtförmiges Kupferoxyd vor dem Gebläse etwa die gleiche Menge gepulvertes Bleichromat streut und anschmilzt. So erzielt man eine gleichmäßige Verteilung des Bleichromates. Nach abermaligem Auswischen des Rohres führt man einen dünnen Asbestpfropf ein und schließt die Füllung mit einer 2,5—3 cm langen Silberschicht ab.

Bei Verwendung von Bleisuperoxydasbest verlegt man den Bremspfropf bis an den Schnabel des Verbrennungsrohres und gibt auf den Pfropf eine wenigstens 3,5 cm lange Schicht von Bleisuperoxydasbest, ohne dieses dabei fest zusammenzudrücken. Die weitere Füllung bleibt gleich.

Über die zu erhitzenden Teile des Verbrennungsrohres, das während der Verbrennung auf einem 30 cm langen, aus Eisenblechstreifen hergestellten Gestell ruht, schiebt man zum Schutz vor direkter Berührung mit der Flamme engmaschige *Eisendrahtnetzrollen* von 19, bzw. 4 cm Länge (*El* und *Ek*, Abb. 128). Die Bleichromat-Kupferoxyd-Schicht erhitzt man mit einem *Langbrenner LB* von 17 cm. Zwecks gleichmäßigen Erhitzens legt man in die Rinnen des Gestells ein tunnelartig geformtes, grobmaschiges *Eisendrahtnetz T* von 18 cm Länge. Da die Bleisuperoxydschicht nicht über 200° erhitzt und stets auf konstanter Temperatur gehalten werden soll, steckt man diesen Rohranteil in eine sog. *Hohlgranate Gr*; das ist ein hartgelöteter, zylindrischer Hohlkörper von 65 cm Länge und 3 cm äußerem Durchmesser mit einer zentralen, zylindrischen Durchbohrung von 1,2 cm Durchmesser, durch die das Verbrennungsrohr gesteckt wird. Ein Steigrohr *St* dient als Rückflußkühler für die im Hohlkörper siedende Flüssigkeit. Von den für die Füllung der Hohlgranate in Betracht kommenden Flüssigkeiten, Cymol, Anilin, Phenol, Petroleumfraktion, *Dekalin* hat sich letzteres besonders gut bewährt. Ein regulierbarer Mikrobrenner, der mit der Hohlgranate auf einem Gestell montiert ist, gestattet das Erhitzen der Flüssigkeit bis zum Siedepunkt. Eine Bohrung von 3 mm lichter Weite an der Stirnseite des Hohlkörpers dient zum Einstecken eines *Kupferbügels KB*, mit dem man das während der Verbrennung im Ansatzstück des Absorptionsröhrchens sich kondensierende Wasser weitertreibt. Das Verbrennungsrohr ist mittels Asbestpapiers *as* in die Hohlgranate eingepaßt. Über den aus der Granate vorstehenden Schnabel sind kleine Asbestscheiben *As* in einer Schichtdicke von $^1/_2$ cm geschoben, um das hier anzusteckende Gummistück vor Überhitzung möglichst zu schützen. Außerdem ist das Anbringen einer größeren Asbestplatte an dieser Stelle empfehlenswert, um die strahlende Wärme vom Chlorcalciumrohr möglichst abzuhalten. Den Langbrenner rückt man etwa 2 cm von der Granate weg, um einerseits in der Silberschicht ein Temperaturgefälle zu schaffen, andererseits die Granate nicht zu überhitzen.

Auch die *elektrische Widerstandsheizung* findet für die Zwecke der Mikroanalyse häufig Anwendung und hat mancherlei Vorteile. Ausführlicheres darüber berichten TH. WALZ (24) sowie B. FLASCHENTRÄGER (7).

Das neu gefüllte Rohr glüht man 8—10 Stunden im Luft- oder Sauerstoffstrom aus und verbrennt dann zuerst ohne Wägung einige Milligramm einer organischen Substanz. Füllungen mit Bleisuperoxydasbest haben den Vorteil, daß schon meist nach zweistündigem Ausglühen des Rohres brauchbare Analysen zu erhalten sind. Bei entsprechender Schonung des Rohres lassen sich mit ein und derselben Füllung bis zu 150 Analysen, gelegentlich auch noch mehr, ausführen. Die Universalfüllung genügt für die Verbrennung beliebig zusammengesetzter Substanzen.

Die *Absorptionsapparate* (Abb. 129) von röhrenförmiger Gestalt bestehen zur Verminderung des Gewichtes und der Wärmekapazität aus dünnstem Spindelglas von 8—10 mm Durchmesser. Jedes Absorptionsröhrchen ist auf der einen Seite durch eine Glaswand mit einer 0,5—1 mm weiten Öffnung in der Mitte abgeschlossen, woran sich eine Vorkammer schließt, an welche ein 25 mm langes Ansatzröhrchen angeschmolzen ist. Das andere Ende trägt einen Schliff zum Einsetzen eines Hohlstöpsels, der als Vorkammer wirkt. An ihn ist wieder ein Ansatzröhrchen angeschmolzen. Diese sind an zwei Stellen auf einen Durchmesser von 0,1—0,2 mm verengt. Ihre Außendurchmesser von 3,2—3,5 mm müssen untereinander und insbesondere mit dem Durchmesser des Schnabels am Verbrennungsrohr genau übereinstimmen und sollen höchstens um 0,1 mm voneinander abweichen.

Abb. 129. Absorptionsapparat mit Schliff nach PREGL.

Das *Chlorcalciumrohr* von 15 cm Länge (Füllungsraum etwa 8 cm) wird mit hirsekorngroßem Chlorcalcium gefüllt. Zur Verhütung des Verstaubens in die Vorkammer schiebt man zuerst auf die Glaszwischenwand eine 5 mm dicke Wattelage in mehreren Schichten ein, gibt darauf einige Stückchen von grobkörnigem Chlorcalcium, dann wieder eine dünne Wattelage und füllt nun den übrigen Raum mit hirsekorngroßem Chlorcalcium bis unter den Schliff des Röhrchens. Durch eine dicke Wattelage grenzt man es gegen den Hohlstöpsel ab, der darauf mit KRÖNIGschem *Glaskitt* eingekittet wird. Diesen erzeugt man durch Zusammenschmelzen von 4 Teilen Kolophonium und 1 Teil Wachs. Den Überschuß an Kitt entfernt man zunächst mechanisch und die letzten Reste sehr sorgfältig mittels eines mit Benzol befeuchteten Lappens. Jedes frisch gefüllte Chlorcalciumrohr wird zunächst mit Kohlendioxydgas gesättigt, indem man das CO_2 einige Zeit durchströmen und darauf das Röhrchen wenigstens $^1/_2$ Stunde damit gefüllt liegen läßt. Darauf verdrängt man das CO_2 durch Luft. Ein derart gefülltes Röhrchen im Gewichte von etwa 7 g reicht für die Absorption von wenigstens 100 mg Wasser. Da der Trockenheitsgrad des käuflichen Chlorcalciums gelegentlich nicht genügend groß ist, empfiehlt es sich, es noch besonders zu trocknen, indem man es in einem Rundkolben im Vakuum auf 200^0 erhitzt.

Das *Röhrchen zur Absorption des Kohlendioxyds* mit einem Füllungsraum von 10 cm füllt man in ähnlicher Weise nach Einbringen einer Watteschicht zunächst mit hirsekorngroßem Chlorcalcium in einer Länge von 3 cm, grenzt es durch ein Wattebäuschchen ab und füllt den übrigen Raum mit *schwach befeuchtetem hirsekorngroßen Natronkalk* bis unter den Schliff. Nach Aufbringen einer Watteschicht wird der Hohlstöpsel eingekittet und dann 100 cm^3 Luft an der MARIOTTEschen Flasche (vgl. S. 155) durchgesaugt. Eine Natronkalkfüllung reicht bei guter Beschaffenheit des Präparates für die Absorption von 50—60 mg CO_2, was durchschnittlich 4 Analysen entspricht. Bei Nachfüllung des Natronkalks braucht das Chlorcalcium nicht jedesmal erneuert zu werden. Erst nach 6—8maliger Erneuerung des Natronkalkes wird auch die Chlorcalciumschicht ausgewechselt. In neuester Zeit bringt die Firma *A. H. Thomas*, Comp. in Philadelphia (U.S.A.), ein hervorragendes Absorptionsmittel für CO_2 unter dem Namen „*Ascarite*" in den Handel. Es ist dies ein mit Natriumhydroxyd präparierter Asbest, der zu hirsekorngroßen Stückchen gekörnt ist. Auch die Firma *Merck*, Darmstadt, liefert ein ähnliches Präparat unter dem Namen *Natronasbest*. Eine Füllung mit diesem Absorptionsmittel reicht für wenigstens 30 Analysen und aus der Farbenveränderung von Grau in Weiß läßt sich feststellen, wieweit die Schicht bereits verbraucht ist. Unerläßlich ist dabei nur ein besonders hoher Trockenheitsgrad des Chlorcalciums im U-Rohr und in den Absorptionsröhrchen, weshalb bei Anwendung von Natronasbest das Chlorcalcium durch Erhitzen in einer offenen Schale noch besser entwässert werden muß[1].

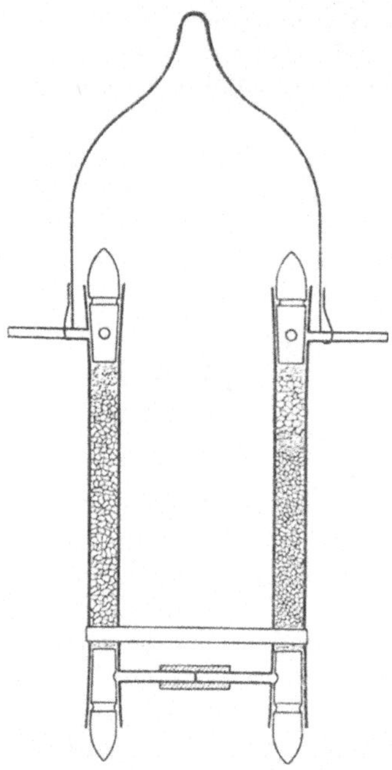

Abb. 130. Absorptionsapparat nach BLUMER-FLASCHENTRÄGER.

Bei besonders hohem Feuchtigkeitsgehalt der Luft, z. B. an schwülen Sommertagen oder unter ungünstigen klimatischen Verhältnissen zeigen die Absorptionsapparate nach PREGL, da sie ohne Verschlußkappen gewogen werden, gelegentlich nicht genügende Gewichtskonstanz. Daher sind von mehreren Seiten, zuerst von F. BLUMER, Absorptionsapparate mit eingeschliffenen, drehbaren Hähnen verwendet worden, die später von FLASCHENTRÄGER verbessert wurden (Abb. 130). Bei solchen Apparaten treten jedoch leicht andere Fehlerquellen auf, wie z. B. Abwischfehler, Verluste an Hahnspeise beim Drehen der Hähne, leichte Lockerung derselben. Immerhin können sie unter besonderen Verhältnissen empfohlen werden. Die Röhrchen kommen mit Sauerstoff gefüllt zur Wägung, weshalb auch die ganze Verbrennung im Sauerstoffstrom durchgeführt werden muß. Auf die MARIOTTEsche Flasche kann man in diesem Falle verzichten, weil keine größeren Reibungswiderstände in den Absorptionsapparaten zu überwinden sind[2].

Die *Verbindung der Absorptionsapparate* sowohl untereinander als auch mit dem Schnabel des Verbrennungsrohres erfolgt durch kurze Stücke eines Druckschlauches besonders guter Qualität von etwa 2,5 mm Lumen. Die Verbindung zwischen Rohrschnabel und Chlorcalciumrohr ist 15—20 mm, jene zwischen den

[1] Über das Abwischen der gefüllten Absorptionsapparate vgl. S. 157.

[2] BOËTIUS verschließt die Röhren nach PREGL mit dünnen Drähtchen. (Vgl. BOËTIUS: Über die Fehlerquellen bei der C-H-Bestimmung, S. 100. Berlin: Verlag Chemie 1931.)

Absorptionsröhrchen 20—25 mm lang. Die Verbindungsstücke sind stets in derselben Richtung zu verwenden, weshalb man auf ihnen die Stromrichtung kenntlich macht. Zwecks Herabsetzung der Hygroskopizität und der Durchlässigkeit für CO_2 werden sie einer halbstündigen Vorbehandlung mit geschmolzener Vaseline im siedenden Wasserbade im Vakuum unterzogen und während dieser Behandlung das Vakuum öfter aufgehoben. Ihre Lebensdauer ist sehr wechselnd und hängt von der Schlauchqualität, der Vorbehandlung und der Behandlung bei Gebrauch ab. Besonders gefährdet ist das Schlauchstück am Schnabel des Verbrennungsrohrs, da es während der Analyse von der Hohlgranate her stets erhitzt wird und darunter leidet. Daher ist gerade dieses Schlauchstück öfters auszuwechseln, vor allem dann, wenn die Ränder und die Innenflächen Rauhigkeiten zeigen. Vor Beginn einer Analysenserie müssen die Verbindungsschläuche leicht glyceriniert werden. Das geschieht mittels eines mit Glycerin schwach angefeuchteten Wattewickels auf einem Stahldraht, mit dem man das Schlauchlumen gründlich auswischt und darauf den Überschuß an Glycerin mit einem trockenen Wattewickel entfernt.

An das Natronkalkröhrchen ist mittels eines Verbindungsschlauchstückes ein rechtwinkelig abgebogenes, mit Chlorcalcium gefülltes Röhrchen als Abschluß angeschaltet, das nicht gewogen wird und durch einen längeren Gummischlauch mit der MARIOTTEschen *Flasche* (*MFl*) verbunden ist.

Es ist dies eine am Boden seitlich tubulierte 1 Literflasche. Durch einen Gummistopfen führt ein zweimal rechtwinklig gebogenes, englumiges Einleitungsrohr bis nahe auf den Boden. In den seitlichen Tubus ist ein 3 mm weites, rechtwinklig gebogenes Glasrohr mittels eines Korkes drehbar eingesteckt, dessen längerer Schenkel, der sog. *Hebel He*, der Höhe der Flasche entspricht und am Ende schwach abgebogen ist. Der MARIOTTEschen Flasche bedient sich PREGL zur Überwindung der Reibungswiderstände in den Capillaren der Absorptionsapparate und um am Schnabel des Verbrennungsrohres jederzeit annähernd den Atmosphärendruck herstellen zu können.

Allgemeines über die Verbrennung: Eine restlose Überführung der organischen Substanz in die Endprodukte der Verbrennung erfordert eine gewisse minimale Berührungsdauer der entstehenden Gase und Dämpfe mit der oxydierenden Schicht der Rohrfüllung, weshalb die Gasstromgeschwindigkeit einen gewissen maximalen Wert nicht überschreiten soll. Sie wurde mit 3—4, höchstens 5 cm³ in der Minute ermittelt und läßt sich durch Höher- oder Tieferstellen der Druckregler regulieren. Um sie im kurzen Wege zu prüfen, ist eine *Eichung des Blasenzählers* erforderlich. Dazu schaltet man die MARIOTTEsche Flasche an das Verbrennungsrohr, senkt ihren Hebel, mißt die in einer bestimmten Zeit (2—5 Minuten) abfließende Wassermenge und zählt gleichzeitig die durch den Blasenzähler tretenden Blasen. Ergibt die Messung der abgeflossenen Wassermenge, daß z. B. in der Minute 4 cm³ Gas durchgeströmt sind, und die gleichzeitige Zählung der Blasenzahl in 10 Sekunden die Zahl 16, dann kann man jede beliebige Gasgeschwindigkeit durch die Zählung der Blasen in 10 Sekunden bestimmen, denn bei einer Anzahl von 12 Blasen in 10 Sekunden ergeben sich dann für eine Minute 3 cm³ Gas und für eine Frequenz von 20 Blasen in 10 Sekunden eine Stromgeschwindigkeit von 5 cm³ in der Minute. Besonders gut sind solche Blasenzähler, die bei einer Blasenzahl von 15—20 in 10 Sekunden 3,5—4,5 cm³ Gas in der Minute durchtreten lassen. Nach einmaliger Eichung eines Blasenzählers läßt sich für jede beliebige Stellung der Druckregler aus der Blasenfrequenz die Stromgeschwindigkeit für die Minute ohne weitere Messung ermitteln.

Auf die Druckverhältnisse im System ist besonders zu achten. Für jedes neue Verbrennungsrohr bestimmt man im angeheizten Zustande die richtige Stellung der Druckregler für Sauerstoff und Luft durch Zählung der Blasenzahl in 10 Sekunden, worauf man an ihrer Stellung nichts mehr zu ändern hat. Nach Anschalten der Absorptionsröhrchen an das Verbrennungsrohr wird infolge der Gasreibung in den Capillaren die Blasenzahl in 10 Sekunden kleiner, unveränderte Stellung des Druckreglers bei seiner vollen Füllung mit Gas vorausgesetzt. Durch Anschalten der MARIOTTEschen Flasche und entsprechendes Senken ihres Hebels läßt sich jedoch die früher ermittelte Blasenfrequenz wieder herstellen. Diese Bedingung muß erfüllt sein, damit an der Verbindungsstelle zwischen Schnabel und Chlorcalciumrohr annähernd Atmosphärendruck herrscht. Es ist dies die gefährdetste Stelle im ganzen System, weil hier die Schlauchverbindung von der Granate her immer mehr oder weniger erhitzt und am ehesten undicht wird. Ohne die Saugwirkung der MARIOTTEschen Flasche entstünde hier ein kleiner Überdruck, was Verluste an Verbrennungsprodukten zur Folge hätte. Bei zu starker Saugwirkung hingegen besteht die Gefahr, daß Luft von außen eingesaugt wird und dadurch fälschliche Gewichtszunahmen in den Absorptionsapparaten entstehen. Immerhin ist ein minimaler Unterdruck am Schnabel weniger nachteilig als ein Überdruck.

Für die *richtige Handhabung der* MARIOTTEschen *Flasche* zur Herstellung der erforderlichen Druck- und Geschwindigkeitsverhältnisse ist die genaue Einhaltung folgender drei Regeln erforderlich:

„1. Durch Verbindung des Schnabels des Verbrennungsrohres mit der MARIOTTEschen Flasche ermittelt man jene Blasenfrequenz, bei der 3—4 cm³ Gas den Querschnitt des Rohres in der Minute durchströmen, gemessen im Meßzylinder am abfließenden Wasser. Diese Stromgeschwindigkeit ist durch unendlich viele Stellungen des Druckreglers bei entsprechender Neigung des Hebels an der MARIOTTEschen Flasche zu erzielen.

2. Nach Lösen der Verbindung mit der MARIOTTEschen Flasche stellt man den Druckregler so ein, daß man die unter 1 ermittelte Blasenfrequenz dadurch wiederherstellt. Dieser Bedingung entspricht nur eine einzige Stellung des Druckreglers, die für dieses Rohr von nun ab beibehalten bleiben muß.

3. Wenn nun die Absorptionsapparate ohne die MARIOTTEsche Flasche bei Beginn der Verbrennung angefügt werden, so tritt eine Verlangsamung der Blasenfrequenz ein. Durch Verbindung der MARIOTTEschen Flasche mit den Absorptionsapparaten und Handhabung des „Hebels“ überwindet man die Reibungswiderstände in den Absorptionsapparaten in dem Maße, daß wieder dieselbe Blasenfrequenz zustande kommt, wie sie in 1 und 2 ohne Absorptionsapparate festgestellt wurde. Ferner soll bemerkt werden, daß etwas stärkeres Saugen mit der MARIOTTEschen Flasche weniger nachteilig ist als das Zustandekommen eines Überdruckes in den Absorptionsapparaten, was immer zu C- und H-Verlusten führt, während ein etwas stärkeres Saugen bei tadellosen Kautschukverbindungen eher noch korrekte Werte liefert.“

Zur *Aufdeckung von Fehlerquellen*, die sich gelegentlich einschleichen, führt man nach den später für die Ausführung einer Verbrennung angegebenen Regeln *Blind- oder Leerversuche* durch. Sie geben Aufschluß über die Reinheit der Gase und Schlauchverbindungen und darüber, ob ein frisch gefülltes Verbrennungsrohr schon genügend ausgeglüht ist, und sind bei Verwendung einer neuen Apparatur, einer frisch gefüllten Sauerstoffbombe oder eines neuen Verbrennungsrohres, sowie auch nach jeder längeren Pause vor der Ausführung von Testanalysen anzustellen. Die Blindversuche fallen höchst selten völlig negativ aus. Man betrachtet die Apparatur als brauchbar, wenn dabei das Chlorcalciumrohr noch eine Gewichtszunahme von höchstens 0,04—0,07 mg und das Natronkalkrohr eine solche von 0,02—0,03 mg zeigt, was bei einer durchschnittlichen Einwaage von 4 mg Substanz einem fälschlichen Zuwachs von 0,08—0,2 % H, bzw. 0,1 bis 0,2 % C entspricht. *Da Blindwertversuche nur über fälschliche Gewichtszunahme, nicht aber über negative Fehler Aufschluß geben, prüft man die Eignung der Apparatur anschließend durch Analysen einer bekannten, reinen Substanz.*

An dieser Stelle sei noch auf eine Reihe von *Fehlermöglichkeiten* hingewiesen, *die eine Gewichtszunahme im Leerversuch bewirken können*[1]. Außer durch unreine Gase oder nicht behandelte Gummischläuche können — ein sorgfältig ausgeglühtes Verbrennungsrohr vorausgesetzt — noch durch die vor Gebrauch zu

[1] Vgl. besonders M. BOËTIUS: Über die Fehlerquellen bei der mikro-analyt. C-H-Bestimmung. Berlin: Verlag Chemie 1931.

stark mit Glycerin befeuchteten Verbindungsschläuche beim Schnabel und zwischen den Absorptionsröhrchen, sowie durch unvorschriftsmäßiges Abwischen der Absorptionsgefäße, ferner durch unrichtige Druckverhältnisse, falsche Einstellung des Hebels der MARIOTTEschen Flasche, sowie insbesondere durch Temperaturdifferenzen zwischen Verbrennungs- und Wägeraum positive Fehler entstehen, falls man es nicht überhaupt vorzieht, im gleichen Raume Verbrennung und Wägung vorzunehmen. Auch der Feuchtigkeitsgehalt der Luft im Waagzimmer spielt eine Rolle. Am günstigsten ist ein Feuchtigkeitsgehalt von 60 bis 70% (vgl. FR. HERNLER 11). Andere Fehlerquellen sind: Ungleicher Durchmesser des Schnabels und der Ansatzröhrchen an den Absorptionsgefäßen, nicht genügend getrocknetes Chlorcalcium oder auch ein verschiedener Trockenheitsgrad des Chlorcalciums im U-Rohr und in den Absorptionsröhrchen. Man scheue daher nicht die Mühe, bei Erneuerung des Chlorcalciums an irgendeiner Stelle auch das Chlorcalcium der anderen Apparate gleichzeitig auszuwechseln. Ebenfalls nachteilig für die Konstanz der Apparate ist ein Ansteigen der Temperatur im Verbrennungsraum während einer Analysenserie. Um dies möglichst hintanzuhalten, ist ein geräumiges, hohes und trockenes Zimmer, in welchem die heißen Verbrennungsgase aufsteigen können und die Temperatur im Laufe eines halben Tages nur wenig ansteigt, für die Mikro-CH-Bestimmung erforderlich. Auch soll der Raum nach jeder Analysenserie gelüftet werden. Ferner ist auf die Beschaffenheit des Bleisuperoxyds zu achten (Gefahr des Überhitzens).

Die *Absorptionsgefäße erfordern bei ihrer Reinigung besondere Aufmerksamkeit.* Sie sind bei Nichtgebrauch mit passenden Kautschukschlauchkappen verschlossen, d. h. Schlauchstückchen, in die auf der einen Seite ein Glasstäbchen gesteckt ist. Sie kommen jedoch ohne Verschlußkappen zur Wägung und zeigen trotzdem unter normalen Verhältnissen (Temperaturkonstanz des Raumes) auch bei längerem Liegen Gewichtskonstanz, da die Diffusion der feuchten Luft durch die Capillaren und Vorkammern hindurch gering ist. Vor jeder Wägung wischt man sie zunächst mit *zwei schwach angefeuchteten Flanelläppchen,* hierauf mit *zwei trockenen, reinen Rehlederläppchen* allseitig sorgfältig ab. Das Abwischen hat dabei in leicht rotierender Bewegung von der Mitte nach den Enden, nie in umgekehrter Richtung zu erfolgen, und ein Drücken und Reiben ist dabei zu vermeiden. Nach dem Trockenwischen, wobei sie schon nicht mehr mit den Fingern berührt werden dürfen, wischt man die Ansatzröhrchen mit einem an einem Stahldraht fest aufgewickelten Wattebäuschchen aus und legt sie auf einen Schreibfederständer neben die Waage. Zum Einlegen auf die Waage bedient man sich einer entsprechend geformten *Gabel aus dickem Aluminiumdraht.* Gewichtskonstanz erreichen sie erst 10—15 Minuten nach dem Abwischen. Das richtige Abwischen der Absorptionsapparate muß geübt werden. Man kontrolliert diese Tätigkeit, indem man die Röhrchen abwischt, 15 Minuten liegenläßt, wägt, wieder abwischt und nach 15 Minuten wägt.

Die Flanell- und Rehlederläppchen müssen öfters gereinigt werden, und zwar erstere durch Waschen mit Seife und warmem Wasser und nachherigem gründlichem Ausspülen, worauf sie gut ausgedrückt werden, letztere durch Behandlung mit ammoniakalischem Seifenwasser von etwa 30°.

Die Ausführung der Verbrennung: Bei Beginn einer Serie von Verbrennungen glüht man das Rohr zunächst $^1/_2$—1 Stunde im Luftstrom aus. Dabei bringt man zunächst mittels des Langbrenners, der 1—2 cm von der Hohlgranate weggerückt sein soll, die Füllung auf dunkle Rotglut, heizt mittels des beweglichen Brenners die Hohlgranate bis zum Sieden ihres Inhaltes an, reguliert darauf deren Mikrobrenner so, daß die Flüssigkeit in schwachem Sieden bleibt und glüht nun mit dem Bunsenbrenner den hinteren, leeren Rohranteil aus. Man achte dabei, daß der

Gummistopfen nicht angebrannt wird. Jetzt reguliert man allenfalls die beiden Druckregler und überprüft insbesondere die Gasgeschwindigkeit am Blasenzähler durch Zählung der Blasen in 10 Sekunden sowohl für Sauerstoff als für Luft. Die während des Ausglühens des Rohres zur Verfügung stehende Zeit benützt man zur Instandsetzung der Absorptionsapparate, indem man allenfalls das Natronkalkröhrchen, wie früher angegeben, frisch füllt, die Apparate sodann vorschriftsmäßig abwischt und zur Erreichung der Gewichtskonstanz auf den Federständer neben die Waage legt. Unterdessen wägt man die Substanz in ein *Platinschiffchen* oder, falls platinschädigende, z. B. As-hältige Substanzen verbrannt werden, in ein Porzellanschiffchen in einer Menge von 3—5 mg ein. Das Schiffchen wird vorher mit

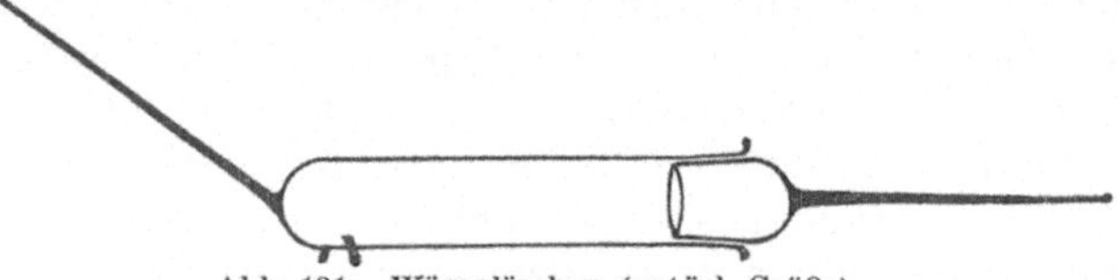

Abb. 131. Wägegläschen (natürl. Größe).

verdünnter Salpetersäure ausgekocht und in der Bunsenflamme ausgeglüht. Zur raschen Auskühlung legt man es auf einen Kupferblock und verwahrt es mit diesem in einem Dosenexsiccator. Das Platinschiffchen ist schon nach wenigen Minuten gewichtskonstant, beim Porzellanschiffchen muß man wenigstens 10 Minuten warten. Die Wägung erfolgt mit einer Genauigkeit von 0,001 mg. Mit einem Spatel füllt man die Substanz ein; pinselt das Schiffchen außen sorgfältig ab und wägt wieder genau. Der Kupferblock darf während der Wägung nicht im Waagegehäuse bleiben. Für *hygroskopische Substanzen* bedient man sich eines *Wägegläschens* (Abb. 131), das zunächst mit dem Schiffchen leer und dann mit der Substanz gewogen wird, worauf man das Schiffchen auf den Kupferblock stellt und mit diesem in den Exsiccator über Chlorcalcium oder Schwefelsäure bringt und evakuiert. Das Wägegläschen selbst soll nicht in den Exsiccator kommen. Eine neuerliche Wasseranziehung läßt sich durch möglichst rasches Einführen des Schiffchens ins Wägegläschen und sofortiges Wägen vermeiden. Eine allfällige Nullpunktsverschiebung der Waage während des Trocknens ist bei der endgültigen Gewichtsbestimmung zu berücksichtigen (vgl. das Kapitel „Wägen" im Abschnitt von C. WEYGAND). In gleicher Weise erfolgt die Einwaage, wenn die Substanz im Vakuum bei höherer Temperatur getrocknet werden soll, wozu man sich des *Mikroexsiccators* (Abb. 132) bedient.

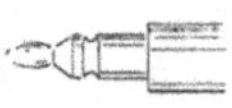

Abb. 132. Mikroexsiccator. (1/2 natürl. Größe.)

Er besteht aus einer 24 cm langen Röhre von 10—12 mm Durchmesser, deren Lumen in der Mitte auf einer Strecke von 2—3 cm zu einer haarfeinen Capillare verengt ist. Von der einen Seite stopft man in mehreren Lagen Watte und füllt darauf eine 5 cm lange Schicht von gekörntem Chlorcalcium, auf welche wieder Watte kommt. In die Mündung schiebt man einen Gummistopfen, durch dessen Bohrung eine haarfeine, dickwandige Capillare gesteckt ist, an die eine olivenförmige Auftreibung *W* angeschlossen ist. Sie wird mit Watte vollgestopft, um die Capillare vor Staub zu schützen. Die andere Hälfte der Röhre dient zur Aufnahme des Schiffchens mit der Substanz. Ein Gummistopfen, durch dessen Bohrung ein kleines Chlorcalciumröhrchen gesteckt ist, bildet den Verschluß und stellt die

Verbindung mit der Wasserstrahlpumpe her. Zwei auf die Röhre streng passende Korke *K*, an denen ebene Flächen angefeilt sind, ermöglichen es, den röhrenförmigen Exsiccator auf den Tisch zu legen, ohne daß er rollt.

Zum Erhitzen des Röhrenexsiccators dient der sog. *Regenerierungsblock* (Abb. 133).

Er besteht aus zwei aufeinandergepaßten Kupferblöcken, von denen jeder mit 2 Rinnen versehen ist, die sich zu zylindrischen Kanälen von 8 bzw. 12 mm Durchmesser ergänzen. Die obere Hälfte ist mittels eines Griffes abhebbar, die untere, fest montierte Hälfte besitzt eine seitliche Bohrung *T* für das Thermometer. Der Block läßt sich durch einen Mikrobrenner auf konstante Temperatur erhitzen (wenigstens bis 200°).

In den weiteren Kanal *K* wird der das Schiffchen mit der Substanz enthaltende Teil des Röhrenexsiccators eingelegt und durch Anpressen der beiden Korke fixiert, so daß eine Drehung der Röhre unmöglich ist. Bei genügender

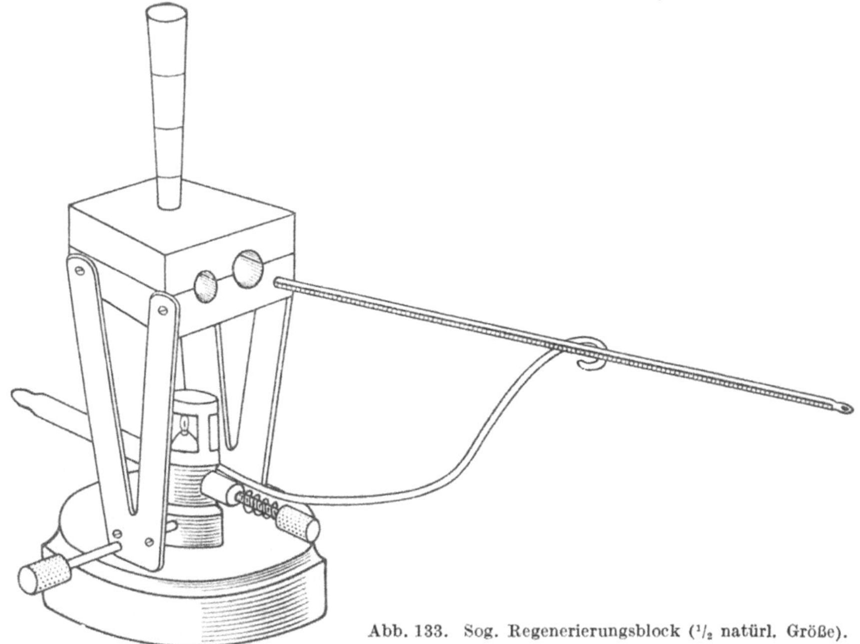

Abb. 133. Sog. Regenerierungsblock (1/2 natürl. Größe).

Feinheit der Capillaren läßt sich das mit der Wasserstrahlpumpe überhaupt erreichbare Vakuum herstellen. Dabei herrscht trotzdem eine beständige, schwachr Luftbewegung.

Nachdem das Trocknen beendigt, der Exsiccator aus dem Kupferblock genommen und der Pumpenschlauch abgezogen ist, bringt man ihn noch warm zur Waage, richtet hier das für die Aufnahme des Schiffchens bestimmte Wägegläschen, nimmt das Chlorcalciumrohr ab und bringt das Schiffchen mittels Platindrahthaken und Pinzette rasch ins Wägegläschen, das nach mehreren Minuten genau gewogen wird.

Das Wägegläschen hat sehr dünne Griffe zum Anfassen, um dadurch die Wägung möglichst wenig zu beeinflussen. Es darf weder erhitzt noch ins Vakuum gestellt werden. Man bewahrt es am besten im Waagegehäuse auf.

Die Wägung des Schiffchens unter Verwendung des Wägegläschens ist immer dann notwendig, wenn die Substanz an sich schon hygroskopisch ist oder voraussichtlich nach dem Trocknen hygroskopische Eigenschaften zeigt. Bei solchen

Wägungen, die zeitlich mehrere Stunden auseinanderliegen, ist eine allenfalls eingetretene Nullpunktsverschiebung der Waage zu berücksichtigen.

Krystallwasserbestimmungen werden stets unter Verwendung des Wägegläschens im Schiffchen ausgeführt. Die Einwaage beträgt 5—10 mg. Gewöhnlich wird im Röhrenexsiccator bei 100° getrocknet.

Für die *Einwaage von Flüssigkeiten* benützt man ungefähr 1 mm weite Capillaren (Abb. 134). Man stellt sich diese in entsprechender Form her, indem man eine 100 mm lange Capillare (*a*) an den beiden Enden faßt und ihre Mitte über einer kleinen, fast leuchtenden Bunsenflamme zu einem Tropfen *T* zusammenschmilzt, den man außerhalb der Flamme zu einem 25 mm langen, massiven Stäbchen auszieht (*b*) und darauf in der Mitte durchschmilzt. Dadurch erhält man zwei gleiche, einseitig offene Capillaren mit bequemem Handgriff, der an seinem Ende zu einem Kügelchen abgeschmolzen ist (*c*). Auf den Grund der Capillare bringt man ein Kryställchen Kaliumchlorat (*d*) und befestigt es dort durch vorsichtiges Anschmelzen. 8—10 mm vom Grund entfernt erweicht man das Glas und zieht es außerhalb der Flamme rasch zu einer haarfeinen 15—20 mm langen Capillare (*e*) aus, deren Ende man durch Abbrechen der Spitze öffnet. Nachdem man die leere Capillare genau gewogen hat, treibt man durch vorsichtiges Erwärmen die Luft aus und taucht die Spitze in die zu analysierende Flüssigkeit, die beim Abkühlen der Capillare darin aufsteigt. Die eingesaugte Flüssigkeit bringt man durch Schleudern und Klopfen, indem man am Griffe hält, oder, falls es bei zähflüssigen Substanzen dadurch nicht gelingt, sehr rasch in der Weise auf den Grund der Capillare (*f*), daß man sie in einer kleinen Eprouvette an der Handzentrifuge schleudert. Die dabei außen und innen an der Haarcapillare haften gebliebenen Flüssigkeitsteilchen entfernt man durch Abwischen und mehrmaliges rasches Durchziehen dieses Teiles durch die Flamme sorgfältig, weil sonst beim Öffnen Verluste eintreten können. Die Spitze schmilzt man zu und bringt die Capillare wieder zur Wägung. Die Differenz beider Wägungen ergibt die Menge der eingeschlossenen Flüssigkeit. Bei der Einführung in das Verbrennungsrohr legt man die Capillare, deren Griff und äußerste Spitze man unmittelbar zuvor abgebrochen hat, auf ein frisch ausgeglühtes, zu einer Rinne zusammengebogenes Platinblech (*g*), welches man dann an die entsprechende Stelle weiter einschiebt[1].

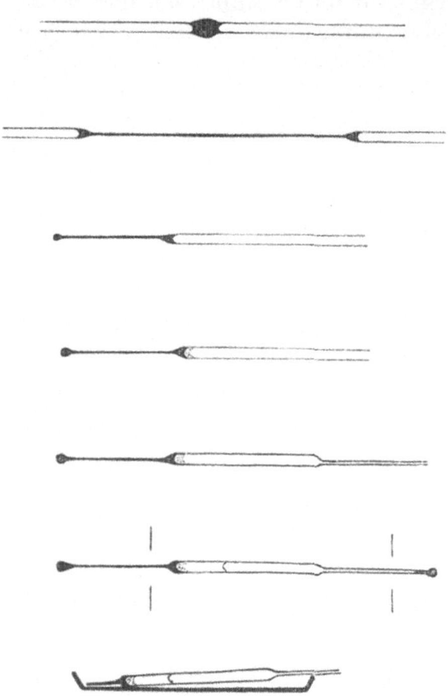

Abb. 134. Anfertigung der Kapillaren zum Abwägen der Flüssigkeiten (natürl. Größe).

Die während des Einwägens der Substanz konstant gewordenen Absorptionsapparate wägt man nur auf 0,01 mg genau. Jedes Röhrchen bleibt vor der endgültigen Wägung 3 Minuten in der geschlossenen Waage liegen. Nach ihrer

[1] Über das Einwägen sehr flüchtiger und tiefsiedender Flüssigkeiten vgl. FR. PREGL (19).

Wägung verbindet man die beiden Röhrchen mittels des längeren Verbindungsschlauchstückes derart miteinander, daß die Schliffenden gegeneinander gerichtet sind und die Ansatzröhrchen sich gegenseitig berühren. Über das freie Ende des Chlorcalciumröhrchens schiebt man dann das kürzere Verbindungsstück und stellt nun damit am Verbrennungstisch die Verbindung mit dem Schnabel des Rohres her, wobei sich ebenfalls Glas und Glas berühren müssen. Die Schlauchstücke schaltet man stets in derselben Richtung an und behandelt sie vor jeder Analysenserie des besseren Gleitens wegen mit einer Spur Glycerin, von dem jeder Überschuß durch Auswischen mit einem trockenen Wattewickel sorgfältig zu entfernen ist.

Nachdem das Natronkalkröhrchen mit der MARIOTTEschen Flasche bei hoch stehendem Hebel verbunden ist, entfernt man den Gummistopfen am hinteren Ende des Verbrennungsrohres, wischt die Mündung mit einem Wattebäuschchen aus und führt sofort das Schiffchen mittels einer Pinzette und eines sauberen Glasstabes soweit ein, daß es je nach der Flüchtigkeit der Substanz 3—7 cm von der Silberschicht entfernt ist. Dann wird zuerst der Stopfen in die Rohröffnung gedrückt und darauf erst die Capillare in seine Bohrung eingesteckt. Nun schaltet man den Dreiweghahn auf Sauerstoff um, läßt den Druckregler sich mit Sauerstoff füllen, dreht den Langbrenner so weit auf, daß das Rohr deutliche Dunkelrotglut zeigt, und senkt jetzt den Hebel der MARIOTTEschen Flasche langsam soweit, daß in 10 Sekunden wieder dieselbe Blasenzahl durch den Blasenzähler tritt als vor dem Anschalten der Absorptionsapparate bei gleicher Stellung des Druckreglers. Eine Blase mehr in 10 Sekunden ist jedenfalls günstiger als eine Blase zu wenig. Über das Natronkalk-, allenfalls auch über das Chlorcalciumröhrchen legt man gewöhnlich einen feuchten Flanellappen und über dessen Ansatzröhrchen den Kupferbügel der Granate.

Für die nun beginnende *eigentliche Verbrennung* schiebt man die kurze Drahtnetzrolle bis gegen das hintere Ende des Schiffchens und verbrennt mit dem Bunsenbrenner die Substanz in etwa 10 Minuten. Man hüte sich jedoch mit dem Brenner zu rasch vorzurücken, beobachte stets die Blasenfrequenz und warte nach jedem Weiterrücken so lange, bis sich wieder die normale Frequenz eingestellt hat. Die Blasenfolge soll niemals sistieren, denn dabei kann es zum Zurückschlagen von Dämpfen gegen den Gummistopfen kommen, wodurch die Analyse meistens verloren ist. Während des Verbrennens hat man nur auf das Verhalten der Substanz, den Blasenzähler und darauf zu sehen, daß die Glocke des Druckreglers stets mit Gas vollgefüllt ist. Nachdem man mit dem Bunsenbrenner bis zum Langbrenner vorgerückt ist, schaltet man den Dreiweghahn auf Luft um — der Druckregler muß schon vorher mit Luft gefüllt sein — und mißt nun das aus der MARIOTTEschen Flasche abfließende Wasser mittels eines Meßzylinders. Man glüht darauf den leeren Rohranteil, 7 cm vom Gummistopfen beginnend, nochmals rasch durch und sorgt bei wasserstoffreichen Verbindungen dafür, daß das in der Vorkammer des Chlorcalciumröhrchens sich kondensierende Wasser durch Verschieben des heißen Kupferbügels *KB* (Abb. 128) ins Chlorcalcium hineingetrieben wird. Die Austreibung der Verbrennungsprodukte ist beendet, wenn 100 cm³ Luft durch das Rohr geströmt, also 100 cm³ Wasser aufgefangen sind. Nur bei wasserstoffreichen Substanzen (über 10% H) empfiehlt es sich, das Chlorcalciumrohr 5 Minuten länger angeschaltet zu lassen. Während der Austreibungsperiode nimmt man die Einwaage für die nächste Analyse vor.

Nach dem Abfließen von 100 cm³ Wasser stellt man zur Beendigung der Verbrennung den Hebel der MARIOTTEschen Flasche hoch, entfernt Flanellappen und Kupferbügel, löst die Verbindung mit der MARIOTTEschen Flasche, darauf die Verbindung mit dem Schnabel und trägt die Absorptionsröhrchen an die Waage, wo sie sofort nach Vorschrift feucht und trocken abgewischt und die Ansatzröhrchen mit einem trockenen Wattewickel ausgewischt werden (vgl. S. 157). Nach 10 Minuten langem Liegen neben der Waage legt man zunächst das Chlorcalciumröhrchen mittels der Gabel in diese und wägt es nach weiteren 3 Minuten.

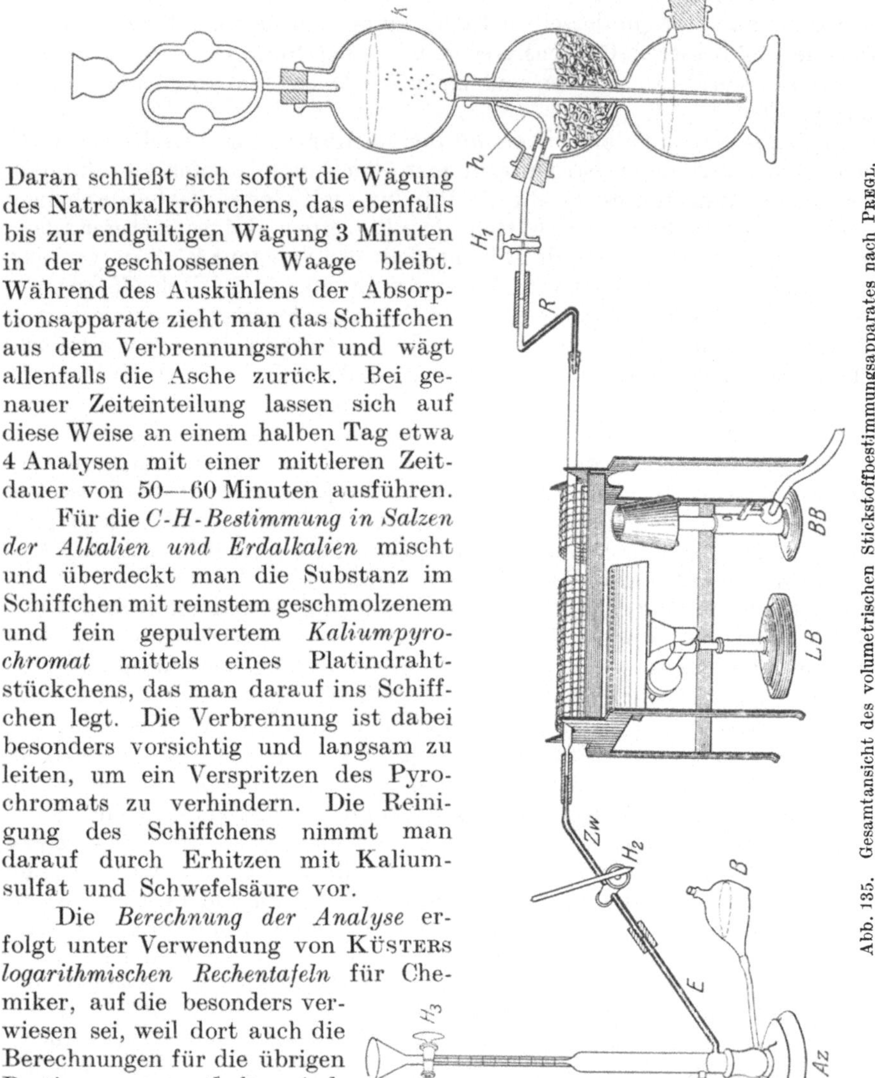

Abb. 135. Gesamtansicht des volumetrischen Stickstoffbestimmungsapparates nach Pregl.

Daran schließt sich sofort die Wägung des Natronkalkröhrchens, das ebenfalls bis zur endgültigen Wägung 3 Minuten in der geschlossenen Waage bleibt. Während des Auskühlens der Absorptionsapparate zieht man das Schiffchen aus dem Verbrennungsrohr und wägt allenfalls die Asche zurück. Bei genauer Zeiteinteilung lassen sich auf diese Weise an einem halben Tag etwa 4 Analysen mit einer mittleren Zeitdauer von 50—60 Minuten ausführen.

Für die *C-H-Bestimmung in Salzen der Alkalien und Erdalkalien* mischt und überdeckt man die Substanz im Schiffchen mit reinstem geschmolzenem und fein gepulvertem *Kaliumpyrochromat* mittels eines Platindrahtstückchens, das man darauf ins Schiffchen legt. Die Verbrennung ist dabei besonders vorsichtig und langsam zu leiten, um ein Verspritzen des Pyrochromats zu verhindern. Die Reinigung des Schiffchens nimmt man darauf durch Erhitzen mit Kaliumsulfat und Schwefelsäure vor.

Die *Berechnung der Analyse* erfolgt unter Verwendung von Küsters *logarithmischen Rechentafeln* für Chemiker, auf die besonders verwiesen sei, weil dort auch die Berechnungen für die übrigen Bestimmungen enthalten sind.

Die gefundenen C- und H-Werte liegen gewöhnlich um 0,1—0,2% über dem theoretischen Wert. Die positiven Fehler sind erklärlich, weil die Blindversuche selten ganz rein ausfallen (vgl. S. 156).

c) Die Bestimmung des Stickstoffes.

1. Gasvolumetrisch nach Dumas-Pregl. Die stickstoffhaltige Substanz wird mit Kupferoxyd gemischt und in einem mit Kupferoxyd gefülltem Verbrennungsrohr in einer CO_2-Atmosphäre durch das Kupferoxyd völlig verbrannt. Dabei wird der Stickstoff in elementarer Form in Freiheit gesetzt und sein Volumen gemessen. Gleichzeitig entstehende Stickoxyde werden durch eine Schicht metallischen Kupfers, die abweichend von der Makromethode an der heißesten Stelle des Rohres, mitten zwischen zwei längeren Schichten des Kupferoxydes liegt, zu Stickstoff reduziert.

Zur *Gewinnung von luftfreiem Kohlendioxydgas* bedient man sich eines großen KIPPschen *Apparates* (Abb. 135). Ein hakenförmig gebogenes Glasrohr *h*, an das Gasentbindungsrohr angeschlossen, gestattet hier die Entnahme des Gases vom höchsten Punkt der mittleren Kugel, die mit großen Marmorstücken möglichst vollgefüllt wird. Den Marmor wäscht man zunächst gründlich mit Wasser und ätzt dann mit Salzsäure an. Ein Auskochen ist überflüssig. Die untere, sowie ein Drittel der oberen Kugel füllt man mit reiner Salzsäure von der Verdünnung 1 : 1. Der frisch gefüllte Apparat bedarf nun einer längeren Behandlung, bevor er ein brauchbares, luftfreies Kohlendioxyd liefert. Zu diesem Zwecke wirft man in die obere Kugel einige Marmorstückchen ein, läßt CO_2-Gas sich kräftig entwickeln, wodurch die Säure von Luftbestandteilen befreit wird. Dann läßt man durch Öffnen des Hahnes H_1 der mittleren Kugel die Säure in dieser hoch steigen, schließt wieder und drückt dadurch den größten Teil der Säure in die obere Kugel, wo sie durch das sich entwickelnde CO_2 weiter entlüftet wird. Dieser Vorgang des Entlüftens nach der Neufüllung des Kipp ist in den ersten Tagen mehrmals täglich zu wiederholen, um wirklich jede Spur von Luft aus dem Kipp und besonders aus seiner Säure zu entfernen. Die Brauchbarkeit des Apparates ist erst dann gegeben, wenn sog. „*Mikroblasen*" erzielt werden (vgl. S. 166). Auch vor jeder Analysenserie wirft man ein Stück Marmor in die obere Kugel und entlüftet mehrmals. Ist die Säure verbraucht, so hebert man etwa ein Drittel davon ab und ergänzt sie durch reine konzentrierte Salzsäure. Rascher erhält man bei Neufüllung des Kipp Mikroblasen, wenn man anfangs die zwei unteren Kugeln mit ausgekochtem Wasser füllt und dieses darauf durch Zusatz von konzentrierter Salzsäure und allmähliches Abhebern so weit verdrängt, daß die Verdünnung etwa 1 : 1 wird.

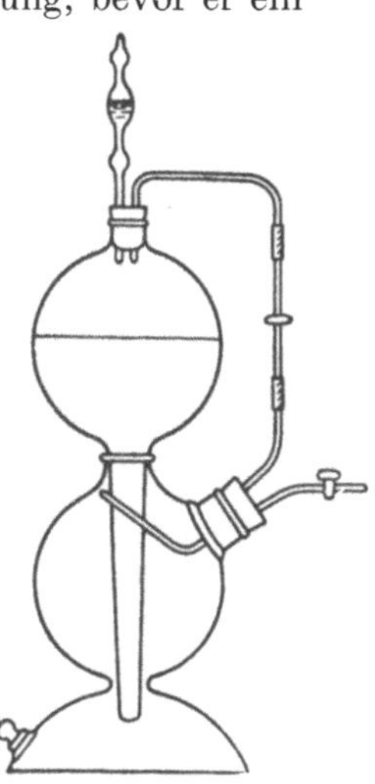

Abb. 136. KIPPscher Apparat nach HEIN mit Glasfrittenventil.

Auf eine *besondere Modifikation des* KIPP*schen Apparates*, die neuestens von FR. HEIN (9) angegeben wurde, sei besonders hingewiesen (Abb. 136). Die obere Kugel wird durch ein Sicherheitsventil aus Jenaer Glas mit einer Frittenplatte von 1,5 oder 3 cm Durchmesser, Glas 16 III oder 2919 III, gegen die Außenluft abgeschlossen und steht außerdem durch ein mit Glashahn versehenes Rohr mit der mittleren Kugel in Verbindung. Das aufgesetzte Sicherheitsfilterventil V_1, in welches Quecksilber (Hg) als Sperrflüssigkeit gegeben wird, läßt keine Luft mehr in den Apparat, wohl aber beim Schließen desselben ein der aufsteigenden Flüssigkeitsmenge entsprechendes Gasvolumen austreten. Der KIPP-Apparat soll eine große Oberkugel und eine relativ kleine flache Unterkugel haben, in welcher der Ansatz der Oberkugel kurz nach dem Eintritt in die untere Kugel endet. Durch Einschalten eines zweiten Frittenventils V_2 in das Verbindungsrohr zwischen mittlerer und oberer Kugel erreicht man weiter nach WEYGAND, daß niemals Gase aus der oberen Kugel in den eigentlichen Gasentwicklungsraum gelangen können. Bei Gebrauch hat man immer darauf zu achten, daß in der mittleren Kugel ein Überdruck herrscht.

Das *Verbrennungsrohr* von derselben Qualität und denselben Dimensionen wie das C-H-Bestimmungsrohr — hier haben sich auch Quarzröhren sehr bewährt — füllt man zunächst mit „drahtförmigem Kupferoxyd zur Analyse", in einer Länge von 13—14 cm, nachdem man zuvor ein Bäuschchen ausgeglühten GOOCH-

Tiegelasbest bis zum Schnabel vorgeschoben hat. Diese Schicht, die als „*bleibende Füllung*" bei späteren Bestimmungen nicht erneuert wird, grenzt man wieder durch ein Asbestbäuschchen ab und glüht sie nun im Sauerstoffstrom gründlich aus. Darauf reduziert man vom mittleren Asbestpfropf an eine 3—4 cm lange Schicht des Kupferoxyds im Wasserstoffstrom zu metallischem Kupfer. Statt die Reduktion im Rohr selbst vorzunehmen, kann man auch vorrätiges, aus drahtförmigem CuO hergestelltes Kupfer in einer Länge von 3—4 cm einfüllen, in welchem Falle man die CuO-Schicht nur 10 cm lang macht. Den noch leeren Rohranteil füllt man gewöhnlich jedesmal vor der Analyse mit sorgfältig ausgeglühtem drahtförmigem Kupferoxyd in einer Länge von 10 cm durch Herausschöpfen aus der Vorratsflasche und gibt auf diese eine 1 cm lange Schicht von gut ausgeglühtem, feinem Kupferoxyd, das man durch nicht zu feines Pulvern aus drahtförmigem Kupferoxyd hergestellt hat. Man kann die 10 cm lange Schicht für eine Serie von Analysen (5—10) allenfalls auch liegenlassen, in welchem Falle man sie durch ein Asbestbäuschchen gegen die weitere Füllung abgrenzt. Die weitere Rohrfüllung erneuert man bei jeder Analyse (vgl. die Ausführung der Analyse). Kupferoxyd, das etwa durch Lauge verunreinigt wurde, ist nach dem einfachen Ausglühen für die Bestimmung nicht verwendbar; man erhält zu niedrige N-Werte. Es muß mit sehr verdünnter Essigsäure behandelt, ausgewaschen und dann geglüht werden.

Die Verbindung des KIPPschen Apparates mit dem Verbrennungsrohr stellt man durch ein zweimal rechtwinklig gebogenes, englumiges Glasrohr *R* (Thermometercapillare, Abb. 135) her, an deren einem Ende ein 15 cm langes Glasrohr vom gleichen Durchmesser wie das Hahnrohr des KIPPschen Apparates angeschmolzen und welches zum Zurückhalten von Staub und Feuchtigkeitsteilchen locker mit Watte gefüllt ist. Durch ein dickwandiges, gut glyceriniertes Gummischlauchstück verbindet man beide Glasteile so miteinander, daß sie sich berühren. An das andere Ende des Gasableitungsrohres ist der größeren Beweglichkeit wegen eine kurze Thermometercapillare, die auf der einen Seite konisch ausgezogen ist, mittels eines Schlauchstückes angeschlossen. Sie stellt nach Einstecken in die Bohrung eines Gummistopfens die Verbindung mit dem Verbrennungsrohr her.

Das Verbrennungsrohr, auf welches zur Schonung beim Erhitzen eine engmaschige, längere und eine kürzere Eisendrahtnetzrolle geschoben ist, ruht auf einem Eisengestell von denselben Dimensionen, wie es bei der C-H-Bestimmung verwendet wird. Dazu gehört ein 17 cm und ein 5 cm langer Drahtnetztunnel, ferner ein Langbrenner (*LB*) und ein Bunsenbrenner mit Schornstein.

Das *Präzisionsmikroazotometer Az* nach PREGL (Abb. 135) zur Messung des Stickstoffvolumens besteht im wesentlichen aus einem weiteren, in einem Holzfuß steckenden Unterteil mit dem Gaseinleitungsrohransatz *E* und einem zweiten, horizontalen Ansatzrohr *A*, an dem mittels eines $^1/_2$ m langen Schlauches die Birne *B* für die Kalilauge angeschaltet wird. An den weiteren Unterteil ist eine enge Glasröhre angeschmolzen, deren Lumen so gewählt ist, daß 1 cm³ 100 mm entspricht. Der Nullpunkt der Teilung befindet sich oben am Hahn H_3, die Teilung selbst beginnt jedoch erst bei 0,04—0,07 cm³. Die Zehntel Kubikzentimeter sind durch Zahlen markiert, der Raum zwischen 2 Teilstrichen beträgt 0,01 cm³. Mittels einer Ableselupe (Fr. Köhler, Leipzig) lassen sich jedoch mühelos tausendstel Kubikzentimeter abschätzen. Zur Vermeidung paralaktischer Ablesefehler erstrecken sich die Teilstriche auf $^3/_4$ des Rohrumfanges. Über dem Hahn, der nur mit Vaseline gefettet werden darf, ist das Azotometer trichterartig erweitert. Das Azotometer ist zwar mit Quecksilber als Sperrflüssigkeit geeicht, das Stickstofflumen wird aber über 50proz. Kalilauge abgelesen, was praktisch keinen Fehler bedeutet (0,001 cm³). Jedem Azotometer ist ein Eichschein beigegeben, dem allfällige Teilungsfehler entnommen werden können.

In das mit Schwefelchromsäure gereinigte und darauf getrocknete Azotometer gibt man zunächst so viel Quecksilber, daß dessen Niveau bis in die Mitte zwischen Gaseinleitungsrohr E und Ansatzrohr A reicht, darauf so viel 50proz. Kalilauge, daß bei hoch gehobener Birne das ganze Azotometer und $^1/_4$—$^1/_3$ der Birne hiermit gefüllt sind. Eine Laugenfüllung reicht gewöhnlich für 25 bis 30 Analysen. Die Notwendigkeit einer Neufüllung erkennt man daran, daß die CO_2-Blasen sehr hoch aufsteigen, bevor sie zu Mikroblasen werden.

Die *50proz. Kalilauge* muß für die Zwecke der Mikroanalyse schaumfrei gemacht werden. Man löst 200 g KOH in Stangen in 200 cm³ Wasser, gibt in die noch warme Lösung 5 g fein gepulvertes Bariumhydroxyd, schüttelt um und läßt stehen, bis die Lösung sich abgekühlt und die Hauptmenge des entstandenen Niederschlages gesetzt hat. Dann saugt man auf einer Nutsche über GOOCH-Tiegelasbest ab, bis man ein klares Filtrat erhält.

Die Verbindung zwischen Verbrennungsrohr und Azotometer wird durch ein Glaszwischenstück Zw mit Hahn H_2 unter Verwendung zweier starkwandiger Gummischlauchstücke derart hergestellt, daß sich die Glasteile berühren. Zwecks leichterer Regulierung des Gasstromes ist die Hahnspindel mit Rillen an der Bohrung und einem längeren Hebelarm versehen.

Frisch gefüllte Azotometer zeigen gelegentlich dann, wenn ganz reines Quecksilber und reine Lauge verwendet werden, die Erscheinung, daß die Gasblasen an der Grenze zwischen Quecksilber und Lauge kleben bleiben und nur mühsam durch Schütteln zum Aufsteigen zu bringen sind. Ein sicher wirksames Mittel, diese unangenehme Erscheinung zu beseitigen, konnte bisher nicht gefunden werden. Die Verwendung von gebrauchtem, mit einer Staub- und Oxydschicht überzogenen Quecksilber schafft noch am ehesten Abhilfe.

Nach längerem Gebrauch zeigen einzelne Azotometer die *Erscheinung des Nachlaufens*, da durch die Berührung mit der starken Lauge der Hahn allmählich undicht wird und etwas Lauge durchsickern läßt. Diese Laugenmenge, die unter dem Hahn in der Meßröhre sichtbar wird und das Volumen um mehrere Hundertstel Kubikzentimeter vergrößern kann, läßt sich nach beendigter Verbrennung durch Hochheben der Birne über das Niveau der Lauge im Trichterrohr und vorsichtiges Öffnen des Hahnes ohne den geringsten Gasverlust in den Trichter hinaufdrängen.

Die Ausführung der Bestimmung.

Für eine Bestimmung verwendet man *2—4 mg Substanz*, die man aus einem *Wägeröhrchen* in das *Mischröhrchen* abfüllt. Dieses ist ein gewöhnliches Reagensglas von 7 cm Länge und 1 cm Durchmesser und wird mit einem gut passenden,

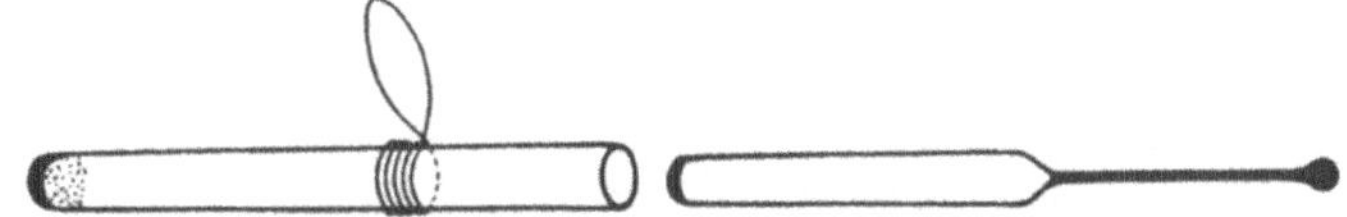

Abb. 137. Wägeröhrchen mit Glasstopfen und Aluminiumgriff (natürl. Größe).

möglichst porenlosen Kork verschlossen. Das Wägeröhrchen (Abb. 137) von 30—35 mm Länge und 4 mm Durchmesser am offenen Ende steckt zwecks leichteren Anfassens und Auflegens auf die Waagschale in einer Spirale aus dünnem Aluminiumdraht mit Griff oder ist zu einem dünnen Griff ausgezogen. *Hygroskopische Körper* wägt man in ähnlichen, mit einem passenden Glasstopfen G verschließbaren Röhrchen ab (Abb. 137). Man bestimmt zunächst annähernd das Gewicht des leeren Wägeröhrchens, füllt darauf die Substanz ein und bestimmt das Gewicht des Röhrchens mit der Substanz genau. Nun füllt man durch vorsichtiges Klopfen die erforderliche Menge Substanz in das zuvor mit Kupferoxydpulver ausgespülte Mischröhrchen ab und wägt dann das Wägeröhrchen mit den noch drinnen befindlichen Substanzresten zurück. Die Differenz beider Wägungen ergibt die Einwaage.

Im Mischröhrchen wird die Substanz mit etwa 2 cm^3 Kupferoxydpulver gründlich gemischt und dann das Gemisch mittels eines *Fülltrichters* langsam, um ein Verstäuben zu vermeiden, ins Verbrennungsrohr gefüllt. Dieses ist, wie früher erwähnt, mit einer 10 cm langen Schicht von frisch ausgeglühtem, drahtförmigem Kupferoxyd und einer 1 cm langen Schicht von feinem Kupferoxyd vor dem Einfüllen der Substanz gefüllt worden. (Falls man die 10 cm Schicht für eine Reihe von Analysen im Rohr läßt, bringt man auf diese vor der Analyse nur etwas feines Kupferoxyd und darauf das Kupferoxyd-Substanzgemisch.) Beim Abnehmen des Korkes vom Mischröhrchen ist darauf zu achten, daß nicht etwa daran haftende Substanzteilchen verlorengehen. Die letzten Substanzreste bringt man aus dem Mischröhrchen durch dreimaliges Ausspülen mit kleinen Mengen von CuO-Pulver ins Verbrennungsrohr. Als Abschluß füllt man noch eine 3—4 cm lange Schicht von grobem Kupferoxyd ein.

Flüssigkeiten wägt man in die bei der C-H-Bestimmung beschriebenen Glascapillaren ein. Vor der Einführung in das Verbrennungsrohr schiebt man die Capillare nach Abbrechen des Griffes und der äußersten Spitze in ein Kupferdrahtnetzröllchen von 4 cm Länge und 0,5 cm Durchmesser, das man kurz vorher ausgeglüht hat. Dieses bringt man mit der Spitze der Capillare voraus an die Stelle des Rohres, an der sonst die Substanz mit dem Kupferoxydpulver zu liegen kommt. Auf das Drahtnetzröllchen füllt man feines und grobes Kupferoxyd.

Nun versieht man das Verbrennungsrohr mit den beiden Eisendrahtnetzröllchen, legt es auf das Verbrennungsgestell und verbindet es mittels des konisch verjüngten Endes des Gaszuleitungsrohres und des durchbohrten Gummistopfens mit dem Kipp, der vorher durch Einwerfen eines Marmorstückchens in die obere Kugel und mehrmaliges Hochsteigenlassen der Säure gründlich entlüftet worden war. Ferner verbindet man den Schnabel des Verbrennungsrohres mittels des Glaszwischenstückes mit dem Azotometer, öffnet die Hähne H_1 und H_2 (Abb. 135), so daß CO_2 durch das Verbrennungsrohr strömt, und entzündet gleich den Langbrenner, den man derart unter das Rohr zu stellen hat, daß 3—4 cm der Füllung schnabelwärts über das Gestell hinausragen. Dadurch schafft man ein günstiges Temperaturgefälle und verhindert auch ein Anbrennen des Verbindungsschlauches. Nach wenigen Minuten schließt man den Hahn H_2 wieder, füllt durch Hochheben der Birne das Azotometer mit Lauge, legt dann die Birne auf die Tischplatte und öffnet nun den Hahn H_2 des Zwischenstückes vorsichtig, so daß 2 Blasen in der Sekunde ins Azotometer treten. Aus der Größe und Schnelligkeit der aufsteigenden Blasen beurteilt man die Luftfreiheit der Apparatur und die Brauchbarkeit des CO_2-Gases. Von jeder Gasblase bleiben kleinste, praktisch nicht meßbare Gasreste übrig, die sog. „*Mikroblasen*", die bei Betrachtung mit der Lupe höchstens einen Durchmesser eines Fünftels eines Teilstrichintervalles aufweisen und außerdem äußerst langsam zu Ketten angeordnet aufsteigen. Erst wenn wirklich Mikroblasen erreicht sind, darf man mit der Analyse beginnen. Ist dies nicht der Fall, so stellt man den Gasstrom wieder ab, wirft neuerdings Marmor in den Kipp und entlüftet die Säure noch einige Male. Sind auch jetzt keine Mikroblasen zu erzielen, so läßt man den Kipp am besten unter CO_2-Druck und öfterem Entlüften einige Stunden stehen.

Nach Erreichen von Mikroblasen schließt man den Hahn H_1 am Kipp und öffnet langsam den Hahn H_2 am Zwischenstück völlig. Man führt also die eigentliche Verbrennung ohne Durchleiten von CO_2 aus. Darauf heizt man das Rohr bis zur deutlichen Rotglut an und beginnt mit dem Bunsenbrenner die Verbrennung am hinteren Rohrteil. Sobald keine Gasblasen im Azotometer mehr aufsteigen, schiebt man Brenner und Drahtnetzröllchen eine kurze Strecke weiter und wartet wieder, bis die Gasentwicklung fast aufgehört hat. Diese ersten Gasanteile, die noch bestimmt keinen Stickstoff beigemengt enthalten, drückt man durch Hochheben der Birne aus dem Azotometer hinaus und legt darauf die Birne sofort wieder auf die Tischplatte. Die erste Spur einer Stickstoffbeimengung läßt sich sehr genau an dem rascheren Aufsteigen und Größerwerden der Blasen erkennen. Nun rückt man mit Brenner und Röllchen immer erst dann ein kleines Stück weiter, wenn die Gasentwicklung fast ganz aufgehört hat. Man gehe dabei so vor, daß nie mehr als 1 Blase in 2 Sekunden aufsteigt. In dieser Weise glüht man das Rohr bis zum Langbrenner durch. Nach dem Aufhören der Gasentwicklung schließt man den Hahn H_2, öffnet den Hahn H_1 am Kipp und stellt jetzt den Hahn H_2 mittels des langen Hebelarmes vorsichtig so ein, daß 1 Blase in 2 Sekunden oder höchstens 2 Blasen in 3 Sekunden aufsteigen. Während des Ausspülens des Stickstoffgases ins Azotometer glüht man noch einmal den hinteren Rohrteil bis zum Langbrenner rasch durch. Sobald die Blasen kleiner geworden sind, erhöht man die Geschwindigkeit ein wenig und dreht den Langbrenner kleiner. Man läßt so lange CO_2 durchströmen, bis wieder Mikroblasen erscheinen. Dann hebt man mit der einen Hand die Birne ein wenig, löst mit der anderen die Schlauchverbindung zum Zwischenstück und stellt das Azotometer bei hochgehobener Birne zur Seite. Bei Nichtgebrauch bleibt das verwendete Rohr stets unter dem Druck des Kohlensäurekipps stehen, d. h. es bleibt der Hahn am Kipp offen und nur der des Zwischenstücks ist geschlossen.

Die Verbrennung dauert etwa 35—45 Minuten. 15 Minuten nach dem Abnehmen des Azotometers liest man das Stickstoffvolumen ab, indem man zuerst durch Anlegen eines Thermometers an die Meßröhre die Temperatur auf $0{,}5^0$ genau bestimmt, darauf mit der einen Hand das Azotometer am oberen Trichterrand faßt, mit der anderen die Birne in gleiche Niveauhöhe bringt und unter Verwendung der Lupe den tiefsten Punkt des Laugenmeniskus ohne Paralaxe mit einer Genauigkeit von 0,001 cm^3 rasch abliest. Das Erwärmen der Meßröhre durch Anhauchen u. dgl. muß man vermeiden. Das *wahre Stickstoffvolumen ermittelt man*, indem man nach Berücksichtigung allfälliger Teilungsfehler des Azotometers, die man der beigegebenen Eichungstabelle entnimmt, infolge der raumbeschränkenden Wirkung der 50proz. Lauge und ihrer geringfügigen Dampftension *zwei Volumprozente vom abgelesenen, allenfalls korrigierten Gasvolumen abzieht*. Das wahre Volumen wird auf tausendstel Kubikzentimeter angegeben.

Berechnung der Analyse. Unter Berücksichtigung des herrschenden Barometerstandes p und der abgelesenen Temperatur t entnimmt man der Gasreduktionstabelle VII aus Küsters logarithmischen Rechnungstafeln den Logarithmus des Gewichtes von 1 cm^3 Stickstoff und berechnet dann nach folgender Formel:

$$\log (\text{gef. Vol. N}) + \log (\text{aus Tab. VII}) + (1 - \log \text{Subst.}) = \log \% \text{ N}.$$

Die gefundenen Werte liegen meistens um 0,1—0,2 % über der Theorie.

2. Maßanalytisch (Kjeldahl-Pregl). Die stickstoffhaltige Substanz wird durch Erhitzen mit konzentrierter Schwefelsäure bei Gegenwart eines Sauerstoffüberträgers (Kupfersulfat) zersetzt, das gebildete Ammoniak in einem besonderen Destillationsapparat mit Wasserdampf abdestilliert, in 0,01 n-Salzsäure aufgefangen und die überschüssige Salzsäure mit 0,01 n-Natronlauge zurücktitriert. Aus der durch das überdestillierte Ammoniak verbrauchten Salzsäure errechnet man die Stickstoffmenge.

Von festen Substanzen wägt man 3—5 mg mittels eines Wägeröhrchens (Abb. 137) in *Zersetzungskölbchen* aus Hartglas von den Dimensionen größerer Reagensgläser mit kugelig aufgeblasenem Boden. Beim Abfüllen der Substanz aus dem Wägeröhrchen achte man darauf, daß nicht etwa Teilchen im oberen

Teil des Kolbenhalses haften bleiben. Allenfalls formt man die Substanz in einer *Pastillenpresse* (vgl. Molekulargewichtsbestimmung, S. 261) zu einer *Pastille* und wirft die gewogene Pastille ins Kölbchen. Flüssige Stoffe wägt man entsprechend den Angaben bei der C-H-Bestimmung ein. Für wäßrige, besonders physiologische Lösungen, z. B. Harn, bedient man sich der *Präzisionsauswaschpipette* nach PREGL mit einem Volumen von 0,10 oder 0,15 cm³. Da sie mit Quecksilber ausgewogen ist, muß mit wenig Wasser oder Schwefelsäure nachgespült werden.

Darauf gibt man ins Kölbchen 1 cm³ konzentrierte Schwefelsäure, eine Messerspitze voll eines Gemisches von reinem krystallinischem Kupfersulfat und Kaliumsulfat (1 : 3) und beginnt die Zersetzung über einer kleinen Flamme. Für die gleichzeitige Zersetzung mehrerer Proben bedient man sich eines besonderen Aufschlußgestelles. Sobald durch 2—3 Minuten SO_3-Schwaden entwichen sind, setzt man 2—3 Tropfen *Perhydrol* „Merck" zu (*chemisch rein, nicht das sog. Tropenperhydrol!*), erhitzt weiter und wiederholt bis zur völligen Zersetzung den Perhydrolzusatz mehrmals. Zersetzungsdauer 10—15 Minuten. Nach dem Erkalten wird mit 2—3 cm³ Wasser verdünnt. In manchen Fällen ist man genötigt, statt des Kupfersulfats einen Zusatz von *Quecksilbersulfat* zu geben.

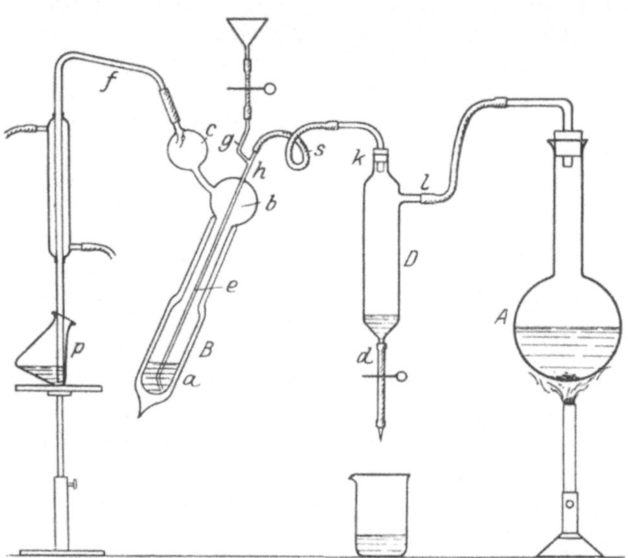

Abb. 138. Mikro-Kjeldahl. Destillationsapparat nach PARNAS-WAGNER.

Für die *Ammoniakdestillation* bedient man sich am besten einer im wesentlichen von PARNAS und WAGNER angegebenen *Destillationsvorrichtung* (Abb. 138).

Das Destillierkölbchen *B* ist von einem evakuierten Glasmantel umgeben, wodurch das Erhitzen oder Umhüllen des unteren, erweiterten Teiles *a* überflüssig wird. Das Dampfeinleitungsrohr *e*, das bis auf den Grund des Kölbchens reicht, ist oben gegabelt. Der obere Schenkel *g* steht mittels eines Gummischläuchchens mit einem Trichter in Verbindung und wird mittels Quetschhahn geschlossen. Der andere Schenkel *h* ist durch ein längeres Schlauchstück *s* mit dem zylindrischen Gefäß *D* verbunden. Dieses dient zur Aufnahme der aus dem Kölbchen *B* nach Beendigung der Destillation und Wegziehen des Brenners unter dem Dampfentwickler *A* sich automatisch zurücksaugenden Flüssigkeit und wird durch Öffnen des unten angebrachten Quetschhahnes *d* entleert. Der seitliche Ansatz *l* und ein längerer Schlauch stellt die Verbindung mit dem 1 Literrundkolben aus Jenaer Glas für die Wasserdampfentwicklung her. An die obere, kugelige Erweiterung *b* des Destillierkölbchens ist ein Destillationsaufsatz *c* angeschmolzen, der durch ein kurzes Schlauchstück mit dem kürzeren Schenkel *f* des Dampfableitungsrohres in Verbindung steht. Da auch die besten Glasröhrchen allmählich geringe Alkalimengen abgeben, muß *dieses Rohr aus Quarz oder Silber* gefertigt sein. Der absteigende, etwa 35 cm lange Schenkel ist mit einem Kühlmantel umgeben. Als Vorlage *p* dienen ausgedämpfte Hartglaskölbchen von 100 cm³ Inhalt. Vor jeder Analysenserie läßt man $^1/_2$—1 Stunde lang Wasserdampf durch den Apparat strömen. Neue Schläuche müssen besonders gründlich ausgedämpft werden.

Für die Titration verwendet man 10 cm³ fassende *Büretten* mit Schellbachstreifen, die in zwanzigstel Kubikzentimeter geteilt sind und noch 0,01 cm³ zu schätzen gestatten. An die Büretten sind mittels 5 cm langer Schlauchstücke die Ausläufe angeschlossen, das sind kurze Glasröhrchen, die auf eine Länge von 6—8 cm zu Capillaren ausgezogen sind und noch Flüssigkeitsmengen von 0,01 cm³ zu entnehmen erlauben. Den Verschluß bilden entweder Quetschhähne oder besser kleine Glaskugeln, die ins Schlauchlumen eingeführt werden und die Entnahme beliebig kleiner Tropfen gestatten. Die Büretten sind gewöhnlich mit einer automatischen Füllvorrichtung versehen und sind auf die Vorratsflaschen montiert (Abb. 139).

Die *0,01 n-Salzsäure* bereitet man aus einer genau gestellten, auf den Tropfen stimmenden 0,1 n-Salzsäure, die wieder am schnellsten nach dem *Näherungsverfahren* nach PREGL (21) hergestellt wird. 50 cm³ der 0,1 n-HCl bringt man in einen geeichten Meßkolben von 500 cm³ und füllt mit ausgekochtem Wasser bis zur Marke auf, worauf man ins Standgefäß umfüllt. Die *Prüfung des Titers* nimmt man mit mehreren Einwaagen von je 4—5 mg frisch auf 250° erhitzten, aus reinstem Na-Bicarbonat hergestellten Na-Carbonat unter Verwendung von *Methylrot* als Indicator vor. Wegen seiner Unlöslichkeit im Wasser löst man den Indicator in einer zur völligen Lösung nicht hinreichenden Menge 0,1 n-NaOH, so daß ein Bodenkörper vorhanden ist. Von der Lösung nimmt man für eine Titration nur so viel, als an einem dünnen Glasfaden beim Eintauchen eben haften bleibt. In saurer Lösung ist die Farbe rosarot, in alkalischer kanariengelb. Man titriert von Rosarot bis zum Bestehenbleiben der Kanariengelbfärbung, kocht jedoch kurz vor dem Umschlag einmal auf.

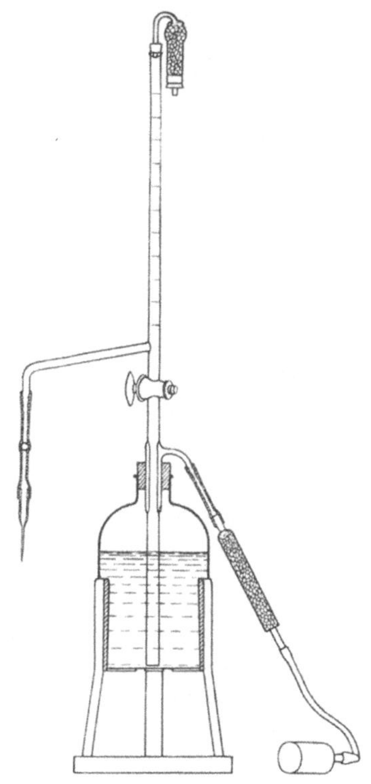

Abb. 139. Mikrobürette mit Standgefäß und automatischer Füllvorrichtung.

Die *0,01 n-Natronlauge* bereitet man aus der sog. *Öllauge* nach SÖRENSEN. Diese stellt man aus reinem Natriumhydroxyd (mit Alkohol gereinigt) (in Stangen zur Analyse) durch Auflösen in der gleichen Gewichtsmenge Wasser her. Natriumcarbonat, das in der hohen Laugenkonzentration unlöslich ist, setzt sich besonders beim mehrstündigen Einstellen der Lösung in einer hohen zylindrischen Flasche in fast siedendes Wasser allmählich zu Boden, wodurch man eine carbonatfreie Lauge erhält. Für die Herstellung der 0,01 n-Lauge füllt man in das ausgedämpfte Bürettenstandgefäß 400 cm³ ausgekochtes, destilliertes Wasser, gibt 0,3 cm³ Öllauge dazu und bestimmt nun mit der früher gestellten 0,01 n-HCl die Stärke der Lauge mit Methylrot als Indicator. Man titriert zunächst 5 cm³ der Lauge und korrigiert den ermittelten Fehler durch Zusatz ausgekochten Wassers bis auf etwa 10%. Die endgültige Einstellung nimmt man am nächsten Tag vor. Wegen Änderung des Titers muß die Lauge öfter gegen die Salzsäure geprüft werden. Gegen den Zutritt von CO_2 sind die Standgefäße und Büretten durch Natronkalkröhrchen geschützt.

Vor der *Ammoniakdestillation* läßt man zunächst $^1/_2$—1 Stunde Wasserdampf durch den Apparat strömen, dämpft gleichzeitig die Vorlage *p* und bringt darauf in diese je nach der zu erwartenden N-Menge 5—15 cm³ 0,01 n-HCl, gibt dazu mittels eines feinen Glasfadens eine Spur Methylrot als Indicator, taucht das Dampfableitungsrohr in die vorgelegte Säure und füllt den Inhalt des Zersetzungskölbchens durch den Trichter in das Kölbchen *B*. Dabei wird die Schlauchverbindung gegen das Gefäß *D* abgeklemmt, um ein Zurücksteigen von Flüssigkeit hintanzuhalten. Man spült 2—3 mal mit wenig Wasser nach und setzt dann 7 cm^3 einer 30proz. Natronlauge zu, die 5% Na-Thiosulfat enthält, schließt sofort den Quetschhahn sowohl beim Trichter als auch beim Auslauf des Gefäßes *D* und läßt einen starken Dampfstrom aus dem bereits kochenden Dampfentwickler durchströmen. Nach 3—4 Minuten ist das Ammoniak übergetrieben. Man senkt die Vorlage, so daß das Kühlrohr nicht mehr in die Säure taucht, und destilliert noch 2 Minuten weiter. Nach Abspülen des Kühlrohres entfernt man die Vorlage und auch den Brenner unter *A*. Dadurch entleert sich das Kölbchen *B* automatisch nach *D*. Es kann sofort eine zweite Destillation angeschlossen werden.

Die überschüssig vorgelegte Salzsäure titriert man, indem man allenfalls noch eine Spur Indicatorlösung zusetzt mit 0,01 n-NaOH, bis die Rosafärbung gerade noch bestehen bleibt, kocht einmal auf und titriert erst jetzt, bis der kanariengelbe Farbenton eben erreicht ist, der minutenlang bestehen bleibt. 0,02 cm^3 Titerflüssigkeit rufen am Umschlagspunkt bereits eine deutlich wahrnehmbare Farbenänderung hervor.

Vor jeder Analysenserie überzeuge man sich durch einen Blindversuch, daß die Apparatur in Ordnung und die Reagenzien einwandfrei sind.

Berechnung der Analyse. Das überdestillierte Ammoniak entspricht der Differenz aus der vorgelegten Salzsäure und der verbrauchten Lauge. Diese Zahl mit 0,14 multipliziert, ergibt die Milligramm Stickstoff, in der eingewogenen Substanzmenge. 1 cm^3 0,01 n-Salzsäure entspricht nämlich 0,14 mg N.

$$\log(\text{ccm verbr. HCl}) + \log 0{,}14 + (1 - \log \text{Subst.}) = \log \% \text{N}.$$

d) Die Bestimmung der Halogene.

Die organische Substanz wird entweder nach Carius im geschlossenen Rohr mit Salpetersäure bei Gegenwart von Silbernitrat oxydiert, das Halogensilber auf ein Filterröhrchen aufgesaugt und gewogen oder in einem besonderen Verbrennungsrohr (Perlen- oder Spiralenrohr) nach Pregl im Sauerstoffstrom mit Platin als Kontaktsubstanz verbrannt und die Verbrennungsprodukte in halogenfreier Sodalösung, mit welcher die Perlenschicht des Rohres befeuchtet ist, absorbiert. Das Halogen wird als Halogensilber gefällt und im Filterröhrchen gewogen.

Das Filterröhrchen von Pregl (Abb. 140) hat eine Länge von 12—13 cm und ein Gewicht von etwa 4 g. Dort, wo der weitere Teil an das Abflußröhrchen an-

Abb. 140. Filterröhrchen nach Pregl.

geschmolzen ist, verengt es sich auf das Lumen von $^1/_2$ mm. Der darüber befindliche flache, linsenförmig aufgeblasene Raum dient zur Aufnahme des Asbestes als Filtermasse. In diesen Raum stopft man reinen Gooch-Tiegelasbest im trockenen Zustand mittels eines scharfkantigen Glasstabes in mehreren Lagen und achte besonders darauf, daß der Raum am Glasrand möglichst mit Asbest gefüllt ist. Darauf gießt man an der schwach saugenden Pumpe mehrmals eine Aufschwemmung von fein zerteiltem Asbest in Wasser (Asbestmilch) auf die grobe Schicht und wäscht zur Entfernung locker sitzender, feiner Asbestteilchen mit mehreren Litern Wasser nach. Dann wäscht man noch mit heißer Schwefelchromsäure, heißer verdünnter Salpetersäure, Wasser und schließlich mit Alkohol. Zum Trocknen schaltet man das Filterröhrchen an die Wasserstrahlpumpe, versieht es dabei mit einer Luftfiltriervorrichtung, legt es in die Rinne eines auf 110—120° angeheizten Kupferblockes, des sog. *Regenerierungsblockes* (Abb. 133) und saugt 5 Minuten lang einen schwachen Luftstrom durch. Die *Luftfiltriervorrichtung* besteht aus einem kurzen, auf der einen Seite zum Einstopfen von Watte kugelig aufgeblasenen Glasröhrchen, das mittels eines Korkes auf das Filterröhrchen aufgesetzt werden kann. Nach dem Trocknen wird das Filterröhrchen außen mit einem feuchten Tuch (Flanell) und dann mit einem Rehlederlappen sorgfältig abgewischt und bleibt dann neben der Waage auf einem Gestell bis zur Wägung 25—30 Minuten liegen. Da es nicht mehr mit den Fingern angefaßt werden darf, wird es mit der bei der C-H-Bestimmung beschriebenen Drahtgabel auf die Haken der Waagschale gelegt. Da das Gewicht des Röhrchens nur auf 0,01 mg reproduzierbar ist, erfolgt auch die Wägung nicht genauer. *Jedes neu gefüllte Filterröhrchen muß auf Gewichtskonstanz geprüft werden.* Dazu saugt man nach der ersten Wägung mehrmals warme, verdünnte Salpetersäure, Wasser und Alkohol durch. Die Gewichtsabnahme darf 0,01 mg nicht überschreiten; sonst muß man warmes Wasser in größeren Mengen weiter durchsaugen. Die Asbestschicht darf auch nicht zu dicht gestopft sein, da sonst das Filtrieren sehr behindert ist. Es sollen sich mit der Wasserstrahlpumpe in der Minute 15—20 cm³ Wasser durchsaugen lassen, ohne daß Niederschlag mitgerissen wird. Nimmt die Filtrationsgeschwindigkeit nach dem Aufbringen mehrerer Niederschläge wesentlich ab, so löst man sie in den entsprechenden Lösungsmitteln. Halogensilberniederschläge löst man mit warmer, konzentrierter Cyankalilösung und wäscht wieder mit den früher erwähnten Waschflüssigkeiten nach. Das Filterröhrchen, das insbesondere zur Bestimmung der Halogene und des Phosphors Verwendung findet, hat auch zur Wägung anderer Niederschläge, die nicht geglüht werden müssen, vielfach Anwendung gefunden.

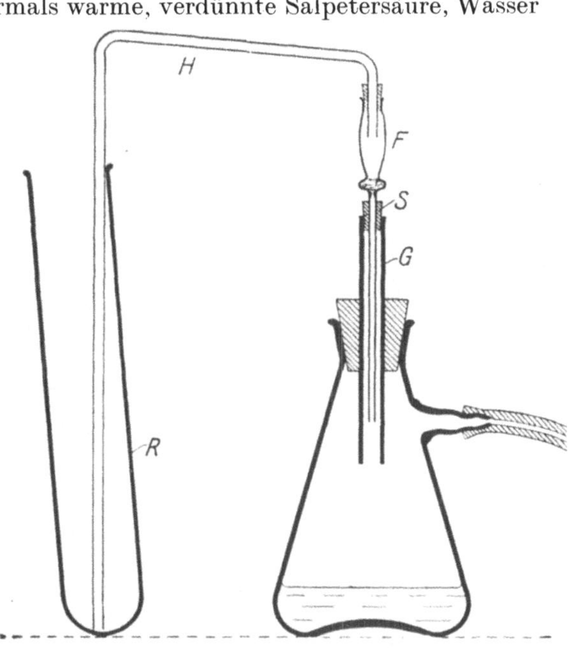

Abb. 141. Das Absaugen von Niederschlägen mit dem Filterröhrchen nach PREGL (1/2 natürl. Größe).

Neuestens werden von der Firma *Schott & Gen.* in Jena ähnlich geformte *Filterröhrchen mit gesinterter Glasfilterplatte* nach Prausnitz in den Handel gebracht. Ihre Durchlässigkeit muß genügend groß sein (20—30 cm³ Wasser an der Wasserstrahlpumpe in der Minute); da sie dann für Halogensilber häufig durchlässig sind, werden sie mit Asbestmilch gedichtet. Am besten bewähren sich die Röhrchen mit der Glasfrittenmasse 154 G 1, auf die vor Gebrauch eine Asbestaufschwemmung aufgesaugt werden muß. Nach dem Waschen mit Schwefelchromsäure und Natronlauge ist das Röhrchen im allgemeinen bei der zweiten Wägung konstant (0,02 mg).

Die *Absaugvorrichtung* (Abb. 141) für das Filterröhrchen *F* besteht aus einer 1/2-Liter-Saugflasche mit Gummistopfen, in dessen Bohrung ein etwa 7 cm langes, 1 cm weites Glasrohr *G* steckt. In dieses ist der Schaft des Filterröhrchens mittels eines dickwandigen, 1 cm langen Schlauchstückes *S* eingepaßt. Das Heberrohr *H* von 4 mm Durchmesser, dessen kürzerer Schenkel einen auf das Filterröhrchen passenden Gummistopfen trägt, besorgt die automatische Überführung der Niederschläge aus dem Fällungsgefäß *R* oder der Glasschale auf die Filterschicht.

Das Filterstäbchen von EMICH (6): Zum quantitativen Sammeln von Halogensilber hat sich auch das Filter- oder *Saugstäbchen* von EMICH bewährt. Dieses wird dabei mit dem Fällungsgefäß, einem 10 g schweren Becher aus Cavalier- oder Schottschem Geräteglas (Fassungsraum 45 cm³, Höhe 6 cm, Durchmesser 3 cm), zusammen austariert und dann mit dem Niederschlag wieder zusammen gewogen. Man erspart sich also das quantitative Überführen des Niederschlages auf das Filter und benötigt daher auch weniger Waschflüssigkeit.

Das aus Glas gefertigte Stäbchen (Abb. 142) hat einen 9 cm langen Stiel und etwa 2 mm Außendurchmesser. Sein Kopf ist etwa 8 mm lang und hat einen größten Durchmesser von 6 mm. Bei der Füllung des Stäbchenkopfes bringt man zuerst ein kleines Platindrahtknäuel oder ein deformiertes Glaskügelchen in den kegelförmigen Hohlraum vor der Verengung und darauf erst eine 2—3 mm dicke Schicht eines weichen, langfaserigen, chemisch reinen Asbestes. Dann verbindet man mit der Absaugvorrichtung (Abb. 142), saugt mehrmals Wasser durch, drückt die Schicht mit einem Glasstab leicht zusammen und filtriert nun noch wenig einer feinen Asbestaufschwemmung in Wasser auf. Allenfalls wäscht man auch mit warmer Chrom-Schwefel-Säure aus. Das Trocknen des Stäbchens mit dem Glasbecher erfolgt entweder in einem gewöhnlichen Trockenschrank oder rascher unter Durchsaugen von Luft in der Vorrichtung von BENEDETTI-PICHLER (10a), die in einem Aluminiumblock auf die erforderliche Temperatur erhitzt wird. Nach dem Trocknen wird die Außenseite des Mikrobechers in der schon beim Halogenfilterröhrchen beschriebenen Weise abgewischt, worauf nach 15 Minuten gewogen werden kann. Nachdem das Spiralenrohr nach der Verbrennung quantitativ in den Becher ausgespült ist, hängt man ihn nach Zusatz von Salpetersäure und Silbernitrat in das siedende Wasserbad und erhitzt so lange, bis sich der Niederschlag gut geballt hat. Zum Filtrieren befeuchtet man zuerst die Asbestschicht des Stäbchens mit einem Tropfen Wasser, verbindet es dann mittels eines Schläuchchens mit der Absaugevorrichtung, deren horizontales Rohrstück zwecks größerer Bewegungsfreiheit 10—12 cm lang sein kann. Während der Filtration behält man den Mikrobecher in der Hand. Nach dem Auswaschen trocknet man wieder Becher und Stäbchen zusammen.

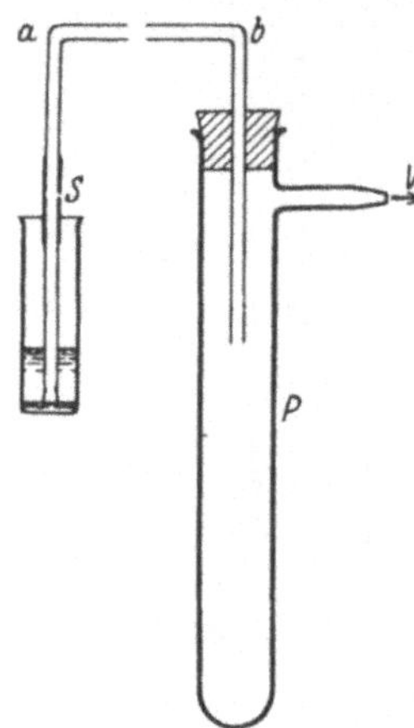

Abb. 142. Filtration mit dem Filterstäbchen nach EMICH.

1. Nach CARIUS: Eine beiderseits offene, 3—4 cm lange Glascapillare von 1—1,5 mm lichter Weite wird genau gewogen und dann in sie von der fein zerriebenen Substanz so viel aufgestopft, allenfalls unter Zuhilfenahme eines passenden Glasfadens, daß die Einwaage 5—7 mg beträgt. Nach dem Abwischen und Abpinseln wird die Capillare wieder genau gewogen. Bei Substanzen, die gegen Salpetersäure sehr empfindlich sind, empfiehlt sich die Verwendung kleiner Jenaer Glasbecherchen (dünnwandig, 1,8 cm Höhe, 0,5 cm lichte Weite mit flachem Boden), die eine vorzeitige Berührung der Substanz mit der Salpetersäure verhindern. Auf diese Weise lassen sich auch Flüssigkeiten für die Bestimmung nach Carius einwägen. Man kühlt sie vor der Einwaage mit Eis. Man bringt die Capillare oder das Becherchen mit der Substanz in eine etwa 20 cm lange, einseitig geschlossene Hartglasröhre von 0,8—1 cm lichter Weite, gibt ein hanfkorngroßes Stück Silbernitrat und 0,5—1 cm³ konzentrierte halogenfreie Salpetersäure dazu und schmilzt das Rohr sofort unter Bildung einer langen, dickwandigen Capillare zu. Je nach der Zersetzlichkeit der Substanz erhitzt man es nun in einem *kleinen Schießofen* (Röhrendurchmesser 1,5—2 cm) 3—6 Stunden auf 240—260°. Selten wird man noch höher und länger erhitzen müssen. Nach beendigter Oxydation und Abkühlen des Ofens öffnet man das Rohr, indem man die ausgezogene Capillare vorsichtig erhitzt, wobei sie sich aufbläht und öffnet. Erst jetzt zieht man es aus dem Ofen und sprengt die Kuppe mit Glasmesser und heißem Glastropfen ab. Damit nicht etwa Glassplitter ins Rohr kommen, hält man das Rohr während des Öffnens schief und schmilzt den scharfen Rand nach dem Absprengen der Kuppe rund. Den Rohrinhalt mit dem Halogensilberniederschlag füllt man quantitativ in eine kleine Glasschale, faßt die mitherausgespülte Capillare mit einer Platinspitzenpinzette und spült auch sie außen und innen sorgfältig ab. Allenfalls ist auch die abgesprengte Kuppe auszuspülen. Den Niederschlag saugt man aus der Schale quantitativ auf das *Halogenfilterröhrchen*.

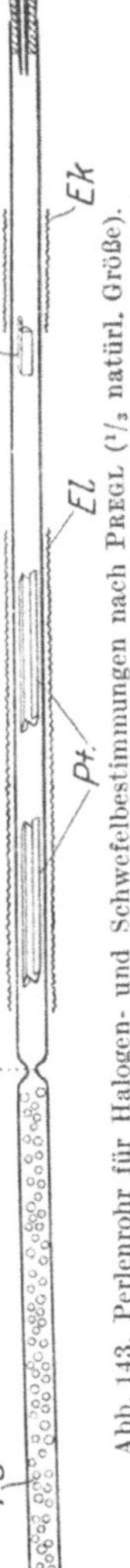

Abb. 143. Perlenrohr für Halogen- und Schwefelbestimmungen nach Pregl (1/3 natürl. Größe).

Der Carius-*Aufschluß* ist besonders *bei hohem Halogengehalt*, sowie *bei allen arsenhaltigen Substanzen* anzuwenden.

2. Die Bestimmung mit dem Perlen- oder Spiralenrohr: Das hierfür erforderliche Perlenrohr von 60 cm Länge und 1 cm lichter Weite (Abb. 143) besteht aus zwei Teilen. Der eine, 20 cm lange, zu einer dickwandigen Spitze mit einem Lumen von $^1/_2$ mm ausgezogene Teil ist mit glasierten Porzellanperlen oder Glaskugeln *Ps* gefüllt. In neuerer Zeit ist statt der Glaskugeln eine Glasrohrspirale aus Jenaer Hartglas eingeschmolzen. Am Übergang zum anderen, als Verbrennungsrohr dienenden Teil ist das Rohr zwecks Fixierung der Kugeln einseitig schwach verengt. Ein neues Rohr stellt man mehrere Tage in ganz schwach alkalisches Wasser. Zum Perlenrohr gehört ein Reagensrohr von etwa 15 cm Höhe und 2,5 cm Durchmesser als Fällungsgefäß.

Als *Kontaktsubstanz* dienen zwei, je 5 cm lange, fünfstrahlige *Platinsterne Pt der Firma Heraeus* im Gewichte von 5 g. Von Zeit zu Zeit werden sie mit Salpetersäure ausgekocht.

Für die Verbrennung benötigt man ferner Drahtnetzrollen, Drahtnetztunnel, Langbrenner und Bunsenbrenner und ein Verbrennungsgestell in der bei der C-H-Bestimmung angegebenen Form; weiter eine Waschflasche mit engem Gaseinleitungsrohr und einem mit Sauerstoff gefüllten Gasometer oder eine Sauerstoffbombe mit Reduzierventil.

An Reagenzien sind erforderlich: 1. Halogenfreie Natriumcarbonatlösung. Da auch die reinsten Handelsprodukte den Anforderungen an Reinheit nicht entsprechen, stellt man sich die Sodalösung nach dem Verfahren von B. Reinitzer selbst her:

500 g reinstes, käufliches Natriumbicarbonat (zur Analyse) werden mit wenig Wasser zu einem Brei angerührt, abgesaugt und dieser Vorgang wiederholt, bis im Filtrat die Chlorreaktion kaum noch bemerkbar ist. Das gereinigte Präparat wird in so viel auf 80° erwärmtes

Wasser unter Rühren eingetragen, bis eben ein Teil ungelöst bleibt. Die Lösung erfolgt unter starker CO_2-Entwicklung. Die heiße Lösung filtriert man durch ein halogenfrei gewaschenes Filter und kühlt das Filtrat möglichst tief ab. Allmählich krystallisiert das Salz von der Zusammensetzung $Na_2CO_3 + NaHCO_3 + 2H_2O$. Diese Krystallisation prüft man nach dem Absaugen und Auswaschen mit wenig Wasser auf Halogen, indem man etwa 1 g in Wasser aufschwemmt, mit halogenfreier Salpetersäure und Silbernitrat versetzt und die Lösung mehrere Minuten im Wasserbade erwärmt. Nach dem Abkühlen darf auch im auffallenden Licht nicht die geringste Opalescenz bemerkbar sein. Ist dies noch der Fall, so muß man nochmals aus Wasser von 80° umkrystallisieren. Von dem halogenfreien Salz trägt man so viel in kochendes Wasser ein, daß man davon eine gesättigte Lösung erhält, und füllt diese noch warm in die Vorratsflasche aus Jenaer Geräteglas, in der beim Abkühlen Soda als Bodenkörper auskrystallisiert. Nach Verbrauch der darüber stehenden Lösung füllt man Wasser nach und bringt durch Erwärmen den Bodenkörper in Lösung. Zur Verhinderung des Einwachsens des Glasstöpsels der Vorratsflasche überstreicht man ihn mit einer Lösung von Paraffin in Benzol.

2. *Halogenfreie Sulfitlösung.* Sie wird zur Reduktion der bei der Verbrennung entstehenden Halogenate zu Halogeniden gebraucht. In die gekühlte Lösung der halogenfreien Soda leitet man einen langsamen Strom von SO_2 bis zur Sättigung ein, welches man aus Natriumbisulfit durch Zutropfenlassen von konzentrierter Schwefelsäure in einen kleinen Gasentwicklungsapparat entwickelt. Das Gas streicht zuvor durch ein Rohr, in welchem Glaswolle mit halogenfreier, konzentrierter Sodalösung befeuchtet ist. Die Bisulfitlösung füllt man in kleine Reagensgläser ab, die man darauf unter Bildung einer langen, nicht zu engen Capillare zuschmilzt. 20—30 Tropfen einer solchen Lösung mit einigen Tropfen Perhydrol im Wasserbad erwärmt, darauf mit einer Mischung von Salpetersäure und Silbernitrat versetzt, dürfen auch nach längerem Erhitzen im Wasserbad nicht die Spur einer Trübung aufweisen.

3. *Halogenfreie konzentrierte Salpetersäure.* Die reine Säure des Handels entspricht meist den Anforderungen. Allenfalls reinigt man sie durch Destillation über Silbernitrat aus einer tubulierten Retorte, durch deren Tubulus mittels einer bis auf den Boden reichenden Glascapillare ein durch Sodalösung gewaschener CO_2-Strom zwecks gleichmäßigen Siedens geleitet wird.

4. 5*proz. Silbernitratlösung.*

5. *Reines Perhydrol* (Merck).

6. *Reiner, 95proz. Alkohol* und *sorgfältig destilliertes Wasser.* Sämtliche Reagenzien bewahrt man in gut schließenden, mit Schutzkappen versehenen Flaschen vor Laboratoriumsdämpfen geschützt auf und prüft sie von Zeit zu Zeit auf Halogenfreiheit. Der Erfolg der Halogenbestimmung hängt wesentlich von der Verwendung reinster Reagenzien ab.

Die Ausführung der Bestimmung.

In das mit Schwefelchromsäure, Wasser und Alkohol gereinigte und unter Durchsaugen von Luft (Luftfilter aufsetzen) unter Erwärmen getrocknete Rohr saugt man aus dem ebenfalls mit heißer Schwefelchromsäure behandelten, sorgfältig gereinigten Fällungsgefäß eine darin bereitete Mischung von 2 cm^3 Sodalösung und 2 Tropfen Sulfitlösung derart unter Drehen des Rohres auf, daß sämtliche Perlen benetzt werden. Den Überschuß an Lösung bläst man aus, spült auch das Fällungsgefäß einmal mit Wasser aus und stülpt es über die Perlenschicht des Rohres. Darauf legt man dieses auf das Verbrennungsgestell und stützt den über das Gestell hinausragenden Teil mit dem Fällungsgefäß durch Stativgabeln. Die zwei frisch ausgeglühten Platinkontaktsterne schiebt man so weit ein, daß sie noch etwa 5 cm von der Perlenschicht entfernt sind. Dieser 5 cm lange Rohranteil muß über das Verbrennungsgestell hinausragen. Dann schiebt man die lange Eisendrahtnetzrolle an die Stelle, wo die Platinsterne liegen, bringt auch die kurze Drahtnetzrolle aufs Rohr, entzündet den Langbrenner unter den Sternen und führt das Platinschiffchen *S* mit der in einer Menge von *4—6 mg eingewogenen Substanz* nur so weit ein, daß es wenigstens 5 cm vom hinteren Ende der langen Drahtnetzrolle entfernt ist.

Flüssigkeiten wägt man in die bei der C-H-Bestimmung beschriebenen *Glascapillaren* unter Verwendung von *Ammoniumnitrat* statt des Kaliumchlorats ein.

Nach Aufsetzen des Drahtnetztunnels auf das Verbrennungsgestell über dem Langbrenner schließt man das Rohr mit einem Gummistopfen, durch dessen Bohrung ein ausgezogenes Glasröhrchen für die Sauerstoffzufuhr gesteckt ist. Dieser strömt durch eine kleine, mit $NaHCO_3$-Aufschwemmung gefüllte Waschflasche und wird mittels Schraubenquetschhahnes so reguliert, daß etwa 2 Blasen in der Sekunde durchtreten. Nachdem das Rohr bis zur deutlichen Rotglut erhitzt ist, beginnt man die Verbrennung, indem man das Drahtnetzröllchen *Lk* und den Bunsenbrenner je nach der Flüchtigkeit der Substanz dem Schiffchen mehr oder minder stark nähert und nur sehr langsam mit dem Brenner vorrückt. Zu rasches Verbrennen, sowie zu rascher Gasstrom führt zu Verlusten. Leicht flüchtige und destillierende Substanzen verbrennen meist, ohne daß man mit dem Brenner vorzurücken braucht. Nachdem alles verbrannt ist, glüht man das Rohr bis zum Langbrenner durch, dreht die Flammen aus und läßt im Sauerstoffstrom erkalten. Nach Herausnahme des Schiffchens und der Kontaktsterne mit einem Platindrahthaken an einem Glasstab und Wegnahme der Drahtnetzrollen befestigt man das Perlenrohr in schräger Lage in einer Stativklemme, bringt oben 2—3 Tropfen Sulfitlösung ein und spritzt in ununterbrochenem Strahl so viel Wasser ein, daß die Perlenschicht möglichst luftlos damit gefüllt ist. Nach dem Ausfließen wiederholt man das Ausspülen, dreht dann das Rohr um 180^0, spült ein drittes Mal aus, bläst jetzt aus und spült die Spitze des Rohres auch außen ab. Insgesamt werden 30—40 cm^3 Wasser verwendet. Die alkalische Lösung wird nach Zusatz von 2—3 Tropfen Perhydrol im schwach siedenden Wasserbad einige Minuten zwecks Oxydation des überschüssigen Sulfits erhitzt, darauf ein Gemisch von 1 cm^3 konzentrierter Salpetersäure und 0,5—1 cm^3 Silbernitratlösung zugesetzt und das Fällungsgefäß nach Aufsetzen eines Bechergläschens noch 10—15 Minuten weitererhitzt, bis sich das Halogensilber geballt hat. Nach völligem Erkalten saugt man den Niederschlag mittels des Hebers an der Wasserstrahlpumpe auf das gewogene Filterröhrchen (vgl. Abb. 141). Dabei saugt man zuerst die über dem Niederschlag stehende Flüssigkeit mit einer Geschwindigkeit von etwa 2 Tropfen in der Sekunde ab und bringt erst dann die Hauptmenge des Niederschlages aufs Filter. Zum Auswaschen verwendet man mit Salpetersäure schwach angesäuertes Wasser, mit dem aus einer kleinen Spritzflasche die Gefäßwände unter Drehen abgespült werden. Um die letzten, oft kaum noch sichtbaren Niederschlagsteilchen auf das Filter zu bringen, spült man nun mit 95proz. Alkohol aus einer Spritzflasche nach. Durch abwechselndes Abspülen mit Wasser und Alkohol werden die letzten Niederschlagsteilchen gewonnen. Nach Wegnahme des Hebers füllt man das Röhrchen noch einmal mit Alkohol, saugt durch, setzt dann das Luftfilter auf und trocknet es durch Einlegen in die Rinne des Regenerierungsblockes bei 110—120^0 5 Minuten lang unter Luftdurchsaugen. Nachdem das Filterröhrchen außen sorgfältig wie ein Absorptionsapparat (vgl. C-H-Bestimmung S. 157) abgewischt ist, wird nach 25—30 Minuten gewogen. (Über die Verwendung des *Filterstäbchens* zum Sammeln des Halogensilbers vgl. S. 172.)

Bei *Jodbestimmungen* ergeben sich manchmal Schwierigkeiten beim Ausspülen des Perlenrohres, weil sich während der Verbrennung elementares Jod vor dem Langbrenner abscheidet. Durch vorsichtiges Anwärmen treibt man es in die Perlenschicht. Um es dort sicher in Lösung zu bringen, saugt man nach dem ersten Ausspülen noch einmal auf und läßt die Lösung einige Zeit in der Perlenschicht einwirken. Auch setzt man hier 4—5 Tropfen Sulfitlösung zu und oxydiert mit Perhydrol durch längeres Stehenlassen bei Zimmertemperatur.

Berechnung der Analyse (vgl. KÜSTERS logarithmische Rechentafeln).

Die gefundenen Werte liegen gewöhnlich um 0,1—0,2% über den theoretischen.

3. Maßanalytische Bestimmung des Jods. Das Verfahren von WINKLER wurde in jüngster Zeit von Th. LEIPERT (14) für die Zwecke der Mikroanalyse derart umgearbeitet, daß danach sehr bequem und rasch kleinste Jodmengen in einheitlichen organischen Verbindungen bestimmt werden können:

Die Verbrennung von 3—5 mg Substanz erfolgt genau nach den Vorschriften von PREGL im Spiralenrohr, das jedoch *nur mit reiner konzentrierter Sodalösung* benetzt wird. Über das freie Ende wird ein 300 cm³ fassender Erlenmeyerkolben mit weitem Hals gestülpt, in welchen dann ausgespült wird. Nach Beendigung der Verbrennung bringt man vor dem Ausspülen einige Tropfen konzentrierte Sodalösung ins Rohr, um etwa noch vorhandenes freies Jod zu binden. Zur Spülflüssigkeit gibt man einen Tropfen Methylorange, neutralisiert genau mit 2 n-Schwefelsäure, fügt dann 3 weitere Tropfen Schwefelsäure bis zur deutlich sauren Reaktion zu und verdünnt mit Wasser auf 50—60 cm³. Das Jodid oxydiert man zu Jodat durch Zusatz von 2 cm³ *frischem Bromwasser* (*nicht Chlorwasser*) und leitet zur Entfernung des überschüssigen Broms einen lebhaften Wasserdampfstrom mittels eines an seinem Ende zu einer siebartig gelöcherten Kugel erweiterten Glasrohres ein. 7 Minuten nach beginnendem Sieden senkt man den Kolben, spült das Einleitungsrohr mit destilliertem Wasser ab und fängt auch noch die nächsten Tropfen des abtropfenden Kondenswassers auf. Nach dem Erkalten setzt man eine frisch bereitete Lösung von 1 g reinstem Kaliumjodid zu und titriert das ausgeschiedene Jod mit 0,01 n-Thiosulfat bis zur schwachen Gelbfärbung, worauf man Stärkelösung zusetzt und bis zum vollständigen Verschwinden der Blaufärbung titriert. Ein Sechstel der gefundenen Jodmenge entfällt auf die Substanz. Die Werte liegen gewöhnlich um 0,1—0,2% unter der Theorie.

Die Bereitung der Thiosulfatlösung. Aus gealterter, nach der Vorschrift von C. MAYR und E. KERSCHBAUM (17) mit 1 Volumprozent Amylalkohol versetzter, konstant gewordener 0,1 n-Thiosulfatlösung stellt man durch Verdünnen mit ausgekochtem Wasser die 0,01 n-Lösung her und bewahrt sie nach Zufügen von 1 Volumprozent Amylalkohol und 0,2 g Natriumcarbonat pro Liter in Flaschen aus dunklem Glase auf. Die Stellung des Titers nimmt man mit reinstem Kaliumbijodat vor. Dazu wägt man entweder 2,5—3 mg Bijodat in das Titriergefäß ein oder bedient sich einer Lösung von genau bekanntem Gehalt, z. B. 1 cm³ einer Lösung von 0,3 g in 100 cm³. Das Volumen der dafür nötigen Präzisionswägepipetten soll auf 0,001 cm³ genau definiert sein. Man löst das Bijodat in 3 cm³ ausgekochtem Wasser, gibt dazu 3 cm³ ausgekochte, konzentrierte Salzsäure, 2 cm³ 4proz., frisch bereiteter Kaliumjodidlösung und titriert nach 2 Minuten das ausgeschiedene Jod. Kurz vor dem Verschwinden des Jods verdünnt man auf 20 cm³, setzt die Stärkelösung zu und titriert zu Ende. Die Reaktion verläuft nach der Gleichung:

$$KJO_3 \cdot HJO_3 (389 \cdot 95) + 10 KJ + 11 HCl = 11 KCl + 6 H_2O + 12 J (1523 \cdot 04).$$

Über die quantitative Bestimmung geringer Jodmengen, wie sie in tierischen, pflanzlichen und mineralischen Stoffen vorkommen vgl. die Abhandlung von LUNDE, H., K. CLOSS u. JENS BÖE: Beiträge zur Mikrojodbestimmung, Mikrochemie. PREGL-Festschrift, S. 272. Wien 1929, sowie die Sammelreferate von TH. VON FELLENBERG: Das Jod. Der quantitative Nachweis und die quantitative Bestimmung von Jod in organischen und organisiertem

Material auf mikrochemischem Wege. Mikrochemie, Jg. VII, 242 (1929); ferner G. LUNDE (16) und K. WÜLFERT (25).

4. **Zur Bestimmung kleiner Jodmengen neben Chlor oder Brom** bedienen sich R. STREBINGER und J. POLLAK (22) der Fällung mit einer 1proz. salzsauren Palladiumchlorürlösung als *Palladojodid*, PdJ_2, welches in Wasser, Alkohol und Äther völlig unlöslich ist und auf dem Filterröhrchen gesammelt und gewogen wird. Die geringste, so noch quantitativ bestimmbare Menge beträgt 0,2 mg Jod. In einem Teil der Probe wird die Summe der Halogene in der üblichen Weise als Halogensilber bestimmt, in einem anderen Teil das Jod als Palladojodid.

Von ihnen ist auch ein Verfahren beschrieben, das die *mikroanalytische Bestimmung von Brom und Chlor auf indirektem Wege* möglich macht. Es wird die Summe der Halogene als Halogensilber gefällt und der Niederschlag im Filterröhrchen gewogen. Darauf wird der Silbergehalt seiner cyankalischen Lösung elektrolytisch bestimmt. Zu diesem Zwecke wird der Niederschlag von AgBr + AgCl in 3—5 cm³ 4proz., warmer Cyankaliumlösung gelöst und die Lösung, die durch Nachwaschen mit Wasser auf das dreifache Volumen verdünnt ist, nach Zusatz von 1—2 Tropfen Kalilauge im Elektrolysenapparat von PREGL bei 4 Volt und 0,1—0,2 Ampere 30 Minuten elektrolysiert. Nach dem Auswaschen bei gegeschlossenem Stromkreis und Trocknen der Kathode wird die Menge des darauf niedergeschlagenen Silbers ermittelt. Aus den so gefundenen zwei Werten läßt sich in bekannter Weise der Chlor- und Bromgehalt berechnen.

Von HIROSHI NOMURA und JUNKICHI MURAI (12) einerseits, von H. DIETERLE (4) anderseits wurde das der Makromethode nachgebildete Verfahren von BAUBIGNY und CHAVANNE zur Bestimmung von *Jod neben Chlor und Brom* für wenige Milligramm Einwaage umgearbeitet. Es beruht auf der Oxydation der Substanz mit einem Gemisch von Chromsäure und Schwefelsäure, wobei Chlor und Brom auch bei Gegenwart eines Silbersalzes gasförmig entweichen und quantitativ in einer alkalischen Sulfitlösung absorbiert und als Halogensilber gefällt werden, während das Jod zu Jodsäure oxydiert wird und im Oxydationsgemisch zurückbleibt. Es wird nach der Reduktion mit schwefeliger Säure ebenfalls als Jodsilber gefällt. Der hierfür nötige Apparat ähnelt dem Methoxylapparat nach PREGL. Im einzelnen muß auf die Originalarbeiten verwiesen werden. Bemerkt sei nur, daß die Ergebnisse sehr leicht zu hoch ausfallen, weil einerseits größere Mengen Sodalösung und Sulfitlauge erforderlich sind, die nur außerordentlich schwer absolut halogenfrei zu erhalten sind, andererseits beim Ansäuern aus der Sulfitlauge eine Schwefelabscheidung eintritt.

In jüngster Zeit hat L. MOSER (18) ein einfaches Verfahren zur *mikroanalytischen indirekten Trennung von Chlor- und Brom-ion* angegeben, das auf der *thermischen Dissoziation der Ammoniumhalogenide* beruht.

Das durch Fällung in der üblichen Weise erhaltene AgCl und AgBr wird unter Verwendung eines Mikro-GOOCH-NEUBAUER-Tiegels filtriert (vgl. S-Bestimmung), kalt gewaschen und der Niederschlag bei etwa 150° getrocknet und gewogen (1. Wägung), worauf ungefähr die sechsfache Gewichtsmenge von trockenem, rückstandsfreien Ammoniumbromid oder Ammoniumjodid zugegeben wird. Der zuerst bedeckte, später offene Tiegel wird im Muffelofen auf 250—300° so lange erhitzt, bis alles Ammoniumsalz verflüchtigt ist. Dieser Vorgang wird meist einmal (Gewichtskonstanz), selten zweimal wiederholt, um alles AgCl in AgBr oder AgJ oder AgBr in AgJ überzuführen (2. Wägung). In bekannter Weise erfolgt dann unter Zugrundelegung der zwei Wägungen die Berechnung des Chlor- und Bromgehaltes.

e) Die Bestimmung des Schwefels.

Die Bestimmung wird im Prinzip nach denselben Verfahren ausgeführt wie die Halogenbestimmung, also entweder durch Oxydation mit Salpetersäure im geschlossenen Rohr oder durch Verbrennen im Perlenrohr. Die entstandene Schwefelsäure wird als Bariumsulfat zur Wägung gebracht.

Hierfür ist ein *Mikro*-NEUBAUER-*Platintiegel* erforderlich. Auf dem Siebboden befindet sich als Filterschicht gepreßter Platin-Iridium-Schwamm, der sogar in der Kälte gefälltes Bariumsulfat zurückhält und doch eine verhältnismäßig rasche Filtrationsgeschwindigkeit zeigt. Ein korrekt funktionierender Tiegel soll 4 cm³ Filtrat in der Minute beim Ansaugen mit dem Munde aufnehmen. Zum Tiegel gehört ferner eine Bodenschutzkappe und ein Deckel. Vor Gebrauch wird der Tiegel mit verdünnter Salzsäure und Wasser gewaschen. Von früheren Bestimmungen darin befindliche Niederschläge werden mit einem Wattebäuschchen herausgewischt, mit Wasser ausgespritzt und allenfalls herausgelöst. Bariumsulfat, das nach öfterem Absaugen in die Filterschicht eindringt und die Filtrationsgeschwindigkeit dadurch wesentlich beeinträchtigt, wird von Zeit zu Zeit durch Behandlung des Tiegels mit heißer, konzentrierter Schwefelsäure herausgelöst. Nach dem Auswaschen stellt man den Tiegel, mit Schutzkappe und Deckel versehen, auf einen Platintiegeldeckel und erhitzt diesen allmählich bis zur dunklen Rotglut einige Minuten lang. Zum raschen Abkühlen stellt man ihn unter Anfassen mit einer Platinspitzenpinzette auf einen Kupferblock und wägt nach 10 Minuten mit einer Genauigkeit von 0,01 mg.

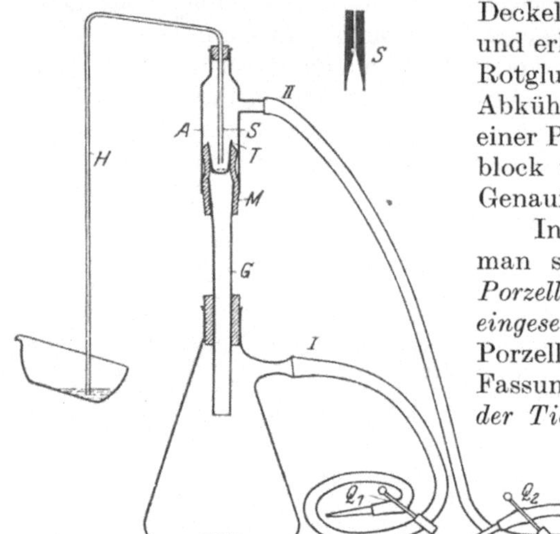

Abb. 144. Vorrichtung zum automatischen Absaugen von Bariumsulfat nach WINTERSTEINER.

In manchen Laboratorien verwendet man statt des teueren Platintiegels kleine *Porzellantiegel mit unglasiertem Boden und eingesetzter Filterplatte*, die von der Berliner Porzellanmanufaktur mit 1,5, 3 und 7 cm³ Fassungsraum hergestellt werden. Die *Glasur der Tiegel muß sich dabei auch über die abgerundete untere Kante erstrecken.* Zum Auskühlen brauchen sie allerdings etwa $^1/_2$ Stunde und sind auch oft nicht genügend gewichtskonstant.

Die *Filtriervorrichtung für den* NEUBAUER-*Tiegel* besteht aus einem Absaugkolben mit Gummistopfen, durch dessen Bohrung ein 1 cm weites Glasrohr gesteckt ist. Über dieses Rohr ist eine kurze Kautschukmanschette zur Hälfte darüber gezogen, während in die andere, freie Hälfte der Tiegel luftdicht eingesetzt wird. Ein $^1/_2$ m langer Gummischlauch mit Quetschhahn am Ansatz des Saugkolbens ermöglicht das Ansaugen mit dem Munde und die Erzeugung des für die Filtration nötigen Vakuums. Bei der Überführung des Niederschlages aus der Schale in den Tiegel bedient man sich des *Federchens*, einer im Handel erhältlichen kleinen, steifen Vogelfeder (Schnepfenfeder) von 20—25 mm Länge, die in eine 12—15 cm lange Glascapillare eingekittet ist. Die letzten Niederschlagsteilchen bringt man durch abwechselndes Spülen mit salzsäurehaltigem (1 cm³ konzentrierte HCl auf 100 cm³ Wasser) Wasser und Alkohol aus der Schale in den Tiegel. Für weniger Geübte hat WINTERSTEINER eine automatische Absaugevorrichtung angegeben (Abb. 144).

Das Heberrohr H wird mittels eines kurzen Gummistückes am Glasaufsatz A befestigt, der selbst auf der Gummimanschette M luftdicht aufgesetzt ist. An diesen ist seitlich ein Ansatz angeschmolzen zur Anbringung eines Schlauches II mit Quetschhahn Q_2. Der Ansatz des Absaugkolbens trägt ebenfalls einen Schlauch I mit Quetschhahn Q_1. An diesem Schlauchstück wird mit dem Munde angesaugt. Da die letzten Flüssigkeitsanteile in den Filterporen des Tiegels nach Aufhören des ständigen Zuflusses aus dem Heberrohr die

Filtrationsgeschwindigkeit oft stark behindern, bringt man sie durch kurzes, ruckartiges Öffnen des Quetschhahnes Q_2 am Glasaufsatz wieder in Gang.

Auch bei der Schwefelbestimmung hat das *Saugstäbchen von* EMICH Anwendung gefunden (S. 172). Da der Niederschlag geglüht werden muß, werden *Stäbchen aus Quarzglas mit Asbestschicht oder aus Porzellan mit Porzellanfiltermasse* der staatlichen Porzellanmanufaktur in Berlin oder auch Platinfilterstäbchen mit NEUBAUER-Filterboden von der Firma Heraeus verwendet. Als Fällungsgefäß dient ein 12 g schwerer Tiegel aus Berliner Porzellan mit 25 cm³ Fassungsraum (Höhe 30, oberer Durchmesser 45, unterer 20 mm).

1. Nach dem Verfahren von CARIUS. Die Einwaage (4—5 mg Substanz) erfolgt in gleicher Weise wie für die Halogenbestimmung. *Zur Salpetersäure im Bombenrohr gibt man ein Körnchen Bariumchlorid.* Nach beendeter Oxydation spült man das *Bariumsulfat* in eine sorgfältig ausgedämpfte Glasschale mit Schnabel aus Jenaer Geräteglas von 75—100 cm³ (7 cm oberer Durchmesser) oder in eine dunkelgrün glasierte Schale mit Schnabel von 8 cm Durchmesser, fügt einige Tropfen verdünnter Salzsäure zu, dampft ab, nimmt den Rückstand mit Wasser und wenig Salzsäure auf und führt nun das Bariumsulfat unter Zuhilfenahme des Federchens und abwechselndes Waschen mit salzsäurehaltigem Wasser und Alkohol in den Mikro-NEUBAUER-Tiegel über. Zuletzt wird immer mit Wasser nachgespült. Nach dem Glühen (vgl. S. 178) wäscht man den Niederschlag zur Entfernung allenfalls mitgerissener Bariumchlorids noch einmal aus, indem man den Tiegel 2—3mal mit salzsäurehaltigem Wasser füllt und mit Wasser nachspült. Beträgt dabei die Gewichtsabnahme mehr als 0,02 mg, so muß man noch einmal auswaschen.

2. Die Bestimmung mit dem Perlen- oder Spiralenrohr. Man saugt in die Perlenschicht des gereinigten, trockenen Rohres eine *Wasserstoffsuperoxydlösung* auf, die durch Verdünnen von Perhydrol mit der 3—4fachen Menge Wasser hergestellt wird, bläst den Überschuß, der für eine zweite Bestimmung Verwendung finden kann, wieder aus und stülpt ein Reagensrohr darüber. Nach der bei der Halogenbestimmung beschriebenen Montierung und Beschickung des Verbrennungsrohres (Abb. 143) — in ein Platinschiffchen sind 4—6 mg Substanz eingewogen — führt man die Verbrennung unter starkem Erhitzen der Platinsterne sehr vorsichtig in einem langsamen Sauerstoffstrom (1 Blase in der Sekunde) durch. Nach beendeter Verbrennung spült man das Rohr dreimal mit Wasser in die vorher erwähnte Glas- oder Porzellanschale aus, setzt 5 Tropfen verdünnter Salzsäure zu und *fällt die Schwefelsäure in der Hitze am Wasserbade durch tropfenweises Zusetzen einer 2proz. Bariumchloridlösung* oder durch Zusatz von etwa 20 mg krystallisiertem Bariumchlorid. Man bedeckt dann zuerst mit einem Uhrglas, bis die Zersetzung des Wasserstoffsuperoxyds zu Ende ist und engt dann auf wenige Kubikzentimeter ein, läßt abkühlen und führt den Niederschlag, wie unter 1 angegeben, in den Mikro-NEUBAUER-Platintiegel über. Das Einengen kann durch Aufblasen eines filtrierten Luftstromes sehr beschleunigt werden. Eindampfen bis zur Trockene und Aufnahme mit salzsäurehaltigem Wasser schadet nichts. Auch hier wäscht man zur Gewichtskonstanz. Die Überführung des Bariumsulfates läßt sich hier auch bequem mit der *automatischen Absaugvorrichtung* von WINTERSTEINER ausführen. Es läßt sich das Absaugen sogar aus dem bei der Halogenbestimmung angegebenem Fällungsgefäß automatisch vornehmen, wenn die Fällung nach dem Prinzip der extremen Verdünnung durch Zutropfen des Bariumchlorids aus einem ausgezogenen Reagensglas erfolgt.

Berechnung der Analyse:

$$\log(\text{gef. } BaSO_4) + \log \text{Faktor} + (1 - \log \text{Subst.}) = \log \% \text{ S}.$$

$$\frac{S}{BaSO_4} = 0{,}1374 = \text{Faktor}.$$

3. Maßanalytische Schwefelbestimmung. Von Substanzen, die nur Kohlenstoff, Wasserstoff und Sauerstoff enthalten, läßt sich die bei der Verbrennung im

Spiralenrohr entstehende Schwefelsäure auch maßanalytisch bestimmen. Die dabei in Verwendung kommende Wasserstoffsuperoxydlösung muß vor dem Aufsaugen in das Rohr mit 0,01 n-Lauge und Methylrot als Indicator auf den Neutralpunkt „Kanariengelb" eingestellt werden. Man spült nach der Verbrennung in ein Titrierkölbchen aus und titriert die saure Lösung in der Hitze bis zum kanariengelben Farbenton mit 0,01 n-Lauge (vgl. S. 169). 1 cm³ 0,01 n-NaOH entspricht 0,16035 mg Schwefel.

Unter den von A. FRIEDRICH (8) angegebenen Bedingungen läßt sich der Schwefel von Substanzen, auch wenn sie Stickstoff oder Halogen enthalten, maßanalytisch bestimmen. Die bei der Verbrennung von 4—7 mg Substanz im Spiralenrohr entstehende und in verdünnter (1 : 3) und neutralisierter Perhydrollösung aufgefangene Schwefelsäure wird quantitativ in eine Quarzschale von 11 cm Durchmesser und 5 cm Tiefe ausgespült, das Gemisch der Säuren auf dem Wasserbade auf 10—15 cm³ eingeengt und mit 0,02 n-Lauge (Methylrot als Indicator) genau neutralisiert (gelber Farbenton). Die neutrale Lösung wird mit der dem Alkaliverbrauch äquivalenten Menge 0,02 n-Schwefelsäure versetzt, dann bis zur Trockene verdampft und noch $^1/_2$ Stunde auf dem Wasserbade stehengelassen. Der Salzrückstand wird darauf in Wasser gelöst, die Lösung erhitzt und nun in einer zweiten Titration das gebildete Bisulfat bestimmt, welches der Menge der ursprünglich vorhandenen Schwefelsäure entspricht.

1 cm³ 0,02 n-Lauge entspricht 0,981 mg H_2SO_4 = 0,3206 mg Schwefel.

f) Die Bestimmung des Phosphors.

Von den zahlreichen Methoden zur Bestimmung kleinster Phosphormengen wird hier nur jene genauer besprochen, die sich für die Zwecke des organischen Chemikers besonders bewährt hat. Auf die Möglichkeit der colorimetrischen und nephelometrischen Bestimmung sei nur hingewiesen.

Die organische Substanz wird mit einem Salpetersäure-Schwefelsäure-Gemisch verbrannt oder durch Schmelzen mit Salpeter und Soda oxydiert, die entstandene Phosphorsäure nach bestimmten, von LORENZ für die Makrobestimmung angegebenen Vorschriften als *Ammonium-Phosphormolybdat* gefällt und seine Menge gravimetrisch oder auch volumetrisch bestimmt (Methode LORENZ-LIEB). Man wägt je nach dem Phosphorgehalt 2—6 mg Substanz (bei einem Phosphorgehalt unter 2% 10—20 mg) in ein KJELDAHL-Zersetzungskölbchen und gibt $^1/_2$ cm³ konzentrierte Schwefelsäure und einige Tropfen konzentrierte Salpetersäure zu und erhitzt bis zum Auftreten von SO_3-Schwaden, worauf man nach kurzem Abkühlen nochmals einige Tropfen Salpetersäure oder einige Tropfen Perhydrol zusetzt und wieder bis zur SO_3-Entwicklung erhitzt. Den Perhydrolzusatz wiederholt man mehrmals. Eine klare Lösung ist noch kein Beweis für die vollständige Zersetzung. Erst, wenn nach mehrmaligem Abrauchen und minutenlangem Erhitzen keine Veränderungen mehr feststellbar sind, kann man die Oxydation als beendigt ansehen. Auch durch Mischen der Substanz mit einem Gemisch von Kaliumnitrat und Natriumcarbonat im Schiffchen und Schmelzen im Sauerstoffstrom läßt sich die Oxydation durchführen.

Nach dem Verdünnen mit Wasser spült man quantitativ in eine Halogenfällungseprouvette über, setzt 2 cm³ eines Gemisches von Salpetersäure und Schwefelsäure zu, das man sich durch Zusatz von 30 cm³ konzentrierter Schwefelsäure zu 1 Liter Salpetersäure von der Dichte 1,19—1,21 bereitet hat, und verdünnt allenfalls mit Wasser auf 15 cm³. Darauf stellt man das Fällungsgefäß ins siedende Wasserbad. In die heiße Lösung gießt man nach Herausnahme aus dem Wasserbad unter kräftigem Umschwenken 15 cm³ vom Sulfat-Molybdän-Reagens, stellt 2—3 Minuten ruhig hin und schwenkt dann wieder $^1/_2$ Minute um. Nach

2—3stündigem Stehen bei Zimmertemperatur ist die Hauptmenge der Phosphorsäure als Molybdat ausgefallen, doch ist es besonders bei kleinen Phosphormengen empfehlenswert, 6—18 Stunden stehenzulassen.

Herstellung des Sulfat-Molybdän-Reagens. 50 g Ammoniumsulfat versetzt man in einem Literkolben mit 500 cm³ Salpetersäure von der Dichte 1,36. Ferner löst man 150 g gepulvertes Ammoniummolybdat in einer Porzellanschale mit 400 cm³ siedend heißem Wasser. Nach dem Abkühlen gießt man diese Lösung in dünnem Strahl in die erste Lösung und füllt zum Liter auf. Nach zweitägigem Stehen filtriert man in eine braune Flasche und bewahrt sie an einem dunklen und kühlen Orte auf.

1. **Für die gravimetrische Bestimmung** wird der Niederschlag auf das Filterröhrchen von PREGL mit der automatischen Absaugvorrichtung abgesaugt (vgl. S. 171). Das Filterröhrchen wird vorher, um Niederschläge von früheren Bestimmungen zu lösen, mit Ammoniak, Wasser, verdünnter Salpetersäure und wieder mit Wasser gewaschen und dieses schließlich durch Alkohol und Äther oder durch Aceton verdrängt. Nach dem Abwischen wird es in einen Exsiccator gebracht, an der Wasserstrahlpumpe evakuiert und wenigstens $^1/_2$ Stunde stehengelassen. Erst unmittelbar vor dem Absaugen nimmt man das Filterröhrchen aus dem Exsiccator und wägt, ohne die Gewichtskonstanz abzuwarten, innerhalb einer bestimmten Zeit, meist 3—5 Minuten, höchstens mit einer Genauigkeit von 0,05 mg. Den Niederschlag und das Fällungsgefäß wäscht man mit 2proz., mit Salpetersäure schwach angesäuerter Ammoniumnitratlösung aus einer Spritzflasche, bringt die letzten Anteile durch abwechselnde Anwendung von Alkohol und Ammoniumnitratlösung aufs Filter und füllt dieses schließlich einmal mit Alkohol und zweimal mit Aceton (oder Äther). Nach dem Abwischen bringt man das Röhrchen wieder in den Exsiccator, evakuiert und wägt nach $^1/_2$—1 Stunde in genau derselben Zeit (3—5 Minuten), in der man die Wägung des leeren Röhrchens vorgenommen hat. Man wartet wegen der hygroskopischen Eigenschaften des Niederschlages die Gewichtskonstanz nicht ab.

Berechnung der Analyse. Die erhaltene Gewichtsmenge Ammoniumphosphormolybdat mit dem *empirisch ermittelten Faktor* $F = 0{,}014525$ multipliziert, ergibt die Phosphormenge in Milligramm im Niederschlag. log gef. Niederschl. + log F + (1 — log Subst.) = log % P.

Für die Berechnung als P_2O_5 gilt der Faktor $F_1 = 0{,}03326$.

2. Statt den Ammoniumphosphormolybdatniederschlag zu wägen, läßt sich die darin enthaltene **Phosphormenge auch maßanalytisch bestimmen** (13). Die Fällung wird in einem Jenaer Becherglas von 100 cm³ Inhalt vorgenommen, über Nacht stehengelassen, die überstehende Flüssigkeit vorsichtig durch ein gehärtetes Filter (5—7 cm Durchmesser) gegossen und der Niederschlag mit wenig eiskaltem, 50proz. Alkohol ausgewaschen. Die auf das Filter gelangten Niederschlagsteilchen werden sorgfältig ins Becherglas zurückgespült. Dann wird mit etwa dem Doppelten der zur Lösung erforderlichen Menge 0,1 n-NaOH mindestens $^1/_2$ Stunde zum Sieden erhitzt, so daß das Volumen auf 10 cm³ zurückgeht. Dadurch wird das Ammoniak des Niederschlages vollkommen ausgetrieben. Durch Titration mit 0,1 n-Salzsäure wird nun bestimmt, wieviel Lauge verbraucht wurde. Man setzt 5 Tropfen 0,5proz. Phenol- oder Thymolphthaleinlösung zur alkalischen Lösung, säuert an (3—5 cm³ 0,1 n-Säure im Überschuß), kocht 10 bis 15 Minuten, kühlt ab und titriert auf Rosa, bzw. Hellblau mit Lauge zurück.

Aus dem Verbrauch an Lauge wird der Phosphorgehalt errechnet; denn der Reaktionsgleichung entsprechend werden *für ein P-Atom 28 Äquivalente Alkali verbraucht.* Für 0,1 n-NaOH gilt der *Faktor* $F = 0{,}1107$, mit welcher Zahl die verbrauchten Kubikzentimeter 0,1 n-Lauge multipliziert werden müssen, um die Phosphormenge in Milligramm zu erhalten.

Auf eine andere von G. EMBDEN (5) ausgearbeitete gravimetrische Bestimmung kleiner Phosphorsäuremengen, wonach zur *Fällung der Phosphorsäure ein Strychnin-Molybdän-Reagens* Verwendung findet, kann nur hingewiesen werden. Das Gewicht des unter bestimmten Versuchsbedingungen erhaltenen Niederschlages ist annähernd das 39fache des angewandten P_2O_5-Gewichtes.

Über weitere Verfahren, maßanalytische, colorimetrische und nephelometrische Methoden, sowie über Mikromethoden der Phosphorbestimmung in biologischem Material vgl. die ausführlichen Sammelreferate von R. STREBINGER und H. K. BARRENSCHEEN (23).

g) Rückstandsbestimmungen.

Die Einwaage erfolgt je nach dem Verhalten der betreffenden Verbindung in ein Platin- oder Porzellanschiffchen, wie sie für die Elementaranalyse gebraucht werden, oder in Platin- bzw. Porzellantiegel von 1—1,5 cm³ Inhalt mit Deckel, in einer Menge von 2—5 mg. Die Substanz wird mit Schwefelsäure abgeraucht und der Glührückstand als Sulfat gewogen.

1. Veraschen mit Schwefelsäure. Bei Verwendung des Schiffchens wird in der *Mikromuffel* von PREGL (Abb. 145) abgeraucht.

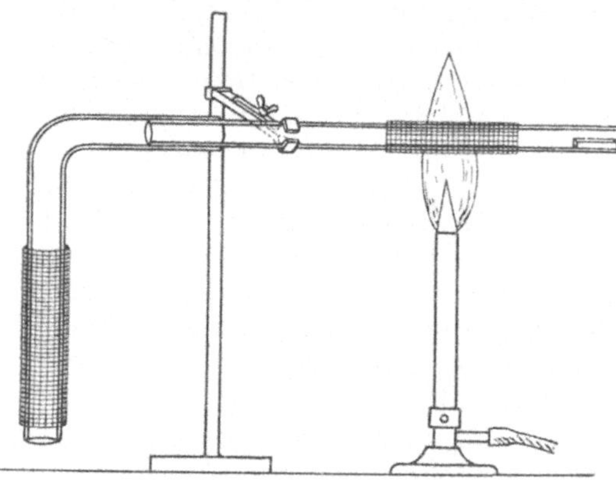

Abb. 145. Mikromuffel nach PREGL.

Diese besteht aus einem 20 cm langen und 1 cm weiten Hartglasrohr, über welchem auf der einen Seite ein rechtwinklig gebogenes Hartglasrohr von 1,5 cm Durchmesser mittels Papierstreifen befestigt ist. Über seinen vertikalen, 5 cm langen Schenkel ist eine festsitzende, über das horizontale Rohr eine bewegliche Drahtnetzrolle geschoben. Zur Erzeugung eines Luftstromes im Rohr wird der vertikale Schenkel mit einem schräggestellten Bunsenbrenner erhitzt.

Zur Substanz im Schiffchen setzt man 1 Tröpfchen verdünnte Schwefelsäure (1 : 5) aus einer fein ausgezogenen Capillare zu, ohne dabei die Wand zu berühren, und führt dann das Schiffchen in die Muffel ein. Etwa 2 cm davon entfernt beginnt man das mit dem beweglichen Drahtnetzröllchen versehene Rohr mittels eines Bunsenbrenners zu erhitzen. Der kontinuierlich über das Schiffchen streichende warme Luftstrom verhindert ein Überkriechen der Substanz mit der Schwefelsäure. Auf die Entfernung zwischen Brenner und Schiffchen ist besonders zu achten, damit einerseits das Abrauchen nicht zu lange dauert, andererseits aus dem Schiffchen nichts verspritzt. Nach dem Verjagen der Schwefelsäure (5—10 Minuten) rückt man mit Röllchen und Brenner rasch an das Schiffchen heran und glüht schließlich das Rohr unter dem Schiffchen mehrere Minuten heftig. Manchmal wird man noch einmal mit Schwefelsäure abrauchen müssen, um die letzten Reste von Kohle zu entfernen. Zum Auskühlen stellt man das Schiffchen auf einen Kupferblock in den Handexsiccator. Das Platinschiffchen kann man schon nach wenigen Minuten wägen. Das nochmalige Erhitzen unter Zusatz von Ammoniumcarbonat bei K- und Na-Bestimmung erwies sich meist als überflüssig, da schon durch das anhaltende, starke Glühen das primäre in das sekundäre Sulfat umgewandelt wird.

Bei Substanzen, die beim Abrauchen mit Schwefelsäure stark schäumen oder voluminöse Aufblähungen erzeugen, führt man die Bestimmung im *Mikroplatintiegel*, oder wenn erforderlich, im *Mikroporzellantiegel* aus. Die eingewogene Substanz wird mit einem Tröpfchen verdünnter Schwefelsäure versetzt, der mit Deckel versehene Tiegel auf einen großen Platintiegeldeckel gestellt und nun von oben her mit einer möglichst steifen Flamme eines Bunsen- oder Meckerbrenners in Intervallen von 3—5 Sekunden kurz erhitzt. Erst wenn keine SO_3-Dämpfe mehr entweichen, wird der Brenner unter das Platinblech gestellt und kräftig geglüht. Falls noch kohlige Bestandteile vorhanden sind, wird noch einmal mit Schwefelsäure in gleicher Weise abgeraucht. Bei K- und Na-Verbindungen erhitzt man dann noch unter Zusatz eines Körnchens Ammoniumcarbonat. Bei dieser Art des Abrauchens ist die Gefahr des Überkriechens von Substanz über den Tiegelrand sehr gering. Das Abrauchen von Bleisalzen erfolgt unter Zusatz von wenig Salpetersäure zur Schwefelsäure, damit sich kein Schwefelblei bildet, das den Platintiegel schädigen könnte. Zur raschen Auskühlung stellt man den Tiegel auf einen Kupferblock. Der Porzellantiegel erreicht völlige Gewichtskonstanz erst etwa nach $^1/_2$ Stunde, während der Platintiegel schon nach 5 Minuten gewogen werden kann.

2. Einfaches Veraschen. Bei organischen *Edelmetallverbindungen* (*Platin, Gold, Silber*) gestaltet sich die Metallbestimmung insofern sehr einfach, als man entweder den Rückstand des Schiffchens nach einer C-H-Bestimmung ermittelt oder die Substanz im Schiffchen oder Platintiegel verbrennt. Diese Elemente bleiben als reines Metall zurück. Bei *Goldbestimmungen* soll das Schiffchen nach der Veraschung nicht mehr über freier Flamme geglüht werden. *Enthalten solche Verbindungen auch Halogen*, dann sind die *Resultate* wegen der immerhin merklichen Flüchtigkeit der Halogenide gewöhnlich *etwas zu niedrig*. Auch in *Kupfer-, Chrom- und Eisenverbindungen* läßt sich das Metall durch die einfache Veraschung bestimmen, da diese Elemente als Oxyde zurückbleiben.

In dieser Weise werden auch Spuren von Asche in organischen Substanzen ermittelt, indem das Schiffchen nach der C-H-Bestimmung zurückgewogen wird.

h) Die Mikrobestimmung des Kohlenstoffs durch nasse Verbrennung.

1. Nach LIEB-KRAINICK (15). *Prinzip.* Die Substanz wird in der Oxydationssäure, das ist ein Gemisch von Kaliumbichromat, Silberbichromat und konzentrierter Schwefelsäure, bei 130° oxydiert und das entweichende Gas im Sauerstoffstrom über glühendes Platin und erhitztes Silber geleitet. Das Kohlendioxyd wird in 0,1n-bariumchloridhältiger *Barytlauge* absorbiert und dann nach WINKLER mit 0,05n-bariumchloridhaltiger *Salzsäure* das überschüssige Hydroxyd zurücktitriert. Außer der Kohlensäure gehen keine sauren Bestandteile in die Barytlauge über.

Diese Mikromethode berücksichtigt alle in Betracht kommenden Fehlerquellen, arbeitet vom Anfang bis zum Ende in einem geschlossenen System, ermöglicht die Titration der Barytlauge neben Bariumcarbonat im Absorptionsgefäß ohne Luftzutritt, schließt einen Blindwert praktisch aus und ist daher als *exakte Methode* zur Bestimmung des Kohlenstoffs auf nassem Wege anzusehen. Danach läßt sich in allen organischen Substanzen bei einer Einwaage von 2—5 mg, entsprechend einem Kohlenstoffgehalt von 1—3 mg, der Kohlenstoffgehalt mit einer Genauigkeit von 0,1—0,2% in etwa 1 Stunde bestimmen.

Die Apparatur (Abb. 146). Den erforderlichen Sauerstoff entnimmt man einem Gasometer, der einen Gasdruck, entsprechend 4,5—5,5 cm Quecksilber, aufweist. Da manchmal der Sauerstoff nicht genügend rein ist, leitet man ihn zuerst entweder über einen glühenden Platinstern oder durch ein mit Platinasbest gefülltes und elektrisch auf 600° zu erhitzendes Röhrchen nach BÖCK und BEAUCOURT (2). Der Sauerstoff tritt dann in den Blasenzähler *Bl* mit dem *U*-Rohr (vgl. S. 151), hierauf durch ein Glasrohr, dessen untere Hälfte capillar verengt ist, in das Oxydationskölbchen. Dieses trägt einen Glasaufsatz mit Schliff, der sich nach oben zu dem sog. Schlifftrichter *SchT* mit 6—7 cm³ Inhalt erweitert. In diesen ist das Gaseinleitungsrohr mittels eines Innenschliffes beweglich, jedoch gasdicht eingesetzt. Um die in den Schlifftrichter einzuführende Oxydationssäure vor Staub zu schützen, ist am Gaseinleitungsrohr noch die bewegliche Staubkappe *StK* angebracht. Der Glasdorn *D* am Ende des Gaseinleitungsrohres dient dazu, um bei der Analyse von Flüssigkeiten die Glascapillare zu zertrümmern. Für *Flüssigkeiten* muß allerdings ein etwas anders gebautes Oxydationskölbchen verwendet werden. Aus dem Glasaufsatz führt das Gasableitungsrohr in das Verbrennungsrohr, das an seinem Ende rechtwinkelig abgebogen ist. Der vertikale Schenkel trägt den Hahn *H'*, in dessen Spindel von der Bohrung aus seichte Rillen eingeritzt sind. Das Verbrennungsrohr enthält einen 7 cm langen Platinstern (vgl. S. 173) und vor und hinter dem Hahn je 3 cm lange Schichten von Silberwolle. Mittels eines 10 cm langen Langbrenners *LB* wird der Platinstern und ein Teil des Silbers erhitzt. Um das Rohr zu schonen, wird das Drahtnetzröllchen *R* darübergeschoben und außerdem zwecks gleichmäßigen Erhitzens ein Drahtnetztunnel *T* auf den Brenner gesetzt. Statt der Gasheizung läßt sich auch die bequemere elektrische Widerstandsheizung mittels eines 10 cm langen Heizkörpers anbringen.

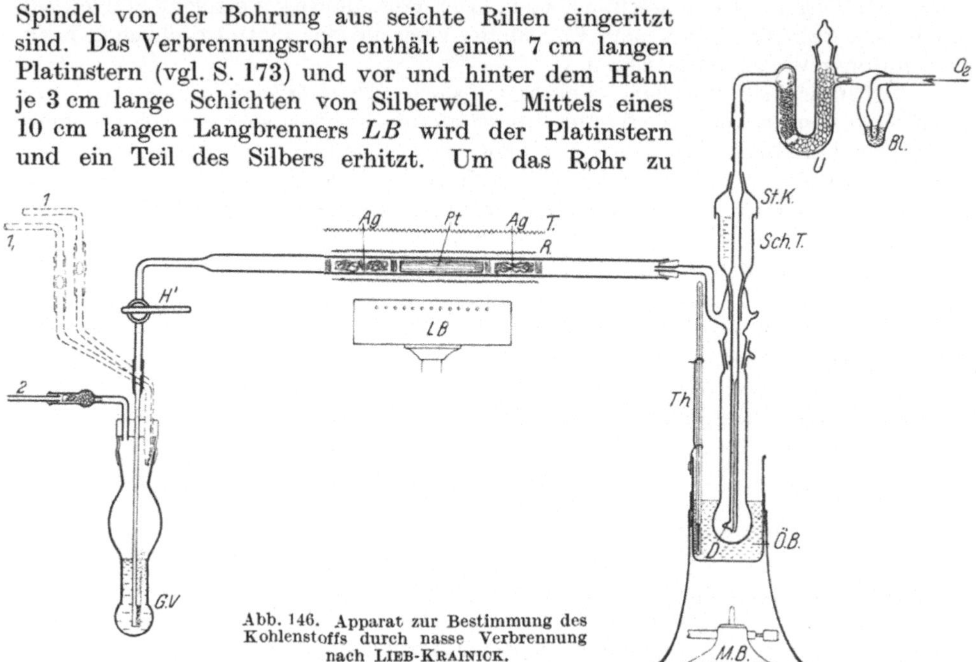

Abb. 146. Apparat zur Bestimmung des Kohlenstoffs durch nasse Verbrennung nach LIEB-KRAINICK.

An den vertikalen Schenkel des Verbrennungsrohres mit dem Hahn *H'* und verlängerter Hahnspindel wird mittels eines Schlauchstückes Glas an Glas der Gasverteiler *GV* angeschlossen. Dieser besteht aus einem 15 cm langen Glasröhrchen mit einer angeschmolzenen vertikal gestellten Glasfilterplatte von 1 cm Durchmesser und der Porengröße „G 1" der Firma Schott und Genossen, Jena. Dadurch erreicht man eine Aufteilung des Gases in feinste Bläschen, besonders wenn die Flüssigkeit etwas Alkohol enthält, so daß die quantitative Absorption des Kohlendioxyds gesichert ist. Der Gasverteiler wird vor seiner Verbindung mit dem Verbrennungsrohr durch die mittlere der vier Bohrungen eines Gummistopfens gesteckt, der zum Verschluß des Absorptionsgefäßes dient. Über diesen Gummistopfen ist eine dünne Gummimanschette gezogen, die 3—4 cm über den unteren Rand vorragt und in die das Absorptionsgefäß gesteckt wird. Dieses aus Jenaer Geräteglas gefertigte Gefäß ist in der Mitte ausgebuchtet und im unteren Drittel so weit verengt, daß das Volumen bis zur Erweiterung 8 cm³ beträgt. Der Gasverteiler muß fast bis auf den Boden des Absorptionsgefäßes reichen. Die Gasableitung erfolgt durch ein rechtwinkelig gebogenes, durch den Gummistopfen zu steckendes Röhrchen, dessen horizontaler Schenkel zu einem Natronkalkröhrchen erweitert ist. Dieses steht durch einen Schlauch mit der MARIOTTEschen Flasche (vgl. S. 155) in Verbindung. Zwei weitere Bohrungen im Gummistopfen dienen zum luftdichten Durchstecken der Ausflußcapillaren *1* und *1'* aus den Büretten. Die Laugenbürette wird mit einem Quetschhahn, die Säurebürette besser mit einer Glasolive im Schlauchlumen oder einem Glashahn mit seichten Rillen und verlängertem Griff versehen.

Reagenzien. 1. Die Oxydationssäure. Zu einem Gemisch von 20 g Silberbichromat[1] und 10 g Kaliumbichromat gibt man in einem Jenaer Rundkolben, in welchen ein Gaseinleitungsrohr eingeschliffen ist, 200 cm³ möglichst konzentrierte Schwefelsäure (d = 1,84), erhitzt das Gemisch eine Stunde auf 120 bis 130° (Thermometer im Ölbad) und leitet gleichzeitig 600 cm³ trockenen Sauerstoff mit einer Geschwindigkeit von etwa 10 cm³ in der Minute durch. Nach dem Abkühlen im Sauerstoffstrom auf etwa 80° füllt man die dunkelbraune Oxydationssäure in die staubsichere Vorratsflasche (Abb. 147) über. Diese Säure enthält in 1 cm³ 100 mg $Ag_2Cr_2O_7$ und 50 mg $K_2Cr_2O_7$ gelöst und ist absolut kohlenstofffrei.

Abb. 147. Vorratsflasche für die Oxydationssäure.

2. 0.05 n-Salzsäure, die 3% Bariumchlorid enthält. In einem Meßkolben von 500 cm³ werden 15 g krystallisiertes Bariumchlorid in etwa 200 cm³ ausgekochtem, kohlensäurefreiem, destilliertem Wasser gelöst, 250 cm³ 0,1 n-Salzsäure zugegeben und dann mit ausgekochtem Wasser nicht ganz bis zur Marke aufgefüllt. Die Säure wird mit Natriumcarbonat nach SÖRENSEN, das 2 Stunden auf 260° erhitzt worden ist, in der Hitze mit Methylrot als Indicator gestellt und dann durch Wasserzusatz möglichst genau auf $^1/_{20}$ Normalität gebracht.

3. 0,1 n-Barytlauge, die 1% Bariumchlorid enthält. 8 g möglichst reines carbonatfreies Bariumhydroxyd und 5 g krystallisiertes reinstes Bariumchlorid werden in einem Meßkolben von 500 cm³ in ausgekochtem, kohlensäurefreiem, destilliertem Wasser gelöst und die Lösung darauf mit Wasser bis zur Marke aufgefüllt. Sie ist stets mehr oder weniger durch Carbonat getrübt. Man läßt den Niederschlag absitzen und filtriert dann durch ein dichtes Filter direkt in das Standgefäß der Bürette. Damit die abfiltrierende Lauge nicht mehr mit kohlensäurehältiger Luft in Berührung kommt, ist die Bürettenflasche durch einen doppelt durchbohrten Gummistopfen verschlossen, durch dessen eine Bohrung das Trichterrohr, durch dessen andere ein Natronkalkrohr gesteckt ist. So erhält man eine absolut klare Barytlauge, die im geschlossenen Bürettensystem monatelang klar bleibt. Allenfalls auftretende Trübungen können von Silicaten des Glases herrühren; in solchen Fällen ist es geraten, die Flasche zu paraffinieren. Die Stellung der Lauge erfolgt nach dem PREGLschen Näherungsverfahren (21) mit Hilfe der 0,05 n-Salzsäure sowohl mit Methylrot als auch mit Phenolphthalein im Absorptionsgefäß, nachdem man die Apparatur vollständig zusammengestellt hat. Den Gasverteiler *GV* ersetzt man dabei durch ein 4 cm

[1] Dargestellt nach W. AUTENRIETH (Ber. dtsch. chem. Ges. **35**, 2057 [1902] durch Eintragen von konzentrierter Kaliumbichromatlösung in die salpetersaure Lösung von Silbernitrat. Die glänzend roten Krystallblättchen werden abgesaugt, mit wenig Wasser gewaschen und über Schwefelsäure getrocknet.

langes Röhrchen, das gleich unterhalb des Gummistopfens mündet. Zur Durchlüftung leitet man etwa 40 cm³ Sauerstoff durch den Apparat. Da die Säure praktisch kohlensäurefrei ist, müssen die Faktoren unter Verwendung von Methylrot einerseits, von Phenophthalein anderseits annähernd übereinstimmen. Auf die Stellung der Normallösungen ist die größte Sorgfalt zu verwenden, weil sich der kleinste Fehler bei den Analysenresultaten erheblich auswirkt. (Über die erforderlichen Büretten vgl. S. 169.)

Vorbereitung zum Versuche und Ausführung der Analyse.

Eichung des Blasenzählers. Nach Zusammensetzen des Apparates stellt man bei ganz geöffnetem Gasometerhahn den Hahn H' vor dem Absorptionsgefäß so ein, daß 2 cm³ pro Minute aus der Mariotteschen Flasche abfließen. Dabei senkt man den „Hebel" der Flasche soweit, daß die Höhendifferenz zwischen den beiden Austrittsöffnungen etwa 10 cm beträgt. Man zählt jetzt die Blasen, die in 30 Sekunden durch den Blasenzähler treten, und berechnet, wie viele Blasen 1 cm³ pro Minute entsprechen. Damit hat man ein Maß für die Geschwindigkeit des Gasstromes.

Die Substanz, die 1—3 mg Kohlenstoff enthält, wägt man in einem Wägeröhrchen mit langem Stiel ab (Abb. 148) und bringt sie dann auf den Grund des getrockneten reinen Oxydationskölbchens. Den Gasverteiler, der nach jeder Bestimmung in verdünnte Salzsäure getaucht und dann mit destilliertem Wasser gründlich durchgespült werden muß, steckt man durch den Gummistopfen des Absorptionsgefäßes von unten her durch und verbindet ihn Glas an Glas mit dem vertikalen Anteil des Verbrennungsrohres durch ein Schlauchstück. Das mit destilliertem Wasser gereinigte Absorptionsgefäß beschickt man mit etwa 10 Tropfen *neutralem Alkohol* zwecks Herabsetzung der Oberflächenspannung und 2 Tropfen 1proz. Phenolphthaleinlösung und schließt es an die Gummimanschette des Stopfens luftdicht an. Dann fügt man das Oxydationskölbchen mit der eingewogenen Substanz an Stelle des stets über dem Gaseinleitungsrohr angebrachten Reservekölbchen an, öffnet den Gasometerhahn völlig, den Hahn H' so weit, daß etwa 6 cm³ Gas pro Minute durchtreten, und entlüftet den ganzen Apparat mit etwa 40 cm³ Sauerstoff. Gleichzeitig entzündet man den Langbrenner unter dem Verbrennungsrohr oder setzt die elektrische Heizung in Tätigkeit und bringt den Platinstern auf schwache Rotglut. Dann drosselt man den Gasometerhahn stark ab, öffnet H' ganz und läßt durch Lüften des Gaseinleitungsrohres 3—4 cm³ Oxydationssäure aus dem Schlifftrichter in das Kölbchen einfließen. Jetzt öffnet man den Gasometerhahn wieder völlig, drosselt H' ab und bringt sofort etwa 8 cm³ 0,1 n-Barytlauge aus der Bürette in das Absorptionsgefäß. Nun taucht man das Oxydationskölbchen in das Ölbad (*ÖB*), das schon vorher auf eine Temperatur von 70—90° erhitzt worden war, nur soweit ein, daß das Flüssigkeitsniveau im Innern des Kölbchens mit dem des Ölbades übereinstimmt. Jetzt stellt man den Hahn H' so ein, daß die Gasstromgeschwindigkeit 2—2,5 cm³ pro Minute beträgt. Man bringt die Temperatur des Ölbades in wenigen Minuten auf 130—135° und hält sie mit Hilfe des Mikrobrenners konstant. Nach 5—10 Minuten tritt die erste Trübung in der Barytlauge auf. Von diesem Zeitpunkte an läßt man noch wenigstens 100 cm³ Sauerstoff durch das System strömen, die meistens genügen, um auch die letzten Spuren von Kohlendioxyd in das Absorptionsgefäß überzuführen. Bis zu dem Stadium, in welchem der Niederschlag sich bis zur käsigen Dicke angereichert hat, bedarf die Bestimmung keiner besonderen Überwachung. Daher

Abb. 148. Wägeröhrchen.

kann man in dieser Zeit die Einwaage für den nächsten Versuch und die Reinigung eines zweiten Gasverteilers vornehmen. Wenn der größte Teil der Kohlensäure bereits absorbiert ist, steigert man, um ein Stocken des Gasstromes zu vermeiden, seine Geschwindigkeit auf 3—3,5 cm³ pro Minute.

Wenn 100 cm³ Wasser aus der MARIOTTEschen Flasche abgelaufen sind, läßt man bei gleicher oder noch besser etwas höherer Geschwindigkeit des Gasstromes (3,5—4,5 cm³ pro Minute) 0,05n-Salzsäure in dünnem Strom einlaufen, bis lokale Entfärbung an der Oberfläche auftritt, wartet gute Durchmischung ab, die durch den flotten Gasbläschenstrom besorgt und noch durch Heben und Drillen des Absorptionsgefäßes beschleunigt wird, fügt tropfenweise Säure zu, wartet wieder ein wenig und titriert bis blaßrosa zu Ende. Der Endpunkt der Titration ist dadurch gekennzeichnet, daß das nächste kleinste Tröpfchen völlige Entfärbung bewirkt. Kleinste Tröpfchen lassen sich durch Heben des Absorptionsgefäßes von der Ausflußöffnung gut abnehmen. Die Analyse dauert vom Beginn der Durchlüftung bis zur Beendigung der Titration rund eine Stunde.

Berechnung der Analyse. 1 cm³ 0,05n-Barytlauge entspricht 0,3 mg Kohlenstoff.

Da 0,1n-Barytlauge vorgelegt und dann mit 0,05n-Salzsäure zurücktitriert wird, multipliziert man die vorgelegten Kubikzentimeter Barytlauge mit 2 unter Berücksichtigung des Faktors der Lauge und subtrahiert davon die verbrauchten Kubikzentimeter 0,05n-Salzsäure, ebenfalls nach Berücksichtigung des Säurefaktors: $\log \% \, C = \log$ verbr. $0{,}05n\text{-}Ba(OH)_2 + \log 0{,}3 + (1 - \log$ Subst.$)$.

Blindversuche. Zur Prüfung der Reinheit der Oxydationssäure stellt man einen Blindversuch unter den früher angegebenen Versuchsbedingungen an, der den Wert von 0,03 cm³ 0,05n-$Ba(OH)_2$, entsprechend 0,009 mg Kohlenstoff, nicht überschreiten darf. Bei vorschriftsmäßiger Herstellung der Säure und gewissenhafter Reinhaltung der Reagenzien und der Apparatur läßt sich der *Blindwert stets unter die meßbare Grenze herabdrücken.* Sollte sich dennoch ein höherer Blindwert zeigen, so ist meistens der Sauerstoff die Quelle der Kohlensäure. In solchen Fällen muß der Sauerstoff in der früher angegebenen Weise gereinigt werden. Auch der Alkohol, der zur Barytlauge im Absorptionsgefäß zwecks Herabsetzung der Oberflächenspannung zugesetzt wird, kann eine Fehlerquelle bedeuten, falls er nicht neutral ist.

2. Nach NICLOUX-BOIVIN (1, 3). Für die Bestimmung des Kohlenstoffs im biologischen Material (Harn, Blutfiltrat, aber auch in den verschiedensten einheitlichen festen und flüssigen Verbindungen) hat M. NICLOUX (18a) als erster eine neue Methode für kleinste Substanzmengen ausgearbeitet, die von A. BOIVIN (1) etwas modifiziert wurde, um auch das bei der nassen Verbrennung stets entstehende Kohlenoxyd vollständig zu oxydieren. Die Methode wurde auch für die Bestimmung in Flüssigkeiten und wäßrigen Lösungen, selbst wenn sie flüchtige Stoffe enthalten, ausgearbeitet. Da sie mit einem Blindwert arbeitet und die Absorptionslauge mit der Luft in Berührung kommt, sind die Ergebnisse nicht ganz genau. Die relativen Fehler, auf 100⁰ C bezogen, bewegen sich im allgemeinen um 1% und überschreiten nur ausnahmsweise 2%.

Prinzip. Die feste oder flüssige Substanz oder wäßrige Lösung wird mit Silberchromat-Schwefelsäure in einem einfachen evakuierten Apparat verbrannt, das entstehende Kohlendioxyd in Kalilauge absorbiert und mit Bariumchlorid als Carbonat gefällt. Der durch Zentrifugieren gesammelte und ausgewaschene Niederschlag von Bariumcarbonat wird dann in 0,05n-Salzsäure gelöst und die überschüssige Säure mit 0,05n-Kalilauge zurücktitriert.

Der für die Bestimmung erforderliche Apparat (Abb. 149) besteht aus der einfachen Eprouvette *T* aus Pyrexglas oder Jenaer Geräteglas von 120 mm Länge und 14 mm lichter Weite. Als Verschluß dient ein doppelt durchbohrter Gummistopfen, durch dessen eine Bohrung das Kugelrohr *B*, durch die andere das Trichterrohr *E* gesteckt wird. Dieses besitzt statt eines Hahnes zwecks Herstellung eines absolut luftdichten Verschlusses an seiner verengten Stelle einen konisch eingeschliffenen Glasstab *S* (Innenschlifftrichter), der mit konzentrierter Schwefelsäure gedichtet wird. Über das obere Ansatzrohr *t'* des Kugelrohres *B* ist ein Vakuumschlauch *C* mit Klemmschraube *p* gezogen, das untere Ansatzrohr *t* setzt sich in die Kugel hinein fort und ist dort hakenförmig umgebogen. Die Kugel hat außerdem eine Ausbuchtung, die in der Verlängerung der Achse des nach unten gebogenen Rohres *t* liegt und zur Aufnahme von Kalilauge bestimmt ist.

Außerdem ist in das Lumen des Kugelrohres *B* ein Platindraht *Pt* eingeführt, der durch den elektrischen Strom zum Glühen gebracht werden kann und allenfalls vorhandenes Kohlenoxydgas in der Sauerstoffatmosphäre rasch zum Kohlendioxyd verbrennt. Die Stromzuleitung erfolgt durch zwei dicke Silberdrähte *Ag*, die durch einen Gummistopfen geführt sind und an den Stromkreis angeschlossen werden können.

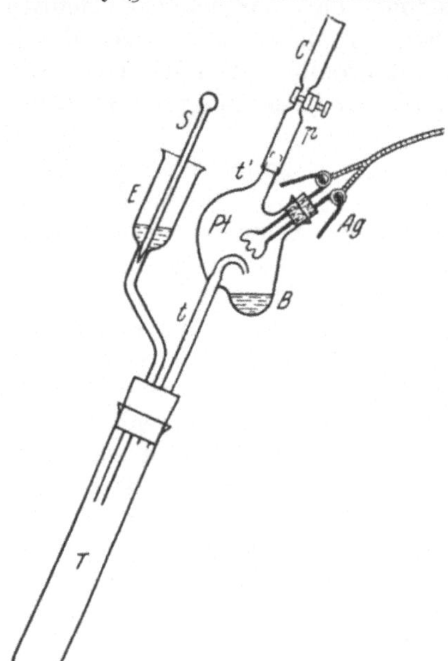

Abb. 149. Apparat für die Bestimmung des Kohlenstoffs durch nasse Verbrennung nach NICLOUX-BOIVIN.

Reagenzien. 1. Reines, mehrmals umkrystallisiertes *Kaliumbichromat* in Pulverform.

2. *Silberbichromat.* Man stellt es sich selber her durch Zusatz von 5 g Silbernitrat in 25 cm³ Wasser zu einer Lösung von 5 g Kaliumbichromat in 75 cm³ Wasser. Der Niederschlag wird nach dem Dekantieren gewaschen, auf eine Nutsche aufgesaugt und bei 110° getrocknet. Ausbeute etwa 5 g.

3. *Reines, wasserfreies Natriumsulfat,* feinst gepulvert.

4. Ungefähr 2-*normale Kalilauge,* absolut kohlensäurefrei. Man löst 150 g reines KOH in 1 l Wasser, setzt nach und nach eine kochende Lösung von 10 g Bariumhydroxyd in 100 cm³ Wasser zu, läßt absitzen und probiert, ob ein weiterer Barytzusatz noch eine Fällung hervorruft. (Über die Bereitung kohlensäurefreier Lauge aus der sog. Öllauge nach SÖRENSEN vgl. S. 169.) Die Lauge wird in einem Bürettenstandgefäß mit aufgesetzter, automatisch zu füllender Bürette von 10 cm³ Inhalt (vgl. Mikro-Kjeldahl S. 169) aufbewahrt.

5. Reine, ganz konzentrierte Schwefelsäure (nicht mehr als 1% Wasser enthaltend).

6. 0,05 n-Salzsäure und 0,05 n-Kalilauge, nach PREGL mit Methylrot als Indicator gestellt.

Die Ausführung der Bestimmung.

Feste Substanzen bringt man aus dem Wägeröhrchen (Abb. 148) in fein gepulvertem Zustand in einer Menge, die 2—3 mg Kohlenstoff entspricht, auf den Grund des Oxydationskölbchens *T* und mischt sie gewöhnlich mit 250 mg $K_2Cr_2O_7$ und 50 mg $Ag_2Cr_2O_7$. Bei schwer verbrennlichen Substanzen nimmt man Silberbichromat bis zu 600 mg. Außerdem setzt man einige Zehntel Gramm reinstes, trockenes Natriumsulfat zu. Für die Einwaage von *Flüssigkeiten* mit niedrigem Siedepunkt bedient sich BOIVIN dünnwandiger capillar ausgezogener Röhrchen, ähnlich den Capillaren nach PREGL (vgl. S. 160), und führt sie in geschlossenem Zustande ins Oxydationskölbchen ein. Dort wird die Capillare nach dem Evakuieren des Gefäßes und kurzem Erhitzen des Oxydationsgemisches mittels eines Glasstempels, der durch den Gummistopfen gesteckt ist, geöffnet.

Bei der Bestimmung in *wäßrigen Lösungen* (Harn u. dgl.) bringt man Flüssigkeitsmengen bis höchstens 0,5 cm³ mit einer geeichten Pipette direkt in die Eprouvette *T*. Die Menge wählt man immer so, daß nicht mehr als 3 mg Kohlenstoff darin enthalten sind. Dann setzt man das Oxydationsgemisch zu und außerdem 0,5—1 g trockenes Na_2SO_4. *Größere Flüssigkeitsmengen* (sehr verdünnte Lösungen) trocknet man unter Zusatz von Natriumsulfat (auf je 0,1 cm³ Flüssigkeit 0,2 g Na_2SO_4) im Vakuum über Schwefelsäure in einem Schälchen ein und bringt den Rückstand unter Nachspülen mit wenig Natriumsulfat quantitativ in das Oxydationsgefäß. Für die Bestimmung in *wäßrigen Lösungen*, die leicht *flüchtige Substanzen* enthalten (Aceton, Alkohol usw.), bedient man sich eines *eigenen, größeren Kölbchens* (60—70 cm³) nach Art eines Kjeldahlkolbens, mit einer kleinen Ausbuchtung von 1 cm³ Inhalt am Grund. 0,3 cm³ der Flüssigkeit bringt man in die Ausbuchtung und dazu 1 g Silberbichromat, das die Flüssigkeit aufsaugt, und darüber 1 g Natriumsulfat als Deckschicht. Nach Zusammensetzen des Apparates stellt man ihn in eine Kältemischung, evakuiert und setzt möglichst schnell 25 cm³ Schwefelsäure mittels des Schlifftrichters zu. Dann taucht man den Kolben in ein siedendes Wasserbad, schüttelt ein wenig, erhitzt schließlich mit kleiner Flamme direkt und führt die Bestimmung, wie weiter unten angegeben, fort.

Nach Einbringen der Substanz und des Oxydationsgemisches in die Eprouvette T gibt man in die Kugel B mittels eines Schlauches durch das Rohr t' 0,4—0,6 cm³ 2 n-Kalilauge. Man setzt dann den Apparat luftdicht zusammen, dichtet den konisch eingeschliffenen Glasstab des Trichterrohres E mit konzentrierter Schwefelsäure und evakuiert vom Kautschukschlauch C aus mit der Wasserstrahlpumpe so weit als möglich (12—15 mm). Darauf schließt man die Klemmschraube p und unterbricht die Verbindung mit der Pumpe. Nun taucht man die Eprouvette T in ein kochendes Wasserbad, wodurch bei wäßrigen Lösungen die geringen Wassermengen der Probe rasch in die allenfalls mit feuchtem Filtrierpapier gekühlte Kugel B abdestillieren. Man nimmt dann den Apparat aus dem Wasserbad und klemmt ihn in schräger Stellung ein. Nunmehr läßt man durch den Trichter E etwa 3—6 cm³ konzentrierte Schwefelsäure durch vorsichtiges Drehen und Heben des eingeschliffenen Glasstabes zufließen, worauf sofort die Oxydation beginnt. Man erhitzt die Eprouvette zunächst 20—30 Minuten im siedenden Wasserbad, schließlich vorsichtig und langsam mit einem Bunsenbrenner und schüttelt während des Erhitzens einige Male den Apparat, um die Kalilauge an den Wänden der Kugel zu verteilen und dadurch die Absorption des Kohlendioxydes zu beschleunigen. Ein Hochsteigen der Schwefelsäure bis zum Kautschukstopfen muß vermieden werden; eine leichte Sauerstoffentwicklung schadet ebensowenig wie gelegentlich bis gegen das Ansatzröhrchen T aufsteigende Schwaden von Schwefelsäuredämpfen. Nach etwa 10 Minuten ist der Inhalt der Eprouvette vollkommen grün geworden, die Gasentwicklung hat aufgehört und die Verbrennung ist zu Ende. Der Druck im Apparat kann leicht positiv werden, weshalb der Inhalt des Kugelrohres B nicht zu klein sein soll (50 cm³).

Nach dem Abkühlen läßt man durch den Schlifftrichter so viel verdünnte Schwefelsäure einfließen, daß die Flüssigkeit bis knapp unter den Gummistopfen emporsteigt. Jetzt bringt man den Platindraht 1 Minute ins Glühen und schüttelt zur rascheren Absorption des CO_2 vorsichtig um.

Zur Beendigung der Verbrennung öffnet man vorsichtig die Schlauchklemme p, nachdem man vorher auf den Schlauch ein Natronkalkröhrchen zwecks Reinigung der einströmenden Luft aufgesetzt hatte. Dann löst man den Schlauch von dem Ansatzröhrchen t', nimmt das Kugelrohr aus der Eprouvette, legt es fast horizontal und spritzt das Ansatzrohr t innen und außen mit destilliertem Wasser aus, ohne daß es dabei in die Kugel selbst gelangen darf. Dadurch entfernt man kleine Schwefelsäuremengen, die sich in der Röhre kondensiert haben. Zur Bestimmung der in der Kugel absorbierten Kohlensäure neigt man nun das obere Ende t' des Kugelrohres B in ein Zentrifugenglas und wäscht es von t aus dreimal mit destilliertem, *kohlensäurefreiem* Wasser aus. Das Zentrifugenglas verschließt man dann sofort mit einem nicht völlig luftdicht schließenden Korkstopfen, taucht es ohne zu schütteln 3 Minuten lang in ein kochendes Wasserbad, klemmt es dann in ein Stativ, rührt mit einem Glasstab um und setzt unter Umrühren zur heißen Lösung 2—2,5 cm³ einer kochend heißen, 10proz. Bariumchloridlösung zu, spült den Glasstab ab und verschließt das Röhrchen mit dem Kork. Der Niederschlag von Bariumcarbonat setzt sich sofort ab, ein Hinaufkriechen wird durch etwas Alkoholzusatz verhindert. Man zentrifugiert 45 Sekunden, wobei sich der Niederschlag so fest absetzt, daß man die Flüssigkeit vollständig abgießen kann. Die letzten Reste saugt man mit Filtrierpapier ab. Nunmehr füllt man das Glas mit kochendem Wasser, dem etwas Ammoniak zugesetzt wurde (20 Tropfen einer 10proz. Ammoniaklösung auf 500 cm³ Wasser), stellt in ein siedendes Wasserbad, rührt mit dem Glasstab um, spült diesen wieder ab, gibt etwas Alkohol zu und zentrifugiert wieder. Dann wiederholt man das Auswaschen mit kaltem Wasser.

Zu dem Niederschlag gibt man nun genau 10 cm³ der 0,05 n-Salzsäure, rührt mit einem Glasstab um und taucht zwecks rascherer Auflösung allenfalls ins heiße Wasserbad. Darauf spült man die Lösung in ein Erlenmeyerkölbchen aus Jenaer Geräteglas von 75 cm³, vertreibt durch Kochen die Kohlensäure und titriert nach Zusatz von Methylrot als Indicator die überschüssige Salzsäure mit 0,05 n-Kalilauge bis zum kanariengelben Farbenton. Wenn der Inhalt des Zentrifugenglases nach Zusatz von 10 cm³ 0,05 n-Salzsäure mit Methylrot nicht rot geworden ist, so enthielt die Substanz mehr als 3 mg Kohlenstoff. Die Analyse ist nicht vollständig verloren. Man setzt noch etwas 0,05 n-Salzsäure zu und titriert nach dem Überspülen ins Kölbchen zurück. Die Bestimmung dauert etwa 1 Stunde.

1 cm³ verbrauchter 0,05 n-Salzsäure entspricht 0,3 mg Kohlenstoff. Bei der Berechnung ist der *Blindwert*, der vor jeder Analysenserie ermittelt werden muß, von den verbrauchten Kubikzentimetern Salzsäure abzuziehen. Er beträgt ungefähr 0,25 cm³ 0,05 n-Salzsäure, was einem Fehler von etwa 1 % entspricht, und ist auf die Kohlensäure der Luft und auf Spuren von Kohlenstoff in den Reagenzien zurückzuführen. Das Verfahren arbeitet mit einem relativen Fehler unter 2 % und genügt für gewöhnliche biologische Untersuchungen. Nach NICLOUX ist das Verfahren für die Kohlenstoffbestimmung im Harn, wofür man 0,3 cm³ genau abmißt, brauchbar. Allenfalls entstehendes freies Halogen (Chlor aus Kochsalz) verursacht keinen Fehler.

Literatur.

(*1*) BOIVIN, A.: Comptes rendus de la Soc. de biol. **100**, 273 (1929); Bull. Soc. chim. biol. **11**, 1269—1409 (1929). — (*2*) FR. BÖCK u. K. BEAUCOURT: Mikrochemie **6**, 133 (1928). — (*3*) Bull. Soc. chim. biol. **9**, 639 u. 758 (1927); **10**, 1271 (1928).

(*4*) DIETERLE, H.: Arch. f. Pharm. **261**, 73 (1923).

(*5*) EMBDEN, G.: Ztschr. f. physiol. Ch. **113**, 138 (1921). — (*6*) EMICH, F.: Lehrbuch der Mikrochemie, 2. Aufl., S. 84. München 1926.

(*7*) FLASCHENTRÄGER, B.: Ztschr. f. angew. Ch. **41**, 840 (1928); Mikrochemie **9**, 15 (1931). — (*8*) FRIEDRICH, A.: Mikrochemie. PREGL-Festschrift S. 91. Wien 1929.

(*9*) HEIN, FR.: Ztschr. f. angew. Ch. **40**, 864 (1927). — (*10*) HELLER, K. u. K. MEYER: Ztschr. f. analyt. Ch. **71**, 117 (1927). — (*11*) HERNLER, FR.: Mikrochemie. EMICH-Festschrift S. 149. Wien 1930. — (*12*) HIROSHI NOUMURA u. JUNKICHI MURAI: Bull. Soc. Chim. de France, Ser. 4, **35**, 217 (1924).

(*13*) KUHN, R.: Ztschr. f. physiol. Ch. **129**, 66 (1923).

(*14*) LEIPERT, TH.: Mikrochemie. PREGL-Festschrift S. 266. Wien 1929. — (*15*) LIEB, H. u. H. G. KRAINICK: Mikrochemie Jg. IX, S. 367 (1931). — (*16*) LUNDE, G.: Die quantitative Bestimmung von Jod in anorganischem Material auf mikrochemischem Wege. Mikrochemie, Jg. VII, 337—366 (1929).

(*17*) Mayr, C., u. E. Kerschbaum: Studien über die Veränderlichkeit der Thiosulfatlösung. Ztschr. f. analyt. Ch. **73**, 321 (1928); Hahn, Fr. L., u. H. Clos: Ebenda **79**, 11 (1929). — (*18*) Moser, L.: Mikrochemie. Pregl-Festschrift S. 293. Wien 1929.

(*18a*) Nicloux, M.: vgl. (*3*).

(*19*) Pregl, Fr.: Die quantitative organische Mikroanalyse, 3. Aufl., S. 79. — (*20*) Ebenda 2. Aufl. Berlin 1923. 3. Aufl. Berlin 1930. — (*21*) Das Näherungsverfahren bei der Bereitung von Normallösungen. Ztschr. f. analyt. Ch. **67**, 23 (1925).

(*22*) Strebinger, R., u. J. Pollak: Mikrochemie, III. Jg., 38 (1925). — (*23*) Strebinger, R., u. H. K. Barrenscheen: Mikrochemie, Jg. VII, 119, 127 (1929).

(*24*) Walz, Th.: Ztschr. f. angew. Ch. **37**, 305 (1924).

(*25*) Wülfert, K.: Mikrochemie Jg. VIII, S. 100 (1930).

6. Bestimmung genereller Gruppen- und Radikaleigenschaften.

Mikromolekulargewichtsbestimmung. Ableitung chemischer Formeln.

Von Hans Lieb, Graz.

Mit 16 Abbildungen.

Zusammenfassende Darstellungen.

Hier sei auf die in Abderhaldens Handbuch der biologischen Arbeitsmethoden beschriebenen Methoden hingewiesen:

Abt. I, Teil 1: Acylieren, Veresterung der Carboxylgruppe, Methoden zur Untersuchung auf dem Gebiete der Tautomerie und Desmotropie, Methoden zum Nachweis und zur Erkennung ungesättigter Verbindungen, charakteristische Kohlenstoff-Stickstoffkondensationen der Carbonylkörper.

Abt. I, Teil 2 (erste Hälfte): Acylieren, Acetalieren, Diazotieren, Nitrieren.

Abt. I, Teil 2 (zweite Hälfte): Aminieren, Amidieren, Sulfonieren, Halogenieren; die Verseifung.

Abt. I, Teil 4: (Allgemeine Methoden zum Nachweis von Kohlenwasserstoffen, Nachweis der Carbonylgruppe.

Abt. I, Teil 7: Besondere Methoden zum Nachweis der einzelnen Aminosäuren, Nachweis, Bestimmung und Synthese der Monoaminosäuren, biogene Amine.

Gattermann-Wieland: Die Praxis des organischen Chemikers, 19. Aufl. (Berlin und Leipzig 1925.)

Houben, J.: Die Methoden der organischen Chemie, 4 Bände, 2. u. 3. Aufl. (Leipzig 1924/29.)

Meyer, H.: Analyse und Konstitutionsermittlung organischer Verbindungen, 4. Aufl. (Berlin 1922.)

In den folgenden Kapiteln werden die wichtigsten *qualitativen Erkennungsreaktionen* der für die Pflanzenanalyse in Betracht kommenden Atomgruppen behandelt. Besondere Berücksichtigung finden die Methoden zur *quantitativen Bestimmung* dieser Atomgruppen und unter diesen hauptsächlich die *Mikromethoden*, soweit solche überhaupt ausgearbeitet sind. Weiter werden auch die Methoden zur Bestimmung des *Molekulargewichts* mit geringen Substanzmengen beschrieben und eine kurze Anleitung zur Aufstellung chemischer Formeln gegeben.

A. Die Hydroxylgruppe (25, 44).

a) Allgemeiner qualitativer Nachweis.

Zur Erkennung der Hydroxylgruppe benutzt man meist die Bildung gut krystallisierender *Säureester*, ein Verfahren, das auch zur Isolierung der hydroxylhaltigen Verbindung aus Gemischen mit anderen Körpern dient. Der Säureester wird dann analysiert, allenfalls wieder verseift und der Säurerest entweder nur qualitativ oder auch quantitativ bestimmt. Es kommen hauptsächlich *Essigsäure-* und *Benzoesäureester*, sowie *Kohlensäurederivate* zur Charakterisierung der Hydroxylgruppen in Betracht.

1. Veresterung.

Auf die verschiedenen *Methoden der Veresterung* kann nur kurz eingegangen werden.

Die gebräuchlichsten Acetylierungsmittel sind: *Acetylchlorid* und *Essigsäureanhydrid*, seltener Eisessig.

Mit *Acetylchlorid* wird entweder für sich allein oder in Benzollösung gekocht oder es wird in ätherischer oder in benzolischer Lösung bei Gegenwart der einem Molekül entsprechenden Menge *trockenen Alkalicarbonats* oder bei Gegenwart von *Pyridin* einwirken gelassen. *Tertiäre Alkohole* reagieren dabei direkt schwer und *zeigen* ganz allgemein *wenig Tendenz zur Acetylierbarkeit.*

Um mit *Essigsäureanhydrid* zu acetylieren, erhitzt man vorsichtig oder kocht die Substanz mit der 5—10fachen Menge Anhydrid oder erhitzt allenfalls mehrere Stunden im Einschlußrohr. Empfindliche Alkohole werden mit einem indifferenten, wasserfreien Lösungsmittel (Äther, Eisessig, Chloroform) verdünnt. In der Regel setzt man dem *Essigsäureanhydrid* gleiche Teile *frisch geschmolzenes Natriumacetat* zu und kocht kurze Zeit. Auch der *Zusatz kleinster Mengen konzentrierter Schwefelsäure* zum Essigsäureanhydrid ist manchmal günstig, ebenso wie der Zusatz von *geschmolzenem Chlorzink.* Mit einem Gemisch von *Essigsäureanhydrid und Pyridin* (1 : 8) werden vielfach Alkohole und Phenole leicht und quantitativ verestert.

Manche Verbindungen lassen sich durch Erhitzen mit *Eisessig,* allenfalls unter Druck, meistens unter Zusatz von Natriumacetat verestern.

Zur *Isolierung der Acetylprodukte* gießt man in Wasser oder entfernt die überschüssige Essigsäure oder das Anhydrid durch Kochen mit Methylalkohol und Abdestillieren des Esters oder saugt das Anhydrid im Vakuum ab oder erhitzt längere Zeit auf dem Wasserbade. Wasserlösliche Acetylprodukte werden oft durch Zusatz von Natriumcarbonat oder Kochsalz ausgefällt oder lassen sich mit Chloroform oder Benzol ausschütteln. Zum Umkrystallisieren dienen besonders Benzol, Eisessig, Essigsäureanhydrid oder deren Gemisch oder verdünntes Pyridin oder Essigester.

Zum *qualitativen Nachweis des Acetyls* wird die durch Verseifen entstandene Essigsäure mit Wasserdampf übergetrieben und entweder als Silbersalz gefällt oder mit Alkohol und konzentrierter Schwefelsäure in den charakteristisch riechenden Äthylester übergeführt. Mit Kalilauge zur Trockne eingedampft, entsteht nach Zusatz von Arsenik bei Gegenwart von Essigsäure durch Glühen der *Kakodylgeruch.* (Über die quantitative Bestimmung der Acetylgruppe vgl. S. 198.)

Die **Benzoylierung** erfolgt meist nach der Methode von Schotten-Baumann. Die Substanz wird im allgemeinen mit überschüssiger, 10proz. Natronlauge und Benzoylchlorid geschüttelt, bis der Geruch danach verschwunden ist. Zur vollständigen Reaktion ist häufig eine stärkere Lauge erforderlich. Man setzt das Benzoylchlorid nach Maßgabe seines Verbrauches unter Kühlung zu. Bei alkaliempfindlichen Stoffen kann man auch in Sodalösung oder mit Bicarbonat oder Natriumacetat arbeiten. Das Benzoylprodukt hält oft hartnäckig Benzoylchlorid oder Benzoesäure zurück. Anhaftende Benzoesäure läßt sich allenfalls im Vakuum wegsublimieren oder mit Wasserdampf abtreiben oder auch durch

Auskochen mit Schwefelkohlenstoff, Ligroin oder ähnlichem im Soxhletapparat entfernen.

Nach **Claisen** benzoyliert man in ätherischer oder benzolischer Lösung bei Gegenwart von trockenem Alkalicarbonat oder in alkoholischer Lösung bei Gegenwart von Natriumalkoholat.

Nach **Einhorn** wirken *Pyridin* und andere tertiäre Basen (Dimethylanilin) als Überträger der Benzoylgruppe besonders günstig. Das Pyridin, in welchem man die Substanz löst, muß besonders rein und trocken sein. Man setzt unter Kühlung nach und nach das Benzoylchlorid, vorteilhaft in Chloroform gelöst, zu. Dieses Verfahren dient besonders zur vollständigen Veresterung mehrwertiger Alkohole der Zuckerreihe und ist mannigfaltig anwendbar. Nach längerem Stehen bei 90^0 oder Zimmertemperatur oder manchmal nach mehrstündigem Erwärmen ist die Reaktion beendet. Durch Eingießen in verdünnte Schwefelsäure oder Ausäthern wird das Reaktionsprodukt isoliert.

Bei Anwendung von *p-Brombenzoylchlorid* läßt sich aus dem Bromgehalt des gewonnenen Derivates die Zahl der ursprünglich vorhandenen Hydroxylgruppen bestimmen. Die mit *m-Nitrobenzoylchlorid* oder noch besser mit 3,5-*Dinitrobenzoylchlorid* darzustellenden Derivate zeichnen sich durch Schwerlöslichkeit und großes Krystallisationsvermögen aus.

Zum Nachweis und zur Bestimmung des Benzoylrestes wird der Ester mit methylalkoholischer Kalilauge unter Rückfluß verseift, nach dem Erkalten mit konzentrierter Phosphorsäure angesäuert und mit Wasserdampf die Benzoesäure überdestilliert. Läßt sich die Substanz dadurch nicht verseifen, so erhitzt man mit 80proz. Schwefelsäure. Dann destilliert man unter Zusatz von primärem Natriumphosphat. Im Destillat wird die Benzoesäure entweder direkt titriert oder nach Zusatz von überschüssigem Alkali und Einengen der Flüssigkeit die überschüssige Lauge mit Kohlendioxyd in Carbonat verwandelt und dann zur Trockne eingedampft. Aus dem Rückstand wird durch Extraktion mit Alkohol das benzoesaure Natrium isoliert. Beim Titrieren dürfen natürlich außer der Benzoesäure keine mit Wasserdampf flüchtigen sauren Verseifungsprodukte entstehen.

Die Hydroxylgruppe läßt sich ferner nachweisen durch *Veresterung mit* **Benzolsulfochlorid** und noch häufiger mit *p-Toluolsulfochlorid*. Es wird nach der Schotten-Baumannschen, bzw. Einhornschen Benzoylierungsmethode zur Einwirkung gebracht. Im erhaltenen Ester läßt sich der Schwefel nachweisen.

Mit **Harnstoffchlorid**, $NH_2 \cdot COCl$, oder dessen Derivaten, besonders mit *Diphenylharnstoffchlorid*, $(C_6H_5)_2N \cdot COCl$, reagieren hydroxylhaltige Verbindungen unter Bildung gut krystallisierender *Urethane* (*Carbaminsäureester*).

$$NH_2 \cdot COCl + HOR = HCl + NH_2 \cdot COOR.$$

Das **Diphenylharnstoffchlorid** ist ganz allgemein ein ausgezeichnetes *Reagens für Phenole* und deren Derivate mit Ausnahme der freien Phenolcarbonsäuren. Man erwärmt die hydroxylhaltige Verbindung (0,1 g genügt für die Identifizierung) mit der vierfachen Menge Pyridin und der molekularen Menge Diphenylharnstoffchlorid im Kölbchen mit Steigrohr 1 Stunde auf dem siedenden Wasserbade, gießt das Reaktionsgemisch unter Umrühren in Wasser, trocknet das erhaltene Produkt und krystallisiert aus Ligroin oder Alkohol um. Mit dem Additionsprodukt *Diphenylharnstoffchlorid-Pyridin*, erhalten durch Lösen jenes in Pyridin, einer aus wasserfreiem Alkoholäther umzukrystallisierenden, farblosen, allmählich rot werdenden Substanz vom Fp. 105—110^0 werden die Urethane in besserer Ausbeute und größerer Reinheit erhalten.

Nachweis und Bestimmung der Hydroxylgruppen durch **Phenylisocyanat:** Dieses reagiert mit Hydroxylverbindungen unter Bildung leicht zu isolierender *Phenylcarbaminsäureester*.

$$C_6H_5 \cdot N : CO + HOR = C_6H_5 \cdot NH \cdot COOR.$$

Manchmal verläuft die Reaktion schon bei gewöhnlicher Temperatur, meist erhitzt man die berechneten Mengen der Komponenten im Kölbchen auf dem vorgewärmten Sandbad rasch zum Sieden; allenfalls wird dann noch 1—2 Stunden auf dem Wasserbade weiter erhitzt. Unangegriffenes Phenylisocyanat wäscht man mit Benzol weg, wäscht den Rückstand mit Wasser und krystallisiert aus Alkohol, Petroläther, Essigester oder Äther-Petroläther.

Analog reagiert *α-Naphthylisocyanat.* Es ist besonders dann zu empfehlen, wenn die Derivate des Phenylisocyanats nicht krystallisiert erhalten werden können. Es erfordert eine längere Einwirkungsdauer.

Ein weiteres, sehr energisches Reagens auf Alkohole und Phenole ist das *Carboxäthylisocyanat,* $OC : N \cdot COOC_2H_5$, das in einem indifferenten Lösungsmittel bei Zimmertemperatur oder auf dem Wasserbade mit den Hydroxylverbindungen gut krystallisierende Ester der Iminodicarbonsäure liefert.

$$OC : N \cdot COOC_2H_5 + ROH = ROOC \cdot NH \cdot COOC_2H_5.$$

Die Bildung **saurer Ester** mittels zweibasischer Säuren, besonders mit *Phthalsäureanhydrid,* hat besonders für die Isolierung und Charakterisierung der Terpenalkohole Anwendung gefunden. Der Alkohol wird in ätherischer Lösung mit Natrium in sein Alkoholat übergeführt und nach Zusatz von Phthalsäureanhydrid einige Tage stehengelassen. Es bildet sich das Na-Salz des sauren Esters, welches mit Wasser dem Äther entzogen werden kann (vgl. auch S. 196).

2. Darstellung von Benzalverbindungen.

Höherwertige Alkohole (Erythrit, Sorbit usw.) sind durch Darstellung ihrer *Benzalverbindungen* leicht zu charakterisieren und auch bequem von anderen Produkten abzutrennen, da sie sich leicht wieder in die Alkohole zurückverwandeln lassen. Benzaldehyd verbindet sich mit ihnen zu acetalartigen Verbindungen in Gegenwart von starker Salz- oder Schwefelsäure. Die Kondensationsprodukte scheiden sich, da sie in Wasser fast unlöslich sind, aus dem Reaktionsgemisch aus. Ihre Zusammensetzung variiert sehr. Es treten 1—3 Benzaldehydgruppen ein (15).

3. Alkylierung.

Auch durch *Alkylierung,* Isolierung der entstehenden Äther und *Bestimmung der Alkoxylgruppen* in ihnen lassen sich die Hydroxylgruppen, besonders in der Phenolreihe, nachweisen. (Vgl. Alkoxylbestimmung, S. 221.) Da die Phenoläther in der Regel nicht durch Alkali verseift werden, ist dadurch auch oft die Möglichkeit gegeben, in Oxysäuren die Carboxyl- und Hydroxylgruppen zu unterscheiden. Als Alkylierungsmittel werden hauptsächlich angewendet: Jodmethyl, Jodäthyl, Dimethylsulfat, Diazomethan.

Die Methylierung mit *Dimethylsulfat* erfolgt im allgemeinen so, daß man die alkalische Phenollösung mit etwa der berechneten Menge Dimethylsulfat — es reagiert nur eine der beiden Methylgruppen — kurze Zeit schüttelt. Aliphatische Alkohole liefern dabei geringe Ausbeute; sie werden nur schwierig und am besten in alkoholischer Lösung veräthert.

Die Reaktion mit *Diazomethan* (CH_2N_2), durch welches praktisch alkoholische Hydroxylgruppen und auch Aminogruppen nicht methyliert werden, wohl aber phenolische und auch enolische, sowie Polysaccharide, verläuft in verdünnter, völlig neutraler Lösung schon in der Kälte und eignet sich daher besonders zur Isolierung empfindlicher Phenole. Es wird in ätherischer Lösung oder Suspension, aber auch in Alkohol, Chloroform, Aceton oder anderen indifferenten Lösungsmitteln gearbeitet. Man setzt so lange in kleinen Anteilen von der Diazomethanlösung zu, bis die Gasentwicklung nicht mehr einsetzt und die Lösung schwachgelb gefärbt ist. Geringe Wassermengen wirken manchmal beschleunigend. Bei gefärbten Lösungen erkennt man einen Überschuß an Diazomethan daran, daß einige Tropfen der Lösung, in ein Reagensglas gebracht, beim Einbringen eines in Eisessig getauchten Glasstabes sofortige Gasentwicklung hervorrufen.

Zur Darstellung der Diazomethanlösung werden 10 g Nitrosomethylurethan (käuflich) mit 50 cm^3 absolutem Äther verdünnt und zum Sieden erhitzt. Zu der heißen Lösung werden allmählich 15 cm^3 25proz. methylalkoholische Kalilauge zugetropft, wodurch die Lösung ohne weitere Wärmezufuhr im Sieden bleibt. Dann wird so lange aus dem schwach siedenden Wasserbade destilliert, bis der Kolbeninhalt farblos geworden ist. Gegen Schluß tritt meistens ein kurzes Schäumen auf. Das übergehende Diazomethangas wird in eisgekühltem absolutem Äther (Vorstoß taucht in den Äther ein) aufgefangen. 1 cm^3 Ausgangsmaterial liefert etwa 0,18—0,2 g Diazomethan. (Über die Darstellung nach STAUDINGER und KUPFER (82), ferner H. MEYER (45) und HOUBENS Methoden (29).

b) Reaktionen des alkoholischen Hydroxyls.

1. LIEBENS Jodoformprobe.

Sie wird als besonders empfindliche *Reaktion auf Äthylalkohol* verwendet. Man versetzt die zu prüfende warme Flüssigkeit mit etwas Jod-Jodkaliumlösung und so viel Kalilauge, daß gerade Entfärbung eintritt. Kleine Mengen von entstandenem Jodoform werden am Geruche erkannt, bei etwas größeren Mengen kommt es allmählich zur Ausscheidung von sechsseitigen, tafelförmigen, gelben Krystallen. Für das Zustandekommen der Reaktion ist die Anwesenheit der Gruppe $CH_3 \cdot CH(OH)$ — oder $CH_3 \cdot CO$ — erforderlich; daher reagieren *auch Acetaldehyd und Aceton* — dieses jedoch schon bei viel kleinerem p_H und rascher als Äthylalkohol — *und andere Verbindungen.*

2. Jodwasserstoffsäure.

Zur Erkennung der Zusammensetzung der mehrwertigen Alkohole sind die durch Einwirkung von HJ entstehenden sekundären Monojodalkyle von Wichtigkeit.

3. Über das Verhalten höherwertiger Alkohole gegen Benzaldehyd vgl. S. 194, Nr. 2.

c) Unterscheidung primärer, sekundärer und tertiärer Alkohole.

Es gibt zahlreiche Möglichkeiten.

Oxydation. *Primäre Alkohole* liefern dabei Aldehyde und weiter Carbonsäuren mit derselben Kohlenstoffanzahl; *sekundäre Alkohole* geben Ketone von der gleichen Kohlenstoffatomzahl, die bei weiterer Oxydation gespalten werden; *tertiäre Alkohole* werden sofort gespalten unter Bildung von Oxydationsprodukten mit geringerer Kohlenstoffatomzahl. Es wird meist mit *Kaliumpyrochromat-Schwefelsäure* gearbeitet. Für die Oxydation zur Carbonsäure eignet sich besonders Kaliumpermanganat. Ungesättigte Alkohole werden an der Stelle ihrer Doppelbildung gespalten.

Phosphortrichlorid. Aus *primären Alkoholen* entsteht damit ein Alkylphosphorigsäurechlorid,

$$R \cdot CH_2 \cdot OH + PCl_3 = R \cdot CH_2 \cdot OPCl_2 + HCl,$$

das sich mit Wasser unter Bildung von phosphoriger Säure und Alkohol zersetzt. Man läßt den Alkohol unter sorgfältiger Kühlung in die äquivalente Menge Phosphortrichlorid eintropfen, erwärmt dann auf dem Wasserbade und destilliert. *Sekundäre Alkohole* bilden bei der gleichen Behandlung ca. 80% ungesättigte Kohlenwasserstoffe, *tertiäre Alkohole* die entsprechenden Alkylchloride nahezu quantitativ.

Phthalsäureanhydrid. Es reagiert unter Zusatz eines geeigneten Verdünnungsmittels (Benzol) mit *primären Alkoholen* unter Bildung saurer Ester; *sekundäre Alkohole* reagieren dabei nur schwer, *tertiäre* überhaupt nicht. Der Alkohol wird mit der gleichen Gewichtsmenge Phthalsäureanhydrid und dem gleichen Volumen Benzol etwa 2 Stunden gekocht, der gebildete saure Ester an Alkali gebunden und daraus die Phthalestersäure gewonnen, die sich oft durch Umkrystallisieren aus Ligroin reinigen läßt. Durch Verseifen mit Lauge läßt sich der primäre Alkohol mit Wasserdampf wiedergewinnen.

Brom. *Primäre Alkohole* reagieren damit nur schwach, *sekundäre* explosionsartig ohne primäre Entwicklung von Bromwasserstoff, *tertiäre Alkohole* selbst im Sonnenlicht nur schwach, erst in der Wärme lebhaft. Läßt man reinen, wasserfreien tertiären Alkohol mit trockenem Brom und reinem Schwefelkohlenstoff unter Ausschluß von Feuchtigkeit mehrere Stunden bei Zimmertemperatur stehen, so wird durch den vom Alkohol abgespaltenen nascierenden Sauerstoff der Schwefelkohlenstoff zu Schwefelsäure oxydiert. Gießt man dann in Wasser, so erhält man mit Bariumnitrat eine reichliche Fällung von Bariumsulfat, während primäre und sekundäre wasserfreie Alkohole keinen Niederschlag erzeugen.

Nitrolsäureprobe. Alle drei Reihen von aliphatischen Alkoholen lassen sich mit Jod und rotem Phosphor in die entsprechenden Halogenalkyle überführen, die bei der Behandlung mit *Silbernitrit* die entsprechenden Nitrosoverbindungen (a) geben. Bei Einwirkung von salpetriger Säure liefern dann die *primären Nitroverbindungen* die *Nitrolsäuren* (a), die *sekundären Pseudonitrole* (b), während die *tertiären nicht* weiter *reagieren.* Die Reaktion gelingt in der Reihe der primären Alkohole noch bei Verbindungen mit 16 Kohlenstoffatomen, in der Reihe der sekundären nur bis einschließlich der Amylalkohole.

a) $$R \cdot CH_2ONO + HO \cdot NO = R \cdot \underset{\underset{\displaystyle NOH}{\|}}{C} - NO_2 + H_2O\,.$$

b) $$R_1R_2CHONO + HO \cdot NO = R_1R_2\overset{\overset{\displaystyle NO_2}{|}}{C} - NO + H_2O\,.$$

Das aus dem Alkohol hergestellte Jodid setzt man zu der in einem Destillierkölbchen befindlichen doppelten Menge trockenen, fein gepulverten Silbernitrit, das mit der gleichen Menge reinen Sandes gemengt ist. Unter Wärmeentwicklung vollzieht sich die Reaktion, worauf man über freier Flamme ohne Kühler abdestilliert. Das geringfügige Destillat schüttelt man mit der dreifachen Menge einer Lösung von Kaliumnitrit in konzentrierter Kalilauge 1 Minute, verdünnt mit Wasser und setzt tropfenweise verdünnte Schwefelsäure zu. War ein *primärer Alkohol* vorhanden, so färbt sich jetzt die Lösung *orangerot bis tief dunkelrot.* Durch abwechselnden Zusatz von Säure und Alkali läßt sich diese Färbung beliebig oft aufheben und wieder hervorrufen. Auch alkoholische Lauge ist verwendbar. *Aromatische Alkohole geben die Reaktion nicht.* War der ursprüngliche *Alkohol sekundär,* so erhält man beim Ansäuern mit Schwefelsäure eine *Blau- bis Blaugrünfärbung,* die auf Alkalizusatz nicht verschwindet und durch Chloroform ausgeschüttelt werden kann. Mit *tertiären Alkoholen* tritt *keine Farbenreaktion* ein.

Xanthogensäurereaktion. Die primären und sekundären Alkohole gehen, mit Na oder K in Alkoholate übergeführt, mit Schwefelkohlenstoff und darauf mit Methyljodid versetzt, in *Xanthogensäureester* über, die namentlich in der Terpenreihe charakteristische Derivate bilden. Die Ester der tertiären Alkohole zersetzen sich schon im Entstehungszustand unter Bildung der entsprechenden ungesättigten Kohlenwasserstoffe.

$$ROK + CS_2 = CS\begin{matrix} \diagup OR \\ \\ \diagdown SK \end{matrix} .$$

d) Reaktionen des phenolischen Hydroxyls.

Verdünnte **Natron- oder Kalilauge** löst die Phenole (Naphthole) unter Bildung wasserlöslicher *Phenolate,* die mit Kohlendioxyd meist wieder leicht ausgefällt werden können. Dadurch unterscheiden sie sich und lassen sich von den Alkoholen, die in Alkali unlöslich sind, und von den Carbonsäuren, die auch schon in verdünnter Soda- oder Na-Bicarbonatlösung in Lösung gehen. Enthält jedoch ein Phenol mehrere negative Substituenten (Halogen, Nitrogruppe), so löst es sich schon in Soda; anderseits gibt es Kryptophenole (Pseudophenole), die zu den Phenolen zu rechnen sind, ohne daß sie sich in Lauge lösen.

Mit **Eisenchlorid** gibt die Mehrzahl der Phenole (Naphthole) und der von ihnen ableitbaren Verbindungen, gleichgültig ob sie ein- oder mehrwertig sind, in wäßriger Lösung eine charakteristische Farbenreaktion (violett, blau, blaugrün, grün, violettrot, rotbraun). Das Gelingen der Reaktion hängt von verschiedenen Faktoren ab. Im allgemeinen arbeitet man besser mit verdünnten Lösungen von Substanz und Eisenchlorid. Die Lösungen dürfen nicht alkalisch, aber auch nicht sauer sein. Die Hydroxylgruppe muß frei sein. Alkoholische Lösungen geben die Reaktion manchmal nicht, wo die wäßrige Lösung sie zeigt (Phenol). Nitroderivate der Phenole zeigen die Reaktion nicht oder stark abgeschwächt. Die Intensität der Färbung dürfte mit der Anzahl der freien Hydroxylgruppen im Zusammenhang stehen. Das Eintreten oder Ausbleiben der Reaktion, die Färbung und ihre Abstufung gestatten jedoch keine allgemeingültigen Schlüsse auf die Konstitution der vorliegenden Substanz. Über die Färbungen bei den einzelnen phenolartigen Körpern vgl. H. Meyer (45a, 29a).

Liebermannsche Reaktion. Nitrithaltige, konzentrierte Schwefelsäure (Zusatz von 5—6% Kaliumnitrit) gibt mit einwertigen Phenolen mit nichtsubstituierter Parastellung und mehrwertigen Phenolen der Metareihe, die in Schwefelsäure gelöst sind, schöne Farbstoffe. Die Lösung des Phenols wird mit der vierfachen Menge Reagens unter Kühlung versetzt und dann vorsichtig in Wasser gegossen.

Mit **Ammonium-metavanadat** geben Phenole nach W. Parry (65) charakteristische Farbenreaktionen. Man bringt zu der frischen 0,5proz. Lösung von Ammonium-metavanadat in konzentrierter Schwefelsäure 1—2 Tropfen der alkoholischen Lösung des Phenols. Nach eingetretener Färbung verdünnt man mit 4—5 Teilen Wasser, neutralisiert und übersättigt mit Alkali.

Durch Halogen, insbesondere Brom und Jod werden die Phenole leicht substituiert. Darauf gründen sich Methoden der quantitativen Bestimmung der Phenole. Bromwasser gibt mit den ersten Vertretern der Phenolreihe Fällungen von Bromsubstitutionsprodukten.

e) Unterscheidung der ein- und mehrwertigen Phenole.

Nur **mehrwertige Phenole wirken reduzierend** auf ammoniakalische Silberlösung, Fehlingsche Lösung in der Wärme.

Antimonsalze (Antimontrichlorid) geben mit o-Dioxybenzolen Antimonylverbindungen $C_6H_4\langle{}^{O}_{O}\rangle Sb \cdot OH$, die Metaverbindungen reagieren schon schwerer, die Paraverbindungen nicht. Man arbeitet mit kochsalzgesättigten Lösungen, um die Zersetzung des Antimontrichlorids zu verhindern; in absolut alkoholischer Lösung läßt sich die entsprechende Chlorverbindung fassen. Mittels Antimonfluorid in wäßriger Lösung läßt sich aus der Lösung eines Gemisches von Brenzkatechin, Resorcin und Hydrochinon das erstere allein ausfällen.

Vanadinschwefelsäure als Reagens auf die Orthostellung der Hydroxylgruppen nach WISCHO (85). Mehrwertige phenolische Verbindungen, und zwar besonders solche, die sich vom einfachen Benzolring ableiten und deren OH-Gruppen sich in *Orthostellung* zueinander befinden, geben mit dem Reagens charakteristische Farbenreaktionen, während jene mit Meta- und Parastellung der OH-Gruppen ebensowenig wie die einwertigen Phenole damit reagieren. Wenn die OH-Gruppen frei sind, ist die Reaktion so empfindlich, daß sie noch in Verdünnungen von 1 : 20000 bis 1 : 200000 positiv ist. Dies ermöglicht die Unterscheidung von Verbindungen, in denen eine OH-Gruppe veräthert ist (z. B. Guajacol) oder die in Orthostellung zur OH-Gruppe eine andere Gruppe enthält (Salicylsäure, Saligenin). Diese reagieren zwar auch, aber erst bei viel größerer Konzentration, oft erst in gesättigter Lösung.

Bei den Anthracenderivaten Alizarin und Anthrarobin versagt die Reaktion, während sie bei den vom Phenanthren abgeleiteten Apomorphin schon in außerordentlicher Verdünnung positiv ist.

Das *Reagens* wird nach JORRISSON bereitet: 0,4 g Vanadinpentoxyd, 4 cm^3 konzentrierte Schwefelsäure, destilliertes Wasser auf 100 cm^3. In das Reagens von grünlich-gelber Farbe darf keine Spur von organischen Stoffen gelangen. Zu 5 cm^3 der sehr verdünnten, wäßrigen Lösung der Phenole oder zur Lösung derselben in 30—40proz. Alkohol fügt man 10 bis 20 Tropfen Reagens. Die Farbreaktion tritt meist sofort auf, geht aber oft rasch vorüber. Die Farbentöne sind: blau, violett, rot, braun und gehen rasch ineinander über, um meist in ein schmutziges Graubraun zu verblassen. Eine langsam nachträglich auftretende Gelb- oder Braunfärbung ist nicht entscheidend.

f) Quantitative Bestimmung der Hydroxylgruppe.

Die Anzahl der in einer organischen Verbindung enthaltenen Hydroxylgruppen läßt sich manchmal schon durch die Elementaranalyse verschiedener daraus dargestellter Derivate (Ester, Urethane usw.) ermitteln, besonders dann, wenn dabei ein neues Element eingeführt wurde, das quantitativ bestimmt wird (Halogen, N, S). Meist wird man jedoch den Ester spalten und die Spaltprodukte quantitativ bestimmen. Hierzu eignet sich besonders der *Essigsäureester, da sich die Essigsäure leicht genau bestimmen läßt.*

1. Wenn bei der Verseifung neben der Essigsäure keine anderen, sauer reagierenden Produkte entstehen, so läßt sich die Bestimmung einfach in der Weise durchführen, daß man das Acetylprodukt mit überschüssiger, titrierter, wäßriger oder alkoholischer Lauge (0,5 n bis 0,1 n) durch einstündiges Erhitzen auf dem Wasserbade am Rückflußkühler verseift und den Überschuß an Lauge im gleichen Gefäß mit Salzsäure zurücktitriert (Phenolphthalein). Diese Methode hat große Bedeutung für die Acetylzahlbestimmung der Fette und Öle, um den Gehalt der Fette an Oxysäuren kennenzulernen (33).

2. Ziemlich allgemein anwendbar ist die Methode von WENZEL (51). Sie beruht auf der Verseifung der Acetylprodukte mit verdünnter Schwefelsäure (2 : 1 oder schon 1 : 2) und Abdestillieren der entstandenen Essigsäure im Vakuum in vorgelegte titrierte Kalilauge. Hier soll jedoch nur die dieser Methode nachgebildete, von PREGL und SOLTYS (66, 67) ausgearbeitete *Mikrobestimmung der Acetylgruppe* genau beschrieben werden.

Die Methode beruht auf der titrimetrischen Bestimmung der bei der Verseifung einer acetylierten Verbindung *mit p-Toluolsulfosäure abgespaltenen Essig-*

säure, welche im Vakuum abdestilliert und in vorgelegter 0,01 n-Natronlauge aufgefangen wird. Die überschüssige Lauge wird mit 0,01 n-Salzsäure zurücktitriert. Um die kleinen Mengen von Schwefeldioxyd zurückzuhalten, die bei der Verseifung mit Toluolsulfosäure stets entstehen, schaltet man zwischen Destillationskölbchen und Vorlage ein mit Glasperlen gefülltes U-Rohr ein und befeuchtet die Perlen mit einer konzentrierten Lösung von reinstem primären Kaliumphosphat.

Zur *Verseifung* und *Vakuumdestillation* dient ein *Kölbchen* von olivenförmiger Gestalt aus Jenaer Geräteglas, an welchem an der einen Seite ein steil aufsteigender Einleitungsansatz, auf der anderen ein nur schwach aufsteigendes Ableitungsrohr angeschmolzen ist (Abb. 150).

Auf das Kölbchen wird mittels eines Gummistopfens der sog. *Innenschlifftrichter,* eine Art Tropftrichter, aufgesetzt, in welchen am Beginn der Verjüngung ein 8 cm langer Glasstab konisch eingeschliffen ist, der dadurch auch ohne Hahnspeise einen absolut dichten Abschluß bildet. In den Einleitungsansatz ist mittels eines Gummistopfens das eine zu

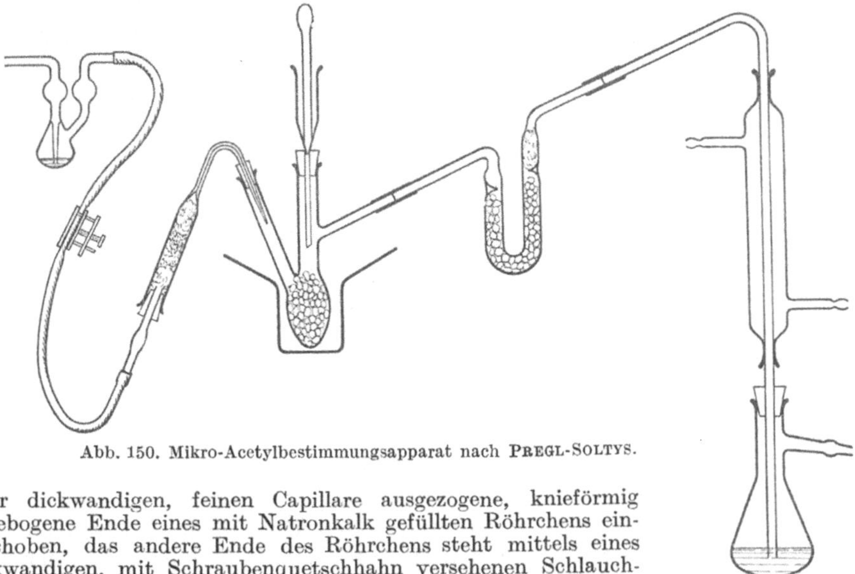

Abb. 150. Mikro-Acetylbestimmungsapparat nach PREGL-SOLTYS.

einer dickwandigen, feinen Capillare ausgezogene, knieförmig abgebogene Ende eines mit Natronkalk gefüllten Röhrchens eingeschoben, das andere Ende des Röhrchens steht mittels eines dickwandigen, mit Schraubenquetschhahn versehenen Schlauchstückes mit dem Blasenzähler in Verbindung. Das Destillationskölbchen erhitzt man während der Verseifung und auch während der Vakuumdestillation in einem hutartig geformten, mit Wasser gefüllten Kupfergefäß.

Das zur Absorption des bei der Verseifung entstehenden Schwefeldioxydes dienende U-*Rohr* besteht aus zwei ungleich langen Schenkeln, an die beiderseits oben entsprechend umgebogene Ansatzröhrchen von 5 mm Durchmesser angeschmolzen sind. Es ist bis zu einer Höhe von 6 cm mit Glasperlen gefüllt, die durch seitliche Einbuchtungen festgehalten sind. Der längere Schenkel enthält darüber eine 3 cm lange, festgestopfte Schicht von Glaswolle, um zu verhindern, daß Kaliumphosphat in die Vorlage verspritzt. Zur Kondensation der Essigsäuredämpfe dient ein von einem gläsernen Kühlmantel umschlossenes *Silberrohr,* das oben derartig hackenförmig umgebogen ist, daß es mittels eines dickwandigen Kautschukschlauchstückes mit dem Ansatzröhrchen des U-Rohres in geradliniger Verbindung steht und das unten 15—20 cm über den Kühlmantel vorragt. Die Vorlage für die Natronlauge ist ein *Quarzkölbchen* von 50 cm³ Inhalt mit rundem Boden, einem $5^1/_2$ cm langen Hals und seitlichem Ansatz zum Anschalten des Pumpenschlauches.

Vor Beginn jeder Bestimmung wäscht man sämtliche Teile sorgfältig mit destilliertem Wasser und trocknet sie an der Wasserstrahlpumpe. Die beiden Kautschukschlauchstücke kocht man 3—4mal mit destilliertem Wasser aus, bis sie keine sauren Bestandteile mehr abgeben. Ebenso kocht man die Glasperlen mehrmals aus und trocknet sie auf dem Wasserbade. Darauf preßt man die zu analysierende Substanz zu einer Pastille von 3—5 mg, bringt sie nach genauer Wägung in das Destillierkölbchen und füllt dieses mit den Glasperlen bis zu den seitlichen Ansätzen. Nun befeuchtet man die Glasperlen des U-Rohres mit einer konzentrierten Lösung von *primärem Kaliumphosphat,* entfernt jeden Überschuß davon durch Absaugen und achtet darauf, daß dabei die Glaswolle absolut trocken bleibt. Dann verbindet man das U-Rohr mittels der ausgekochten Schlauchstücke einerseits mit dem Destillierkölbchen, anderseits mit dem Silberkühler derart, daß die Enden der Ansatzröhrchen aneinanderstoßen, gibt in die Vorlage je nach der zu erwartenden Essigsäuremenge 5—10 cm^3 0,01 n-Natronlauge[1], setzt eine Spur von Phenolphthalein zu und schaltet sie mittels eines Gummistopfens an das Silberrohr derart an, daß dieses die Oberfläche der Lauge noch nicht berührt.

Nachdem das Natronkalkröhrchen mit dem Blasenzähler an das Destillierkölbchen angeschaltet und der Tropftrichter mittels eines Gummistopfens dicht aufgesetzt ist, läßt man 1 cm^3 einer 25proz. Lösung von *p-Toluolsulfosäure* durch ihn zufließen, dichtet den Innenschliff mit einem Tropfen Wasser und erhitzt nun, während der Quetschhahn am Blasenzähler geschlossen ist, das Kölbchen 20 Minuten im siedenden Wasserbade. Bei N-Acetylverbindungen ist eine Erhitzungsdauer von 40 Minuten erforderlich. (In manchen Fällen [Schwerlöslichkeit der Substanz] sind 50—75proz. Lösungen von *p*-Toluolsulfosäure erforderlich.)

Hierauf kühlt man es in kaltem Wasser ab, taucht das Silberrohr bis zur Berührung mit der Laugenoberfläche ein und schaltet bei geschlossenem Quetschhahn die Saugpumpe langsam an. Dabei muß ein Vakuum von 15 mm Hg erreicht werden als Zeichen, daß alle Verbindungen luftdicht schließen. Jetzt öffnet man vorsichtig den Schraubenquetschhahn so weit, daß etwa eine Blase in der Minute durch den Blasenzähler tritt, und destilliert die Essigsäure durch Erhitzen im siedenden Wasserbade ab. Nach 10 Minuten ist das Kolbeninnere trocken, worauf man nach dem Abkühlen 1 cm^3 Wasser, ohne das Vakuum zu unterbrechen, durch den Tropftrichter einfließen läßt und wieder zur Trockne eindampft (10 Minuten). Da ein Teil der Essigsäure im U-Rohr bleibt, muß jetzt auch dieses durch allmähliches, vorsichtiges Eintauchen in heißes Wasser zur Trockne gebracht werden (10 Minuten). Bei zu raschem Erhitzen besteht die Gefahr, daß Phosphatteilchen durch die Glaswolle in die Vorlage mitgerissen werden.

Nach Beendigung der Destillation hebt man das Vakuum beim Tropftrichter durch Öffnen des Innenschliffes auf, zieht den Vakuumschlauch rasch von der Vorlage ab, löst die Verbindung zwischen U-Rohr und Silberkühler, spritzt bei entsprechender Schrägstellung diesen von oben her aus und spült nach Abnahme der Vorlage auch unten mit destilliertem Wasser ab. Den Inhalt der Vorlage titriert man darauf mit 0,01 n-Salzsäure bis zum Neutralpunkt, setzt dann 1 cm^3 0,01 n-Salzsäure zu, kocht 20 Sekunden lang und titriert mit 0,01 n-Natronlauge zurück. Der Endpunkt der Titration ist erreicht, wenn die erste Spur einer Rotfärbung etwa 30 Sekunden bestehen bleibt.

1 cm^3 0,01 n-NaOH entspricht 0,43 mg Acetyl.

c) Die *Methode von* Tschugaeff *und* Zerewitinoff gestattet ganz allgemein, die Hydroxylgruppen quantitativ zu bestimmen, ermöglicht aber überhaupt den *quantitativen Nachweis aller „aktiven“ Wasserstoffatome.* Es reagieren

[1] Über die Herstellung der 0,01 n-Lösungen vgl. den Abschnitt über Mikroelementaranalyse, S. 169.

daher auch die Sulfhydryl-, die Imid- und Amidgruppen. An dieser Stelle erfolgt nur die genaue Beschreibung der von B. FLASCHENTRÄGER (17) zu einem *Mikroverfahren* umgestalteten Methode.

Das Verfahren beruht auf der Eigenschaft aller Hydroxylverbindungen, *mit Methylmagnesiumjodid je 1 Mol. Methan auf jeden Hydroxylwasserstoff in Freiheit zu setzen*, gemäß der Gleichung:

$$CH_3 \cdot MgJ + R \cdot OH = R \cdot OMgJ + CH_4 .$$

Das entstehende *Methan bestimmt man gasvolumetrisch.* Durch Abänderung und Verkleinerung des Apparates ist nach FLASCHENTRÄGER die Bestimmung jetzt mit 3—10 mg Substanz durchführbar, während für eine Makrobestimmung im Mittel 150 mg erforderlich sind. Allerdings muß man beim Mikroverfahren Apparate und Reagenzien in 2—3 Blindversuchen eichen.

Als Lösungsmittel für die magnesiumorganische Verbindung und die zu untersuchende Substanz kommt *Amyläther*, aber auch Xylol, Mesitylen und Anisol, alle über Na destilliert, und *besonders Pyridin*, das weit allgemeiner anwendbar ist, in Betracht.

Das GRIGNARD-*Reagens* (16). 5 g trockene Magnesiumspäne, 65 cm³ = 50 g über Natrium aufbewahrter Isoamyläther pro analysi (MERCK) und 15 cm³ = 45 g frisch destilliertes trockenes Methyljodid mischt man rasch in einem 150—200 cm³ fassenden, durch Erwärmen und Aussaugen getrockneten, langhalsigen Jenaer Rundkolben, gibt ein Körnchen Jod dazu, setzt einen trockenen Rückflußkühler auf und taucht, nachdem die Reaktion eingetreten ist, in kaltes Wasser. Die Reaktion darf nicht zu stürmisch einsetzen, damit nicht Methyljodid abdampft. Dann läßt man über Nacht stehen unter Verschluß des Rückflußkühlers mit einem Phosphorpentoxydröhrchen, erhitzt dann 1 Stunde auf dem Wasserbade vorsichtig unter Rückfluß und destilliert schließlich das überschüssige Methyljodid am absteigenden Kühler ab (1 Stunde). Zur Entfernung der letzten Spuren von Methyljodid schaltet man den heißen Kolben direkt an die Wasserstrahlpumpe und evakuiert auf 12 mm. Die stark getrübte, noch warme GRIGNARD-Lösung füllt man in zwei Zentrifugengläser von etwa 50 cm³ Inhalt, verschließt mit einem gut passenden Kork, tariert gegen Gläser mit Wasser und Schrott und zentrifugiert die noch warme Lösung 1 Stunde bei 3000—4000 Touren. Die klare Flüssigkeit kippt man in einem Schuß in eine getrocknete braune Kappenflasche, in welcher sich das Reagens bei luftdichtem, Verschluß mehrere Monate hält. Darauf pipettiert man 2 cm³ heraus, zerlegt sie mit titrierter, einfach normaler Salzsäure und ermittelt nach völliger Lösung des Magnesiumhydroxyds durch Rücktitration mit Lauge und Methylrot die Normalität der Lösung. Durch Zusatz von Amyläther stellt man die *Konzentration von* 0,8 *n* her. Eine sich bei längerem Stehen bildende, krystallinische Abscheidung bringt man durch Erwärmen der Flasche im Wasserbade wieder in Lösung.

Das *Pyridin muß von besonderer Beschaffenheit und trocken sein.* Die beste Handelssorte läßt man 3—8 Tage in einer Kappenflasche über einigen Stücken reinsten Bariumoxydes unter öfterem Umschütteln stehen. Nach Absetzen des Schlammes ist das Reagens gebrauchsfertig. Es bleibt am besten immer über Bariumoxyd in einer dunklen Kappenflasche stehen, deren Kappe mit Vaseline gefettet ist. Die Ergebnisse der Bestimmung hängen hauptsächlich von der Beschaffenheit des Pyridins ab. Manchmal entspricht auch das reinste im Handel erhältliche Pyridin nicht den Anforderungen, und auch Destillieren und sorgfältiges Trocknen hilft in solchen Fällen häufig nichts, während gelegentlich gewöhnliches, nicht gereinigtes Pyridin brauchbar sein kann. Jedes Präparat muß erst auf seine Brauchbarkeit geprüft werden.

Der *Apparat* für die Mikrobestimmung besteht aus einem 10 cm³ fassenden Reaktionsgefäß (Abb. 151) und einer mittels Gummistopfen, Capillarrohr und Druckschlauchstück damit in Verbindung stehenden, in Hundertstel Kubikzentimeter geteilten Absorptionsbürette von 4 cm³ Inhalt. Der eine Schenkel der U förmigen Röhre trägt oben einen Hahn, der andere ist zu einem Trichter erweitert. Unten an der Biegungsstelle ist ein Glasrohr angesetzt, das an einem Druckschlauch eine kleine Birne trägt, die eine genaue Einstellung der Quecksilberkuppe im linken Schenkel gestattet. Ein mit Wasser zu füllender Glasmantel schützt die Bürette gegen Bruch und erhöht die Temperaturkonstanz. Ein Spiegelstreifen im Glasmantel erleichtert die genaue Ablesung. Den ganzen Apparat befestigt man an einem Stativ und hängt daneben die Birne an ein besonderes Stativchen. Vor Gebrauch reinigt man ihn mit Chromschwefelsäure, trocknet ihn sorgfältig und füllt dann reines, bei 150° getrocknetes Quecksilber luftfrei ein. Für das Gelingen müssen alle Geräte und Reagenzien rein und absolut trocken sein.

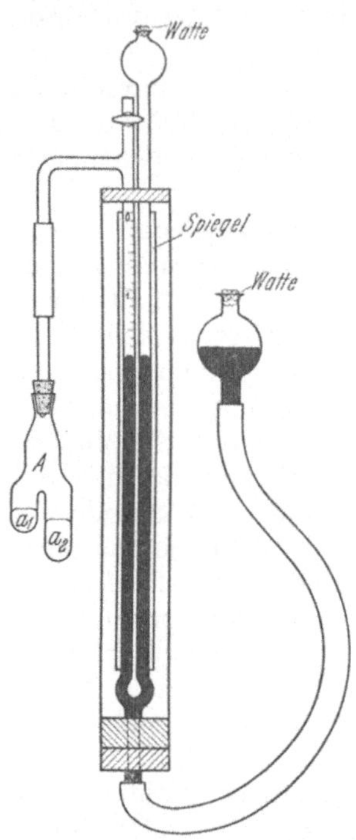

Abb. 151. Apparat von FLASCHENTRÄGER zur Mikrobestimmung des aktiven Wasserstoffs.

Zur *Ausführung des Blindversuches* bringt man in das scharf getrocknete Reaktionskölbchen A aus einer Pipette 1 cm³ GRIGNARD-Reagens in dessen kleineren Schenkel a_1 (von 1,5 cm³ Inhalt), darauf mit einer anderen trockenen Pipette 2 cm³ Amyläther oder Pyridin in a_2 (Inhalt 3,5 cm³). Das Einfüllen der Lösungen muß sorgfältig und rasch erfolgen. (Pipette vor dem Einfüllen außen gut abwischen!) Nun schließt man das Kölbchen luftdicht an die Bürette an und setzt es 10 Minuten lang in ein Wasserbad von Zimmertemperatur ein. Darauf stellt man durch kurzes Öffnen des Hahnes der Bürette und Heben der Birne die Quecksilbersäule auf die Marke 1 cm³ ein, ohne Rücksicht darauf, daß sich dann das Volumen vielleicht noch ändert (O_2-Absorption), hebt das Kölbchen A aus dem Wasserbade und läßt die GRIGNARD-Lösung zum Pyridin nach a_2 fließen. Durch 2 Minuten langes mäßiges Klopfen mit einem Druckschlauch auf a_1 wird der sich bildende käsige Niederschlag gleichmäßig durchgemischt, bis das Volumen nicht mehr zunimmt. Wegen der dabei auftretenden geringen Erwärmung wird A wieder in das Wasserbad von Zimmertemperatur gesetzt und genau 10 Minuten nach Beginn der Durchmischung das Gasvolumen abgelesen. Die Schwankungen betragen bei 3 Versuchen 0,02—0,04 cm³. Ein höherer Blindwert deutet meist auf feuchtes, unbrauchbares Pyridin hin.

Beim *eigentlichen Versuch* bringt man zuerst in das leere Kölbchen a_2 mittels eines mit Stiel versehenen Wägeröhrchens 3—10 mg Substanz (Flüssigkeiten läßt man aus einer gewogenen Capillare in a_2 einlaufen), und verfährt dann wie beim Blindversuche. Die Substanz muß im Amyläther oder Pyridin völlig gelöst sein, wozu man allenfalls auch im Wasserbade erwärmen und wieder abkühlen muß. Nach 10 Minuten langer Auskühlung beginnt man mit dem Schütteln. Der Endpunkt der Reaktion ist erreicht, wenn die Quecksilberkuppe stehen bleibt oder in 10 Sekunden nur noch um 0,03 cm³ sinkt. Nachdem Temperaturausgleich eingetreten ist (10 Minuten), liest man unter Berücksichtigung des herrschenden Barometerstandes und der Temperatur ab. Bestimmungsdauer 30 Minuten. Die Fehlergrenze beträgt im Mittel 3% des Wertes.

Auch *Imido- und Amidogruppen* können nach dem beschriebenen Verfahren bestimmt werden. Sowohl primäre als auch sekundäre Amine setzen in Amylätherlösung aus Methylmagnesiumjodid bei gewöhnlicher Temperatur je 1 Mol. Methan in Freiheit. Bei erhöhter Temperatur tritt aber auch das zweite Wasserstoffatom primärer Amine in Reaktion. Sekundäre Amine reagieren natürlich nur mit 1 Mol. der Magnesiumverbindung. *Säureamide* verhalten sich wie primäre, *Säureimide* wie sekundäre Amine.

Während die Bestimmung des aktiven Imidwasserstoffes ebenso verläuft wie die des Hydroxylwasserstoffes, erhält man *bei primären Aminen und Säureamiden nur unter Einhaltung gewisser Vorsichtsmaßregeln brauchbare Werte.* Die Temperatur darf beim Zusammenbringen des GRIGNARD-Reagens mit dem Pyridin nicht wesentlich ansteigen, da sonst auch das zweite Wasserstoffatom der NH_2-Gruppe z. T. in Reaktion tritt. Man kühlt daher gewöhnlich das Reaktionsgefäß unter Umschütteln in einem mit Wasser bei Zimmertemperatur gefüllten Bad. Im zweiten Stadium der Reaktion wird der Vorgang dadurch kompliziert, daß die Organomagnesiumverbindung mit Pyridin bei höherer Temperatur an und für sich eine gewisse Menge Gas entwickelt. Zur Ausschaltung dieses Fehlers wird daher zunächst ein Blindversuch mit Methylmagnesiumjodid und Pyridin allein angestellt. Das Reaktionsgefäß wird genau 5 Minuten in einem Wasserbad von 85° erhitzt und dabei 2—3mal umgeschüttelt. Dann wird wieder auf Zimmertemperatur abgekühlt, bis das Gasvolumen in der Meßröhre konstant geworden ist. Die so ermittelte Gasmenge des Blindversuches wird von dem im Hauptversuch unter genau denselben Bedingungen erhaltenen Gasvolumen abgezogen.

Die Verbindungen, welche $2NH_2$- oder $1NH_2$- und 1NH-Gruppe an einem C-Atom enthalten, weisen eine Abweichung von der allgemeinen Regel auf, indem sich bei ihnen ein aktives Wasserstoffatom der Einwirkung des Methylmagnesiumjodid vollkommen entzieht. So reagieren Harnstoff und Thioharnstoff in der Kälte mit 2, beim Erhitzen aber nur mit 3H.

Berechnung:

$$\text{Prozent OH} = \frac{V \cdot 17{,}008 \cdot 0{,}0016038 \cdot p \cdot 100}{T \cdot S}.$$

$$\text{Prozent H} = \frac{V \cdot 1{,}008 \cdot 0{,}0016038 \cdot p \cdot 100}{T \cdot S}.$$

V = Abgelesenes Gasvolumen; p = Barometerdruck minus Dampfdruck des Lösungsmittels (z.B. für Pyridin 16 mm bei 18°).
17,008 = Mol.-Gewicht des Hydroxyls; 1,008 = Atomgewicht des H.
T = Absolute Temperatur; S = Gewicht der Substanz in Milligramm.

Über die Zahl 0,00016038 vgl. KÜSTERS logarithmische Rechentafeln (35.—40. Aufl.), Tafel 9, unten.

Beispiel: 4,120 mg Dioxynaphthalin gaben 1,25 cm³ Gas bei 18° und 750 mm (Anisol als Lösungsmittel, Dampfdruck praktisch nicht zu berücksichtigen).

$$\text{Prozent H} = \frac{1{,}25 \cdot 1{,}008 \cdot 0{,}0001604 \cdot 750 \cdot 100}{(273 + 18) \cdot 4{,}120}.$$

Bei krystallwasserhaltigen Substanzen reagieren beide H-Ionen des Wassers und müssen daher in Rechnung gestellt werden.

Einfacher erfolgt die Berechnung mit Hilfe der Gasreduktionstabelle in KÜSTERS logarithmischen Rechentafeln, Tafel 7:

$$\text{Prozent OH} = \frac{V \cdot N \cdot 0{,}6109 \cdot 100}{S}. \qquad \text{Prozent H} = \frac{V \cdot N \cdot 0{,}03594 \cdot 100}{S}.$$

V = Abgelesenes Gasvolumen bei T^0 und p mm.

N: Logarithmus *N* ist zu entnehmen aus Küsters Logarithmentafeln, Tafel 7 (Gasreduktionstabelle).

$$0{,}619 = \frac{OH}{N_2}\,;\ 0{,}03594 = \frac{H}{N_2}\,.$$

Vom Barometerdruck *p* werden bei Verwendung von Pyridin als Lösungsmittel bei Zimmertemperatur 16 mm substrahiert, während die Dampftension des Amyläthers und Anisols praktisch bei der Bestimmung nicht in Betracht kommt.

g) Reaktionen der enolischen Hydroxylgruppe.

Die Körperklasse der *Enole* enthält die ungesättigte, hydroxylhaltige Atomgruppe $>C:C(OH)—$, auch Aci-Form genannt. Es ist das die desmotrope Form des Atomkomplexes $>CH—CO—$. Die Enolform lagert sich leicht in die Ketoform um und umgekehrt. Die beiden Formen existieren daher häufig als sog. *allelotropes Gemisch* nebeneinander. Hierher gehören die Verbindungen mit der eigentlichen Oxymethylengruppe $>C:C\begin{smallmatrix}H\\OH\end{smallmatrix}$ und die meisten β-Ketoverbindungen (Acetessigester und viele andere). Die Neigung zur Bildung der Hydroxylform tritt bei solchen Substanzen um so mehr hervor, je negativer oder je zahlreicher die mit dem Methan-C-Atom verbundenen Acylreste sind.

Von den chemischen Reaktionen zum Nachweis der Enolform in solchen allelotropen Verbindungen, die sich denen des Phenols in jeder Hinsicht anschließen, sind nur diejenigen zu verwerten, die rasch und ohne Temperaturerhöhung verlaufen; denn wenn man eine Umwandlung nicht ausschließen kann, entstehen bei den chemischen Reaktionen aus Enol- und Ketoform identische Produkte.

Nachweis mit Eisenchlorid. Ein fast vollkommen zuverlässiges Reagens auf die Enol- (Oxymethylen-) Gruppe ist das Ferrichlorid. Es gibt mit Enolkörpern rote, violette oder blaue oder auch grüne Färbung. Die Reaktion tritt zum Unterschied von den Phenolen, die zwar auch mit Eisenchlorid reagieren, jedoch meist nur in wäßriger Lösung, und bei denen auf Alkoholzusatz die Färbung schwächer wird oder ganz verschwindet, besonders deutlich in organischen Lösungsmitteln auf. Bei sehr labilen Substanzen verwendet man möglichst wenig dissoziierende Lösungsmittel (Benzol, Chloroform, Aceton, Äther). Die Eisenchloridreaktion ist von der Art des Lösungsmittels abhängig. Diese ordnen sich nach ihrer dissoziierenden Kraft. Die nicht oder schwach dissoziierenden Lösungsmittel erhalten die Enolform in höherem Grade als die Alkohole. Die Farbennuance wird oft durch Zusatz von Natriumacetat oder Überschuß an Ester modifiziert.

Bei der Ausführung der Reaktion versetzt man die Lösung der Substanz in einem indifferenten Lösungsmittel mit einem Tropfen ätherischer Eisenchloridlösung und beobachtet, ob sogleich oder allmählich die Färbung eintritt. Wo die Anwendung indifferenter Lösungsmittel nicht möglich ist, kann auch die wäßrige oder alkoholische Lösung mit wäßriger Eisenchloridlösung geprüft werden. Allerdings ist dann der positive Ausfall nicht so sicher.

Ein vielfach gebrauchtes Reagens ist das **Phenylisocyanat.** Zur Erzielung zuverlässiger Resultate muß die Reaktion ohne Lösungsmittel oder in einem indifferenten Lösungsmittel (absolut trockenem Äther) mit der je einem Hydroxyl entsprechenden Menge Reagens vorgenommen werden. Es entstehen *Urethane.* Wegen der oft langen Reaktionsdauer, namentlich bei flüssigen Keto-Enolgemischen, kann in dem Maße, als die Enolform mit dem Reagens reagiert, das Gleichgewicht auf Kosten der Ketoform verschoben und schließlich enolisiert werden. Die Bewertung der Reaktion für die Konstitutionsbestimmung tautomerer Verbindungen wird wesentlich eingeschränkt durch den Umstand, daß das Isocyanat durch minimale Mengen basischer Beimengungen reaktionsfähiger wird und sich an die CH_2-Gruppe einer großen Zahl von acyclischen 1,3-Dicarbonylverbindungen unter Bildung von C-Carbanilid anlagert.

In Fällen, wo das Phenylisocyanat versagt, ist oft die **Säurechloridreaktion** günstig (Phosphorchloride, Acetyl- oder Benzoylchlorid). Bei den stabilen, eigentlichen Oxymethylenverbindungen können die üblichen Hydroxylreaktionen ohne weiteres angewendet werden.

p-Nitroantidiazobenzolhydrat gibt mit Enolverbindungen gefärbte Azokörper, während die Ketoformen nicht reagieren. Man bringt die beiden Komponenten in äquimolekularen Mengen in alkoholischer Lösung bei Temperaturen unter 0^0 zur Reaktion. Dabei müssen alle Reagenzien (Alkalien, sogar Natriumacetat) vermieden werden, welche eine Umlagerung veranlassen oder beschleunigen.

In **Tetranitromethan** lösen sich die Aciformen, wie im allgemeinen die ungesättigten Verbindungen, mit gelber bis oranger Farbe (vgl. S. 250).

Alle Enole reagieren infolge der in ihnen enthaltenen Doppelbindung sehr rasch mit *Brom*, alle sicheren Ketone nicht. Am schärfsten ist der Unterschied in alkoholischer Lösung. Hier ist also der Alkohol das günstigste Lösungsmittel. (Über die Einwirkung von *Ozon* auf Enole vgl. S. 252.)

h) Quantitative Bestimmung des Enolgehaltes von Keto-Enolgemischen.

Die **Reaktion mit Brom** ist zur quantitativen Bestimmung des Enolgehaltes besonders geeignet. Die Enole lagern Brom an unter Bildung von nicht faßbaren Dibromiden, die unter HBr-Abspaltung in Monobromketone übergehen.

Titration der Enolverbindungen nach H. Meyer (46). a) *Direkte Methode.* Das Keto-Enolgemenge wird mit alkoholischer Bromlösung rasch titriert, bis die Farbe des Broms eben bestehen bleibt. Die verbrauchte Brommenge gibt direkt die Menge des Enols an. Der Umschlag ist bei Tageslicht gut zu sehen. Bereits zwei Tropfen einer 0,1 n-Bromlösung färben 50 cm^3 Alkohol deutlich gelb. Der Nachteil der Methode liegt in der raschen Veränderlichkeit des Titers der alkoholischen Bromlösung.

b) *Indirekte Methode.* Es wird mit einer alkoholischen Bromlösung von unbekanntem Gehalt (etwa 0,2 n bis 0,1 n) titriert und dann das gebildete Bromketon durch Jodwasserstoff in alkoholischer Lösung zu halogenfreiem Keton reduziert. Das ausgeschiedene Jod, das dem ursprünglichen Gehalt des Gemisches an Enol äquivalent ist, wird mit Thiosulfat titriert.

Die alkoholische Lösung des Keto-Enolgemisches wird in der Regel mit frisch hergestellter, überschüssiger, auf -5^0 bis 0^0 abgekühlter alkoholischer Bromlösung versetzt, bis die Farbe des Broms eben bestehen bleibt. Das überschüssige Brom wird sogleich durch etwa 2 cm^3 einer alkoholischen 10proz. β-Naphthollösung entfernt, dann Jodkaliumlösung zugefügt, schwach erwärmt und das ausgeschiedene Jod mit Thiosulfat zurücktitriert. Bei langsam reagierenden oder auch schon bei tiefen Temperaturen rasch sich umlagernden Stoffen sind die Ergebnisse ungenau.

Auf die Anwendung physiko-chemischer Methoden, die Messung der Molekularrefraktion und Molekulardispersion zur Lösung von Konstitutionsfragen auf dem Gebiete der Tautomerie und Desmotropie kann nur hingewiesen werden. Über „Methoden zu Untersuchungen auf dem Gebiete der Tautomerie und Desmotropie“ vgl. J. Schmidt (76).

B. Die Carboxylgruppe (65a).

Die Carboxylgruppe zeichnet sich durch das bewegliche, ionisierbare Wasserstoffatom aus, das leicht durch positive Reste vertreten werden kann (Salzbildung, Esterbildung), sowie durch die Fähigkeit des in der Gruppe enthaltenen

Hydroxyls, durch negative Substituenten ersetzt zu werden (Chlorid-, Anhydrid-, Amidbildung).

a) Zur Erkennung der Carboxylgruppe

macht man von den Reaktionen beider Gruppen Gebrauch.

Salzbildung. Der Säurecharakter bietet ein besonders bequemes Mittel zur Erkennung der Carboxylgruppe sowie zu ihrer quantitativen Bestimmung; doch sind dabei Täuschungen sehr leicht möglich. Die meisten Carbonsäuren reagieren, soweit sie wasserlöslich sind, sauer und bilden mit den stärkeren Basen neutral reagierende, nicht hydrolytisch gespaltene Salze. Da die Alkalisalze der Carbonsäuren in der Regel wasserlöslich sind, so gibt sich die salzbildende Natur der Carboxylgruppe bei den wasserunlöslichen Säuren dadurch zu erkennen, daß sie in verdünnten Basen und Ammoniak leicht löslich sind. Die *Carbonsäuren* sind stärker als die Kohlensäure, *lösen sich daher meist auch in verdünnter Sodalösung* unter Aufbrausen und werden andererseits aus Lösungen ihrer Alkalisalze durch Kohlensäure nicht sofort gefällt. *Dadurch unterscheiden sie sich im allgemeinen von den Phenolen,* welche ebenfalls sauer reagieren, zwar in verdünnten Laugen, nicht aber in Soda löslich sind. Es muß jedoch betont werden, daß die Unterscheidung von den Phenolen dadurch unsicher wird, daß der saure Charakter der Phenolhydroxylgruppe durch die Nachbarschaft negativer Substituenten so verstärkt werden kann, daß solche Phenole in den erwähnten Reaktionen völlig den Carbonsäuren gleichen. Aber auch bei anderen Körperklassen zeigt sich ein derartiger Säurecharakter der Hydroxylgruppen (Oxylactone, Oxymethylenverbindungen, Harnsäure und andere, die ebenfalls keine Carboxylgruppe haben). Andrerseits gibt es echte Carbonsäuren, deren Säurecharakter unter dem Einfluß gewisser Gruppen (Aminogruppe) so geschwächt ist, daß sie neutral reagieren. Bei den Aminosäuren läßt sich der störende Einfluß allerdings ausschalten, indem man in die Aminogruppe einen Acetyl- oder Benzoylrest oder noch bequemer mittels Formaldehyd einen Methylenrest einführt (vgl. darüber S. 240).

Esterbildung. Da die Ester im allgemeinen sehr beständig und in Wasser, Säuren und Alkalien unlöslich sind, lassen sie sich meist isolieren und rein darstellen. Im allgemeinen sind die Carbonsäuren sowohl durch Mineralsäuren und Alkohol als auch durch Einwirkung von Halogenalkyl, Dimethylsulfat, Diazomethan usw. esterifizierbar. Gewöhnlich wird man den Methylester als den am leichtesten erhältlichen und höchst schmelzenden darstellen.

Ziemlich allgemein anwendbar ist die *Veresterung mit Salzsäure oder Schwefelsäure und Alkohol*: Die Säure wird mit der 2—6fachen Menge absoluten Alkohols, der einige Prozent (1—5) Salzsäuregas oder vielfach noch besser, besonders bei ungesättigten Säuren 5—10% konzentrierte Schwefelsäure enthält, etwa 4 Stunden am Rückflußkühler gekocht. In manchen Fällen ist auch die 1proz. Salzsäure noch zu stark. Schwer lösliche Säuren, die beim Kochen stoßen, erhitzt man im Einschlußrohr auf 100°. Zur Isolierung des Esters destilliert man die Hauptmenge des Alkohols am besten im CO_2-Strom oder im Vakuum ab, versetzt mit verdünnter Sodalösung und schüttelt mit Äther, Chloroform oder Benzol aus. Viele Ester fallen schon auf Wasserzusatz aus; bei wasserlöslichen Estern wird die alkoholische Flüssigkeit mit gepulverter Pottasche neutralisiert, das gelöste Kaliumsalz durch Ätherzusatz gefällt, das Filtrat auf dem Wasserbade vorsichtig eingedampft und der Rückstand im Vakuum fraktioniert.

Sehr bequem ist die *Darstellung des Methylesters* aus dem Alkalisalz der betreffenden Säure *mittels Dimethylsulfat.* Man löst die Säure in einem kleinen Überschuß von Normallauge, schüttelt nach Zusatz von 2 Mol Dimethylsulfat

$^1/_2$ Stunde und erhitzt dann noch einige Zeit auf dem Wasserbade. Nach dem Erkalten macht man alkalisch und filtriert entweder den Ester ab oder treibt ihn mit Wasserdampf über. Noch bessere Ausbeuten erhält man, wenn man das trockene Kaliumsalz mit $1^2/_3$ Mol Dimethylsulfat im Destillierkölbchen allmählich erhitzt, bis kein Ester mehr überdestilliert. Vorhandene *Hydroxyl- oder Aminogruppen werden dabei gleichzeitig methyliert.*

Sehr glatt gelingt ferner die *Veresterung mit Diazomethan.* Sie ist auch zur Darstellung ganz kleiner Mengen Ester sehr geeignet, ferner in solchen Fällen, wo andere Methylierungsmethoden versagen. Die fein gepulverte trockene Säure wird in trockenem Äther suspendiert und so lange mit einer ätherischen Lösung von Diazomethan versetzt, als noch Stickstoffentwicklung auftritt. Es läßt sich jedoch auch in anderen Lösungsmitteln arbeiten. (Über die Darstellung von Diazomethan vgl. S. 195.)

Schließlich sei auf die *Esterifizierung mit Halogenalkyl* hingewiesen, wobei man Jodalkyl meist auf das Silbersalz der Säure in Benzol, Chloroform, Äther, Aceton als Verdünnungsmittel einwirken läßt.

Eine weitere Identifizierung der Carboxylgruppe ist dann dadurch möglich, daß man den erhaltenen Ester durch Kochen mit Alkali wieder verseift und die zugrunde liegende Säure zurückgewinnt. Die Säureester werden dabei meist glatt gespalten, während Phenoläther gegen Alkali resistent sind. (Es gibt allerdings auch Ausnahmen.)

Säurechlorid- und Amidbildung. Die Carbonsäuren lassen sich durch Ersatz des Hydroxyls in der Carboxylgruppe in Säurechlorid überführen, die jedoch meist schwer zu isolieren und zu reinigen sind, weshalb man sie für den Nachweis der Carboxylgruppe gleich weiter in die meist gut krystallisierenden Säureamide oder deren Alkylderivate verwandelt. Die *Darstellung der Säureamide ist eine der wichtigsten Umwandlungsreaktionen der Carbonsäuren,* weil der *Abbau der Amide zu Nitril und Amin* fast den sichersten Beweis für das Vorliegen der Carboxylgruppe bietet.

Für die Säurechloriddarstellung ist das *Phosphorpenta- oder trichlorid* ziemlich allgemein gebräuchlich.

Man bringt entweder die trockene Säure (manchmal das Na-Salz) für sich oder in einem indifferenten Lösungsmittel (Benzol) bei gewöhnlicher Temperatur oder unter Kühlung mit der äquivalenten Menge Phosphorchlorid in Reaktion und beendet sie durch Erwärmen auf dem Wasserbade. Das als Nebenprodukt entstandene Phosphoroxychlorid wird abdestilliert (allenfalls Vakuum) oder bei 110—120^0 durch einen trockenen CO_2-Strom abgeblasen.

Viel bequemer lassen sich im allgemeinen mittels *Thionylchlorid* ($SOCl_2$) auch geringe Mengen von Säure in Reaktion bringen. Dieses Reagens reagiert weder mit der Aldehyd- noch mit der Ketogruppe; nur bei α-Ketosäuren ist es nicht anwendbar und bei Säuren mit konjugierter Doppelbindung sind die Resultate unsicher. Dicarbonsäuren mit 4 bis 5 C-Gliedern und endständigen Carboxylgruppen geben Anhydride.

Ein Gewichtsteil Säure wird mit der 5—10fachen Menge Thionylchlorid bis zum Sieden erhitzt, der Überschuß an Reagens abdestilliert oder durch Zusatz von Ameisensäure unter Bildung gasförmiger Produkte zerstört. Das erhaltene, rohe Säurechlorid wird gewöhnlich nicht gereinigt und isoliert, sondern durch Eintragen in gut gekühltes konzentriertes wäßriges (seltener ätherisches) Ammoniak direkt in das *Säureamid* übergeführt, welches sich meist krystallinisch abscheidet oder durch passende Extraktion vom gleichzeitig entstehenden Ammoniumchlorid trennen läßt. Bei festen Chloriden muß man manchmal die ammoniakalische Lösung aufkochen. Das Rohprodukt des Säurechlorids kann man auch in Äther lösen und Ammoniakgas einleiten. (Die Überführung in das *Anilid* oder ein anderes substituiertes Amid gestattet oft eine noch leichtere Isolierung.)

Da aber auch stark saure Phenole (Pikrinsäure) Chloride und Amide liefern, läßt sich der sichere Nachweis einer Carboxylgruppe nur dadurch führen, daß man *das erhaltene Säureamid noch durch Destillation mit Phosphorpentoxyd in das Säurenitril überführt.*

Wenn die Trennung des Amids vom Ammoniumchlorid Schwierigkeiten macht, setzt man den Säureester (Methylester) durch langes Stehenlassen und Schütteln mit starkem, wäßrigem oder alkoholischem Ammoniak in das Säureamid um.

Abspaltung von Kohlendioxyd aus Carbonsäuren. Säuren, die in der Nachbarschaft der Carboxylgruppe stark negativierende Reste besitzen (z. B. β-Ketosäuren, β-Dicarbonsäuren, Phenylessigsäuren, viele o-substituierte Benzoesäuren, Zimtsäuren u. a.), spalten beim Erhitzen entweder für sich oder mit indifferenten Lösungsmitteln meist erst im Einschlußrohr bei höherer Temperatur, namentlich bei Gegenwart nicht flüchtiger Mineralsäuren (Phosphorsäure) mit wechselnder Leichtigkeit Kohlendioxyd ab, dessen Nachweis auch für das Vorhandensein einer Carboxylgruppe Verwendung finden kann. Die verschieden leichte Abspaltbarkeit gibt auch ein Mittel in die Hand, über die Stellung der Carboxylgruppe Aufklärung zu erhalten.

Bei hochmolekularen Substanzen bleibt zur Unterscheidung der Carboxylgruppe von der phenolischen OH-Gruppe oft nichts anderes übrig als der Nachweis des bei der Zersetzung frei werdenden Kohlendioxyds. Hierbei ist die Zertrümmerung des Moleküls in Gegenwart von Luft ungünstig, da auch CO_2 gebildet werden kann, welches nicht von der Carboxylgruppe stammt. In solchen Fällen ist die *Zinkstaubdestillation im Wasserstoffstrom* aus einer Retorte im Sandbade oft von Vorteil. Es wurde dabei als Regel gefunden, daß nur die Substanzen CO_2 entwickeln, welche zwei Sauerstoffatome an demselben C-Atom tragen, also die Carboxylsäuren, ihre Ester, Lactone und Anhydride. Die Mono- und Disaccharide, die je nach der Amylenoxydstruktur ebenfalls zwei O-Atome an einem C-Atom tragen, entwickeln dabei ebenfalls CO_2; ferner aber auch einzelne Verbindungen mit gehäuften Hydroxylgruppen im Molekül (Mannit, Phloroglycin).

Die Retorte wird mit 10 g reinem Zinkstaub beschickt, bis zur völligen Verdrängung von Luft Wasserstoff in mäßigem Tempo durchgeleitet und auf dem Sandbade so lange erhitzt, bis die vorgelegte Barytlösung nicht mehr getrübt wird. Nach dem Abkühlen wird der Zinkstaub herausgenommen, mit $^1/_4$—$^1/_2$ g Substanz gemischt und das Gemisch wieder im Wasserstoffstrom in der Retorte erhitzt, bis die Barytlauge nicht mehr getrübt wird. Das entstehende Bariumcarbonat wird gesammelt und analysiert.

Schwefelhaltige Substanzen können störend wirken, da sich Schwefeldioxyd bilden kann, welches unter Bildung von Bariumsulfit die Lösung ebenfalls trübt. In quantitativer Hinsicht ist die Methode weniger genau, liefert aber in manchen Fällen doch gut brauchbare Ergebnisse zur Ermittlung der Anzahl der Carboxylgruppen. (Über das Verhalten der primären, sekundären und tertiären Säuren bei der CO_2-Abspaltung und ihre Unterscheidung vgl. H. MEYER: Analyse und Konstitutionsermittlung, 4. Aufl. S. 722.)

b) Quantitative Bestimmung der Carboxylgruppe.

Titration. Am bequemsten läßt sich die Carboxylgruppe durch Titration bestimmen. Bezüglich der Unsicherheit der Methode wird auf die Bemerkungen über die Erkennung der Carboxylgruppe verwiesen. Man titriert entweder mit wäßriger oder alkoholischer 0,1 n-Kali- oder Natronlauge oder mit wäßriger

0,1 n-Barytlauge. Als Indicator wird meist Phenolphthalein verwendet. Zur Erzielung eines scharfen Umschlages ist auf die Kohlensäurefreiheit sämtlicher Flüssigkeiten zu achten. Für dunkel gefärbte Flüssigkeiten wird gelegentlich vorteilhaft Alkaliblau (Marke II OLA der Höchster Farbwerke) verwendet.

Stehen nur geringe Substanzmengen zur Verfügung, so titriert man nach PREGL mit 0,01 n-Lösungen.

Über die Herstellung von 0,01 n-Salzsäure und 0,01 n-Natronlauge sowie den Gebrauch der für die Titration erforderlichen Büretten vgl. den Abschnitt über Mikroelementaranalyse (Stickstoffbestimmung nach KJELDAHL-PREGL), S. 169.

Man wägt 4—8 mg Substanz aus einem Wägeröhrchen (vgl. N-Bestimmung S. 165) in ein ausgedämpftes, 50 cm³ fassendes Erlenmeyerkölbchen aus Jenaer Geräteglas oder aus Quarzglas, setzt 2—4 cm³ 50proz., in der weiter unten beschriebenen Weise neutralisierten Alkohols zu, erwärmt allenfalls, um raschere Lösung zu erzielen, titriert nun mit 0,01 n-Natronlauge bis zur ersten Spur einer Rosafärbung und gibt darauf sofort 0,1 cm³ 0,01 n-Salzsäure zu, kocht $^1/_2$ Minute, um die Kohlensäure auszutreiben, und titriert nun rasch mit 0,01 n-Lauge wieder bis zum Auftreten der ersten Spur einer Rosafärbung, die mehrere Sekunden bestehen bleiben soll. In 50proz. Alkohol titriert man, um die Hydrolyse der Salze von schwachen organischen Säuren möglichst zurückzudrängen. Da aber Alkohol fast immer schwach sauer reagiert, bereitet man sich stets frisch einen neutral reagierenden, 50proz. Alkohol, indem man 10 cm³ reinen absoluten Alkohol und 10 cm³ Wasser mit 2 Tropfen 1proz. alkoholischer Phenolphthaleinlösung versetzt, zum Sieden erhitzt und mit 0,01 n-Lauge bis zur ersten Spur einer Rosafärbung titriert; dann setzt man 0,1 cm³ 0,01 n-Salzsäure zu, kocht die farblose Lösung $^1/_2$ Minute und titriert heiß mit 0,01 n-Lauge bis zum Auftreten einer Spur Rosafärbung. Körper, die gegen heißes Alkali empfindlich sind, titriert man in der Kälte rasch bis zur Blaßrosafärbung, die einige Sekunden bestehenbleiben soll. 1 cm³ 0,01 n-Natronlauge entspricht 0,45 mg Carboxyl.

Ist das Molekulargewicht einer carboxylhaltigen Substanz bekannt, so läßt sich oft durch Titration die Basizität einer x-basischen Säure bestimmen. Bedeutet s das Gewicht der Substanz in Milligrammen, a die Anzahl der verbrauchten Kubikzentimeter 0,01 n-Lauge, x die Basizität der Säure und M das Molekulargewicht, so ist

$$x = \frac{a \cdot M}{100 \cdot s} .$$

Die für die Basizität gefundene Zahl ist natürlich nur dann mit der Zahl der im Molekül enthaltenen Carboxylgruppen identisch, wenn darin nicht noch andere saure Gruppen vorhanden sein können.

Analyse der Metallsalze. Die Zahl der Carboxylgruppen läßt sich auch durch die Gewichtsanalyse der neutralen Metallsalze der Säuren ermitteln. *Silbersalze sind zu diesem Zwecke am geeignetsten*, weil sie fast immer wasserfrei und normal zusammengesetzt sind. Allerdings gibt es dabei auch Ausnahmen, wie dies bei anderen Salzen viel häufiger der Fall ist, indem einerseits auch solche mit Krystallwassergehalt, andererseits saure Silbersalze beobachtet wurden. Man stellt die Silbersalze meist durch doppelte Umsetzung der Alkalisalze mit Silbernitrat oder Silbersulfat in wäßriger, ammoniakalischer oder alkoholischer Lösung her. Sie sind häufig lichtempfindlich.

Bei Säuren mit basischem Stickstoff (*Aminosäuren u. a.*) sind besonders *Kupfersalze* vorteilhaft. Man stellt sie durch Fällung (doppelte Umsetzung) mit Kupferacetat oder Kupfersulfat, allenfalls in ammoniakalischer Lösung dar oder durch Lösen von frisch gefälltem, gut ausgewaschenen Kupferhydroxyd (-carbonat) in der wäßrigen Säure, manchmal unter Kochen. Aber auch *Nickel-*, *Zink-* und *Blei*salze sowie *Erdalkali-* und *Alkalisalze* können zur Basizitätsbestimmung organischer Säuren herangezogen werden. Die Alkalisalze sind meist leicht wasserlöslich. Sie werden daher entweder durch genaues Neutralisieren der Säure oder bei deren Unlöslichkeit in Wasser durch Schütteln der überschüssigen Säure mit Alkalicarbonatlösung oder Ammoniak und Eindampfen der filtrierten Lösung bis zur Krystallisation dargestellt.

(Über die Analyse von Metallen in Salzen organischer Verbindungen vgl. den Abschnitt „Rückstandsbestimmungen", S. 182.)

Da einerseits oft gerade die sauren Salze von Polycarbonsäuren durch besondere Beständigkeit oder Schwerlöslichkeit ausgezeichnet sind, andererseits von vielen Säuren gut definierte neutrale Salze überhaupt nicht darstellbar sind, ferner auch andere saure Atomgruppen Metalle fixieren können, hat die Methode nur beschränkte Anwendbarkeit.

Bestimmung durch Veresterung. Die Säure wird nach einer der früher angegebenen Methoden verestert (Methylester), der Ester isoliert und darin entweder nach der *Alkoxylbestimmungsmethode von* ZEISEL oder durch Elementaranalyse die Anzahl der eingetretenen Alkylgruppen bestimmt.

Einfacher ist die Methode der **Überführung der Säure über das Chlorid in das Säureamid.** Dieses wird isoliert und *darin der Stickstoff quantitativ bestimmt,* woraus sich die Anzahl der eingetretenen Aminogruppen und damit die Basizität der Säure feststellen läßt. Liegt die Möglichkeit einer Verwechslung mit einem phenolischen Hydroxyl vor, so führt man das Säureamid in das Nitril über und bestimmt darin den Stickstoff.

Bestimmung des aktiven Wasserstoffs nach TSCHUGAEFF-ZEREWITINOFF (vgl. S. 201).

c) Oxysäuren (53).

Die Oxysäuren zeigen einerseits Reaktionen, die sich aus den in ihnen enthaltenen zwei charakteristischen Gruppen (OH — und COOH) ergeben, andererseits ist ihr Verhalten aber auch von der gegenseitigen Stellung der beiden Gruppen innerhalb des Moleküls abhängig.

1. Reaktionen der aliphatischen Oxysäuren.

α-Oxysäuren. a) Die primären und sekundären α-Oxysäuren zerfallen beim Erhitzen in Wasser und Lactide, die tertiären sublimieren unzersetzt.

b) Alle in Wasser leicht löslichen α-Oxysäuren geben beim Schütteln mit einer Manganioxydhydratsuspension deutlich braune Lösungen, die sich nach einiger Zeit (rasch in der Siedehitze) entfärben. Die in Wasser unlöslichen Säuren zeigen als Alkalisalzlösungen bei Gegenwart von überschüssigem Alkali dieselbe Reaktion.

Das Manganioxydhydrat stellt man durch Vermischen von lauwarmen Lösungen von 50 g krystallisiertem Mangansulfat und 20 g Kaliumpermanganat dar. Nach dem Auswaschen des Niederschlages suspendiert man ihn in Wasser und schüttelt damit die wäßrige Lösung der Säure kurze Zeit.

c) Beim Kochen mit Bleisuperoxyd oder Braunstein oder mit Wasserstoffsuperoxyd oder Merkurisalzen werden die meisten α-Oxysäuren zu den um ein C-Atom ärmeren Aldehyd, bzw. Keton und CO_2 oxydiert. Ein Zusatz von Phosphorsäure bei der Oxydation verhindert die Bildung des Bleisalzes der Säure, welches nicht leicht angreifbar ist.

d) α-Oxysäuren oder deren Ester kondensieren sich nach WALLACH mit wasserfreiem Chloral (3 Mol) bei mehrstündigem Erhitzen auf 100—160° im Einschmelzrohr zu Chloraliden, die durch Umkrystallisieren aus Chloroform oder Benzol oder durch Destillation (Wasserdampf) gereinigt werden können.

$$\begin{matrix} R_1 \\ R_2 \end{matrix}\!\!>C<\!\!\begin{matrix} OH \\ COOH \end{matrix} + CCl_3\cdot C\!\!<\!\!\begin{matrix} H \\ O \end{matrix} \rightarrow \begin{matrix} R_1 \\ R_2 \end{matrix}\!\!>C<\!\!\begin{matrix} O-CH\cdot CCl_3 \\ | \\ CO-O \end{matrix} + H_2O\,.$$

β-Oxysäuren. a) Die primären und sekundären Säuren destillieren meist unzersetzt, ein kleiner Teil zerfällt bei der Destillation in Wasser und α, β- und auch β, γ-ungesättigte Säuren; tertiäre Säuren zerfallen in Aldehyd und Säure.

b) Beim Kochen mit konzentrierter Salzsäure usw. zerfallen sie in Wasser und ungesättigte Säuren, die sich dann mit der Salzsäure zu β-Halogensäuren verbinden. Tertiäre Säuren werden dabei in Aldehyd und Säure gespalten.

c) Beim Kochen mit 10proz. Natronlauge entstehen in annähernd gleicher Menge α, β- und β, γ-ungesättigte Säuren.

γ-Oxysäuren. Sie sind sehr unbeständig und gehen schon in der Kälte unter Wasserabspaltung in γ-Lactone über. Ihre Silbersalze sind sehr beständig. δ-Oxysäuren verhalten sich ähnlich.

2. Reaktionen der aromatischen Oxysäuren.

Ortho-Oxysäuren. a) Sie sind mit Wasserdämpfen leicht flüchtig und zeigen deutliche Eisenchloridreaktion (meist violettrot bis blau).

b) Mit Chloral reagieren sie etwas schwieriger als die aliphatischen Oxysäuren.

c) Sie spalten beim Erhitzen für sich oder mit Säuren oder Basen relativ leicht CO_2 ab und gehen in Phenole über.

Meta-Oxysäuren. Sie sind durch konzentrierte Schwefelsäure in Oxyanthrachinone überführbar. Die m-Oxybenzoesäure gibt mit Eisenchlorid keine Farbenreaktion.

Para-Oxysäuren. Sie sind mit Wasserdampf nicht flüchtig, in Chloroform nicht löslich. Mit Eisenchlorid entsteht entweder keine Farbenreaktion oder höchstens eine gelbe bis rötliche Färbung, bzw. Fällung. Gegen Thionylchlorid verhalten sich die p-Oxysäuren, die nicht in Orthostellung zur Hydroxylgruppe einen negativen Substituenten tragen, vollkommen indifferent.

d) Lactone (52).

Die Lactone sind innere (cyclische) Ester von Oxysäuren, entstanden durch Wasserabspaltung zwischen der Hydroxyl- und Carboxylgruppe innerhalb desselben Moleküls von β, γ- und δ-Oxysäuren. Das Lactonringsystem kommt in Naturprodukten des Pflanzenreiches häufig vor; man begegnet daher den Lactonen oft bei der Untersuchung und beim Abbau der Naturprodukte. Die Lactongruppe ist auf Grund ihrer Reaktionen gegenüber Wasser, Basen und Säuren verhältnismäßig leicht zu erkennen. Für die β-Lactone ist ferner das Verhalten bei der pyrogenen Zersetzung charakteristisch. Die γ-Lactone sind im allgemeinen am beständigsten. Die Beständigkeit des Fünfringes wird durch eine Doppelbindung im Ring noch erhöht. Auch durch den Eintritt von Alkyl- und Arylgruppen sowie von Halogenatomen als Substituenten wird die Beständigkeit sowohl der β- als auch der γ-Lactone stark erhöht.

1. Bei Einwirkung von Wasser gehen manche Lactone bereits in Oxysäuren über. Alkalien spalten den Lactonring mehr oder minder leicht unter Bildung von Salzen der Oxysäuren auf. Die Leichtigkeit der Aufspaltung hängt vor allem von der Spannung im Ringe ab — β- und δ-Lactone werden im allgemeinen leichter aufgespalten als γ-Lactone —, ferner von der Stärke der Carboxylgruppe und dem Charakter des Hydroxyls der Oxysäure.

Die Lactone der Fettreihe werden leicht und vollständig durch Alkalien verseift, während die aromatischen Lactone entsprechend dem stärker ausgeprägten Säurecharakter der Stammsubstanz stabiler sind. Die Fettsäurelactone lassen sich durch Verseifen mit überschüssigem Alkali und Zurücktitrieren quantitativ bestimmen, die aromatischen Lactone in der Regel nicht. Aliphatische Lactone werden schon durch heiße Sodalösung aufgespalten, die aromatischen nur durch freies Ätzkali und gewöhnlich erst durch alkoholisches Kali in die entsprechenden Salze übergeführt. Methylalkoholisches Kali kann zur Esterbildung führen. β, γ- oder γ, δ- ungesättigte γ-Lactone gehen durch Basen nicht in Salze der Oxysäuren, sondern in die γ-Ketonsäuren über.

2. Ammoniak in wäßriger oder alkoholischer Lösung wirkt auf die Lactone entweder gar nicht ein oder es bildet sich ein Oxysäureamid, das leicht in das Lacton rückverwandelt wird, oder es entsteht über das Amid unter Wasserabspaltung (beim Umkrystallisieren, Erwärmen oder Digerieren mit Alkalien oder Säuren) ein Imid (Lactam). Das Verhalten der einzelnen Lactone gegen Ammoniak ist nur vom Charakter des die Hydroxylgruppe in der entsprechenden Oxysäure tragenden Kohlenstoffatoms abhängig. Wenn das Hydroxyl tertiär oder sekundär und ungesättigt ist, kommt es zur Imidbildung. Wenn es einem primären Alkoholrest oder einem gesättigten sekundären Alkohol angehört oder Phenolcharakter besitzt, bildet sich das mehr oder weniger labile Oxysäureamid oder es tritt keine Reaktion ein.

Ähnlich verhalten sich die Lactone gegen Hydrazinhydrat und Phenylhydrazin.

3. Konzentrierte Halogenwasserstoffsäuren verwandeln die Lactone in die Halogencarbonsäuren.

4. Durch nascierenden Wasserstoff (Na-Amalgam) lassen sich die Lactone zu Aldehydalkoholen reduzieren, d. h. die Carboxylgruppe wird in die Aldehydgruppe verwandelt.

C. Die Carbonylgruppe (78).

Die zweiwertige Carbonylgruppe bildet den charakteristischen Bestandteil der *Aldehyde* und *Ketone* (und auch der *Ketene*, deren Muttersubstanz $CH_2 = CO$ ist, die jedoch hier nicht berücksichtigt werden). Der Nachweis der *Zuckerarten* wird hier ebenfalls nicht besprochen.

Die Reaktionen der Carbonylgruppe sind hauptsächlich durch ihren ungesättigten Charakter bedingt. Die Beschaffenheit der damit verbundenen Radikale bestimmt das Verhalten der Carbonylgruppe gegen Reagenzien.

a) Erkennung der Carbonylgruppe überhaupt.

1. Farbenreaktionen.

Mit Nitroprussidnatrium (Legalsches Reagens). 0,5—1 cm^3 einer frisch bereiteten 0,5proz. Lösung des Reagens zu einer *Aldehyd-* oder *Ketonlösung* gegeben und mit Kalilauge vom spezifischen Gewicht 1,14 schwach alkalisch gemacht, erzeugt eine intensiv rote oder violette Färbung, die beim längeren Stehen oder Ansäuern schwächer wird und schließlich verschwindet. Die Färbungen sind bei den Ketonen charakteristischer und lebhafter als bei den Aldehyden. Das Ansäuern mit Mineralsäure schwächt die Färbung allmählich ab, während das Ansäuern mit Metaphosphorsäure oder organischen Säuren einen Farbenumschlag von Rot in Indigoblau oder von Blauviolett in Blaugrün hervorruft. *Ketonsäuren* reagieren ebenfalls, jedoch oft nicht so deutlich. Als Lösungsmittel wird, wenn möglich Wasser, sonst gereinigter Alkohol oder Äther angewendet. Mit Äther als

Lösungsmittel färbt sich nur die wäßrige Lösung der Reagenzien, wobei man zweckmäßig noch etwas Wasser zusetzt.

Die Reaktion tritt in der aliphatischen Reihe immer ein, wenn die CO-Gruppe unmittelbar wenigstens mit einer nur aus C und H bestehenden Gruppe verbunden ist. Diese kann jedoch wieder an substituiertes Alkyl gebunden sein. Ist mit aromatischen Radikalen keine andere Gruppe als die CO-Gruppe verbunden, so tritt keine Reaktion ein. Sind aber noch andere, der Fettreihe angehörige Kohlenwasserstoffradikale vorhanden, so fällt die Reaktion positiv aus.

Mit **Meta-Diaminen.** Zur alkoholischen oder wäßrigen Lösung der zu prüfenden Substanz gießt man eine 0,5—1 proz. wäßrige oder alkoholische Lösung des salzsauren Salzes eines beliebigen Metadiamins (z. B. m-Phenylendiamin). Nach einigen Minuten tritt die Reaktion mit intensiv grüner Fluorescenz ein und ist nach höchstens 2 Stunden am stärksten. Die wäßrige Lösung des Reagens ist vorzuziehen, auch bei den im Wasser nicht löslichen Carbonylverbindungen. Alkalizusatz entfärbt, beim Ansäuern erscheint die Färbung wieder.

Die Reaktion tritt immer ein, außer wenn die CO-Gruppe mit einer vollständig substituierten Alkylgruppe verbunden ist. Formaldehyd und Glyoxal reagieren ebenfalls. Auch aromatische Aldehyde zeigen die Reaktion immer. Die gemischten Ketone und Ketonsäuren reagieren jedoch nicht.

Bildung von Bromnitrosokörpern zum Nachweis der *Ketongruppe.* Die zu prüfende, möglichst neutrale Lösung wird mit je einem Tropfen 10 proz. Hydroxylaminchlorhydratlösung und 5 proz. Natronlauge sowie mit einem größeren Tropfen Pyridin versetzt und mit etwas Äther überschichtet. Nun wird so lange unter Umschütteln Bromwasser zugegeben, bis der Äther deutlich gelb, bzw. grün gefärbt ist. Die Gelbfärbung rührt von dem Einwirkungsprodukt des Broms auf das Pyridin her. Auf weiteren Zusatz von 1 cm^3 Wasserstoffsuperoxydlösung wird die Brompyridinverbindung sofort zerstört, während der Nitrosokörper nicht beeinflußt wird. Bleibende Blaufärbung des Äthers zeigt an, daß eine Bromnitrosoverbindung eines Ketons entstanden ist. Die Reaktion ist sehr empfindlich, auch viel Alkohol schwächt sie nicht. Bei Acetophenon und Campher bleibt die Reaktion aus.

Spezielle Farbenreaktionen auf Aldehyde.

Verhalten gegen fuchsin-schwefelige Säure. Eine durch schwefelige Säure entfärbte Lösung von Rosanilin (Fuchsin) wird durch Aldehyde intensiv rot bis rotviolett gefärbt.

Das Reagens wird durch Einleiten von Schwefeldioxydgas in eine 0,025 proz. Lösung eines Rosanilinsalzes bereitet, bis die Flüssigkeit nur noch schwach gelb gefärbt ist. Ein Überschuß an SO_2 muß wegen des Einflusses auf die Empfindlichkeit der Reaktion vermieden werden. Das Reagens ist in gut verschlossenen Flaschen lange haltbar.

Bei flüssigen Substanzen werden einige Tropfen davon mit 1—2 cm^3 Reagens in einer verschlossenen Eprouvette geschüttelt; feste Substanzen werden in gepulvertem Zustand damit übergossen. Die Färbung tritt bald auf.

Bei der Prüfung unbekannter Substanzen auf freie Aldehydgruppen ist es angezeigt, durch Zusatz von etwas Säure oder Phosphatpuffergemisch die Acidität der Versuchslösung auf einen Wert von p_H-3 (Rotfärbung von Methylorange) einzustellen. Größere Mengen von Säure stören die Farbreaktion (außer auf Formaldehyd).

LEWINsche Reaktion. Die auf Aldehyd zu prüfende Flüssigkeit wird mit einigen Tropfen einer starken Nitroprussidnatriumlösung, sowie einer 3 proz. Lösung von Piperidin versetzt. In einer Verdünnung von 1 : 5000 entsteht eine anfangs grünblaue, später tiefblaue Färbung. Bei stärkeren Verdünnungen wird die Farbe grünlich.

Formaldehyd, Chloral, Isobutylaldehyd, Benzaldehyd, Salicylaldehyd, Önanthol und Furfurol geben die Reaktion nicht.

Reaktion mit Diazobenzolsulfosäure. Reine krystallisierte Diazobenzolsulfosäure wird in 60 Teilen kalten Wassers und wenig Natronlauge gelöst, die mit verdünntem Alkali vermischte Substanz sowie einige Körnchen Natriumamalgam zugefügt und die Lösung stehengelassen. Nach 10—20 Minuten tritt bei Anwesenheit eines Aldehyd eine rotviolette, dem reinen Fuchsin ähnliche Färbung auf. *Die Reaktion ist viel empfindlicher als die mit fuchsin-schwefeliger Säure.* Auch Glykose gibt die Reaktion. Aceton und Acetessigsäure geben eine dunkelrote Färbung ohne den charakteristischen violetten Ton.

Nitroxylreaktion (Reaktion von ANGELI und RIMINI). Die Reaktion, die nur zum Nachweis von Aldehyden dient — Ketone zeigen die Reaktion nicht —, besteht darin, daß der Aldehyd mit *Nitrohydroxylaminsäure* und allen anderen Nitroxyl (NOH) abgebenden Substanzen in die *Hydroxamsäure* der zugehörigen Säure übergeführt wird, welche durch charakteristische Farbenreaktionen mit Eisenchlorid und Kupferacetat identifiziert werden kann. Die Reaktion verläuft quantitativ nach der Gleichung:

$$R \cdot C \begin{matrix} \diagup H \\ \diagdown\!\!\diagdown O \end{matrix} + :N \cdot OH = R \cdot C \begin{matrix} \diagup OH \\ \diagdown\!\!\diagdown N \cdot OH \end{matrix} .$$

Die Salze der Nitrohydroxylaminsäure zerfallen leicht in salpetrige Säure und Nitroxyl:

$$\begin{matrix} NO \cdot OH \\ \| \\ N \cdot OH \end{matrix} = HO \cdot NO + :N \cdot OH .$$

Da aber die gleichzeitig entstehende salpetrige Säure in saurer Lösung zerstörend auf das Reaktionsprodukt wirkt, verwendet man zur Ausführung der Nitroxylreaktion die *Benzsulfhydroxamsäure*, die durch Alkalien in *Benzolsulfinsäure* und *Nitroxyl* zerfällt, welches bei Gegenwart von Aldehyd sofort mit diesem in Reaktion tritt:

$$C_6H_5 \cdot SO_2 \cdot NH \cdot OH = C_6H_5 \cdot SO_2H + NOH .$$

Zur Ausführung der Reaktion löst man einige Tropfen Aldehyd in wenig aldehydfreiem Alkohol, versetzt mit etwa der gleichen (bei aliphatischen Aldehyden doppelten) Menge Benzsulfhydroxamsäure, fügt dann unter Kühlung und Umschütteln beiläufig 2 Mol 2 n-Natronlauge zu und läßt 15 Minuten stehen. Nun macht man mit Salzsäure eben kongosauer und versetzt schließlich mit einem Tropfen Eisenchlorid, wobei intensive Rotfärbung auftritt.

Die Hydroxamsäure läßt sich über das Kupfersalz auch rein darstellen. Man säuert dazu mit Essigsäure an, filtriert und fällt die gebildete Hydroxamsäure mit Kupferacetat. Das blaue oder grüne Kupfersalz wird mit Wasser, Aceton und Äther gewaschen, dann in wenig Wasser suspendiert, durch Salzsäure zerlegt und die freie Säure mit Äther ausgeschüttelt. Nach dem Verdunsten des Äthers wird die Hydroxamsäure am besten durch Lösen in Aceton und Behandeln mit Tierkohle gereinigt. In vielen Fällen läßt sich die Säure ohne Abscheidung des Kupfersalzes durch Übersättigen mit verdünnter Schwefelsäure nahezu rein ausfällen.

Darstellung der Benzsulfhydroxamsäure. 10 g salzsaures Hydroxylamin werden am Rückflußkühler in der eben nötigen Menge siedenden Methylalkohols gelöst und in der Hitze mit der Lösung von 3 g Natrium in 60 cm^3 Äthylalkohol nicht zu rasch umgesetzt.

Nach dem Erkalten wird vom ausgeschiedenen Kochsalz abgesaugt und nun in die Lösung des freien Hydroxylamins allmählich 8,5 g Benzolsulfochlorid eingebracht. Nach dem Verdampfen des größten Teiles des Alkohols auf dem Wasserbade wird ausgeschiedenes Hydroxylaminchlorhydrat durch Absaugen entfernt und das Filtrat bei mittlerer Temperatur im Vakuum zur Trockne gebracht. Der Rückstand wird dreimal mit je 15 cm³ absolutem Äther ausgekocht, woraus sich beim Verdunsten des Lösungsmittels in offener Schale die Benzsulfhydroxamsäure als blättrig-krystallinische Masse ausscheidet, die mit etwas kaltem Chloroform digeriert und abgesaugt wird. Fp · 126°.

2. Reduktionswirkungen der Aldehyde.

Infolge ihrer leichten Oxydierbarkeit wirken die Aldehyde reduzierend, durch die sie auch nachgewiesen werden können. Die Reaktionen sind jedoch nicht eindeutig, weil sie bei einer Reihe von Verbindungen, auch wenn sie keine Aldehydgruppe enthalten, ebenso positiv ausfallen.

a) *Silberspiegelprobe.* Gleiche Volumina 10proz. Silbernitratlösung und 10proz. Natronlauge bringt man in eine sorgfältig mit Schwefelchromsäure gereinigte Eprouvette und tropft langsam Ammoniak zu, bis das Silberoxyd eben gelöst ist. Setzt man nun zu einer mäßig verdünnten Aldehydlösung einige Tropfen des Reagens zu, so entsteht insbesondere bei vorsichtigem Erwärmen an den Eprouvettenwänden ein schöner Silberspiegel.

b) *Reduktion der* FEHLING*schen Lösung.* Die *Aldehyde der Fettreihe,* nicht aber die aromatischen Aldehyde reduzieren alkalische Kupfersalzlösungen unter Abscheidung von rotem Kupferoxydul. Die aldehydhältige Flüssigkeit wird mit einem Überschuß von FEHLINGscher Lösung versetzt und das Gemisch allenfalls bis zum Sieden erhitzt.

Die FEHLINGsche Lösung wird durch Mischen gleicher Volumina Kupfersulfatlösung, die 70 g krystallisiertes Kupfersulfat im Liter enthält, mit alkalischer Seignettesalzlösung (350 g Seignettesalz und 260 g Kaliumhydroxyd im Liter) hergestellt.

3. Additionsreaktionen der Aldehyde und Ketone.

Anlagerung von saurem Natriumsulfit (*Natriumbisulfit*). Es entstehen mit dem Reagens gut krystallisierende Anlagerungsverbindungen, die zur Erkennung und besonders zur Reinigung von Aldehyden und Ketonen Verwendung finden können.

$$R \cdot CHO + NaHSO_3 = R \cdot CH\begin{matrix} \diagup OH \\ \diagdown SO_3Na \end{matrix} .$$

Die betreffende Carbonylverbindung wird entweder direkt oder nach Lösen in wenig Alkohol mit konzentrierter Bisulfitlösung (spez. Gew. 1,33) geschüttelt, wobei gewöhnlich Erwärmung eintritt und die Anlagerungsverbindung sich krystallinisch abscheidet. Hochmolekulare Aldehyde erfordern einen großen Überschuß von Bisulfitlösung. Bei Ketonen dauert die Reaktion unter Schütteln manchmal mehrere Stunden. Zur vollständigen Fällung empfiehlt sich manchmal Alkoholzusatz. Die Bisulfitlösung soll möglichst wenig freie schwefelige Säure enthalten, weil sich darin die meisten Bisulfitverbindungen leicht lösen. Vielfach noch geeigneter sind die *neutralen Sulfitlösungen.* Durch verdünnte Säure oder Soda, besser Baryt, werden die Bisulfitverbindungen wieder gespalten.

Es gibt auch Substanzen ohne Aldehydeigenschaften, namentlich *ungesättigte Verbindungen,* die sich mit Alkalibisulfit vereinigen können.

Auf die *Anlagerung von Ammoniak* an die einfachen Aldehyde der Fettreihe unter Bildung von Aldehydammoniak, sowie auf die *Blausäureanlagerung* an die Aldehyde und Ketone sei nur hingewiesen.

4. Kondensationsreaktionen der Aldehyde und Ketone.

a) Von den vielen Kondensationsreaktionen sind die mit *Phenylhydrazin und seinen Derivaten* zur Erkennung, Isolierung und Charakterisierung am wichtigsten. Unter Wasseraustritt entstehen dabei die gut krystallisierenden *Hydrazone*.

$$R \cdot C\langle^{H}_{O} + H_2N \cdot NH \cdot C_6H_5 = R \cdot CH : N \cdot NH \cdot C_6H_5 + H_2O\,.$$

Man bereitet sich immer frisch eine Mischung gleicher Volumina Phenylhydrazin und 50proz. Essigsäure und verdünnt mit etwa der dreifachen Menge Wasser. Bei kleinen Mengen fügt man zur Probe einfach die gleiche Anzahl Tropfen Phenylhydrazin und 50proz. Essigsäure.

Man kann die Substanz auch in Wasser oder Alkohol lösen oder suspendieren und mit überschüssigem, farblosem, reinem, *salzsaurem Phenylhydrazin* versetzen, das mit der 1,5fachen Menge krystallisiertem Natriumacetat in 8—10 Teilen Wasser gelöst wurde.

Die Reaktion vollzieht sich gewöhnlich am leichtesten in schwach essigsaurer Lösung oft schon in der Kälte, fast immer bei kurzem Erhitzen im siedenden Wasserbade, sehr oft auch beim Stehen mit Eisessig in der Kälte. In diesem Falle entsteht sehr leicht als Nebenprodukt *Acetylphenylhydrazin* (Fp. 126—128°).

Kochsalzzusatz bei verdünnten essigsauren Lösungen ist von Vorteil. Freie Mineralsäuren müssen vor Anstellung der Reaktion neutralisiert werden.

In manchen Fällen werden Hydrazone am besten erhalten durch Vermischen der Substanz mit der berechneten Menge Phenylhydrazin ohne Lösungsmittel entweder durch Stehenlassen bei Zimmertemperatur oder vorsichtiges Erhitzen.

Auch eine 10proz. Lösung von Phenylhydrazin in schwefeliger Säure, hergestellt durch Einleiten von Schwefeldioxyd in ein Gemisch der Base mit der zehnfachen Menge Wasser, wird als Reagens empfohlen.

Die erhaltenen Rohhydrazone werden nach dem Waschen mit verdünnter Salz- oder Essigsäure gewöhnlich aus einem Lösungsmittel (Alkohol, Benzol u. a.) umkrystallisiert. Bei geringer Löslichkeit wird in Pyridin oder Pyridinalkohol gelöst und durch Benzol, Ligroin oder Äther, manchmal auch durch Wasser gefällt.

Auf diese Weise lassen sich die *Hydrazone* sowohl in der aliphatischen wie auch in der aromatischen Reihe darstellen; nur bei vereinzelten ortho-disubstituierten aromatischen Ketonen und manchen Chinonen tritt die Reaktion nicht ein. Manche Lactone und Säureanhydride reagieren jedoch. Die Hydrazone ungesättigter Carbonylverbindungen mit α-ständiger Doppelbindung lagern sich leicht in Pyrazolabkömmlinge um, namentlich beim Erhitzen mit Eisessig. Die *Zucker* mit freier Carbonylgruppe reagieren meist unter Bildung der sehr schwer löslichen *Osazone*, indem die primär entstehenden Hydrazone mit dem überschüssigen Phenylhydrazin weiter reagieren.

Substituierte Phenylhydrazine. Sie reagieren mit Carbonylverbindungen ebenso wie die einfache Base, liefern aber oft noch besser krystallisierende oder schwerer lösliche Derivate. Besonders in Verwendung stehen:

α) *p-Bromphenylhydrazin.* Man läßt es meist in essigsaurer Lösung einwirken und erhitzt nicht bis zum Kochen, um die Bildung von Acet-p-brom-phenylhydrazin zu vermeiden. Auch in methyl- oder äthylalkoholischer Lösung unter Kochen am Rückflußkühler kann man arbeiten. Zum Umkrystallisieren der Hydrazone eignet sich schwach verdünnter Methylalkohol.

β) *p-Nitro-phenylhydrazin.* Es ist besonders empfehlenswert auch zum Nachweis ganz geringer Mengen von Aldehyd oder Keton. Man mischt in der Regel die wäßrige Lösung des salzsauren Salzes mit der wäßrigen Lösung der

Probe. Ist dies nicht möglich, so verwendet man die freie Base in alkoholischer oder essigsaurer Lösung. Man löst die Probe in wenig Wasser, Eisessig oder Alkohol und fügt die kaltfiltrierte Lösung von p-Nitro-phenylhydrazin in 30 Teilen 40proz. Essigsäure oder Eisessig zu. Die so erhaltenen Kondensationsprodukte krystallisieren sehr leicht und sind beständig, können daher bequem umkrystallisiert werden.

γ) Für die Erkennung und Isolierung verschiedener Monosaccharide, namentlich der Ketosen, werden die sekundären, *asymmetrischen Hydrazine* vom Typus

$$\begin{matrix} C_6H_5 \searrow \\ \end{matrix} N \cdot NH_2 \quad \left(\begin{matrix} C_6H_5 \\ R \end{matrix} \right\rangle N \cdot NH_2$$

empfohlen, z. B. das Methylphenylhydrazin, das Diphenylhydrazin u. a.

b) *Das Semicarbazid* leistet ebenfalls bei der Isolierung und Charakterisierung namentlich komplizierterer Aldehyde und Ketone der Terpenreihe gute Dienste.

$$\left.\begin{matrix} R \\ R_1 \end{matrix}\right\rangle CO + H_2N \cdot NH \cdot CO \cdot NH_2 = \left.\begin{matrix} R \\ R_1 \end{matrix}\right\rangle C : N \cdot NH \cdot CO \cdot NH_2 + H_2O\,.$$

Die *Semicarbazone* krystallisieren sehr gut, zeigen große Verschiedenheiten und scharfe Schmelzpunkte. Zu ihrer Darstellung wird das salzsaure Semicarbazid in wenig Wasser gelöst, mit alkoholischem Kaliumacetat in entsprechender Menge und der carbonylhältigen Substanz versetzt und reiner Alkohol und Wasser bis zur völligen Lösung zugegeben. Die Dauer der Reaktion ist sehr verschieden, von wenigen Minuten bis mehreren Tagen. Bei cyclischen Ketonen erfolgt die Kondensation leicht beim Schütteln der wäßrigen Lösung des Semicarbazidchlorhydrats und Kaliumacetats mit dem Keton oder dessen Lösung in Eisessig. Das Reaktionsprodukt scheidet sich entweder selbst krystallinisch ab oder nach Zusatz einiger Tropfen acetonfreien Methylalkohols. Die Semicarbazone lassen sich größtenteils aus reinem Methylalkohol umkrystallisieren.

In ähnlicher Weise reagiert das *Thiosemicarbazid* unter Bildung von *Thiosemicarbazonen*, $RR_1C : N \cdot NH \cdot CS \cdot NH_2$, die sich dadurch auszeichnen, daß sie mit vielen Schwermetallen, besonders Silber und Quecksilber, unlösliche Salze bilden.

Auf die Kondensationen der Aldehyde und Ketone mit *Benzhydrazid* und seinen Derivaten, mit Kohlensäurehydraziden der Dioxybenzole, mit Diphenylmethan-dimethyl-dihydrazin $(CH_2[C_6H_4 \cdot N(CH_3)_2 \cdot NH_2]_2)$, zu deren Abscheidung und Identifizierung, sowie auf die *Acetal-* und *Oximbildung* kann nur hingewiesen werden.

5. Spezielle Kondensationen der Aldehyde.

Mit Dimethylhydroresorcin (Dimethylcyclohexandion = Dimedon) (82a). 1 Mol Aldehyd kondensiert sich mit 2 Mol Dimethylhydroresorcin unter Austritt von 1 Mol Wasser, nach der Gleichung:

$$2\; \begin{matrix} & CO & \\ H_2C & & CH_2 \\ | & & | \\ (CH_3)_2C & & CO \\ & \underset{H_2}{C} & \end{matrix} + R \cdot C\left\langle\begin{matrix} H \\ O \end{matrix}\right. \longrightarrow \begin{matrix} & \overset{O}{\overset{\|}{C}} & & \overset{R}{\overset{|}{CH}} & & \overset{O}{\overset{\|}{C}} & \\ H_2C & & CH & & \| & & CH_2 \\ | & & | & & | & & | \\ (CH_3)_2C & & CO & & HOC & & C(CH_3)_2 \\ & \underset{H_2}{C} & & & & \underset{H_2}{C} & \end{matrix} + H_2O\,.$$

Die Reaktion verläuft ohne Anwendung eines Kondensationsmittel in der wäßrigen oder alkoholischen Lösung schon bei Zimmertemperatur ganz glatt. Schwaches Erwärmen beschleunigt im allgemeinen die Abscheidung des Kondensationsproduktes. Es entstehen gut krystallisierende Verbindungen aus aliphatischen und aromatischen Aldehyden, die *Alkyliden-bis-dimethylhydroresorcine*. Diese sind Säuren, also in Soda löslich und geben als *Keto-enole* mit Eisenchlorid

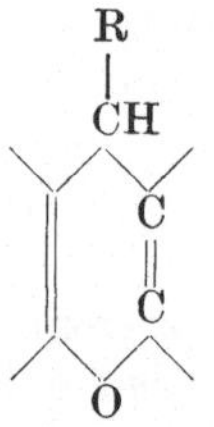

```
        R
        |
        CH
   \ /\ /\ /
   ||    C
   ||    ||
   ||    C
   / \/ \
      O
```

Farbenreaktionen. Sie wandeln sich leicht in Anhydride um, besonders unter dem Einfluß wasserentziehender Mittel (Eisessig, Essigsäureanhydrid), manchmal schon bei längerem Kochen mit Schwefelsäure und Alkohol. Die Anhydride sind in Soda unlöslich und geben mit Eisenchlorid keine Färbung.

Die Kondensation mit Dimedon findet Verwendung, um in Gärungsgemischen den Acetaldehyd abzufangen. (Dimedon-Abfangverfahren von C. NEUBERG und E. REINFURTH, Biochem. Ztschr. **106**, 281 [1920]).

Ketone reagieren im allgemeinen nicht mit dem Reagens.

Mit Resorcin. Einige Tropfen des flüssigen Aldehyds oder der konzentrierten alkoholischen Lösung werden mit einer alkoholischen Resorcinlösung (1 : 2) und einer Spur Salzsäure versetzt und 1 Minute gekocht. Beim Eingießen in Wasser entsteht bei Gegenwart einer Aldehydgruppe ein Niederschlag (oft harzig).

b) Quantitative Bestimmung der Carbonylgruppe.

Methode von STRACHE (81). Die Methode beruht auf der quantitativen Ermittlung des Überschusses von Phenylhydrazin nach seiner Einwirkung auf Aldehyde oder Ketone. Aus der überschüssigen Base wird mittels FEHLINGscher Lösung der Stickstoff abgespalten und sein Volumen gemessen.

$$C_6H_5 \cdot NH \cdot NH_2 + O = C_6H_6 + N_2 + H_2O\,.$$

0,1 —0,5 g Substanz werden in einem mit Marke versehenen 100-cm^3-Kölbchen mit einer genau gemessenen 5proz. Phenylhydrazinchlorhydratlösung und deren $1^1/_2$fache Menge 10proz. essigsaurem Natrium und Wasser auf etwa 50 cm^3 gebracht und $^1/_2$—2 Stunden auf dem Wasserbade erwärmt. Nach dem Erkalten wird bis zur Marke aufgefüllt, 50 cm^3 herausgenommen und in den Hahntrichter des von KAUFLER und SMITH (32) modifizierten Apparates von STRACHE gebracht. Die Menge des Phenylhydrazinsalzes, das man in einer Bürette abmißt, ist so zu wählen, daß im Hauptversuch 15—30 cm^3 Stickstoff entwickelt werden.

Vor Anstellung des Hauptversuches erfolgt die *Titerstellung der Phenylhydrazinlösung.* Da 1 g Phenylhydrazinchlorhydrat rund 155 cm^3 Stickstoff entwickelt, benutzt man zur Titerstellung 10 cm^3 der 5proz. Lösung. Ein gut gewaschener Kohlendioxydstrom wird aus dem KIPPschen Apparat in die Flasche *B* (Abb. 152) geleitet, welche $^3/_4$—1 Liter faßt. In *B* befinden sich 200 cm^3 FEHLINGscher Lösung, auf der eine dünne Schicht Paraffinöl schwimmt. Dieses verhindert die Absorption des CO_2 durch die FEHLINGsche Lösung. Das Einleitungsrohr für den CO_2-Strom darf nicht in die Flüssigkeit eintauchen.

B wird erhitzt und dann so lange CO_2 durch den Apparat geleitet, bis die im SCHIFFschen Eudiometer aufsteigenden Bläschen fast vollständig absorbiert werden, der Apparat also luftfrei ist. Nun wird ein blinder Versuch mit 5proz. Phenylhydrazinlösung gemacht, um den individuellen Wirkungswert des Apparates zu ermitteln.

Zu diesem Zwecke werden 10 cm^3 genau abgemessener Phenylhydrazinlösung mit 15 cm^3 Natriumacetatlösung vermischt und auf 100 cm^3 verdünnt. 50 cm^3 der Mischung werden in den Tropftrichter *C* gebracht, dessen capillar ausgezogenes Ende sich unterhalb der Flüssigkeit befindet und aufwärts gebogen ist. Der Stil des Tropftrichters ist schon vor Beginn des Versuches mit Wasser zu füllen. Dann wird der Inhalt des Tropftrichters langsam einfließen gelassen und zweimal mit heißem Wasser nachgespült. Der Rückflußkühler *D* verhindert das Überdestillieren irgendwelcher Flüssigkeit. Nur Stickstoff- und Benzoldampf werden vom CO_2 in den Absorptionsapparat *E* getrieben. Hier wird alles Benzol durch ein Gemisch gleicher Teile konzentrierter Schwefelsäure und konzentrierter Salpetersäure zurückgehalten. In der anschließenden Waschflasche wird der Stickstoff noch einmal mit Wasser gewaschen. Das Gas wird wie bei der N-Bestimmung nach DUMAS aufgefangen und gemessen. Bei genügend starkem Kochen erfolgt die Abspaltung des Stickstoffes rasch. 200 cm^3 FEHLINGscher Lösung reichen vollständig aus, um 150 cm^3 N frei zu machen, also bequem für 3—4 Carbonylbestimmungen.

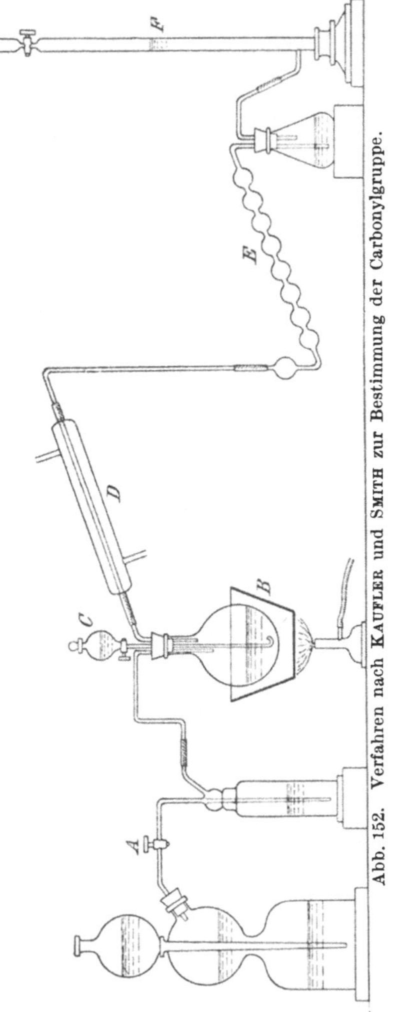

Abb. 152. Verfahren nach KAUFLER und SMITH zur Bestimmung der Carbonylgruppe.

Sofort nach der Titerstellung der Phenylhydrazinlösung erfolgt die *eigentliche Bestimmung*, indem durch den Hahntrichter *C* 50 cm^3 der mit dem Phenylhydrazin vorher in Reaktion gebrachten Lösung in gleicher Weise wie beim Leerversuch eingebracht werden.

Beispiel für die Berechnung. 1 cm^3 Phenylhydrazinlösung entwickelte z. B. 12,08 cm^3 N (760 mm, 0°). 0,2686 g Substanz (Oxybenzaldehyd) wurden mit 10 cm^3 Phenylhydrazinlösung und 15 cm^3 Natriumacetatlösung erwärmt und auf 100 cm^3 aufgefüllt. 50 cm^3 der Mischung, entsprechend 0,1343 g Substanz entwickelten 39,46 cm^3 N (760 mm 0°). (5 · 12,08) = 60,40 — 39,46 cm^3 = 20,94 cm^3 N wurden daher durch den Aldehyd verbraucht.

1 cm^3 N = 1,252 mg CO.

20,94 cm^3 N entsprechen 26,22 mg CO.

$$CO = \frac{26,22 \cdot 100}{134,3} = 19,52\,\%.$$

Wenn das Hydrazon im Wasser oder verdünnten Alkohol unlöslich ist, empfiehlt es sich, den Versuch mit reinem, frisch ausgekochtem Amylalkohol vorzunehmen, der ein ausgezeichnetes Lösungsmittel von genügend hohem Siedepunkt ist.

Mit Hilfe dieser Methode haben BENEDIKT und STRACHE (81) den quantitativen Verlauf der Einwirkung von Phenylhydrazin auf ätherische Öle studiert und dadurch ein Maß für den Gehalt an Aldehyden und Ketonen gewonnen.

c) Diketone (54).

Die Diketone zeigen in vielen Fällen verschiedene Reaktionen, je nach der gegenseitigen Lage der CO-Gruppen und je nachdem, ob die Carbonylgruppen einer offenen Kette oder einem Ring angehören.

1. Erkennung der 1,2-Diketone oder α-Diketone (Gruppe —CO—CO—).

Chinoxalinbildung. α-Diketone kondensieren sich leicht mit o-Phenylendiaminen (Toluylendiamin) zu cyclischen Verbindungen, den Chinoxalinen, die meist schwer löslich sind und gut krystallisieren. Die Reaktion erfolgt durch Erhitzen äquimolekularer Mengen, gewöhnlich in alkoholischer Lösung oder Suspension.

b) Mit *Phenylhydrazin* entstehen leicht Mono- und dann Dihydrazone (Osazone). Die Osazone der rein aliphatischen oder gemischt fettaromatischen α-Diketone werden durch Oxydationsmittel in stark bordeauxrot gefärbte Verbindungen übergeführt und können so in kleinsten Mengen nachgewiesen werden.

Das zu prüfende Material wird mit einem Tropfen Alkohol benetzt und mit etwas Eisenchlorid schwach erwärmt. Bei der Ätherausschüttlung geht der Farbstoff in den Äther. Wenn die Reaktion eintritt, kann auf die Anwesenheit eines Osazons geschlossen werden.

α-Diketone reagieren auch mit Hydroxylamin, Semicarbacid u. a.

2. Nachweis der 1,3-Diketone oder β-Diketone.

a) Mit Phenylhydrazin tritt beim Erwärmen Kondensation zu Phenylpyrazolen ein, die sich leicht zu Pyrazolinbasen reduzieren lassen.

In die siedend alkoholische Lösung einer kleinen Probe der Pyrazolbase bringt man ein Stück Natrium, verdünnt nach Auflösen des Metalls mit Wasser, verdampft den Alkohol und schüttelt die Pyrazolinbase mit Äther aus. Den Ätherrückstand löst man in ziemlich starker Schwefelsäure und gibt dann einen Tropfen Natriumnitrit- oder Kaliumpyrochromatlösung zu, worauf fuchsinrote bis blaue Färbungen auftreten.

Ähnlich reagieren β-Diketone mit Semicarbacid unter Bildung von Pyrazolderivaten. Mit Hydroxylamin entstehen Oximanhydride, sog. Isoxazole.

Durch die Nachbarschaft der beiden CO-Gruppen erlangt die „endo“-carbonyle Methylengruppe gesättigter β-Diketone die Fähigkeit, Metallverbindungen zu bilden, unter denen besonders die schwerlöslichen Kupfersalze charakteristisch sind und konstanten Schmelzpunkt zeigen.

3. Nachweis der 1,4-Diketone oder γ-Diketone.

Sie zeichnen sich durch die leichte Umwandlung in Derivate des Furfurans, Pyrazols und Thiophens aus.

Man löst ein wenig von der zu untersuchenden Substanz nach L. KNORR in Eisessig, fügt eine Lösung von Ammoniak und überschüssiger Essigsäure zu, kocht das Gemisch $^1/_2$ Minute, fügt dann verdünnte Schwefelsäure zu und kocht nochmals auf, während man einen Fichtenspan in die Dämpfe hält. Starke Rötung des Spans (Pyrolreaktion) macht die Anwesenheit eines γ-Diketons sehr wahrscheinlich.

4. Die cyclischen 1,4-Diketone der Benzolreihe oder p-Chinone

zeigen in einigen Punkten gegenüber den gesättigten 1,4-Diketonen der Fettreihe abweichendes Verhalten. Sie wirken z. B. auf Phenylhydrazin oxydierend unter Abspaltung von Benzol; Naphthochinone geben dagegen Monophenylhydrazone, während Anthrachinon direkt nicht reagiert. Wie die meisten Ketone sind auch die Chinone, besonders die nicht hydroxylierten sehr empfindlich gegen Alkalien, aber beständig gegen Säuren (ausgenommen die reduzierend wirkenden, z. B. HJ, H_2SO_3). Sie lassen sich durch nascierenden Wasserstoff verschiedenster Darstellung leicht zu Hydrochinonen reduzieren unter intermediärer Bildung von Chinhydronen, die häufig charakteristisch gefärbt sind. Die mehrkernigen Chinone zeigen im allgemeinen geringere Reaktionsfähigkeit und Empfindlichkeit als die einkernigen.

Fast alle Chinone sind gefärbt. In vielen Fällen geben sie mit konzentrierter Schwefelsäure charakteristische Färbungen. Auch mit Alkalien entstehen Färbungen. Fuchsinschwefelige Säure wird durch Chinone nicht gefärbt.

Mit salzsaurem Hydroxylamin reagieren viele Chinone unter Bildung von Mono- und Dioximen, doch ist die Reaktionsfähigkeit sehr verschieden.

5. Quantitative Bestimmung der Chinone (60).

Die Bestimmung vieler Chinone beruht darauf, daß sie aus angesäuerter Jodkaliumlösung Jod in Freiheit setzen, das mit Natriumthiosulfatlösung bestimmt wird. Etwa 0,2 g Chinon werden eingewogen und in wenig 95proz. Alkohol gelöst. Dazu wird ein frisch bereitetes Gemisch von 20 cm^3 konzentrierte Salzsäure mit dem gleichen Volumen 95proz. Alkohol und 20 cm^3 10proz. Jodkaliumlösung gegossen und das ausgeschiedene Jod titriert.

Nach WIELAND wird das in mineralsaurer Lösung befindliche Chinon mit wenig Zinkstaub reduziert, zur filtrierten farblosen Lösung ein kleiner Überschuß von Natriumbicarbonat gegeben und das Hydrochinon mit 0,1 n-Jodlösung titriert.

d) **Ketonsäuren** (55).

Die gegenseitige Lage der Carbonyl- und Carboxylgruppe bewirkt ein verschiedenartiges Verhalten der einzelnen Klassen dieser Verbindungen. Während die α- und γ-Ketonsäuren in freiem Zustande ziemlich beständig sind und nahezu unzersetzt sieden, sind die β-Ketonsäuren sehr unbeständig, bilden aber beständige Ester.

1. Die α-Ketonsäuren

werden beim Erhitzen mit verdünnten Mineralsäuren auf 150° in Aldehyd und CO_2 gespalten; beim Erhitzen mit konzentrierter Schwefelsäure (80—130°) entsteht unter Kohlenoxydabspaltung die um 1 C-Atom ärmere Säure. Die Semicarbazone spalten schon in der Kälte bei der Oxydation mit Jodjodkalium in Sodalösung CO_2 ab und gehen in die Semicarbazide der um ein C-Atom ärmeren Säure über. Mit Wasserstoffsuperoxyd werden sie fast quantitativ unter CO_2-Abspaltung zu der um 1 C-Atom ärmeren Säure abgebaut.

Mit o-Phenylendiamin reagieren sie wie die 1,2-Diketone unter Bildung von Chinoxalinderivaten.

2. Die β-Ketonsäuren

werden durch Säuren und Alkalien nach zwei verschiedenen Richtungen gespalten (Säure- und Ketonspaltung).

Mit Phenylhydrazin reagieren sie wie die 1,3-Diketone.

3. Die *γ-Ketonsäuren*

sind im freiem Zustand beständig und unzersetzt destillierbar.

(Über weitere Reaktionen der Ketonsäuren vgl. die ausführlicheren Handbücher.)

D. Die Alkoxylgruppe (56).

(Methylendioxy- und Methylmercapto-Gruppe.)

Der Nachweis und die Erkennung der Alkoxylgruppen, —O · Alk., beruht auf der Spaltbarkeit durch Jodwasserstoffsäure, wobei sich Jodalkyl bildet. Diese einwertige, von der Hydroxylgruppe durch Ersatz des Wasserstoffatoms durch ein Alkyl sich ableitende Atomgruppe weisen die *Äther*, die *Acetale*, die *Orthosäureester* und die *Carbonsäureester* auf. Die Äther unterscheiden sich von den Acetalen und Orthosäureestern durch ihre Widerstandsfähigkeit gegenüber verdünnten Mineralsäuren (mit Ausnahme der Enoläther), von den Säureestern durch ihre Beständigkeit gegenüber alkalischen Agenzien. Den *Nachweis der Alkoxylgruppen* — meist handelt es sich um die Methoxyl- oder Äthoxylgruppe — wird man in den meisten Fällen infolge der bequemen und raschen Ausführungsmöglichkeit *gleich quantitativ führen*. Auch wenn die Natur des bei der Verseifung mit Jodwasserstoffsäure abgespaltenen Jodalkyls festgestellt werden soll, ist das quantitative Verfahren empfehlenswert.

Im Molekül gleichzeitig vorhandene *Methylimidgruppen* (NCH_3) werden im allgemeinen durch siedende Jodwasserstoffsäure nicht abgespalten. Es gibt jedoch vereinzelte Fälle, wo dies der Fall ist (vgl. S. 249). Die Anwesenheit von *Methylendioxygruppen* $CH_2\langle{}^{O-}_{O-}$ im Molekül ist für den Ausfall der Methoxylbestimmung ohne Einfluß, da diese Gruppe durch HJ zersetzt wird.

Aroxylgruppen können von den Alkoxylgruppen nach H. MEERWEIN (56a) durch Sättigen der betreffenden Äther mit trockenem HBr unterschieden werden. Dieser bildet mit rein aliphatischen Äthern Bromalkyle und Wasser, mit Arylalkyläthern Bromalkyle und Phenole. Diaryläther bleiben ungespalten. (Über die Bestimmung der *Methylmercapto-Gruppe* —SCH_3 vgl. S. 227.)

a) Die quantitative Bestimmung der Methoxyl- und Äthoxylgruppen nach ZEISEL.

Die von ZEISEL ausgearbeitete Makromethode zur quantitativen Bestimmung der Methoxylgruppen gehört zu den in der organischen Chemie und bei Naturprodukten am meisten angewendeten Gruppenreaktionen. Sie beruht auf der Überführbarkeit der CH_3O-Gruppe in Methyljodid durch Verseifen mit siedender Jodwasserstoffsäure und Absorption des überdestillierenden und im Kohlendioxydstrom übergetriebenen Jodmethyls durch eine alkoholische Silbernitratlösung in Form einer Doppelverbindung von Jodsilber und Silbernitrat, welche dann mit Wasser Jodsilber liefert, dessen Menge quantitativ bestimmt wird. Die Methode ist auch zur Bestimmung höherer Alkoxyle, insbesondere des Äthoxyls, anwendbar und erfordert 0,1—0,3 g Substanz. PREGL (68) hat die Methode derart modifiziert, daß bei gleicher Genauigkeit nur 2—4 mg Substanz und 1—1,5 cm³ Jodwasserstoffsäure erforderlich sind.

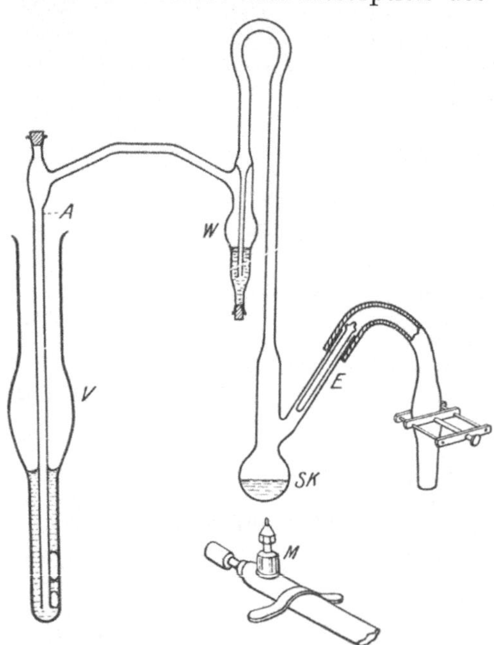

Abb. 153. Mikromethoxylbestimmungsapparat nach PREGL.

Der Destillationsapparat (Abb. 153), der einfacher ist als der Makroapparat, besteht aus dem Siedekölbchen *SK* von 2—4 cm³ Inhalt mit dem seitlichen Gaseinleitungsrohr *E*, der Waschvorrichtung *W*, die mit einem Kork verschließbar ist, und dem Gasableitungsrohr *A*, dessen vertikaler Schenkel auch oben offen ist und dort ein oder zwei Wandverdickungen aufweist, um durch ein Wassertröpfchen und Kork einen absolut dichten *Wasserverschluß* herstellen zu können. Zum bequemen Einspannen in eine Stativklemme ist der horizontale Schenkel mit einem halbierten Kork versehen. Als Vorlage dient ein in der Mitte bauchig erweitertes Reagensglas *V*, dessen unterer Teil in einer Länge von 5 cm nur einen Durchmesser von 0,7 cm besitzt. Das Jodsilber wird im Halogenfilterröhrchen nach PREGL gewogen (vgl. Halogenbestimmung, S. 170).

Die Reagenzien. 1. Jodwasserstoffsäure für Methoxylbestimmungen nach ZEISEL, Dichte 1,70. Sie ist jetzt im Handel in genügender Reinheit erhältlich. Von ihrer Güte hängt die Genauigkeit der Bestimmung ab. Sie soll durch ausgeschiedenes Jod nicht zu stark braun gefärbt sein und darf im Leerversuch in der vorgelegten Silberlösung keinen Niederschlag erzeugen. Braune Lösungen von der richtigen Dichte können durch Kochen mit rotem Phosphor bis zur Entfärbung und Reinigung durch Destillation wieder brauchbar gemacht werden. Um die Säure möglichst lange in brauchbarem Zustand zu erhalten, füllt man sie in kleinen Portionen in Röhrchen ab, die man dann zuschmilzt. 2. 4proz. alkoholische Silbernitratlösung. Die Lösung muß vor Gebrauch längere Zeit auf dem siedenden Wasserbade digeriert werden. 3. 5proz. Lösung von Natriumthiosulfat. 4. 5proz. Cadmiumsulfatlösung. 5. Essigsäureanhydrid und reinstes Phenol als Lösungsmittel für die Substanz.

Sämtliche Reagenzien werden durch einen Blindversuch auf ihre Brauchbarkeit geprüft.

Ausführung. Die Substanz wird in ein höchstens 20 mg schweres Stanniolhütchen, hergestellt durch Überstülpen eines Stanniolblättchens über einem 5 mm dicken Glasstab, in einer Menge von 2—4 mg eingewogen. Nach der Wägung wird das Hütchen zwischen den Fingern vorsichtig zusammengedrückt. Man kann die Substanz jedoch auch zu einer Pastille pressen (vgl. Mol.-Gew.-Bestimmung) und im Wägeröhrchen abwägen. Nun bringt man mittels eines ausgezogenen Glasröhrchens durch entsprechende Schiefstellung des Apparates in die Waschvorrichtung des vollkommen trockenen Apparates eine Aufschwemmung von rotem Phosphor in Wasser oder eine 3proz. Thiosulfatlösung. Die Phosphorsuspension hat den Zweck, kleine Mengen von mitgerissenem Jod und Jodwasserstoff zurückzuhalten. Da unter Umständen trotzdem kleine Jodmengen der Umsetzung entgehen, füllt man nach FRIEDRICH besser eine 5proz. Thiosulfatlösung ein, welcher bei *schwefelhältigen Substanzen* zur Absorption von abgespaltenem Schwefelwasserstoff noch eine *5proz. Cadmiumsulfatlösung* zugesetzt werden muß. Dann reinigt man den unteren Teil des Gasableitungsrohres *A* und die Vorlage *V* mit warmer Chromschwefelsäure, Wasser und Alkohol, worauf man die obere Öffnung von *A* mittels eines Wassertropfens und eines Korkes verschließt. In die Vorlage *V* bringt man 2 cm^3 alkoholische Silbernitratlösung, welche bei richtigen Ausmaßen der Vorlage gerade den engen Teil ausfüllt. FRIEDRICH fand, daß stets kleine Mengen von Jodmethyl der Umsetzung mit Silbernitrat entgehen und dadurch die zu niedrigen Methoxylwerte zu erklären sind. Für je 1 cm^3 Silberlösung wurde der Verlust mit 0,06 mg AgJ ermittelt. Bei Verwendung der vorgeschriebenen *2-cm^3 Lösung* sind also *zur jeweils gefundenen Jodsilbermenge 0,12 mg zu addieren.*

Dann spannt man den Apparat in eine Stativklemme und senkt ihn so weit, daß das Rohr *A* bis auf den Boden der Vorlage reicht. Dadurch werden die während der Bestimmung aufsteigenden Gasblasen gequetscht und kommen in innige Berührung mit der Silberlösung, so daß die völlige Absorption der Jodmethyldämpfe mit *einer* Vorlage gewährleistet ist. Nun bringt man in das Siedekölbchen 1,5 cm^3 Jodwasserstoffsäure, einige Tropfen Essigsäureanhydrid oder einige Krystalle Phenol als Lösungsmittel für die Substanz, worauf man das Stanniolhütchen mit der Substanz einbringt. Da für die quantitative Umsetzung mit Jodwasserstoffsäure eine vollständige Lösung der Substanz erforderlich ist, diese bei manchen Substanzen nach dem angegebenen Verfahren jedoch nicht erzielt wird, empfiehlt es sich unter Umständen, die Substanz zu einer Pastille zu pressen und diese im leeren Siedekölbchen im Lösungsmittel aufzulösen und dann erst Jodwasserstoffsäure zuzusetzen. Auch in diesem Falle erleichtert der Zusatz eines Stückchens Stanniol oder auch Graphitpulver das gleichmäßige Sieden der Säure.

Die Bestimmung bringt man in Gang, indem man den Apparat mit einem KIPPschen Kohlensäureentwickler verbindet, den CO_2-Strom allenfalls durch eine Waschflasche mit Silbernitrat leitet und durch Anlegen eines Schraubenquetschhahnes so reguliert, daß nie mehr als 2 Blasen in der Vorlage unterwegs sind. Darauf stellt man unter das Siedekölbchen in einer Entfernung von etwa 1 cm einen Mikrobrenner *M* mit einem 3—4 mm hohen Flämmchen und hält die Säure gerade so stark im Sieden, daß sie nicht in die Waschvorrichtung überdestilliert. 3—4 Minuten nach Beginn des Siedens beginnt sich in der Silberlösung ziemlich plötzlich ein feinflockiger, weißer Niederschlag auszuscheiden, der allmählich grobflockig wird. Nach 20—25 Minuten ist die Reaktion zu Ende und sämtliches Jodmethyl in die Vorlage übergeführt.

Zur Beendigung des Versuches drosselt man den CO_2-Strom ein wenig, hebt den Apparat mit der Stativklemme so hoch, daß das Vertikalrohr nicht mehr in die Silberlösung taucht, entfernt den Kork des Wasserverschlusses und spült in scharfem Strahl das Rohr innen und außen ab. Allenfalls daran haftenbleibende Niederschlagsteilchen lockert man unter Zuhilfenahme eines Federchens (vgl. Mikro-S-Bestimmung S. 178) und spült abwechselnd mit wenig Alkohol und Wasser nach. Die nun etwa bis zur Hälfte gefüllte Vorlage versetzt man mit 3 Tropfen konzentrierter halogenfreier Salpetersäure und erwärmt sie im schwach siedendem Wasserbade bis zum Auftreten der ersten Siedeblasen, worauf man wieder auf Zimmertemperatur abkühlt. Der Niederschlag, der auf Wasserzusatz gelb geworden ist und gelegentlich ohne Schaden etwas mißfärbig aussehen kann, wird mittels der Absaugevorrichtung nach PREGL (vgl. Halogenbestimmung) auf das gewogene Halogenfilterröhrchen abgesaugt und nach entsprechender Weiterbehandlung auf 0,01 mg genau gewogen. Zur gefundenen Gewichtsmenge Jodsilber addiert man 0,12 mg als Korrektur für das bei Anwendung von 2 cm^3 Silberlösung der Umsetzung entgangene Jodmethyl.

Berechnung. 100 Gewichtsteile AgJ entsprechen 13,21 Gewichtsteilen OCH_3 oder 6,39 Gewichtsteilen CH_3.

log gef. AgJ + log 13,21 + (1 — log Einwaage) = Prozent OCH_3.

100 Gewichtsteile AgJ entsprechen 19,18 Gewichtsteilen OC_2H_5 oder 12,37 Gewichtsteilen C_2H_5. log gef. AgJ + log 19,18 + (1 — log Einwaage) = log Prozent OC_2H_5.

Bemerkungen zur Methode. Da manche Substanzen unter dem Einfluß der Jodwasserstoffsäure verharzen, wodurch unangegriffene Substanz der Einwirkung der Säure entzogen werden kann, empfiehlt es sich meist, die Jodwasserstoffsäure mit 6—8 Volumprozenten Essigsäureanhydrid zu versetzen (gelegentlich müssen auch gleiche Teile Säure und Anhydrid genommen werden). Wenn dieser Zusatz nicht genügend wirksam ist, setzt man noch einige Körnchen Phenol zu. Wieder andere Substanzen geben erst dann richtige Methoxylwerte, wenn man die Substanz zuerst in geschmolzenem Phenol löst und dann erst die Jodwasserstoffsäure zusetzt. Bei schwefelhältigen Substanzen gibt man in die Waschvorrichtung zur Absorption von entstehendem Schwefelwasserstoff eine 5—10 proz. mit Schwefelsäure schwach angesäuerte Cadmiumsulfatlösung. In ganz seltenen Fällen, bei sehr resistenten Substanzen führt erst die Anwendung einer Jodwasserstoffsäure von der Dichte 1,96 zum Ziel. Für besonders flüchtige Substanzen hat ZEISEL ein eigenes Verfahren angegeben, das für kleine Einwaagen noch nicht probiert wurde. Auch die Bestimmung des Krystallalkohols läßt sich nach dem Verfahren von ZEISEL ohne besondere Schwierigkeiten durchführen. GOLDSCHMIEDT hat zu diesem Zweck eine eigene Versuchsanordnung vorgeschlagen. Für Substanzen, die schon bei Zimmertemperatur auf Jodwasserstoffsäure reagieren, empfiehlt sich die Anwendung einer eisgekühlten Säure. Bei stickstoffhältigen Verbindungen (Nitro-, Nitroso- und Aminokörpern) können bisweilen zu niedrige Werte erhalten werden, weil sich das gebildete Jodalkyl an den Stickstoff addiert. In solchen Fällen gibt die Kombination mit der Methylimidbestimmung (vgl. S. 247) die richtigen Werte.

b) Unterscheidung von Methoxyl- und Äthoxylgruppen.

Die Methode von ZEISEL gibt unmittelbar kein Mittel an die Hand, um die beiden Gruppen zu unterscheiden und eine Trennung durchzuführen. Zur *Unterscheidung* bedient man sich einer *alkoholischen Lösung von Trimethylamin.* Dieses reagiert nach Beobachtungen von WILLSTÄTTER und UTZINGER (83) mit Jodmethyl und Jodäthyl rasch unter Bildung von *Tetramethylammoniumjodid,* bzw. *Trimethyl-äthylammoniumjodid,* die sich durch ihre verschiedene Löslichkeit in absolutem Alkohol voneinander unterscheiden und auch trennen lassen. Jenes ist fast unlöslich, dieses leicht löslich.

Die Bestimmung von Methoxyl neben Äthoxyl nach KÜSTER-MAAG (36).

Auf Grund der vorher erwähnten Eigenschaften haben KÜSTER und MAAG ein mikroanalytisches Verfahren zur Bestimmung von Methoxyl neben Äthoxylgruppen ausgearbeitet. Beim Einleiten von Jodmethyl in eine 10proz. alkoholische Lösung von Trimethylamin scheidet es sich als fast unlösliches Tetramethylammoniumjodid ab, während das Jodäthyl, das sich zu Trimethyl-äthylammoniumjodid umsetzt, auch in der Kälte in absolutem Alkohol in Lösung bleibt. An dem von PREGL beschriebenen Apparat waren für die quantitative Trennung einige Änderungen notwendig.

Die Gasaustrittsöffnung der Waschvorrichtung ist auf $^1/_2$ mm verengt, um möglichst kleine Gasblasen zu erhalten. Die Absorption der Jodalkyle erfolgt in zwei Vorlagen, die durch Schliffe untereinander und mit dem Siedegefäße verbunden sind. Die erste ist ein Gläschen von 11 mm Weite und 65 mm Höhe, welches eine Spirale enthält, hergestellt aus einem breit gedrückten Glasstabe mit 5 Windungen, um die Gasblasen einige Zeit aufzuhalten, als zweites Absorptionsgefäß dient eine Eprouvette von 3 mm Durchmesser und 90 mm Höhe, mit derart eingeschliffenem Zuleitungsrohr, daß die aufsteigenden Blasen gequetscht werden. Die Gasaustrittsöffnung hat in beiden Gefäßen ebenfalls je $^1/_2$ mm Durchmesser[1].

Die Bestimmung erfolgt bei einer Einwaage von 8—15 mg ganz ähnlich dem Verfahren nach PREGL. In die erste Vorlage gibt man 3, in die zweite 1 cm³ eines Gemisches von 5 cm³ 10proz. alkoholischer Trimethylaminlösung und 12 cm³ absolutem Alkohol. Dann füllt man den Apparat mit CO_2, stellt den Gasstrom ab und erhitzt ein Schwefelsäurebad, in welches das Siedegefäß eingetaucht ist, langsam auf 140°, so daß in der ersten Vorlage höchstens 3 Blasen in 2 Sekunden austreten. Die Jodwasserstoffsäure hält man so lange im Sieden, bis keine Blasen mehr aufsteigen, schaltet nun erst wieder den CO_2-Strom ein und läßt $^1/_2$ Stunde weiter sieden.

Zur völligen Ausscheidung des Tetramethylammoniumjodids läßt man die Vorlage gut verschlossen einen Tag stehen, wobei sich reichliche Krystalle an den Wänden und der Spirale des ersten Gefäßes absetzen. Jetzt nimmt man die Spirale heraus, spritzt sie sowie das Einleitungsrohr zur Eprouvette mit absolutem Alkohol ab und stellt sie in ein kleines Becherglas. Die alkoholische Lösung beider Vorlagen bringt man quantitativ in ein Bechergläschen und dampft auf dem Wasserbade zur Trockne ein. Nach dem Erkalten des Gläschens im Exsiccator nimmt man den Rückstand mit wenig absolutem Alkohol auf, wobei noch etwas Tetramethylammoniumjodid ungelöst zurückbleibt. Dieses filtriert man auf ein mit absolutem Alkohol angefeuchtetes Filter (1 cm Durchmesser) unter dreimaligem Nachwaschen mit wenig Alkohol ab. Die alkoholische Lösung von

[1] Zu beziehen bei Glasbläser *K. Seeber,* Stuttgart, Falkerstr. 69.

Trimethyläthylammoniumjodid verdünnt man mit der 2—3fachen Menge Wasser, setzt einen Tropfen Salpetersäure und 3 cm³ 1 proz. Silbernitratlösung zu und bringt auf dem siedenden Wasserbade das Jodsilber zur Ballung und dann im Halogenfilterröhrchen zur Wägung. Es entspricht dem Äthoxyl. Die beiden Vorlagen sowie die Spirale und das Filter spült man mit kochendem Wasser in das zum Eindampfen verwendete Becherglas und fällt mit Silbernitrat das Jodsilber, welches dem Methoxyl entspricht.

Auf eine zweite, von A. FRIEDRICH (20) ausgearbeitete Methode zur Bestimmung von Methoxyl- und Äthoxylgruppen wird nur hingewiesen.

c) Maßanalytische Methoxylbestimmung nach WOHACK-RIPPER (86).

Dieses Verfahren, auf welches nur kurz hingewiesen werden kann und welches anfänglich nur zur Bestimmung von Glycerin und Alkohol in Wein ausgearbeitet war, ist der Makromethode nach KLEMENC nachgebildet. Es werden die bei der Zersetzung mit Jodwasserstoffsäure gebildeten Alkyljodide im Luftstrom durch Überleiten über glühenden Platinasbest zu Wasser, Kohlensäure und Jod verbrannt. Dieses wird in Jodkalilösung gelöst und mit 0,01 n-Thiosulfat titriert. Das Verfahren ist besonders dort am Platze, wo Alkoxylbestimmungen serienweise zu machen sind oder keine Mikrowaage zur Verfügung steht und Bestimmungen von *wasserlöslichen oder schwer flüchtigen*, in Alkohol oder Äther löslichen Verbindungen ausgeführt werden sollen. Man kann z. B. 0,1 g der Substanz in 10—20 cm³ Wasser lösen und davon 0,5 cm³ zur Bestimmung verwenden, wozu dann allerdings Jodwasserstoffsäure von der Dichte 1,96 nach ZEISEL-FANTO zu nehmen ist, damit die Säure schließlich die richtige Konzentration hat. Schließlich ist die Methode auch zur Bestimmung in leichtflüchtigen Verbindungen geeignet, wofür ein etwas abgeändertes Siedekölbchen verwendet wird. Genauer ist die Bestimmung nach FR. VIEBÖCK und C. BRECHER (Ber. Dtsch. Chem. Ges. **63**, 3207 [1930]).

d) Methylendioxygruppe (Methylenacetale) (42).

Im Anschluß an die Besprechung der Bestimmung der Alkoxylgruppe werden noch kurz die Reaktionen der cyclischen Methylenacetale oder *Methylenäther der Orthodioxybenzole* erwähnt, da sich die Methylendioxygruppe $CH_2\begin{matrix} \diagup O- \\ \diagdown O- \end{matrix}$ in zahlreichen Naturstoffen (Alkaloiden und Riechstoffen) vorfindet. Die Methylenacetale sind im Gegensatz zu den meisten Acetalen schwer verseifbar und gleichen in dieser Hinsicht mehr den Phenoläthern. Beim Kochen mit Jodwasserstoffsäure liefern sie keine flüchtigen Jodverbindungen, weshalb die Anwesenheit der Methylendioxygruppe die Ergebnisse der Methoxylbestimmung nicht beeinflußt.

Durch konzentrierte Säuren werden die Methylendioxyverbindungen primär unter Abspaltung von Formaldehyd verseift, der sich mit den entstehenden Dioxybenzolen zu dunkelgefärbten Kondensationsprodukten verbindet. Der entstehende Formaldehyd läßt sich durch Zusatz von Phloroglucin oder Resorcin festlegen, da er sich mit ihnen leicht zu amorphen, in Wasser schwer löslichen Kondensationsprodukten vereinigt. Darauf beruht die qualitative Erkennung und quantitative Bestimmung dieser Gruppe.

1. *Qualitativer Nachweis.* Nach GAEBEL (22a) werden etwa 0,02 g der Substanz z. B. eines Alkaloids in 5 cm³ Phloroglucin-Schwefelsäure durch einmaliges kurzes Aufkochen gelöst, zu der noch heißen Lösung 2 cm³ konzentrierte Schwefelsäure gegeben und $^1/_4$—$^1/_2$ Stunde in ein siedendes Wasserbad gestellt. Es scheidet sich ein dicker, flockiger Niederschlag von Formaldehydphloroglucid ab. Die erforderliche Phloroglucin-Schwefelsäure gewinnt man durch Lösen von 1,5 g Phloroglucin in einer Mischung von 75 cm³ Wasser und 50 g konzentrierter Schwefelsäure in der Wärme. Nach mehrstündigem Stehen filtriert man die kalte Lösung.

Nach LABAT (38) löst man die zu untersuchende Substanz in konzentrierter Schwefelsäure und fügt einige Tropfen einer 5proz. alkoholischen Gallussäurelösung zu. Bei Anwesenheit der Methylendioxygruppe entsteht eine smaragdgrüne Färbung und die Lösung zeigt nach entsprechender Verdünnung einen charakteristischen Absorptionsstreifen in der Mitte des Rot.

2. Die von CLOWES und TOLLENS (12) angegebene Methode zur *quantitativen Bestimmung der Methylendioxygruppe* beruht auf der Wägung des Formaldehydphloroglucids, das sich nach Abspaltung des Formaldehyds mit dem Phloroglucin bildet. Die Methode hat jedoch nur beschränkte Anwendung und gibt nur gute Ergebnisse bei den Methylenacetalen der mehrwertigen Zucker und ähnlichen Verbindungen. Bei den Alkaloiden liefert sie ungenaue Resultate und ist höchstens geeignet über die Anzahl der Methylendioxygruppe im Molekül zu entscheiden. Über die Einzelheiten der Ausführung vgl. die Originalarbeit.

e) Bestimmung der Methylmercapto-Gruppe ($-SCH_3$) nach POLLAK-SPITZER (70a).

Zur Bestimmung der Methylmercapto-Gruppe in den Methyläthern der Mercaptane des Benzols bedienen sich J. POLLAK und A. SPITZER eines der Makromethoxylbestimmung nach ZEISEL analogen Verfahrens. Die Reaktion verläuft allerdings nicht so glatt und einfach wie die der Methoxylgruppen, leistet jedoch in vielen Fällen bei der Untersuchung von Mercaptoderivaten gute Dienste. Die Durchführung der Bestimmung ist erstens erschwert durch die viel langsamere Abspaltung des Methylrestes, zweitens durch die umständliche Aufarbeitung des entstandenen Niederschlages. Die erste Schwierigkeit läßt sich durch wiederholte Destillation, ähnlich wie bei der Methylimidbestimmung nach HERZIG-MEYER überwinden. Die zweite Schwierigkeit erfordert die quantitative Überführung des bei der Absorption in der Silberlösung entstehenden Gemisches von Jodsilber und wahrscheinlich Mercaptansilbers in Jodsilber. Zur Verseifung wird Jodwasserstoffsäure nach ZEISEL (spezifisches Gewicht 1,70) verwendet unter Zusatz des von F. WEISHUT (87) empfohlenen Phenols. Als Waschflüssigkeit dient eine Aufschwemmung von rotem Phosphor in einer mit Schwefelsäure schwach angesäuerten 20proz. Cadmiumsulfatlösung. Zur Absorption des bei der Reaktion entstehenden Jodmethyls und Methylmercaptans wird die alkoholische Silbernitratlösung nach ZEISEL verwendet. Die Einwaage beträgt 0,1—0,15 g. In das Destillationskölbchen kommen 10 cm^3 Jodwasserstoffsäure und 2 cm^3 Phenol.

Der in der Vorlage entstandene Niederschlag wird, wie beim Verfahren nach ZEISEL üblich, mit Wasser verdünnt, auf dem Wasserbade zum Vertreiben des Alkohols erwärmt und dann auf ein nicht tariertes, aschefreies Filter gebracht, sofort mit Wasser bis zum Verschwinden der Silberreaktion gewaschen und bei 100^0 getrocknet. Dann wird er vom Filter getrennt und in einer Schale am Wasserbad zwecks vollständiger Überführung in Jodsilber zunächst mit einigen Tropfen Jodwasserstoffsäure, dann 2—3mal mit Wasser abgedampft. Nun wird mit Wasser aufgenommen, neuerlich filtriert und der jetzt ausschließlich aus Jodsilber bestehende Niederschlag wieder vom Filter gelöst. Die beiden Filter werden zusammen verascht und um allenfalls hierbei reduziertes Silber in Jodsilber zurückzuverwandeln, bis zur Gewichtskonstanz mit verdünnter Salpetersäure und Jod abgeraucht. Dann wird die Hauptmenge des Jodsilberniederschlages hinzugefügt und normal verarbeitet.

Flüchtige Substanzen werden nach dem von S. ZEISEL (88) für flüchtige, methoxylhaltige Substanzen angegebene Verfahren behandelt und der von HANS MEYER (63a) vorgeschlagene Methoxylbestimmungsapparat verwendet.

E. Die Aminogruppe (57).

I. Qualitativer Nachweis.

a) Die primäre Aminogruppe.

Farbenreaktionen. *Aliphatische Amine* geben mit *Nitroprussidnatriumlösung*, welche mit *Brenztraubensäure* versetzt ist, eine violette Färbung, die auf Essigsäurezusatz in Blau umschlägt und dann rasch verschwindet.

Mit Aceton und primären Aminen entsteht durch Nitroprussidnatrium rotviolette Färbung, während sekundäre und tertiäre Amine höchstens orangerot färben.

Arylamine (*Aniline*) geben eine Reihe von Farbenreaktionen: a) Anilin gibt mit überschüssiger *Chlorkalklösung* purpurviolette Färbung. b) Anilin oder dessen Salze in einem Porzellanschälchen mit einigen Tropfen konzentrierter *Schwefelsäure* und einem Tropfen einer Lösung von *Kaliumbichromat* versetzt, gibt nach einigen Minuten eine rein blaue Farbe, die später verschwindet. c) Mit *Furfurol* geben alle primären Aniline intensiv rote Verbindungen. d) Anilinsalze färben in wäßriger Lösung einen Fichtenspan gelb. e) Mit *verdünnter Essigsäure* und *Bleisuperoxyd* geben die aromatischen Amine (auch sekundäre und tertiäre) charakteristische Farbenreaktionen, die manchmal verschieden sind, wenn man statt Wasser Alkohol als Lösungsmittel anwendet.

Isonitril-(Carbylamin-)Reaktion. Primäre Amine geben in alkoholischer Lösung mit alkoholischer Lauge und einigen Tropfen Chloroform erhitzt, *unangenehm und betäubend riechende Dämpfe des Isonitrils*, R · NC. Die Reaktion, bei der der Alkohol auch weggelassen werden kann, geben nur primäre Amine. Sie ist recht allgemein anwendbar und es gibt nur wenig Ausnahmen.

Senfölreaktion. Primäre und sekundäre Amine der Fettreihe sowie hydroaromatische Amine bilden mit Schwefelkohlenstoff Aminsalze der Alkylsulfocarbaminsäuren.

$$2R \cdot NH_2 + CS_2 = CS\begin{cases} NH \cdot R \\ SH \cdot NH_2 \cdot R \end{cases} .$$

Nur die Derivate der primären Amine liefern bei der darauffolgenden Einwirkung entschwefelnder Agenzien (Sublimatlösung, Eisenchlorid), die charakteristisch riechenden *Senföle*, S : C : NR.

Zur Darstellung wird die alkoholische Lösung des Amins mit etwa der gleichen Menge Schwefelkohlenstoff versetzt, der größte Teil des Lösungsmittels verdampft und die zurückbleibende Flüssigkeit mit einer geringen Menge wäßriger Sublimatlösung erhitzt. Bei Anwesenheit eines *primären Amins* tritt sofort der *heftige Senfölgeruch* auf. Überschuß von Quecksilberchlorid schadet.

Aromatische Amine gehen mit Schwefelkohlenstoff in arylierte Thioharnstoffe über und lassen sich auf diese Weise von den aliphatischen Aminen unterscheiden.

Verhalten gegen Thionylchlorid. Die freien, primären Amine der Fettreihe setzen sich in ätherischer Lösung mit Thionylchlorid zu Thionylaminderivaten um.

$$3R \cdot NH_2 + SOCl_2 = R \cdot N : SO + 2R \cdot NH_2 \cdot HCl.$$

Die freien Basen setzen sich auch leicht mit Thionylanilin um. Die Thionylamine bilden unzersetzt siedende, an der Luft rauchende, erstickend riechende Flüssigkeiten, die schon durch Wasser zu Amin und Schwefeldioxyd zersetzt werden.

Die primären aromatischen Amine setzen sich auch als salzsaure Salze mit Thionylchlorid leicht um, wenn man sie mit Benzol übergießt und mit der berechneten Menge Thionylchlorid auf dem Wasserbade erhitzt.

Hydroxyl- und carboxylhaltige aromatische Amine reagieren nur dann normal, wenn der Wasserstoff des Hydroxyls oder Carboxyls durch Alkyl ersetzt ist.

Verhalten gegen salpetrige Säure. *Primäre aliphatische Amine* geben mit salpetriger Säure meistens die entsprechenden Alkohole, indem die Aminogruppe durch die Hydroxylgruppe ersetzt wird und der Stickstoff gasförmig entweicht. Darauf beruht eine quantitative Bestimmung der primären Aminogruppe (vgl. S. 234).

Aromatische Amine geben mit salpetriger Säure *Diazoverbindungen*, die zahlreichen Umsetzungen zugänglich sind, auf welche jedoch hier nicht näher eingegangen werden kann.

Für die Bereitung der Diazoniumsalzlösung verteilt man das Amin gewöhnlich in etwa 10 Teilen Wasser, fügt $2^1/_2$—3 Äquivalente Salzsäure zu und erwärmt allenfalls, bis Lösung eingetreten ist. Durch direkten Eiszusatz kühlt man dann auf 5^0 bis 0^0 ab und läßt allmählich eine starke Lösung der genau für 1 Mol Amin berechneten Menge Natriumnitrit zutropfen (dieses ist gewöhnlich 98proz.). Zur Identifizierung oder zum Nachweis geringer Mengen der in Lösung befindlichen Diazoniumsalze bietet die Bildung von Farbstoff bei Versetzen der alkalischen Lösung eines Phenols oder deren Sulfosäure oder einer schwach alkalischen, neutralen (oder schwach essigsauren) Lösung eines Amins oder dessen Sulfosäure mit den Diazoniumsalzlösungen ein ausgezeichnetes Mittel. Man gießt die Salzlösung z. B. in eine sodaalkalische Lösung von *2-Naphthol-3,6-disulfosäure* (R-*Salz* der Technik) und fällt den gebildeten Farbstoff durch Kochsalz. Auf dieser Reaktion beruht auch ein *quantitatives Verfahren zur Bestimmung der aromatischen Aminogruppe*, wobei eine titrierte Lösung von R-Salz, die davon in 1 Liter etwa die 10 g Naphthol äquivalente Menge enthält, verwendet wird. Durch wiederholte Versuche stellt man das Volumen R-Salzlösung fest, das zur Bindung des Diazoniumsalzes erforderlich ist.

Besonders häufig wird die typische Diazospaltung, die unter völliger Abspaltung des Diazostickstoffes verläuft, zur quantitativen Bestimmung von Diazoniumsalzen verwendet. Es wird die gewogene Menge der Substanz mit Wasser oder Schwefelsäure vom Vol. Gew. 1,306 erwärmt und das entweichende Gas gemessen. Die Aminogruppe wird dabei durch die Hydroxylgruppe ersetzt.

Verhalten gegen Metaphosphorsäure. Sie ist ein *spezifisches Fällungsmittel* für *primäre Aminbasen* und Diamine der aliphatischen und aromatischen Reihe. Sekundäre und tertiäre Amine werden von ihr nicht gefällt. Die zu prüfende Base wird in Äther (auch andere Lösungsmittel sind brauchbar) gelöst und diese Lösung mit konzentrierter wäßriger Metaphosphorsäure geschüttelt. Ein Überschuß des Fällungsmittels ist wegen der Löslichkeit der Metaphosphate in der Säure zu vermeiden.

Acylierung der Aminoverbindungen. Zur Charakterisierung und Bestimmung der *primären* und auch der *sekundären Amine* finden Acylierungsmethoden (Einführung von Säureresten) Anwendung, wie sie bei der Bestimmung der Hydroxylgruppe beschrieben wurden. Die Aminogruppe zeigt jedoch größere Reaktionsfähigkeit als die OH-Gruppe, während die sekundären Amine weniger leicht reagieren.

a) *Die Formylierung* (Einführung der CHO-Gruppe) vollzieht sich gewöhnlich schneller und glatter als die Acetylierung. Man arbeitet *mit Ameisensäure*, womit manche Amine schon in verdünntem Zustand bei kurzem Kochen zum Teil formyliert werden. Die Formylderivate der Aminverbindungen geben oft leicht wieder ihre Formylgruppen ab, so daß man dadurch primäre und sekundäre Basen manchmal von den tertiären trennen und bequem regenerieren kann.

b) *Acetylierung.* Manche Amine lassen sich schon durch Erwärmen mit verdünnter Essigsäure, andere durch Erhitzen im geschlossenen Rohr auf 150—160°, wieder andere erst durch Kochen mit Eisessig acetylieren.

Allgemeiner anwendbar ist das *Essigsäureanhydrid.* Die Base wird in der entsprechenden Menge verdünnter Essigsäure gelöst oder suspendiert oder der Lösung des Chlorhydrates Natriumacetat oder Normalalkali zugesetzt und unter Schütteln Essigsäureanhydrid zugefügt. Manchmal muß dabei auf 50—60° erwärmt werden.

Eine alkoholische Lösung des Essigsäureanhydrides ist dann besonders geeignet, wenn das Amin in Essigsäureanhydrid wenig löslich ist. In Fällen von Schwerlöslichkeit der Base empfiehlt sich ferner *Pyridin als Lösungsmittel.* Auch das Suspendieren des salzsauren Salzes in Benzol und Kochen mit der berechneten Menge Essigsäureanhydrid bis zum Aufhören der HCl-Entwicklung ist vielfach angewendet worden. In manchen Fällen muß man direkt mit Essigsäureanhydrid kochen. In Fällen, wo andere Methoden versagen, wird die acetylierende Wirkung des Essigsäureanhydrids durch Zusatz ganz geringer Mengen von konzentrierter Schwefelsäure außerordentlich gesteigert.

Besonders glatt, bei gewöhnlicher Temperatur und meist plötzlich reagiert *Thioessigsäure* mit aromatischen primären und sekundären Aminen und Aminosäuren.

$$R \cdot NH_2 + CH_3 \cdot COSH = R \cdot NH \cdot COCH_3 + H_2S\,.$$

Das *Acetylchlorid,* entweder in Lösung (indifferente oder salzsäurebindende Lösungsmittel, wie Pyridin u. ä.) oder ohne Lösungsmittel, wird weniger häufig angewendet.

Im allgemeinen wird bei der Acetylierung nur eines der beiden Wasserstoffatome der Aminogruppe substituiert, doch kommen auch Diacetylierungen vor. Dabei spielt die Konstitution der Substanzen eine wesentliche Rolle. Orthosubstituierte Arylamine sind z. B. der Diacetylierung besonders leicht zugänglich.

c) *Benzoylierung.* Man schüttelt das Amin nach der Methode von SCHOTTEN-BAUMANN mit verdünnter Kali- oder Natronlauge und Benzoylchlorid in der Kälte. Bei alkali-empfindlichen Aminen arbeitet man in Soda-, Alkalibicarbonat- oder Alkaliacetatlösung.

Nach CLAISEN wird die ätherische Lösung des Amins mit feinst gepulvertem Kaliumcarbonat auf dem Wasserbade am Rückflußkühler erwärmt und allmählich Benzoylchlorid zugetropft. Nach FRANZEN wird das Chlorhydrat der Base in Benzol suspendiert und mit Benzoylchlorid bis zum Aufhören der Chlorwasserstoffentwicklung gekocht.

Statt bei Gegenwart von Alkali in der Kälte läßt sich die *Benzoylierung in Pyridin* auch in der Hitze durchführen oder in absolut alkoholischer Lösung unter Zusatz der berechneten Menge Natriumäthylat.

d) So wie die Hydroxylgruppe läßt sich auch die Aminogruppe mit *Benzol- (oder* p-*Toluol)-sulfochlorid* bei Gegenwart von Alkali in Reaktion bringen. Mit den primären Aminen sowohl der aliphatischen wie auch der aromatischen Reihe entstehen dabei *Sulfonamide, die in der überschüssigen Lauge leicht löslich sind, während die sekundären Amine alkaliunlösliche Dialkylamide liefern.* Tertiäre Amine treten nicht in Reaktion.

Darauf gründet sich ein Trennungsverfahren für Stickstoffbasen. Man schüttelt das zu untersuchende Produkt mit überschüssiger, etwa 12proz. Kalilauge (4 Mol) und Benzoylsulfochlorid ($1^1/_2$—2fache theoretische Menge). Nach einigen Minuten erwärmt man, bis der Geruch nach dem Chlorid verschwunden ist. Die Flüssigkeit muß stets alkalisch bleiben. Das primäre Amin bleibt als Benzolsulfosäure-alkylamidkalium in Lösung, das sekundäre wird als Dialkylamid zusammen mit der unveränderten tertiären Base ausgeäthert und von dieser durch Schütteln des Extraktes mit verdünnter Salzsäure getrennt.

Aus der Lösung der Verbindung des primären Amins erhält man beim Versetzen mit Salzsäure das *Benzolsulfonamid* meist in festem krystallisierten Zustand. Ist die tertiäre Base mit Wasserdampf flüchtig, so läßt sie sich nach Vollendung der Reaktion sofort mit Wasserdampf abtreiben, nachdem die überschüssige Lauge nahezu neutralisiert ist.

Bemerkungen zur Reaktion. Bei schwach basischen Arylaminen versagt die Reaktion. Es gibt ferner einzelne primäre Basen der Terpenreihe, deren Sulfonamide in Alkali unlöslich sind. Weiter gibt es primäre Amine, die besonders dann, wenn kein großer Überschuß an Lauge angewendet wird, kleine Mengen Dibenzolsulfonamide liefern, die in Alkali unlöslich sind. Zur Vermeidung von Täuschungen kocht man daher den aus dem Basengemisch mit dem Sulfochlorid erhaltenen Niederschlag 15 Minuten lang am Rückflußkühler mit Natriumäthylatlösung (0,8 g Na in 20 cm^3 Alkohol auf je 1 g Base). Eine weitere Unsicherheit der Methode beruht auf dem Umstand, daß die Reaktionsprodukte der primären Alkylamine, sowie der hydrierten cyclischen Basen etwa von C_7 an, in überschüssiger Lauge unlösliche, durch Wasser zerlegbare Alkalisalze geben.

In analoger Weise reagiert das *β-Naphthalinsulfochlorid*, das besonders zur Isolierung von Amino- und Oxyaminosäuren sowie von Polypeptiden verwendet wird; ferner das *β-Anthrachinonsulfochlorid*, das vor allem Anwendung findet, wenn mit Benzolsulfochlorid Schwierigkeiten auftreten. Die Reaktion eignet sich nur zum qualitativen Nachweis und zur Kontrolle der ersteren Methode, nicht aber zur Trennung der Amine.

e) Auf die *Reaktionen mit Phenylisocyanat, Naphthylisocyanat* und *Carboxäthylisocyanat*, die ebenfalls zur Isolierung und Charakterisierung der primären und sekundären Amingruppen Verwendung finden können, kann nur hingewiesen werden (vgl. Hydroxylgruppe).

b) Imidogruppe $\left(\begin{matrix}R\\R_1\end{matrix}\!\!>NH\right)$.

Auf das Verhalten der *sekundären Amine* gegen verschiedene Agenzien wurde schon bei Besprechung der Reaktionen der primären Aminogruppe verschiedentlich hingewiesen. Weitere Reaktionen werden bei der Trennung der Amine besprochen. Hier seien noch besonders erwähnt:

Das Verhalten gegen salpetrige Säure. Sekundäre Amine werden dadurch in *Nitrosamine* verwandelt.

$$\begin{matrix}R\\R_1\end{matrix}\!\!>NH + HONO = \begin{matrix}R\\R_1\end{matrix}\!\!>N\cdot NO + H_2O\,.$$

Man versetzt die konzentrierte wäßrige Lösung des salzsauren Amins mit konzentrierter Kaliumnitritlösung. Das Reaktionsprodukt scheidet sich meist als Öl ab und läßt sich mit Äther ausschütteln und durch Destillation mit Wasserdampf reinigen. Die Nitrosamine bilden indifferente gelbe bis gelbrote Öle, die in der aromatischen Reihe öfter auch krystallisierbar sind. Sie sind in Wasser unlöslich und meist mit Wasserdampf unzersetzt flüchtig. Mit Phenol und Schwefelsäure geben sie die *Nitrosoreaktion* (Farbstoffbildung). Durch Kochen mit konzentrierter Salzsäure werden daraus die Imine regeneriert.

Verhalten gegen Thionylchlorid. Die aliphatischen sekundären Amine (auch Piperidine) liefern den Harnstoffen ähnlich zusammengesetzte Substanzen von schwach basischem Charakter, die gegen Alkali und Wasser sehr beständig sind, von Säuren aber sofort zersetzt werden.

Acylierung. Alle für die Reaktion mit den primären Aminen angeführten Methoden finden auch hier Anwendung. Imine lassen sich im allgemeinen leicht mit Essigsäureanhydrid acetylieren; nur wenn die Iminogruppe zwischen zwei Carbonylgruppen steht, ist die Acetylierung nicht mehr möglich.

Die quantitative Bestimmung der Imidgruppe, des aktiven Wasserstoffes, läßt sich ebenso wie die Bestimmung der Hydroxylgruppe sehr bequem nach der Methode von Tschugaeff und Zerewitinoff ausführen (vgl. S. 201).

c) Tertiäre Amine (75).

Bei tertiären Aminen versagen die meisten Reaktionen der primären und sekundären Amine, die ja auf der Substitution des typischen Wasserstoffatoms beruhen, oder verlaufen anders. Im einzelnen wird auf die Bemerkungen bei den Reaktionen der primären und sekundären Aminogruppe sowie auf die Trennungsmethoden verwiesen.

d) Nachweis und Trennung primärer, sekundärer, tertiärer und quartärer Basen.

Durch Acetylieren. Mit Essigsäureanhydrid werden die primären und sekundären Amine acetyliert und verlieren damit ihren basischen Charakter. Mit verdünnter Mineralsäure können dann die tertiären Amine abgetrennt werden.

Mit salpetriger Säure. Die primären Amine werden damit in Alkohole übergeführt und gehen verloren, die sekundären scheiden sich als Nitrosamine ab, die durch Ausäthern oder Filtration getrennt und dann regeneriert werden können; die tertiären Amine, die nicht in Reaktion treten, lassen sich nach Abtrennung des sekundären Amins durch Alkalizusatz abscheiden und am besten durch Methylierung zum Salz der quartären Ammoniumbase rein darstellen, woraus durch Silberoxyd die freien Basen gewonnen und als solche destilliert werden können.

Tertiäre aliphatische Amine können durch salpetrige Säure auch zersetzt werden. Bei niedriger Temperatur kann sich die Säure direkt zu krystallinischen Nitriten vereinigen, die aus dem Reaktionsgemisch der Hydrochloride mit Natrium- oder Kaliumnitrit durch Dampfdestillation im Vakuum isoliert werden können. Mit fettaromatischen, tertiären Aminen entstehen p-Nitrosobasen; es treten Farbenreaktionen ein.

Über die Trennung mit Hilfe von **Benzolsulfosäurechlorid** vgl. S. 230.

Über die Trennung der primären und sekundären Amine von den tertiären mit **Schwefelkohlenstoff** vgl. S. 228.

Über die Trennung der primären Basen von den sekundären und tertiären mit **Metaphosphorsäure** vgl. S. 229.

Trennung der primären und sekundären Amine von den tertiären und quartären Basen mit **Ferrocyankalium.** In der aliphatischen Reihe bilden nur die tertiären Basen mit Ferrocyankalium verhältnismäßig schwer lösliche Verbindungen und lassen sich dadurch aus einem Gemenge abscheiden. Die Ammoniumbasen der Fett- und aromatischen Reihe werden aus stark saurer Lösung ihrer Chloride, Jodide und Sulfate als saure Ferrocyanide gefällt. Die Methode gestattet die Isolierung der leicht löslichen Ammoniumkörper aus verdünnten oder durch andere Salze verunreinigten Lösungen.

In der aromatischen Reihe werden mit Ferrocyankalium die primären Amine nur bei starker Konzentration und einem großen Überschuß von freier Säure, die tertiären schon aus sehr verdünnten wäßrigen Lösungen gefällt, während die Salze der sekundären Amine eine mittlere Löslichkeit aufweisen.

Methode der erschöpfenden Methylierung. Jodmethyl lagert sich in der Mehrzahl der Fälle an primäre, sekundäre und tertiäre Basen an. Bei erschöpfender Behandlung mit *Jodmethyl* und Kali nimmt das primäre Amin drei, das sekundäre zwei, das tertiäre eine Methylgruppe auf unter Bildung des Jodids der quartären Base. Analysiert man sowohl die ursprüngliche Base als auch das nicht mehr durch kalte Kalilauge veränderliche Reaktionsprodukt entweder durch Bestimmung des Metalls der Platindoppelsalze oder Chloraurate oder durch *Bestimmung der an den Stickstoff gebundenen Alkylgruppen* nach HERZIG-MEYER, so erhält man über die Zahl der eingetretenen Methylgruppen Aufschluß. (Über die Bestimmung des Alkyls am Stickstoff vgl. S. 247). Das Jodmethyl kann in allen Fällen durch *Dimethylsulfat* ersetzt werden, reagiert aber meist noch bedeutend rascher und besser als ersteres. Sterische Einflüsse können sich geltend machen. Diese Methode hat für die Erforschung der Pflanzenstoffe großen Wert.

Für die erschöpfende Methylierung der aromatischen Basen ist besonders das Verfahren von NOELTING empfehlenswert. Das Amin wird mit Sodalösung ($3^1/_2$ Mol) und Jodmethyl in 25 Teilen Wasser am Rückflußkühler 20—30 Stunden gekocht. Aliphatische Amine werden meist unter Druck auf 100—150° erhitzt. Zur Beendigung der Reaktion wird das durch Ausäthern und Abdampfen des Äthers gewonnene Reaktionsprodukt noch mit 1,1 Teilen Jodmethyl und 0,3 Teilen Magnesiumoxyd im geschlossenen Rohr 20 Stunden auf 100° erhitzt. Das Produkt wird dann mit Äther gewaschen und zur Lösung des quartären Jodids mit Wasser oder Alkohol ausgekocht. Zur Reinigung wird allenfalls noch aus wäßrigen Lösungen mit starker Natronlauge ausgefällt oder aus Chloroform umkrystallisiert.

Erkennung von primären und sekundären Basen mit o-Xylylenbromid. Die primären und sekundären Amine sowohl der aliphatischen als auch der aromatischen Reihe lassen sich damit gut charakterisieren. Die *primären aliphatischen Amine* reagieren unter Bildung von am Stickstoff alkylierten Derivaten des Xylylenimids, die *primären aromatischen Amine* ohne o-Substituenten ebenso, die mit o-Substituenten jedoch bilden Derivate des Xylylendiamins.

Die *sekundären Amine der Fettreihe* führen zur Bildung meist gut krystallisierender Bromide von Ammoniumverbindungen. Die *sekundären aromatischen Amine* (fettaromatischen) bilden Derivate des Xylylendiamins.

Tertiäre aliphatische Amine bilden Diammoniumbromide unter direkter Vereinigung von 2 Mol Amin mit 1 Mol Xylylenbromid, während *tertiäre aromatische Amine* und gemischt fettaromatische Amine damit nicht reagieren.

Zur Darstellung des Kondensationsproduktes mit Xylylenbromid löst man die Base in Chloroform und gibt allmählich das Bromid zu. Nach kurzer Zeit tritt unter Erwärmen und Ausscheidung von bromwasserstoffsaurem Amin die Reaktion ein.

Erkennung mit Hilfe von 1,5-Dibrompentan. *Primäre Amine* liefern, wenn sich am Stickstoff eine offene Kette, ein hydrierter Kohlenstoffring oder ein nicht in o-Stellung substituierter Benzolring befindet, tertiäre Piperidine, die basische Eigenschaften besitzen und durch Destillation gereinigt werden können. Trägt der Benzolring in Orthostellung zur Aminogruppe einen oder zwei Substituenten, so erfolgt die Bildung von Pentamethylendiaminderivaten.

Sekundäre Amine der Fettreihe, Piperidin usw. liefern ausschließlich quartäre, leicht zu fassende Piperidiniumverbindungen, die auch bei den aromatischen Basen das Hauptreaktionsprodukt bilden neben kleinen Mengen tertiärer Pentamethylendiaminbasen, die als einziges Reaktionsprodukt nur in dem Falle auftreten, wenn der Benzolkern in Orthostellung zum Stickstoff substituiert ist.

Tertiäre Amine liefern in allen Fällen ausschließlich Diammoniumbromide, die sich zur Charakterisierung nur dann eignen, wenn eine tertiäre cyclische Base (Pyridin, Methylpiperidin u. a.) vorliegt; denn die Derivate der Fettreihe sind im allgemeinen sehr hygroskopisch, die der aromatischen Reihe entstehen nur langsam.

II. Quantitative Bestimmung der primären Aminogruppe.

Je nachdem ein *aliphatisches* oder *aromatisches Amin* vorliegt, hat man im allgemeinen verschiedene Methoden anzuwenden.

a) Bestimmung der aliphatischen Aminogruppe.

1. Mit salpetriger Säure nach VAN SLYKE (79).

Aliphatische Aminogruppen reagieren mit salpetriger Säure unter Abgabe ihres Stickstoffes nach der Gleichung:

$$R \cdot NH_2 + HNO_2 = R \cdot OH + H_2O + N_2 .$$

Da der Stickstoff das System gasförmig verläßt, so verläuft der Prozeß quantitativ. DONALD D. VAN SLYKE hat das Verfahren so verbessert und vereinfacht, daß die Bestimmung mit großer Genauigkeit in kürzester Zeit durchgeführt werden kann. Die Fehlergrenze beträgt etwa + 0,1 cm³ Gas = ± 0,05 mg Aminostickstoff.

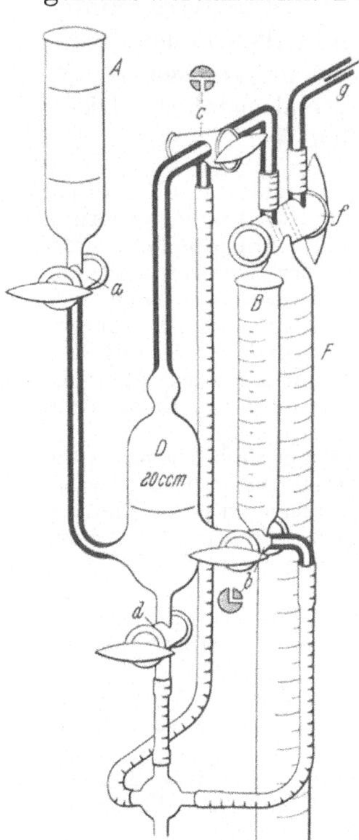

Abb. 154. Apparat nach VAN SLYKE.

Makrobestimmung. Die wesentlichen Teile des für die Bestimmung erforderlichen Apparates sind aus der Abb. 154 ersichtlich. An das Desaminierungsgefäß *D* von 40—45 cm³ Inhalt, welches durch den Hahn *d* entleert werden kann, ist seitlich ein nach aufwärts gebogenes, dickwandiges Glasrohr von 3 mm lichter Weite angeschmolzen, welches sich über dem Hahn *a* in das mit zwei Strichmarken versehene Trichtergefäß *A* von 35 cm³ Inhalt erweitert. Auf der anderen Seite ist das kalibrierte, 10 cm³ fassende Gefäß *B* mit einem im rechten Winkel durchbohrten Hahn *b* angeschmolzen. Hier wird die Lösung der zu analysierenden Substanz eingefüllt. Das Verbindungsstück zwischen *D* und *B* muß möglichst kurz sein und mindestens 8 mm lichte Weite haben. Nach oben setzt sich das Gefäß *D* in eine birnenförmige Erweiterung fort, die das Überschäumen der Flüssigkeit in die capillare Fortsetzung verhindern soll. Das Capillarrohr des Gefäßes *D*, das zweimal rechtwinklig gebogen ist, trägt einen Dreiweghahn, der einerseits die Verbindung zwischen *D* und dem Eudiometerrohr *F* vermittelt, andererseits durch ein kurzes, nach unten gerichtetes Ansatzstück auch die Verbindung zwischen *D* bzw. *F* und dem Abfluß nach außen herstellt. Das Eudiometerrohr *F* trägt oben einen zweimal schief durchbohrten Hahn *f*, womit einerseits die Verbindung gegen *c*, andererseits durch ein Capillarrohr *g* mit der HEMPELschen Gasabsorptionspipette *G* (nicht abgebildet) hergestellt werden kann. Zur Verbindung von *D*, *F* und *G* müssen Vakuumschlauchstücke verwendet werden. Den Abfluß von *d*, *b* und *c* besorgen Schläuche, die sich mittels eines Vierwegstückes aus Glas zu einem gemeinsamen Abfluß vereinigen. Der ganze Apparat wird auf einem schweren Eisenstativ montiert. Da das Desaminierungsgefäß *D* während der Bestimmung geschüttelt werden muß, befestigt man es in einer Stativklemme derart, daß man, um den waagerechten Schenkel seines Capillarrohres die zwei Hälften eines durchbohrten Korkes legt. In ähnlicher Weise wird die HEMPEL-Pipette beweglich eingespannt. Zum Schütteln des Gefäßes *D* ist dem Apparat eine Exzenterscheibe mit Triebstange beigegeben, die mittels eines Motors oder einer Wasserturbine (300—400 Umdrehungen in der Minute) angetrieben wird. Die an die Triebwelle exzentrisch angebrachte Triebstange soll nur 1,5—2 cm vom Mittelpunkt der Welle entfernt sein und am unteren Teil von *D* angreifen. Die Hähne des Apparates müssen sorgfältig gefettet sein. Um ein Undichtwerden beim Schütteln zu vermeiden, empfiehlt sich als Hahnspeise eine durch Erhitzen über freier Flamme hergestellte Mischung von 1 Teil Gummi, 1 Teil Paraffin und 2 Teilen Vaselin.

Reagenzien. 1. Eine Lösung von 30 g reinstem Natriumnitrit in 100 cm³ Wasser. 2. Eisessig. 3. Eine alkalische Permanganatlösung, die 50 g $KMnO_4$ und 25 g KOH im Liter enthält. Sie dient zur Absorption von Stickoxyd in der HEMPEL-Pipette. 4. Octylalkohol (sekundär) zur Verhinderung des Schäumens.

Da die Reagenzien, insbesondere das Natriumnitrit, mit Essigsäure geringe Gasmengen entwickeln, die nicht durch die alkalische Permanganatlösung absorbiert werden, muß man bei Verwendung einer neuen Nitritlösung den *Blindwert* ermitteln. Man führt zu diesem

Zwecke die Bestimmung genau in der im folgenden angegebenen Weise durch, nur daß man statt der Substanzlösung 10 cm³ Wasser in das Gefäß *D* fließen läßt. Der Blindwert beträgt gewöhnlich 0,2—0,3 cm³ Gas bei 5 Minuten langem Schütteln.

Die Ausführung der Bestimmung. Vor Entlüftung des Apparates füllt man zunächst die HEMPEL-Pipette mit der Permanganatlösung und das Eudiometerrohr *F* mit Wasser. Darauf drückt man die Permanganatlösung bis in die Bohrung des Hahnes *f* und Wasser aus *F* in die Capillare bis zum Hahn *c*. Nun schließt man die Ausflüsse bei *d* und *b* und stellt *c* so, daß *D* mit dem Abfluß nach außen in Verbindung steht und dort die Luft aus *D* entweichen kann. Dann bringt man in das Gefäß *A* bis zur unteren Marke Eisessig, d. i. so viel, daß etwa $^1/_5$ von *D* damit gefüllt werden kann, läßt den Eisessig nach *D* einfließen, gibt darauf in *A* bis zur oberen Marke Natriumnitritlösung und läßt davon so viel nach *D* fließen, daß dieses bis zur capillaren Verengung vollständig gefüllt ist, worauf man Hahn *c* schließt, während *a* offen bleibt. Beim Schütteln des Gefäßes *D* entwickelt sich Stickoxydgas, welches Flüssigkeit nach *A* zurückdrängt. Nach kurzem Schütteln läßt man das Gas bei *c* nach außen treten und schließt, sobald *D* wieder mit Flüssigkeit gefüllt ist, den Hahn *c*. Das Schütteln und Entlüften durch Hahn *c* wiederholt man noch zweimal. Schließlich schüttelt man *D* so lange, daß die Flüssigkeit darin bis zur Strichmarke absinkt und dadurch Raum für die Einbringung der Substanzlösung geschaffen ist. Dann schließt man Hahn *a*, verbindet *D* mit *F* durch entsprechende Stellung der Hähne *c* und *f* und läßt aus *B* die gelöste Substanz, meist 10 cm³ Lösung, nach *D* einfließen. Die Substanz wird meist in wäßriger Lösung eingebracht. Sollte sie in Wasser nicht löslich sein, so kann man auch Mineralsäure bis zu einer Konzentration von 2 n- oder Essigsäure bis zu einer Konzentration von 50, oder auch fixes Alkali bis zu einer Konzentration von 1 n anwenden. Die Lösung soll jedoch weder Äthylalkohol noch Aceton enthalten. Bei der Analyse von Lösungen, die während der Reaktion voraussichtlich heftig schäumen, läßt man vor dem Einfüllen der Substanz am besten durch *B* etwas Octylalkohol oder Phenyläther eintreten.

Nun schüttelt man das Desaminierungsgefäß *D* bei Untersuchung von α-Aminosäuren 5 Minuten lang. In manchen Fällen ist ein längeres Schütteln erforderlich (vgl. darüber S. 237). Nach Beendigung der Reaktion wird das Gas durch Öffnen des Hahnes *a* vollständig nach *F* gedrückt. Zur Absorption des reichlich beigemengten Stickoxydgases wird nun das Gasgemenge aus *F* in die HEMPEL-Pipette *G* gedrückt und dort 1—2 Minuten geschüttelt, darauf wieder nach *F* zurückgeführt und jetzt das Gasvolumen unter Berücksichtigung von Temperatur und Barometerstand genau bestimmt. Während dieser Operationen ist der Hahn *a* geöffnet.

Zur Prüfung auf Vollständigkeit der Reaktion wird nach genauer Bestimmung des Stickstoffvolumens das Gas aus *F* durch Hahn *c* nach außen getrieben, darauf das Gefäß *D* noch einmal wie bei der eigentlichen Bestimmung 5 Minuten geschüttelt und das nun entstandene Gasvolumen nach Behandlung mit Permanganatlösung in *F* gemessen. Dabei darf das erhaltene Gasvolumen nicht größer sein als dem Blindwert (0,1—0,2 cm³) entspricht.

Nach Beendigung der Bestimmung wird *D* durch Öffnen des Hahnes *d* entleert, mit Wasser ausgespült, ferner auch *B* mit Wasser ausgespült und mit Alkohol und Äther getrocknet, worauf der Apparat für eine weitere Bestimmung bereit ist. Bei Nichtgebrauch füllt man die Verbindungscapillare zwischen der Gasbürette *F* und der HEMPEL-Pipette *G* mit Wasser aus *F*, damit sich dort nicht Braunstein absetzt.

Mikrobestimmung. Durch Verkleinerung des ganzen Apparates auf ein Zehntel und eine geringfügige Änderung der Form der Gasbürette, die in Hundertstel Kubikzentimeter geteilt ist und noch 0,005 cm³ Gas abzulesen gestattet, ist es möglich, auch die Substanzmenge auf ein Zehntel zu verringern und mit 1 cm³ Lösung zu arbeiten. Mit 5—10 mg Aminosäure läßt sich noch eine Bestimmung mit gleich großer Genauigkeit ausführen wie mit dem Makroapparat. Der Nullpunkt der Gasbürette von 3 cm³ Fassungsraum (es sind auch solche mit 10 cm³ Fassungsraum im Handel) ist dabei meist nicht unmittelbar unter dem Hahn gelegen, sondern mehrere Millimeter darunter beim Übergang der capillaren oberen Verengung in den etwas weiteren Meßraum. Im übrigen

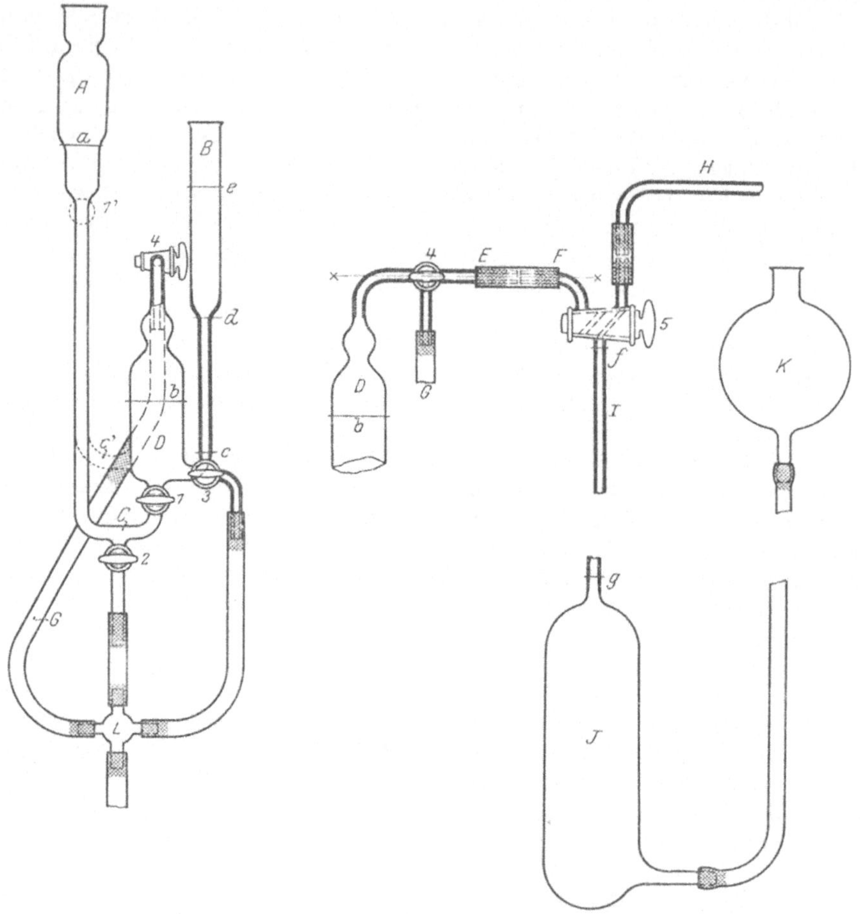

Abb. 155. Apparat nach KUPELWIESER und SINGER.

entspricht der Apparat völlig dem vorher beschriebenen. Bemerkt sei nur, daß die Entlüftung oft durch einmaliges Schütteln des Nitrit-Essigsäuregemisches im Desaminierungsgefäß genügt, wenn man dabei soviel Gas sich entwickeln läßt, daß die Flüssigkeit bis zur Marke abgesunken ist.

KUPELWIESER und SINGER (37) modifizierten den Apparat von VAN SLIKE derart, daß unter *Verwendung des gleichen Apparates die Vornahme von Makro- und Mikrobestimmungen* mit einer Genauigkeit möglich ist, die sonst nur mit dem Mikroapparat erreichbar ist (mittlerer Fehler einer Bestimmung = ± 0,003 mg). Durch eine andere Anordnung zweier Hähne ist auch ein beim Originalapparat immerhin möglicher Verlust an Stickstoffgas ausgeschlossen (Abb. 155).

Die Verbindung des Gefäßes für Reagenzien A mit dem Desaminierungsgefäß D wurde entsprechend der Abb. 155 (punktiert gezeichnet die frühere Form) derart geändert, daß das Verbindungsrohr C an der tiefsten Stelle des Gefäßes D in dieses einmündet; dorthin wurde auch der früher bei 1' angebrachte Hahn 1 verlegt. Eine zweite Änderung betrifft die Verbindung des Gefäßes D mit der Gasbürette I. Die durch ein Schlauchstück verbundenen Rohrenden E und F liegen in einer Horizontalen, wodurch sich heftige Schüttelbewegungen auf die Gasbürette weniger stark übertragen. Die Abmessungen der einzelnen Teile des Apparates sind: Gefäß A faßt 50 cm³; von Hahn 1 bis zur Marke a jedoch nur 7,5 cm³. Das Gefäß B faßt bis zur Marke e 15 cm³ (für Makrobestimmungen) und ist in seinem unteren Teil eine Capillare mit Schellbachstreifen, die zwischen c und d 0,5 cm³ faßt und in Hundertstel Kubikzentimeter geteilt ist (für Mikrobestimmungen). Gefäß D faßt bis b 20 cm³. Die Gasbürette von 5 cm³ Inhalt trägt die Nullmarke knapp unterhalb des Wechselhahnes 5 bei f, die Endmarke g liegt vor dem Übergang der Capillare in die 250 cm³ fassende Erweiterung.

Die Handhabung des Apparates entspricht der des Originalapparates. Bei der Analyse größerer Flüssigkeitsmengen, wobei mehr als 5 cm³ Stickstoffgas entstehen, muß dieses, da die Gasbürette nur 5 cm³ Ableseraum hat, *fraktioniert* gemessen werden. Es wird zunächst von der Füllkugel K aus durch den Hahn 5, andererseits von A aus der ganze Apparat luftblasenfrei mit Wasser gefüllt; darauf wird aus der HEMPEL-Pipette die dem Meßbereiche der Gasbürette entsprechende Stickstoffmenge nach I übergeführt und das Volumen genau bestimmt. Das gemessene Gasvolumen wird nun nach D gedrückt und jetzt die nächste, noch in der HEMPEL-Pipette befindliche Gasmenge gemessen, und wenn erforderlich noch eine dritte Messung vorgenommen. Zur Kontrolle kann der Vorgang in umgekehrter Richtung wiederholt werden.

Berechnung der Analyse. Das gefundene Gasvolumen ist nach Abzug des Blindwertes durch 2 zu dividieren, da nach der Reaktionsgleichung aus einer Aminogruppe 1 Mol Stickstoff entsteht. Im übrigen wird für die Umrechnung des Gasvolumens auf sein Gewicht unter Berücksichtigung von Temperatur und Barometerstand auf Tabelle 7 in KÜSTERs logarithmischen Rechentafeln verwiesen.

Bemerkungen über die Reaktionsfähigkeit der verschiedenen Aminosubstanzen mit salpetriger Säure und über die für den quantitativen Verlauf erforderliche Zeitdauer. Während die Aminogruppen, die sich, wie in den natürlichen Aminosäuren, in α-Stellung zum Carboxyl befinden, bereits in 5 Minuten bei 20° C quantitativ reagieren, erfordert die Umsetzung von Aminogruppen in anderer Stellung und anderen Verbindungen unter den Versuchsbedingungen von VAN SLYKE meist eine längere Reaktionsdauer. So reagiert im *Lysin* die ε-NH_2-Gruppe viel träger und zur vollständigen Reaktion ist 30 Minuten langes Schütteln erforderlich. Die *Guanidingruppe* ($NH_2 \cdot C = (NH) \cdot NH$—) reagiert *weder* im *Guanidin* selbst, *noch* im *Kreatin, noch* im *Arginin.* Daher reagiert von den 4 N-Atomen im *Arginin* nur der α-Amino-N. Aus dem *Harnstoff* werden in 1 Stunde nur 50% seines N abgespalten und erst nach 8 Stunden ist die Reaktion zu Ende. Das *Ammoniak* und *Methylamin* erfordern zur quantitativen Umsetzung $1^1/_2$ bis 2 Stunden. In 5 Minuten werden vom Ammoniak etwa 60% umgesetzt. Die Aminogruppen in *Purin-* und *Pyrimidinkörpern* benötigen 2—5 Stunden. Der Stickstoff des Pyrrolidinringes im *Prolin* und *Oxyprolin* sowie der Stickstoff des Indolringes im *Tryptophan* und des Imidazolringes im *Histidin* reagieren nicht. Daraus ergibt sich, daß von den aus Eiweiß durch Hydrolyse erhaltenen bekannten Aminosäuren alle mit ihrem gesamten Stickstoff bei der Bestimmung nach VAN SLYKE reagieren, mit Ausnahme des *Tryptophans*, das mit der Hälfte, des *Histidins*, das mit einem Drittel, des *Arginins*, das mit einem Viertel seines Stickstoffgehaltes reagiert, und mit Ausnahme des *Prolins* und *Oxyprolins*, die *überhaupt nicht reagieren.*

Das Amid der Asparaginsäure, das *Asparagin*, reagiert nur mit der primären NH_2-Gruppe, jedoch nicht mit dem Säureamidstickstoff.

Nach Untersuchungen von PLIMMER (65b) sind Amide und Urethane sowie alle Verbindungen von Säureamidcharakter in stark saurer Lösung, z. B. 2 n-Salzsäure, wesentlich reaktionsfähiger. So reagiert Harnstoff in Eisessig quantitativ, Biuret in Eisessig mit einem, in Gegenwart von wenig Salzsäure mit zwei und in 2 n-Salzsäure mit drei Stickstoffatomen. Auch Guanidin und Kreatin reagieren in salzsaurer Lösung. Die Guanidingruppe des Arginins verhält sich analog. Sekundäre Aminogruppen reagieren nicht.

Bemerkenswert ist ferner noch, daß das *Glykokoll* und das *Cystin* bei der Desaminierung eine größere Gasmenge liefern als ihrem Aminostickstoff entspricht, und zwar entstehen aus Glykokoll gewöhnlich 103%, aus Cystin 107% der theoretischen Menge, was einem N-Gehalt von 19,2%, bzw. 12,5% statt 18,69%, bzw. 11,66% entspricht. Dieser Gasüberschuß entsteht dabei schon bei 5 Minuten dauernder Einwirkung und vermehrt sich darauf nicht mehr.

Polypeptide reagieren meist normal nur mit ihren freien Aminogruppen, während aus den Iminogruppen kein Stickstoff abgespalten wird. Aber auch hier erhält man aus Glycinpolypeptiden, deren freie Aminogruppe dem Glycinrest angehört, unabhängig von der Länge der Kette, statt 1 Mol 1,25 Mol Stickstoff, wegen des anormalen Verhaltens des Glycins bei der Reaktion.

Proteine reagieren entsprechend ihrem minimalen Gehalt an freien Aminogruppen nur mit einem geringen Teil ihres Stickstoffes, der der ε-Aminogruppe des Lysins entstammt; Ovalbumin nur mit 3%, Edestin mit 2,5% des gesamten Stickstoffes. Die proteolytischen Spaltprodukte liefern in dem Maße, als freie Aminogruppen gebildet werden, mehr Stickstoff. Daher ist in einem partiell hydrolysierten Protein das Verhältnis des schon in Freiheit gesetzten Aminostickstoffs zu dem durch vollständige Hydrolyse freigemachten ein Maß für die Menge der gespaltenen Peptidbindungen oder für den Umfang der Hydrolyse. Der Verlauf der Hydrolyse kann also durch die Amino-N-Bestimmung verfolgt werden.

$$\text{Hydrolyse} = \frac{100\,(A - A_0)}{A_1 - A_0}.$$

A = der jeweilig gefundene Aminostickstoff, A_0 = der Aminostickstoff des unangegriffenen Proteins vor der Hydrolyse, A_1 = Aminostickstoff nach vollständiger Hydrolyse. Bei fermentativen Spaltungen ist natürlich der Aminostickstoff des zugefügten Proteasepräparates zu berücksichtigen. Ist A_0 verhältnismäßig klein oder wegen Unlöslichkeit des Proteins nicht bestimmbar, dann kann man die Gleichung vereinfachen. $\text{Hydrolyse} = \frac{100\,A}{A_1}$.

2. Bestimmung durch Analyse von Salzen und Doppelsalzen anorganischer und organischer Säuren.

Amine geben häufig schwer lösliche Salze mit anorganischen und organischen Säuren (Chlor-, Brom- und Jodhydrate, Nitrate, Sulfate, besonders auch ferrocyanwasserstoffsaure Salze, Chromate, Oxalate, Rhodanate, Phosphate, Pikrolonate). Man fällt die Salze der Basen häufig mit den Halogenwasserstoffsäuren durch Einleiten der betreffenden gasförmigen Säure in die Lösung der Base in trockenem Äther und anderen organischen Lösungsmitteln. Analog lassen sich die Sulfate und Nitrate isolieren. Die isolierten Salze werden analysiert und daraus die Zahl der Aminogruppen berechnet.

Zur Abscheidung und Charakterisierung, namentlich der aliphatischen Amine und der Alkaloide und Aminosäuren eignet sich besonders die *Pikrolonsäure*.

Die *Pikrolonate* sind schwer lösliche, gut krystallisierende, gelbe bis rote Salze, die beim Erhitzen verpuffen. Man erhält sie gewöhnlich durch Zusammengießen der kalt gesättigten oder 0,1 n alkoholischen Pikrolonsäurelösung mit der des Amins oder bei wasserlöslichen Aminen (Aminosäuren) auch durch Auflösen der äquimolekularen Mengen in heißem Wasser. Beim Abkühlen fällt das Salz aus.

Aus den Pikrolonaten lassen sich die Aminoverbindungen wieder gewinnen, indem man mit verdünnter Schwefelsäure erwärmt und die freigemachte Pikrolonsäure mit Essigester entfernt.

Platinchloriddoppelsalze. Sie sind gewöhnlich nach der Formel $(R \cdot NH_2 \cdot HCl)_2PtCl_4$ zusammengesetzt, scheiden sich aber manchmal auch mit Krystallwasser oder Krystallalkohol ab. Sie bilden sich mit Platinchloridlösung aus der wäßrigen oder alkoholischen Lösung der Aminchlorhydrate.

Goldchloriddoppelsalze. Sie haben im allgemeinen die Zusammensetzung $R \cdot NH_2HCl \cdot AuCl_3$ und werden gewöhnlich wasserfrei erhalten. Beim Umkrystallisieren verlieren sie leicht Chlorwasserstoff, weshalb man dabei dem Wasser oder Alkohol etwas Salzsäure zusetzen soll. Diese Salze sind besonders in der Reihe der Alkaloide von Wichtigkeit.

Auch mit *Eisenchlorid* entstehen besonders in der Reihe der Alkaloide gut krystallisierende Verbindungen von 1 Mol salzsaurem Alkaloid und 1 Mol Ferrichlorid.

b) Bestimmung der aromatischen Aminogruppe.

a) Durch *Analyse* von Salzen und Doppelsalzen, vgl. den voranstehenden Abschnitt.

b) Durch *direkte Titration.* Manche Salze der Aminbasen mit Mineralsäure lassen sich in wäßriger oder alkoholischer Lösung mit wäßriger Lauge oder Barythydrat ebenso titrieren, als ob nur die freie Säure vorhanden wäre. Als Indicator verwendet man Rosolsäure oder Phenolphthalein.

Genauer sind die Ergebnisse mittels der *titrimetrischen Diazotierung mit normaler Natriumnitritlösung*, worauf hier nur hingewiesen werden kann. (Vergl. S. 229.)

c) Die Aminosäuren (58).

1. Qualitativer Nachweis.

Es werden hier hauptsächlich nur die als Eiweißbausteine in Betracht kommenden Aminosäuren berücksichtigt und ihre allgemeinen Reaktionen, sowie die allgemeinen quantitativen Bestimmungsmethoden besprochen. Im übrigen muß auf den Abschnitt „Aminosäuren" in diesem Handbuch verwiesen werden.

Der *chemische Nachweis der Aminosäuren* beruht auf den Reaktionen einerseits der Aminogruppe, andererseits der Carboxylgruppe, ferner auf dem Umstande, daß die Aminogruppe an das α-C-Atom gebunden ist. Danach sind zu unterscheiden: die Reaktionen der Aminogruppe, die der Carboxylgruppe und die auf der α-Stellung der Aminogruppe beruhenden Reaktionen. Weiter zeigen auch die einzelnen Aminosäuren noch besondere Reaktionen.

Indem beide charakteristische Gruppen innerhalb des Moleküls sich in ihren Eigenschaften absättigen, reagieren ihre wäßrigen Lösungen neutral oder sehr schwach sauer oder auch, falls mehrere basische Gruppen vorhanden sind, alkalisch. Durch *Alkohol* werden die *sauren Eigenschaften entwickelt*, so daß sie sich in 97 proz. Alkohol titrimetrisch mit Phenolphthalein als Indicator bestimmen lassen (vgl. S. 245). Als *amphotere Elektrolyte lösen sie sich* unter Salzbildung *sowohl in Säuren als auch in Alkalien.* Wird der spezifische Charakter der einen Gruppe durch chemische Eingriffe abgeschwächt, so wird der der anderen Gruppe deutlich.

A. Die *aliphatischen Aminosäuren* zeigen folgende allgemeine Reaktionen:

1. *Farbenreaktionen.*

a) Mit wenig *Ferrichloridlösung* färben sich viele Aminosäuren blutrot.

b) Mit wenig *Kupfersulfat- oder -chloridlösung* tritt bei den α-Säuren tiefblaue Färbung auf.

c) Mit *Ninhydrin* (*Triketohydrindenhydrat*) geben Aminosäuren beim Kochen eine intensive Blau- bis Blauviolettfärbung. Da die Reaktion noch in großer Verdünnung sehr deutlich sichtbar ist, eignet sie sich besonders zum Nachweis von Spuren. Man kocht die neutrale wäßrige Lösung mit einigen Tropfen einer 1proz. Lösung des Reagens. Freie Säuren oder Laugen stören das Eintreten der Färbung. Die Reaktion geben aber auch alle Eiweißkörper und ihre Spaltprodukte, ferner Amine, namentlich in Verbindung mit schwachen Säuren, Aminoaldehyde, Harnstoffderivate, Ammoniumverbindungen von organischen Säuren, manche anorganische Stoffe (H_2S, Thiosulfat in Gegenwart von Ammoniumionen), endlich auch Aldehyde und reduzierende Zucker, diese Verbindungen jedoch mit einem mehr rötlichen Farbenton, so daß eine Unterscheidung möglich ist. In *gefärbten Flüssigkeiten* (braunen Hydrolysaten) läßt sich die Reaktion unter Verwendung von *Amylalkohol* anwenden. Man schüttelt nach 1—2 Minuten langem Kochen und Abkühlen mit 2 cm^3 Amylalkohol aus. Dieser färbt sich bei Gegenwart von Aminosäuren blauviolett, wird gelblich oder bleibt farblos, wenn Aldehyde oder ketonartige Verbindungen zugegen sind (8).

d) Mit *β-naphthochinonsulfosaurem Natrium.* Dieses Reagens gibt in alkalischer Lösung mit Aminosäuren eine Färbung, die nach FOLIN zur *quantitativen colorimetrischen Bestimmung* der Aminosäuren in Organflüssigkeiten verwendet werden kann. Dabei wird die entstehende Färbung mit der Färbung einer Aminosäurelösung von bekanntem Gehalt verglichen. (Über die Ausführung der Bestimmung vgl. FOLIN, Journ. biol. chem. **51**, 377 (1922).

2. *Quecksilberacetat* und *Natriumcarbonat* fällen die Aminosäuren als *carbaminsaure Quecksilberverbindungen.* Diese Methode kann zur Trennung von anderen Substanzen dienen. Zu der mit Natriumcarbonat alkalisch gemachten Lösung der Aminosäuren, die 10—20proz. sein soll, wird allmählich eine 25proz. Quecksilberacetatlösung, die bei höchstens 40° angesetzt wurde, zugegeben. Durch öfteren Sodazusatz wird die Lösung dauernd alkalisch gehalten. Der Endpunkt der Fällung ist erreicht, wenn nach Zusatz beider Reagenzien beim Durchrühren eine gelbrote Färbung bestehen bleibt. Zur vollständigen Fällung setzt man zweckmäßig das 6—8fache Volumen Alkohol zu. Der Niederschlag wird mit 80proz. Alkohol gewaschen, mit Wasser verrieben und mit Schwefelwasserstoff zerlegt.

3. Zur Abscheidung, Identifizierung und Trennung dient außerdem die Überführung in Salze, in organische Acylderivate und in Ester (vgl. darüber das Kapitel „Aminogruppe").

2. Die quantitative Bestimmung der Aminosäuren.

Nach der Methode von VAN SLYKE (vgl. S. 234). (Über die Reaktionsfähigkeit einzelner Aminosäuren mit salpetriger Säure vgl. S. 237.)

Die Formoltitration nach SÖRENSEN (31). Der Einfluß der Aminogruppe in den Aminosäuren und Peptiden, der eine einfache alkalimetrische Bestimmung der Carboxylgruppe unmöglich macht — die Säuren selbst reagieren annähernd neutral, ihre Alkalisalze aber stark alkalisch —, kann auf zweifache Weise ausgeschaltet werden. Nach SÖRENSEN gelingt die Titration in Gegenwart von Formaldehyd, nach WILLSTÄDTER und WALDSCHMIDT-LEITZ in Gegenwart von Alkohol.

Die ursprünglich von SCHIFF angegebene Methode gründet sich auf der Tatsache, daß bei Zusatz einer neutralen Formaldehydlösung zu einer Aminosäurelösung die Aminogruppe mit dem Formaldehyd eine Methylenverbindung (5a) bildet, wodurch es erst möglich wird, die Menge der vorhandenen Carboxylgruppen titrimetrisch zu bestimmen.

$$CH_2\begin{cases}NH_2\\COOH + KOH\end{cases} + H\cdot C\begin{cases}H\\O\end{cases} \rightarrow CH_2\begin{cases}N=CH_2\\CO\cdot OK + H_2O\end{cases} + H_2O\,.$$

Die Trennung der Amino- und Säurefunktion ist jedoch unvollständig und in hohem Grade von der anwesenden Wasser- und Formolmenge abhängig. Die durch Einwirkung von Formol auf eine Aminosäure sich vollziehende Reaktion ist umkehrbar und führt zu einem *Gleichgewichtszustand*, welcher von den Mengen aller anwesenden Stoffe abhängig ist. Vermehrung der OH-Ionen wird dieselbe Wirkung haben wie die Vermehrung des Formols oder die Verminderung des Wassers, den Prozeß nach rechts zu verschieben.

SÖRENSEN hat die Methode zu einer *quantitativen Titriermethode* ausgearbeitet, indem er die OH-Ionenkonzentration ermittelte, bei welcher der Prozeß von links nach rechts zu Ende geführt wird, um dann bei der Titrierung einen Indicator zu gebrauchen, dessen Umschlag diese Konzentration anzeigt. Die gesuchte Wasserstoffionenkonzentration entspricht dem $p_H = 9$—9,5. Als *Indicator* wird entweder *Phenolphthalein* verwendet und bis zur starken Rotfärbung titriert oder auch *Thymolphthalein*. Unter den von SÖRENSEN angegebenen, genau einzuhaltenden Bedingungen lassen sich, wenn für einen genügend großen Formolüberschuß gesorgt ist und immer dasselbe Volumen eingehalten wird, die meisten der bekannten Aminosäuren mit einer Genauigkeit von 95—100% der vorhandenen Mengen titrieren.

Als *Ausgangspunkt für die Titration* wählt man die dem $p_H = 6{,}8$ *entsprechende Wasserstoffionenkonzentration und nicht den Neutralpunkt*, da für die bekannten Aminosäuren der saure Charakter überall etwas stärker hervortritt als der basische, andererseits jedoch der Unterschied zwischen den verschiedenen Aminosäuren klein ist. Man erteilt also der Lösung einen $p_H = 6{,}8$, wodurch alle Carboxyle neutralisiert sind mit Ausnahme derjenigen, denen eine äquivalente Zahl von Aminogruppen entspricht. Durch den Formolzusatz und Bindung der Aminogruppen wird eine diesen äquivalente Menge von Säuregruppen frei gemacht und der alkalimetrischen Titration zugänglich. Es wird bis zu $p_H = 9{,}5$ titriert. Allerdings dürfen außer den durch Formolzusatz aktivierten Aminosäuren keine anderen schwachen Säuren vorhanden sein; insbesondere müssen die *Phosphorsäure* und *Kohlensäure* und *deren Salze entfernt werden*, sowie *auch Ammoniumsalze*, wenn ihr Gehalt größer als 0,02 molar ist. Auch die Eigenfarbe der Lösung stört die Titration, weil dann der Endpunkt nicht genau zu erkennen ist. Bei dieser Methode werden also die vorhandenen Aminogruppen indirekt bestimmt. Man spricht daher auch von „Formolstickstoff“.

Reagenzien. 1. *Empfindliches Lackmuspapier*, nach HENRIQUES und SÖRENSEN bereitet: 0,5 g feingepulvertes Azolithmin werden in einer Schale in 200 cm^3 Wasser und 22,5 cm^3 0,1 n-Natronlauge gelöst und nach Filtrieren 50 cm^3 Alkohol zugesetzt. Durch diese Lösung zieht man dann Streifen eines möglichst aschearmen Filtrierpapieres und hängt sie zum Trocknen auf eine Schnur. Das Papier muß in einer Lösung, welche 3 Teile sekundäres und 7 Teile primäres Natriumphosphat nach SÖRENSEN enthält, eine schwach saure Reaktion ($p_H = 6{,}47$), in einer Lösung, welche gleiche Teile beider Phosphate enthält, eine neutrale ($p_H = 6{,}81$), in einer Lösung, welche 7 Teile sekundäres und 3 Teile primäres Phosphat enthält, eine schwach alkalische Reaktion ($p_H = 7{,}17$) zeigen. Sollte dies nicht der Fall sein, so muß der Azolithminlösung etwas mehr oder weniger als die angegebene 0,1 n-Lauge zugesetzt werden.

2. *Phenolphthalein* (0,5 g in 50 cm³ Alkohol + 50 cm³ Wasser) oder Thymolphthalein (0,5 g in 1 Liter 95proz. Alkohol).

3. 0,2 n-*Natronlauge* (CO_2-frei) und 0,2 n-*Salzsäure* oder auch 0,2 n-*Barytlauge*.

4. Gesättigte Lösung von *Bariumhydroxyd*.

5. 30—40*proz. Formaldehydlösung*. Für jede Versuchsreihe frisch zu bereiten. 50 cm³ Formol werden nach Zusatz von 1 cm³ Phenolphthaleinlösung mit $^1/_5$ n-Lauge bis zur beginnenden Rötung (schwach rosa Farbenton) versetzt. Bei Verwendung von Thymolphthalein werden 50 cm³ Formol mit 25 cm³ Alkohol und 5 cm³ Indicatorlösung versetzt und mit $^1/_5$ n-Lauge bis zum schwach grünlichen oder bläulichen Farbenton titriert.

6. *Bariumchlorid in Substanz;* ferner etwa 0,2 n-Salzsäure und etwa n-Natronlauge zur Entfernung der Phosphor- und Kohlensäure.

7. *Etwa 2 n-Bariumchloridlösung* (244 g $BaCl_2 \cdot 2H_2O$ in 1000 cm³ Wasser) und etwa $^1/_3$ n-Silbernitratlösung (56,7 g Silbernitrat in 1000 cm³ Wasser).

A. Vorbereitung der zu untersuchenden Flüssigkeit. Wenn ausschließlich Aminosäuren oder Peptide ohne Beimengung von anderen Säuren oder sauren Salzen bestimmt werden sollen, titriert man ohne Rücksicht auf die Anfangsreaktion der Lösung in Gegenwart von neutralisiertem Formol bis zum Umschlagspunkt des Indicators. Das Ergebnis entspricht der Gesamtzahl der vorhandenen Carboxylgruppen. In derselben Weise läßt sich die Titration bei der Verfolgung *enzymatischer Hydrolysen* ausführen, und zwar auch dann, wenn Säuren anderer Art in konstanter Menge (als Bestandteile angewandter Puffermischungen) anwesend sind. In diesem Falle titriert man die zu verschiedenen Zeitpunkten der Hydrolyse entnommenen Proben, die z. B. Essigsäure oder Salzsäure in unbekannter Menge enthalten können, ohne vorhergehende Neutralisation in Gegenwart von Formol unmittelbar bis zum Umschlagspunkt des Indicators (p_H = 9—9,5). Die Differenz der ermittelten Werte zeigt den *Zuwachs an Carboxylgruppen* an.

Soll jedoch die absolute Menge des formol-titrierbaren Stickstoffes in einer Flüssigkeit bestimmt werden, dann sind folgende Vorbehandlungen notwendig: 1. *Bei Abwesenheit von Phosphorsäure oder Kohlensäure* hat man nur auf die schwach saure Reaktion gegen das empfindliche Lackmuspapier zu neutralisieren, also auf p_H = 6,8 einzustellen. Man bringt hierfür auf einen Streifen Lackmuspapier gleichzeitig einen Tropfen Analysenflüssigkeit und einen Tropfen einer Vergleichsflüssigkeit, bestehend aus gleichen Teilen m/15 primäres Kaliumphosphat und m/15 sekundäres Natriumphosphat und beobachtet, ob die beiden Flüssigkeiten gleich sauer sind, und stellt allenfalls die richtige Acidität her.

Peptide sind in ihren restlichen Lösungen im Gegensatz zu den Aminosäuren bei p_H = 6,8 schon zu einem beachtenswerten Bruchteil als Anionen enthalten. Daher geht man in solchen Fällen korrekter von p_H = 6,0 aus (vgl. L. J. Harris 26).

2. *Entfernung der Phosphorsäure und der Kohlensäure.* a) *Bei Anwesenheit von wenig Ammoniak.* Zu 50 cm³ der Analysenflüssigkeit werden in einem 100 cm³-Meßkolben 1 cm³ Phenolphthaleinlösung und 2 g festes Bariumchlorid gegeben, nach dessen Auflösung eine gesättigte Lösung von Bariumhydroxyd bis zur Rotfärbung und dann noch 5 cm³ davon zugesetzt werden; hierauf wird mit Wasser bis zur Marke aufgefüllt. Nach dem Umschütteln läßt man 15 Minuten stehen und filtriert dann durch ein trockenes Filter. 80 cm³ des klaren roten Filtrates = 40 cm³ ursprüngliche Lösung werden in einem 100 cm³-Meßkolben durch Zusatz von 0,2 n-Salzsäure gegen Lackmuspapier neutralisiert und dann mit ausgekochtem, CO_2-freiem Wasser bis zur Marke verdünnt. In 40 cm³ davon, entsprechend 16 cm³ Analysenflüssigkeit, bestimmt man den formoltitrierbaren Stickstoff, in weiteren 40 cm³ kann man allenfalls das Ammoniak bestimmen.

b) *Bei Anwesenheit von größeren Ammoniakmengen.* Aus 80 cm³ des nach a gewonnenen rotgefärbten Filtrates (entsprechend 40 cm³ der ursprünglichen

Lösung) wird das Ammoniak am besten nach KRÜGER-REICH (35) durch Destillation im Vakuum bei 40° unter Zusatz einer methylalkoholischen Lösung von Baryt entfernt und dabei allenfalls auch quantitativ bestimmt. Über die Entfernung des Ammoniaks mit *Permutit* vgl. FOLIN und BELL (18). Den Destillationsrückstand im Kolben löst man in wenig Normalsalzsäure und saugt zur Entfernung der letzten Kohlensäurespuren CO_2-freie Luft im Vakuum durch. Die Lösung bringt man dann quantitativ mit CO_2-freiem Wasser in einen 100 cm³-Meßkolben, setzt tropfenweise annähernd normale, CO_2-freie Lauge bis zur schwachen Rotfärbung zu und stellt dann mit 0,2 n-Salzsäure unter Verwendung des empfindlichen Lackmuspapier den $p_H = 6{,}8$ her. Dann füllt man mit ausgekochtem Wasser bis zur Marke auf. In einem aliquoten Teil der Lösung, z. B. 40 cm³ = 16 cm³ der ursprünglichen Flüssigkeit führt man die Formoltitration durch.

Größere Mengen anderer schwacher Säuren, die Aminosäuren vortäuschen könnten, müssen auf Grund einer besonderen Untersuchung unschädlich gemacht werden.

3. *Entfärbung.* Bei geringer Eigenfarbe der Lösung erteilt man der *Kontrollösung*, die man ohnehin immer für die genaue Feststellung des Endpunktes der Titration braucht, durch Zusatz eines geeigneten Farbstoffes (Bismarckbraun, Tropaeolin 0 oder 00 als 0,02 proz. Lösungen oder Methylviolett als 0,002 proz. Lösung) einen Farbenton, der der Analysenflüssigkeit sehr ähnlich ist. Das Anfärben ist jedoch wegen der Schwierigkeit, den gleichen Farbenton zu erreichen, und wegen der Möglichkeit, daß die Eigenfarbe der Lösung sich während der Titration ändert, weniger empfehlenswert. Die störenden Einflüsse einer nicht zu starken Eigenfarbe der Lösung beseitigt WALPOLE (9) durch eine optische Mischung der Farben, indem er in einem kleinen Gestell 2 Paare zylindrischer Gläser mit flachem Boden übereinanderstellt (Abb. 156); vgl. auch H. LÜERS (41). In *C* gibt man die auf die Endfarbe der Titration eingestellte Kontrollösung, in *D* Wasser, in *A* und *B* je 20 cm³ der Versuchslösung. Man versetzt jetzt die Lösung *B* mit der Formolmischung und titriert, bis beim Durchblicken von oben gegen eine weißbelichtete Fläche in *A* und *B* gleiche Farbennuance beobachtet wird.

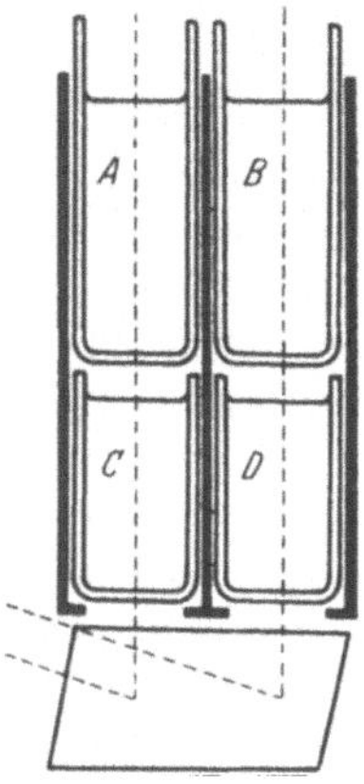

A B C D

Abb. 156. WALPOLE-Komparator.

Eine Entfärbung selbst ist gewöhnlich notwendig, wenn man durch Säurespaltung erhaltene stark gefärbte Eiweißhydrolysate zu untersuchen hat. Durch Erzeugung eines Chlorsilberniederschlages in der Lösung, deren Säuregehalt etwa 0,1 n sein soll, gelingt es, die färbenden Bestandteile niederzureißen. Ein Überschuß von Silber muß dabei vermieden werden. Allenfalls muß man durch Zusatz von Bariumchloridlösung dafür Sorge tragen, daß ein Überschuß an Chlorid immer vorhanden ist. Man bringt 25 cm³ in einen 50 cm³-Meßkolben, stellt durch Zusatz von Salzsäure oder Natronlauge die Acidität, die man vorher durch Titration der Lösung gegen Lackmus ermittelt hat, richtig, fügt 4 cm³ der Bariumchloridlösung zu und dann tropfenweise unter Schütteln etwa 20 cm³ $^1/_3$ n-Silbernitratlösung. Nach Absetzen des Schaumes füllt man mit CO_2-freiem Wasser bis zur Marke auf, schüttelt um und filtriert durch ein trockenes Filter. Das anfangs häufig trübe Filtrat wird noch einmal aufgegossen. Das klare Filtrat wird vor der Formoltitration gegen Lackmuspapier neutralisiert.

B. Ausführung der Titration. Die Titration nimmt man am besten in 20 cm³ der Lösung vor, die in bezug auf ihren Aminostickstoffgehalt etwa 0,1 n sein soll, oder in einer entsprechend größeren Menge, wenn nur wenig formoltitrierbarer Stickstoff vorhanden ist. Zur scharfen Erfassung des Endpunktes der Titration benutzt man auch bei farblosen Flüssigkeiten eine *Kontroll-* oder *Vergleichslösung*. Sie soll das gleiche Volumen haben wie dasjenige, das bei der eigentlichen Titration erreicht wird, und in einem Gefäß gleicher Größe und gleicher Form bereitet werden.

a) *Bei Verwendung von Phenolphthalein* werden zu 20 cm³ ausgekochtem destillierten Wasser 10 cm³ mit Phenolphthalein versetztes, neutralisiertes Formol und dann etwa halb so viel 0,2 n-Lauge gegeben, als bei der eigentlichen Titration gebraucht wird. Dann wird mit 0,2 n-Salzsäure zurücktitriert, bis die Flüssigkeit nach gutem Schütteln eben einen schwachen Rosa-Farbenton zeigt (*1. Stadium der Titration*, $p_H = 8{,}3$). Jetzt wird ein Tropfen Lauge zugegeben, wodurch die Flüssigkeit deutlich rot gefärbt wird (*2. oder Zwischenstadium*, $p_H = 8{,}8$). (Kontrollösung.)

Die zur Untersuchung kommenden Lösungen titriert man zuerst bis zum Farbenton des *2. Stadiums*, indem man zu je 20 cm³ Flüssigkeit 10 cm³ Formolmischung gibt, worauf man sofort 0,2 n-Lauge zusetzt, bis die Färbung stärker als die der Kontrollösung ist, und jetzt durch Salzsäurezusatz genau auf den Farbenton der Kontrollösung einstellt. Wenn alle zu untersuchenden Lösungen auf dieses 2. Stadium titriert sind, fügt man der Kontrollösung weitere 2 Tropfen 0,2 n-Lauge zu und bringt sie auf einen stark roten Farbenton (*3. Stadium*, $p_H = 9{,}1$). Die zu untersuchenden Lösungen titriert man nun durch Zutropfen von Lauge ebenfalls auf den stark roten Farbenton der Kontrollösung.

b) *Bei Verwendung von Thymolphthalein* werden zur Bereitung der Kontrollösung zu 20 cm³ ausgekochtem Wasser 15 cm³ Formolmischung (vgl. Reagenzien) und etwa die halbe Menge Lauge wie bei den Analysen zugesetzt und mit 0,2 n-Salzsäure zurücktitriert, bis die Lösung bläulich opalesciert (*1. Stadium*). Auf Zusatz von 2 Tropfen Lauge nimmt die Lösung deutlich blaue Farbe an (*2. Stadium*), um schließlich durch weiteren Zusatz von 2 Tropfen Lauge eine schöne und starke Farbe anzunehmen (*3. Stadium*, $p_H = 9{,}45$).

Bis zu diesem Farbenton werden die zu analysierenden Lösungen titriert, indem zu 20 cm³ ebenfalls 15 cm³ Formolmischung und darauf sofort ein kleiner Überschuß an Lauge zugefügt wird. Nach Rücktitrierung mit Salzsäure bis zu einem schwächeren Farbenton als der Kontrollösung zukommt, wird schließlich wieder Lauge tropfenweise zugesetzt, bis die Farbe der Kontrollösung genau erreicht ist. Bei gefärbten Lösungen bedient man sich des früher erwähnten Verfahrens nach WALPOLE.

Berechnung. Von der Lauge, die bis zum Endpunkt der Titration (3. Stadium) insgesamt nach Abzug der Salzsäure verbraucht wurde, wird der Laugenüberschuß der Kontrolle abgezogen. Jeder Kubikzentimeter des Restes der Lauge entspricht 2,8 mg formoltitrierbarem Stickstoff. Beispiel:

Kontrolle:	1,50 cm³ 0,2 n-NaOH	Probe:	3,50 cm³ 0,2 n-NaOH
	1,40 cm³ 0,2 n-HCl		0,45 cm³ 0,2 n-HCl
	0,10 cm³ 0,2 n-NaOH		3,05 cm³ 0,2 n-NaOH
			—0,10 cm³ 0,2 n-NaOH (Kontrolle)
			2,95 cm³ 0,2 n-NaOH = 8,26 mg N

Der formoltitrierbare Stickstoff wird bei Eiweißhydrolysen gewöhnlich in Prozenten des Gesamtstickstoffes ausgedrückt.

Nach dieser Methode lassen sich auch Aminosäuren mit nicht α-ständigen Aminogruppen sowie Methylaminosäuren bestimmen.

Fehlerquellen der Methode. Wenn die durch Zusatz des Formols entstandenen Methylen-aminverbindungen sehr schwache Säuren sind, deren Dissoziationsgebiete bei niedrigeren H-Ionenkonzentrationen liegen als bei den durch den Indicatorumschlag bestimmten, erhält man zu niedrige Werte; wenn außer der mit der Aminogruppe äquivalenten Carboxylgruppe noch andere schwach saure Gruppen, z. B. Phenolgruppen enthalten sind, sind die Resultate zu hoch. Daher sind die Werte bei *Prolin zu niedrig*, bei *Tyrosin zu hoch*. *Harnstoff und Guanidinsalze verhalten sich auch nach Formolzusatz als neutrale Verbindungen. Arginin* läßt sich also glatt *wie eine einbasische Säure* titrieren. Größere Ammoniakmengen müssen entfernt werden, geringere Mengen, wie sie in Hydrolysaten reiner Eiweißkörper vorhanden sind, stören kaum. Die Störungen durch Phosphor- und Kohlensäure sowie durch die Eigenfarbe der Lösungen und die Maßnahmen zu deren Beseitigung wurden vorher besprochen.

Alkalimetrische Bestimmung von Aminosäuren und Peptiden nach Willstätter und Waldschmidt-Leitz (84). a) Makromethode. *Aminosäuren, Peptide, Peptone, Proteine,* welche wegen innerer Salzbildung in wäßriger Lösung gegen Phenolphthalein neutral reagieren, *lassen sich in alkoholischer Lösung alkalimetrisch bestimmen.* Während jedoch *Peptide, Peptone und Proteine* sich schon in *40%proz. Alkohol* wie gewöhnliche Carbonsäuren verhalten, erfordern die *Aminosäuren,* besonders die von aliphatischem Charakter, ähnlich den Ammoniumsalzen, sehr hohe *Alkoholkonzentrationen, etwa 97%,* zur völligen Ausschaltung der Aminogruppe und Absättigung mit Alkalihydroxyd. Daher muß in solchen Fällen die Titration statt mit wäßriger, mit alkoholischer Normallauge ausgeführt werden. Der Äthylalkohol läßt sich durch Aceton und auch durch Propylalkohol ersetzen, der schon bei geringerer Konzentration die Hydroxylionenkonzentration stark herabsetzt.

Gegenüber der Formoltitration bietet dieses sehr einfache Verfahren den Vorteil, daß die Farbenumschläge erheblich schärfer sind (besonders mit Thymolphthalein als Indicator) und Vergleichslösungen auch bei der Titration ziemlich stark gefärbter Flüssigkeiten im allgemeinen entbehrlich sind. Puffergemische (Acetat-Zitrat- und Ammoniumsalzpuffer) stören die Titration nicht; nur Phosphat in höherer Konzentration vermindert die Schärfe des Farbenumschlages. Auch diejenigen Aminosäuren, die bei der Formoltitration ein abnormales Verhalten zeigen, lassen sich in alkoholischer Lösung richtig titrieren (Tyrosin, Lysin, Prolin). Argininsalze werden wie einbasische Säuren titriert, freies Arginin verbraucht kein Alkali, da der basische Einfluß der Guanidingruppe auch in alkoholischer Lösung nicht ausgeschaltet wird. Der Alkoholverbrauch ist allerdings groß und die Lösungen müssen oft auf ein Vielfaches ihres Volumens verdünnt werden.

Die alkalimetrische Bestimmung gestattet ferner eine Unterscheidung zwischen den Anteilen an Aminosäuren und an Peptiden in Gemischen, wie sie z. B. beim enzymatischen Abbau der Proteine auftreten, da zur Ausschaltung der Aminogruppe verschiedene Alkoholkonzentrationen erforderlich sind. Die Peptide sind mit Phenolphthalein als Indicator schon in 50proz. Alkohol, mit Thymolphthalein bei noch geringerer Alkoholkonzentration wie gewöhnliche Carbonsäuren titrierbar; die Aminosäuren, besonders der aliphatischen Reihe, wie auch die Ammoniumsalze, erfordern erheblich höhere Alkoholkonzentrationen, und zwar mit Phenolphthalein eine Endkonzentration von etwa 97% Alkohol, mit Thymolphthalein nur eine von 90% oder noch weniger. Für die Bestimmung der Gesamtacidität ist daher wegen Alkoholersparnis und des schärferen Farbenumschlages das Thymolphthalein vorteilhafter. In 50proz. Alkohol werden mit Phenolphthalein als Indicator die meisten der biologisch wichtigen Aminosäuren mit etwa 28% ihrer Gesamtacidität bestimmt. Nur Phenylalanin und Tyrosin werden dabei schon zu 60—70% erfaßt und ergeben in 70—80proz. Alkohol die Endwerte.

Um in Gemischen von Peptiden und Aminosäuren beide nebeneinander zu bestimmen, titriert man zunächst in 97proz. Alkohol mit Phenolphthalein oder 90proz. Alkohol mit Thymolphthalein als Indicator und ermittelt die Summe der vorhandenen Carboxylgruppen (*b*). Dann ermittelt man die zur Neutralisation erforderliche Alkalimenge mit Phenolphthalein in 50proz. Alkohol (*a*); Thymolphthalein ist hierbei nicht verwendbar. Da die überwiegende Mehrzahl der Aminosäuren bei der Titration in 50proz. Alkohol nur zu 28 % reagiert, während die Polypeptide bereits voll als Carbonsäuren reagieren, ergibt sich der auf die Aminosäuren entfallende Anteil *X* der Acidität nach der Formel

$$X = \frac{100 \cdot (b - a)}{100 - 28}.$$

Sind im Gemisch reichlich Tyrosin und Phenylalanin vorhanden, so ist die Zahl 28 zu niedrig und eine andere, dem Verhalten dieser Säuren entsprechende Zahl in die Formel einzusetzen.

Für die Titration verwendet man 0,2 n-alkoholische Kalilauge, gelegentlich auch alkoholische Normalkalilauge, ferner 99—100proz. Alkohol; von 96proz. Alkohol muß man entsprechend größere Mengen anwenden. Phenolphthalein und Thymolphthalein werden als 0,5proz. alkoholische Lösungen verwendet.

Soll das Äquivalentgewicht einer isolierten Aminosäure oder eines Peptides bestimmt werden, so löst man die abgewogene Menge der Substanz (0,1—0,2 g) in einigen Kubikzentimeter Wasser und versetzt mit dem neunfachen Volumen absoluten Alkohols. Nach Zusatz von 10 Tropfen Thymolphthaleinlösung titriert man auf schwache, aber deutliche Blaufärbung. Bei genauen Bestimmungen muß der Alkaliverbrauch des verwendeten Alkoholwassergemisches berücksichtigt werden (Kontrollversuch). Schwer lösliche Peptide löst man entweder in einem geringen Überschuß von Lauge und titriert nach Zusatz von Alkohol mit Säure zurück oder bestimmt in Suspension unter kräftigem Schütteln.

Für die Carboxylbestimmung in Verdauungsflüssigkeiten nimmt man je 10 cm³, stellt lackmusneutrale Reaktion her (allenfalls unter Anwendung von Phosphatpuffern), bringt durch Zusatz von 190 cm³ 96proz. Alkohol und 2 cm³ 1proz. alkoholischer Phenolphthaleinlösung die Endkonzentration auf 90 und titriert mit alkoholischer n-Kalilauge (allenfalls auch 0,2 n-Kalilauge) die Gesamtacidität (*b*). Durch eine weitere Titration bei einer Alkoholkonzentration von 50 läßt sich darauf der Peptidanteil berechnen

b) Mikromethode. Die Methode *a* wurde in neuester Zeit von W. Grassmann und W. Heyde) (24) auf ihre Eignung für Mikrozwecke geprüft. Bei Einhaltung gewisser Bedingungen ist es danach möglich, noch Mengen von $^{4}/_{1000}$ Millimol Aminosäure, also z. B. noch 0,30 mg Glykokoll mit derselben relativen Genauigkeit zu bestimmen, wie bei der Makrotitration, d. h. mit einem Fehler von kaum $\pm$ 1 % (entsprechend 0,00056 mg Aminostickstoff). Sie ist bei ungefärbten Lösungen und Abwesenheit von störenden Salzen der Mikromethode von van Slyke überlegen, deren Genauigkeit gemäß den Angaben von Kupelwieser und Singer auf etwa $\pm$ 0,003 mg Aminostickstoff zu veranschlagen ist.

Eine beachtenswerte Fehlerquelle ist die geringe Schärfe des Indicatorumschlages der 0,1proz. Thymolphthaleinlösung. Für die Schärfe des Umschlages ist nicht so sehr die Natur und Menge der Aminosäure als vielmehr das Volumen des angewandten Alkohols maßgebend. Der Indicatorumschlag ist schon in reinem Alkohol oder Aceton allein weniger scharf und erfordert mehr Alkali als reines Wasser. Daher muß die Titration immer an einem bestimmten, durch einen Farbstandard festgelegten Punkt beendigt und in einem Blindversuch derjenige Betrag an Alkali ermittelt werden, den die dem Versuchsansatz entsprechende Menge 90proz. Alkohols für sich allein zur Erreichung desselben Farbtones benötigt. Die *Titrationsmethode eignet sich* daher wohl *für die Bestimmung kleiner Substanzmengen, aber nicht für extrem verdünnte Lösungen.* Gute Ergebnisse werden noch erzielt, wenn die Aminosäuren in 0,01 n-wäßrigen Lösungen vorliegen und zur Bestimmung mit Alkohol auf das Zehnfache verdünnt werden. Da nach HARRIS eine Alkoholkonzentration von 80 noch ausreicht, um die Hydrolyse der Aminosäure-Alkalisalze genügend zurückzudrängen, wird man bei noch größerer Verdünnung allenfalls mit weniger Alkohol auskommen.

Fermentative Spaltungen lassen sich im Gesamtvolumen von 1 cm³ durchführen und der Fortgang der Reaktion durch Titration von 0,2 und 0,1 cm³-Proben verfolgen. Als Maßflüssigkeit dient eine 0,01 n-Lösung von KOH in 90proz. reinem Alkohol, deren Titer zwar anfangs absinkt, dann aber wochenlang konstant bleibt. Die Mikrobürette von einem Fassungsraum von 2 cm³ soll in Hundertstel Kubikzentimeter geteilt sein und einen fein ausgezogenen Auslaufhahn haben, so daß die Tropfengröße bei alkoholischer Lauge nur etwa 0,005 cm³ beträgt. Sie ist auf eine $^1/_2$ Liter-Vorratsflasche aufgeschliffen und gegen Luftkohlensäure durch Natronkalkröhrchen geschützt. Als Indicator dient eine 0,1proz. alkoholische Thymolphthaleinlösung. Zum Abmessen der Proben werden genaue Capillarmeßpipetten zu 0,5, 0,2 und 0,1 cm³ Inhalt, diese in Tausendstel Kubikzentimeter geteilt, verwendet. Die Pipettenspitzen sind unterhalb der Teilung etwa 3—4 cm so dünn ausgezogen, daß sie leicht durch den Hals des Meßkölbchens bis auf den Boden eingeführt werden können. Das Meßkölbchen von 1 cm³ Inhalt aus Jenaer Geräteglas mit eingeschliffenem Stopfen hat eine Höhe von 3,5 cm; die lichte Weite des Kolbenhalses beträgt 0,4—0,5 cm. Die Titration wird in Erlenmeyerkölbchen von 5, 10 oder 15 cm³ Inhalt vorgenommen.

Zur Titration versetzt man eine abgemessene Probe der vorliegenden Lösung, z. B. 0,2 cm³ mit 2 Tropfen Thymolphthaleinlösung und läßt die Lauge bis zur deutlichen Blaufärbung zufließen. Man gießt das neunfache Volumen der angewendeten, wäßrigen Lösung, also z. B. 1,8 cm³ absoluten Alkohols zu, wobei die Blaufärbung wieder verschwindet und titriert zu Ende. Der richtige Endpunkt der mit einer Genauigkeit von einem Tropfen erkannt werden kann, entspricht einer deutlichen Hellblaufärbung, ähnlich der einer $^1/_{400}$ molaren Kupferchloridlösung in überschüssigem Ammoniak, die als Vergleichsflüssigkeit benutzt wird, und nicht der ersten erkennbaren Farbenveränderung. Die Titration erfolgt bei dem Licht einer 200kerzigen Tageslichtlampe in einem innen weiß ausgekleideten Kasten.

Die *Fehler* bewegen sich bei der Titration einfacher Aminosäuren und Polypeptide fast ausnahmslos innerhalb der Fehler, die durch die Ablesegenauigkeit und Tropfengröße der Bürette zu erwarten sind. Die erzielte relative Genauigkeit bei der Verfolgung enzymatischer Spaltungen ist gleich der beim Makroverfahren, jedoch geringer als bei der Titration reiner Aminosäuren oder Peptide, weil durch die anwesenden Puffersubstanzen und Proteine die Schärfe des Indicatorumschlages beeinträchtigt wird.

F. Alkyl am Stickstoff (59).

Mikrobestimmung der Methylimidgruppen (69).

Die mikroanalytische quantitative Bestimmung der an Stickstoff gebundenen Alkylgruppen nach PREGL ist dem von HERZIG und H. MEYER ausgearbeiteten Makroverfahren nachgebildet und beruht auf der Abspaltung von Alkyljodid aus den Jodhydraten der am Stickstoff alkylierten Basen beim Erhitzen auf 200—300° nach der Gleichung:

$$R = N\begin{matrix} CH_3 \\ J \\ H \end{matrix} = R : NH + CH_3J\,.$$

Das gebildete Jodalkyl wird nach ZEISEL-PREGL bestimmt.

Der Apparat, dessen Einrichtung sich aus der Abb. 157 ergibt, unterscheidet sich vom Methoxylapparat dadurch, daß das Zersetzungskölbchen *SK* jetzt nur mehr aus Quarzglas hergestellt wird und mittels Schliff und Federklemmen mit dem anderen Teile verbunden wird. Daran schließt sich in Form zweier kugeliger Erweiterungen das Sammelgefäß *V* für die abdestillierende Jodwasserstoffsäure, die daraus nach der ersten Destillation wieder in das Zersetzungskölbchen zurückgesaugt werden kann. Damit in Verbindung steht zu einem Stück verblasen die Waschvorrichtung *W*, an die allenfalls auch noch eine zweite angeschmolzen sein kann. Im übrigen gleicht der Apparat dem Methoxylapparat. Das Zersetzungskölbchen wird in einem kleinen Sand- oder Graphitbade *K* mit Thermometer (oder Metallbad mit WOODscher Legierung) auf die gewünschte Temperatur erhitzt. Die Einwaage beträgt 4—6 mg.

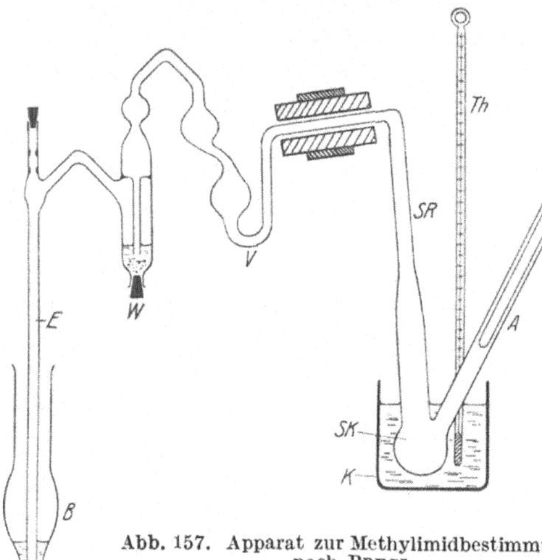

Abb. 157. Apparat zur Methylimidbestimmung nach PREGL.

Für die Ausführung der Bestimmung setzt man den Apparat nach Art der Methoxylbestimmung instand, nur gibt man ins Zersetzungskölbchen auch Jodammonium in der 10- bis 20fachen Menge der Einwaage und setzt zur Phosphoraufschwemmung allenfalls etwas Cadmiumsulfatlösung zu oder nimmt nur ein Gemisch gleicher Teile 5proz. Cadmiumsulfat- und 5proz. Natriumthiosulfatlösung. Gelegentlich muß man Jodwasserstoffsäure mit der Dichte 1,96 verwenden. Man erhitzt bei vorgelegter Silbernitratlösung langsam bis zum Sieden der Jodwasserstoffsäure und hält diese 20—25 Minuten im Sieden. Dadurch werden allenfalls vorhandene Alkoxylgruppen abgespalten und können gleichzeitig bestimmt werden.

Dann wechselt man die Vorlage mit der Silberlösung, falls ein Niederschlag entstanden ist, und steigert die Temperatur langsam, bis gegen 220° die Jodwassersäure völlig in das Sammelgefäß *V* überdestilliert ist. Nun erhitzt man langsam auf noch höhere Temperatur. Bald beginnt die Abspaltung von Jodmethyl (230—280°), was sich durch Trübung der Silberlösung bemerkbar macht. Gelegentlich tritt Abspaltung schon während des Überdestillierens der Jodwassersäure ein. Da es sehr wichtig ist, die Zersetzung bei möglichst niedriger Temperatur vorzunehmen, steigert man sie im Verlauf von etwa 45 Minuten im Maximum bis auf 60° über den Punkt, bei dem sich die erste Trübung gezeigt hat, in der Regel auf 300°. Dann läßt man im CO_2-Strom erkalten und entfernt die Vorlage, deren Inhalt wie bei der Methoxylbestimmung behandelt wird.

Da durch einmalige Destillation die quantitative Abspaltung der Methoxylgruppen besonders bei Gegenwart mehrerer Alkylgruppen meist nicht gelingt, muß die Destillation wiederholt werden. Zu diesem Zwecke saugt man die in den Sammler V überdestillierte Jodwasserstoffsäure in das Zersetzungskölbchen zurück, gibt wieder etwas Jodammonium dazu und verfährt nach dem Vorlegen frischer Silberlösung wie früher. Beträgt die dabei ausgeschiedene Jodsilbermenge mehr als 0,5 % (ausgedrückt in Prozenten CH_3), so ist eine dritte Destillation erforderlich. Die Reaktion ist dann beendigt, wenn die bei der letzten Destillation erhaltene Jodsilbermenge weniger als 0,5 % CH_3 entspricht. Zur Beschleunigung der Abspaltung der Alkylgruppen empfiehlt sich nach EDLBACHER (14a) der Zusatz von 1—2 Tropfen einer salzsauren Goldchloridlösung zur Jodwasserstoffsäure. Dadurch erreicht man schon durch einmaliges Destillieren und 30 Minuten langes Erhitzen auf 300—360° bei manchen Substanzen die quantitative Abspaltung auch mehrerer Alkylgruppen.

Neuestens wurde der Methylimidapparat zwecks Erzielung eines gleichmäßigen Gasstromes entsprechend der nebenstehenden Abbildung (Abb. 158) von FRIEDRICH (21) modifiziert. Das Zersetzungskölbchen besteht ebenfalls aus Quarzglas, oder der *ganze Apparat ist aus Jenaer Geräteglas* geblasen. Bei parallel gestelltem Hahn strömt das Gas durch das obere Rohr b und die normale Hahnbohrung in die Waschvorrichtung, während die überdestillierende Jodwasserstoffsäure sich in der birnförmigen Erweiterung des unteren Rohres a sammelt. Dem Gasstrom ist also durch die Jodwasserstoffsäure kein Hindernis gesetzt. Der ganze mittlere Teil steht während der Bestimmung in einer Schale mit lauwarmem Wasser. Nach Beendigung der ersten Destillation führt man die Jodwasserstoffsäure in das Zersetzungskölbchen zurück, indem man den Hahn um 90° dreht, worauf durch eine in senkrechter Richtung verlaufende seitliche Rille des Hahnes die Verbindung des Rohres b' mit der Außenluft unter gleichzeitiger Sperrung nach b hergestellt ist und die Jodwasserstoffsäure zurückgesaugt werden kann, ohne daß die Waschflüssigkeit mitgesaugt wird.

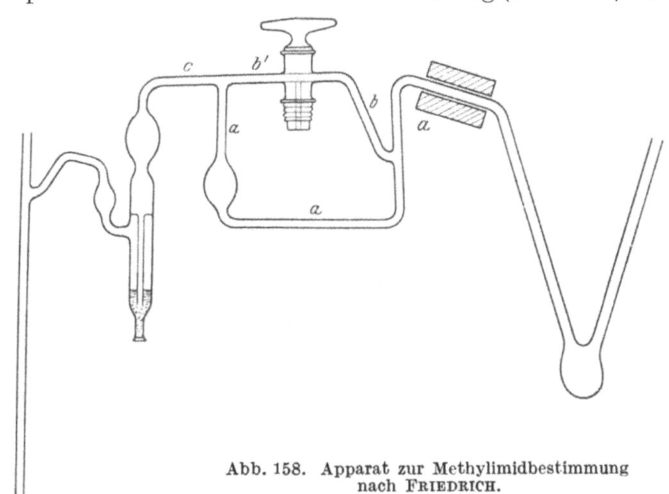

Abb. 158. Apparat zur Methylimidbestimmung nach FRIEDRICH.

Bezüglich des besonderen Verhaltens mancher Substanzen bei der Methoxyl- und Methylimidbestimmung und der Schwierigkeiten, die dabei auftreten können, ist bei H. MEYER (47) oder besonders bei J. HERZIG (27) nachzulesen; denn die Erfahrungen bei der Makroanalyse gelten auch für die Mikrobestimmung.

Berechnung: 100 Gewichtsteile AgJ entsprechen 6,39 Gewichtsteilen CH_3 oder 12,37 Gewichtsteilen C_2H_5.

$$\log \text{gef. AgJ} + \log 6{,}39 + (1 - \log \text{Einwaage}) = \log \text{Prozent } CH_3 .$$

G. Der Nachweis und die Bestimmung der doppelten und dreifachen Kohlenstoffbindung (61).

a) Doppelte Bindung.

1. Qualitativer Nachweis.

Zum Nachweis von ungesättigten Atomgruppen dient nach A. v. BAYER ihr Verhalten gegen **soda-alkalische Kaliumpermanganatlösumg,** welche durch Verbindungen mit ungesättigten Atomgruppen sofort unter Abscheidung von Braunstein reduziert wird. Diese Reaktion ist besonders für die Äthylenbindung charakteristisch, da Verbindungen mit anderen ungesättigten Gruppen, wie Aldehyde und Ketone, viel langsamer oxydiert werden.

Man prüft entweder in wäßriger Lösung unter Zusatz von wenig Soda oder Bicarbonat, indem man zur Lösung einen Tropfen verdünnter Permanganatlösung fügt. Es tritt augenblicklich Farbenumschlag unter Abscheidung von braunem Manganhydroxyd ein. Ist die Substanz wasserunlöslich, so kann man sie allenfalls in Alkohol oder Benzol oder besonders gut in Aceton lösen. Auch Essigester und Pyridin werden gelegentlich als Lösungsmittel verwendet. In solchen Fällen muß man jedoch als Vergleichsflüssigkeit das reine Lösungsmittel mit der gleichen Menge Permanganat versetzen. Besonders das Aceton, das vorher über Permanganat destilliert und dann mit Kaliumcarbonat getrocknet worden war, wird als Lösungsmittel empfohlen.

Bei der Untersuchung *organischer Basen* tritt oft, ohne daß eine Doppelbindung enthalten wäre, sofortige Entfärbung der alkalischen oder neutralen Permanganatlösung ein, während sie in saurer Lösung beständig ist. Daher arbeitet man in solchen Fällen besser in schwefelsaurer Lösung. In saurer Lösung ist eben der Stickstoff, der in den freien Basen dreiwertig und daher ungesättigt ist, fünfwertig und damit maximal gesättigt. Kohlenwasserstoffe mit tertiär gebundenem C-Atom und andere leicht oxydable Verbindungen werden unter Umständen auch schon in der Kälte durch verdünnte Permanganatlösung oxydiert. Umgekehrt sind zahlreiche Naturprodukte bekannt, die trotz der auf Grund ihres Verhaltens gegen andere Agenzien sicher anzunehmenden Doppelbindung, Permanganat nicht entfärben.

Farbenreaktion mit Tetranitromethan. Dieses ist ein sehr empfindliches Reagens auf Äthylenbindungen, indem es mit Lösungen von Substanzen mit Kohlenstoffdoppelbindung sofort gelbe, orange bis braunrote Färbungen gibt, während sich die Paraffine in dem farblosen Reagens farblos auflösen. Auch die aromatischen Kohlenwasserstoffe geben damit gelbe bis goldgelbe Färbungen. Es gibt aber gewisse α-, β-ungesättigte Säuren (Acryl-Croton-Fumarsäure, auch Benzoesäure), die nicht mit Tetranitromethan reagieren. Die zu prüfende Lösung muß neutral oder sauer reagieren.

Über die Darstellung von Tetranitromethan vgl. E. BERGER (5) und F. D. CHATTAWAY (11).

Das wesentliche Merkmal aller ungesättigten Verbindungen sind **Anlagerungsreaktionen.**

a) Anlagerung von *Halogen.* Ungesättigte Verbindungen addieren mehr oder weniger leicht ein Mol Halogen an die Doppelbindung, 2 Mol an die dreifache Bindung. Zu diesem Zweck wird vor allem das *Brom* und das *Jod* verwendet, weil sie bequemer abzumessen sind als das gasförmige Chlor und die Addition an dem Verschwinden der Farbe leicht zu erkennen ist. Außerdem zeigen die Bromadditionsprodukte große Krystallisationsfähigkeit.

Das Halogen wird in einem indifferenten Lösungsmittel (Äther, Chloroform, Eisessig, Tetrachlorkohlenstoff, Schwefelkohlenstoff, seltener Alkohol, Nitrobenzol) gelöst und zur Lösung oder Suspension allenfalls unter Kühlung zugesetzt. Häufig tritt sofort Entfärbung ein und der Endpunkt der Anlagerung ist leicht zu erkennen. In Eisessig geht im allgemeinen die Bromierung leichter vor sich als in anderen Lösungsmitteln. Amylalkohol, namentlich gemischt mit Äther, hat sich in der Terpenreihe als Lösungsmittel sehr bewährt. Selten muß man erhitzen und zwecks Vermeidung sekundärer Abspaltung von Halogenwasserstoff arbeitet man am besten bei möglichst niedriger Temperatur. Großen Einfluß auf die Reaktion übt das *Sonnenlicht* aus, indem es im allgemeinen die Addition von Brom begünstigt. Gute Katalysatoren sind Chlorjod und Antimontribromid.

Während in den meisten Fällen die Bromaddition sehr glatt und quantitativ verläuft, gibt es auch viele *Fälle von anormalem Verhalten*, was sich entweder bei der Addition selbst oder im entstandenen Reaktionsprodukt bemerkbar macht. Die Inaktivität einer ungesättigten Verbindung gegenüber Brom kann sich bemerkbar machen, wenn schon andere stark negative Radikale (Phenyl, Carboxyl, Cyan, Halogen) an die Äthylenkohlenstoffatome gebunden sind oder wenn die sterischen Verhältnisse ungünstig sind[1].

Weitere Additionsreaktionen können nur kurz besprochen werden.

b) Anlagerung von Halogenwasserstoff. Von den drei Halogenwasserstoffen wird der Jodwasserstoff am leichtesten von ungesättigten Kohlenwasserstoffen aufgenommen, während Chlorwasserstoff träge reagiert. Dabei tritt das Halogen meist an das Kohlenstoffatom der Äthylengruppe, das am wenigsten Wasserstoffatome gebunden hat (Regel von Markownikow). Ungesättigte Halogenverbindungen verhalten sich meist so, daß das Halogen von dem C-Atom aufgenommen wird, an das schon Halogen gebunden ist. An α-, β- und β-, γ-ungesättigte Säuren lagert sich das Halogenatom an das der Carboxylgruppe entferntere C-Atom an.

Die Addition des Halogenwasserstoffs nimmt man entweder in ätherischer Lösung vor oder man verwendet Lösungen der betreffenden Halogenwasserstoffsäure in Eisessig. Diese Methode hat sich besonders bewährt. Häufig sind zum Zustandekommen einer Anlagerung geringe Wassermengen notwendig. Die Aufnahme von Halogenwasserstoff läßt nicht immer unbedingt auf die Anwesenheit einer Kohlenstoffdoppelbindung schließen, da die Möglichkeit einer Ringsprengung, namentlich bei Drei-, Vier- und Fünfringen in bicyclischen Systemen besteht.

c) Auch *Stickstofftrioxyd* und *Stickstofftetroxyd*, sowie *Nitrosylchlorid* und *Nitrosylbromid* können zum Nachweis und zur Charakterisierung von ungesättigten Kohlenstoffverbindungen unter Umständen, besonders in der Chemie der alicyclischen Verbindungen vorteilhaft verwendet werden. Die Additionsprodukte bilden sich hauptsächlich, aber nicht ausschließlich bei Anwesenheit der Gruppierung $R_2C:CHR$, die auch im Ring vorkommen kann. Die Additionsprodukte sind bimolekular, z. B.

$$\left(\begin{array}{cc} R_2C & \!\!-\!\!CHR \\ | & | \\ Cl & NO \end{array}\right)_2$$

Bisnitrosochlorid, verhalten sich jedoch in ihren Reaktionen monomolekular. Sie sind im festen Zustand farblos und sind zu weiteren Umsetzungen sehr geeignet.

Die Addition von *Nitrosylchlorid* hat in der Terpenreihe durch Wallach vielfach Anwendung gefunden. Zur Anlagerung wird die Substanz gewöhnlich

[1] Über Einzelheiten vgl. H. Bauer (61) sowie Hans Meyer (63).

mit Amylnitrit (manchmal auch Äthylnitrit) und Eisessig vermischt und in diese Mischung allmählich unter Kühlung ein Gemisch von starker Salzsäure und Eisessig eingetragen.

Die Anlagerung von *Stickstofftetroxyd*, Bildung von Nitrosaten

$$\left(\begin{array}{cc} R_2C & \!\!-\!\!-\!\!-\,CHR \\ | & | \\ ONO_2 & NO \end{array}\right)_2$$

kann auch zur Bestimmung des Ortes der Doppelbindung Verwendung finden, indem man das Anlagerungsprodukt mit starker Salzsäure im Rohr spaltet (JEGOROW 31a).

d) Die Addition von *unterchloriger, unterbromiger und unterjodiger Säure* an die Kohlenstoffdoppelbindung führt zu den entsprechenden Halogenhydrinen

$$>C(OH)-\overset{|}{\underset{|}{C}}-Cl\,.$$

Man gibt den betreffenden ungesättigten Körper zu der Lösung der unterchlorigen Säure von 1—3% Gehalt und schüttelt. Für viele Fälle ist Verwendung von unterbromiger Säure (Darstellung aus Bromwasser und Quecksilberoxyd) wegen Erzielung besserer Ausbeuten und rascherer Reaktion vorzuziehen.

e) Von besonderer Bedeutung ist die Anlagerung von *Ozon* (50) an die doppelten und dreifachen Kohlenstoffbindungen. Die dabei entstehenden und meist leicht zu isolierenden *Ozonide* ermöglichen die Feststellung der Anzahl der Doppelbindungen im Molekül. Ferner läßt sich durch Spaltung der Ozonide unter geeigneten Bedingungen mit Wasser oder durch Reduktion die Lage der doppelten Bindung auf Grund der Spaltprodukte ermitteln. Die Ozonidbildung und Spaldung verläuft im allgemeinen in folgender Weise:

$$>C=C< + O_3 \longrightarrow >\underset{\diagdown\;O_3\;\diagup}{C\text{———}C}< + H_2O \longrightarrow >CO + OC< + H_2O_2$$

$$>\underset{\diagdown\;O_3\;\diagup}{C\text{———}C}< + H_2O \longrightarrow >C\begin{array}{c} O \\ | \\ O \end{array} + OC< \;;\; >C\begin{array}{c} O \\ | \\ O \end{array} \longrightarrow COOH\,.$$

Mit Hilfe dieser Reaktion konnte HARRIES eine eindeutige Konstitutionsbestimmung bei verschiedenen ungesättigten Verbindungen durchführen. Eine Verschiebung der Doppelbindung wurde niemals beobachtet.

Für die Ozonisierung wird der betreffende Stoff meistens in einem indifferenten Lösungsmittel gelöst oder aufgeschwemmt (Chloroform, Tetrachlorkohlenstoff, Ligroin, Hexan, Eisessig, Essigester) und dann bei niedriger Temperatur gereinigtes Ozongas, welches in einem besonderen Ozonapparat, z. B. der Firma Siemens & Halske, Berlin, dargestellt wird, eingeleitet, bis eine Probe der Reaktionsflüssigkeit Eisessig, der durch Brom schwach gelb gefärbt ist, nicht mehr sofort entfärbt. (Bezüglich Einzelheiten der Apparatur und der Ausführung muß auf die großen Handbücher verwiesen werden.)

Die Ozonisation verläuft immer quantitativ, ausgenommen bei konjugierten Doppelbindungen oder bei solchen des Benzolringes, Naphthalins usw. Allerdings kann manchmal nach Bildung des normalen Ozonids das überschüssige Ozon in anderer Weise einwirken und allenfalls zur Bildung einer neuen Doppelbindung führen, die wieder ein Ozonid bildet. Die Ozonide sind meist ölig oder bilden glasig farbige Syrupe; seltener sind sie feste amorphe Massen, ganz selten krystallinisch. Sie scheiden sich entweder direkt aus der Lösung ab oder erst nach Abdampfen des Lösungsmittels bei niedriger Temperatur und werden entweder durch Auswaschen mit einem indifferenten organischen Lösungsmittel oder durch Umfällen gereinigt.

Alle Ozonide scheiden aus Jodkalium Jod aus und entfärben Indigo- und Kaliumpermanganatlösung. Brom wird aber dagegen nicht sofort aufgenommen. Beim Befeuchten mit konzentrierter Schwefelsäure zersetzen sie sich unter Braunfärbung und Verkohlung. Beim Kochen mit Wasser bilden sie gewöhnlich Wasserstoffsuperoxyd, dessen Nachweis leicht möglich ist. Es entstehen verschiedene Spaltprodukte, meist Aldehyde und Ketone; Ozonide aus Verbindungen mit dreifacher C-Bindung liefern bei Wassereinwirkung ausschließlich Säuren. Die Isolierung einzelner Spaltprodukte ist oft sehr schwierig. Für die Ozoniddarstellung und ihre Zerlegung lassen sich keine allgemeinen Regeln aufstellen.

Ozon wird auch mit Erfolg *zur Untersuchung der Enole* verwendet (Scheiber und Herold). Hier hat die Ozonisierung deshalb besondere Bedeutung, weil infolge der Durchführung bei niedriger Temperatur eine Verschiebung des Gleichgewichtes zwischen enolisiertem Anteil und der nicht reagierenden desmotropen Ketonform vermieden wird (6, 39, 77).

f) Anlagerung von *schwefeliger Säure* bzw. deren Salzen. Während Kohlenwasserstoffe diese Verbindungen meist nicht addieren (ausgenommen solche mit konjugierter Doppelbindung), geben ungesättigte Alkohole, Säuren, Basen, besonders aber ungesättigte Aldehyde und Ketone mehr oder weniger leicht damit Additionsprodukte. Die Anlagerung erfolgt in der Regel so, daß der schwefelhaltige Rest an das Kohlenstoffatom tritt, welches von der sauerstoffhaltigen Gruppe am weitesten entfernt ist. Bei den Aldehyden lagert sich bekanntlich auch an die Aldehydgruppe Natriumbisulfit an. Besonders gut erfolgt die Anlagerung an die Äthylenbindung, wenn man nicht Bisulfit, sondern *neutrales Sulfit* bei Gegenwart von Bicarbonat einwirken läßt und durch Einleiten von Kohlensäure frei werdendes Alkali abstumpft.

g) Die Addition von *Wasser* an die Kohlenstoffdoppelbindung vollzieht sich meist unter dem Einfluß von Säuren. Es bilden sich intermediär Additionsprodukte vom Typus der Halogenwasserstoffanlagerungen. In Betracht kommen konzentrierte und mäßig konzentrierte Schwefelsäure, Salpetersäure, Essigsäure, wäßrige Oxalsäure, hier am besten bei Gegenwart von Chlorzink.

h) *Anlagerung von Wasserstoff.* An die mehrfache Kohlenstoffbindung läßt sich auch Wasserstoff anlagern. Eine einfache Methode zum Nachweis der Aufnahmefähigkeit von ungesättigten Verbindungen gegenüber Wasserstoff wurde erst durch die katalytischen Hydrierungen mit Wasserstoff bei Gegenwart fein verteilter Metalle, wie *Nickel, Platin, Palladium,* möglich. Der katalytisch erregte Wasserstoff tritt am leichtesten an die olefinische Doppelbindung, während andere ungesättigte Gruppen, wie die Carbonylgruppe in Aldehyden und Ketonen schwierig in Reaktion treten, in Carboxylen und Estern überhaupt nicht angegriffen werden.

1. Verfahren von Sabatier und Senderens. Nach diesem Verfahren sind fast alle Substanzen mit Doppelbindungen in gesättigte überführbar, wenn man ihre Dämpfe mit trockenem, überschüssigem Wasserstoff gemischt über frisch bei 270—300° reduziertes, feinverteiltes Nickel leitet. Die Umsetzungstemperatur muß der Natur der verschiedenen Verbindungen angepaßt sein und übersteigt am besten gewöhnlich nicht 250°. Meist ist niedrige Temperatur günstiger.

2. Verfahren von KELBER (34). Durch besonders feine Verteilung des Nickels auf Trägersubstanzen (Kieselgur, Ton, Asbest, Bariumsulfat) ließ sich die Aktivität derart steigern, daß die Wasserstoffübertragung auf ungesättigte Stoffe auch bei Zimmertemperatur und in Lösung gelingt.

3. Verfahren nach FOKIN-WILLSTÄTTER, nach PAAL, nach SKITA. In noch höherem Grade als das Nickel vermögen die Metalle der Platingruppe, insbesondere Platin und Palladium den Wasserstoff auf ungesättigte Verbindungen zu übertragen. Die Hydrierung erfolgt in diesem Falle bereits bei gewöhnlicher Temperatur durch einfaches Schütteln mit der mit dem Katalysator versetzten Verbindung mit oder ohne Verdünnungsmittel in einer Wasserstoffatmosphäre. Diese Reduktionsmethode gestattet demnach auch die Hydrierung nicht- oder schwerflüchtiger Stoffe, die sich nach dem Verfahren von SABATIER nicht reduzieren lassen. Sie eignet sich auch zur Hydrierung empfindlicher und zu Umlagerungen neigender Verbindungen, da sie bei gewöhnlicher Temperatur und wenn nötig in völlig neutraler Lösung verläuft. Die olefinische Kohlenstoffdoppelbindung wird leicht reduziert, gleichgültig an welcher Stelle des Moleküls sie sich befindet. Die Acetylenbindung kann in zwei aufeinanderfolgenden Stufen abgesättigt werden. Bei Verbindungen mit mehreren Doppelbindungen läßt sich durch Variieren des Wasserstoffdruckes auch eine stufenweise Anlagerung erzielen. Die Methode gestattet ferner in einfacher Weise die Messung des absorbierten Wasserstoffes, wodurch eine quantitative Verfolgung des Reduktionsvorganges mit einer entsprechenden Apparatur möglich ist. Aus der Menge des verbrauchten Wasserstoffes läßt sich auch die Zahl der Doppelbindungen berechnen.

Die gebräuchlichen Methoden der katalytischen Wasserstoffanlagerung in Gegenwart von Metallen der Platingruppe unterscheiden sich im wesentlichen nur durch die zur Verwendung gekommene Form des Katalysators. Nach FOKIN-WILLSTÄTTER werden die Metalle in fein verteilter Form als Platin- oder Palladiummohr (auch Platinoxyd) verwendet, sehr oft auch auf indifferente Stoffe (Calciumcarbonat, Bariumsulfat, Kieselgur, Tierkohle u. ä.) als Platin- oder Palladiumkohle, Palladium-Bariumsulfat usw. niedergeschlagen; oder man bedient sich kolloidaler Platin- oder Palladiumlösungen, deren Aktivität infolge des hohen Verteilungsgrades des Metalles größer ist. Durch Anwendung geeigneter Schutzkolloide, nach PAAL durch Eiweiß (lysalbin- und protalbinsaures Natrium), nach SKITA durch Gummi arabicum oder besonders gereinigte Gelatine erhält man haltbare, kolloidale Metallösungen. Die nach SKITA gewonnenen kolloiden Lösungen haben den Vorteil, daß damit Hydrierungen auch in saurer, besonders essigsaurer Lösung durchgeführt werden können und daß die Herstellung der wasserlöslichen Verbindung des Palladiums mit dem Schutzkolloid nicht nötig ist, während das Schutzkolloid nach PAAL durch Säuren gefällt wird. Als Lösungsmittel für die kalte katalytische Hydrierung werden Wasser, Alkohol, Essigester, Eisessig verwendet.

Da eine ausführliche Beschreibung der einzelnen Methoden zur katalytischen Wasserstoffanlagerung an die mehrfache Bindung wegen Raummangel hier nicht gegeben werden kann, sei auf die zusammenfassenden Darstellungen in größeren Handbüchern verwiesen, z. B. HOUBEN (30), H. MEYER (48), ABDERHALDEN (1).

i) *Anlagerung von Maleinsäureanhydrid an das konjugierte System.* Nach DIELS und ALDER (13) ist das Maleinsäureanhydrid ein besonders scharfes Reagens auf Systeme mit konjugierter Doppelbindung. Unter Öffnung der Doppelbindung des Maleinsäureanhydrids erfolgt Angliederung der freien Valenzen an die 1,4-Stellung der betreffenden Kohlenwasserstoffe, wobei sich neue Doppelbindungen zwischen den C-Atomen 2 und 3 bilden. Aus Cyclopentadien und Maleinsäureanhydrid entsteht z. B. in quantitativer Ausbeute Endomethylen-3,6-tetrahydro- Δ^4-o-Phthalsäureanhydrid:

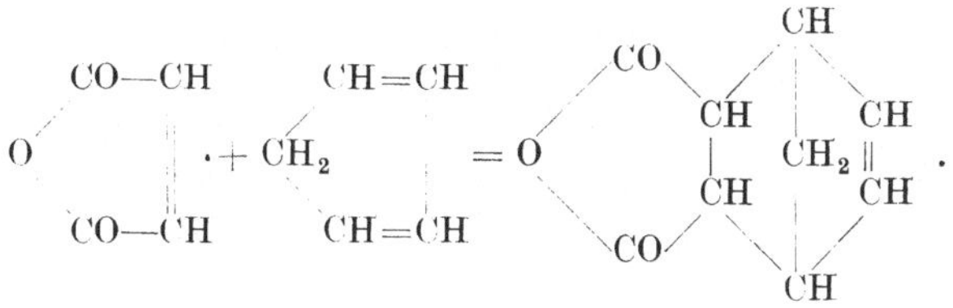

```
                                                        CH
     CO—CH          CH=CH              CO             /  |  \
    /    ‖         /                  /    \       CH    |    CH
  O      ‖  · + CH2          =  O          |     CH2  ‖      .
    \    ‖         \                  \    /       CH    |    CH
     CO—CH          CH=CH              CO             \  |  /
                                                        CH
```

Das Maleinsäureanhydrid reagiert entweder schon bei Zimmertemperatur mit der benzolischen Lösung der Substanz oder es muß erwärmt werden oder die beiden Komponenten werden ohne Lösungsmittel unter Schütteln in der Kälte oder unter Erwärmen in Reaktion gebracht. Die Reaktion verläuft fast durchwegs in kurzer Zeit und die Isolierung des Additionsproduktes bereitet meist keine Schwierigkeiten.

Auch Polyene und natürliche Polyenfarbstoffe geben mit dem Reagens schön krystallisierende Additionsprodukte.

Es gibt noch zahlreiche Anlagerungsreaktionen, die für die Erkennung von Doppelbindungen in einzelnen Fällen von Bedeutung sein können (Anlagerung von Ammoniak und seinen Derivaten usw.). Sie können jedoch hier nicht weiter besprochen werden.

Zur *Bestimmung des Ortes der Doppelbindung* bedient man sich der Oxydation mit Kaliumpermanganat oder mit Ozon oder der Anlagerung von Stickstofftetroxyd und Spaltung der Anlagerungsverbindung (vgl. S. 252).

2. Quantitative Bestimmung der doppelten Bindung.

Anlagerung von Brom und Jod (62). Die Anlagerung dieser Elemente erfolgt bei vielen Substanzen mit olefinischer Kohlenstoffbindung so außerordentlich leicht, daß sich darauf quantitative Bestimmungen der Doppelbindungen gründen.

a) Namentlich in der Fettanalyse spielt *die Bestimmung der Jodzahl* eine sehr große Rolle, das ist diejenige Menge Jod, welche von 100 g Fett unter gewissen Bedingungen angelagert wird. Es sind für diese Zwecke verschiedene Methoden ausgearbeitet, die sich voneinander nur durch die Zusammensetzung der verwendeten Halogenlösungen und durch die verschieden lange Einwirkungsdauer derselben unterscheiden. Die Bestimmung der Jodzahl wird entweder nach Hübl oder besser mit der Wijsschen oder Hanusschen oder Aschmann-Margoschesschen Lösung ausgeführt. Bezüglich ihrer Ausführung wird auf den in diesem Handbuch von Prof. H. P. Kaufmann bearbeiteten Abschnitt verwiesen.

Die *wichtigste Fehlerquelle* bei der quantitativen Bestimmung der Doppelbindungen mittels der Jodzahl ist die *Substitution.* Sie tritt besonders leicht bei Verbindungen mit tertiär gebundenem Kohlenstoffatom, also namentlich bei cyclischen Verbindungen, auf, kann aber auch bei Fettsäuren und ihren Estern in geringem Maße auftreten. Bei Hydroxylverbindungen, wie den Oxyfettsäuren, kann durch Einwirkung von Halogenwasserstoff Substitution im Sinne des Schemas $>CH \cdot OH + HX = >CHX + H_2O$ erfolgen. Daher muß bei der Analyse hydroaromatischer Verbindungen, wie Harzsäuren, Sterinen usw., von Verbindungen unbekannter Konstitution (Hydroxyl- und Ketoverbindungen) neben dem Gesamtverbrauch an Halogen auch die Menge des bei der Substitution verbrauchten Halogens bestimmt werden. Die Differenz gibt die Menge des angelagerten Halogens, die in Prozenten der eingewogenen Substanz ausgedrückt, als „*genaue Jodzahl*" bezeichnet wird.

Andererseits addieren Säuren, welche die Doppelbindung in α-, β-Stellung enthalten (Crotonsäure, Fumar- und Malein-, Zimtsäure), kaum 10% der theoretisch berechneten Menge Halogen, β-, γ-ungesättigte Säuren etwa $^1/_5$, γ-, δ-ungesättigte Säuren etwa $^1/_4$ der theoretischen Menge. Die Säuren mit dreifacher C-Bindung, wie Stearolsäure, addieren nur 1 Mol Halogen.

b) J. BOESEKEN und E. TH. GELBER (10) beschäftigen sich in neuerer Zeit eingehend mit den Abweichungen bei der Jodzahlbestimmung, insbesondere mit den Fällen, in denen sicher festgestellte Doppelbindungen nicht oder nur teilweise mit den gebräuchlichen Jodzahlbestimmungen festgestellt werden können. Sie arbeiteten unter Verwendung der WIJSschen Lösung eine Methode aus, die alle Zersetzungsreaktionen ausschließt, und stellten fest, daß die sog. negativen Gruppen (COOH, C_6H_5, $COOC_2H_5$, $COCH_3$, $CO \cdot C_6H_5$) wohl die Addition des Chlorjods etwas verlangsamen und zur Erreichung der richtigen Jodzahl längere Einwirkungsdauer erfordern. Dies gilt für Systeme mit einer Doppelbindung. *Bei Verbindungen mit zwei oder mehreren Doppelbindungen ist zwischen konjugierten und nichtkonjugierten doppelten Bindungen scharf zu unterscheiden.* Die letzteren sättigen ihre beiden doppelten Bindungen normal in der kürzesten Zeit mit 2 Mol JCl ab und geben richtige Jodzahlen. Von den *konjugierten Doppelbindungen* wird die eine direkt, die andere erst sehr langsam angegriffen. Darauf gründet sich eine einfache Methode zur Unterscheidung der beiden Systeme. Nichtkonjugierte Systeme müssen auch bei verschiedenen Einwaagen in 15 Minuten richtige, übereinstimmende Jodzahlen geben, wogegen die konjugierten Systeme bei kurzer Einwirkungsdauer verschiedene Werte ergeben, die erst allmählich die theoretischen Jodzahlen liefern.

Weiter stellten sie fest, daß nach vollendeter Addition bei manchen Substanzen das freiwerdende Halogen den Jodzahlwert verändern kann und daß die Störung insbesondere auf Jodionen zurückzuführen ist. Um die Zersetzung des Additionsproduktes zu verhindern, *entfernen sie durch Zusatz von Kalomel den Überschuß an* WIJSscher *Lösung vor Zugabe des Kaliumjodids*, wodurch fast undissoziierte Mercurihalogenide entstehen. Bei der Jodchloraddition hat man es mit reinen Gleichgewichten zu tun und die Additionsmöglichkeit ist stark abhängig von den gewählten Konzentrationen bzw. Überschüssen. Die Benutzung von reinem Tetrachlorkohlenstoff ist dem Eisessig vorzuziehen.

Arbeitsvorschrift. Man arbeitet mit der WIJSschen Lösung. Findet man Jodzahlen, die von der Größe der Einwaage des zu analysierenden Stoffes abhängig sind, so liegen vermutlich Verbindungen mit konjugierten Systemen vor. Man muß dann die WIJSsche Lösung länger einwirken lassen, bis man zu einem konstanten Endpunkt kommt. Vermutet man Stoffe, deren Doppelbindung einer negativen Gruppe benachbart ist, so arbeitet man in folgender Weise: Man bereitet sich eine etwa 5 n-Jodchlorlösung in reinstem Tetrachlorkohlenstoff (S-frei). Die Einwaage löst man in Tetrachlorkohlenstoff und gibt die Jodchlorlösung zu (etwa 75% Überschuß). Die Einwirkungsdauer beträgt 15 Minuten; bei Anwesenheit einer Carboxylgruppe etwa 5 Stunden. Nach vollendeter Addition fügt man zur Lösung etwa 1 g Kalomel oder auch molekulares Silber zu, schüttelt bis zur Entfärbung, filtriert quantitativ unter Nachwaschen mit 50 cm Tetrachlorkohlenstoff, versetzt das Filtrat mit 20 cm³ 10proz. Natriumjodidlösung in Alkohol, läßt etwa 10 Minuten stehen und titriert das freigewordene Jod mit Thiosulfat.

$$\text{Jodzahl} = 100 \cdot \frac{\text{cm}^3 \text{ Thios.} \times \text{F} \times 127}{\text{Einwaage}} .$$

c) F. REINDEL und K. NIEDERLÄNDER (73) beschäftigten sich in jüngster Zeit mit der Bestimmung von Doppelbindungen in *Sterinen*. Sie finden die HÜBLsche Methode zur exakten Bestimmung der Zahl der Doppelbindungen in dieser Körperklasse unbrauchbar, fanden auch nach der Vorschrift von BOESEKEN bei einzelnen Sterinen keine brauchbaren Werte und geben daher folgende Arbeitsvorschrift mit einer Lösung von Brom in Tetrachlorkohlenstoff: Zu etwa 0,1 g Sterin in 20—30 cm^3 Tetrachlorkohlenstoff gelöst, läßt man unter Eiskühlung das Dreifache der theoretisch erforderlichen Menge an etwa 0,1-*Bromlösung in Tetrachlorkohlenstoff* langsam zutropfen. Nach dreistündigem Stehen bei 0^0 gibt man aus der zweiten Bürette unter kräftigem Umschütteln einen Überschuß von 10proz. Jodkaliumlösung zu (auf 1 cm^3 Bromlösung 1 cm^3 Kaliumjodidlösung). Durch Rücktitration des ausgeschiedenen Jods mit 0,1 n-Thiosulfat bestimmt man das gesamte verbrauchte Brom, bzw. Jod.

Der Betrag des entstandenen Halogenwasserstoffs wird durch Zugabe von 1proz. Kaliumjodatlösung und Bestimmung des neu auftretenden Jods ermittelt, wobei lediglich die in der Vorlage zur Apparatur befindliche kleine Menge Wasser mit dem Hauptversuch vereinigt wird. Ein Blindwert an Halogenwasserstoff tritt hier nicht auf. Temperatur $= 0^0$.

Apparatur. Saugflasche mit zweifach durchbohrtem Gummistopfen. Durch die eine Bohrung Bürette mit Brom-Tetrachlorkohlenstofflösung; durch die andere Bohrung Bürette mit Jodkalilösung; am Saugstutzen eine kleine Waschflasche, gefüllt mit Wasser.

Katalytische Anlagerung von Wasserstoff. Die Wasserstoffanlagerung wird ebenfalls zur quantitativen Bestimmung der mehrfachen Bindung benutzt. GRÜN und HALDEN (23) haben in neuerer Zeit eine bequeme analytische Methode zur quantitativen Bestimmung des sich an die mehrfache Bindung anlagernden Wasserstoffes ausgearbeitet. Obwohl hauptsächlich für die Fettanalyse von besonderer Bedeutung, leistet sie auch für die Untersuchung anderer Körperklassen auf mehrfache Bindung vorzügliche Dienste. Die Prozente Wasserstoff, die eine ungesättigte Verbindung bei quantitativer Hydrierung aufnimmt, bezeichnen die Autoren als „*Hydrierzahl*“ in demselben Sinne, in welchem HÜBL den Ausdruck „Jodzahl“ gebraucht. Die Methode leistet in allen Fällen sehr gute Dienste, in denen die Jodzahlmethode entweder versagt oder nicht quantitativ verläuft, also bei der Untersuchung von ungesättigten Säuren mit Doppelbindung in α-, β-, in β-, γ-Stellung usw. und bei Verbindungen mit Acetylenbindung, z. B. bei der Stearolsäure, Behenolsäure u. a. m. Der Umstand, daß Säuren mit dreifacher Bindung gerade die Hälfte der theoretisch berechneten Jodzahl zeigen, weil sie nur 2 statt 4 Atome Halogen addieren, während sie quantitativ 4 Atome Wasserstoff anlagern, kann auch dazu dienen, um sie ohne Isolierung in einem Substanzgemisch nachzuweisen. Die addierte Wasserstoffmenge ist also unter Umständen ein zuverlässigeres Kriterium für die Zahl der ungesättigten Bindungen als die Jodzahl.

Bezüglich der Ausführung der Bestimmung wird ebenfalls auf den Beitrag von H. P. KAUFMANN verwiesen, wo auch die Bestimmung der für die Untersuchung von Fettsäuregemischen und Fetten wichtigen *Hexabromidzahl* und *Rhodanzahl* beschrieben wird.

Die Bestimmung mit Benzopersäure. Nach N. PRILESCHAJEW (70) reagieren Kohlenwasserstoffe, die eine Doppelbindung enthalten, schon in der Kälte mit Benzopersäure (Benzoylhydroperoxyd) in Chloroform- oder Ätherlösung unter Bildung von Alkylenoxyden:

$$R \cdot CH : CHR_1 + C_6H_5 \cdot C\begin{matrix} \diagup O \cdot OH \\ \diagdown O \end{matrix} \longrightarrow R \cdot \underset{\diagdown O \diagup}{CH \cdot CH} \cdot R_1 + C_6H_5 \cdot COOH\,.$$

Darauf beruht eine quantitative Bestimmung von ungesättigten Kohlenwasserstoffen in Gegenwart von gesättigten und cyclischen Verbindungen, die einerseits von S. NAMETKIN und L. BRÜSSOFF (64), andererseits von H. MEERWEIN (43) angegeben wurde. Sie bildet nach letzterem ein unentbehrliches Hilfsmittel zur Bestimmung ungesättigter Verbindungen in der Terpenreihe, um diese neben sehr empfindlichen Substanzen (z. B. Campherhydrat) und leicht spaltbaren tricyclischen Terpenen quantitativ zu bestimmen. Aromatische Kohlenwasserstoffe bleiben gegen das Reagens beständig und können daher als Lösungsmittel Verwendung finden (Toluol).

Ausführung der Bestimmung. In einem Erlenmeyerkolben mit eingeschliffenem Stopfen wägt man 0,1—0,3 g Substanz genau ein und gibt eine Chloroformlösung von Benzopersäure hinzu, die 0,4—0,5% aktiven Sauerstoff enthält und so bemessen ist, daß wenigstens doppelt so viel Benzopersäure vorhanden ist, als theoretisch zur Oxydation der Doppelbindungen erforderlich ist. Man läßt den Kolben 2 Tage lang bei 9—12° im Dunklen stehen, fügt dann Kaliumjodidlösung und Schwefelsäure zu und titriert das ausgeschiedene Jod mit 0,1 n-Thiosulfat. Bei jeder Versuchsserie ist gleichzeitig ein *Blindversuch* anzustellen, um den genauen Titer der Benzopersäure-Chloroformlösung festzustellen.

Darstellung der Benzopersäure nach HIBBERT *und* BURT (28). In einer dreifach tubulierten WULFschen Dreiliterflasche werden 121 g (1/2 Mol) Benzoylperoxyd (käuflich), das durch Umkrystallisieren aus einem Gemisch von Äther und Chloroform (1 : 1) gereinigt wurde, mit 1 1/2 Liter Äther versetzt (durch den mittleren Tubus ist ein Rührer, durch den einen seitlichen Tubus ein Thermometer gesteckt), gerührt und auf —5° abgekühlt. Eine etwa 10proz. Natriumäthylatlösung (dargestellt aus 11,5 g Na und 110 cm³ absolutem Alkohol) werden langsam innerhalb von 15 Minuten zugegeben und dabei die Temperatur auf —5° gehalten. Es wird noch 15 Minuten gerührt und dann 300 cm³ Eiswasser zugesetzt. Der gleichzeitig entstehende Benzoesäureäthylester wird durch den Äther aufgenommen. Die wäßrige Lösung tropft man langsam in 240 cm³ gekühlte, 20proz. Schwefelsäure, so daß die Temperatur etwa 0° beträgt. Dann extrahiert man dreimal mit 150—160 g Chloroform. Ausbeute etwa 90%.

Die so erhaltene Chloroformlösung ist 20—30proz. Der Persäuregehalt wird jodometrisch bestimmt. Beim Stehenlassen über entwässertem Natriumsulfat bei 0° ist die Lösung mehrere Tage haltbar. Durch Verdünnen mit Chloroform stellt man eine etwa 1/2 normale Lösung der Benzopersäure her und läßt einen Tag bei 9—10° stehen. Nach MEERWEIN verändert sich jedoch die reine Säure in reinem Chloroform bei 0° in 24 Stunden praktisch nicht.

Nach WIELAND (82b) löst man das Peroxyd besser in der erforderlichen Menge Benzol (über Na getrocknet), löst etwas mehr als ein Zehntel seines Gewichtes an Natrium (1-g-Atom) in der 18fachen Menge absoluten Alkohols und läßt die stark gekühlte Äthylatlösung in die durch Eiswasser gekühlte Benzollösung langsam unter Schütteln einfließen. Das gefällte Natriumperbenzoat wird abgesaugt, zweimal mit Äther gewaschen, vom Filter weg in der notwendigen Menge Eiswasser gelöst und im Scheidetrichter nach Zugabe von Eisstücken über Chloroform mit einem kleinen Überschuß von 2 n-Schwefelsäure angesäuert. Die ausgeschiedene Persäure wird sofort in Chloroform hineingeschüttelt.

Zur Bestimmung des Prozentgehaltes an ungesättigtem Kohlenwasserstoff in Produkten von unbekanntem Molekulargewicht (Naphtha) wird das erhaltene Resultat durch die *Sauerstoffzahl* (OZ) ausgedrückt, das ist jene Menge aktiven Sauerstoffs, die für die Oxydation von 100 g Substanz verbraucht wird und die so wie die Jodzahl und Hydrierzahl zur Charakterisierung ungesättigter Bestandteile dienen kann.

In den meisten Fällen (bei den einfachen ungesättigten Verbindungen) verläuft die Oxydation ohne Nebenreaktionen, indem für jede Doppelbindung 1 Atom Sauerstoff, bzw. 1 Mol Benzopersäure verbraucht wird. Eine Ausnahme machen anscheinend die unsymmetrisch substituierten Äthylene vom Typus $R_2C:CH_2$, wobei ein Mehrverbrauch an Reagens (bis zu 20%) beobachtet werden kann, wenn man länger als 12 Stunden einwirken läßt. Das asymmetrische Diphenyläthylen $(C_6H_5)_2C : CH_2$ und seine Derivate verbrauchen bei der Oxydation mit Benzopersäure glatt 2 Atome Sauerstoff je Molekül ohne deutlich erkennbare Geschwindigkeitsabstufung. Das 1,1-Diphenyl-propylen $(C_6H_5)_2C : CH \cdot CH_3$ verbraucht dagegen wieder nur ein Sauerstoffatom. Auch Enole verbrauchen 2 Atome Sauerstoff. Diese Beobachtungen zeigen jedenfalls, daß bei der quantitativen Bestimmung ungesättigter Verbindungen mit Benzopersäure eine gewisse Vorsicht am Platz ist.

Die Oxydationsfähigkeit isomerer, ungesättigter Verbindungen durch das Reagens ist teilweise außerordentlich verschieden, so daß es in einzelnen Fällen möglich ist, die Isomeren annähernd quantitativ nebeneinander zu bestimmen. Ferner ist zu bemerken, daß die Kerndoppelbindung sehr viel rascher oxydiert wird als die in der Seitenkette befindliche Äthylenbindung. Durch den Eintritt von Alkylgruppen wird aber auch ihre Oxydationsgeschwindigkeit erhöht. (Bezüglich der Einzelheiten muß auf die Originalarbeiten von MEERWEIN verwiesen werden.)

b) Die dreifache Kohlenstoffbindung.

Verbindungen mit einer dreifachen C-Bindung verhalten sich im allgemeinen analog denen mit einer Kohlenstoff-Doppelbindung. Auch dabei ist besonders die *Additionsfähigkeit* charakteristisch. Es werden die gleichen Elemente und Verbindungen addiert wie von der Doppelbindung, nur mit dem Unterschiede, daß 4 Atome aufgenommen werden können. Die wichtigsten Additionsreaktionen sind die mit Halogenen, Halogenwasserstoff, Wasser, Alkohol, Phenol, Mercaptan, Aminen, Hydroxylamin, Harnstoff, unterchloriger und unterbromiger Säure.

Halogenanlagerung. Die einfachen Acetylene addieren sehr leicht 4 Bromatome, die substituierten Derivate nehmen aber häufig nur noch 2 Atome auf. Ist an die Acetylengruppe eine Carboxylgruppe gebunden, so erhält man Tetrabromide, bei 2 Carboxylgruppen jedoch nur Dibromide. Sind die beiden Carboxylgruppen nicht direkt an die Acetylengruppe gebunden, so werden wieder leicht 4 Atome addiert.

Vom Halogenwasserstoff lagern sich normalerweise 2 Moleküle in der Weise an, daß beide Halogenatome vom gleichen Kohlenstoffatom gefunden werden.

Addition von Wasserstoff. Unter dem Einfluß gewisser Katalysatoren (Platinschwarz, Nickel, Kupfer), manchmal auch durch Zinkstaub in Eisessig lassen sich Acetylene reduzieren, wobei je nach den Umständen 2 oder 4 Wasserstoffatome angelagert werden. In der rein aliphatischen Reihe werden in allen Fällen 4 H-Atome addiert.

Die Addition von Wasser an die Acetylengruppe vollzieht sich leicht bei Gegenwart von Quecksilberchlorid. Es entstehen dabei Ketone.

Von besonderer Bedeutung für den Nachweis, die Erkennung und Abscheidung der Acetylenkörper ist die Eigenschaft der *Bildung von Metallverbindungen* durch Austausch von Methinwasserstoff gegen Metall, teils in wäßriger Lösung, teils durch Einwirkung der Metalle selbst bei Gegenwart etwas erhöhter Temperatur. Vor allem wichtig sind die Cupro- und Silberverbindungen. Sie bilden sich mit ammoniakalischer Cupro- oder Silbersalzlösung. Die Cuproverbindungen können sogar zur quantitativen Abscheidung der Acetylene aus Gemischen dienen. Als besonders empfindliches Reagens auf die dreifache Bindung am Ende der Kette ist eine alkoholische Silbernitratlösung empfohlen, mit welcher selbst kleinste Mengen eines monosubstituierten Acetylens nachgewiesen werden können. Auch mit alkalischer Quecksilbersalzlösung (NESSLERS Reagens) sowie mit Sublimatlösung bilden Acetylene weiße Niederschläge. Aus sauren

Palladiumlösungen fällt durch Acetylene ein Niederschlag, der sich zur quantitativen Metallfällung eignet.

H. Mikro-Molekulargewichtsbestimmung.

a) Bestimmung aus der Siedepunktserhöhung (Ebullioskopische Methode).

Nach PREGL (67). Die Methode weicht im Prinzip nicht von der makroanalytischen Bestimmung nach BECKMANN ab. Unter Verwendung eines Siedeapparates für nur 1,5 cm³ Lösungsmittel und eines entsprechend verkleinerten BECKMANNschen Thermometers läßt sich eine Molekulargewichtsbestimmung unter Verwendung von 8—12 mg Substanz mit genügender Genauigkeit durchführen, falls die in Betracht kommende Substanz in dem angewendeten

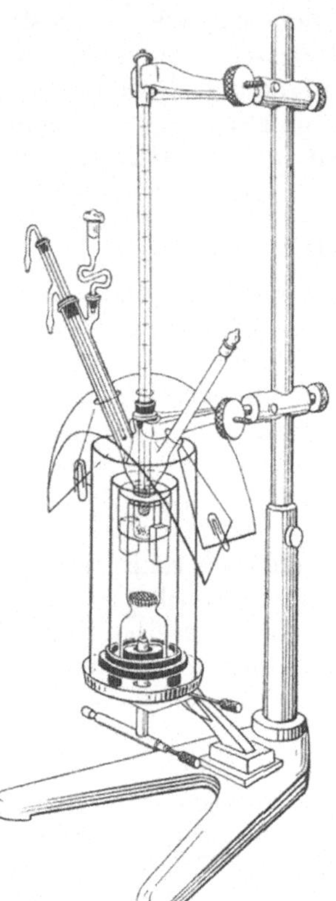

Abb. 159. Apparat zur Molekulargewichtsbestimmung nach PREGL.

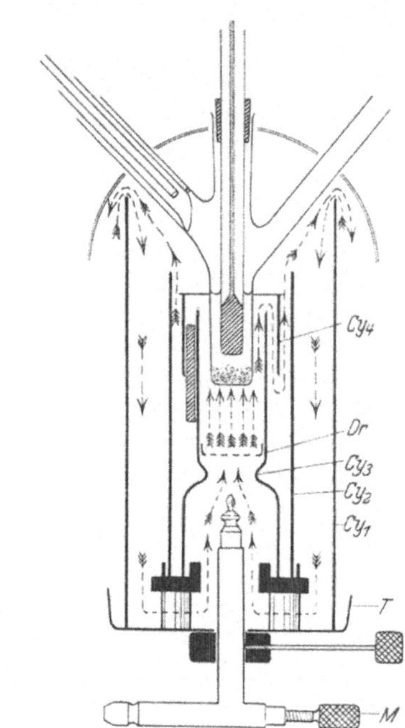

Abb. 160. Apparat nach PREGL (Durchschnitt).

Lösungsmittel, dessen Siedepunkt nicht höher als 80° sein soll, wenigstens in der Wärme sehr leicht löslich ist. Durch eine sinnreiche Erhitzung des Siedegefäßes mit heißer Luft, die durch ein System von ineinandergesteckten Glaszylindern gleichmäßig strömt, wird eine hohe Konstanz des Siedepunktes erzielt.

Erforderlich sind: 1. Ein besonderes Stativ mit einer tellerförmigen Unterlage, Mikrobrenner und vier darauf zu stellende, verschieden weite Zylinder, deren Anordnung aus den Abb. 159, 160 zu entnehmen ist, 2. ein Siedegefäß, 3. ein verkleinertes BECKMANN-Thermometer (Siebert & Kühn, Kassel), 4. etwa 3 g kleine Platintetraeder, 5. eine Pastillenpresse (Abb. 161). Die verwendeten Lösungsmittel müssen entsprechend den Anforderungen für die Mol.-Gewichtsbestimmung besonders rein und trocken sein.

Ausführung. Nach Ineinanderstecken der Zylinder Cy_{1-4} wird der Mikrobrenner M angezündet und durch die zentrale Bohrung der tellerförmigen Unterlage T bis etwa 15 mm unter das kleine Kupferdrahtnetz Dr geschoben. Während der weiteren Vorbereitungen werden so die Glaszylinder vorgewärmt. Nun reinigt man das Siedegefäß mit Schwefelchromsäure, Wasser und Alkohol und trocknet es unter Durchsaugen von Luft. Dann gibt man die frisch ausgeglühten Platintetraeder hinein, füllt aus einer ausgewogenen Pipette 1,5 cm³ Lösungsmittel ein und senkt das Thermometer mittels eines gut eingepaßten Korkes so weit ein, daß das Quecksilbergefäß die Tetraeder gerade nicht berührt. Darauf führt man in den einen Schenkel des Siedegefäßes den Kühler ein, verschließt den anderen mit einem Glasstopfen, spannt das Gefäß in die untere Stativklemme, das Thermometer in die obere und senkt beide durch die zentrale Bohrung der Glimmerscheibe des Zylinders Cy_4, ohne diesen hinunterzudrücken, so weit ein, daß das Siedegefäß von der Scheibe allseits fest umschlossen ist. Das Thermometer muß gut zentriert sein und darf weder die Gefäßwände noch die Tetraeder berühren. Zum Schutz vor Luftströmungen von oben stülpt man über das Siedegefäß und äußeren Zylinder eine entsprechend geformte, dünne Celluloidplatte.

Durch Regulierung des Mikrobrenners bringt man das Lösungsmittel in starkes Sieden, worauf man gewöhnlich in 15 Minuten Temperaturkonstanz erreicht. Zur Vermeidung von Temperaturschwankungen durch intermittierend zurückfließendes Lösungsmittel muß die innerste Kühlerspitze die Wand des Ansatzrohres berühren. Vor jeder Ablesung überwindet man durch vorsichtiges Klopfen die Trägheit des Quecksilberfadens. Die Ablesung nimmt man unter Verwendung einer Lupe (vgl. N-Bestimmung, S. 164) auf 0,001° genau vor. Temperaturkonstanz ist erst dann eingetreten, wenn sich der Quecksilberfaden durch 2 bis 3 Minuten höchstens um 0,002° ändert.

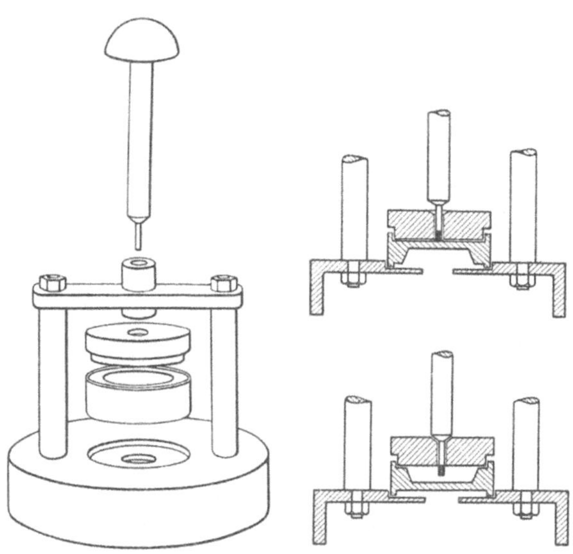
Abb. 161. Pastillenpresse nach PREGL.

Ist dies der Fall, so notiert man die Temperatur und trägt nun die zu einer Pastille von 2—2,5 mm Durchmesser und 8—12 mg Gewicht mittels einer eigenen *Pastillenpresse* geformte Substanz durch das seitliche Rohr ein. Damit die Pastille dabei nicht im Schenkel liegen bleibt, bedient man sich eines besonderen Wägeröhrchens mit seitlicher Ausbuchtung und 15 cm langem Stiel. 1—2 Minuten nach der Eintragung liest man wieder nach vorsichtigem Klopfen die eingetretene Siedepunktserhöhung ab und trägt nun allenfalls noch eine zweite Pastille ein, wodurch man eine Kontrolle für die erste Bestimmung gewinnt.

Modifikation nach A. RIECHE (74). Für höher siedende Lösungsmittel (Benzol, Wasser, aber auch Pyridin, Eisessig) hat sich die von A. RIECHE angegebene Modifikation des Siedegefäßes bewährt. Allerdings erfordert der Apparat 4 cm³ Lösungsmittel und daher auch Substanzmengen von 15—25 mg. Dabei wird das BECKMANNsche Thermometer ständig von einer Mischung aus der siedenden Flüssigkeit und ihrem Dampfe umspült, so daß eine vorübergehende Überhitzung fast ausgeschlossen ist. Das im Kölbchen K (Abb. 162) siedende

Lösungsmittel nebst Dampf wird ständig aus einer Düse D gegen das Thermometer gespritzt. Die Flüssigkeit fällt in das Siedegefäß durch das Fallrohr F zurück, während sich der Dampf am Kühler kondensiert. Im Fallrohr befindet sich ein kleiner Bremskegel B, der verhindert, daß die Flüssigkeit den umgekehrten Weg nimmt. Dieser Apparat wird ohne besondere Einrichtung direkt über einem Asbestdrahtnetz mit einem Mikrobrenner erhitzt. Als Siedeerleichterer dienen etwa 0,3 g Platintetraeder. Zum Schutz gegen Luftströmungen genügt ein einfacher Pappzylinder. Die Temperaturkonstanz ist bei richtiger Dimensionierung des Apparates sehr groß. Die ermittelten Werte sind meist etwas zu niedrig (höchstens 5%), da immer ein gewisser Teil des Lösungsmittels unterwegs ist.

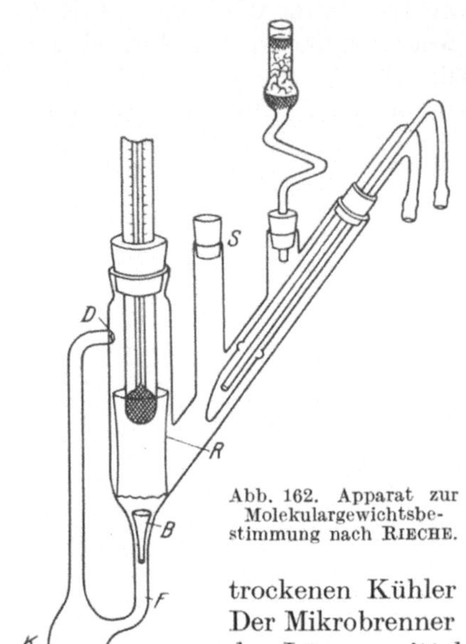

Abb. 162. Apparat zur Molekulargewichtsbestimmung nach RIECHE.

Ausführung. In den gereinigten und getrockneten Apparat paßt man nach Einbringen von 10—15 Platintetraedern und Einsetzen des Bremskegels das Thermometer mittels eines gut sitzenden Korkes genau zentriert so ein, daß seine Quecksilberkugel in dem inneren Zylinder verschwindet, sein tiefster Punkt sich also etwa 5 cm unter dem oberen Rande des Apparates befindet. Nun spannt man Apparat und Thermometer fest in ein Stativ ein und senkt in den auf einem Asbestdrahtnetz stehenden Pappzylinder ein. Durch den Tubus S bringt man aus einer ausgewogenen Pipette 4 cm³ Lösung ein, verschließt mit einem Kork, setzt auf den zweiten Tubus ein Chlorcalciumröhrchen und führt den außen vollkommen trockenen Kühler so ein, daß er nirgends die Wand berührt. Der Mikrobrenner muß sich 3—1 cm je nach dem Siedepunkt des Lösungsmittels genau unter der Mitte des auf dem Drahtnetz aufstehenden Siedegefäßes befinden. Die leuchtende Spitze des Innenkegels der Flamme darf das Drahtnetz eben schwach berühren. Wenn die Flüssigkeit nur in dem Fallrohr in der Höhe siedet, ohne daß die Düse bläst und das Thermometer nicht konstant wird, so ist zu stark geheizt; in solchen Fällen verkleinert man die Flamme und bringt sie näher an das Drahtnetz heran.

Sobald die Temperatur 5 Minuten lang auf 0,002° konstant geblieben ist (vor jeder Ablesung klopfen!), wird die erste Pastille (je nach der Größe des Mol-Gewichtes 15—25 mg auf 0,1 mg genau gewogen) durch den Tubus S eingeworfen und die Temperatur nach 2—3 Minuten abgelesen. Bleibt die Temperatur weiter 2 Minuten konstant, dann wirft man die zweite Pastille ein und liest wieder nach Konstantwerden ab.

Bei Verwendung von *Pyridin* und *Eisessig*, wobei die Konstanz nicht so gut ist, zieht man die Thermometerkugel so weit in die Höhe, daß sie sich 1—2 cm unter der Düse befindet, um zu vermeiden, daß durch die manchmal in dem Fallrohr in die Höhe siedende und aufspritzende Flüssigkeit die Thermometerkugel getroffen wird.

Berechnung: $M = 100 \frac{K}{L} \cdot \frac{s}{\Delta_t}$.

M = gesuchtes Molekulargewicht; K = Siedepunktskonstante; s = Gewicht der verwendeten Substanz; L = Gewicht des Lösungsmittels; Δ_t = Siedepunktserhöhung. (Konstanten K und Volumengewichte L der Lösungsmittel vgl. KÜSTERs logarithmische Rechentafeln.)

b) Molekulargewichtsbestimmung im Schmelzpunktsapparat nach K. RAST (Camphermethode) (72).

Im Campher fand RAST ein Lösungsmittel, das gegenüber den gewöhnlichen organischen Lösungsmitteln, die fast alle für 1 Mol im Kilogramm nur einige Grade Schmelzpunktsdepression zeigen, durch eine so hohe Depression ausgezeichnet ist, daß das BECKMANN-Thermometer durch ein gewöhnliches Schmelzpunktsthermometer ersetzt und die Messung in einem einfachen Schmelzpunktsapparat vorgenommen werden kann. Die *Gefrierpunktsdepression des Camphers beträgt 40° für eine Normalität* (1 Mol im Kilogramm; die entsprechenden Zahlen für Benzol, Eisessig und Wasser sind: 5°, 3,9°, 1,86°). Campher besitzt ferner ein beträchtliches Lösungsvermögen, so daß sich von vielen Stoffen normale, von den meisten aber Halb- oder Viertelnormallösungen herstellen lassen, die sich mit 20°, bzw. 10° Depression noch recht genau messen lassen. Die erforderlichen Substanzmengen sind äußerst gering, nach dem einen Verfahren 3—10 mg, nach dem anderen nur einige Zehntelmilligramme. Bei Substanzen, die sich unterhalb 175° zersetzen oder in Campher unlöslich sind oder mit ihm Verbindungen eingehen, läßt sich natürlich diese Methode nicht anwenden.

1. *Ausführung der Bestimmung.* Man bestimmt zuerst ein für allemal den Schmelzpunkt sowie die Molekulardepression des zur Verfügung stehenden natürlichen oder synthetischen Camphers unter den üblichen Vorsichtsmaßregeln in einem gewöhnlichen Schmelzpunktskölbchen oder Reagensglas von 2,5 cm^3 Weite, wobei es überflüssig ist, Korrekturen für den herausragenden Faden vorzunehmen, da ja nur Differenzbestimmungen zu machen sind. Nur die Intervalle der Thermometercapillare müssen gleich sein, was am ehesten bei Normalthermometern der Fall ist. Besonders vorteilhaft ist ein in $^1/_5$ Grade geteiltes, gekürztes Thermometer für die Strecke von 120—180°. Für die eigentliche Bestimmung schmilzt man einige Milligramme Substanz mit der 10—20fachen Menge Campher in einem sehr kleinen, mit Schwefelchromsäure gereinigten Proberöhrchen zusammen, nimmt von der erstarrten Schmelze etwas mittels eines Mikrospatels, d. i. eines aus Hartmessingdraht durch Plattschlagen und Feilen gefertigten Gerätes, heraus und bestimmt davon den Schmelzpunkt. Um den Campher als homogenes Pulver zu erhalten, zerreibt man ihn unter Besprengen mit etwas Äther in einer Reibschale und breitet ihn dann in dünner Schicht auf Papier aus. Der Äther ist nach mehreren Stunden verdunstet.

Das Proberöhrchen steckt man bei der Wägung in die Bohrung eines Korkes und verschließt es nach dem Einwägen der Substanz durch einen Kork, in welchem eine zugespitzte Stricknadel als Halter steckt. Durch Eintauchen in ein Bad mit heißer Schwefelsäure auf einige Sekunden werden die beiden Substanzen geschmolzen und gemischt. Die Spuren von Campher, die dabei wegsublimieren, können ohne meßbare Fehler vernachlässigt werden. Das erstarrte Schmelzgut nimmt man zwecks inniger Durchmischung, da beim Erstarren manchmal eine teilweise Entmischung eintreten kann, vollständig aus dem Röhrchen und vermischt es mittels eines starken Nickelspatels in einer Reibschale. Ist das erstarrte Schmelzgut zähe, so läßt es sich herausnehmen, weist aber auch keine Entmischung auf.

Man drückt nun ein möglichst dünnwandiges Schmelzpunktsröhrchen, dessen Boden halbrund sein muß (Abb. 163) und nicht etwa spitz auslaufen darf, gegen die Masse, schiebt sie mittels eines Glasstäbchens auf den Boden und stampft sie etwa 1 mm hoch fest zusammen, worauf man das Röhrchen 1,5—2 cm über der

Substanz capillar auszieht und mittels der entstehenden langen Capillare mit Schwefelsäure an das Thermometer anklebt.

Die Mischung beginnt schon weit unter dem Schmelzpunkt wie tauendes Eis auszusehen, um schließlich eine trübe Flüssigkeit zu bilden, in welcher man mit Hilfe einer Lupe scharf ein zartes Krystallskelet sieht, das anfänglich die ganze Schmelze durchsetzt und bei langsamer Temperatursteigerung sich von oben her auflöst. Das *Verschwinden der letzten Kryställchen am Boden bezeichnet den richtigen Schmelzpunkt.*

Beim Abkühlen beginnt regelmäßig 2^0 unter dem Schmelzpunkte der Campher wieder in Sternchen auszukrystallisieren, die rasch den ganzen Raum erfüllen. Durch Wiederschmelzen erhält man eine vorzügliche Kontrolle. Um einen langsamen Temperaturanstieg (in $^1/_2$ Minute nicht mehr als 1^0) zu erzielen, bewährt sich ein Mikrobrenner, die Flamme aus einem Lötrohr oder einfach die Sparflamme eines Bunsenbrenners.

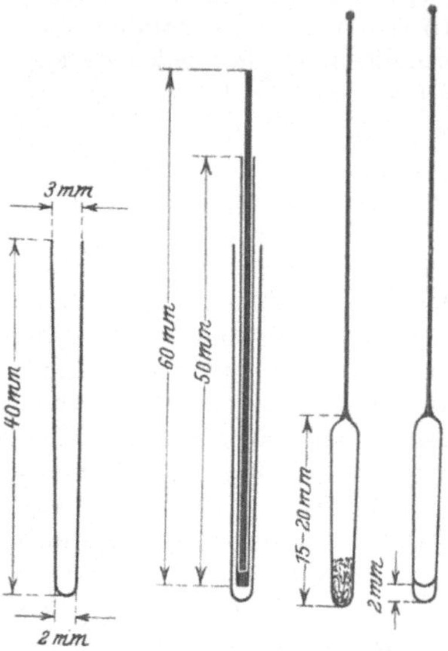

3 mm
40 mm
2 mm
60 mm
50 mm
15–20 mm
2 mm

Abb. 163. Die Capillare zur Molekulargewichtsbestimmung nach RAST.

Das Verfahren ist auch *für nicht leicht flüchtige Flüssigkeiten* anwendbar. Die Gemische mit Flüssigkeiten geben nach dem Erkalten noch eine genügend krümelige Masse, um mit Hilfe eines Glasstäbchens in eine Schmelzpunktscapillare eingeführt zu werden.

Eine Bestimmung beansprucht samt den Wägungen nur etwa 20 Minuten.

2. *Die Bestimmung mit geringsten Substanzmengen.* Die Lösungen in Campher werden in der Schmelzpunktscapillare selbst hergestellt. Die sehr dünnwandigen Capillaren von etwa 4 cm Länge haben dabei ein Lumen von 2—3 mm, erweitern sich gegen das offene Ende (Durchmesser um 1 mm größer) und müssen unbedingt einen abgerundeten Boden mit nur leichter Verdickung haben, dürfen jedoch dort keinen größeren Glastropfen aufweisen (Abb. 163).

Nach Wägung der leeren Schmelzpunktscapillare steckt man sie zwecks Füllung außerhalb der Waage senkrecht in die Bohrung eines Korkes oder stellt sie in ein kleines Tarafläschchen und bringt nun $^1/_5$—$^1/_3$ *mg der Substanz* am bequemsten in der Weise ein, daß man sie in eine Capillare von $^1/_2$—1 mm lichter Weite vom Uhrglas aufstopft, dieses außen abwischt, bis auf den Boden der Schmelzpunktscapillare einsenkt und mittels eines in die enge Capillare passenden Glasstäbchens die Substanz daraus in das genau gewogene Schmelzpunktsröhrchen hinausschiebt und dieses wieder wägt. Dann füllt man in gleicher Weise mittels einer etwas weiteren Capillare (1—$1^1/_2$ mm lichter Weite) *2—3 mg Campher* (etwa die zehnfache Menge) ein, drückt mit einem nicht abgerundeten Glasstäbchen das Gemisch auf den Boden, ohne die Substanz mit dem Stäbchen zu berühren und wägt wieder. Nun schmilzt man die Capillare 1—1,5 cm über der Substanz zu, zieht zu einem längeren Faden aus und bringt das Gemisch durch Eintauchen in ein einige Grade über den Schmelzpunkt des Camphers erhitztes Schwefelsäurebad unter Quirlen zum Schmelzen und zur Mischung. Die Höhe des Schmelzgutes darf 2 mm nicht überschreiten. Dann klebt man das Röhrchen mittels Schwefelsäure an das Thermometer und bestimmt den Schmelzpunkt auf $0{,}5^0$ genau wie früher. Die Genauigkeit der Bestimmung ist sehr groß.

Um an *kleinsten Mengen von Flüssigkeiten* die Mol.-Gewichtsbestimmung nach RAST auszuführen, bedient man sich des sehr einfachen, von A. SOLTYS (80) angegebenen Verfahrens. Für leicht flüchtige Flüssigkeiten (Benzol, Alkohol u. ä.) sowie für solche, die an den Glaswänden leicht hochkriechen (Eisessig), ist die Methode nicht geeignet.

Aus einem entsprechend dimensionierten gewöhnlichen Biegerohr stellt man ein Einfüllröhrchen her, das zu einer haarfeinen, 1,5—2 mm langen Capillare ausgezogen ist und in die Schmelzpunktscapillare eingeführt werden kann. Man taucht die Spitze in die zu untersuchende Flüssigkeit, wischt außen ab und führt nun das Einfüllröhrchen so in die Schmelzpunktscapillare bis auf den Boden ein, daß die Spitze nirgends die Seitenwand berührt. Darauf bläst man den Inhalt, der etwa 0,2—0,3 mg betragen soll, auf den Boden aus, wägt rasch und füllt sofort den Campher in der vorher geschilderten Weise nach. Da dieser die Flüssigkeit aufsaugt, ist nach dem Zuschmelzen der Schmelzpunktscapillare ein Erhitzen in dem Vorbade überflüssig, ja sogar ungünstig. Der Schmelzpunkt ist schon nach dem ersten Schmelzen und Wiedererstarrenlassen konstant.

Berechnung. $M = \frac{1000 \cdot s \cdot K}{L}$.

Es hat sich gezeigt, daß manche Campherart eine geringere Depression als 40^0 aufweist, weshalb es sich empfiehlt, nicht nur den Schmelzpunkt, sondern stets auch die Molekulardepression der betreffenden Sorte mit einer Substanz von bekanntem Molekulargewicht (Naphthalin, Azobenzol) zu ermitteln.

c) Kryoskopische Molekulargewichtsbestimmung nach FROMM und FRIEDRICH (22).

Die Bestimmung wird mit etwa 3 g Naphthalin, Phenol oder Eisessig als Lösungsmittel mittels eines jedem Lösungsmittel entsprechenden einfachen Teilthermometers mit einem Meßbereich von einigen Graden, das in zwanzigstel Grade geteilt ist und daher hundertstel Grade noch bequem zu schätzen gestattet, in einem Reagensrohr mit 30—50 mg ausgeführt, stellt also ein sog. *Halbmikroverfahren* dar. Das geschmolzene Lösungsmittel wird unterkühlt, durch kräftiges Rühren zur Krystallisation gebracht und als Erstarrungspunkt diejenige Temperatur abgelesen, bis zu der bei andauerndem kräftigem Rühren der Quecksilberfaden ansteigt. In gleicher Weise wird der Erstarrungspunkt der Lösung bestimmt.

3 g Naphthalin wägt man in einem gewöhnlichen trockenen Reagensglase, befestigt darin mit einem durchbohrten und seitlich eingeschlitzten Kork das Thermometer und den Glasrührer, der keine rauhe Stelle aufweisen darf und taucht das an einem Stativ befestigte Gefäß in ein hohes mit Wasser gefülltes Becherglas. Darauf erwärmt man das Wasser, bis das Naphthalin klar geschmolzen ist und kühlt jetzt das Heizbad durch vorsichtiges Zugeben von kaltem Wasser allmählich auf 77—78^0 ab. Dann unterbricht man das Abkühlen und verfolgt am Thermometer das Sinken der Temperatur der Schmelze (Apparat dabei nicht erschüttern!). Sobald der Quecksilberfaden etwa 1^0 unter dem Erstarrungspunkt des Naphthalins bei $78{,}5^0$ angelangt ist, rührt man die Schmelze kräftig, ohne den Apparat dabei zu erschüttern, bis die höchste Temperatur der erstarrenden Schmelze eingetreten ist. Dies ist der Erstarrungspunkt des reinen Lösungsmittels, der zur Kontrolle noch ein- oder zweimal bestimmt wird. Jetzt bringt man das Naphthalin wieder zum Schmelzen, führt etwa 30 mg Substanz ein und bestimmt den Erstarrungspunkt der Lösung wie früher (Gefrierpunktskonstante für Naphthalin = 69).

In gleicher Weise verfährt man bei Verwendung von Phenol als Lösungsmittel, das etwas über 40° erstarrt und wobei man auf 38,5° unterkühlt. Da Phenol hygroskopisch ist, verwahrt man es in krystallisierter Form in einem dicht schließenden Gefäß (Gefrierpunktskonstante = 72).

Bei Verwendung von Eisessig als Lösungsmittel muß unter Berücksichtigung der kleinen Gefrierpunktskonstante $K = 39$ eine größere Substanzmenge (40 bis 50 mg) angewendet werden. Die Erstarrungspunkte des reinen Lösungsmittels und der Lösung werden getrennt in zwei Reagensröhrchen bestimmt. Man bestimmt zuerst annähernd den Schmelzpunkt des Eisessigs, unterkühlt dann in einem zweiten Versuche nur um 1°, rührt kräftig und liest das Thermometermaximum während des Erstarrens ab. Da Eisessig sehr hygroskopisch ist, muß man rasch arbeiten. Hierauf bestimmt man in einem zweiten Reagensrohr mit demselben Thermometer den Erstarrungspunkt der Lösung, die man sich in einem Kölbchen mit Glasstopfen durch Einwaage von 40—50 mg Substanz und etwa 3 g Eisessig hergestellt hat. Über Molekulargewichtsbestimmung im allgemeinen vgl. O. LIESCHE (40) und H. MEYERS (49).

d) Molekulargewichtsbestimmung nach G. BARGER (2).

Die Methode beruht auf dem Vergleich der Dampfdrucke zweier Lösungen, von denen abwechselnd bikonkave, linsenartige Tröpfchen in eine Capillare gebracht werden. Ein Unterschied in den Dampfdrucken verursacht eine wechselseitige Änderung in der Größe der Tropfen. Von den verdünnteren Tröpfchen diffundiert und destilliert Lösungsmittel in die konzentrierteren, da die schwächeren Lösungen die größere Dampfspannung besitzen. Die stärkeren wachsen also auf Kosten der schwächeren. Die verdünnende Flüssigkeit nimmt ihren Weg zum osmotisch stärkeren Tropfen hauptsächlich durch die dünne Flüssigkeitsschicht, welche die Wandung der Capillare benetzt. Die benetzende Schicht ist übrigens auch für die Moleküle des gelösten Stoffes passierbar. Die Änderung der Größe der Tropfen wird im Mikroskop mit Hilfe eines Okularmikrometers verfolgt. Durch mehrere Versuche kann man also zwei Lösungen von bekannter molekularer Konzentration finden, zwischen denen die molekulare Konzentration der in Frage kommenden Lösung liegt. Falls der Gehalt der letzteren bekannt ist, kann man das unbekannte Molekulargewicht berechnen. Die Genauigkeit der Bestimmung läßt sich sehr weit treiben, nur muß man im Besitze sehr genau gestellter Vergleichslösungen sein. Sie steht kaum gegen die Gefrierpunktsmethode zurück. Die genaue Ermittlung des Molekulargewichtes erfordert allerdings mehr Zeit als die kryoskopische Bestimmung.

Die Methode zeichnet sich durch Einfachheit der Apparatur aus und erfordert sehr geringe Substanzmengen (5—10 mg). Man braucht nur ein Mikroskop, eine Petrischale und einige Kubikmillimeter Lösung. *Sie ist immer anwendbar, wenn die Substanz in irgendeinem Lösungsmittel oder auch Lösungsmittelgemisch löslich ist*, und begnügt sich auch mit sehr geringen Konzentrationen, was für schwerlösliche Stoffe wichtig ist. Bei leicht flüchtigen Lösungsmitteln läßt sich noch in 0,01 mol. Lösungen über einfaches oder doppeltes Molekulargewicht entscheiden. Das Lösungsmittel braucht keineswegs peinlich gereinigt oder getrocknet zu sein, da es nur notwendig ist, daß Objekt- und Vergleichslösung aus der gleichen Flüssigkeit hergestellt werden.

Als *Lösungsmittel* sind alle niedrig siedenden geeignet, insbesondere auch Äther, der sich durch schnellen Eintritt der Veränderungen auszeichnet, ferner Essigester, Aceton, Schwefelkohlenstoff, Alkohol, Äthylacetat, pyridinhaltiges Aceton und insbesondere auch *Pyridin* selbst, in welchem viele Substanzen sehr leicht löslich sind und welches für das ebullioskopische Verfahren sehr wenig geeignet ist, sowie auch Petroläther u. a. Je nach der Flüchtigkeit des Lösungsmittels dauert der osmotische Ausgleich kürzere oder längere Zeit; bei Aceton dauert er bis 12 Stunden, bei Pyridin und Wasser einige Tage.

Als *Vergleichssubstanz* von bekanntem Molekulargewicht benutzt man verschiedene nicht flüchtige Verbindungen, z. B. Azobenzol, Benzil, α-Naphthol; für Wasser als Lösungsmittel Rohrzucker, Harnstoff oder auch Borsäure. Bei dieser kommt die elektrolytische Dissoziation nicht in Betracht, die Lösungen bleiben steril.

Skala der Vergleichslösungen. Man verdünnt eine 1 n-Lösung mit Hilfe einer Bürette oder Pipette auf 0,2, 0,4, 0,6, 0,8 n. (Unter Normalität ist wie bei Messungen der Gefrierpunktserniedrigung zu verstehen: 1 Mol je Kilogramm Lösungsmittel.) Für fast alle Zwecke genügt eine einzige Skala, nämlich Azobenzol in Pyridin, allenfalls eine zweite mit Aceton und ferner auch eine mit Wasser. Die Lösungen füllt man entweder in 5 cm^3 fassende Meßzylinder mit eingeschliffenen Glasstopfen oder besser in 2—3 cm^3 fassende Ampullen mit einem etwa 16 cm langen Hals von einer lichten Weite, daß man eine Capillare eben noch bequem einführen kann. Man stellt sie aus Glasröhren von 2—3 mm lichter Weite durch Aufblasen einer Kugel her. Stößt man die Spitze der luftleer gepumpten, oben am Hals abgeschmolzenen Ampullen in die Flasche mit der zu füllenden Lösung, so füllen sie sich von selbst. Zu jeder Skala gibt man auch einige Ampullen Originallösungsmittel zur Herstellung der Objektlösungen.

Hat man die osmotische Stärke der *Objektlösungen* zwischen zwei Vergleichslösungen, die sich in ihrer Normalität um 0,1 unterscheiden, eingegrenzt, so kann man in einer zweiten Serie mit weiter abgestuften Vergleichslösungen (0,1 bis 0,01 molar) das Molekulargewicht genau bestimmen.

Die *Meßcapillaren* sollen bei einer Länge von 15 cm für organische Lösungsmittel eine lichte Weite von 0,9—1,3 mm haben; für Wasser nimmt man 10 cm lange, 1,5—2 mm weite Röhrchen. Man stellt sie aus einem 12—15 mm weiten, ziemlich dickwandigen, mit warmer Schwefelchromsäure gereinigten Glasrohr mit Hilfe einer zweiten Person her, die auf 2—3 m auszieht. Die Capillaren sollen überall gleich dick und genau quer abgeschnitten sein.

Das *Füllen der Capillare* erfordert Übung. Man faßt das Röhrchen mit dem Mittelfinger und Daumen, verschließt das eine Ende mit dem Zeigefinger, taucht das andere Ende A in die Lösung der Substanz von bekanntem Molekulargewicht (Vergleichslösung) und läßt durch Verminderung des Druckes des Zeigefingers auf B ein Flüssigkeitssäulchen von 5—10 mm eintreten, zieht A aus der Lösung und läßt die Flüssigkeit durch Neigen des Röhrchens und Lüften des Fingers bei B in der Capillare hinabgleiten, bis sie 2—3 mm von der Eintrittsöffnung A entfernt ist. Nun verschließt man B wieder mit dem Finger, wischt das Ende A äußerlich ab und taucht es in die zweite Lösung mit der Substanz, deren Molekulargewicht bestimmt werden soll (*Objektlösung*). Es soll nur ein ganz kleiner, bikonkaver Tropfen (2—3 mm) eintreten. Bei schiefer Lage des Röhrchens läßt man wie vorher das Tröpfchen 2—3 mm in die Capillare hineingleiten. Dann nimmt man ebenso einen kleinen Tropfen aus der Vergleichslösung, dann wieder aus der Objektlösung usw. Zum Schluß läßt man wieder von der Vergleichslösung ein Flüssigkeitssäulchen von 5—10 mm Länge eintreten unter Regelung des Druckes mit dem Zeigefinger bei B. Sind alle Tropfen eingefüllt, dann läßt man sie hinabgleiten, bis das letzte Säulchen 1 cm von der Eintrittsöffnung entfernt ist, und schmilzt das Ende A in einer Mikroflamme zu. Bei B schmilzt man ebenfalls 1—2 cm von dem zuerst eingetretenen Flüssigkeitssäulchen ab. Bei Flüssigkeitstropfen (Wasser), die nicht genügend leicht ins Rohr gleiten, erwärmt man den oberen Teil der Capillare ein wenig, worauf nach Verschließen mit dem Finger der

Tropfen beim Abkühlen eingesaugt wird. Bequemer läßt sich die Capillare nach einer Privatmitteilung von BENEDETTI-PICHLER füllen, wenn man sie bei *B* zu einer haarfeinen Capillare auszieht.

Zur bequemen Handhabung klebt man die Enden der Röhrchen mittels weichen Wachses oder schmaler Streifen von Leukoplast rechts und links auf einer Glasplatte von der Form eines Objektträgers (*Meßplatte*) fest. Die schwarz gezeichneten Tropfen 1, 3, 5, 7 (Abb. 164) enthalten die Vergleichslösung, die Tropfen 2, 4, 6 die Objektlösung (von unbekanntem Molekulargewicht). Die Nummern geben die Reihenfolge des Eintrittes der Tropfen an. Wegen der Mischung beim Einfüllen verwende man am besten nicht allzuviel Tropfen. Zur Messung kommen nur die kleinen Tropfen 2—6, während die größeren an beiden Enden sich wegen unregelmäßiger Änderung und des Verdampfens in die Endlufträume nicht in Betracht kommen.

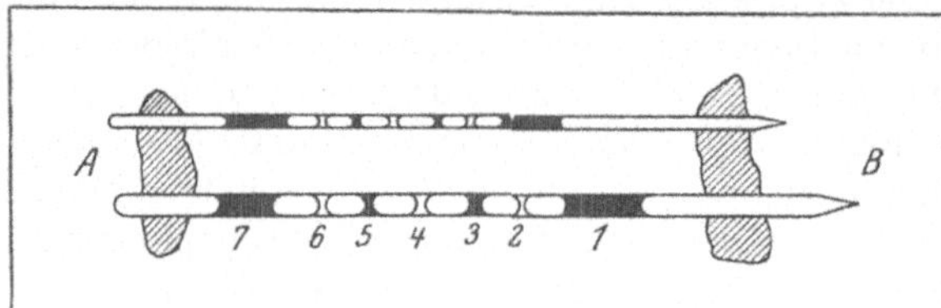

Abb. 164. Meßcapillaren nach BARGER.

Beim Füllen der Capillare findet eine geringfügige Vermischung zwischen den Tropfen der Vergleichs- und der Objektslösung statt, was den Konzentrationsunterschied vermindert, aber nicht aufhebt. Dadurch leidet zwar die Empfindlichkeit, aber nicht die Zuverläßlichkeit der Methode. Um diesen Fehler möglichst zu verringern, läßt man die Tropfen nur so weit in die Capillare einfließen, als zum Zuschmelzen der Eintrittsöffnung notwendig ist, und wählt die Luftblase zwischen den Tropfen möglichst klein. Bei leicht flüchtigen Lösungsmitteln (Äther, Aceton) schmilzt man die Capillare bei *A* besser nicht zu, sondern verschließt sie durch ein Tröpfchen Paraffin oder Bienenwachs oder ähnliches. Fehler können ferner entstehen durch Konzentrationsänderungen der Lösungen vor oder beim Einfüllen der Tropfen. Bei sehr flüchtigen Lösungsmitteln kann schon durch längeres Verweilen des Tropfens in der Eintrittsöffnung eine Konzentrationsänderung bis zu 10% eintreten. Bei normaler Einfüllzeit von nur wenigen Sekunden kommt jedoch dieser Fehler auch bei leicht flüchtigen Lösungsmitteln nicht in Betracht. Selbstverständlich darf auch die gelöste Substanz nicht flüchtig sein.

Zur Messung der Tropfenlänge legt man die numerierten Meßplatten mit den Capillaren nach unten in eine rechteckige Petrischale. Diese kann man nach RAST leicht selbst anfertigen, indem man auf einen 4 cm breiten und 20 cm langen Glasstreifen 4 Glasstäbe als Rand mit Wachs oder KRÖNIGschem Glaskitt aufklebt. Da solche Streifen nie ganz eben sind, soll die konkavere Seite wegen der dadurch bedingten, strengeren Verschieblichkeit auf dem mit einigen Tropfen Wasser angefeuchteten Objekttisch des Mikroskopes nach unten gekehrt sein. Man füllt die Schale halb mit destilliertem, im Zimmer gestandenen Wasser und mißt nach 5 Minuten.

Mikroskop. Man verwendet am besten ein Objektiv von 18 mm Brennweite (z. B. Leitz Nr. 3 oder Zeiß B) und ein starkes Okular (z. B. Leitz Nr. 4 oder Zeiß 3); Vergrößerung 105fach. Ferner braucht man ein *Okularmikrometer* oder legt einfach eine Mikrometerplatte auf die Blende.

Zur *genauen Messung der Länge der Flüssigkeitstropfen* stellt man das Mikroskop auf die Achse der Capillare ein, wodurch die beiden Menisken eines Tropfens sehr scharf definiert sind. Der Meniskenabstand ist in der Achse am kürzesten. Durch Verschieben der Petrischale bringt man den einen Meniscus in Übereinstimmung mit dem Nullpunkt der Skala und mißt nun die Länge des Tröpfchens auf Zehntel genau. Auf diese Weise mißt man alle Tropfen (z. B. 5) durch. Nach einem je nach dem Dampfdruck des Lösungsmittels verschieden langem Zeitraum von wenigen Stunden bis zu einem Tag, währenddessen die Temperatur möglichst konstant gehalten werden soll, mißt man die Tropfenlänge wieder. Die Tropfen der einen Lösung sind kürzer, die der anderen länger geworden. Manchmal nehmen anfangs alle Tropfen ein wenig zu, aber in der einen Serie ist dann die Zunahme viel kleiner als in der anderen und hört auch bald auf.

Beispiel. Bestimmung des Molekulargewichtes von Traubenzucker, wenn das von Rohrzucker = 342 bekannt ist. 25,02 g Traubenzucker pro Liter im Wasser gelöst Tropfen I, III, V, VII. Rohrzuckerlösung in den Tropfen II, IV, VI.

Rohrzucker	Zeit	II	III	IV	V	VI	
0,05 molar	18 Std.	+ 230	—97	+ 71	—79	+ 71	+ 548
0,10 ,,	18 ,,	+ 26	—18	+ 25	—31	+ 30	+ 130
0,12 ,,	21 ,,	+ 6	— 4	+ 9	— 4	+ 4	+ 27
0,13 ,,	22 ,,	+ 8	+ 3	+ 5	— 1	+ 5	+ 16
0,14 ,,	22 ,,	— 1	0	— 2	+ 2	— 2	— 7
0,15 ,,	18 ,,	— 3	+ 8	0	+ 9	— 4	— 24
0,20 ,,	18 ,,	— 41	+ 55	—57	—53	—45	—251
0,25 ,,	18 ,,	— 75	+ 85	—81	+ 65	—78	—384

Aus der letzten Spalte der Tabelle (Summe der Änderungen der fünf Tropfen eines Rohres) ergibt sich, daß die Traubenzuckerlösung zwischen 0,13 Mol und 0,14 Mol ist. Daher ist das Molekulargewicht zwischen $\frac{25,02}{0,14}$ und $\frac{25,02}{0,13}$ oder 179 bis 192; Berechnung für Traubenzucker 180.

Der Tropfen Nr. III von 0,13 Mol Rohrzucker hätte kleiner werden sollen; daher ist der Zuwachs bei der Berechnung der letzten Spalte abgezogen worden.

Die Methode kann auch zur *indirekten Bestimmung des osmotischen Druckes* des Zellsaftes Anwendung finden durch Vergleich mit Kochsalzlösungen von bekannter molarer Konzentration, ferner zur *indirekten Bestimmung des Gefrierpunktes physiologischer Flüssigkeiten* (Harn) durch Vergleich mit Borsäurelösungen von bekanntem Gefrierpunkt.

Bestimmung bei höherer Temperatur. Da bei hoch siedenden Lösungsmitteln der osmotische Ausgleich sehr lange dauert, läßt sich nach Barger die Bestimmung durch Anwendung einer höheren Temperatur außerordentlich beschleunigen. Allerdings müssen die Messungen bei ziemlich konstanter Temperatur an den erwärmten Capillaren vorgenommen werden. Über die Einrichtung, welche die Messung bei höherer Temperatur gestattet und die man sich selbst herstellen kann, vgl. Barger (3).

Die mikroskopische Methode von Barger wurde von K. Rast (71) derart modifiziert, daß die einzelnen Manipulationen einfacher sind und die Methode auch in der Hand des Ungeübten sogleich befriedigende Ergebnisse liefert. Während bei der Methode von Barger Größe der Flüssigkeitstropfen selbst gemessen und die Veränderung ihres Volumens beobachtet wird, wird bei der Modifikation nach Rast die zwischen zwei Flüssigkeitssäulen gelegene Luftblase gemessen und die Veränderung ihrer Lage gegenüber einem Fixpunkt festgestellt. A. Friedrich (19) hat jedoch in neuerer Zeit auch auf einige Nachteile der Rastschen Modifikation aufmerksam gemacht und kommt zu dem Schluß, daß die Originalmethode doch in vielen Fällen vorzuziehen ist.

Modifikation nach Berl *und* Hefter (7). Die Molekulargewichtsbestimmung nach Barger, sowie die Modifikation von K. Rast haben den Nachteil, daß es beim Einfüllen der Capillaren und während der langen Beobachtungszeit zu einer teilweisen Vermischung der Lösungen kommt. Diesen Übelstand vermeiden E. Berl und Hefter, daß sie an Stelle einer geraden eine gebogene während der Beobachtungszeit aufrecht gestellte Capillare verwenden (Abb. 165) und die beiden Lösungen durch verschiedene Öffnungen einfüllen.

Die zu untersuchenden Substanzen werden in Ampullen eingewogen und dazu die dem jeweiligen Prozentgehalt der Lösung entsprechende Menge Lösungsmittel aus einer Bürette zugegeben. Als Lösungsmittel kommen leicht flüchtige Stoffe, wie Äther, Aceton, Petroläther, Benzol und auch Wasser, in Betracht. Als Testsubstanz wählt man für organische Lösungsmittel Azobenzol, das wegen seiner Farbe Verwechslungen beim Ablesen der Capillaren ausschließt.

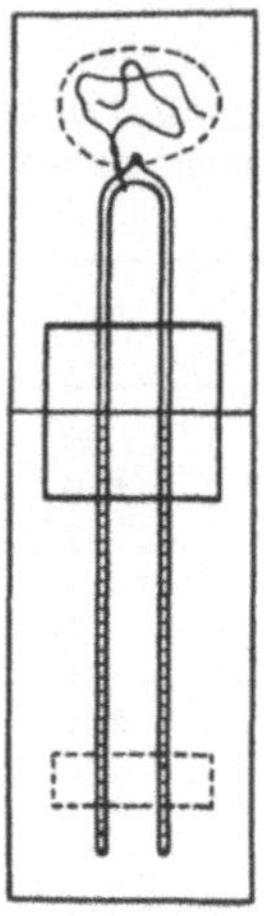

Abb. 165. Meßcapillare nach Berl-Hefter.

Zunächst werden Lösungen von Azobenzol in Aceton hergestellt, die der Lösung der Substanz mit dem gesuchten Molekulargewicht isoton sind. Für den Fall gleicher Molkonzentration (Isotonie) gilt die Beziehung:

$$\frac{\text{g Azobenzol}}{\text{g Aceton für Azobenzol} \cdot \text{Mol-Gew. d. Azob.}} = \frac{\text{g Substanz}}{\text{g Aceton für Substanz} \cdot \text{Mol-Gew. d. Subst.}}$$

Bei Anwendung einer 1proz. Substanzlösung ergibt sich für die Ermittlung des Azobenzols in 10 cm³ Aceton:

$$\text{g Azobenzol} = \frac{1 \cdot 10 \cdot 182{,}1}{100 \cdot \text{Molekulargewicht}} = \frac{18{,}21}{\text{Molekulargewicht}}.$$

Auf diese Weise kann man die einzelnen Einwaagen berechnen. Zur Herstellung der verschiedenen Serien von Testlösungen wird eine größere Menge konzentrierterer Testlösungen angesetzt und aus dieser durch Verdünnen mit Lösungsmitteln die übrigen Konzentrationen erhalten. In der folgenden Tabelle nach Berl und Hefter sind die Angaben zur Herstellung der Testlösungen für die mit 1proz. Substanzlösungen vorgenommenen Belegbestimmungen zusammengestellt.

Angenommenes Molekulargewicht	g Azobenzol in 10 cm³ Aceton	Normalität	Verdünnung	
			cm³ Testlösung für Molekulargewicht 100	cm³ Aceton
100	0,18212	0,1		
120	0,15175	0,0835	40	8
150	0,12140	0,0667	30	15
170	0,10712	0,0588	30	21
200	0,09105	0,0500	25	25
220	0,082773	0,0455	20	24
250	0,072840	0,0400	20	30
270	0,067445	0,0370	15	25,5
300	0,06070	0,0334	15	30
320	0,056906	0,0313	10	22
350	0,052029	0,0286	10	25
370	0,049217	0,0270	10	27
400	0,045525	0,0250	10	30

Auf das *Füllen der Capillaren* muß *größte Sorgfalt* verwendet werden. Sie sind serienweise zu füllen, um ein unnötiges Aufschneiden und Wiederzuschmelzen der Ampullen mit den Lösungen zu vermeiden und das Verdunsten des Lösungsmittels und dadurch hervorgerufene Konzentrationsänderungen möglichst einzuschränken. Die Capillaren haben eine Gesamtlänge von 6,5—7,5 cm und werden in beiden Schenkeln ungefähr 5 cm hoch gefüllt; zu diesem Zwecke taucht man zunächst den einen Schenkel unter Schiefhalten der Ampulle in die Substanzlösung und läßt diese bis zu einer durch eine Marke bestimmten Höhe einfließen. Nach Herausnahme der Capillare verschließt man die Ampulle sofort durch einen Gummischlauch mit Glasstab. Durch Neigen läßt man die Lösung in der Richtung des Capillarbogens so weit herunterfließen, daß eine Luftblase von etwa 10 mm Länge entsteht, worauf man den Schenkel über einer Mikroflamme zuschmilzt. Den zweiten Schenkel füllt man in gleicher Weise mit der Testlösung. Dann legt man die Capillare in Asbestpapier und schmilzt die dritte, über dem Capillarbogen befindliche Öffnung rasch ab. Zur Festlegung der beiden Flüssigkeitssäulen müssen die in den geraden Capillarteilen befindlichen Luftblasen nach oben getrieben werden. Man nimmt die mit Asbestpapier umwickelte Capillare zwischen Daumen und Zeigefinger mit der Rundung nach oben und schlägt die Capillarschenkel zunächst vorsichtig mit dem Zeigefinger der anderen Hand unten leicht an. Bei etwas stärkerem Anschlagen der Capillare wird bei Schiefhaltung derselben die Luft vollständig herausgetrieben, so daß die Flüssigkeit bis zu den abgeschmolzenen Stellen reicht.

Die gefüllten Capillaren werden auf Objektträgern (10 : 3 cm) befestigt, indem man den mit Gas gefüllten Capillarbogen mit flüssigem Picein, allenfalls unter Verwendung eines 5 cm langen Eisendrähtchens, das man über den Bogen schlingt, und die beiden Schenkelenden mit einem Streifchen Leukoplast auf der Glasplatte fixiert. Etwas über der Mitte des Objektträgers befindet sich eine Marke, die durch Aufkleben eines Haares mittels Canadabalsam und Aufkleben eines Deckgläschens hergestellt wird. Die gefüllten und fixierten Capillaren werden dann in senkrechter Lage in einem Thermostaten bei 20^0 C aufbewahrt, worin sie bis zur ersten Ablesung 1—2 Stunden verbleiben, damit die an den Wänden haftenden Flüssigkeitsteilchen herunterlaufen. Zum Ablesen der Meniskenverschiebungen (entstanden durch Zu- und Abdestillieren von Lösungsmitteln) verwendet man am besten ein Mikroskop mit binokularem Aufsatz, von dem das eine Okular ein Mikrometerplättchen enthält und eine 70fache Vergrößerung. Um möglichst isotherme Werte zu erhalten, muß stets bei derselben Temperatur abgelesen werden. Die einzelnen Serien von Capillaren bringt man vor dem Ablesen in ein Temperiergefäß mit Wasser von 20^0 C, läßt sie 15 Minuten darin liegen und liest dann unter Wasser ab. Dieses befindet sich in einer flachen, mehr als 50 cm^3 fassenden Glasschale auf dem Objekttisch des Mikroskopes und soll eine Temperatur von $20^0 \pm {}^1/_2{}^0$ C aufweisen. Liegt der Flüssigkeitsmeniscus über der Marke, so wird der Abstand mit +, im anderen Falle mit — bezeichnet.

Mit dieser Methode kann man durch entsprechendes Eingabeln Molekulargewichte bis zu Werten von etwa 3000 bestimmen. Bei einer Verdünnung von 0,003 n unterscheidet die Methode noch eine Konzentrationsdifferenz von 10%. Bei Anwendung 1proz. Lösungen ist die Genauigkeit bei Mol.-Gewichten zwischen 100 und 300 ungefähr 2—3%. Als Nachteil ist die verhältnismäßig lange Destillationszeit anzusehen. Für 1proz. Lösungen mit Aceton als Lösungsmittel und Azobenzol als Testsubstanz benötigt man 4—6 Tage für eine Bestimmung. Äther gibt in 3proz. Lösungen schon nach 2 Tagen sichere Ergebnisse. Höher siedende Lösungsmittel, wie Benzol, brauchen längere Destillationszeiten.

J. Ableitung chemischer Formeln.

Einleitend sei darauf hingewiesen, daß man für die Berechnung der Analysen am vorteilhaftesten die *logarithmischen Rechentafeln für Chemiker* von F. W. Küster, neu bearbeitet von A. Thiel benutzt, worin die für alle Arten von Analysen nötigen Daten und Erläuterungen sowie die 5ziffrigen Mantissen zu den dekadischen Logarithmen enthalten sind.

a) Berechnung der Analyse.

Am schnellsten und sichersten sind die Resultate bei *ausschließlich logarithmischer Rechnung* unter Benutzung der in der Tafel 5 der Rechentafeln gegebenen Faktoren zu erhalten. Der „*Faktor*" F ist diejenige Zahl, mit welcher man das Gewicht eines erhaltenen Niederschlages N od. dgl. multiplizieren muß, um aus ihm das Gewicht B eines seiner Bestandteile oder einer sonst mit ihm durch irgendeine Gleichung verknüpften Substanz zu erhalten. Ist S die für die Analyse abgewogene Substanzmenge und P der Prozentgehalt von S an B, so gilt die Gleichung:

$$P = 100 \cdot \frac{B}{S} = 100 \cdot \frac{N \cdot F}{S}$$

$$\log P = \log N + \log F - \log S \quad \text{oder einfacher}$$

$$\log P = \log N + \log F + (1 - \log S),$$

indem man die dekadische Ergänzung vom $\log S$, die sich rasch aus dem log der Rechentafel abschreiben läßt, addiert. Alle Kennziffern, also auch log 100, läßt man weg, weil man fast nie darüber im Zweifel sein wird, ob das schließliche Resultat z. B. 0,71 oder 7,1 oder 71 lauten muß.

b) Ermittlung der Verhältnisformel.

Die Elementaranalyse ist die Voraussetzung für die Aufstellung jeder chemischen Formel. Durch sie erfährt man die prozentische Zusammensetzung einer organischen Substanz für alle Elemente mit Ausnahme des Sauerstoffes, der fast ausschließlich indirekt bestimmt wird, indem man von der Summe der direkt erhaltenen Prozentzahlen die Differenz auf 100 als Sauerstoff rechnet. Aus diesen Ergebnissen läßt sich die sog. *Verhältnisformel* ableiten, d. i. das Verhältnis der Atome Kohlenstoff, Wasserstoff, Sauerstoff usw. in der betreffenden organischen Verbindung, indem man die gefundenen Prozentzahlen durch die Atomgewichte der betreffenden Elemente dividiert. Von den so erhaltenen Zahlen nimmt man die kleinste als Divisor und dividiert alle Zahlen wieder durch diesen. Die nun erhaltenen Zahlen sind entweder ganze oder annähernd ganze Zahlen oder lassen sich durch Multiplikation mit 2 oder 3 usw. in Zahlen verwandeln, die nicht, oder nur ganz wenig von ganzen Zahlen abweichen. *Die Verhältniszahlen müssen auch dem Gesetz der paaren Atomzahlen entsprechen,* d. h. es muß die Zahl der ungeradwertigen Elemente (H, N, Halogen) in der Verbindung eine gerade Zahl sein. Sämtliche Rechnungen lassen sich auch hier am einfachsten und schnellstens logarithmisch durchführen (vgl. das Beispiel in KÜSTERS Rechentafeln, Erläuterungen zu Tafel 5).

Beispiele. 1. Bei der Elementaranalyse wurden folgende Werte gefunden: C = 72,57, H = 5,30, N = 14,25, Differenz für O = 7,88.

	C	H	N	O
log Prozent =	86076	72428	15381	89653
log Atomgewicht =	07918	00346	14638	20412
Differenz =	78158	72082	00743	69241
Kleinste Differenz =	69241	69241	69241	69241
Differenz =	08917	02841	31502	00000
Atomverhältnis =	12,28	10,68	2,07	1

Einfachste Formel = $C_{12}H_{10}N_2O$.

2. Gefunden wurden: C = 55,50, H = 3,65, N = 16,30, O = 24,55. Als einfachstes Atomverhältnis errechnet sich:

$$C : H : N : O = 1{,}277 : 1 : 0{,}3214 : 0{,}4238 .$$

Hier ergibt sich erst durch Multiplikation mit 9 ein annähernd ganzzahliges Atomverhältnis, das nach dem Gesetz der paaren Atomzahlen überhaupt möglich ist.

$$C : H : N : O = 11{,}49 : 9 : 2{,}893 : 3{,}814 = 12 : 9 : 3 : 4$$

Die einfachste Formel ist: $C_{12}H_9N_3O_4$.

c) Ermittlung der Summenformel (Molekulargewicht).

Die Verhältniszahl gibt noch keine Aufklärung über die Molekulargröße. Die Entscheidung, ob eine Verbindung der einfachen Verhältnisformel entspricht oder ob und wie oft sie vervielfacht werden muß, wird erst durch die Bestimmung des *Molekulargewichtes* erbracht.

In manchen Fällen erhält man über die Größe des Molekulargewichtes einer Verbindung dadurch Aufschluß, daß man ein Derivat davon (Salz, Substitutionsprodukt usw.) der Analyse unterwirft oder, wo dies möglich, Äquivalentgewichtsbestimmungen auf titrimetrischem Wege vornimmt. Durch solche chemische Untersuchungen läßt sich gewöhnlich wohl die Molekulargröße nach unten, nicht aber nach oben feststellen. Nur die nach physikalischen Methoden ausgeführten Molekulargewichtsbestimmungen (Bestimmung der Dampfdichte oder des osmotischen Druckes, Ermittlung der Gefrierpunktserniedrigung oder Siedepunktserhöhung) geben Aufschluß über die wahre Molekülgröße. Ihre Ergebnisse sind jedoch auch nicht immer ganz eindeutig, da es Stoffe gibt, die die Erscheinung der Assoziation zu Molekülaggregaten zeigen und daher die auf physikalischer Grundlage beruhenden Bestimmungen nur ein Bild der Größe der Aggregate (obere Grenze) geben und nicht die der eigentlichen chemischen Moleküle. In solchen Fällen läßt sich häufig an Derivaten des Grundkörpers das wirkliche Molekulargewicht ermitteln. Auch die Kombination beider Methoden führt manchmal zum Ziel. Bei den meisten komplexen Naturstoffen (Polysaccharide, Proteine) versagen alle Methoden, da sie sich einerseits gewöhnlich kolloidal lösen und daher nur Kolloidteilchen gemessen werden, andererseits einfache einheitliche Derivate nicht darstellbar sind.

Aber auch bei solchen höher molekularen Stoffen, bei denen die Molekulargewichtsbestimmung möglich ist, gelingt die Feststellung der Anzahl der C- und H-Atome im Molekül nur annähernd; es muß die Entscheidung zwischen mehreren Formeln offenbleiben. Die Unsicherheit der Analyse solcher Stoffe besteht darin, daß die gefundenen C- und H-Werte und das Molekulargewicht auf mehrere Formeln passen, deren theoretische Werte so wenig voneinander abweichen, daß die analytischen Fehler (0,2—0,3 % bei der Elementaranalyse, 5—10 % bei der Molekulargewichtsbestimmung) ebenso groß sind. Dann muß das Mehr oder Weniger einer CH_2-Gruppe offengelassen werden. So ist die Entscheidung bei höher molekularen Kohlenwasserstoffen, etwa des Typus $(CH_2)_n$, über den Mehr- oder Mindergehalt einer CH_2-Gruppe nicht möglich, da einerseits sämtliche Verbindungen dieser Reihe dieselbe prozentische Zusammensetzung haben, andererseits die Fehlergrenzen der Molekulargewichtsbestimmung größer sind als der Wert für eine Methylengruppe. In solchen Fällen läßt sich durch *Einführung anderer Atome* (besonders Halogene) oder Radikale das Molekül derart belasten, daß die für eine Methylengruppe berechnete Differenz größer wird als die Fehlergrenzen der Analyse. Für die Verbindung $(CH_2)_{30}$ ist eine Belastung mit 80 Einheiten (also z. B. mit 1 Bromatom) notwendig, um im Kohlenstoffgehalt eine außerhalb der analytischen Fehlergrenzen liegende Differenz von 0,3 % für eine Methylengruppe zu erreichen, während für die Verbindung $(CH_2)_{50}$ dies erst bei einer Belastung von 200 Einheiten erreicht wird. Kohlenstoffhaltige Belastungsgruppen sind dabei natürlich im allgemeinen weniger wirksam. Der Prozentgehalt der Belastungsgruppe ändert sich annähernd gleich dem des Kohlenstoffes, während der Wert für Wasserstoff auch bei maximaler Belastung sich so wenig ändert, daß daraus keine Entscheidung möglich ist.

Bei Verbindungen, die noch andere Elemente (O, N) im Molekül enthalten, ist die notwendige, künstliche Belastung wesentlich kleiner. Schließlich gibt es Fälle, wo eine künstliche Molekülbelastung überhaupt zu keiner Erhöhung, im Gegenteil zur Verwischung der vorhandenen prozentischen Unterschiede führen kann.

Zwischen den Kohlenwasserstoffen vom Typus $(CH_2)_n$, also annähernd den aliphatischen und hydroaromatischen Kohlenwasserstoffen, und den Kohlenhydraten, die schwer mit Sauerstoff belastet sind, liegen fast alle anderen Naturprodukte in einer kontinuierlichen Reihe. Die *Molekülbelastung* zur Aufstellung der Summenformel muß je nach der Natur der Substanz verschieden durchgeführt werden und dürfte noch bei Stoffen bis zu 50 C-Atomen möglich sein. In Anwendung kommen hauptsächlich die Substitution, die Veresterung, die Salzbildung, die Anlagerung anorganischer und organischer Moleküle u. a. m. Besonders die Halogen-Anlagerung und Substitution, vor allem mit Brom, sowie die Veresterung führen meist zu Körpern, die sich leicht in einem solchen Reinheitsgrad gewinnen lassen, daß sie für die Analyse geeignet sind. Auf diese Weise ist es F. REINITZER schon im Jahre 1888 gelungen, die Zahl der Kohlenstoffatome im Cholesterinmolekül durch Anlagerung von Brom an das Cholesterinacetat völlig sicherzustellen. Und auf einem ganz ähnlichen Wege gelang es in neuerer Zeit, O. DISCHENDORFER (14), durch Molekülbelastung die Summenformel des Triterpenalkohols Betulin mit $C_{30}H_{50}O_2$ festzulegen. Die Methode gestattet also für eine große Zahl von hochmolekularen Naturstoffen, die Summenformel festzulegen, wobei nur hinsichtlich der Zahl der Wasserstoffatome eine gewisse Unsicherheit bestehen bleiben kann.

d) Aufstellung der Struktur- oder Konstitutionsformel.

Der Festlegung der Summenformel, die über die gegenseitige Stellung und Bindung der einzelnen Atome im Molekül meistens keinen Aufschluß gibt, muß die Aufstellung einer rationellen Formel, der Struktur- oder Konstitutionsformel, folgen, eine der wichtigsten und oft sehr schwierigen Aufgaben des organischen Chemikers. Hierfür läßt sich *kein allgemein gangbarer Weg* angeben.

Die Einreihung der Kohlenwasserstoffe in die aliphatische, hydroaromatische oder aromatische Reihe wird unter Zugrundelegung des Verhältnisses von C : H und gleichzeitiger Untersuchung auf mehrfache C-Bindung möglich sein. Den gesättigten Kohlenwasserstoffen kommt die allgemeine Formel C_nH_{2n+2}, den Olefinen die Formel C_nH_{2n} zu, die jedoch auch den hydroaromatischen Kohlenwasserstoffen entspricht.

Besteht die Vermutung einer hydroaromatischen Verbindung ohne mehrfache Bindungen und ohne aromatische Ringe, so läßt sich ein sicherer Rückschluß auf die Anzahl der darin enthaltenen Ringe ziehen. Hexahydrobenzol C_6H_{12} leitet sich vom normalen Hexan C_6H_{14} ab, wobei unter Verlust von 2 H-Atomen die ringförmige Verbindung entstanden ist. Das muß sich aber auch bei einer oder mehreren Seitenketten an einem bestehenden Ringsystem wiederholen. Immer tritt der Ringschluß unter Verlust von 2 H-Atomen ein. Unter der Voraussetzung der Abwesenheit mehrfacher Bindungen muß die Differenz zwischen der Anzahl der H-Atome im gesättigten aliphatischen Kohlenwasserstoff und in den untersuchten, durch 2 dividiert, die Anzahl der hydrierten Ringe geben.

Die Anzahl der hydrierten Ringe läßt sich also ganz allgemein in der Weise ermitteln, daß man, ausgehend von der Anzahl der C-Atome $= n$, die Anzahl der dem gesättigten aliphatischen Grundkohlenwasserstoff entsprechende Anzahl von Wasserstoffatomen $= 2n + 2$ berechnet und von dieser Zahl die Anzahl der in der untersuchten Verbindung vorhandenen Wasserstoffatome $= m$ subtrahiert und die Differenz durch 2 dividiert.

$$\frac{(2n + 2) - m}{2} = \text{Zahl der hydrierten Ringe.}$$

Beispiel. Der Kohlenwasserstoff des Dihydrocholesterins hat die Formel $C_{27}H_{48}$, der entsprechende aliphatische Grundkohlenwasserstoff $= C_{27}H_{56}$; die Differenz der H-Atome beträgt 8, die Zahl der hydrierten Ringe muß demnach 4 sein. In analoger Weise ließ sich für die Cholsäure $= C_{24}H_{40}O_5$ der Nachweis erbringen, daß als Konstitutionsformel nur eine solche mit 4 hydrierten Ringen in Betracht kommen kann.

Enthält eine Verbindung außer Kohlenstoff und Wasserstoff noch andere Elemente, so ist für jedes die Bindungsart genau festzulegen. Für den Sauerstoff ist z. B. festzustellen, ob er einer Hydroxylgruppe (alkoholisch, phenolisch oder enolisch), einer Carbonyl- oder Carboxylgruppe, einer Nitro- oder Nitrosogruppe usw. angehört, ob er als Äther- oder Brückensauerstoff vorhanden ist oder ob er am Aufbau eines Ringsystemes beteiligt ist. In analoger Weise sind die mannigfaltigen Bindungsmöglichkeiten des Stickstoffes aufzuklären. Bei den cyclischen Verbindungen ist die Natur des Ringes, bzw. Ringsystemes sowie die gegenseitige Stellung von Substituenten zu erforschen. Der Nachweis charakteristischer Atomgruppen (OH, $COOH$, OCH_3, NH_2, NCH_3, $>C:C<$ usw.) und insbesondere ihre quantitative Bestimmung, um über die Zahl der betreffenden Atomgruppen Aufschluß zu erhalten, ist für die Konstitutionsaufklärung von besonderer Bedeutung. Daher wurde im vorliegenden Abschnitt gerade dieser Teil besonders berücksichtigt.

Für die Konstitutionsaufklärung organischer Verbindungen leisten auch *optische Methoden* wichtige Dienste; unter diesen in erster Linie die *Refraktometrie.* Zwischen dem Brechungsverhältnis (Brechzahl) und dem Molekulargewicht einerseits, den Brechzahlen der das Molekül zusammensetzenden Atome und Atomgruppen andererseits besteht eine einfache Beziehung, deren Anwendung es ermöglicht, aus den für die einzelnen Wellenlängen der beobachteten Brechzahlen der Substanz und den daraus berechneten *Molekularrefraktionen* über die Konstitution wichtige Schlüsse zu ziehen. *Die Molekularrefraktion eines Körpers ist im allgemeinen gleich der Summe der Atom- oder Atomgruppenrefraktionen.* Sie läßt sich bei Kenntnis des Molekulargewichtes der Verbindung und der Dichte ihrer Lösung aus der Brechzahl für die Wellenlängen λ nach der LORENTZschen Formel $M = \frac{n_\lambda^2 - 1}{n_\lambda^2 + 2} \cdot \frac{M}{d}$ bestimmen. Andererseits ergibt sich der theoretische Wert der Molekularrefraktion aus der Summe der Atomrefraktionen, die durch eine große Zahl von Messungen rein empirisch gewonnen worden waren und entsprechenden Zahlentafeln entnommen werden können. Stimmen beide innerhalb geringer durch Meßfehler bedingter Grenzen überein, so läßt sich aus dem zur Errechnung des theoretischen Wertes verwendeten Atomen und Atomgruppen auf die Konstitution des Moleküls schließen. Ist keine Übereinstimmung vorhanden, so muß man versuchen, durch die Einführung bestimmter möglicher Atomgruppen den theoretischen dem beobachteten Wert näherzubringen, wodurch wichtige Aufschlüsse über auftretende Atomgruppen und Bindungen gewonnen werden. Die *doppelte und dreifache C-Bindung*, aber *auch der Benzolkern*, der sich wie drei doppelte Bindungen verhält, *verursachen eine größere Molekularrefraktion als der Summe der Atomrefraktionen entspricht.* Bei Untersuchung von Kohlenwasserstoffen läßt sich also aus einer Differenz der Werte auf eine Verbindung mit mehrfachen C-Bindungen oder aromatischen Kernen schließen. Der Stickstoff besitzt je nach der vorliegenden Bindung ganz verschiedene Atomrefraktionswerte. Aber auch beim Sauerstoff ist ein Unterschied zwischen Carbonyl-, Hydroxyl- oder Äthersauerstoff. (Eine ausführliche Darstellung über Molekular- und Atomrefraktion findet sich bei ROTH und EISENLOHR: Refraktometrisches Hilfsbuch. Leipzig 1911.)

Weitere optische Methoden, die zur Konstitutionsbestimmung Verwendung finden, sind die Absorptionsspektrographie (die Messung der Lichtabsorption im sichtbaren und im ultravioletten Teil des Spektrums) sowie die Polarimetrie, das ist die Untersuchung von Lösungen im polarisierten Licht zur Feststellung der optischen Aktivität einer Verbindung.

Eine Reihe weiterer physikalischer Methoden z. B. Calorimetrie, Bestimmung der Leitfähigkeit, kann in einzelnen Fällen ebenfalls zur Strukturaufklärung herangezogen werden.

Die hier erwähnten wichtigsten physikalischen Methoden sind in einem besonderen Abschnitt dieses Werkes dargestellt.

Literatur.

(*1*) ABDERHALDENS Handbuch der biologischen Arbeitsmethoden, Abt. I, Tl. 1, S. 481 (H. BAUER); Abt. I, Tl. 2, S. 303—342 (R. STOERMER).

(*2*) BARGER, G.: Ber. Dtsch. Chem. Ges. **37**, 1754 (1904); ABDERHALDENS Handbuch der biologischen Arbeitsmethoden, Abt. III, Tl. A, S. 729—740. — (*3*) Ebenda Abt. III, Tl. A, S. 737. — (*4*) BAUER, H.: Ebenda Abt. I, Tl. 1, S. 468; MEYER, HANS: Konstitutionsermittlung. — (*5*) BERGER, E.: Chem. Zentralblatt **1911 I**, 9. — (*5a*) BERGMANN, M.: Ztschr. f. physiol. Ch. **131**, 18 (1923). — (*6*) Ber. Dtsch. Chem. Ges. **47**, 2704 (1914). — (*7*) BERL, E., u. O. HEFTER: Liebigs Ann. **478**, 235 (1930). — (*7a*) BILTZ, H.: Ber. Dtsch. Chem. Ges. **55**, 1066 (1922). — (*8*) Über Bemerkungen zur Reaktion vgl. Biochem. Ztschr. **141**, 105 (1923). — (*9*) Biochem. Journ. **5**, 212 (1910). — (*10*) BOESEKEN u. GELBER: Rec. trav. chim. Pays-Bas **46**, 158 (1927). — (*10a*) B. PICHLER, Mikrochemie, PREGL-Festschrift S. 9 (1929).

(*11*) CHATTAWAY, F. D.: Chem. Zentralblatt **1911 I**, 123. — (*12*) CLOWES u. TOLLENS: Ber. **32**, 2841 (1899).

(*13*) DIELS u. ALDER: Liebigs Ann. **460**, 98 (1928); **470**, 62 (1929). — (*14*) DISCHENDORFER, O.: Journ. f. prakt. Ch. **113**, 1 (1926). — (*14a*) EDLBACHER, S.: Ztschr. f. physiol. Ch. **101**, 278 (1918).

(*15*) FISCHER, E.: Ber. Dtsch. Chem. Ges. **27**, 1530 (1894); Chem. Zentralblatt **1899 I**, 1210. — (*16*) FLASCHENTRÄGER, B.: Mikrochemie. PREGL-Festschrift S. 87. Wien 1929. (Über die Makrobestimmung vgl. HANS MEYERS Handbuch u. HOUBENS Methoden.) — (*17*) Ztschr. f. physiol. Ch. **146**, 219 (1925). — (*18*) FOLIN u. BELL: Journ. Biol. Chem. **29**, 329 (1917). — (*19*) FRIEDRICH, A.: Mikrochemie **6**, 97 (1928). — (*20*) Ebenda **7**, 185 (1929). — (*21*) Ebenda **7**, 195 (1929). — (*22*) FROMM u. FRIEDRICH: Ztschr. f. angew. Ch. **39**, 824 (1926).

(*22a*) GAEBEL: Arch. der Pharm. **248**, 225 (1910); **250**, 617 (1912). — (*23*) GRÜN u. HALDEN: Analyse der Fette und Wachse, S. 188. Berlin 1925. — (*24*) GRASSMANN, W., u. W. HEYDE: Ztschr. f. physiol. Ch. **183**, 32 (1929).

(*25*) HAHN, G.: HOUBENS Methoden der organischen Chemie, 3. Aufl., **3**, 1—129 (1930). — (*26*) HARRIS, L. J.: Proc. Roy. Soc. **95**, 440 (1923). — (*27*) HERZIG, J.: ABDERHALDENS Handbuch der biologischen Arbeitsmethoden, Abt. I, Tl. 3, S. 509—534, 917 (1921). — (*28*) HIBBERT u. BURT: Journ. Amer. Chem. Soc. **47**, 2242 (1925). — (*29*) HOUBENS Handbuch **3**, 157 (1930). — (*29a*) Ebenda S. 29. — (*30*) Die Methoden der organischen Chemie **2**, 302, 471, 3. Aufl. (1925) (von R. STOERMER bzw. H. MEERWEIN).

(*31*) JESSEN-HANSEN, H.: ABDERHALDENS Handbuch der biologischen Arbeitsmethoden, Abt. I, Tl. 7, S. 245—262 (1923); GRASSMANN, W., in: OPPENHEIMER-PINCUSSEN: Die Methodik der Fermente, S. 970—977. (Leipzig 1929). — (*31a*) JEGOROW: Journ. prakt. Ch. **86**, 521 (1912).

(*32*) KAUFLER u. SMITH: Chem. News **93**, 83 (1926). — (*33*) KAUFMANN, H. P.: Dieses Handbuch. — (*34*) KELBER: Ber. Dtsch. Chem. Ges. **49**, 55 (1916); **57**, 136 (1924). — (*35*) KRÜGER-REICH: Ztschr. f. physiol. Ch. **39**, 165 (1903). — (*36*) KÜSTER, W., u. MAAG: Ebenda **127**, 190 (1923). — (*37*) KUPELWIESER, K., u. SINGER: Biochem. Ztschr. **178**, 324 (1926).

(*38*) LABAT: Chem. Zentralblatt **1909 II**, 759. — (*39*) Liebigs Ann. **405**, 395 (1914). — (*40*) LIESCHE, O.: ABDERHALDENS Handbuch der biologischen Arbeitsmethoden, Abt. III, Tl. A, S. 569—722 (1928). — (*41*) LÜERS, H.: Biochem. Ztschr. **104**, 30 (1920).

(*42*) Meerwein, H.: Houbens Methoden, 4. Aufl., **3**, 208—211; H. Meyers Handbuch, 4. Aufl., S. 906—909. — (*43*) Meerwein, H.: Journ. f. prakt. Ch. **113**, 9 (1926). — (*44*) Meyer, Hans: Analyse und Konstitutionsermittlung organischer Verbindungen, 4. Aufl., S. 601—712. Berlin 1922. — (*45*) Ebenda S. 755. — (*45a*) Ebenda S. 616. — (*46*) Ebenda S. 648. — Ann. **380**, 212 (1911). — (*47*) Analyse und Konstitutionsermittlung organischer Verbindungen, 4. Aufl., S. 1001 (1922). — (*48*) Ebenda, 4. Aufl., S. 1109. 1922. — (*49*) Ebenda, 4. Aufl., S. 394—457. 1922. — (*50*) H. Meyers Handbuch, 4. Aufl., S. 495—500; Fonrobert, E.: Houbens Methoden, 3. Aufl., **3**, 406—457. — (*51*) Über die Makro-Acetylbestimmung vgl. H. Meyers Handbuch, 4. Aufl., S. 678 oder Houbens Methoden, 3. Aufl., **3**, 37 oder Abderhaldens Handbuch der biologischen Arbeitsmethoden, Abt. I, Tl. 3, S. 558. — (*52*) H. Meyers Handbuch, 4. Aufl., S. 775—780; Ott, E.: Houbens Methoden, 3. Aufl., **3**, 644—687. 1930. — (*53*) H. Meyers Handbuch, 4. Aufl., S. 769—774; Houbens Methoden, 3. Aufl., **3**, 842; **2**, 147. 1925. — (*54*) H. Meyers Handbuch, 4. Aufl., S. 855—865; Schmidt, J.: Houbens Methoden, 3. Aufl., **3**, 593—612. — (*55*) H. Meyers Handbuch, 4. Aufl., S. 866—870. — (*56*) Ebenda, 4. Aufl., S. 891—906; Meerwein, H.: Houbens Methoden, 3. Aufl., **3**, 132—227. — (*56a*) Ebenda S. 184. — (*57*) H. Meyers Handbuch, 4. Aufl., S. 915—991; Houben, J.: Houbens Methoden, 2. Aufl., **4**, 233—468. 1924. — *58*) H. Meyers Handbuch, 4. Aufl., S. 963—970; Rosenmund, K. W.: Houbens Methoden, 2. Aufl., **4**, 527—589; Abderhaldens Handbuch der biologischen Arbeitsmethoden, Abt. I, Tl. 7, S. 89. — (*59*) H. Meyers Handbuch, 4. Aufl., S. 996—1005. — (*60*) Ebenda, 4. Aufl., S. 1090—1092; Houben, J.: Houbens Methoden, 3. Aufl., **3**, 823 bis 825. — (*61*) H. Meyers Handbuch, 4. Aufl., S. 1099—1147; Stoermer, R.: Houbens Methoden, 3. Aufl., **2**, 946—1041. 1925; Bauer, H.: Abderhaldens Handbuch der biologischen Arbeitsmethoden, Abt. I, Tl. 1, S. 465—542. 1925; Spinner, H.: Ebenda, Abt. I, Tl. 4, S. 4—18. 1924. — (*62*) H. Meyers Handbuch, 4. Aufl., S. 1125—1131; Stoermer, R.: Houbens Methoden, 3. Aufl., **2**, 968—973; Grün, A.: Analyse der Fette und Wachse. Berlin 1925. — (*63*) Meyer, Hans: Konstitutionsermittlung, 4. Aufl. S. 1101. — (*63a*) Ebenda S. 894.

(*64*) Nametkin, S., u. L. Brüssoff: Journ. f. prakt. Ch. **112**, 169 (1926); **115**, 56 (1927); Ber. Dtsch. Chem. Ges. **56**, 1803 (1923).

(*65*) Parry, W.: Chem. Zentralbl. **1924 I**, 692 (65a). Posner, Th.: Houbens Methoden, 3. Aufl., **3**, 826—960; H. Meyers Handbuch, 4. Aufl., S. 713—766. — (*65b*) Plimmer: Journ. of Chem. Soc. **127**, 2651 (1925). — (*66*) Pregl, Fr., u. A. Soltys: Mikrochemie **7**, 1 (1929). — (*67*) Die quantitative organische Mikroanalyse, 3. Aufl., S. 225—234. — (*68*) Ebenda, 3. Aufl., S. 198. 1930. — (*69*) Ebenda, 3. Aufl., S. 209. 1930. — (*70*) Prileschajew: Ber. Dtsch. Chem. Ges. **42**, 4811 (1909). — (*70a*) Pollak u. Spitzer: Monatsh. f. Ch. **43**, 113 (1922).

(*71*) Rast, K.: Ber. Dtsch. Chem. Ges. **54**, 1979 (1921); Abderhaldens Handbuch der biologischen Arbeitsmethoden, Abt. III, Tl. A, S. 743. — (*72*) Ber. Dtsch. Chem. Ges. **55**, 1051, 3727 (1922); Abderhaldens Handbuch der biologischen Arbeitsmethoden, Abt. III, Tl. A, S. 754. — (*73*) Reindel, F., u. K. Niederländer: Liebigs Ann. **475**, 147 (1929). — (*74*) Rieche, A.: Ber. Dtsch. Chem. Ges. **59**, 2186 (1926). — (*75*) Rosenmund, K. W., u. H. Harms: Houbens Methoden, 2. Aufl., **4**, 469—493. 1924.

(*76*) Schmidt, J.: Abderhaldens Handbuch der biologischen Arbeitsmethoden, Abt. I, Tl. 1, S. 291—462. 1925. — (*77*) Ebenda, Abt. I, Tl. 1, S. 322. 1925. — (*78*) Houbens Methoden, 3. Aufl., **3**, 529—643; H. Meyers Handbuch, 4. Aufl., S. 781—847. — (*79*) Slyke, van: Abderhaldens Handbuch der biologischen Arbeitsmethoden, Abt. I, Tl. 7, S. 263 bis 288. 1923; Grassmann, W.: Oppenheimer-Pincussen: Die Methodik der Fermente, S. 983—989. Leipzig 1929. — (*80*) Soltys, A.: Pregl: Die quantitative organische Mikroanalyse, 3. Aufl., S. 240. — (*81*) Strache, H.: Monatshefte f. Chemie **13**, 299 (1892); **14**, 270 (1893); Kitt: Chem.-Ztg. **22**, 338 (1898); Riegler: Ztschr. f. anal. Ch. **40**, 94 (1901). — (*82*) Staudinger u. Kupfer: Ber. **45**, 505 (1912). — (*82a*) Vorländer, D.: Ztschr. f. anal. Ch. **77**, 241 (1929).

(*82b*) Wieland: Liebigs Ann. **446**, 28 (1926). — (*83*) Willstätter, R., u. Utzinger: Ebenda **382**, 148 (1911). — (*84*) Willstätter, R., u. E. Waldschmidt-Leitz: Ber. Dtsch. Chem. Ges. **54**, 2988 (1921); Willstätter, R.: Abderhaldens Handbuch der biologischen Arbeitsmethoden, Abt. I, Tl. 7, S. 289—294; Grassmann, W.: Oppenheimer-Pincussen: Die Methodik der Fermente, S. 977—982. Leipzig 1929. — (*85*) Wischo, Fr.: Pharm. Monatsh. **10**, 88 (1929). — (*86*) Wohack-Ripper: Abderhaldens Handbuch der biologischen Arbeitsmethoden, Abt. I, Tl. 3, S. 547. 1921; Ztschr. f. landw. Vers.-Wesen Österr. **19**, 372; **20**, 102. — (*87*) Weishut, F.: Monatsh. f. Chemie **33**, 1165 (1912).

(*88*) Zeisel, S.: Monatsh. f. Ch. **7**, 406 (1886).

7. Gewichts- und Maßanalyse.

Von FRITZ FEIGL, Wien.

Mit 15 Abbildungen.

Zusammenfassende Darstellungen.

Hand- und Lehrbücher der analytischen Chemie.

BILTZ, H. u. W.: Ausführung quantitativer Analysen. Leipzig: Hirzel. — CLASSEN, A.: Methoden der analytischen Chemie. Braunschweig: Vieweg. — FRESENIUS, C. R.: Lehrbuch der analytischen Chemie. Braunschweig: Vieweg. — RIDISÜLE, A.: Nachweis, Bestimmung und Trennung der chemischen Elemente. Bern: Akademische Buchhandlung. — TREADWELL, F. P.: Kurzes Lehrbuch der analytischen Chemie. Leipzig: Deutike.

Maßanalyse.

BECKURTS: Methoden der Maßanalyse, 2. Aufl. Braunschweig: Vieweg. — KOLTHOFF: Die Maßanalyse. Berlin: Julius Springer.

Elektroanalyse.

CLASSEN, A.: Quantitative Elektroanalyse. Berlin: Julius Springer. — KOLTHOFF, I. M. u. FURMAN: Potentiometric titrations. New York: Wiley & S. — MÜLLER, E.: Elektrochemische Maßanalyse, 4. Aufl. Dresden: Steinkopf. — SMITH, E.: Quantitative Elektroanalyse. Leipzig: Veit & Co.

Die quantitative Analyse beschäftigt sich mit der Ermittlung der Mengenverhältnisse in einer Verbindung oder einem Gemenge. Um eine quantitative Analyse durchführen und um hierzu die günstigste Methode wählen zu können, ist es notwendig, die stoffliche Zusammensetzung der Substanz genau zu kennen, der quantitativen Analyse hat demnach stets die qualitative vorauszugehen.

Von den verschiedenen Methoden zur quantitativen Analyse sind die Gravimetrie (Gewichtsanalyse) und die Titrimetrie (Maßanalyse) die wichtigsten. Beiden Methoden muß stets eine stöchiometrisch exakt definierbare chemische Umsetzung zugrunde liegen.

Läßt sich die analytisch ausgewertete Umsetzung durch das allgemeine Schema $A + B = C + D$ darstellen, dann wird bei gewichtsanalytischen Methoden stets ein Reaktionsprodukt, z. B. die Verbindung C oder D, von den übrigen an der Reaktion teilnehmenden Stoffen isoliert und zur Wägung gebracht; es handelt sich demnach bei der Gewichtsanalyse stets um die *Isolierung von Reaktionsprodukten.*

Bei der Maßanalyse wird die Menge des zur vollständigen Umsetzung verbrauchten Reagens bestimmt und aus dieser unter Zugrundelegung der betr. Reaktionsgleichung die Menge des Umgesetzten errechnet. Es handelt sich dabei also um die *Bestimmung eines Reaktionsgenossen,* wobei das Ende der Reaktion durch Indicatoren erkannt wird, die zugesetzt werden müssen (Farbstoffe), sofern nicht ein Reaktionsgenosse selbst den Indicator darstellt (Kaliumpermanganat, Jod).

Neben diesen Methoden gibt es noch zahlreiche andere Methoden zur quantitativen Analyse, so die *Colorimetrie,* die aus der Intensität der Farbe eines Reaktionsproduktes auf die Menge eines anwesenden Stoffes schließt, die *Polarimetrie,* welche die Drehung der Polarisationsebene des Lichtes verwendet, die *Refraktometrie,* welche auf Messung der Lichtbrechung beruht u. a., siehe hierzu S. 378ff.

A. Die Gewichtsanalyse.

Das Prinzip der Gewichtsanalyse besteht, wie schon erwähnt, darin, den zu bestimmenden Stoff in eine geeignete Verbindung von bekannter Zusammensetzung überzuführen, die dann zur Wägung gelangt. Von der zur Wägung kommenden Verbindung (der *Wägungsform*) ist zu verlangen, daß sie unter gegebenen Bedingungen formelrein zusammengesetzt und gegen Einflüsse der Atmosphärilien möglichst indifferent sei. Erwünscht ist auch ein möglichst geringer prozentischer Gehalt des zu bestimmenden Körpers in der Wägungsform. So ist z. B. der Gehalt an Nickel in der Verbindung mit Dimethylglyoxim 20,31 %, in der Wägungsform als Nickeloxyd beträgt der Prozentgehalt an Nickel 78,57 %. Kleine unvermeidliche Analysenfehler müssen sich demnach bei der Bestimmung des Nickels als Nickeloxyd in fast vierfachem Betrage auswirken als in der Wägungsform als Nickeldimethylglyoxim.

Als Wägungsform kann zuweilen der zu bestimmende Stoff selbst dienen. So kann der NaCl-Gehalt einer reinen Kochsalzlösung durch Eindampfen und Wägen des Rückstandes bestimmt werden. In den meisten Fällen wird aber durch chemische Umsetzungen eine möglichst schwerlösliche (praktisch unlösliche) Verbindung von konstanter Zusammensetzung (die *Fällungsform*) gewonnen, die dann mit der zur Wägung kommenden Form entweder identisch sein kann oder durch nach erfolgter Fällung zur Anwendung gelangende Operationen in eine Wägeform von anderer Zusammensetzung übergeführt werden kann. So wird z. B. Sulfation durch Bariumionen als Bariumsulfat gefällt und als solches gewogen, dagegen Arseniat-Ion als $MgNH_4AsO_4$ gefällt und nach Überführung in $Mg_2As_2O_7$ als solches ausgewogen.

Die Zusammensetzung der Fällungsform kann dadurch beeinflußt werden, daß in der Lösung enthaltene Fremdstoffe bei der Fällung in wechselnden Mengen „mitgerissen" werden. Es kann sich hierbei um Einschlüsse von Mutterlauge handeln, häufig um Adsorptionserscheinungen, zuweilen kommt es zur Bildung von chemischen Verbindungen (Komplexverbindungen). Durch besondere Maßnahmen und Fällungsbedingungen trachtet man, diese Fehlerquellen auf ein Minimum herabzudrücken.

Die überwiegende Mehrzahl aller Fällungen erfolgt in wäßriger Lösung, in welcher chemische Umsetzungen darum so schnell verlaufen, weil es sich hierbei fast stets um Ionenreaktionen handelt. Die Entstehung eines Niederschlages setzt stets eine bestimmte Mindestkonzentration an reagierenden Ionen voraus; je geringer die Löslichkeit des ausfallenden Körpers ist, desto verdünnter kann die Lösung sein, in welcher ein Niederschlag entsteht. Einen exakten Ausdruck finden diese Beziehungen durch das sog. Löslichkeitsprodukt, das für jeden Stoff einen bestimmten Wert besitzt und aus dem Massenwirkungsgesetz abgeleitet werden kann.

So kommt es bei der Vereinigung von Silberionen und Chlorionen momentan zur Bildung eines Bodenkörpers von festem Silberchlorid; die darüberstehende gesättigte Lösung von Silberchlorid ist weitgehendst dissoziiert, wobei zwischen Bodenkörper und gelöstem Anteil die nachstehenden Gleichgewichte bestehen.

$$\underset{\text{fest}}{AgCl} \rightleftarrows \underset{\text{gelöst}}{AgCl} \rightleftarrows Ag^{\cdot} + Cl' .$$

Für den Gleichgewichtszustand in der Lösung gilt das Massenwirkungsgesetz:

$$\frac{[Ag^{\cdot}] \cdot [Cl']}{[AgCl]} = K_1 .$$

Da die Konzentration an gelösten, ungespaltenen Silberchloridmolekülen, [AgCl], bei bestimmter Temperatur einen konstanten Wert besitzt, so können wir diese mit der Gleichgewichtskonstante K_1 zu einer neuen Konstante vereinigen und gelangen zum Ausdruck

$$[Ag^{\cdot}] \cdot [Cl'] = K_1 \cdot [AgCl] = Lp^{*}.$$

Die durch Zusammenziehen der beiden Konstanten K_1 und AgCl gewonnene Größe nennt man das *Löslichkeitsprodukt* oder das *Ionenprodukt* des Silberchlorids; sie ist demnach das Produkt der Konzentrationen der in einer gesättigten Lösung einer Verbindung nebeneinander existenzfähigen Ionenarten. Analoge Betrachtungen lassen sich für alle Fällungsreaktionen anwenden.

Die Bildung eines Niederschlages ist nur möglich, wenn die zur Reaktion nötigen Ionen in solchen Mengen auftreten, daß das Produkt ihrer Konzentrationen größer wird als das Löslichkeitsprodukt.

Die Kenntnis der vorstehend erwähnten Beziehungen ist zum Verständnis zahlreicher Vorgänge bei der Analyse von Bedeutung. Soll die Ausfällung eines Salzes, etwa des AgCl, möglichst quantitativ erfolgen, so ist es nötig, die Konzentration einer der zur Bildung der unlöslichen Verbindung erforderlichen Ionenarten zu vergrößern, wodurch wir eine Erniedrigung der Löslichkeit von AgCl erzielen. Um daher das Ag-Ion möglichst vollständig auszufällen, muß ein Überschuß an Chlorionen verwendet werden. Die Größe des nötigen Überschusses richtet sich nach der Größe der Löslichkeit des auszufällenden Salzes. Für AgCl, dessen $Lp = 1{,}2 \cdot 10^{-10}$ ist, wird ein sehr geringer Überschuß genügen. Beim $PbSO_4$, das ein $Lp = 2{,}3 \cdot 10^{-8}$ besitzt, wird, um das Pb-Ion möglichst weitgehend auszufällen, ein weit größerer Überschuß an SO_4-Ionen nötig sein. Die Herabsetzung der Löslichkeit eines Stoffes bei Anwesenheit einer zur Fällung erforderlichen Ionenart ist von Bedeutung

* In der gesättigten Lösung eines schwerlöslichen Stoffes können wir, ohne einen wesentlichen Fehler zu machen, annehmen, daß das Salz infolge der großen Verdünnung vollständig in seine Ionen dissoziiert ist, es ist in unserem Fall $Ag = Cl = c$, so daß für binäre Salze das Löslichkeitsprodukt die Form $Lp = c^2$ erhält.

beim Auswaschen einer Fällung. Sie wird daher zumeist durch Auswaschen von Niederschlägen mit verdünnten Lösungen des Fällungsmittels bewirkt.

Werden zwei Ionenarten, die mit einer dritten Ionenart schwerlösliche Verbindungen geben, durch Zusatz dieser Ionen gefällt, so fällt zunächst die schwerer lösliche Verbindung aus, nach Erreichung eines von den Löslichkeitsprodukten der beiden Verbindungen abhängigen Äquivalentpunktes ein Gemisch der beiden Verbindungen. Dieser Fall ist von besonderer Bedeutung bei fällungsanalytischen Bestimmungen zweier Ionen nebeneinander, etwa bei der argentometrischen Titration von Jod neben Chlor.

Es gelten die beiden Löslichkeitsprodukte:

$$[Ag^{\cdot}] \cdot [Cl'] = L_{AgCl} = 1{,}2 \cdot 10^{-10}\,,$$
$$[Ag^{\cdot}] \cdot [J'] = L_{AgJ} = 1{,}7 \cdot 10^{-16}\,,$$

daraus folgt

$$\frac{[Cl']}{[J']} = \frac{1{,}2 \cdot 10^{-10}}{1{,}7 \cdot 10^{-16}} \sim 10^6\,.$$

Werden Jodionen neben Chlorionen mit $AgNO_3$ gefällt, so wird zunächst so lange das schwerer lösliche AgJ ausfallen, bis das Verhältnis Cl : J den Wert 10^6 erreicht hat. Dann erst, wenn die Cl-Ionenkonzentration einmillionmal größer geworden ist als die Jodionenkonzentration, wird weiterer Zusatz von $AgNO_3$ ein Gemisch von AgJ und AgCl ausfällen. Es ergibt sich aus dieser Betrachtung, daß eine argentometrische Trennung von Cl und J auch bei einem großen Überschuß von Cl-Ionen möglich ist. Solche Methoden sind unter Verwendung von Adsorptionsindicatoren von FAJANS sowie von KOLTHOFF vorgeschlagen worden[1].

Die Hauptoperationen der gravimetrischen Analyse sind:

1. Die Vorbereitung des Materials, Einwaage, Auflösen.
2. Herstellung und Isolierung der Fällungsform (Fällen, Filtrieren, Auswaschen).
3. die Überführung der Fällungsform in die Wägungsform (Trocknen, Glühen).
4. Auswaage.

Über Vorbereitung des Materials s. Kapitel I, III und den speziellen Teil dieses Werkes.

Die *Einwaage* erfolgt auf der Analysenwaage, die in der normalen Ausführung 0,1 mg bei einer Maximalbelastung von 100 g abzulesen gestattet. Auf den in letzter Zeit zur Verwendung gelangenden Mikrowaagen (z. B. der KUHLMANN-Waage) ist noch die Ablesung von 0,001 mg möglich. Die Aufstellung der Waage hat an einer Stelle zu erfolgen, wo hinreichender Schutz vor Erschütterung und Erwärmung besteht. Um die Waage vor Feuchtigkeit zu schützen, stellt man in den Waagekasten ein kleines Schälchen, das mit einem Trockenmittel gefüllt ist. Auf Sauberkeit der Pfannen und Schneiden der Waage ist besonders Bedacht zu nehmen. Die Gegenstände, die zur Wägung gelangen, müssen völlig erkaltet sein, um Fehler durch warme Luftströme und einseitige Erwärmung der Waagebalken zu vermeiden. Während der Wägung ist der Waagekasten geschlossen zu halten. Gewichtsgleichheit wird angenommen, wenn der Zeiger nach beiden Seiten gleiche Ausschläge zeigt; bei Verschiebung der Gleichgewichtslage ist eine entsprechende Korrektur des Nullpunktes erforderlich.

Soll die Wägung besonders zuverlässig sein, was bei Eichungen, beim Kalibrieren von Meßgefäßen u. dgl. notwendig ist, so ist auf Fehler Bedacht zu nehmen, die durch geringe Ungleicharmigkeiten der Waage entstehen, ferner muß der Einfluß des Auftriebes der Luft durch Reduktion der Wägung auf den leeren Raum ausgeschaltet werden.

Fehler, die durch Ungleichheiten der Waagebalken entstehen, werden vermieden durch die *Methode der Doppelwägung*. Man legt den Körper auf die linke Waagschale und findet sein Gewicht G_1, dann bringt man den Gegenstand auf die rechte Waagschale und findet ein Gewicht G_2. Sind l_1 und l_2 die Längen der Waagebalken, G das richtige Gewicht, dann gilt:

$$\text{für die erste Wägung } G_1 \cdot l_1 = G \cdot l_2\,, \qquad (1)$$

$$\text{für die zweite Wägung } G_2 \cdot l_2 = G \cdot l_1\,. \qquad (2)$$

Durch Multiplikation der Gleichungen 1 und 2 ergibt sich:

$$G_1 \cdot l_1 \cdot G_2 \cdot l_2 = G^2 \cdot l_1 \cdot l_2,$$

woraus

$$G = \sqrt{G_1 \cdot G_2}\,.$$

Das richtige Gewicht ist gleich dem geometrischen Mittel der beiden Wägungen; da G_1 von G_2 nur wenig verschieden ist, kann man ohne großen Fehler das arithmetrische Mittel aus den beiden Ergebnissen nehmen.

Wenn es sich um Wägungen größerer Gegenstände handelt, geht man nach der *Substitutionsmethode* vor. Man tariert zunächst den zu wägenden Gegenstand mit einer geeigneten Tara aus, entfernt dann den Gegenstand und ersetzt ihn durch die nötigen Gewichte; da die Gewichte jetzt direkt an der Stelle des zu wägenden Gegenstandes liegen, sind Fehler durch Ungleicharmigkeit eliminiert.

Die Reduktion der Wägungen auf den leeren Raum muß nur bei sehr genauen Wägungen berücksichtigt werden. Gemäß dem archimedischen Prinzip erleidet jeder Körper in der Luft einen Auftrieb, der dem Gewicht der verdrängten Luftmenge gleich ist. Wenn G das Gewicht des zu wägenden Gegenstandes, G_1 das Gegengewicht bedeutet, das auf der Waage das Gleichgewicht herstellt, dann ist G nicht genau gleich G_1, sondern es müssen die entsprechenden Auftriebe in Abzug gebracht werden. $G - A = G_1 - A_1$.

Bedeutet s das spezifische Gewicht des zu wägenden Gegenstandes, s_1 das spezifische Gewicht des Messinggewichtes, d das Gewicht von 1 cc Luft (bei 15° und 760 mm = 0,0012 g), dann gilt:

$$G - \frac{G}{s} \cdot d = G_1 - \frac{G_1}{s_1} \cdot d\,,$$

woraus

$$G = \frac{G_1\left(1 - \frac{d}{s_1}\right)}{1 - \frac{d}{s}}\,.$$

Es bestehen auch Tabellen, welche die abzuziehenden Größen enthalten und die Rechnung vereinfachen (4).

Das *Lösen* erfolgt womöglich in dem Gefäß, in welchem die weitere Verarbeitung der Lösung stattfinden soll. Die Einwaage soll unmittelbar in das Gefäß eingetragen werden, in welchem die Auflösung der Substanz stattfindet, um Fehlerquellen, die sich beim Überführen von einem Gefäß in das andere ergeben, auszuschalten. In der Regel erfolgt das Lösen in entsprechend dimensionierte Bechergläser oder Schalen; besteht die Gefahr des Spritzens (etwa infolge Gasentwicklung beim Auflösen einer Carbonatschmelze mit Säure od. dgl., so empfiehlt sich die Anwendung von Erlenmeyerkolben, die mit einem kleinen Trichter bedeckt werden. Sehr zweckmäßig sind auch die Kantkolben, die ein Verspritzen beim Auflösen und Kochen vermeiden. Ist ein Abdampfen einer Flüssigkeit erforderlich, dann sind Schalen zu verwenden, die infolge der größeren Oberfläche der Luft besseren Zutritt gewähren. Als Heizquelle dienen in der Regel Wasser- oder Dampfbäder, auch Sand- und Luftbäder, oder elektrische Heizplatten werden verwendet. Als Schutz gegen hineinfallende Fremdkörper (Staub) bringt man knapp über der Schale ein Uhrglas an oder verwendet besser die Schutzvorrichtung von MAYER und TREADWELL (Abb. 166), die das Abdampfen dadurch erleichtert, daß das Kondensat nicht in die Schale zurücktropft.

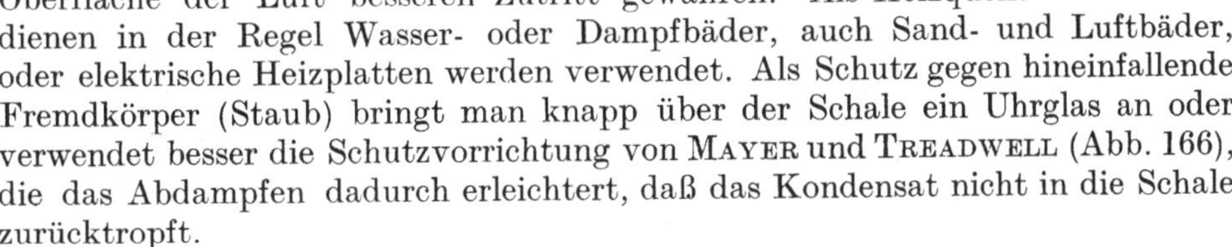

Abb. 166.

Porzellanschalen besitzen gegenüber Glasgefäßen den Vorteil größerer Beständigkeit hinsichtlich eines Angriffes durch alkalische Flüssigkeiten. Man wählt daher, wenn es sich um das Eindampfen oder Kochen von alkalischen Flüssigkeiten handelt, Porzellanschalen oder Geräte aus Spezialglas, oder man führt das Eindampfen in saurer Lösung durch und macht dann erst alkalisch.

In Säuren schwerlösliche Stoffe werden durch Schmelzen mit Kaliumnatriumcarbonat oder anderen Flußmitteln im Platin- oder Porzellantiegel aufgeschlossen.

Die Abscheidung einer Verbindung durch *Fällung* erfolgt meist in Bechergläsern. Allgemeingültige Vorschriften für die Fällung lassen sich nicht geben; es sei vielmehr darauf hingewiesen, daß oft nur die genaueste Einhaltung bestimmter Fällungsbedingungen zum Ziele führt. Kleine Unachtsamkeiten bei der Fällung, Nichteinhaltung der Temperatur oder der Konzentration der Lösung, zu schneller Zusatz des Fällungsmittels, überhaupt alle Versuche, die Analyse zu „vereinfachen“ oder „abzukürzen“, können weitgehendsten Einfluß auf das Analysenergebnis haben. Vorteilhaft ist es, die Reagenslösungen in ganz bestimmter Stärke herzustellen. Dadurch wird die Dosierung des Fällungsmittels sehr erleichtert, man vermeidet insbesondere die Anwendung zu großer Überschüsse. Nach Vornahme jeder Fällung soll der Niederschlag absitzen gelassen und die Vollständigkeit der Fällung durch Zufügung einer geringen Menge des Fällungsmittels kontrolliert werden.

Wird die Fällung durch Einleiten eines Gases bewirkt, so ist auf Vermeidung des lästigen Ansitzens von Niederschlägen im Einleitungsrohr Bedacht zu nehmen. Das Einleitungsrohr ist zweckmäßig am Ende erweitert und soll erst dann in die Lösung gebracht werden, wenn das Gas schon durchströmt.

Das lästige Kriechen von Niederschlägen an Gefäßwänden läßt sich vermeiden, indem man an denselben einen mehrere Millimeter breiten Streifen von Kollodium zieht oder nach Bunge durch Zusatz einiger Tropfen Saponinlösung, welche durch Schaumbildung Niederschlagsteilchen zurückhält.

Nach der Fällung bleibt in der Regel der Niederschlag mit der Mutterlauge einige Zeit (wenn möglich in der Wärme) stehen, wodurch ein leichteres Filtrieren erzielt wird. Kleine Teilchen haben in einer Flüssigkeit eine größere Löslichkeit als größere Krystalle, ebenso wie kleinere Tröpfchen einen höheren Dampfdruck als größere Flüssigkeitsteilchen besitzen. Die Folge ist eine Übersättigung der Lösung in bezug auf die größeren Krystalle, wodurch es zu einer Anreicherung des Bodenkörpers an Teilchen gröberen Kornes kommt. Zuweilen wird aus verschiedenen Ursachen eine quantitative und formelreine Abscheidung überhaupt erst nach längerem Absitzenlassen erreicht, z. B. bei der Fällung der Phosphorsäure als Ammonium-Phosphormolybdat. Von größter Bedeutung für die exakte Analyse ist Reinheit aller verwendeten Reagenzien; es empfiehlt sich daher stets die Verwendung von „pro analysi“ Präparaten, in zweifelhaften Fällen ist auf Reinheit zu prüfen (s. Kapitel 1).

Die Abtrennung des durch die Fällung erzeugten Niederschlages von der Lösung geschieht durch die *Filtration*, wobei Papierfilter, Filtriertiegel u. dgl. verwendet werden können.

Die Größe des verwendeten Filters richtet sich nach der Menge des Niederschlages, keinesfalls nach der Menge der Flüssigkeit. Durch Verwendung zu großer Filter wird das quantitative Auswaschen sehr erschwert. Faltenfilter werden in der quantitativen Analyse nur dann angewendet, wenn der Niederschlag verworfen werden kann und lediglich aliquote Teile des Filtrates weitere Verwendung finden sollen. Um schleimige Niederschläge gut filtrieren zu können, setzt man vor dem Filtrieren zur Fällung einen Brei von zerfasertem Filterpapier. Hierzu eignen sich sehr gut die im Handel erhältlichen Tabletten von Filtrierstoff (3). Selbstverständlich kann man nur dann von diesem Kunstgriff Gebrauch machen, wenn bei der Weiterverarbeitung des Niederschlages die Papiermasse nicht stört. Die im Handel erhältlichen sog. quantitativen Filter sind mit Salzsäure und Flußsäure ausgewaschen und werden in verschiedener Porosität und mit garantierten Aschengehalten hergestellt.

Bei Anwendung eines Unterdruckes zur Beschleunigung der Filtration legt man, um ein Reißen des Filters zu vermeiden, kleine Conusse aus perforiertem Platinblech oder Porzellan unter das Filter in den Trichter ein. Mit großem Vorteil werden zur Filtration unter Minderdruck GOOCH-Tiegel und neuerdings die *Glas-* und *Porzellanfiltertiegel* verwendet. Der GOOCH-Tiegel besteht aus Porzellan oder Platin und besitzt einen Siebboden, auf dem eine Schichte von mit Königswasser gereinigtem und ausgewaschenem Asbest gebracht wird. Über diese Asbestschichte wird ein Siebplättchen aus Porzellan aufgelegt und mit etwas feinfaserigem Asbest bedeckt. Der GOOCH-Tiegel wird vermittels eines Gummiringes luftdicht in einen sog. Vorstoß eingelegt, dieser auf eine Saugflasche gesetzt und dann an eine Absaugvorrichtung angeschaltet (Abb. 167). Die Vorteile des GOOCH-Tiegels bestehen darin, daß er rasches Filtrieren gestattet und hierbei Niederschläge mit einem Minimum an Waschflüssigkeit ausgewaschen werden können; schließlich können, wenn es sich um gleiche Niederschläge handelt, zahlreiche Bestimmungen hintereinander ausgeführt werden, ohne daß man den Tiegel jedesmal reinigen muß. Der Niederschlag wird im GOOCH-Tiegel entweder getrocknet oder, wenn erforderlich, geglüht, wobei man den GOOCH-Tiegel auf eine flache, schalenartige Untertasse stellt.

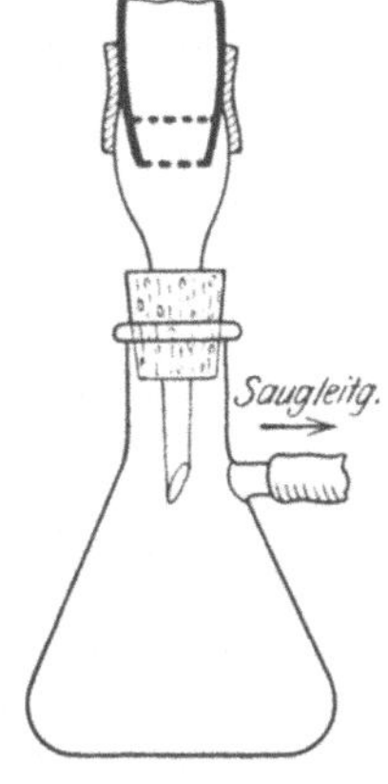

Abb. 167.

Besonders empfehlenswert sind die neuerdings vielfach verwendeten Glasfiltertiegel bzw. Porzellanfiltertiegel, bei denen ein gefrittetes Glas bzw. ein poröser Porzellanboden die Filtration besorgt und die im übrigen in gleicher Weise wie die GOOCH-Tiegel auf eine Saugflasche aufgesetzt werden. Die Porzellanfiltertiegel können ebenso wie die GOOCH-Tiegel in einem Untersatz geglüht werden.

Um Kolloide zu filtrieren, sind besondere Filtriergeräte erforderlich. Die Wirkungsweise solcher *Kolloidfilter* besteht entweder in dem capillaren Adsorptionsvermögen von Filterkörpern mit großer innerer Oberfläche, wodurch auch Teilchen zurückgehalten werden können, deren Durchmesser wesentlich kleiner ist als die Porengröße, oder in der Siebwirkung sog. *Ultrafilter*, die eine besonders kleine Porengröße besitzen. Zur ersten Gruppe gehören die zumeist in Kerzenform in den Handel kommenden keramischen Filter (BERKEFELD-Kerzen, PUKALL-Filter usw.); der Nachteil dieser Filtergeräte besteht darin, daß die Kolloidteilchen nicht mehr zurückgehalten werden, sobald die wirksame innere Oberfläche adsorptiv gesättigt ist. Dagegen wird eine sichere Trennung der dispersen Phasen vom Dispersionsmittel durch Verwendung der Ultrafilter gewährleistet.

WO. OSTWALD zeigte, daß durch Überziehen von feuchten Papierfiltern mit einer 4proz. Kollodiumlösung Ultrafilter von sehr guter Filtrationswirkung leicht hergestellt werden können.

BECHHOLD hat für die Anwendung seiner Gallertultrafilter Apparate empfohlen, welche die Filtration von schwer filtrierbaren lyophylen Kolloiden (Eiweiß usw.) durch Druckanwendung ermöglichen.

Sehr bequem in ihrer Anwendung sind die aus Nitrocellulose bestehenden Membranfilter von ZSIGMONDY (10), welche in verschiedenen Porengrößen im

Handel erhältlich sind und sowohl im Bechholdschen Apparat als auch in dem von Zsigmondy konstruierten Trichterapparat verwendet werden können.

Die durch die Filtration isolierten Niederschläge werden durch gründliches *Auswaschen* gereinigt.

Die übliche Methode des Auswaschens ist die durch *Dekantation*. Bei der Filtration gießt man zunächst die über dem Niederschlag stehende klare Mutterlauge durch das Filter, behandelt den Niederschlag mit Waschflüssigkeit (die, wenn nicht eine zu große Löslichkeit des Niederschlages im Wege steht, möglichst heiß sein soll), läßt den Niederschlag nochmals absitzen, gießt die darüber befindliche Flüssigkeit auf das Filter und wiederholt dieses Verfahren einige Male. Dann erst wird der Niederschlag selbst auf das Filter gespült und etwa an den Glaswänden des Fällungsgefäßes festhaftende Niederschlagsteilchen durch eine Gummifahne oder durch ein Stückchen Filterpapier entfernt und zur Hauptmenge des Niederschlages gebracht, und nun am Filter weitergewaschen. Das Auswaschen soll mit möglichst geringen Mengen Waschflüssigkeit erfolgen, es ist vorteilhafter, häufiger und mit kleineren Mengen Waschwasser als mit größeren Mengen weniger oft auszuwaschen. Das Nachgießen von Waschflüssigkeit soll erst dann erfolgen, wenn der vorher erfolgte Zusatz bereits vollständig abgelaufen ist, dadurch wird die zum Auswaschen nötige Zeit wesentlich verkürzt. Ein besonders günstiges Auswaschen erzielt man, wie schon erwähnt, bei der Verwendung von Glas- oder Porzellanfiltertiegel, indem durch das Absaugen die Waschflüssigkeit weitgehendst entfernt wird.

Das Auswaschen von Niederschlägen wird in der Regel nicht mit destilliertem Wasser vorgenommen, sondern man macht entsprechende Zusätze des jeweiligen Fällungsmittels, wodurch die Löslichkeit des Niederschlages in der Waschflüssigkeit herabgesetzt wird. Die Gegenwart von Elektrolyten hat noch einen besonderen Zweck bei solchen Niederschlägen, welche die Neigung zur Bildung kolloidaler Lösungen besitzen. Beim Behandeln mit reinem Wasser tritt leicht kolloidales Auflösen (Peptisation) ein, die kolloide Lösung fließt durch das Filter und fällt dann meist in dem elektrolythältigen Filtrat wieder aus, was den Eindruck erweckt, der Niederschlag selbst sei durch das Filter gegangen. Werden dem Waschwasser aber Elektrolyte zugesetzt, so wird das kolloide Auflösen verhindert. Man darf nur solche Stoffe dem Waschwasser zusetzen, welche sich bei der weiteren Behandlung des Niederschlages (Glühen) leicht und vollständig verflüchtigen (Ammoniumsalze u. dgl.). Das Auswaschen ist so lange fortzuführen, bis von jenen Stoffen, deren Anwesenheit im Niederschlag unerwünscht ist, im ablaufenden Filtrat nichts mehr nachweisbar ist. Die völlige Entfernung wird entweder durch geeignete Reaktionen im Filtrat oder durch Abdampfen einiger Tropfen des Filtrates auf dem Platinblech festgestellt, wobei kein Rückstand hinterbleiben darf.

Wenn es sich um die Bestimmung eines Stoffes in einer Lösung nach erfolgter Ausfällung eines anderen Stoffes, dessen Menge nicht bestimmt werden soll, handelt, kann unter Umständen die oben angegebene Art der Trennung umgangen werden. Man bringt Lösung und Niederschlag in einen Meßkolben, füllt zur Marke auf, läßt absitzen und führt die Bestimmung in einem aliquoten Teil der Lösung durch. Wenn ein Herauspipettieren der über dem Bodenkörper stehenden Flüssigkeit nicht möglich ist, ohne Niederschlagsteilchen mitzunehmen, gießt man durch ein Faltenfilter, verwirft die ersten Anteile und führt die Bestimmung in einer gemessenen Menge des Filtrates durch. Das Verwerfen der ersten Anteile ist deshalb erforderlich, weil das Filter infolge Adsorption gelöste Substanzen festzuhalten vermag.

Eine andere Möglichkeit zur Trennung fester und flüssiger Phasen besteht im *Zentrifugieren* des Reaktionsgemisches, wonach dann Lösung und Niederschlag einer besonderen Behandlung zugeführt werden können. Unter Umständen kann durch Zentrifugieren nicht nur die Filtration, sondern auch das Trocknen und Wägen eines Niederschlages erspart werden. Es läßt sich nämlich die Menge eines abgeschleuderten Niederschlages in einem graduierten Zentrifugierröhrchen feststellen (Abb. 168), und bei Verwendung verschlossener und mit einer Marke versehener Zentrifugierröhrchen kann die über dem abgeschleuderten Niederschlag befindliche Flüssigkeitsmenge auf ein bestimmtes Volumen gebracht werden, wonach in aliquoten Teilen der Lösung dann weitere Bestimmungen möglich werden. Das geschilderte Verfahren liegt den sog. *sedimetrischen* Bestimmungsmethoden zugrunde, die vor allem mikrochemische Bedeutung besitzen, weil die Verarbeitung sehr kleiner Substanzmengen möglich ist.

Die weitere Behandlung des isolierten Niederschlages richtet sich nach seinen besonderen Eigenschaften, manche Verbindungen werden nur durch *Trocknen* oder Waschen mit Alkohol und Äther von Feuchtigkeit befreit und gelangen *ohne geglüht zu werden* zur Wägung, z. B. AgCl. Bei anderen Verbindungen ist ein *Glühen* notwendig, und zwar können Verbindungen, die durch die Filterkohle nicht reduziert werden, direkt samt dem Filter in einem vorher geglühten und gewogenen Tiegel verascht und geglüht werden ($BaSO_4$); Niederschläge, bei welchen die Gefahr einer *Reduktion durch die Filterkohle* besteht, werden getrocknet, *vom Filter getrennt*, zunächst das Filter verascht, dann der Niederschlag dazugegeben und geglüht ($MgNH_4PO_4$).

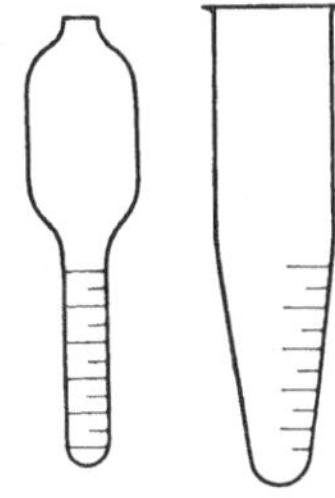

Abb. 168.

Das *Trocknen* der auf Filter bzw. Filtertiegel isolierten Niederschläge geschieht in *Trockenschränken*, die meist auf 110° C geheizt werden. Die Filtertiegel oder die Filter (die in ein Wägeglas gebracht werden) werden ca. 30 Minuten im Trockenschrank bei der Temperatur, auf die später der Niederschlag gebracht werden soll, getrocknet und nach Abkühlung gewogen. Nach dem Filtrieren und Auswaschen werden Filter samt Niederschlag bis zur Gewichtskonstanz getrocknet, die Differenz der Gewichte ergibt die Menge des gesuchten Stoffes.

Um die Temperatur der Trockenschränke bequem konstant halten zu können, werden *Thermoregulatoren* verwendet, welche die Leuchtgaszufuhr zum Brenner bei Überschreitung einer bestimmten Temperatur drosseln. Sehr bequem sind elektrisch geheizte Trockenschränke, die eine leichte Regulierung der Temperatur gestatten. Dampftrockenschränke, die einen Doppelmantel besitzen, der von Wasserdampf durchströmt wird, geben eine konstante Temperatur von etwa 100°.

Das *Glühen von Niederschlägen* erfolgt in Tiegeln aus Platin oder Porzellan. Wie schon erwähnt, wird das Filter mit dem Niederschlag entweder naß verascht oder, wenn eine Reduktion durch die Filterkohle zu befürchten ist, zunächst der Niederschlag nach dem Trocknen vom Filter getrennt und erst nach dem Veraschen des Filters geglüht.

Bei der *nassen Veraschung von Niederschlägen* wird das Filter mit der Pinzette aus dem Trichter genommen und zusammengefaltet in den Tiegel gelegt; man beginnt nun zunächst mit kleiner Flamme zu erhitzen, bis das Filter trocken ist, stellt den Tiegel schief und verascht durch allmählich gesteigertes Erhitzen vollständig. Die Tiegel werden dann noch heiß, aber nicht glühend in einen mit Chlorcalcium beschickten Exsiccator gebracht und nachdem sie die Zimmertemperatur angenommen haben, gewogen. Durch nochmaliges Glühen und Wägen überzeugt man sich von der Gewichtskonstanz.

Soll die Veraschung von Niederschlag und Filter gesondert vorgenommen werden, so wird der getrocknete und durch Waschen mit Alkohol und Äther von Feuchtigkeit befreite Niederschlag vom Filter auf ein Glanzpapier gebracht, das Filter wird in dem gewogenen Tiegel verascht, dann die Hauptmenge des Niederschlages quantitativ (unter Zuhilfenahme einer Federfahne) in den Tiegel gebracht und mit allmählich gesteigerter Temperatur erhitzt und geglüht. Nötigenfalls kann sich daran noch ein Abrauchen mit Säure anschließen, um eine bestimmte Wägungsform zu sichern (z. B. bei $PbSO_4$ mit H_2SO_4).

Bei Verwendung von Platintiegeln ist darauf zu achten, daß sie nicht reduzierenden Gasen (leuchtende Flamme, zurückgeschlagener Brenner) ausgesetzt werden dürfen, um einem Brüchigwerden des Platins vorzubeugen. Auch dürfen schmelzende Alkalien, Alkalicarbonate bei Gegenwart von Schwefel, Verbindungen von Silber, Blei, Antimon, Zinn, Wismut, ebenso Cyanide in Platintiegel nicht auf höhere Temperaturen erhitzt werden, um Schäden durch Legierungbildung zu vermeiden; von größerer Widerstandsfähigkeit sind Tiegel aus Iridium oder Rhodium.

Zweckmäßig lassen sich auch Tiegel aus Quarzglas verwenden, die gegenüber Porzellantiegeln den Vorteil besitzen, selbst gegen schroffsten Temperaturwechsel unempfindlich zu sein.

Soll ein Niederschlag zwecks Überführung in eine bestimmte Wägungsform im Wasserstoff- oder Kohlensäurestrom behandelt werden, dann bedient man sich des porösen ROSE-Tiegels (z. B. bei Cu_2S, MnS). Der Deckel des ROSE-Tiegels besitzt eine Öffnung, durch welche ein Porzellanrohr (die sog. Pfeife) zwecks Einleitung des Gases eingeführt wird. Das Gas wird meist von einem Kippapparat geliefert und durch vorgeschaltete Waschflaschen mit Schwefelsäure getrocknet.

Sog. *Fingertiegel* werden verwendet, wenn ein Verspritzen von Substanz zu befürchten ist. Es sind besonders hohe Tiegel von geringem Durchmesser, beim Erhitzen werden sie fast horizontal gestellt, wodurch verspritzte Teilchen von den Tiegelwandungen zurückgehalten werden.

Soll im GOOCH-Tiegel oder in den besonders empfehlenswerten Filtertiegel geglüht werden, so stellt man den Tiegel in einen größeren Porzellantiegel oder verwendet flache Untertassen aus Porzellan.

Als Erhitzungsmittel kommt in erster Linie die Gasflamme (Bunsen-, TECLU-Brenner) in Betracht. Elektrische Glühöfen verschaffen sich in letzter Zeit immer mehr Verbreitung, weil bei ihnen ein Einfluß von Flammengasen ausgeschlossen ist und die Temperatur bequem reguliert werden kann.

Bei den Methoden der *Elektroanalyse* erfolgt die Ausfällung des zu bestimmenden Ions durch den elektrischen Strom, die Menge des elektrolytisch abgeschiedenen Stoffes wird durch Wägung ermittelt, es sind somit die meisten elektrolytischen Methoden als der Gewichtsanalyse zugehörig zu betrachten.

Meist handelt es sich um die Bestimmung von Metallen, die an der vorher gewogenen Kathode (der negativen Elektrode) in Form eines festhaltenden Überzuges niedergeschlagen werden und nach dem Waschen und Trocknen der Elektrode aus der Gewichtszunahme bestimmt werden. Unter Umständen können bestimmte Metalle auch an der Anode in Form oxydischer Verbindungen abgeschieden werden. So z. B. werden Blei und Mangan an der positiven Elektrode als Superoxyde elektrolytisch abgeschieden. Auch Nichtmetalle sind zuweilen elektrolytisch bestimmbar, z. B. wird Chlorion an einer Silberanode abgeschieden und vereinigt sich dort mit dem Metall der Anode zu unlöslichem Silberchlorid.

Als Stromquelle werden meist Bleiakkumulatoren verwendet, deren Spannung 2 Volt beträgt. Höhere Spannungen als 2 Volt erzielt man durch Hintereinanderschalten mehrerer Akkumulatoren.

Damit die Abscheidung eines Ions erfolgt, ist die Einhaltung einer bestimmten Spannungsdifferenz zwischen Lösung und Elektrode erforderlich, die für jedes Ion einen charakteristischen Wert besitzt. Ist die Zersetzungsspannung zweier Kationen erheblich verschieden, dann kann eine Trennung der beiden in der Weise erfolgen, daß man zunächst durch Regelung der Klemmenspannung das Metall mit der niedrigeren Zersetzungsspannung abscheidet und dann durch Erhöhung der Spannung das zweite Metall zur Abscheidung bringt. Eine Beeinflussung der Zersetzungsspannung, die dann erwünscht ist, wenn die Zersetzungsspannungen der zu trennenden Ionen zu nahe beisammen liegen, kann durch Einwirkung eines Stoffes erfolgen, der mit einem Ion unter Bildung eines Komplexions zusammentritt, etwa durch Zusatz von KCN.

Neben der Spannung spielt die *Stromdichte* eine Rolle, d. i. das Verhältnis zwischen Stromstärke (Anzahl Ampere) und der Elektrodenoberfläche. Meist bezieht sich die Angabe der Stromdichte auf eine Elektrodenoberfläche von 100 cm^2 (D_{100}).

Die Regulierung des Stromes wird durch Einschaltung eines Widerstandes (Rheostaten) zwischen Stromquelle und Elektrolysiergefäß bewirkt. Die Messung der Stromstärke erfolgt mittels eines Amperemeters, die Messung der Elektrodenspannung mittels eines Voltmeters.

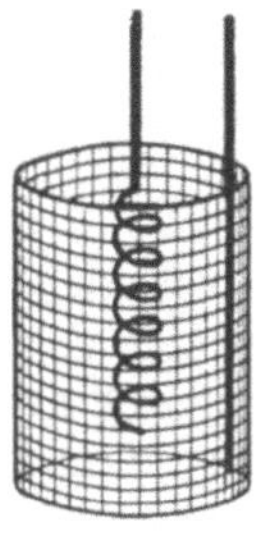

Abb. 169.

Die *Elektroden* bestehen aus Platin, die Elektrode, an der die Fällung erfolgt, hat die Form einer Schale (Abb. 170), die andere Elektrode bildet eine gewölbte Scheibe aus Platin, welche, um die Zirkulation der Flüssigkeit zu erleichtern, durchlocht und an einem Platinstiel befestigt ist. Andere Elektroden werden verwendet, wenn die Elektrolyse in einem Becherglas durchgeführt wird. Sie bestehen meist aus einem zylinderförmig zusammengerollten Platindrahtnetz (Abb. 169), das als Fällungselektrode dient, und einer Platinspirale, die als zweite Elektrode benutzt wird. Die Elektrode wird vor der Durchführung der Elektrolyse mit heißer Salpetersäure gereinigt, mit Wasser und Alkohol gewaschen, bei 100^{0} C getrocknet und gewogen. Dann wird die Fällung durchgeführt und in einem Tropfen der Lösung geprüft, ob die Fällung vollständig ist. Die Elektrode mit dem Niederschlag wird nach beendeter Fällung mit Wasser, Alkohol und Äther gewaschen, getrocknet und gewogen.

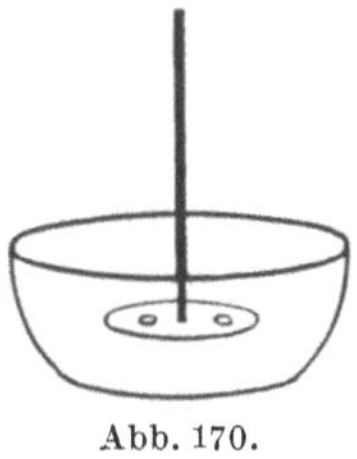

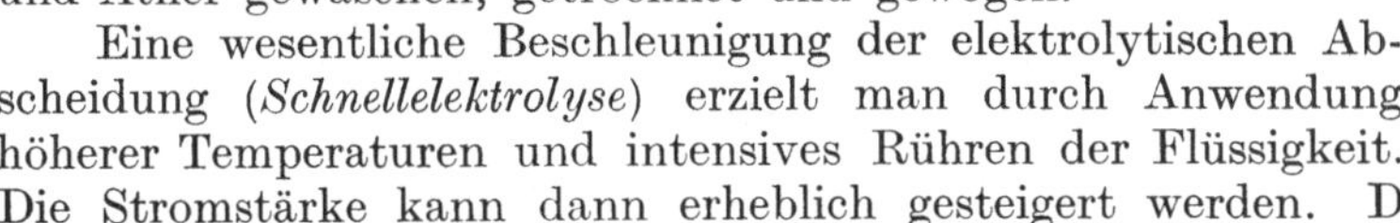

Eine wesentliche Beschleunigung der elektrolytischen Abscheidung (*Schnellelektrolyse*) erzielt man durch Anwendung höherer Temperaturen und intensives Rühren der Flüssigkeit. Die Stromstärke kann dann erheblich gesteigert werden. Die Rührung der Flüssigkeit kann durch bewegte Elektroden erfolgen.

Abb. 170.

Beispiel für die Berechnung von Analysenwerten.

Durch die chemische Analyse führen wir den zu bestimmenden Stoff in eine bestimmte Verbindungsform über und wägen diese. In den seltensten Fällen erhalten wir eine Abscheidung in der elementaren Form, zumeist ist das zu bestimmende Element in ein möglichst großes Molekül eingebaut.

Wenn nun *A*-Gramm einer durch Fällung entstandenen Verbindungsform ausgewogen werden, so gilt die Relation, das einem Molgewicht der Auswägungsform eine bestimmte Grammatommenge eines bestimmten Elementes entspricht. So gilt z. B. für die Auswaage des Calciums als Calciumoxyd:

1 Gramm-Mol CaO entspricht 1 Gramm-Atom Ca
56,07 g CaO entsprechen 40,17 g Ca .

Infolgedessen gilt für die Auswaage von A-Gramm CaO die Beziehung

$$A : 56,07 = x : 40,17\,,$$

daraus folgt

$$x = A \cdot \frac{40,17}{56,07}\,.$$

Das Verhältnis $\frac{40,17}{56,07} = 0,71464$ ist der sog. *Faktor*, mit dem wir die Auswaage multiplizieren müssen, um die vorhandene Calciummenge zu erhalten. Entsprechende Faktoren für alle gebräuchlichen Bestimmungsmethoden sind in verschiedenen Werken enthalten[1].

Soll der Prozentgehalt an einem Stoff ermittelt werden, so muß bei der Berechnung die Einwaage berücksichtigt werden.

$$\text{Prozent} = \frac{100 \cdot \text{Auswaage} \cdot \text{Faktor}}{\text{Einwaage}}\,.$$

Bei Trennungsoperationen, die besondere Schwierigkeiten machen, bedient man sich häufig der sog. *indirekten Analyse*. Das Wesen derselben besteht darin, zwei oder mehrere Stoffe gemeinsam abzuscheiden, das Abscheidungsprodukt zu wägen und hernach in eine neue Verbindungsform überzuführen. Aus den experimentell gefundenen Daten sowie aus den stöchiometrischen Beziehungen ergibt sich dann die Möglichkeit einer Berechnung, die es gestattet, ohne eine besondere Trennungsoperation die Menge der einzelnen Bestandteile festzustellen.

Beispiel. Eine Substanz vom Gewichte S besteht aus einem Gemenge von Kaliumchlorid und Natriumchlorid, es wäre der Gehalt an KCl und NaCl zu ermitteln.

Es wird zunächst die Summe $S = \text{KCl} + \text{NaCl}$ bestimmt. Dann wird der Gesamtchlorgehalt durch Fällen mit $AgNO_3$ ermittelt, wodurch eine bestimmte Auswaage von A-Gramm AgCl erhalten wird.

Wir haben nun 2 Gleichungen:

I $$S = \underset{\text{KCl}}{x} + \underset{\text{NaCl}}{y}$$

und

II $$A = \text{AgCl}^x + \text{AgCl}^y\,,$$

wobei AgCl^x und AgCl^y die Gewichtsmenge AgCl bedeuten, die aus x-Gramm KCl bzw. y-Gramm NaCl entstehen. Zwischen den Chloridmengen x und y und den daraus entstehenden Mengen AgCl^x und AgCl^y bestehen die stöchiometrischen Beziehungen:

$$\text{KCl} : \text{AgCl}\,, \qquad \text{NaCl} : \text{AgCl}\,,$$

$$74,56 : 143,34 = x : \text{AgCl}^x\,, \qquad 58,46 : 143,34 = y : \text{AgCl}^y\,,$$

daraus $$\text{AgCl}^x = x \cdot \frac{143,34}{74,56} = 1,9225\,x \qquad \text{AgCl}^y = y \cdot \frac{143,34}{58,46} = 2,4519\,y\,.$$

Diese erhaltenen Werte werden nun in die Gleichung II eingesetzt:

$$A = 1,9225\,x + 2,4519\,y\,.$$

Aus Gleichung I ergibt sich der Wert $y = S - x$, setzen wir diesen Ausdruck in obige Gleichung ein, so erhalten wir:

$$A = 1,9225\,x + 2,4519\,(S - x)\,,$$

$$x = \left(\frac{2,4519\,S - A}{0,5294}\right) \text{g KCl}\,, \qquad y = (S - x)\text{ g NaCl}\,.$$

Ähnlich kann ein Gemenge von K_2SO_4 und Na_2SO_4 bestimmt werden durch Bestimmung der Summe und des Gesamtsulfats, ein Gemenge von $CaCO_3$ und $SrCO_3$ durch Bestimmung der Kohlensäure u. a., es sei aber darauf hingewiesen, daß bei indirekten Analysen kleine Analysenfehler einen viel größeren Einfluß auf das Endergebnis ausüben als bei den direkten Bestimmungsmethoden, weshalb letztere, wo angängig, vorzuziehen sind.

---

[1] Am gebräuchlichsten sind: *Logarithmische Rechentafeln für Chemiker* von KÜSTER-THIEL. Leipzig 1931.

B. Die Maßanalyse.

Die quantitative Analyse auf maßanalytischem Weg beruht auf der Messung des Volumens einer Reagenslösung von bekanntem Gehalt (Titer), die bei einer bestimmten und vollständigen Umsetzung des zu ermittelnden Stoffes verbraucht wird. Die Kenntnis der einer Umsetzung zugrunde liegenden Reaktionsgleichung ermöglicht dann durch eine stöchiometrische Rechnung die Menge der zu bestimmenden Substanz zu finden.

Wir benötigen demnach zur Durchführung von volumetrischen Analysen genau geteilte *Meßgefäße* und Reagenslösungen von genau bekanntem Gehalt (*Titerlösungen*).

Nachstehend seien die gebräuchlichsten Meßgeräte kurz erwähnt.

Meßkolben sind in der Regel auf Einguß geeicht (s. u.) und werden zumeist verwendet, wenn eine Flüssigkeitsmenge auf ein bestimmtes Volumen verdünnt werden soll (Abb. 171).

Meßzylinder (Abb. 172) dienen zum annähernd genauen Abmessen von Flüssigkeiten; sie sind für exakte analytische Arbeiten nicht verwendbar.

Vollpipetten (Abb. 173) sind Glasröhren mit einer zylindrischen Erweiterung, die zur Angabe des Volumens eine oder zwei Marken besitzen und deren unteres Ende zu einer Spitze ausgezogen ist. Sie werden verwendet zur Entnahme eines bestimmten Volumens einer Flüssigkeit.

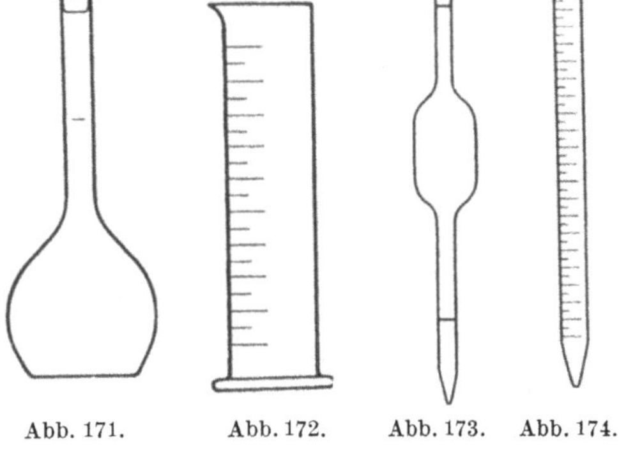

Abb. 171. Abb. 172. Abb. 173. Abb. 174.

Meßpipetten (Abb. 174) sind nach Art der Büretten mit einer genauen Einteilung versehen. Während die Vollpipetten immer nur die Entnahme oder Zugabe des gleichen Flüssigkeitsvolumens gestatten, ermöglichen die Meßpipetten die Abnahme verschieden großer Flüssigkeitsmengen. Vollpipetten und Meßpipetten sind ebenso wie die Büretten auf Ausguß geeicht.

Die Füllung der Pipetten wird durch Ansaugen der Flüssigkeit bewirkt, die Entleerung meist so, daß man die Spitze der Pipette unter möglichst geringer Neigung an die Wand des Gefäßes hält, die Flüssigkeit ablaufen läßt und nach Aufhören des Abflusses nach einer bestimmten Wartezeit (meist 20 Sekunden) die Spitze an der Glaswand abstreicht. Sofern eine Pipette mit doppelter Marke verwendet wird oder aus der Meßpipette ein bestimmtes Flüssigkeitsquantum entnommen wird, ist beim Ablauf auf genaue und gleichartige Einstellung des Flüssigkeitsmeniscus auf die Marke zu achten. Die bisher erwähnten Meßgeräte sind vorstehend abgebildet.

Die wichtigsten Meßgefäße sind die *Büretten*, die zur Aufnahme und Messung der zur Anwendung gelangenden Titerlösungen dienen. Es sind zylindrische Glasröhren, welche bei einem Fassungsraum von meist 50 cm^3 eine Einteilung in 0,1 cm^3 besitzen. Für mikrochemische Zwecke werden kleinere Büretten verwendet, die in 0,01 cm^3 unterteilt sind (z. B. die Bangsche *Bürette*). Die Büretten werden mittels Klammern in ein Stativ eingespannt, wobei auf genaue vertikale Lage zu achten ist. Die Füllung geschieht durch ein auf das obere Ende der Bürette aufgesetztes Trichterchen, das untere Ende ist verjüngt und trägt einen leicht regulierbaren Verschluß. Nach Art des Verschlusses unterscheiden wir Glashahnbüretten und Quetschhahnbüretten.

Die Glashahnbüretten (Abb. 175) werden dann verwendet, wenn es sich um Aufnahme von Flüssigkeiten handelt, bei denen eine Einwirkung auf den Kautschukschlauch des Quetschhahnes zu befürchten ist (Jodlösung, Kaliumpermanganatlösung). Der Hahn wird durch Einschmieren mit Vaselin oder Lanolinwachsgemisch (Hahnenfett) gedichtet.

Bei den *Quetschhahnbüretten* (Abb. 176) ist das untere Ende durch ein Stückchen Kautschukschlauch mit einem zu einer Capillare ausgezogenen Glasröhrchen verbunden, der Abschluß geschieht durch einen dazwischengestellten Quetschhahn. Sie werden für solche Flüssigkeiten bevorzugt, bei denen durch Verdunstung der Titerlösung sich feste Stoffe abscheiden, welche die Bewegung von Glashähnen erschweren (alkalische Flüssigkeiten, wie NaOH, Na_2CO_3).

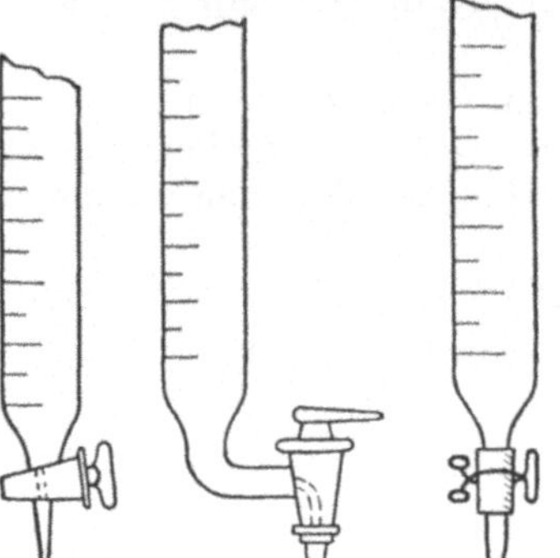

Abb. 175. Abb. 176.

Für sehr genaue Bestimmungen werden die sog. *Wägebüretten* verwendet (s. Abb. 177). Die gefüllte Wägebürette wird vor der Titration gewogen, nach beendeter Titration wird zurückgewogen, die Gewichtsdifferenz ist die verbrauchte Menge der Maßlösung. Häufig werden die Wägebüretten in Verbindung mit den Meßbüretten verwendet, man titriert zunächst aus der Wägebürette bis man in die Nähe des Umschlags kommt, dann beendet man die Titration mit einer Meßbürette.

Die Eichung der Meßgefäße kann „auf Einguß" oder „auf Ausguß" vorgenommen werden. Bei den auf Einguß geeichten Geräten ist das gewünschte Volumen durch den bis zur Markierung angefüllten Innenraum gegeben, bei den auf Ausguß geeichten ist noch die Wandbenetzung und der Flüssigkeitsnachlauf berücksichtigt. Würden wir ein auf Ausguß geeichtes Gefäß durch Einfüllung einer Flüssigkeit bis zur Marke „auf Einguß" verwenden, so würden wir außer dem an der Marke angegebenen Volumen noch eine (allerdings sehr kleine) Menge zugeben müssen, welche der Wandbenetzung und dem Flüssigkeitsnachfluß entspricht.

Abb. 177.

Die Eichung wird durch Wägen einer dem Volumen entsprechenden Menge destillierten Wassers vorgenommen. Die vollständige Übereinstimmung aller verwendeten Meßgefäße ist zur Erzielung exakter Ergebnisse unbedingt erforderlich. Über die Vornahme der Eichung sei auf die einschlägige Literatur verwiesen.

Die in den Meßgefäßen befindlichen Flüssigkeiten bilden keinen ebenen Flüssigkeitsspiegel, sondern infolge der Wirkung von Capillarkräften eine gekrümmte, konkave Oberfläche. Bei Betrachtung im durchfallenden Licht beobachtet man eine dunkle mondsichelförmige Zone, den *Meniscus* (Abb. 178).

Beim Ablesen beachte man, daß zur Vermeidung parallaktischer Fehler das Auge sich in gleicher Höhe mit dem Meniscus befinden muß. Die Teilstriche sollen, um die Ablesung zu erleichtern, für die ganzen Kubikzentimeter mindestens die Hälfte des Rohrumfanges einnehmen. Abgelesen wird gewöhnlich an der tiefsten Stelle des Meniscus, nur bei dunklen Flüssigkeiten (Jod, Kaliumpermanganat) liest man vom oberen Rand ab.

Zur Erleichterung des Ablesens sind viele Einrichtungen vorgeschlagen worden. Die sog. SCHELLBACH-Büretten haben auf ihrer Rückwand einen Milchglashintergrund, der mit einem schmalen, farbigen Streifen versehen ist. Bei richtiger Augenstellung erscheint der Streifen zu einem Punkt eingeschnürt, der als Ablesestelle dient (Abb. 179).

Empfehlenswert ist folgende einfache Ablesevorrichtung: An der Rückseite der Bürette befestigt man eine Karte, deren untere Hälfte geschwärzt ist, in der Weise, daß die Grenze zwischen Schwarz und Weiß sich knapp unter dem Meniscus befindet. Es werden dadurch die Reflexe, welche die Ablesung erschweren, abgeblendet und der Meniscus tritt mit dunkler Farbe deutlich hervor (Abb. 180).

Manchmal werden sog. *Schwimmer* verwendet, das sind kleine, hohle Glaskörperchen, die mit etwas Quecksilber beschwert sind und die senkrecht freischwebend in die Bürette gebracht werden. Sie sind mit einer Marke versehen und gestatten dadurch eine scharfe Einstellung auf die Meßskala der Bürette.

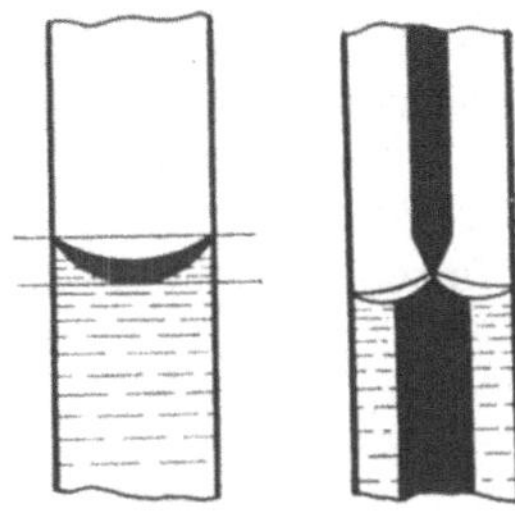

Abb. 178. Abb. 179.

Die Maßflüssigkeiten von bekanntem Gehalt, die sog. *Titerlösungen*, sind entweder *Normallösungen*, bei welchen die Konzentration in einer bestimmten Beziehung zum Äquivalentgewicht der wirksamen Substanz steht, oder es sind *empirische Lösungen*, bei welchen eine solche Beziehung nicht besteht. Meist werden die Normallösungen (gewöhnlich die Zehntelnormallösungen) verwendet, die den Vorteil einer Vereinfachung aller Rechnungen besitzen. Sehr bequem ist die Verwendung der im Handel (De Haën) erhältlichen sog. Fixanalröhrchen; dieselben enthalten genau gewogene Mengen Titersubstanz und ermöglichen durch Auflösung in entsprechenden Wassermengen die Herstellung genauer Titerlösungen. Die Konzentrationsangabe in den Normallösungen bezieht sich auf das Grammäquivalent der gelösten wirksamen Substanz. Die Anzahl der Grammäquivalente im Liter bezeichnet man als den Titer oder die Normalität der Lösung. Als Äquivalentgewicht einer Substanz bezeichnet man bekanntlich jene Menge, die in ihrer Wirkung einem Grammatom = 1,008 g Wasserstoff entspricht. Eine Normallösung (1 n) enthält 1 Grammäquivalent im Liter, eine Zehntelnormallösung (0,1 n-), ein Zehntelgrammäquivalent im Liter usw.

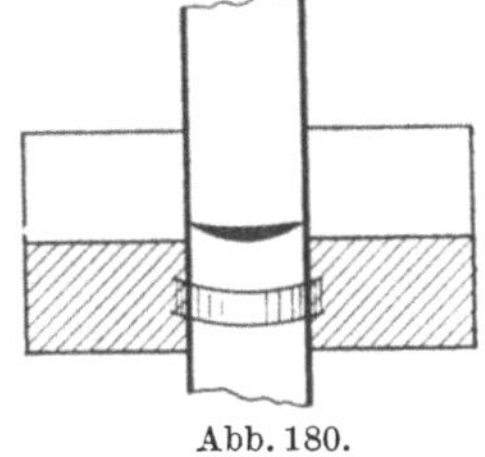

Abb. 180.

Die einbasische Salzsäure enthält im Mol 1 Grammatom Wasserstoff. Eine Normal-HCl-Lösung enthält, da das Äquivalentgewicht dem Molekulargewicht gleich ist, 1 Grammmolekül — 36,468 g — HCl im Liter, eine 0,1 n-Lösung 3,6468 g HCl.

Die zweibasische Schwefelsäure enthält im Mol 2 Grammatome Wasserstoff. Das Äquivalentgewicht ist dem halben Molekulargewicht gleich. Eine 0,1 n-Schwefelsäure enthält daher $\frac{H_2SO_4}{2} = 49{,}04$ g Schwefelsäure im Liter. Die einsäurige Base Kaliumhydroxyd enthält im Mol eine reaktionsfähige Hydroxylgruppe, die einem Grammatom Wasserstoff entspricht. Das Äquivalentgewicht der Kalilauge ist dem Molgewicht gleich, 1 Liter Normallösung enthält demnach 56,11 g KOH.

Bei mehrsäurigen Basen muß das Molgewicht durch die Anzahl der im Molekül enthaltenen Hydroxylgruppen dividiert werden, um das Äquivalentgewicht zu erhalten.

Es sei aber darauf hingewiesen, daß der Titer der Normallösung einer Verbindung von der Reaktionsweise abhängt, in der dieselbe zur Anwendung kommt; das Äquivalentgewicht ist für eine Substanz demnach keine Konstante, sondern es kann verschiedene Werte annehmen, je nach den Umsetzungsmöglichkeiten, welche in Betracht zu ziehen sind.

Wird z. B. die zweibasische Chromsäure titriert, so ist das Äquivalentgewicht dem halben Molgewicht gleich, da die Chromsäure zwei reaktionsfähige Wasserstoffatome im Molekül besitzt. Wird dagegen die Chromsäure als Oxydationsmittel verwendet, dann ist das Äquivalentgewicht gleich dem dritten Teil des Molgewichtes entsprechend dem Schema

$$2CrO_3 \rightarrow Cr_2O_3 + 3O \text{ entsprechend } 6H.$$

Die praktisch verwendeten Titerlösungen sind in der Regel keine genauen, sondern nur angenäherte Normallösungen; als *Normalitätsfaktor* bezeichnet man die Zahl cm^3 einer theoretischen Normallösung, welche einem cm^3 der angenäherten Lösung entsprechen. Durch Multiplikation der Anzahl verbrauchter cm^3 der verwendeten Lösung mit dem Normalitätsfaktor erhält man die entsprechende Zahl der cm^3 einer theoretisch genauen Normallösung.

Nach den durch bestimmte Reaktionsgleichungen darstellbaren chemischen Vorgängen, die den maßanalytischen Methoden zugrunde liegen, ist nachstehende Einteilung in 3 Gruppen üblich:

1. *Neutralisationsanalyse* (Alkalimetrie und Acidimetrie).
2. *Oxydations- und Reduktionsanalyse* (Jodometrie, Permanganometrie).
3. *Fällungsanalyse* (z. B. die Argentometrie).

Die **Neutralisationsanalysen** beruhen auf der Reaktion $OH' + H^{\cdot} = H_2O$. Es handelt sich um die Neutralisation einer Base durch eine Säure von bekanntem Wirkungswert (Alkalimetrie) oder um die Neutralisation einer Säure durch eine Base (Acidimetrie), wobei eine Vereinigung der Wasserstoffionen der Säure mit den Hydroxylionen der Base stattfindet. Der Endpunkt der Reaktion wird durch Indicatoren angezeigt. Als *Indicatoren* kommen in erster Linie die Farbindicatoren in Frage, das sind organische Verbindungen (schwache Säuren oder schwache Basen), welche im ionogenen Zustand eine andere Farbe besitzen als in der undissoziierten Pseudoform (5).

Betrachten wir z. B. das Phenolphthalein, das als äußerst schwache Säure nur in sehr geringem Maße dissoziiert ist, gemäß:

$$\underbrace{HX}_{\text{farblos}} \rightleftarrows \underbrace{X'}_{\text{rot}} + H^{\cdot},$$

so wird durch Zusatz einer kleinen Menge einer starken Base das Gleichgewicht geändert; die Hydroxylionen der Base vereinigen sich mit den Wasserstoffionen der dissoziierten Indikatorsäure und durch Anreicherung an farbigen Ionen wird die Lösung rot gefärbt. Beim Zusatz von Säure wird durch Vergrößerung der Wasserstoffionenkonzentration die Dissoziation zurückgedrängt, die Lösung wird wieder farblos. Analoges gilt für die Farbänderung anderer Indicatoren.

Die Menge der Säure oder Base, die nötig ist, um den Umschlag hervorzurufen, ist abhängig vom Dissoziationsgrad des Indicators. Je geringer derselbe ist, um so empfindlicher ist der Indicator. Von Bedeutung ist ferner, daß der Farbenumschlag möglichst scharf sei und daß es nicht zur Bildung schwer erkennbarer Mischfarben komme. Der Farbenumschlag tritt nicht plötzlich ein, sondern er erfolgt allmählich mit der Änderung der Wasserstoffionenkonzentration. Für jeden Indicator gelten bestimmte Grenzwerte von Wasserstoffionenkonzentrationen, zwischen welchen der Umschlag erfolgt; das Gebiet zwischen den beiden Grenzwerten bezeichnet man als das *Umschlagsintervall* des Indicators. Das Umschlagsgebiet entspricht nicht genau dem wahren Neutralisationspunkt (d. h. der Wasserstoffionen- und Hydroxylionenkonzentration des Wassers $= 10^{-7}$), sondern kann im alkalischen oder sauren Gebiet liegen. So verhält sich z. B. eine Lösung von NaH_2PO_4 neutral gegen Methylorange, jedoch sauer gegen

Phenolphthalein, während das Na_2HPO_4 neutral gegen Phenolphthalein und alkalisch gegen Methylorange reagiert. Die Wahl des bei einer Neutralisationsanalyse verwendeten Indicators hängt von der Stärke der zu bestimmenden Säure oder Base ab.

Es kann die Regel gelten:

Zur Bestimmung *schwacher Säuren* verwende man Indicatoren, die im *alkalischen Gebiet* umschlagen (Phenolphthalein, Thymolblau) und titriere mit starken Basen. Zur Bestimmung *schwacher Basen* wähle man Indicatoren, deren Umschlagsgebiet im *sauren Gebiet* liegt (Methylrot, Paranitrophenol, Methylorange) und titriere mit starken Säuren. Bei der Bestimmung von starken Basen mit starken Säuren und umgekehrt können alle Indicatoren verwendet werden.

Man vermeide die Anwendung zu großer Mengen eines Indicators; bei Neutralisationsanalysen soll auch stets der verwendete Indicator angegeben werden.

Nachstehend seien die wichtigsten Farbindicatoren und ihre Verwendung in der Maßanalyse kurz besprochen.

Phenolphthalein. Umschlagsgebiet $p_H = 8—10$; in Säuren farblos, in Basen rot.

Verwendbar für starke und schwache Säuren und für starke Basen. Gegen Kohlensäure empfindlich.

Vorratlösung: 1 proz. alkoholische Lösung.

Methylorange. Umschlagsgebiet $p_H = 3{,}1—4{,}4$; in saurer Lösung rot, in alkalischer Lösung gelb.

Anwendbar für starke und schwache Basen und für starke Säuren, nicht aber für schwache Säuren (Kohlensäure, Schwefelwasserstoff, Cyanwasserstoffsäure). Kohlensäure stört die Titration einer starken Säure nicht.

Von H_3PO_4 und H_2SO_3 werden nur 1 Wasserstoff angezeigt, weil NaH_2PO_4 und $NaHSO_3$ gegen Methylorange neutral reagieren.

Vorratlösung: 0,1 proz. wäßrige Lösung.

Methylrot. Umschlagsgebiet $p_H = 4{,}2—6{,}3$; in saurer Lösung rot, in alkalischer Lösung gelb.

Der Farbenumschlag ist sehr scharf, gut geeignet zur Titration von Ammoniak und von Pflanzenbasen, ist aber gegen Kohlensäure empfindlicher als Methylorange.

Vorratlösung: 0,2 proz. alkoholische Lösung.

Lackmus. Umschlagsgebiet $p_H = 6—8$; in saurer Lösung rot, in alkalischer Lösung blau.

Der Umschlag ist aber ziemlich unscharf, so daß dieser Indicator selten verwendet wird.

Vorratlösung: 1 proz. wäßrige Lösung bei Anwendung von Azolithmin.

Auch *Indicatorgemische* sind vorgeschlagen worden, die den Vorteil eines schärferen Umschlages haben; z. B. ist ein Gemisch von gleichen Teilen Bromkresolpurpur und Bromthymolblau, bei $p_H = 6$ grüngelb, bei $p_H = 6{,}8$ blau. Die Verwendung bestimmter Indicatorengemische (sog. Universalindicatoren) bietet durch die bei verschiedenen p_H erfolgenden charakteristischen Farbumschläge die Möglichkeit mit derselben Indicatorlösung verschiedene p_H annäherungsweise festzustellen.

Mit einem Gemisch von Dimethylgelb und Methylenblau läßt sich Pyridin sehr genau titrieren. Phosphorsäure läßt sich als zweibasische Säure mit einem Gemisch von Naphtholphthalein und Phenolphthalein titrieren (6).

Eine Lösung von 1 g Methylorange und 2,5 g Indigkarmin im Liter gibt einen Mischindikator, der auch bei künstlichem Lichte einen gut sichtbaren Farbumschlag von Gelbgrün über Grau ($p_H = 4$) nach Violett aufweist.

Neben diesen Farbindicatoren, die praktisch weitaus am meisten zur Anwendung gelangen, wurde noch eine Reihe von Indicatoren empfohlen, deren Wirkung auf anderen Prinzipien beruht und die in speziellen Fällen von Interesse sein können.

So hat NAEGELI (7) die sog. *Trübungsindicatoren* vorgeschlagen, die auf der Tatsache beruhen, daß hochmolekulare, kolloide Säuren und Basen vielfach bei der Titration mit Lauge oder Säure bei einem bestimmten Punkt ausflocken. Gegenüber den Farbindicatoren erstreckt sich das Umschlagsgebiet bei diesen Trübungsindicatoren nicht auf ein verhältnismäßig größeres p_H-Gebiet, sondern das Fällungsintervall umfaßt einen sehr kleinen p_H-Bereich. So hat Isonitrosoacetyl-*p*-aminoazobenzol ein Ausflockungsgebiet zwischen $p_H = 10{,}85$ und 10,95. Der genannte Indicator eignet sich demnach zur Titration sehr schwacher Säuren, z. B. können Börsäure, arsenige Säure und Phenol direkt titriert werden.

Die *Fluorescenzindicatoren* sind für die Titration sehr stark gefärbter Flüssigkeiten vorgeschlagen worden, in denen der Umschlag eines Farbindicators infolge der Eigenfarbe der Flüssigkeit nicht wahrnehmbar ist. Sie beruhen auf dem Auftreten einer Fluorescenz bei einem bestimmten p_H-Gebiet, wenn die Flüssigkeit im Lichte einer Analysenquarzlampe titriert wird (8).

Titerlösungen für die Neutralisationsanalyse sind Laugen und Säuren. Zu ihrer Herstellung wird zunächst eine etwas stärkere Lösung bereitet, deren Gehalt durch Einstellung auf sog. Urtitersubstanzen genau bestimmt wird; durch entsprechende Verdünnung und nochmalige Titerstellung gelangt man dann zu der Lösung von gewünschter Konzentration.

Als *Urtitersubstanz* wird für die Herstellung der Säuren meist reinstes calciniertes Natriumcarbonat verwendet. Neben diesem sind noch eine Reihe von anderen Stoffen als Urtitersubstanz vorgeschlagen worden.

Bei Verwendung von Natriumcarbonat geht man entweder von dem im Handel erhältlichen „pro analysi"-Präparat aus, das vor der Verwendung noch bei 120° getrocknet wird, oder man stellt sich das reine Natriumcarbonat selbst her durch Erhitzung von Natriumbicarbonat oder krystallwasserhältigem Natriumcarbonat im Platintiegel.

Zur Titerstellung kann auch Calciumcarbonat (Isländischer Doppelspat) verwendet werden, das direkt eingewogen wird, oder, nach einem Vorschlag von SÖRENSEN, Natriumoxalat, das durch halbstündiges Erhitzen im Platintiegel mit aufgelegtem Deckel auf 130° in Natriumcarbonat übergeführt wird.

Beispiel. *Bereitung einer n-Salzsäure.*

1 Liter enthält 36,468 g HCl.

Reine konzentrierte Salzsäure wird bis zum spezifischen Gewicht 1,020 verdünnt; man erhält hierbei eine Säure, die etwas stärker ist, als der Normalität entspricht. Zur Titerstellung werden etwa 2 g Soda genau in einen Titrierkolben eingewogen, in etwa 100 cm³ destilliertem Wasser gelöst und etwas Methylorange bis zur schwachgelben Farbe zugesetzt; diese Lösung wird dann mit der Säure auf den Orangeumschlag titriert.

Die Berechnung gestaltet sich wie folgt:

Die Natriumcarbonateinwaage betrage *a*-Gramm, bei der Titration seien n cm³ HCl verbraucht worden.

Für *a* Gramm Na_2CO_3 müßten von einer genau n-HCl $\frac{a}{0{,}053\ \text{cm}^3}$ verbraucht werden. Da die Säure etwas stärker ist, wird eine kleinere Anzahl cm³ verbraucht. *n* ist demnach kleiner als $\frac{a}{0{,}053}$.

Wir müssen nun berechnen, wieviel cm³ Wasser wir zu der Lösung zusetzen müssen, um eine genaue Normallösung zu erhalten.

Für *n* cm³ Säure fehlen $\left(\frac{a}{0{,}053} - n\right) = d$ cm³ Wasser.

Auf 1000 cm³ Säure müssen demnach $\frac{d \cdot 1000}{n}$ cm³ Wasser zugesetzt werden. Die berechnete Menge destillierten Wassers wird der Lösung zugesetzt, gut durchgemischt und durch zwei weitere Titrationen der Titer der Lösung nochmals kontrolliert.

Die Titerstellung der Basen erfolgt meist auf die Säure, es kann aber auch der Laugentiter *direkt* bestimmt werden; hierzu eignet sich reinste, wiederholt umkrystallisierte Oxalsäure, die gemäß der Gleichung:

$$H_2C_2O_4 + 2NaOH = Na_2C_2O_4 + H_2O$$

reagiert, wobei der Neutralisationspunkt durch Phenolphthalein erkannt wird. Auch Benzoesäure und Bernsteinsäure eignen sich wegen ihres hohen Molekulargewichtes zur Titerstellung. Meist sieht man aber von einer direkten Ermittlung des Laugentiters ab und beschränkt sich auf die Ermittlung des Wirkungswertes zur Säure als Gegenlösung.

Anwendungen der Neutralisationsanalyse. *Freie Säuren* werden mit gestellten Laugen titriert, *freie Basen* mit Säuren von bekanntem Wirkungswert. Über die Auswahl der Indicatoren s. S. 293. Bei der Neutralisationsanalyse wird stets der Gesamtgehalt an Säure oder Base in einer Lösung bestimmt, da bei starken Säuren oder Basen in wäßriger Lösung nahezu vollständiger Zerfall in Wasserstoff- bzw. Hydroxylionen (und die dazugehörige andere Ionenart) besteht, bei schwachen Säuren oder Basen aber die bei der Titration verbrauchten Wasserstoff- bzw. Hydroxylionen ständig nachgeliefert werden. Bei der Beurteilung der Reaktion einer Lösung handelt es sich vielfach nicht um die Bestimmung der Gesamt- oder Titrieracidität, sondern um den Gehalt an jeweils vorhandenen Wasserstoff- oder Hydroxylionen in wäßriger Lösung, die sog. *aktuelle Acidität*. Über die Bestimmung der aktuellen Acidität s. die Kapitel MICHAELIS u. KEYSSNER dieses Bandes.

Sehr schwache Säuren und Basen können nicht mit den üblichen Indicatoren titriert werden. Z. B. werden manche Alkaloide mit Bromphenolblau oder Dimethylgelb als Indicator titriert.

Alkalicarbonate können mit Säure, unter Verwendung von Methylorange als Indicator titriert werden. Bei Anwendung von Phenolphthalein als Indicator geht man zweckmäßig so vor, daß man eine gemessene überschüssige Menge von Säure zugibt, die Kohlensäure auskocht und mit Lauge auf Rot zurücktitriert Die Differenz cm³-Säure—cm³-Lauge entspricht dem Alkalicarbonat.

Alkalihydroxyd neben Alkalicarbonat. Zunächst wird der *Gesamtalkaligehalt* durch Titration mit Normalsäure und Methylorange als Indicator bestimmt. Einen anderen Teil der Probe versetzt man mit Bariumchloridlösung, wodurch die Carbonate ausgefällt werden und titriert ohne vom Bariumcarbonat abzufiltrieren mit 0,1 n-Oxalsäurelösung (1,3024 g krystallisierter Oxalsäure im Liter) und Phenolphthalein als Indicator bis zum Verschwinden der Rotfärbung. Die verbrauchte Menge Oxalsäure gibt das *freie Alkali* an.

Alkalicarbonat neben Alkalibicarbonat. Zunächst wird wie vorstehend der Gesamtalkaligehalt ermittelt. Dann setzt man zu einem Teil der Probe eine überschüssige Menge 0,5 n-Ammoniaklösung, wodurch das Bicarbonat in Monocarbonat übergeführt wird und eine äquivalente Menge Ammoniumcarbonat entsteht. Durch Zusatz von Bariumchlorid fällt man das Carbonat, im Filtrat wird das zurückgebliebene freie Ammoniak mit Säure titriert. Aus der Differenz zwischen der Säuremenge und der zugesetzten Menge Ammoniak errechnet man die Menge Bicarbonat.

Erdalkalien und Erdalkalicarbonate werden in gemessener Menge Salzsäure gelöst und die überschüssige Säure mit 0,1 n-Natronlauge zurücktitriert.

Gebundenes Ammoniak wird durch Kochen der Lösung mit überschüssiger Lauge in eine Vorlage destilliert, welche eine gemessene Menge überschüssiger

0,1 n-Säure enthält. Durch Zurücktitrieren der unverbrauchten Säure mit 0,1 n-Natronlauge und Verwendung von Methylrot als Indicator wird das überdestillierte Ammoniak bestimmt.

1 cm^3 0,1 n-Säure entsprechen 0,001703 g Ammoniak.

Aminosäuren werden durch die Formoltitration von SÖRENSEN bestimmt. Das Prinzip dieser Methode besteht darin, die gegen Phenolphthalein indifferenten Aminosäuren durch Zusatz von Formaldehyd in Methylenaminosäuren überzuführen, die nun mit Lauge und Phenolphthalein als Indicator titrierbar sind. Näheres über die Ausführung der Bestimmung s. den speziellen Teil und die einschlägige Literatur (2).

Die **Oxydations- und Reduktionsmethoden** sind bei solchen Verbindungen anwendbar, die selbst entweder Reduktions- oder Oxydationsmittel darstellen und beruhen darauf, daß die zu bestimmende Substanz vollständig oxydiert oder reduziert wird. Die aufgenommene oder abgegebene Sauerstoffmenge, die jeweils bestimmten Mengen Titerlösungen entspricht, ist dann das Maß für die betreffende Umsetzung.

Die gebräuchlichen Oxydationsmittel sind Kaliumpermanganat und Jod; nach dem verwendeten Oxydationsmittel wird die Oxydimetrie unterteilt, in die *Permanganometrie* und in die *Jodometrie.* Letztere umfaßt, wie später gezeigt wird, auch Methoden der Reduktionsanalyse.

Permanganometrie. Das Kaliumpermanganat kann je nachdem, ob es in saurer oder alkalischer Lösung angewendet wird, verschiedene Mengen Sauerstoff für Oxydationsreaktionen abgeben.

In *saurer Lösung* gilt das Reaktionsschema:

$$2KMnO_4 \rightarrow K_2O + 2MnO + 5O\,.$$

In *alkalischer Lösung* das Schema:

$$2KMnO_4 \rightarrow K_2O + MnO_2 + 3O\,.$$

In saurer Lösung entsprechen einem Mol $KMnO_4$ 5 Grammatome Wasserstoff, eine normale Permanganatlösung wird daher $\frac{KMnO_4}{5} = \frac{158{,}03}{5} = 31{,}606$ g Kaliumpermanganat im Liter enthalten.

Für Titration in alkalischer Lösung enthält eine normale Permanganatlösung $\frac{KMnO_4}{3} = \frac{158{,}03}{3} = 52{,}676$ g Kaliumpermanganat im Liter.

Das Permanganat findet in der Maßanalyse vielfache Anwendung; bei der Reduktion des Kaliumpermanganats verschwindet die sehr empfindliche Violettfärbung der Permanganationen und tritt erst dann wieder auf, wenn der erste Tropfen überschüssiges Permanganat zufließt. Es wirkt also das Kaliumpermanganat selbst als Indicator.

Bereitung und Titerstellung der Kaliumpermanganatlösung. Das Permanganat ist zwar in großer Reinheit erhältlich, doch ist es nicht angezeigt, die für die Titerlösung erforderliche Menge des Salzes zu lösen, weil auch reinstes destilliertes Wasser stets geringfügige Mengen organischer Stoffe enthält, welche vom Permanganat oxydiert werden und den Titer ändern. Man löst zweckmäßig 3,2 bis 3,3 g pro Liter und läßt die Lösung 1—2 Wochen stehen, ehe man den Titer bestimmt. Nach dieser Zeit sind die Verunreinigungen des Wassers oxydiert, es wird dann vom ausgeschiedenen Braunstein abfiltriert, wobei die Filtration über frisch ausgeglühtem Asbest oder über Glaswolle durchgeführt wird. Papierfilter dürfen nicht verwendet werden, weil die Cellulose oxydativ gespalten wird und den Titer herabsetzt.

Die so hergestellten Lösungen sind längere Zeit unzersetzt haltbar, wenn sie nur vor Staub und reduzierenden Dämpfen sowie vor Licht geschützt werden (Aufbewahrung in braunen Flaschen).

Zur Titerstellung eignet sich sehr gut das von SÖRENSEN empfohlene Natriumoxalat, das ohne Wasser krystallisiert und nicht hygroskopisch ist.

Man läßt das Natriumoxalat ca. 2 Stunden im Trockenschrank bei 100° stehen, nach dem Erkalten im Exsiccator werden 0,2—0,3 g genau eingewogen, in etwa 200 cm³ Wasser bei 70° C gelöst, 20 cm³ 10proz. Schwefelsäure zugesetzt und mit Kaliumpermanganat bis zur bleibenden Rotfärbung titriert. Anfangs läßt man das Kaliumpermanganat langsam zufließen, da die Reaktion zu Beginn langsam erfolgt und wartet stets ab, bis die Flüssigkeit wieder farblos geworden ist, später geht die Oxydation rascher vor sich und der Endpunkt ist an der dauernden Rosafärbung gut wahrnehmbar.

1 cm³ 0,1 n-$KMnO_4$ entspricht 0,00670 g $Na_2C_2O_4$.

Die Reaktion verläuft nach der Gleichung:

$$5Na_2C_2O_4 + 2KMnO_4 + 8H_2SO_4 \rightarrow 10CO_2 + 2MnSO_4 + K_2SO_4 + 5Na_2SO_4 + 8H_2O\,.$$

Die Titerstellung kann auch mit Ferroammoniumsulfat (MOHRsches Salz), Blumendraht oder Elektrolyteisen durchgeführt werden.

Zweckmäßig ist, sofern die Titerlösungen der Jodometrie vorliegen, eine Einstellung des Titers auf jodometrischem Wege. Kaliumpermanganat macht aus einer angesäuerten Lösung von überschüssigem Jodkali eine äquivalente Menge Jod frei und die Menge des Jods kann durch Titration mit Natriumthiosulfat bestimmt werden.

Anwendung der Permanganometrie. *Bestimmung von Eisen.* Um die Bestimmung von Eisen durch die Oxydationsmethode mit Kaliumpermanganat durchführen zu können, muß das Eisen in der zweiwertigen Form vorliegen; daher ist zumeist eine Reduktion des Eisens notwendig. Die Reduktion wird entweder mit metallischem Zink durchgeführt oder es wird mit Stannochlorid reduziert und der Überschuß von Stannochlorid mit Quecksilberchlorid unschädlich gemacht.

1 cm³ 0,1 n-$KMnO_4$ entspricht 0,005584 g Eisen.

Calcium (sowie andere Metalle, welche als reine Oxalate gefällt werden können), lassen sich durch Oxydation der im isolierten Niederschlag befindlichen Oxalsäuremenge genau bestimmen. Empfehlenswert ist es, die Fällung in einem Meßkolben mit überschüssiger gestellter Oxalsäure vorzunehmen und nach erfolgtem Absitzen in der über dem Niederschlag befindlichen Lösung die unverbrauchte Oxalsäuremenge zu bestimmen.

1 cm³ 0,1 n-$KMnO_4$ entspricht 0,002004 g Calcium.

Wasserstoffsuperoxyd sowie Peroxyde werden in schwefelsaurer Lösung titriert.

1 cm³ 0,1 n-$KMnO_4$ entspricht 0,001701 g H_2O_2.

Salpetrige Säure wird zu Salpetersäure oxydiert.

1 cm³ 0,1 n-$KMnO_4$ entspricht 0,00235 g HNO_2.

Ferrocyanwasserstoffsäure wird durch Permanganat in schwefelsaurer Lösung zu Ferricyanwasserstoffsäure oxydiert.

1 cm³ 0,1 n-$KMnO_4$ entspricht 0,0368 g $K_4Fe(CN)_6$.

Permanganometrisch, durch Messung von Ferrosalzen, lassen sich alle Stoffe bestimmen, welche Ferrosalze zu oxydieren vermögen (z. B. Chromate, Quecksilberchlorid, Salpetersäure, Ferricyanwasserstoffsäure, Stannisalze, Kupfer u. a.). Man geht hierbei so vor, daß in saurer Lösung eine überschüssige gemessene Menge von Ferrosalz zugesetzt und nach erfolgter Oxydation das unverbrauchte Ferrosalz mit Kaliumpermanganat bestimmt wird. Durch Rechnung ergibt sich dann die Menge des gesuchten Stoffes. So entspricht

1 cm³ 0,1 n-$KMnO_4$ . . . . 0,00333 g CrO_3 . . . . 0,0021 g HNO_3 . . . . 0,0329 g $K_3Fe(CN)_6$ . . . . 0,00796 g CuO usw.

Die Hauptreaktionen der **Jodometrie** sind:

Der Verbrauch von Jod durch einen reduzierenden Stoff, dem die Umsetzung $J \rightarrow J'$ zugrunde liegt, der umgekehrte Vorgang, die Freimachung von Jod durch ein Oxydationsmittel gemäß $J' \rightarrow J$ und schließlich die genaue Messung von Jod durch Natriumthiosulfat, welche auf der Reaktion

$$J_2 + 2S_2O_3'' \rightarrow S_4O_6'' + 2J'$$

beruht.

Der Endpunkt der vorstehend genannten Reaktionen kann demnach an dem Verschwinden oder Auftreten der gelbbraunen Farbe des gelösten Jods erkannt werden; zumeist werden jedoch hierfür Indicatoren verwendet, deren wichtigste die Stärke ist. Die Empfindlichkeit der Jodstärkereaktion (deren Chemismus noch nicht völlig aufgeklärt ist) ist sehr hoch, er beträgt bei Zimmertemperatur etwa $1-2{,}10^{-5}$ n an Jod, mit steigender Temperatur nimmt die Empfindlichkeit ab. An Stelle von Stärke werden auch organische Flüssigkeiten zur Erkennung des Endpunktes verwendet, die mit Wasser nicht mischbar sind, für Jod ein größeres Lösungsvermögen besitzen als Wasser und das Jod mit intensiver Farbe aufnehmen, z. B. Chloroform, Benzol, Tetrachlorkohlenstoff u. a. Bei der Titration mit Stärke als Indicator beobachtet man häufig ein Nachbläuen nach beendeter Bestimmung. Die Ursache dieser Erscheinung kann manchmal darin zu suchen sein, daß die Reaktion noch nicht quantitativ vollzogen ist, aber auch wenn die Hauptreaktion vollständig verlaufen ist, tritt oft nach kürzerer oder längerer Zeit ein Wiederkehren der Blaufärbung ein. Im letztgenannten Falle handelt es sich darum, daß Jodidion auch vom Luftsauerstoff oxydiert werden kann, eine Reaktion, die durch die Gegenwart gewisser Metallionen, großer Säuremengen und besonders unter dem Einfluß des direkten Sonnenlichtes beschleunigt wird. Jodometrische Titrationen sollen daher niemals im direkten Sonnenlicht durchgeführt werden. Auch die Anwesenheit von Spuren salpetriger Säure, die in der Laboratoriumsluft sehr häufig vorhanden ist, kann das störende Nachbläuen bewirken. Trotz dieser Beeinträchtigungen, die übrigens zum Teil ausgeschaltet werden können, zählen die jodometrischen Methoden zu den exaktesten Bestimmungen der Maßanalyse.

Bereitung der jodometrischen Titerlösungen. *0,1 n-Natriumthiosulfatlösung.* 24,82 g krystallisiertes Natriumthiosulfat werden in 1 Liter destilliertem kohlensäurefreien Wasser gelöst.

Der Titer ändert sich anfangs, die Titerstellung ist daher erst nach etwa 8—14tägigem Stehen der Lösung vorzunehmen. Für die Inkonstanz des Titers sind verschiedene Ursachen maßgebend (1). Zum Teil liegen sie in bestimmten Verunreinigungen des Thiosulfates, dem Einfluß des Kohlensäuregehaltes der Luft, in Kupferspuren des Wassers, welche die Oxydation des Thiosulfates katalysieren, schließlich auch in einer bakteriellen Entschwefelung des Thiosulfates. Günstig im Hinblick auf eine Haltbarmachung der Thiosulfatlösung wirken Zusätze kleiner Mengen Alkalien, etwa 0,02% Soda, sowie Aufbewahrung des Thiosulfates in sterilisierten Gefäßen. Es empfiehlt sich auch, den Titer der Thiosulfatlösung bei längerer Aufbewahrung etwa alle 2 Monate nachzuprüfen. Hundertstelnormallösungen unterliegen der Zersetzung noch viel stärker als Zehntelnormallösungen.

Titerstellung mit Kaliumbichromat. Reinstes umkrystallisiertes Kaliumbichromat wird im Luftbad 1—2 Stunden bei 110° getrocknet und im Exsiccator erkalten gelassen. 0,1—0,2 g des trockenen Salzes werden genau eingewogen, in 100—150 cm³ Wasser gelöst und mit 2 g Kaliumjodid und 10 cm³ Schwefelsäure ($d = 1{,}4$) versetzt. Nach 10 Minuten langem Stehenlassen wird das ausgeschiedene Jod durch Titration mit Thiosulfatlösung bestimmt. Auf Grund der Gleichung:

$$Cr_2O_7'' + 6\,J' + 14\,H^{\cdot} = 2\,Cr^{\cdot\cdot\cdot} + 3\,J_2 + 7\,H_2O$$

gilt, wenn a Gramm Kaliumbichromat eingewogen wurden und b cm³ Thiosulfatlösung verbraucht worden sind, die Beziehung:

$$1\ \text{cm}^3\ Na_2S_2O_3\ \text{entspricht}\ \frac{a}{b} \cdot 2{,}5884\ \text{g Jod.}$$

Titerstellung mit Kaliumpermanganat. Analog der jodometrischen Titerstellung des Kaliumpermanganats; diese Titerstellung empfiehlt sich dann, wenn genau gestellte Kaliumpermanganatlösungen vorrätig sind und ist im Hinblick auf eine gegenseitige Kontrolle der Maßlösungen von Wert.

Dasselbe gilt für die Titerstellung mit Säurelösungen, die so erfolgt, daß 1 g Kaliumjodat und 2 g Kaliumjodid in Wasser gelöst werden, die gemessene Menge gestellter Säurelösung dazugegeben und nach kurzem Stehen das frei gemachte Jod mit Thiosulfat abtitriert wird. Die zur Berechnung erforderliche Reaktionsgleichung s. u.

Die Titerstellung kann auch durch Einwägen des Kaliumjodats vorgenommen werden. Es werden hierbei 0,15 g reines Kaliumjodat genau eingewogen, in Wasser gelöst, 1—2 g Kaliumjodid zugefügt und nach dem Ansäuren mit Schwefelsäure das frei gemachte Jod mit 0,1 n-Thiosulfat titriert.

$$JO_3' + 5\,J' + 6\,H^{\cdot} = 3\,J_2 + 3\,H_2O\,.$$

Sind a Gramm Kaliumjodat abgewogen und zur Titration des ausgeschiedenen Jods b cm³ Natriumthiosulfat verbraucht worden, dann gilt:

$$1\ \text{cm}^3\ Na_2S_2O_3\ \text{entspricht}\ \frac{a}{b} \cdot 3{,}5582\ \text{g Jod.}$$

Bereitung der 0,1 n-Jodlösung. 12,692 g resublimiertes Jod werden in einem Wägegläschen mit gut eingeschliffenem Stopfen abgewogen, 25 g Kaliumjodid und ca. 100 cm³ Wasser dazugebracht, nach vollständiger Auflösung wird auf 1 Liter aufgefüllt.

Die Einstellung erfolgt auf die Thiosulfatlösung.

1 cm³ 0,1 n-Jodlösung entspricht 0,015812 g $Na_2S_2O_3$,
1 cm³ 0,1 n-$Na_2S_2O_3$Lösung entspricht 0,01269 g Jod.

Bereitung der Stärkelösung. 5 g Stärke werden mit wenig Wasser zu einem gleichmäßigen Brei verrührt, mit 1 Liter kochendem Wasser übergossen und bis zur vollständigen Verkleisterung gekocht. Empfehlenswert ist auch die Verwendung der sog. löslichen Stärke.

Der Zersetzung der Stärkelösung durch Mikroorganismen wird durch Zusatz von einigen Tropfen Chloroform, etwas Chlorzink oder Quecksilberchlorid vorgebeugt. Von der angegebenen Lösung verwendet man bei den Titrationen je 2—4 cm³.

Anwendungen der Jodometrie. Die Methoden der Jodometrie beruhen einerseits darauf, daß viele Stoffe imstande sind, aus Kaliumjodid Jod frei zu machen; aus der Menge des freien, durch Thiosulfat titrierbaren Jods läßt sich dann unter Zugrundelegung der betreffenden Reaktionsgleichung die Menge des zu bestimmenden Körpers berechnen (Eisenchlorid, Superoxyde, Permanganat u. a.).

Andererseits benützt die Jodometrie die Oxydationswirkung des Jods, wodurch Verbindungen in höhere Oxydationsstufen übergeführt werden können;

die Menge des verbrauchten Jods gestattet dann eine Berechnung der Menge des zu bestimmenden Körpers (schwefelige Säure, arsenige Säure, Zinn u. a.).

Alle jodometrischen Titrationen sollen tunlichst mit Jodlösung beendet werden.

Freie Halogene machen aus angesäuerten Jodkalilösungen Jod frei, welches mit Thiosulfat titriert wird. 1 cm^3 0,1 n-$Na_2S_2O_3$ entsprechen 0,003546 g Chlor bzw. 0,007992 g Brom.

Feste Superoxyde, z. B. MnO_2 werden mit Salzsäure erhitzt, das frei werdende Chlor wird in eine Jodkalilösung geleitet, das ausgeschiedene Jod mit Thiosulfat titriert.

1 cm^3 0,1 n-$Na_2S_2O_3$ entspricht 0,0008 g Sauerstoff.

Chlorkalk wird in Wasser suspendiert, ein aliquoter Teil mit Jodkali und Salzsäure versetzt, das frei gewordene Jod wird titriert.

1 cm^3 0,1 n-$Na_2S_2O_3$ entspricht 0,002623 g HClO.

Chromate s. Titerstellung des Thiosulfats mit Kaliumbichromat.

Freie Säuren s. Titerstellung.

Schwefelige Säure, Schwefelwasserstoff werden in verdünnter Lösung durch Jod oxydiert. 1 cm^3 0,1 n-Jodlösung entspricht 0,003203 g SO_2 bzw. 0,001705 g H_2S.

Arsenige Säure. Die Oxydation wird in bicarbonatalkalischer Lösung vorgenommen. 1 cm^3 0,1 n-Jodlösung entspricht 0,004948 g As_2O_3.

In stark saurer Lösung wird Arsensäure quantitativ reduziert, worauf sich eine Bestimmung der *Arsensäure* sowie aller Metalle, die als formelreine Arsenate fällbar sind, gründet.

1 cm^3 0,1 n-Jod entspricht 0,005748 g As_2O_5.

Allen bisher besprochenen Methoden der Maßanalyse ist gemeinsam, daß auch bei Beendigung der Titration homogene Lösungen vorliegen. Bei den Methoden der sog. **Fällungsanalyse** ist dies nicht der Fall; diesen liegen stets Fällungsreaktionen zugrunde, wobei der Endpunkt der Umsetzung entweder durch Indicatoren oder daran zu erkennen ist, daß Zusatz von Fällungsmittel keine weitere Veränderung hervorruft. Nachstehende Beispiele mögen zur Erläuterung dienen.

Die *Bestimmung von Chloriden nach* MOHR beruht auf der Ausfällung des Chlorions durch Silberionen. Als Indicator dient eine Lösung von Kaliumchromat. Maßflüssigkeit (0,1 n-Silbernitratlösung): 16,989 g reinstes Silbernitrat werden in Wasser zu 1 Liter Flüssigkeit aufgelöst.

Die Chloridlösung wird mit 1—2 cm^3 5proz. Kaliumchromatlösung auf 100 cm^3 versetzt und mit Silbernitrat titriert. Die Fällung des roten Silberchromates erfolgt erst dann, wenn das Chlor fast quantitativ als Silberchlorid ausgefällt wurde. Man läßt aus der Bürette so lange die Silbernitratlösung zufließen, bis der erste überschüssige Tropfen dem Niederschlag eine deutliche bleibende Rotfärbung erteilt.

1 cm^3 0,1 n-Silberlösung entspricht 0,003546 g Cl bzw. 0,007992 g Br bzw. 0,01269 g J.

Analog können zahlreiche andere Fällungsreaktionen zu fällungsanalytischen Bestimmungen ausgewertet werden.

Zu den Methoden der Maßanalyse gehören auch die Methoden der **Leitfähigkeitstitration.** Das Leitvermögen für den elektrischen Strom ist abhängig von der Konzentration und der Beweglichkeit der Ionen. Wenn einer dieser Faktoren sich bei einer Reaktion ändert, so kann der Verlauf derselben durch Messung der Leitfähigkeit verfolgt werden. Bei der Titration von Bariumhydroxyd mit Schwefelsäure oder umgekehrt, die gemäß der Gleichung $Ba(OH)_2 + H_2SO_4 = BaSO_4 + 2H_2O$ erfolgt, sind zu Beginn der Umsetzung die Ionenarten der Barytlauge und der Schwefelsäure in beträchtlicher Konzentration vorhanden, die Lösungen besitzen demnach ein hohes Leitfähigkeitsvermögen. In dem Maße, als die Titration vor sich geht, nimmt durch Bildung von unlöslichem und undissoziiertem Bariumsulfat die Zahl der in der Lösung vorhandenen Ionen und somit auch die Leitfähigkeit ab. Im Augenblick der Neutralisation erreicht die Leitfähigkeit ein Minimum, weil die Anzahl der Ionen in der Lösung in diesem Augenblick infolge der geringen Löslichkeit des Bariumsulfates eine äußerst geringe ist. Der nächste Tropfen überschüssiger Schwefelsäure oder Barytlauge wird eine wesentliche Erhöhung der Ionenkonzentration und damit auch eine Erhöhung der Leitfähigkeit bewirken.

Es kann somit durch Messung der Leitfähigkeit eine scharfe Bestimmung des Endpunktes von Reaktionen vorgenommen werden.

Als weiteres Beispiel sei die Leitfähigkeitstitration von Salzsäure mit Natronlauge erwähnt. Wird eine Salzsäurelösung mit Natronlauge titriert, so verschwinden in dem Maße, als Natronlauge zugesetzt wird, die schnellwandernden Wasserstoffionen und werden durch die wesentlich langsamer wandernden Natriumionen ersetzt, die Leitfähigkeit nimmt also ab, bis der Neutralisationspunkt erreicht ist. Der nächste Tropfen überschüssige Natronlauge zur reinen Natriumchloridlösung bewirkt eine Anreicherung mit schnellwandernden Hydroxylionen, die Leitfähigkeit nimmt wieder zu. Wird nach jedem Zusatz von Natronlauge die zugesetzte Menge und die gemessene Leitfähigkeit in ein Koordinatensystem eingetragen, dann zeigt die entstandene Kurve im Augenblick der Neutralisation einen deutlichen Knickpunkt.

Die Messung der Leitfähigkeit wird mit der WHEATSTONEschen Brücke vorgenommen. Die Leitvermögenstitration ist vor allem von Bedeutung, wenn es sich um Titrationen intensiv gefärbter Flüssigkeiten handelt, in denen der Farbenumschlag von Indicatoren nicht exakt beobachtet werden kann.

Übersicht über die wichtigsten Bestimmungsmethoden.

A. Metalle.

Element	Gewichtsanalyse		Maßanalyse		
	Fällungsform	Wägungsform	Neutralisationsanalyse	Oxydation d. Reduktionsanal.	Fällungsanalyse
Aluminium	$Al(OH)_3$	Al_2O_3			
Ammonium	$(NH_4)_2PtCl_6$	Pt	+		
Antimon	Sb_2S_3	Sb_2S_3			
	Sb_2S_5	Sb_2O_4		+	
Arsen	As_2S_3	As_2S_3		+	
	As_2S_5	As_2S_5			
	$MgNH_4AsO_4$	$Mg_2As_2O_7$			
Barium	$BaSO_4$	$BaSO_4$	+		
Blei	$PbSO_4$	$PbSO_4$			
Cadmium	CdS	$CdSO_4$			
Calcium	CaC_2O_4	CaO, $CaSO_4$		+	
Chrom	$(CrOH)_3$	Cr_2O_3			
	$BaCrO_4$	$BaCrO_4$		+	
Eisen	$Fe(OH)_3$	Fe_2O_3		+	
Kalium	$KClO_4$	$KClO_4$			
	K_2PtCl_6	K_2PtCl_2 (KCl, K_2SO_4)			
Kobalt	$Co(OH)_3$	Co			
Kupfer	$Cu(OH)_2$	CuO		+	
	CuS	Cu_2S			
Lithium		Li_2SO_4			
		LiCl			
Magnesium	$MgNH_4PO_4$	$Mg_2P_2O_7$			

Element	Gewichtsanalyse		Maßanalyse		
	Fällungsform	Wägungsform	Neutralisationsanalyse	Oxydation d. Reduktionsanal.	Fällungsanalyse
Mangan	$MnNH_4PO_4$	$Mn_2P_2O_7$			
	MnS	MnS, $MnSO_4$			
		Mn_3O_4		+	
Natrium		NaCl, Na_2SO_4			
Nickel	$Ni(OH)_3$	NiO			
	Ni Dimethylgl.	Ni Dimethylgl.			
Quecksilber	Hg	Hg			
	HgCl	HgCl			
	HgS	HgS		+	
Silber	AgCl	AgCl			+
Strontium	$SrSO_4$	$SrSO_4$		+	
	$SrCO_3$ }	SrO			
	SrC_2O_4 }				
Wismut	Bi_2S_3	Bi_2S_3		+	
	$BiPO_4$	$BiPO_7$			
Zink	ZnS	ZnS		+	
	$ZnCO_3$	ZnO			+
Zinn	H_2SnO_3	SnO_2			
	SnS	,,			
	SnS_2	,,			

B. Säuren.

Verbindung	Gewichtsanalyse		Maßanalyse		
	Fällungsform	Wägungsform	Neutralisationsanalyse	Oxydation d. Reduktionsanal.	Fällungsanalyse
Borsäure		B_2O_3	+		
Bromwasserstoff . .	AgBr	AgBr		+	+
Chlorsäure	AgCl	AgCl		+	
Cyanwasserstoff . .	AgCN	AgCN			+
		Ag			
Fluorwasserstoff . .	CaF_2	CaF_2	+		
	SiF_4	SiF_4	+		
Jodwasserstoff . . .	AgJ, PdJ_2	AgJ, PdJ_2		+	+
Kohlensäure	CO_2	CO_2	+		
Kieselsäure	SiO_2	SiO_2			
Oxalsäure	CaC_2O_4	CaO			
		$CaSO_4$		+	
Phosphorsäure . . .	$MgNH_4PO_4$	$Mg_2P_2O_7$	+		+
	$(NH_4)_3PO_4 \cdot 12MoO_3$	$P_2O_5 \cdot 24MoO_3$			
Salpetersäure . . .	Nitronnitrat	Nitronnitrat		+	
Salzsäure	AgCl	AgCl	+		+
Schwefelige Säure .	$BaSO_3$	$BaSO_4$		+	
Schwefelsäure . . .	$BaSO_4$	$BaSO_4$	+		
Sulfide	$BaSO_4$	$BaSO_4$		+	

Literatur.

(1) ABEL: Ber. **56**, 1076 (1923); SCHULEK, E.: Z. anal. Chem. **68**, 387 (1926); MAYR: Ebenda **68**, 274 (1926).

(2) Biochem. Z. **7**, 43 (1907); **25**, 1 (1910).

(3) DIETRICH, Ber. **37**, 1840 (1904); BORNEMANN: Chemiker-Ztg. **32**, 157 (1908).

(4) KOHLRAUSCH: Leitfaden der praktischen Physik; Über das Wägen bei Präzisionsanalysen s. KUHN: Chemiker-Ztg. **34**, 1079 (1910); ferner GLÖCKEL: Z. f. chem. Apparatewesen **1**, 76 (1906). — (5) KOLTHOFF: Gebrauch der Farbindicatoren. Berlin: Julius Springer. — (6) Maßanalyse **2**, 62.

(7) NAEGELI: Kolloidchem. Beih. **21**, 306 (1926).

(8) ROBL: Ber. **59**, 1725 (1926).

(9) Z. anorg. Chem. **137**, 233 (1924); Z. anal. Chem. **70**, 395 (1927).

(10) ZSIGMONDY, Kolloidchem., 4. Aufl. 1922, S. 44.

8. Histochemische Methoden.

Von G. KLEIN, Wien und Mannheim.

Mit 9 Abbildungen.

Zusammenfassende Darstellungen.

Im folgenden sei auf jene zusammenfassenden Werke, die der Mikrochemiker in besonderen Fällen zu Rate ziehen kann, hingewiesen:

BEHRENS, H., u. P. D. C. KLEY: Mikrochemische Analyse T. 1. Leipzig u. Hamburg 1915; T. 2. 1922.

CZAPEK, F.: Biochemie der Pflanzen, 2. Aufl., Bd. 1. 1913; Bd. 2. 1920; Bd. 3. Jena 1921.

EMICH, F.: Lehrbuch der Mikrochemie, 2. Aufl. München: J. F. Bergmann 1926. Mikrochemisches Praktikum. München: J. F. Bergmann 1924.

KLEIN, G.: Histochemie im Dienste der Warenkunde. In GRAFES Handbuch der Warenkunde 1. Stuttgart: Poeschel 1927. Pflanzliche Histochemie. In G. KLEIN, u. R. STREBINGER: Fortschritte der Mikrochemie usw. Wien 1928. — Praktikum der Histochemie. Berlin: Julius Springer 1929. — KLEIN, G., u. R. STREBINGER: Fortschritte der Mikrochemie in ihren verschiedenen Anwendungsgebieten. Wien: Deuticke 1928 (dort die gesamte mikrochemische Literatur).

MAYERHOFER, A.: Mikrochemie der Arzneimittel und Gifte. Wien u. Berlin 1923. — MOLISCH, H.: Mikrochemie der Pflanze, 3. Aufl. Jena 1923.

SCHMIDT, W. I.: Anleitung zu polarisationsmikroskopischen Untersuchungen für Biologen. Bonn 1924. — STRASBURGER, E., u. KOERNICKE, M.: Das botanische Praktikum, 5. Aufl. Jena 1923.

WEHMER, C.: Die Pflanzenstoffe usw. 2. Aufl., Bd. 1. Jena 1929.

Die Histochemie liefert die Methoden, um Stoffe in kleinsten Teilen des Pflanzenkörpers nachzuweisen. Es bedeutet für den Pflanzenchemiker einen ungeheueren Vorteil, wenn er in einer schnellen Voruntersuchung sich überzeugen kann, ob und wieviel von einem Körper in dem zu untersuchenden Material vorhanden ist, in welchen Organen und zu welchen Zeiten ein Stoff maximal vorhanden ist oder fehlt, ehe er mit viel Material an eine langwierige Makrodarstellung herangeht.

In vielen Fällen muß man sich überzeugen, ob das gelieferte Material chemisch einheitlich ist, wie nahestehende Arten oder Rassen der betreffenden Pflanzenspezies sich verhalten.

Die gegebene höchste Ökonomie an Substanz, Zeit und Arbeitsmaterial beim histochemischen Arbeiten lohnen in jedem Fall den Versuch.

Unentbehrlich wird die Arbeitsweise bei seltenen oder kostbaren Pflanzen, bei der Diagnose von Bruchstücken von Pflanzen oder geringen Pulvermengen, bei der Charakterisierung geringer Mengen von Substanz, die man glücklich isoliert hat, besonders wenn weiteres Ausgangsmaterial fehlt, bei unbekannten Stoffen, die im Gang der Aufarbeitung erscheinen, bei der fortlaufenden Reinigung eines Körpers usw.

Die eigentliche Aufgabe der Histochemie und ihr Ziel liegt aber in der Aufklärung des chemischen Feinbaues des Lebenden, der Zusammensetzung der mikroskopisch kleinen Zelle, ihrer Bestandteile und Inhaltskörper und des chemischen Geschehens in der Zelle. Nur der histochemischen Methode war es möglich, am intakten Gewebe die Chemie der Gerüstsubstanzen (Cellulose, Hemicellulose, Pectine, Holz- oder Korksubstanzen, Schleime, Wachse), der abgelagerten Reservestoffe (Zucker, Stärke, Eiweiß, Fette), der Sekrete und Exkrete (ätherische Öle, Gerbstoffe, Harze), von angehäuften Neben- und Endprodukten des Stoffwechsels (organische Säuren, Glykoside, Alkaloide), der zahlreichen Pflanzenfarbstoffe usw. zu erfassen, ihre Lagerung und Verteilung, ihr Auftreten, Anreichern oder Verschwinden festzuhalten und so die ersten Anhaltspunkte über

Funktion und physiologisches Geschehen zu liefern. In vielen dieser angeführten Fälle war es möglich, Stoffe „zellokalisiert“ zu greifen (5, 16).

Bei allen gelöst, aktiv im Stoffwechselgetriebe kreisenden Zellen gelingt dies nicht und ist auch nicht nötig. Hier haben wir mit erweiterter Methode den Wandel von Stoffen im Organ, ja im morphologisch und physiologisch gleichartigen Gewebe zu verfolgen gesucht, um für das exakte biochemische Experiment die Voraussetzungen zu schaffen (6, 9—12).

Würde der Chemiker und Biochemiker mehr das Mikroskop, die Morphologie und Anatomie der Pflanze beherrschen, so würde er von dieser Arbeitsweise mit Erfolg viel mehr Gebrauch machen.

Nach dem Erörterten gruppieren sich also die mikrochemischen Methoden um den möglichst lokalisierten, mikroskopischen Nachweis von Stoffen *in der Zelle* einerseits und um den mikroskopischen Nachweis von Stoffen *aus definierten Geweben oder Organen.*

Möglichkeiten und Grenzen. Da es sich um den Nachweis von Stoffen in mikroskopisch kleinen Zellen oder Gewebestückchen handelt, sind die dabei in Betracht kommenden Stoffmengen natürlich unfaßbar klein, sie bewegen sich den Maßen der Zelle (0,001 mm = 1 mi = 1 μ) entsprechend in tausendstel Milligramm (1 mig = 1 γ).

Hierzu ein Beispiel:

Die im Chlorophyllkorn einer Zelle entstehende autochthone Stärke ist mit mittleren Vergrößerungen eben noch gut zu sehen und mit Jodlösung nachzuweisen. Es sind winzige Körnchen und Stäbchen in einem Bestandteil einer mikroskopisch kleinen Zelle. Der Kubikinhalt eines solchen Körnchens ist ca. 2 μ^3, was einem Gewicht von 0,0000034 γ = 3,4 · 10^{-6} γ entspricht.

Die kleinste absolute Menge eines Stoffes, die durch irgendeine Reaktion oder Methode noch nachweisbar ist, bezeichnet man als Erfassungsgrenze. Sie ist natürlich besonders niedrig bei fester Substanz.

Die Leistungsfähigkeit der Mikrochemie sei an einigen Erfassungsgrenzen für anorganische Stoffe, wo jene besonders hoch ist, illustriert:

Magnesium als Ammonmagnesiumphosphat	0,0012 γ
Phosphor als Ammonmagnesiumphosphat	0,008 γ
Chlor als Silberchlorid	0,04 γ
Calcium als Sulfat	0,04 γ
Jod als Jodstärke	0,17 γ

Da aber die Stoffe im Organismus meist gelöst vorkommen, ist das praktische Maß meist die Empfindlichkeitsgrenze, die besagt, in wieviel Teilen Wasser 1 Teil der Substanz eben noch nachweisbar ist (1 : 10000, 1 : 100000 usw.).

So ist Aluminium mit der Cäsiumalaunreaktion in einem Mikrotropfen Wasser = 1 mm³ noch in einer Menge von 0,35 γ erfaßbar. Gewiß eine minimale Menge, in bezug auf die Lösungsmenge aber = 999,6 γ nur eine Verdünnung von 1 : 2858 = ca. 0,3 %, also eine beträchtliche Konzentration. Durch eine lineare mikroskopische Vergrößerung von 70 wird aber eine 5000 mal kleinere Quantität noch sichtbar als mit freiem Auge. Die Darstellung der großen charakteristischen Krystalle der Cäsiumverbindung, das Eintrocknenlassen des Tropfens oder Schnittes usw. steigert die Empfindlichkeit = Erfaßbarkeit bei einem maximalen Verdünnungsverhältnis bis zur maximalen Erfassungsgrenze.

Dazu kommt noch der Umstand, daß die Stoffe in der Zelle mit ihrem komplizierten Bau (Membran, Plasmagrenzschichten) und ihrer noch komplexeren chemischen Zusammensetzung (kompliziertes kolloidales System, worin hunderte Substanzen verteilt sind) nachzuweisen sind.

Das hat zur Folge, daß viele Reagenzien in die Zelle nicht eindringen können, viele Reaktionen durch andere Substanzen gestört, gehemmt oder verhindert werden.

Nun sind die mikrochemischen Reaktionsmethoden ja der Makrochemie entnommen und für histochemische Zwecke geändert und angepaßt.

Von den zahlreichen makrochemischen Methoden und Reaktionen fallen viele schon wegen ihrer Kompliziertheit der nötigen Apparate usw. weg. Manche andere, die mit reinen Substanzen wohl gelingen, versagen wegen der komplexen Zusammensetzung der Zelle.

Das fällt in der anorganischen Chemie nicht so sehr ins Gewicht, da genügend sehr gute Reaktionen in der Makrochemie zur Auswahl vorhanden sind und anorganische Reaktionen durch das Zellmilieu wenig gehindert werden, so daß fast für alle im Organismus vorkommenden An- und Kationen eine brauchbare empfindliche und eindeutige Reaktion vorliegt.

Im Gegensatz zu den gut bearbeiteten *anorganischen* Substanzen steht die recht lücken- und mangelhafte histochemische Analyse der riesigen Zahl von in der Pflanze vorkommenden *organischen* Verbindungen. Die Schwierigkeit der Erfassung organischer Körper liegt vor allem im Bauplan der Kohlenstoffverbindungen. Die Charakterisierung ganzer Gruppen durch ein einziges Radikal (Alkohole, Aldehyde, Säuren, Aminosäuren, Phenole usw.), das System der homologen Reihen, die im Prinzip einheitliche Reaktion großer Gruppen (Zucker, Fett, Eiweiß, Gerbstoff, Harz, Alkaloide), erschweren die Möglichkeit von spezifischen und Spezialreaktionen ganz enorm. Dementsprechend behilft man sich meist mit Gruppenreaktionen.

Gewöhnlich kennzeichnet eine Reaktion ein Radikal, das mehreren Gruppen zukommt, eventuell auch sonst vorkommen kann (FEHLINGsche Reaktion, Silbernitratreduktion, Osmiumsäureschwärzung, Bleifällung usw.)

Am brauchbarsten sind dabei immer die Krystallreaktionen (Zuckernachweis als Osazone, Flavonnachweis mit Salzsäuredampf) und die lokalisierten Farbenreaktionen an festen Körpern (mit gesteigerter Erfassungsgrenze: Stärke-, Cellulose-, Chitin-, Kork-, Cuticular-, Holzreaktionen); bei letzterer weiß man freilich nicht, welcher oder welche chemischen Körper eigentlich reagieren. Im übrigen sind gerade diese Reaktionen physikalische Reaktionen. Unbedingt verläßlich sind die Reaktionen auf Körper, die von ihrer homologen Reihe oder ihren nächsten Verwandten allein im Organismus vorkommen (Tryptophan, Phycocyan, Phycoerythrin, Phytomelan), von den verwandten Substanzen abweichendes Verhalten zeigen (Saponarin, Scutellarin unter den Flavonen), Substanzgruppen, die ein eindeutiges Radikal führen (Blausäureglykoside) oder die seltenen Gruppen, die chemisch wie histochemisch einheitlich charakterisiert sind (Chlorophyll, Anthocyane).

Nichtssagend sind jene Farbenreaktionen, die entweder rein physikalisch bedingt sind (Fettfärbungen), oder gar die Oxydationsfarben, z. B. die fraglichen Schwefelsäurefärbungen auf alle möglichen Phenole, Glykoside, Alkaloide, Eiweißstoffe.

Die besten Mikroreaktionen auf die einzelnen Stoffe sind im ganzen Handbuch jeweils bei den betreffenden Stoffen angeführt.

Lokalisation. Die letzte, immer wieder erhobene Forderung der Histochemie ist die nach Lokalisation. Die Forderung, daß das Reagens am Ort der natürlichen Lagerung eines Stoffes diesen auch durch die an Ort und Stelle im Organ, Gewebe, ja in der Zelle eintretende Reaktion lokalisiert anzeigt und durch die Ortsbestimmung eventuell Fingerzeige für die Physiologie bietet. Es muß gleich betont werden, daß dieser Forderung nur in sehr beschränktem Umfange Genüge geleistet werden kann.

Eine eindeutig lokalisierte Reaktion ist nur an festen Bestandteilen der Zelle möglich, an denen das Reagens adsorbiert wird und durch Färbung (physikalische Reaktion) den Stoff anzeigt (Jodstärkereaktion, Chitosanjodreaktion, Fett-, Cuticular- und Korkfärbung, Harzfärbungen, Jodflavonreaktion usw.) oder wo es nach Adsorption reagiert (Chlorzinkjodreaktion auf Cellulose, Holzreaktionen, Gerbstoffinklusen, Reaktion an organisierten Eiweißkörpern oder -krystallen), Reaktionen an Krystallen, z. B. Gipsreaktion an Calciumoxalat; sie gelingt ferner noch an Zellen, die schon morphologisch oder doch chemisch und physiologisch vom umgebenden Gewebe verschieden sind (Idioblasten), so die Inklusenreaktion, die Gerbstoffreaktionen, z. B. die Eisenfärbung der Gerbstoffidioblasten, die Eiweißreaktionen der Myrosinzellen usw.

Schon bei der Jodschwefelsäurereaktion auf Cellulose wird diese zuerst hydrolisiert und gelöst und erst dann tritt die diffuse Blaufärbung auf. Bei allen gelösten oder bei der Reaktion sich lösenden Stoffen ist Lokalisation am Zellorte unmöglich. Denn erstens wirken alle unsere Reagenzien auf die Zelle tötend, schädigend oder doch die normale Konstitution und Reaktionsweise der Plasmagrenzschichten zerstörend oder verändernd. Dadurch ist der Nachweis einer Lokalisation in der Zelle durch Stoffverschiebungen, Fällungen usw. schon in Frage gestellt. Durch die Schädigung aber diffundieren die ursprünglich irgendwo gelagerten Stoffe an andere Orte, in andere Zellen und geben dort sekundär Reaktionen.

Drittens dringt das Reagens nie gleichzeitig und in gleicher Konzentration in alle Zellen; die Reaktion tritt zuerst und am stärken dort auf, wo das Reagens primär wirkt; es entsteht ein Konzentrationsgefälle nach dem Reaktionsort und damit, abgesehen von sekundärer Adsorption durch Eiweißfällungen usw., eine falsche Lokalisation! Das gilt für die Zelle und noch mehr für die Gewebe. Viertens kann das Reagens am Rande des Schnittes schon verbraucht werden und daher im Innern gar nicht mehr reagieren.

Fünftens dringen viele Reagenzien überhaupt nicht in die Zelle ein und reagieren die herausdiffundierenden Stoffe überhaupt außerhalb des Gewebes (Phosphormolybdänreaktion).

Material. Das brauchbarste, eindeutigste Untersuchungsmaterial ist frisches, selbst gesammeltes, noch besser selbst gezogenes. Nur im frischen Objekt kann man die natürlich vorkommenden Stoffe in ihrer natürlichen Menge und Verteilung finden und erwarten. Denn beim Trocknen (langsames Trocknen noch störender als rasches), ebenso bei jeder anderen Art des Konservierens werden ja die Zellen getötet, die Struktur zerstört und damit die räumliche Trennung der Stoffe in der intakten Zelle aufgehoben. Es tritt Autolyse ein: bisher getrennte Stoffe treffen aufeinander und reagieren (es entstehen neue Substanzen), die Enzyme treffen auf ihr Substrat, die meisten Glykoside werden so gespalten (Freiwerden der Blausäure, von Vanillin, Indigo, Anthrachinonen usw.), andere werden oxydiert (Cumarin), bisher gelöste Stoffe fallen aus (Hesperidin beim Töten, Inulin, Zucker beim Eintrocknen) usw. Bei getrockneten Objekten (Herbarmaterial, Drogen, Pulver) muß man mit diesen autolytischen, postmortalen Veränderungen rechnen. Dabei muß dann noch besonders die Art der Vorbehandlung besonders berücksichtigt werden. Es soll nie im direkten Licht getrocknet werden, da hierbei erfahrungsgemäß noch viele Veränderungen vor sich gehen, Substanzen zerstört werden usw. Ebenso muß darauf geachtet werden, daß die Pflanzen beim Trocknen oder Versand nicht feucht werden, da die sehr rasch auftretenden Schimmelpilze das Material durchsetzen, verändern und unbrauchbar machen.

Um sich eindeutig zu überzeugen, ob ein Stoff schon vital vorhanden war und normal vorhanden ist oder erst bei Schädigung der Zelle sekundär auftritt, muß man zur Untersuchung möglichst momentan töten. Am einfachsten, indem man die frischen Organe in kleiner Zentrifuge in das mit Chloroform bis zur Hälfte gefüllte Zentrifugengläschen wirft und sofort zentrifugiert. Dabei dringt das Chloroform sehr rasch in die Zellen und tötet, ohne daß Umsetzungen auftreten können (FR. WEBER). Noch sicherer gelingt das durch Eintragen in flüssigen Stickstoff oder flüssige Luft. Das Material erstarrt momentan, wird noch gefroren zerrieben und als hartes Pulver in den Exsiccator gestellt. Es kann nach 12 Stunden als trockenes Pulver zur Untersuchung genommen werden.

Immer ist großes Gewicht zu legen auf genaue Speziesbestimmung (viele Stoffe finden sich nur in gewissen Arten, z. B. Saponarin und viele andere Glykoside, Alkaloide usw., Hesperidin sogar nur in gewissen Subspezies, in den nächstverwandten nicht, KLEIN (1), genaue Angaben von Klima und Standort, Jahres- und Tageszeit, Alter und Aussehen der Pflanze, da von den genannten Momenten Qualität, Quantität und Verteilung mancher Stoffe, ja auch Vorhandensein oder Nichtvorhandensein relativ stark abhängt. Daher der große Vorteil von selbst gezogenen und gesammelten Pflanzen speziell für vergleichende Untersuchungen.

Bei tropischen Pflanzen (in Glashäusern usw.) wird man oft recht abweichende Resultate gegenüber Trockenproben aus ihrer Heimat erhalten. Bei Herbarmaterial, Sammlungsobjekten usw. ist vieles von den geforderten Angaben nicht zu erbringen. Daher die widersprechenden mikrochemischen Befunde. In diesen Fällen kann man der Exaktheit nur durch genaue Angabe des Herbars, der Sammlung usw. gerecht werden. Bei Drogen usw. ist meist auch das nicht möglich.

Reagenzien, Instrumente und Utensilien. Allein der Gedanke, wie minimale Mengen nachgewiesen werden können und sollen, fordert für jede mikrochemische Handhabung peinlichste Reinlichkeit.

Man nehme zu Reagenzien reinste Präparate (MERCK, KAHLBAUM oder SCHUCHARDT purissimum pro analysi). Für Lösungs- und Waschzwecke darf natürlich nur reines destilliertes Wasser verwendet werden.

Die Reagenzien müssen vor dem Gebrauch immer durch Eintrocknenlassen eines Tropfens auf dem Objektträger auf das absolute Fehlen des Stoffes, der nachgewiesen werden soll, geprüft werden.

Beim Entnehmen des Reagens muß peinlich das Hineinfallen von Staub usw., das Berühren des Präparates, das pegrüft werden soll, vermieden werden. Ebenso sind die Reagensgläser und Utensilien sauber zu halten.

Wie sehr diese Winke Beachtung verdienen, zeigen manche Reagenzien augenfällig. Das Diphenylamin-Schwefelsäure-Reagens zeigt das Hineinfallen von Staub, organischen Partikelchen durch Gelb- oder Braunfärbung, jede Salpeterverunreinigung schon durch Grün- oder Blaufärbung an. Viele Reagenzien sind nicht dauernd haltbar und müssen daher nach längerer Aufbewahrung vor der Verwendung mit reiner Substanz auf ihre Verwendbarkeit geprüft werden.

Das Reagens wird meist in flüssiger Form (in der optimalen, angegebenen Konzentration) oder gasförmig (Salzsäuredämpfe zum Flavonnachweis), Ammoniakeinwirkung (Indigo) oder fest (Harnstoffnachweis mit festem Xanthydrol), wobei im entstehenden Konzentrationsgefälle Krystallisationsherde erzeugt werden, angewendet.

Der Einfachheit halber sind die Reagenzien in ihrer bewährten Zusammensetzung bei jedem Stoff, zu dessen Nachweis sie verwendet werden, gesondert angegeben.

Mikroskop. Das wichtigste Instrument des Mikrochemikers ist das Mikroskop. Am besten bewährt sich ein einfaches Schülermikroskop mit Revolver und

Irisblende, 2—3 Objektiven (50—400facher Vergrößerung), 1 oder 2 Okularen, womöglich mit Okular- und Objektmikrometer (zum Messen von Zell- und Krystallgrößen).

Die bewährten Firmen (Leitz, Reichert, Zeiß) liefern die richtigen Zusammenstellungen. Man achte besonders darauf, daß die Frontlinse durch Reagenzien (speziell Säuren und Alkalien) nicht benetzt werde.

Kleine Tropfen nehmen, nicht schwimmen lassen!

Eine Lupe (ca. zehnfache Vergrößerung) leistet für Übersichtsbilder usw. manchmal gute Dienste.

Alle Reaktionen werden am Objektträger (am besten 76 × 26 mm) durchgeführt und unter Deckglas (11 × 18 × 1,5 oder 20 × 30 × 0,2 mm) beobachtet.

Öfter braucht man auch hohlgeschliffene Objektträger mit Vertiefung für größere Flüssigkeitstropfen.

Zum Einlegen von Schnitten in Flüssigkeiten (Waschen, Abspülen) benötigt man oft Glasdosen mit Deckel, ebenso Uhrgläser.

Alle Schnitte werden aus freier Hand mit Rasiermesser (am besten unten mit flacher, oben mit hohler Klinge) durchgeführt, wobei man die Objekte je nach Größe und Festigkeit entweder freihält oder zwischen Kork (kleine harte Objekte, wie Samen) oder entzweigeschnittenem Holundermark schneidet. Bei einiger Übung kann man mit Rasiermesser, Pinzette, Skalpellen, Präpariernadeln aus Metall und selbstgezogenen Glasnadeln alle Hantierungen durchführen und fast aus jedem Organ Präparate der einzelnen Gewebe (für Lokalisationsnachweis) herstellen.

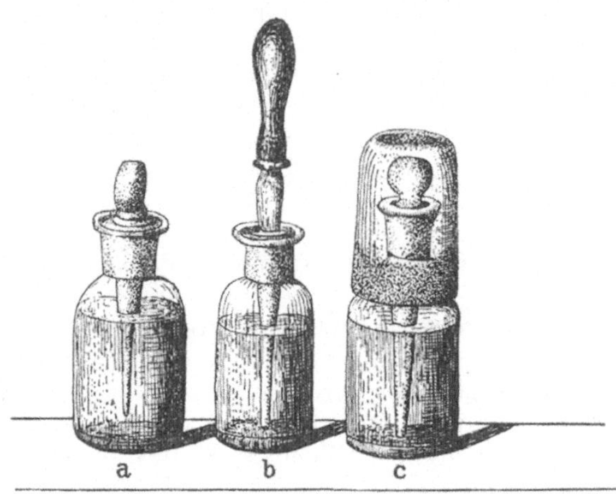

Abb. 181 a—c. Stiftfläschchen. $^1/_2$ d. nat. Gr. a mit solidem Glasstift. b mit Glasrohr und Kautschukkappe. c ebenso mit Glaskappe.

Für die Reagenzien nimmt man Stiftfläschchen (s. Abb. 181a, 30 cm³), bei rauchenden und flüchtigen Flüssigkeiten mit aufgesetzter Glaskappe (s. Abb. 181c), oder Tropffläschchen (s. Abb. 181b) mit hohlem, ausgezogenem Glasstopfen, der oben mit Kautschukkappe verschlossen ist (besonders für destilliertes Wasser, Alkohol usw.). Stift- und Tropffläschchen ermöglichen ein sauberes Arbeiten und richtige Dosierung der Tropfen, auf das nicht genug Wert gelegt werden kann. Die Gläschen stehen am besten auf Glasplatte oder Tonschale mit Glassturz zugedeckt. (Die Präparate dürfen nie frei an der Luft liegen.) Zum Übertragen von Tröpfchen, Absaugen, Abfließenlassen am Objektträger benötigt man immer Glasstäbe, Glasröhren und besonders ausgezogene (tunlichst graduierte) Capillarpipetten, die man am besten in einem Glas mit destilliertem Wasser vorrätig hält.

Zum Absaugen, Trocknen usw. verwendet man Filterpapierstreifen.

Zum Erwärmen am geeignetsten sind Bunsenbrenner mit Mikroflamme oder elektrische Heizplatten, im Notfalle auch ein Spirituslämpchen.

Spritzflasche, Drahtnetze mit Asbesteinsatz, Glühdreieck mit Porzellantiegeln, Platinblech, Pinsel usw. ergänzen die Einrichtung.

Herstellung der Präparate. Für alle Reaktionen ist zu beachten: Die Objektträger und Deckgläser sollen absolut rein und fettfrei sein. Dazu werden sie zuerst in 10 proz. Salzsäure gekocht, mit Wasser und dann mit Alkohol gewaschen und mit destilliertem Wasser nachgespült, mit reinem, faserfreiem Linnen getrocknet und in Deckeldosen aufbewahrt. Die Schnitte (nicht zu dünn) werden auf den Objektträger gelegt, noch frisch oder nach Antrocknen mit dem Reagenströpfchen überdeckt und offen oder mit Deckglas stehengelassen. Die Flüssigkeit darf nur den Raum zwischen Objektträger und Deckglas ausfüllen, nicht darüber hinausfließen. Das Deckglas läßt man entweder auffallen oder legt es von einer Seite her vorsichtig auf, um Luftblasen zu vermeiden; werden zwei oder mehrere Reagenzien benötigt, so trägt man die Tröpfchen nebeneinander auf, legt den Schnitt in ein Tröpfchen und vereinigt die Flüssigkeit durch Auflegen des Deckglases. Dabei entsteht ein Konzentrationsgefälle, das der Entstehung und Ausbildung der Krystalle meist förderlich ist. Wird neuerlich ein Reagens zum fertigen Präparat zugefügt, so setzt man es an einem Deckglasrand zu und saugt am gegenüberliegenden Rand mit Filterstreifen an.

Dauerpräparate. Will man die Präparate aufheben (es empfiehlt sich sehr, eine Sammlung von Krystallpräparaten und Farbstoffspeicherungen anzulegen), so fertigt man Dauerpräparate an. Die Krystallpräparate werden meist trocken, aber auch im Reagens oder in Glycerin (jedenfalls so, daß sie unlöslich bleiben), die Farbenreaktionen (nur soweit die Färbung adsorbiert und lokalisiert ist) im Reagens mit venetianischem Terpentin eingeschlossen.

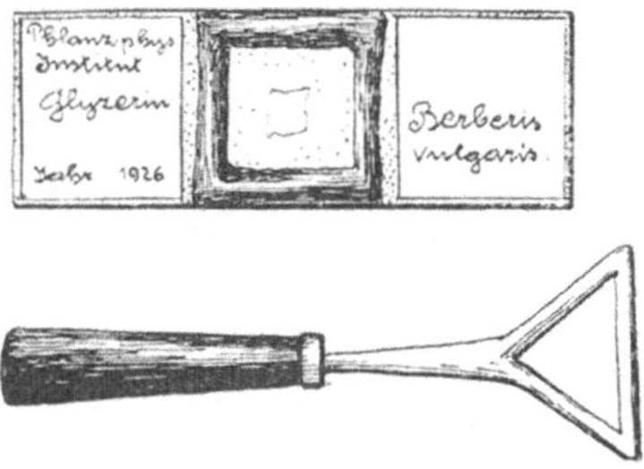

Abb. 182. Oben: Fertiges Dauerpräparat mit luftdichtem Einschluß und Etikettierung. Unten: Einschlußdreieck $^1/_2$ d. nat. Gr.

Dazu wird käuflicher, dickflüssiger venetianischer Terpentin auf dem Sandbad in einer Porzellanschale so lange (ca. 3 Tage) eingedickt, bis man bei gewöhnlicher Temperatur mit dem Finger nicht mehr eindrücken kann. Zum Einschluß eines Präparates wird nun dieses um das Deckglas sorgfältig mit Filterstreifen getrocknet, da sonst der heiß aufgetragene Lack spritzt und nicht dichtet; dann wird das Einschlußdreieck (Abb. 182) in der Flamme erhitzt, in den festen Terpentin, der sich verflüssigt, eingetaucht und nun die am Dreieck klebende, flüssige Masse um die 4 Kanten des Deckglases gleichmäßig aufgetragen. Hierauf wird das Dreieck nochmals trocken erhitzt, auf je eine Deckglasseite aufgesetzt, der erstarrte Terpentin nochmals verflüssigt und in einem Zug über die Deckglaskante gezogen. Bei einiger Übung und fettfreien Objektträgern erhält man leicht luftdichte, ästhetisch wirkende Präparate. Diese werden dann zu beiden Seiten etikettiert und alles Wesentliche vermerkt.

Winke für die Reaktionen. Bei jeder Reaktion soll man folgende Versuche durchführen. Man läßt das Reagens, ebenso wie den nachzuweisenden Stoff, soweit sie im natürlichen Zustand fest sind, für sich am Objektträger verdampfen und studiert die Krystallformen. Man erspart dadurch viele Täuschung und Unsicherheit. Dann übt man die Reaktion mit reiner Substanz und beobachtet Formen, Farben, Zeit der Reaktion, Notwendigkeit des Austrocknens oder Feuchthaltens usw. Dann beachte man, daß ein Reagenstropfen, am Rande des Deckglases zugesetzt, lange braucht, bis er durchs ganze Präparat diffundiert bzw. in den Schnitt eindringt. Durch Heben und Senken des Deckglases oder Ansaugen auf der gegenüberliegenden Seite des Deckglases wird das Eindringen stark beschleunigt.

Schließlich versuche man das krystallisierte Reaktionsprodukt in den angegebenen Lösungsmitteln (wenn nichts Besonderes betont, aus Wasser) durch

Zufügen eines Tropfens und Abdunstenlassen mit und ohne Deckglas umzukrystallisieren.

Dann erst führt man die Reaktion mit einem bewährten Versuchsobjekt durch. Die besten Objekte sind im folgenden bei jedem Stoff angegeben.

Bei den chemischen Reaktionen sind folgende Prinzipien maßgebend:

1. *Farbenreaktionen.* Man erzeugt entweder physikalisch (Farbstoffspeicherung in Fetten, Jodspeicherung in Stärke) oder chemisch (Holz-, Cellulosereaktionen usw.) intensive Farben, die auch bei geringsten Mengen noch sichtbar sind (Nitratprobe mit Diphenylamin-Schwefelsäure). Von den Farbenreaktionen sind nur die wertvoll, welche spezifisch sind und bei denen die Farbe am Stoff festgehalten und dadurch nicht nur gespeichert und verstärkt, sondern auch lokalisiert wird (Öl-, Kork-, Cuticula-, Eisen-, Stärke-, Cellulose-, Gerbstoff-, Chitin- und Holzreaktionen) oder schon diffus, aber eindeutig und empfindlich sind (Diphenylaminreaktion auf Nitrat). Alle anderen (so konzentrierte Säuren und Alkalien auf Glykoside, Alkaloide usw.) sind nur vieldeutige Notbehelfe. Die meisten Farbenreaktionen treten sofort ein.

2. *Krystallreaktionen.* Oder man stellt Krystallverbindungen her, die möglichst nur für den einen Stoff spezifisch und sehr empfindlich sind. Die Steigerung der Erfassungsgrenze wird erreicht durch großes Molekularvolumen (Phosphormolybdat), hohe Unlöslichkeit (Silberchlorid, Nitronnitrat, Dixanthylharnstoff usw.) und Einengung der Flüssigkeit oder Antrocknen des Schnittes (Sulfatnachweis als Gips).

Die Krystallreaktionen werden, da sie vielfach erst nach längerer Zeit eintreten, je nach der Reaktion verschieden aufgestellt. Entweder sie müssen durch langsames Eintrocknen oder durch Aufbewahren im feuchten Raum oder in verschiedenen Gasen (Ammoniakkammer) ausgelöst werden. Zu diesem Zwecke hebt man die Objektträger (es empfiehlt sich immer, die Präparate, auch wenn die Krystallisation bald eingetreten ist, länger aufzubewahren, da später häufig Veränderungen, Umlagerungen usw. auftreten) auf Objektträgerstativen (aus Glas oder verzinktem bzw. vernickeltem Blech) übereinandergeschichtet und mit Fettstift bezeichnet auf. Sollen sie trocken sein, so wird das Stativ nur auf eine Glasplatte gestellt und mit Glassturz oder Becherglas zugedeckt; sollen sie feucht aufbewahrt werden, kommen die Stative in eine Glas- oder Porzellanschale unter Sturz und werden mit Wasser abgeschlossen (feuchte Kammer); sollen sie gleichzeitig begast werden, so stellt man in die feuchte Kammer ein Schälchen mit der betreffenden Flüssigkeit (z. B. Ammoniak für Chlor-, Magnesium- und Phosphornachweis, Alkohol oder Chloroform für Indigo usw.); ist Luftabschluß erwünscht oder soll Verdunstung verhindert werden, ohne daß Verdünnung des Reagens wie in der feuchten Kammer eintritt, so umrandet man das Deckglas mit einem Tropfen Paraffinöl (Par. liquid.) aus einer Capillarpipette.

Krystallfällung. Manchmal gelingt Krystallbildung im Gewebe ohne Reaktion (Bildung von Reaktionsprodukten) durch Ausfällen des Stoffes mittels Lösungsmitteln, in denen die Stoffe schwerer löslich sind oder durch die der Lösungszustand im kolloidalen Zellmilieu verändert wird. Mannitfällung mit Alkohol, ebenso von Tyrosin und Leucin, von Hesperidin mit verschiedenen plasmagiftigen und plasmolysierenden (konzentrierenden) Lösungen, von Carotin mit Alkali; ebenso durch Einwirkung von gasförmigen Stoffen (Indigo durch Alkohol-, Chloroform- und Ammoniakdampf = Glykosidspaltung, Flavone durch HCl-Dampf bei 40° usw.).

Gewisse eiweißhaltige Farbstoffe lassen sich durch Salzlösungen krystallisiert aussalzen (Phycoerythrin und Phycocyan).

Charakterisierung der Krystallprodukte. Jedes Krystallprodukt, das man auf irgendeinem Wege (s. S. 310) im Schnitte, außerhalb des Schnittes unterm Deckglas oder auf irgendeine Art isoliert erhalten hat, ist nun durch alle jeweils möglichen Merkmale usw. zu charakterisieren.

1. Zur Charakterisierung eines Krystallproduktes gehört vor allem die wichtige physikalische Eigenschaft der spezifischen *Löslichkeit* in verschiedenen Lösungsmittel (Wasser, Säure, Alkali und organische Solvenzien — Alkohol, Äther, Chloroform usw.). Sie sind bei jedem Produkt angegeben und müssen jeweils an reiner Substanz und erhaltenem Produkt verglichen werden. Auch zum Reinigen und Umkrystallisieren ist die Wahl des Lösungsmittels wesentlich.

Gewaschen wird mit dem Lösungsmittel, in dem der ausgefallene Überschuß des Reagens leicht, das Reaktionsprodukt nicht löslich ist (Essigsäure beim Harnstoffnachweis); umkrystallisiert aus einem Solvens, in dem das Produkt bei leichter Flüchtigkeit des Solvens sehr leicht löslich ist (organische Solvenzien) oder in dem das Produkt schwerer löslich, durch Erwärmen größtenteils gelöst und beim Erkalten in charakteristischer Form wieder abgeschieden wird. Zum Auswaschen eines Krystallproduktes (Herauslösen des überschüssigen Reagens, von Verunreinigungen oder leichter löslicher störender Verbindungen mit dem Reagens) hat sich uns folgende Anordnung besonders bewährt (Abb. 183).

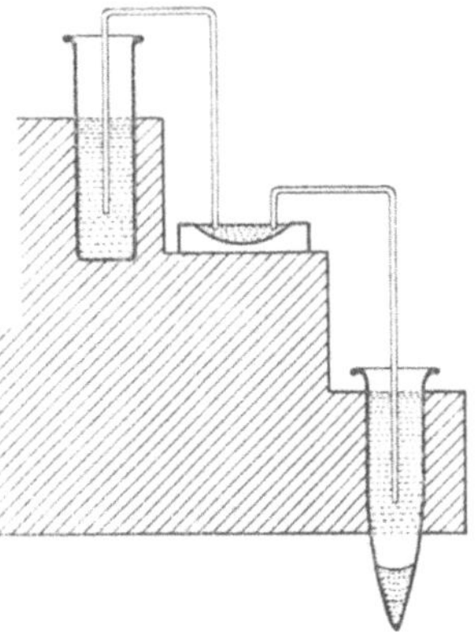
Abb. 183. Mikrowaschvorrichtung nach TAUBÖCK. 1/2 d. nat. Gr.

Aus einem etwas erhöht stehenden kleinen Gefäß von etwa 3 cm³ Volumen wird mittels eines Capillarhebers die Waschflüssigkeit in den Hohlschliff eines Objektträgers geleitet, den man entweder zum Großteil mit einem runden Deckglas bedeckt oder mit einem Vaselinring umgibt. Der Heber ist so dimensioniert, daß er in das Gefäß einhängt, den Objektträger gerade berührt. Er saugt, in die Flüssigkeit getaucht, diese immer wieder selbst capillar an. Ein zweiter Capillarheber, der in derselben Zeit mindestens ein gleiches Quantum, ohne Schaden aber etwas mehr der Waschflüssigkeit fördern muß, leitet diese vom Objektträger in ein in eine Spitze ausgezogenes Röhrchen. Dem Objektträger gibt man durch ein untergelegtes Streichholz eine kleine Neigung, bedeckt den Hohlschliff zu drei Vierteln mit einem runden Deckglas und setzt die Heber in den gegenüberliegenden Spitzen des mondförmigen Spaltes an. In dieser Anordnung kann ein mikroskopischer Niederschlag vorsichtig und sehr gründlich gewaschen werden. Durch den Heber 2 ins Spitzröhrchen vielleicht mitgerissene Krystalle kann man nach eventuellem Zentrifugieren in der Spitze wieder auffinden und untersuchen.

2. Auffällig und charakteristisch ist häufig die *Farbe* des Krystallproduktes, die gelben Ammon- und Kaliumchloroplatinate, das gelbe Phosphormolybdat, das schwarze Kaliumtripelsalz, das violette Saponarinjod, die braungrünen Santoninjodprodukte, das rot bzw. grün gefärbte Scutellarinprodukt und viele andere.

3. Ebenso wichtig, besonders für alle anorganischen Verbindungen ist die *Krystallform.* Bei organischen Stoffen erhält man vielfach Nadeln, Sphärite, Drusen, die nicht charakteristisch sind, aber manchmal durch Umkrystallisieren aus einem optimalen Lösungsmittel die typische Form geben. Neben der eigentlichen Form der wohlausgebildeten Krystalle treten häufig auch recht charakteristische Zerrformen (Ammonmagnesiumphosphat) regelmäßig auf.

Freilich ist die krystallographische Bestimmung meist erst mittels des *Polarisationsmikroskops*[1] zu geben. Man verwendet hierzu ein eigenes minera-

[1] Nähere Anleitung zum Gebrauch des Polarisationsmikroskopes siehe: E. WEINSCHENK (17).

logisches Polarisationsmikroskop oder zwei für das gewöhnliche Mikroskop adaptierte NICOLsche Prismen, von denen das eine statt der Zylinderblende im Mantel dieser, das andere im Okular eingebaut ist, wobei der Mikroskopkondensor fallweise ausgeschaltet werden muß.

Man kann damit die *Doppelbrechung*[1] bestimmen. Manche Krystalle (reguläres System, Würfel, Oktaeder usw.) erscheinen im polarisierten Licht bei allen Stellungen der gekreuzten Nicols dunkel (einfach brechend).

Die meisten Krystalle erscheinen aber bei Drehung des Nicols um 360° viermal hell und dunkel. Die vier Dunkelstellungen nennt man Auslöschungsstellen und die Richtung im Krystall *Auslöschungsrichtung*. Je nachdem die Auslöschungsrichtung parallel zu einer Krystallkante oder schräg dazu verläuft, spricht man von gerader oder schiefer Auslöschung. Danach ist die Zugehörigkeit größerer Krystalle zu den einzelnen Krystallsystemen bestimmbar.

Die Bestimmung des Krystallsystems gestaltet sich dann kurz so:

1. Alle Krystalle bleiben bei gekreuzten Nicols in jeder Lage dunkel; sie sind einfach brechend, regulär (Caesiumalaun).

2. Die meisten Krystalle werden zwischen gekreuzten Nicols hell (oft nur grau) und farbig und besitzen gerade Auslöschung, einzelne bleiben in allen Lagen dunkel; sie sind doppelbrechend und optisch einachsig. Man hat weiter den Umriß der dunkelbleibenden Krystalle zu beachten:

a) Der Umriß der dunkelbleibenden Kraystlle ist vierseitig (oder achtseitig), quadratisch, die Krystalle sind tetragonal (Calciumoxalat);

b) der Umriß ist sechsseitig, die Krystalle sind hexagonal (Kieselfluornatrium);

c) der Umriß der dunkelbleibenden Krystalle ist dreiseitig, die Krystalle sind rhomboedrisch (Natronsalpeter).

3. Alle Krystalle werden zwischen gekreuzten Nicols hell (oft nur grau) und farbig, sie sind optisch zweiachsig:

a) alle besitzen gerade Auslöschung, sie sind rhombisch (Bleichlorid);

b) die meisten besitzen schiefe, einige gerade Auslöschung, sie sind monoklin (Gips);

c) alle Krystalle zeigen schiefe Auslöschung, sie sind triklin (Kupfervitriol).

Auf die Verwendung der Gipsplättchen braucht hier nicht eingegangen zu werden. Im allgemeinen ist es vorzuziehen, sich die Bestimmung, wenn sie überhaupt nötig ist, vom geübten Mineralogen durchführen zu lassen. Gewöhnlich genügt die äußere Form, die ja überall angegeben ist (s. auch Abbildungen) zur Diagnose.

Wertvoll ist das Polarisationsmikroskop ferner für folgende Fälle: Viele Krystalle in der Zelle, auch winzige, die man sonst übersieht, leuchten bei gekreuzten Nicols auf und geben sich dadurch zu erkennen. Auch Stärke, Cellulose, Membranen usw. zeigen so Doppelbrechung und damit ihre Krystallstruktur (Abb. 184). Die Bestimmung der Zugehörigkeit von histochemisch vorliegenden Krystallen ist vielfach schwierig (oft, wo keine wohlausgebildeten Krystalle vorliegen, unmöglich).

Dagegen kann man mit *einem* Nicol den für viele Krystalle charakteristischen *Pleochroismus* feststellen. Manche Krystalle zeigen sich nämlich auf Grund ihrer

---

[1] Am besten eignet sich für alle Krystallbestimmungen das kombinierte Mikroskop für Mineralogen, Chemiker und Biologen der Firma Reichert, Wien, das allen diesen Aufgaben Rechnung trägt. Einen einfachen und billigen Ersatz für die NICOLschen Prismen beschreibt EMICH (Fraktikum, S. 169).

verschiedenen Lagerung oder bei Drehung des Nicols — verwendet wird nur ein Nicol, am besten der Polarisator — abwechselnd heller und dunkler (Carotin) oder wechseln auch die Farbe.

Will man nur Winkel, meist den einen charakteristischen, messen, so genügt ein Fadenkreuzokular und ein drehbarer mit Gradeinteilung versehener Objekttisch. Es müssen stets mehrere Krystalle bei kleiner Blende und Planspiegel gemessen werden.

Auffallend ist für manche Krystallprodukte ihr *Lichtbrechungsvermögen*. Alle Krystalle, deren Lichtbrechungsvermögen von dem der Umgebung (Luft oder Reagenslösung) abweicht, heben sich durch ihren Glanz, dunkle Kontur usw. gut ab. Zur Messung der Lichtbrechung wird im parallelen, polarisierten Licht (also ohne Kondensor, mit Planspiegel und stark verringerter Irisblende) gearbeitet. Zur praktischen Bestimmung der *Brechungsindices* ist am besten das *Einbettungsverfahren* geeignet. Die Methode beruht auf der Erscheinung der Totalreflexion zweier Substanzen von verschiedenem Brechungsvermögen, sowie auf der prismatischen Ablenkung und Farbenzerstreuung des Lichtes durch Körper in niederer brechender Umgebung. Als Einbettungsflüssigkeiten wurden von mehreren Autoren verschiedene organische Flüssigkeiten empfohlen. MAYRHOFER (15) gibt für viele Substanzen die Zahlen als Grenzwerte, innerhalb derer sich das Lichtbrechungsvermögen bewegt und die geeignet sind, eine tabellarische Einordnung in verschiedene Gruppen zu ermöglichen. Zur Bestimmung genügen einige Mikrokryställchen, noch besser reine Sublimate. Benützt wird der Einfachheit halber eine Standardmischung von α-Monobromnaphthalin ($n_{20} = 1{,}658$) und reinstem Paraffinöl ($n_{20} = 1{,}482$). Diese werden in braunen Normaltropfgläsern aufbewahrt und in Serien von ganzen Volumteilen (1 : 10, 2 : 9, 3 : 8 usw.) gemischt. Die Differenz im Brechungsvermögen zwischen zwei Lösungen beträgt 0,016—0,018. Da sich die Methode noch nicht eingebürgert hat, muß bezüglich aller Details auf die Originalarbeit verwiesen werden.

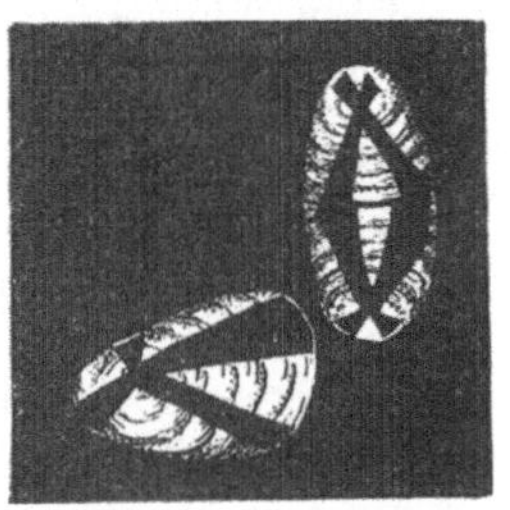

Abb. 184. Kartoffelstärke im polarisierten Licht. Links ein einfaches, rechts ein zusammengesetztes Stärkekorn.

Fluorescenz. In manchen Fällen hilft eine nicht sehr häufige Eigenschaft von Substanzen in Lösung zur raschen Diagnose, nämlich die Fluorescenz (Chlorophyll, Phykocyan und -erythrin, Äskulin, Fraxin, Chinin usw.).

Die Fluorescenz beruht bekanntlich darauf, daß in gewissen Stoffen durch einstrahlendes „erregendes“ Licht Strahlung von anderer Wellenlänge erzeugt wird, sog. Fluorescenzlicht. Es entsteht im allgemeinen und für jede Substanz spezifisch durch die Strahlen von Blau, Violett und Ultraviolett, nicht jedoch durch jene von Grün, Gelb oder Rot; letztere löschen im Gegenteil sogar die Fluorescenz aus. Die Feststellung und Messung der Fluorescenzerscheinungen wurden bisher meistenteils auf mehr oder weniger primitive Art fast nur qualitativ, in letzter Zeit von G. KÖGEL (13) sowie von französischer Seite (2) auch quantitativ durchgeführt. Erstere erfolgt visuell, letztere spektrophotographisch. Wir sind überzeugt, daß die richtige Auswertung der quantitativen photometrischen Methoden für analytische und spezielle biologische Fragen wertvolle Aufschlüsse bringen wird.

Die visuelle Fluorescenzanalyse wird meist sehr summarisch mit sog. „Analysenlampen“ durchgeführt, wobei sowohl die erregende wie auch die erregte Strahlung nur sehr ungenau behandelt und angegeben werden können. Für mikroskopische Zwecke (kleinste Objekte) wurden verfeinerte Apparaturen mit

Kondensoren, Filtern usw., z. B. von Heimstädt (Optische Werke Reichert) gebaut[1].

Als Lichtquelle dient eine Bogenlampe mit Eisen- oder Nickeldochtkohlen. Als senkrecht stehende, negative Kohle wird gewöhnliche Dochtkohle verwendet. Ein merkbarer Unterschied zwischen dem Eisen- und dem Nickelbogen ist in bezug auf Art und Intensität der erregten Fluorescenz nicht vorhanden. Das Bogenlicht tritt durch einen Quarzkondensor sowie durch zwei Quarzküvetten und ein Uviolschwarzglas und gelangt über ein Quarzprisma in einen Quarzdunkelfeldkondensator, der die Beleuchtung des Gesichtsfeldes übernimmt. Die Quarzküvetten enthalten als Filterflüssigkeiten einerseits Kupfersulfat (1 : 10), anderseits eine Lösung von Nitrosodimethylanilin in Wasser (1 : 7500). Der Rest der sichtbaren Strahlen wird durch ein Uviolschwarzglas (mit Nickeloxyd als Absorbens), das hinter den Küvetten angebracht ist, wegfiltriert. Zwischen dem Uviolschwarzglas und dem Quarzprisma des Mikroskopes bleibt ein freier Raum von etwa 15—20 cm Länge, der sich sehr gut zu makroskopischen Beobachtungen der Fluorescenzerscheinungen verwenden läßt, wenn man für eine geeignete Unterlage für die Objekte aus schwarzem Papier oder Tuch sorgt und allfällige Reflexe verhindert. Der Kegel des ultravioletten Lichtes, der hier zur Verfügung steht, hat eine ausnutzbare Fläche von etwa 14 cm^2 (Kreis), ist also auch für größere Objekte, wie für Äste, Holzstücke, Fruchtquerschnitte u. a. groß genug.

Zwischen den Kondensor und den Objektträger wird zweckmäßig ein großer Tropfen Glycerin gebracht, um die Intensität der Fluorescenz nicht durch unnötige Verluste infolge Reflexion des einfallenden Lichtes zu schwächen und eine Dunkelfeldbeleuchtung zu ermöglichen. Wir verwenden Objektträger aus Quarz oder Uviolglas, jedoch kann man ebensogut solche aus gewöhnlichem Glas verwenden, sofern nicht dieses Glas selbst mit störender Intensität fluoresciert. Die Stärke der Fluorescenz wird durch Verwendung von Glasobjektträgern nicht merklich beeinflußt, selbst dickere Glasschichten vermindern die Intensität der Fluorescenz nur wenig.

Mit dieser Anordnung wurden sehr viele Stoffe untersucht (Klein u. Linser 8). Es zeigt sich, daß die schönsten und stärksten Fluorescenzerscheinungen im allgemeinen den Alkaloiden und den Glykosiden eigen sind, deren Fluorescenz oft noch bis in die höchsten Verdünnungen deutlich erkennbar ist. Äsculin oder Fraxin z. B. fluorescieren noch in Verdünnungen von 1 : 10000000 deutlich blau, ja sogar bei 1 : 100000000 läßt sich noch ein schwaches blaues Leuchten feststellen. Es ist also z. B. ohne weiteres möglich, in 10 cm^3 reinem Wasser noch 1 γ Äsculin oder Fraxin mit Sicherheit nachzuweisen.

Völlig fluorescenzfrei waren nur wenige der untersuchten Substanzen. Fast alle zeigten entweder in festem Zustand oder in Lösung eine mehr oder weniger starke Fluorescenz.

In völlig trockenem, festem Zustand fluorescieren manche Stoffe, so z. B. das Phenanthren. Der größte Teil der Substanzen leuchtet jedoch (bei mikroskopischer Beobachtung) trocken entweder gar nicht oder nur sehr schwach, jedoch leuchten sie sofort auf, wenn sie mit Wasser oder anderen Lösungsmitteln befeuchtet werden[2]. Doch leuchten nicht nur die in den betreffenden Lösungsmitteln löslichen Stoffe, sondern ebenso auch die darin schwer oder unlöslichen Stoffe auf. Allerdings wurde beobachtet, daß die Substanzen in jenen Lösungsmitteln, in denen sie leicht löslich sind, intensiver aufleuchten als in solchen, in denen sie schwerer löslich sind. Die Eigenschaft der Stoffe, auch in Medien zu fluorescieren, in denen sie nicht löslich sind, gibt einen wertvollen Behelf zur Beobachtung von Gewebsschnitten, indem dadurch eine genaue Lokalisation der Stoffe im Gewebe möglich wird.

Die Schnitte vieler Gewebe lassen sich ohne weiteres in Wasser beobachten, ohne daß dabei eine Änderung der Fluorescenzerscheinungen gegenüber dem

[1] Einen einfachen Ersatz für die kostspielige Quarzapparatur, an jedem Mikroskop zu brauchen, beschreibt Haitinger (3).

[2] Vielleicht ist die meist fehlende Fluorescenz bei mikroskopischer Beobachtung im trockenen Zustand darauf zurückzuführen, daß kein direkter optischer Kontakt zwischen Objekt und Objektträger besteht.

trockenen Zustand eintritt. Dies ist jedoch selbstverständlich nur dann der Fall, wenn das Gewebe keine fluorescierenden, wasserlöslichen Substanzen enthält. Sind jedoch derartige Substanzen vorhanden, so lösen sie sich natürlich in Wasser, fluorescieren darin stark auf und verteilen sich homogen über den ganzen Schnitt, so daß eine Bestimmung der ursprünglichen Lagerung des Stoffes ebensowenig mehr möglich ist als eine Beobachtung der Fluorescenz der ursprünglich von diesem Stoff freien Gewebsteile. So liegen in den Glykosiden derartige stark aufleuchtende und wasserlösliche Stoffe vor.

Wir beobachteten derartige Schnitte also nicht in Wasser, sondern brachten sie in völlig trockenem Zustande, oder aber auch so, wie wir sie in der frischen Pflanze erhielten, in ein Medium wie Äther, Petroläther oder Tetrachlorkohlenstoff. Diese lösen die störenden Glykoside nicht, lassen sie aber doch, wie schon oben erwähnt wurde, intensiv aufleuchten. Äther, Petroläther usw. fluorescieren, wenn sie genügend rein sind, selber nicht, so daß nun eine völlig unbehinderte Beobachtung möglich ist. Das Glykosid leuchtet nun wohl auch, jedoch nur in jenen Gewebspartien, in denen es eben normal in der Pflanze lokalisiert ist. So ergibt sich also mit Hilfe dieser Methode ein einfacher und eindeutig lokalisierter Nachweis der stark fluorescierenden Glykoside und anderer Stoffe mit ähnlichen Eigenschaften, bietet also ein Mittel zur Lokalisationsbestimmung der betreffenden Stoffe.

Viele der geprüften Stoffe fluorescieren *nur* in festem Zustande, während sie in Lösung fluorescenzfrei sind. Beobachtet man die Krystalle aber während des Lösens, so sieht man, daß nur die noch ungelösten Teile der Substanz aufleuchten, eine Tatsache, die in der verhältnismäßig schwachen Fluorescenz begründet ist; der betreffende Stoff ist in Lösung bereits zu verdünnt, um noch sichtbare Fluorescenz zu zeigen (Coffein).

Die Farbe der Fluorescenz ist in den allermeisten Fällen violett oder blau, seltener grün. Sehr wenige Substanzen fluorescieren gelb und nur einige rot. Die Eigenfarbe der Stoffe ist für die Farbe der Fluorescenz insofern bedeutungslos und zeigt auch mit ihr keinerlei Zusammenhang, als gelbe Substanzen z. B. sowohl gelb als auch violett fluorescieren können, wie die farblosen blau, grün oder violett.

Ein Zusatz von Säure oder Alkali verstärkt oder vermindert die Intensität der Fluorescenz und bedingt manchmal sogar Änderungen ihrer Farbe. Beide Änderungen, sowohl die der Farbe als auch die der Intensität sind weniger Veränderungen der chemischen Eigenschaften der Substanzen als vielmehr, teilweise sicher neben diesen, der Wirkung der Verschiebung der Wasserstoffionenkonzentration zuzuschreiben. Über quantitative Mikrobestimmung von fluorescierenden Stoffen mittels Fluorometrie s. KLEIN und LINSER (8a) und Abschnitt Fluorometrie LINSER.

Die *einfachste* qualitative Bestimmung ist die:

Auf eine schwarze Glasplatte wird ein Sandkorn und ein Tropfen der zu untersuchenden Lösung gebracht und beides mit einem Deckglas bedeckt. Auf diese Weise bildet sich ein Flüssigkeitskeil von verschiedener Dicke. Arbeitet man mit einer Chlorophyllösung, so erscheint sie in direktem Sonnenlicht in den dickeren Schichten für das freie Auge blutrot, desgleichen auch unter dem Mikroskop. Mit Hilfe dieses Verfahrens läßt sich die Fluorescenz des Äsculins mit einem einzigen mikroskopischen Schnitt durch die Rinde von Aesculus Hippocastanum demonstrieren. Besonders scharf gestaltet sich der Nachweis, wenn man auf die Flüssigkeit in direktem Sonnenlicht oder aus starker Lichtquelle mittels Lupenlinse einen Lichtkegel wirft.

Isolierung von Substanzen aus der Pflanze und Charakterisierung.

In allen Fällen, wo es nicht möglich ist, den Stoff *im* Gewebe zu charakterisieren, oder ein zell-lokalisierter Nachweis nicht nötig ist und das ist bei der Pflanzenanalyse meist der Fall, muß der nachzuweisende Stoff zuerst aus dem sehr komplexen Gemisch von Substanzen in der Zelle isoliert, möglichst frei von anderen Stoffen gewonnen werden.

Dies gelingt durch Herauslösen, Destillieren oder Sublimieren aus dem Gewebe.

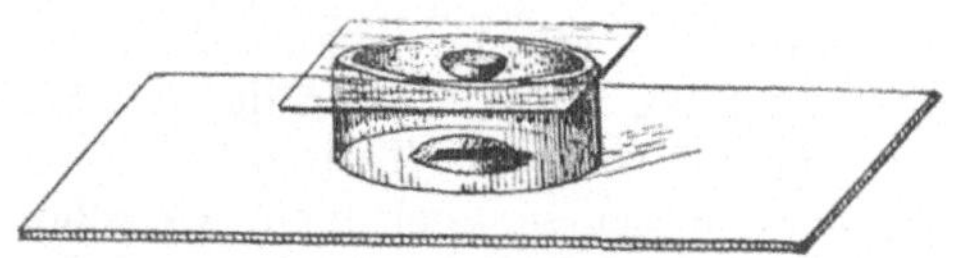

Abb. 185. Mikrogas- und Mikrosublimationskammer nach MOLISCH.

Herauslösen. Das Herauslösen einer Substanz aus dem Gewebe, Schnitt usw. mit einem bestimmten Lösungsmittel kann am Objektträger unter Deckglas, im hohlen Objektträger oder in einem eigenen Mikroextraktionsapparat in der Wärme (was die quantitative Lösung sehr beschleunigt) erfolgen. Am besten hat sich uns folgender Apparat bewährt.

Er besteht aus einer Kupferplatte mit aufgelöteter Hülse, in der das Extraktionsröhrchen sitzt. Diesem ist ein Mikrokühler mit Wasserzu- und -abfluß, um das Verdunsten der Extraktionsflüssigkeit zu verhindern, aufgesetzt. Die Schnitte oder Organstücke kommen mit 1 cm³ oder Bruchteilen hiervon in das Röhrchen, der Kühler wird aufgesetzt, das Kühlwasser eingeschaltet und der Apparat auf einer elektrischen Heizplatte, im Wasserbad, auf einer mit der Gasflamme geheizten Asbestplatte usw. angeheizt. Ein Tröpfchen des Extraktes wird dann zur Reaktion mit Capillarpipette entnommen.

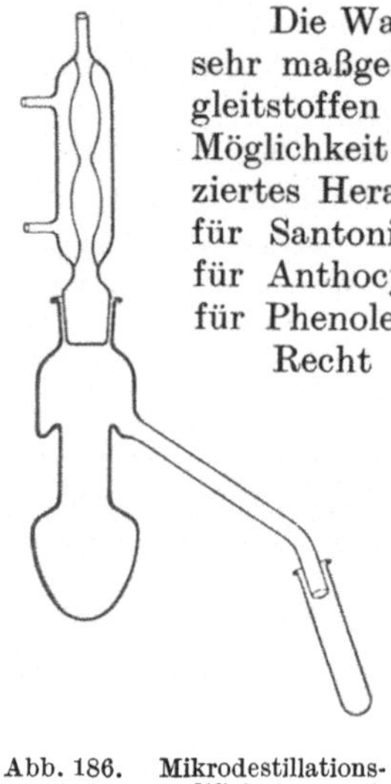

Die Wahl des Lösungsmittels, Menge und Temperatur sind dabei sehr maßgebend. Um den Stoff möglichst allein, rein, frei von Begleitstoffen zu erhalten, was in vielen Fällen Voraussetzung für die Möglichkeit eines eindeutigen Nachweises ist, ist möglichst differenziertes Herauslösen im spezifischen Lösungsmittel nötig. (Chloroform für Santonin, Chloroformammoniak für viele Alkaloide, Essigsäure für Anthocyane und den Harnstoffnachweis mit Xanthydrol, Äther für Phenole).

Recht häufig krystallisiert der Körper nach richtiger differenzierter Extraktion schon beim Abdunsten des Lösungsmittels aus (Glykoside, Alkaloide, Chlorophyllide, Flavone, Anthocyane usw.). Man kann dann die Krystallprodukte durch äußere Merkmale (Form, Farbe), Löslichkeitsverhältnisse, Schmelzpunktbestimmung (s. S. 318), Sublimierbarkeit (s. S. 317) und chemische Umsetzungen (Krystallprodukte oder Farbenreaktionen) näher charakterisieren.

Abb. 186. Mikrodestillationsapparat, modifiziert nach GAWALOWSKY. $^1/_2$ d. nat. Gr. Das Abflußrohr $^1/_3$ d. nat. Länge.

Destillieren. Gaskammer. Zum Herausdestillieren (Blausäure, Ammoniak) aus dem Gewebe leistet die einfache Gaskammer hervorragende Dienste (Abb. 185). Auf einem Objektträger wird ein Glasring (1,5 cm breit, ca. 0,7 cm hoch) aufgesetzt oder aufgekittet (mit Wasserglas), ein Deckglas aufgesetzt und das Ganze auf die betreffende Heizvorrichtung gesetzt. Das Präparat liegt im Ring, der Reagenstropfen auf der Unterseite des Deckglases (Destillation) oder das Reagens ist im Ring (Nachweis von Flavonen, ätherischen Ölen) oder das Deckglas dient nur als Rezipient.

Für die möglichst quantitative Destillation von flüchtigen Körpern (Aminen, flüchtigen Alkaloiden und organischen Säuren) hat sich uns die Apparatur von GAWALOWSKI, bei der das Abtropfrohr weggelassen, das Abflußrohr zwecks

Kühlung viel verlängert und zur Vermeidung von Gasverlusten in ein Kölbchen mit Schliff angesetzt wurde, sehr bewährt (Abb. 186).

Sublimieren. Einfachere Methoden zum Sublimieren sind:

1. Das Sublimieren auf einem Uhrglas (ca. 8—9 cm Durchmesser), das mit einer runden Glasplatte, auf die evtl. zur Kühlung Wasser getropft wird, bedeckt ist. Das Uhrglas wird auf eine Asbestplatte gelegt, die von unten mit Mikrobrenner geheizt wird (Abstand der Flamme ca. 7 cm für leicht sublimierende Körper). Durch Nähern oder Entfernen der Flamme kann die Sublimationstemperatur, die für die verschiedenen Stoffe jeweils nachgesehen und erprobt werden muß, geregelt werden (NESTLER).

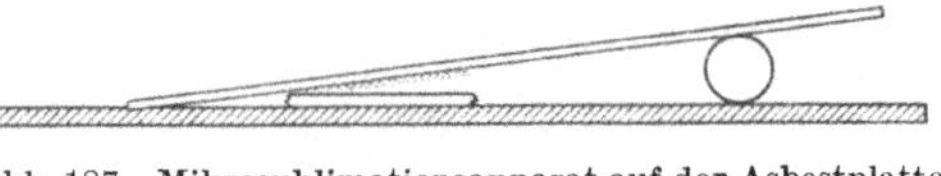

Abb. 187. Mikrosublimationsapparat auf der Asbestplatte nach TUNMANN.

2. Oder von einem Objektträger, der auf der geheizten Asbestplatte liegt, auf einen zweiten, der der Länge nach über den ersten so gelegt wird, daß er an einem Ende aufliegt, am anderen durch einen 3—5 mm hohen Gegenstand (Steinchen) gestützt und so ein verschieden hoher Sublimationsraum geschaffen wird. Die aufsteigenden Sublimationsdämpfe schlagen sich dann an einer Zone des oberen Objektträgers nieder (Abb. 187, TUNMANN).

Oder man sublimiert in der Gaskammer (Abb. 185), was sich am besten bewährte (MOLISCH).

Sehr viele Substanzen, die sublimieren, zersetzen sich aber vorher an der Luft oder schlagen sich an dem allmählich heiß werdenden Rezipienten nicht nieder. Für diese und alle anderen sublimationsfähigen Körper eignet sich am besten der geschlossene Apparat von KLEIN-WERNER, indem unter vermindertem Druck (zur Förderung der Sublimation) und Kühlung der Vorlage bei gleichzeitig abzulesender Temperatur sublimiert wird (Abb. 188).

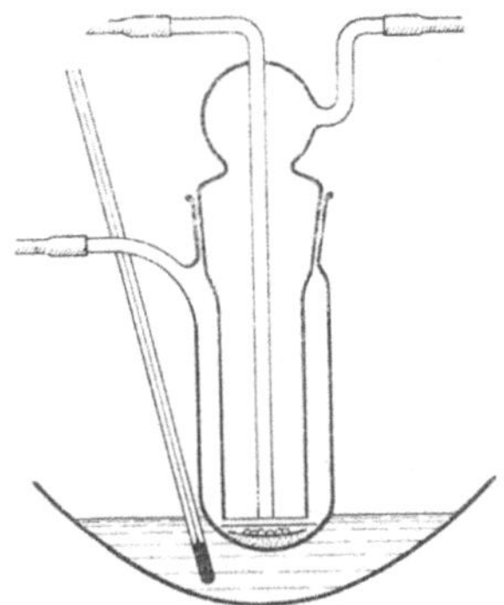

Abb. 188. Mikrosublimationsapparat mit Kühlung und unter vermindertem Druck nach KLEIN und WERNER. $^1/_2$ d. nat. Gr.

Der Sublimationsapparat aus Jenaer Glas besteht aus einem Mantel *M* und dem Kühler *K*, der in den konischen Hals des Mantels vakuumdicht eingeschliffen ist. Der Mantel trägt eine seitliche Tubulierung zum Evakuieren. In den Kühler sind zwei Glasröhrchen eingeschmolzen, von denen das bis zum Boden des Kühlers reichende der Wasserzu-, das kürzere der -ableitung dient. Der Abstand zwischen der unteren plangeschliffenen Kühlerflasche und dem Boden des Mantels beträgt 8 mm. Zur Aufnahme der Substanz dient ein flaches Schälchen aus 0,3 mm starkem Kupferblech, welches auf feinen Eisenfeilspänen liegt. Als Vorlage zum Auffangen des Sublimats wird ein rundes Deckglas (20 mm) verwendet, das mit einem Tropfen wasserfreien Glycerins an der planen unteren Kühlerfläche angeklebt wird. Der Abstand vom Boden des Schälchens zum Deckglas soll 4—5 mm betragen. Der Apparat wird zum Gebrauch in geeigneter Weise an einem Stativ befestigt. Das Anheizen geschieht in einem Ölbad, dessen Temperatur gemessen wird und in das der untere Teil des Apparates 2 cm tief eintaucht. Evakuiert wird mit einer Wasserstrahlpumpe bis etwa 10 mm Druck. Durch den Kühler muß während der ganzen Sublimation Wasser von der Leitung her laufen. Die Vorteile dieser Sublimationsmethode gegenüber allen bisher eingeführten liegen auf der Hand.

In vielen Fällen leistet der Apparat nach KEMPF (4) unter Ausnützung einer großen Fläche mit niedrigster Steighöhe ($^1/_{10}$ mm) durch lange Zeiträume (1 bis 2 Tage) bei möglichst niedriger Temperatur gute Dienste[1].

Die Vorrichtung stellt eine elektrische Heizplatte dar, die auf einem Porzellanfuß montiert und zur selbsttätigen Temperaturregelung mit einem Relais verbunden ist. Zur

[1] Zu beziehen bei Heraeus, Hanau.

Einführung eines Thermometers dient ein 6 mm weiter Kanal, der die Platte unmittelbar unter ihrer Oberfläche durchzieht. Eine mit Skala versehene Schraubentrommel gestattet, die Heizplatte auf jede beliebige Temperatur bis zu 300° innerhalb eines Grades genau konstant einzustellen. Durch Öffnen und Schließen eines Kontaktes wird das Relais betätigt, welches den Strom je nach Bedarf automatisch ein- und ausschaltet. Die Heiztemperatur ist unabhängig von Schwankungen sowohl der Zimmertemperatur als auch der Netzspannung.

Die Sublimation erfolgt auf die Weise, daß die zu sublimierende Substanz in dünnster Schicht verteilt und das Sublimat auf Objektträgern aufgefangen wird, die nur etwa $^1/_{10}$ mm über dem Sublimationsgut angebracht sind. Als Unterlage für letzteres dient eine völlig ebene Metallscheibe in der Größe der Heizplatte aus vernickeltem Messingblech, Reinnickel, Platin od. dgl., je nach Höhe der Temperatur und der chemischen Natur des Sublimationsgutes. Diese Unterlage wird auf die Heizplatte aufgelegt. Die Objektträger liegen auf dünnem Asbestpapier, welches Ausschnitte an den Stellen besitzt, an denen das Sublimationsgut aufgetragen ist. In der Regel sind dies zwei rechteckige Felder von 25 : 75 mm Größe. Zur Wärmeisolation dient eine ca. 5 mm starke Asbestpappe, die wiederum Ausschnitte für die Objektträger zeigt. Das Ganze wird durch seitliche Bügel und Schraubenklemmen fest auf die Heizplatte gedrückt. Ist es erforderlich, den Objektträger zu kühlen, dann wird auf diesen ein Kühler aus vernickeltem Messing aufgesetzt, der mit ruhendem oder fließendem Wasser oder Paraffinöl beschickt werden kann. Ein in der Mitte vorgesehener blinder Kanal dient zur Aufnahme eines Thermometers, um die Temperatur der Kühlflüssigkeit messen zu können.

Sehr viele Substanzen ließen sich mit diesen Methoden aus den Geweben isolieren, Alkohole (Mannit), aliphatische Säuren (Maleinsäure, Citraconsäure), Fettsäuren und besonders die cyclischen Verbindungen, cyclische Säuren (Benzoesäure, Zimtsäure, Cumarin usw.), die Anthrachinone, Purinkörper, Indigo und manche Alkaloide (Cocain, Ricinin, Chinaalkaloide, Cytisin, Echinopsin usw.). Ebenso konnten Glykoside oder deren Aglukone (Äsculin, Arbutin, Vanillin, Indigo, Xanthone usw.) schön isoliert werden. Wir haben mit unserer Apparatur unter vermindertem Druck, optimaler Kühlung und geringer Steighöhe zum erstenmal sämtliche Aminosäuren sublimieren können (WERNER 18) und die wichtigsten aliphatischen Säuren in der Pflanze (Oxal-, Bernstein-, Apfel-, Wein- und Citronensäure) nicht nur quantitativ in kleinsten Mengen unzersetzt aus den Geweben sublimiert, sondern auf Grund ihrer Sublimationstemperaturen fast quantitativ getrennt (KLEIN u. WERNER [12]).

Schmelzpunktbestimmung. Zur physikalischen Charakterisierung der auf irgendeinem Wege erhaltenen Krystallprodukte gehört neben Löslichkeits-, Sublimations- und optischen Bestimmungen (s. S. 311ff.) vor allem die Schmelzpunktbestimmung, die sich mit wenigen, mikroskopisch kleinen Kryställchen sehr gut im Mikroschmelzpunktapparat nach KLEIN (7) durchführen läßt.

Beschreibung. Der Apparat (siehe Abb. 189) stellt eine heizbare Metallkapsel dar, die auf jedes beliebige Mikroskop mit Hilfe zweier verstellbarer Klammern (*7*) an Stelle eines Kreuztisches bzw. an Stelle der gewöhnlichen Objektklammern zu montieren ist, und hat die Größe eines normalen Mikroskoptisches. Um eine Erhitzung des Mikroskoptisches und damit des ganzen Mikroskopes möglichst herabzumindern, liegt der Apparat nicht direkt auf, sondern steht auf drei Asbestfüßchen frei über der Platte. Auf einer metallenen Grundplatte, die durch eine Asbestplatte gegen Wärmeausstrahlung nach unten geschützt ist, ist zentral ein durch die Heizkammer greifender Metallzylinder montiert, ein offener Schacht, der in der Ebene der Heizplatte durch ein Linsensystem (*2*) abgeschlossen wird, das an Stelle des Beleuchtungsapparates des Mikroskops als Kondensor die Beleuchtung des Gesichtsfeldes besorgt. In der Kapsel ist am Metallzylinder die Heizspirale mit Glimmerplatten so befestigt, daß sie, frei in der Heizkammer ausgespannt, bis fast den Kapselrand berührend, durch *Strahlung und Luftheizung* die Objektfläche gleichmäßig erwärmt. Durch zwei Steckkontakte (*13*), die seitlich an der Kapsel angebracht sind, ist die Heizspirale über den Regulierwiderstand am Lichtnetz anzuschalten. Die obere Fläche ist als Objekttisch ausgebildet, besteht aus glatt poliertem Metall und trägt in ihrer Mitte den Kondensor (*2*), dessen Frontlinse in der Ebene der Tischfläche liegt. Am oberen Rande der Tischfläche ist durch drei kleine Schrauben eine Metallhülse (*9*) befestigt, in die das Thermometer (*8*) so weit hineingeschoben wird, daß die Kugel völlig darin verschwindet, was durch einen am

Thermometer eingeritzten Ring gekennzeichnet ist. Die Hülse ist so eng, daß das Thermometer genau hineinpaßt und überdies noch durch zwei federnde Teile der Hülse festgehalten wird. Dieser Anordnung gemäß zeigt also das Thermometer jene Temperatur an, die in der Hülse herrscht. Die Hülse liegt nun, und gerade das mußte empirisch erprobt werden, so gegen die Heizspirale, daß sie immer auf etwas höherer Temperatur gehalten wird als der Glaskondensor in der Mitte des Apparates, dessen Temperatur die des Gesichtsfeldes und also die des zu schmelzenden Objektes ist, die eben am Thermometer abgelesen werden soll. Um diese Differenz zwischen Gesichtsfeldtemperatur und Thermometertemperatur auszugleichen, werden zwischen den Objekttisch und die Thermometerhülle eine bestimmte Anzahl von Metallblechplättchen zwischengeschaltet, deren Dicke und Zahl für jeden Apparat verschieden ist und eichungsmäßig festgestellt wird. Je nach der Stärke der Plättchen (und je nach ihrer Zahl) setzt jedes von ihnen die Temperatur der Thermometerhülse um 2—$^1/_4$^{0} herab. Es werden nun so viele derartige Plättchen zwischengeschaltet, daß das Thermometer immer dieselbe Temperatur anzeigt, die im gleichen Augenblick auch das Kondensorsystem bzw. der Objektträger innehat. Auch dies wurde eichnungsmäßig festgestellt, und zwar so, daß eine Reihe von Substanzen mit eindeutig festgelegten und scharfen Schmelzpunkten geschmolzen wurden und das Thermometer mit Hilfe der Blechplättchen ebenso lange verändert wird, bis es beim Schmelzen der bestimmten Substanzen die betreffenden Schmelztemperaturen anzeigt. Der Apparat ist mit einer Reihe von Substanzen mit klaren Schmelzpunkten zwischen 50° und 350° annähernd geeicht (Siehe S. 320).

Der Widerstand (*10*), der dem Apparat (*1*) vorgeschaltet ist, ist ein Heizdrahtwiderstand und besteht aus einem fixen, unveränderlichen Teil, der für Netzspannungen von 220 und 110 Volt ganz oder teilweise eingeschaltet werden kann, indem die Steckkontaktdose (*12*) der Lichtleitung an die für die betreffende Spannung bezeichneten Kontakte (*12*) angeschaltet wird. An diesem unveränderlichen Teil des Widerstandes ist noch ein zweiter veränderlicher Widerstand angebracht. Er besteht aus zwei Spulen bzw. Wicklungen von Heizdraht von verschiedenen abnehmenden Stärken. Ein Schleifkontakt, der durch ein bequem am vorderen Ende des Apparates angebrachtes Handrad (*15*) leicht variierbar ist, gestattet, mehr oder weniger Windungen des Widerstandes einzuschalten, so daß damit der Widerstand und durch ihn die Temperatur, bzw. die Geschwindigkeit der Temperatursteigerung im Apparat beliebig verändert werden kann. Die optimale Geschwindigkeit der Temperatursteigerung im Apparat ist durch Verstellung am Handrad für den Temperaturbereich zu ermitteln. Über dem Handrad ist ein drehbarer Schalter (*16*) eingebaut, der die gesamte Apparatur ein- und auszuschalten gestattet. Seitlich ist an dem vorderen Ende des Widerstandes ein Steckkontakt (*14*) angebracht, an dem das Kabel (*17*) des Schmelzapparates (*1*) anzuschalten ist.

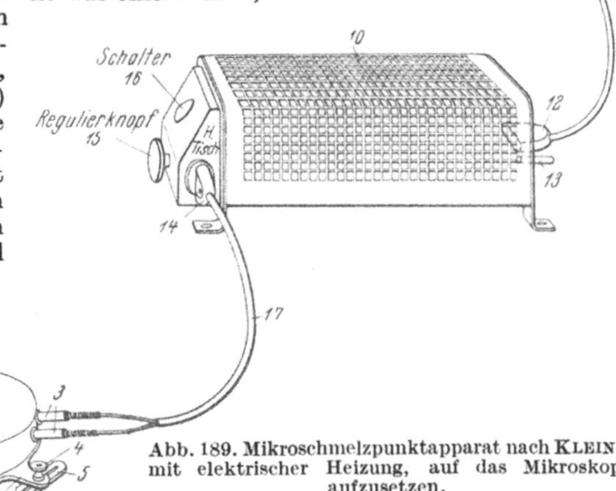

Abb. 189. Mikroschmelzpunktapparat nach KLEIN, mit elektrischer Heizung, auf das Mikroskop aufzusetzen.

Die Beobachtung der zu schmelzenden Krystalle geschieht für gewöhnlich im durchfallenden Licht, also bei gewöhnlicher Mikroskopbeobachtung. Bei sehr schwach lichtbrechenden und wenig scharf konturierten Krystallen empfiehlt es sich, statt im durchfallenden Licht im auffallenden Licht zu beobachten, da die Krystalle auf dunklem Untergrund hell leuchtend hervortreten. Das auffallende Licht wird einfach durch schiefe Beleuchtung mit einer gewöhnlichen Mikroskopierlampe von oben auf den Objektträger erzielt.

Die Objekte können mit Vergrößerungen von 30—600mal untersucht werden.

Zum Aufsetzen des Heiztisches ist der etwa vorhandene Mikroskopkondensor zur Seite *auszuschalten* bzw. ganz zu entfernen, ebenso die Präparatklemmen.

Der Apparat (*1*) wird ähnlich wie ein beweglicher Objektführer bzw. wie ein sog. Platten-Dunkelfeldkondensor auf den Objekttisch des Mikroskopes aufgelegt.

Die Schraubenmuttern (*4*) sind leicht zu *öffnen*, die Stifte (*7*) der beweglichen Arme (*5*) sind *in die Tischlöcher einzustecken*, die sonst die Präparatklemmen aufnehmen, und mit den Fingern der anderen Hand *die Schraubenmuttern* (*4*) anzuziehen. Man verwende zunächst ein schwaches Objektiv, visiere das Objekt an und zentriere es. (Verwendbar sind Objekte bis zum Reichert Achromat Objektiv Nr. 5).

Der Vorgang der Bestimmung gestaltet sich so, daß die zu untersuchende *Substanz* in *trockenem Zustand gepulvert* in dünner Schichte auf den Objektträger ausgebreitet wird und, durch einige zwischengelegte Quarzkörner von etwa 0,5 mm Durchmesser gestützt, ein Deckglas aufgelegt, so daß dieses die Substanz selbst nicht berührt. *Der Objektträger* wird nun *auf den Apparat gebracht* und ein geeignetes Gesichtsfeld eingestellt.

Größere Krystalle schmelzen ungleich und verzögert. Für homogene Schichtdicke muß also Sorge getragen werden. Prinzipiell genügen 10 Mikrokryställchen in einem Gesichtsfeld (bei 120—300facher Vergrößerung). Nur bei leicht flüchtigen Stoffen ist mehr Substanz nötig. Die Stoffe müssen auf jeden Fall vorerst im Chlorcalciumexsiccator (am besten schon am Objektträger ohne Deckglas) *getrocknet* sein. Wasserhaltige Substanzen zerfließen weit vor dem Schmelzpunkt oder geben doch Wasser ab, in dem die Kryställchen dann schwimmen oder verfrüht schmelzen.

Sodann wird der *Strom eingeschaltet.* Dabei ist dem Apparat ein bestimmter *Widerstand* vorgeschaltet, durch dessen Größe die Geschwindigkeit der Temperatursteigerung gegeben ist. Die Temperatur steigt erst schnell, dann immer langsamer an, bis die Wärmeabgabe des Apparates an die Luft der Erhitzung durch die Heizspirale gleich wird. Dann bleibt die Temperatur des Apparates annähernd konstant, bis Strom oder Widerstand geändert werden. Entsprechend der Konstruktion des Apparates sowohl wie auch zum Zweck einer möglichst genauen Ablesung der Temperatur ist es notwendig, diese *nur langsam zu steigern*, was durch entsprechende *Variation des Widerstandes* leicht zu erreichen ist. Als optimale Geschwindigkeit hat sich eine Steigerung der Temperatur um *3—6° in der Minute* erwiesen. Bei zu erreichenden höheren Temperaturen (100—350°) kann natürlich bis zu einem Abstand von etwa 60° bedeutend schneller gesteigert werden, dann aber muß verlangsamt werden, um die Optimalgeschwindigkeit zu erreichen. *Innerhalb des Intervalles des Schmelzpunktes* darf der Widerstand nicht mehr verändert werden, da sonst kein vollkommener Ausgleich von Thermometer- und Objektträgertemperatur erreicht wird und Fehler bis zu 5° entstehen können.

Die Apparate sind so geeicht, daß das Thermometer tunlichst die Temperatur des Gesichtsfeldes anzeigt. Die Schmelztemperatur muß also im Augenblick des Schmelzens am Thermometer abgelesen werden. Dies gilt jedoch nur so lange, als die *Geschwindigkeit* der *Temperatursteigerung konstant* ist und nicht schneller wird als *3—6° in der Minute.* Die *Genauigkeit* der Ablesung beträgt mehr oder weniger 0,5°. Da der Apparat jetzt serienmäßig hergestellt wird, und die Eichung eine empirische ist, gibt nicht jeder Apparat die absolut richtigen Werte im ganzen Intervall von 300°. Um trotz der Abweichungen der einzelnen Apparate richtige Zahlen zu erhalten, wird neuerdings *jedem* Apparat eine empirische Eichkurve beigegeben, aus der in den einzelnen Temperaturbereichen die für den betreffenden Apparat nötige Korrektur (an der erhaltenen Schmelzpunktszahl) abzulesen ist[1].

Der Beginn der *Sublimation* ist dann abzulesen, wenn die ersten meist noch sehr *kleinen Krystalle am Deckglas auftreten.* Die in diesem Augenblick abgelesene Temperatur ist der Sublimationspunkt. Zum Erfassen dieses Punktes hat man durch wiederholtes Heben und Senken des Tubus die Erscheinungen am Deckglase zu kontrollieren.

Das *Deckglas* mit dem Sublimat wird zur weiteren Beobachtung *abgenommen*, der Objektträger etwas beiseite geschoben und dann das Deckglas (mit der Substanz nach unten!!) *auf* die reine *Objektträgerfläche* aufgelegt (ohne Quarzsandkörner!!).

Als Schmelzpunkt wird jene Temperaturablesung bezeichnet, bei welchen die *kleinsten* und kleineren *Krystalle* oder Körner *zerfließen* und an den größeren Krystallen eben die Ecken und Kanten abzuschmelzen beginnen.

Erhält man aus einem *Substanzgemisch bei verschiedenen Temperaturen Sublimate,* so werden diese auf verschiedenen Deckgläsern aufgefangen und jedes einzelne geschmolzen.

Nach jeder Bestimmung muß vor dem Auflegen des nächsten Präparates um *60—100*^{0} *unter* den zu erwartenden Schmelzpunkt *abgekühlt* werden und das Präparat dann einige Minuten liegengelassen werden, um eine vollkommene Temperaturangleichung von Tisch und Objektträger zu erreichen.

Bei unbekannten Stoffen wird der Apparat langsam angeheizt und fortlaufend mikroskopisch beobachtet. Für manche Substanzen muß die Temperatur möglichst rasch emporgetrieben werden, was ja in der Literatur bemerkt ist oder fallweise erprobt werden muß. Alles übrige, besonders Trocknen bei höherer Temperatur im Trockenschrank, bzw. im Vakuum, gilt wie für Makroschmelzpunkte.

Dies alles gilt auch für irgendwie analytisch isolierte Stoffe. Hat man aber auf den Objektträger aus einem Gewebeschnitt herausdiffundierte und außerhalb krystallisierte Substanz, so muß das *Gewebe* vorerst entfernt werden, da es durch Verkohlung stört. Auch dann beeinträchtigen die mit herausdiffundierten Stoffe (Gerbstoff, Glykoside, Phenole usw.) das Feststellen eines reinen Schmelzpunktes der betreffenden Substanz.

Viele Stoffe lagern sich im Laufe der Temperatursteigerung zu andern Krystallen um, die oft für die betreffende Substanz in Form und Farbe sehr charakteristisch sind (s. Aminprodukte, KLEIN u. STEINER [10]).

Das Absublimieren hat sich zur Reinigung der Substanz aus Verunreinigungen oder Fraktionierung aus einem *Substanzgemisch*, bzw. aus *Gewebsschnitten* sehr gut bewährt.

Hat man mehrere Substanzen beisammen, deren *Sublimationspunkte* weit genug *auseinanderliegen* (mindestens *30—40*^{0}), so kann man durch langsames Anhitzen und Erhalten der Temperatur um den Sublimationspunkt der am niedrigsten sublimierenden Substanz diese fast quantitativ aufs Deckglas bekommen und durch Auswechseln dieses isolieren, worauf auf einem zweiten Deckglas die zweite Substanz fraktioniert erhalten werden kann usw. In unbekannten Substanzgemischen gibt dieses ungleiche Absublimieren mit folgenden divergenten Schmelzpunkten die ersten Anhaltspunkte über die Stoffe, die man vor sich hat (s. auch Oxysäuren, KLEIN u. WERNER).

Manche Stoffe sind aber so leicht flüchtig (z. B. Oxalsäure, Benzoesäure, Aldimethonprodukte, Nicotinsäure), daß sie nach dem Sublimieren aufs Deckglas

---

[1] Hierüber und über weitere Korrekturen siehe H. LINSER (14).

auch seitlich über die Deckglasränder abstreichen und verschwinden, noch ehe der Schmelzpunkt erreicht ist. In diesem Falle muß das Deckglas luftdicht abgeschlossen werden.

Als *Umrandungsmittel* wird *Calciumcaseinat* verwendet, welches folgendermaßen hergestellt wird:

Gepulvertes Casein (Casein puriss. Merck) wird mit warmem Wasser in einem Malerschälchen zu einem homogenen, dünnen Brei angerührt, dann frische Kalkmilch so lange zugerührt, bis eine dicke Masse entsteht, die vom Rührstäbchen nicht mehr abtropft. Diese wird dann in dünner Schicht ringsum auf die Deckglasränder aufgetragen, so daß sie *nicht* unter das Deckglas dringt (Deckglas etwas aufpressen), sondern darüberreicht. Das Präparat kommt auf 30 Minuten zum Trocknen in den Exsiccator.

Manche Verbindungen geben keine scharfen Schmelzpunkte, sondern Zersetzungspunkte, die um etwa 5^0 schwanken (Metallsalzverbindungen, Dinitro-a-Naphtholate, Flavianate, Reinecke-Salzverbindungen usw.). Die Bestimmung der Zersetzungspunkte von Amindinitro-a-Naphtholaten, Klein (10) hat sich glänzend bewährt.

Die Identifizierung einer Substanz durch *gleichzeitiges* Schmelzen mit der reinen Testsubstanz läßt sich eindeutig durchführen. Nur erhält man nicht wie bei der makroskopischen Bestimmung im Schmelzpunktröhrchen *Mischschmelzpunkte*. Sind die Stoffe identisch, dann erhält man *einen* Schmelzpunkt. Sind der untersuchte Stoff und die Testsubstanz nicht gleich, dann schmilzt jedes Kryställchen bei der ihm eigenen Temperatur. Nur wenn die Krystallmasse dicht liegt, schmelzen die Kryställchen der höher schmelzenden Substanz im Schmelzfluß der früher schmelzenden manchmal früher, als es ihrem Schmelzpunkt entspricht (Situation der makroskopischen Bestimmung angenähert).

Man kann aber auch einen richtigen Mischschmelzpunkt erhalten, wenn man die beiden Substanzen gemeinsam löst, schnell umkrystallisiert und so vereinigt zur Bestimmung nimmt.

Mengenbestimmung.

Für physiologische und biochemische Fragen (s. S. 304) kann die histochemische Methode nur Vollwertiges leisten, wenn es möglich ist, die erhaltenen geringsten Stoffmengen der einzelnen Versuche zu *schätzen* und gegeneinander zu *vergleichen*.

Eine exakte Mengenbestimmung im histochemischen Präparat ist meist schon aus praktischen Schwierigkeiten nicht durchführbar. Nur bei Sublimaten auf vorher gewogene Deckgläser läßt sich das Sublimat, wenn es dicht genug ist, nach vorheriger Trocknung zur Gewichtskonstanz, mit Mikrowaage annähernd wägen. Sonst benützen wir *indirekte Mengenschätzung*, die als relative Mengenbestimmung für Serumuntersuchungen, die aufeinander direkt bezogen werden können, brauchbare Werte liefert. Nötig ist hierzu, daß man gleiche oder doch bestimmte Mengen Ausgangsmaterial der betreffenden Pflanze nimmt, Extrakte, Destillate usw. wieder auf gleiche Volumina bringt und schließlich zur Reaktion am Objektträger gleich große Tropfen (wir nehmen aus geeichten Capillar-Mikropipetten oder Mikrobüretten Tropfen von 0,1 cm^3 und 0,05 cm^3) benützt, die mit einem gleich großen Tropfen vom Reagens versetzt werden. Vergleicht man beispielsweise gleich alte Blätter verschiedener Pflanzen, so nimmt man von den als möglichst gleichwertig ausgewählten Organen gleiches Frisch- oder besser Trockengewicht, oder gleiche Flächenstücke (mit Stanzen ausgestochen) oder Blatthälften, die nach dem Trocknen noch gewogen werden. Von verschiedenen Organen (Wurzel, Stengel, Blatt, Blüte usw.) kann man gleiche Gewichtsmengen, bezogen auf Trockengewicht, nehmen. Will man beispielsweise nur Durchschnittsgehalt von Blatt oder Wurzel usw. von Pflanzen bestimmen, so trocknet man die gesamten Blätter oder Wurzeln, pulvert feinst und nimmt aus dem gut gemischten Pulver gleiche Mengen oder gleiche Extrakt- oder Destillatmengen vom Ganzen, um richtige Durchschnittswerte zu erhalten. Beim Vergleich von unreifen und reifen Samen mit den aus dem gleichen Samenmaterial gewachsenen, verschieden alten Keimlingen bestimmt man auf einen Samen und einen dazugehörigen Keimling, oder man bestimmt (besonders bei kleinen Sämchen) nach Auswahl Samengruppen von bestimmter Zahl mit gleichem Gewicht und hat so zur Bestimmung in den Samen und den daraus gewachsenen Keimlingen zwei eindeutige Bezugsgrößen. Für die Umrechnung kann man dann bei gleichen Mengen Ausgangsmaterial nach folgender Formel rechnen:

$$X = \frac{v \cdot g}{w}.$$

v = Volumen des Extraktes oder Destillates.
w = Volumen des zur Reaktion verwendeten Tropfens.
g = die bei der Reaktion erhaltene Menge des Reaktionsproduktes in γ.

Die Menge g, die im Reaktionstropfen erscheint, wird folgendermaßen geschätzt:

Man stellt sich von reiner Substanz Verdünnungen in laufender Serie her, also 1 : 100, 1 : 1000, 1 : 10000, 1 : 50000, 1 : 100000 bis 1 : 1000000. Fällt beispielsweise bei einer Verdünnung von 1 : 50000 und Verwendung von einem Tropfen von 0,1 cm^3 eben noch ein deutliches Reaktionsprodukt aus, so berechnet sich die eben noch mit dieser Methode erfaßbare Menge mit 2 γ. Da ein gleich großer Reagenstropfen verwendet wurde, ist die Empfindlichkeit 1 : 100000. Stellt man sich nun von allen Verdünnungen Reaktionsprodukte von also bekannter Menge des Stoffes als Standardmengen her, so läßt sich die beim Bestimmen dieses Stoffes aus der *Pflanze* erhaltene Menge durch Vergleich mit den Standardpräparaten annähernd schätzen. Entspricht also die Krystallmasse in dem aus dem Pflanzenmaterial gewonnenen Tropfen etwa der Standardreaktion bei der Verdünnung 1 : 20000, so waren im Tropfen etwa 5 γ nachweisbar. Man rechnet nun entweder auf die verwendete Menge Pflanzenmaterial um und vergleicht die Gesamtmengen, oder vergleicht direkt die Mengen der Objektträgerreaktionen. Bei fortlaufender Arbeit gewinnt man sehr bald ein richtiges Augenmaß.

Liegen also vergleichsweise Mengen von etwa 2 γ, 5 γ, 10 γ, 20 γ usw. vor, so verhalten sich die Mengen wie 1 : 2,5 : 5 : 10, was wir häufig auch durch Sternchen *, **, ***, **** ausdrücken.

Natürlich lassen sich solche Vergleichsschätzungen nur durchführen, wenn Form und Größe der Krystalle des Reaktionsproduktes annähernd gleich sind, was aber meistens der Fall ist.

Man muß nur festhalten, daß die geschätzte Menge nicht anzeigt, wieviel in dem Material *enthalten war*, sondern nur wieviel unter den Bedingungen der Aufarbeitung und Reaktion *erfaßbar* war. Da aber die Bedingungen für die zu vergleichenden Präparate annähernd gleich sind, gibt der Vergleich doch ein richtiges Bild.

Verwendbar sind hierfür natürlich nur Reaktionen von hoher Empfindlichkeit bzw. Erfassungsgrenze (mindestens 10 γ, unempfindlichere Reaktionen sind überhaupt nicht mehr als histochemische zu bezeichnen), die möglichst wenig Störungen unterliegen und möglichst gleichmäßigen Ausfall haben.

Literatur.

(1) Sitzungsber. K. Akad. Wiss. Wien, Math.-naturw. Kl., Abt. I, **130**, 296 (1921).

(2) FABRE, R.: Bull. Soc. Chim. de France (4), **37**, 1304 (1925); Bull. Soc. Chim. Biol. **7**, 1024 (1925).

(3) HAITINGER, M.: Mein Fluorescenzmikroskop mit einfachen Mitteln. Mikrochemie **8**, 81, (1930).

(4) KEMPF, R.: Ztschr. anal. Ch. **62**, 284 (1923). — (5) KLEIN, G.: Histochemie im Dienst der Warenkunde. Handbuch der organischen Warenkunde. Stuttgart 1928; Praktikum der Histochemie. Berlin: Julius Springer 1929. — (6) Organisch gebundener Phosphor. Planta **2**, 497 (1927); Organisch gebundenes Magnesium und Schwefel. Österr. Bot. Ztschr. **76**, 15. — (7) Ein bewährter Mikroschmelzpunktapparat. Mikrochemie **7**, 192 (1930). — (8) KLEIN, G., H. LINSER: Fluorescenzanalytische Untersuchungen an Pflanzen. Österr. Bot. Ztschr. **79**, 125 (1930). — (8a) Fluorometrische Bestimmung von Glycosiden-Aesculin. Bioch. Ztschr. **219**, 51, 1930. — (9) KLEIN, G., u. Mitarbeiter: Alkaloide I—XVI. Österr. bot. Ztschr. 1927—30. — (10) KLEIN, G., u. M. STEINER: Ammoniak und Amine. Jahrb. f. wiss. Bot. **68**, 602, 1928. — (11) KLEIN, G., u. K. TAUBÖCK: Harnstoff. Österr. bot. Ztschr. **76**, 195 (1927); Harnstoff und Ureide bei höheren Pflanzen. Jahrb. f. wiss. Bot. B **73**, 139 (1930). — (12) KLEIN, G. u. O. WERNER: Flavone. HOPPE-SEYLER **9**, 143 (1925); Oxysäuren. Ebenda **9**, 141 (1925). — (13) KÖGEL, G.: Photogr. Korr. **64**, Nr 1 (1928); Die chemische Fabrik **1**, 55 (1929); Die Fluorescenzanalyse. Dieses Handbuch, S. 401.

(14) LINSER, H.: Mikrochemie. 1931.

(15) MAYRHOFER, A.: Physikalische Konstanten im Dienste der Arzneimittelprüfung mit Mikromethoden. Pharm. Monatsh. **1926**, Nr 4—7. Wien. — (16) MOLISCH, H.: Mikrochemie der Pflanze, 3. Aufl. Jena 1923.

(17) WEINSCHENK, E.: Anleitung zum Gebrauch des Polarisationsmikroskopes. Freiburg i. Br.: Herder 1910. — (18) WERNER, O., Mikrochemie **1**, 33 (1923).

9. Allgemeine physikalische Methoden.

Von **JOHANN MATULA**, Wien.

Mit 11 Abbildungen.

Für die Charakterisierung und Identifizierung von Stoffen sind neben ihren chemischen auch ihre physikalischen Eigenschaften von Bedeutung. Auch bei der Verfolgung chemischer Vorgänge können physikalische Änderungen mit Vorteil als Indicator herangezogen werden. Besonders wertvoll erweisen sich physikalische Methoden in der quantitativen Analyse, wo mit ihrer Hilfe zeitraubende analytische Verfahren vermieden oder manchmal die quantitative Bestimmung erst ermöglicht werden kann. Physikalische Methoden sind in erster Linie Messungsmethoden. Die unmittelbar durch Messung gewonnenen Zahlen sind meist nicht ohne weiteres verwertbar, sondern müssen rechnerisch ausgewertet werden. Da jede Messung aber ihre Empfindlichkeits- und Fehlergrenze hat, muß die Rechnung diese Grenzen berücksichtigen. Sie darf nicht genauer sein als die Messung. Es hat keinen Sinn, ein Messungsresultat durch eine Zahl von vielen Dezimalstellen auszudrücken, wenn es sich bei Wiederholungen nicht einmal in der zweiten Stelle reproduzieren läßt. Es ist wichtig, daß man sich bei jeder Methode ihrer Genauigkeitsgrenze bewußt ist.

a) Die Bestimmung des spezifischen Gewichtes.

Unter *spezifischem Gewicht* oder *Dichte* eines Körpers versteht man das Gewicht der Volumseinheit desselben oder das Verhältnis seines Gewichts zu seinem Volumen (gemessen in Grammen und Kubikzentimetern). Da das Volumen eines Körpers auch von der Temperatur abhängt, so muß das spezifische Gewicht auf eine bestimmte Temperatur bezogen werden.

1. Bestimmung der Dichte von Flüssigkeiten.

Die Dichte einer Flüssigkeit kann daher durch Ermittlung des Gewichtes eines bekannten Volumens der Flüssigkeit bestimmt werden. Wird nur eine mittelmäßige Genauigkeit angestrebt, so genügt es, aus einer Pipette oder Bürette ein abgemessenes Flüssigkeitsquantum in ein verschließbares Wägegläschen einlaufen zu lassen und das Gewicht dieser Flüssigkeitsmenge zu bestimmen. Je größer dieses Flüssigkeitsvolum gewählt wird, um so genauer ist die Messung.

Zur Ausführung exakterer Bestimmungen bedient man sich sog. *Pyknometer*, das sind Gefäße von möglichst genau abgegrenztem Volumen, in welche die zu messende Flüssigkeit von genau definierter Temperatur eingefüllt und hernach gewogen wird. Das Pyknometer muß natürlich zuerst leer und dann gefüllt gewogen werden. Bei größeren Flüssigkeitsmengen (30—100 cm³) können als Pyknometer die gebräuchlichen *Meßkolben* verwendet werden. Man füllt sie etwas über die Marke und senkt sie für ca. 15 Minuten in ein Wasserbad von bekannter und konstanter Temperatur (Thermostat), entfernt hernach mittels Pipette die über der Marke befindliche Flüssigkeit, trocknet den Meßkolben mit einem Leinentuch außen gründlich ab und wägt.

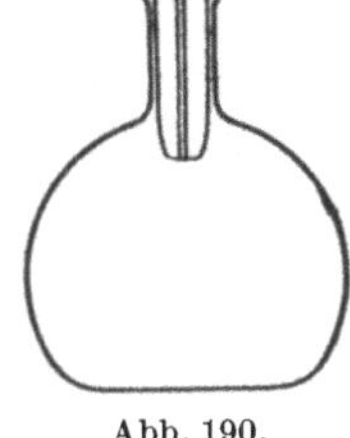
Abb. 190.

Bei kleineren Flüssigkeitsmengen (10 cm³ und weniger) muß das Volumen des *Pyknometers* schärfer abgegrenzt werden können. Zu diesem Zweck verwendet man Pyknometer eigener Form. So besitzt das in Abb. 190 dargestellte Pyknometer einen eingeschliffenen Glasstöpsel, der aus einem starkwandigen Capillarrohr hergestellt wurde und gegen das Innere des Gefäßes zu in konischer Form etwas vorspringt. Das Gefäß wird bis oben mit der zu messenden Flüssigkeit gefüllt und dann der Stöpsel aufgesetzt, wobei die überschüssige Flüssigkeit durch die Capillare abfließt. Das Volumen des Fassungsraumes wird durch Füllung des Pyknometers mit destilliertem Wasser oder Quecksilber von bestimmter Temperatur und Ermittlung des Gewichtes dieser Wasser- bzw. Quecksilbermenge bestimmt. Die Division dieses Gewichtes durch das spezifische Gewicht des Wassers bzw. Quecksilbers für die bestimmte Temperatur ergibt das Volumen des Fassungsraumes in Kubikzentimetern[1].

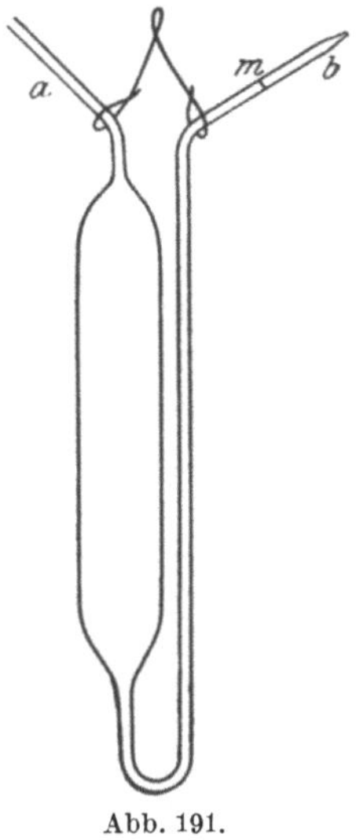

Sehr praktisch ist auch das OSTWALD-SPRENGELsche Pyknometer, welches ein bequemes Einhängen in den Wasserthermostaten gestattet (Abb. 191). Dieses stellt ein dünnwandiges Glasgefäß von der Form einer Vollpipette vor, deren Auslaufrohr nach oben gekrümmt und nahe dem Ende mit einer Marke *m* versehen ist. Die röhrenförmigen Teile des Gefäßes sind nur bedeutend enger als bei den gebräuchlichen Pipetten und bestehen aus weiteren Capillarröhren.

Abb. 191.

Die Füllung des Pyknometers geschieht durch das Rohr *b* und Ansaugen am Rohr *a* (vgl. Abb. 191). Das vollständig gefüllte Pyknometer wird mittels einer Drahtschlinge in das Wasserbad eingehängt und auf die gewünschte Temperatur gebracht, wobei überschüssige Flüssigkeit austritt. Das Einstellen auf die Marke *m* geschieht durch Absaugen von Flüssigkeit durch Filtrierpapier beim Rohr *a*. Hat man zuviel abgesaugt, so kann man, indem man mit einem Glasstab einen Tropfen der Flüssig-

[1] Die spezifischen Gewichte von H_2O und Hg in Abhängigkeit von der Temperatur sind in den einschlägigen Handbüchern und Tabellenwerken (vgl. Literaturverzeichnis 3, 4, 7) zu ersehen. Im übrigen kann bei nicht allzu großen Genauigkeitsansprüchen das spezifische Gewicht des Wassers bei Zimmertemperatur als 1 angenommen werden. Der genaue Wert beträgt bei 18° C für Wasser 0,9986 und für Hg 13,5511.

keit an die Mündung von *a* bringt, das Minus ergänzen. Das Volumen des Pyknometers wird hier gleichfalls durch Füllung mit destilliertem Wasser bestimmt.

Für rasche, wenn auch weniger genaue Dichtebestimmungen, können auch, sofern die zu messende Flüssigkeit in genügender Menge vorliegt, geeignete *Aräometer* verwendet werden. Diese sind häufig in sog. „Baumé"-Grade geteilt (Bé°). Aus diesen kann das spezifische Gewicht *s* nach der Formel

$$s = \frac{144{,}3}{144{,}3 - \text{Bé}^0}$$

berechnet werden.

2. Bestimmung der Dichte fester Körper.

Feste Substanzen liegen dem Chemiker meistens in Form krystallinischer Pulver oder in anderen Formen vor, die eine Ermittlung des Volumens durch direkte Abmessung ausschließen. Zur Bestimmung des Volums bringt man diese Substanzen in indifferente Flüssigkeiten und ermittelt das Volum der verdrängten Flüssigkeitsmenge. Am besten benützt man hierzu das in Abb. 190 angegebene Pyknometer. Man wägt ein gewisses Quantum der Substanz ab und findet als Gewicht m_1. Dann füllt man das leere Pyknometer mit einer Flüssigkeit, welche die Substanz weder löst noch sonstwie chemisch verändert, und bestimmt ihr Gewicht m_2. Jetzt bringt man die abgewogene Substanzmenge vom Gewicht m_1 in das Pyknometer, wodurch eine dem Volumen der Substanz gleiche Flüssigkeitsmenge abfließt und bestimmt das Gewicht von Substanz und Flüssigkeit m_3. Das Gewicht der verdrängten Flüssigkeitsmenge ist daher $m_1 + m_2 - m_3$. Das Volumen dieser Menge, wenn *s* das spezifische Gewicht der Flüssigkeit ist, ist daher $\frac{m_1 + m_2 - m_3}{s}$. Das spezifische Gewicht der Substanz ist daher gleich

$$\frac{s \cdot m_1}{m_1 + m_2 - m_3}.$$

Bei Ausführung der Messung ist besonders darauf zu achten, daß die Substanz keine Luftbläschen festhält, eventuell muß die Substanz in der Flüssigkeit etwas erhitzt werden. Wie leicht einzusehen ist, wird die Methode um so genauere Resultate liefern, je größer die Menge des festen Körpers ist. Bei sehr kleinen Mengen kann sie unmöglich werden.

In Fällen, wo nur kleine Substanzmengen zur Verfügung stehen, ist die sog. *Schwebemethode* zu empfehlen. Diese Methode kann mit kleinsten Substanzmengen ausgeführt werden und ist obendrein die genaueste. Sie hat nur den Nachteil, daß man Körper von einer Dichte über 3,3—3,5 nicht messen kann. Derartige Stoffe kommen aber dem Pflanzenchemiker kaum unter. Das Prinzip der Methode besteht darin, daß man zwei miteinander mischbare Flüssigkeiten wählt, von denen die eine eine geringere, die andere eine größere Dichte als der zu messende Körper besitzt. Man läßt nun die Substanz in Form eines nicht zu feinen Pulvers in der leichteren Flüssigkeit untersinken und mischt sie mit der schwereren Flüssigkeit so lange, bis die untergesunkenen Pulverteilchen in der Flüssigkeit schweben bzw. eben aufzusteigen beginnen. Dann ist das spezifische Gewicht des Flüssigkeitsgemisches, das mittels einer der früher erwähnten Methoden bestimmt wird, gleich dem des festen Körpers.

Für wasserunlösliche Substanzen ist als Schwebeflüssigkeit eine wäßrige Lösung von Kalium oder Bariumquecksilberjodid zu empfehlen, die im gesättigten Zustand ein spezifisches Gewicht von 3,5 besitzt, so daß sich durch Verdünnen mit Wasser Lösungen von Dichten zwischen 1 und 3,5 herstellen lassen. Für wasserlösliche Stoffe eignen sich vor allem Gemische von Methylenjodid oder auch Acetylentetrabromid mit Benzol, Xylol oder Toluol, mit welchen sich Dichten zwischen 0,9—3,3 bestimmen lassen. Für Körper, deren spezifisches Gewicht um 1—2 herum liegt, lassen sich leicht auch weniger kostspielige Flüssigkeitsgemische (Schwermetallsalzlösungen, Chloroform usw.) ausfindig machen.

Bei der praktischen Ausführung der Methode wird man die Beobachtung machen, daß nicht alle Teilchen gleichzeitig aufzusteigen beginnen. Das rührt daher, daß einige Teilchen durch Einschlüsse, Hohlräume u. dgl. leichter erscheinen. Im allgemeinen wird man auf die zuletzt aufsteigenden Teilchen zuachten haben.

b) Bestimmung des Schmelzpunktes.

Zur Identifizierung und Charakterisierung organischer Substanzen, sowie bei bekannten Substanzen zur Kontrolle ihrer Reinheit wird sehr häufig die Bestimmung ihres Schmelzpunktes herangezogen. Derartige Bestimmungen haben natürlich nur dann einen Wert, wenn der zu untersuchende Körper eine Erhitzung bis zum Schmelzpunkt ohne Zersetzung verträgt. Eine solche äußert sich meist in einer Verfärbung (Braun- bis Schwarzwerden) der Schmelze. Die Bestimmung der meist sehr hohen Schmelzpunkte anorganischer Körper ist wohl für den Pflanzenchemiker kaum von Interesse, weshalb wir uns hier auf die Bestimmung des Schmelzpunktes organischer Substanz beschränken wollen.

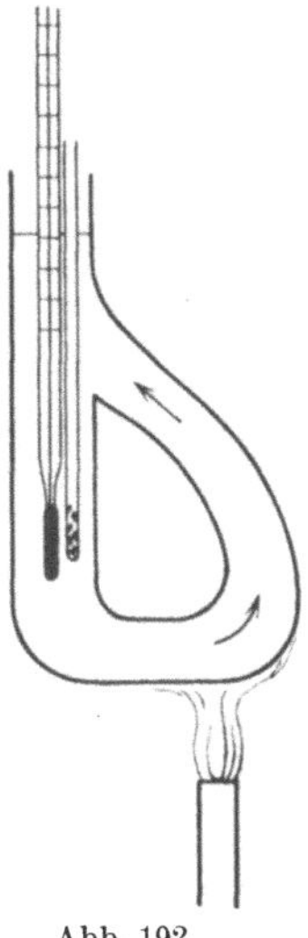

Abb. 192.

Die Ermittlung des Schmelzpunktes geschieht in der Weise, daß man eine kleine Menge der zu untersuchenden Substanz (einige Kryställchen oder feines Pulver) in ein sog. Schmelzröhrchen, das ist ein etwa 1 mm weites, unten geschlossenes, dünnwandiges Capillarrohr, einbringt. Dieses Röhrchen wird nun mit Hilfe eines Tropfens konzentrierter Schwefelsäure durch Adhäsion an ein Thermometer befestigt, derart, daß das die Substanz enthaltende Röhrchenende der Thermometerkugel anliegt. Das Thermometer mit dem Röhrchen wird nun in ein Gefäß mit einer hochsiedenden Flüssigkeit, am besten konzentrierter Schwefelsäure, getaucht. Man erwärmt nun die Schwefelsäure und bestimmt zunächst approximativ den Schmelzpunkt; dann kühlt man etwas unter den Schmelzpunkt ab und bestimmt unter möglichst langsamer Temperaturzunahme (womöglich mit einer neuen Probe) neuerlich den Schmelzpunkt. Man kann auf diese Weise leicht eine Genauigkeit bis auf $^1/_4{}^0$ C erreichen. Um stärkere Temperaturunterschiede zu vermeiden, muß das Wärmebad stetig gerührt werden. Noch besser ist es, den Schmelzpunktbestimmungsapparat nach THIELE zu verwenden (Abb. 192), welcher aus einem Rohr mit seitlichem henkelförmigem Rohransatz besteht. Die Erwärmung geschieht am Henkel, so daß die Schwefelsäure in eine ständige kreisende Bewegung versetzt und auf diese Weise eine automatische Rührung erzielt wird. Behufs größerer Genauigkeit beachte man den Beginn des Schmelzvorganges (Abrunden der Ecken und Kanten bzw. Klärung der undurchsichtigen Pulver) mit der Lupe.

c) Bestimmung des Siedepunktes.

Namentlich bei Stoffen, die bei gewöhnlicher Temperatur flüssig sind, wird an Stelle des Erstarrungspunktes meist der Siedepunkt für ihre Charakterisierung und Reinheitsprüfung benützt. Da namentlich gasfreie Flüssigkeiten sich leicht über den Siedepunkt erhitzen (Siedeverzug), taucht man das Thermometer nicht in die Flüssigkeit selbst, sondern bringt es so an, daß sich die Thermometerkugel in dem Dampfraum über der Flüssigkeit befindet. Als Siedegefäß eignen sich für gewöhnliche Zwecke die bekannten langhalsigen Destillierkolben mit seitlichem

Ansatzrohr, durch das die Dämpfe entweichen können bzw. in einem angesetzten Kühler wieder kondensiert werden können. Das Thermometer wird mittels eines Kautschuk- oder Korkstöpsels in den Hals luftdicht aufgesetzt. Zur Vermeidung von Wärmeverlusten umgibt man den Hals zweckmäßig mit einem Filz- oder Asbestmantel, wobei man einen Längsspalt zur Beobachtung des Thermometers frei läßt, da der Quecksilberfaden innerhalb des Kolbenhalses liegen soll.

Noch besser eignen sich sog. Sideröhren, wie eine solche nach KAHLBAUM in Abb. 193 abgebildet ist. Der Dampf strömt hier durch das Rohr *a* ab, das in das weitere Siederohr *b* eingeschlossen ist. Das Ganze ist luftdicht auf einen Kolben aufgesetzt, in dem sich die siedende Flüssigkeit befindet. In das Rohr *a* ragt das Thermometer. Der Vorteil liegt einmal darin, daß der Dampf im Rohr *a* durch die äußere Dampfhülle vor Abkühlung geschützt ist, und zweitens, daß das Thermometer nicht von Tropfen der überhitzten Flüssigkeit bespritzt werden kann. Um den Siedeverzug zu vermeiden, bringt man in die Flüssigkeit Glasperlen, einseitig geschlossene Capillarröhren, Granaten, Platintetraeder u. dgl. hinein. Sehr gut ist es auch, in den Boden des Siedekolbens einen stärkeren Platindraht einzuschmelzen. Wegen seines guten Wärmeleitvermögens bilden sich an ihm zuerst Dampfbläschen, wodurch der Siedeverzug hintangehalten wird, da bei Berührung der Flüssigkeit mit ihrem Dampf keine Überhitzung stattfinden kann. Hat die Flüssigkeit zu sieden begonnen, so wird das Thermometer beobachtet, bis es zu steigen aufhört. Diese Temperatur ist dann der Siedepunkt.

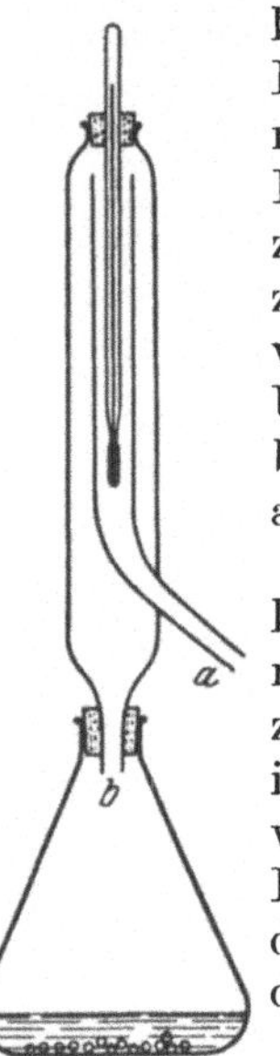

Abb. 193.

Für die Bestimmung des Siedepunktes von kleinen Flüssigkeitsmengen ist dieses Verfahren nicht anwendbar. Hier kann man ein von SMITH und MENZIES angegebenes Verfahren benützen. Die Flüssigkeit kommt in eine kleine Glaskugel, die oben in ein nach unten umgebogenes Glasrohr ausläuft. Diese Kugel wird an ein Thermometer befestigt und mit diesem in eine Flüssigkeit von höherem Siedepunkt eingetaucht. Analog wie bei der Schmelzpunktbestimmung wird nun langsam erwärmt und der Moment des Siedens festgestellt.

Da der Siedepunkt vom Luftdruck abhängt, muß bei exakteren Bestimmungen auch der Barometerstand angegeben werden.

Nur chemisch reine Flüssigkeiten geben konstante Siedepunkte. Bei Flüssigkeitsgemischen ändert sich der Siedepunkt mit dem Verdampfen der leichter flüchtigen Komponente.

Über den Siede- und Erstarrungspunkt von Lösungen vgl. den Abschnitt „Molekulargewichtsbestimmung".

d) Löslichkeit.

Die Löslichkeit einer Substanz in einem Lösungsmittel wird durch die maximale Menge dieser Substanz charakterisiert, die sich in einer bestimmten Menge des Lösungsmittels zu lösen vermag. Diese Maximalmenge kann in Grammen oder Molen bzw. Äquivalenten ausgedrückt werden und wird meist auf 100 cm³ oder 1000 cm³ des Lösungsmittels oder der Lösung bezogen. Exakter ist es, sie auf 100 g bzw. 1000 g zu beziehen, da Gewichtsmengen, nicht aber Volumsmengen temperaturunabhängig sind. Da die Löslichkeit eines Stoffes sich mit der Temperatur ändert, so muß sie auf eine bestimmte Temperatur bezogen werden.

Unsere Darstellung soll sich auf die Löslichkeit fester Stoffe in Flüssigkeiten beschränken. Die Löslichkeitsbestimmung von gasförmigen Stoffen erfordert besondere methodische Maßnahmen. Da sie für die Zwecke des Analytikers wenig in Betracht kommt, kann hier nicht weiter darauf eingegangen werden, und es sei diesbezüglich auf die Spezialwerke für chemisch-physikalische Methodik verwiesen.

Die Bestimmung der Löslichkeit bei gut löslichen festen Substanzen gestaltet sich sehr einfach. In einen verschließbaren Erlenmeyerkolben wird eine gemessene Menge des Lösungsmittels eingebracht und nun dazu die zu lösende Substanz im Überschuß gegeben. Man erwärmt unter entsprechendem Schütteln auf eine höhere Temperatur als jene, für welche man die Löslichkeit zu ermitteln gedenkt. Bei den meisten festen Körpern löst sich in der Wärme oft beträchtlich mehr als bei niedriger Temperatur. Geht nichts mehr in Lösung, so bringt man die Kolben in einen Thermostaten von der gewünschten Temperatur, wobei sich ein Teil des im Überschuß Gelösten abscheidet. Hat der Kolbeninhalt die Temperatur des Gelösten angenommen, so entnimmt man unter Vermeidung von Abkühlung mit einer Pipette eine bestimmte Menge der klaren gesättigten, über dem Bodenkörper befindlichen Lösung. Diese Menge kommt in ein verschließbares Wägeglas und wird gewogen, und dann wird nach irgendeinem entsprechenden, analytischen Verfahren oder im einfachsten Falle durch Verjagen des Lösungsmittels die Menge des Gelösten bestimmt.

Nicht so einfach ist die Ermittlung der Löslichkeit von schwerlöslichen Stoffen, da es dann oft längere Zeit braucht, bis der Sättigungsgrad erreicht wird. Man befestigt den das Lösungsmittel mit dem schwerlöslichen Stoff enthaltenden, gut verschließbaren Kolben an einer mit einem Motor betriebenen Drehvorrichtung, die in einen Thermostaten eingesenkt ist und schüttelt viele Stunden, ja oft mehrere Tage hindurch. Für Bestimmungen bei Zimmertemperatur genügt das Schütteln in einer Schüttelmaschine. Große Schwierigkeiten bereitet oft die Bestimmung der Menge des Gelösten. Bei schwerlöslichen Elektrolyten kann ihre quantitative Bestimmung mittels der Leitfähigkeit der gesättigten Lösung durchgeführt werden. (Vgl. Abschnitt „Elektrische Leitfähigkeit".)

e) Bestimmung der Viscosität.

Verschiedene Flüssigkeiten und Lösungen besitzen einen verschiedenen Grad der Verschieblichkeit ihrer Teile gegeneinander. Wir sprechen von der *Fluidität* bzw. *Viscosität, Zähigkeit* oder *inneren Reibung* der Flüssigkeit. Bei Lösungen insbesonders hochmolekularer Körper kann diese innere Reibung sehr beträchtlich werden, und je nach der Konzentration und sonstiger Umstände können alle Übergänge zwischen dem leichtflüssigen, zähflüssigen und festen (gallertigen) Zustand existieren. Bei solchen Stoffen ist die Ermittlung des Zähigkeitsgrades oder Viscosität mitunter auch für die Charakterisierung und Konzentrationsschätzung dieser Substanzen von Bedeutung. Außerdem lassen sich auch Änderungen der Substanz (Abbauvorgänge u. dgl.) sehr bequem mit Hilfe der Änderung der Reibung mindestens qualitativ verfolgen. Die Zähigkeit oder innere Reibung wird bei nicht allzu viscösen Flüssigkeiten gemessen durch die Flüssigkeitsmenge, welche ein Capillarrohr bei Anwesenheit eines bestimmten Druckes während einer bestimmten Zeit durchfließt. Nach dem Gesetz von HAGEN und POISEUILLE ist dieses Volumen gleich

$$V = \frac{\pi p t r^4}{8 \varrho l},$$

wobei π die LUDOLPHsche Zahl, t die Ausflußzeit durch die Capillare, p den Druck unter dem die Flüssigkeit ausströmt, r den Durchmesser und l die Länge der Capillare bedeutet, während ϱ eine von der Natur der Flüssigkeit abhängige Konstante, der sog. *Reibungskoeffizient,* ist.

Diesen wird man experimentell so bestimmen, daß man durch eine Capillare von bekannter Länge und Querschnitt die zu messende Flüssigkeit unter konstantem und bekanntem Druck ausströmen läßt und die Zeit bestimmt, welche ein gemessenes Volumen dieser Flüssigkeit hierzu benötigt. Man setzt diese Werte in obige Formel ein und kann so ϱ ausrechnen. Einfacher und genauer ist es jedoch, anstatt dieses sog. *absoluten Reibungskoeffizienten* den sog. *relativen* zu bestimmen, bei dem die Viscosität der Flüssigkeit mit der des Wassers, die gleich 1 gesetzt wird, verglichen wird. Man läßt also einmal ein bestimmtes Volumen Wasser, ein andermal dasselbe Volumen der zu untersuchenden Flüssigkeit unter gleichem Druck durch eine Röhre strömen und bestimmt die Durchflußzeiten t_0 und t. Das Verhältnis $\frac{t}{t_0}$ gibt den relativen Reibungskoeffizienten an.

Für die Bestimmung des relativen Reibungskoeffizienten mit Hilfe der Capillardurchströmung sind verschiedene Apparate angegeben worden. Am einfachsten und sichersten arbeitet das Viscosimeter nach OSTWALD (Abb. 194) mit aufrecht stehender Capillare. Dieser außerordentlich einfache Apparat besteht aus einer birnenförmigen Glaskugel von ca. 2—3 cm Fassungsinhalt, welche nach oben in ein kurzes Glasrohr ausgeht, das an einer Stelle ein nicht allzu enge, mit einer Strichmarke versehene Einschnürung besitzt. Nach unten zu mündet die Glasbirne in eine 10—12 cm lange Capillare, die nicht allzu eng (etwa 0,3 bis 0,5 mm) sein darf und nahe der Einmündung in die Birne gleichfalls eine Marke besitzt. Die Capillare geht am anderen Ende in ein weites Glasrohr über, das nach oben U-förmig umbiegt und in ein noch weiteres, aufrechtes Zylinderrohr mündet. Bei der Ausführung der Messung füllt man eine abgemessene Flüssigkeitsmenge (etwa das $1^1/_2$fache bis Doppelte dessen, was die Birne faßt), in das Zylinderrohr ein. Es ist zu beachten, daß bei allen Messungen die untereinander verglichen werden sollen, gleiche Flüssigkeitsvolumina verwendet werden müssen. Es wird nun mit Hilfe eines um das Rohr m befestigten Gummischlauches, der am Ende ein Glasmundstück trägt, Flüssigkeit in die Birne und das Rohr m gesaugt, so daß sie über die Marke zu stehen kommt. Nun läßt man die Flüssigkeit unter dem Einfluß der Schwere aus der Birne ausfließen und mißt mittels einer sog. Stoppuhr, welche eine Ablesung von 1 Fünftelsekunden gestattet, die Zeit, welche das zwischen den Marken m und m' befindliche Flüssigkeitsvolumen zum Ausfließen braucht. Man setzt also die Stoppuhr in Gang, wenn der Flüssigkeitsmeniskus die obere Marke m passiert, und bringt sie beim Passieren der unteren Marke m' durch neuerliches Abdrücken zum Stillstand. Da die Viscosität von der Temperatur stark abhängig ist, muß sich das Viscosimeter in einem Wasserbad von konstanter Temperatur befinden. Die Wände des Wasserbades müssen durchsichtig sein; sehr gut eignen sich die von OSTWALD angegebenen durchsichtigen Glasthermostaten, wie sie von *F. Köhler* in Leipzig in den Handel gebracht werden. Hinter den Thermostaten stellt man zur besseren Beobachtung eine mattierte Glühlampe auf. Man bestimmt zuerst in der angegebenen Weise die Durchflußgeschwindigkeit von reinem Wasser bei der gewählten Versuchstemperatur. Diese Zeit nennt man den *Wasserwert* des Viscosimeters. Für Flüssigkeiten, deren Reibungskoeffizient zwischen 1 und 2 liegt, soll dieser Wasserwert etwa 500 Fünftelsekunden betragen. Sollte ein Viscosimeter trotz richtiger Länge (10—12 cm) und Durchmesser der Capillare $^1/_3$—$^1/_4$ mm einen kleineren Wasserwert zeigen, so kann man dem abhelfen, daß man die Birne durch den

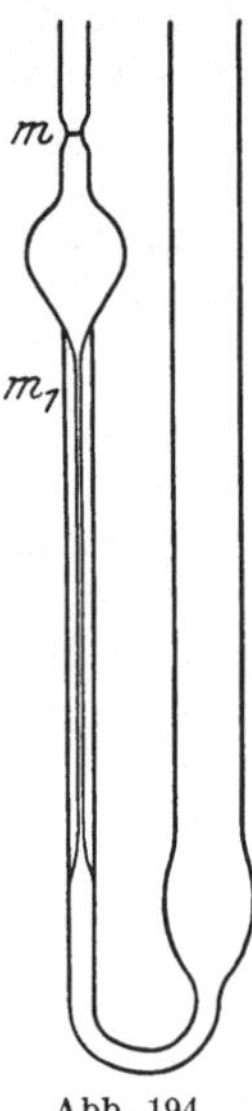

Abb. 194.

Glasbläser etwas erweitern läßt. Nach der Bestimmung des Wasserwertes wird die Versuchsflüssigkeit eingefüllt und deren Durchflußgeschwindigkeit bestimmt und der relative Reibungskoeffizient nach obiger Formel ausgerechnet. Ist das spezifische Gewicht der Flüssigkeit von dem des Wassers verschieden, so strömt sie unter einem anderen Druck aus als dieses. Es ergibt sich somit eine geringere bzw. größere Ausströmungszeit als dies der Fall wäre, wenn man die Flüssigkeit unter gleichem Druck ausströmen ließe. Da der Druck dem spezifischen Gewicht proportional ist, beträgt der relative Reibungskoeffizient in diesem Falle nicht einfach $\frac{t}{t_0}$, sondern $\frac{t}{t_0} \cdot s$, wobei s die auf Wasser von gleicher Temperatur bezogene Dichte der Flüssigkeit bedeutet. Bei wäßrigen Lösungen von nicht zu hoher Konzentration kann s ohne nennenswerten Fehler als 1 angenommen werden.

Die Bestimmung des Wasserwertes sowie der Durchströmungszeit der Untersuchungsflüssigkeit soll mehrmals wiederholt werden. Die Bestimmungen sollen (Konstanz der Temperatur und regelmäßiger Gang der Stoppuhr vorausgesetzt) nicht mehr als um 1 Fünftelsekunde differieren. Sind die Abweichungen trotzdem größer und unregelmäßig, so ist dies ein Zeichen, daß Störungen vorliegen, welche die Abflußzeit verlangsamen. Man darf daher nicht wie bei anderen physikalischen Messungen einen Mittelwert aus solchen Schwankungen errechnen, da dieser unter allen Umständen zu hoch ist. Bei schwankenden Resultaten liegt die niedrigste Ausflußzeit der wahren am nächsten. Die Verzögerung der Ausflußzeit hat in erster Linie ihre Ursache in kleinen festen Teilchen (Staubpartikelchen und Fäserchen), die in der Flüssigkeit schweben. Solange diese das Capillarrohr ungehindert passieren, sind sie unschädlich. Wenn sie sich aber im Capillarrohr verkeilen oder auch nur kurze Zeit an seiner Wand adhärieren, so verlängern sie oft beträchtlich die Ausflußzeit. Die zu untersuchende Flüssigkeit muß unbedingt von solchen gröberen Teilchen frei sein. Die Befreiung von diesen ist nicht immer leicht. Filtrieren nützt häufig nicht viel, da durch das Filtrierpapier Papierfasern und Staubteilchen in die Flüssigkeit gelangen. Auf jeden Fall benütze man nur gehärtete Filter und verwende den zuerst filtrierenden Anteil nicht zur Bestimmung. Besser ist es, die Untersuchungsflüssigkeit in einem hohen Rohr oder Gefäß staubgeschützt längere Zeit ruhig stehen zu lassen, um den gröberen Partikelchen Zeit zu gewähren, sich abzusetzen. Die Versuchsflüssigkeit wird dann den oberen Flüssigkeitspartien entnommen. Auch ist es empfehlenswert, durch Glaswolle zu filtrieren. Es gelangen wohl zahlreiche Glashaare in die Flüssigkeit, die sich aber wegen ihrer Schwere rasch absetzen, so daß die oberen Flüssigkeitsanteile frei von ihnen sind. Abgesehen von diesen Verunreinigungen kann die Ausflußgeschwindigkeit durch Flüssigkeit, welche in den Saugschlauch gelangt ist (z. B. Mundspeichel) verzögert werden, da diese sich im Schlauch oft zu queren Flüssigkeitslamellen ausbreiten und so das Ausströmen bremsen.

Nach der Messung wird das Rohr entleert, mit Wasser gewaschen, welches bei *b* eingefüllt wird und mittels einer Saugpumpe durch Capillare und Birne gesaugt wird. Bei eiweißhaltigen Flüssigkeiten wäscht man zweckmäßig zuerst mit verdünnter Sodalösung. Nach gründlichem Waschen mit destilliertem Wasser wäscht man in gleicher Weise mit Alkohol und eventuell fettfreiem Äther nach und trocknet mittels Durchsaugen von Luft, wobei man die Röhre gleichzeitig über einer Flamme erwärmt. Es ist darauf zu achten, daß der Alkohol restlos auch aus der Capillare entfernt wird, da selbst Spuren von Alkohol die Reibung des Wassers meßbar erhöhen und in eiweißhaltigen Flüssigkeiten auch schwer entfernbare Koagulationen innerhalb der Capillare hervorrufen können.

Es ist noch zu bemerken, daß dem relativen Reibungskoeffizienten nicht der absolute Charakter anderer physikalischer Zahlenwerte zukommt, sondern daß der Wert bis zu einem gewissen Grade von dem verwendeten Viscosimeter abhängt. Im allgemeinen erhält man nur mit Viscosimeter, die aus derselben Capillare hergestellt sind, für ein und dieselbe Flüssigkeit gleiche Werte des Reibungskoeffizienten. Bei Verwendung von Viscosimetern mit verschiedenem Capillare differieren diese Koeffizienten in mehr oder minder hohem Grad. Je enger die Capillaren sind, um so kleiner werden diese Differenzen bei Verwendung verschiedener Capillaren. Die Anwendung zu enger Capillaren verbietet sich aber wegen der Unmöglichkeit, viele Flüssigkeiten von den schwebenden, festen Verunreinigungen zu befreien. Will man daher innerhalb einer Untersuchung die verschiedenen Reibungskoeffizienten untereinander vergleichen, so arbeite man nur mit einem Viscosimeter oder mit Viscosimetern, die aus ein und demselben Capillarrohr hergestellt wurden.

Für sehr viscöse Flüssigkeiten, deren Ausflußgeschwindigkeit das Vielfache jener des Wassers beträgt, kann man enge Viscosimeter überhaupt nicht benützen. Wenn es auf nicht allzu große Genauigkeit ankommt, kann man in einfacher und rascher Weise zum Ziel kommen, wenn man einfach die Ausflußgeschwindigkeit aus einer 10—20 cm^3 fassenden Vollpipette bestimmt. Namentlich bei Untersuchungen, wo es hauptsächlich auf die Änderung der Viscosität ankommt und weniger auf ihren absoluten Wert, wird diese einfache Methode von Vorteil sein.

Was die Genauigkeit der Viscositätsmessung anbetrifft, so zählt sie, wenn man die obigen Vorsichtsmaßregeln beachtet, zu einer der präzisesten und empfindlichsten Meßmethoden der physikalischen Chemie, deren Genauigkeit durch Vergrößerung der Durchflußgeschwindigkeit noch beträchtlich gesteigert werden kann. Leider sind quantitative Beziehungen zwischen den beobachteten Werten und Änderungen der Flüssigkeitseigenschaften nicht so ohne weiteres möglich. Immerhin ist es möglich, Änderungen und Vorgänge mit Hilfe der Viscositätsmessung zu erschließen, die sonst auf keinem anderen Wege festgestellt werden können.

f) Molekulargewichtsbestimmung.

Die Grundlage für Molekulargewichtsbestimmungen bildet die AVOGADROsche Theorie, nach welcher in gleichen Raumteilen aller Gase bei gleichem Druck und gleicher Temperatur gleichviel Moleküle enthalten sind. Dem Gewichte gleicher Gasvolumen sind daher unter gleichen Umständen ihre Molekulargewichte proportional. Die gleiche Anzahl von Gasmolekülen irgendwelcher Art nimmt daher bei gleichem Druck und gleicher Temperatur denselben Raum ein. Ein Grammol jedes Gases nimmt bei 0^0 und Atmosphärendruck (760 mm Hg) einen Raum von 22,4 Litern ein, bzw. übt bei 0^0 auf ein Volumen von 1 Liter zusammengepreßt einen Druck von 22,4 Atmosphären aus. Liegt daher ein einheitlicher Stoff in Gas- bzw. Dampfform vor, so kann, wenn wir Gewicht, Druck, Temperatur und Volumen dieses Gases oder Dampfes kennen, das Molekulargewicht ohne weiteres bestimmt werden. Die Abhängigkeit des Volums von Druck und Temperatur ist durch das bekannte BOYLE-MARIOTTEsche und GAY-LUSSACsche Gesetz gegeben.

Es hat sich ferner gezeigt, daß ein in einer Flüssigkeit aufgelöster Stoff sich in dieser genau so verhält, als wenn er im selben Raum als Gas enthalten wäre, d. h. die in einer Flüssigkeit befindlichen Moleküle des gelösten Stoffes üben einen *osmotischen* Druck aus, der gleich dem Gasdruck ist, den die entsprechende Anzahl irgendwelcher Gasmoleküle ausüben würde, wenn sie bei gleicher Temperatur in einem ebensolchen Raum, wie ihn die Flüssigkeit einnimmt, eingeschlossen wären.

Wir besitzen daher zwei Hauptprinzipien zur Bestimmung des Molekulargewichtes eines Stoffes. *Erstens* die Bestimmung der Dichte seines Dampfes unter bekannten Temperatur- und Druckbedingungen, *zweitens* die Bestimmung des osmotischen Druckes einer bekannten Lösung der Substanz bei bestimmter Temperatur.

α) *Bestimmung der Dampfdichte.*

Dieses Prinzip ist nur verwendbar bei solchen Substanzen, die ohne Zersetzung verdampft werden können. Praktisch wird es aber auch nur bei Substanzen verwendet werden können, deren Verdampfungstemperatur keine allzu hohe ist. Wohl sind auch für Substanzen von hoher Verdampfungstemperatur eigene Verfahren der Dampfdichtebestimmung angegeben worden, von denen aber hier abgesehen werden kann, denn in der Biochemie hat man es in erster Linie mit organischen Substanzen zu tun, deren Siedetemperaturen, sofern sie sich ohne Zersetzung verdampfen lassen, im allgemeinen unter 350° gelegen sind. Von den drei wichtigsten Verfahren der Dampfdichtebestimmung nach DUMAS, GAY-LUSSAC-HOFFMANN und V. MEYER soll nur das letztere als bequemstes und verbreitetstes beschrieben werden. Das Prinzip dieser Verfahren ist übrigens in den meisten größeren Lehrbüchern der Chemie dargestellt.

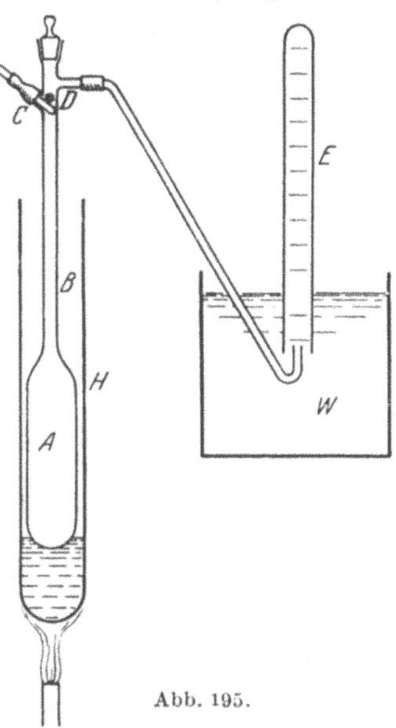

Abb. 195.

Das Prinzip der Dampfdichtebestimmung nach MEYER besteht darin, daß in einen über die Verdampfungstemperatur erhitzten Luftraum eine abgewogene Menge der zu verdampfenden Substanz gebracht wird. Sie verdampft und verdrängt ein dem Dampfvolumen gleiches Volumen an Luft. Diese verdrängte Luft wird in einem graduierten, zunächst mit Wasser gefüllten Meßrohr (Eudiometer) bei Zimmertemperatur aufgefangen, und das Volumen dieser Luftmenge bei Zimmertemperatur abgelesen. Dieses Volumen ist dann gleich dem auf Zimmertemperatur und dem herrschenden Barometerstand reduzierten Volumen des zu untersuchenden Dampfes. Man braucht also die Temperatur des gebildeten Dampfes nicht zu kennen, da die Reduktion auf Zimmertemperatur im Eudiometer sozusagen experimentell, ohne Rechnung geschieht.

Die in Abb. 195 abgebildete Apparatur besteht aus dem Verdampfungsgefäß A, welches mit einem zylindrischen Glasgefäß, das als Heizmantel dient, umgeben ist. Der erweiterte Teil des Verdampfungsgefäßes A geht in ein engeres, langes Rohr B aus, welches oben durch einen Glasstöpsel luftdicht abgeschlossen wird und zwei seitliche Rohransätze C und D trägt. Durch das Rohr C wird ein Glasstab gesteckt, der mit Hilfe eines Gummischlauches luftdicht an C befestigt wird und in das Innere von B hineinragt. D dient zur Ableitung der verdrängten Luft in das Eudiometer. Das Heizmantelrohr H wird unten mit einer hoch siedenden Substanz gefüllt, deren Siedepunkt jedenfalls höher als jener der zu messenden Substanz ist. Im Oberteil des Rohres D soll die Siedetemperatur nicht erreicht werden. Man erhitzt zunächst bei geöffnetem Verdampfungsrohr so lange, bis die Temperatur einigermaßen konstant geworden ist, und bringt eine abgewogene Menge der zu bestimmenden Verbindung am besten in einen kleinen, einseitig offenen, kurzen Glasröhrchen auf den quer gestellten Glasstab G, durch den ein Herabfallen in den Verdampfungsraum A behindert wird. Nun schließt man ab und zieht den Glasstab G etwas zurück, wodurch die Substanz im Verdampfungsraum A herunterfällt und darin zum Verdampfen gebracht wird. Die verdrängte Luft geht in das Eudiometer über. Steigen keine Luftblasen mehr auf, so liest man das Volumen v der Luft ab, wobei man das Eudiometer so tief in die pneumatische Wanne W eintaucht, daß der Wasserspiegel innen und außen auf gleichem Niveau steht.

Das bei einem Barometerstand b und einer Temperatur t gemessene Volumen v ist nun nach dem GAY-LUSSAC- und BOYLE-MARIOTTschen Gesetz auf das Volumen V_0 bei 0^0 C und 760 mm Hg zu reduzieren. Das geschieht nach der Formel

$$V_0 = v \frac{C}{760(1 + 0{,}004\, t)}\,.$$

Die Dampfdichte D ist daher, wenn g das Gewicht der verdampfenden Substanz war, gleich.

$$D = \frac{g}{V_0} \text{ in Grammen}$$

oder auf Luft gleich 1 bezogen (spezifisches Gewicht der Luft bei 0^0 und 760 mm $= 0{,}001293$).

$$D = \frac{g}{V_0 : 0{,}001293}\,.$$

Das Molekulargewicht M wird daraus unter der Festsetzung, daß das Molekulargewicht von Sauerstoff $= 32$ ist,

$$M = D \cdot 28{,}98\,.$$

β) *Bestimmung des osmotischen Druckes.*

Der osmotische Druck einer Lösung kann auf direktem Wege oder indirekt mit Hilfe der Gefrierpunktserniedrigung bzw. Siedepunktserhöhung gefunden werden. Da der osmotische Druck einer Lösung, in der im Liter ein Grammol einer *nicht* dissoziierenden Substanz gelöst ist, 22,4 Atm. bei 0^0 C beträgt, so hat eine Substanz, welche, wenn g Gramm im Liter gelöst sind, einen osmotischen Druck p bei 0^0 C ausübt, daher das Molekulargewicht:

$$M = \frac{g}{p} \cdot 22{,}4\,.$$

Mit dem osmotischen Druck im engesten Zusammenhang steht die Erniedrigung des Gefrierpunkts bzw. die Erhöhung des Siedepunkts einer Lösung gegenüber dem Gefrier- bzw. Siedepunkt des reinen Lösungsmittels. Diese Erniedrigung resp. Erhöhung ist proportional der Konzentration des gelösten Stoffes; gleich molare Lösungen verschiedener nicht dissoziierenden Stoffe im gleichen Lösungsmittel bedingen die gleiche Gefrierpunktsdepression resp. Siedepunktserhöhung. Die Gefrierpunktserniedrigung, die 1 Mol eines solchen Stoffes in 1000 g eines Lösungsmittels hervorruft, bezeichnen wir als die molare Gefrierpunktserniedrigung dieses Lösungsmittels. Analog spricht man von einer molaren Siedepunktserhöhung. Ihre Werte sind für verschiedene Lösungsmittel verschieden und charakteristisch.

Beträgt z. B. diese molare Gefrierpunktsdepression (resp. Siedepunktserhöhung) für ein Lösungsmittel E, sind ferner in 1000 g dieses Lösungsmittels g Gramm eines nichtdissoziierenden Stoffes gelöst, und beträgt die Gefrierpunktsdepression dann Δ, so ist die molare Konzentration (Mole pro 1000 g) $\frac{\Delta}{E}$ und das Molekulargewicht: $M = \frac{\Delta}{E} \cdot g$.

Dissoziiert der Stoff in der Lösung, so ist die Depression Δ größer als dem molaren Gehalt entspricht, da jedes Ion ebenso osmotisch wirkt wie ein einzelnes Molekül. Wenn man das Molekulargewicht des Stoffes kennt, läßt sich dann aus der Depression der *Grad* der *Dissoziation* des Stoffes oder richtiger sein *Aktivitätsgrad* (weil die osmotische Wirksamkeit der Ionen durch die zwischen ihnen bestehenden interionischen Kräfte beeinträchtigt wird) ermitteln. Wird also statt der für einen nicht dissoziierenden Stoff zu erwartenden Gefrierpunktsdepression

Δ eine größere Δ' gefunden, so ist dann der Dissoziationsgrad (Aktivitätsgrad) α für einen binären Elektrolyten

$$\alpha = \frac{\Delta'}{\Delta} - 1 .$$

Die gleichen Formeln gelten für die Siedepunktserhöhung, nur ist die konstante E dann eine andere. So z. B. ist die molare Gefrierpunktsdepression für wäßrige Lösungsmittel 1,86° C, die molare Siedepunktserhöhung hingegen 0,515° C.

Ermittlung des osmotischen Druckes auf direktem Wege. Man bringt die Lösung, deren osmotischer Druck zu messen ist, in eine sog. osmotische Zelle, d. i. ein Gefäß, dessen Wandungen aus einer halbdurchlässigen (semipermeablen) Membran bestehen, einer Membran, die wohl das Lösungsmittel nicht aber das Gelöste hindurchläßt. In dieses Gefäß wird ein aufrechtes Steigrohr eingesetzt (Abb. 196) und nun die Zelle in das reine Lösungsmittel eingesenkt. Es dringt Lösungsmittel in die Zelle ein und verursacht einen Anstieg der Lösung im Steigrohr. Dieser dauert so lange an, bis der hydrostatische Druck der Flüssigkeitssäule gleich dem osmotischen Druck geworden ist. Man kann auch den Gegendruck ermitteln, der eben nötig ist, um den Anstieg zu verhindern.

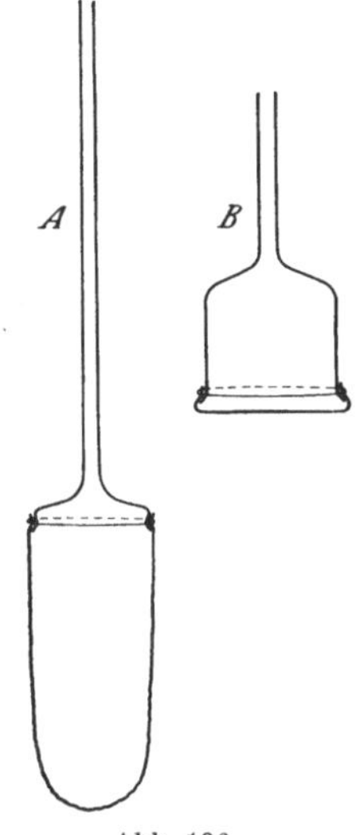

Abb. 196.

Obwohl diese einfache Methode zugleich die genaueste zur Bestimmung des Molekulargewichtes darstellt, ist sie nur in Ausnahmefällen anwendbar, da für die meisten niedrigmolekularen Stoffe keine entsprechenden semipermeablen Membranen hergestellt werden können. Allgemein anwendbar ist sie nur bei Lösungen hochmolekularer Stoffe, bei kolloiden Lösungen. Hier wurde sie mehrfach für Molekulargewichtsbestimmungen von Eiweißkörpern herangezogen.

Als semipermeable Membranen verwendet man dann Pergamentpapier, Kollodiummembranen, tierische Membranen. Diese kann man über der Mündung eines zylinderförmigen Trichters aufspannen, der in das Steigrohr übergeht und als osmotische Zelle dient (Abb. 196 B). Einen rascheren Verlauf nimmt die Messung, wenn die Zellwände zur Gänze aus der Membran bestehen und man der Membran Eprouvettenform gibt. Sehr praktisch erweisen sich für diesen Zweck die Schleicher-Schüllschen Dialysierhülsen aus Pergament (Abb. 196 A). In die Mündung einer solchen Hülse wird ein genau passender Glasdeckel mit Steigrohr eingesetzt und die Hülse mit Hilfe eines starken Zwirnfadens wasserdicht an diesen angebunden. Durch Überziehen einer Eprouvette mit Kollodium lassen sich auch analoge Kollodiumhülsen herstellen.

Die zu messende kolloide Lösung wird mittels einer Capillarpipette durch das Steigrohr in die Zelle bis zur Einmündung des Steigrohres eingefüllt. Das Steigrohr wird an einem Stativ befestigt und nun in das reine Lösungsmittel (Wasser) eingesenkt, bis die Niveaus der Innen- und Außenflüssigkeit koinzidieren. Man beobachtet nun den Anstieg, bis er endlich zum Stillstand kommt, was oft mehrere Tage erfordern kann. Auf Hintanhaltung bakterieller Infektionen ist bei organischen Kolloiden besonders zu achten. (Zusatz von Campher, Thymol, Toluol usw.) Bei größeren Steighöhen verbindet man das Steigrohr besser mit einem einfachen Quecksilbermanometer und beobachtet dessen Steighöhe. Rascher kommt man zum Ziel, wenn man das Steigrohr sofort mit der Lösung bis über die vermutliche Gleichgewichtslage füllt und die Konstanz abwartet. Auch dann soll die Beobachtung des Niveaus durch mindestens 24 Stunden fortgesetzt werden.

Die Messung wird nur dann zu halbwegs einwandfreien Resultaten führen, wenn die Lösung keine niedrigmolekularen Verunreinigungen, z. B. Elektrolyte, enthält. Von solchen muß sie vorher durch Dialyse gegen destilliertes Wasser sorgfältig befreit werden oder es muß als Außenflüssigkeit das Ultrafiltrat der Versuchslösung verwendet werden. In diesem Falle sind Störungen durch sog. Membrangleichgewichte („Donnan"sches Potential) zu berücksichtigen. Ist die Steighöhe konstant geworden, so wird die Höhe über dem Niveau der Außenflüssigkeit gemessen und die Konzentration der Lösung in der Zelle genau bestimmt, da diese durch Eindringen oder Herausgehen von Lösungsmittel durch die Membran verändert werden kann.

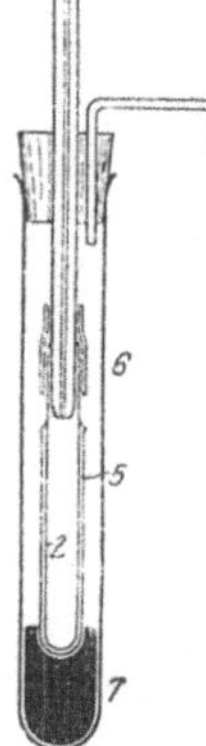

Abb. 197.

Der osmotische Druck p bei der Versuchstemperatur ist dann

$$p = \frac{h \cdot s}{76 \cdot 13{,}6} \text{ Atmosphären},$$

wobei h die Steighöhe und s das spezifische Gewicht der Flüssigkeit bedeutet.

Waren g Gramm Substanz im Liter gelöst, so ist das Molekulargewicht:

$$M = \frac{g}{p} \cdot 22{,}4 .$$

Trotz ihrer scheinbaren Einfachheit bietet die Methode mannigfache teils von der Art der Lösung, teils von der Beschaffenheit der Membran abhängige Schwierigkeiten.

Die Bestimmung des osmotischen Druckes von Kolloiden nach KROGH. Um verschiedene Schwierigkeiten, welche die geschilderte Methode bietet, zu umgehen, hat SÖRENSEN (10, 11) ein Osmometer angegeben, bei dem der osmotische Druck durch den Gegendruck gemessen wird, der ein Ansteigen der Untersuchungslösung im Steigrohr eben verhindert. Dieses Kompensationsprinzip benutzte KROGH (5) zur Konstruktion eines Capillarosmometers, das bei Verwendung kleinster Flüssigkeitsmengen eine weitaus raschere und zuverlässigere Messung des osmotischen Druckes kolloider Lösungen gestattet als alle bisherigen Methoden.

Der Apparat (Abb. 197) besteht aus einem Kollodiumröhrchen (*2*) von ca 32 mm Länge, in das ein ca. 15 cm langes Capillarrohr (*1*) genau hineinpaßt. Mittels eines Gummischlauchstückes wird das Kollodiumröhrchen am untern Ende des Capillarrohres befestigt. Das Kollodiumröhrchen und ein Teil des Capillarrohres ist unter peinlicher Vermeidung von Luftblasen mit der zu untersuchenden Lösung gefällt. Das Kollodiumröhrchen taucht in ein mit der Außenflüssigkeit (Ultrafiltrat, physiologische Kochsalzlösung, bei elektrolytfreien Kolloiden destilliertes Wasser) gefülltes und nur wenig weiteres Glasröhrchen (*5*). Mittels eines doppelt durchbohrten Gummipfropfens wird das Ganze in eine Eprouvette (*6*) eingesetzt, die am Grunde mit etwas Quecksilber gefüllt ist; dadurch wird ein Herabgleiten des Röhrchens (*5*) von der Kollodiumhülse verhindert. Die Eprouvette mit der übrigen Apparatur wird in einen Wasserthermostaten eingesenkt. Am oberen Ende des Capillarrohres (*1*) setzt ein durch einen Quetschhahn (*4*) verschließbarer Vakuumschlauch (*3*) an, der die Verbindung mit dem Gegendruckapparat herstellt.

Das Kollodiumröhrchen (*2*) wird folgendermaßen fabriziert:

Das Capillarrohr wird mit seinem unteren Drittel zuerst in eine heiße, ca. 10proz. Gelatinelösung getaucht. Man läßt gut abtropfen und die anhaftende Gelatineschicht an der

Luft so weit eintrocknen, bis sie sich nicht mehr klebrig anfühlt[1]. Nun taucht man die Capillare in eine ca. 6proz. Kollodiumlösung, die man unter ständigem Drehen des Rohres abtropfen und 1—2 Minuten trocknen läßt. Um weniger durchlässige Röhrchen zu erhalten, kann nochmals in Kollodium eingetaucht werden. Nach dem Trocknen (das nicht zu weit ausgedehnt werden darf), taucht man den Stab zuerst in kaltes und dann in heißes Wasser. In diesem löst sich die Gelatine, und das Kollodiumröhrchen kann nun mühelos von der Capillarröhre abgezogen werden. Nach sorgfältigem Waschen in heißem Wasser behufs Entfernung von Gelatineresten wird das Röhrchen auf seine Permeabilität geprüft. Es muß Wasser hindurchlassen, die zu untersuchenden Kolloide dürfen nicht durchfiltrieren. Die Röhrchen werden unter Wasser aufbewahrt und können oftmals verwendet werden. Ein derartiges Kollodiumröhrchen faßt weniger als einen halben Kubikzentimeter. Für die Außenflüssigkeit benötigt man noch kleinere Mengen, da das Glasröhrchen (*5*) nur wenig weiter als das Kollodiumröhrchen sein soll.

Bei Ausführung der Messung bleibt der Quetschhahn (*4*) zunächst geschlossen. Nach 4—5 Stunden wird durch Öffnen dieses Hahnes die Verbindung mit dem Druckapparat hergestellt. Ein solcher kann im einfachsten Fall aus einer gewöhnlichen Gaswaschflasche und einem Glasbehälter oder Glastrichter improvisiert werden. Der Vakuumschlauch (*4*) wird mit dem Ausflußrohr der teilweise mit Wasser gefüllten Gaswaschflasche verbunden. Das an den Boden reichende Eingangsrohr der Flasche wird vermittels eines längeren Gummischlauches mit dem auf einem Stativ montierten offenen Glasbehälter oder Trichter, der gleichfalls teilweise mit Wasser gefüllt ist, verbunden. Durch Heben und Senken desselben können verschiedene Drucke hergestellt werden. Ihre Größe in Zentimetern Wasserdruck wird durch Messung der Niveaudifferenz zwischen der Wasseroberfläche in der Waschflasche und im Glasballon ermittelt. Nach Öffnung des Quetschhahnes (*4*) stellt man Glasbehälter ungefähr in die Höhe des zu erwartenden Kompensationsdruckes ein und beobachtet den Flüssigkeitsstand im Capillarrohr (*1*) mit der Lupe. Sinkt dieser, so wird der Druck vermindert, im umgekehrten Fall erhöht. Gleichgewicht ist dann eingetreten, wenn durch mehrere Minuten hindurch keine Änderung im Niveau der Capillarflüssigkeit eingetreten ist.

Der gemessene Gegendruck entspricht nicht dem vollen osmotischen Druck; es kommt noch der Druck der Flüssigkeitssäule in der Capillare, vermindert um den durch bloße Capillarität bedingten Anstieg der Untersuchungsflüssigkeit hinzu. Würde also beispielsweise der Gegendruck 300 mm Wasser betragen, die Versuchslösung dabei 100 mm hoch im Capillarrohr stehen, und würde sie beim bloßen Eintauchen der Capillare zufolge Capillarität in dieser 40 mm hoch steigen, so wäre der wahre osmotische Druck gleich

$$300 + (100 - 40) = 360 \text{ mm Wasser},$$

vorausgesetzt, daß das spezifische Gewicht der Versuchslösung nicht wesentlich von dem des Wassers differiert. Im andern Falle muß die Differenz (100 — 40) noch mit dem spezifischem Gewicht s multipliziert werden. Bei sorgfältiger Ausführung der Messung beträgt die durchschnittliche Fehlergrenze etwa 10 mm Wasserdruck.

Die Apparatur ist in etwas modifizierter Gestalt samt zugehöriger Gebrauchsanweisung bei der *Membranfiltergesellschaft A.-G. vorm. Dr. Kratz* in Göttingen erhältlich. Das Kollodiumröhrchen ist bei dieser durch eine ebene Membran ersetzt, an welche eine mit der Außenflüssigkeit getränkte Filtrierpapierlage anliegt. Die geprüften Membranen sind bei der gleichen Firma erhältlich.

Gefrierpunkterniedrigung. Bedeutend exakter und sicherer arbeiten die indirekten Bestimmungsmethoden des osmotischen Druckes. Die Methode der Gefrierpunktserniedrigung (Kryoskopie) sucht die Differenz zwischen dem Gefrierpunkt des reinen Lösungsmittels und jenem der Lösung zu ermitteln. Da diese Erniedrigung pro Mol nicht sehr bedeutend ist, muß sie sehr genau bis auf nahezu Tausendstel Celsiusgrade ermittelt werden. Man verwendet dazu ein von BECK-

[1] Es ist darauf zu achten, daß die Öffnung des Capillarrohres von der Gelatine verschlossen wird.

MANN angegebenes Thermometer ohne fixen Nullpunkt, dessen Skala nur einige (5—6) Celsiusgrade aufweist, die in Hundertstelgrade unterteilt sind. Durch entsprechende Mengen von Quecksilber, die ins Thermometer gefüllt werden, läßt es sich immer erreichen, daß der Gefrierpunkt (bzw. Siedepunkt) in den Skalenbereich fällt. Mit dem Thermometer lassen sich also keine Temperaturen, sondern nur Temperaturdifferenzen messen. Mit Hilfe einer Lupe kann man bei einiger Übung leicht auch Tausendstelgrade schätzen.

Die Möglichkeit, das Thermometer mit verschiedenen Quecksilbermengen zu füllen, ist durch folgende Einrichtung gegeben (Abb. 198): Die Thermometercapillare biegt oben um und geht in einen U-förmig umgebogenen erweiterten röhrenförmigen Behälter über, der das Reservequecksilber enthält. Man kann nun überschüssiges Quecksilber durch Erwärmen des Thermometers in diesen Behälter übertreten lassen, wie auch umgekehrt Quecksilber ins Thermometer bringen. Auf diese Weise kann man es erreichen, daß Gefrierpunkt und Siedepunkt jeweils immer in den Skalenbereich fallen. Will man z. B. den Gefrierpunkt einer wäßrigen Lösung bestimmen, so treibt man durch leichtes Erwärmen der Quecksilberkugel den Faden so weit, bis er in den Reservoir übertritt, und vereinigt ihn durch entsprechendes Neigen des Thermometers mit dem daselbst befindlichen Reservequecksilber. Stellt man das Thermometer nun ohne Erschütterung aufrecht, so bleibt das Reservequecksilber infolge Kohäsion mit dem Capillarquecksilber im Zusammenhang und wird bei Abkühlung in die Capillare hineingezogen. Man taucht nun die Thermometerkugel in ein Wasserbad, dessen Temperatur 2—3° über dem Gefrierpunkt liegt. Hat das Thermometer sich auf diese Temperatur abgekühlt, schlägt man mit seinem oberen Ende leicht auf das Handgelenk auf oder klopft mit einem mit Kautschuk überzogenen Glasstab darauf. Das Reservequecksilber reißt dann an der Übergangsstelle der Capillare ins Reservoir ab und fällt in dieses zurück. Bei Abkühlung auf den Gefrierpunkt fällt das Fadenende in den Skalenbereich.

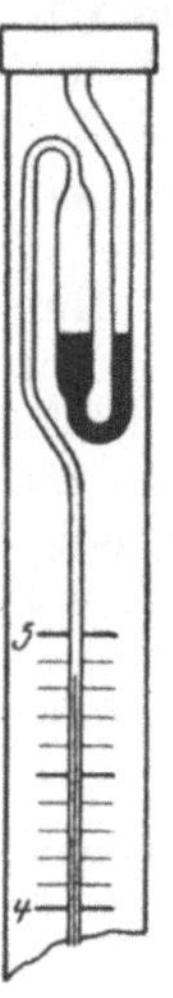

Abb. 198.

Bei Siedepunktsbestimmungen wird das Thermometer einige Grade (ca. 4°) über dem Siedepunkt der zu untersuchenden Lösung erwärmt und das ins Reservoir übergetretene Quecksilber in gleicher Weise vom Faden in der Capillare abgetrennt.

Bei Ermittlung der Gefrierpunktsdepression wird zuerst der Stand des Thermometers beim Gefrieren des reinen Lösungsmittels und dann jener beim Gefrieren der Lösung festgestellt, wonach sich aus der Differenz der beiden Ablesungen die Depression ergibt. Dabei wird in folgender Weise vorgegangen:

Die zum Gefrieren bestimmte Flüssigkeit befindet sich in einem eprouvettenförmigen Glasgefäß (Abb. 199), das ein seitliches Ansatzrohr trägt. Das Thermometer wird vermittels eines passenden Stöpsels auf dieses Gefäß aufgesetzt und mit seiner Kugel in die bis in die Nähe des Gefrierpunkts vorgekühlte Untersuchungsflüssigkeit getaucht. Ferner befindet sich in diesem Gefriergefäß ein Rührer (R) aus Silber oder Platin, der während des Versuches mit der Hand oder mechanisch hin und her bewegt wird. Das Gefriergefäß selbst ist in ein weiteres Gefäß mittels eines Korkes oder Gummistöpsels eingesetzt, das als Luftmantel dient. Direktes Eintauchen des Gefriergefäßes in die Kältemischung ist nämlich zu vermeiden. Das Ganze wird in ein weites, die Kältemischung enthaltendes Gefäß eingesetzt, in dem sich gleichfalls ein aus starkem Metalldraht hergestellter Rührer befindet. Bei Gefrierpunktsbestimmungen wäßriger Lösungen wird das Kältegemisch aus einem Gemisch von fein zerhacktem Eis (oder Schnee) und etwas Wasser hergestellt, dem so lange festes Kochsalz zugesetzt wird, bis eine etwa 4—5° unter dem zu erwartenden Gefrierpunkt liegende Temperatur erreicht ist. Die Temperatur des Kältebades soll nicht zu tief sein, denn das Gefrieren darf namentlich bei Lösungen nur langsam erfolgen.

Ist alles in Ordnung gebracht, so beobachtet man unter ständiger Betätigung des Rührers den Gang des Thermometers. Die Temperatur sinkt infolge Unterkühlung zunächst 1—2° C unter den Gefrierpunkt, um im Momente der Eisbildung infolge der frei werdenden Erstarrungswärme auf den Gefrierpunkt hinaufzuschnellen. Sobald dieser Anstieg zum Stillstand gekommen ist, wird abgelesen, wobei man mit einem mit Kautschuk armierten Glasstab öfters auf die Thermometerröhre klopft, da der Quecksilberfaden infolge der Adhäsion an die Capillarwände dazu neigt, etwas zurückzubleiben. Bei Lösungen muß die Ablesung rasch erfolgen, da infolge der Bildung von reinem Eis sich die Lösung allmählich konzentriert und der Gefrierpunkt daher eine sinkende Tendenz zeigt. Bei reinen Lösungsmitteln ist diese Vorsichtsmaßregel allerdings überflüssig.

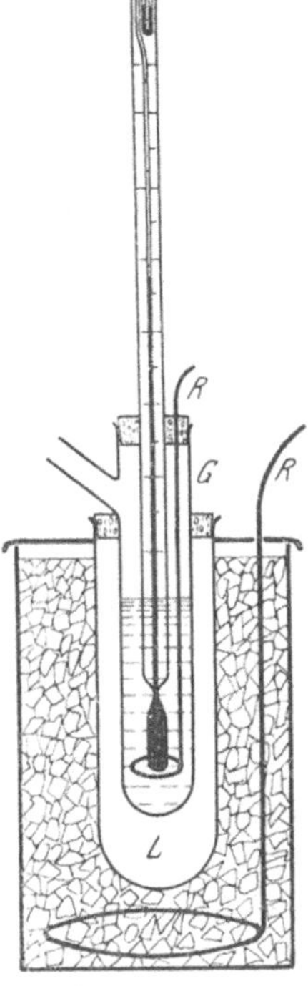

Abb. 199.

Die Bestimmung wird mehrmals wiederholt, indem man die gefrorenen Anteile eben auftaut und die Flüssigkeit nochmals zum Gefrieren bringt.

Die Unterkühlung kann oft ziemlich beträchtlich sein. Der Versuch nimmt dann längere Zeit in Anspruch, und außerdem findet sofort in höherem Ausmaß Eisbildung statt. Um dies zu vermeiden, kann man den Beginn des Gefrierens beschleunigen, indem man die Lösung, sobald ihre Temperatur etwas unter den erwarteten Gefrierpunkt gesunken ist, mit einem kleinen Eiskryställchen bzw. Splitter des gefrorenen Lösungsmittels „impft", welches durch das seitliche Ansatzrohr des Gefriergefäßes in jene hineingeworfen wird.

In der folgenden Tabelle sind die Gefrierpunkte F und die molaren Gefrierpunktsdepressionen E für einige der gebräuchlichsten Lösungsmittel angegeben:

Lösungsmittel	E	F °C	Lösungsmittel	E	F °C
Wasser	1,86	0	Nitrobenzol	6,89	5,67
Benzol	5,13	5,5	Phenanthren	12,0	96,3
Eisessig	3,9	16,7	Phenol	7,3—78	42
Naphthalin	6,9	80,1			

Wie man sieht, ist die molare Depression bei organischen Lösungsmitteln bedeutend größer als bei Wasser und die Molekulargewichtsbestimmung daher entsprechend genauer. Freilich muß auf äußerste Reinheit dieser Substanzen (Wasserfreiheit usw.) gesehen werden, die hier meist viel schwerer zu erzielen ist als bei Wasser. Als „Kältebad" wird man wegen des hohen Erstarrungspunktes vieler dieser Lösungsmittel ein entsprechend temperiertes Wasserbad verwenden.

Bestimmung der Siedepunktserhöhung. Bei Lösungsmitteln, deren Gefrierpunkt sehr tief liegt (wie etwa bei Alkohol und Äther), wird man wegen der technischen Schwierigkeiten, entsprechende Kältebäder herzustellen, und der Unmöglichkeit Quecksilberthermometer anzuwenden, zur zweiten Methode der indirekten Bestimmung des osmotischen Druckes, der *Siedepunktserhöhung*, greifen müssen. Diese Methode, obwohl im Prinzip der vorhergehenden völlig analog, ist in ihrer Ausführung wesentlich schwieriger und komplizierter. Es ist hierfür eine ganze Reihe von Apparaten angegeben worden, von denen hier nur einer, von BECKMANN angegebener, beschrieben werden soll (Abb. 200). Dieser besteht aus dem eigentlichen Siedegefäß, einer größeren Eprouvette mit zwei seitlichen Rohransätzen. Der eine derselben ist mit eingeschliffenem Glasstöpsel versehen und dient zum Einbringen der zu lösenden Substanz, an dem zweiten, längeren wird ein Kühler aufgesetzt, um die Dämpfe wieder zur Kondensation zu bringen und in das Gefäß zurückrinnen zu lassen, so daß keine Konzentrationsänderungen stattfinden können. In den Hals des Siedegefäßes selbst wird mittels eines geeigneten, durchbohrten Stöpsels das entsprechend eingestellte BECKMANNsche Thermometer eingesetzt, dessen Kugel in die Lösung selbst eintaucht. Zur Verhinderung des Siedeverzuges werden in die Lösung Glasperlen, Granaten, Platintetraeder usw. eingebracht oder ein Platindraht in den Boden des Gefäßes eingeschmolzen. Der untere Teil des Gefäßes ist von einem Luftmantel umgeben, einem beiderseits offenen Glaszylinder. Dieser ruht auf einer Asbestplatte, die in der Mitte ein kreisförmiges, dem Durchmesser des Siedegefäßes entsprechendes Loch besitzt und selbst auf einem Drahtnetz liegt, unter welchem die Heizflamme brennt. Das obere Ende des Zylinders ist gleichfalls mit einer Asbest- oder Glimmerplatte bedeckt, die gleichfalls einen Ausschnitt für das Siedegefäß besitzt. Dadurch wird ein zu starkes Erhitzen der oberen Partien des Siedegefäßes verhindert, in denen schon eine Kondensation der Dämpfe erfolgen soll.

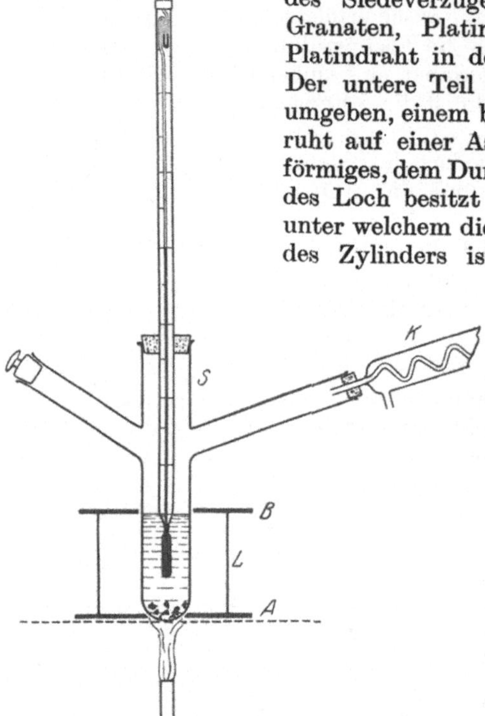

Abb. 200.

Das Sieden soll ruhig und ohne zu starkes Verdampfen erfolgen, was man durch entsprechende Regulierung der Heizflamme erreicht. Die im Kühler kondensierenden Dämpfe sollen nicht direkt in die Flüssigkeit zurücktropfen, sondern zwecks Wiedererwärmung längs des langen seitlichen Ansatzrohres möglichst kontinuierlich ins Siedegefäß zurücklaufen.

Meist geht man so vor, daß das Siedegefäß zunächst leer gewogen und dann das reine Lösungsmittel eingefüllt und abermals gewogen wird. Nun wird der Thermometerstand beim Siedepunkt des reinen Lösungsmittels bestimmt und dann durch das mit Glasstöpsel verschlossene seitliche Ansatzrohr eine abgewogene Menge der zu lösenden Substanz eingebracht und nun neuerlich der Siedepunkt ermittelt. Man kann natürlich auch ohne Wägung zuerst das reine Lösungsmittel und dann eine Lösung bekannter Konzentration einbringen. Bei flüchtigen Lösungsmitteln kann dies aber zu größeren Ungenauigkeiten führen. Die Berechnung des Molekulargewichtes ist genau dieselbe wie bei der Bestimmung durch Ermittlung der Gefrierpunktsdepression, nur hat die Konstante E, die hier die molare Siedepunktserhöhung bedeutet, andere Werte.

Die molaren Siedepunktserhöhungen (E), sowie Siedepunkte S für einige wichtige Lösungsmittel sind in der nachstehenden Tabelle enthalten:

	E	S °C		E	S °C
Wasser	0,52	100	Anilin	3,22	182
Aceton	1,70	56	Benzol	2,70	80
Alkohol	1,17	78	Chloroform	3,9	61
Äthyläther	2,11	35	Phenol	3,04	132

Diese E-Werte sind auch hier für organische Lösungsmittel größer als für Wasser. Mit wäßrigen Lösungen wird man wegen der Kleinheit der molaren Siedepunktserhöhung kaum Molekulargewichtsbestimmungen versuchen, da die Gefrierpunktsbestimmung hier einfacher, leichter ausführbar und genauer ist.

Literatur.

(*1*) Arndt: Handbuch der physikalisch-chemischen Technik. Stuttgart 1923.

(*2*) Bechhold: Die Kolloide in Biologie und Medizin. Dresden 1929. — (*3*) Biedermann: Chemikerkalender 1930.

(*4*) Kohlrausch: Praktische Physik. Leipzig 1923. — (*5*) Küster: Logarithmen für Chemiker. Leipzig 1923. — (*6*) Krogh u. Nakazawa: Biochem. Ztschr. **188**, 242 (1927).

(*7*) Landolt-Börnstein: Physikalisch-chemische Tabellen. Berlin 1923.

(*8*) Michaelis-Rona: Praktikum der physikalischen Chemie und insbesondere der Kolloidchemie für Mediziner und Biologen. Berlin 1930.

(*9*) Ostwald-Luther: Physiko-chemische Messungen. Leipzig 1925.

(*10*) Sörensen: Ztschr. f. physiol. Chem. **106**, 1 (1919). — (*11*) Proteins, New York (1925).

10. Optische Methoden.

Von **Hans Kleinmann**, Berlin.

Mit 32 Abbildungen.

A. Polarisation.

Zusammenfassende Darstellungen.

Dafert, P., in Abderhalden: Handbuch der biologischen Arbeitsmethoden Abt. IV, T. 7b, H. 1, 120—134. 1928.

Kessler, H., in Abderhalden: Handbuch der biologischen Arbeitsmethoden Abt. II, T. 2, H. 4, 1345—1430. Berlin u. Wien: Urban & Schwarzenberg 1926. — Kleinmann, H.: Ebenda Abt. IV, T. 5, 89—108.

Löwe, F., in Oppenheimer u. Pincussen: Die Fermente und ihre Wirkungen **3**. Leipzig: Georg Thieme 1929.

Weigert, F.: Optische Methoden der Chemie, S. 469—513. Leipzig: Akademische Verlagsgesellschaft 1927.

a) Definition.

Die polarimetrische Untersuchung eines festen Körpers oder einer Lösung erfolgt folgendermaßen. Es wird mittels einer geeigneten Vorrichtung sog. „polarisiertes" Licht erzeugt; dieses wird dann durch die untersuchte Substanz oder Flüssigkeit geschickt und daraufhin geprüft, ob und inwieweit die „Schwingungsebene" des Lichtes eine Drehung erfahren hat. Um diese Definition zu verstehen, bedarf es der Kenntnis folgender Voraussetzungen. Unter natürlichem Licht versteht man Schwingungen der Ätherteilchen, die senkrecht zum geradlinig sich ausbreitenden Lichtstrahl erfolgen. Diese Schwingungen erfolgen wahllos in allen durch den Lichtstrahl gelegten Ebenen. Durch geeignete Vorrichtungen, die weiter unten besprochen werden sollen, kann nun aus einem natürlichen Lichtstrahl ein solcher gewonnen werden, in dem die Schwingungen der Ätherteilchen nur in einer einzigen, durch den Lichtstrahl gelegten Ebene erfolgen. Handelt es sich um gradlinige Schwingungen, so wird das Licht als „linear polarisiert" bezeichnet, im Gegensatz zu dem sog. „elliptisch" oder „zirkular" polarisierten Licht, das für die vorliegende Darstellung nicht in Frage kommt.

b) Theoretisches zur Polarisation.

Optische Aktivität und ihre Anwendung. Von einer großen Anzahl von Substanzen ist nachgewiesen worden, daß sie einen polarisierten Lichtstrahl nicht unbeeinflußt hindurchtreten läßt, sondern daß sie seine Schwingungsebene beeinflußt, indem sie ihr eine Drehung erteilt. Diese Beeinflussung der Schwingungsebene dient als Kennzeichen und Charakterisierung der betreffenden Substanz. Bei den Krystallen ist sie eine an die physikalische Form gebundene und kann z. B. durch Schmelzen vernichtet werden, während sie bei chemischen Verbindungen charakteristisch für den Aufbau des Moleküls (z. B. für die Anordnung der Kohlenstoffatome ist) und daher im amorphen, flüssigen, gelösten, manchmal auch sogar im dampfförmigen Zustand bestehen bleibt.

Derartige Verbindungen enthalten, soweit sie „organische" sind, ein mit vier verschiedenen Elementen oder Radikalen verbundenes „asymmetrisches" Kohlenstoffatom. Auch optisch aktive Verbindungen, bei denen ein fünfwertiges Stickstoff- oder vierwertiges Schwefelatom Träger der Aktivität ist, sind bekannt. Viele von diesen Verbindungen kommen in einer rechtsdrehenden (*d*-) und einer ebenso stark links (*l*-) drehenden Modifikation vor oder in einer Vereinigung gleicher Mengen beider optischen Antipoden, die optisch inaktiv ist (*d, l*-). Derartige Vereinigungen, die durch geeignete Mittel in die beiden optisch aktiven Formen wieder gespalten werden können, werden als „racemische Verbindungen" bezeichnet (nach der typischen, aus *d*- und *l*-Weinsäure bestehenden Traubensäure „acidum racemicum"). Als rechtsdrehend bezeichnet der Chemiker eine Substanz, wenn der Meßkreis der Apparatur im Sinne des Uhrzeigers, als linksdrehend, wenn er im entgegengesetzten Sinne gedreht werden muß. Eine Ausnahme machen die Substanzen der Zuckergruppe, die nach FISCHER gemäß ihrem genetischen Zusammenhange bezeichnet werden. Der Physiker mißt die Drehung [z. B. von Krystallen] umgekehrt wie der Chemiker, indem er die Drehung in Richtung des Lichtstrahles verfolgt und angibt. Bei synthetischer Darstellung einer Substanz wird meist die racemische Form erhalten. Sind in einer Verbindung zwei oder mehrere asymmetrische Kohlenstoffatome vorhanden, deren Wirkungen sich gegeneinander aufheben, so läßt sich diese optisch inaktive Form nicht mehr spalten. Abgesehen von der chemischen Charakterisierung dient die Feststellung des Drehungsvermögens der Lösung einer optisch aktiven, bekannten Substanz vorzüglich dazu, ihre Konzentration in der Lösung zu bestimmen. Hierdurch ist die Polarimetrie zu einer wichtigen Analysenform geworden, da sie in einem komplizierten Gemisch die Analyse einer Substanz durch ihr charakteristisches optisches Verhalten auszuführen gestattet, ohne daß durch die Messung die Substanz selbst isoliert verändert oder zerstört zu werden braucht.

Einfluß der Wellenlänge des Lichtes. Die Größe der Drehung der Polarisationsebene ist abhängig von der Wellenlänge des Lichtes. Strahlen von geringerer Wellenlänge erfahren eine stärkere Ablenkung als solche von größerer Wellenlänge. Würde man also eine polarimetrische Beobachtung mit weißem Licht als Beleuchtungsquelle vornehmen, so würde man, da die Messung auf einem Auslöschen des polarisierten Lichtes beruht (s. w. u.), bei einer bestimmten Meßanordnung nur einzelne Wellenlängen auslöschen und ein farbiges Gesichtsfeld erhalten. Um diese „Rotationsdispersion" zu vermeiden, verwendet man nur monochromatisches Licht. Man bezeichnet den gemessenen Drehungswinkel, um den die Ebene des polarisierten Lichtes gedreht wird, mit α und vermerkt als Index, welche Spektrallinie als Lichtquelle angewandt worden ist. Man bezeichnet also den mit Natriumlicht gemessenen Drehungswinkel mit α_D. Es gibt jedoch Apparate, die trotz der „Rotationsdispersion" eine Messung mit weißem Licht erlauben. Es sind dies die „Apparate mit Quarzkeilkompensation" (s. w. u.), die zur quantitativen Bestimmung des Traubenzuckers dienen und eine empirische Skala tragen.

Einfluß der Temperatur. Abgesehen davon, daß die Temperatur die Dichte einer Flüssigkeit ändert, beeinflußt sie auch die Drehung selbst unmittelbar. Häufig nimmt diese mit steigender Temperatur ab und kann sogar in eine solche entgegengesetzter Richtung umschlagen. Selten nimmt die Drehung mit steigender Temperatur zu. Die Untersuchungstemperatur ist daher konstant zu halten und anzugeben. Mißt man, was gewöhnlich geschieht, bei einer Temperatur von 20^0, so schreibt man bei Anwendung von *D*-Licht den Drehungswinkel α_D^{20}.

Einfluß des Lösungsmittels. Bei der Untersuchung von Lösungen ist zu berücksichtigen, ob das Lösungsmittel selbst optisch aktiv ist. Gegebenenfalls ist die durch das Lösungsmittel bedingte Drehung in Rechnung zu setzen. Jedoch kann auch die Stärke der Drehung der optisch aktiven Substanz durch ein an und für sich inaktives Lösungsmittel beeinflußt werden. Man darf also nicht die Ergebnisse von Lösungen einer Substanz in verschiedenen Lösungsmitteln untereinander vergleichen. Auch andere optisch inaktive in der Lösung anwesende Substanzen, wie Basen, Säuren und Salze, können die Drehung verstärken oder vermindern. Durch Benutzung dieses Einflusses gelingt es mitunter, schwach drehende Lösungen derart zu beeinflussen, daß sie meßbar werden.

Einfluß der Zeit. Die Lösungen mancher optisch aktiven Substanzen, z. B. von einer Reihe von Zuckern, ändern ihre Drehung unmittelbar nach ihrer Herstellung, um erst nach einiger Zeit konstant zu werden. Diese Erscheinung wird „Mutarotation" genannt. Man benutzt zur Messung nur den Endwert der Drehung, der konstant bleibt; dieser kann bei Zuckerlösungen dadurch sofort erhalten werden, daß man die Lösung kurz aufkocht oder eine Zuckerlösung in 0,1 % Ammoniak anwendet. Seltener kommt es vor, daß eine Drehung auf Grund chemischer Umwandlungen mit der Zeit zurückgeht.

Einfluß der Schichtdicke. Untersucht man feste Körper, so ist die Größe ihres optischen Drehungsvermögens genau proportional der Länge der vom Licht durchsetzten Schicht. Als Maß für das Drehungsvermögen fester Körper, z. B. von Krystallen, gilt die Drehung (auf $0{,}01^0$ genau gemessen), die eine 1 mm dicke Krystallschicht erzeugt.

Für Flüssigkeiten bzw. Lösungen gilt ebenfalls, daß der Drehungswinkel der Länge der durchstrahlten Schicht direkt proportional ist. Als Einheit der Länge gilt 1 dm. Bezeichnet man den bei dieser Länge gemessenen Drehungswinkel mit α, und verwendet man bei einer zweiten Messung eine andere Rohrlänge l, so ist der Wert $\frac{\alpha}{l}$ für die betreffende Konzentration konstant.

Einfluß der Lösungskonzentration. Die Drehung einer optisch aktiven Lösung ist abhängig von ihrer Konzentration an optisch aktiver Substanz. Doch besteht diese Abhängigkeit nicht immer in einer einfachen Proportionalität. Bei zunehmender Konzentration kann die Drehung sogar zurückgehen oder sich umkehren. Die Beziehung zwischen Konzentration und Drehung ist für unbekannte Substanzen erst festzustellen. Die Drehung der reinen Substanz kann dann durch Extrapolation ermittelt werden. Zur Charakterisierung einer Substanz führt man den in einer beliebigen Lösung von ihr festgestellten Drehungswinkel auf bestimmte Einheiten zurück, und zwar auf die Drehung, die man erhalten würde, wenn in 100 cm³ Flüssigkeit 100 g des aktiven Stoffes enthalten wäre und das Licht eine 1 dm dicke Flüssigkeitsschicht durchsetzt. Diese Drehung wird als die spezifische Drehung einer Substanz $[\alpha]$ bezeichnet. Enthält eine Lösung also q g aktive Substanz im Kubikzentimeter und wird sie bei Natriumlicht und 20^0 in einer Schicht von der Länge l gemessen, so ist ihre spezifische Drehung $[\alpha]_D^{20} = \frac{\alpha}{l \cdot q}$. Bezeichnet man als Konzentration c die Substanzmenge in Gramm in 100 cm³ Lösung, so ist in 1 cm³ $\frac{c}{100}$ g enthalten, und es ergibt sich

$$[\alpha]_D^{20} = \frac{\alpha \cdot 100}{l \cdot c}.$$

Bezieht man den Gehalt einer Lösung nicht auf die Anzahl Grammsubstanz in 100 cm³ Lösungsmittel, sondern auf Gewichtsprozente p, so kann man, wenn d das spezifische Gewicht der Lösung bedeutet, gemäß der Beziehung $c = p \cdot d$ die Formel

$$[\alpha]_D^{20} = \frac{\alpha \cdot 100}{l \cdot p \cdot d}$$

schreiben. Aus dieser Formel kann man, wenn die spezifische Drehung einer Substanz bekannt ist, aus der Drehung einer beliebigen Lösung ihre Konzentration errechnen. Doch setzt die Formel das Bestehen einer Proportionalität zwischen der Drehung α und der Konzentration voraus. Diese Voraussetzung kann innerhalb gewisser Grenzen für manche Stoffe getroffen werden, wie z. B. bei der Bestimmung des Traubenzuckers bis zu einem Gehalt von 15 %. Für Substanzen, bei denen sich das spezifische Drehungsvermögen mit der Konzentration ändert, ist dieses aus Tabellen zu entnehmen bzw. sind bei obiger Rechnung Korrekturen anzuwenden. Ausführliche Tabellen der spezifischen Drehung pflanzlicher und tierischer Eiweißarten gibt ROBERTSON (4).

c) Die polarimetrischen Instrumente[1].

Theoretisches zum Instrumentenbau. Polarisiertes Licht läßt sich durch Spiegelung unter bestimmten Bedingungen, durch Brechung an durchsichtigen Körpern und schließlich

[1] Verfertiger von Polarisationsapparaten sind: Askania-Werke, Berlin, R. Fueß, Berlin-Steglitz, C. P. Goerz, Berlin-Friedenau, H. Krüß, Hamburg, Fr. Schmidt & Haensch, Berlin, R. Winkel, Göttingen.

durch Doppelbrechung in Krystallen erzeugen. Diese letztere Form ist diejenige, die praktisch beim Bau von Polarisationsapparaten benutzt wird. Fällt ein natürlicher Lichtstrahl auf einen doppelt brechenden Krystall, z. B. einen Kalkspat, so wird er mit der Ausnahme, daß er in Richtung der Krystallachse, die in diesem Fall auch als „optische Achse" bezeichnet wird, einfällt, stets in zwei Komponenten zerlegt. Diese beiden Komponenten, die sich verschieden rasch im Krystall fortbewegen und daher auch verschieden stark gebrochen werden, sind senkrecht zueinander polarisiert. Derjenige Strahl, der dem Brechungsgesetz folgt, wird als „ordentlicher Strahl" bezeichnet; die Schwingung erfolgt in ihm senkrecht zur optischen Achse. Die andere Schwingung dagegen, die auf der ordentlichen senkrecht steht, wird als „außerordentlicher Strahl" bezeichnet.

Durch eine besondere Anordnung gelingt es nun, den außerordentlichen Strahl aus dem Krystall austreten zu lassen, den ordentlichen aber zu vernichten und somit ein einheitlich schwingendes, d. h. polarisiertes Licht zu erhalten. Diese Vorrichtung, die in der Konstruktion von Polarisationsapparaten auch heute noch die führende Rolle spielt, ist das sog. NICOLsche Prisma (s. Abb. 201).

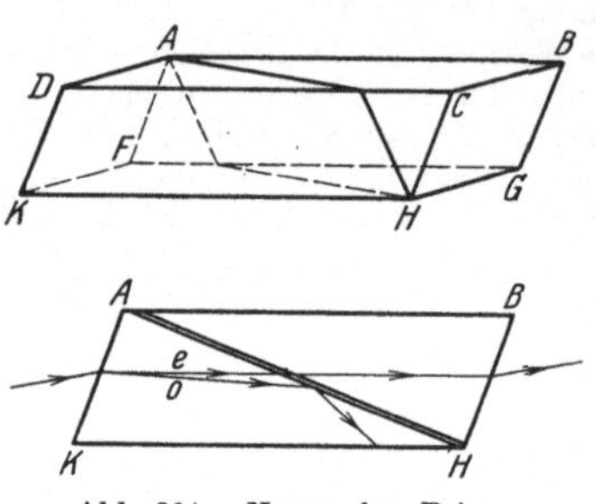

Abb. 201. NICOLsches Prisma.

Zu seiner Herstellung wird ein Kalkspatkrystall so geschnitten, daß $ADKF$ ein Rhombus und AB ungefähr ca. $3^1/_2$mal so lang ist als AD wird. Der natürliche Spaltwinkel zwischen der Endfläche $DAKF$ und der Seitenfläche $DCHK$, der 71° beträgt, wird auf 68° abgeschliffen, ebenso wie der Winkel zwischen $DABC$ und $BCHG$, damit die Endfläche senkrecht zu der kürzeren Diagonale AH steht. Eine durch sie gelegte Ebene geht durch die optische Achse und stellt einen Hauptschnitt des Krystalles dar. In dieser Ebene wird der Krystall auseinandergesägt, worauf die Schnittflächen mittels Canadabalsam wieder zusammengekittet werden. Dieser wird gewählt, weil sein Brechungsindex zwischen dem des ordentlichen und außerordentlichen Strahles liegt.

Fällt nun Licht auf die Fläche $ADKF$, so wird der ordentliche Strahl O reflektiert, da sein Einfallswinkel an der Kittfläche größer ist als der Grenzwinkel der totalen Reflektion zwischen dem Kitt und dem Kalkspat, während der außerordentliche Strahl e den Krystall durchsetzt.

Die Ausbeute an polarisiertem Licht beträgt etwa 45,1 % des einfallenden, abgesehen von dem Absorptionsverlust. Der ordentliche Strahl wird von den geschwärzten Seitenwänden des NICOLschen Prismas absorbiert.

Eine solche Vorrichtung zur Erzeugung polarisierten Lichtes wird Polarisator genannt. Betrachtet man nun das aus dem Polarisator kommende Licht durch ein völlig gleichartig konstruiertes Polarisationsprisma, einen „Analysator", so ergeben sich folgende Verhältnisse.

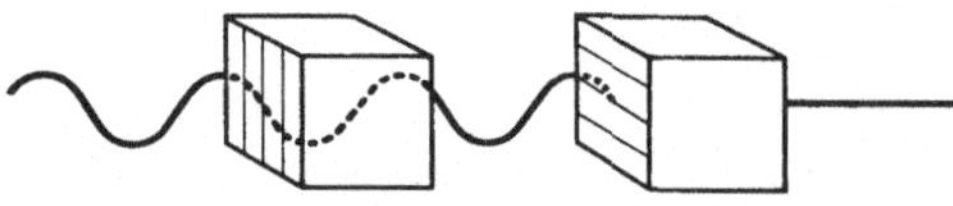
Abb. 202. Schema der Wirkung zweier NICOLschen Prismen.

Befinden sich das Polarisator- und das Analysatornicol in einer solchen Stellung, daß ihre Hauptschnitte parallel sind, so stimmen ihre Schwingungsrichtungen überein, und das polarisierte Licht durchsetzt ungehindert den Analysator.

Dreht man nun das Analysatornicol um seine Längsachse, so nimmt die Helligkeit des Gesichtsfeldes ab, bis nach Drehung um 90° die Hauptschnitte der Prismen und hierdurch ihre Schwingungsrichtungen aufeinander senkrecht stehen und das Gesichtsfeld vollständig verdunkelt erscheint. Bei weiterer Drehung um 90°, also bei 180° Gesamtdrehung, ist wieder Parallelität erreicht. Das bei der Drehung sich aufhellende Gesichtsfeld erscheint maximal hell, um nach Querstellung bei 270° Drehung wieder vollkommen verdunkelt zu sein. Dieser Vorgang wird ohne weiteres aus nebenstehendem Schema verständlich (s. Abb. 202).

Bringt man nun Analysator- und Polarisatornicol in Parallelstellung, so daß maximale Helligkeit des Gesichtsfeldes vorhanden, und zwischen sie die Lösung einer optisch aktiven Substanz, so wird die Ebene des vom Polarisator kommenden Lichtes gedreht, und man muß den Analysator, um wieder maximale Helligkeit zu erhalten, um den gleichen Winkel drehen, wie den durch die Drehung der optisch aktiven Substanz bedingten. Hierdurch ist letzterer meßbar.

In der Praxis bestimmt nun aber die gegenseitige Stellung von Polarisator und Analysator nicht durch Einstellung des Gesichtsfeldes auf maximale Helligkeit (oder Dunkelheit). Diese Einstellung läßt sich nicht mit völliger Schärfe ausführen, da das Auge nicht genügend empfindlich ist; sondern man bedient sich bei Gebrauch der „Halbschattenapparate" folgenden Kunstgriffes.

Das vom Polarisator kommende Licht wird mittels einer Vorrichtung in *zwei* (polarisierte) Lichtstrahlen zerlegt, die unter einem kleinen Winkel gegeneinander geneigt sind — dem sog. Halbschatten — und nach Passieren des Analysators in dem Gesichtsfelde eines Beobachtungsfernrohres derartig zur Beobachtung gelangen, daß jeder der Strahlen je eine Hälfte des Gesichtsfeldes beleuchtet. Die Herstellung dieses Halbschattens erzielt man bei den einfacheren aber billigeren MITSCHERLICHschen Apparaten (s. S. 348) durch Bedecken der einen Hälfte des Polarisatornicols mit einer sog. LAURENTschen Platte. Diese stellt eine parallel zur Achse geschliffene Quarzplatte dar, deren Achse mit der Schwingungsebene des Polarisatornicols einen kleinen Winkel bildet.

Bei den feineren LIPPICHschen Apparaten wird hinter das polarisierende NICOLsche Prisma ein zweites halb so breites gestellt, das seine scharfe Kante dem Beobachter zuwendet. Das Ganzprisma ist drehbar und so gestellt, daß seine Schwingungsebene mit der des Halbprismas einen kleinen Winkel bildet. Hierdurch entsteht der Halbschatten, dessen Größe durch Drehung des Ganzprismas beliebig geändert werden kann.

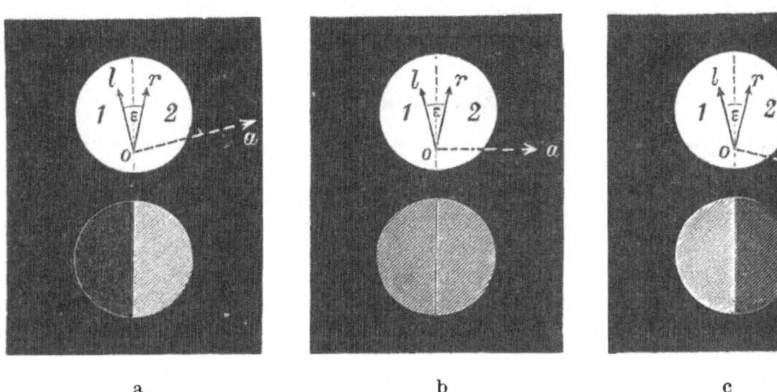

Abb. 203. Halbschatteneinrichtung.

Durch die Halbschatteneinrichtung wird das Gesichtsfeld in zwei Hälften 1 und 2, die photometrischen Vergleichsfelder, geteilt, welche in der Abb. 203 mit 1 und 2 bezeichnet ist.

Die Schwingungsrichtungen *ol* und *or* bilden den kleinen Winkel ε (den Halbschatten). Stellt man den Analysator derart, daß er senkrecht zu *ol* steht, so erscheint Gesichtsfeld *l* vollkommen dunkel (Abb. 203a), stellt man ihn senkrecht zu *or*, so erscheint Gesichtsfeld 2 ausgelöscht (Abb. 203c). Zwischen diesen beiden Stellungen läßt sich eine solche ermitteln, bei der beide Hälften des Gesichtsfeldes in geringer *gleicher* Helligkeit erscheinen (Abb. 203b). Der Analysator steht dann senkrecht zu der Halbierungslinie des Winkels ε. Diese Gleichschattenstellung gilt als Nullpunkt. Auf sie wird bei allen Halbschattenapparaten eingestellt.

Abb. 204. Schema eines Polarisationsapparates.

Die Konstruktion eines Polarisationsapparates geschieht also nach folgendem Schema (Abb. 204). Ein Lichtstrahl trifft nach Durchsetzung einer Blende A' und einer Linse K, die als Hilfsapparatur dient, auf das NICOLsche Prisma N_1. Das dahinterliegende kleine NICOLsche Prisma N_2 dient zu der genannten Erzielung des Halbschattens. Die Polarisationsvorrichtung wird durch die Blende D ergänzt. Dann folgt ein längerer Zwischenraum zur Einschaltung der Polarisationsröhre, die mit der zu untersuchenden Flüssigkeit gefüllt wird. Dann folgt der Analysator, der aus den Blenden A und D', dem Nicol N_3 und dem Fernrohr $O\,R$ besteht. Das Okular R ist je nach dem Auge des Beobachters verschiebbar. Der Analysator ist um die Längsachse des Polarimeters drehbar und mit einer Vorrichtung zur Messung der Drehung verbunden.

Bei dem bisher beschriebenen Polarisator ist das Gesichtsfeld durch zwei Nicols N_1 und N_2 in zwei Hälften geteilt. Die Empfindlichkeit der Einstellung wird noch vergrößert, wenn man durch *zwei* kleine ähnlich wie N_2 vor N_1 gesetzte Nicols das Gesichtsfeld in *drei Teile* teilt; auch dieser Polarisator ist von LIPPICH angegeben worden.

Außer dem genannten Konstruktionsprinzip, das zu Apparaten führt, die im allgemeinen als „Apparate mit Kreisteilung“ bezeichnet werden, da die Drehung des Analysatornicols mit Hilfe einer Kreisteilung ermittelt wird, gibt es noch ein zweites Prinzip der Messung, das auf der Anwendung einer sog. Quarzkeilkompensation beruht. Diese Apparateform, die für Saccharimeter, d. h. für Polarisationsapparate, die zur Zuckerbestimmung dienen, angewandt wird, beruht darauf, daß eine Anordnung von Quarzkeilen vor den Analysator geschaltet wird. Durch meßbare Verschiebung der Quarzkeile ist es möglich, die durch eine Zuckerlösung verursachte Drehung aufzuheben, d. h. zu kompensieren. Die zur Kompensation notwendige Größe der Keilverschiebung ist ein Maß für die Drehung. Da die Rotationsdispersionskoeffizienten für Quarz und Rohrzucker nahezu gleich sind, so ist es bei der Kompensationsmethode möglich, die Apparate mit weißem Licht zu beleuchten.

d) Die Meßapparaturen.

a) Die Beleuchtungsvorrichtungen. Wie in dem vorangehenden Abschnitt dargelegt, unterscheidet man zwei Apparattypen, solche mit Kreisteilung, die zur Ermittlung der spezifischen Drehung und allgemeinen Untersuchung optisch aktiver Substanzen dienen, und Apparate mit Keilkompensation, die zur Ermittlung des Zuckergehaltes verwandt werden.

Polarisationsapparate mit Kreisteilung müssen stets mit monochromatischem Licht beleuchtet werden. Die Art der Beleuchtung und des benutzten Lichtes müssen bei allen polarimetrischen Messungen genau angegeben sein, damit die Resultate verschiedener Beobachter miteinander verglichen werden können.

Gewöhnlich wird die Drehung einer Substanz für Licht der beiden D- oder Na-Linien bestimmt, deren optischer Schwerpunkt bei der Wellenlänge 0,0005893 mm liegt. Als Natriumbrenner verwendet man zweckmäßig einen Gas-Natriumbrenner mit Platinring zur Aufnahme des Na-Salzes. Gut bewährt hat sich ein Natriumbrenner nach AIRILA und KOMPPA, der darauf beruht, daß ein in eine Natriumlösung eintauchender Asbestdocht in die Bunsenflamme hineinragt. (Der Brenner wird von den *Vereinigten Fabriken für Laboratoriumsbedarf*, Berlin N 65, Scharnhorststr. 22, in den Handel gebracht.)

Sind die zu messenden Drehungswinkel klein, etwa zwischen 0 und 5°, und ist die Genauigkeit der Ablesung nur 0,1°, wie bei dem kleinen Mitscherlich, so kann die Na-Flamme ohne weiteres vor den Polarisationsapparat gestellt werden. Hat man größere Drehungen zu messen oder arbeitet man mit genaueren Apparaten (Ablesungen auf 0,01°), dann ist eine Reinigung des von der Lampe ausgesandten Na-Lichtes von fremden Beimischungen unbedingt erforderlich. Diese Reinigung geschieht am einfachsten durch eine 3 cm dicke Schicht einer gesättigten Bichromatlösung. Ein passendes Flüssigkeitsgefäß wird von der Firma *Schmidt & Haensch* dem kleinen Mitscherlich — auf Wunsch allen anderen Polarisationsapparaten — stets beigegeben. Dasselbe befindet sich in dem der Lampe zugekehrten Ende des Instrumentes, kann leicht herausgeschraubt und in derselben Weise wie eine gewöhnliche Beobachtungsröhre mit der erforderlichen Bichromatlösung gefüllt werden. Eine gründlichere Lichtreinigung mittels des LIPPICHschen Na-Lichtfilters ist nur für sehr genaue Untersuchungen notwendig.

Dieselbe wird derart hergestellt, daß man zwei Cuvetten von 10 und 1,5 cm Schicht dicht hintereinander schaltet. Die 10-cm-Cuvette wird mit einer 6proz. wäßrigen, filtrierten Lösung von Kaliumbichromat ($K_2Cr_2O_7$) gefüllt, die 1,5-cm-Cuvette mit der wie folgt hergestellten Lösung von Uranosulfat: 5 g Uran sulf. puriss. werden in 100 cm³ Aqua dest. gelöst und mit 2 g reinem, pulverisiertem Zink versetzt. Dann gibt man dreimal je 1 cm³ H_2SO_4 konz. hinzu, schließt die Flasche und wartet, bis die Reaktion fast vorüber ist. Ist die ganze Säuremenge zugesetzt, so läßt man die Flüssigkeit etwa 6 Stunden verschlossen stehen; dann wird *rasch* filtriert und in die 1,5-cm-Cuvette gefüllt, die möglichst ohne Luftblase verschlossen wird. Die Lösung ist nach 24 Stunden zu benutzen und etwa 4—8 Wochen haltbar. Die Lösungen sind mit einer Genauigkeit von 1 % zu bereiten.

Als Na-Salz für den Natriumbrenner kann man Carbonat, Chlorid oder Sulfat verwenden, das vorher geschmolzen und zerkleinert wird.

FLEISCHL empfiehlt Bromnatrium, PRIBRAM ein geschmolzenes Gemenge von gleichen Teilen Chlornatrium und Bromnatrium, DUPONT ein ungefähr ebensolches Gemenge von gleichen Molekülen Chlornatrium und normalem Natriumphosphat. NEUBERG empfiehlt für sehr helles Licht, wenn auch von kürzerer Dauer, das Natriumnitrit.

Die Natriumlampe ist stets so aufzustellen, daß die Beleuchtungslinse ein scharfes Flammenbild auf das Fernrohrobjektiv entwirft. Das wird erreicht, indem der den Apparaten beigegebene, mit Zentrierkreisen versehene Karton unmittelbar vor die Analysatorblende eingeschaltet und die Lichtquelle entsprechend verschoben wird, wobei die nachfolgend genannten Entfernungen für die Aufstellung von Lichtquellen vom entsprechenden Apparat speziell genau zu beachten sind. Die Entfernung der Lichtquelle vom Apparatende beträgt (bei den Apparaten der Firma *Schmidt & Haensch*) beim Mitscherlich 5 cm, bei allen anderen Apparaten 22 cm. Nur bei Innehaltung und Beobachtung obengenannter Angaben wird ein absolut gleichmäßig beleuchtetes Gesichtsfeld erzielt werden.

Sehr zweckmäßig für alle Messungen, die nicht Anspruch auf sehr große Genauigkeit erheben, ist die Anwendung der Natriumlichtfilterlampe von *C. Zeiß*, Jena, die aus einer elektrischen Glühbirne und einer erprobten Gelbfilterscheibe besteht.

Die Apparate mit Quarzkeilkompensation werden stets mit weißem Licht, wie Petroleumlicht, Gaslicht, Gasspiritus, auch elektrischem Glühlicht, beleuchtet. Die Mitte der Lampe wird 15 cm vom Apparatende aufgestellt. Dieselbe wird ebenso wie die Na-Lichtlampen auf in der Höhe stellbaren Stativen montiert und der Wärmestrahlung wegen mit Asbestabblendungszylindern ausgerüstet.

Für exakte wissenschaftliche Untersuchungen ist die Anwendung eines sog. Monochromators unerläßlich. Derselbe stellt im wesentlichen ein Spektroskop dar, das ein reelles Spektrum liefert und in der Ebene des Spektrums eine spaltförmige Blende besitzt. Durch diese kann man einen sehr kleinen, beinahe in sich einfarbigen Teil des Spektrums ausschneiden. Die Spaltblende oder das Objektiv des Spektralfernrohres lassen sich nun durch einen Kondensator im Polarisationsapparat abbilden. Die Wellenlänge des durch die Spaltblende tretenden einfarbigen Strahlenbüschels wird durch die Wellenlängenschraube des Spektroskops angezeigt. Für den Zweck des Monochromators ist es notwendig, daß das ihn bildende Spektroskop ein feststehendes Fernrohr besitzt und entweder das Kollimatorrohr oder das Prisma beweglich angeordnet ist. Als sehr geeignet sei der mit dem Polarisatorkopf fest verbundene Monochromator der Firma *F. Schmidt & Haensch* genannt.

b) Die Beobachtungsröhren. Die Röhren zur Aufnahme der zu untersuchenden Flüssigkeit werden mit Schiebe- oder Schraubenverschluß in Längen von 1 und 2 dm hergestellt. Für Zuckerbestimmungen werden bequemer Röhren von 189,4 bzw. 94,7 angewandt. S. w. u. e) „Berechnung".

Das Füllen der gewöhnlichen Beobachtungsröhren geschieht folgendermaßen: Nachdem der eine Kopf mit Deckglas abgeschraubt ist, wird durch vorsichtiges Eingießen die Röhre mit der zu untersuchenden Lösung gefüllt, bis eine kleine Kuppe vorhanden ist, die mit dem Deckglas seitwärts behutsam abgestrichen werden muß, damit sich weder eine Blase in der Röhre bildet, wodurch eine freie Durchsicht verhindert wird, noch die obere Seite des Deckglases von der abgestrichenen Flüssigkeit befeuchtet wird. Um diese Schwierigkeit und die Benetzung der Hand mit Flüssigkeit, die fast unvermeidlich, zu umgehen, sind von der Firma *Schmidt & Haensch* Patentbeobachtungsröhren konstruiert, die speziell zur Aufnahme einer Luftblase eingerichtet sind, da sie eine Erweiterung tragen, in der die Luftblase, ohne die Beobachtung zu stören, Platz findet.

Ihre Füllung erfolgt von der der Erweiterung entgegengesetzten Seite aus (also am engen Ende) derart, daß die Flüssigkeit den äußeren Rand noch nicht ganz erreicht. Man legt nun das kleine Deckglas auf und verschraubt die Röhre. Die dann mit eingeschlossene Luftmenge tritt durch Umkippen der Röhre in Form einer Blase in den erweiterten Raum ein, ohne die freie Durchsicht zu hindern. Die Scheiben dürfen nicht zu fest auf die Röhre aufgeschraubt werden, da sonst Doppelbrechung und farbige Polarisation eintreten kann. Auch müssen die Deckplatten planparallel sein, was daraus zu erkennen ist, daß die beiden auf Vorder- und Rückseite entstehenden Bilder einer Flamme beim Drehen ihre Lage nicht ändern.

Die Deckgläser der Firma *Schmidt & Haensch*, deren Herstellung nach Angaben der Firma in präzisester Weise erfolgt, werden mit dem Firmenstempel versehen. Eine Röhre, die einen Thermometertubus und einen Messingmantel für Wasserumspülung trägt, wird für genaue wissenschaftliche Untersuchungen verwandt.

Zur Untersuchung sehr kleiner Flüssigkeitsmengen (0,1 bzw. 0,2 cm^3) dienen Mikroröhren nach FISCHER, die aus einem dickwandigen, gänzlich in Hartgummi eingeschlossenen Glasrohr mit feiner Capillare bestehen und eine Länge von 50—100 mm besitzen (*Schmidt & Haensch*, Berlin). Dieselben erfordern aber die Anwendung besonderer Polarisationsapparate (s. Apparat nach NEUBERG).

c) Die verschiedenen Apparateformen. Polarisationsapparate mit Kreisteilung. Die Apparate mit Kreisteilung sind infolge ihrer einfacheren Ausführung billiger als die Quarzkeilapparate. Sie müssen jedoch mit homogenem Licht beleuchtet werden. Sie können außer zu Konzentrationsbestimmungen zu allen optisch-polarimetrischen Arbeiten angewandt werden.

Der Apparat nach MITSCHERLICH. Dieser Apparat (*F. Schmidt & Haensch*, Berlin) stellt eine der einfacheren und billigeren Apparateformen dar, wie sie für laufende technische und ähnliche Untersuchungen zweckmäßig benutzt werden können. Er besteht aus einem in der Mitte aufgeschnittenen Rohr zur Aufnahme der Beobachtungsröhre, das auf einer Schiene auf einer Säule montiert ist. Der Polarisator besteht aus einem einfachen Nicol, vor welchem eine feststehende LAURENTsche Halbplatte (Halbschatten $\varepsilon = 14^0$) angebracht ist. Der Analysatornicol liegt in einem Rohrstück und kann nebst Fernrohr mittels eines kleinen Hebels um die Längsachse des Instrumentes gedreht werden. Die Stellung wird mittels zweier gegenüberliegender Nonien an dem feststehenden Teilkreise (von 100 mm Durchmesser, in ganze Grade geteilt bis auf $0{,}1^0$) abgelesen.

Der Polarisationsapparat nach LIPPICH. Diese Apparatform (*Schmidt & Haensch*, Berlin) ist diejenige, die vorzüglich für alle wissenschaftlichen Untersuchungen in Frage kommt. Sie kann sowohl mit zweiteiligem oder, was noch vorzuziehen ist, mit dreiteiligem Gesichtsfelde bezogen werden (Meßgenauigkeit bis $0{,}005^0$). Das der Lichtquelle zugekehrte Ende des Instrumentes ist zur Aufnahme von Flüssigkeitsröhren, die als Strahlenfilter dienen, eingerichtet. Daselbst befindet sich der Polarisator, in der Regel ein zweiteiliger nach LIPPICH. Der größere Nicol ist durch einen Hebel drehbar. Dadurch kann der Halbschatten von 0 bis etwa 20^0 verändert werden. An einer kleinen Teilung wird der Wert von ε abgelesen.

Der Analysatornicol ist mit dem Fernrohr sowie dem Teilkreis, welcher einen Durchmesser von 175 mm besitzt und in Viertelgrade geteilt ist, fest verbunden. Die Drehung dieser ganzen Vorrichtung um die Längsachse des Apparates geschieht durch Bewegung des Kreises mit Hilfe eines Steuerrades durch Hand grob, nach Anziehung einer Klemme durch Feinschraube fein und wird mittels der beiden feststehenden Nonien durch Lupen gemessen.

Auf Wunsch wird das Instrument mit einer zweiten Teilung in Ventzke-Graden versehen, welche mittels eines dritten Nonius eine direkte Ablesung von 0,1 Zuckerprozenten ermöglicht.

Der Apparat kann, mit Einrichtung für Makro- und Mikropolarisation verbunden, mit einem Monochromator versehen werden. Weitere Ausführungen des Apparates (großer Universalpolarisationsapparat mit veränderlichem dreiteiligen Polarisator nach LIPPICH, *Schmidt & Haensch*, Berlin) gestatten ein Messen mit einer Genauigkeit von $0{,}001^0$.

Bei dieser Form wie auch in den Polarisationsapparaten nach LANDOLT der gleichen Firma lassen sich Hilfsapparaturen, wie Heizkästen usw., einfügen.

Polarisationsapparat mit Quarzkeilkompensation. Der Beobachter blickt durch ein Fernrohr den Polarisator an. Durch Drehung des Triebes wird ein mit Zahnstange verbundener Quarzkeil bewegt. Die Skala wird durch einen Spiegel beleuchtet und durch eine Lupe abgelesen. Zwischen Analysator und Polarisator ist das Gehäuse zur Aufnahme der Beobachtungsröhre angeordnet.

Der Apparat ist in der Werkstätte so justiert, daß die beiden Hälften des Gesichtsfeldes gleiche Helligkeit zeigen, wenn die Skala auf 0 steht. Die Ablesung mittels Lupe auf der prozentigen Teilung geschieht bis auf 0,1 %.

In einem feiner ausgeführten Apparat ist die Quarzkeilkompensation gegen Staub oder Eingriff mit einem Schutzgehäuse und Nickelinskala versehen. Eine anmontierte elektrische Beleuchtungsvorrichtung kann auch durch eine andere der angegebenen ersetzt werden.

Zur Untersuchung kleiner Flüssigkeitsmengen ($0{,}1$—$0{,}2\ cm^3$) kann der kleine modifizierte Quarzkeilapparat nach NEUBERG (7) (*F. Schmidt & Haensch*, Berlin) dienen. Der Apparat ist auf Traubenzucker geeicht und ist mit einer Einrichtung zur Mikro- und Makropolarisation versehen, wie dieselbe auch für Kreisapparate von der gen. Firma geführt wird. Diese Vorrichtung besteht aus einem an vier Stellen durchbohrten Schieber, der am Polarisator angebracht ist. Dieser Schieber gestattet die Größe der Polarisatorblende bequem auf einen Durchmesser von 1, 2, 4 oder 5 mm zu bringen. Dadurch können die kleinsten Mengen von Zuckerlösungen — in entsprechend enge Beobachtungsröhren gefüllt — einwandfrei auf ihre Drehung geprüft werden.

Um eine recht genaue Einstellung zu ermöglichen, ist der Polarisator mit einem LIPPICHschen Halbprisma und einem GLANschen Nicol, anstatt wie bisher mit einem sog. Halbschattenprisma, ausgestattet. Ferner ist am Analysator die direkte Ablesung durch eine feinere Teilung und gröbere Lupe auf 0,05 % gebracht worden, während früher die Ablesung nur auf 0,1 % möglich war. Der Meßbereich geht von —8 bis + 10 % Traubenzucker.

Da der Apparat Makro- und Mikrobestimmungen zuläßt, so kann man durch Einfüllung ein und derselben Zuckerlösung in gewöhnliche und capillare Beobachtungsröhren leicht Kontrollbestimmungen zur Einübung vornehmen; man hat nur nötig, mit Hilfe des Schiebers die geeignete Blende einzuschalten. Die Handhabung des Apparates ist so einfach wie bei den gewöhnlichen Polarimetern.

Mit $0{,}1$—$0{,}2\ cm^3$ Flüssigkeit vermag man hier praktisch absolut exakte Zucker- und andere Bestimmungen auszuführen. Die Einstellung erfolgt, wie erwähnt, scharf auf 0,05 % Traubenzucker; bei einiger Übung ist jedoch eine Schätzung auf 0,025 % leicht zu erreichen.

e) Ausführung der Messung.

Zur Ausführung der Messung verdunkelt man das Zimmer ganz oder teilweise und kontrolliert die richtige Stellung der Lichtquelle. Sodann empfiehlt es sich vor Benutzung der Kreisapparate, den Kreis ein paarmal ganz herumzudrehen, um das Schmierfett auf der Achse zu verteilen. Zunächst überzeugt man sich nun von der Nullstellung des Apparates. Bei dem kleinen MITSCHERLICH sowie bei den Apparaten mit Keilkompensation soll gleiche Helligkeit des Gesichtsfeldes vorhanden sein, wenn der Nonius auf 0^0 steht. Bei dem LIPPICHschen Apparat ist die Nullstellung von der Stellung des Halbschattens abhängig.

Zur Prüfung der Nullstellung mißt man bei leerem Apparat oder füllt die absolut saubere Röhre mit destilliertem Wasser. Jetzt stellt man das Fernrohr scharf auf die Trennungslinie der Vergleichsfelder ein und stellt durch Hin- und Herpendeln um die Nullage auf gleiche Helligkeit des Gesichtsfeldes mehrere Male hintereinander ein. Die Einstellungen werden mittels der Nonien abgelesen. Abweichungen vom Nullpunkt vom MITSCHERLICH werden vermerkt und bei der späteren Messung durch Zufügung oder Abziehen in Rechnung gebracht. Steht bei den Quarzkeilkompensationsapparaten der Nonius nicht auf Null, so verschiebt man bei Helligkeitsgleichheit der Gesichtsfelder den Nonius mittels eines kleinen Vierkantschlüssels, der jedem Apparat beigegeben wird, bis 0 abgelesen werden kann.

Bei dem LIPPICHschen Apparat, dessen Nullpunkt sich mit der Größe des gewählten Halbschattens ändert, nimmt man zweckmäßig die Differenz zwischen der optischen Nullage und der Nullage des Kreises mit in Rechnung. Was die Wahl der Halbschattengröße betrifft, so ist zu beachten, daß je kleiner ε, um so empfindlicher die Einstellung, aber auch um so dunkler das Gesichtsfeld ist. Man wird daher ε der Dunkelheit der untersuchten Lösung anpassen. Nunmehr schaltet man die Röhre mit der aktiven Lösung ein, stellt das Fernrohr von neuem ein und macht mehrere Ablesungen.

Für genaue wissenschaftliche Messungen mit dem LIPPICHschen Apparat ist die Temperatur der Lösung vor und nach der Messung genau zu bestimmen. Die Messung soll stets mit beiden Nonien ausgeführt werden und nach Drehung des Analysatornicols um 180^0 bei leerem und gefülltem Instrument wiederholt werden. Als endgültiger Wert sind die Mittelwerte der Messungen zu nehmen.

Die Drehungsrichtung wird gewöhnlich durch die Richtung der Analysatordrehung gegeben. Die Drehung des Analysators im Sinne des Uhrzeigers entspricht einer Rechts-, die entgegengesetzte Drehung einer Linksdrehung der Substanz. Da aber eine gleiche Nullstellung bei einer Drehung des Analysators um 180^0 erfolgt, so ist beispielsweise bei einer ermittelten Drehung von α auch eine solche von $\alpha - 180^0$, also eine Drehung entgegengesetzter Richtung möglich. In Zweifelsfällen ist dann eine zweite Beobachtung der Lösung bei doppelter Verdünnung oder halben Längen des Beobachtungsrohres anzustellen. Die wahren Drehungswinkel müssen sich dann wie 2 : 1 verhalten.

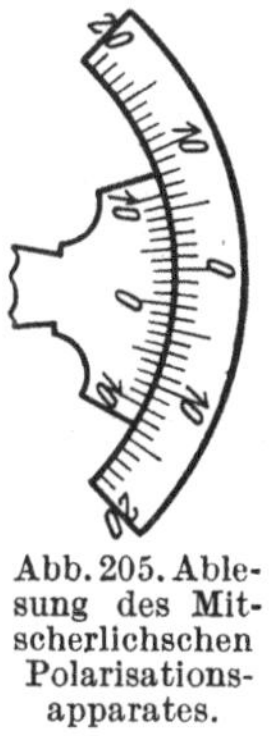

Abb. 205. Ablesung des Mitscherlichschen Polarisationsapparates.

Bei den Apparaten mit Keilkompensation ist bei Rechtsdrehung der Nonius nach rechts vom Nullpunkt (vom Beobachter aus betrachtet) verschoben, bei Linksdrehung umgekehrt. Die Ablesung der Nonien wird durch folgende Beispiele erläutert.

In Abb. 205 ist der außenliegende Kreis und der innenliegende Nonius des „Halbschattens Mitscherlich“ gezeichnet.

Der Nullpunkt des drehbaren Nonius steht rechts vom Nullpunkt des feststehenden Kreises zwischen dem zweiten und dritten Teilstrich. Von den Strichen des rechts stehenden Nonius fällt der achte mit einem Teilstrich des Kreises zusammen, also ist die Ablesung $+ (2^0 + 0{,}8^0) = 2{,}8^0$.

Bei links drehenden Lösungen steht der Nullstrich des Nonius links vom Nullpunkt des feststehenden Kreises. Die Ablesung geschieht unter Benutzung des linken Nonius.

Abb. 206 zeigt den innenliegenden drehbaren Kreis und den äußeren Nonius der größeren Polarisationsapparate. Der Nullstrich des Nonius liegt zwischen den Teilstrichen 13,50 und 13,75 des Teilkreises. Der Noniusstrich 0,16 fällt mit einem Striche des Kreises zusammen, also ist abzulesen $13{,}50 + 0{,}16 = 13{,}66^0$.

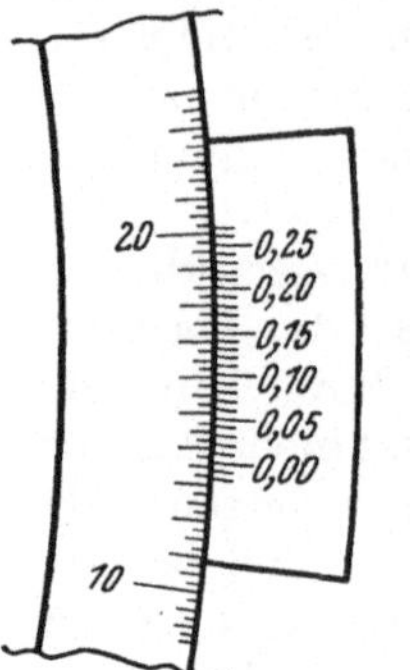

Abb. 206. Ablesung des Lippichschen Polarisationsapparates.

Abb. 207 zeigt die Skala und den Nonius eines Apparates mit Keilkompensation. Die Skala ist in halbe Grade eingeteilt. Der Nonius hat 5 Intervalle, die in ihrer Länge 4 Intervallen der Skala entsprechen; es kann somit der fünfte Teil eines halben Graden $0{,}1^0$ abgelesen werden. In untenstehender Abbildung sind 2 Intervalle = 2 halben Graden = 1^0 am Nullpunkt des Nonius vorbeigegangen, der dritte Strich des Nonius fällt mit einem Skalenstrich zusammen, die Ablesung ergibt $1^0 + 0{,}3^0$. Bei Linksdrehung tritt der linke Nonius in Tätigkeit.

f) Die Berechnung der Ergebnisse.

Gemäß der weiter oben gegebenen Darstellung der spezifischen Drehung war

$$[\alpha]_D = \frac{100 \cdot \alpha}{l \cdot c} = \frac{100 \cdot \alpha}{c \cdot p \cdot d},$$

wenn $[\alpha]$ die spezifische Drehung, d den beobachteten Drehungswinkel, l die Länge der Schicht in Dezimetern, c die Konzentration, d. h. die Anzahl Gramme aktiver Substanz in 100 cm³ Lösung, p den Prozentgehalt der Lösung, d. h. die Anzahl Gramme aktiver Substanz in 100 g Lösung, d das spezifische Gewicht der Lösung darstellt.

Ist die spezifische Drehung bekannt, so ist — unter den angegebenen Kautelen — die Konzentration zu berechnen. Die spezifische Drehung der zu ermittelnden Substanz ist in geeigneten Tabellen nachzuschlagen. Für den meist gesuchten Traubenzucker ist

$$[\alpha]_D^{20} = 52{,}8^0.$$

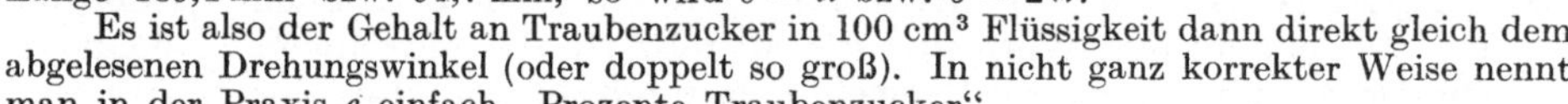

Abb. 207. Ablesung des Polarisationsapparates mit Keilkompensation.

Löst man die Gleichung nach c auf, so folgt: $c = 1{,}894 \frac{\alpha}{l}$.

Wendet man ein Rohr von 1 dm oder 2 dm Länge an, so ergibt sich die Konzentration $c = 1{,}894\,\alpha$ bzw. $c = 0{,}947\,\alpha$. Verwendet man aber, wie bei den Kreisapparaten üblich, Röhren von der Länge 189,4 mm bzw. 94,7 mm, so wird $c = \alpha$ bzw. $c = 2\,\alpha$.

Es ist also der Gehalt an Traubenzucker in 100 cm³ Flüssigkeit dann direkt gleich dem abgelesenen Drehungswinkel (oder doppelt so groß). In nicht ganz korrekter Weise nennt man in der Praxis c einfach „Prozente Traubenzucker".

Bei den Apparaten mit Keilkompensation werden ausschließlich Beobachtungsröhren von 200, 100 oder 50 mm Länge verwendet. Wird an Stelle der Beobachtungsröhre eine Normalquarzplatte eingelegt, die um $+ n$ Kreisgrade dreht, so steht bei Einstellung auf gleiche Helligkeit die Skala auf $s = +0{,}947\, n$ Skalenteilen. In dieser Weise ist die Teilung in der Werkstätte hergestellt. Aus der spezifischen Drehung des Traubenzuckers folgt, daß der Gehalt in 100 cm³ Flüssigkeit, d. h. die Konzentration $c = 0{,}947\, N$ ist, wenn N die Drehung der Flüssigkeit in Kreisgraden bedeutet. Daraus folgt $c = s$, d. h. bei Anwendung einer 200 mm langen Beobachtungsröhre ist der Traubenzuckergehalt gleich dem abgelesenen Skalenteil. Bei Benutzung der 100 mm langen Röhre muß das abgelesene Resultat mit 2, bei der 50 mm langen Röhre mit 4 multipliziert werden.

B. Refraktometrie.

Zusammenfassende Darstellungen.

Biehringer, J., in Abderhalden: Handbuch der biochemischen Arbeitsmethoden I, 568—583. 1910.

Löwe, F., in Oppenheimer u. Pincussen: Die Fermente 3, 20—45. Leipzig: Georg Thieme 1929.

S. des weiteren auch „Zusammenfassende Darstellungen unter A".

a) Definition.

Unter Refraktometrie versteht man die Messung der Brechung, die ein Lichtstrahl erfährt, wenn er auf seinem Wege durch ein Medium in ein zweites eintritt. Nur bei senkrechtem Einfallen auf die Grenzfläche des zweiten Mediums geht der Strahl ungebrochen weiter. Bei jedem anderen Einfallswinkel erfährt der Lichtstrahl eine Richtungsänderung; und zwar wird er dem Einfallslot zugebrochen, wenn der Lichtstrahl sich im neuen Medium langsamer bewegt bzw. im umgekehrten Falle vom Einfallslot fortgebrochen. Für zwei gegebene Medien ist das Brechungsverhältnis unabhängig vom Einfallswinkel und wird durch das SNELLIUSsche Brechungsgesetz festgelegt, das besagt, daß der Sinus des Einfallswinkels α zum Sinus des Brechungswinkels β konstant bleibt.

$$\frac{\sin \cdot \alpha}{\sin \cdot \beta} = n\,.$$

Die Zahl n wird „Brechungsexponent" genannt. Da nun für das eine Medium fast stets Luft gewählt wird, so gibt die Zahl n eine Größe, die die zweite Substanz charakterisiert.

b) Anwendung der Refraktometrie.

Die Bestimmung des Brechungskoeffizienten einer Substanz dient zunächst zu seiner Identifizierung oder chemischen Charakterisierung. Ihre besondere Bedeutung hat aber die Refraktometrie als analytische Methode erlangt. Da bei wäßrigen Lösungen der Refraktionswert des Wassers der gleiche bleibt und die Refraktion nur durch die Konzentration des gelösten Stoffes bedingt wird, so gibt die Refraktometrie die Möglichkeit, die Konzentration dieses Stoffes einfach und ohne Isolierung und Zerstörung der Substanz zu bestimmen. Die Beziehung zwischen Konzentration und Refraktionswert ist aus graphischen und tabellarischen Darstellungen, die für diese Zwecke ausgearbeitet sind, zu entnehmen (s. WAGNER [6]). Die Bestimmungen zeichnen sich durch große Genauigkeit aus und können z. B. dazu dienen, die Reinheit einer Substanz zu kontrollieren (Kontrolle von Normallösungen). In gleicher Weise lassen sich auch Flüssigkeiten untersuchen, welche neben einer Lösung von konstantem Refraktionswert veränderliche Mengen eines zweiten Stoffes enthalten. Hierher gehören z. B. physiologisch vorkommende Lösungen, die meist als Lösungen variabler Eiweißkonzentration in einem Lösungsmittel von nur sehr geringem schwankendem Brechungskoeffizienten aufgefaßt werden können. So ist die Refraktometrie besonders physiologisch zur Bestimmung des Eiweißgehaltes von Körperflüssigkeiten benutzt worden. Biologisch hat sie auch beim Verfolge von Fermentwirkungen Eingang gefunden.

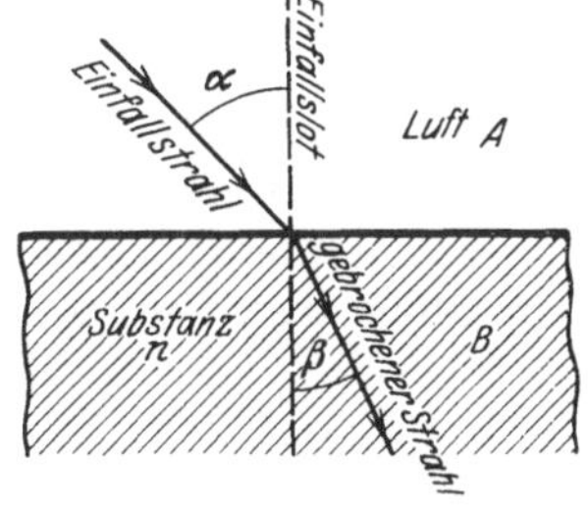

Abb. 208. Schema einer Lichtbrechung.

c) Theoretisches zur Refraktometrie.

Die Messung der Lichtbrechung beruht auf der Messung des „Grenzwinkels der Brechung" bei streifendem Eintritt des Lichtstrahles an der Grenze der zu untersuchenden Flüssigkeit oder auf der Messung „des Grenzwinkels der totalen Reflexion". Hierunter ist folgendes zu verstehen: Geht ein Lichtstrahl aus einem schwach brechenden Mittel A (Luft) in ein stärker brechendes Mittel B (Glas) über (Abb. 208), so kann sein Einfallswinkel zwischen 0—90° variieren. Größer als 90° kann der Einfallswinkel nicht werden, da der Eintrittsstrahl dann schon die Grenzfläche zwischen den beiden Medien treffen würde. Daher stellt auch der Brechungswinkel, der zu dem Einfallswinkel von 90° gehört, den größten Wert dar, den der Brechungswinkel für die gewählten Substanzen erreichen kann. Da $\sin\alpha : \sin\beta$ für Luft gegen Glas $3:2$ beträgt, so folgt für

$\alpha = 90^0$ $\sin\alpha = 1$ und daher $\sin\beta = \frac{1}{n} = \frac{2}{3} = 41^0\,48'\,35''$ (Grenzwinkel der Brechung). Würde der Strahl in umgekehrter Richtung von Glas zu Luft verlaufen, so könnte der Einfallswinkel β demgemäß auch nicht größer werden als $41^0\,48'\,35''$, da bei diesem Winkel schon der vom Einfallslot fortgebrochene Strahl einen Winkel von 90^0 haben würde. Würde der Einfallswinkel weiter wachsen, so fände „Totalreflexion" statt, d. h. der Strahl wird an der Grenzfläche überhaupt nicht gebrochen, sondern wie von einem Spiegel zurückreflektiert. Der Einfallswinkel, bei dem die Totalreflexion einsetzt, heißt der „Grenzwinkel der totalen Reflexion". Dieser ist selbstverständlich gleich dem Grenzwinkel der Brechung bei umgekehrtem Strahlengang.

Würde man den Grenzwinkel der totalen Reflexion von Wasser zu Luft messen, so würde man, da $\sin\alpha$ ja $= 1$ wird, erhalten $\frac{1}{n} = \sin\beta$ und hätte somit n ermittelt.

In der Praxis mißt man nun allerdings nicht den Brechungsexponenten einer Flüssigkeit gegen Luft, sondern gegen Glas. Dadurch gestaltet sich die Rechnung etwas anders. Ist der Brechungskoeffizient des schwächer brechenden Mittels gegen Luft n, derjenige des stärker brechenden Mittels gegen Luft N, so ist das Brechungsverhältnis r beider Mittel beim Übergang des Strahles aus dem schwächeren ins stärker brechende $\left[r = \frac{N}{n}\right]$. Ist z. B. der Brechungsindex für Luft zu Wasser $= 4:3$ und von Luft in Glas $3:2$, so ist der Brechungskoeffizient von Wasser zu Glas $\frac{3}{2} : \frac{4}{3} = \frac{9}{8}$. Es läßt sich also aus der Gleichung $r = N : n$ einer der Werte berechnen, wenn die anderen beiden bekannt sind. Da nun das Brechungsverhältnis eines Glasprismas gegen Luft bekannt ist (N) und r gemessen wird, ist n sofort errechenbar.

Die Lichtbrechung ist, abgesehen von der chemischen Natur eines Körpers und von der Konzentration seiner Lösung, abhängig: 1. von der Temperatur, 2. von der Wellenlänge des angewandten Lichtes. Die Temperatur beeinflußt die Brechung in noch höherem Maße als z. B. das spezifische Gewicht, und schon die Änderung eines Bruchteiles eines Grades kann den Brechungsindex um eine Einheit in der fünften Dezimale ändern. Es sind daher bei der Messung Temperaturkonstanz sowie Temperaturbestimmung unerläßlich.

Was die angewandte Wellenlänge betrifft, so wird die Messung gewöhnlich auf D-Licht bezogen. Man müßte also zur Beleuchtung Natriumlicht (s. Spektroskopie) verwenden. Jedoch wird praktisch die Anwendung weißen Lichtes dadurch ermöglicht, daß Prismensätze in den Strahlengang der Meßapparatur eingeschaltet werden, die für D-Licht gradlinig durchgängig sind und so angeordnet werden, daß sie die Dispersion, d. h. die verschieden starke Brechung des Lichtes verschiedener Wellenlängen aufheben. Man erhält also bei dieser Anordnung auch bei Beleuchtung mit weißem Licht die auf D-Licht bezogene Refraktion.

d) Praxis der Messung.

Für die refraktometrische Messung kommen vor allem zwei Apparate in Anwendung: das ABBEsche Refraktometer und das PULFRICHsche Eintauchrefraktometer. Beide Instrumente werden von der Firma *Carl Zeiß*, Jena, geliefert. Von diesen beiden Instrumenten ist das erstere das umfassendere. Es gestattet die Messung eines Brechungskoeffizienten zwischen $n_D = 1{,}30$ und 1,70 und erlaubt die Messung von Flüssigkeiten zäher Massen (Harzen) und fester Körper. Die Genauigkeit der Messung reicht aber nur bis zu 1—2 Einheiten der vierten Dezimale. Die Messung mit dem genannten Apparat beruht auf der Bestimmung des „Grenzwinkels der totalen Reflexion".

Das Eintauchrefraktometer von PULFRICH gestattet nur Messungen zwischen $n_D = 1{,}325$—$1{,}492$, übertrifft aber an Einfachheit der Handhabung und Schärfe der Ergebnisse das ABBEsche Instrument und wird vorzüglich für physiologische Untersuchungen, wo es meist auf Messungen von Flüssigkeiten ankommt, benutzt.

1. Die Heizvorrichtung. Sowohl beim ABBEschen als auch beim PULFRICHschen Instrument ist Regelung der Temperatur bei Untersuchung von Flüssigkeiten absolut notwendig. Hierzu dient ein dauernd wirkender Wasserdruckregulator mit Heizvorrichtung, bei dem das Wasser durch ein Vorratsgefäß durch eine

Kupferspirale tritt, die in einem Wasserbad vorgewärmt wird. Die Anordnung ergibt sich durch nebenstehende Abb. 209.

2. Das ABBEsche Refraktometer. Es sei zunächst das Refraktometer nach ABBE mit heizbaren Prismen beschrieben:

a) Das Refraktometer nach ABBE mit heizbaren Prismen (Abb. 210). Die Messungsmethode gründet sich auf die Beobachtung der Lage der Grenzlinie der Totalreflexion zu den Flächen eines Flintglasprismas, in das das Licht aus der zu untersuchenden Substanz durch Brechung eintritt.

Das Refraktometer besteht im wesentlichen aus folgenden Teilen:

1. dem zur Aufnahme der Flüssigkeit bestimmten ABBEschen Doppelprisma *A B*, das mittels einer Alhidade (*J* in Abb. 210 und 211) um eine horizontale Achse drehbar ist;
2. einem Fernrohr zur Beobachtung der im Prisma entstehenden Grenzlinie der Totalreflexion;
3. einem mit dem Fernrohr fest verbundenen Sektor *S*, auf dem die Teilung (nach Brechungsquotienten) angebracht ist.

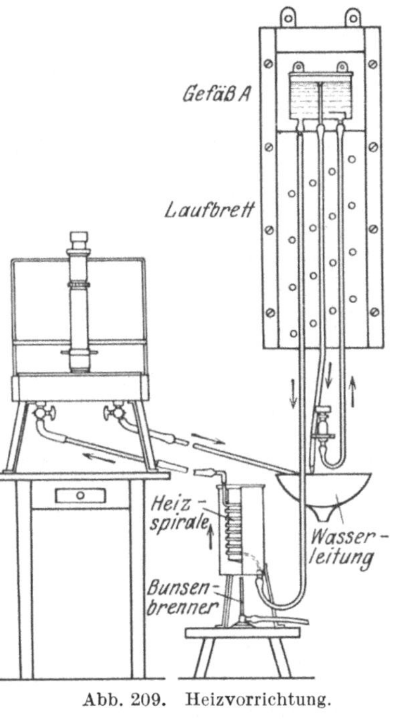

Abb. 209. Heizvorrichtung.

Das *Doppelprisma* (*A B*, Abb. 210) wird gebildet von zwei gleichen, je in eine Metallfassung eingekitteten Flintglasprismen vom Brechungsquotienten $n_D = 1{,}75$; die zu untersuchende Flüssigkeit (einige Tropfen) kommt als dünne (etwa 0,15 mm dicke) Schicht zwischen die einander zugewandten inneren Flächen der Prismen. Von den beiden Prismen dient das erste dem Fernrohr abgewandte (aufklappbare bzw. abnehmbare) Prisma nur zur Beleuchtung, während in dem zweiten Flintprisma die Grenzlinie entsteht.

b) Handhabung des Refraktometers. Um die Grenzlinie im Fernrohr zu sehen, stellt man den Index *J* zuerst auf die Zahl 1,3 der Teilung angenähert ein, richtet dann den Spiegel *R*, indem man fürs erste außen am Fernrohr entlang in den Spiegel sieht, so daß er das Licht des Himmels nach dem Okular *Oc* zuwirft, und stellt dieses von oben her auf das Fadenkreuz scharf ein. Nun hält man den die Teilung tragenden Bügel fest und dreht den Arm *J*, auf dem der Index sitzt, langsam aufwärts, bis das anfangs helle Gesichtsfeld von seiner unteren Hälfte her dunkel wird; die bunte Trennungslinie zwischen der hellen und der dunklen Hälfte des Feldes ist die Grenzlinie. Infolge der Totalreflexion und der Brechung durch das zweite Flintglasprisma erscheint die Grenzlinie bei der Benutzung von Tages- und Lampenlicht zunächst als ein farbiger Saum, der zu einer genauen Einstellung nicht geeignet ist. Diesen

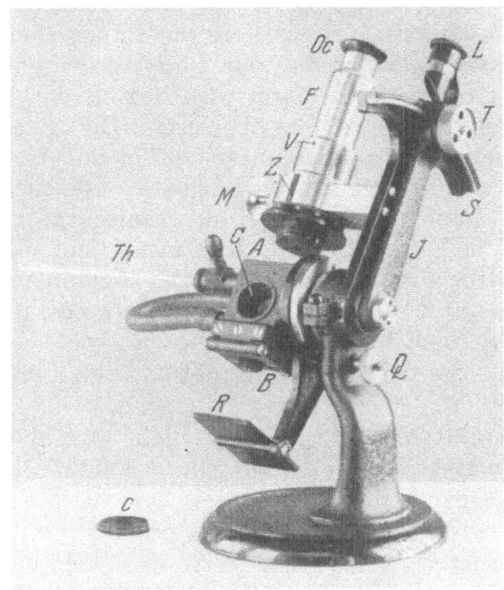

Abb. 210. Das Refraktometer nach ABBE mit heizbaren Prismen.

Farbsaum zu einer farblosen Trennungslinie zwischen dem hellen und dem dunklen Teile des Gesichtsfeldes zu machen, ist die Aufgabe des Kompensators.

Der Kompensator, der in dem über das Objektiv hinaus verlängerten Tubus des Fernrohres, also zwischen dem Objektiv und dem Doppelprisma seinen Platz hat, besteht aus zwei gleichen, für die *D*-Linie gradsichtigen Amiciprismen, die mittels der Schraube *M* gleichzeitig im entgegengesetzten Sinne um die Fernrohrachse gedreht werden können. Durch diese Drehung nimmt die Dispersion des Kompensators alle Werte von Null bis zu dem doppelten Betrage der Dispersion eines einzelnen Amiciprismas an. Man kann daher die obenerwähnte Dispersion der Grenzlinie, die sich als farbiger Saum im Fernrohre zeigt, unwirksam machen, indem man dem Kompensator durch Drehen an *M* eine gleich große, aber entgegengesetzte Dispersion gibt. Die entgegengesetzt gleichen Dispersionen heben sich alsdann auf: die Grenzlinie erscheint farblos und scharf.

Zum Öffnen und Schließen des Doppelprismas (*AB*, Abb. 210) dient eine nach Art eines Bajonettverschlusses eingerichtete Schraube. Will man die Prismen mit einer kleinen Flüssigkeitsmenge beschicken, ohne das Prismengehäuse zu öffnen, so läßt man nach dem Lösen der Schraube einige Tropfen in die trichterförmig erweiterte Mündung eines Kanals (in der Abbildung nicht zu sehen) eintreten. Zieht man nun die Schraube wieder an, so erfüllt die Flüssigkeit durch capillare Wirkung den ganzen Zwischenraum zwischen beiden Prismen. Diese Einrichtung ermöglicht selbst die Untersuchung von schnell verdunstenden Flüssigkeiten, z. B. der Ätherfettlösung bei der refraktometrischen Milchfettbestimmung. Von zähen Flüssigkeiten (Harzen usw.) bringt man einen nicht zu großen Tropfen auf die polierte Prismenfläche des geöffneten Doppelprismas, schließt es und läßt, um die während des Öffnens eingetretene Abkühlung oder Erwärmung der Prismen wieder auszugleichen, das Refraktometer einige Minuten stehen, bevor man die Messung macht. Bedient man sich zum Aufbringen des Tropfens eines Glasstabes, so soll dieser die Prismenfläche möglichst nicht berühren, da er sonst das weiche Flintglas in kurzer Zeit zerkratzt.

Die Grenze wird nunmehr auf den Schnittpunkt des Fadenkreuzes eingestellt, indem man das Doppelprisma mittels der Alhidade ein wenig gegen das Fernrohr dreht, dann wird mittels der Lupe die Lage des Indexstriches an der Teilung des Sektors abgelesen. Die Ablesung liefert unmittelbar den Brechungsquotienten n_D der untersuchten Substanz mit einer Genauigkeit von etwa zwei Einheiten der vierten Dezimale. Gleichzeitig kann man aus der Ablesung an der Trommelteilung des Kompensators (*Z* in Abb. 210) mit Hilfe einer besonderen Tabelle (von *C. Zeiß*, Jena erhältlich) nach einer kurzen Rechnung die ,,mittlere Dispersion" entnehmen. Die Genauigkeit der Dispersionsmessung wird erhöht, wenn man das Mittel aus zwei um 180^0 verschiedenen Ablesungen an der Trommel nimmt.

Da der Brechungsquotient von Flüssigkeiten sich mit der Temperatur verändert, ist es wichtig zu wissen, welche Temperatur die im Doppelprisma eingeschlossene Flüssigkeitsschicht während der Messung hatte; dagegen spielt die Temperatur bei der im Zimmer ausgeführten refraktometrischen Messung fester Körper keine Rolle.

Will man daher eine Flüssigkeit mit der höchsten mit dem ABBEschen Refraktometer zu erreichenden Genauigkeit messen (1—2 Einheiten der vierten Dezimale von n_D), so ist es unerläßlich, die Flüssigkeit, d. h. das die Flüssigkeit einschließende Doppelprisma auf eine bestimmte bekannte Temperatur zu bringen und diese Temperatur innerhalb einiger Zehntelgrade konstant zu erhalten.

Dunkelgefärbte Proben (z. B. Melasse, Viscose, Erdöle) werden mit ,,reflektiertem Lichte" gemessen, wofür eine runde Öffnung in der Fassung des Prismas *A* vorgesehen ist. Man fülle das Prisma wie sonst, nehme den Deckel ab und verfahre wie weiter unten.

Zum Erwärmen der Refraktometerprismen dient ein die Glasprismen einschließendes doppelwandiges Metallgehäuse, durch das Wasser von bestimmter Temperatur geleitet wird.

Feste und plastische Körper werden mit reflektiertem oder mit streifend einfallendem Licht untersucht. Hierzu kann man sich der Ausführung der ABBEschen Apparatur mit nicht heizbaren Prismen bedienen (s. Abb. 211). Flüssigkeiten dagegen werden vorzugsweise, wie bisher beschrieben, im durchfallenden Lichte untersucht.

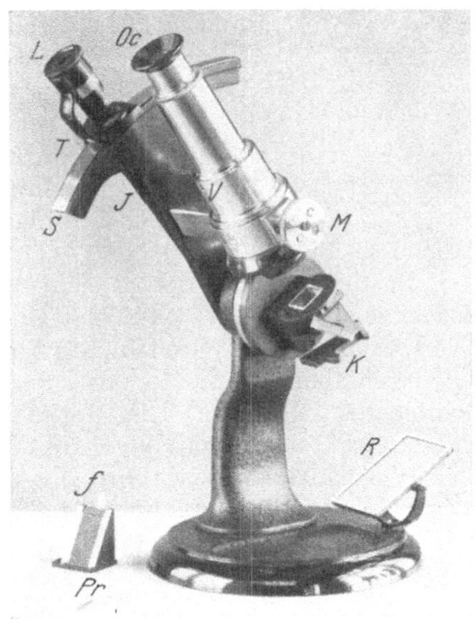

Abb. 211. Das ABBEsche Refraktometer mit nicht heizbaren Prismen.

Die geringsten Anforderungen an die Form fester zu messender Körper stellt die Methode des reflektierten Lichtes dar; sie wird darum am meisten angewandt und sei zuerst beschrieben:

α) *Messung mit reflektiertem Licht.* An *feste Körper* wird eine gut ebene Fläche angeschliffen und poliert. Mittels der Alhidade und des Sektors wird das Fernrohr des Refraktometers so weit umgelegt, bis die rechteckige polierte Fläche des eingekitteten Prismas *horizontal* liegt.

Nunmehr wird die an das Objekt angeschliffene Fläche mit einigen Tröpfchen Monobromnaphthalin staubfrei auf die horizontale Fläche des Prismas aufgelegt. Darauf wird die Klappe K (Abb. 211) herumgeschlagen, bis sie an das Objekt anstößt. Die Klappe hält dann im Verein mit der Capillarität, die zwischen den durch Monobromnaphthalin verbundenen Flächen wirksam ist, das Objekt am Prisma fest, auch nachdem letzteres mit Hilfe der Alhidade wieder in die zur Messung geeignete Lage zurückgedreht worden ist.

Durch das Wegschlagen der Klappe ist die matte Fläche des Prismas freigelegt worden. Das auf diese Fläche fallende Licht gelangt nun durch Reflexion an der polierten Prismenfläche, d. h. auch am Objekt, in das Fernrohr (s. Abb. 212). Die Erscheinung der Grenzlinie ist jetzt nicht so auffällig wie bei einer zwischen zwei Prismen eingeschlossenen Flüssigkeitsschicht, da der dunklere Teil des Gesichtsfeldes durch die partiell reflektierten Strahlen, der hellere durch die total reflektierten beleuchtet ist. Die günstigste Beleuchtung muß man durch Drehen des ganzen Sektors ausprobieren. Der Spiegel R ist so zu drehen, daß er kein Licht auf das Prisma wirft. Eine sorgfältige Achromatisierung der Grenzlinie ist bei dieser Methode besonders wichtig. Im übrigen gelten für die Ablesungen am Sektor und an der Kompensatortrommel die weiter oben angegebenen Regeln. Bei Objekten mit kleiner oder schlecht polierter Oberfläche ist zur Erhöhung der Genauigkeit eine Reihe von unabhängigen Messungen unerläßlich.

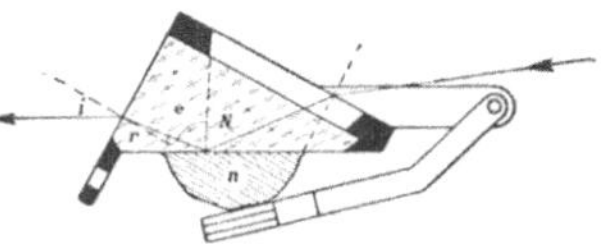
Abb. 212. Messung von Harz mit reflektiertem Lichte.

Von zähen, plastischen Körpern (Baumharz usw.) bringt man eine kleine Menge auf das Prisma und überzeugt sich durch einen Blick auf die quadratische

23*

Fläche des Prismas davon, daß die Substanz ohne Luftblasen dicht an der Oberfläche anliegt. Unter Umständen ist ein vorsichtiges, schwaches Erwärmen der Substanz vorteilhaft. Wegen der starken Adhäsion derartiger Körper ist es nicht nötig, sie durch die Klappe K noch mit zu halten.

Nach jeder Messung muß die Prismenfläche mit einem weichen Leinwandlappen und einem je nach der untersuchten Substanz gewählten Lösungsmittel (Alkohol, Äther, Benzol) auf das sorgfältigste gereinigt werden. Mangel an Sauberkeit hat unscharfes Aussehen der Grenzlinien und sogar falsche Angaben des Refraktometers zur Folge.

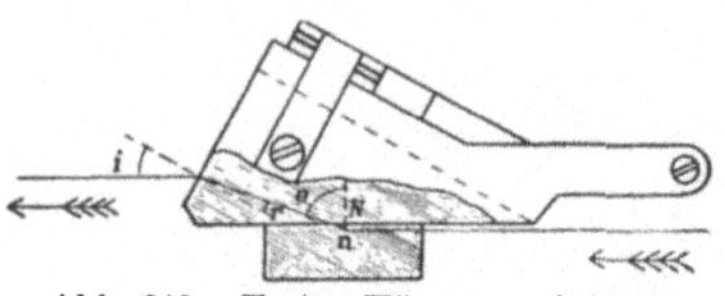
Abb. 213. Fester Körper, auf dem Refraktometer Modell II mit streifend einfallendem Lichte gemessen.

β) Messung mit streifend einfallendem Lichte (nur für feste Körper). Wenn der zu messende Körper zwei zueinander senkrechte, sich in einer scharfen Kante schneidende polierte Flächen hat, kann man ihn mit streifend einfallendem Licht untersuchen (vgl. Abb. 213).

Bei der Regelung der Beleuchtung ist darauf zu achten, daß das vom Spiegel zurückgeworfene Licht parallel der polierten Prismenfläche in das Objekt eintritt. Die Erscheinung der Grenzlinie ist dieselbe wie bei der Messung von Flüssigkeiten im durchfallenden Lichte, also wesentlich deutlicher als bei der unter d beschriebenen Methode. Die Methode des streifenden Eintrittes kann auch bei dem Refraktometer mit heizbaren Prismen angewandt werden.

Wie Abb. 213 lehrt, wird das Doppelprisma geöffnet und das Objekt mit *wenig* Monobromnaphthalin an der polierten Fläche des festen Prismas befestigt. Das bewegliche Prisma wird so weit heruntergeklappt, daß das auf die blanke Metallfläche F fallende Licht des hellen Himmels in der skizzierten Weise in das Objekt eintritt. Man sehe sich vor, das Bild des Randes eines Fensterbalkens oder das First eines Daches als die Grenzlinie anzusehen. Im Zweifelsfalle lege man ein Stück weißes Papier auf die Fläche F, die Grenzlinie ist dann in dem etwas dunkleren Gesichtsfeld mit Sicherheit zu erkennen.

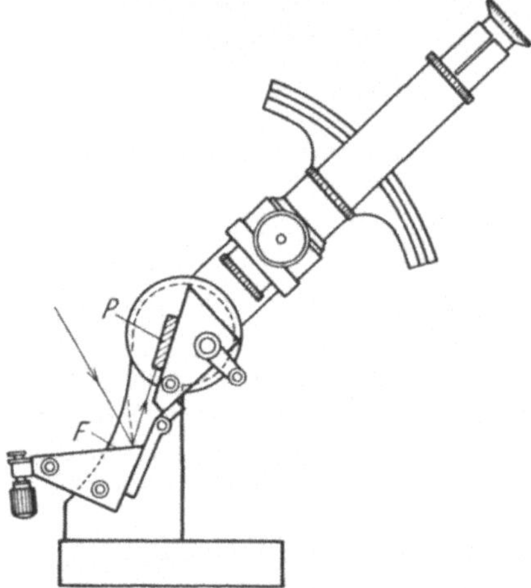

Abb. 214. Justierplättchen P mit streifend einfallendem Licht zu messen.

c) Die Prüfung und Justierung der Refraktometer. Jedem Refraktometer wird ein Justierplättchen aus einem Glase von bekanntem Brechungsindex mitgegeben, letzterer ist in die obere matte Fläche des Plättchens eingeätzt. Das Plättchen ist mit zwei planpolierten Flächen versehen, die eine scharfe Kante bilden. Zur Prüfung des Refraktometers (vgl. Abb. 214) mißt man den Brechungsindex des Plättchens P, indem man das Plättchen mehrmals auflegt und nach jeder Messung die Prismenfläche wieder reinigt. Das Mittel aus allen Messungen wird mit dem auf dem Plättchen angegebenen Werte verglichen. Stimmen beide Zahlen bis auf etwa zwei Einheiten der vierten Dezimale überein, so ist das Refraktometer justiert. Andernfalls berichtigt man die Anzeige des Refraktometers in folgender einfachen Weise. Man stellt, während das Justierplättchen aufgelegt ist, den Index genau auf den in den Plättchen eingravierten Wert n_D ein, dann setzt man den Uhrschlüssel auf den kleinen, auf der Vorderseite des Tubus des Fernrohres erkennbaren Vierkant und dreht so lange, bis die Grenzlinie auf dem Schnittpunkte des Fadenkreuzes einsteht. Schließlich prüft man die neue Justierung mehrere Male.

3. Das PULFRICHsche Eintauchrefraktometer. Das Eintauchrefraktometer dient zum Messen des Brechungsindexes von Flüssigkeiten, wie wäßrigen, alkoholischen und schwach ätherischen Lösungen. Die im Okular abgelesenen Skalenteile werden mit Hilfe von Tabellen, die dem Instrumente beigefügt werden, in die Brechungsindices umgerechnet.

Das untere Ende des Refraktometers (vgl. Abb. 215) wird in ein, in einem drehbaren Gestell hängendes Becherglas eingesetzt. Der unter diesem angebrachte Spiegel wirft das Licht des hellen Himmels oder einer künstlichen Lichtquelle durch eine Mattscheibe von unten her durch die Temperier- und Meßflüssigkeit in das Refraktometer; dieses hängt mit einem Doppelhaken in einem Bügel. Man hat von oben in das Okular zu blicken und sieht im Gesichtsfeld einen hellen und einen dunklen Teil sowie eine Skala.

Der Aufbau des Eintauchrefraktometers. Der Prismenkörper ist zylindrisch abgeschliffen und so konstruiert, daß in die Substanz nur Glas eintaucht, aber kein Fassungsteil, dessen Material, wie Metall und Kitt, von der Substanz leicht angegriffen wird. Das Licht läßt man mittels des Spiegels S in Abb. 215/216 von unten in das Refraktometer eintreten.

Das Eintauchrefraktometer besteht im wesentlichen aus folgenden Teilen:

1. dem Prisma P aus widerstandsfähigem Glase; dasselbe ist für verschiedene Meßbereiche auswechselbar angeordnet. Es werden sechs Prismen zu dem Instrument geliefert;

Abb. 215. Eintauchrefraktometer.

2. aus dem Objektiv Ob und dem Okular Ok gebildeten Fernrohr mit der Skala Sk und der Mikrometerschraube Z, und

3. dem zwischen dem Prisma P_1 und dem Objektive Ob angeordneten Kompensator A der mittels des Ringes R gedreht werden kann.

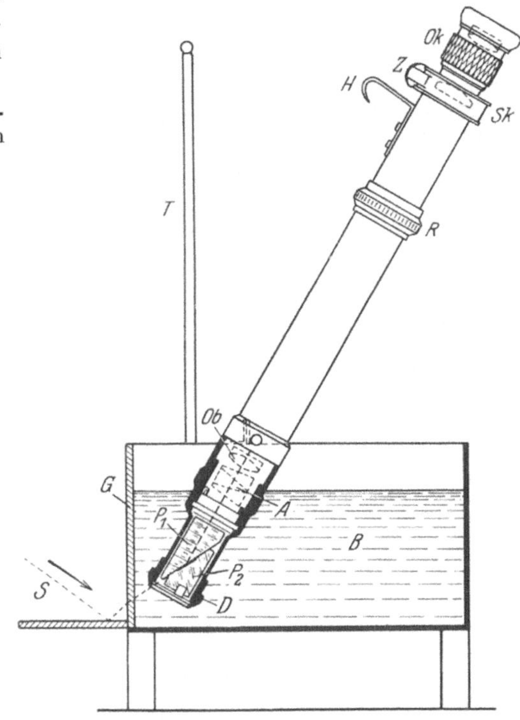

Abb. 216 ($^1/_4$ nat. Gr.). Untersuchung einer Flüssigkeit unter Luftabschluß mit dem Eintauchrefraktometer und Trog B. Die Substanz ist zwischen dem Prisma P_1 und dem Hilfsprisma P_2 in dem metallenen Becher enthalten. Das vom hellen Himmel oder einer Lampe kommende Licht fällt auf den Spiegel S und tritt durch die matte Glasplatte G in das Wasserbad, von da durch das Fenster des Deckels D in die Substanz, und schließlich, wie skizziert, in das Refraktometer, das durch die Einrichtung des Troges B in der schrägen, dem Beobachter bequemen Lage gehalten wird.

Die Grenzlinie, die den hellen Teil des Gesichtsfeldes des Okulars von dem dunklen Teil trennt, ist im allgemeinen ein farbiger Saum. Durch Drehen des Kompensators macht man den Farbsaum zu einer farblosen scharfen Trennungslinie zwischen Hell und Dunkel.

Die Lage dieser scharfen Grenze in der Skala ist das Maß für den Brechungsindex der Substanz. Die ganzen Skalenteile werden abgelesen und notiert; zur Ermittlung der Zehntelskalenteile dient die Mikrometerschraube Z. Durch Drehen an Z verschiebt man die Skala gegen die Grenzlinie, bis der soeben notierte Skalenteil sich mit der Grenze deckt. Der Index der Mikrometertrommel zeigt alsdann die Zehntelskalenteile an, die zu den ganzen noch hinzuzufügen sind.

Bei sorgfältigem Arbeiten schwanken die einzelnen Ablesungen um höchstens $\pm$ 0,1 Skalenteil, ein Betrag, der im Mittel $\pm$ 3,7 Einheiten der fünften Dezimale von n_D entspricht. Das Eintauchrefraktometer übertrifft also an Genauigkeit seiner Angaben alle unsere anderen Refraktometer für flüssige und feste Körper, mit Ausnahme der Interferometer.

Die auswechselbaren Prismen. Um das Eintauchverfahren auch auf höher brechende Flüssigkeiten übertragen zu können, wird das Eintauchrefraktometer mit sechs verschiedenen Prismen ausgerüstet, die ihm die folgenden, ineinander übergreifenden Meßbereiche erteilen:

Prismen-Nr.	Meßbereich (n_D)	Prismen-Nr.	Meßbereich (n_D).
I	1,325—1,367	IV	1,419—1,449
II	1,366—1,396	V	1,445—1,473
III	1,395—1,421	VI	1,468—1,492

Für das Verfahren der Befestigung der Prismen, die durch eine Art Überfangschraube erfolgt, wird eine einfache Anweisung und ein Spezialschlüssel mitgeliefert. Man prüft den Nullpunkt jeden Prismas, nachdem man es eingesetzt hat.

Handhabung und Justierung. Vor der erstmaligen Benutzung überzeugt man sich davon, daß ein Refraktometer richtig justiert angekommen ist (s. w. u.). Dann stellt man den Temperiertrog so auf, daß der Spiegel dem hellen Himmel zugewandt ist, füllt den Trog reichlich zur Hälfte mit Leitungswasser und stellt ein mit destilliertem Wasser gefülltes Becherglas in eins der zwölf Löcher des drehbaren Gestells. Schließlich hängt man das Refraktometer mit seinem Haken an den Bügel, so daß das Prisma I ganz in das Becherglas eintaucht.

Nunmehr überläßt man das ganze etwa 10 Minuten sich selbst, damit die Temperatur sich ausgleichen kann. Hat das destillierte Wasser genau die Temperatur des Bades angenommen, so stellt man das Okular durch Drehen an dem geriefelten Rande der Okularmuschel auf größte Deutlichkeit der Zahlen und Strich der Skala ein und richtet den Spiegel so, daß man den Schein des hellen Himmels durch das Becherglas hindurch sieht. Der obere Teil des Gesichtsfeldes von 0 bis ca. 15 erscheint jetzt hell und ist von dem unteren, dunklen Teile durch eine scharfe Grenze getrennt, wenn die Teilung am Ringe des Kompensators auf 5 steht. Durch Drehen der Blende unter dem Temperiertrog kann man bei trüben Lösungen die Schärfe regulieren. Man liest ab und notiert außerdem die Temperatur des destillierten Wassers. Die Justiertabelle lehrt alsdann, ob das Refraktometer richtig justiert ist.

Justiertabelle.

Das justierte Refraktometer mit Prisma I zeigt für destilliertes Wasser an

bei der Temperatur in °C	10	11	12	13	14	15	16	17	17,5	18	19
die Skalenteile	16,3	16,15	16,0	15,86	15,7	15,5	15,3	15,1	15,0	14,9	14,7
bei der Temperatur in °C	20	21	22	23	24	25	26	27	28	29	30
die Skalenteile	14,5	14,25	14,0	13,75	13,5	13,25	13,0	12,7	12.4	12,1	11,8

Weicht das Mittel mehrerer sorgfältiger Ablesungen von der in der Tabelle enthaltenen Justierzahl um mehr als 0,1 Skalenteil ab, so verfahre man folgendermaßen. Man umfaßt mit Daumen und Zeigefinger der linken Hand das Okularende des am Bügel hängenden Refraktometers, stellt die Mikrometertrommel auf 0 und dreht die vernickelte, geränderte Mutter im Sinne der zunehmenden Trommelteile, wodurch sie gelöst wird. Jetzt liest man die Temperatur im Becherglas nochmals ab, um sich zu überzeugen, daß sie konstant geblieben ist, und entnimmt aus der Tabelle die zu der abgelesenen Temperatur gehörige „Justierzahl". Durch Drehen an der vernickelten, geränderten Stellschraube bringt man die Grenzlinie genau auf den ganzen Skalenteil, den die Justierzahl angibt, und dreht schließlich die jetzt lose Mikrometertrommel so, daß der Index die Zehntel der Justierzahl anzeigt. Nun hält man mit dem Daumen und Zeigefinger der linken Hand die Trommel und den Index fest und zieht mit der rechten die Mutter wieder fest an, ohne daß sich die Stellung der Trommel zu ihrem Index ändert. Schließlich prüft man die neue Justierung durch wiederholte Ablesungen.

Während für die Justierung des mit Prisma I ausgerüsteten Refraktometers das destillierte Wasser sich bewährt hat, benutzt man für die Justierung der Prismen II—VI Justierprismen. Es genügen zwei Prismen. Wie bei der Justierung des Abbeschen Refraktometers wird beim Eintauchrefraktometer das Prisma mittels eines sehr kleinen Tropfens Monobromnaphthalin so auf die waagerecht liegende blanke Fläche des aufs sorgfältigste fest eingeschraubten Prismas gelegt, daß die scharfe Kante des rechten Winkels dem einfallenden Licht zugekehrt ist. Der Tropfen Monobromnaphthalin war groß genug gewählt, wenn er nach gutem Andrücken des Plättchens eben den ganzen Zwischenraum ausfüllt; tritt dagegen etwas Flüssigkeit an der scharfen Kante des rechten Winkels heraus, so verhindert der kleine Flüssigkeitswulst die streifend ankommenden Strahlen, ungestört in das Plättchen einzutreten, und man erhält eine unscharfe oder falsch gelegene Grenzlinie im Okular.

Weißes Licht ist für die Justierung nicht geeignet, da der Kompensator die extrem niedrige, bei keiner Flüssigkeit beobachtete Dispersion des Fluorits nicht völlig aufheben kann. Der bei weißem Lichte farbige Saum der Grenze verschwindet augenblicklich, wenn man als Lichtquelle eine durch Natriumsalz gelb gefärbte Bunsenflamme verwendet. Es ergibt sich demnach die folgende Reihenfolge der Operationen zur Prüfung der Justierung der Prismen II—VI des Eintauchrefraktometers:

I. Das Refraktometer wird in ein Laboratoriumsstativ mit Klaue so eingeklemmt, daß die blanke Prismenfläche waagerecht und oben liegt.

II. Eine Natriumflamme wird in etwa 50 cm Abstand so vor das Refraktometer gestellt, daß die Verlängerung der waagerechten Prismenfläche auf den hellsten Teil der Flamme zeigt.

III. Zwischen Lichtquelle und Refraktometer wird als Wärmeschutz eine Glasplatte aufgestellt.

IV. Das Justierplättchen wird mittels wenig Immersionsflüssigkeit auf der Prismenfläche befestigt und soll bei den Prismen II und III an den metallenen Fassungsring fast anstoßen, bei den Prismen IV—VI wird es nahe der Spitze aufgelegt; dabei liegt die scharfe Kante des rechten Winkels der Lichtquelle zugewandt.

V. Die Lage der scharfen Grenzlinie in der Skala wird gemessen, als ob es sich um die Messung einer Lösung handelte, und mit dem Brechungsindex des Plättchens (bei Prismen IV—VI) oder mit der Justierzahl (bei Prisma II und III) verglichen.

VI. Weicht bei drei aufeinanderfolgenden Messungen der beobachtete Wert von dem Sollwert um mehr als $\pm$ 0,2 Skalenteile ab, so wird die Justierung wie bei Prisma I nach S. 358 berichtigt.

Die Justierzahlen sind für Prisma II: 98,6, Prisma III: 1,3.

Bei den Prismen IV—VI vergleicht man die abgelesenen Skalenteile mit denjenigen Werten, die sich ergeben, wenn man mit Hilfe der von *C. Zeiß* gelieferten Tabellen den auf dem Justierplättchen eingravierten n_D-Wert in Skalenteile umgewandelt hat.

Die Regelung der Temperatur. Oft genügt es, ein mindestens 20 Liter fassendes Vorratsgefäß (Faß, Blechwanne) mit angewärmtem, schwach desinfiziertem Wasser zu füllen und dieses langsam durch das Temperierbad strömen zu lassen. Das durchgeflossene Wasser wird aufgefangen, angewärmt und wieder verwendet. — Dagegen ist für stundenlange, insbesondere tägliche Untersuchungsreihen die Benutzung der Heizspirale und des Wasserdruckreglers vorzuziehen.

Als Temperierbad dient ein Eisentopf von ca. 10 Liter Inhalt mit Filzunterlage und Filzmantel, er ist mit einem Überlaufstutzen versehen, der etwa 5 cm unter dem Rande des Topfes angebracht ist. Auf diesen waagerechten Stutzen schiebt man einen weiten Gummischlauch von etwa 20 cm Länge, der durch einen Quetschhahn geschlossen wird.

Zum Einfüllen dient ein metallenes Einfüllrohr, das dauernd im Topfe steht; es besteht aus einem senkrechten, abnehmbaren Fallrohr, in dessen Mündung man einen Trichter steckt, und einem horizontalen Rohrringe, der mit etwa 20 nach innen und schräg nach oben gerichteten Löchern versehen ist. Die Mischung des neu eingeführten Wassers mit dem bereits vorhandenen vollzieht sich augenblicklich, Umrühren ist überflüssig. Die Messung darf erst erfolgen, wenn die Grenzlinie im Okular des eingetauchten Refraktometers die erforderliche Schärfe angenommen hat, d. h., wenn das Prisma die Wassertemperatur angenommen hat.

Die Untersuchung kleiner Substanzmengen mit dem Hilfsprisma. Reicht die vorhandene Menge Flüssigkeit für die Untersuchung im Becher nicht aus oder ist die Substanz zu dunkel gefärbt, so bedient man sich des Hilfsprismas; darauf bringt man einige Tropfen der Flüssigkeit auf die horizontal gehaltene Hypotenusenfläche des Hilfsprismas, schiebt dieses in den Becher ein und setzt den Deckel auf. Hat man einen sehr kleinen Tropfen Substanz genommen, so erkennt man den Rand des zwischen beiden Prismen flachgedrückten Tropfens durch die quadratische, am Fenster des Deckels anliegende Prismenfläche. Es ist zu empfehlen, womöglich so viel Substanz zu nehmen, daß der Zwischenraum zwischen den Prismen ganz ausgefüllt ist; sonst tritt eine Einbuße an Helligkeit und unter Umständen eine durch nichts zu beseitigende Verminderung der Schärfe der Grenzlinie auf. Bei genügender Substanzmenge dagegen ist die Grenze überraschend scharf. Man kann das mit dem Hilfsprisma versehene Refraktometer genau so temperieren, als ob der Becher mit einer Flüssigkeit gefüllt wäre. Die Messung erfolgt wie oben.

Die Untersuchung von Flüssigkeiten unter Luftabschluß. Zu diesem Zwecke wird der Deckel an das Metallrohr als Boden fest angeschraubt und der so gebildete Becher halb gefüllt. Die linke Hand erfaßt das Refraktometer so, daß das Prisma nach unten hängt, darauf wird mit der rechten Hand der gefüllte Becher von unten bajonettartig angesetzt. Die Substanz ist jetzt luft- und wasserdicht eingeschlossen. Nunmehr wird das Refraktometer wie sonst an dem Bügel des Troges A aufgehängt; der metallene Becher taucht in das Wasser ein. Der Temperaturausgleich wird durch die metallische Wandung des Bechers vermittelt. Es ist zweckmäßig, die Substanzen in verschlossenen Fläschchen schon vor der Untersuchung vorzuwärmen.

Die Blendvorrichtung. Ist die untersuchte Flüssigkeitsmenge beim Arbeiten mit dem Hilfsprisma zu klein, so wird die Trennungslinie undeutlich. Man kann nun der Grenzlinie ein kräftiges Aussehen wiedergeben, wenn man durch Regelung des Strahlenganges alles Licht abblendet, das nicht zur Bildung der Grenzlinie beiträgt. Diese einfache Blendvorrichtung wird so auf die Okularmuschel aufgesteckt, daß man das überragende Teil der Blendscheibe über der Meßschraube stehen hat. Die Blendscheibe hat eine große und eine kleine Öffnung. Bei klaren Lösungen benutzt man die kleine Öffnung, bei trüben oder sonst inhomogenen Proben, die im Becherglase enthalten sind, dagegen die große Öffnung. Man dreht an der Blendscheibe, bis die Grenze möglichst scharf geworden ist, dann ist diejenige Stellung erreicht, in der das verkleinerte Tropfenbild in der Austrittspupille vor dem Okulare mit der kleinen Blendenöffnung zusammenfällt.

C. Interferometrie.

Zusammenfassende Darstellungen.

HIRSCH, P.: Interferometrie. ABDERHALDEN: Arbeitsmethoden II, T. 2, H. 1, 737 bis 774. 1926. Daselbst ausführliches Literaturverzeichnis.

Ebenso in: OPPENHEIMER u. PINCUSSEN: Fermentmethoden **3**. Leipzig: Georg Thieme 1929.

a) Definition.

Unter Interferometrie versteht man eine Methode der Messung der Lichtbrechung, die sich der Interferenz des Lichtes bedient. Die Messung stellt eine Differenzmethode dar, bei der ein Interferenzbild, das aus einem Lichtbündel, das die zu untersuchende Lösung durchsetzt hat, gewonnen wird, mit einer unveränderlich normalen Interferenzerscheinung, die als Nullage dient, in Vergleich gebracht wird. Hierbei wird beobachtet, daß durch den Unterschied der Lichtbrechung bzw. der Konzentration einer zu untersuchenden Lösung gegen das reine Lösungsmittel sich die Lage der Interferenzstreifen verschiebt. Diese „Wanderung der Interferenzstrahlen“ läßt sich durch eine Kompensationsvorrichtung ausgleichen und dadurch meßbar machen.

b) Theoretisches zur Interferometrie.

Die Interferometrie, die, wie gesagt, nur Messungen von Differenzen des Brechungsvermögens auszuführen gestattet, ermöglicht Messungen von ganz außerordentlich hoher Genauigkeit. Während mit dem Refraktometer nach ABBE nur Messungen mit einer Genauigkeit von etwa $\pm 2 \times 10^{-4}$ und mit dem PULFRICHschen Eintauchrefraktometer mit einer Genauigkeit von $\pm 3{,}7 \times 10^{-5}$ auszuführen sind, ermöglicht die Anwendung des Interferometers, bei Benutzung einer Kammer von 20 mm Länge, Brechungsindexdifferenzen von $\pm 6 \times 10^{-7}$ festzustellen. Für weißes Licht ist die Größe des Brechungsunterschiedes, die einer Änderung des Interferometerwertes um einen Trommelteil entspricht, bei Anwendung einer 20-mm-Kammer $\delta n = 13 \times 10^{-7}$, d. h. die Änderung des Interferometerwertes um einen Trommelteil zeigt eine Änderung des Brechungsindexes von 13 Einheiten in der siebenten Dezimale. Diese hohe Empfindlichkeit der Interferometrie bestimmt ihre Anwendung da, wo kleinste Konzentrationsänderungen, die den Brechungsindex einer Lösung beeinflussen, zu beobachten sind. So hat die Interferometrie in der Form des Gasinterferometers besonders zur Analyse von Gasgemischen (Grubengas u. a.) Anwendung gefunden, während die Interferometrie von Lösungen besonders für biologische Zwecke angewandt worden ist. Vorzüglich ist die Interferometrie von Lösungen für das Studium von Abwehrfermenten benutzt worden, wo es darauf ankam, geringste Änderungen des Eiweißgehaltes einer Lösung festzustellen.

Die bei der Messung abgelesenen Trommelumdrehungen stellen willkürliche Werte dar, die aber als absolute Werte für das Brechungsvermögen umgewertet werden können. Die durch die Trommeldifferenz ausgedrückte Verschiebung des veränderlichen Spektrums gegen das unveränderliche wird Interferometerwert (I W.) genannt. Dieser Interferometerwert ist proportional dem Unterschied der Brechungsindici der in den beiden Kammern des Instrumentes befindlichen Flüssigkeiten und ebenso proportional der Länge der benutzten Kammern. Er ist in gewissem Maße von der Temperatur abhängig, doch nicht in dem Maße wie bei der Refraktometrie. Formelmäßig läßt sich der Interferometerwert darstellen durch die Bezeichnung I W. $= k \cdot (n_1 - n_2)$, wo k eine Konstante bedeutet, die von der Länge der Kammer abhängt, und n_1 und n_2 die Brechungsexponenten der verglichenen Flüssigkeiten darstellen. Bei der Messung von Lösungen verschiedener Konzentration gegen die gleiche Vergleichsflüssigkeit sind die Interferometerwerte unter sich vergleichbar. So mißt man z. B. wäßrige Lösungen verschiedener Konzentrationen gegen destilliertes Wasser. Stellt man die mit verschiedenen Lösungen erhaltenen Interferometerwerte graphisch dar, indem man sie in ein Koordinatensystem einträgt, so erhält man eine Eichkurve, welche für jedes einzelne Interferometer einen charakteristischen, aber in sich gleichbleibenden Verlauf zeigt. Diese Eichkurve stellt bis in den Bereich der Interferometerwerte von 1400 eine gerade ansteigende Linie dar, bei höheren Werten krümmt sie sich leicht, daher ist für alle höheren Interferometerwerte als 1400 eine entsprechende Korrektur notwendig, wenn sie dieselbe Genauigkeit haben sollen wie die unter 1400 abgelesenen.

Zur Analyse einer bestimmten Substanzkonzentration ist es notwendig, vorher mit Lösungen genau bekannten Gehaltes Eichkurven des betreffenden Stoffes herzustellen.

c) Beschreibung der Apparatur.

Gasinterferometer. Die ursprüngliche Form des Interferometers ist das Gasinterferometer in Form des sog. Laboratoriumsinterferometers. Hinsichtlich seiner Beschreibung sei auf die Darstellung von HIRSCH (s. o.) verwiesen.

Für biologische Zwecke kommt meist zur Anwendung:

Das Flüssigkeitsinterferometer. Die Einrichtung des Flüssigkeitsinterferometers wird an Hand der schematischen Darstellung (Abb. 217a und b), die das Instrument im Auf- und Grundriß zeigt, verständlich sein.

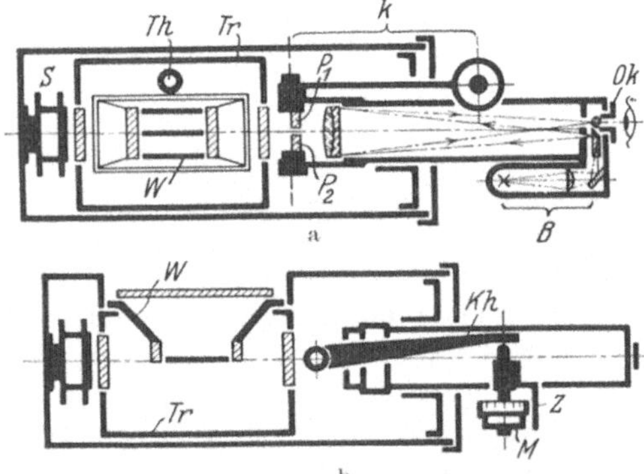

Abb. 217. Auf- und Grundriß des Flüssigkeitsinterferometer nach HIRSCH.

Der Beleuchtungsapparat B, bestehend aus einem Osramlämpchen und einem Linsensystem, ist in einem kleinen Tubus neben dem Fernrohr untergebracht. Der Faden des Lämpchens wird quer auf einem Spalte abgebildet. Der aus diesem heraustretende Lichtstrahl fällt auf den am hinteren Ende des Apparates angeordneten, mit Justiereinrichtungen ausgestatteten Spiegel S. In oder dicht an dieser Spiegelebene liegen zwei Doppelblenden, welche die Beugungserscheinungen hervorrufen. Der nahezu senkrecht auffallende Lichtstrahl wird vom Spiegel zurückgeworfen und durch das Objektiv des Fernrohres zu einem Interferenzbilde vereinigt. Das Interferenzbild liegt dabei dicht neben dem sehr feinen, einstellbaren Spalt und wird mittels des Okulars *Ok*, das aus einer Zylinderlinse besteht, betrachtet. Durch Anwendung eines Zylinderokulars wird der durch hohe Vergrößerungen verursachte Nachteil einer geringen Helligkeit des Bildes vermieden. Ein Zylinderokular vergrößert nur in der Richtung senkrecht zu seiner Achse, wirkt aber in Ebenen, die durch die Achsen gehen, wie ein Fenster. Die Lichtstrahlen der parallelen Strahlenbüschel müssen auf ihrem Wege zum und vom Spiegel *S* durch die Platte P_1 und P_2 des Kompensators *K*, ferner durch die planparallelen Platten eines Temperierbades *Tr*, durch die Temperierflüssigkeit selbst und durch die in das Temperierbad von oben eingehängten, mit zwei planparallelen Glasplatten versehenen und mit den zu untersuchenden bzw. zu vergleichenden Flüssigkeiten gefüllten Flüssigkeitskammern hindurchtreten. Nur die obere Hälfte der Lichtstrahlen nimmt diesen Weg. Die untere Hälfte des planparallelen Strahlenbüschels geht unter der Flüssigkeitskammer her und erzeugt in dem Okular ein unveränderliches als Nullage dienendes Interferenzstreifensystem. Dieses, eine FRAUNHOFERsche Beugungserscheinung, besteht aus einem weißen Felde, dem sog. Maximum nullter Ordnung, und symmetrisch dazu angeordneten Beugungserscheinungen, Beugungsspektren, welche durch sehr schmale schwarze Minimastreifen getrennt sind.

Befinden sich in den beiden Hälften der Doppelkammern Flüssigkeiten von genau gleicher Lichtbrechung, mit anderen Worten Flüssigkeiten von gleicher Konzentration, so erzeugt die obere Hälfte des parallelen Strahlenbüschels genau dasselbe Beugungsspektrum wie die untere Hälfte des Strahlenbüschels. Sind jedoch die Kammern mit verschiedenen Substanzen gefüllt, so ist die Interferenzerscheinung gegen ihre bisherige Lage verschoben, da die optische Weglänge in beiden Kammern eine verschiedene ist. Durch Drehen der Schraube *M* kann man die beweglich angeordnete Platte P_1 des Kompensators *K* verstellen, wodurch der optische Gangunterschied der beiden Hälften des Strahlenbüschels ausgeglichen wird. Man dreht so lange, bis die beiden obenerwähnten schwarzen Streifen, die das Maximum nullter Ordnung (das Weiße) begrenzen, in dem oberen und unteren Bilde genau auf Koinzidenz stehen. Die Schraube *M* trägt eine Meßtrommel, deren Umdrehungen man mit Hilfe ihrer Teilung sowie eines Umdrehungszählers *Z* ablesen kann (Trommelteildifferenz). *Th* ist ein Tubus für ein Thermometer.

Zur Aufnahme der zu messenden Flüssigkeiten dienen Kammern, die entweder aus vergoldetem Metall mit eingekitteten Kammerfenstern oder zur Untersuchung von kittlösenden Flüssigkeiten und Säuren ganz aus verschmolzenem Glas hergestellt sind. Sie sind so konstruiert, daß sie auf das bequemste gefüllt und vor allen Dingen gereinigt werden können. Die Flüssigkeit ist gegen Verdunstung durch einen Glasdeckel geschützt. Sie wird, wie bereits oben erwähnt, zwecks Temperaturausgleich in einem Temperierbade angeordnet. Als Temperierflüssigkeit dient destilliertes Wasser. Die Kammern werden in verschiedenen Längen (1, 5, 10, 20 und 40 mm) geliefert. Die mit den verschiedenen langen Kammern erhaltenen Werte verhalten sich im allgemeinen der Kammerlänge direkt proportional.

d) Ausführung der Messung[1].

Ermittlung der Nullage. Die untere Hälfte des Gesichtsfeldes ist durchzogen von zwei nahezu schwarzen Mittelstreifen, die beiderseits durch dunkle Streifen eingerahmt sind. Die dunklen Streifen sind in dem Beugungsspektrum die Minima erster Ordnung. Die Mitte zwischen diesen dunklen, naturgemäß nicht ganz scharf begrenzten Beugungsstreifen ist diejenige Stelle im Gesichtsfeld, wo die beiden Strahlenbüschel der unteren Büschelhälfte mit gleicher Schwingungsphase, also ohne gegenseitige Verzögerung ankommen und interferieren. Man mache sich auch mit dem Aussehen der benachbarten farbigen Streifen, der Spektra höherer Ordnung, vertraut, da diese bei schwierig zu messenden Proben, z. B. bei etwas trübem Serum oder bei schwach gefärbten Lösungen (oder Gasen) zur Beurteilung der richtigen Einstellung des Kompensators mit herangezogen werden müssen. Setzt man jetzt den Kompensator in Bewegung, indem man an der Meßschraube dreht, bis deren oberer Rand zwischen dem ersten und zweiten Striche der Teilung des Umdrehungszählers steht, so kommen in die vorher weiße

[1] Nach den Angaben von C. Zeiß, Jena.

Hälfte des Gesichtsfeldes allmählich bunte Streifensysteme, und bei genügend langsamem Drehen findet man eine Stelle, bei der das obere bewegliche und veränderliche Spektrum genau dieselbe Lage und dasselbe Aussehen hat wie das untere unbewegliche Vergleichsspektrum. Um diese Lage der Meßschraube, die als Nullage vor jeder Messungsreihe täglich neu zu ermitteln ist, genau zu finden, dreht man die Meßschraube, wie auch bei allen späteren Messungen, so, daß die Ablesungen an der Trommel wachsen. Man macht von neuem eine größere Zahl von Einstellungen und Ablesungen und notiert nacheinander etwa 10—15, um zu prüfen, wie genau das Auge die Einstellung der beweglichen dunklen Streifen auf die Verlängerung der feststehenden dunklen Streifen ausführt. Es ist sehr bald zu beobachten, daß man auf 1—2 Trommelteile genau einstellen kann. Bruchteile von Trommelteilen zu notieren oder durch Mittelbildung zu berechnen, hat keinen Zweck, da mit einem Trommelteile als Fehlergrenze bei allen Messungen zu rechnen ist.

Diese Ermittlung des Nullpunktes erfolgt erst, nachdem man im Gasinterferometer die Gaskammer eingesetzt hat oder nachdem die Wasserkammer in das mit Temperierwasser gefüllte Bad eingehängt und beide Hälften mit derselben (Vergleichs-)Flüssigkeit gefüllt sind. Eine ungefüllte Wasserkammer kann das obere Strahlenbüschel aus seiner Lage seitlich ablenken und das ganze obere Spektrum verschoben zeigen, da für diese Wirkung bereits ein sehr kleiner Keilwinkel zwischen den Fensterplatten genügt, eine Abweichung, die bei gefüllten Kammern weder zu sehen noch zu messen ist. Die Nullage wird bei allen interferometrischen Messungen stets abgezogen.

Wahl der Vergleichssubstanz. Da die Nullage der Meßtrommel diejenige Lage des Kompensators anzeigt, bei der zwischen dem rechten und dem linken Strahlenbüschel keine Phasendifferenz oder kein Gangunterschied besteht, ist es ganz gleichgültig, mit welchem Gase oder welcher Lösung beide Kammerhälften gleichzeitig angefüllt sind, wenn man die Nullpunktprüfung vornimmt, nur müssen beide Kammerhälften mit derselben Substanz beschickt sein. Bei der Messung von Lösungen ist mit der Angleichung der Lichtbrechung der Vergleichslösung an diejenige der Proben der große Vorteil verbunden, daß man sich Temperaturkorrektionen und insbesondere die Einhaltung einer bestimmten Temperatur ersparen kann, die bei der Benutzung genau arbeitender Refraktometer eine so große Rolle spielt. So messe man z. B. Nordseewasser gegen Nordseewasser, Serum gegen Serum, Flußwasser gegen Trinkwasser usw.

Vorbereitung und Einfüllung einer Flüssigkeitsprobe. Obwohl für die Messung im Interferometer die Einhaltung einer bestimmten Temperatur des Temperierwassers und der Proben nicht nötig ist, da es sich nur um die Messung der Differenz des Brechungsindex der Probe gegen die Vergleichslösung handelt, bedeutet doch die Vortemperierung der Proben auf angenähert die Zimmertemperatur, die das Wasser im Temperierbad hat, eine große Zeitersparnis. Die Messung im Interferometer ist erst möglich, wenn die Probe ihre Temperatur mit der des Temperierwassers ausgeglichen hat, vorher sind die Streifen des oberen Spektrums durch dauernde Bewegung und Krümmungen nicht zu einer genauen Einstellung geeignet. Ihr Aussehen trägt also von selbst zur Warnung des Beobachters bei. Irgendwelche Niederschläge oder Trübungen in der Probe werden entweder, wenn es wegen der Verdunstungsgefahr zulässig ist, durch Filtrieren oder durch Zentrifuge entfernt. Zum Einfüllen der kleinen Flüssigkeitsmengen sind Pipetten mit kleinen Gummibirnen am bequemsten; insbesondere dienen diese zum Reinigen der Kammer. Bei Serienuntersuchungen fällt das eigentliche Reinigen zwischen der Messung zweier Proben ganz fort, wenn man über so viel Substanz verfügt, daß man die erste Füllung der zweiten Probe zum Reinigen verwenden kann

d. h. nach dem Einfüllen verwerfen und durch die zweite Füllung ersetzen kann. Dieses rasche Verfahren ist allerdings auf Untersuchung von lauter ähnlichen Proben beschränkt. Es bildet die Regel bei allen Arten von Wasseruntersuchungen.

Umständlicher ist die Messung von Serumproben, wo nach jeder Messung die Kammern mit Wasser oder besser physiologischer Kochsalzlösung nachgespült und dann gereinigt werden müssen. Hierzu empfehlen sich festgewickelte kleine Rollen von Filtrierpapier, die wie Stäbchen benutzt werden. Bei Serienuntersuchungen von Serum ist es zweckmäßig, mit mindestens 2 Kammern von gleicher Schichtdicke zu arbeiten, wodurch erheblich an Zeit gespart wird. Die Mikrokammer erfordert besondere Sorgfalt beim Reinigen. Der Reinigungsvorgang darf nicht zu einer merklichen Erwärmung der Kammern führen, sonst ist Zeitverlust für Austemperieren unvermeidlich. Nach beendeter Messungsreihe ist festzustellen, ob nicht Wasser in den Apparat gedrungen ist; jedenfalls darf das Interferometer nur in trockenem Zustand über Nacht stehen.

Die Ablesung und deren Verwertung. Die Ablesung erfolgt in zwei Teilen. Man stellt zuerst fest, zwischen welchen zwei Teilstrichen des Umdrehungszählers der feine weiße Ring der Trommel steht und notiert die Nummer des niedrigen Teilstriches, daneben setzt man die zweizifferige Zahl, die der geteilte Rand des Umdrehungszählers auf der Trommel anzeigt, und zwar ebenfalls, wie oben erwähnt, nur eine ganze Zahl. Ist die Unterscheidung zwischen dem richtigen und einem Nachbarstreifenpaar schwierig, wie z. B. bei hochbrechenden Serumlösungen, so empfiehlt es sich, auch eine zweite Ablesung zu notieren und über das Aussehen der Streifen bei beiden Ablesungen Vermerke zu machen. Die abgelesenen Trommelteile oder Interferometerwerte dienen bei der Eichung eines Interferometers zur Aufstellung einer Tabelle oder einer Eichkurve. Über die absolute Eichung eines Interferometers vergleiche die Literaturangaben.

D. Spektroskopie.

Zusammenfassende Darstellungen.

DAFERT, O., in ABDERHALDEN: Arbeitsmethoden Abt. IV, Tl. 76, H. 1, 114—120.

LÖWE, F., in ABDERHALDEN: Arbeitsmethoden Abt. II, T. 2, H. 4, 1431—1462. 1926.

RONA, P., u. H. KLEINMANN: Praktikum der physiologischen Chemie II, Blut und Harn. Berlin: Julius Springer 1929.

WEIGERT, F.: Optische Methoden der Chemie, S. 81—114. Leipzig: Akad. Verlagsgesellschaft 1927.

a) Definition.

Unter Spektroskopie versteht man die spektrale Untersuchung eines Körpers hinsichtlich seines Verhaltens bei Lichtaussendung oder Lichtabsorption. Fällt Licht auf ein lichtbrechendes Medium, das von zwei nicht parallelen ebenen Flächen begrenzt ist, so wird es von seiner Richtung abgelenkt, d. h. gebrochen. Hierbei wird Licht von größerer Wellenlänge (rot) weniger abgelenkt als solches von kleinerer Wellenlänge (violett). Verwendet man daher weißes Licht, so entsteht durch die verschieden starke Brechung der einzelnen Wellenlängen ein zusammenhängendes farbiges Band, d. h. ein sog. ,,Spektrum".

Ein derartiges zusammenhängendes farbiges Band beobachtet man aber nur, wenn die Lichtquelle ein glühender fester oder flüssiger Körper ist. Besteht die Lichtquelle aus glühenden Gasen oder Dämpfen, so beobachtet man ein Spektrum, das aus einzelnen mehr oder weniger scharf begrenzten farbigen Streifen oder Linien besteht, die durch dunkle Zwischenräume voneinander getrennt sind. Man unterscheidet also bei allen Spektren, die man durch unmittelbare Beobachtung einer Lichtquelle erhält (Emissionsspektren), ,,kontinuierliche Spektren" und „diskontinuierliche bzw. Linienspektren". So besteht das Spektrum des Natriumlichtes aus einer scharf begrenzten gelben Linie, Lithiumlicht zeigt eine rote und orange, Thallium eine grüne Linie usw. Diese Linien behalten stets die gleiche unveränderliche Lage im Spektrum und ihre Zahl und Anordnung ist für jedes vergasbare Element charakteristisch.

Betrachtet man das Spektrum des Sonnenlichtes, so erblickt man das farbige Band des Spektrums des weißen Lichtes, das aber von zahlreichen dunklen Streifen durchsetzt ist. Es sind dies die sog. FRAUNHOFERschen Linien, von denen die wichtigsten mit den Buchstaben *A—H* bezeichnet werden. Diese FRAUNHOFERschen Linien entstehen dadurch, daß beim Durchgang der Sonnenstrahlen durch die Sonnenatmosphäre, die aus glühenden Gasen und Dämpfen besteht, bestimmte Strahlen absorbiert und vernichtet werden, und zwar absorbiert jedes glühende Gas vornehmlich diejenige Strahlenart, die es selbst aussendet. So zeigt die gelbe Linie des Natriumspektrums die gleiche Lage wie die FRAUNHOFERsche Linie *D* des Sonnenspektrums. Dieselbe Linie erscheint, wenn man weißes Licht durch glühende Natriumdämpfe treten läßt. Man bezeichnet derartige Spektren, die auf der Absorption von Strahlen bestimmter Wellenlängen beruhen als „Absorptionsspektren". Sie sind es, deren Betrachtung und Untersuchung besonders für physiologische Arbeiten wichtig ist.

b) Theoretisches zum Absorptionsspektrum[1].

Zur Untersuchung biologischer Farbstoffe dient die spektroskopische Beobachtung ihrer Absorptionsspektren. Man versteht darunter das Spektrum des weißen Lichtes, aus dem durch Zwischenschaltung der zu untersuchenden Lösungen in den Strahlengang ganz bestimmte Teile des Spektrums teilweise oder völlig in Fortfall kommen. Solche Lücken im Spektrum des weißen Lichtes zeigen entweder mehr oder weniger scharf begrenzte Bezirke, so daß das Absorptionsbild „Streifen" oder „Banden" aufweist, oder eine sog. Endabsorption, die endwärts immer mehr zunimmt, breitet sich über größere Teile des Spektrums aus. Die Absorptionsstreifen können entweder symmetrisch oder unsymmetrisch angeordnet sein, d. h. die stärkste Dunkelheit liegt entweder in der Mitte des Streifens oder seitlich. Der dunkelste Streifen wird als Hauptstreifen, der schwächere als Nebenstreifen bezeichnet. Die Lage der Banden im Spektrum wird wie jede Ortsbezeichnung im Spektrum ausgedrückt durch die Wellenlänge der Strahlen des zu messenden Spektralteiles. Zur Bezeichnung von Wellenlängen wird die Größe $\mu = 10^{-4}$ cm, $m\mu$ (oder $\mu\mu$) $= 10^{-7}$ oder die Ångströmeinheit Å $= 10^{-8}$ angewendet, da die absolute Zentimetereinheit für die Wellenlänge zu kleine Zahlen ergibt. Z. B. bezeichnet man die Natriumlinie D_2 mit $5{,}889 \cdot 10^{-5}$ cm $= 0{,}589\,\mu$ $= 588{,}9$ mμ $= 5889{,}965$ Å. Die Einheit ist der Meßgenauigkeit entsprechend zu wählen. Um die Lage von verwaschenen Absorptionsbanden anzugeben, genügt die mμ-Einheit, während reine Spektrallinien in Å angegeben werden müssen. Die Lage der Spektrallinien ist von einer Reihe verschiedener Faktoren abhängig (s. w. u.). Sie ist aber bei Konstanthaltung derselben exakt reproduzierbar. Für einzelne Farbstoffe ist die Änderung des Spektrums bei chemischen Reaktionen derselben charakteristisch. Die Anzahl oder Art der Absorptionsstreifen sind abhängig:

---

[1] Die Darstellung sowie die folgende Apparaturbeschreibung folgt der Darstellung in P. RONA u. H. KLEINMANN: Praktikum der physiologischen Chemie II, Blut und Harn. Berlin: Julius Springer 1929.

a) *Von der Art des Lösungsmittels.* Zwischen den Spektren wäßriger und alkoholischer, alkalischer und saurer Lösungen desselben Farbstoffes bestehen oft starke Unterschiede.

b) *Von der Konzentration des Farbstoffes.* Die Konzentration der vom Licht durchsetzten Lösung oder auch die Schichtdicke beeinflußt stark das Bild des Absorptionsspektrums. Oft wird erst bei dünnen Lösungen des betreffenden Farbstoffes das charakteristische Absorptionsbild sichtbar. Es ist deshalb ratsam, bei spektroskopischen Untersuchungen stets mit Reihen verschiedener Farbstoffkonzentrationen zu arbeiten.

c) *Von der Temperatur.* Diese beeinflußt die Reaktion nur, wenn sich gleichzeitig mit ihr auch die Zusammensetzung des Farbstoffes ändert.

d) *Von der Anwesenheit mehrerer Farbstoffe.* Diese können das Spektrum der einzelnen Farbstoffe entweder unbeeinflußt lassen oder auch Änderungen der einzelnen Spektren bedingen.

e) *Von der Art der Untersuchungsapparatur.* Sie beeinflußt zwar nicht die Lage der Dunkelheitsmaxima der einzelnen Banden, jedoch erscheinen Absorptionsstreifen, die in einem Spektroskop mit langem Spektrum (starke Dispersion) als verwaschene, unscharfe Schatten auftreten, in einem Spektroskop mit kurzem Spektrum schärfer begrenzt und dunkler. (Subjektiv könnte auch die Lage des Absorptionsmaximums durch die Veränderung der Bande verändert erscheinen.) Daher ist das Bild des Spektrums von dem verwandten Spektroskop (Prismen- oder Gitterspektroskop) abhängig. Für schwache Absorptionsstreifen empfiehlt es sich, Apparate mit geringerer Dispersion anzuwenden.

c) Beschreibung der Apparate.

Je nach dem Zweck der Untersuchung ist die für die Spektroskopie zu verwendende Apparatur verschieden. Das spektroskopische Prinzip ist allen gemeinsam. Dieses beruht darauf, daß Licht von einer Lichtquelle durch eine Kondensorlinse oder direkt auf einen in seiner Breite verstellbaren Spalt fällt. Derselbe liegt im Brennpunkt einer auf ihn folgenden zweiten Linse (Objektiv), und zwar so, daß die von dem Spalt ausgehenden Strahlen parallel gerichtet die Linse verlassen. Den aus einem Spektralspaltrohr und Objektiv bestehenden, in einem Metallrohr eingeschlossenen Apparateteil bezeichnet man als „Kollimator“ — soweit er apparativ als Einzelteil ausgebildet ist. Durch eine Vorrichtung (Prisma, Gitter, s. Lehrbücher der Physik) wird das durch das Objektiv parallel gerichtete Licht spektral zerlegt und dann durch ein Fernrohrobjektiv zu aneinandergereihten Spaltbildern — dem Spektrum — vereinigt und durch ein Okular betrachtet.

Alle angewandten Apparateformen haben eine Vorrichtung (Skala bzw. Wellenlängeteilung oder Mikrometerwerk), die die Lage der beobachteten Absorptionsbanden im Spektrum, in Wellenlängen ausgedrückt, zu messen ermöglicht.

Geradsichtige Handspektroskope. Für alle praktischen Untersuchungen genügt die Anwendung eines geradsichtigen Handspektroskopes mit Wellenlängeskala. Eine Konstruktion wird durch Abb. 218 wiedergegeben. Das Instrument enthält einen Spalt, der durch eine Schutzplatte geschützt ist. Dieser ist allein brauchbar, wenn die Spaltbacken symmetrisch verstellt werden können. Nur dann verschiebt sich die Mitte bzw. das Dunkelheitsmaximum einer Bande bei Änderung einer Spaltbreite nicht. Hinter dem Spalt befindet sich eine Prismenanordnung, die aus zwei Crownglasprismen und einem Flintglasprisma hergestellt ist (sog. Amiciprismensatz). Durch diesen gehen die Strahlen mittlerer Wellenlänge ohne Ablenkung, die anderen mit nur geringer Abweichung hindurch. Dadurch entsteht „Geradsichtigkeit" des Spektroskopes. Die austretenden Strahlen gelangen durch das Okular ins Auge. Parallel zum Spaltrohr und von der gleichen Lichtquelle beleuchtbar ist ein Skalenrohr angeordnet, das mittels Reflektionsprisma das Bild einer Wellenlängeskala auf das Spektrum entwirft.

Von Handspektroskopen seien hier nur noch zwei Typen genannt: Das Handspektroskop mit Wellenlängeskala von Schmidt & Haensch, Berlin, und das Handspektroskop mit Reagensglaskondensor von Zeiß.

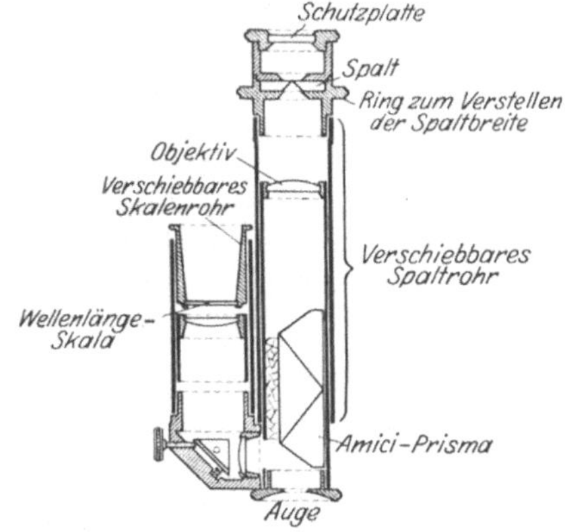

Abb. 218. Geradsichtiges Handspektroskop.

Prismenspektroskope mit beweglichem und feststehendem Fernrohr. Für feinere Messungen als die mit den Handspektroskopen durchführbaren ist das Prismenspektroskop nach dem Prinzip von KIRCHHOFF und BUNSEN sehr geeignet. Ein Schema der Konstruktion gibt Abb. 219.

A stellt das Kollimatorrohr mit dem Spalt *D*, *B* das Fernrohr, *C* das Skalenrohr und *P* das Prisma dar. Man unterscheidet Instrumente, bei denen entweder das Fernrohr oder das Prisma beweglich angeordnet ist.

Für Untersuchungen von Absorptionsspektren sind die Spektroskope von KIRCHHOFF und BUNSEN, Modell II mit fester Schutzkappe und Triebbewegung des Fernrohres für einfachere, und Modell III für feinere Messungen zu empfehlen (Schmidt & Haensch, Berlin). An beiden Apparaten ist zum Vergleich zweier Spektren vor dem Spalt ein Reflektionsprisma angebracht. Während das Modell II aber nur eine in das Okular gespiegelte Skala zur Wellenlängemessung aufweist, dient im Modell III eine das Fernrohr bewegende Mikrometerschraube als Meßvorrichtung. Die Meßvorrichtung für genauere spektroskopische Untersuchungen soll nur in der Mikrometerschraube bestehen. Skalen sind nur ein notdürftiges Hilfsmittel und dienen nur zur Orientierung.

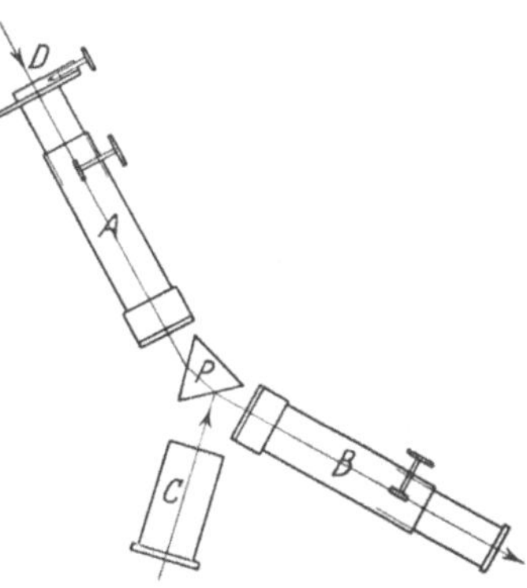

Abb. 219. Schema des Prismenspektroskopes.

Gittermeßspektroskope. Für physiologische und biologische Zwecke sollten bei exakten Untersuchungen nur Gitterspektroskope anstatt der Prismenspektroskope zur Anwendung gelangen. Das Gitterspektrum hat gegenüber dem Prismenspektrum den Vorteil, daß gleiche Wellenlängen des Spektrums auch gleiche Ausdehnung haben. Das Gitterspektrum zeigt die Absorptionsbanden von Farbstoffen, die vorwiegend im Rot, Gelb und Grün liegen, deutlicher als das Prismenspektrum, in dem diese Farben auf Kosten des Violett stark zusammengedrängt sind. (Zu empfehlen ist das Gitterspektroskop von *Schmidt & Haensch* nach SCHUMM, das sich auch leicht zum Spektrographen umwandeln läßt.)

Reversionsspektroskop nach HARTRIDGE (1). Dieses Instrument findet bei besonders genauen Messungen der „mittleren Wellenlänge" von Absorptionsbanden z. B. bei der Analyse von Farbstoffen in Farbgemischen (CO-Hämoglobinbestimmung neben Oxyhämoglobin, Hämoglobinbestimmung neben Oxyhämoglobin usw.) Verwendung. Hierbei versteht man unter „mittlerer Wellenlänge" diejenige, die die Mitte der Verbindung der beiden Bandenenden bezeichnet. Sie braucht sich nicht mit dem „Absorptionsmaximum“ zu decken. Charakteristisch für das Reversionsspektroskop ist, daß es zur Messung der Wellenlänge an Stelle des Fadenkreuzes eine zweite Absorptionsbande von derselben Breite, Verteilung der Absorption und mittleren Dichte wie die zu messende Bande benutzt. Sie ist aber umgekehrt anzuordnen, d. h. es wird zur Messung eines Spektralteiles ein zweiter, völlig gleichartiger, parallel über ihm angeordneter erzeugt, der seinen kurzwelligen Teil über dem langwelligen des untersuchten Spektrums und seinen langwelligen über dem kurzwelligen Teil des ersten hat und durch ein Mikrometerwerk parallel zu seiner Längsachse verschoben werden kann.

Mikrospektroskop. Zur spektroskopischen Untersuchung mikroskopischer Objekte dient das sog. Mikrospektroskop. Die Apparatur eignet sich z. B. zur Untersuchung von Farbstoffen in Organen, zur Untersuchung von histologischen Schnitten wie auch zur Spektroskopie von Blutflecken. Steht eine kleine Bogenlampe zur Verfügung, so kann man damit durch Beleuchtung des Mikroskopspiegels mehrere Millimeter dicke Schnitte gut spektroskopieren. Als Apparat ist hier das Mikrospektroskop der Firma *Leitz* zu erwähnen (s. Abb. 220).

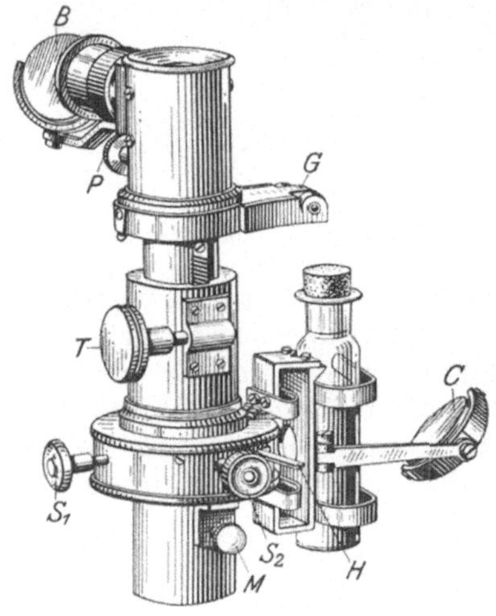

Abb. 220. Mikrospektroskop.

Der Apparat wird in den Tubus des Mikroskopes wie ein gewöhnliches Okular gesteckt und mit der Schraube M festgeklemmt. Man kann dann den oberen Teil des Apparates, in dem das Dispersionsprisma untergebracht ist, in dem Gelenk G zur Seite klappen. Bei einem Blick in die Augenlinse des Okulars sieht man den in der unteren Trommel angebrachten Spalt, dessen Bild durch die Zahn- und Triebbewegung T scharf eingestellt wird.

Zur Regulierung von Spalthöhe und -breite sind an der Spalttrommel zwei Schraubknöpfe S_1 und S_2 angebracht. Durch die Schraube S_2 kann man die Spaltbreite so eng einstellen, daß sich ein reines Spektrum ergibt. Nach Einschaltung des Oberteiles in Gelenk G erblickt man an Stelle des Spaltbildes das Spektrum. Bei Tageslichtbeleuchtung erscheinen bei richtiger Einstellung des Triebes T und des Schraubknopfes S_2 die FRAUNHOFERschen Linien.

In dem seitlichen Ansatzrohr ist eine Wellenlängeskala angebracht, die bei richtiger Einstellung des Spiegels B zusammen mit dem Spektrum sichtbar wird. Zur Justierung der Skala dient die Schraube P. Sie ist so einzustellen, daß die FRAUNHOFERsche Linie D auf dem Skalenteil 58,9 steht. Bei der Justierung der Skala vermeide man zu grelles Licht, da sonst die FRAUNHOFERschen Linien leicht überstrahlt werden könnten. Die an der Skala angeschriebenen Zahlen geben die Wellenlängen im 100fachen der Ångströmeinheiten, z. B.: 50 = 5000 Ångströmeinheiten = 500 $\mu\mu$.

Aus der Spalttrommel des Apparates ragt neben S_2 noch ein Hebel H heraus, durch den ein Vergleichsprisma ein- und ausgeschaltet werden kann, um die Spektra von Vergleichsobjekten mit dem Spektrum zu vergleichen.

Beleuchtungsvorrichtungen. a) Für Emissionsspektren. Die einfachste Methode besteht darin, daß die Substanz, z. B. ein Metallsalz an einem Platindraht in der nicht leuchtenden Flamme eines Gasbrenners verdampft wird. Hierbei färbt sich die Flamme, die vor den Spektralapparat gebracht und mittels desselben beobachtet wird. Derartige Spektren sind meist nur von kurzer Dauer, da die Metallverbindungen schnell flüchtig sind oder in flüchtige Substanzen verwandelt werden. Dann läßt sich durch Anfeuchten mit Salzsäure ein neues Spektrum erhalten. Länger andauernde Spektren erzielt man mittels des BECKMANNschen Zerstäubers (s. ABDERHALDEN, Arbeitsmethoden). Sind höhere Temperaturen als die Bunsenflamme erforderlich, so verwendet man eine Knallgasflamme oder einen elektrischen Lichtbogen. Man bringt die Substanz fein gepulvert in ein Stückchen Filtrierpapier gehüllt oder Filtrierpapier, das mit der betreffenden Lösung getränkt wird, in die Flamme und schiebt sie in dem Maße nach, wie die Substanz verdampft. Für Bogenlicht benutzt man Kohlen, welche in der Achse ausgebohrt und mit einem Docht, welcher die zu untersuchende Substanz enthält, gefüllt sind. Um noch höhere Temperaturen zu erhalten, benutzt man den kondensierten Flaschenfunken eines kräftigen Induktoriums. Die Funken läßt man zwischen den Elektroden aus den zu untersuchenden Metallen oder Legierungen überspringen. Benutzt man nur Lösungen, so nimmt man ausgeglühte Kohlen, in deren Spitze man kleine Kegel bohrt und mit den fraglichen Lösungen tränkt. Gase werden unter vermindertem Druck untersucht. Man verwendet sog. GEISSLERsche oder PFLÜCKERsche Röhren, das sind Röhren mit capillarem Mittelstück.

b) Für Absorptionsspektren. Für einfache Untersuchungen genügt Tageslicht oder eine mattierte Metallfadenlampe von 25—50 Kerzen (Dunkelzimmer). Für Forschungszwecke verwendet man entweder eine Nitralampe (8 Volt, 50 Kerzen) oder eine Punktlichtlampe. Verwendet man eine Nitralampe, so darf der Faden nicht scharf auf dem Spalt abgebildet werden, da man sonst in seinem vergrößerten Bild die Struktur erkennt, die Punktlichtlampe dagegen ist so zu montieren, daß der Glühkörper auf dem Spalt des Spektroskopes abgebildet wird.

Stative. Kleinere Spektroskope sollen in Stativen montiert sein. Größere werden mit der Hilfsapparatur auf einer optischen Bank fest verbunden.

Behälter für Lösungen. Gefäße mit unveränderlicher Schichtdicke. Am besten verwendet man Cuvetten aus ebenen Fensterplatten. Sie ermöglichen auch die genaue Messung der angewandten Schichtdicke und vermeiden alle Fehler, die bei Verwendung einfacher Reagensgläser (Abweichungen der Brennlinie usw.) entstehen können. Die üblichen Abstufungen der Dicke von Cuvettensätzen sind 1, 2,5, 5, 10 und 20 mm. An Stelle von gekitteten Cuvetten sind auch solche im Handel erhältlich (*Schmidt & Haensch*, *Zeiß*), deren polierte Flächen durch Federdruck zusammengehalten werden. Auch die kleinen Absorptionszylinder von *Schmidt & Haensch* sind zu empfehlen.

Zur Untersuchung von Flüssigkeiten größerer Schichtdicke sind Röhren ähnlich Polarisationsröhren von 10—25 cm Länge brauchbar.

Gefäße mit veränderlicher Schichtdicke. Als Gefäße, die eine Veränderung der Schichtdicke während der Untersuchung gestatten, dienen für waagerechten Durchgang des Lichtes das BALYsche Gefäß (*Fueß*, Berlin-Steglitz), für senkrechte Durchsicht die Absorptionsgefäße nach SCHUMM (*Zeiß*).

d) Handhabung der spektroskopischen Apparate.

Behandlung des Spaltes. Die Schneiden der Spaltbacken müssen sehr sorgfältig behandelt werden, Vorsicht beim Zusammendrehen ist notwendig. Ein guter, von anhaftendem Staub befreiter Spalt muß noch bei 0,02—0,01 mm Weite ein reines Spektrum liefern. Verunreinigungen des Spaltes bedingen senkrecht zu den Spektrallinien liegende Linien im Spektrum. Zur Reinigung des Spaltes schraubt man die Backen auseinander und reibt sie mit Fließpapier (besser ist ein weiches Hölzchen) mit einem Lösungsmittel je nach Art der Verunreinigung (Wasser, Ammoniaklösung, Benzin usw.) ab. Dann werden die Spaltbacken mit reinem Alkohol nachgerieben.

Eichung bzw. Justierung der Spektroskope. Bei der Eichung von Spektroskopen ist entweder eine beliebige Teilung wie bei einfachen Prismenspektroskopen in Wellenlängen auszudrücken oder eine Wellenlängeteilung eines Spektroskopes zu korrigieren. Zur

Justierung dienen stets Linien bekannter Wellenlängen. Entweder benutzt man die bei Anwendung von Tageslicht sichtbaren wichtigsten FRAUENHOFERschen Linien:

B im Rot	687 $\mu\mu$	b_1 im Grün	518,4 $\mu\mu$
C im Rot	656,3 „	*F* im Blau	486,1 „
α im Orange	627,8 „	(e) im Violett	438,4 „
D im Gelb	589,3 „	*G* im Violett	430,8 „
E im Grün	527 „		

oder zweckmäßiger Linien bestimmter chemischer Elemente. Man verwendet glühendes Helium- und Wasserstoffgas in GEISSLERschen Röhren (*Götze*, Leipzig). Die Röhren werden in einem allseitig beweglichen Halter in den Sekundärkreis eines Funkeninduktors mit gutem Deprezunterbrecher eingeschaltet. Ein Induktor mit 1 cm Funkenlänge genügt, doch ist ein solcher von mehreren Zentimetern Funkenlänge vorteilhafter. Das Licht des leuchtenden capillaren Teiles der Röhre wird mittels Kondensors auf dem Spalte abgebildet. Die wichtigsten Heliumlinien sind die gelbe (587,6 $\mu\mu$) und eine violette (447,2 $\mu\mu$). Mehrere andere im Rot, Grün, Blau, Violett sind schwächer. Die wichtigsten Wasserstofflinien sind $H\alpha$ (656,3 $\mu\mu$), $H\beta$ (486,1 $\mu\mu$), $H\gamma$ (434,1 $\mu\mu$), $H\delta$ (410,2 $\mu\mu$). Auch die Flammenspektren der Salze eignen sich zur Justierung. Man erzeugt sie durch Verdampfen in der Bunsenflamme. Dabei liefert:

Lithiumchlorid	rote Linie	670,8 $\mu\mu$
	orangegelbe Linie	610,4 „
Natriumchlorid	gelbe Linie	589,3 „
Calciumchlorid	grüne Linie	558,9 „
Thalliumchlorid	grüne Linie	535 „
Caesiumchlorid	blaue Linie	459,3 „
	blaue Linie	455,5 „
Rubidiumchlorid	violette Linie	421,6 „
	violette Linie	420,2 „

Justierung der Handspektroskope. Um die richtige Einstellung der Wellenlängeskala bei den Handspektroskopen zu prüfen, beobachtet man bei engem Spalt eine Natriumflamme $\gamma = 589\,\mu\mu$. Steht die Wellenlängeskala nicht richtig, so korrigiert man sie mit Hilfe einer Korrekturschraube. Die Ablesung kann bis zu 1 $\mu\mu$ genau sein.

Justierung der Spektroskope mit Meßskalen. Bei Prismenspektroskopen wird das Beobachtungsfernrohr aus seinem Halter herausgenommen und auf Unendlich eingestellt. Man richtet es auf einen weit entfernten Gegenstand und verschiebt das Okular so lange, bis das Bild des Gegenstandes scharf erscheint. Ist die dauernde Unendlichkeitsstellung des Kollimators durch die Konstruktion des Instrumentes nicht gewährleistet, was man daran erkennt, daß der Spalt nicht in Richtung der Kollimatorachse verstellt werden kann, so wird erst das Fadenkreuz scharf eingestellt und das Okular einschließlich Fadenkreuz so lange verschoben, bis gegen eine Spektrallinie keine Parallaxe mehr zu erkennen ist. Nachfolgend sei die von der das Instrument herstellenden Firma vorgenommene Justierung angegeben. Man beleuchtet den Spalt mit Tageslicht und verschiebt die Spaltvorrichtung des Kollimatorrohres, bis das Spaltbild im Fernrohrokular scharf erscheint. Hierauf setzt man das Prisma ein, und zwar so, daß es im Minimum der Ablenkung steht. Dies erkennt man daran, daß eine Verschiebung der Prismenstellung die Ablenkung des Spektrums vergrößert. Man richtet das Skalenrohr mittels seiner Stellschraube so, daß seine optische Achse in der gleichen Ebene liegt wie die optische Achse des Kollimators und des Fernrohres, und stellt die Skala durch Verschieben des Auszuges derart ein, daß ihr Bild im Fernrohrokular scharf erscheint. Die willkürliche Teilung der Skala eicht man, indem man das im Okular befindliche, am besten senkrechte Fadenkreuz auf Linien bekannter Wellenlängen (FRAUENHOFERsche Linien, Gas- oder Flammenspektren, s. o.) bei engem Spalte (0,02—0,03 mm) einstellt und Wellenlängen als Ordinaten und Skalenablesung als Abszissen in ein Koordinatennetz einträgt.

Das HARTMANNsche Dispersionsnetz (*Schleicher & Schüll*, Ausführung A) erleichtert die Konstruktion der Kurve. In diesen Netzen sind die Eichkurven annähernd gerade Linien. Wegen der mit zunehmender Wellenlänge wechselnden Dispersion sind die Skalenteile für gleiche Wellenlängedifferenzen im kurzwelligen Teil des Spektrumgebietes größer als im langwelligen. Die Einstellung ist also genauer.

Justierung der Spektroskope mit Mikrometerwerk. Wenn die Skala bzw. die Mikrometertrommel von vornherein nach Wellenlängen geteilt ist, so stellt man sie mittels ihrer Justierungsschraube derart ein, daß die Wellenlänge 589,3 $\mu\mu$ mit der *D*-Linie im Fadenkreuz zusammenfällt. Dann stellt man das Fadenkreuz auf eine Reihe Linien bekannter Wellenlängen ein, um die Richtigkeit der Wellenlängeskala zu prüfen. Dazu bringt man das Fadenkreuz durch Drehen der Meßschraube genau in die Mitte der Meßlinie (z. B. der gelben

Heliumlinie), verengert langsam den Spalt und beobachtet, ob die Senkrechte des Fadenkreuzes die Linie deckt. Die Meßschraube wird hierbei stets in derselben Drehrichtung eingestellt, um Fehler durch toten Gang zu vermeiden. Weicht die Wellenlängeskala von den tatsächlich zu messenden Wellenlängen ab, so korrigiert man die Skala des Apparates, indem man im Koordinatensystem in umgekehrter Reihenfolge Wellenlängeskalen als Koordinaten einträgt und dann die gemessene und die theoretisch richtige Wellenlänge als Abszisse und Ordinate einträgt. Die Schnittpunkte erlauben die Konstruktion einer Kurve, die unmittelbar aus den gemessenen die korrigierten Wellenlängen abzulesen gestattet.

An Gitterspektroskopen ist stets ein in Wellenlängen geteiltes Mikrometerwerk angebracht. Ihre Prüfung und Korrektur geschieht wie vorstehend beim Prismenspektroskop mit Mikrometerwerk angegeben.

Ausführung der Messung einer Absorptionsbande. Ist die Wellenlängeskala auf ihre richtige Einstellung geprüft, so wird das Spektrum scharf eingestellt. Bei Anwendung eines Handspektroskopes ist dieses in einem Stativ mit beweglichem Spiegel und Objekttisch senkrecht anzuordnen. Durch Verschiebung des Ausziehrohres bzw. Vorschalten von Okularlinsen (je nach Art des Instrumentes) wird das Spektrum bei engem Spalt scharf eingestellt. Bei Anwendung von Meßspektroskopen erfolgt das scharfe Einstellen des Spektrums durch Verschiebung des Okulars; auch das Fadenkreuz ist scharf einzustellen. Bei den Spektroskopen von *Schmidt & Haensch* wird der Okularstutzen zur scharfen Einstellung des Fadenkreuzes im Tubus des Fernrohres verschoben. Dann stellt man die Lampe so ein, daß das Spektrum genügend hell erscheint. Dieses soll auch bei einer Spaltbreite von 0,02—0,04 mm rein sein, andernfalls muß der Spalt gereinigt werden.

Man verwende zur Untersuchung nur klare Farblösungen, gegebenenfalls sind sie vorher zu filtrieren. Man bringt sie in entsprechenden Gefäßen zwischen die Lichtquelle und das Spektrum. Die Gefäßwandungen müssen dem Spalt parallel sein. Benutzt man enge Zylinder, so müssen diese ganz gefüllt und mit ebenen Glasplättchen (z. B. Deckgläsern) so geschlossen werden, daß keine Luftblasen darin bleiben. Ist die Absorption des Lichtes zu stark, so ist die Konzentration oder die Schichtdicke der Flüssigkeit zu verringern. Zeigt sich ein deutliches Absorptionsbild (einzelne Streifen oder einseitige Absorption), so kann man das Dunkelheitsmaximum der Streifen bzw. der Anfangsstelle der Endabsorption messen. Diese verändert sich mit der Konzentration der Lösungen. Der Ort des Dunkelheitsmaximums der Streifen bleibt aber unverändert. Stets untersucht man ein Absorptionsspektrum in einer Reihe verschiedener Konzentrationen bzw. Schichtdicken. Zur Ortsbestimmung des Absorptionsstreifens ist es notwendig, die Flüssigkeit so zu verdünnen, daß der Absorptionsstreifen bei engem Spalt eben noch zu erkennen ist. Man stellt das Fadenkreuz auf die Mitte des Dunkelheitsmaximums ein und liest die entsprechende Wellenlänge als Ort des Dunkelheitsmaximums ab. Ebenso stellt man bei geeigneter Schichtdicke die Orte der seitlichen Begrenzung fest. Hierbei zeigt sich, ob der Streifen symmetrisch oder unsymmetrisch ist. Bei unsymmetrischen Streifen bestimmt man außer dem Wert für das Dunkelheitsmaximum auch die Orte der seitlichen Begrenzung. Sucht man schwache Absorptionen auf, so beobachtet man im Spektroskop mit schwacher Vergrößerung oder benutzt ein Handspektroskop. Besonders beachte man Absorptionen in Rot, die leicht übersehen werden.

Beim Vergleich zweier Spektren achte man darauf, daß beide Spektren gleich hell beleuchtet sind — eventuell Korrektion durch Spiegelstellung oder Einschaltung von Glasplatten (Spiegelglas oder Objektträger) — und daß beide Flüssigkeiten gleich klar bzw. trübe sind. Die Beleuchtung des Spektroskopes ist einwandfrei, wenn bei Bewegungen des beobachtenden Auges seitlich oder auf und nieder die zu vergleichenden Spektren relativ gleich hell bleiben.

E. Spektralphotometrie.

Zusammenfassende Darstellungen.

LIFSCHITZ, I.: Spektralphotometrie in OPPENHEIMER u. PINCUSSEN: Die Fermente 3. Leipzig: Georg Thieme 1929.

MARTENS u. GRÜNBAUM: Ann. der Physik, IV. F. **12**, 984 (1903).

RONA P., u. H. KLEINMANN: Praktikum der physiologischen Chemie II, Blut und Harn. Berlin: Julius Springer 1929.

a) Definition.

Unter Spektralphotometrie versteht man die photometrische Messung spektraleinheitlichen Lichtes. Benutzt man zum Messen unmittelbar das von einem lichtaussendenden Körper „emittierte" Licht, also ein Emissionsspektrum (s. Spektroskopie), so handelt es sich um eine „Emissions-Spektralphotometrie", mißt man aber die durch eine Lösung absorbierte Lichtmenge, verwendet also ein Absorptionsspektrum, so handelt es sich um Absorptions-Spektralphotometrie. Diese letztere kommt allein für physiologische Arbeiten praktisch in Frage.

b) Theoretisches zur Absorptions-Spektralphotometrie.

Unter der spektralphotometrischen Untersuchung einer Flüssigkeit versteht man, wie gesagt, die quantitative Bestimmung ihres Absorptionsverhaltens gegenüber Licht von genau definierter Wellenlänge. Die Größe der Absorption ist von der Intensität des auffallenden Lichtes unabhängig. Das Verhältnis der Intensität des auf die Flüssigkeit auffallenden Lichtes zu der des sie verlassenden ist bei gleichbleibender Schichtdicke und Konzentration der Lösung ausschließlich von der Natur des Farbstoffes und der Wellenlänge der Lichtstrahlen abhängig. Als Maß des Absorptionsverhaltens benutzt man die Schichtdicke der untersuchten Flüssigkeit; und zwar gebraucht man als Maß den reziproken Wert derjenigen Schichtdicke, die die Intensität des auf die Flüssigkeit auffallenden Lichtes nach deren Durchstrahlung auf $^1/_{10}$ herabsetzt. Man bezeichnet diesen Wert als Extinktionskoeffizienten ε.

Ist J die Intensität des auffallenden Lichtes, J_1 diejenige nach der Absorption und d die Schichtdicke der absorbierenden Flüssigkeit, so ist

$$J_1 = J \cdot 10^{-\varepsilon d}$$

und

$$\varepsilon = \frac{1}{d} \cdot \log\left(\frac{J}{J_1}\right).$$

Da es für das Absorptionsverhalten eines Farbstoffes gleich ist, ob man seine Schichtdicke oder seine Konzentration (c) ändert, vorausgesetzt, daß der Farbstoff sich bei Änderung der Konzentration nicht verändert (d. h. daß das BEERsche Gesetz gültig ist), so ist

$$\frac{c}{\varepsilon} = \text{konstant}.$$

Nach VIERORDT heißt die Konstante

$$\frac{c}{\varepsilon} = A$$

das „Absorptionsverhältnis", wo c die in 1 cm³ Lösung enthaltene in Gramm ausgedrückte Substanzmenge bedeutet. Sie bezieht sich ebenso wie der Extinktionskoeffizient auf eine bestimmte, anzugebende Wellenlänge.

Kennt man A (z. B. durch Bestimmung von ε mit Lösungen bekannter Konzentration), so ist durch Bestimmung von ε die Konzentration der Farbstofflösung bestimmbar, da

$$c = \varepsilon \cdot A.$$

Zur Messung der Absorption kann man sich zweierlei Verfahren bedienen:

1. eines objektiven, indem man zur Messung der Absorption entweder eine photoelektrische Zelle oder eine photographische Platte benutzt, und

2. eines subjektiven, bei der das Auge des Untersuchers als Meßinstrument zur Anwendung kommt.

Während für technische, rein physikalische oder chemische Zwecke die objektive Methode zur Anwendung gelangt, hat sich für physiologische Zwecke weit mehr die subjektive Messungsform durchgesetzt.

Objektive Methoden.

Messung mittels Thermosäulen. Eine Anordnung, die sich der Anwendung von Thermosäulen zur Messung einer Strahlung bedient, stellt das Nephelo-Absorptiometer nach MOLL (s. u. 5) dar.

Die beiden zu vergleichenden Lösungen kommen in 2 Tröge, die symmetrisch zu beiden Seiten einer Lichtquelle aufgestellt sind. Das Licht fällt, nachdem es die Tröge durchsetzt hat, auf 2 Thermoelemente, die einen Strom erregen, der nach Durchsetzung zweier regulierbarer Widerstände an einem Galvanometer meßbar wird. Die Thermosäule wird entweder mittels einer bekannten Strahlung vorher geeicht, oder man vergleicht 2 Strahlungen, indem man sie nacheinander auf die Säulen fallen läßt. Man kann durch Regulierung des Widerstandes den stärkeren Thermostrom so stellen, daß das Galvanometer auf 0 steht.

Messung mittels lichtempfindlicher Photozellen. Die Messung mittels lichtempfindlicher Photozellen beruht auf der Tatsache, daß Metall bei Bestrahlung, besonders durch kurzwelliges Licht, Elektronen aussendet. Die Aussendung dieser Elektronen kann zur Auslösung eines elektrischen Stromes dienen, dessen Intensität der Messung des auffallenden Lichtes proportional ist. Praktisch kommen Zellen zur Anwendung, die kolloidale Alkaliamalgame oder auch Cadmium- und Zinkamalgam enthalten.

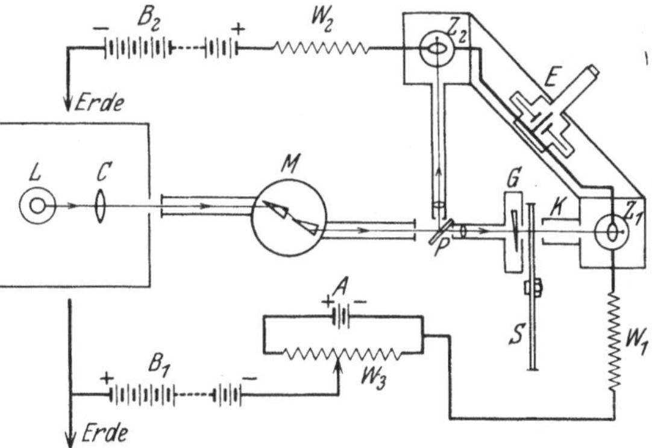

Abb. 221. Lichtelektrische Messung nach V. HALBAN.

Eine Ausführung der Methode ist von v. HALBAN und dessen Schülern gegeben worden. Abb. 221 stellt eine Anordnung dar, deren Beschreibung nach LIFSCHITZ (2) die folgende ist.

„Das Bild einer vertikal brennenden Quarzquecksilberlampe L, die in einem geeigneten Kasten untergebracht ist, wird durch den Quarzkondensator C auf den Spalt des Monochromators geworfen (im vorliegenden Falle ein Zeiß-Instrument mit zwei Prismen, konstanter Ablenkung von je 60°). Das den Austrittsspalt desselben verlassende monochromatische Lichtbündel wird durch die unter 45° geneigte Quarzplatte P geteilt und jedes Einzelbündel dann, durch eine Quarzlinse parallel gemacht, auf die lichtelektrischen Zellen (enthaltend kolloides K-Amalgam, geliefert von *Günther & Tegetmeyer*, Braunschweig) Z_1 und Z_2 geworfen. Der ‚direkte' Strahl durchsetzt dabei zwischen Quarzplatte und Z_1 einen meßbar verschieblichen Graukeil, einen rotierenden Sektor und das zur Aufnahme der Absorptionsgefäße dienende Kästchen K. Der Pt-Pol der einen und der Alkalipol der anderen Zelle sind mit dem Faden des WULFschen Einfadenelektrometers E verbunden. Die Zellen erhalten ihre Belastung von zwei Hochspannungsakkumulatorenbatterien B_1 und B_2 von je ca. 200 Volt. Zwischen Zelle und Batterie liegt jeweils ein Schutzwiderstand W_1 bzw. W_2 von etwa 10000 Ohm, die anderen Batterieenden sind über Widerstände von etwa 50000 Ohm geerdet. Die Batteriespannungen können von Akkumulator zu Akkumulator abgegriffen werden, ein an den letzten Pol von B_1 angeschlossener größerer Akkumulator ist über einen Schiebewiderstand von 300 Ohm kurz geschlossen und ermöglicht so die Abnahme beliebig kleiner Bruchteile von Volt.

Die Elektrometerschneiden sind mit dem positiven bzw. negativen Pol der Batterien über je einen ‚Silit‘-Widerstand von 500000 Ohm verbunden. Gewöhnlich wurde mit einer Empfindlichkeit von 50—100 Skalenteilen pro Volt gearbeitet.

Die Quarzlampe wird etwa 2 Stunden vor dem Beginn der Messungen gezündet, um die am besten stets unter Belastung liegenden Zellen vorzuermüden. Die Ermüdungs- und Erholungserscheinungen an derartigen Zellen bedingen, falls exakte und genau reproduzierbare Resultate erzielt werden sollen, eine Arbeitsweise, bei der die Zellen nur als Nullinstrumente dienen. Das zu messende Objekt wird also durch ein bekanntes, vor dieselbe Zelle gebrachtes, von gleicher Absorption ersetzt bzw. eine Lichtschwächungseinrichtung eingeschaltet.

Als solche können z. B. NICOLsche Prismen dienen, bis zu 3000 ÅE unverkittete GLAN-Prismen wären bis zu 2300—2300 ÅE etwa noch verwendbar, von HALBAN und seinen Mitarbeitern verwendeten Graukeile nach GOLDBERG, die auf Quarzplatten gegossen waren und deren Stellung im Lichtwege durch Mikrometerschrauben auf 0,01 mm genau regulierbar war. Für genaue Messungen verwendete man einen rotierenden Sektor, dessen Brauchbarkeit (Gültigkeit des TALBOTschen Gesetzes) besonders festgestellt wurde.

Bei der gegebenen Anordnung dient die Zelle Z_2 nur zur Kompensation, nur das auf Z_1 fallende Licht wird geschwächt, daher erhält Z_2 von vornherein geringere Bestrahlung als Z_1.

Zur Ausführung der Messung regelt man die Lichtschwächung auf Null, setzt vor Z_1 die Cuvette mit Lösung (bzw. absorbierendem Gas usw.) und reguliert die Belastung der beiden Zellen erst grob, dann fein (W_3), bis Kompensation erzielt ist. Dann setzt man den Sektor in Bewegung (oder betätigt die sonst gewählte Lichtschwächungseinrichtung), ersetzt die Lösung in der Cuvette durch das Lösungsmittel (oder entsprechend leere Cuvette) und reguliert den Sektorausschnitt, bis wieder kompensiert ist. Man prüft endlich nochmals mit der Lösung die Kompensation nach.“

Photographisch-photometrische Methoden. Die photographisch-photometrische Methode beruht darauf, daß mittels photographischer Platte die Schwärzung verfolgt wird, die Lösungen bestimmter Schichtdicke oder Konzentration auf ihr hervorrufen. Besonders wichtig sind für diese Form der Spektralphotometrie die Keilmethoden. Füllt man einen Doppelkeil, dessen Ober- und Unterfläche aus planparallelen Quarzplatten besteht, derart, daß der eine der keilförmigen Teile mit der zu untersuchenden Lösung, der andere mit dem reinen Lösungsmittel gefüllt wird, so durchsetzt Licht, das senkrecht zu den vertikalen Kanten einfällt, stets dieselbe Schicht Lösungsmittel, während die Schichtdicke der untersuchten Substanz von 0 bis zu der Troglänge variiert. Stellt man nun diesen Trog vor einen Spektrographenspalt, so daß derselbe parallel zur vertikalen Trogkante steht und photographiert das Spektrum, so erhält man auf der Platte eine Schwärzung, deren Ausdehnung von der Absorption des Lichtes in den verschiedenen Keillängen abhängig ist. Sie ist an einer Seite von einem Kurvenzug begrenzt, der den Schwellenwerten entspricht, die je nach Wellenlänge und Dicke des absorbierenden Keiles errechnet werden. Diese Methode ist von HARTLEY und BALY zu einer quantitativen Methode ausgebaut worden. Sie benutzen an Stelle eines Keiles ein BALY-Rohr (s. Spektroskopie) und messen Lösungen verschiedener Konzentrationen und verschiedener Schichtdicken. Von jeder Einzelaufnahme werden die Grenzen der beobachteten Absorptionsstreifen bestimmter Wellenlänge aufgesucht und verwertet, indem man sie graphisch darstellt. Als Abszissen werden die Schwingungszahlen n, als Ordinate die Logarithmen der Schichtdicke in Millimeter aufgetragen. Hinsichtlich der Durchführung und Ausführung der HARTLEY-BALYschen Methode (s. u. 2).

c) Subjektive Spektralphotometrie[1].

Die beste Apparatur zur subjektiven spektralphotometrischen Messung ist das KÖNIG-MARTENSsche Spektralphotometer von *Schmidt & Haensch*, Berlin.

[1] Die Darstellung entspricht der Darstellung in RONA u. KLEINMANN: Praktikum der physiologischen Chemie II, Blut und Harn. Berlin: Julius Springer 1929.

Es beruht auf der Erzeugung zweier völlig gleichartiger, nebeneinanderliegender Spektren, deren Licht senkrecht zueinander polarisiert ist. Wird das Licht des einen Spektrums durch Einschaltung einer absorbierenden Flüssigkeit verdunkelt, so läßt sich durch Drehen des Nicols gleiche Helligkeit beider Gesichtsfeldhälften wieder herstellen und aus dem Drehungswinkel des Nicols die Absorption berechnen.

Die optische Einrichtung des Apparates. Abb. 222 gibt einen vertikalen Schnitt durch das Photometer. Abb. 223 stellt einen horizontalen Schnitt durch das Photometer

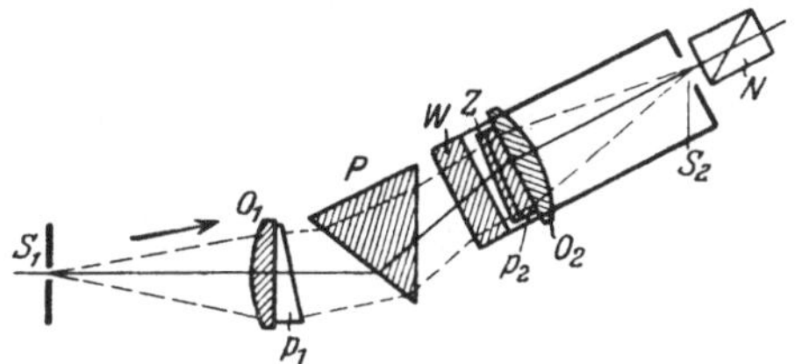

Abb. 222. Vertikaler Schnitt durch das KÖNIG-MARTENSsche Spektralphotometer.

dar. Man muß sich die Ebene dieser Zeichnung in Wirklichkeit im Dispersionsprisma P umgebogen vorstellen.

Die von Spalte S_1 ausgehenden Strahlen — es werde Na-Licht vorausgesetzt — werden von der Objektivlinse O_1 parallel gemacht, durch das Flintglasprisma P (neuerdings wird ein RUTHERFORD-Prisma angewandt) nach Maßgabe der Wellenlänge abgelenkt und durch die Objektivlinse O_2 zu einem Spaltbilde am Orte des Okularspaltes S_2 vereinigt. Der durch S_2 blickende Beobachter sieht die ganze Fläche der Objektive gleichmäßig und

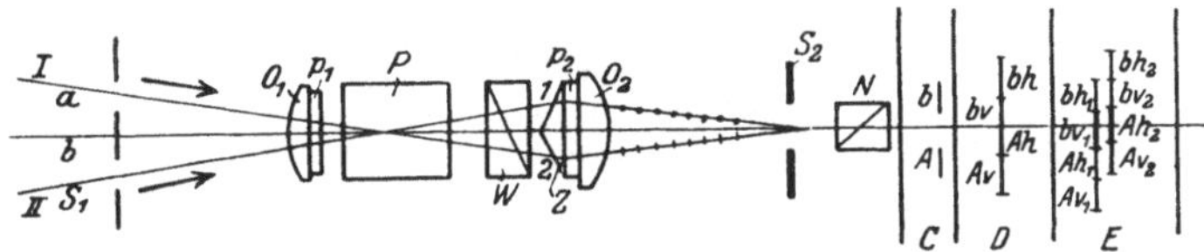

Abb. 223. Horizontaler Schnitt durch das KÖNIG-MARTENSsche Spektralphotometer.

einfarbig beleuchtet. Die beiden Prismen P_1 und P_2 aus CROWN-Glas haben die Aufgabe, die zweimalige Reflektion von Strahlen an den optischen Flächen unschädlich zu machen.

Der Eintrittsspalt S_1 ist durch Blenden in zwei Spalte a und b geteilt, in welche die miteinander zu vergleichenden Lichtbündel I und II eintreten. Zunächst sei angenommen, daß das WOLLASTON-Prisma W und das Zwillingsprisma Z nicht vorhanden seien. Dann werden von den Spalten a und b zwei Bilder, b und A, entstehen, wie es im Teil C der Abb. 223 dargestellt ist. Denkt man sich das WOLLASTON-Prisma, welches aus zwei verkitteten Kalk-

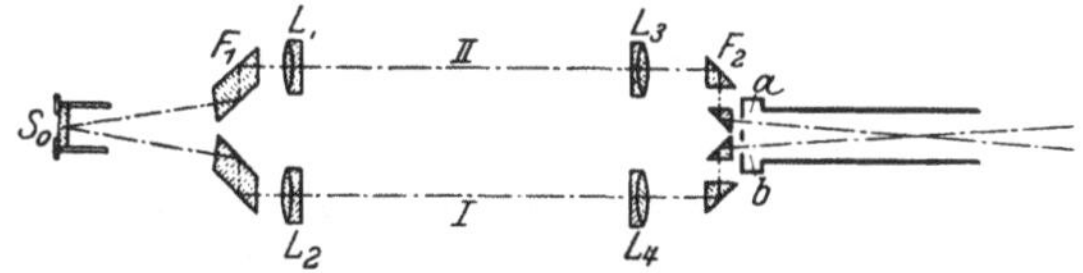

Abb. 224. Beleuchtungsvorrichtung zum KÖNIG-MARTENSschen Spektralphotometer.

spatprismen besteht, eingesetzt, so entstehen durch Doppelbrechung zwei Bilder b_h und A_h (vgl. Abb. 223 D) mit horizontaler Schwingungsrichtung des Lichtes und zwei andere Bilder b_v und A_v mit vertikaler Schwingungsrichtung.

Es sei nun auch das Zwillingsprisma Z eingeführt, dann entwirft die in Abb. 223 obere Hälfte 1 (oben und unten in Abb. 223 ist beim wirklichen Photometer rechts und links) eine nach unten abgelenkte Spaltbilderreihe b_{h_1}, b_{v_1}, A_{h_1}, A_{v_1}; die untere Hälfte 2 eine nach oben abgelenkte Spaltbilderreihe b_{h_2}, b_{v_2}, A_{h_2}, A_{v_2}. Nur das Licht der zentralen Bilder b_{v_1} und A_{h_2} wird nun vom Okularspalt durchgelassen. Mithin sieht ein am Okularspalt befindliches Auge das Feld 1 mit vertikal schwingendem Lichte vom Spalte b beleuchtet; das Feld 2 mit horizontal schwingendem Lichte vom Spalte a. Dieser Strahlengang ist in der Abb. 223 durch die ausgezogenen Strahlenbündel I und II angedeutet. Das Zwillingsprisma ist die eigentliche Vergleichsvorrichtung; auf gleiche Helligkeit der beiden Hälften des photometrischen Vergleichsfeldes wird bei allen Messungen eingestellt.

Da das von den Vergleichsfeldern ins Auge kommende Licht in zwei zueinander senkrechten Richtungen polarisiert ist, kann man zur meßbaren Änderung der Lichtintensitäten ein meßbar drehbares Nicol N benutzen, welches sich zwischen Okularspalt und Auge befindet.

Beleuchtungsvorrichtung. Als Beleuchtungsvorrichtung zum Spektralphotometer ist es zweckmäßig, die sog. große Beleuchtungsvorrichtung anzuschaffen, da diese durch Anwendung langer Röhren (bis zu 25 cm) auch die Messung sehr verdünnter Lösungen auszuführen gestattet.

Von dem Beleuchtungsspalte S_0 (vgl. Abb. 224) entwirft ein System von vier Linsen L_1, L_2, L_3, L_4 und zwei Paar FRESNELscher Prismen F_1 und F_2 zwei reelle Bilder auf den Spalten a und b. Der Abstand $L_1 L_3$ beträgt 26,5 cm. Die Mittelstrahlen der beiden Bündel I und II sind an allen Stellen 43 mm voneinander entfernt. Die Prismen sind so berechnet und geschliffen, daß die Mittelstrahlen I und II genau die Mittelpunkte der zu beleuchtenden Hälften des Zwillingsprismas treffen. Bei Einschaltung ungleich langer Flüssigkeitsschichten in den Gang der Strahlenbündel I und II werden stets scharfe Abbildungen des Beleuchtungsspaltes auf den beiden Eintrittsspalten bewirkt.

Von der richtigen Justierung der Beleuchtungsvorrichtung überzeugt man sich, indem man durch den Okularspalt das Licht einer Glühlampe einfallen läßt und im verdunkelten Zimmer Lichtflecke beobachtet, welche die beiden nunmehr in umgekehrter Richtung verlaufenden Bündel I und II auf Koordinatenpapier hervorrufen. Das Papier wird zunächst nahe an L_3, darauf nahe an L_1 gebracht. Ferner prüft man, ob auf S_0 zwei zusammenfallende Spaltbilder entstehen.

Als Lichtquelle für exakte Bestimmung des Extinktionskoeffizienten sollte eigentlich kein weißes Licht, sondern spektralreines Licht dienen, denn nimmt man auch bei Anwendung weißen Lichtes die Spalten so eng wie möglich, nämlich den Objektivspalt etwa 0,10 mm und den Okularspalt 0,25 mm, so unterscheiden sich die an den Grenzen dieses Spektralbereiches liegenden Wellenlängen immer noch um 4 $\mu\mu$. Hierdurch wird die Einstellung der beiden Vergleichsfelder schwierig. Es soll daher für physikalische Messung homogenes Licht von Spektrallinien benutzt werden (ARONsche Quecksilberlampe, Flammenspektren). Für physiologische Untersuchungen genügt es aber, weißes Licht anzuwenden, und zwar wird von CHARNASS die Anwendung einer *Zeiß*schen Azolampe empfohlen.

Die zu untersuchende Farbstofflösung wird in dem Apparate beigegebene Röhren gefüllt, die durch planparallele Glasscheiben verschlossen werden. Diese werden durch aufgeschraubte Metallhülsen bzw. daruntergelegte Gummiringe auf die Röhren fest aufgedrückt. Die Röhren sind nach dem Abnehmen der Verschlußplatten leicht durch einfaches Ausspülen zu reinigen. Die Dimensionen der Beleuchtungsvorrichtung gestatten die Anwendung von Röhren bis zu 25 cm Länge; andererseits dürfen wegen des für die Schraubengewinde notwendigen Platzes die Röhren nicht kürzer als 2 cm sein. In diese kürzesten Röhren können aber noch massive, genau planparallel geschliffene Glaszylinder von 1 cm und mehr Länge geschoben werden, so daß Schichtdicken von 1 cm und darunter der Untersuchung zugänglich werden. Damit die Reflektions- und Absorptionsverluste vor beiden Spalthälften gleich bleiben, müssen immer zwei gleiche Glaszylinder in beide Röhren gelegt werden. Der Mantel dieser Glaszylinder ist an einer Stelle etwas abgeschliffen, damit die Flüssigkeit im ganzen Rohre frei zirkulieren kann.

Bei ganz kleinen Röhren sind die Fassungen etwas verlängert, so daß das ganze Gefäß immer noch eine Länge von 5—6 cm erhält. Daher liegen auch diese kurzen Röhren genau passend in den Rinnen der Apparatur und werden in axialer Richtung von dem Strahlenbündel durchsetzt.

Beobachtungsmethode. Man bringt die absorbierende Schicht zunächst in den Gang der Strahlen I, das Lösungsmittel in den Gang der Strahlen II, die Einstellung (auf gleiche Helligkeit der beiden Gesichtsfelder) ergibt: α_1.

Dann gibt man die Lösung in Strahlengang II, das Lösungsmittel in Strahlengang I, die Einstellung ergibt: α_2.

Die Winkel α_1 und α_2 werden stets in allen 4 Quadranten des Teilkreises mehrmals gemessen, und zwar beträgt α, wenn die Ablesung in den 4 Quadranten x_1, x_2, x_3 und x_4 lauten, im rechten oberen Quadranten x_1, im rechten unteren Quadranten $x_3 - 180^0$, im linken oberen Quadranten $360^0 - x_4$.

Die Runde wird zweimal wiederholt und zum Schluß von insgesamt 12 Ablesungen der Mittelwert berechnet.

Als Beispiel einer Bestimmung des Extinktionskoeffizienten einer Lösung sei die Messung einer Kaliumbichromatlösung wiedergegeben, die mit der Tl-Linie 535 erhalten wurde. Man kann leicht die Tl-Linie erhalten, wenn ein Platinring mit TlCl in einer kleinen Alkoholflamme erhitzt wird.

Beispiel.

Tl-Funke ($\lambda = 535\,\mu\mu$) wird auf den mit Mattglas bedeckten Beleuchtungsspalt projiziert. Untersucht wurde Kaliumbichromatlösung.

$c = 0{,}01698$ g-Mol auf 1000 cm³.

	18,2	163,3	197,4	343,3
5 cm-Röhren	17,7	163,2	197,4	342,7
	18,1	162,9	197,4	342,4
Lösung	18,00	— 163,13	197,40	— 342,80
rechts (II in Abb. 224)	+ 180	+ 198,00	+ 180	+ 377,40
		↗		↗
Wasser	↙		↙	
links (I in Abb. 224)	198,00	34,87	377,40	34,60
		34,60		
		34,74 : 2 = 17,37; $\alpha_2 = 17^0\ 22'$		*
	62,5	119,0	242,0	297,7
5 cm-Röhren	62,3	118,3	242,2	298,3
	62,4	117,9	243,0	297,3
Lösung	62,40	— 118,40	242,40	— 297,77
links (I in Abb. 224)	+ 180	+ 242,40	+ 180	+ 422,40
		↗		↗
Wasser	↙		↙	
rechts (II in Abb. 224)	242,40	124,00	422,40	124,63
		124,63		
		124,32 : 2 = 62,16; $\alpha_1 = 62^0\ 10'$		
	17,3	164,0	197,7	342,4
5 cm-Röhren	17,0	163,0	197,4	342,9
	17,0	162,7	198,1	343,6
Lösung	17,10	163,23	197,73	342,97
rechts (II in Abb. 224)	180	197,10	180	377,73
		↗		↗
Wasser	↙		↙	
links (I in Abb. 224)	197,10	33,87	377,73	34,76
		34,76		
		34,32 : 2 = 17,16; $\alpha_2 = 17^0\ 10'$		
		log tg 62° 10′ = 0,27738		
		log tg 17° 16′ = 0,49252 — 1		
		$\varepsilon\, d \pm 0{,}78486$; $\varepsilon = 0{,}1570$		

* Man erhält die Werte für α einfacher gemäß der im folgenden angegebenen Rechnungsart, d. h. da

$$x_1 = 18{,}00^0,\quad x_2 = 163{,}13^0,\quad x_3 = 197{,}40^0 \text{ und } x_4 = 342{,}80^0$$

$$\begin{aligned}\alpha &= x_1 && = 18{,}00^0\\ &= 180 - x_2 = 180 - 163{,}13 && = 16{,}87\\ &= x_3 - 180^0 = 197{,}40 - 180 && = 17{,}40\\ &= 360 - x_4 = 360 - 342{,}80 && = 17{,}20\\ &= 17{,}37^0 = 17^0\ 22'.\end{aligned}$$

Ebenso ist mit den Ablesungen der beiden nächsten Spalten zu verfahren.

Berechnung von ε. Das Lösungsmittel schwäche die hindurchgehende Lichtmenge J' auf J''. Sind J_1 und J_2 die Flächenhellen, in welchen die Vergleichsfelder 1 und 2 bei Entfernung des Okularnicols erscheinen würden, dann berechnet sich

$$\frac{y_2}{y_1} = \operatorname{tg}^2 \alpha_0 \text{ und bei Messung 1 } \frac{y_2''}{y_1'} = \operatorname{tg}^2 \alpha_1, \text{ bei Messung 2 } \frac{y_2'}{y_1''} = \operatorname{tg}^2 \alpha_2 .$$

$$\frac{y_2'}{y_1''} \cdot \frac{y_1'}{y_2''} = \frac{\operatorname{tg}^2 \alpha_2}{\operatorname{tg}^2 \alpha_1}. \text{ Hieraus folgt } \frac{\frac{y'}{y}}{\frac{y''}{y}} = \frac{\operatorname{tg} \alpha_2}{\operatorname{tg} \alpha_1} \text{ oder } \frac{10^{-\varepsilon\alpha}}{10^{-\varepsilon_0\alpha}} = \frac{\operatorname{tg} \alpha_2}{\operatorname{tg} \alpha_1} \text{ oder}$$

$$\varepsilon - \varepsilon_0 = \frac{\log \operatorname{tg} \alpha_1 - \log \operatorname{tg} \alpha_2}{d}.$$

ε ist der Koeffizient der untersuchten Lösung, ε_0 der des Lösungsmittels, α bzw. α_2 die Ablesungswinkel und d die Schichtdicke.

F. Colorimetrie.

Zusammenfassende Darstellungen.

DAFERT, O.: Optische Methoden. ABDERHALDEN: Handbuch der biologischen Arbeitsmethoden Abt. IV, T. 76, H. 1. 1928.

KLEINMANN, H.: Colorimetrie und Nephelometrie im biologischen Laboratorium. ABDERHALDEN: Handbuch der biologischen Arbeitsmethoden Abt. IV, T. 3. — KESSLER, H.: Colorimetrie. Ebenda Abt. II, T. 1, H. 5. 1925.

LIFSCHITZ, I.: Colorimetrie in OPPENHEIMER u. PINCUSSEN: Fermentmethoden 3. Leipzig: Georg Thieme 1929.

YOE, J. H.: Photometric chemical analysis I. Colorimetry. New York: Wiley & Sons 1928. Daselbst ausführliche Bibliographie.

a) Definition.

Unter Colorimetrie versteht man diejenige Methode der quantitativen Analyse, die die Farbeigenschaft einer Substanz benutzt, um ihre Menge zu ermitteln. Da diese Methode — abgesehen von einzelnen Ausnahmefällen — der Untersuchung gefärbter Lösungen dient, so befaßt sich die Colorimetrie vorzüglich mit der Aufgabe, aus der Untersuchung gefärbter Lösungen ihren Gehalt an färbender Substanz, d. h. — wenn auf die Mengeneinheit bezogen — ihre Konzentration zu ermitteln. Von der eigentlichen Spektralphotometrie, von der sie einen Zweig darstellt, unterscheidet sich die Colorimetrie praktisch darin, daß sie nicht die Anwendung eines optisch einheitlichen Lichtes (monochromatisches Licht) voraussetzt, sondern weißes Licht bzw. gröbere Ausschnitte des Spektrums benutzt. Des weiteren handelt es sich bei der Colorimetrie im allgemeinen nicht um absolute Bestimmungen der Lichtabsorption durch die gefärbte Lösung, sondern um den relativen Vergleich zweier verschiedener Lösungen.

Die Messung geschieht derart, daß die gefärbte, ihrer Konzentration nach unbekannte Lösung in Vergleich gebracht wird zu einer gefärbten, gleichstofflichen Lösung, deren Konzentration bekannt ist. Diese Lösung wird als „Vergleichslösung" oder „Standardlösung" bezeichnet. Je nach der Art wie der Farbvergleich zweier Lösungen vorgenommen wird, unterscheiden sich die verschiedenen colorimetrischen Methoden. Der Farbvergleich wird für alle genaueren Messungen mit Hilfe besonderer Apparate, der sog. „Colorimeter" vorgenommen.

b) Anwendungsgebiet der Methode.

Die Anwendung der Colorimetrie ist vorzüglich eine analytische. Die große Bedeutung, die der colorimetrischen Messung in ständig wachsendem Maße zukommt, beruht einmal darauf, daß sie die Messung äußerst kleiner Substanzmengen gestattet. Eine große Zahl von Substanzen gibt in Mengen, die kaum oder nur sehr schwierig andersartig meßbar wären, deutlich gefärbte Lösungen oder läßt sich durch chemische Reaktionen in gefärbte, lösliche Verbindungen überführen, bzw. ruft meßbar verlaufende Farbreaktionen hervor. Der zweite Grund für die Anwendung der Colorimetrie liegt in der Einfachheit der Messung und ihrer schnellen Durchführbarkeit. So eignen sich colorimetrische Messungen besonders zur Anstellung von Reihenversuchen bzw. für Untersuchungen, bei denen fortlaufende Proben entnommen und analysiert werden müssen. Als Beispiel für die weitgehende Verwendung colorimetrischer Methoden sei angeführt, daß von anorganischen Substanzen, Aluminium, Antimon, Arsen, Blei, Bor, Brom, Calcium, Kohle, Stahl, Chlor, Chlorate, Perchlorate, Chrom, Eisen, Kalium, Kobalt, Kupfer, Fluor, Gold, H-Ion, Magnesium, Mangan, Nickel, Phosphor, Platin, Quecksilbermolybdän, Stickstoff (Ammonium; Nitrit und Nitrat), Sauerstoff, Selen, Silicium, Schwefel und Schwefelwasserstoff, Titan, Wismut, Wolfram, Vanadium und Zink colorimetrisch gut bestimmbar sind. Von organischen Substanzen seien nur Acetaldehyd, Acetylen, Acrolein, Adrenalin, Anilin, Benzaldehyd und Citral, Formaldehyd und Furfurol, Pentosen, Phenole und Salicylsäure, Tannin und Tiophen sowie Vanillin genannt. Doch lassen sich diese Beispiele noch leicht vermehren. In neuerer Zeit hat die Colorimetrie besonders auch bei der Bestimmung der Wasserstoffionenkonzentration Anwendung gefunden. Die Methode beruht darauf, daß die Farbintensität sog. „Indicatorlösungen" durch die in der Lösung vorhandene H-Ionenkonzentration beeinflußt wird. Hierdurch wird es ermöglicht, aus der Färbung einer „Indicatorlösung" auf den Gehalt der Lösung an Wasserstoffionen zu schließen. Schließlich sei angeführt, daß die Colorimetrie auch zur Untersuchung von Gleichgewichten oder von kolloidalen Zustandsänderungen verwandt werden kann. Da die vorzüglich angewandte Untersuchungsform der Colorimetrie sich der Gültigkeit des Lambert-Beerschen Gesetzes bedient (s. w. u.), so gestattet das Auffinden einer Ungültigkeit desselben bei einer Substanz, auf eine Veränderung des optischen Zustandes und daher auch auf chemische Veränderungen bei der Verdünnung zu schließen. Solche Veränderungen können eintreten, wenn der gelöste, gefärbte Stoff in einem Gleichgewicht mit anderen gefärbten oder ungefärbten Produkten steht und sich dieses Gleichgewicht bei der Verdünnung verschiebt.

c) Theoretisches zur Colorimetrie.

Für die Ausführung von colorimetrischen Messungen ergeben sich verschiedene Möglichkeiten, die durch den Zweck der Analyse, die gewünschte Genauigkeit der Messung und durch die Eigenschaften der Färbungsreaktion bedingt werden. Es sind zu unterscheiden:

1. Messungen durch Änderung der Lösungskonzentration;
   a) Messung mittels einer Vergleichsreihe.
   b) Messung durch Konzentrationsänderung der untersuchten Lösung.
   c) Messung durch Konzentrationsänderung der Standardlösung.
2. Messung durch Änderung der Schichthöhe.

Während die Messungen nach dem Prinzip 1. nur die einfache Voraussetzung treffen, daß zwei gleichstoffliche Lösungen, die bei gleicher Schichtdicke unter gleichen Bedingungen gleiche Färbung zeigen, auch die gleiche Substanzmenge enthalten, setzt das Meßprinzip 2. die Gültigkeit des Lambert-Beerschen Gesetzes voraus. Nach diesem soll das Produkt aus Schichtdicke und Konzentration für gleichstoffliche und gleich stark absorbierende Lösungsschichten konstant sein, d. h. zwei verschiedene Lösungen desselben färbenden Stoffes erscheinen im durchfallenden weißen Licht dann gleich gefärbt, wenn $c_1 \cdot d_1 = c_2 \cdot d_2$ ist, wobei unter c_1 und c_2 die Konzentrationen, unter d_1 und d_2 die Schichtdicken der beiden Lösungen 1 und 2 zu verstehen sind. Ist c_1 bekannt, so ist $c_2 = \frac{c_1 \cdot d_1}{d_2}$ und somit durch die Bestimmung des Schichtdickenverhältnisses ($d_1 : d_2$) ermittelbar. Dieses LAMBERT-BEERsche Gesetz ist für eine sehr große Anzahl gefärbter Stoffe gültig bzw. entspricht dem Verhalten der meisten colorimetrierbaren Substanzen innerhalb bestimmter Konzentrationsgrenzen. Überall da, wo diese Grenzen, wie z. B. bei extrem verschiedenen Konzentrationen, überschritten werden oder wo es zu Veränderungen des chemischen Verhaltens der untersuchten Substanz bei verschiedener Konzentration kommt, sind Messungen, die auf dem LAMBERT-BEERschen Gesetz beruhen, nicht anwendbar. Zu solchen Veränderungen kommt es, wenn sich die Dissoziation einer Substanz beim Verdünnen ändert, wie z. B. bei einer Kupferchloridlösung, deren Farbe beim Verdünnen von Grün in Blau umschlägt. Andererseits kann bei Lösungen kolloidaler Farbstoffe die Dispersität und damit das optische Verhalten der Substanz bei Verdünnung Veränderungen erfahren, weshalb allgemein kolloidale Lösungen in geringerem Maße dem BEERschen Gesetz folgen als wahre Lösungen.

Welches Meßprinzip auch angewandt wird, stets läßt sich die Messung in einfacher angenäherter oder in exakter Form durchführen; praktisch allerdings pflegt eine exakte Colorimetrie meist nach dem zweiten Prinzip, durch Änderung der Schichtdicke, vorgenommen zu werden. Die Genauigkeit der Methode richtet sich nach dem Zweck der Analyse, da es unnötig ist, feine Meßapparaturen da anzuwenden, wo nur grobe Unterschiede (z. B. bei technischen Kontrollen) festgestellt werden sollen.

Der colorimetrischen Analyse haftete, wenigstens früher, der Verdacht an, daß sie eine verhältnismäßig grobe Analysenform darstelle und, wenn irgend angängig, durch „exakte Methoden", wie gravimetrische oder volumetrische, zu ersetzen sei. Diese Vorstellung gründete sich auf die Anwendung grober, mehr zu Schätzungszwecken geeigneter Methoden, auf die Verwendung unexakter Apparate und schließlich auf die subjektive Uneignung mancher Untersucher für Farbfeststellungen. Demgegenüber muß betont werden, daß bei der subjektiv ausgeführten Colorimetrie (die objektive Meßform ist noch wenig in Anwendung) bei Anwendung geeigneter Methoden und exakter Apparate eine hohe Genauigkeit erzielt wird. Dieselbe kann die für photometrische Analysen im allgemeinen nicht vermeidbare Fehlergrenze von 0,5 % durchaus erreichen.

d) Praxis der colorimetrischen Messung.

Beleuchtungsmethoden. Bei der colorimetrischen Messung sind nur dann genaue Resultate erzielbar, wenn eine gleichmäßige und konstante Beleuchtung vorhanden und wenn die Lichtquelle unveränderlich zum Instrument angeordnet ist. Bei Anwendung objektiver Meßmethoden ist dasjenige Spektralgebiet zur Messung zu wählen, das die Empfindlichkeit des Wahrnehmungsapparates völlig ausnutzt. Die Anwendung einer objektiven Methode setzt eine genaue Kenntnis des Absorptionsspektrums voraus, da bei weiten Spektralbereichen verschiedenartig absorbierende Stoffe (die dem Auge z. B. verschiedenartig gefärbt erscheinen würden) Energiebeträge durchlassen können, die auf diese Instrumente ganz gleich wirken (Thermosäulen, photoelektrische Zellen).

In den meisten Fällen wird für die praktische Colorimetrie weißes Licht zur Anwendung gelangen. Es kann entweder diffuses Tageslicht genügen, wie es durch Reflektion durch eine weiße Unterlage (Papier oder Gipsplatte) erhalten wird, oder es kommt elektrisches Glühlicht in Form einer mattierten Lampe zur Anwendung. Sehr praktisch für alle exakten Messungen ist die Beleuchtungskugel von *Schmidt & Haensch*, Berlin. Dieselbe besteht aus einer innen ausgegipsten und 2 Glühlampen enthaltenden Metallkugel, die eine kleine mit Opalglas ausgekleidete Öffnung aufweist. Diese Beleuchtungskugel, die fest am Colorimeter montiert wird, erzielt bei Anwendung von 2 Lampen für nur 8 Volt ein außerordentlich gleichmäßiges, konstantes Licht, das durch die feste Montierung der Kugel am Instrument unverrückbar befestigt ist und ein Arbeiten im dunklen Raum gewährleistet. S. hierzu auch Abb. 226.

Für feinere Messungen, besonders für bestimmte Färbungen ist es zweckmäßiger, an Stelle weißen Lichtes einen Ausschnitt aus dem Spektrum anzuwenden. Sehr reine Ausschnitte erhält man selbstverständlich durch Anwendung von Monochromatoren, die in Form von Okularmonochromatoren auf das Instrument aufgesetzt werden. Sie haben jedoch den Nachteil, die Lichtstärke sehr zu verringern, und es genügt meist, durch passende Farbfilter (Glasfilter, Gelatinefilter) ein passendes Wellenlängeintervall auszuschneiden. Man ordnet die Filter am Okularrohr an bzw. schaltet sie unmittelbar hinter die Augenpupille des Apparates. Zweckmäßig wendet man Filter an, die zu der zu untersuchenden Substanz annähernd komplementär gefärbt sind. Hat man z. B. blaue Flüssigkeiten zu vergleichen, so schaltet man ein gelbes Filter ein. Man verschärft auf diese Weise die Einstellung wesentlich, da bei dem Einstellen auf gleiche Helligkeit noch die Einstellung auf gleiche Farbennuance hinzukommt. Zur Vergleichbarkeit colorimetrischer Messungen ist es ratsam, Länge und Breite des benutzten Spektralgebietes (Filter) sowie die Art der Lichtquelle anzugeben.

Temperatur. Erhebliche Temperaturschwankungen während der Messung, besonders aber Temperaturunterschiede zwischen den verglichenen Lösungen sind zu vermeiden, da sich die Lichtabsorption der Stoffe mit der Temperatur ändern kann. Nach Krüss sollen bei der Anwendung einfacher Instrumente Schwankungen innerhalb 3^0 vermieden werden. Für exakte Messungen sind die Anforderungen an die Temperaturkonstanz weit größer.

Lösungen. Die untersuchten Lösungen sollen optisch völlig homogen sein. Das Lösungsmittel soll für alle zu vergleichenden Substanzen von gleicher, möglichst höherer, optischer Reinheit sein. Zweckmäßig ist es, das Lösungsmittel vor Gebrauch durch quantitative Filter (*Schleicher & Schüll*, Blauband) zu filtrieren. Filtration durch nicht tadelloses Filtrierpapier verunreinigt eher. Ganz besondere Sorgfalt ist auf die Reinheit des Lösungsmittels zu legen, wenn an Stelle einer gleichstofflichen Lösung zum Vergleich ein fester Absorptionsstandard benutzt wird. Es ist besonders bei Anwendung hoch disperser, farbiger Kolloide darauf zu achten, daß die Färbungen sich innerhalb der Untersuchungszeit nicht ändern. So unterliegen disperse Substanzen im Laufe der Zeit Farbänderungen, und es ist entweder diese Farbänderung zu berücksichtigen oder durch Anwendung von Schutzkolloiden usw. zu verhindern.

Aber auch bei Anwendung molekular disperser Lösungen spielt die Zeit dann eine Rolle, wenn sich die Färbung infolge einer chemischen Reaktion erst allmählich entwickelt. Es ist daher stets darauf zu achten, daß die Lösungen entweder erst miteinander verglichen werden, wenn keine Veränderung der Farbtiefe mehr stattfindet oder — wenn die Änderung eine kontinuierliche ist — jedenfalls dann, wenn beide Lösungen sich im gleichen Stadium der Reaktion befinden. Es sind daher die untersuchte Lösung und die Standardlösung stets gleichzeitig mit dem zur Färbung dienenden Reagens zu versetzen. Auch auf den Einfluß des Lichtes auf manche Farben wäre hinzuweisen. Zur Vermeidung chemischer Umsetzungen und hierdurch bedingter Farbänderungen ist völlig gleich chemische Behandlung der untersuchten und der Vergleichsflüssigkeit Voraussetzung. Nicht immer ist diese Bedingung erfüllt, da die Vergleichslösung meist aus einer reinen Lösung der zu bestimmenden Substanz besteht, die untersuchte aber oft große Mengen fremder Substanzen enthält, die sekundäre Umsetzungen oder Beeinflussung des Farbtones bedingen. In solchen Fällen ist es oft notwendig, der Vergleichslösung dieselbe fremde Substanz zuzusetzen, die in der untersuchten Lösung vorhanden ist. Es gibt eine große Zahl Farblösungen, die für colorimetrische Untersuchungen unbrauchbar oder nur beschränkt brauchbar sind. So ist, wie schon weiter oben darauf hingewiesen, stets darauf zu achten, ob die untersuchte Färbung dem Beerschen Gesetz folgt. Da, wo die Änderung der färbenden Substanz durch das Lösungsmittel funktionsgemäß verläuft, kann die Substanz der colorimetrischen Untersuchung noch zugänglich gemacht werden. Änderungen des Dispersitätszustandes, kolloidale Änderungen (Hydratation, Assoziation u. a.) können eine

Abweichung vom Verdünnungsgesetz bedingen, auch wenn dieselbe vom rein chemischen Standpunkt aus nicht vorauszusehen ist. Gehorcht eine Substanz bei verschiedenen Verdünnungen nicht dem BEERschen Gesetz, so läßt sie sich durch Anstellung von Eichkurven dennoch zur colorimetrischen Messung benutzen.

Behandlung der Apparatur. Es ist selbstverständlich, daß Fehler bei der colorimetrischen Messung entstehen, wenn die Meßapparate, die zum Vergleich der Farbstoffe zweier Lösungen dienen, grobe mechanische Fehler aufweisen (fehlerhafte Einstellung der Prismen). Doch bedarf es nicht zu grober Fehler. Schon eine verschiedene Beleuchtung oder eine Differenz der Lichtabsorption in den den verschiedenen Lösungen entsprechenden Lagen der Apparatur muß zu Fehlern führen, da der colorimetrische Vergleich die Gleichheit der durch die Farblösung geschickten Lichtmenge voraussetzt. So selbstverständlich diese Voraussetzung erscheint, so häufig ist sie bei manchen Apparaten nicht vollkommen erfüllt. Daher ist es notwendig, zur exakten Messung nur feinste Präzisionsapparate zu verwenden. Die Optik der Apparatur muß von Staub, Flüssigkeitsresten usw. stets sorgfältig gesäubert sein. Gerade bei der Ausführung der Colorimetrie ist peinliche Sauberkeit unumgänglich. Es sei auch darauf hingewiesen, daß eine sorgfältig bedeckte oder verschlossen gehaltene Apparatur nach längerer Zeit einen dem Auge nicht sichtbaren Beschlag der Optik aufweisen kann (den sog. optischen Hauch), der eventuell durch die die Apparatur bauende Fabrik beseitigt werden muß.

Verhalten des Untersuchers. Die subjektive Messungsform bei der Colorimetrie bedingt Fehler, die in der Person des Untersuchers liegen. Dies tritt in besonderem Maße bei der Vornahme von Farbenvergleichen in Frage. Die Eignung für Farbvergleichung ist individuell verschieden, und es gibt Fälle (Farbenblindheit), bei denen sie unmöglich ist. Im allgemeinen ist aber durch Übung eine sehr wesentliche Verfeinerung der Messung zu erzielen. Das Auge, das zuerst nur große Helligkeits- oder Farbenunterschiede wahrnimmt, erlangt bei entsprechender Übung eine große Feinheit der Unterscheidungsfähigkeit. Objektiv ist auch die Eignung verschiedener Farben für die Colorimetrie verschiedenartig. Im allgemeinen wächst die Eignung der Färbungen von gelb zu blau. Hier hilft bei colorimetrisch ungeeigneten Färbungen vor allem die Anwendung von Farbfiltern (s. w. u.). Auch die sog. objektive Messungsform verdient genannt zu werden, doch spielt sie in der Colorimetrie praktisch keine große Rolle.

Praktische Ausführung der colorimetrischen Messung. a) Messung durch Änderung der Lösungskonzentration. Diese Form der Colorimetrie stützt sich auf das oben dargelegte Gesetz, das aus gleichen Farbtiefen gleich hoher Schichten gleichstofflicher Lösungen auf gleiche Konzentrationen schließt. Sie bedient sich des Vergleiches gleich hoher Flüssigkeitsschichten bei Änderung der Lösungskonzentration; und zwar kann sowohl die untersuchte als auch die Vergleichslösung hinsichtlich ihrer Konzentration variiert werden. Diese Form der Untersuchung ist überall da anzuwenden, wo die colorimetrische Messung nur im Einzelfall in Frage kommt oder wo keine Meßapparatur zur Verfügung steht. Sie ist in einfacher Form mit Hilfe von Reagensgläsern bzw. einfachen Meßzylindern rasch durchzuführen. Man verwendet das Prinzip stets, wenn

α) das BEERsche Gesetz nicht gilt, d. h. die Färbung sich nicht umgekehrt proportional zur Schichthöhe verhält,

β) wenn die Lichtabsorption des Lösungsmittels eine Rolle spielt, so daß aus diesem Grunde gleich hohe Schichten verglichen werden müssen,

γ) wenn die untersuchte Lösung durch Ausschütteln während der Untersuchung hergestellt wird oder das Lösungsmittel flüchtig ist.

Messungen mit einer Vergleichsreihe. Die einfachste Form dierer Messungsart besteht darin, daß die untersuchte Lösung mit einer Serie von Standardlösungen verschiedener Konzentrationen bei gleicher Schichtdicke verglichen wird. Die unbekannte zu colorimetrierende Lösung wird in einem Reagensglas bis auf Zufügen des Farbreagenses fertig bereitet. Zum Farbvergleich werden eine Anzahl verschieden konzentrierter Standardlösungen angelegt, deren Konzentrationen nach Art einer geometrischen Reihe angeordnet sind. Man verwende für die untersuchte Lösung wie die Vergleichsreihe nur Reagensgläser aus reinem schlierenfreien Glase von gleichem Durchmesser. Eine geometrische Reihe wird durch Multiplikation des vorangehenden Gliedes mit dem gleichen Zahlenfaktor gebildet, z. B.

Quotient der Reihe	Zahl der Glieder	die Reihe lautet									
$\sqrt[3]{2}$	4	1,00	1,26	1,59	2,00						
$\sqrt[5]{2}$	5	1,00	1,12	1,26	1,41	1,59	1,78	2,00			
$\sqrt[3]{10}$	4	0,10	0,22	0,46	1,00						
$\sqrt[5]{10}$	6	0,10	0,16	0,25	0,40	0,63	1,00				
$\sqrt[9]{10}$	10	0,10	0,13	0,17	0,21	0,28	0,36	0,46	0,60	0,77	1,00

Die Konzentration der Standardlösungen überschreite die vermutete Konzentration der unbekannten Lösung nach oben und unten. Man legt zuerst eine Reihe mit wenigen Gliedern und großem Faktor (z. B. 2) an. Zur unbekannten wie zu den Standardlösungen wird gleichzeitig das Farbreagens gegeben und ihr Volumen ausgeglichen. Dann wird, indem man senkrecht zur Reagensglasachse betrachtet, die unbekannte Lösung zwischen die Standardlösung gemäß ihrer Farbtiefe eingeordnet. Mit den beiden Standardlösungen, zwischen die die unbekannte Lösung sich einordnet, als Anfangs- und Endpunkte wird eine neue geometrische Reihe mit kleinerem Faktor angelegt, die unbekannte Lösung in diese eingeordnet und so weiter verfahren, bis der Gehalt der unbekannten Lösung durch ihre Lage in einer Standardserie mit der gewünschten Genauigkeit ermittelt ist.

Zur Ausschaltung der Eigenfarbe, d. h. einer eventuell vorhandenen Farbe des Lösungsmittels, die unabhängig von der eigentlichen Farbreaktion ist, geschieht der Farbvergleich im WALPOLE-Komparator. Das sog. WALPOLE-Prinzip beruht darauf, daß die Farben einer Lösung, deren Lösungsmittel unabhängig von der zu colorimetrierenden Farbe noch eine Eigenfarbe enthält, nicht unmittelbar mit der Vergleichsstandardlösung verglichen wird, sondern es wird so vorgegangen, daß das Licht, das die Standardlösung passiert, auch noch eine Schicht des gefärbten Lösungsmittels allein (ohne die eigentliche colorimetrische Reaktion) durchsetzt. Die Anordnung geschieht dadurch, daß in einem Holzblock, der eine Reihe von Bohrungen trägt, die verschiedenen Reagensgläser je eines Systems (des der zu untersuchenden Lösung und der Vergleichslösung) hintereinandergeschaltet und senkrecht zur Reagensglasachse durch die Bohrungen des Klotzes hindurch betrachtet werden (Abb. 225). Auf diese Weise wird die Eigenfärbung des Lösungsmittels ausgeschaltet, da das Licht in beiden Systemen eine gleiche Schicht sowohl der zu colorimetrierenden Färbung als auch der Eigenfärbung

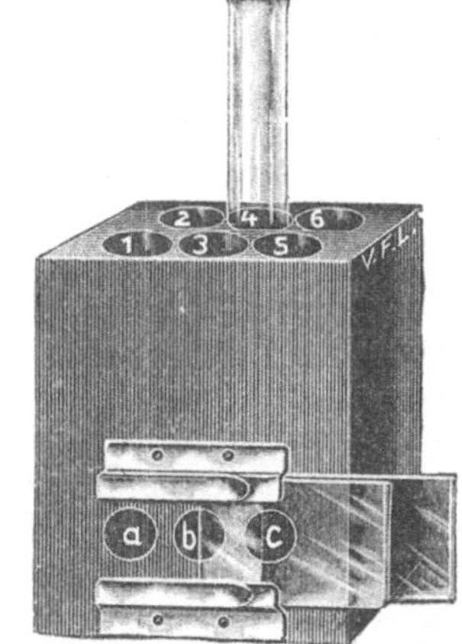

Abb. 225 WALPOLE-Komparator.

des Lösungsmittels durchläuft. Diese Messung findet besonders Anwendung bei der Bestimmung der H-Ionenkonzentration mit Indicatoren, und zwar dient sie hier entweder der Bestimmung mittels verschiedenfarbiger, hintereinandergeschalteter Indicatorlösungen oder der Bestimmung gefärbter Flüssigkeiten.

Eine besondere Form der Colorimetrie durch Messung mit einer Vergleichsreihe stellt das Foliencolorimeter mit Indicatorfolien nach WULFF (Hersteller *F. & M. Lautenschläger*, München II SW 6) dar. Dasselbe dient zur schnellen Bestimmung der Wasserstoffionenkonzentration und gestattet eine schnelle Messung zur Bestimmung der p_H zwischen 1,4 und 12,6 mit einer Genauigkeit von 0,2 Einheiten. Die Indicatorfolie ist eine für wäßrige Lösungen diffundierbare Membran, in der sich in absorbiertem Zustande ein Indicator befindet. Es ist eine besondere Eigenart der Membran, daß der Indicator sehr viel langsamer aus ihr diffundiert als andere Ionen, insbesondere Wasserstoff- und Hydroxylionen eindringen. Darum ist es möglich, die Konzentration dieser Ionen in Lösungen mittels des Farbumschlages innerhalb der Folie zu bestimmen. Die Messung geschieht durch Einbringen der Folie in die unbekannte Lösung und Farbvergleich des Folienstreifens mit einer fertig präparierten und geeichten Standardfolienreihe.

Messung durch Konzentrationsänderung der Standardlösung. Während bei der vorangehenden Bestimmungsform als Vergleich eine abgestufte Reihe verschiedener Konzentrationen von Standardlösungen benutzt wurde, kann auch eine einzige Standardlösung zum Vergleich dienen, deren Konzentration aber während der Messung variiert wird. Diese Methode wird überall da zur Anwendung kommen, wo die Ungültigkeit des BEERschen Gesetzes eine Messung bei gleicher Schichthöhe erfordert, wo aber die Anlegung einer Standardserie zu mühselig oder die Anwendung des WALPOLE-Komparators (bei Lösungen ohne Eigenfarbe) unnötig ist. Es wird also diejenige Konzentration einer einzigen Vergleichslösung ermittelt, die bei gleicher Schichtdichte gleiche Farbtiefe wie die zu untersuchende Lösung aufweist. Die zu untersuchende und die zum Vergleich dienende Lösung werden in zwei gleichartigen Colorimetergefäßen (z. B. zwei HEHNERschen Zylindern) mit gleichen Reagensmengen zur Colorimetrie vorbereitet, indem die zu untersuchende Lösung colorimetrierfertig angesetzt wird, während das andere Gefäß alle zur Reaktion nötigen Lösungen bis auf die Standardlösung (d. h. die Lösung bekannten Gehaltes) enthält. Beide Lösungen werden nahezu, jedoch nicht völlig auf die Meßmarke aufgefüllt. Nunmehr wird zu der Vergleichslösung eine Standardlösung zugetropft, bis die sich entwickelnde Färbung nahezu die gleiche Tiefe hat wie die zu untersuchende Lösung. Das Zutropfen geschieht mittels einer feinen Pipette bzw. Mikrobürette. Man füllt beide Lösungen auf gleiches Volumen auf und stellt durch Zufügen weniger Tropfen der Standardlösung völlige Farbgleichheit her. Der Gehalt der unbekannten Lösung an zu analysierender Substanz entspricht dann dem Gehalte der zur Herstellung der Farbgleichheit notwendig verwandten Standardlösung.

Messung durch Konzentrationsänderung der untersuchten Lösung. Liegt aus irgendeinem Grunde die Konzentration der Standardlösung fest, wird z. B. zum Vergleich nicht eine Lösung, sondern ein fester, unveränderlicher Standard benutzt (wie z. B. bei gefärbten Glasblöcken usw.), so kann man auch das vorangehend geschilderte Prinzip mit folgender Änderung benutzen: Es wird dann nicht die Vergleichslösung, sondern die zu untersuchende Lösung derart vorbereitet, daß das Reaktionsmilieu fertiggestellt wird, in das dann die zu untersuchende Lösung, mit der die Reaktion vorgenommen werden soll, eingetropft wird. Die Technik ist sonst die gleiche wie vorangehend beschrieben. Gemessen wird dasjenige Volumen der einzutropfenden Lösung, das notwendig ist, um das zu untersuchende Gesamtsystem auf gleiche Färbung mit der Vergleichslösung bzw. mit dem Vergleichsstandard zu bringen. Dieses Volumen enthält dann die gleiche Menge aktiver Substanz wie die Vergleichslösung bzw. entspricht es der Menge, auf die der feste Vergleichsstandard geeicht ist.

b) Messung durch Änderung der Schichthöhe. Die Messungsform, die auf Änderung der Farbtiefe durch Variation der Schichthöhe beruht, ist die am meisten angewandte colorimetrische Bestimmungsform. Sie beruht auf dem oben genannten BEERschen Gesetz und ermöglicht ein zuverlässiges und vor allem schnelles Arbeiten. Die auf Variation der Schichthöhe beruhenden, im Handel befindlichen Apparate lassen sich in drei Gruppen teilen:

α) Apparate, die die Änderung der Schichtdicke durch einen bewegten Keil bewirken,

β) Apparate, die die Schichthöhe der Lösungen durch einfaches Ausfließenlassen ändern und

γ) Apparate, die zur Variation der Schichthöhe ein System zweier in der Richtung ihrer Längsachse beweglicher konzentrischer Zylinder benutzen.

α) Änderung der Schichthöhe durch Keil. Die am häufigsten verwendete Apparatur, die die Schichthöhenänderung durch Verschiebung eines Keiles benutzt, ist das Colorimeter nach AUTENRIETH u. KÖNIGSBERGER (Bezugsquelle *F. Hellige & Co.*, Freiburg i. Br.). Diese Apparatur, die nicht den Anspruch auf besondere Exaktheit stellen kann, die aber besonders bei biologischen Untersuchungen viel verwendet wird, beruht darauf, daß in einem Gefäß (Trog) bestimmter Schichtdicke die zu untersuchende Lösung mit einem Keil verglichen wird, der mit einer von der Fabrik gelieferten oder auch eventuell selbst herzustellenden Farblösung gefüllt ist. Dieser Keil wird an einem schmalen Ausschnitt des die Apparatur umgebenden Kastens vorübergeführt und das durch ihn fallende Licht mit Hilfe einer Optik mit dem durch den Trog gehenden verglichen. Die Helligkeit in dem geteilten Gesichtsfeld wird so eingestellt, daß die durch den Keil gehende Lichtmenge die gleiche ist wie die den Trog durchsetzende. Das Verhältnis der verglichenen Schichtdicken ergibt sich aus einer am Keil befestigten Skala. Es muß aber darauf hingewiesen werden, daß der betrachtete Keilausschnitt naturgemäß nicht planparallel ist und darum nur eine angenähert genaue Einstellung gestattet.

In neuerer Zeit ist die Ausführung des Colorimeters verbessert worden, so daß die Meßgenauigkeit besser sein soll. Der Apparat wird überall da zur Anwendung kommen, wo eine einfache und handliche Apparatur bei nicht zu großen Ansprüchen an die Genauigkeit benutzt werden soll.

Ein anderer Typ von Keilapparaten ist das Doppelkeilcolorimeter nach BJERRUM u. ARRHENIUS (Fabrikant *F. M. Lautenschläger*, München II SW 6). Dasselbe dient zur p_H-Bestimmung und benutzt die Mischfarben, die sich aus der Kombination verschiedener Schichtdickenverhältnisse der alkalischen und sauren Lösungen eines Indicators ergeben. Die Kombination verschiedener Schichtdicken zweier Indicatorlösungen wird dadurch bewirkt, daß zwei Keile, die zu einem Rechteck zusammengelegt werden, mit je einer Indicatorlösung gefüllt werden. Aus der Keilstellung, die (durch einen Schlitz betrachtet) dieselbe Färbung ergibt wie die untersuchte Lösung, läßt sich an Hand einer Tabelle der p_H-Wert bestimmen.

β) Änderung der Schichthöhe durch Abfließenlassen. Für alle praktischen Untersuchungen, die nicht völlig exakt zu sein brauchen, eignet sich am besten die Messung in sog. HEHNERschen Zylindern. Diese stellen graduierte Zylinder mit planparallelem Glasboden dar, die am unteren Ende einen Abflußhahn tragen und auf einem Sockel stehen. Die Änderung der Schichthöhe erfolgt durch Ausfließenlassen des Inhaltes in ein vorgelegtes Schälchen bzw. auf einem Zurückfließenlassen in die Zylinder. Die Zylinder sind in Volumina von 25—100 cm³ im Handel erhältlich. Die Genauigkeit der Messung ist oft für praktische Untersuchungen hinreichend (ca. 5% Fehler und mehr). Die Betrachtung erfolgt in Aufsicht, am besten gegen eine weiße Fläche, am einfachsten ein Blatt Papier. Die stärker gefärbte Flüssigkeit — es kann die Untersuchungs- oder die Testlösung sein — läßt man in ein Schälchen abfließen. Hat man zuviel abgelassen, so gießt man die Flüssigkeit wieder zurück. Durch mehrmaliges Einstellen und Berechnen des Mittelwertes ist die Genauigkeit der Messung zu erhöhen. Man notiert die Höhe der beiden Flüssigkeitssäulen bei Farbengleichheit. Berechnung s. w. u.

Die Anwendung der Hehnerschen Zylinder ist wegen ihrer Einfachheit, Billigkeit sowie ihrer leichten Handhabung und Reinigung sehr zu empfehlen.

Ein Colorimeter, das sich eng an die Hehnerschen Zylinder anlehnt, ist das Wolffsche. Es besteht aus einer Vorrichtnng, in der zwei Hehnersche Zylinder in einem Gestell montiert sind, in dem eine Prismenanordnung gestattet, die Flüssigkeitsspiegel der beiden Gefäße in einem Gesichtsfeld in Form zweier aneinanderliegender Halbkreise zu betrachten und somit leichter zu vergleichen. Der Vorteil gegenüber dem Hehnerschen Zylinder ist nicht sehr wesentlich, und das Instrument wird auch nicht viel gebraucht.

γ) Änderung der Schichthöhe durch bewegliche Eintauchstäbe. Für exakte Untersuchungen kommt fast ausschließlich das sog. Dubosq-Colorimeter in Anwendung. Das Wort Dubosq-Colorimeter bezeichnet ein Prinzip und kein einzelnes Instrument; sondern Dubosq-Colorimeter von verschiedenartigster Feinheit und Zuverlässigkeit werden von mannigfachen Fabriken gebaut und in den Handel gebracht. Das Prinzip der Apparate besteht darin, daß in zwei nebeneinander montierten Zylindern oder Kannen konzentrische Tauchstäbe — massiv aus Glas oder aus am Boden durch eine Glasplatte geschlossenen Zylindern bestehend — in Richtung der Längsachse auf und ab bewegt werden können. Wird in den äußeren Zylinder, das Tauchgefäß, eine Flüssigkeit gefüllt, so ist die durch die Entfernung zwischen den beiden Bodenplatten der konzentrischen Gefäße gemessene Schichthöhe durch Auf- und Abbewegung einer der beiden Zylinder veränderlich. Die Stellung des bewegten Zylinders und damit die Schichthöhe ist an einer Skala ablesbar. Der Vergleich der beiden Lösungen erfolgt durch eine die beiden Flüssigkeitsspiegel in Form zweier Halbkreise in ein Gesichtsfeld bringende Prismenvorrichtung. Zur Beleuchtung dient entweder Tageslicht, das durch eine in einem Winkel von 45° zurückgeneigte Milchglas- oder Porzellanscheibe parallel der Achse durch die Zylinder gesandt wird, oder eine besondere Beleuchtungsvorrichtung (s. oben Kugelbeleuchtung von *Schmidt & Haensch*). Als eins der besten im Handel befindlichen Colorimeter sei das Dubosq-Colorimeter der Firma *Schmidt & Haensch*, Berlin, genannt.

Es kann mit Kannen in verschiedener Größe für verschiedene Volumina bezogen werden. Die Meßgenauigkeit beträgt etwa 1—2%. Die Messung geschieht derart, daß die eine Kanne mit der untersuchten, die andere mit der Standardlösung gefüllt wird. Die Schichthöhe der einen Lösung wird beliebig, am besten etwa der Mitte der Skala entsprechend, festgelegt und nun die Höhe der anderen Lösung so lange geändert, bis Farben- und Helligkeitsgleichheit im Gesichtsfeld vorhanden ist. Die Einstellung erfolgt pendelnd um die Gleichheitslage herum und ist mehrmals zu wiederholen. Der Durchschnitt verschiedener Ablesungen wird benutzt. Farbfilter lassen sich mittels einer Feder hinter dem Colorimeter einschalten. Auf Sauberkeit des Arbeitens sowie auf die Beachtung aller für die Colorimetrie gegebenen Allgemeinregeln ist streng zu achten. Berechnung s. w. u.

In diesem Zusammenhange sei auch das Stufenphotometer der Firma *C. Zeiß*, Jena, angeführt, das als Colorimeter nach dem Eintauchprinzip verwandt werden kann. Das Instrument, das als Farbmesser, Trübungsmesser, Vergleichsmikroskop, Glanzmesser und Colorimeter verwandt werden kann, hat besonders für technische Zwecke Verwendung gefunden.

Ein gutes Colorimeter, das sich von den üblichen Dubosq-Colorimetern dadurch unterscheidet, daß nur eine Tauchkanne mit beweglichem Tauchstab vorhanden ist, während die zweite Lösung in einen festen Trog bekannter Schichtdicke montiert ist, ist das Chromophotometer von Plesch (Hersteller *Schmidt & Haensch*). Das Instrument ist zweckmäßig und besonders bei biologischen Arbeiten viel gebraucht, doch wird neuerdings mehr dem reinen Dubosq-

Typ der Vorzug gegeben, da der Strahlengang in diesem Apparat völlig symmetrisch ist.

Mischfarbencolorimeter. Eine besondere Form des DUBOSQschen Colorimeters stellt das sog. Mischfarbencolorimeter dar. Dasselbe dient vor allem zur Colorimetrie von Lösungen, bei denen das Lösungsmittel an sich schon gefärbt ist. Es ist derart konstruiert, daß in dem Strahlengang der einen Vergleichsseite außer der zu colorimetrierenden noch eine zweite Flüssigkeit geschaltet werden kann, die der Eigenfarbe der untersuchten Lösung entspricht. Als ein Mischfarbencolorimeter kann das Chromophotometer von PLESCH benutzt werden. Es enthält dann außer dem einen Tauchgefäß noch ein zweites, das, größer als das erste, konzentrisch zu ihm angeordnet ist. Es taucht dann nicht nur der Stab in das erste Tauchgefäß, sondern auch dieses wiederum in das zweite ein. Ein Mischfarbencolorimeter stellt auch das BÜRKERsche Kompensationscolorimeter (Hersteller *F. Leitz*) dar.

Mikrocolorimeter. Zur Messung sehr kleiner Flüssigkeitsmengen dienen sog. Mikrocolorimeter. Es sei hier das neue Instrument nach KLEINMANN der Firma *Schmidt & Haensch*, Berlin, genannt (s. Abb. 226); es stellt im Gegensatz zu anderen früher bekanntenMikrocolorimetern ein wahres Mikrocolorimeter dar. Das Instrument erlaubt nämlich, mit dem Volumen der untersuchten Lösung bis auf 1 cm^3 hinabzugehen, behält dabei aber die Schichthöhe von 60—70 mm bei, die die Makroinstrumente der gleichen Firma (s. o.) besitzen. Da diese Instrumente etwa 50 cm^3 Flüssigkeit zur Messung erfordern, so ermöglicht das neue Mikrocolorimeter mit der absoluten untersuchten Substanzmenge auf etwa das 50fache hinunterzugehen. Die Gesichtsfeldgröße des Apparates ist fast die gleiche wie bei den Makroinstrumenten, und die Präzision des Instrumentes ist eine sehr hohe. Der Fehler kann auf 0,5% begrenzt werden.

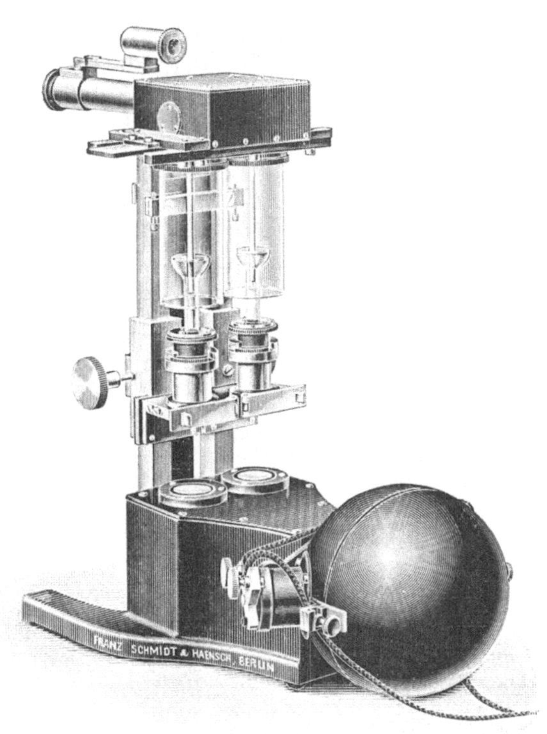

Abb. 226. Mikrocolorimeter nach KLEINMANN.

Berechnung. Bei allen Methoden, die sich der Änderung der Schichthöhe zur Messung bedienen, geschieht die Berechnung auf Grund des LAMBERT-BEERschen Gesetzes. Ist c_1 die Konzentration der Standardlösung und d_1 die Schichthöhe, bei der sie beobachtet wurde, c_2 die gesuchte Konzentration der unbekannten Lösung und d_2 die Schichthöhe, bei der sie beobachtet wurde, wobei sich die Schichthöhen d_1 und d_2 als diejenige verstehen, bei denen Helligkeitsgleichheit bei senkrechter Betrachtung besteht, so ergibt sich

$$c_2 = \frac{c_1 \cdot d_1}{d_2} .$$

Es muß nochmals betont werden, daß das BEERsche Gesetz nur innerhalb bestimmter Grenzen gilt. Konzentrationsverhältnisse und Schichthöhenverhältnisse, die ein Verhältnis 1 : 2 übersteigen, sollen nicht angewandt werden.

Objektive Colorimetrie. Es ist verschiedentlich versucht worden, die colorimetrische Messung dadurch zu verfeinern, daß man die Messung nicht subjektiv mittels des Auges, sondern objektiv mittels anderer, meist elektrischer Meßapparaturen vornimmt. Es haben sich vorzüglich zwei Methoden entwickelt, von denen die eine das Verhalten von Metallamalgamen bei der Beleuchtung benutzt, die im Abschnitt Spektralphotometrie skizziert worden ist.

Die andere von MOLL angegebene Methode benutzt die Messung durch Thermosäulen (s. Spektralphotometrie). Es ist durchaus möglich, daß sich diese Methode noch weiter entwickeln wird. Zur Zeit allerdings spielt ihre Anwendung keine Rolle, da die Genauigkeit der subjektiven Methoden eine völlig hinreichende ist, besonders für alle biologischen und physiologisch-chemischen Aufgaben. Auch kann die leichte Handhabung und die Bequemlichkeit der Messung zur Zeit durch objektive Messungen bei weitem noch nicht erreicht werden.

G. Nephelometrie.

Zusammenfassende Darstellungen.

KLEINMANN, H.: Biochem. Ztschr. **99**, 115—149 (1919); **137**, H. 1/3, 144 (1923); **179**, H. 4/6, 301 (1926); Kolloid-Ztschr. **27**, H. 5, 236 (1920); **36**, H. 3, 168 (1925).

Nephelometrische Fermentmethoden siehe P. RONA u. H. KLEINMANN: Biochem. Ztschr. **140**, H. 4/6, 478 (1923); **169**, 320 (1926). — Vgl. auch H. KLEINMANN: Nephelometrie in OPPENHEIMER u. PINCUSSEN: Die Fermente **3**. Leipzig: Georg Thieme 1929.

Eine monographische Darstellung der Nephelometrie siehe S. H. YOE u. H. KLEINMANN: Photometric-Chemical Analysis II, Nephelometry. New York: Y. H. Willy & Sons 1929.

Ausführliche deutsche Literaturzusammenstellung über Nephelometrie und nephelometrische Methoden s. auch A. FRANCESCHETTI u. H. WIELAND: Arch. Augenheilk. **99**, 2, (1928).

a) Definition.

Unter der Bezeichnung „Nephelometrie“, die sich von den griechischen Worten νεφέλη = Wolke, μέτρον = messen, ableitet, versteht man eine bestimmte Art der Trübungsmessung; und zwar umfaßt die Nephelometrie die Messung desjenigen, von einer trüben Lösung ausgehenden Lichtes, das durch die trübenden Partikelchen senkrecht zur Beleuchtungsachse reflektiert oder abgebeugt wird. Ein solches, senkrecht zur Beleuchtungsachse ausgestrahltes Licht ist, wenn es aus reinem Beugungslicht besteht, als sog. TYNDALL-Licht bekannt.

Die Messung einer Trübung erfolgt nun derart, daß die von einer unbekannten, getrübten Flüssigkeit ausgehende Lichtmenge mit einer solchen verglichen wird, die unter gleichen Bedingungen von einer bekannten, gleichstofflichen Standardlösung oder einem anderen bekannten Trübungsstandard ausgesandt wird. Der Vergleich der beiden Lichtmengen — der bekannten und unbekannten — erfolgt in einem Apparat, einem sog. *Nephelometer*. Die Nephelometrie entspricht also völlig der Colorimetrie, mit dem Unterschied, daß bei der Colorimetrie die durch die Färbung absorbierten, bei der Nephelometrie die durch die Trübung ausgesandten Lichtmengen ermittelt werden sollen.

b) Anwendung der Nephelometrie.

Die Aufgaben der Nephelometrie sind verschiedenartig. Die Stärke einer Trübung ist, wie weiter unten noch gezeigt werden wird, sowohl abhängig von der Anzahl der trübenden Teilchen in einem bestimmten Flüssigkeitsvolumen, d. h. von der Konzentration an trübender Substanz als auch von der Größe und der Zustandsform der Teilchen selbst. Wird die Konzentration einer bestimmten

Lösung konstant erhalten, ihre kolloidale Zustandsform aber variiert, so ist die Änderung der abgebeugten Lichtmenge ein empfindliches Maß für die Änderung des kolloidalen Zustandes. Es lassen sich daher kolloidchemische Veränderungen zweckmäßig durch Nephelometrie feststellen und messend verfolgen. Wird andererseits bei gleicher Dispersität und Zustandsform die Konzentration geändert, so ist die Lichtmenge ein unmittelbares Maß für die Konzentration an trübender Substanz. Da nun viele Substanzen nicht in gefärbte lösliche Verbindungen (also in colorimetrisch geeignete Reaktionen), wohl aber durch Fällungsmittel in trübe Suspensionen überzuführen sind, so hat sich die Nephelometrie zu einem wichtigen Zweige der analytischen Chemie entwickelt. Hinzu kommt, daß Trübungsreaktionen außerordentlich empfindlich sind, so daß die Nephelometrie besonders bei Messung kleinster Substanzmengen eine Rolle spielt. So gestattet die Nephelometrie die Bestimmung von Phosphorsäure bis zu 0,001 mg P_2O_5, von Calcium bis zu 0,05 mg, von Arsen bis zu 0,001 mg H_3AsO_4 usw. Es sind Methoden zur Bestimmung von Ammoniak, Arsen, Calcium, Chlor, Phosphor, Schwefel, Acetone, Dichloräthylsulfid (Senfgas), Fetten und Fettsäuren, Nucleinsäuren, β-Oxybuttersäure, Proteinen und Purinbasen ausgearbeitet worden. Von Fermentmethoden seien die Methoden zur Bestimmung von Amylase, Lipase, Pepsin und Trypsin genannt. Auch für bakteriologische Zwecke (Keimzahlbestimmungen von Vaccinen, Messung von Bakteriengrößen) und in der Serologie (Verfolgung von Flockungs- und Aggregationsvorgängen) findet die Methodenform Anwendung. Die Nephelometrie ermöglicht die Bestimmung kleinster Mengen mit verhältnismäßig großer Genauigkeit (Fehler von 0,5—1 %) und erleichtert durch die einfache, schnell auszuführende Messungsart die Anstellung von Reihenversuchen. Daher sind Methoden, die auf dem nephelometrischen Prinzip beruhen, vorzüglich für physiologische Zwecke, wo Reihenuntersuchungen kleinster Substratmengen notwendig werden, benutzt worden.

c) Theorie der Nephelometrie[1].

Die Beziehung zwischen der auf eine getrübte Lösung auffallenden und der senkrecht zur Beleuchtungsachse abgebeugten oder reflektierten Lichtmenge ist recht komplizierter Natur. Nach RAYLEIGH ist die Intensität des TYNDALL-Lichtes an einer senkrecht zum TYNDALL-Strahl beobachteten Stelle direkt proportional der Anzahl der kolloidalen Teilchen n in der Raumeinheit der Lösung, proportional dem Quadrat des Volumens der einzelnen Teilchen v, und umgekehrt proportional der vierten Potenz der Wellenlänge des Lichtes y, d. h.

$$J = \frac{n \cdot v^2}{y^4} \cdot K.$$

Setzt man die Konzentration $c = n \cdot v \cdot s$ ein (s = spezifisches Gewicht der Teilchen), so folgt

$$J = \frac{c \cdot v}{y^2 \cdot s} \cdot K$$

und beim Vergleich zweier Konzentrationen desselben Stoffes

$$c \cdot c_1 = y \cdot v_1 \cdot J_1 \cdot v.$$

Ist nun in beiden Lösungen die Teilchengröße die gleiche, d. h.

$$v_1 = v,$$

so folgt, daß die Intensität des TYNDALL-Lichtes direkt proportional der Konzentration ist. Diese Formeln gelten allerdings nur für TYNDALL-Licht, d. h. für Licht, das durch Abbeugung von kleinsten Teilchen entsteht. Für Teilchen über 30 $\mu\mu$ ist nach ANGERER

$$J = n \cdot r_2 \cdot K,$$

wobei r den Teil des Radius und K eine Konstante bedeutet.

[1] Die Darstellung sowie die folgende Apparaturbeschreibung folgt z. T. der Darstellung der Nephelometrie von H. KLEINMANN in OPPENHEIMER u. PINCUSSEN: Die Fermente **3**. Leipzig: Georg Thieme 1929.

Es ist nun zweifellos, daß die Formel für Trübungen, die nicht nur abgebeugtes, sondern auch reflektiertes Licht enthalten und die nicht einen einzelnen Punkt des TYNDALL-Kegels erfassen, komplizierter sind. Wahrscheinlich entspricht die resultierende senkrecht zur Beleuchtungsachse betrachtete Lichtmenge einer exponentialen Funktion.

Für die nephelometrische Messung ist es aber nun nicht von Bedeutung, welcher Art die Funktion zwischen der Konzentration c und der ausgesandten Lichtmenge ist; es ist nur wichtig, ob diese Funktion die gleiche ist wie die, die zwischen der Höhe h der TYNDALL-Kegel und der ausgesandten Lichtmenge besteht. Denn wenn

$$J = f(c) \cdot f(h) \cdot K$$

ist, so folgt, daß bei gleichbleibender Lichtintensität

$$c \cdot h = K$$

ist, wenn die Funktion zwischen Schichthöhe und Konzentration des TYNDALL-Kegels zur Lichtintensität die gleiche ist. Es fragt sich also mit anderen Worten, ob für die Trübungsmessung ebenso wie für die Colorimetrie das BEERsche Gesetz gültig ist. Das für eine große Anzahl von Trübungsreaktionen innerhalb bestimmter Konzentrationsgrenzen tatsächlich diese Voraussetzung erfüllt ist, ist durch zahlreiche Untersuchungen bewiesen worden. Voraussetzung für die Anwendung des BEERschen Gesetzes als Meßprinzip ist:

a) daß nur Trübungsreaktionen angewandt werden, die hinsichtlich ihrer Eignung und ihrer Grenzen innerhalb der sie das BEERsche Gesetz erfüllen, genau methodisch durchgearbeitet sind,

b) daß zur nephelometrischen Messung nur eine Apparatur verwendet wird, die hinsichtlich der unvermeidlichen Apparatkonstante erprobt ist und die eine exakte Messung gewährleistet. Verfasser kann unter den verschiedenen Typen von Nephelometern nur für das von der Firma *Fr. Schmidt & Haensch*, Berlin, gebaute Instrument einstehen, dessen Beschreibung und Handhabung daher im folgenden gegeben werden soll.

d) Praxis der Messung.

Allgemeine Vorschriften für die nephelometrische Messung. Um die Beziehung zwischen Konzentration und Schichthöhe zur Prüfung der Apparatur und zur Übung des Untersuchers darzustellen, eignen sich am besten Glykogenlösungen. Die Eignung eines Glykogens muß erprobt werden. Handelspräparate sind meist nicht brauchbar. Man erhält ein einwandfreies Präparat stets, wenn man es sich wie P. RONA und C. VAN EWEYK (5) selbst bereitet.

Die zur Benutzung kommenden Gefäße dürfen keinesfalls nach ihrer Reinigung mit Aqua dest. irgendwie mit Tüchern oder Filtrierpapier getrocknet werden, sondern alle Glasgefäße sind nach ihrer Spülung an der Luft oder im Trockenschrank zu trocknen. Es ist streng darauf zu achten, daß die Trübung der untersuchten Lösung nur durch die homogene, opalescierende Trübung des Reaktionsproduktes bedingt ist und die Lösung frei von inhomogenen Verunreinigungen erscheint. Hinsichtlich der zu untersuchenden Trübungen ist folgendes zu sagen.

Es dürfen für die nephelometrische Analyse nur Trübungen verwandt werden, deren Eignung methodisch erprobt worden ist. So müssen die zu vergleichenden Lösungen für die Zeit ihres Vergleiches einen konstanten Trübungsgrad besitzen und dürfen keine Änderungen, wie Ausflockung usw., erleiden. Diese Bedingung ist selbstverständlich und bedarf keiner weiteren Erläuterung.

Die Trübungen, die nephelometrisch gemessen werden, müssen völlig homogen sein und dürfen mit bloßem Auge keine Inhomogenität erkennen lassen, soweit nicht bei der speziellen Methodik andere Angaben gemacht sind. Auch ihre Dichte muß sich in leicht empirisch festzustellenden Grenzen halten. Ist eine Trübung so dünn, daß selbst bei starker Beleuchtung nur ein ganz geringe Helligkeit besitzender TYNDALL-Kegel erzielbar ist, so leidet selbstverständlich die Genauigkeit der Messung, ist sie aber zu stark, so kommt es leicht zu Ausflockungserscheinungen, abgesehen davon, daß man dann auch die Absorption des abgebeugten Lichtes durch über ihm liegende Flüssigkeitsschichten von Einfluß zu werden beginnt.

Das Verhältnis der Trübungen, die messend miteinander verglichen werden, soll hinsichtlich ihrer Trübungsstärke bzw. ihrer Konzentration ein Verhältnis von 1 : 4 nicht übersteigen.

Es empfiehlt sich zur Erzielung größerer Genauigkeit eine Trübung gegen eine möglichst trübungsnahe Vergleichslösung zu messen.

Die Trübungen, die miteinander verglichen werden, müssen gleiche Dispersität besitzen.

Diese Bedingung scheint schwierig, soll aber durchaus für alle Trübungsreaktionen erfüllt werden. Während sie für anorganische Trübungen, wie AgCl u. ä., kaum oder nur durch besondere Kunstgriffe, wie Schutzkolloidzusatz, erfüllbar ist, gelingt es bei trübenden Substanzen, die ein großes Molekül besitzen, wie Eiweiß, Alkaloide, Fette höherer Reihen usw., relativ leicht, Trübungen herzustellen, die in gleicher Dispersität auftreten. Praktisch zeigt sich die Erfüllung dieser Bedingung darin, daß bei einer Trübungsreaktion eine bestimmte Konzentration trübender Substanz bei beliebiger Wiederholung der Reaktion stets die gleiche Trübung liefert. Es ist also, wie gesagt, bei der Nephelometrie wie bei jeder anderen analytischen Methodik nicht jede Trübung schlechthin, sondern nur die ausgearbeitete und methodisch einwandfreie Trübungsreaktion für die Analyse verwendbar.

Beschreibung der Nephelometerapparatur. Die Apparatur besteht aus dem eigentlichen Nephelometer, das zu den üblichen Analysen meist in der Grundform, dem Makronephelometer, verwandt wird, das eine Flüssigkeitsmenge von etwa 17 ccm zur Messung erfordert.

Zu diesem Instrument können als Ergänzung einige Zusatzapparaturen bezogen werden. Die Zusatzapparaturen bestehen 1. aus einer Mikrozusatzapparatur, die Messungen mit 3,7 und 2,7 ccm Flüssigkeit auszuführen gestattet. 2. Eine Apparatur für sterile Arbeiten, 3. einem Trübungsstandard, der unveränderlich stabil bleibt, in Farbe und Helligkeit aber variiert werden kann, und 4. einer Beleuchtungseinrichtung.

Makronephelometer. Beim Nephelometer wird das colorimetrische Prinzip benutzt, die Lichtintensität durch Änderung der Schichthöhe zu verändern. Der wesentliche Unterschied gegenüber dem Colorimeter beruht darin, daß das zur Beobachtung gelangende Licht nicht wie dort durchfallendes Licht, sondern von den die Trübung darstellenden Teilchen abgebeugtes und reflektiertes Licht ist.

Es werden somit in zwei nebeneinander befindlichen trüben Medien durch eine justierte Lichtquelle sog. TYNDALL-Kegel erzeugt, deren Lichtstärke durch eine Optik verglichen und mittels verschiebbarer Blenden einander angeglichen werden kann.

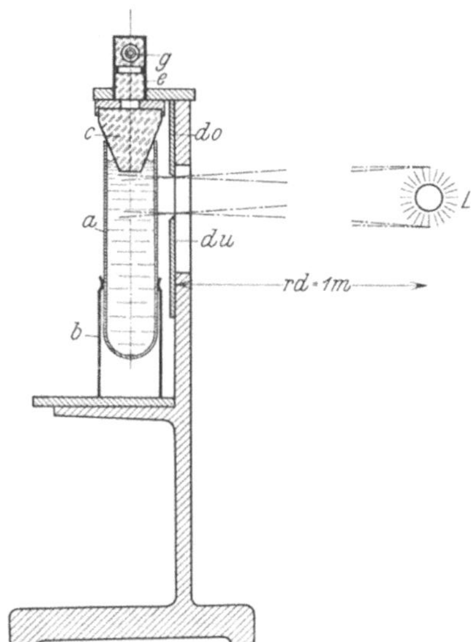

Abb. 227. Vertikalschnitt durch eine Nephelometerhälfte.

Das Prinzip der Apparatur wird durch die schematische Zeichnung Abb. 227, die einen Vertikalschnitt durch eine Nephelometerhälfte darstellt, klargemacht. *a* stellt ein Nephelometergläschen mit der zu messenden Flüssigkeit, *b* einen Metallfuß, der das Gläschen trägt, dar. *c* ist ein konisch gestalteter Glaskörper, der in die Flüssigkeit eintaucht und Fehler, die durch Beobachtung der Flüssigkeitsoberfläche entstehen, wieder beseitigt. *do* und *du* sind Blenden, von denen *du* drehbar beweglich ist. Durch ihre Bewegung wird die Höhe des beleuchteten Tyndall-Kegels — das ist die Schichthöhe — variiert. Die Entfernung *do—du* — das ist die Schichthöhe — ist auf einer Millimeterskala mit Nonius meßbar. *e* und *g* stellen die Optik der Apparatur, *L* die Lichtquelle dar. Abb. 228 zeigt das Äußere des Apparates (von der Buchseite betrachtet), *st* ist das Stativ, *p* ein Prisma, das zur Ablesung des Nonius dient, *f* das Fenster, das durch die Blenden *do—du* geöffnet oder geschlossen wird; *o* und *l* sind ein Fernrohr, das zu dem optischen Instrumentenkopf gehört. *sch* ist ein Schutzschirm, der den Beobachter gegen die Lichtquelle deckt.

Bleibt die gleiche Helligkeit des Gesichtsfeldes beim Umtausch gleichstofflich gefüllter Gläser erhalten (Abweichungen von 0,1—0,2 mm sind in den Kauf zu nehmen und sind für feinste Messungen durch Doppelmessungen nach Gläserumtausch auszugleichen), so ist die Apparatur zur Arbeit fertig. Die verschiedenen zu messenden Lösungen werden in die Gläser eingefüllt, das eine Fenster wird auf eine bestimmte beliebige Höhe gebracht und die andere Seite variiert, bis gleiche Helligkeit des Gesichtsfeldes erzielt ist. Welche Lösung variiert wird, die bekannte oder unbekannte, ist an sich gleichgültig. Zweckmäßig ist es natürlich, immer mit möglichst großer Öffnung zu arbeiten, zumal wenn die Trübungen schwach sind, da man so die größte Helligkeit erzielt.

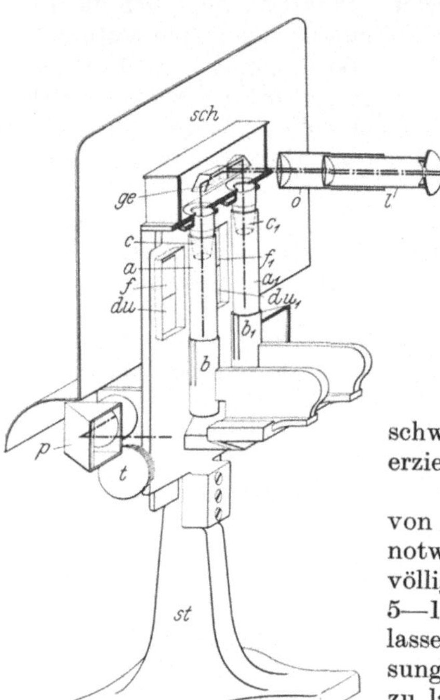

Abb. 228. Nephelometer nach Kleinmann.

Es ist nicht zweckmäßig, unter eine Öffnung von 10 mm hinunterzugehen. Es ist unbedingt notwendig, das Auge vor der Messung, die im völlig dunklen Zimmer vorzunehmen ist, sich 5—10 Minuten an die Dunkelheit adaptieren zu lassen und auch während der verschiedenen Messungen das Auge in der Dunkelheit sich ausruhen zu lassen.

Zur Vermeidung der subjektiven Fehler ist es auch unbedingt geboten, jede Messung ca. 10mal vorzunehmen, sich die einzelnen Ablesungen zu notieren und dann den Durchschnitt zu nehmen.

Selbstverständlich ist, daß die untersuchten Lösungen genau den entsprechenden Methodenvorschriften gehorchen müssen. Die Lösungen müssen homogen getrübt sein, soweit nicht speziell anderes gesagt ist. Ausflockende Lösungen sind unbrauchbar. Ausflockungsvorgänge während der Messungen geben sich durch grobe Ausschläge zu erkennen und sind bei Beobachtung des hellen Tyndall-Kegels auch leicht direkt feststellbar.

Mikronephelometer. Die Apparatur wird wiedergegeben durch Abb. 229. Die Handhabung der Mikroapparatur ist prinzipiell die gleiche wie die der Makroapparatur.

Steriles System. Das Äußere desselben zeigt Abb. 230. Für die Handhabung gelten die gleichen vorangehend gegebenen Vorschriften. Doch bedingen die Besonderheiten der Verrichtung noch folgende Zusätze:

Die in Schwefelsäurebichromat aufbewahrten Gefäße (selbstverständlich ohne die Metallfassungen) werden abgespült, getrocknet und in einem größeren zugestopften Glasgefäß trocken sterilisiert. Der Eintauchpilz h kann zusammen

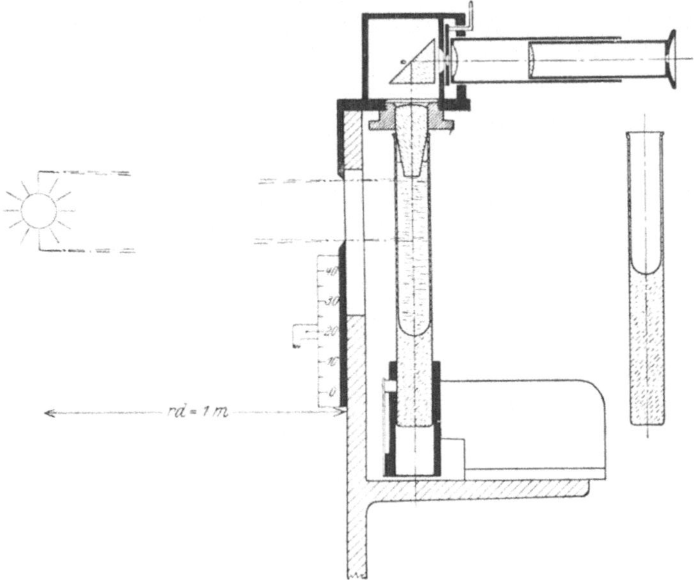

Abb. 229. Mikroeinrichtung des KLEINMANNschen Nephelometers.

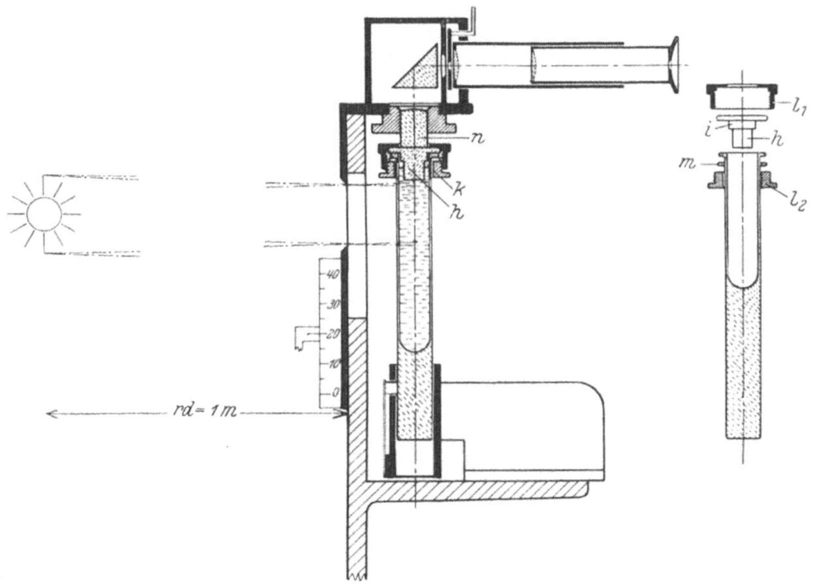

Abb. 230. Sterile Zusatzeinrichtung des KLEINMANNschen Nephelometers.

oder getrennt von dem Gläschen sterilisiert werden. Die Metallkappen l_1, l_2 können zur Sicherheit mitsterilisiert werden; dies ist aber ebenso wie die Sterilisierung des Gummiringes nicht unbedingt notwendig, da sie ja nur von außen mit dem Glase in Berührung kommen. Der Gummiring m kann durch Alkohol gezogen werden.

Sind die Gläser sterilisiert, so kann die zu untersuchende Flüssigkeit eingefüllt und das Gefäß durch Einsetzen des Pilzes geschlossen werden. Wichtig ist, beim Einfüllen genau die Höhe, auf die aufzufüllen ist, zu kennen. Die Flüssigkeit ist so hoch zu füllen, daß das zylindrische Ende des Pilzes sicher eintaucht, andererseits soll die Flüssigkeit die Stufe nicht erreichen, sondern es soll zwischen dem Flüssigkeitsmeniscus und der Stufe ein Luftraum bleiben. Da die Gläser eine Füllmarke haben, kann die Füllhöhe, d. h. die genaue Stellung des Meniscus zur Marke leicht ein für allemal ausgeprobt werden.

Nun wird, wenn dies noch nicht vorher geschehen ist, zuerst der Gummiring, sodann der untere Kappenteil von unten her über das Gefäß gestreift und der Pilz durch Aufsetzen und Zusammenschrauben der Kappe fest angedrückt. In besonderen Fällen kann der Glaswulst bzw. Gefäßrand vorsichtig mit sterilem Fett gedichtet werden.

Man betrachte das Gläschen von oben her durch den Pilz. Sind Luftblasen unter dem Eintauchzylinder, so sind sie durch eine leichte Bewegung in den Luftraum neben dem Zylinder zu bringen. Sie behindern hier den Strahlengang nicht. Um eine zu starke Gasentwicklung aus der Flüssigkeit zu verhindern, ist es zweckmäßig, Lösungen, die erwärmt werden (z. B. Lösungen, die in den Brutschrank kommen), schon vor dem Einfüllen auf die geforderte Temperatur vorzuwärmen. Ist das System geschlossen, so kann es beliebig benutzt werden. Es wird in den Metallfuß eingesetzt, in den Apparat geführt und hochgezogen. Der eingeschraubte Glaszylinder soll in die zentrale Kappenöffnung eingreifen und die Platte des Glaspilzes leicht aber deutlich berühren. Eine besondere Immersionsflüssigkeit, wie Cedernholzöl, zwischen den berührenden Glasschichten ist dann nicht notwendig, schadet aber auch nichts.

Es ist selbstverständlich, daß nicht nur die Gefäße — wie überhaupt bei der Nephelometrie — stets von größter Sauberkeit sein müssen, sondern daß auch im besonderen der Glaspilz peinlich sauber gehalten werden muß.

Wird das System nach einiger Zeit, z. B. nach dem Aufenthalt im Brutschrank, wieder untersucht, so muß man sich davon überzeugen, daß sich keine Gasblasen unter dem Eintauchzylinder angesammelt haben, gegebenenfalls muß man dieselben durch eine leichte Bewegung in den seitlichen Luftraum bringen.

Ablesung und Messung geschieht genau wie bei der sonstigen Nephelometerapparatur.

Trübungsstandard. Bei Schwierigkeiten in der Beschaffung geeigneter Vergleichslösung oder bei Untersuchungen, die zu kolloidchemischen Zwecken dienen, z. B. zum Studium der Veränderung der Trübung eines Soles in der Zeit, ist es notwendig, einen festen unveränderlichen Trübungsstandard zu besitzen.

Ein solcher Trübungsstandard wird als Zusatzapparatur zum Nephelometer geliefert.

Die Wände eines Reagensglases, wie es zur Aufnahme von Flüssigkeit für die nephelometrische Untersuchung dient, seien mattiert, und zwar in einer Form, die eine veränderbare Stärke der Mattierung ermöglicht.

Wird solch ein mattiertes Gläschen in das Nephelometer gestellt, so werfen die mattierten weißen Flächen ein diffuses Licht auf den Boden des Gefäßes. Auf diesen Boden kommt nun ein Bodenkörper, der gefärbt, und zwar in seiner Farbe variierbar ist. Dieser Bodenkörper wirft das Licht dann aufwärts in den Eintauchkörper des Nephelometers.

Die praktische Ausgestaltung dieses Prinzipes gestaltet sich folgendermaßen. Sie wird dargestellt durch Abb. 231. *a* ist ein mattiertes Glasröhrchen, das, um Reflektionen von der Wand aus zu vermeiden, etwas weiter ist als die üblichen Nephelometergläschen. Das Gläschen geht in seinem unteren Teile in ein kurzes

Messingrohr über, das in der Zeichnung durch Fettdruck gekennzeichnet ist. In dieser Messingverlängerung des Glasröhrchens steckt von unten her in die offene Messinghülse eingeschoben eine Patrone, die weiter unten beschrieben wird und die den reflektierenden Bodenkörper darstellt. Die ganze Vorrichtung wird, wie die Zeichnung zeigt, in den Metallfuß des Nephelometergläschens gesteckt und wie ein gewöhnliches Nephelometergläschen über den Eintauchkörper *c* des Nephelometers hochgeschoben.

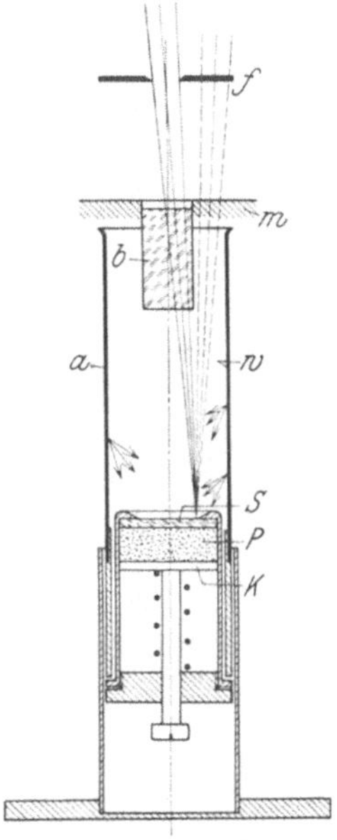

Der Bodenkörper besteht aus irgendeinem Farbpulver, dessen Färbung selbst variiert werden soll, das durch einen Kolben *K* gegen ein mattiertes Deckgläschen *s*, das die Patrone nach oben begrenzt, gepreßt wird.

Die Helligkeit des Trübungsstandards läßt sich leicht — ebenso wie bei gewöhnlichen Trübungen — durch Verstellen des vor dem Trübungsstandard befindlichen Nephelometers variieren.

Ein solcher Trübungsstandard läßt sich jeder Flüssigkeitstrübung anpassen und ist unverändert haltbar.

Beleuchtungsvorrichtung: Als Lichtquelle für das Nephelometer kann eine starkkerzige mattierte Glühbirne dienen. Praktischer ist die Anwendung eines Beleuchtungsrohres, das als Zusatzeinrichtung zum Nephelometer erhältlich ist, und dessen Form aus Abb. 232 hervorgeht.

Handhabung des Nephelometers. Die Handhabung des Instrumentes ist einfach, erfordert aber eine peinlich genaue Beachtung der hier gegebenen Regeln sowie besondere Sauberkeit und Subtilität der Ausführung.

Abb. 231. Trübungsstandard.

Der Apparat wird auf einem festen Tisch, der genügend Tiefe besitzen muß, in ca. 1 m Entfernung von der Beleuchtungsquelle aufgestellt. Nach Einstellung zur Lichtquelle wird er, sowie die Lichtquelle selbst, zweckmäßigst in der ermittelten Stellung auf der Tischplatte mittels Metallstreifen fest angeschraubt.

Die Montierung des Apparates beginnt mit dem Einschrauben der Glaskörper c und c_1. Dieselben werden mit einem weichen Leder sorgfältig gereinigt. Auf ihre Reinhaltung (sowie auch auf ihre Intaktheit hinsichtlich von Rissen und Kratzern) ist besonderes Gewicht zu legen.

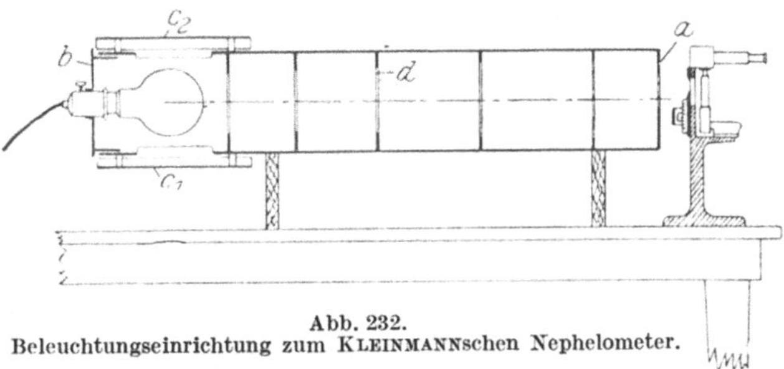

Abb. 232. Beleuchtungseinrichtung zum KLEINMANNschen Nephelometer.

Sind die Glaskörper in den Apparat eingeschraubt, so werden die Reagensgläschen in die Hülsen eingesetzt und fest hinuntergedrückt. Die Gläser müssen ebenfalls stets aufs sorgfältigste gereinigt werden. Am besten bleiben sie stets in Schwefelsäurebichromat aufbewahrt.

Es ist vorzuziehen, die Gläser nach Spülung mit Aq. dest. und Abtrocknen von außen mittels faserfreien Tuches innen naß zu lassen und sie mit der zu füllenden Lösung 1—2mal vorzuspülen. Die Gläser sollen stets nur oben und unten gefaßt werden.

Nach Einsetzen und Hochziehen der Gläser sind sie außen noch einmal mit einem Leder gründlich abzureiben. Hierbei werden die Gläser, die unter- und oberhalb des TYNDALL-Kegels anzufassen sind, langsam gedreht. Schließlich werden sie stets so gestellt, daß der Strich, der die Füllmarke darstellt, dem Beobachter zugekehrt ist.

Sind die Gläser völlig rein, so wird die Einstellung des Apparates zur Lichtquelle vorgenommen.

Diese Einstellung erfolgt sowohl beim Montieren des Apparates sowie auch beim Beginn einer Untersuchungsreihe stets zur Kontrolle. Hierzu wird der Apparat auf gleiche Helligkeit beider Gesichtshälften bei gleicher Füllung beider Reagensgläser symmetrisch eingestellt.

Eine stabile geeignete Trübung (zu empfehlen Glykogentrübung mittels Glykogen eigener Herstellung, s. [5]) wird in beide Reagensgläser bis zur Marke gefüllt.

Die in die Hüllen nach unten fest eingedrückten Gläschen werden durch Einschieben der Hüllen in die Schienen der Apparatur ins Nephelometer eingesetzt. Das Einschieben muß fest bis zum Anschlag erfolgen. Nunmehr werden die am oberen Rande gefaßten Gläschen hochgezogen, bis die Glaskörper eintauchen resp. bis bei der konischen Glaskörperform die Gläser an den Conus fest anstoßen. Hierbei muß darauf geachtet werden, daß beim Eintauchen der Zylinder in die Lösung keine Luftblasen unter dieselben geraten oder sich später während der Arbeit bei einer eventuellen Erwärmung der Lösung unter ihnen festsetzen.

Nachdem die mit gleicher getrübter Flüssigkeit gefüllten Gläser luftblasenfrei hochgezogen sind, wird die ca. 1 m entfernte Lichtquelle in möglichst symmetrische Stellung zur Apparatur gebracht, wobei darauf zu achten ist, daß ihre Höhe der Höhe der Nephelometerfenster entspricht.

Sodann werden beide Fenster auf gleiche Höhe gestellt und zweckmäßig so weit geöffnet als möglich, also z. B. auf 40 mm. Das Gesichtsfeld wird durch Verschiebung des Okulars scharf eingestellt und dann der ganze Apparat leicht hin- und hergedreht, bis das Gesichtsfeld gleichmäßig hell erleuchtet erscheint. Nun werden die Gläschen miteinander vertauscht. War die Beleuchtung symmetrisch, muß auch jetzt die gleiche Helligkeit des Gesichtsfeldes erhalten sein; ist sie nicht vorhanden, muß der Apparat wieder gestellt, der Umtausch der Gläser vollzogen werden usf., bis ein Tauschen der Gläser keine Änderung des Gesichtsfeldes hervorruft. Die Stellung des Apparates und der Lampe wird dann zweckmäßig auf dem Arbeitstisch fixiert.

Obgleich von der Fabrik sehr sorgfältig passende Gläserpaare ausgesucht werden, ist es ratsam, die Eignung eines Paares stets selbst zu erproben und die als gut ermittelten stets nur paarweise zu benutzen. Zu achten ist darauf, daß stets die gleichen Peripheriehälften der Gläser dem Lichte zugekehrt sind, was, wie dargelegt, durch Stellung der Eintauchmarke zum Beobachter gewährleistet wird.

Daß eine eventuell auftretende Asymmetrie auf die Lösungen respektiv auf die Glasgefäße zurückzuführen ist, ist daraus zu ersehen, daß die Asymmetrie beim Umtausch der Gläser sich ändert.

Hinsichtlich der Anwendung des nephelometrischen Prinzips zur Messung fluorescierender Flüssigkeiten siehe den folgenden Abschnitt von LINSER, „Fluorometrie".

Literatur.

(*1*) HARTRIDGE: Proc. roy. Soc. A **102**, 575 (1923); vgl. auch J. of Phys. **44**, 1 (1912); Proc. roy. Soc. B **86**, 128 (1913).

(2) LIFSCHITZ, I.: Kurzer Abriß der Spektroskopie und Colorimetrie. Leipzig 1926; s. a. in OPPENHEIMER u. PINCUSSEN: Die Methodik der Fermente **3**, 99, 100. Leipzig: Georg Thieme 1929.

(3) NEUBERG, C.: Biochem. Zeitschr. **67**, H. 1/2, 102 (1914).

(4) ROBERTSON, P. B.: The physical chemistry of proteins, S. 355, 357. New York: Longmans Green & Co. 1918. — (5) RONA, P., u. C. VAN EWEYK: Biochem. Ztschr. **149**, 176 (1924).

(6) WAGNER, B.: Tabellen zum Eintauchrefraktometer. Sondershausen: Selbstverlag 1928. — Vgl. auch die Übersicht über die technische Anwendung des Eintauchrefraktometers bei F. LÖWE: Chem.-Ztg. **45**, 25—27, 52—55 (1921). Daselbst auch ausführliche Literaturzusammenstellung betreffend Refraktometrie.

11. Fluorometrie.

Von HANS LINSER, Ludwigshafen a. Rh.

Mit 6 Abbildungen.

Die Methode der Fluorometrie (3, 2) benützt die sehr vielen Stoffen eigene Fluorescenz zur quantitativen Bestimmung dieser Körper[1]. Wenn auch fast alle organischen Substanzen im ultravioletten Licht fluorescieren (6), so sind doch nur jene zur Fluorometrie geeignet, die auch in Lösung in genügender Intensität aufleuchten und bis in Verdünnungen, die eine brauchbare Empfindlichkeit der Methode garantieren. Die Zahl derartiger Stoffe ist nicht gering. Besonders ist sehr vielen Pflanzenstoffen so intensive Fluorescenz eigen, daß die fluorometrische Methode alle andersartigen Bestimmungsmethoden an Empfindlichkeit und Genauigkeit weit übertrifft. So sind eine Anzahl von Alkaloiden (Chinin, Hydrastinin usw.) sowie von Glykosiden (Äsculin, Fraxin), auch manche Gerbstoffe fluorometrisch bedeutend einfacher und genauer bestimmbar als mit anderen Methoden.

Für den physiologisch-chemischen Versuch hat die Methode infolge ihrer Empfindlichkeit den großen Vorteil, daß sie einerseits mit ganz geringen Mengen von Ausgangsmaterial auskommt (bei großer Fluorescenzintensität des zu bestimmenden Stoffes genügen wenige Milligramm Pflanzenmaterial) und andererseits genauere Resultate gibt als die quantitative Schätzung mikrochemischer Reaktionen. Auch erübrigt sich häufig ein langwieriger Isolierungs- oder Reinigungsprozeß, da eventuell störende Beimengungen durch die große, von der Methode geforderte Verdünnung ziemlich wirkungslos gemacht werden.

Das Prinzip der Methode ist ein Vergleich der Fluorescenzintensität einer Lösung unbekannter mit einer solchen von bekannter Konzentration (3).

a) Die Apparatur.

Als Lichtquelle eignet sich eine starke Bogenlampe oder eine Quecksilberdampflampe, letztere besser, da sie ruhiger brennt und die Intensitätsverteilung auf einer beleuchteten Fläche geringeren Schwankungen unterliegt als bei einer Bogenlampe. Das normale Modell

[1] Siehe Beitrag KLEIN: Histochemische Methoden, S. 303.

der „Hanauer Analysenquarzlampe“ ist gut brauchbar, und zwar, wie die Zusammenstellung in Abb. 233 zeigt, ohne besondere Umgestaltung. Als Ultraviolettfilter dient ein Uviolschwarzglas mit Nickeloxyd als wirksamem Bestandteil.

Abb. 233. Die Apparatur: Der KLEINMANNsche Nephelometer vor der Analysenquarzlampe.

Zum Vergleich der Intensität des von den beiden Lösungen ausgestrahlten Lichtes sind alle Nephelometerapparaturen verwendbar. Besonders gut eignet sich von allen bisher ausgeführten Konstruktionen das KLEINMANNsche Nephelometer der Berliner Firma *Schmidt & Haensch* (4) (vgl. Abb. 233), da es alle störenden Faktoren vermeidet, die sich bei anderen Instrumenten vielfach bemerkbar machen.

An ein Nephelometergerät, das zur Fluorometrie verwendet werden soll, sind folgende Anforderungen zu stellen:

1. Die beiden Flüssigkeitsgefäße sollen möglichst nahe nebeneinander angebracht sein, damit sie beide möglichst gleichmäßig beleuchtet werden.

2. Die Wandstärke der Gefäße soll möglichst gering sein. Am besten verwendet man Gefäße aus Uviolglas. Der untere Abschluß der Röhrchen soll womöglich schwarz mattiert sein und darf keinesfalls nach obenhin Licht reflektieren, wie dies bei halbrund abgeschmolzenen Röhrchen häufig der Fall ist. Reflexionen machen sich durch ungleichmäßige Ausleuchtung der Gesichtsfelder bemerkbar, ebenso unter den Tauchstäben sich bildende Luftblasen.

3. Die erreichbare Schichthöhe soll mindestens 30 bis 40 mm betragen, da sonst zu oft umgerechnet werden muß, wodurch sich Ablesefehler vergrößern.

4. Die Spalte, mit denen die beleuchteten Schichten verlängert oder verkürzt werden, sollen sich von oben nach unten und nicht umgekehrt öffnen, da sonst Fehler durch Absorption im unbelichteten Teil der Flüssigkeitssäule möglich sind.

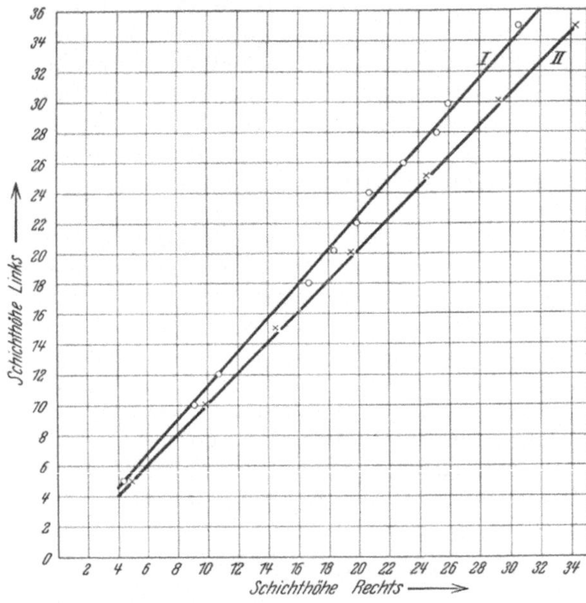

Abb. 234.

Das Nephelometer wird der Lichtquelle gegenüber in einem Abstand von etwa 25 cm so aufgestellt, daß die beiden geöffneten Spalten völlig gleich und homogen ausgeleuchtet sind, wovon man sich am besten durch Messung überzeugt.

Von der Richtigkeit der Justierung überzeugt man sich, indem man zwei Lösungen gleicher Konzentration miteinander vergleicht. Bei richtiger Justierung müssen die Schichthöhen beiderseits gleich sein, und zwar unabhängig von der absoluten Größe der Schichthöhe (Abb. 234 Kurve I).

Ist eines der beiden Gefäße schwächer ausgeleuchtet, so ist das Verhältnis der Schichthöhen zueinander anders als 1 : 1, aber konstant (Abb. 234 Kurve II). Sind die Schichthöhen dazu aber auch in ihrer Höhe ungleichmäßig beleuchtet, so bleibt das Verhältnis nicht konstant. Bei richtiger Justierung kann man also nach dem Verhältnis der Schichthöhe auf andere absolute Größen umrechnen und Ablesungen bei kleinen Höhen denen bei größeren direkt vergleichen, ohne Fehler zu gewärtigen.

b) Herstellung der Standardlösungen.

Da bekanntlich auf die Intensität und die Farbe der Fluorescenz das Lösungsmittel sowie besonders die Wasserstoffionenkonzentration von besonderem Einfluß sind, muß sowohl bei der Herstellung der Standardlösungen wie auch bei der Aufarbeitung der zu untersuchenden Probe genau darauf geachtet werden, daß alle Verdünnungen mit demselben Lösungsmittel, das auf einen bestimmten p_H-Wert gepuffert ist, vorgenommen werden. Man verwendet zweckmäßig etwa folgendes Gemisch:

10 cm³ m/15 Phosphatpuffer,
10 cm³ 96 proz. Alkohol,
80 cm³ dest. Wasser.

Wie groß der Einfluß der Wasserstoffionenkonzentration auf die Intensität der Fluorescenz sein kann, zeigt Abb. 235, die die Schichthöhen verschieden konzentrierter Lösungen von Äsculin in verschiedenen Puffergemischen angibt, wobei immer die Lösung bei $p_H = 8$ als Vergleichslösung diente. Es ist zweckmäßig, sich für alle Messungen ein für allemal auf einen bestimmten p_H-Wert festzulegen.

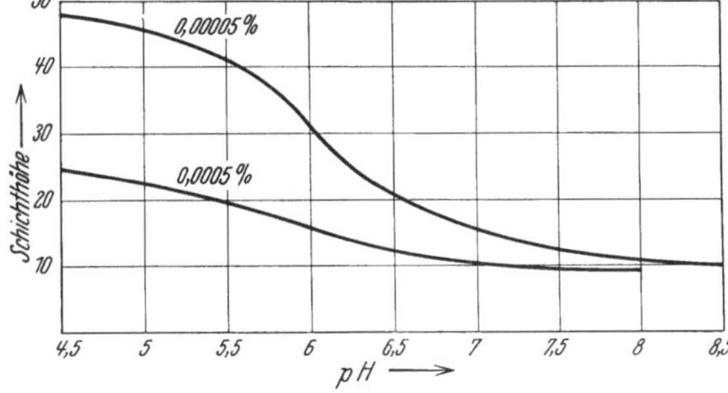

Abb. 235. Abhängigkeit der Schichthöhe von der Wasserstoffionenkonzentration.

Da sich fluorescierende Substanzen bei Belichtung, also während des Fluorescierens, zersetzen können (5), ist zu untersuchen, wie groß diese Zersetzung bei der zu bestimmenden Substanz ist. Meistens ist sie nicht so beträchtlich, daß sie während der kurzen Zeit, die man zu einer Bestimmung benötigt, bemerkbar würde. Es ist jedoch nötig, daß der Standard für jede, oder doch jede zweite neue Bestimmung, die mit ihm vorgenommen wird, erneuert wird, da bei längerem Gebrauch einer Lösung doch Fehler auftreten können.

Auch das längere Verwahren der Standardlösungen ist nicht ratsam.

c) Bestimmung der Konzentration einer fluorescierenden Lösung.

Im Fluorometer wird die Intensität einer fluorescierenden Lösung mit einer anderen verglichen. Man erhält also relative Intensitätswerte. Bestimmt man nun für eine Konzentrationsreihe eines stark fluorescierenden Stoffes die Schichthöhen im Vergleich zu einer Standardlösung, so erhält man Kurven in der Gestalt der Abb. 236, d. h. die Intensität steigt mit zunehmender Verdünnung erst an bis zu einem Maximum und fällt dann erst ziemlich stark ab.

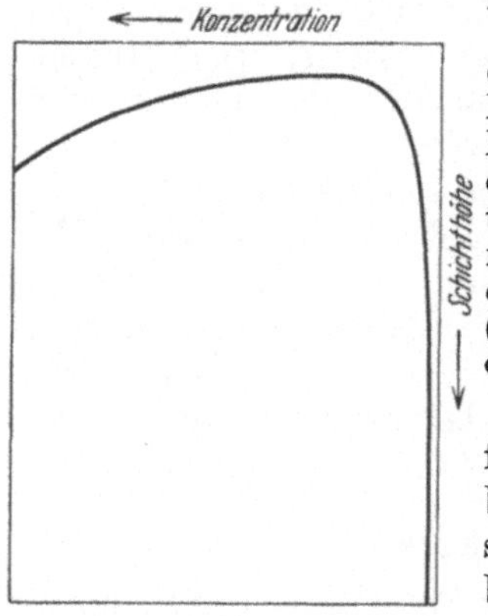

Abb. 236. Abhängigkeit der Fluorescenzintensität von der Konzentration.

Diese Erscheinung ist hauptsächlich dadurch zu erklären, daß das gesamte eingestrahlte Licht in der ersten dünnen Flüssigkeitsschicht absorbiert wird, so daß die inneren, zur Messung gelangenden Partien nur mehr sehr wenig Licht erhalten und daher schwächer fluorescieren als die verdünnten Lösungen, die genügend Licht erhalten. Tatsächlich sieht man bei konzentrierten Lösungen, wenn man das Rohr von oben betrachtet, die stärkste Fluorescenz am belichteten Rand (Abb. 237), während die Optik des Nephelometers bereits im dunklen Gebiet liegt.

Solange dies zu beobachten ist, sind die Lösungen für die Fluorometrie noch zu konzentriert und unbrauchbar und müssen verdünnt werden. Beim Äsculin sind z. B. erst Konzentrationen von 0,00001 % abwärts brauchbar. Bei Konzentrationen von 0,001—0,00001 % drückt sich dieser Fehler dadurch aus, daß die Eichkurven (Abb. 238 Kurve g_1, g_2) flacher sind als es den theoretischen Werten (Abb. 238 Kurve b) entspricht. Zwischen 0,00001 und 0,000001 % ist der Fehler fast 0, d. h., die Eichkurve erreicht fast die theoretischen Werte der Formel: $h = \frac{c_s \cdot h_s}{c}$, wobei c_s die Konzentration des Standards, h_s seine Schichthöhe und c die Konzentration der Probelösung ist. Bei geeigneten Konzentrationen läßt sich also angenähert mit obiger Formel rechnen, andernfalls sind Korrekturen zu berücksichtigen[1], wenn man nicht den einfacheren Weg vorzieht, an einer einmaligen Eichkurve die Werte abzulesen. Bei ganz großen Verdünnungen, bei denen die Intensität schon sehr gering ist, kann wieder eine Abflachung der Kurve eintreten, die nun aber dadurch bedingt ist, daß die geringe Eigenfluorescenz des Wassers bzw. der Pufferlösung gegenüber der der Probelösung zu stark wird und sich zu ihr addiert. Das hat dasselbe Ergebnis, als wenn die Probelösungen etwas konzentrierter wären; daher müssen die Schichthöhen kleiner sein als es dem theoretischen Wert entspricht.

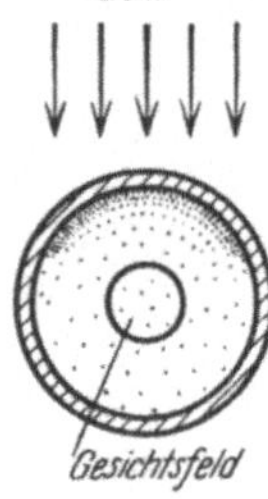

Abb. 237.

Dieser Fehler läßt sich entweder durch Ablesung von einer Eichkurve, oder aber dadurch beseitigen, daß man die Pufferlösung allein gegen einen Standard vergleicht, ihre „Konzentration“ bestimmt und diese bei der Berechnung berücksichtigt.

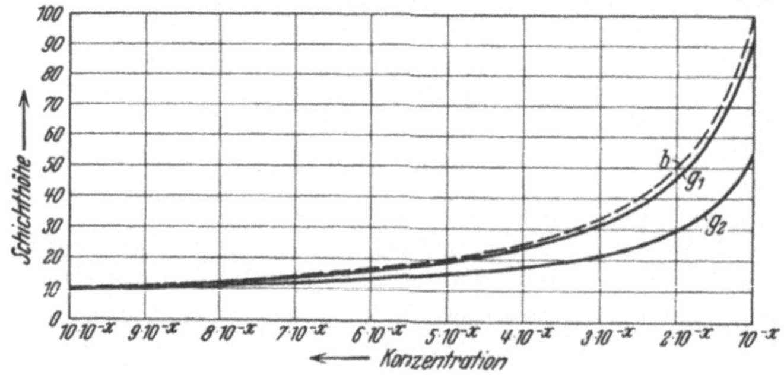

Abb. 238. Abhängigkeit von Schichthöhe und Konzentration. b = berechnet, g_1 und g_2 bei verschiedenen Konzentrationsbereichen gefunden.

[1] Man vergleicht zu diesem Zweck dem Standard eine Lösung, deren Konzentration $^1/_{10}$ von der des Standards beträgt. Der theoretische Wert für die Schichthöhe ist 100 mm, der abgelesene aber um eine Differenz d kleiner. Die Kurve, nach der sich dann die Konzentration bestimmen läßt, kann durch die Gleichung:

$$h = \frac{c_s \cdot h_s}{c} - \frac{d \cdot c_s \cdot h_s}{90 \cdot c} + \frac{d}{9}\,; \quad c = \frac{c_s \cdot h_s (90 - d)}{10\,(9h - d)}$$

mit großer Annäherung berechnet werden.

Die Fehler der Methode, abgesehen von den durch die Herstellung des Standards und die Verdünnung der Lösungen verursachten Fehlern, betragen ± 0,5 mm bei der Ablesung, was bei Wahl der günstigsten Verdünnung und des günstigsten Verhältnisses von Standardkonzentration und Konzentration der Probe einen Fehler von etwa 0,5—5%, bei ungünstiger Wahl 10% ausmacht.

Literatur.

(*1*) ENNEKING, J.: Inaug.-Diss. Hannover 1930. — (*2*) KLEIN, G., u. H. LINSER: Österr. Botan. Ztschr. **79**, 125 (1930). — (*3*) Biochem. Ztschr. **219**, 51 (1930). — (*4*) KLEINMANN, H.: Kolloid-Ztschr. **27**, 236 (1920). — (*5*) Biochem. Ztschr. **99**, 115 (1919). — (*6*) NOACK, K.: Schriften d. Ges. z. Bef. d. ges. Naturw. Marburg **12**, Abh. 2. Marburg 1887.

12. Die Fluorescenzanalyse.

Von G. KÖGEL, Baden-Baden.

Mit 6 Abbildungen.

Die Erfahrung hat gelehrt, daß der Nachweis bekannter und unbekannter Substanzen ohne Veränderung derselben, auch nicht in ihrer Lage in einem Objekt, häufig durch Fluorescenz gelingt, und zwar nicht selten nur auf diesem Wege. Dies ist besonders dann der Fall, wenn mikroanalytisch nur unzureichende Mengen vorhanden sind.

Die Feststellung der Fluorescenz erfolgt visuell, kann aber auch photographisch obligat sein. Heute muß man sagen, daß die quantitative Erfassung der Fluorescenz, insbesondere die topographische, ausnahmslos photographisch obligat ist. Man sieht ohne photographische Hilfsmittel vielfach nur 30—50% der fluorescierenden Objekte, der Rest liegt unter dem Schwellwerte des Auges (ganz analog den Verhältnissen bei der Astrophotographie.

Die Tatsache, daß ein erheblicher Teil der Fluorescenz — mitunter der wichtigste — unter dem Schwellwert des Auges liegt, lehrt, daß alle Apparate, die zur visuellen Feststellung der Fluorescenz dienen, nur *Vorprüfungsanordnungen* sind. Eine solche Vorprüfung kann dann hinreichend sein, wenn nur die stärksten Fluorescenzerscheinungen festgestellt werden sollten, und man weiß, daß man im gegebenen Falle auf mehr verzichten darf, was jedoch nachzuweisen ist.

Die Entstehung der Fluorescenz hängt von der Wellenlänge des erregenden Lichtes ab, die Wahrnehmungsmöglichkeit derselben von der Intensität der erregenden Strahlung, bzw. der Intensität der hervorgerufenen Fluorescenz und deren Wellenlänge. Es sei zusammenfassend gesagt, daß der größte Teil der fluorescenzfähigen Substanzen durch gelbes, grünes oder rotes Licht nicht angeregt werden kann, häufig nur durch Blau, Violett und bei bestimmtem Ultraviolett. Sie ist daher bei gewissen Ultraviolettapparaten überhaupt nicht zu sehen, insbesondere dann nicht, wenn in solchen Apparaten noch rote Strahlen sichtbar werden, die bekannterweise die Fluorescenz auslöschen. „Weiße" Fluorescenzen werden in gelb oder grünlich fluorescierender Umgebung oft überhaupt nicht gesehen. Violette werden in den von Blau oft vielfach ebenfalls nicht differenziert. Es ist daher ein großer Verstoß gegen die Wissenschaft, eine bestimmte Ultraviolettlampe, die im wesentlichen nur langwelliges Ultraviolett ausstrahlt, als Analysenlampe zu bezeichnen, denn ein Reagens, das oft noch versagt, war noch nie eine „Analyse" im Sinne der Wissenschaft.

Unter diesem Vorbehalt sind die untenerwähnten Vorrichtungen zur visuellen Beobachtung der Fluorescenz zu betrachten und anzuwenden.

Die Fluorescenz- oder „Luminescenzanalyse" ist als Wort schon seit längerer Zeit bekannt (Lehmann), existiert als solche und als Systematik erst seit Einführung der spektralen Beleuchtungsvorrichtungen durch G. Kögel. Die Fluorescenz- oder Luminescenzanalyse ist somit prinzipiell ein visuell-photographisches Verfahren, aufgebaut auf die systematische Anwendung spektraler Primärstrahlung.

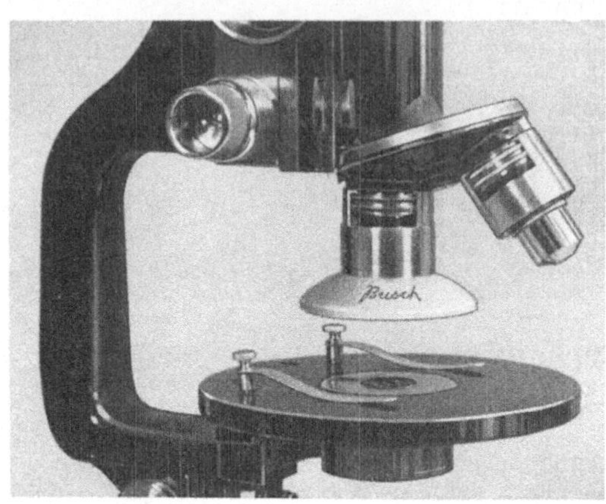

Abb. 239.

Für *botanische* Zwecke sind an erster Stelle die Vorrichtungen zu beschreiben, die der Natur der Objekte unmittelbar angepaßt sind, durch Ergänzung meist vorhandener Mittel (Mikroskop) am billigsten beschafft werden können und in jeder Hinsicht durch höchsterreichbare Fluorescenzerzeugung sich auszeichnen. Es ist das Spiegelluminescenzmikroskop nach G. Kögel, auch in der Mikrochemie wird es die besten Dienste leisten.

Das Mikroskop wird mit einem Lieberkühnschen Spiegel (Bauart Optische Werke E. Busch, Rathenow) ausgerüstet. Der Spiegel kann an das Objektiv angesteckt werden (Abb. 239) oder auch mit einer Klammer frei gehalten werden. Dieser Spiegel reflektiert, wie G. Kögel entdeckte, vorzüglich ultraviolette Strahlen. Diese treten von dem Ultraviolettglasspiegel reflektiert, wie Abb. 240 zeigt, unten durch einen Träger auf dem Mikroskopiertisch hindurch, um dann auf das Objekt konzentriert zu werden. Man sieht sofort prachtvolle Leuchterscheinungen, wie man sie noch nie gesehen.

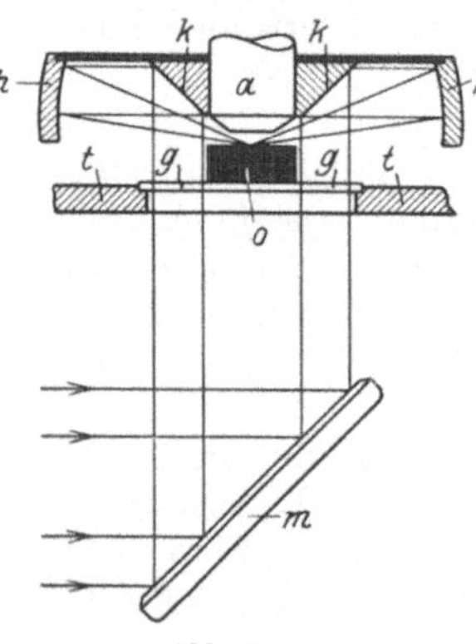

Abb. 240.

Als Lichtquelle kann man eine Osrampunktlichtlampe benutzen, die, je nach Gleichstrom oder Wechselstrom verschieden gebaut, mit einem kleinen Widerstand unmittelbar an die Netzleitung angeschlossen werden kann. Anstatt dieser Lampe kann man auch die kleinen üblichen Mikroskopierbogenlampen benutzen, besonders dann, wenn man die gewöhnlichen Kohlen gegen Nickeldochtkohlen auswechselt, welche keine andere Behandlung als die gewöhnlichen Kohlen verlangen.

Die intensivsten Fluorescenze erzielt man mit Spiegelbogenlampen Abb. 241. Nicht nur das von dem Flammenbogen nach vorn ausgestrahlte Licht, sondern auch das nach rückwärts ausgesandte gelangt auf das Objekt. Der hohe Wirkungsgrad verlegt sozusagen z. T. die Lichtflamme auf die Beleuchtungsfläche, weshalb Wasserkühlung (1) im optischen Gang unbedingt erforderlich ist. Das von der Lampe ausgestrahlte Licht muß filtriert werden, so daß die sichtbaren Strahlen zurückgehalten, die unsichtbaren, ultravioletten frei durchgelassen werden. Gerade bei botanischen Objekten ist erforderlich, daß auch das rote Licht absorbiert wird, da es sonst leicht rote Fluorescenzen (Chlorophyll) vortäuscht. Das beste Filter ist eine kleine Küvette, deren eine Seite aus Uviol-, die andere aus Uvetglas besteht (2). Diese Küvette füllt man mit 5proz. Kupfersulfatlösung auf. Die Konzentration hält man so, daß kein rotes Licht mehr durch die Küvette geht und ist je nach Intensität des Lichtes zu variieren. Zu bemerken ist, daß Filter, die nur aus „Schwarzglas" bestehen, rote Lichter durchlassen. Während man bei der Untersuchung größerer Objekte den Mikrokondensor überhaupt herausnimmt, damit das Licht unmittelbar vom Beleuchtungsspiegel (Abb. 240) auf den LIEBERKÜHNschen Spiegel gelangen kann, hat man bei kleinen Objekten einen Kondensor (an Stelle des üblichen ABBEschen Kondensors od. dgl.) einzusetzen, der aus Ultraviolettglas hergestellt ist. Will man das Prinzip der homogenen Immersion zur Anwendung bringen, so muß man zwischen den Kondensor und dem Objektträger einen optischen Kontakt herbeiführen, wozu

Abb. 241.

man Glycerin wählt (Canadabalsam fluoresciert). Das Objekt selbst hat man in Glycerin oder in Gelatine einzubetten. Die Objektträger sind am besten aus Uviolglas.

Will man diese Fluorescenzen photographisch festhalten, so hat man auf das Okular das BUSCHsche Sperrfilter zu legen (1). Am wirksamsten ist jedoch eine große Küvette mit etwa 3 mm Innenweite, die man mit einer Lösung von 0,5proz. Triphenylmethanlösung in 70 cm³ Alkohol auffüllt und unmittelbar vor die photographische Platte bringt. Diese Flüssigkeit ist wasserklar, absorbiert daher keine Komponente des Fluorescenzlichtes (was bei dem MIETHEschen Cerflüssigkeitsfilter der Fall ist) und absorbiert die hier in Betracht kommenden ultravioletten Strahlen vollständig (Chininsulfat ganz ungenügend).

Zur Vorprüfung großer Objekte, die in dem Mikroskop unzugänglich sind, kann man die Hanauer „Analysenlampe" benutzen, wobei man zu beachten hat, daß das eingebaute Filter rote Strahlen durchläßt. Die Lichtquelle ist eine Quecksilberdampf-Quarzlampe, die für Gleich- und Wechselstrom verschieden ist.

a) Die qualitativ-quantitative Fluorescenzanalyse (nach G. KÖGEL).

Während bei dem vorher beschriebenen Verfahren nur langwelliges Licht (bis zu ca. $\lambda = 366\ \mu\mu$) in Anwendung kommt, sei es, weil die angewandten Lichtquellen kurzwelliges Licht nicht ausstrahlen, oder die Filter solches nicht durchlassen, beruht das qualitativ-quantitative Verfahren auf der Anwendung von spektralem Ultraviolett verschiedenster Wellenlänge. Dadurch wird erreicht, daß man jeden Erregungsbereich zur Verfügung hat und bei der Aufnahme durch vollständige Abtrennung des sichtbaren Lichts reine Luminescenzbilder erreicht, die innerhalb des Schwellwertes der lichtempfindlichen Platte bei hinreichender Exposition alle fluorescierenden Teile in einem Objekte erfaßt, die man, falls das Bedürfnis besteht, später noch ausphotometrieren kann. Es besteht die Möglichkeit, die Intensität der Fluorescenz aus der Bilddichte abzuleiten und durch Auswahl verschiedenfarbenempfindlicher Platten die Farbe der Fluorescenz zu bestimmen.

Der wesentliche Aufbau der Ultraviolett-Spektralbeleuchtungsvorrichtung (Zeiß-Jena) gestaltet sich folgendermaßen. In einem Gehäuse ist ein Quecksilberquarzbrenner, dessen polychromes Licht durch einen Kondensor auf einen regulierbaren Spalt gelenkt wird. Das Spaltbild wird durch einen Kollektor auf zwei Prismen gelenkt, die das Licht auf dem Fluorescenzschirm spektral aufteilen. Sämtliche optischen Bestandteile sind aus Quarz, da Glas das kurzwellige Ultraviolett absorbieren würde. Die Aufteilung des Spektrums erfolgt in Linien, die man durch Öffnen des Spaltes verbreitern kann[1]. Diese Linien kann man praktisch in zwei Gruppen teilen und durch Vorhalten einer gewöhnlichen Glasplatte unmittelbar vor dem Fluorescenzschirm unterscheiden. Die Strahlen von Violett bis zu Ultraviolett von $\lambda = 366\,\mu\mu$ gehen glatt durch (Gruppe I), die Strahlen von weniger als $\lambda = 366\,\mu\mu$, also das kurzwellige Ultraviolett, geht durch das Glas nicht hindurch. Zur photographischen Aufnahme bringt man das zu untersuchende Objekt in das betreffende Spektralgebiet. Wurde es in kurzwelliges gebracht, so kann das Objekt mit einer gewöhnlichen Kamera, die ein lichtstarkes Objektiv (z. B. Tessar $f:4{,}5$) hat, auf hochempfindlichen Platten (Ultrarapidplatte) unmittelbar aufnehmen. Selbstverständlich muß dies im dunklen Raum geschehen, da das Tageslicht stört. Macht man die Aufnahme in langwelligem Ultraviolett (Gruppe II), so muß man vor das Objektiv ein Ultraviolettabsorptionsfilter, am besten die obengenannte Triphenylmethancuvette, anbringen.

Jedes Fluorescenzbild ist in sich wieder spektral verschieden, was durch die chemische Konstitution der Substanz bedingt ist. Es ist nur möglich, auch diese Fluorescenzbilder, die ineinander lagern, spektral zu trennen unter Anwendung des Spektrostaten nach G. KÖGEL (3). Mit dieser Vorrichtung gelingt es auch, aus dem Fluorescenzbild ein anderes Leuchtbild herauszuheben, das unmittelbar auf die Konstitution der Substanzen hinweist, physikalisch gar kein Luminescenzbild ist, mit der Fluorescenz aber fast stets auftritt, worauf G. KÖGEL zum erstenmal hingewiesen hat. Dieses Bild wollen wir RAMAN-Bild nennen, da RAMAN das dazugehörige physikalische Phänomen zuerst erklärt hat.

b) Das RAMAN-Bild.

Läßt man eine Primärstrahlung, z. B. Ultraviolett, auf ein Objekt fallen, so entsteht Fluorescenz durch Umsetzung des Ultraviolett in sichtbare Strahlen. Rückt man mit der Primärstrahlung spektral vor, so tritt zum gegebenen Augenblick Koincidenz mit der Fluorescenz ein (Abb. 242). Wenn RAMAN-Strahlung auftritt, so rückt die scheinbare Fluorescenz voran (Abb. 243). Diese Sekundärstrahlung ist aber eine Reflexstreustrahlung. Die Lage der einzelnen RAMAN-Linien (Abb. 244), die sogar bei Einstrahlung ultravioletten Lichtes im Infrarot sich auswirken können, ist von den chemischen Bindungen genau bestimmt[2]. Man sieht hier so recht, daß nur das Spektralverfahren zu einer wirklichen Luminiscenzanalyse führt und ausschließliche Grundlage einer solchen ist.

Bei diesem Verfahren ist man in keiner Weise an ultraviolette Primärstrahlung gebunden. Je nach dem Fall hat man sichtbares Licht verschiedener Wellenlänge anzuwenden und photographische Platten verschiedenster Licht-

---

[1] Technische Einzelheiten lese man bei G. KÖGEL (2) nach.

[2] Nähere Beschreibung in der Zeitschrift „Photographische Korrespondenz“ (4).

empfindlichkeit (auch für Infrarot) (5). Es ist zu erwarten, daß die Luminescenzanalyse und anschließend die Reflexstreustrahlenanalyse auf dem botanischen Gebiete zu bedeutenden Entdeckungen führen wird.

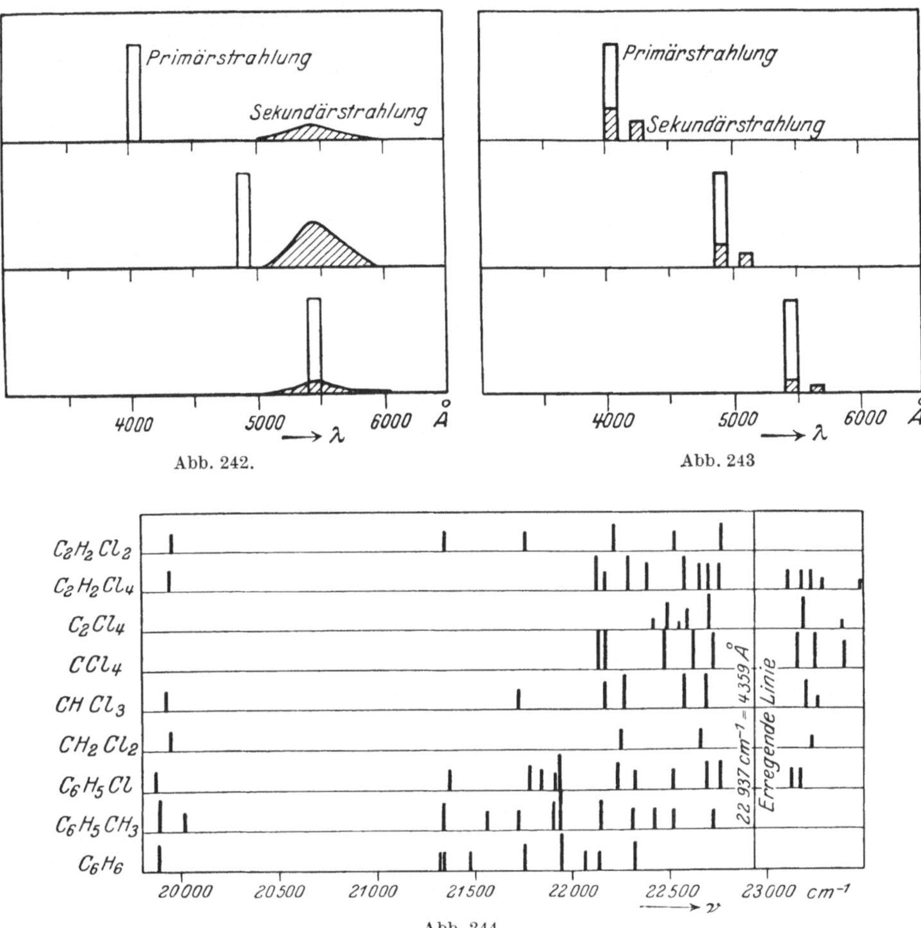

Abb. 242.

Abb. 243

Abb. 244.

Literatur.

(1) Abhandlung und Abbildungen in: Blätter für Untersuchungs- und Forschungsinstrumente **1929**, Nr 2, 21. Opt. Werke Busch in Rathenow.

(2) BERL-LUNGE: Chem. Techn. Untersuchungsmethoden **1**, 219 in Kapitel Fluorescenzmessung.

(3) HAFD, S., u. W. HAULE: Empfindliche photogr. Platten f. Rot u. Ultrarot. Ztschr. f. wiss. Photographie, Photophysik **1930**, 374.

(4) KÖGEL, G.: Die unsichtbaren Strahlen im Dienste der Kriminalistik. Graz: U. Moser. — (5) Ebenda, S. 137 mit Abbildungen des Spektrostaten.

(6) „Mikrochemie" **1929**, 305.

(7) Photogr. Korr. **1928**, Nr 31 (1929). — (8) Ebenda **66**, 283.

13. Die ultramikroskopischen Verfahren und Hilfsmittel.

Von G. Kögel, Baden-Baden.

Mit 11 Abbildungen.

Die ultramikroskopischen Instrumente haben nunmehr eine feste und praktische Gestaltung erhalten, so daß eine einfache Beschreibung derselben an sich genügen würde, um über ihre Handhabung unterrichtet werden zu können.

Nichtsdestoweniger hat man sich mit der Theorie des „ultramikroskopischen" Sehens vertraut zu machen, um zu wissen, was man sieht. Die zu untersuchenden Objekte kann man in zwei Gruppen einteilen. Die eine umfaßt die nach jeder Richtung ultramikroskopisch kleinen Objekte, die andere, die nach einer Richtung mikroskopisch dimensionierten, z. B. der Länge nach, die in anderer Richtung aber ultramikroskopisch dünn sind. Mit welchen Objekten man vorwiegend zu untersuchen hat, hängt vom Fach ab. In der Kolloidchemie hat man es vorwiegend mit runden, ultramikroskopisch kleinen Körpern zu tun, bei den Pflanzen oft mit Fasern und Geweben, die der Länge nach mikroskopische Größe besitzen, der Breite nach unter derselben liegen.

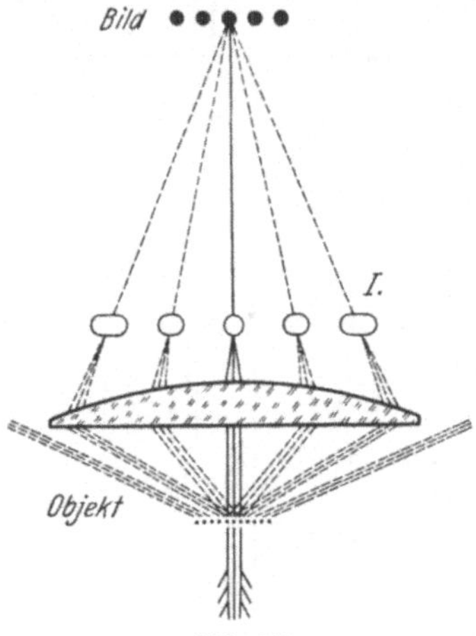

Abb. 245.

Optische Auflösung und Ähnlichkeit des ultramikroskopischen Bildes. Die Abbildung eines Objektes soll zwei Bedingungen entsprechen, erstens „der Ähnlichkeit", zweitens „der Auflösung", d. h. Trennung von dem nächstkleinen Teilchen. Die Erfüllung der beiden Bedingungen kann man an dem Abbeschen Gitter verständlich machen (Abb. 245).

Die Beleuchtungsstrahlen (ausgezogenen Linien) gehen zum Teil geradlinig durch das Objekt, zum Teil (punktierte Linien) werden sie abgebeugt. Durch Interferenz entsteht in der Bildebene des Mikroskopes aus den Beugungsspektren, die in der hinteren Brennebene des Objektes liegen, das Bild selbst.

Gelangt eines der Beugungsbüschel höherer Ordnung, dessen Intensität im Vergleich zum ersten Beugungsbüschel noch merkbar kräftig ist, nicht mehr in das Mikroobjektiv, so verringert sich die *Ähnlichkeit.* Gelangt nur mehr das nullte Spektrum, aber nicht mehr die das erste Spektrum bildenden Beugungsbildchen in das Objektiv, so wird die *Auflösung* nicht mehr erreicht. Hier setzt dann das „Ultramikroskop" ein, ohne aber zu gleicher Zeit einen neuen Gewinn als „Ähnlichkeit" bringen zu können.

Spezielle Bedingungen der Auflösung. Die geringste Objektdistanz (d) ist trennbar nach dem Gesetz

$$d = \frac{\lambda m}{n \sin \alpha},$$

worin λ die Wellenlänge des Lichtes, m die Ordnungszahl der Beugungsbüschel, n der Brechungsexponent des Mediums, $\sin \alpha$ die numerische Apertur des Objektives ist.

Bei zentraler Beleuchtung ist $\alpha = 1$, bei schiefer Beleuchtung 2α, so daß schiefe Beleuchtung doppelt so enge Gitter auflöst als zentrale es vermag. Bei Luft ist $\alpha = 1$, bei Wasserinversion 1,33, bei Öl 1,5, bei Monobromnaphthalin 1,66. Da die Wellenlänge die Auflösung mitbestimmt, ist z. B. d bei $\lambda = 0{,}52\,\mu$ (grün) $0{,}31\,\mu$, weil $\frac{0{,}52}{1{,}66} = 0:31$; bei schiefer Beleuchtung ca. 0,15. d bei $\lambda = 0{,}4\,\mu$ (violett) $0{,}24\,\mu$, weil $\frac{0{,}4}{1{,}66} = 0{,}24\,\mu$; bei schiefer Beleuchtung ca. 0,12. d bei $\lambda = 0{,}275$ (ultraviolett) und bei schiefer Beleuchtung ca. 0,08 μ.

Wenn nun das Mikroskop mit direktem *sichtbarem* Licht, das z. B. mit Violett, d von rund 0,2 μ nicht mehr auflöst, so sind Objekte von 0,2 μ abwärts, und zwar bis ca. 0,004 μ submikroskopisch oder ultramikroskopisch.

Die Eigenschaften des ultramikroskopischen Bildes. Die *Sichtbarkeit* des ultramikroskopischen Bildes als Beugungsscheibchen (Abb. 246) setzt *Dunkelfeld* voraus. Die *Intensität* des Beugungsbildchens hängt von der spezifischen Intensität der Lichtquelle und der Apertur des Kondensors ab. Die *wirkliche* Größe der punktförmigen ultramikroskopischen Scheibe wird durch die ebengenannte Helligkeit bestimmt. Bei gleicher Beleuchtungsintensität erscheinen größere Objekte heller als kleine. Die *gesehene* Größe hängt von der Apertur des Objektives und der Wellenlänge des Lichtes ab, wobei $\varnothing = \lambda/\alpha$. Somit weisen die Beugungsscheibchen im violetten Lichte kleinere Durchmesser auf als im roten Licht, bei Beobachtung mit schwachen Objektiven erscheint der Durchmesser größer. Die Farbe der Beugungsscheibchen läßt auf die Größe der Objekte den Rückschluß zu, daß rote Beugungsscheibchen vielfach größeren Objekten entsprechen als violette. Die Wellenlänge der Beugungsfarbe nimmt also mit dem Objektdurchmesser ab.

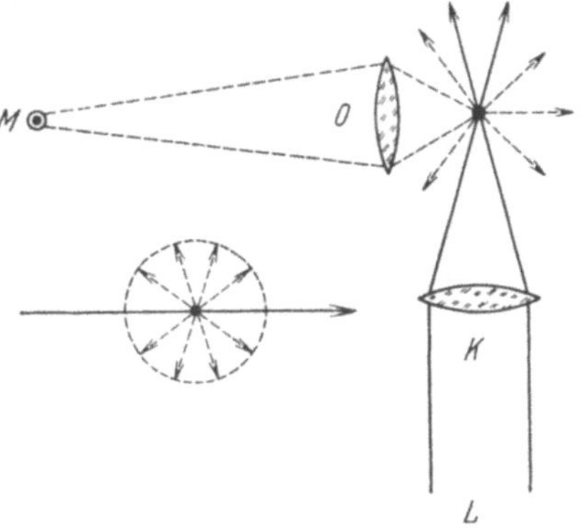

Abb. 246.

Aus der Form der Beugungsscheibchen kann man nur annähernd Rückschluß auf die Form des Objekts ziehen. Die Bestimmung durch Polarisation und Pleochromismus ist, nachdem in neuerer Zeit polarisierte und unpolarisierte Fluorescenz, ferner die Streufluorescenz (RAMAN-Effekt) bekanntgeworden sind, als allgemeingültiges Gesetz fraglich geworden.

Bei der Pflanzenanalyse wird man sehr häufig mit linearen Objekten zu tun haben, die nach einer Richtung ultramikroskopisch klein sind, in anderer Richtung aber mikroskopische Größe bzw. Länge aufweisen. Die mathematische Behandlung der dazugehörenden Bilderscheinungen kann man dahin zusammenfassen, daß die Abbildung der mikroskopisch großen Objekte auch der mikroskopischen entspricht, während die der ultramikroskopisch dimensionierten der der Beugungsscheibchen entspricht, allseitige Beleuchtung des Objekts vorausgesetzt. Gerade die große Anzahl der pflanzlichen Objekte weist diese zwei verschiedenen Bildarten auf. Aus diesem Grunde ist auch die Besprechung jener ultramikroskopischen Vorrichtungen notwendig, die einen schnellen Wechsel des nur mikroskopischen Sehens (Hellfeldbeleuchtung) und ultramikroskopischen (Dunkelfeld) gestatten.

Die ultramikroskopischen Dunkelfeldkondensoren für allseitige Beleuchtung. Man kann hauptsächlich drei Ausführungsarten unterscheiden, erstens die des sphärischen Spiegelkondensors, des Paraboloidkondensors und des Kardioidkondensors.

Der Spiegelkondensor. Die optische Fläche des Spiegelkondensors ist ein Kugelschnitt, der an der Außenseite versilbert ist. Die von unten eintreffenden Strahlen werden (Abb. 247) bei N reflektiert, um nach weiterer Reflexion zu A zu gelangen. An dieser Stelle würde der Strahl wieder durch Reflexion an der Glasoberfläche in den Kondensor zurückfallen. Der Strahl wird in dem Objektträger durch eine Flüssigkeit, deren Brechungsexponent sich dem des Glases nähert (homogene Immersion) weitergeführt, gleitet durch den Objektträger und wird durch das Deckglas auf das Objekt reflektiert. Durch diese Beleuchtung entstehen die Beugungsscheibchen (*c*), die man deshalb im dunkeln Feld sieht, weil durch die Blende *M* dem direkten Licht der Zutritt verwehrt wurde. Den optischen Gesetzen entsprechend darf das Deckglas eine gewisse Dicke nicht überschreiten. Da von den Beleuchtungsstrahlen einige das Deckglas nicht im Winkel der Totalreflexion treffen (zwischen *C* und *T*), könnten sie in das Objektiv gelangen und dadurch das Dunkelfeldbild aufhellen. Aus diesem Grunde bringt man in das Objektiv eine Randblende ein. Diese Rand- oder Trichterblende ist bei allen Dunkelfeldkondensoren anzuwenden, wenn man Objektive höherer Apertur (z. B. bei Immersionsobjektion) benutzt (Abb. 248).

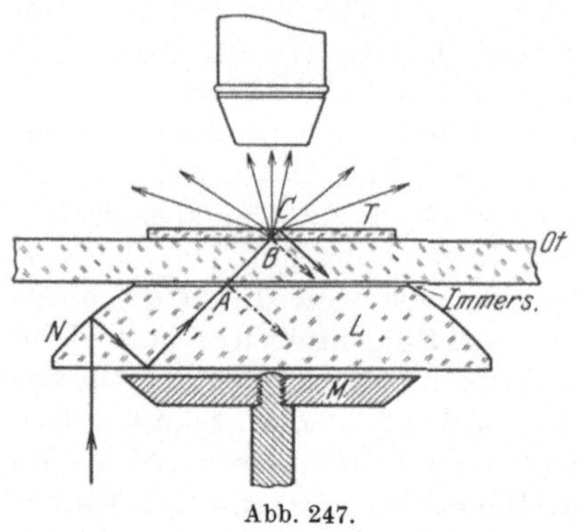

Abb. 247.

Der Spiegelkondensor wird als Plattenkondensor von der Firma Reichert, Wien u. a., in den Handel gebracht. Eine Ausführungsform, die die Beobachtung größerer Objekte mit großer Spielweite in der Höhe nach der Tiefe der Einstellung gewährt, ist der *Planktonkondensor* (Abb. 249).

Der Paraboloid-Kondensor. Er ist ein Spiegelkondensor, dessen Reflexionsfläche nicht eine Kugelform besitzt, sondern die eines Paraboloides (Abb. 250). Dadurch wurde eine bessere sphärische Korrektion (Vermeidung des Azimutfehlers der am Rande gelegenen Objekte) und größere Lichtstärke erzielt. Die Objekte müssen in Wasser oder Öl liegen, die Deckglasdicke ist genau einzuhalten.

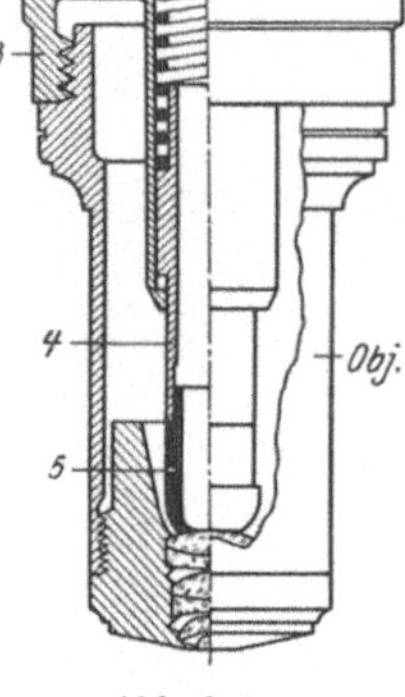

Abb. 248.

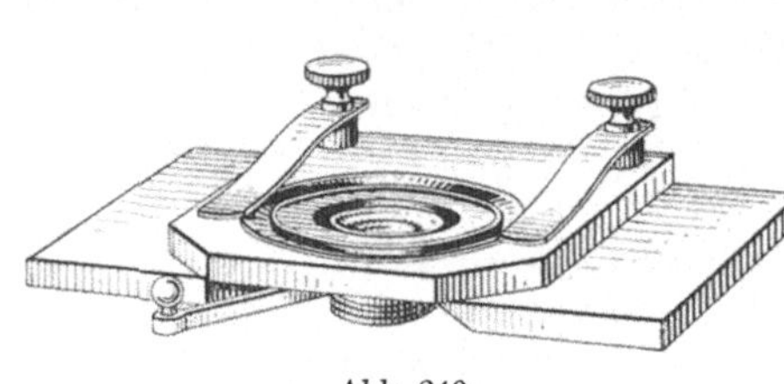
Abb. 249.

Der Kardiodkondensor. Bei den bisher genannten Dunkelfeldkondensoren durfte die numerische Apertur der Beobachtungsobjektive den Wert von 0,85 nicht überschreiten. Nach den früher ausgeführten optischen Gesetzen steigt das Auflösungsvermögen mit der Apertur. Der Kardiodkondensor (Abb. 251) gestattet Aperturen des Beobachtungsobjektives bis zur Größe von 1,05. Immersion des Objektes, bestimmte Deckglasdicke sind obligat.

Abb. 250.

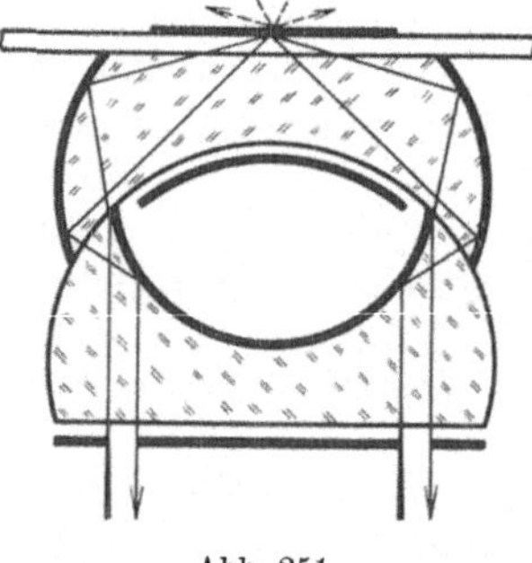
Abb. 251.

Der Wechselkondensor. Wenn man in den Paraboloidkondensor eine Linse in der Mitte einsetzt, so kann man mit der Zentralblende die Wirkung der Linse ausschalten, so daß das normale Dunkelfeld zustande kommt; schaltet man die Blende aus, so werden auch die Zentralstrahlen durchgelassen und der Kondensor bewirkt das Hellfeld (ZEISS).

Eine andere Lösung hat z. B. die Firma E. Leitz in Wetzlar getroffen. Die zentralen Strahlen allein bewirken das Dunkelfeld, die Zulassung der seitlichen Strahlen durch den Kondensor (Abb. 252 Strahlen *1* u. *2*) erleuchten eine diffus reflektierende Fläche *D*, auf der also ein helles Bild der Lichtquelle liegt. Man hat es also in der Hand, durch einfache Erweiterung oder Schließen der Irisblende im Kondensor Hell- oder Dunkelfeldbeleuchtung herbeizuführen.

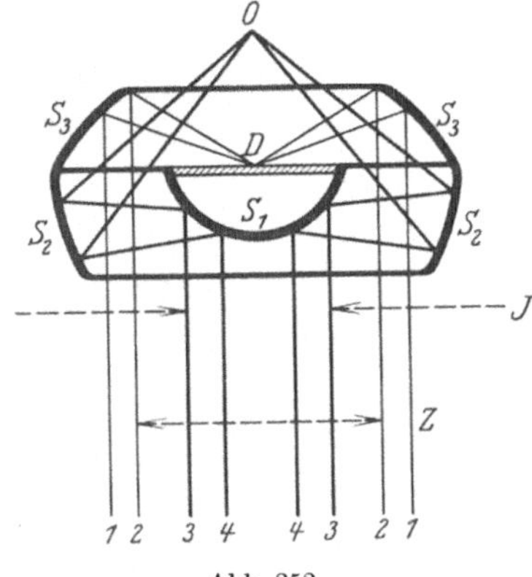

Abb. 252.

Ultramikroskopischer Spaltkondensor. Diese Vorrichtung, die zuerst durch Zeiß, Jena, zu großer Vollkommenheit ausgebaut wurde, ist hauptsächlich zur raschen Untersuchung fließender Kolloidlösung oder ähnlich kleiner Objekte bestimmt. Eine einfache Ausführung bringt E. Leitz (Abb. 253). Das Wesentliche dieser Methode ist,

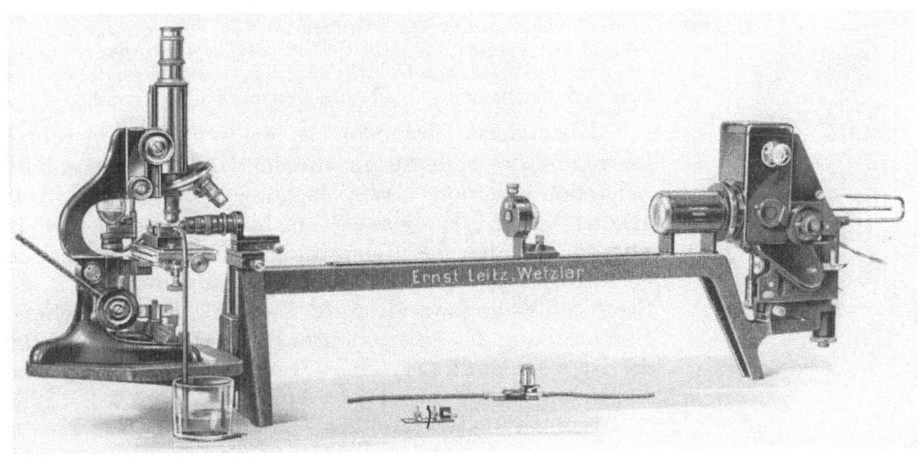

Abb. 253.

daß ein Beleuchtungsobjektiv von einem Spalt einen sog. optischen Dünnschliff erzeugt (Abb. 254).

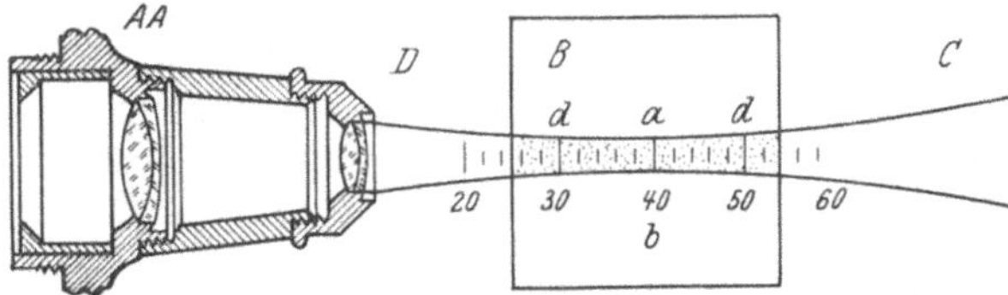

Abb. 254.

Dadurch werden nur solche Teilchen beleuchtet, die in einer bestimmten Höhenfläche schwimmen, auf die mit dem Beobachtungsmikroskop eingestellt wird (Abb. 255). Die genannte Beleuchtung ist natürlich einseitig, weshalb die Beugungsscheibchen auch einseitige Formen, Azimutfehler, zeigen.

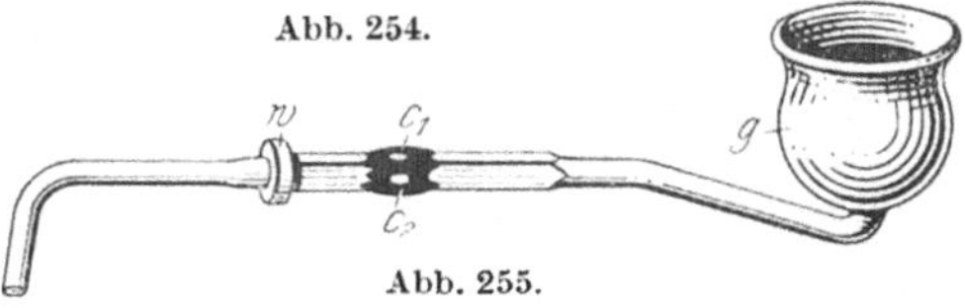

Abb. 255.

Für all diese Arten von Dunkelfeldbeleuchtung kann man intensive Bogenlampen, neuerdings auch Metallfadenlampen mit enger Drahtwicklung benutzen, ferner die bekannte Punktierlampe (Osram). — Über das neue Leuchtbildultramikroskop von Siedentopf siehe Kolloid-Ztschr. **52**. Heft 3, S. 17 (1930).

14. Die photochemische Analyse.

Von **G. Kögel**, Baden-Baden.

Mit 7 Abbildungen.

Die photochemische Analyse setzt eine Belichtung von Körpern voraus, die ganz verschieden sein kann. Die Belichtung kann eine natürliche wie im Freien sein, eine künstliche wie in Treibhäusern und bei Bestrahlung mit besonderen Lichtquellen technischer Ausführung. Eine eigentliche Versuchstechnik zur Analyse pflanzlicher Objekte existiert als einheitliches System bisher noch nicht. Zur Untersuchung gelöster Substanzen, die man künstlichem Lichte aussetzt, kann man vielfach die Vorrichtungen und Verfahren der allgemeinen Photochemie, insbesondere der organischen Chemie, gebrauchen (1). Für die Messungen des Lichtgenusses der Pflanzen verwendet man heute vielfach das Eder-Hecht-Photometer. Die rein chemische Bestimmung von Produkten, die am Licht entstanden sind, erfolgt nach den üblichen Methoden der analytischen Chemie, insbesondere der Bio- und Mikrochemie. Es gibt jedoch wichtige Vorgänge in der Pflanze, die im Licht bewirkt werden, deren Feststellen aber sich den obengenannten Methoden vollständig entziehen.

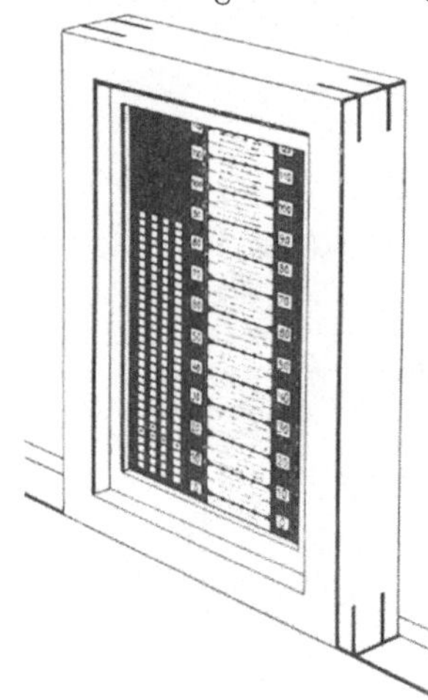

Abb. 256.

Über diese Methoden wollen wir hier berichten, nachdem die anderen in diesem Handbuch gesondert behandelt werden. Wir beginnen mit dem Eder-Hecht-Meter, da dasselbe nicht nur als Vergleichsphotometer den Lichtgenuß der Pflanzen festzustellen gestattet, sondern als Prüfungsinstrument mit auf den Stoff selbst angewandt werden kann. Eine eingehende Beschreibung des Instrumentes findet man in der Sonderschrift von Eder (2). Hier genügt zusammenfassende Erklärung des Gebrauches (Abb. 256).

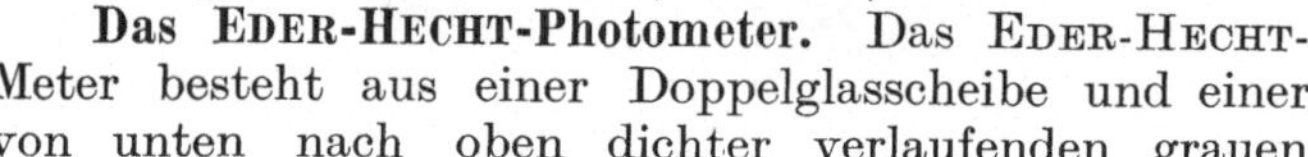

Das Eder-Hecht-Photometer. Das Eder-Hecht-Meter besteht aus einer Doppelglasscheibe und einer von unten nach oben dichter verlaufenden grauen Schicht, die in Graden eingeteilt ist. Ein Teil ist mit roten, gelben, grünen und blauen Filterstreifen versehen, die einem spektral ziemlich engen Bezirk entsprechen. Diese Graukeilscheibe befindet sich in einem Kopierrahmen. Man legt das zu prüfende Papier oder die Platte auf die Graukeilscheibe, genau als ob man sie auf ein Negativ legen würde. Zu gleicher Zeit belichtet man ein Normalpapier in diesem Kopierrahmen mit und kann an den am Licht erscheinenden Zahlen die relative und absolute Lichtmenge an Hand einer Tafel der genannten Ederschen Schrift ablesen.

Benutzt man das Eder-Hecht-Meter als Vergleichsinstrument, so legt man das Normalpapier ein, stellt es neben den belichteten Gegenstand, um dessen Lichtnutzung zu bestimmen.

Die Empfindlichkeitshöhe. Die erste und wichtigste Bestimmung photochemischer Art ist die der Höchstempfindlichkeit. Bisher mußte man bei den meisten Substanzen, um überhaupt eine merkbare Lichtempfindlichkeit feststellen zu können, verhältnismäßig große Stoffmengen durch das Licht zum Umsatz bringen. Die photochemischen Vorgänge in pflanzlichen Objekten scheinen allgemein sehr langsam zu verlaufen, so daß von einer „Hochempfindlichkeit" nicht die Rede war und nicht sein konnte. G. Kögel hat nun Methoden entdeckt, die unsichtbar geringe Umsatzmengen, im Maße des latenten Bildes hochempfindlicher photographischer Platten, feststellen lassen. Wir werden später erfahren, daß sogar dann, wenn größte Lichtechtheit und Beständigkeit in monatlicher Sonnenbestrahlung äußerlich erscheinen, z. B. bei den Farbstoffen der Blüten u. dgl., in Wirklichkeit schnellster, ständiger photochemischer Umsatz mit Rückbildung der Farbstoffe und erneutem Umsatz der Pflanze möglich ist. In dieser „scheinbaren" Lichtechtheit ist eine Quelle größter und verschiedenartigster chemischer Synthesen verborgen.

Zuerst wurden die Versuche mit synthetisch hergestellten Verbindungen durchgeführt, die dann den unmittelbaren Rückschluß auf Verbindungen gleicher Natur in pflanzlichen Objekten ermöglichen.

Feststellung der Lichtempfindlichkeit durch physikalische Entwicklung. Beweisführung an synthetischen Stoffen.

I. Gelatiniertes Papier wurde mit einem wasserlöslichen Chinon z. B. in 1% β-anthrachinonsulfosaurem Natron 10 Minuten getränkt und getrocknet. Das Papier wird in das Eder-Hecht-Meter eingelegt und belichtet, z. B. an Sonne. Das belichtete Papier bringt man in eine 1% Lösung von Silbernitrat und dann in eine Lösung von 4 g Metol, 50 cm^3 Eisessig, 50 cm^3 Wasser, wovon man zum Gebrauch 10 cm^3 mit 150 cm^3 Wasser verdünnt. Nach wenigen Sekunden schlägt sich an den belichteten Stellen infolge Reduzierung durch das Lichtprodukt Silber nieder. Diese Bilder kann man in 1proz. Thiosulfatlösung „fixieren". Die genannte Substanz erfährt die Reduzierung durch violettes und blaues Licht.

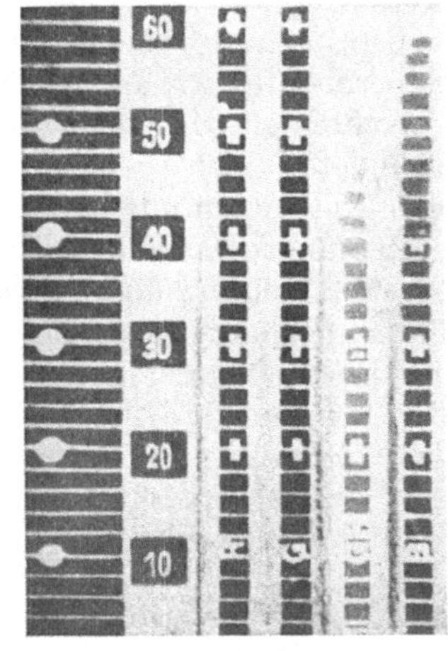

Abb. 257. Methylenblau.

Unter dem pflanzlichen Chinon wurden von G. Kögel als besonders lichtempfindlich die Atmungschinone der Pilze befunden. Ausgangsprodukte mancher Vitamine sind Ketoverbindungen.

II. Ein zweiter Typ als künstliches Vorbild ist das Methylenblau. Man badet gelatiniertes Papier in einer 0,01proz. Lösung von Methylenblau in Wasser, belichtet und verfährt weiter wie im vorhergehenden Beispiel. Man wird feststellen, daß Sonnenbelichtung von ein paar Sekunden, besonders in Rot und Gelb, eine hohe Lichtempfindlichkeit indiziert, die sogar die der photographischen Papiere bei sachgemäßer Behandlung in rotem Licht übertrifft (Abb. 257).

Welche Naturfarbstoffe lassen die gleichen Wirkungen erwarten? Es wurde festgestellt, daß Farbstoffe vom Typ der

$(CH_3)_2N$ — N — S — Cl — $N(CH_3)_2$

Thiazine

$(CH_3)_2N$ — N — O — Cl — $N(CH_3)_2$

Oxazine

NH_2 — C — N — Cl CH_3 — NH_2

Acridinfarbstoff

mit Thiosinamin in wäßriger Lösung am Licht schnell sichtbar ausbleichen und der Vorgang primär auf einer Hydrierung beruht. Der Umstand, daß diese Farbstoffe die Gruppe $= CH -$ enthalten, die durch die Gruppe $= N -$ ersetzt werden darf, und als wirksame zweite Gruppe $> S - Cl$, $> O - Cl$, $> N\genfrac{}{}{0pt}{}{\diagup Cl}{\diagdown H_2}$ vorhanden sind, haben G. Kögel nach vielen vergleichenden Untersuchungen zu der Schlußfolgerung veranlaßt, daß alle natürlichen Farbstoffe vom Typ der Benzopyrilliumverbindungen, wie z. B. das Cyanidinchlorid (aus der Rose) und

Cl, OH, OH, =O—C—, OH, =C—C, H, OH

Cyanidinchlorid

das Delphinidin (Rittersporn), das Myrthidin (Heidelbeere und Stockrose), Oenidin (Weintraube), Malvidin (Malve) und viele andere, obwohl sie an sich sehr lichtecht sind, mit Thiosinamin am Licht sichtbar, ebenfalls ausbleichen würden, was sich auch bestätigte. Es wurde dann gefunden, daß allgemein diese Farbstoffe, die am Licht mit Thiosinamin sichtbar ausbleichen, auch bei kürzester Belichtung auf Gelatine latente Umwandlung erfahren, die eine Reduzierung des Silbernitrates wie oben beschrieben herbeiführen. Wir haben somit in diesem Verfahren ein Hilfsmittel, das die Lichtempfindlichkeit vieler pflanzlicher Stoffe erschließt. Das Ausbleichverfahren, das später nochmals zu besprechen ist, ist also ein Vorprüfungsverfahren für die Feststellung latenter, unsichtbarer Lichtumsetzungen bei kurzer Belichtungsdauer.

Die Prüfung durch Ortho- und Panchromasie von Silberhalogenemulsionen. Es kann vorkommen, daß ein Stoff, von dem man nach dem obigen Verfahren die Feststellung der Lichtempfindlichkeit erwarten darf, herausfällt, versagt. Das Lösemittel, die Gelatine usw. sind schon ungeeignet. G. Kögel hat daher das Verfahren der *äquivalenten* Methode eingeführt auf Grund der Tatsache, daß, wenn ein Stoff bei einer Methode versagt, z. B. in einer Methode *A*, die Lichtempfindlichkeit in der Methode *B*, *C*, *D* indiziert, während ein anderer Stoff z. B. in *C* versagt, aber in *A*, *B*, *D* reagiert, wodurch die Übereinstimmung in *B* und *D*, die prinzipielle Identität, die Äquivalenz von *A* für *C* und umgekehrt anzeigt. Wir geben im folgenden solche Methoden an.

Die Silberemulsionsensibilisierung. Seit Vogel ist die sog. Ortho- bzw. Panchromasierung der photographischen Platte bekannt. Bei diesem Verfahren wird die nur blauempfindliche Bromsilberplatte gelb- und rotempfindlich dadurch, daß man die Platte in bestimmten Farbstofflösungen badet, z. B. Eosin für Gelb, Isochinolinrot für Rot. Den Vorgang der Sensibilisierung hat man fast ausschließlich physikalisch gedeutet, bis die Arbeiten von G. Kögel zu der Annahme der Wasserstoffaktivierung führte. Die ältere Anschauung, daß auf Bromsilber durch die Farbstoffe zwar Strahlen bestimmter Wellenlänge, für die es bisher nicht empfindlich war, nunmehr wirksam werden, die Gesamtmaßempfindlichkeit aber geringer sei, war ein Irrtum, der, jahrzehntelang autoritativ in Büchern nachgeschleppt, heute durch das industrielle Material widerlegt ist. Wichtig für uns ist, daß der Farbstoff an sich, dem scheinbar an Lichtempfindlichkeit unerreichbaren Bromsilber doch überlegen ist.

Das Verfahren zur Prüfung der Farbstoffe verlangt von Fall zu Fall kleine Abänderungen. Mitunter ist der Farbstoff in Wasser oder in Alkohol oder in beidem zu lösen, wobei man ein paar Tropfen Ammoniak zugeben kann. Badet man gewöhnliche Trockenplatten darin einige Minuten, trocknet und belichtet im Spektrographen oder Eder-Hecht-Meter, so findet man bei Entwicklung die spezielle Farbenempfindlichkeit des untersuchten Stoffes.

Manche Körper wirken auf der Gelatinetrockenplatte nicht, sondern müssen der sog. Kollodiumemulsion zugegeben werden. Die Herstellung dieser Emulsionen (die im Handel sind) und deren Verarbeitung wird man am besten den Fachwerken entnehmen (3, 4).

Hier interessieren die Beispiele von solchen Farbstoffen, die aus dem Pflanzenreiche entnommen sind. Die Paralelle mit künstlichen Farbstoffen wurde

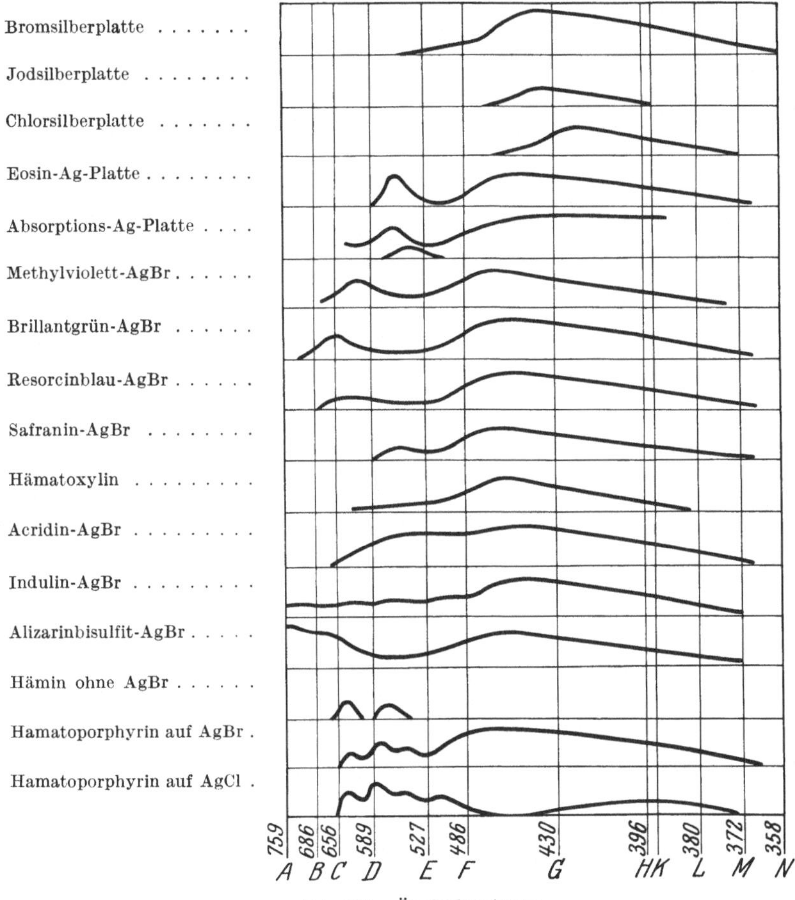

Abb. 258. Äquivalenztypen.

dabei mit durchgeführt, ebenso die mit solchen Stoffen aus dem Tierreich, die der Konstitution nach mit solchen der Pflanzenwelt nahe verwandt sind, z. B. Hämatein und Chlorophyll (Abb. 258 u. 259).

Die Methode der Desensibilisierung-Umkehrverfahren. Wir wollen hier nur mit wenigen Worten das Wesen dieser Methode beschreiben, nicht weil es für die Prüfung der pflanzlichen Stoffe von geringer Bedeutung ist, sondern wegen der kurzen Zeit ihres Bekanntwerdens auf pflanzliche Objekte noch keine Anwendung gefunden hat. Der erste Versuch einer Anwendung an Naturprodukten, beim Sehpurpur, hat ihre fundamentale Bedeutung erkennen lassen (5).

Man bringt eine unbelichtete Bromsilberplatte (z. B. Diapositivplatte) in eine Lösung von 5 g KJ, 10 g Sulfit und 10 g Thiosulfat in 500 cm³ Wasser. Das Bromsilber wird dadurch in Jodsilber verwandelt. Die Platte wird längere Zeit in fließendem Wasser gewaschen. Dann bringt man sie in die zu prüfende Farbstofflösung und darauf in eine 2proz. Ferrocyankalilösung. Nach dem Trocknen belichtet man im Eder-Hecht-Meter. Farbstoffe, die sonst auf keine Weise Lichtempfindlichkeit zeigen, werden wirksam.

Die Ausbleichmethode. Man hat seinerzeit beobachtet, daß Farbstoffe, die an sich sehr lichtecht sind, nach Zugabe bestimmter Stoffe schnell am Licht ausbleichen.

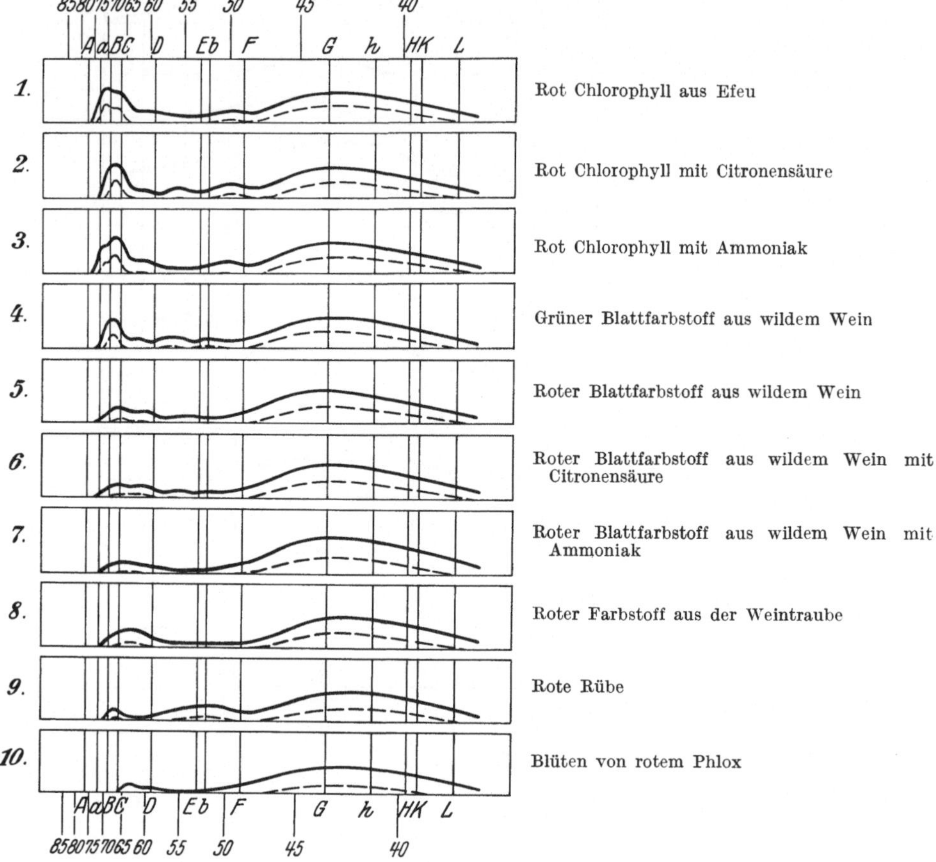

Abb. 259. Indication der spektralen Empfindlichkeit der Farbstoffe durch AgBr-Collodium.

Wichtig ist hier, daß es Stoffe sind, die in der Pflanzenwelt weit verbreitet sind, wie Anisaldehyd, Anethol, Estragol, Safrol, Zimtöle, Terpene, Senföl usw. Die Farbstoffe, die zur Prüfung kamen, gehörten verschiedenen Gruppen der synthetischen Farbstoffe an.

G. Kögel hat zum erstenmal die diesen Farbstoffen gemeinsame lichtempfindliche Gruppe festgestellt und konnte darauf die Vorsage machen, daß eine Reihe von Blumen- und Blütenfarbstoffen die gleiche Eigenschaft zeigen würden. Die Versuche haben dann diese Voraussage glänzend bestätigt.

Wir wollen die gemeinsame lichtempfindliche Gruppe durch einige Beispiele erläutern.

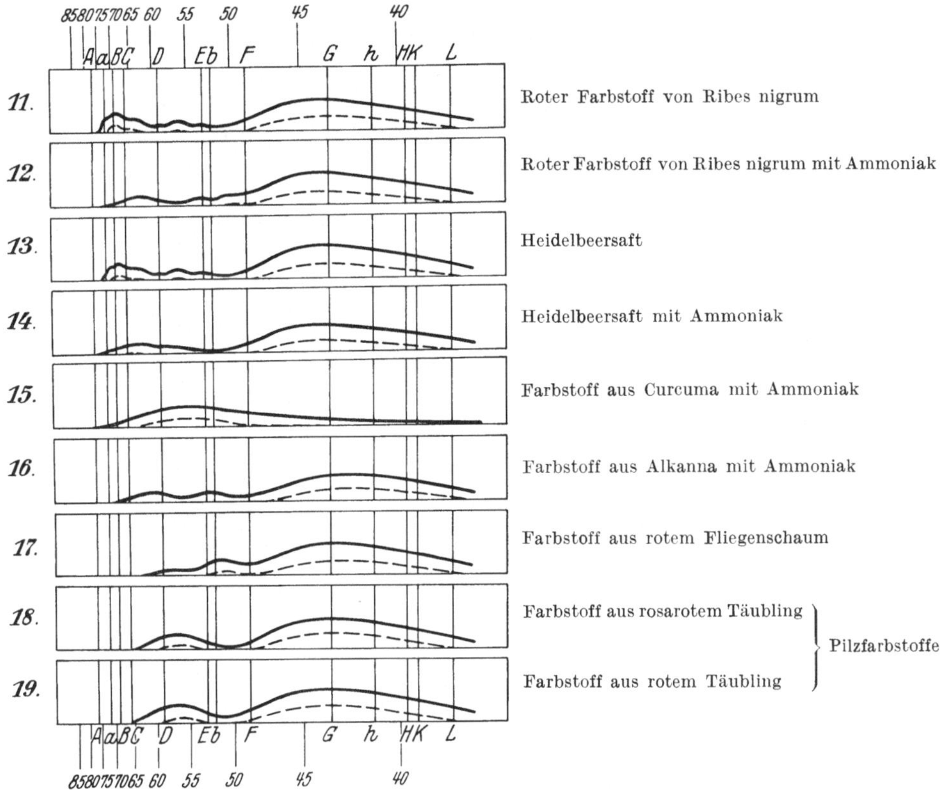

Abb. 260. Indication der spektralen Empfindlichkeit der Farbstoffe durch AgBr-Collodium.

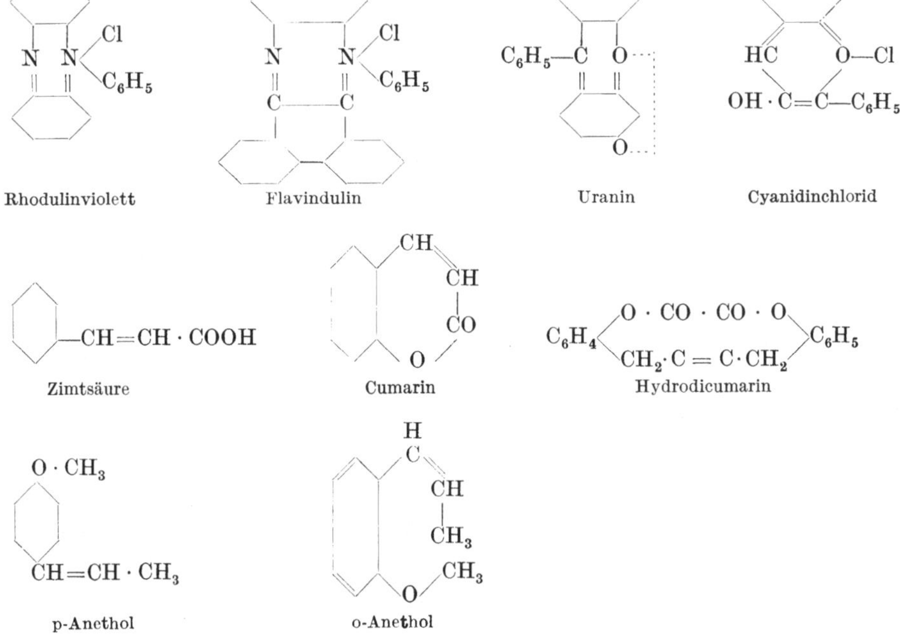

$CH{=}CH_2$, $O \cdot CH_3$ → CH, CH, CH_2, O $+ 2\,H$

Styrolenmethyläther — Chromen

CH_3, CH, CH, H_2C, $C{=}O$, H_2C, CH_2, CH_2 → $(CH_3)_2 \cdot CH{-}CH{=}CH{-}CH_2 \cdot CH \cdot CHO$ (CH_3)

Menthon — Isocitronellal

NH_2, C, O, H, CH, CH — N, CH, CH, CH

o-Amidozimtaldehyd — Chinolin

Die Tatsache, daß Rhodulinviolett lichtempfindlich ist, während Flavindulin mit Alkohol usw. schnell ausgebleicht werden, wies darauf hin, daß die $-\overset{}{\underset{|}{C}}=$-Gruppe die Lichtempfindlichkeit bewirkt. Die gleichen Erfahrungen und Verhältnisse bei anderen Farbstoffen, ferner bei der Gattung der Eosine (Uranin) ließ schließen, daß in den Benzopyrilliumverbindungen der Cyanidine bzw. Anthocyane die gleichen Gruppen wirksam werden, was später, als dieses Material zugänglich wurde, sich sofort bestätigte. Heute weiß man, daß die Cyanidine die Blüten-, Blumen- und Beerenfarbstoffe mit den verschiedensten Substituenten (bei *) in großer Anzahl existieren. Ihre Bindung an Zucker, also reduzierenden Stoffen — man beachte das Mg als Reduktionsmittel im Chlorophyll — ist beachtenswert.

Eine andere große Gruppe der Pflanzenfarbstoffe, die Flavone bzw. Chromene, können sich durch Dehydrierung des o-Anethols bzw. Styrolenmethyläthers bilden. Ob dies nun tatsächlich der Fall ist in dem Sinne, daß das o-Anethol u. dgl. fertig in der Pflanze vorliegt, ist hier weniger wichtig, dagegen, daß es chemisch gesprochen von solchen Stoffen in statu nascendi entstehen kann. Die Pflanze hat auch die Möglichkeit, aus den Chromenen durch Hydrierung (Wasseraufnahme) das Anethol entstehen zu lassen, also eine stete Wechselwirkung durchzuführen, in deren Gang sie stets eingreifen kann. Ganz das gleiche gilt für die Cyanidine. Aus dem Cumarin, einem nächsten Verwandten des Chromen, hat DECKER das Anthocyamidin hergestellt, es liefert am Licht aber auch Hydrodiamarin, wieder eine Hydrierung. Das Cumarin wiederum leitet sich von der Zimtsäure ab, ist eine cyclisch geschlossene Zimtsäure.

In der Pflanze finden sich viele bedeutende Alkaloide, deren Grundtyp das Chinolin bzw. Isochinolin ist. Diese Chinoline können chemisch alle von Stoffen wie Amidozimtaldehyd, der als solcher in der Pflanze nicht fertig vorhanden sein muß, abgeleitet werden, und zwar wiederum durch Dehydrierung.

Zusammenfassend hat man zu sagen, die Hydrierung und Dehydrierung ist eines der großen Grundgesetze der photochemischen Umsetzungen in der Pflanze.

Die wahren Oxydationen können sich leicht an diese Vorgänge anschließen, aber auch einleitend wirken. Damit ist eine *allgemeine Grundlage der Pflanzenphotochemie* gegeben, in deren Rahmen sich die einzelnen chemischen Reaktionen nunmehr einfügen lassen.

Die photodynamische Methode. Obwohl diese Methode ein Äquivalenztyp ist, somit unter das Vorhergehende fällt, so soll dieselbe doch besonders besprochen werden, da, worauf G. Kögel hier zum erstenmal hinweist, diese Methode in der Natur symbiotisch verlaufen kann, d. h. das pflanzliche Produkt wirkt durch das Licht auf Tiere.

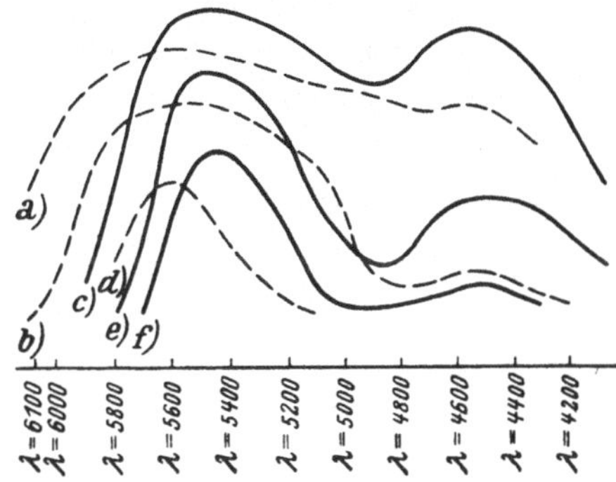

Abb. 261. Empfindlichkeit von Erythrosin- und Eosinplatte.

a	Erythrosin	9 Min.	5 Sek.
b	„	3 „	27 „
d	„	1 „	16 „
c	Eosin	9 „	5 „
f	„	3 „	27 „

Mit rein künstlichen Farbstoffen wurden die Versuche seinerzeit durch Straub, Tappeiner und Jodlbauer an Paramacien u. dgl. angestellt. Von diesen Autoren stammt auch die Bezeichnung photodynamisch. Die Wirkung beruht im wesentlichen auf Hydrierung bzw. Dehydrierung und damit verbundener Sauerstoffwirkung.

Hier ist nur der photochemische Befund in seiner speziellen Abhängigkeit von der Wellenlänge des Lichtes zu betonen (6) (Abb. 261 u. 262).

Die Kohlensäureassimilisation als photochemische Keto-Reaktion von CO_2. Die Untersuchungen von R. Willstätter, die für die Erforschung der *Konstitution* des Chlorophylls so bedeutend geworden sind, vermochten das Problem der Kohlensäureassimilisation in photochemischer Hinsicht der Lösung nicht näherzubringen. Die Beobachtung, daß bei der Belichtung des Chlorophylls Reaktionen auf Peroxyde festgestellt wurden, beweist nur, daß auch Chlorophyll, aus seinen natürlichen Lösungsmitteln und Adsorptionsverbande herausgenommen, am Licht oxydierend wirkt, was auch vom allgemeinen photochemischen Standpunkt zu erwarten war. Den Hauptvorgang der CO_2-Assimilisation, die Reduktion selbst, ist damit als photochemischer Vorgang nicht erklärt. Das Formaldehydperoxyd war synthetisch nie zu gewinnen (13).

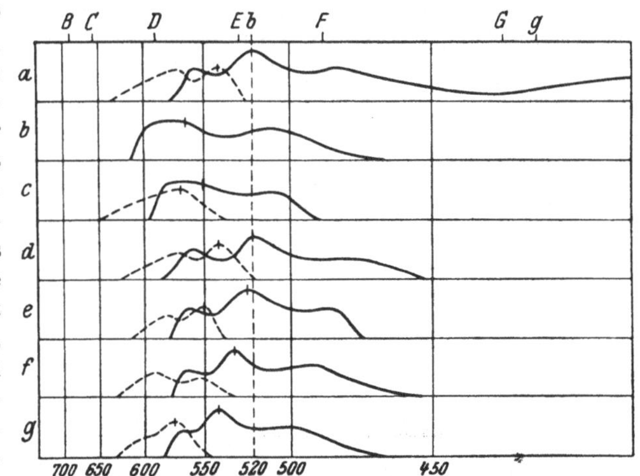

Abb. 262. Fluorescenz und Photodynamie (nach C. Métzner Fluorescenz .... Photodynamie).
a = wässerige Lösung; *b* = Wirkungsspektrum; *c* = Absorption der Fluorescenz lebender Zellen; *d* = d-Eiweißlösung; *e* = d-Gelatine; *f* = d-Casein; *g* = d-Lecithin.

Vom Standpunkt der modernen Photochemie war eine Reduktion im photochemischen Vorgange selbst anzunehmen. Wenn man beachtet, daß mit Hilfe des Lichtes nur an sich chemisch mögliche Reaktionen stattfinden, aber nie solche, die auch sonst rein chemisch nicht möglich erscheinen, so hat man solchen Versuchen, die in vitro eine *Reduktion* von CO_2 zu Formaldehyd geben, alle Aufmerksamkeit zuzuwenden, z. B. $CO_2 + CH_4 = 2\,H_2CO$ (fast 100%) (11). Das Chlorophyll kann als photochemischer Hochfrequenz-Kondensator durch seine -CH = CH- und -CH = N-Gruppen betrachtet werden.

G. KÖGEL hat bereits im Jahre 1921 die *Regel* aufgestellt, daß Verbindungen, die die Gruppe >C=O enthalten, wenn sie chinoider Art sind, am Licht hydriert werden. Einzelne Reduktionen von Ketonen waren durch Ciamician und Silber bekannt. So werden Aceton, $\begin{matrix}CH_3\\CH_3\end{matrix}\!\!>CO$, Acetophenon $C_6H_5 \cdot CO \cdot CH_3$, Benzophenon $C_6H_5 \cdot CO \cdot C_6H_5$, Phenanthrenchinon, Anthrachinon, Chinon

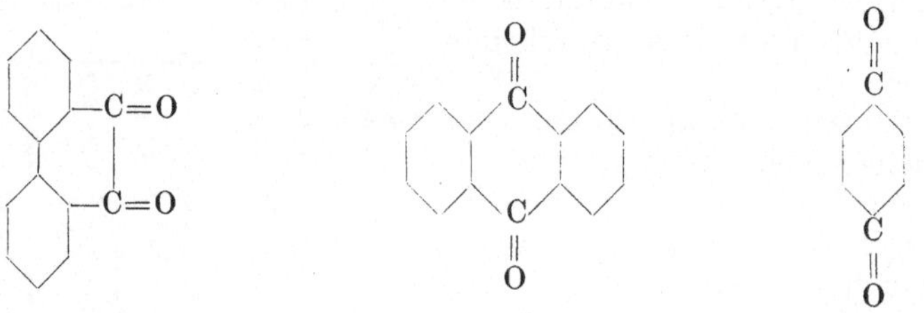

Phenanthrenchinon Anthrachinon Chinon

am Licht unmittelbar hydriert.

Unter den Ketonen finden wir Stoffe, wie Menthon, die nach dem bereits früher Gesagten hochlichtempfindlich sind und durch innere Dehydrierung Aldehyde liefern, aber auch durch Wasserstoffaktivierung andere Stoffe wieder zum Umsatz bringen. In gleicher Weise kann ein Farbstoff durch Wasserstoffaktivierung auf einen anderen, der an sich dazu nicht befähigt ist, ihm diese Möglichkeit bieten. Diese successive Wasserstoffaktivierung eines Farbstoffes durch den anderen stellt ein sehr fein abgestuftes photochemisches System dar. Ein künstliches Beispiel ist: „Phosphin extra" und „Fuchsin" bleichen ebenso rasch aus als das reine Phosphin, während Fuchsin allein viel unempfindlicher ist. Die gleiche Wirkung des Chinons ist schon lange bekannt.

Man sieht sofort, daß Atmungspilzfarbstoffe sowie solche vom Typ des Morin (Gelbholz), des Hämateins (Blauholz) usw. die gleichen Funktionen ausüben.

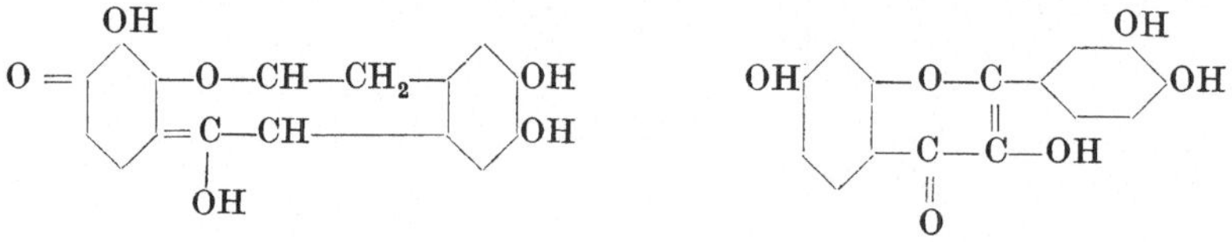

Hämatein (Blauholz) Morin (Gelbholz)

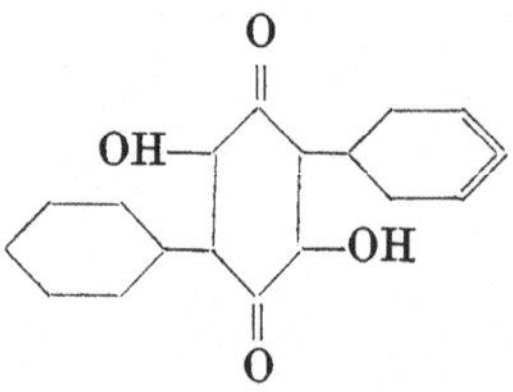

3 · 6 · Dioxy 2 · 5 diphenylchinon
Pilzfarbstoff in Polyporus nidulans
Atmungschinone

Zu beachten ist, daß gelinde Reduktion der Anthocyanidine (nach FREUDENBERG) zu den Gerbstoffen führt. Die >C=O-Gruppe sei sie rein aromatisch, wie im Chinon, sei sie rein aliphatisch wie im Aceton, oder aliphatisch-aromatisch, wie in den anderen Stoffen, trägt stets chinoiden Charakter und wird am Licht hydriert. G. KÖGEL hat vor einiger Zeit nachgewiesen, daß diese Substanzen sogar hochlichtempfindlich sind und gewisse Silberhalogene sogar bedeutend übertreffen, während die Versuche von Ciamician und Silber mit den erforderlichen monatlichen Belichtungen an der Sonne zu der gegenteiligen Annahme führten und einer Analogie mit dem Lichtgeschwindigkeitskoeffizienten der Kohlensäureassimilisation nicht gestatteten. Bisher hatte man, rein chemischen Reaktionen Rechnung tragend, CO_2 vorwiegend als „Säure" betrachtet, dagegen nicht vom photochemischen Standpunkt aus als den einfachsten chinoiden Körper, analog dem $C = O$ und Ketonen.

Die Tatsache, daß CO_2 in Rot nicht die photochemische Energie der Assimilisation gewinnen kann, beweist die Notwendigkeit der Adsorption des CO_2 durch das Chlorophyll, so daß *ein* einheitlich photochemisch wirksamer Körper dadurch zustande kommt. Die Adsorption von CO_2 an aktive Kohle führt zu $>C(OH)_n \cdot$ (12).

Die entscheidende Bedeutung des Lösemittels für den Verlauf der $>C=O$-Lichtreaktion geht daraus hervor, daß Anthrachinon in wäßriger Lösung Autoxydation erfährt (analog den wäßrigen Aufschwemmungen des Chlorophylls), in Eiweißen, wie Gelatine, aber hydriert wird.

G. KÖGEL hat, um die Hydrierung darzutun, folgendes Schema aufgestellt:

$$\begin{array}{ccccccccc}
 & & & & & & \mathrm{H} & & \\
 & & & & & & | & & \\
\mathrm{O{=}C{=}O} & & & & \mathrm{OH{-}C{-}OH} & & \mathrm{O{-}C{-}OH} & & \mathrm{H{-}C{-}OH} & \\
 & + & 2\,\mathrm{H_2} & \longrightarrow & \| & \longrightarrow & \ddots\;| & \longrightarrow & & + \ \mathrm{O_2} \\
\mathrm{O{=}C{=}O} & & & & \mathrm{OH{-}C{-}OH} & & \vdots\;\ddots & & \mathrm{H{-}C{-}OH} & \\
 & & & & & & \mathrm{OH{-}C{-}O} & & & \\
 & & & & & & | & & & \\
 & & & & & & \mathrm{H} & & & \\
\text{I} & & & & \text{II} & & \text{III} & & \text{IV} & \\
\text{2 Kohlensäure} & & & & \text{Tetraoxydäthylen} & & \text{Diketoaethyldioxyd} & & \text{2 Formaldehyd} &
\end{array}$$

Die Mitwirkung des Chlorophylls sollte damit in keiner Weise ausgeschlossen sein und wurde nur der Übersicht wegen nicht eingefügt. Die Verbindung III enthält die typische Zuckergruppe $\mathrm{OH - \overset{H}{C} - O}$, wie z. B. im

$$\begin{array}{cccccc}
\mathrm{O} & \mathrm{OH} & \mathrm{H} & \mathrm{OH} & \mathrm{H} & \\
| & | & | & | & | & | \\
\mathrm{H{-}C} & \mathrm{{-}\,C} & \mathrm{{-}\,C} & \mathrm{{-}\,C} & \mathrm{{-}\,C} & \mathrm{{-}\,CH} \\
| & | & | & | & | & | \\
\mathrm{OH} & \mathrm{H} & \mathrm{OH} & \mathrm{H} & \mathrm{OH} & \mathrm{OH}
\end{array}$$

so daß die Entstehung von freiem Formaldehyd nicht notwendig ist. Daß es bei Einführung von bestimmten Chemikalien (Reagenzien) in die Zelle entstehen kann, ist nicht ausgeschlossen. Der Übergang von II in III entspricht einer Enol-Ketoumlagerung, die rein chemisch eintreten kann. In III haben wir eine Art Radikale vor uns, von denen heute schon viele bekannt sind, auf die aber als photochemisch notwendig bereits früher hingewiesen wurde (KÖGEL).

Photochemische Reaktionen auf Sulfhydrilsysteme. Die Sulfhydrilsysteme sind von besonderer Bedeutung für die Zellatmung als Reduktionsoxydationssysteme und zuerst durch das Glutathion bekanntgeworden. Dasselbe kann man als Abkömmling des Cysteins betrachten, das man wiederum von der einfacheren Thioglykolsäure ableiten kann. Das Cystein (in vielen Eiweiß-

$HS \cdot CH_2 \langle {NH_2 \atop COOH}$ — Cystein

$HS \cdot CH_2 \cdot COOH$ — Thioglykolsäure

$CH_2OH \cdot CHOH \cdot CH \cdot CHOH \cdot CH \cdot SH$ (mit O-Brücke zwischen dem 2. CH und dem letzten CH) — Glukothiose

verbindungen enthalten) gibt mit Nitroprussiadnatrium eine rote Färbung, die nach Belichten des Cysteins verschwindet. Die NPR ist für Sulfhydrilverbindungen nicht ausschließlich, geht vielmehr auch auf andere ganz verschiedene Verbindungen.

```
COOH
|
CH · NH2
|
CH2      SH
|        |
CH2      CH2
|        |
CO · NH—CH
         |
         CO · NH
              |
              CH2
              |
              COOH
```

Gluthathion

Modellversuch I. Man nimmt Chlorsilber, AgCl (ein photographisches Auskopierpapier dient dazu durchaus), und läßt es am Licht „anlaufen", sich etwas schwärzen, aber nicht ganz zersetzen. Es entsteht Ag · AgCl. Bei vollständiger Schwärzung würde nur Ag vorhanden sein. Man gibt nun einen Tropfen Thioglykolsäure darauf. Es ändert sich zunächst nichts. An Sonne oder Quarzlampe tritt sofortige Bleichung, Oxydation, ein, die durch den Wasserstoff der HS-Verbindung bewirkt wurde. Gleiche Reaktion erhält man mit Thiomilchsäure, Cystein, und was für die Pflanzenchemie besonders wichtig erscheint, mit Glykothiose, also den *Thiozuckern*. In Anbetracht der großen Verbreitung der Zucker mit ihren verschiedenen optischen und chemischen Eigenschaften, wäre auch die Nichtnutzung dieser Thiosysteme durch die Pflanze besonders auffallend.

Modellversuch II. Man bringt die genannten Sulfhydrilverbindungen (in verschiedener Verdünnung) auf Bromsilber (eine lichtempfindliche Bromsilberplatte). Sofort tritt am Licht Schwärzung ein. Diese Schwärzung beruht hier nicht auf einer Art von Entwicklung, da diese Substanzen unter den vorliegenden Umständen ein latentes Bild nicht entwickeln, die Schwärzung beruht auf Halogenabsorption, analog der durch Natriumnitrit. Der Modellversuch II allein ist nicht so eindeutig wie der von I, da Schwärzung des Bromsilbers auch durch verschiedene in der Natur häufig vorkommende Verbindungen, wie solcher der p- und o-Dioxyphenole und deren Derivate, wie das Dioxyphenylalanin bewirkt werden kann. Versuche I und II mit ihrer Charakteristik sind den Systemen eigen, da bisher keine anderen in der *Natur* vorkommenden Substanzen gleiche Reaktion zeigen. Auf II allein könnten auch die in der Natur verbreiteten Chinone wirken, die am Licht schnell in Hydrochinone übergehen, so die der Atmungspigmente der Pilze.

Der theoretische Zusammenhang des HS-Systems mit den Reaktionen der —CH=N- und —CH=CH-Verbindungen im Chlorophyll wurde erst durch G. KÖGEL bekannt, was hier nur kurz angedeutet werden kann.

Wie die obengenannten Thioverbindungen, wirken am Licht auch Phenosafranin, Derivate des Flavindulins u. a. Substanzen, die sich durch die —C=N-Bindungen kennzeichnen. Das Chlorophyll besteht nun fast nur aus solchen

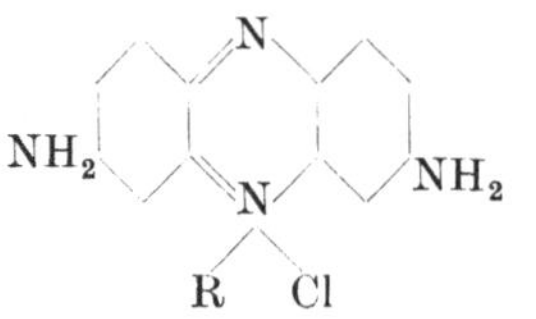

Pheuosafranin

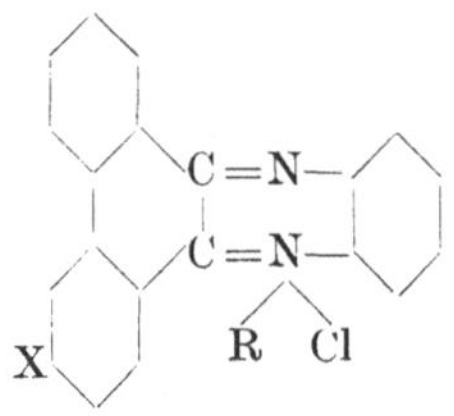

Flavindulin

$>$C=N-Gruppen in Verbindung mit den lichtempfindlichen $>$CH=CH$<$-Gruppen, reagiert aber im Verein mit Silbersystemen nicht ganz gleichartig wie die Sulfhydrilverbindungen, was auch zu erwarten war und zu neuer wichtiger Kenntnis führen wird.

Literatur.

(*1*) Bachér, F.: Chemische Reaktionen organischer Körper im ultravioletten Licht und im Lichte der Sonne. Abderhaldens Handbuch der biologischen Arbeitsmethoden, Abt. I, Tl. 2; Abt. II, Tl. 1.

(*2*) Eder, A. M.: Ein neues Graukeilphotometer. Halle a. S.: W. Knapp. — (*3*) Die Photographie mit dem Kollodiumverfahren. Handbuch der Photographie **2**, Tl. 2 (1927).

(*4*) Hübl: Die Collodium-Emulsion. W. Knapp.

(*5*) Kögel, G.: Die Photochemie des Sehpurpurs. Pflügers Arch. d. Physiol. **222**, H. 5/6, 613. — (*6*) Prüfung der Lichtempfindlichkeit der Naturfarbstoffe. Abderhaldens Handbuch der biologischen Arbeitsmethoden, Abt. II, Tl. 2, S. 2046 mit Literaturangabe.

(*7*) Limmer: Das Ausbleichverfahren. W. Knapp 1911. — (*8*) Ebenda S. 9. — (*9*) Ebenda S. 54.

(*10*) Sammelreferat. Ztschr. f. angew. Ch., **1929**, 556.

(*11*) Chem. Zentralbl. I (1931). S. 1166.

(*12*) Chem. Zentralbl. II (1930). S. 3760. Kolloid-Ztschr. **1930**. S. 107.

(*13*) Rieche, A.: Alkylperoxyde und Ozonide, **1931**. S. 77 u. a.

15. Elektrische Leitfähigkeitsbestimmung.

Von **Johann Matula**, Wien.

Mit 5 Abbildungen.

a) Theoretisches und Begriffe.

Die bei Anlegung einer bestimmten Spannung durch einen Körper in der Zeiteinheit hindurchgehende Elektrizitätsmenge (Stromstärke) hängt, abgesehen von der Spannung, noch von der Beschaffenheit des Körpers ab. Verschiedene Körper leiten die Elektrizität verschieden gut, sie besitzen eine verschiedene *elektrische Leitfähigkeit* (L) bzw. setzen dem Durchgang des elektrischen Stromes einen verschiedenen *Widerstand* (W) entgegen. Nach dem bekannten Ohmschen Gesetz ist die Stromstärke (I) proportional der Spannung und dem Leitvermögen bzw. umgekehrt proportional dem Widerstand: $I = E/W$ bzw. $= E \cdot L$. Das Leitvermögen ist also der reziproke Wert des Widerstandes $L = 1/W$. Leitvermögen bzw. Widerstand sind einerseits von der räumlichen Ausdehnung des Leiters (Länge und Querschnitt in bezug auf die Stromrichtung), anderseits — und das ist für den Chemiker das Wichtige — von seiner chemischen und physikalischen Beschaffenheit abhängig. In Hinblick auf das Leitvermögen können wir alle Körper in zwei große Gruppen: Leiter und Nichtleiter, teilen. Die Leiter zerfallen wieder in zwei scharf getrennte Gruppen: in die außerordentlich gut leitenden *Leiter I. Klasse* oder *metallischen Leiter*, die beim Stromdurchgang chemisch unverändert bleiben und deren Leitvermögen mit steigender Temperatur abnimmt, und 2. in die *Leiter II. Klasse* oder *Elektrolyte* von geringerem Leitvermögen, welche beim Stromdurchgang eine Zersetzung (Elektrolyse) erfahren und deren Leitfähigkeit mit steigender Temperatur zunimmt. Dazu gehören die *Lösungen* der Säuren, Alkalien und Salze, sowie die Salzschmelzen. Für den biologischen Chemiker hat nur das Leitvermögen dieser Stoffe Interesse.

Als Maßeinheit des Widerstandes gilt das *Ohm* (Ω), das ist der Widerstand eines Quecksilberfadens von 1 mm² Querschnitt und 1063 mm Länge bei 0° C. Kennen wir den Widerstand eines Leiters in Ohm, so ergibt der reziproke Wert desselben $1/\Omega$ die Leitfähigkeit.

Das für einen bestimmten Leiter ermittelte Leitvermögen ist, abgesehen von seiner materiellen Beschaffenheit, noch von seiner zufälligen räumlichen Ausdehnung (Länge, Querschnitt) abhängig. Wir sprechen von einem *absoluten Leitvermögen* (bzw. absoluten Widerstand). Um das Leitvermögen als eine das Material des Leiters charakterisierende Größe zu verwerten, muß man es auf immer auf eine bestimmte räumliche Ausdehnung des Materials beziehen. Dazu hat man eine Ausdehnung vom 1 cm Länge und 1 cm² Querschnitt gewählt. Die Leitfähigkeit eines Leiters bei diesen Dimensionen nennt man seine *spezifische Leitfähigkeit* (spezifischer Widerstand).

Das Leitvermögen von Elektrolytlösungen. Stoffe, welche im aufgelösten Zustand das Leitvermögen des Lösungsmittels erhöhen und sich bei Stromdurchgang zersetzen, nennen wir *Elektrolyte.* Die Moleküle solcher Stoffe (Säuren, Basen und Salze) sind in der Lösung ganz oder teilweise in positiv und negativ geladene Atome oder Atomgruppen, sog. *Ionen,* zerfallen (dissoziiert). Jedes Ion trägt eine oder mehrere positive oder negative elektrische Elementarladungen. Die Summe aller positiven Elementarladungen ist in der Lösung immer gleich jener der negativen, die Lösung ist elektrisch neutral. Der Stromtransport geschieht in der Weise, daß die positiven Ionen oder *Kationen* zum negativen Pol (Kathode), die negativen oder *Anionen* zum positiven Pol (Anode) wandern und sich dort entladen und abgeschieden werden. Der Strom wird also von den Ionen transportiert. Das Leitvermögen ist daher von der Ionenkonzentration bzw. von der Konzentration des Elektrolyten abhängig. Da verschiedene Elektrolyten bei gleicher Konzentration verschiedenes Leitvermögen haben, so hängt dieses auch von der Art des Elektrolyten ab. Die Ursache dieser Verschiedenheit liegt 1. in dem verschieden hohen Maße, in welchem Elektrolyte in Ionen zerfallen sind, d. h. in ihrem *Dissoziationsgrad* (Verhältnis des dissoziierten Anteils zur Gesamtmenge des Elektrolyten), 2. in der Art der Ionen, die einen Elektrolyten zusammensetzen, da verschiedene Ionen bei ihrer Wanderung einen verschiedenen Widerstand im Lösungsmittel erfahren (Wanderungsgeschwindigkeit bzw. Beweglichkeit der Ionen). Dazu kommt noch, daß die elektrisch geladenen Ionen aufeinander anziehende und abstoßende Wirkungen ausüben (*interionische Kräfte*), die von der Größe, Ladung und Entfernung (Konzentration) der Ionen abhängen.

Da Dissoziationsgrad, interionische Kräfte und bei stärkeren Konzentrationen auch die Ionenbeweglichkeit von der Konzentration abhängig sind, so ist das Leitvermögen einer Elektrolytlösung nicht genau proportional der Konzentration. Die Leitfähigkeit einer Lösung nimmt bei Verdünnung in geringerem Maße ab als dieser entsprechen würde, nur bei sehr verdünnten Lösungen nähert sich die Abnahme der Proportionalität.

Um das zum Ausdruck zu bringen, hat man den Begriff des *Äquivalentleitvermögens* bzw. der *molaren* Leitfähigkeit eingeführt. Darunter versteht man die absolute Leitfähigkeit, welche eine Elektrolytlösung haben würde, wenn man eine solche Menge derselben zwischen zwei plattenförmige Elektroden von 1 cm Abstand bringen würde, daß in ihr gerade 1 Grammäquivalent (bzw. 1 Grammol) des Elektrolyten gelöst ist. Da man, falls 1 cm³ der Lösung zwischen diese Elektroden gebracht wird, die spezifische Leitfähigkeit ($\varkappa$) erhält, so findet man die Äquivalentleitfähigkeit (λ), wenn man jene mit der Anzahl der Kubikzentimeter multipliziert, in denen ein Äquivalent des Elektrolyten gelöst ist. Ist die Normalität einer Lösung n, so ist dieses Volumen gleich $\frac{1000}{n}$ cm³. Es ist daher das Äquivalentleitvermögen λ gleich

$$\lambda = \varkappa \cdot \frac{1000}{n}.$$

So z. B. betragen die spezifischen Leitfähigkeiten einer 1 n-, $^1/_{10}$ n-, $^1/_{50}$ n- und $^1/_{100}$ n-Kaliumchloridlösung bei 25° C 0,1118, 0,01289, 0,002768 und 0,001412 Ω^{-1}. Durch Multiplikation mit 1000, 10000, 50000 und 100000 erhält man die entsprechenden Äquivalentleitfähigkeiten 111,8, 128,9, 138,4 und 141,2. Die Äquivalentleitfähigkeiten nehmen also mit der Verdünnung zu, nähern sich aber dabei einem Grenzwert; diesen Grenzwert, den man durch graphische Extrapolation finden kann (und der für KCl und 25° C 149,5 beträgt), nennt man die *Äquivalentleitfähigkeit bei unendlicher Verdünnung* (λ_∞). Dies wäre die Leitfähigkeit, die ein Grammäquivalent des betreffenden Elektrolyten bei vollständiger Dissoziation in Ionen und Abwesenheit der interionischen Kräfte hätte.

Der Quotient, Äquivalentleitvermögen gebrochen durch Leitfähigkeit bei unendlicher Verdünnung, λ/λ_∞, gibt den Anteil des Elektrolyten an, der sich an der Stromleitung beteiligt. Er wird als *Leitfähigkeitskoeffizient* bezeichnet und ist in der älteren Theorie der Elektrolyte mit dem *Dissoziationsgrad* identifiziert worden. Tatsächlich ist er aber nicht nur vom Dissoziationsgrad, sondern auch von den das Leitvermögen vermindernden interionischen Kräften abhängig und daher kleiner als der Dissoziationsgrad. Nur bei schwach dissoziierten Elektrolyten (wie z. B. bei Essigsäure und vielen anderen organischen Säuren und Basen) ist der Leitfähigkeitskoeffizient mit dem Dissoziationsgrad praktisch identisch.

Da die Anteile, welche die Anionen und Kationen an der Leitung haben, im allgemeinen nicht gleich sind (es ergibt sich das aus den sog. Überführungszahlen nach HITTORF), so kann man auch von einem Äquivalentleitvermögen der Kationen (λ_a) und Anionen (λ_k) sprechen. Es ist daher

$$\lambda_\infty = \lambda_a + \lambda_k$$

bzw. das Äquivalentleitvermögen λ bei einer bestimmten Konzentration n, der ein Leitfähigkeitskoeffizient α entspricht, ist:

$$\lambda = (\lambda_a + \lambda_k)\,\alpha = \varkappa\,\frac{1000}{n}.$$

Daraus ergibt sich für das spezifische Leitvermögen $\varkappa$ einer Elektrolytlösung von bekannter Äquivalentleitfähigkeit λ bzw. von bekannten λ_a und λ_k der Ionen und der Konzentration n

$$\varkappa = \frac{n\,\lambda}{1000} = \frac{n\,(\lambda_a + \lambda_k)\,\alpha}{1000}.$$

Damit läßt sich, wie unten gezeigt wird, aus der spezifischen Leitfähigkeit einer Lösung annähernd ihre Konzentration berechnen.

b) Die Messung der elektrischen Leitfähigkeit.

Die Messung von elektrischen Widerständen bzw. Leitfähigkeiten geschieht am sichersten und bequemsten nach der Methode von KOHLRAUSCH. Das Prinzip der Methode besteht in folgendem (Abb. 263):

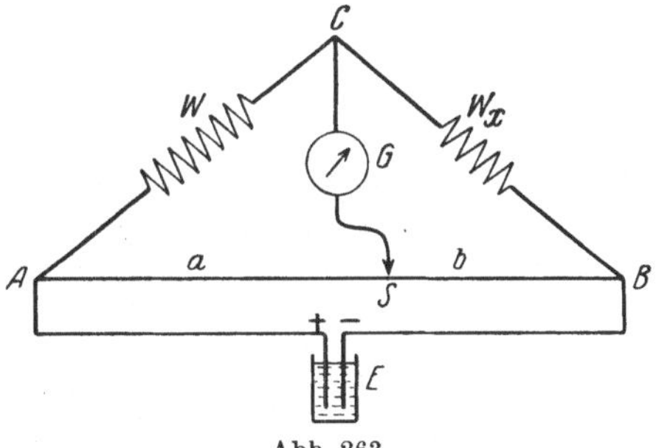

Abb. 263.

Ein gleichmäßig dicker Draht AB wird über einen in Millimeter geteilten Metermaßstab (WHEATSTONEsche Brücke) ausgespannt. Die Brückenenden A und B sind durch eine zweite Zweigleitung ACB miteinander verbunden, in der ein bekannter Widerstand W und der zu bestimmende Widerstand W_x eingeschaltet ist. Ferner sind die Brückenenden mit einer Stromquelle (DANIELL-Element, Akkumulator) verbunden, so daß der bei A und B eintretende Strom einerseits die Brücke AB, anderseits den Parallelzweig mit den Widerständen W und W_x durchfließt. Von der Verbindungsstelle C der Widerstände W und W_x geht ein Verbindungsdraht zu einem auf der Brücke befindlichen und beweglichen Schleifkontakt S. In dem Verlauf dieses beweglichen Verbindungsdrahtes CS ist ein Stromanzeigeinstrument G eingeschaltet. Das Potential der Stromquelle E fällt, da der Brückendraht ganz gleichmäßig dick ist, längs der Strecke AB linear ab. Der Potentialabfall längs des Zweiges ACB richtet sich nach den Widerständen W und W_x. Ist W größer als W_x, so wird der Abfall im Zweig AC ein größerer sein als im Zweig CB bzw. umgekehrt. Durch die Verbindung von C und S wird, wenn das Potential im Punkte C gleich jenem in S ist, kein Strom fließen. Das Galvanometer wird daher keinen Ausschlag zeigen.

Hat man durch Verschieben des Kontaktes S diesen Punkt herausgefunden, so muß dann das Verhältnis der Widerstände der beiden Teilstücke AS und SB bzw. a und b, in welche der Brückendraht durch den Kontakt S geteilt ist, gleich dem Verhältnis der Widerstände W und W_x sein. Da der Widerstand der Teilstücke a und b des Brückendrahtes wegen seiner gleichförmigen Beschaffenheit ihrer Länge proportional ist, so können wir für das Verhältnis der Widerstände der beiden Brückenteile einfach das Verhältnis ihrer

Längen in Millimetern nehmen. Es ist also $W : W_x = a : b$ bzw. $W_x = \frac{b}{a} \cdot W$ oder die Leitfähigkeit L, da $L = \frac{1}{W_x}$ ist:

$$L = \frac{a}{b \cdot W}.$$

Da nun b bei einer in 1000 mm geteilten Brücke gleich $1000 - a$ ist, gilt für L auch:

$$L = \frac{a}{(1000 - a)\,W}.$$

Da das Stromanzeigcinstrument G und die Stromquelle E in dieser Anordnung eine ganz symmetrische Stellung einnehmen, kann man E und G auch vertauschen. Man schaltet auch gewöhnlich die Stromquelle nicht an die Brückenenden, sondern zwischen die Punkte C und S und das Galvanometer an die Brückenenden AB (vgl. Abb. 264). Es hat dies den Vorteil, daß der am Schleifkontakt durch schlechtes Aufliegen am Brückendraht entstehende Widerstand sich wegen der unmittelbaren Anschaltung an die Stromquelle weniger fühlbar macht.

In der angegebenen Form ist diese Anordnung für die Bestimmung der Leitfähigkeit von Leitern erster Klasse (Metallen) ohne weiteres geeignet. Bei Leitern zweiter Klasse (Elektrolytlösungen) ist aber der Umstand zu beachten, daß der Durchgang des elektrischen Stromes mit einer Zersetzung des gelösten Elektrolyten, also eine Elektrolyse, verbunden ist, wodurch in der unmittelbaren Nähe der Stromeintrittsstellen Konzentrationsänderungen und damit Änderungen des Widerstandes hervorgerufen werden. Diese Elektrolyse muß daher verhindert werden, und das geschieht dadurch, daß man durch die Lösung keinen Gleichstrom, sondern einen *Wechselstrom* sendet. Es wird dann die Veränderung, welche der Elektrolyt beim Durchgang der einen Phase des Wechselstromes erleidet, durch die nächste entgegengesetzte Phase wieder rückgängig gemacht. Ein solcher Wechselstrom wird am einfachsten mit Hilfe eines *Induktionsapparates* erhalten, der durch die Batterie E betrieben wird, und dessen Sekundärstrom durch die Brückenanordnung geschickt wird (Abb. 264). Als Stromanzeiger ist dann ein gewöhnliches Galvanometer unverwendbar. Dieses wird am besten durch *ein Telephon* ersetzt, welches beim Durchgang des Wechselstroms einen Ton hören läßt, der bei Erreichung des Nullpunktes verschwindet oder ein Minimum der Tonstärke zeigt.

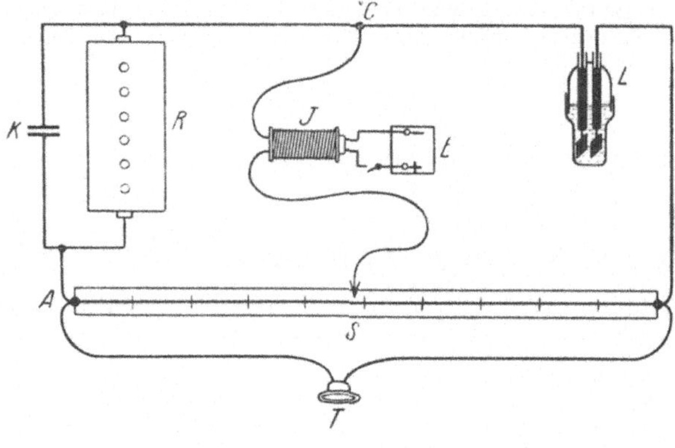

Abb. 264.

Die Elektrolytlösung selbst kommt in ein Glasgefäß (L = Leitfähigkeitsgefäß). Der Strom tritt durch zwei Platinplatten in die Flüssigkeit ein bzw. aus. Die auf diese Weise ermittelte absolute Leitfähigkeit hängt natürlich nicht nur von der Natur der Flüssigkeit, sondern auch von den Dimensionen des Gefäßes, insbesondere von der Größe und Stellung der Platinelektroden ab. Die spezifische Leitfähigkeit, die uns ja vor allem interessiert, wird aus dieser absoluten Leitfähigkeit gefunden, indem wir letztere mit einem für jedes Leitfähigkeitsgefäß charakteristischen Faktor C, der sog. *Kapazität* des Gefäßes, multiplizieren. Dieser Faktor wird so gefunden, daß man die absolute Leitfähigkeit einer Lösung von bekannter spezifischer Leitfähigkeit, z. B. einer $^1/_{10}$ oder $^1/_{100}$ n-KCl-Lösung, mißt. Diejenige Zahl, mit der man die gefundene absolute Leitfähigkeit L multiplizieren muß, um die bekannte spezifische $\varkappa$ zu erhalten, ist dann die für das betreffende Leitfähigkeitsgefäß charakteristische Kapazität C:

$C = \frac{\varkappa}{L}$. Die spezifische Leitfähigkeit $\varkappa$ irgendeiner Lösung ist daher: $\varkappa = \frac{a}{b \cdot W} \cdot C$.

C wird also um so größer sein, je weiter die Elektroden von einander entfernt und je kleiner die Flächen derselben sind und umgekehrt. Es seien in folgender Tabelle die spezifischen Leitfähigkeiten einiger Elektrolytlösungen für 18° und 25° C angegeben, die zur Bestimmung der Kapazität gewöhnlich verwendet werden.

Lösung	Leitfähigkeit bei		Lösung	Leitfähigkeit bei	
	18° C	25° C		18° C	25° C
0,001 n-KCl . .	0,0001273	—	0,1 n-KCl . . .	0,01120	0,01289
0,01 n-KCl . .	0,001224	0,001412	1 n-KCl . . .	0,0983	0,1118
0,02 n-KCl . .	0,002399	0,002768	Gesättigte $CaSO_4$	0,00188	—

Es genügt im allgemeinen die Kapazität für eine einzige Temperatur, z. B. 25° C, zu bestimmen, da die Formveränderungen des Gefäßes bei Änderung der Temperatur so minimal sind, so daß die Kapazität praktisch als unabhängig von der Temperatur betrachtet werden kann.

Im folgenden sollen die praktischen Durchführungen der Messungen, sowie die Einzelheiten der Apparatur näher besprochen werden.

Die Meßbrücke. In der einfachsten Form besteht die Meßbrücke aus einem starken, in Millimeter geteilten Metermaßstab aus Holz. Über die Einteilung ist ein gleich starker ca. 0,3-mm-Draht aus einer nicht oxydablen Metallegierung gespannt (Nickelin, Konstantan, nicht rostender Stahl usw.). Für Laboratoriumszwecke ist ein Platin-Iridium-Draht von 0,1—0,15 mm Stärke sehr zu empfehlen. Die Drahtenden stehen mit Klemmschrauben in Verbindung. Die Verbindung mit diesen muß eine derartige sein, daß zwischen ihnen und den durch den Anfangs- und Endpunkt des Maßstabes gekennzeichneten Drahtenden kein nennenswerter Widerstand besteht. Der bewegliche Schlittenkontakt S trägt eine als Kontakt dienende Metallschneide, die beim Abhören des Telephons den Meßdraht berührt. Bei Verschiebung des Schlittens ist es gut, die Schneide abzuheben und nicht am Draht schleifen zu lassen, weil dieser sonst mit der Zeit abgenützt wird, was unter Umständen zu größeren Messungsfehlern führen kann. Die Konstruktion des Schleifkontaktes ist bei den verschiedenen Fabrikaten nicht gleich. In Abb. 265 ist ein einfacher Schleifkontakt abgebildet, der als Ganzes abgehoben und an anderer Stelle aufgesetzt werden kann. Zur scharfen Ermittlung der Nullstellung ist freilich ein Verschieben ohne Abheben der Schneide in der Nähe des Tonminimums unvermeidlich.

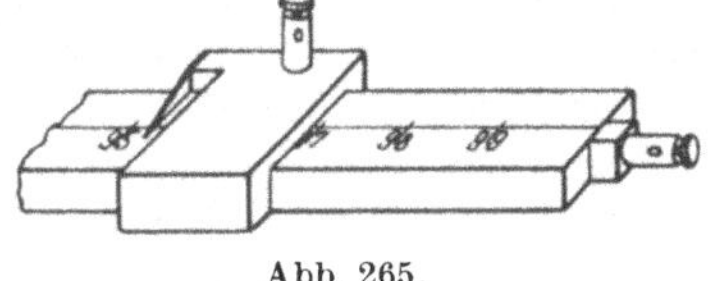

Abb. 265.

Statt der gestreckten Form der Meßbrücke sind, namentlich zu dem Zwecke, um durch einen längeren Meßdraht größere Genauigkeit zu erzielen, auch sog. Walzenbrücken im Handel erhältlich, bei denen Draht und Maßstab in einer Schraubenlinie auf einen drehbaren Holzzylinder aufgewickelt sind. Die Walzenbrücken nehmen auch bei größerer Drahtlänge (bis zu 10 m) einen kleinen Raum ein. Für chemisch-biologische sowie für die meisten chemisch-physikalischen Zwecke genügt die einen Meter lange Brücke vollkommen. Wenn man durch Wahl des Vergleichswiderstandes dafür sorgt, daß das Tonminimum in den mittleren Brückenbereich fällt (auch aus Gründen der Meßgenauigkeit ist dies von Vorteil), so läßt sich auch die gestreckte Form der Brücke kompendiöser gestalten, indem man die Drahtenden aufwickelt und nur den mittleren Drahtteil (ca. 30—40 cm) ausspannt.

Die Stromquelle. Als Erzeuger des Wechselstroms verwendet man am besten ein *Induktorium*, das durch einen Akkumulator oder eine Trockenbatterie betrieben wird. Bei Vorschaltung eines sog. „Klingeltransformators" kann auch der Lichtstrom zum Betrieb des Induktionsapparates verwendet werden. Es ist gut, in dem Verlauf des Primärstromes einen einfachen abstufbaren Vorschaltwiderstand einzuschalten, um die Tonstärke im Telephon regulieren zu können. Das Induktorium soll ein kleines Instrument mit wenigen Windungen sein. Große Induktorien sind gewöhnlich *nicht* brauchbar. Die billigen für medizinische Zwecke zum „Elektrisieren" verwendeten Apparate erweisen sich hier am geeignetsten. Unter dem Namen „Magnetsummer" werden von verschiedenen Firmen speziell für Widerstandsmessungen geeignete Apparate in den Handel gebracht. Der Unterbrecher des WAGNERschen Hammers wird mit Hilfe der dort befindlichen Stellschrauben so eingestellt, daß seine Feder rasch schwingt und im Telephon ein möglichst hoher, summender Ton (Mückenton) hörbar ist. Da das vom Unterbrecher direkt erzeugte Geräusch beim Abhören des Tonminimums störend wirkt, empfiehlt es sich, das Induktorium schalldicht einzuschließen, es etwa in ein mit Filz ausgekleidetes Holzkistchen oder auf Filz unter eine Glasglocke zu stellen, die oben durch einen Stöpsel, den die Zuleitungsdrähte durchbohren, verschlossen werden kann.

Auch andere Vorrichtungen können zur Erzeugung des Wechselstroms dienen, sind aber wesentlich kostspieliger und komplizierter (vgl. OSTWALD-LUTHER [6]).

Das Telephon. Als Telephon sind nur Hörer von geringem Widerstand (ca. 5—10 Ohm) verwendbar. Die Kopfhörer der Radioapparate mit ihrem hohen Widerstand sind hierfür absolut unbrauchbar. Das Telephon darf nicht in zu großer Nähe vom Induktionsapparat verwendet werden, da es sonst durch die Fernwirkungen desselben gestört wird. Eine Entfernung von 1 m ist ausreichend. Der Ton soll, wie erwähnt, ein möglichst hoher sein. Im Nullpunkt verschwindet der Ton gewöhnlich nicht vollständig. Unter Beachtung der weiter unten angegebenen Maßnahmen (Verwendung eines Kondensators) läßt sich bei nicht allzu kleinen oder allzu großen Widerständen meist ein auf $^1/_4$—$^1/_2$ mm scharfes Tonminimum leicht erreichen. Ist das nicht möglich, und ist über eine längere Strecke ein gleich starker Minimalton hörbar, so stellt man rechts und links vom vermutlichen Nullpunkt die Stellen fest, an denen der Ton eine eben merkliche Zunahme erfährt. Der Nullpunkt ist dann durch den Halbierungspunkt der dadurch bestimmten Brückenstrecke gegeben.

Der Vergleichswiderstand. Als Vergleichswiderstand nimmt man einen *Stöpselrheostaten* (Abb. 266), der am besten die Widerstände 10, 20, 20, 50, 100, 200, 200, 500 und 1000 Ohm enthält. Für Lösung von sehr geringer Leitfähigkeit, z. B. destilliertem Wasser, braucht man noch höhere Vergleichswiderstände von 10000—50000 Ohm. Wenn immer nur Lösungen von ungefähr gleicher Leitfähigkeit zu messen sind, so kommt man auch mit weniger Widerständen aus. Obwohl man theoretisch mit einem einzigen Vergleichswiderstand von bekannter Größe jeden anderen unbekannten bestimmen könnte, so ist dies praktisch doch nicht möglich; denn ist der zu messende Widerstand vom Vergleichswiderstand sehr verschieden, so liegt der Nullpunkt in der Nähe eines der Brückenenden. Es ist leicht einzusehen, daß dann die Messung ungenau und unempfindlich, ja sogar praktisch unmöglich werden kann. Der Vergleichswiderstand muß ungefähr von der *gleichen* Größenordnung wie der zu messende sein, damit der Nullpunkt in den mittleren Teil der Brücke fällt, d. h. er kann das Doppelte bis Dreifache bzw. die Hälfte oder ein Drittel des zu suchenden betragen. Er soll sich aber nicht um das Zehn- oder gar Einhundert- und Tausendfache von ihm unterscheiden. Am besten ist es, ihn ungefähr gleich groß zu wählen, so daß der Nullpunkt in der Nähe des Punktes 500 zu liegen kommt, das Verhältnis a/b also nahe bei 1 liegt. Ein solcher Stöpselrheostrat (Abb. 266) besteht aus einer Reihe von Drahtspulen von verschiedenem, genau bekanntem Widerstand, die in einem Holzkasten eingeschlossen sind. Auf den aus Hartgummi bestehenden Deckel des Kastens sind massive rechteckige Metallklötze isoliert voneinander befestigt, die an den einander zugewendeten Seiten halbkreisförmige Ausschnitte zeigen, in die genau eingeschliffene Metallstöpsel passen. Je zwei benachbarte Metallklötze sind durch die Enden der Widerstandsspulen verbunden. Wird die leitende Verbindung zwischen zwei benachbarten Klötzen durch Herausziehen des Stöpsels unterbrochen, so muß der bei dem Klemmen K eintretende Strom die sie verbindende Widerstandsspule passieren. Es ist also durch Herausziehen des Stöpsels der der Spule entsprechende Widerstand eingeschaltet worden.

Arbeitet man mit Flüssigkeiten mittlerer Leitfähigkeit, also etwa von der Leitfähigkeit des reinen Brunnenwassers bis zur Leitfähigkeit etwa einer Normallösung eines guten Elektrolyten, so wird man bei der Wahl von passend dimensionierten Leitfähigkeitsgefäßen mit einem bis 1000 Ohm gehenden Stöpselrheostraten im allgemeinen auskommen. Enthält ein solcher noch die Widerstände 1, 2, 2, 5 Ohm, so läßt sich der unbekannte Widerstand auch direkt analog einer Wägung ohne Anwendung von Rechnung ermitteln, indem man so viel bekannten Widerstand einschaltet, bis das Tonminimum genau auf die Brückenmitte fällt; da dann a gleich b ist, so ist der eingeschaltete Widerstand gleich dem unbekannten.

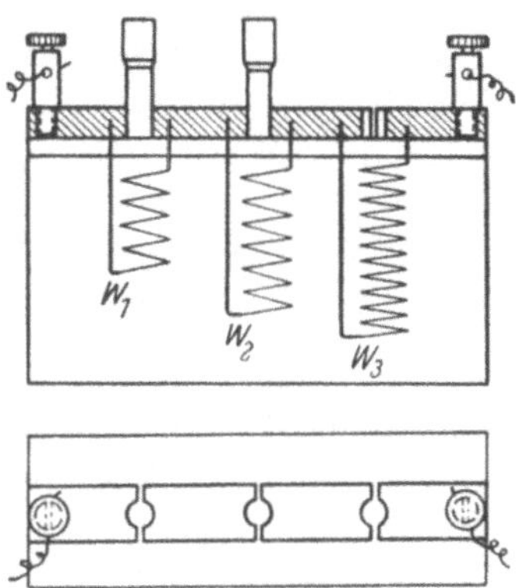

Abb. 266.

Am besten lassen sich Leitfähigkeitsmessungen bei Widerständen von über 100—2000 Ohm ausführen. Kleine Widerstände bzw. sehr hohe Widerstände sind schlechter meßbar, da das Tonminimum unschärfer wird. Es ist überhaupt anzuempfehlen, den Vergleichswiderstand und dementsprechend auch den zu messenden Widerstand nicht wesentlich niedriger als 100 Ohm zu wählen. Abgesehen von anderen Störungsquellen (z. B. Erwärmung infolge der größeren Stromstärke) spielt dann auch der Widerstand der Zuleitungen eine Rolle, der leicht 1—2 Ohm betragen kann. Während bei höheren Widerständen dieser Zuleitungswiderstand, ohne einen ins Gewicht fallenden Fehler zu begehen, vernachlässigt werden kann, darf dies bei kleinen Widerständen nicht geschehen. Ist man ausnahmsweise gezwungen, mit kleinen Widerständen zu arbeiten, so muß jedenfalls der Widerstand der Zuleitungsdrähte auf den Strecken AC und CB vorerst durch eigene Messungen ermittelt werden. Bei Verwendung von Leitfähigkeitsgefäßen genügend hoher Kapazität wird sich dies jedoch meist vermeiden lassen. Bei hohen, aber auch mittleren Widerständen macht sich neben der in den Drahtspiralen auftretenden *Selbstinduktion* noch die *elektrostatische Kapazität* der Widerstandsspulen störend bemerkbar. Erstere ist bei den besseren käuflichen Widerstandskästen durch entsprechende Wicklung der Drähte (bifilare Wicklung) kompensiert. Die letztere Störung kann durch Anwendung eines variablen Kondensators mehr oder weniger vollständig beseitigt werden, welcher zum Rheostaten, unter Umständen auch zum Leitfähigkeitsgefäß, parallel geschaltet wird.

Der Kondensator. Dieses Nebeninstrument ist zur Erzielung scharfer Tonminima unbedingt erforderlich. Die schlechten Erfahrungen, welche viele Untersucher mit Leitfähigkeitsmessungen machten, sind in der Mehrzahl darauf zurückzuführen, daß kein Kondensator verwendet wurde. Die Kapazität des Kondensators muß eine variable sein. Einen solchen Kondensator kann man sich im Notfalle auf einfache Weise selbst herstellen, indem man zwei Metallplatten mit paraffiniertem Papier beklebt und nun isoliert aufeinanderlegt. Durch verschieden weitgehendes Übereinanderschieben der Platten läßt sich die Kapazität regulieren. Eine Metallplatte wird mit dem Punkte A, die andere mit dem Punkte C durch einen Leitungsdraht verbunden. Der Kondensator wird also zum Rheostaten parallel geschaltet. Liegt ein verwaschenes Tonminimum vor, so stellt man den Schleifkontakt ungefähr auf das Minimum und verschiebt die Platten so lange, bis bei einer gewissen Einstellung die Tonstärke ein Minimum wird. Nützt das nichts, so schalte man den Kondensator parallel zum Leitfähigkeitsgefäß. Bei sehr großen Widerständen ist das Minimum auch bei Anwendung eines Kondensators oft unscharf, aber meistens besser als ohne einen solchen.

Es sind auch im Handel variable Kondensatoren erhältlich, z. B. Stöpselkondensatoren. Sehr gut verwendbar sind auch größere Drehkondensatoren, wie sie in allen Radiogeschäften zu haben sind; nur muß ihre Kapazität genügend groß sein. Ein speziell für Leitfähigkeitsmessungen bestimmter Drehkondensator nach Angaben W. PAULIS wird beispielsweise von der Firma F. Köhler in Leipzig erzeugt.

Die Leitfähigkeitsgefäße. Die zu messende Lösung kommt in ein sog. Leitfähigkeits- oder Widerstandsgefäß, ein Glasgefäß, in welches die beiden der Stromzufuhr dienenden plattenförmigen Platinelektroden eingeschmolzen sind. Da die Leitfähigkeit der Elektrolytlösungen mit der Temperatur zunimmt und zwar pro Grad um durchschnittlich 2—3 %, so muß die Leitfähigkeit bei einer bestimmten auf *ein zehntel Grad* Celsius definierten Temperatur gemessen werden. Das Leitfähigkeitsgefäß kommt zu diesem Zweck in einen Thermostaten, am besten einen Wasserthermostaten. Es ist ferner zu beachten, insbesondere bei kleinen Widerständen, daß bei Durchgang des elektrischen Stromes eine Erwärmung auftreten kann, die dann eine höhere Leitfähigkeit vortäuscht. Die Messung soll daher nicht zu lange Zeit beanspruchen bzw. der Wechselstrom nicht in zu großer Stärke durch den Elektrolyten gesendet werden (eventuell Abschwächen des Primärstromes durch einen Widerstand).

Was das Leitfähigkeitsgefäß selbst anlangt, so muß sich seine Größe und Form (Kapazität) nach der Art des zu messenden Elektrolyten richten. Elektrolytlösungen von hoher Leitfähigkeit verlangen Gefäße von großer Kapazität (weit abstehenden Elektroden mit kleiner Oberfläche), solche von hohen Widerständen große Elektroden, die nahe beisammenliegen. Hat man Lösungen mittlerer Leitfähigkeiten zu messen, so wird man wohl mit einem Leitfähigkeitsgefäß auskommen, vorausgesetzt, daß ein Rheostat von genügendem Widerstandsbereich zur Verfügung steht. Will man Leitfähigkeiten verschiedener Größenordnung messen, so wird man gewöhnlich mit dreierlei Gefäßen, einem von großer Kapazität (5—10), einem mittleren (1—2) und einem kleinen (Kapazität um 0,2) sein Auslangen finden.

Was die Form der Gefäße, insbesondere die Anordnung der Elektroden anbetrifft, so sind eine große Anzahl von verschiedensten Modellen angegeben worden, deren Beschreibung hier zu weit führen würde. In den Handbüchern der physikalisch-chemischen Technik sind sie erwähnt. Ebenso sind mannigfache Typen im Handel erhältlich. Es empfiehlt sich jedoch, die Gefäße, angepaßt an die Bedürfnisse der speziellen Untersuchung vom Glasbläser herstellen zu lassen.

Hier sollen in erster Linie solche Typen beschrieben werden, die neben einer allgemeinen Verwendbarkeit sich auch für evtl. Zwecke des Analytikers eignen und vor allem nicht allzu große Mengen von Untersuchungsflüssigkeit beanspruchen.

Weil die Kapazität eines Gefäßes in erster Linie von der gegenseitigen Stellung der Elektroden abhängt, ist es gut, die Elektroden so anzubringen, daß sie in ihrer Lage nicht leicht durch Verbiegungen verändert werden können. Diesen Anforderungen entspricht das nebenstehend abgebildete Elektrodengefäß (Abb. 267a). Die aus dünnem Platinblech bestehenden Elektroden haben Bandform und sind etwa 3—4 mm breit. Sie werden in einiger Entfernung voneinander ringartig um beide Schenkel eines engen U-förmigen Glasrohres gelegt. Die Hohlräume der beiden Schenkel sind durch Zusammenschmelzen des Glases an der Biegungsstelle vollständig voneinander getrennt. An jedem Platinring ist ein Platindraht angelötet, der in einen Schenkel des U-Rohres eingeschmolzen ist. Die beiden Schenkel sind mit Quecksilber gefüllt, welches die Verbindung mit den Zuleitungsdrähten herstellt. Das die Elektroden tragende U-Rohr selbst wird am besten in einen mit Schliff versehenen Glashelm eingeschmolzen, der genau in die Mündung des eprouvettenförmigen Leitfähigkeitsgefäßes paßt. Der Helm selbst muß (und das gilt für den Verschluß jedes Widerstandsgefäßes) eine kleine Öffnung besitzen, um einen Druckaustausch zwischen der im Gefäß befindlichen Luft und der äußeren Atmosphäre zu gestatten. Der Schliff muß leicht gefettet werden, wobei man aber achthaben muß, kein Fett auf die Elektroden zu bringen, denn dies würde die leitende Oberfläche der Elektroden verkleinern und dadurch die Kapazität verringern. Je nach der Entfernung der beiden Elektroden lassen sich Gefäße verschiedener Widerstandskapazität herstellen.

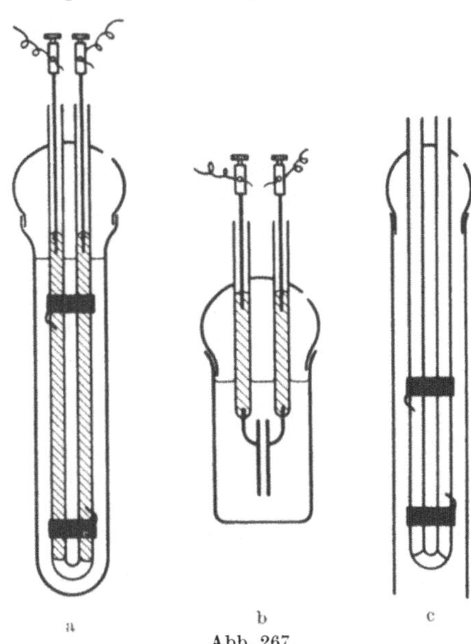

Abb. 267.

Für die Bestimmung sehr kleiner Leitfähigkeiten (z. B. destilliertes Wasser) eignet sich diese Gefäßform auch bei nah aneinanderliegenden Elektroden nicht sehr gut, weil die Kapazität auch *dann* nicht genügend klein gemacht werden kann. In solchen Fällen werden zweckmäßig Gefäße mit quadratischen und vertikalstehenden Elektroden verwendet, die in geringer Entfernung (2—3 mm) parallel einander gegenübergestellt werden (Abb. 267b). Hier ist die Gefahr einer Verbiegung bedeutend größer als bei der früher erwähnten Form, weshalb die Platten aus stärkerem Platinblech bestehen müssen. Ebenso müssen die Platindrähte, an welchen die Platten befestigt sind, genügend stark sein. Je größer die Fläche der Elektroden ist, um so kleiner ist natürlich die Kapazität. Hat man Vergleichswiderstände von 30—50000 Ohm zur Verfügung, so kann man mit Elektroden von 1 cm¹ Fläche und etwa 2 mm Abstand noch ganz bequem destilliertes Wasser, wie es die gewöhnlichen Destillierapparate liefern (spezifische Leitfähigkeit $5—1{,}10^{-6}$ bzw. spezifischer Widerstand 200000—1000000 Ohm), noch ganz gut messen. Bei kleineren Widerstandssätzen müssen noch größere Elektrodenplatten verwendet werden.

Für manche Zwecke (Bestimmung der Leitfähigkeit in natürlichen Gewässern, bei Siedehitze u. dgl.) sind sog. Tauchelektroden (Abb. 267c) von Vorteil, deren Gefäße einen offenen Boden besitzen und einfach in die zu messende Flüssigkeit eingesenkt werden, wobei die eingeschlossene Luft durch die im Verschluß angebrachte Öffnung entweichen kann. Ein aus zwei zusammenschraubbaren Hartgummihälften bestehendes Leitfähigkeitsgefäß, in welchem die Elektroden in den Boden bzw. Decke des Gefäßes eingelassen sind, ist von FURLANI (7) für Fälle, wo nur sehr kleine Flüssigkeitsmengen zur Verfügung stehen, angegeben worden.

Da bei blanken Platinelektroden das Tonminimum häufig nicht sehr gut ist, pflegt man die Elektroden auf elektrolytischem Wege mit Platinmohr zu überziehen, wodurch das Tonminimum bedeutend verbessert wird. Als Platinierungsflüssigkeit wird am besten eine von LUMMER und KURLBAUM angegebene Platinchloridlösung verwendet (3 g Platinchlorid, 0,03 g Bleiacetat und 100 g Wasser). Die Elektroden werden dazu vorerst in einem heißen Kalium-Bichromat-Schwefelsäure-Gemisch gereinigt, in destilliertem Wasser ausgewaschen. Dann werden sie in die Platinierungsflüssigkeit eingetaucht und mit Hilfe der mit Quecksilber gefüllten Röhren mit dem negativen Pol zweier hintereinander geschalteter Akkumulatoren verbunden. Als Anode verwendet man einen Platindraht, der in solcher Entfernung von den zu platinierenden Elektroden sich befindet, daß an ihnen nur eine schwache Gasentwicklung bemerkbar ist. Zur Erzielung eines gleichmäßigen Platinbelages ist es gut, die Anode um die Elektroden herumzubewegen. Man kann auch das Leitfähigkeitsgefäß mit der Platinierungsflüssigkeit füllen und die beiden Elektroden abwechselnd als Anode und Kathode benutzen. Nach 5—10 Minuten haben sich die Elektroden mit Platinschwarz bedeckt. Um Reste der Platinierungsflüssigkeit und des beim Platinieren sich bildenden Chlors zu entfernen, bringt man die Elektroden als Kathode in verdünnte Schwefelsäure und elektrolysiert. Der sich bildende Wasserstoff reduziert diese schädlichen Reste. Nach 24stündigem Waschen in destilliertem Wasser sind die Elektroden gebrauchsfertig.

Bei der Messung sehr verdünnter Lösungen, namentlich sehr verdünnter Säuren und Laugen, empfiehlt sich die Anwendung blanker Elektroden, da die platinierten das Gelöste zum Teil absorbieren, was bei hoher Verdünnung zu merklichen Fehlern führen kann.

Da die Leitfähigkeit in hohem Maße von der Temperatur abhängt, müssen die Leitfähigkeitsgefäße auf konstanter Temperatur gehalten werden. Man taucht sie am besten in ein Wasserbad, dessen Temperatur auf mindestens $^1/_{10}{}^0$ C konstant gehalten werden kann. Wenn es nicht anders nötig ist, mißt man am besten bei 25^0 C, einer Temperatur, die in unseren Klimaten jederzeit sehr leicht konstant gehalten werden kann.

Das Leitfähigkeitsgefäß soll so weit mit Untersuchungsflüssigkeit gefüllt werden, daß die Flüssigkeit ca. 1 cm über den obersten Elektrodenrand steht. Ebenso hat die Bestimmung der Widerstandskapazität immer bei diesem Füllungsgrade zu geschehen. Man arbeite also immer mit gleichen, genügenden Flüssigkeitsmengen. Sind die Elektroden verbogen oder sonst in ihrer Stellung geändert worden, so hat eine neue Kapazitätsbestimmung zu erfolgen. Dasselbe gilt auch, wenn man die gleichen Elektroden bei ungeänderter Stellung in ein anderes Gefäß bringt. Auch die Stellung der Elektroden in bezug auf die Gefäßwände ist besonders bei engeren und kleinen Gefäßen von einigem Einfluß auf die Kapazität. Es ist daher gut, die Elektroden immer in gleicher Weise in das Gefäß einzusetzen und zu diesem Zweck am Gefäßrand und auf dem Verschluß bzw. Helm entsprechende Marken anzubringen.

Transportable Leitfähigkeitsanordnungen. Die hier angegebenen Apparaturen sind nur in fixer Aufstellung im Laboratorium gut verwendbar. Bei Leitfähigkeitmessungen z. B. natürlicher Gewässer an Ort und Stelle im Freien sind kompendiösere Anordnungen nötig, die ohne Zerlegung leicht transportiert werden können. Das Konstruktionsprinzip ist bei diesen dasselbe wie bei der KOHLRAUSCHschen Anordnung, nur sind alle Bestandteile, mit Ausnahme der Leitfähigkeitsgefäße und des Telephons, in einem Kästchen fix montiert. Als Brücken dienen entweder sehr verkürzte, gerade Maßbrücken, oder bei kostspieligerer Ausführung Walzenbrücken. Anstatt der Stöpselrheostaten sind gewöhnlich Kurbelrheostaten in Verwendung. Der Widerstandsbereich ist natürlich ein kleinerer. Kondensatoren fehlen gewöhnlich. Derartige transportable Apparate werden von den in Betracht kommenden Firmen in verschiedenen Ausführungen vertrieben bzw. auf Wunsch geliefert. Jedenfalls ist bei Bestellungen der Zweck, dem sie dienen sollen, genau anzugeben.

c) Praktische Anwendungen.

Wasserkorrektur. Bei der Bestimmung des Leitvermögens sehr verdünnter Lösungen starker Elektrolyte oder schlecht leitender schwacher Elektrolyte ist zu beachten, daß das zur Lösung verwendete Wasser an und für sich eine, wenn auch nur geringe Leitfähigkeit besitzt. Reinstes destilliertes Wasser hat ein spezifisches Leitvermögen von $4 \cdot 10^{-8}$ (25000000 Ohm), gewöhnliches, gutes destilliertes Wasser eine solche von $3 - 5 \cdot 10^{-6}$ (ca. 300000 Ohm). Durch mehrmaliges Destillieren unter Verwendung von Jenaer Glasgeräten und Silberkühler läßt sich leicht eine Leitfähigkeit von ca. $1 \cdot 10^{-6}$ erhalten, die sich bei Aufbewahrung in Jenaer Glasgefäßen unter Vermeidung von Kohlensäurezutritt nur wenig vergrößert.

Bei geringem Leitvermögen der Lösung, etwa von 10^{-4} an, hat man das Leitvermögen des verwendeten Wassers in Rechnung zu ziehen und dieses, durch eigene Messung ermittelte, von dem Leitvermögen der Lösung abzuziehen. Bei konzentrierteren und gut leitenden Lösungen ist diese Korrektur unnötig. Bei starken Säuren und Basen ist es oft besser, jede Korrektur zu unterlassen, weil die gelösten Bestandteile, welche die höhere Leitfähigkeit des destillierten Wassers (Alkalien des Glases, Kohlensäure und Ammoniak der Luft) bedingen, häufig neutralisierend wirken und so das Leitvermögen ohnedies herabsetzen.

Rechnungsbehelfe. Bei Ausrechnung der spezifischen Leitfähigkeit nach der Formel $\varkappa = \frac{a}{b \cdot W} \cdot C$ kann man sich die Ausrechnung für $\frac{a}{b} = \frac{a}{1000 - a}$ ersparen, wenn man die OBACHsche Tabelle für $\frac{a}{1000 - a}$ benützt. In dieser Tabelle findet sich für jedes a (in Millimetern) der zugehörige Wert von $a/(1000 - a)$. Bei logarithmischer Berechnung verwendet man z. B. die in den bekannten Logarithmentafeln von KÜSTER angegebenen Logarithmen dieser Werte, bei direkter Rechnung die Tabelle im OSTWALD-LUTHERschen Handbuch (6). Außerdem sei auf das bei Fritz Koehler in Leipzig (Mechanische Werkstätten) erhältliche, von SCHWARZACHER angegebene Nomogramm hingewiesen, welches eine graphische Ermittlung des $\varkappa$ aus a, W und C gestattet.

Konzentrationsbestimmung. Die Konzentration namentlich von Salzlösungen kann mittels Leitfähigkeitsmessungen rasch und sicher ermittelt werden, vorausgesetzt, daß nur ein Salz in der Lösung vorliegt. Am einfachsten kann man so vorgehen, daß man für eine Anzahl bekannter Konzentrationen des fraglichen Salzes die Leitfähigkeiten ermittelt oder in Tabellenwerten nachschlägt, und dann deren Abhängigkeit von der Konzentration graphisch darstellt. Aus der

Leitfähigkeit der Lösung von unbekannter Konzentration läßt sich letztere dann aus der Zeichnung ablesen. Die Methode der Konzentrationsbestimmung mit Hilfe der Leitfähigkeitsmessung ist besonders dann wertvoll, wenn die Lösung sehr verdünnt ist. Sie übertrifft dann die analytische Methode weit an Genauigkeit und Raschheit und erfordert außerdem wenig Material. Die Löslichkeit schwerlöslicher Salze ist eigentlich nur auf diesem Wege durchführbar. Die Konzentrationsberechnung kann dann aber nicht graphisch erfolgen, sondern nur rechnerisch aus den bekannten Wanderungsgeschwindigkeiten der Ionen.

Bei sehr verdünnten Lösungen, wie solche ja die gesättigten Lösungen schwerlöslicher Salze sind, kann angenommen werden, daß der Leitfähigkeitskoeffizient bzw. der Dissoziationsgrad nahezu 1 ist, daß also das Äquivalentleitvermögen praktisch gleich dem Leitvermögen bei unendlicher Verdünnung ist. Es gilt daher:

$\lambda = \lambda_a + \lambda_k = \lambda_\infty$, d. h. es ist gleich der Summe der Ionenbeweglichkeit. Da nach dem in der Einleitung Ausgeführten das Äquivalentleitvermögen λ gleich ist:

$$\lambda = \frac{\varkappa 1000}{n},$$

so ist die Normalität n der Lösung

$$n = \frac{\varkappa \cdot 1000}{\lambda_a + \lambda_k}.$$

Die Gewichtsmenge g pro Liter ist daher, wenn M das Molekulargewicht der schwerlöslichen Substanz ist:

$$g = \frac{\varkappa \cdot 1000}{\lambda_a + \lambda_k} \cdot M.$$

Will man in einer konzentrierteren Lösung die Menge des gelösten Elektrolyten durch Rechnung bestimmen, so liefern obige Formeln zu kleine Werte, da dann nicht $\lambda = \lambda_\infty$ ist, sondern kleiner. Da wir aber λ nicht kennen, solange die Konzentration unbekannt ist, liefert uns obige Formel nur einen zu niedrigen Näherungswert. Man kommt aber zur richtigen Wertung, wenn man nach Ermittlung dieses ersten Näherungswertes aus Tabellen mit Zuhilfenahme graphischer Methoden das Äquivalentleitvermögen λ' ermittelt, das dieser Näherungskonzentration entspricht und $\varkappa \cdot 1000$ durch dieses dividiert. Man erhält nun wieder einen etwas zu niedrigen Näherungswert, der aber meistens dem wahren so nahe liegt, daß der Fehler vernachlässigt werden kann. Eventuell ermittelt man das dieser neuen Näherungskonzentration entsprechende Äquivalentleitvermögen λ'' und dividiert $\varkappa \cdot 1000$ durch dieses. Auf diese Weise kann man der wahren Konzentration beliebig nahekommen.

Hat man eine verdünnte Lösung, welche verschiedene Salze enthält, z. B. irgendein natürliches Wasser, und will man bloß zu einer ungefähren Schätzung der gelösten Salzmengen gelangen, so läßt sich dies mittels des Leitvermögens in überaus einfacher und rascher Weise erreichen. Da das Äquivalentleitvermögen der im Wasser gewöhnlich gelösten Salze (Chloride, Sulfate, Carbonate) bei Zimmertemperatur ungefähr um 100 herum liegt, so erhält man, da dann $n = \frac{\varkappa \cdot 1000}{100} = \varkappa \cdot 10$ ist, die Zahl der Grammäquivalente im Liter durch Multiplikation der bei ca. 18^0 C gemessenen Leitfähigkeit mit 10. Da das Äquivalentgewicht der in Betracht kommenden Salze durchschnittlich zwischen 60 und 90, also im Mittel bei 75 liegt, gibt die Multiplikation der Leitfähigkeit mit 750 näherungsweise die Zahl der im Liter gelösten Gramm von Salzen. Ist man über die Mengenverhältnisse der Salze genauer orientiert, wie etwa beim Meerwasser, so läßt sich die Berechnung natürlich noch weiter verfeinern.

Bei Säuren, Basen und stark hydrolysierenden Salzen sind derartige Messungen nicht einwandfrei durchführbar.

Leitfähigkeitstitration. Dagegen läßt sich die Leitfähigkeit bei der Titration von Säuren und Basen an Stelle eines Indicators sehr gut verwerten. Diese Methode, die dort insbesondere wertvoll ist, wo Indicatoren versagen, z. B. in gefärbten oder verdünnten Lösungen, beruht auf dem Umstand, daß das Äquivalentleitvermögen der H- und OH-Ionen das aller übrigen Ionen weitaus übertrifft. Haben wir z. B. eine HCl-Lösung zu titrieren, so füllen wir sie in ein Leitfähigkeitsgefäß, wobei wir die Menge so wählen, daß eine Vermehrung der Füllung keinen nennenswerten Einfluß auf die Widerstandskapazität hat. Die Menge (Volumen) der eingefüllten Flüssigkeit muß natürlich genau bekannt sein. Man läßt nun aus einer Bürette sukzessive genau abgemessene kleine Mengen einer Lauge von genau bekanntem Titer zufließen (die Konzentration der Lauge soll höher, etwa das Zehnfache der zu messenden Säure sein). Nach jedem Zusatz wird die Leitfähigkeit gemessen. Solange kein Laugenüberschuß vorhanden ist, werden die gut leitenden H-Ionen der Säure durch weniger leitende Alkali-Ionen ersetzt. Die Leitfähigkeit nimmt daher ständig ab. In dem Moment aber, wo die Neutralisation beendet ist, nimmt die Leitfähigkeit rasch zu, da ja nun neben Alkali-Ionen noch gut leitende OH-Ionen hinzutreten. Durch graphische Darstellung des Resultates (Ordinate: Leitfähigkeit, Abszisse: cm^3 zugesetzte Lauge) läßt sich die Menge des Verbrauchs mit Lauge sehr genau ermitteln. Die Kurve zeigt im Neutralisationspunkt ein Minimum. Bei der Titration schwacher Säuren ist zu beachten, daß der Laugenzusatz einen Ersatz der schlecht dissoziierenden Säuren durch ihr gut leitendes Alkalisalz bewirkt. Die Leitfähigkeit steigt daher sofort an. Dieser Anstieg ist aber nach Beendigung der Titration ein rascherer; der Neutralisationspunkt ist dann nicht durch ein Minimum, sondern durch einen Knick der Kurve ausgezeichnet. Unter Umständen ist es besser, in diesen Fällen in eine Laugenmenge von bekannter Konzentration die zu bestimmende Säure zu titrieren, wobei man durch geeignete Wahl der Konzentration den Knickpunkt schärfer definieren kann.

In anologer Weise können auch andere Ionen titriert werden, z. B. Cl-Ionen mit $AgNO_3$. In diesem Fall bleibt die Leitfähigkeit zunächst fast unverändert, um dann nach Überführung des ganzen Chlors in unlösliches AgCl plötzlich abzusteigen. Näheres bei KOLTHOFF (4).

Literatur.

(*1*) FÖRSTER: Elektrochemie wässeriger Lösungen. Leipzig 1923.

(*2*) FURLANI: Österr. Botan. Ztschr. **1930**, 1.

(*3*) KOHLRAUSCH-HOLBORN: Leitvermögen der Elektrolyte. Leipzig 1916. — (*4*) KOHLRAUSCH: Praktische Physik. Leipzig 1923. — (*5*) KOLTHOFF, I. M.: Konduktometrische Titration. Dresden 1923.

(*6*) MICHAELIS-RONA: Praktikum der physikalischen Chemie. Berlin 1930.

(*7*) OSTWALD-LUTHER: Physiko-chemische Messungen. Leipzig 1925.

16. Die elektrometrische Messung der Wasserstoffionenkonzentration und ihre Anwendungen.

I. Potentiometrische Methoden.

Von L. MICHAELIS, New York.

Mit 12 Abbildungen.

A. Prinzip der Potentiometrie.

Die Potentiometrie oder Messung von Potentialdifferenzen hat mannigfache Anwendung gewonnen, von denen hauptsächlich erwähnt werden sollen erstens die Messung der Wasserstoffionen sowie einiger anderen dazu geeigneter Ionenarten, zweitens die potentiometrischen Titrationsmethoden, drittens die Bestimmung der Durchlässigkeit von Membranen für einzelne Ionenarten, viertens die Messung von Oxydationsreduktionspotentialen. Allen diesen Anwendungen der Potentiometrie ist gemeinsam die Messung der elektromotorischen Kraft einer galvanischen Zelle. Die Herstellung der zu messenden galvanischen Zelle unterliegt verschiedenen Prinzipien je nach dem Zweck und soll im Anschluß daran geschildert werden. Zunächst nehmen wir an, die zu messende galvanische Zelle sei gegeben, und die Aufgabe sei nur, ihre EMK zu messen. Dies kann auf zwei verschiedene Arten geschehen. Entweder man mißt sie mit einem elektrostatischen Instrument, welches keinen Strom verbraucht, z. B. einem Quadrantelektrometer. Dieses Verfahren ist das mühsamere und kompliziertere. Es ist erforderlich nur bei Ketten, die einen ungeheuer großen inneren Widerstand haben, wie z. B. die Glaselektroden, bei denen der Widerstand nach Megohms (Millionen von Ohm) zu veranschlagen ist. Die elektrostatischen Meßverfahren sind nämlich vom Widerstand unabhängig. Eine ungebührliche Erhöhung des Widerstandes hat allerdings schließlich Fehlerquellen im Gefolge, weil die Ansprüche an Isolierung und Abschirmung mit steigendem Widerstand immer größer werden. Für die Biologie scheint die Glaselektrode der einzige Fall zu sein, bei dem eine elektrostatische Methode erforderlich ist. Sonst ist die zweite Methode stets vorzuziehen, bei der als stromanzeigendes Instrument statt eines Elektrometers ein Galvanometer benutzt wird, und zwar stets als Nullinstrument in Verbindung mit einem Kompensationsverfahren. Zwar brauchte man bisher sehr häufig statt eines Galvanometers ein Capillarelektrometer als stromanzeigendes Instrument, aber dieses ist trotz seines — teilweise berechtigten — Namens, wenigstens unter den gegebenen Bedingungen, viel eher ein stromanzeigendes als ein spannungsanzeigendes Instrument. Denn seine Empfindlichkeit für eine gegebene Klemmspannung einer galvanischen Zelle wird durch einen vermehrten inneren Widerstand der Zelle beträchtlich heruntergedrückt, im Gegensatz zu dem Verhalten eines echten Elektrometers. Deshalb wollen wir für unseren Zweck das Capillarelektrometer zu den stromanzeigenden und nicht zu den spannungsanzeigenden Instrumenten rechnen. Die Potentiometrie mit stromanzeigenden Instrumenten geht auf das Kompensationsverfahren von DU BOIS-REYMOND und POGGENDORFF zurück. Das Prinzip desselben ist in Abb. 268 schematisch dargestellt.

A stellt einen Bleiakkumulator von ca. 2 Volt Spannung dar. *R* ist ein regulierbarer, aber nicht kalibrierter Widerstand. Die Punkte *B* und *D* des Stromkreises sind durch einen Draht von gleichmäßigem Kaliber, z. B. aus Nichrom, verbunden, der zweckmäßig eine Länge von mehr als 1 m hat und über eine in Millimeter geteilte Skala gespannt ist. Somit ist ein geschlossener Stromkreis *A R D C B A* gegeben. Zwischen den Punkten *B* und *D* besteht eine gewisse Potentialdifferenz, da ein bestimmter Bruchteil der Klemmspannung des Akkumulators zwischen diesen zwei Punkten abfällt. Dieser Bruchteil wird durch den Widerstand *R* reguliert, und zwar so, daß z. B. pro Millimeter des Meßdrahts genau 1 Millivolt abfällt. Wie diese Regulierung ausgeführt wird, wird sogleich beschrieben werden. Wir nehmen zunächst an, sie sei schon erfolgt.

Von dem verschiebbaren Gleitkontakt C ist über die zu messende galvanische Zelle E, den Stromschlüssel F und das stromanzeigende Instrument G ein Nebenschluß zu dem Punkt D des Meßdrahts gelegt, und zwar derartig, daß der Widerstand dieses Nebenschlusses sehr groß ist gegenüber dem Widerstand von C nach D direkt über den Meßdraht. Die Zelle E ist so geschaltet, daß ihr Strom entgegengesetzt dem vom Akkumulator gelieferten Strom läuft und daher bei geeigneter Stellung des Gleitkontaktes C gerade kompensiert werden kann. Der Gleitkontakt C wird jetzt so gestellt, daß das Galvanometer Stromlosigkeit anzeigt. Dann ist die EMK der zu messenden Kette E gleich dem Potentialunterschied der Punkte C und D des Meßdrahts, und dieser kann nach dem Vorhergesagten aus der Länge CD erschlossen werden.

Die Regulierung des Vorschaltwiderstands R geschieht in der Weise, daß man an Stelle der unbekannten Zelle E ein Normalelement von bekannter Spannung einsetzt. Das Cadmiumelement hat eine EMK = 1,0183 Volt. Nimmt man als Meßdraht einen Draht, welcher länger als 1 m ist (z. B. 1,1 m) und macht die Strecke DC = 1018,3 mm, und reguliert man nun den Widerstand R so, daß Stromlosigkeit herrscht, so bedeutet jedes Millimeter des Meßdrahts 1 Millivolt Spannungsabfall. Man läßt R in dieser Stellung stehen, ersetzt das Normalelement durch die zu messende Zelle E und verschiebt den Gleitkontakt C bis zum Eintritt der Stromlosigkeit. Die Strecke DC (in Millimeter) gibt dann die EMK (in Millivolt) an.

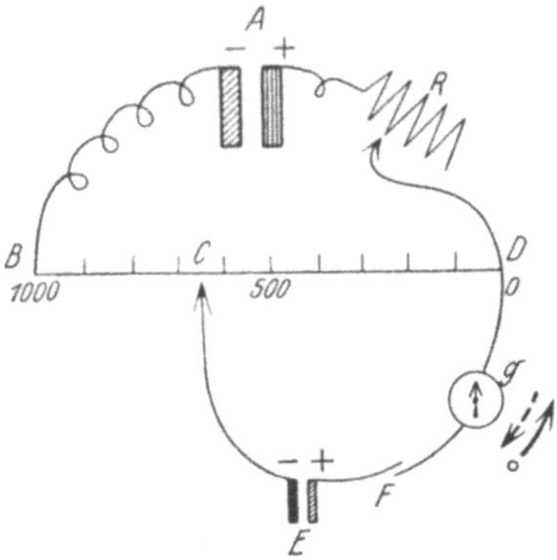

Abb. 268. Schema eines Potentiometers.

Diese Darstellung ist halbschematisch und wird in folgender Weise realisiert.

1. Die Stromquelle A wird am besten durch einen gewöhnlichen einzelligen Bleiakkumulator repräsentiert. Seine Spannung soll am besten zwischen 2,05 und 1,95 Volt liegen und muß von Zeit zu Zeit durch Ladung mit dem gewöhnlichen Hausstrom wiederhergestellt werden. Der Akkumulatorstrom muß in der in Abb. 268 gezeigten Anordnung während des Versuchs dauernd geschlossen bleiben, weil ein frisch geschlossener Akkumulatorstromkreis in der ersten Zeit noch keine genügende Konstanz zeigt. Erst längere Zeit nach dem Stromschluß pflegt sie konstant genug zu sein. Sie muß jedoch sehr häufig kontrolliert werden. Diese Kontrolle besteht darin, daß man häufig den Widerstand R so reguliert, daß in dem oben beschriebenen Kompensationsverfahren mit dem Cadmiumnormalelement Stromlosigkeit herrscht. Es ist deshalb erforderlich, daß das Potentiometer so eingerichtet ist, daß man durch einen einfachen Handgriff die zu messende EMK E durch das Normal-Cadmiumelement ersetzen kann. Alle modernen Potentiometer besitzen solche schnell zu handhabenden Umschaltevorrichtungen.

2. Vorschaltwiderstände R sind an allen modernen Potentiometern eingebaut. Man kann sie durch einfache fein regulierbare Gleitrheostaten improvisieren, am besten durch zwei solcher, einen gröberen und einen feineren. Das erforderliche Widerstandsbereich hängt von dem Widerstand des „Meßdrahts" ab.

3. Die in dem Schema als Meßdraht dargestellte Abteilung des Apparats wird in der Praxis am besten durch Widerstandssätze repräsentiert. Worauf es ankommt, ist nur, daß der Widerstand zwischen B und D bei allen Stellungen des Apparates konstant bleibt, und daß eine Vorrichtung existiert, entsprechend dem Gleitkontakt C, welcher aus dem gesamten Widerstand einen willkürlichen Bruchteil abzuzweigen gestattet. Eine einfache Ausführung ist die folgende. Man schaltet zwei Stöpselrheostatenkästen hintereinander, von denen jeder einen Satz von 500, 200, 200, 100, 50, 20, 20, 10, 5, 5, 2, 2, 1 Ohm enthält. Man entfernt die Stöpsel eines derselben und behält die des anderen. Die Strecke BC entspricht dann dem einen, CD dem anderen Stöpselrheostaten. Wenn man nun der

Reihe nach jeden Stöpsel des einen Rheostaten auf die entsprechende freie Stelle des anderen überstöpselt, erreicht man dasselbe, als ob man einen Gleitkontakt C verschöbe. Diese Verschiebung ist allerdings dann nicht kontinuierlich, sondern die kleinste Änderung ist 1 Ohm, entsprechend 1 Millivolt. Bruchteile eines Millivolts müssen dann durch Interpolation abgeschätzt werden. Bequemer und feiner sind die Einrichtungen an fertigen Potentiometern, bei denen zwischen zwei Sätzen grob, meist in Stufen von 100 Millivolt, abgestufter fester Widerstände ein auf eine Walze gewickelter Meßdraht eingeschaltet ist, auf dem ein Gleitkontakt verschiebbar ist. Es gibt viele zweckmäßige Konstruktionen, die das ermöglichen. Von amerikanischen Instrumenten sei besonders das Potentiometer von LEEDS und NORTHRUP erwähnt, von denen der Type K den gewöhnlichen Anforderungen und Type L allen nur denkbaren Anforderungen an Feinheit entspricht. Das in Deutschland von MISLOWITZER konstruierte Potentiometer scheint dem weniger empfindlichen Typus der beiden obengenannten zu entsprechen, dürfte aber für alle Ansprüche des Biologen ausreichen. Im übrigen gibt es zahllose gute Potentiometer, von denen als besonderes das WOLFFsche als ein Instrument von höchster Präzision bekannt ist. Über zahlreiche andere Konstruktionen vgl. den betreffenden Artikel in GRAETZ' Handbuch der Elektrizität.

4. *Das stromanzeigende Instrument.* Bis vor wenigen Jahren benutzte Verfasser das Capillarelektrometer. Es gibt aber jetzt so empfindliche und wohlfeile Galvanometer von sehr viel größerer Empfindlichkeit, daß man das Capillarelektrometer als überwunden betrachten kann. Für viele Zwecke reichen schon Zeigergalvanometer aus. Mit ihnen kann man etwa dieselbe Empfindlichkeit erreichen wie mit dem Capillarelektrometer, und sie sind bequemer. Weit vorzuziehen sind die Drehspulengalvanometer mit Spiegelablesung. Ein praktisch den meisten Zwecken genügendes Instrument ist das „Lamp-and-Scale-Galvanometer" von LEEDS und NORTHRUP, Philadelphia, mit einer Empfindlichkeit von $1{,}5 \times 10^{-8}$ Ampere pro Skalenstrich. Es enthält alles Notwendige einschließlich Spiegel, Beleuchtung und Skala in einem Kasten von der Größe einer Zigarrenkiste und ist gegen mechanische Stöße sehr widerstandsfähig. Es schwingt aperiodisch. Eine noch größere Empfindlichkeit hat ein Spiegelgalvanometer. Das vom Verfasser benutzte hat folgende Eigenschaften: 1 mm Ausschlag der Skala bei 1 m Entfernung des Spiegels von der Skala entspricht 3×10^{-9} Ampere, Schwingungsperiode 2 Sekunden, äußerer kritischer Widerstand (d. i. der äußere Widerstand, bei dem die Schwingung aperiodisch wird) 2000 Ohm. Man benutzt entweder Fernrohrablesung oder objektive Projektion eines Lichtspalts oder des Glühfadens selbst. Ein solches Galvanometer muß stets, bevor die Kompensationsstellung nahezu erreicht ist, durch einen Shunt von wenigen Ohm kurzgeschlossen sein. Moderne Potentiometer besitzen verschiedene Druckkontakte, die nach Bedarf stärker oder schwächer die Empfindlichkeit abschwächende Nebenschlüsse des Galvanometers herstellen.

5. *Als Normalelement* (Standardzelle) benutzt man am besten ein Cadmiumelement (Cadmiumamalgam — gesättigte Lösung von Cadmiumsulfat mit überschüssigen Krystallen —, Paste von Mercurosulfat — Quecksilber). Es empfiehlt sich, ein solches Element fertig zu beziehen. Seine EMK soll betragen bei

0^0	5^0	10^0	15^0	20^0	25^0	30^0	
1,0189	1,0189	1,0189	1,0188	1,0186	1,0184	1,0181	internationalen Volt.

Vorzuziehen und leichter käuflich zu erhalten ist das Weston-Element, welches sich von dem vorigen nur dadurch unterscheidet, daß es eine bei 4^0 gesättigte Lösung von Cadmiumsulfat ohne überschüssige Krystalle enthält und noch den

Vorzug hat, daß es bei allen praktisch vorkommenden Temperaturen die gleiche EMK von 1,0183 Volt hat. Man kann es mit Eichungsschein von der Physikalisch-Technischen Reichsanstalt beziehen.

Niemals darf dem Normalelement mehr als 0,0001 Ampere Strom entnommen werden, insbesondere darf man seine EMK nicht mit einem sog. Voltmeter messen. Hat man versehentlich doch Strom entnommen, so muß man längere Zeit zur Wiederherstellung der EMK warten. Mitunter weicht der Eichungswert um einige Zehntel Millivolt von dem als normal angenommenen ab. Wenn die EMK konstant ist, kann das Element trotzdem benutzt werden.

6. Alle Drähte müssen vollkommen isoliert sein. Es ist heute leicht, in Radioausstattungsgeschäften vorzüglich isolierte und gut biegsame Drähte zu erhalten. Kontakte, sowohl Stöpsel- wie Gleitkontakte, werden gelegentlich durch einige Tropfen Petroleum von schlecht leitenden Oxydschichten befreit. In feuchtem Klima hat man häufig darunter zu leiden, daß Feuchtigkeitsbeschläge an Tischen, Stativen u. dgl. unerwünschte Nebenschlüsse geben und elektromotorische Kräfte erzeugen. Oft kann man sich helfen, indem man alle Apparate auf eine Unterlage von paraffiniertem Papier stellt.

Es ist vorteilhaft, die beiden Drähte, die von den Polen der zu untersuchenden Zelle kommen, durch einen Stromwender in den Stromkreis einzuschließen, so daß je nach Bedarf die Stromrichtung dieser Zelle gewendet werden kann. Als Stromwender kann man eine POHLsche Wippe benützen. Besser noch ist folgende Einrichtung: Eine Reihe von Drähten ist dauernd mit den Kontakten eines Stöpselschaltbrettes verbunden. Die verschiedenen Kontaktstellen des Schaltbrettes können beliebig je nach Bedarf verbunden werden. Beispielsweise wird der Kontakt Nr. 1 mit einer Kalomelelektrode, Nr. 2, 3, 4 mit je einer Halbzelle verbunden, deren Potentialunterschied gegen die Kalomelzelle gemessen werden soll. Zwei vom Potentiometer kommende Drähte sind am Ende mit Metallstöpseln versehen und werden dazu benutzt, um entweder Nr. 1 und Nr. 2, oder Nr. 1 und Nr. 3, oder Nr. 1 und Nr. 4 in das Potentiometer abzuleiten, und zwar beliebig in der einen oder anderen Richtung.

7. *Temperaturkontrolle.* Die Temperatur innerhalb der zu messenden Zelle muß auf mindestens einige Zehntel Grade bekannt sein und muß vor allem in der ganzen zu messenden Zelle, d. h. in ihren beiden Halbzellen, dieselbe sein. Für viele Zwecke ist es ausreichend, die Zelle an einer zugfreien Stelle des Zimmers aufzubauen. Es ist zweckmäßig, die Kalomelelektrode dauernd mit einem in ihre Flüssigkeit tauchenden Thermometer zu versehen. Will man bei anderen Temperaturen oder überhaupt bei einer bestimmten immer reproduzierbaren Temperatur während einer Versuchsserie arbeiten, so muß die zu messende Zelle in einen Thermostat gebracht werden. Wasserthermostaten sind wegen der feuchten Atmosphäre nicht zu empfehlen. Besser ist es, wenn das Wasser mit einer Schicht von dünnflüssigem Mineralöl[1] bedeckt wird oder wenn dieses Öl überhaupt statt Wasser benutzt wird. Viel sauberer und bei verständnisvoller Behandlung ebenso zuverlässig in der Temperaturregulierung sind Luftthermostaten, die elektrisch reguliert werden. Es ist aber notwendig, die Luft in diesem durch einen elektrischen Ventilator dauernd in Bewegung zu halten. Als Heizkörper benutzt man am besten eine frei ausgespannte Spirale von Nichromdraht, die elektrisch geheizt wird. Der Ventilator wird so angebracht, daß er die Hitze von diesem Draht direkt abbläst. Der Heizstrom wird durch einen Regulator mit Toluol und Quecksilber oder auch nur mit Quecksilber kontrolliert, welcher ein Relais betätigt, das den Heizstrom ein- und ausschaltet. Bei weitem das zweckmäßigste Relais

[1] Siehe Fußnote S. 440.

ist ein Quecksilberwipprelais, das von American Electric Corporation, Washington, D. C. hergestellt wird. Es wird von einem 2-Volt-Akkumulator betrieben. Die Unterbrechung des Heizstromes geschieht dabei im Vakuum durch Überkippen eines Quecksilberkontakts. Der dabei entstehende Funke verdirbt den Kontakt niemals. Der kleine Funke, der bei der Betätigung des Relais an dem Platinquecksilberkontakt des Thermoregulators erzeugt wird, kann durch einen parallel geschalteten Kondensor von geeigneter Kapazität, wie er in Radiogeschäften erhältlich ist, praktisch vernichtet werden[1]. Wenn das Quecksilber des Regulators rein, insbesondere frei von Blei ist, und die Kontaktstelle nicht mit Toluol verunreinigt ist, ist der Kontakt fast unverderblich. Es ist leicht, ein kleines Zimmerchen auf diese Weise dauernd auf konstanter Temperatur zu erhalten, derart, daß die Temperatur einer mit Wasser gefüllten, verschlossenen Flasche von den Dimensionen der Elektrodengefäße besser als innerhalb $^1/_{10}$ Grades konstant ist. Ein in der Luft frei aufgehängtes empfindliches Thermometer pflegt dann in der durch das Spielen des Relais bewirkten periodischen Erwärmungs- und Abkühlungszeit um $\pm$ 0,2 bis 0,8^0 zu schwanken, je nachdem sich der Raum in seiner Temperatur von der Umgebung unterscheidet und je nach der Wirksamkeit der Ventilation. Die Einrichtung eines Arbeitsraumes mit konstanter Temperatur ist so leicht und so vielfältig nützlich, daß man sie bei jeder Laboratoriumseinrichtung erwägen sollte.

B. Messung der Wasserstoffionen.

a) Theorie der Wasserstoffkette.

Mit Platinschwarz überzogenes Platin verhält sich in einer Atmosphäre von Wasserstoffgas wie metallisch leitender Wasserstoff und stellt eine reversible Wasserstoffelektrode dar. Wenn eine galvanische Zelle aus zwei solcher Platinelektroden gebildet wird, jede in Gleichgewicht mit Wasserstoffgas von demselben Partialdruck, aber in Lösungen verschiedener Wasserstoffionenkonzentration, h_1 und h_2, so ist die elektromotorische Kraft dieser Kette E

$$E = 0{,}0001983 \cdot T \cdot \overset{10}{\log} \frac{h_1}{h_2} \text{ Volt}, \tag{1}$$

wo T die absolute Temperatur in Zentigraden ist ($= {}^0\text{C} + 273$). Voraussetzung für die Gültigkeit dieser NERNSTschen Gleichung ist allerdings, daß die beiden verschiedenen Lösungen an ihrer Berührungsstelle keinen Potentialunterschied haben. Diese Voraussetzung trifft von selbst selten zu, und in einem besonderen Kapitel wird davon die Rede sein, wie man das Flüssigkeitsverbindungspotential (oder Diffusionspotential) vernichtet. Ist h_1 bekannt, so ist also

$$\log h_2 = \log h_1 - \frac{E}{0{,}0001983 \cdot T}. \tag{2}$$

Statt mit der Wasserstoffionenkonzentration oder der „Wasserstoffzahl“ h operiert man gewöhnlich mit dem Logarithmus ihres reziproken Wertes und bezeichnet diesen Wasserstoffexponenten nach SÖRENSENS Vorschlag als p_H. Definitionsgemäß ist also

$$p_H = -\log h = \log \frac{1}{h},$$

und die vorige Gleichung lautet dann

$$p_{H_2} = p_{H_1} + \frac{E}{0{,}0001983 \cdot T}. \tag{2}$$

Hierbei muß die elektromotorische Kraft E als eine positive Größe betrachtet werden, wenn der Strom im Schließungsdraht von der h_2-Lösung zur h_1-Lösung fließt. Mit anderen

[1] Bei Bestellung des Relais achte man darauf, daß man ein leicht ansprechendes, durch eine 2-Volt-Batterie betätigtes Relais erhält. Wenn mehr als 2 Volt erforderlich sind, ist es schwerer, den Funken genügend zu unterdrücken. Man wird in der Regel etwa eine Kapazität von 1—2 Mikrofarad brauchen.

Worten, wenn die unbekannte Lösung saurer ist als die bekannte, muß das zweite Glied der rechten Seite von (2) subtrahiert werden; wenn sie alkalischer ist, muß es addiert werden.

Um also p_H in irgendeiner Lösung zu messen, baut man eine galvanische Zelle bestehend aus folgenden zwei Halbzellen: 1. platiniertes Platin in Gleichgewicht mit einer reinen Wasserstoffatmosphäre von 1 Atm. Druck, in Berührung mit einer Standardlösung von bekanntem p_H; 2. eine ebensolche, in Berührung mit der unbekannten Lösung. Der Flüssigkeitskontakt zwischen den beiden Lösungen wird mit einer gesättigten Lösung von KCl hergestellt, welche praktisch alle Diffusionspotentiale vernichtet, am einfachsten mit einem mit KCl gesättigten Agarheber.

Statt das Potential dieser beiden Halbzellen gegeneinander zu messen, ist es in der Praxis vorteilhafter, das Potential erstens der Standardhalbzelle und nachher das Potential der anderen Halbzelle mit der unbekannten Lösung gegen irgendeine gut reproduzierbare Vergleichshalbzelle zu messen, welche immer fertig ist und nicht der Durchleitung von H_2 bedarf. Als solche wählt man am besten eine Kalomelelektrode. Es muß also beschrieben werden, 1. die Standardhalbzelle mit Wasserstoff, 2. die Kalomelhalbzelle, 3. die Wasserstoffhalbzelle mit der unbekannten Lösung, 4. die KCl-Brücke.

Die Standardhalbzelle.

Sie besteht aus a) der platinierten Platinelektrode, b) dem Elektrodengefäß, c) der Standardflüssigkeit von bekanntem p_H, und bedarf d) der Durchströmung mit reinem Wasserstoff.

a) Die platinierte Platinelektrode. Ein nicht allzufeiner Platindraht wird in ein Glasrohr so eingeschmolzen, daß etwa 2 cm nach außen herausragt und ein kleines Stück in das Innere des Rohres hineinragt (Abb. 269). Das äußere Ende dient als Elektrode, das innere Ende wird zur Herstellung eines Quecksilberkontaktes benutzt. Die eingeschmolzene Strecke des Platindrahts muß 1—2 mm lang luftdicht von Glas allseitig umgeben sein. Einen nicht zu dicken Platindraht kann man ohne Hilfe von Bleiglas direkt in gewöhnliches Glas einschmelzen. Es ist vorteilhaft, aber nicht durchaus notwendig, als herausragenden Teil ein kleines Stück Platinblech statt des bloßen Drahtes zu nehmen. Das Blech wird an den Draht angeschweißt (nicht mit einem Lötmetall gelötet!), indem man die beiden zu verschweißenden Teile bei hoher Weißglut mit einem kurzen kräftigen Hammerschlag zusammenschlägt. Statt zu schweißen, kann man auch ein kleines Stück Platinblech mit einem dünnen drahtartigen Stiel zurechtschneiden und den Stiel in das Glasrohr einschmelzen.

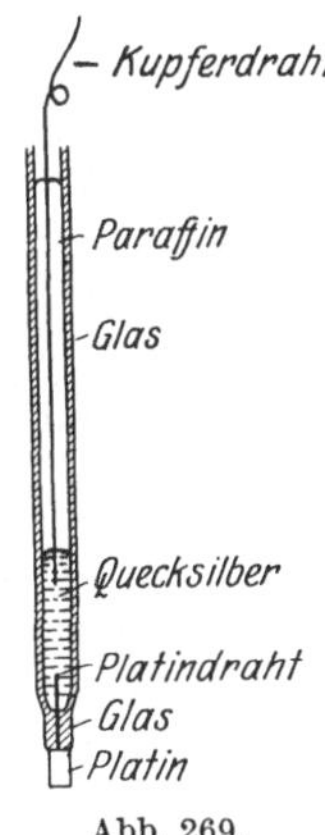

Abb. 269. Platinelektrode.

Das Glasrohr wird mit etwas Quecksilber gefüllt und ein langer Kupferdraht hineingesteckt, der zur Herstellung des metallischen Kontakts dient. Vorteilhaft füllt man das Rohr oberhalb des Quecksilbers mit einem hochschmelzendem Paraffin. Es verhindert das Ausfließen des Hg beim Umkippen und fixiert den ableitenden Draht. Die metallische Verbindung dieses Drahtes mit dem zum Potentiometer führenden Draht stellt man am sichersten durch eine gefederte Metallklammer dar.

Die Elektrode muß mit Platinschwarz überzogen werden. Zu diesem Zweck verbindet man sie mit dem negativen Pol einer 3- oder 4-Volt-Batterie. Eine Hilfselektrode, die in gleicher Weise hergestellt worden ist, verbindet man mit dem positiven Pol, und beide befinden sich in einer Lösung von 3% „Platinchlorid" (Platinchlorwasserstoffsäure), welcher eine Spur Bleiacetat zugesetzt ist (wenige Milligramme auf 30 cm³). Dieser Zusatz erleichtert die Abscheidung des Platinschwarzes bedeutend und hat, trotz einiger gegenteiliger Angaben in der Literatur, keinerlei schädlichen Effekt. Man läßt den Strom einige Zeit gehen. Die Stromstärke ist richtig, wenn eine mäßige, nicht stürmische Gasentwicklung stattfindet. Oft nimmt frisches Platin den Überzug beim ersten Platinieren nicht gleichförmig an. In diesem Fall erhitzt man die ungenügend geschwärzte Elektrode kurz in dem Rande eines Bunsenbrenners, bis der schwarze Überzug nicht mehr sichtbar ist, und platiniert aufs neue. Die ganze Prozedur kann öfters wiederholt werden. Schließlich nimmt das Platin in $^1/_2$—1 Minute in der elektrolytischen Zelle einen gleichmäßigen schwarzen Überzug an. Es ist nicht von Vorteil, die Platinierungsdauer länger auszudehnen als bis durchweg die Oberfläche soeben schwarz geworden ist. Nun wird die Elektrode kurz gewässert und einige Minuten kathodisch in verdünnte Schwefelsäure polarisiert, mit derselben Batterie wie zur Platinierung benutzt. Hierdurch werden Reste des Platinsalzes, die in der rauhen Oberfläche stecken, reduziert. Nun wird die Elektrode gewässert und ist gebrauchsfertig. Sie wird dauernd unter Wasser aufbewahrt und sollte niemals trocken werden. Die Platinierung ist meist wochen- und monatelang brauchbar, außer wenn man mit viel eiweißhaltigen Lösungen arbeitet. Um die Platinierung zu erneuern, entfernt man das alte Schwarz am einfachsten durch vorsichtiges Erhitzen im Rand eines Bunsenbrenners.

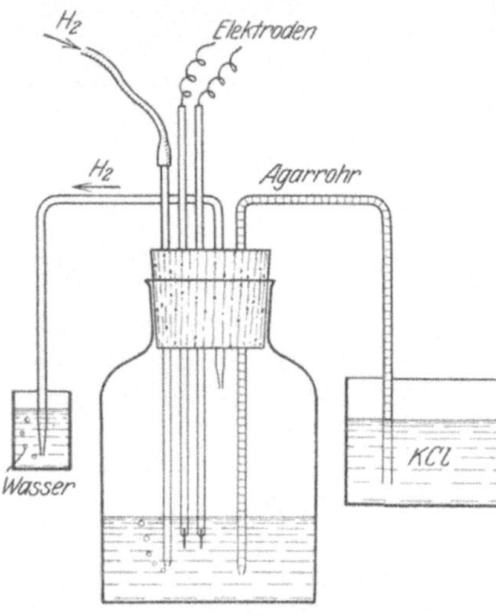

Abb. 270. Einfache Form einer Wasserstoffelektrode, enthaltend zwei Elektroden, für eine Doppelbestimmung.

b) Das Elektrodengefäß. Das einfachste Elektrodengefäß ist eine weithalsige Flasche von 30—50 cm³ Inhalt, mit einem mehrfach durchbohrten Gummistopfen (Abb. 270). Durch eine Bohrung führt man die Elektrode ein. Es ist ratsam, durch noch eine Bohrung eine zweite ebensolche zur Kontrolle einzuführen. Die dritte Bohrung trägt ein Glasrohr, welches bis fast auf den Boden reicht, zur Zuleitung des Wasserstoffes, die vierte ein nach innen nur kurzes, nach außen heberartig nach unten abgebogenes Glasrohr, zur Ableitung des Gases. Eine fünfte Bohrung trägt den Agarheber.

Die Flüssigkeit braucht nur den unteren Teil des Gefäßes einzunehmen. Die Elektroden mögen ganz, oder auch nur zum Teil in die Flüssigkeit eintauchen. Wenn das ganze System mit Wasserstoffgas gesättigt ist, darf dies durchaus keinen Unterschied machen.

c) Der Agarheber. Der Agarheber wird folgenderweise hergestellt. 3 g Agar werden in 100 g Wasser zur völligen Lösung verkocht und 40 g KCl hierin aufgelöst. Passend gebogene Glasrohre werden heiß mit dieser Lösung gefüllt und nach dem Erstarren mit den Enden unter gesättigter KCl-Lösung aufbewahrt, am besten über zwei Bechergläsern. In allen Schalen und Gläsern, welche offengesättigte KCl-Lösung enthalten, wird eine Schicht flüssiges Paraffin[1] über diese Lösung geschichtet, wodurch das lästige Überkriechen und Auskrystallisieren des

[1] Die europäischen flüssigen Paraffine sind zu dickflüssig für diesen Zweck. Zu empfehlen ist z. B. Liquid Petrolatum „Squibb“.

KCl verhindert wird. Das in das Elektrodengefäß hineinragende Ende des Hebers ist zugespitzt, um die Diffusionsfläche möglichst klein zu machen. Neuerdings verwendet der Verfasser statt des capillar zugespitzten Endes des Agarhebers, welche durch Retraktion des Agar leicht eine Luftblase einläßt und dann unbrauchbar wird, folgendes Verfahren. Der Agarheber wird durch ein Glasrohr von überall gleichmäßigem Kaliber, ohne Zuspitzung, gebildet. Während des Einfüllen des Agar wird in das eine Ende ein kurzes Stück Glasrohr eingesteckt, von solchem Kaliber und Form, daß es einigermaßen fest eingekeilt werden kann, und derart, daß 1—2 mm desselben aus der Öffnung herausragt. Der capillare Spalt zwischen diesem Glaspfropf und dem Glasrohr ist durch KCl-Agar verstopft und stellt eine ausreichende leitende Verbindung von minimaler Diffusionsfläche dar. Solches Rohr kann nach Gebrauch in öfter gewechselter gesättigter KCl-Lösung ausgewaschen und lange Zeit gebrauchsfähig erhalten werden.

d) Die Standardlösung. Als Standardlösung von bekanntem p_H benutzt man am besten Standardacetat: Mit Hilfe einer (einigermaßen aber nicht notwendigerweise im strengsten Sinne ganz exakten, und nicht notwendigerweise ganz CO_2-freien) $^1/_1$ normalen NaOH wird durch Titrieren mit Phenolphthalein als Indicator eine etwa $^1/_1$ normale Essigsäurelösung genau in bezug auf diese Lauge austitriert. Nunmehr mischt man 100 cm^3 der Lauge und das doppelte Äquivalent der Essigsäure und füllt auf 1 Liter auf. Das p_H dieser Lösung wird = 4,62 angenommen. Diese Lösung hat folgende Vorteile: das p_H ist von verschiedenen Autoren sehr genau geeicht und ist innerhalb weiter Grenzen von der Temperatur unabhängig. Das p_H dieser Lösung ist praktisch unabhängig von der Gegenwart von gelöstem CO_2. Die Lösung ist so gut gepuffert, daß Verunreinigung durch Alkali aus dem Glas keinen meßbaren Einfluß hat. Sie ist über Jahre haltbar. Sie zeigt nach allem, was man heute darüber aussagen kann, kein in Betracht kommendes Diffusionspotential gegen gesättigte KCl-Lösung (bzw. den Agarheber).

e) Der Wasserstoff. Der Wasserstoff kann aus einem KIPPschen Apparat mit reinstem, As-freien Zink und verdünnter Schwefelsäure entwickelt werden, mit etwas $CuSO_4$ oder einem Tropfen Platinchloridlösung als Katalysator. Er wird am besten hintereinander in $HgCl_2$-Lösung und alkalischer Permanganatlösung gewaschen. Vielfach wird elektrolytisch erzeugter Wasserstoff benutzt. Bei weitem am einfachsten ist es, Wasserstoff aus einer käuflichen Bombe zu benutzen. Dieser Wasserstoff ist heutzutage meist so rein, daß er direkt benutzt werden kann. Wenigstens kann der Verfasser keinen Unterschied bemerken, ob der Bombenwasserstoff gereinigt wird oder nicht. Aber natürlich hängt dies von der Qualität ab. Arsen ist in Bombenwasserstoff kaum zu befürchten, und es kommt nur O_2 in Betracht. Zur Befreiung von O_2 kann verwendet werden: alkalische Pyrogallollösung oder *frische* Natriumhydrosulfitlösung[1] oder, viel einfacher und sicherer, ein 20 cm langes, mit Platinasbest gefülltes Rohr aus schwer schmelzbarem Glase, das durch Gasheizung oder durch einen elektrischen Heizdraht erhitzt wird. Eine Temperatur von 350° ist mehr als ausreichend, Rotglut (700°) keinesfalls erwünscht oder gar erforderlich. Eine andere Methode ist Leiten über metallisches Kupfer bei 400—500°, eine Methode, die weiter unten genauer beschrieben werden wird. In Laboratorien, in denen auch ein völlig O_2-freier N_2 gebraucht wird, ist diese Methode die beste, weil derselbe Apparat für beide Zwecke benutzt werden kann und niemals der Erneuerung bedarf.

Der gereinigte Wasserstoff wird in mäßigem Strom durch das Elektrodengefäß geleitet, das Potential gegen eine Kalomelelektrode ständig kontrolliert und

[1] Auch Natriumhyposulfit genannt, nicht zu verwechseln mit Natriumbisulfit, welches auch manchmal als Natriumhydrosulfit bezeichnet wird.

die Gasdurchströmung so lange fortgesetzt, bis das Potential einigermaßen konstant wird. Nunmehr wartet man bei verlangsamter Gasdurchströmung (2 Blasen in der Sekunde) oder ohne jede Durchströmung die endgültige Konstanz des Potentials ab. Das ganze erfordert 10—30 Minuten, kaum jemals länger. Verschiedene Elektroden in demselben Gefäß müssen bis auf $^1/_{10}$ oder höchstens wenige Zehntel Millivolt übereinstimmen. Die Wasserstoffelektrode gehört zu den best reproduzierbaren Elektroden und ist in dieser Beziehung verläßlicher als die Kalomelelektrode. Sollte es vorkommen, daß verschiedene Elektroden etwas größere Abweichungen haben — bei alten Platinierungen oder manchmal aus unbekannten Gründen, so kann man sich durch folgenden Kunstgriff helfen: BIJLMAN fand, daß sogar eine blanke Platinelektrode sich wie eine reversible Wasserstoffelektrode verhält, wenn man der zu messenden Lösung ein wenig kolloidales Palladium zusetzt. Die Einstellung des Potentials erfordert allerdings längere Zeit. Denselben Kunstgriff kann man aber mit noch größerem Erfolg bei platinierten Platinelektroden anwenden, wenn sie irgendwie unsicher sind. Von „kolloidalem Palladium nach Nacht-Pal", 1 : 1000, in Wasser gelöst (dauernd haltbar), werden einige Tropfen der zu messenden Lösung zugesetzt. In wenigen Minuten findet man innerhalb $^1/_{10}$ Millivolt Übereinstimmung bei allen, auch den sonst sich etwas abnorm verhaltenden platinierten Platinelektroden.

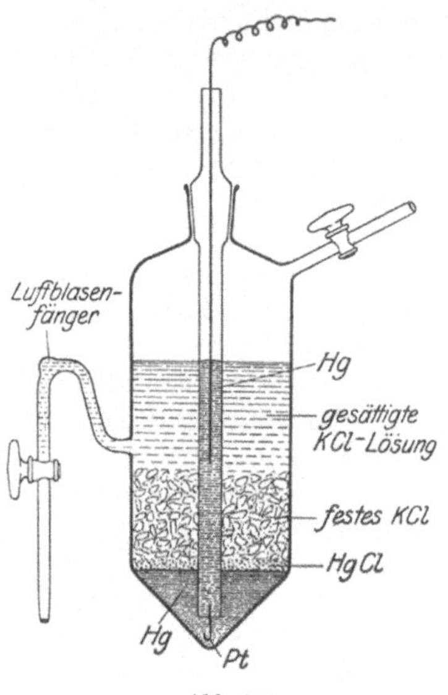

Abb. 271.

Besonderes Schütteln der Elektrode ist nicht erforderlich. Die Gasdurchleitung sorgt für genügende Durchmischung. Das endgültig eingestellte Potential muß unverändert bleiben, ob man während der Ablesung das Gas (langsam) weiterströmen läßt oder nicht.

f) Die Kalomelelektrode. Eine zweckmäßige Form der Kalomelelektrode ist die in Abb. 271 gezeichnete. Das Quecksilber muß frei von allen fremden Metallen sein. Es muß, zur Entfernung von unedlen Metallen, am besten wiederholt, destilliert sein, bei vermindertem Druck, unter ständiger Durchsaugung von Luft, wodurch die meisten Metalle, besonders die flüchtigeren, oxydiert und am Überdestillieren verhindert werden. Zur restlosen Entfernung von Blei muß zuletzt das Quecksilber mehrere Male mit einer Lösung von Mercuronitrat, etwas mit HNO_3 angesäuert, geschüttelt werden. Zum Schluß wird das Quecksilber in eine Abdampfschale gegossen, wiederholt mit destilliertem Wasser dekantiert und mit Bäuschen von Fließpapier getrocknet. Das Quecksilber wird trocken in das Elektrodengefäß eingefüllt und über dasselbe ohne zu schütteln ein dicker Brei von Kalomel in KCl-Lösung aufgeschichtet, einige Millimeter hoch. Über die Zubereitung des Kalomel ist viel geschrieben worden. Am sichersten verwendet man Kalomel, das elektrolytisch durch anodische Polarisation von reinem Hg in HCl bereitet worden ist. Es ist durch Beimengung von Hg grau gefärbt. Es wird feucht aufbewahrt und vor Benutzung mit derjenigen Lösung wiederholt gewaschen, mit der es später in dauerndem Kontakt sein soll.

Man achte sehr darauf, daß der Platinkontakt stets tief unter der Oberfläche des Quecksilbers bleibt und vermeide jedes Schütteln. Hierbei kann nämlich der Platinkontakt mit Kalomel verschmiert werden. Es bildet sich dann ein Flüssigkeitskontakt zwischen dem Platin und dem Quecksilber, der das Potential ändert und unbeständig macht. Die ganze Elektrode wird dann mit KCl-Lösung von bestimmter Konzentration aufgefüllt. Das Potential hängt von dieser Konzentration ab, und man hat die Wahl zwischen 1 normal, 0,1 normal oder gesättigt mit Überschuß von KCl-Krystallen. Die letztere hat den Vorzug, daß ihre Lösung niemals erneuert zu werden braucht, weil ihre Konzentration sich in Berührung mit der gesättigten KCl-Lösung, in die der Anflußheber taucht, mit der Zeit nicht ändert. Dies gibt ihr entschieden den Vorzug als dauernde Arbeitselektrode. Sie hat auch den Vorteil eines sehr kleinen Temperaturkoeffizienten[1]. Aber ihr Potential ist schlechter reproduzierbar und schwankender als das der 0,1 normalen Kalomelelektrode. Man benutzt daher am besten die gesättigte Elektrode zum dauernden Arbeiten und kontrolliert sie alle paar Tage mit der 0,1 n-Elektrode, von der man mindestens zwei Exemplare haben muß, und diese müssen dauernd um nicht mehr als 0,1 Volt differieren. Hat man ganz verläßliche 0,1 n-Elektroden nicht zur Hand, so eiche man die gesättigte Kalomelelektrode lieber häufig mit der Standard-Acetat-Wasserstoff-Elektrode.

Der definitive Wert der Kalomelelektrode wird von den besten Autoren um mindestens 1 Millivolt verschieden angegeben, und man eiche daher seine eigene Kalomelelektrode stets selbst. Man erhält für die gesättigte Elektrode $+0{,}517 \pm 0{,}002$ gegen die Standard-Acetat-Wasserstoff-Elektrode. Die gesättigte Kalomelelektrode sollte daher nur als Hilfselektrode benutzt werden, deren Wert individuell an der Wasserstoffelektrode jedesmal geeicht wird. Eine gut abgelagerte Elektrode, welche nicht aufgeschüttelt wird, pflegt in Wochen oft nur um einige Zehntel Millivolt zu schwanken und braucht daher nur gelegentlich nachgeprüft zu werden.

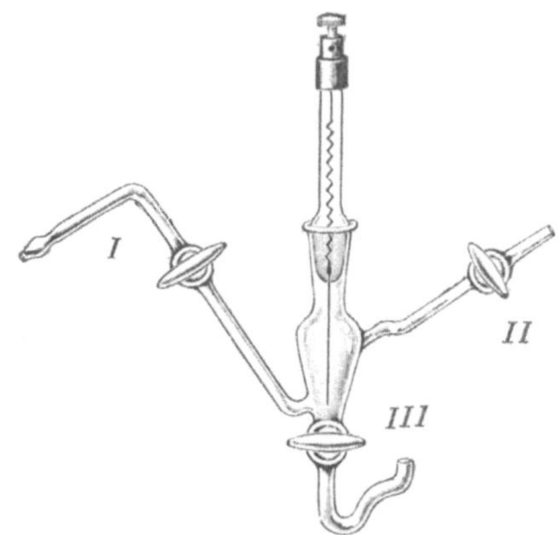

Abb. 272. Wasserstoffelektrode. Birnenform. 1/3 natürl. Größe.

g) Die Gaselektrode. Als Gaselektrode kann dieselbe Form benutzt werden, wie sie für die Standard-Acetat-Elektrode beschrieben worden ist. Für beide Zwecke kann man auch, besonders zur Messung kleinerer Flüssigkeitsmengen, irgendeine der fertig zu beziehenden Elektrodenformen benutzen (vgl. auch S. 460). Von diesen sind besonders in Gebrauch die von Clark angegebene, mit Schüttelvorrichtung, und die vom Verfasser angegebene Birn-Elektrode (Abb. 272). Alle diese sind aber nur dann anwendbar, wenn das p_H der zu untersuchenden Lösung durch Durchströmen mit Wasserstoff nicht geändert wird, oder bei denen dieses Durchströmen einen flüchtigen, einflußreichen Bestandteil, besonders CO_2, nicht austreibt. Dies trifft zu

1. Wenn $p_H < 5{,}5$ ist. In diesem Fall ist alle CO_2 als undissoziierte Säure oder gelöstes freies CO_2 vorhanden, und ihre Entfernung ändert das p_H nicht.

2. Wenn $p_H > 8{,}5$, besser > 9, ist. Dann ist unter keinen Umständen eine meßbare Menge freie CO_2 vorhanden.

3. Wenn die Lösung überhaupt keine Kohlensäure in irgendeiner Form enthält, oder wenigstens so wenig, daß die Pufferung ganz überwiegend von anderen Puffern (z. B. Phosphat) übernommen wird.

Diese Bedingungen treffen für biologisch interessierende Flüssigkeiten selten zu, welche meist in merklichem Betrage durch CO_2-Puffer gepuffert werden. In diesem Falle stehen zwei Methoden zur Verfügung:

1. Entweder man durchströmt, statt mit reinem H_2, mit einem Gemisch von H_2 mit einigen Prozent CO_2, welches genau bestimmt wird und derartig bemessen ist, daß es in CO_2-Gleichgewicht mit der Lösung ist. In manchen Fällen ist es geradezu von Interesse, das p_H bei einem gegebenen CO_2-Partialdruck (z. B. dem der Respirationsluft, 40 mm CO_2-Druck) zu messen. Auf diese Weise mißt man z. B. das auf 40 mm CO_2-Druck reduzierte p_H des Blutes.

2. Die allgemeinere Methode ist die H_2-Elektrode mit stehender H_2-Atmosphäre. Obwohl früher vielfach als solche benutzt, ist sie mit dieser bestimmten Idee vom Verfasser empfohlen worden. Das Prinzip, diese stehende Atmosphäre in CO_2-Gleichgewicht mit der Lösung zu bringen, ohne die Lösung an CO_2 zu verarmen, ist dann von HASSELBACH weiter entwickelt worden, und eine bequemere und durchaus verlässige Ausnutzung des Gedankens von HASSELBACH auf die einfachere Elektrodenform des Verfassers ist folgende: Eine U-förmige Elektrode wird mit der zu untersuchenden Lösung gefüllt, mit Hilfe einer Capillare so viel H_2-Gas eingefüllt, daß die platinierte Platindrahtelektrode nur *ganz knapp noch* die Flüssigkeit berührt, und nun der freie Schenkel völlig aufgefüllt und mit dem Glasstopfen verschlossen. Nun kippt man das Gefäß 50mal hin und her, so daß die Wasserstoffblase jedesmal die ganze Länge der Flüssigkeit durchläuft. Der Glasstopfen hat eine kleine seitliche Bohrung, die mit einer Bohrung des Rohres kommuniziert. Wenn man gelegentlich den Glasstopfen umdreht, kann man entstandene Druckunterschiede gegen den Atmosphärendruck ausgleichen. Zum Schluß ist die Lösung mit H_2 gesättigt und CO_2 ist zum Gleichgewicht zwischen Flüssigkeit und Glasraum verteilt. Wenn das Volumen des Gasraumes nur etwa $^1/_{10}$ oder besser $^1/_{20}$ des Flüssigkeitsraumes ist, ist die durch CO_2-Abgabe entstandene p_H-Änderung so klein, daß sie vernachlässigt werden kann. Dieser sehr unbedeutende Fehler wird übrigens dadurch automatisch kompensiert, daß die Verdünnung des H_2 mit CO_2 eine Änderung des Potentials im umgekehrten Sinne und von gleicher Größenordnung verursacht, wenn die relativen Dimensionen die obengenannten sind. Schließlich wird der Glasstopfen entfernt und ein Agarheber mit sehr feiner Spitze, am besten mit nach oben abgebogener, hakenförmiger Spitze, als Brücke in das offene Ende eingetaucht. Wenn der Elektrodendraht nur sehr knapp eintaucht, ist das definitive Potential in sehr kurzer Zeit eingestellt. Eine Elektrode mit stehender Wasserstoffblase für kleine Flüssigkeitsmengen ist auf S. 456 beschrieben.

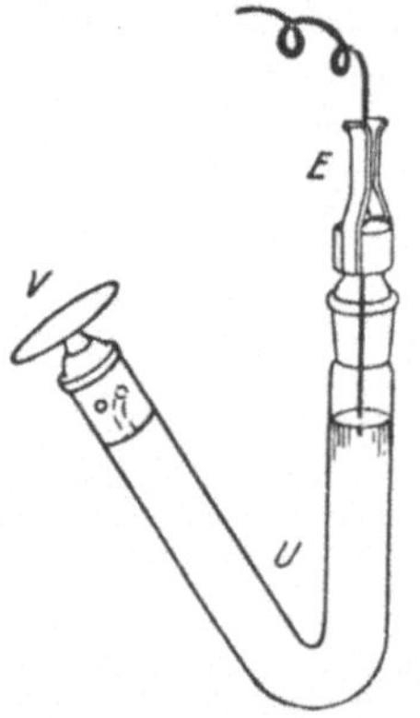

Abb. 273. Wasserstoffelektrode mit stehender Wasserstoffblase (U-Elektrode) nach L. MICHAELIS.

h) Fälle mit schwer zu eliminierendem Diffusionspotential. Bei den meisten biologisch wichtigen Flüssigkeiten ist die gesättigte KCl-Lösung, auch in Form des KCl-Agarhebers, ausreichend, um das Diffusionspotential so weit zu vernichten, wie es überhaupt möglich ist. Nur in extrem sauren und alkalischen Lösungen kann diese Methode mitunter unzureichend sein. Für diese Fälle mögen zwei Methoden empfohlen werden:

1. Die BJERRUMsche Extrapolationsmethode. Sie läßt sich nicht mit Agarhebern ausführen, sondern man muß Elektrodenformen mit einem Ausflußrohr benutzen, welches man direkt in die als Brücke dienende KCl-Lösung eintauchen läßt. Die Methode ist halb empirisch. Man mißt das Potential erstens unter Zwischenschaltung einer 1,75 mol. KCl-Lösung und dann nochmals mit 3,5 mol. KCl. Wenn dies einen Unterschied ausmacht, addiert man zu dem letzten Werte diese Differenz noch einmal hinzu und betrachtet diesen extrapolierten Wert als

den richtigen. Die Methode kann als befriedigend betrachtet werden, wenn die Extrapolation nicht mehr als 2, höchstens 3 Millivolt beträgt.

2. Die Methode von Michaelis und Mizutani, die der Verfasser trotz ungenügender Nachuntersuchung von anderen Autoren durchaus aufrecht erhält. Zu diesem Zweck benutzt man eine Elektrode, wie etwa die Birnen-Elektrode, in einer derartigen Ausführung, daß das Ende des Ausflußrohres senkrecht nach oben steht (Abb. 274).

Dieses Ausflußrohr ist mit der zu untersuchenden Flüssigkeit voll gefüllt, und die Spitze des Agarhebers taucht tief in das Knie des Rohres ein. Das besondere besteht nun daran, daß man die in offene Mündung des Ausflußrohres fein zerriebene KCl-Krystalle einfüllt. Sie sammeln sich um die Agarspitze und erzeugen eine annähernd gesättigte Lösung von KCl, aber nicht in Wasser, sondern in der zu untersuchenden Lösung. So hat man folgende Schaltung:

I	II
Lösung X	Lösung X gesättigt mit KCl

III

Wasser, gesättigt mit KCl
(in Gestalt des Agarhebers).

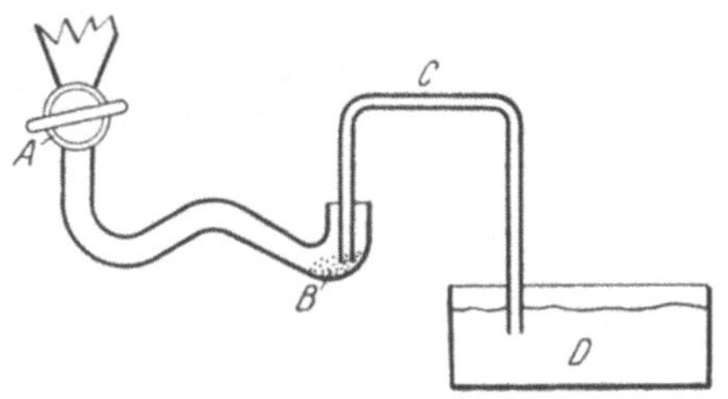

Abb. 274. Ausschaltung des Diffusionspotentials nach MICHAELIS und FUJITA. *A* Glashahn der Elektrode mit Ausflußrohr. An der Stelle *B* desselben sind KCl-Krystalle. *C* Agarrohr mit KCl gesättigt. *D* gesättigte KCl-Lösung.

Über die Theorie dieser Schaltung siehe MICHAELIS und MIZUTANI (18a). Die Leistung dieser Methode ist dieselbe wie die der BJERRUMschen.

i) Berechnung von p_H aus der EMK. Alle Potentiale werden bis auf die Zehntel Millivolt angeschrieben. Die Reproduzierbarkeit der Messungen soll um wenige Zehntel Millivolt genau sein. Die Messung eines einzelnen Versuchs ist bei einem empfindlichen Instrument mindestens auf 0,1 Millivolt sicher. Dieser Grad der Genauigkeit ist aber häufig illusorisch, weil der nicht vernichtbare und unberechenbare Rest des Diffusionspotentials, welcher je nach der Natur der Flüssigkeit verschieden ist, auch in den allergünstigsten Fällen von der Größenordnung von $^1/_{10}$—1 Millivolt ist. Es sei:

E_1 der Eichwert der benutzten Kalomelelektrode gegen die Wasserstoffelektrode mit Standardacetat, in Volt (in der Regel um 0,517 bei gesättigter Kalomelelektrode),

E_2 der gemessene Potentialunterschied der Kalomelelektrode gegen die Wasserstoffelektrode mit der unbekannten Lösung, in Volt.

Ferner werde p_H des Standardacetates für alle in Betracht kommenden Temperaturen = 4,62 gesetzt. Dann ist das p_H der unbekannten Lösung

$$p_H = \frac{E_1 - E_2}{\vartheta} + 4{,}62$$

und ϑ hat folgenden Wert.

Temperatur °C	ϑ	Temperatur °C	ϑ	Temperatur °C	ϑ
0	0,0542	22	0,0585	34	0,0609
5	0,0552	23	0,0587	35	0,0611
10	0,0561	24	0,0589	36	0,0613
12	0,0566	25	0,0591	37	0,0615
14	0,0569	26	0,0593	38	0,0617
15	0,0571	27	0,0595	39	0,0619
16	0,0573	28	0,0597	40	0,0621
17	0,0575	29	0,0599	45	0,0631
18	0,0577	30	0,0601	50	0,0641
19	0,0579	31	0,0603	60	0,0661
20	0,0581	32	0,0605	70	0,0680
21	0,0583	33	0,0607	80	0,0700

Die p_H-Angabe ist in der Regel auf zwei Dezimalen sicher. Die dritte Dezimale ist in günstigen Fällen zwar oft bis auf einige Einheiten reproduzierbar, aber aus den oben angegebenen Gründen ziemlich illusorisch. 1 Millivolt Fehler gibt einen Fehler von etwa 0,018 in p_H. Gelegentlich wird das Bedürfnis bestehen, das Potential der Kalomelelektrode, das experimentell auf die Standardelektrode bezogen worden ist, auf die Normalwasserstoffelektrode von gleicher Temperatur umzurechnen.

Es sei

E_{KaSt} das Potential der Kalomelelektrode gegen die Standardacetat-H_2-Elektrode,
E_{KaH} das Potential der Kalomelelektrode gegen die Normalwasserstoffelektrode.

Dann ist:

$$E_{\mathrm{KaH}} = E_{\mathrm{KaSt}} - 4{,}62 \times \vartheta \qquad (1)$$

E_{KaH} liegt für die gesättigte Kalomelelektrode für 20° in der Gegend von 0,245 Volt, ist aber von der Temperatur abhängig, da in der letzten Gleichung ϑ von der Temperatur abhängt.

k) Die Chinhydronelektrode. Die von BIJLMAN für die p_H-Bestimmung angegebene Chinhydronelektrode hat vielfache Anwendung erfahren, weil sie das Arbeiten mit Wasserstoff erspart. Sie kann sehr nützlich sein. Sie hat aber ihre besonderen Schwierigkeiten, die von vielen Autoren unterschätzt zu werden scheinen. Die Methode beruht auf der theoretisch begründeten Tatsache, daß das Potential einer blanken oder vergoldeten Platinelektrode in einer Lösung, welche Chinhydron in beliebiger Menge gelöst enthält, nur vom p_H abhängt. Das Chinhydron muß frei von daraus leicht entstehenden, dunkler gefärbten Substanzen sein. Es ist ratsam, das käufliche Präparat umzukrystallisieren, wenn man konstante Werte erhalten will. Es scheint am günstigsten zu sein, das käufliche Chinhydron in Wasser bei einer Temperatur von nicht mehr als 60° C zur Sättigung zu lösen, zu filtrieren und das Filtrat im Zimmer zur Krystallisation zu bringen. Man verzichte auf hohe Ausbeuten zugunsten der Reinheit. Das trockene Präparat ist haltbar.

Als Elektroden benutzt man blankes Platin oder vergoldetes Platin, am besten mehrere (2 oder besser 3—4) Elektroden gleichzeitig in demselben Gefäß zur Kontrolle. Die Vergoldung geschieht in derselben Weise wie die Platinierung, mit einer Goldlösung statt der Platinlösung. Man löse 1 g Goldchlorid in 50 g Wasser und füge von einer KCN-Lösung so viel zu, daß die Goldfarbe gerade eben praktisch unbemerkbar geworden ist. Man vergolde mit 3 oder 4 Volt und regulierbarem Widerstand mit der schwächsten noch wirksamen Stromstärke so weit, bis gerade ein vollständiger Goldüberzug erreicht ist.

Es kommt sehr häufig vor, daß die Potentiale verschiedener Elektroden nicht völlig übereinstimmen. Jede einzelne Elektrode behält aber meist ihre Eigentümlichkeit auf lange Zeit bei, und es ist ein günstiger Umstand, daß die Abhängigkeit des Potentials vom p_H stets dieselbe ist, so daß man bei der Berechnung immer nur die für die individuelle Elektrode charakteristische vorher geeichte Konstante einzusetzen braucht. Diese Konstante muß aber sehr genau für die *gleiche* Temperatur geeicht werden, bei der die späteren Messungen ausgeführt werden sollen, da die Chinhydronelektrode einen sehr großen Temperaturkoeffizienten hat (fast 2 Millivolt für 1° C). Aus diesem Grunde sollen hier keine Standardzahlen für die Elektrodenkonstante gegeben werden, um nicht zu fehlerhafter schematischer Behandlung zu verleiten. Als Anhaltspunkt möge dienen, daß die Chinhydronelektrode in Standardacetat von $p_H = 4{,}62$ in der Regel um etwa 0,180 Volt positiver ist als die gesättigte Kalomelelektrode. Die letztere stellt also den negativen Pol der Kette dar, während sie bei der Wasserstoffelektrode immer der positive Pol ist. Die Berechnung des p_H geschieht auf folgende Weise.

Es sei E_1 der Potentialunterschied der Kalomelelektrode gegen die Chinhydronelektrode mit Standardacetat (Eichungsmessung). E_1 wird als positive Größe behandelt.

Es sei ferner E_2 die Potentialdifferenz der Kalomelelektrode gegen die Chinhydronlösung mit der unbekannten Lösung, auch stets als positive Größe behandelt. Dann ist

$$p_H = \frac{E_2 - E_1}{\vartheta} + 4{,}62\,.$$

Als Elektrodengefäße benutzt man am besten die einfache Flasche, wie oben beschrieben, mit Agarheber, aber ohne Gas-Zu- und -Ableitungsrohre. Man versetzt die zu untersuchende Lösung mit einer Messerspitze von Chinhydron und schüttelt gut um, so daß etwas davon in Lösung geht. Die Lösung färbt sich dabei ganz leicht gelb. Das Potential stellt sich sehr schnell ein. Man sorge dafür, daß die Temperatur der Lösung schon vor dem Zusatz des Chinhydrons bis auf einen Bruchteil eines Grades dieselbe ist wie in der Kalomelelektrode und beobachte das Potential nach wiederholtem Umschütteln 5—10 Minuten lang. Allzu lange Beobachtung ist nicht ratsam, weil in vielen Flüssigkeiten eine Verfärbung eintritt. Dann ist das Potential nicht mehr konstant, und die Abweichungen verschiedener Elektroden im gleichen Gefäß werden oft größer statt kleiner. Es ist entschieden vorteilhaft, die Luft aus der Lösung wenigstens im groben, durch N_2 zu verdrängen. Dies gibt gleichzeitig eine gute Rührung. Die Potentiale sind bei vielen Elektroden in lufthaltiger Lösung etwas positiver als in luftfreier. Hierbei geht aber der Vorteil der Chinhydronelektrode, daß man ohne Gasdurchleitung arbeiten kann, verloren.

Die Chinhydronelektrode hat nur ein beschränktes Anwendungsbereich, sie ist verläßlicher in saurem Gebiet und kann mit gleichem Grad von Sicherheit bis zu p_H etwa 7 und bei raschem Arbeiten auch noch gut bis etwa p_H 7,5, also gerade noch in physiologischen Grenzen, verwendet werden. Bei p_H 8, und noch mehr in stärker alkalischen Lösungen, folgt sie nicht mehr der einfachen Theorie und ist außerdem unbeständig. Man versuche nicht, sie in alkalischen Lösungen zu benutzen. Sie hat den Vorteil gegenüber der Wasserstoffelektrode, daß sie in manchen Lösungen anwendbar ist, bei denen die H_2-Elektrode unbeständige Werte gibt, nämlich bei Anwesenheit von Substanzen, die an Platinschwarz reduziert werden, z. B. Chinin, Farbstoffe.

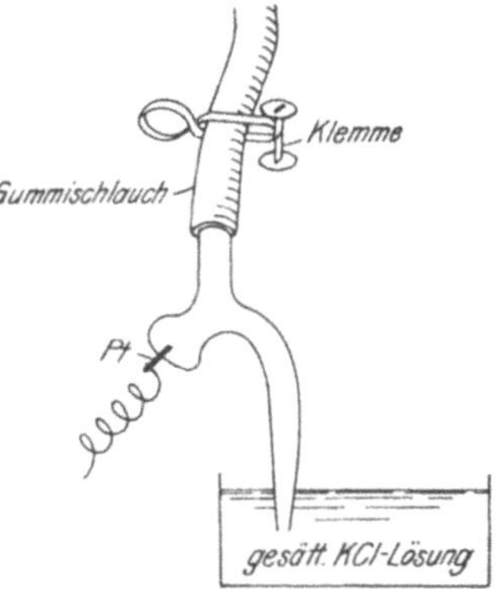

Abb. 275. Mikroform einer Chinhydronelektrode.

Bei höheren Salzkonzentrationen hat die Chinhydronelektrode, gleich den Farbstoffindicatoren, einen sog. „Salzfehler“, wenn auch einen kleinen. Dieser kann nach SÖRENSEN und LINDERSTRÖM-LANG vermieden werden, wenn man die Lösungen durch energisches Schütteln mit reinem Chinhydron und außerdem mit Chinon sättigt. Der Eichwert einer solchen Elektrode (oben als E_1 bezeichnet) ist natürlich ganz anders als der der eigentlichen Chinhydronelektrode.

BIJLMAN hat angegeben, daß Sättigung mit Chinhydron + Hydrochinon ein etwas alkalischeres p_H-Bereich zu umfassen gestattet als die eigentliche Chinhydronelektrode.

Die Chinhydronelektrode hat auch den Vorteil, daß man in müheloser Weise sehr kleine Flüssigkeitsmengen messen kann. Die durch Abb. 275 veranschaulichte Mikroelektrodenform ist von selbst verständlich (vgl. auch S. 460).

MISLOWITZER hat eine immer fertige Chinhydronelektrodenform konstruiert. Ein innerer und ein äußerer Hohlraum sind mittelst eines besonderen, mit KCl-Lösung angefeuchteten Glasschliffes leitend verbunden. Die äußere Lösung ist eine Standardlösung von bekanntem p_H, z. B. Standardacetat, mit Chinhydron, welche lange Zeit nicht gewechselt zu werden braucht. Die innere Lösung ist die zu untersuchende Lösung (Abb. 276). Auch hier muß davor gewarnt werden, sich auf einen ein für allemal geeichten Potentialwert der äußeren Standardlösung zu verlassen. Man muß vielmehr stets vor oder nach der eigentlichen Messung eine Kontrollmessung mit frischem Standardacetat innen machen und das Potential der alten, außen befindlichen Lösung gegen Standardacetat in Rechnung ziehen. Der Potentialunterschied des inneren und äußeren Gefäßes sei E_1, wenn die äußere Lösung Standardacetat ist, und sie sei E_2, wenn die äußere Lösung die unbekannte Lösung ist. Dann ist

$$p_{\mathrm{H}} = \frac{E_1 - E_2}{\vartheta} + 4{,}62 .$$

Hier hat man zu bedenken, daß E_2 selbst entweder eine positive oder eine negative Größe ist. Denn die Polarität der Kette wechselt: sehr saure Lösungen sind negativer als Standardacetat. Um den Wechsel des Vorzeichens zu vermeiden, kann man eine Standardlösung von so hoher Acidität anwenden, daß alle zu messenden Lösungen ihr gegenüber ein größeres p_{H} haben, z. B. 9 Teile 0,1 n-KCl + 1 Teil 0,1 n-HCl, und das p_{H} dieser Standardlösung = 1,95 gesetzt werden. Aber man bedenke, daß bei solcher Vergleichslösung das Diffusionspotential, besonders bei der wenig reproduzierbaren capillaren KCl-Brücke, größer und unbestimmter ist. Wenn eine Genauigkeit von ± 0,05 dem gewünschten Zweck genügt, macht das allerdings nichts aus, und es gibt genügend Fälle derart. Im übrigen findet BIJLMAN für diese Standardlösung den Vorteil, daß ihr Chinhydronpotential, vom Zeitpunkt des Vermischens an gerechnet, sich länger konstant hält als bei anderen Standardlösungen.

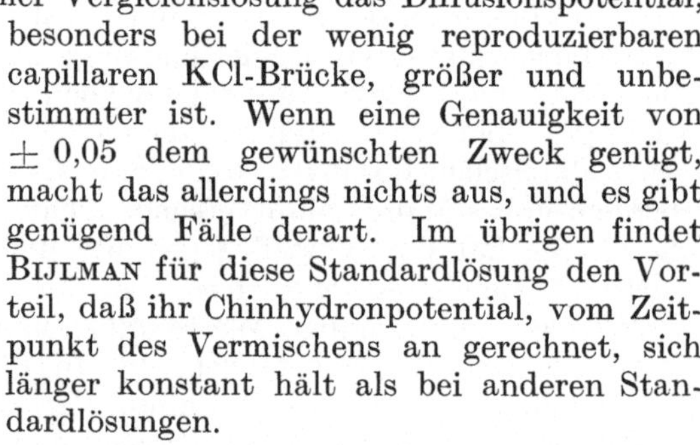

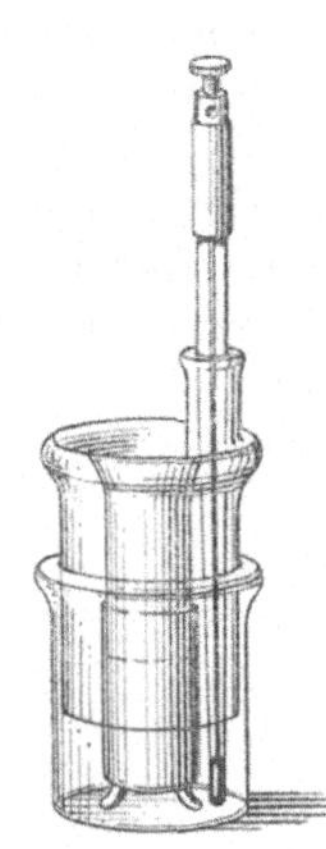

Abb. 276. Chinhydronelektroden nach MISLOWITZER.

C. Oxydations-Reduktions-Potentiale.

a) Theoretische Vorbemerkung.

Die potentiometrische Messung eines Oxydations-Reduktions-Potentials oder kurz Redoxpotentials hat einen theoretisch begründeten verwertbaren Sinn nur für den Fall, daß in der Lösung sich ein Gemisch der oxydierten und der reduzierten Stufe eines reversibel oxydier- und reduzierbaren Körpers befindet. Die besten Repräsentanten solcher Stoffe sind 1. Mischungen von Ferro- und Ferrisalzen, in saurer Lösung, ferner Ferrocyankalium + Ferricyankalium, sowie einige andere anorganische Metallsalzsysteme ähnlicher Art, 2. Hydrochinon + Chinon und entsprechend andere Chinone mit ihren reduzierten Stufen, sowie die verschiedenen Anthrachinonsulfonate im oxydierten und reduzierten Zustand, 3. eine beschränkte Reihe organischer Farbstoffe, z. B. die Indophenole, die meisten Thiazine, wie Methylenblau, Oxazine und verwandte Farbstoffe; ferner die verschiedenen Sulfosäuren des Indigos, 4. einige in Pflanzen und Tieren vorkommende, reversibel oxydierbare und reduzierbare Substanzen, wie Hermidin (aus Mercurialis perennis), Echinochrom (das Pigment der Seeigel) (beide von CANNAN beschrieben), das blaue Pigment des Bacillus pyoceaneus (nach E. FRIEDHEIM und L. MICHAELIS) und einige wenige andere; ferner in beschränktem Maße auch Mischungen von Hämoglobin + Metahämoglobin, aber nicht Hämoglobin + Oxyhämoglobin (beide Angaben nach CONANT). Eine Mischung der oxydierten und reduzierten Stufe eines solchen Stoffes zeigt bei Abwesenheit von Sauerstoff gegen eine Elektrode aus blankem oder vergoldetem Platin ein Potential, welches abhängt 1. von der spezifischen Natur des betreffenden Redoxsystems, 2. von dem Mengenverhältnis der oxydierten Stufe, Ox, und der reduzierten Stufe, Re, 3. von der Wasserstoffionenkonzentration, h. Diese Abhängigkeit kann man durch folgende dreigliedrige Formel zusammenfassen. Das Potential E, bezogen auf die Normalwasserstoffelektrode, ist

$$E = E_0 + \frac{0{,}060}{n} \log \frac{Ox}{Re} + 0{,}060\, f(h)\,. \tag{1}$$

Hier ist E_0 die das System charakterisierende Konstante. Der Faktor 0,060 gilt für 30° C und ist gemäß der Tabelle S. 445 für andere Temperaturen entsprechend zu ändern. Der Faktor n ist die Anzahl von Elektronen (oder Wasserstoffatomen), um welche sich die oxydierte und reduzierte Stufe unterscheiden, z. B. bei Ferri-Ferro-Systemen $n = 1$, bei organischen Farbstoffen $n = 2$. Ferner ist h die Konzentration der H^+-Ionen, und f ist eine Funktion, welche von Fall zu Fall wechselt. In ziemlich zahlreichen Fällen ist diese Funktion wenigstens für ein beschränktes p_H-Bereich in folgender Weise definiert:

$$f(h) = \log h = -p_H\,.$$

Dies ist dann der Fall, wenn innerhalb des betrachteten p_H-Bereiches weder die oxydierte noch die reduzierte Stufe eine meßbare Änderung ihres elektrolytischen Dissoziationsgrades erleiden. Trifft diese Bedingung nicht zu, so ist diese einfache Funktion durch eine viel kompliziertere zu ersetzen, welche außer h auch sämtliche elektrolytischen sauren und basischen Dissoziationskonstanten der oxydierten und der reduzierten Stufe des Systems enthält. Die dreigliedrige Formel (1) enthält 1. ein Glied, welches nur von der **chemischen** Individualität des Systems abhängt, 2. ein Glied, welches nur von dem **Mengenverhältnis** der oxydierten und reduzierten Stufe abhängt, 3. ein Glied, welches für ein gegebenes chemisches System (bei dem also die Dissoziationskonstanten als Konstanten auftreten) nur von der Konzentration der H-Ionen abhängt.

Es können daher folgende Probleme vorliegen: 1. In einem System das Redoxpotential, schlechtweg, zu bestimmen, wie es dem gegebenen System zukommt, z. B. einer Gewebsflüssigkeit; 2. für ein bestimmtes Redoxsystem, z. B. für einen bestimmten Farbstoff, das charakteristische Potential oder „Normalpotential" E_0 zu bestimmen; 3. die Änderung des Potentials bei variiertem Mengenverhältnis der oxydierten und reduzierten Stufe, aber konstantem p_H, zu bestimmen; 4. die Änderung des Potentials bei alleiniger Variierung von p_H zu bestimmen; 5. den Faktor n zu bestimmen, welcher angibt, um wieviel Elektronen (oder H-Atome) sich die oxydierte und die reduzierte Stufe unterscheiden.

1. Bestimmung des Redoxpotentials in einem gegebenen System schlechtweg.

Dieses Problem hat nur unter ganz bestimmten Voraussetzungen einen Sinn. Für gewöhnlich arbeitet man ja stets in Berührung mit der Luft, und das Redoxpotential eines O_2-haltigen Systems hat nur dann einen Sinn, wenn O_2 nicht als Oxydationsmittel wirkt oder wenigstens so langsam den Oxydationszustand des Systems ändert, daß die reduzierte Stufe des zu untersuchenden Systems während der Dauer des Versuchs nicht merklich oxydiert wird, oder wenigstens so stabil ist, daß man Zeit hat, den Sauerstoff aus dem System auszutreiben, bevor man die Messung macht. Systeme solcher Art sind Mischungen von Ferri- und Ferrosalzen bei saurer Reaktion ($p_H < 5$), oder Ferricyankalium + Ferrocyankalium bei alkalischer Reaktion ($p_H > 7$ oder wenigstens > 6), oder Chinon + Hydrochinon (Chinhydron) bei $p_H < 7$. In diesem Fall mißt man in der früher beschriebenen Weise das Potential gegen eine blanke oder eine vergoldete Platinelektrode entweder direkt in der lufthaltigen Lösung oder, noch besser, nach Austreibung der Luft durch N_2. Solche Fälle sind aber selten, meist ist die reduzierte Stufe durch Sauerstoff so leicht oxydierbar, daß das Problem keinen Sinn hat.

2. Die Bestimmung der für ein reversibles Redoxsystems (z. B. einen passenden organischen Farbstoff) charakteristische Redoxpotential.

Die Methoden sind zum größten Teil von W. MANSFIELD, CLARK und Mitarbeitern (6) ausgearbeitet worden und bestehen darin, daß man die Änderung des Potentials verfolgt, welche bei Änderung des Mengenverhältnisses der oxydierten zur reduzierten Stufe bei konstantem p_H eintritt, und das Resultat rechnerisch oder graphisch zur Lösung der gestellten Aufgabe benutzt. Es bestehen drei mögliche Variationen der Methode: 1. Man geht von der oxydierten Stufe aus und reduziert sie schrittweise durch ein geeignetes, aus einer Bürette zugesetztes Reduktionsmittel; 2. man geht von der reduzierten Stufe aus und oxydiert sie schrittweise durch ein geeignetes Oxydans; 3. man versetzt die reduzierte Stufe schrittweise mit steigender Menge der oxydierten oder umgekehrt.

Technisch ist es für alle diese Methoden erforderlich, unter peinlichstem Ausschluß von jeder Spur O_2 zu arbeiten, und sowohl O_2-freien N_2 wie H_2 zur Verfügung zu haben.

a) Reinigung der Gase von O_2. Es wurde schon oben gesagt, daß erhitztes Kupfer das bequemste Mittel ist, um entweder H_2 oder N_2 von Resten von O_2 zu

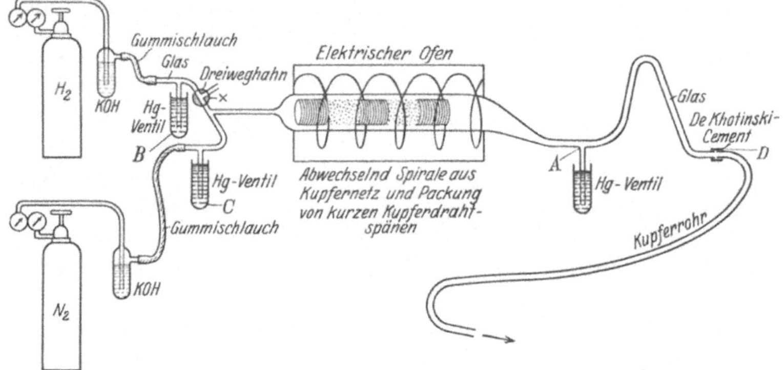

Abb. 277. Schema der Reinigung der Stickstoffs und Wasserstoffs nach L. MICHAELIS.

befreien. Eine Anordnung, welche den abwechselnden Gebrauch von reinem N_2 oder H_2 gestattet, ist folgende (Abb. 277). Die Kupferpackung im Heizrohr muß so gemacht sein, daß sich kein durchgehender freier Luftkanal an der oberen Seite des Rohres bilden kann. Am zweckmäßigsten packt man abwechselnd Strecken von je 5 cm Länge von sorgfältig gerollten Kupfernetzzylindern und von dicht zusammengestopften Stücken von feinem Kupferoxyddraht. Die Temperatur des Ofens ist, wenn die Packung gut ist, mit 400 oder 450° ganz sicher hoch genug. Bei schlechter Packung nützt es auch nichts, die Temperatur bis zur Rotglut (700°) zu erhöhen. Zunächst wird das CuO durch H_2 völlig reduziert. Das Kondenswasser wird aus dem bei Hg_2 gezeichneten Auslaß abgelassen. Das Glasrohr muß hinter dem Austritt aus dem Ofen eine leichte Biegung nach abwärts besitzen, so daß die Ausflußstelle des Kondenswasser am tiefsten liegt und das Wasser sich nicht aufstauen oder gar zurücksteigen kann.

Vom Eintritt des Rohres in den Ofen ist nirgends mehr ein Gummischlauch oder ein Glashahn. Das dünne Kupferrohr *4* kann beliebig lang sein und soll am Ende ein wenig spiralig, jedenfalls nicht stramm befestigt sein. Dann kann man trotz Starrheit aller Rohre das Elektrodengefäß, in das das Gas eingeleitet wird, mit der Hand oder durch mechanisch ausgeführte kreisende Bewegungen in jedem Grade, heftig oder schwach, schütteln.

Für die Verbindung des Kupferrohres mit dem Glasrohr *6* benutzt der Verfasser folgende einfache Vorrichtung, welche jede Garantie für Dichtheit bietet und auch von einer etwaigen Durchgängigkeit von Gummischläuchen für Gase nicht zu leiden hat: Das Ende des Kupferrohres wird mit einem 2 cm langen Gummischlauch montiert, so daß 1 cm überragt. Dieses freie Zentimeterende stülpt man über das in das Glasbecherchen *8* eingeschlossene Glasrohr *6* und füllt den Becher *8* mit Quecksilber voll. Der oberste, ausgeweitete Teil des Becherchens wird mit einem seitlich aufgeschlitzten, nicht luftdicht schließenden Stopfen versehen, welcher das Ende des Kupferrohrs in seiner Stellung sichert und gleichzeitig das Verspritzen von Hg beim Schütteln verhütet. Das Hg wird nach Beendigung des Versuchs mit einem Glasrohr wieder herausgesaugt.

Um dieses Reinigungsverfahren auf seine Wirksamkeit zu prüfen, empfiehlt der Verfasser nach jahrelangem Ausprobieren der verschiedensten Methoden folgendes Verfahren. Eine Flasche wie die Abb. 278 wird mit einer Mischung von 15 cm^3 M/15 sekundärem Phosphat, 3 cm^3 M/15 primärem Phosphat (Sörensens Phosphatpuffer), 2 cm^3 einer Lösung von Indigokarmin (0,1 g in 50 cm^3 H_2O) und 0,2 cm^3 einer Lösung 1 : 1000 von kolloidalem Palladium nach Nacht-Pahl gefüllt, H_2 durchgeleitet bis der Farbstoff völlig reduziert ist. Er ist dann rein hellgelb ohne Spur Grün oder gar Blau. Nun stellt man H_2 ab und beginnt N_2 einzuleiten. Es dauert lange Zeit, bis aller Wasserstoff aus der Lösung und dem Palladium ausgeblasen ist, aber schließlich beginnt eine Blaufärbung aufzutreten, wenn auch nur die geringsten Spuren O_2 in N_2 vorhanden sind. Ist der Stickstoff rein, so tritt auch nach vielstündiger Durchströmung nicht einmal Grünfärbung ein. Die Reinheit von H_2 kann man allerdings mit diesem Verfahren nicht prüfen, aber dies ist auch nicht so wichtig. Man kann sicher sein, daß der Ofen, wenn er für die Reinigung für N_2 sich bewährt hat, für H_2 erst recht wirksam ist.

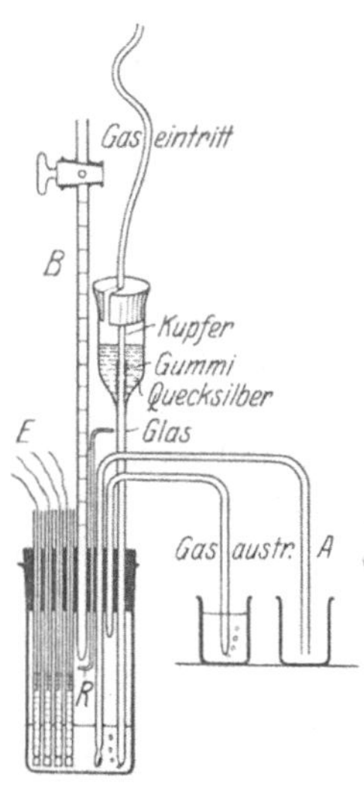

Abb. 278. Gefäß zur elektrometrischen Titration eines reversiblen Redoxsystems.

Die Durchströmungsgeschwindigkeit des Gases ist mit 10—20 cm^3 pro Minute auf alle Fälle genügend. Diese kann man an der Zahl der Blasen in dem Waschgefäß *K* abschätzen oder Gasgeschwindigkeitsmesser zwischen Gasbombe und Ofen einschalten (s. darüber L. Michaelis und L. Flexner, die auch eine Vorrichtung beschrieben, um beliebige konstant bleibende Mischungen von reinem N_2 mit ungereinigtem N_2 beschrieben, und sehr niedere Partialdrucke von O_2 herzustellen).

b) Einige der technisch einfacheren Methoden zur Titrierung eines Redoxpotentials. Eine Reihe vorzüglicher Methoden ist von M. W. Clark und seinen Mitarbeitern (7) ausgearbeitet worden. Da in einem Handbuchartikel alle möglichen Fälle nicht berücksichtigt werden können, so wird es am lehrreichsten sein, einige Beispiele zu geben, und zwar mit gewissen technischen Vereinfachungen, die sich dem Verfasser gut bewährt haben. Das in Abb. 278 gezeichnete Gefäß trägt, vermittels Bohrungen der Gummistopfen, außer den in der Abb. eingezeichneten 1. Gaszuleitung und 2. Gasableitung, 3. eine blanke Platinelektrode, besser zwei solche, 4. eine vergoldete Platinelektrode (über Vergoldung siehe oben bei „Chinhydronelektrode"), 5. eine platinierte Platinelektrode, 6. den Heber mit KCl-Agar, hergestellt wie bei der H_2-Elektrode beschrieben worden ist, 7. eine lange, in $^1/_{100}$ cm^3 geteilte Bürette mit 5 cm^3 Inhalt, deren Glashahn sich nahe dem *oberen* Ende befindet. Es ist vorteilhaft 8. ein Glasstäbchen einzuführen, welches innerhalb der Flasche so gebogen ist, daß bei passender Stellung das Ende schräg vor der Bürettenöffnung vorbeiläuft, ohne diese ganz zu berühren. Es muß zwar dicht, aber verschieblich in seiner Führung im Gummistopfen liegen. Es dient dazu, den beim Titrieren nach dem Schließen des Bürettenhahns etwa hängenbleibenden Tropfen abzustreifen.

1. Potentiometrie während fortschreitender Reduktion, demonstriert an dem Beispiel:

Die Reduktion von Phenolindophenol mit Natriumhydrosulfit.

Die Reduktion mit Hydrosulfit ($Na_2S_2O_4$) kann nur bei alkalischer Reaktion ausgeführt werden. Sie gibt scharfe Endpunkte der Titration nur bei solchen Farbstoffen, bei denen die Titration beendet ist, bevor man in allzu negative Potentialbereiche kommt. Sie leistet gute Dienste bei den Indophenolen, kann aber nicht gut für die Indigoderivate benutzt werden. Titrieren wir also als Beispiel Phenolindophenol.

Eine beliebige Menge des Farbstoffes, etwa $^1/_{10000}$ Mol, wird in 25 oder 30 cm^3 Phosphatpuffer gelöst und in das Elektrodengefäß eingefüllt. Eine frisch bereitete Lösung von Natriumhydrosulfit wird in die Bürette eingefüllt. Die Stärke derselben wird durch Abschätzen so gewählt, daß man zwischen 2 und 5 cm^3 zur ganzen Titration verbraucht. Für unsere Aufgabe ist es weder erforderlich, die Menge des Farbstoffes noch den Titer des Reduktionsmittels genau festzustellen. Nun treibe man aus der Lösung die Luft aus durch Durchleitung von reinem N_2, 20—30 cm^3 pro Minute, mindestens $^1/_2$ Stunde lang.

Dann setzt man in sehr kleinen Portionen aus der Bürette das Hydrosulfit zu. Nach jedem Zusatz schüttelt man gut um. Das Durchströmen mit dem Gas allein ist nicht verläßlich als Rührvorrichtung. Man bestimmt das Potential gegen die Kalomelelektrode und wartet, bis es nach wiederholtem Umschütteln und im unbewegten Zustand gemessen, absolut konstant geworden ist und die blanken und die vergoldeten Elektroden völlig übereinstimmen. Ganz im Anfang und unmittelbar vor dem Potentialsprung am Ende der Titration mag man sich mit einer Übereinstimmung innerhalb weniger Millivolt begnügen, im eigentlichen Titrationsgebiet wird die Übereinstimmung auf einige Zehntel Millivolt genau sein. Es gibt allerdings Elektroden, die individuell um 1—2 Millivolt systematisch abweichen. Wenn man nach Beendigung der Titration das Ergebnis graphisch darstellt, so erhält man ein Bild wie Diagramm (Abb. 279). Die rechnerische Verwertung desselben wird am Schluß besprochen.

2. Potentiometrie bei fortschreitender Oxydation, demonstriert an dem Beispiel:

Die Oxydation von reduziertem Indigodisulfosaurem Na durch Chinon.

Folgende einfache Methode, welche das von CLARK angewendete unbequeme Filtrieren des reduzierten Farbstoffes durch Asbestfilter unter Luftabschluß vermeidet, hat sich vollkommen bewährt.

Eine kleine Menge von Indigodisulfosaurem Natrium (etwa im Betrage von $^1/_{3000}$—$^1/_{10000}$ Mol) wird in 25 oder 30 cm^3 eines bestimmten Puffers gelöst, mit 0,2 cm^3 einer Lösung von kolloidalem Palladium nach NACHT-PAL (1:1000) versetzt und in das Elektrodengefäß eingefüllt. Die Bürette wird mit einer etwa halbgesättigten Lösung von Chinon, als Oxydationsmittel, gefüllt. Diese Lösung muß O_2-frei sein. Man kann sie entweder vorher mit N_2 durchströmen (nicht mit H_2!), oder im Vakuum gasfrei auspumpen, oder man kann sie kurz auskochen und noch heiß einfüllen. Nun beginnt man die Reduktion vermittels H_2. Das Ende der Reduktion wird durch das Verschwinden der blauen Farbe angezeigt. (In diesem Falle ist der Leukofarbstoff hellgelb, bei vielen anderen Farbstoffen farblos.) Jetzt mißt man das Potential der platinierten Platinelektrode und wartet, unter dauernder, aber sehr langsamer Durchleitung von H_2, bis es konstant ist. Dieses Potential wird zur Berechnung des p_H benutzt. (Bei der vorherigen Methode konnte das p_H nur aus der Zusammensetzung des Puffers entnommen werden.) Nun läßt man aus der Bürette ganz wenig Chinon zu, streift den etwa anhängenden Tropfen ab, liest den Stand der Bürette als Ausgangspunkt der Titration ab und wartet, bis der Farbstoff wieder völlig reduziert ist. Jetzt leitet man N_2 durch, und zwar mindestens $^1/_2$ Stunde lang, weil das Palladium den H_2 nur schwer abgibt. Währenddessen verfolgt man dauernd das Potential. Die Abblasung des H_2 durch N_2 muß am Potentiometer kontrolliert werden und kann als genügend betrachtet werden, wenn die platinierte Elektrode um 90—100 Millivolt positiver geworden ist als sie in reinem H_2 war, und wenn dieses Potential auch bei Unterbrechung der N_2-Durchleitung nicht wieder wesentlich negativer wird.

Nun beginnt man die Titration. Man verfolgt das Potential dauernd an den blanken und vergoldeten Pt-Elektroden. Diese müssen wiederum, wie im vorigen Fall, stets genau übereinstimmen, außer vielleicht ganz am Anfang und Schluß der Titration, wo das Potential springt und oft sich nicht ganz scharf einstellt. Schon der erste Tropfen des Oxydationsmittels muß Farbe erzeugen, und diese muß bestehen bleiben. Geht sie wieder zurück, so beweist das, das noch etwas H_2 in der Lösung war. Sollte das einmal vorkommen, so kann man sich zur Not damit helfen, daß man den Nullpunkt der Titration von demjenigen Tropfen an rechnet, der eine dauernde Färbung erzeugt, aber besser verwerfe man den Versuch. Nach jedem Zusatz von Oxydationsmittel muß wieder geschüttelt werden. Das Potential stellt sich in kürzester Zeit ein und muß dann ganz fest stehen. Abb. 279 zeigt das Resultat einer solchen Titration.

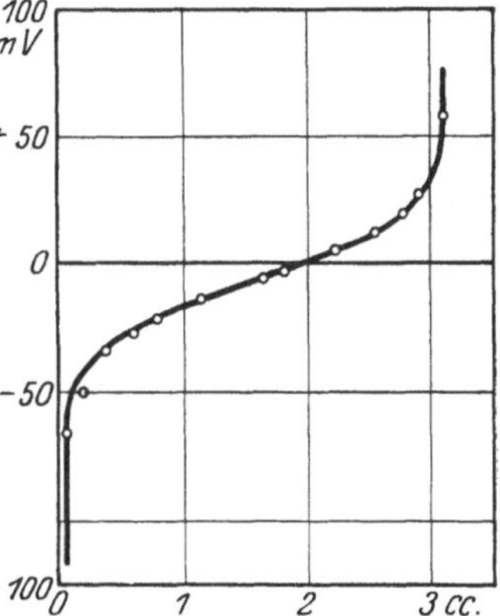

Abb. 279. Beispiel einer Titrationskurve (eigener Versuch). Gallocyanin, mit Palladium-H_2 reduziert, dann mit Chinon titriert, bei 25,0°, p_H 7,390 (Phosphatpuffer). Abszisse: cm^3 Chinonlösung. Ordinate: Potential in Millivolts bezogen auf die n-Wasserstoffelektrode (das Potential gegen die gesättigte Kalomelelektrode, das direkt gemessen wird, ist je nach der Temperatur um 245—250 Millivolt negativer).

3. Rechnerische Bearbeitung des Diagramms. Der Endpunkt der Titration ist der Sprung des Potentials, und zwar diejenige Stelle, bei der es so gut wie senkrecht in die Höhe springt. Dieser Sprung geht natürlich nicht unendlich hoch, sondern flacht sich schließlich wieder ab, wenn man in das Potentialbereich des als Oxydationsmittels (bzw. Reduktionsmittels) benutzten Redoxsystems kommt. Zur genauen Bestimmung des Endpunktes muß man daher gegen Schluß zahlreiche Bestimmungen mit möglichst kleinen Intervallen in der Menge des Oxydationsmittels (bzw. Reduktionsmittels) machen. Der Punkt, an dem beispielsweise 0,1 cm^3 einen Sprung von 30 oder mehr Millivolt erzeugt, ist sicher das Ende der Titration. Das Potential an dem Punkt, wo genau die Hälfte des gemäß dieser Titrierung zur völligen Oxydation (bzw. Reduktion) erforderlichen Titriermittels zugegeben worden ist, ist das für diesen Farbstoff bei diesem p_H charakteristische Potential E'_0. An dieser Stelle ist nämlich das zweite Glied der Formel = 0. Auf dem Diagramm ist der Bezugspunkt des Potentials die gesättigte Kalomelelektrode[1]. Nun bezieht man

[1] Der Bezugspunkt des Potentials ist das Potential einer Wasserstoffelektrode von 1 Atm. H_2-Druck in einer Lösung von $p_H = 0$. In einer Kette aus einer Kalomelelektrode

es statt dessen auf die Normal-H_2-Elektrode. Diese Umrechnung ist auf S. 446 auseinandergesetzt. In der Regel hat man von dem Potential gegen die Kalomelelektrode ungefähr 0,245 Volt abzuziehen. Man eiche aber die Kalomelelektrode genau auf diesen Wert.

Bezieht man ein Potential auf eine Wasserstoffelektrode in einer Lösung von gleichem p_H wie die untersuchte Farbstofflösung, so bezeichnet man es zweckmäßig auch als E'_h. Dies kann man, nach Kenntnis von p_H, leicht aus E_h (dem auf die Normalwasserstoffelektrode bezogenen Potential) umrechnen. Die zu zweit beschriebene Titrationsmethode gestattet die direkte experimentelle Bestimmung von E'_h. Da nämlich das Potential an der platinierten Elektrode (während der H_2-Durchströmung) schon vorher gemessen wurde, so ist E'_h einfach die Differenz dieses Potentials in Wasserstoffgas, gemessen an der platinierten Elektrode, und des Mittelpunktpotentials bei der Titrierung, gemessen an der blanken Elektrode. Die Größe $\frac{2 \cdot E'_h}{\vartheta}$ bezeichnet man nach M. W. CLARK auch als r_H. Dieses Symbol hat folgenden Sinn. Ist z. B. $r_H = 6$, so heißt das, daß die Reduktionsintensität der Lösung dieselbe ist wie die von reinem Wasserstoffgas von 10^{-6} Atm. Druck, wobei man sich vorstellen mag, daß dieser Wasserstoff durch Palladium oder schwarzes Platin aktiviert worden ist, um überhaupt als Reduktionsmittel zu wirken.

Aus dem Diagramm kann ferner entnommen werden, um wieviel H-Atome bzw. Elektronen sich die oxydierte und die reduzierte Stufe des betreffenden Systems unterscheidet. Der Verlauf des Potentials bei der Titration muß nämlich sein (für 25°)

$$E = E'_h + \frac{0{,}0591}{n} \log \frac{\text{oxydierte Stufe}}{\text{reduzierte Stufe}} .$$

Transformiert man die Kurve derart, daß auf der Abszisse

$$0{,}0591 \log \frac{\text{oxydierte Stufe}}{\text{reduzierte Stufe}} = X$$

abgetragen wird und auf der Ordinate das Potential, so ist das Potential eine lineare Funktion von X, und die Tangente des Neigungswinkels dieser Geraden ist $= 1/n$.

Man kann n auch schon ohne Transformation erkennen. An dem Punkte, wo $^1/_{11}$ der zum Austitrieren erforderlichen Lösung verbraucht ist, ferner, wo $^{10}/_{11}$ verbraucht ist, ist das Potential um $\pm$ 29,5 (für 25° C; im allgemeinen: $\vartheta/2$) verschieden von dem Potential im Mittelpunkt der Titration, wenn $n = 2$. Der Unterschied zwischen denselben Punkten beträgt aber $\pm$ 59 Millivolt (im allgemeinen: ϑ), wenn $n = 1$.

Trifft keine dieser Möglichkeiten zu, und ist in der transformierten Darstellung der Verlauf des Potentials nicht linear, so ist die Farblösung nicht einheitlich, sondern ein Gemisch verschiedener Farbstoffe von verschiedenen, nahe beieinanderliegendem E'_h. Liegen die E'_h der beiden gemischten Farbstoffe aber weit auseinander (etwa Indophenol + Indigokarmin), so kann man die beiden Farbstoffe hintereinander titrieren, wie man bei der acidimetrischen Titration auch zwei Säuren von genügend verschiedener Dissoziationskonstante im Gemisch nacheinander titrieren kann.

Stellen sich die Potentiale nicht schnell ein und zeigen zeitlich sich merklich ändernde Werte, so liegt kein reversibles System vor, und es hat keinen Sinn, von einem Potential zu sprechen. Mitunter führt ein solcher zeitlicher Gang des

---

und einer solchen Normal-H_2-Elektrode hat jede der beiden Elektroden einen Temperaturkoeffizienten des Potentials. In der Praxis benutzt man statt einer Lösung von $p_H = 0$ das Standardacetat mit $p_H = 4{,}62$ bei allen praktisch in Betracht kommenden Temperaturen und rechnet diese Resultate auf die Normal-H_2-Elektrode um. Es trifft sich nun, daß der Temperaturkoeffizient der gesättigten (oder vierfach normalen, aber nicht der 1 oder $^1/_{10}$ normalen) Kalomelelektrode und der Temperaturkoeffizient der H_2-Standard-Azetat-Elektrode so beschaffen sind, daß die EMK der aus diesen zwei Halbzellen bestehenden Kette praktisch unabhängig von der Temperatur ist.

Potentials nach langer Zeit zu einem einigermaßen reproduzierbaren Endwert. Diesen Endwert kann man als ein „scheinbares Reduktionspotential" bezeichnen, obwohl dieser Begriff ursprünglich von CONANT in einem etwas anderen Sinne definiert worden ist. Dies ist in der Regel der Fall, wenn man das Reduktionspotential eines Gewebextrakts oder einer Cysteinlösung oder einer alkalischen Zuckerlösung zu bestimmen versucht.

Literatur.

In den mit * bezeichneten Werken finden sich zahlreiche weitere Literaturhinweise, also Sammelwerke.

(*1*) BIJLMANN, E., u. H. LUND: Ann. Chim. analyt. app. (9) **16**, 321 (1921). — (*2*) BJERRUM, N.: Ztschr. f. physik. Ch. **53**, 428 (1905). — (*3*) Ztschr. f. Elektrochem. **17**, 389 (1911).

(*4*) CANNAN, R. K.: Biochem. Journ. **20**, 927 (1926). — (*5*) Ebenda **21**, 184 (1927). — (*6**) CLARK, W. MANSFIELD: The determination of hydrogen ions. Baltimore, 3. Aufl. 1928.— (*7**) CLARK, W. MANSFIELD und Mitarbeiter: B. COHEN, M. X. SULLIVAN, H. D. GIBBS, R. K. CANNAN. Hygienic Laboratory Bulletin, No. 151. Studies on oxidation-reduction, Treasury Department, United States Public Health Service, Washington, D. C., 1829. — (*8*) CONANT, J. B.: Journ. Biol. Chem. **57**, 410 (1923). — (*9*) CONANT, J. B., u. L. F. FIESER: Ebenda **62**, 595 (1925).

(*10*) HASSELBALCH, K. H.: Biochem. Ztschr. **49**, 451 (1913).

(*11*) KOLTHOFF, T. M., u. W. BOSCH: Biochem. Ztschr. **183**, 434 (1927). — (*12**) KOLTHOFF, T. M., u. N. H. FURMAN: Potentiometrische Titrationen. New York 1926.

(*13**) MICHAELIS, L.: Die Wasserstoffionenkonzentration. Berlin 1914, 2. Aufl. 1922. — (*14*) Oxydations-Reduktions-Potentiale. Berlin 1929. — (*15**) MICHAELIS, L., u. P. RONA: Praktikum der Physikalischen Chemie, 4. Aufl. 1930. — (*16*) MICHAELIS, L., u. A. FUJITA: Biochem. Ztschr. **142**, 398 (1912). — (*17*) MICHAELIS, L., u. L. B. FLEXNER: Journ. Biol. Chem. **79**, 689 (1928). —(*18*) MICHAELIS, L., u. H. EAGLE: Ebenda **87**, 713 (1930). — (*18a*) MICHAELIS, L., u. M. MIZUTANI: Z. Physik. Chemie **116**, 152 (1925). — (*19**) MISLOWITZER, E.: Die Bestimmung der Wasserstoffionenkonzentration in Flüssigkeiten. Berlin 1929. — (*20*) Biochem. Ztschr. **159**, 72 (1925).

(*21**) OSTWALD-LUTHER: Physiko-chemische Messungen. Leipzig, 4. Aufl. 1925.

(*22*) SÖRENSEN, S. P. L.: Biochem. Ztschr. **21**, 131 (1909). — (*23*) SÖRENSEN, S. P. L., u. K. LINDERSTRÖM-LANG. C. R. Labor. Carlsberg, Kopenhagen **14**, 1 (1921).

II. p_H-Messungen in kleinen Flüssigkeitsmengen.

Von **ERNST KEYSSNER**, Ludwigshafen a. Rh.

Mit 11 Abbildungen.

1. Chinhydron- und Wasserstoffelektroden. Solange größere Mengen der zu untersuchenden Lösung vorliegen und verbraucht werden können, bietet die Wahl einer geeigneten Elektrode für die p_H-Messung mit Chinhydron oder Wasserstoff keine besondere Schwierigkeit. Es wird ziemlich gleichgültig sein, welcher von den vielen beschriebenen Elektroden man den Vorzug gibt. Elektrodengefäße in Reagensglasform dürften meistens genügen (vgl. auch S. 440). Immerhin empfiehlt es sich, nicht allzu viel Lösung zur Messung zu verwenden, da größere Mengen nur Mehrverbrauch an Chinhydron oder Zeitverlust bei einer Messung mit Wasserstoff bedeuten. Auch die Elektrode selbst mache man nicht groß. Ein kleines Stückchen Platinblech oder ein Platindraht genügen vollständig. Der Platinüberzug bei der Platinierung für die Messung mit Wasserstoff soll nur so dick sein, daß die glänzende Oberfläche eben unsichtbar ist. Dickere Überzüge verursachen langsamere Einstellung oder falsche Werte. Bei der Messung von Pflanzensäften muß die Platinierung öfters erneuert werden. Bei kleinen drahtförmigen Wasserstoffelektroden erfolgt die Einstellung fast augenblicklich, wenn die Elektrode nach Sättigung mit Wasserstoff in destilliertem Wasser die Oberfläche der zu untersuchenden Lösung nur eben berührt. Neuere Untersuchungen über die Art der Platinierung wurden von Popoff, Kunz und Snow (27) ausgeführt.

Eine Elektrodenform, welche vielen Ansprüchen genügt, zeigt Abb. 280. Diese Elektrode ist sowohl für die Messung mit Chinhydron als auch mit Wasserstoff brauchbar.

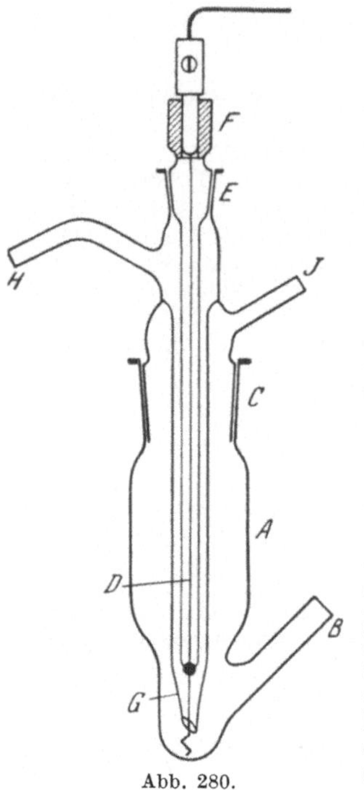

Abb. 280.

Sie besteht aus einem zylindrischen Gefäß A, welches oben einen Schliff C trägt und unten einen schräg nach oben gerichteten Ansatz besitzt. In den Schliff C paßt ein Aufsatz, der zur Befestigung der Elektrode D dient. Die Elektrode besteht aus einem Platindraht von etwa 0,5—1,0 mm Stärke, der am unteren Ende etwas zickzackförmig gebogen ist. Durch die Biegungen ist es möglich, die Länge des Drahtes so einzustellen, daß er auch bei sehr kleinen Flüssigkeitsmengen noch eintaucht, ohne unten aufzustoßen. Der Platindraht ist in ein dünnes Glasrohr eingeschmolzen, daß bei E von einem Schliff (Normalschliff) gehalten wird. An den Platindraht ist ein Kupferdraht angeschweißt, der die Verbindung mit der Klemme oberhalb des Schliffes vermittelt. Vorteilhaft für den Anschluß sind die sog. Bananenstecker, wie sie bei Radioapparaten Verwendung finden. In diesem Falle wird eine Büchse aus einem Stückchen Kupfer- oder Messingrohr in einer Erweiterung des Glasrohres oberhalb des Schliffes E eingekittet. Die Elektrode ist von einem weiteren Glasrohr G umgeben, aus welchem unten die Platinelektrode etwas hervorragt. Durch dieses Rohr wird bei dem Stutzen H der Wasserstoff eingeleitet. Um ein gleichmäßiges Entweichen kleiner Gasblasen zu erreichen, ist das Rohr G unten ausgezogen und schräg abgeschliffen. Ohne diese Abschrägung treten oft so große Gasblasen aus, daß der Platindraht von diesen ganz eingehüllt und dadurch der Kontakt unterbrochen wird. Der eingeleitete Wasserstoff entweicht bei J oder bei B je nachdem, ob der Agarheber (in der Abbildung nicht eingezeichnet) in B nur lose eingehängt oder mittels Stopfen oder Schlauch befestigt wird. Als Agarheber dienen winklig gebogene Glasröhrchen, auch ein mit gesättigter Kaliumchloridlösung getränkter Faden ist unter Umständen verwendbar. Die beschriebene Elektrode ist im wesentlichen als Wasserstoffelektrode gedacht, sie ist aber auch für Messungen mit Chinhydron ohne weiteres verwendbar, wenn die platinierte Elektrode durch eine blanke Elektrode von gleicher Form und Größe ersetzt wird. Bei Verwendung von Normalschliffen bei E können bei einem Elektrodengefäß mehrere Elektroden ohne Schwierigkeit verwendet werden.

In der beschriebenen Elektrode können je nach den Abmessungen, die der Anfertigung zugrunde gelegt wurden, 1,0—0,2 cm³ Flüssigkeit gemessen werden.

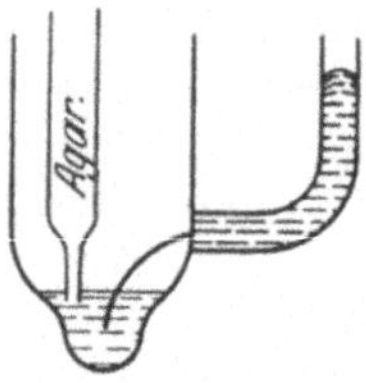

Abb. 281. Elektrode nach Ettisch, schematisch.

Als Mikroelektroden sind in der Literatur eine große Reihe von Vorrichtungen angegeben worden, die hier nicht alle beschrieben werden können. Verhältnismäßig einfach ist die Herstellung einer Mikrochinhydronelektrode (vgl. auch S. 447). Alle diese Konstruktionen suchen das Nebeneinander der Platinelektrode und Agarheber zu vermeiden, wodurch der Elektrodenraum verringert werden kann. Man kann dies auf folgende Weise erreichen.

1. Der Platindraht wird seitlich oder unten am Elektrodengefäß eingeschmolzen (die Ableitung erfolgt durch eine Klemme oder durch einen Quecksilberkontakt). Die Verbindung mit der KCl-Wanne stellt ein Agarheber her oder eine Capillare, welche mit der zu untersuchenden Lösung gefüllt ist (Schäfer und Schmidt [31], Ettisch [10]).

2. Die Flüssigkeit kommt in eine Capillare oder einen Conus, der unten capillar verengt ist. In die Capillare ragt von oben der Platindraht hinein. Die untere capillare Öffnung berührt KCl-Agar oder taucht unmittelbar in die KCl-Wanne (Abb. 282) (BIILMANN [3], GIRGOLAFF und SCHUKOFF [11], OKUNEFF [25]).

Die Verbindung mit der KCl-Wanne kann auch dadurch erreicht werden, daß das Gefäß unten einen Glashahn trägt. Das Rohr unterhalb des Hahnes ist mit KCl-Lösung gefüllt, der Hahn selbst wird mit KCl-Lösung geschmiert, wodurch ein genügender Kontakt erzielt wird (Abb. 283) (PINCUSSEN [26]). An Stelle des Hahnes kann auch eine poröse Glas- oder Porzellanplatte treten.

Eine Konstruktion, die gleichzeitig auch als Wasserstoffelektrode verwendbar ist und allen Ansprüchen genügt, wurde von BRUNSTETTER und MAGOON (6) angegeben (vgl. Abb. 287 und S. 459). Es sei ferner auf die allerdings mehr für tier- als für pflanzenphysiologische Zwecke geeignete Spritzenelektrode nach MISLOWITZER (24) hingewiesen. Nach einer späteren Angabe (MISLOWITZER, Wasserstoffionenkonzentration) verwendet man an Stelle der Goldspitze besser eine solche aus Platin.

Eine einfache Elektrode zur Bestimmung des p_H im Pflanzengewebe haben ROBERTSON und SMITH (29) beschrieben (Abb. 284). Die Elektrode ist unmittelbar mit einer „gesättigten" Kalomelelektrode verbunden und dadurch sehr beweglich.

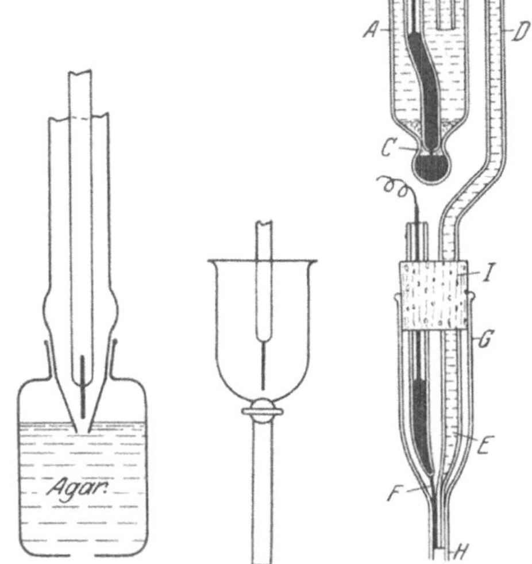

Abb. 282. Elektrode nach GIRGOLAFF u. SCHUKOFF, schematisch.

Abb. 283.

Abb. 284. Elektrode nach ROBERTSON u. SMITH.

Das Gefäß der Kalomelelektrode *A* ist unten bei *C* verengert. Die Einschnürung wird fast vollständig durch das Glasrohr *B* verschlossen. Hierdurch wird verhindert, daß das Quecksilber sich beim Neigen der Elektrode mit der Kalomelpaste mischt. *D* ist mit KCl-Agar gefüllt und endet in einer fein ausgezogenen Capillare *E*. Die Capillare ist so lang, daß sie zur Erneuerung der Agaroberfläche mehrmals abgebrochen werden kann. Der Platindraht *F*, der am Ende breit geschlagen ist, liegt der Spitze *E* dicht an. Der innere Durchmesser der Spitze *H* beträgt weniger als 1 mm. Der Platindraht *F* und die Capillare *E* enden etwa 2 mm vor der Mündung von *H*. Die Anwendung der Elektrode ist sehr einfach. Man gibt einige Kryställchen Chinhydron auf das zu untersuchende Gewebe und sticht die Spitze *H* ein. Der Saft des Gewebes steigt mit etwas Chinhydron in der Spitze *H* hoch.

Bei entsprechend kleinen Ausmaßen und einiger Übung gelingt es, mit diesen Mikroelektroden in einem Tropfen Flüssigkeit das p_H mit der gleichen Sicherheit wie mit einer Makrochinhydronelektrode zu bestimmen. Wichtig ist, daß das Chinhydron von tadelloser Beschaffenheit ist. Die Chinhydronsorten des Handels entsprechen nicht immer den Ansprüchen, die man zur Erlangung sicherer Ergebnisse stellen muß, da sie mehr oder weniger sauer reagieren. In diesem Falle erhält man Werte, die je nach dem Pufferungsvermögen der zu messenden Lösung und der Menge des zugegebenen Chinhydrons mehr oder weniger stark nach der sauren Seite zu vom wahren Wert abweichen. Da man bei der Messung sehr kleiner Flüssigkeitsmengen leicht dazu neigt, verhältnismäßig mehr Chinhydron anzuwenden als bei der Makromessung, so wirkt sich ein solcher Fehler hier besonders stark aus. Man prüfe deshalb das Chinhydron, in dem man eine schwachgepufferte Lösung mit verschiedenen Mengen Chinhydron mißt. Bei einem einwandfreien Präparat dürfen die gefundenen Werte keine größeren Abweichungen zeigen, als es der Meßgenauigkeit der verwendeten Apparatur entspricht.

Bei der Konstruktion von Mikroelektroden für die Messung mit Wasserstoff gelten die gleichen Grundsätze wie für die Chinhydronelektrode, nur wird man hier von dem Einschmelzen der Platinelektrode in das Elektrodengefäß absehen, da dadurch das Reinigen und Platinieren erschwert und eine der Flüssigkeitsmenge entsprechende Einstellung der Elektrode nicht möglich ist.

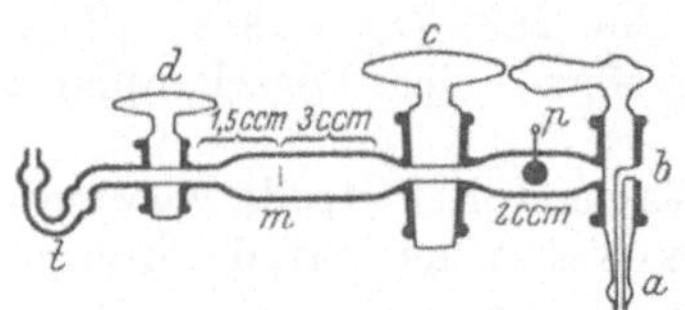

Abb. 285. Blutelektrode nach McCLENDON.

Bei Verwendung der Wasserstoffelektrode muß weiterhin berücksichtigt werden, daß biologische Flüssigkeiten sehr oft kohlensäurehaltig sind. Durch Einleiten von Wasserstoff wird aber die Kohlensäure ausgetrieben, was eine Veränderung der Wasserstoffionenkonzentration zur Folge hat. Um diesen Fehler zu vermeiden, stehen uns mehrere Verfahren zur Verfügung.

1. Ist der Kohlensäuregehalt der Lösung bekannt, so kann man dem Wasserstoff so viel Kohlensäure zusetzen, daß eine Änderung des Kohlensäuregleichgewichtes nicht eintritt. Da dieses Verfahren zuerst eine Bestimmung der freien Kohlensäure, die bei Mikroobjekten nur mit Schwierigkeiten ausführbar wäre, weiterhin eine größere Apparatur zur Herstellung des Wasserstoffkohlensäuregemisches voraussetzt, so sei hier nur auf eine Arbeit von A. BECK (1) „Zur Methodik der p_H-Messung CO_2-haltiger Flüssigkeiten bei verschiedenem CO_2-Partialdruck" hingewiesen (vgl. S. 444 und 451).

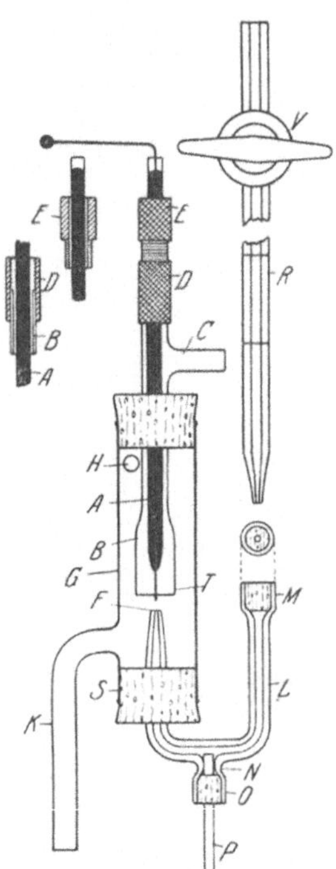

Abb. 286. Elektrode nach SALLE.

2. Man leitet den Wasserstoff nicht ein, sondern schüttelt die Lösung mit einer bestimmten Menge Wasserstoff in einem abgeschlossenen Gefäß. Auch dabei wird etwas Kohlensäure an den Wasserstoff abgegeben, doch sind diese Mengen bedeutend geringer als beim Durchleiten des Wasserstoffs. Die Elektroden, die hierfür geeignet sind, beruhen alle auf dem Prinzip der U-Elektrode mit der „stehenden Wasserstoffblase" nach L. MICHAELIS (vgl. auch S. 444). Eine Elektrode für kleinere Flüssigkeitsmengen wurde von McCLENDON (22) angegeben, die hier näher beschrieben werden soll, auch wenn sie strenggenommen keine Mikroelektrode darstellt (Abb. 285).

Nach MISLOWITZER (24) (Wasserstoffionenkonzentration, S. 207) erfolgt ihre Anwendung in folgender Weise:

Vor der Benutzung wird die Elektrode ganz mit destilliertem Wasser gefüllt, das dann durch Wasserstoff verdrängt wird. Bei A wird die Untersuchungslösung eingefüllt; die oberflächliche (vielleicht CO_2-ärmere) Flüssigkeitsschicht fließt bei B ab. Dann wird der Hahn so gedreht, daß die Flüssigkeit in die Elektrode eindringt. Ist sie bis M gekommen, so sind 5 cm³ Flüssigkeit in der Elektrode und 1,5 cm³ Gas im großen Elektrodenraum. Nachdem die Elektrode 200mal geschüttelt wurde, wird die H_2-Blase in den kleinen Raum gebracht, der Hahn C wieder verschlossen und die Elektrode wieder 200 mal geschüttelt. Dann wird der ungefettete Hahn B in eine KCl-Lösung eingetaucht, die zur Kalomelelektrode führt, und abgelesen.

Das erstmalige Schütteln hat den Zweck, den Wasserstoff mit der Menge Kohlensäure zu sättigen, die dem Partialdruck der in der Untersuchungsflüssigkeit gelösten Kohlensäure entspricht.

Eine Spritzenelektrode zur direkten p_H-Messung mit stehender Wasserstoffblase wurde von C. H. LASCH (18) angegeben.

3. Nach A. J. SALLE (30) wird eine sofortige Einstellung des richtigen Potentials mit folgender Mikroelektrode erzielt (Abb. 286):

Die Wasserstoffelektrode A besteht aus einem 6 mm langen, 0,25—0,3 mm dicken Platindraht, der in einem 4 mm dicken Glasrohr (lichte Weite 2 mm) eingeschmolzen ist. Das Glasrohr wird mittels einer Injektionsspritze mit Quecksilber gefüllt. Die Elektrode ist umgeben von einem Glasrohr B, dessen äußerer Durchmesser 6,5 mm und innerer 5 mm beträgt. Unten ist diese Röhre 25 mm lang auf 10 mm (äußerer Durchmesser) erweitert, oben trägt sie einen seitlichen Ansatz C. Die Gesamtlänge beträgt 72 mm. Röhre B wird so befestigt, daß ihr unterer Rand von F etwa 4 mm entfernt ist.

An dem oberen Ende von B ist mittels eines geeigneten Kittes (Picein, Glycerinbleiglätte od. dgl.) ein kurzes Messingrohr D aufgekittet, in das innen ein Gewinde eingeschnitten ist. In dieses Messingrohr paßt ein zweites Metallstück E, in das die Elektrode eingekittet ist. Diese Vorrichtung gestattet, die Elektrode in ihrer Höhe zu verstellen.

Das Elektrodengefäß G wird durch ein größeres Glasrohr von 65 mm Länge und 16 mm inneren Durchmesser gebildet. Seitlich 10 mm über dem unteren Ende ist eine Röhre K von 6 mm Durchmesser angebracht. Der eingeleitete Wasserstoff entweicht durch die kleine Öffnung H.

Das Zuleitungsrohr für die zu untersuchende Flüssigkeit besteht aus einem Capillarrohr von 5 mm äußerem und 2 mm innerem Durchmesser. Die Capillare ist bei F etwas ausgezogen, so daß der äußere Durchmesser 3 mm, der innere 1 mm beträgt. Die Ansätze O und M besitzen einen äußeren Durchmesser von 8 mm. M trägt ein kleines Stückchen Gummischlauch mit 2 mm Bohrung. In O wird ein mit Agar gefülltes Röhrchen von 3 mm äußerem Durchmesser befestigt. Der Agarheber reicht durch N (3,5 mm lichte Weite) bis in die Capillare hinein.

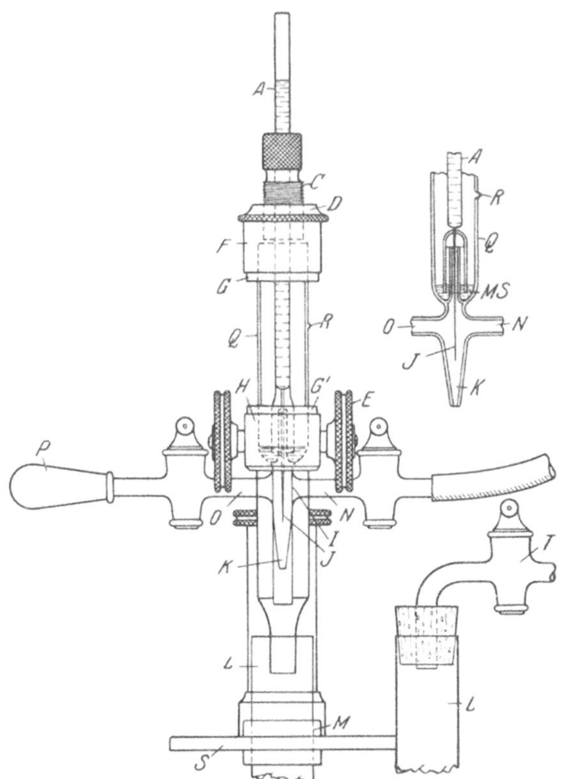

Abb. 287. Elektrode nach BRUNSTETTER und MAGOON.

Die Messung wird auf folgende Weise ausgeführt: Man verschließt K mit einem Gummistopfen und füllt das Gefäß G durch M mittels einer fein ausgezogenen Pipette mit destilliertem Wasser bis zur Marke T. Dann leitet man einige Minuten Wasserstoff ein, bis die platinierte Elektrode gesättigt ist. Der Wasserstoffstrom wird so eingestellt, daß in der Sekunde 6 Blasen entweichen. Die zu untersuchende Lösung wird dann aus einer Pipette R bei M eingeführt, nachdem der Stopfen bei *K* entfernt wurde. Wenn die Lösung bei *F* das Wasser verdrängt hat, wird der Hahn der Bürette geschlossen. Dann senkt man durch Drehen bei *E* die Elektrode, bis sie in die Flüssigkeit eintaucht, und dreht dann wieder so weit als möglich zurück, ohne den Kontakt zu unterbrechen. Unmittelbar zur gleichen Zeit wird durch einen Fußkontakt das Potentiometer eingeschaltet. Man wiederholt die Bestimmung mehrmals, indem man jedesmal bei *F* etwas Lösung hat austreten lassen. Wenn die Erneuerung der Lösung bei *F* und die Schließung des Kontaktes ohne Zeitverlust hintereinander erfolgt, so soll es möglich sein, auch kohlensäurehaltige Lösungen einwandfrei zu messen. Eine Elektrode, welche mannigfaltigen Ansprüchen genügt, und die zugleich als Wasserstoff- und als Chinhydronelektrode verwendbar ist, wurde von BRUNSTETTER und MAGOON (6) beschrieben (Abb. 287). Sie stellt eine Weiterentwicklung der Mikroelektrode nach BODINE und FINK (4) dar.

Die Platinelektrode *J* ist in das Glasrohr *A* eingeschmolzen, das in gleicher Weise wie bei der eben besprochenen Elektrode mittels eines Gewindes in der Höhe verstellbar ist. Das Gewinde ist in dem oberen Teil des Tubus eines Mikroskops befestigt. Der mittlere Teil des Tubus, ebenso der Beleuchtungsapparat wird entfernt. Das Elektrodengefäß *Q*, dessen Form aus der Zeichnung ohne weiteres zu ersehen ist, wird durch den Gummistopfen *G* und *G'* gehalten. *MS* ist ein Quecksilberverschluß. Durch *N* wird der Wasserstoff zugeleitet. Der Ansatz *O* mit Hahn und Gummibällchen *P* dient zum Aufsaugen der zu untersuchenden Lösung. Die ganze Elektrode kann mittels der Stellschraube *E* so weit gesenkt werden, daß die capillare Spitze *K* des Elektrodengefäßes in das mit gesättigter KCl-Lösung gefüllte U-Rohr eintaucht, welches die KCl-Wanne darstellt und bei *T* die Verbindung mit der Kalomelelektrode vermittelt.

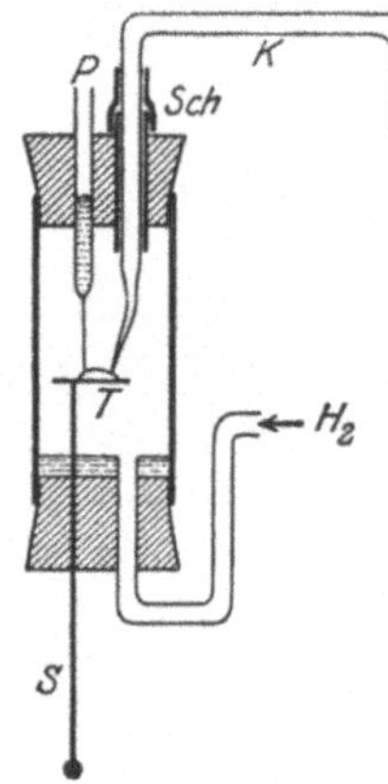

Abb. 288. Mikroelektrode nach LEHMANN.

Zur Messung wird die Elektrode mit Wasserstoff ausgespült. Dann bringt man die Flüssigkeit in einer kleinen Schale unter die Elektrode, senkt diese, bis sie die Flüssigkeit berührt. In diesem Augenblick wird die Zuführung des Wasserstoffs durch Schließen des Hahnes bei *N* abgesperrt. Nun drückt man auf das Gummibällchen *P*, wodurch noch einige Wasserstoffblasen entweichen, und saugt dann durch Nachlassen des Druckes auf *P* die Flüssigkeit hoch. Wenn diese die erforderliche Höhe erreicht hat, schließt man den Hahn bei *O*. Man wiederholt die Füllung nochmals, indem man zuvor durch Öffnen der Wasserstoffzuleitung die Flüssigkeit aus der Elektrode wieder ausgetrieben hat. Nach der Füllung senkt man das Elektrodengefäß, bis es in die KCl-Lösung eintaucht, und liest ab. Die Einstellung des richtigen Potentials soll bereits in weniger als $^1/_2$ Minute erfolgen. Bei der Messung von Pflanzensäften muß die Platinelektrode häufiger frisch platiniert werden. Nach dem Platinieren prüft man die Elektrode mittels eines Puffers.

Die Elektrode nach BRUNSTETTER und MAGOON ist auch für Messungen mit Chinhydron geeignet, wenn die platinierte Elektrode durch eine blanke ersetzt wird.

Eine einfache Mikroelektrode, die auch für feste Substanzen (Gewebestückchen, Boden usw.) verwendbar ist, hat LEHMANN (19) angegeben (Abb. 288).

Die Elektrode besteht aus einem Glasrohr, welches oben und unten mit Gummistopfen verschlossen ist. Die Anordnung der Platinelektrode, des Agarhebers und der Zuleitung des Wasserstoffs ist ohne weiteres aus der Abbildung ersichtlich. Der eingeleitete Wasserstoff entweicht durch eine (nicht sichtbare) dritte Bohrung des oberen Gummistopfens. Das Untersuchungsobjekt befindet sich auf einem kleinen Tischchen, welches aus einem Deckgläschen besteht, das auf einen Glasstab aufgekittet ist.

Es würde wohl eine Vereinfachung dieser Apparatur bedeuten, wenn das Tischchen *T* durch ein mit Agar gefülltes Glasröhrchen ersetzt würde, das oben konisch oder tellerförmig erweitert ist. Der Agarheber von oben wäre dann überflüssig.

Zur Messung fester Nährböden hat RADSIMOWSKA (28) eine Apparatur angegeben (Abb. 289), die der Elektrode nach LEHMANN in vielem gleicht und wohl ohne weiteres aus der Abbildung verständlich ist.

Elektroden, welche unmittelbar am lebenden Objekt die Messung gestatten, wurden von SCHADE (s. HALPERT [13]), LANZ und MALYOTH (17) und EHRENBERG (9) beschrieben. Abb. 290 zeigt die Elektrode nach LANZ und MALYOTH.

Bei Anwenden dieser Elektroden ist zu bedenken, daß durch Störung des Kohlensäuregleichgewichts erhebliche Fehler hervorgerufen werden können.

2. Glaselektrode. Die Glaselektrode hat bisher noch wenig Verbreitung gefunden, trotzdem sie für biologische Zwecke sicher gewisse Vorteile bietet, da zu der zu untersuchenden Lösung keinerlei Zusätze zu machen sind. Für kleinere Lösungsmengen wurde von MCINNES und DOLE (1929, 21) eine Mikroelektrode angegeben. Zwei weitere Arbeiten der gleichen Verfasser geben Auskunft über die frühere Literatur (1929, 21) und über das Verhalten der Glaselektroden aus Glas verschiedener Zusammensetzung (1930). Ein für die Messung mit Glaselektroden geeignetes Röhrenpotentiometer beschreibt DUBOIS (8). Weiterhin finden sich Angaben über die Glaselektrode bei MIRSKY und ANSON (23); über die Messung des Kulturmediums mit der Glaselektrode berichtet CARREL (7).

3. Antimonelektrode. Die Antimonelektrode ist wie die Glaselektrode nur sehr wenig verwendet worden. Als Mikroelektrode bedienten sich ihrer bei tierischen Objekten BUYTENDIJK und WOERDEMAN (2). Für pflanzliche Objekte scheint sie überhaupt noch nicht angewendet worden zu sein.

Als Elektrode dient ein Stab von Antimon oder Legierungen von Antimon mit Silber oder Wismut (F. L. HAHN [12]). Wegen der Sprödigkeit des Antimons lassen sich aus ihm nur schwer feine Elektroden, die zur Messung kleiner Flüssigkeitsmengen dienen könnten, herstellen. Dagegen eignet sich die von BRINKMAN (5) angegebene Elektrode als Mikroelektrode. Diese Elektrode besteht aus einem in Glas eingeschmolzenen Platiniridiumdraht, der durch Elektrolyse in einer salzsauren Antimon-(3)-chloridlösung mit einem blanken Überzug von Antimon versehen wird. Angaben über die Antimonelektrode finden sich u. a. bei KOLTHOFF und HARTONG (16), VLÈS und VELLINGER (33) und ITANO (14).

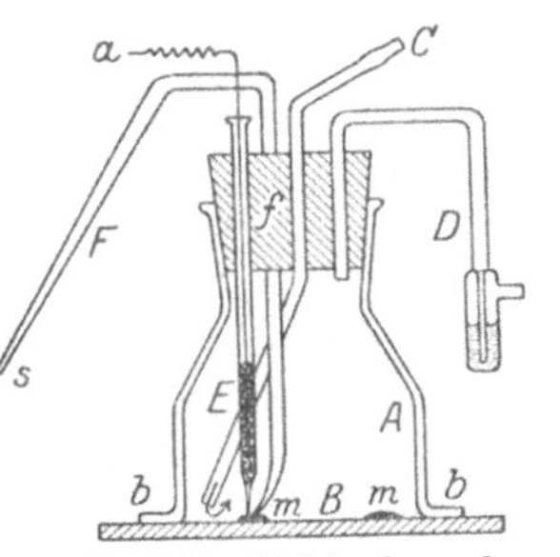

Abb. 289. Elektrode nach RADSIMOWSKA.

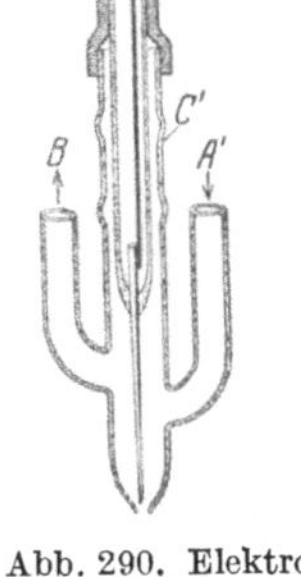

Abb. 290. Elektrode nach LANZ u. MALYOTH.

4. Die Grenzen der Mikromethoden. Mit den angegebenen Elektroden ist es bei einiger Übung möglich, sehr kleine Flüssigkeitsmengen zu messen. Man bedenke aber, daß die Wasserstoff- (bzw. Chinhydron-) Elektrode mit der Kalomelelektrode zusammen ein Element bildet, das zwar bei richtiger Einstellung stromlos sein soll, dem aber bis zur richtigen Einstellung doch mehr oder weniger Strom entnommen wird, besonders dann, wenn die Einstellung des Potentiometers zuerst stark von der richtigen abweicht. Es empfiehlt sich in solchen Fällen, die Messung mit neuer Flüssigkeit zu wiederholen, wobei man von der letzten Einstellung der ersten Lösung ausgeht. Man vermeidet auf diese Weise eine größere Stromentnahme. In diesem Zusammenhange seien auch die neuerdings in Anwendung kommenden Röhrenpotentiometer (WULFF und KORDATZKI [34], DU BOIS [8]) erwähnt, die infolge ihrer äußerst geringen Stromentnahme für Mikromessungen besonders vorteilhaft sind.

Auf die Fehler, die durch sauer reagierendes Chinhydron entstehen können, wurde weiter oben bereits hingewiesen. Überhaupt ist zu bedenken, daß ein kleiner Tropfen auch nur eine entsprechend kleine Pufferkapazität (falls die Lösung gepuffert ist) besitzt, und daß deshalb eine bestimmte Menge einer Verunreinigung irgendwelcher Art, die sich bei einer größeren Flüssigkeitsmenge gar nicht bemerkbar machen würde, das p_H eines Tropfens sehr beträchtlich verschieben kann. Sorgfältiges und sauberes Arbeiten ist deshalb bei kleinen Mengen besonders erforderlich.

Die Grenzen für die potentiometrische p_H-Messung in kleinen Objekten sind dadurch bestimmt, daß man einerseits die Elektrode und das Elektrodengefäß nicht beliebig verkleinern kann, andererseits mit der Uneinheitlichkeit des Untersuchungsmaterials, die durch Aufbau aus Zellen bedingt ist, rechnen muß. Die potentiometrische p_H-Bestimmung in der Zelle ist unmöglich, falls nicht wie z. B. bei Algen unverhältnismäßig große Zellen vorliegen. Erschwert werden diese Verhältnisse noch dadurch, daß ja der Zellinhalt auch nicht einheitlicher Natur ist und Zellsaft und Zellplasma verschieden reagieren. Wird nun eine Mikroelektrode in Pflanzengewebe eingestochen oder wird durch Abpressen oder Zerreiben Pflanzensaft gewonnen, so findet mehr oder weniger eine Mischung von Zellsaft und Plasma statt, und wir erhalten einen p_H-Wert, der zum mindesten einen Durchschnittswert darstellt, wenn nicht bei der Mischung oder durch Wundreiz Reaktionen aufgetreten sind, die wir nicht übersehen, die aber ebenfalls eine p_H-Veränderung bewirken können. Mit elektrometrischen Methoden wird man also die wahren p_H-Werte der Zelle nicht messen können. Man muß zu colorimetrischen Verfahren seine Zuflucht nehmen. Allerdings sind auch diese mit Fehlerquellen behaftet und ihre Empfindlichkeit ist bedeutend geringer.

Die elektrometrische p_H-Bestimmung in Pflanzensäften wird aus den erwähnten Gründen vielfach abgelehnt (vgl. z. B. SMALL [32]). So berechtigt und begründet dieser Standpunkt erscheint, so muß doch festgestellt werden, daß die Untersuchung von Pflanzensäften bei bestimmten Fragestellungen sich als recht nützlich erwiesen hat. KEYSSNER (15) untersuchte z. B. den Einfluß der Wasserstoffionenkonzentration des Nährmediums auf das p_H der Wurzeln. Zur Messung kam ein Pflanzenbrei, der durch Zerreiben der Wurzeln mit etwas Sand[1] gewonnen wurde. Die erhaltenen Werte, die in Parallelversuchen sehr gut übereinstimmten, berechtigen zur Annahme, daß in gewissen Fällen die Messung in Pflanzensäften durchaus möglich ist. Zum gleichen Ergebnis kommt LOEHWING (20) bei Untersuchungen über den Einfluß der Sonnenbestrahlung und der Bodeneigenschaften auf die Reaktion des Preßsaftes von Weizen. Bei LOEHWING finden sich noch eine größere Reihe von Arbeiten aufgeführt, welche erkennen lassen, daß die Reaktion des Preßsaftes von den äußeren Wachstumsbedingungen abhängig ist. Es ist also nicht richtig, auf derartige Messungen aus theoretischen Erwägungen heraus ganz zu verzichten. Geben sie

[1] Der Sand muß mit HCl ausgekocht und dann mit destilliertem Wasser gründlich ausgewaschen werden.

auch nicht die wahre Wasserstoffionenkonzentration in der Pflanze, sondern nur eine Art Mittelwert, der obendrein durch Umsetzungen irgendwelcher Art beeinflußt sein kann, so lassen doch derartige Zahlen, oder besser der Gang dieser Zahlenreihen in Abhängigkeit vom Experiment, Schlüsse auf Vorgänge im Pflanzenkörper zu.

Literatur.

(*1*) BECK, A.: Biochemische Ztschr. **190**, 75 (1927).

(*2*) BUYTENDIJK, F. J. J., u. M. W. WOERDEMAN: Arch. f. Entwicklungsmech. **112**, 387 (1917). — (*3*) BIILMANN, E.: Mikroelektrode, siehe MISLOWITZER. — (*4*) BODINE, J. H., u. D. E. FINK: Journ. Gen. Physiol. **7**, 735 (1925). — (*5*) BRINKMAN, R.: Nederl. Tijdschr. Geneesk. **73 II**, 5000 (1929); ref. Chem. Zentralblatt **1930 I**, 558. — (*6*) BRUNSTETTER, B. C., u. C. A. MAGOON: Plant Physiol. **5**, 249 (1930).

(*7*) CARREL, A.: Comptes rendus de la Soc. de biol. **102**, 639 (1929).

(*8*) DuBOIS, D.: Journ. Biol. Chem. **88**, 739 (1930).

(*9*) EHRENBERG, H.: Journ. Labor. a clin. Med. **15**, 181 (1929). — (*10*) ETTISCH, G.: Ztschr. f. wiss. Mikroskopie **42**, 302 (1925).

(*11*) GIRGOLAFF, S. S., u. J. J. SCHUKOFF: Ztschr. f. ges. exper. Med. **56**, 710 (1927).

(*12*) HAHN, F. L.: Ztschr. f. angew. Ch. **43**, 712 (1930). — (*13*) HALPERT, NEUKIRCH u. SCHADE: Ztschr. f. ges. exper. Med. **24**, 11 (1921).

(*14*) ITANO, A.: Ber. Ohara-Inst. Landwirtsch. Forsch. **4**, 255 (1929); **4**, 273 (1929); ref. Chem. Zentralblatt **1930 II**, 96, 587.

(*15*) KEYSSNER, E.: Planta **12**, 575 (1931). — (*16*) KOLTHOFF, J. M., u. B. D. HARTONG: Rec. trav. chim. Pays-Bas **44**, 113 (1925).

(*17*) LANZ, T. VON, u. G. MALYOTH: Pflügers Arch. d. Physiol. **222**, 534 (1929). — (*18*) LASCH, C. H.: Ztschr. f. ges. exper. Med. **56**, 157 (1927). — (*19*) LEHMANN, G.: Biochem. Ztschr. **139**, 213 (1923). — (*20*) LOEHWING, W. F.: Plant Physiol. **5**, 293 (1930).

(*21*) MAC INNES, D. A., u. M. DOLE: Journ. Gen. Physiol. **12**, 805 (1929); Ind. and Engin. Chem. Anal. ed. **1**, 75 (1929); Journ. Amer. Chem. Soc. **52**, 29 (1930). — (*22*) MCCLENDON u. C. A. MAGOON: Journ. Biol. Chem. **25**, 669 (1916). — (*23*) MIRSKY, A. E., u. M. L. ANSON: Ebenda **81**, 581 (1929). — (*24*) MISLOWITZER, E.: Biochem. Ztschr. **159**, 77 (1925); Die Bestimmung der Wasserstoffionenkonzentration in Flüssigkeiten, S. 228. Berlin: Julius Springer 1928.

(*25*) OKUNEFF, N.: Biochem. Ztschr. **210**, 1 (1929).

(*26*) PINCUSSEN, L.: Biochem. Ztschr. **186**, 28 (1927). — (*27*) POPOFF, ST., KUNZ u. SNOW: Journ. Physical. Chem. **32**, 1056 (1928).

(*28*) RADSIMOWSKA, W.: Biochem. Ztschr. **154**, 49 (1924). — (*29*) ROBERTSON, J. M.: Journ. Soc. Chem. Ind. Trans. a. Abstr. **49**, 120 (1930).

(*30*) SALLE, A. J.: Journ. Biol. Chem. **83**, 765 (1929). — (*31*) SCHAEFER, R., u. FR. SCHMIDT: Biochem. Ztschr. **156**, 63 (1925). — (*32*) SMALL, J.: Hydrogen-ion concentration in plant cells and tissues. Berlin: Gebr. Bornträger 1929.

(*33*) VLÈS, F., u. E. VELLINGER: Arch. Physique biol. **6**, 38 (1927).

(*34*) WULFF, P., u. W. KORDATZKI: Ztschr. f. angew. Chem. **43**, 547 (1930).

17. Die colorimetrische Bestimmung der Wasserstoffionenkonzentration.

Von **ERNST KEYSSNER**, Ludwigshafen a. Rh.

Mit 8 Abbildungen.

Zusammenfassende Darstellungen.

CLARK, W. M.: The determination of hydrogen ions, 3. Aufl. London: Baillière, Tindall & Cox 1928.

KAPPEN, H.: Die Bodenacidität. Berlin: Julius Springer 1929. — KOLTHOFF, J. M.: Der Gebrauch von Farbenindicatoren, 3. Aufl. Berlin: Julius Springer 1926.

LIFSCHITZ: Kurzer Abriß der Spektroskopie und Colorimetrie. 1927.

MICHAELIS, L.: Die Wasserstoffionenkonzentration I. Monographien aus dem Gesamtgebiet der Physiologie der Pflanzen und der Tiere 1, 2. Aufl. Berlin: Julius Springer 1922. —

MISLOWITZER, E.: Die Bestimmung der Wasserstoffionenkonzentration von Flüssigkeiten. Berlin: Julius Springer 1928.

REISS, P.: Le p_H intérieur cellulaire. Paris: Les presses universitaires de France. (Jahr nicht angegeben.)

SMALL, J.: Hydrogen ion concentration in plant cells and tissues. Protoplasma monographien 2. Berlin: Bornträger 1929.

Die Anwendung der colorimetrischen Bestimmung der Wasserstoffionenkonzentration im Rahmen der Pflanzenanalyse und Pflanzenphysiologie erstreckt sich einerseits auf die Untersuchungen des Nährbodens, andererseits auf die Pflanze selbst. Unter Nährboden sind neben dem natürlichen Boden vor allem Nährlösungen zu verstehen, deren Anwendung ohne Bestimmung der $H^{\cdot}$-Konzentration oder Einstellung auf eine bestimmte $H^{\cdot}$-Konzentration wohl nicht mehr möglich ist, nachdem man erkannt hat, welche Rolle die Wasserstoffionenkonzentration bei der Aufnahme der Nährstoffe spielt. Zur Messung der $H^{\cdot}$-Konzentration in Nährlösungen sind kolorimetrische Verfahren gut geeignet, da es sich meist um farblose, stark verdünnte Lösungen handelt. Dagegen bereitet die Messung in der Pflanze selbst oder von Pflanzensäften usw. je nach dem gewünschten Grad der Genauigkeit ganz erhebliche Schwierigkeiten.

Wie das Reduktionsoxydationspotential auf elektrometrischem Wege in ähnlicher Weise wie die $H^{\cdot}$-Konzentration bestimmt werden kann (vgl. MICHAELIS)[1], so läßt sich auch ähnlich einer colorimetrischen p_H-Messung das Reduktionsoxydationspotential auf colorimetrischem Wege bestimmen, indem man Farbstoffe als Indicatoren anwendet, deren Reduktionsprodukt farblos ist. Je nach der Stärke eines Reduktionsmittels, d. h. je nach Größe des Reduktionsoxydationspotentials wird sich bei Anwendung eines geeigneten Farbstoffes ein Gleichgewicht einstellen zwischen der oxydierten (gefärbten) und der reduzierten (ungefärbten) Form des Indicators. Es erfolgt eine teilweise Aufhellung des Farbtones, die sich colorimetrisch zur Bestimmung des „Redoxpotentials" auswerten läßt. So einfach dies an und für sich erscheint, so ist es doch nicht ganz leicht, einwandfreie Werte zu erhalten. Die Ausführung und Anwendung der Messung des Redoxpotentials gehört einer Forschungsrichtung an, die sich erst in den letzten Jahren gebildet hat, und die noch nicht solche Arbeitsvorschriften besitzt, welche eine zuverlässige Bestimmung ohne genaue Kenntnis des Schrifttums ermöglichten. Es muß deshalb hier von einer Wiedergabe derartiger Meßverfahren abgesehen werden. Eine Übersicht über die immerhin schon recht umfangreiche Literatur über das Redoxpotential findet sich bei MICHAELIS. Einige neuere Arbeiten sind, ohne Anspruch auf Vollständigkeit zu machen, am Ende des Kapitels S. 500 aufgeführt.

Die Besprechung der colorimetrischen Bestimmung der $H^{\cdot}$-Konzentration soll nach folgenden Gesichtspunkten erfolgen:

[1] Potentiometrische Methoden S. 448.

A. Allgemeines über die Arbeitsweise.

a) Indicatoren.

Unter Indicatoren im Sinne dieses Kapitels versteht man alle Stoffe, welche unter dem Einfluß oder dem Wechsel der H˙-Konzentrationen Veränderungen in ihren Färbungen zeigen. Notwendig für ihre Verwendung ist starkes Färbungsvermögen, so daß die Erscheinungen auch bei hoher Verdünnung erkennbar sind. Wenn auch anorganische Verbindungen unter dem Einfluß der H˙-Konzentration Farbveränderungen zeigen, so kommen doch nur organische Farbstoffe in Anwendung, da diese viel größere Färbekraft besitzen und bei ihrer fast unübersehbaren Zahl eine reiche Auswahl für alle Fälle gestatten.

Die Farbstoffe, die als Indicatoren in Anwendung kommen, sind saure oder basische Farbstoffe; ihre Zugehörigkeit zu den einzelnen Farbstoffklassen (Azo-, Triphenylmethanfarbstoffe, Phthaleine usw.) ist nur von untergeordneter Bedeutung. OSTWALD führte die Farbveränderung, welche die Indicatoren zeigen, auf die elektrolytische Dissoziation der Farbstoffsäure oder -base zurück. HANTZSCH fand, daß der Dissoziation eine intramolekulare Umwandlung unter dem Einfluß der H˙- bzw. OH′-Ionen vorausgeht, und zwar werden *chinoide Gruppen* =⟨═⟩= gebildet. STIEGLITZ konnte nachweisen, daß zwischen den beiden tautomeren Formen — dem ungefärbten Anion und der chinoiden Form — ein Gleichgewicht besteht; so ist die Menge der gebildeten sog. „Aci"-Form, die eine wahre Säure ist und durch Salzbildung den Farbwechsel hervorruft, letzten Endes von dem elektrolytisch dissozierten Anteil des Indicators und damit von der H˙-Konzentration abhängig. Näher auf diese Vorgänge einzugehen, würde zu weit führen; wichtig ist für die Anwendung, daß sich das Gleichgewicht zwischen Aci- und Pseudoform wie bei allen Molekularreaktionen oft nicht sofort einstellt.

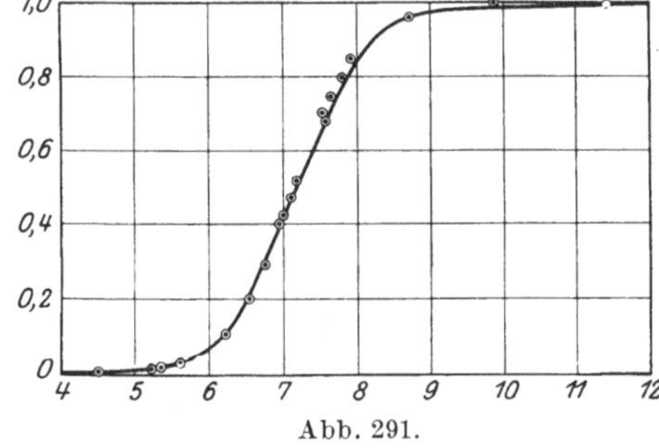

Abb. 291.

Man unterscheidet zwischen einfarbigen Indicatoren, welche von farbig in farblos umschlagen, und zweifarbigen, bei welchen ein Wechsel in dem Farbton (z. B. Blau, Gelb) auftritt. Einfarbige Indicatoren sind die Nitrophenole, sowie das Phenolphthalein und seine Verwandten.

Macht man eine saure Lösung mehr und mehr alkalisch, so wird, wenn Phenolphthalein als Indicator zugefügt wird, anfangs keine Farberscheinung auftreten, obwohl sich das p_H z. B. von 1—8, also ganz erheblich, verändert hat. Erst bei 8,3 beginnt eine rosa Färbung, die zunimmt, bis sie bei 10 etwa ihre volle Stärke erreicht hat, die sich nun bei weiterem Alkalizusatz nicht mehr ändert. MICHAELIS hat für p-Nitrophenol die Veränderung der Farbtiefe bei diesem Vorgang gemessen und die in Abb. 291 eingetragenen Werte erhalten, die fast vollkommen mit der berechneten Kurve zusammenfallen. Die Zahlen der Ordinate geben an, zu welchem Bruchteil der Farbstoff dissoziiert, d. h. in die gefärbte Form übergegangen ist. Das p_H, bei welchem gerade die

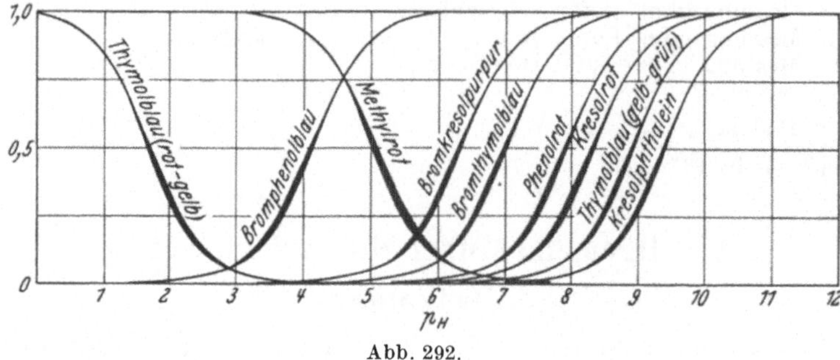

Abb. 292.

Hälfte des Farbstoffs dissoziiert ist, ist gleich dem negativen Logarithmus der Dissoziationskonstanten (auch Halbwertstufe genannt). Die Kenntnis dieser Konstanten ist zur Ausführung der colorimetrischen Messung ohne Puffer notwendig. Es gilt nämlich die Beziehung

$$p_H = p_K + \log \frac{a}{1 - a},$$

worin p_H = der gesuchte Wasserstoffexponent,
p_K = die Halbwertstufe des Indicators,
a = der dissoziierte und
$1-a$ = der undissoziierte Anteil des Indikators ist.

Durch die Bestimmung des dissoziierten Anteils a kann also p_H berechnet werden, wenn p_K bekannt ist. Die Bestimmung von a kann auf verschiedene Weise erfolgen.

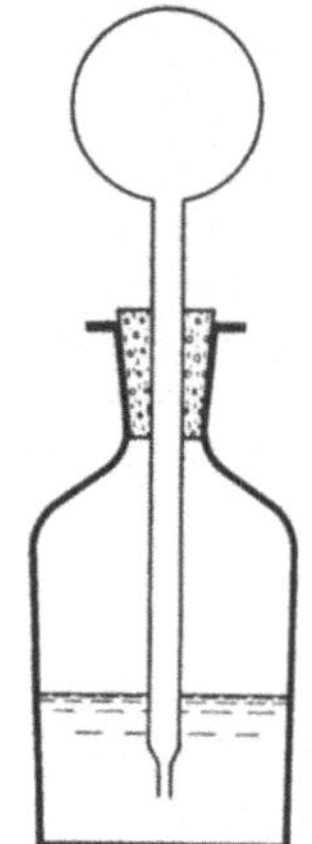

Abb. 293.

Bei den zweifarbigen Indicatoren gelten die gleichen Überlegungen, nur treten hier in dem Umschlagsintervall die Mischfarben der beiden Grenzfarben auf. — Da das Umschlagsintervall begrenzt ist, sind zur Messung der verschiedenen p_H-Stufen mehrere Indicatoren notwendig, die sich durch die Größe ihrer Dissoziationskonstanten unterscheiden. Die von CLARK und LUBS gegebene Darstellung (Abb. 292) zeigt übersichtlich eine Reihe verschiedener Indicatoren und ihre Anwendungsbereiche.

In der Literatur ist eine große Reihe von Indicatorfarbstoffen vorgeschlagen worden, und ihre Zahl vermehrt sich noch ständig. CLARK führt 1926 über 185 Farbstoffe auf, zu welchen 280 synonyme Bezeichnungen gehören. Die folgende Zusammenstellung enthält nur diejenigen Indicatoren, welche je nach dem gewählten Meßverfahren notwendig sind.

Die Indicatorlösungen halte man in Flaschen, die vor Gebrauch gründlich gereinigt werden, vorrätig. Das Glas der Flaschen soll kein Alkali abgeben. Man verwende Flaschen aus Jenaer Glas. Die in Abb. 293 dargestellte Flasche mit Pipette hat sich gut bewährt. Die Pipette trägt am oberen Ende eine Glaskugel. Bei der Berührung mit der Hand dehnt sich die Luft in der Kugel aus und bewirkt ein langsames Abtropfen des eingesaugten Indicators.

In den Tabellen 1—5 wird eine Zusammenstellung einiger Indicatorreihen angegeben, aus der zugleich die notwendigen Angaben über ihre Herstellung entnommen werden können.

Tabelle 1. Indicatoren nach SÖRENSEN.

Indicator	Umschlagsgebiet p_H	0,1 g gelöst in
Methylviolett, 6B extra	0,1— 3,2	200—1000 cm³ Wasser
Mauvein (GRÜBLER)	0,1— 2,9	200—1000 cm³ ,,
Diphenylaminoazobenzol	1,2— 2,1	10 cm³ n HCl + 500 cm³ Alkohol + 490 cm³ Wasser
Diphenylaminoazo-p-benzolsulfosäure, Tropaeolin 00	1,4— 2,6	1000 cm³ Wasser
Diphenylaminoazo-m-benzolsulfosäure (Metanilgelb extra)	1,2— 2,3	1000 cm³ ,,
Benzylanilinazobenzol	2,3— 3,3	5 cm³ n/10 HCl + 250 cm³ Alkohol + 245 cm³ Wasser
Benzylanilinazo-p-benzolsulfosäure .	1,9— 3,3	1000 cm³ Wasser
Methylorange	3,1— 4,4	1000 cm³ ,,
Methylrot	4,2— 6,3	300 cm³ Alkohol + 200 cm³ Wasser
Paranitrophenol (MERCK)	4,0— 6,4	15 cm³ ,, + 235 cm³ ,,
Neutralrot	6,8— 8,0	500 cm³ ,, + 500 cm³ ,,
Rosolsäure	6,9— 8,0	100 cm³ ,, + 150 cm³ ,,
Orange I, Tropaeolin 000	7,6— 8,9	1000 cm³ Wasser
α-Naphtholphthalein	7,3— 8,7	150 cm³ Alkohol + 100 cm³ Wasser
Phenolphthalein	8,3—10,0	100 cm³ ,, + 100 cm³ ,,
Thymolphthalein	9,3—10,5	125 cm³ ,, + 125 cm³ ,,
p-Nitrobenzolazosalicylsäure (Alizaringelb R, GRÜBLER)	10,1—12,1	1000 cm Wasser
Resorzinazo-p-benzolsulfosäure (Tropaeolin 0, GRÜBLER)	11,1—12,7	1000 cm³ ,,

Tabelle 2. Indicatoren nach CLARK und LUBS, ergänzt durch COHEN. (Vgl. auch Abb. 292.)

Indicator	Umschlagsgebiet p_H	0,1 g verrieben mit ccm n/20 NaOH
Thymolblau Thymolsulfophthalein	1,2—2,8	4,3
Bromphenolblau Tetrabromphenolsulfophthalein .	3,0—4,6	3,0
Methylrot	4,4—6,0	7,4
Bromkresolpurpur Dibrom-o-kresolsulfophthalein . .	5,2—6,8	3,7
Bromthymolblau Dibromthymolsulfophthalein . .	6,0—7,6	3,2
Phenolrot Phenolsulfophthalein	6,8—8,4	5,7
Kresolrot o-Kresolsulfophthalein	7,2—8,8	5,3
Thymolblau Thymolsulfophthalein	8,0—9,6	4,3
Kresolphthalein	8,2—9,8	—

0,1 g des Farbstoffes werden mit den in der Tabelle angegebenen Mengen n/20 Natronlauge in einer Achatreibeschale verrieben und mit Wasser auf 250 cm³ aufgefüllt (vgl. auch S. 493).

Die Sulfophthaleinfarbstoffe von CLARK und LUBS, besonders Bromphenolblau und Bromkreosolpurpur, sind dichroitisch, d. h. sie zeigen je nach Art des Lichtes oder dem Verdünnungsgrad der Lösung verschiedene Farben. Man kann diese Erscheinung durch Farbfilter beseitigen. Keinen Dichroismus zeigen die folgenden beiden Indicatoren:

Indicator	p_H	n/20 NaOH für 0,1 g
Chlorphenolrot	5,0—6,6	4,8
Bromkresolgrün	4,0—5,6	2,9

(Bromkresolgrün wird auch als Bromkresolblau bezeichnet.)

Eine ähnliche Zusammenstellung von Indicatoren, ergänzt durch einige weitere, kann von MERCK bezogen werden (Tab. 3). Die Anwendung der neutralisierten Indicatoren empfiehlt sich in erster Linie bei schwach gepufferten und ungepufferten Lösungen. Teilweise sind jedoch die Lösungen der Natriumsalze nicht so lange haltbar wie die Lösungen der Indicatorsubstanzen selbst.

Tabelle 3. Indicatoren von MERCK.

Indicator	Umschlagsgebiet p_H	0,1 g gelöst in
Thymolblau	1,2— 2,8	250 cm³ Alkohol
p-Benzolsulfonsäureazobenzylanilin (K-Salz) .	1,9— 3,3	1000 „ Wasser
Bromphenolblau	3,0— 4,6	250 „ Alkohol
Methylrot	4,4— 6,0	500 „ „
Bromkresolpurpur	5,2— 6,8	250 „ „
Bromthymolblau	6,0— 7,6	250 „ „
Phenolrot	6,8— 8,4	500 „ „
Kresolrot	7,2— 8,8	500 „ „
Thymolblau	8,0— 9,6	250 „ „
Kresolphthalein	8,2— 9,8	500 „ „
Thymolphthalein	9,3—10,5	250 „ „ (50 proz.)
Alizaringelb R	10,1—12,1	100 „ Wasser

Tabelle 4. Indicatoren nach DAVIS und SALISBURY.

Indicator	Umschlags-bereich p_H	0,1 g gelöst in
Methylviolett	1,0— 3,2	100 cm³ Alkohol (1 proz.)[1]
Thymolblau	1,4— 2,8	250 „ Wasser
Bromphenolblau	3,0— 4,6	250 „ „
Methylorange	3,0— 4,8	500 „ „
Bromkresolgrün	3,2— 5,8	500 „ „
Methylrot	4,4— 6,0	500 „ Alkohol (60 proz.)
Propylrot	4,8— 6,4	500 „ „ „
Bromkresolpurpur	5,2— 6,8	250 „ Wasser
Bromthymolblau	6,0— 7,6	250 „ „
Phenolrot	6,8— 8,4	500 „ „
Kresolrot	7,2— 8,8	500 „ „
Phenolphthalein	7,8— 8,5	10 „ Alkohol
Thymolblau	8,0— 9,6	250 „ Wasser
Kresolphthalein	9,4—10,0	500 „ Alkohol
Thymolphthalein	9,4—10,0	50 „ „

Eine etwas reichere Auswahl bietet die von DAVIS und SALISBURY (4) zusammengestellte Reihe (Tab. 4, Abb. 294).

Bisweilen sind auch Mischungen mehrerer Indicatoren mit Vorteil anzuwenden.

[1] An Stelle des im Original angegebenen 1 proz. Alkohols verwendet man besser 60 proz. Alkohol.

Als Mischindicator „Mischung A" wird eine Mischung von

50 Teilen Methylrotlösung
50 „ Bromphenolblaulösung

bezeichnet.

Die Verwendungsbereiche sind in Abb. 294 anschaulich dargestellt.

Einfarbige Indicatoren nach MICHAELIS sind aus Tabelle 5 zu ersehen.

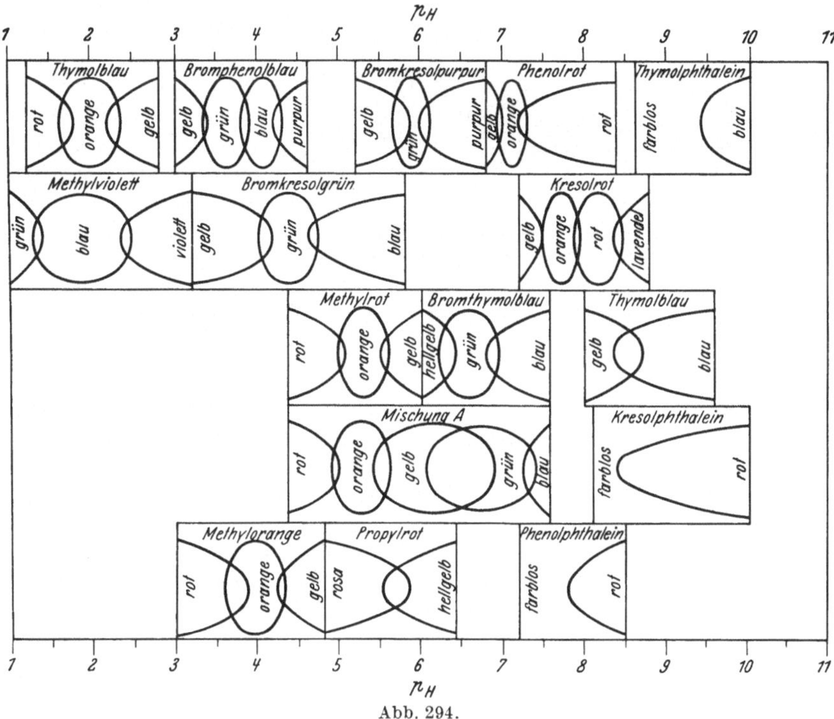

Abb. 294.

Tabelle 5. Einfarbige Indicatoren nach MICHAELIS.

Indicator	Halbwertstufe p_K 18°	Umschlagsgebiet p_H	0,1 g gelöst in
β-Dinitrophenol (2,6)	3,69	2,2— 4,0	300 cm³ Wasser
α-Dinitrophenol (2,4)	4,06	2,8— 4,5	200 „ „
γ-Dinitrophenol (2,5)	5,15	4,0— 5,5	200 „ „
p-Nitrophenol	7,18	5,2— 7,0	100 „ „
m-Nitrophenol	8,33	6,7— 8,4	33,33 cm³ Wasser
Phenolphthalein	(9,73)	8,4—10,5	75 cm³ Alkohol + 175 „ Wasser
Alizaringelb G. G. (Salicylgelb)	(11,16)	10,0—12,0	100 „ Alkohol + 100 „ Wasser

Als Lösungsmittel für die Indicatorfarbstoffe dient Alkohol, soweit diese nicht in Wasser löslich sind. Es hat sich gezeigt, daß in vielen Fällen für die meisten Indicatorfarbstoffe auch der viel billigere Isopropylalkohol verwendet werden kann.

Über Universalindicatoren vgl. S. 473.
Über Mischindicatoren vgl. S. 474.
Über Indicatorpapiere vgl. S. 476.

b) Colorimetrische Messung.

In den meisten Fällen wird man keine colorimetrische „Messung“, d. h. eine Bestimmung der Lichtabsorption ausführen, sondern sich auf den *Vergleich* von Färbungen beschränken, obwohl dieses „subjektive“ Verfahren mit größeren Fehlermöglichkeiten behaftet ist als die objektive physikalische Messung, zu der kostspielige Apparate notwendig sind. Erst in neuerer Zeit ist in dem Stufenphotometer nach Pulfrich ein Werkzeug geschaffen worden, welches nach A. JANKE und St. KROPACSY (6) eine sehr genaue und schnelle Messung des p_H ohne Standardlösung usw. gestattet. Zur Ausführung dieses Verfahrens muß auf die Originalabhandlung verwiesen werden; ebenso sei hinsichtlich der Anwendung der Spektrometrie auf ausführliche Darstellungen (CLARK, LIEFSCHÜTZ) verwiesen.

Abb. 295.

Der Vorteil der Vergleichung von Färbungen beruht auf der Schnelligkeit der Ausführung und dem geringen Aufwand an Apparaten. Meist genügt ein Vergleich in einfachen Reagensgläsern, welche man bei gedämpftem Tageslicht in der Durchsicht beobachtet oder gegen eine weiße Milchglasscheibe oder Filtrierpapier hält. Man beobachtet von der Seite oder von oben, wobei selbstverständlich gleiche Schichtdicken, also gleiche Durchmesser des Röhrchens bzw. gleiche Schichthöhen erforderlich sind. Sehr vorteilhaft sind hierzu die Vierkantrohre von *Schott und Gen.*, Jena, welche in verschiedenem Ausmaß erhältlich sind. Sie erleichtern den Vergleich wesentlich, da die störenden Reflexe, die runde Gefäße zeigen, fortfallen (Abb. 295).

Abb. 296.

Sollen feinere Farbunterschiede erkannt werden, so bedient man sich des sog. WALPOLEschen Komparators, der sich besonders bei Verwendung der Vierkantrohre sehr leicht selbst aus dünnen Holzbrettchen, Pappe oder Blech herstellen läßt. Der Komparator besteht aus einem schwarz gestrichenen Block oder Kästchen, welches von oben nach unten 6 Öffnungen besitzt, in welche die Vergleichsröhrchen eingesetzt werden (Abb. 296).

Die Öffnungen sind in folgender Reihe angeordnet:

Lichtquelle

		Lösung + Indicator		
Vergleichslösung 1 + Indicator	1	3	5	Vergleichslösung 2 + Indicator
Lösung	2	4	6	Lösung
		Wasser		

Beobachter

Die Beobachtung erfolgt von der Seite her durch entsprechende Ausschnitte. An der dem Licht zugewandten Seite kann eine Mattscheibe oder Farbfilter angebracht werden.

Durch diese Anordnung wird erreicht, daß die Eigenfarbe der Lösung ausgeschaltet wird, also auch schwach gefärbte oder getrübte Lösungen verglichen werden können. Mit zunehmender Eigenfärbung der zu untersuchenden Lösung wird allerdings die Ablesung erschwert oder unmöglich gemacht. Die Vergleichslösungen in 1 und 5 werden so gewählt, daß die unbekannte Lösung 3 ihrer Färbung nach zwischen diesen liegt; der p_H-Wert von 3 muß dann zwischen dem von 1 und 5 liegen.

Diese Art der Messung setzt voraus, daß Vergleichslösungen mit bekanntem p_H vorhanden sind. Ihre Darstellung wird im Kapitel B 2 besprochen. Je feiner diese Vergleichslösungen abgestuft sind, um so genauer wird das p_H der zu untersuchenden Lösung bestimmt werden können. Unter p_H-Unterschiede von 0,2 bis 0,1 p_H-Einheiten geht man aber im allgemeinen nicht herunter, da man bei dieser doch im allgemeinen ziemlich rohen Vergleichsmethode feinere Farbunterschiede nicht mehr sicher erkennen kann, ganz davon abgesehen, daß durch verschiedene Fehlerquellen unter Umständen viel größere Abweichungen verursacht werden.

Zu genaueren Ergebnissen kommt man, wenn die Bestimmung des Dissoziationsgrades a der Messung zugrunde gelegt wird. Dies geschieht entweder mit dem Doppelkeilcolorimeter nach BJERRUM-ARRHENIUS oder mittels eines geeigneten anderen Colorimeters.

Der Doppelkeil besteht aus einer Glaswanne, die durch eine Wand längs der Diagonalen in zwei keilförmige Behälter geteilt ist.

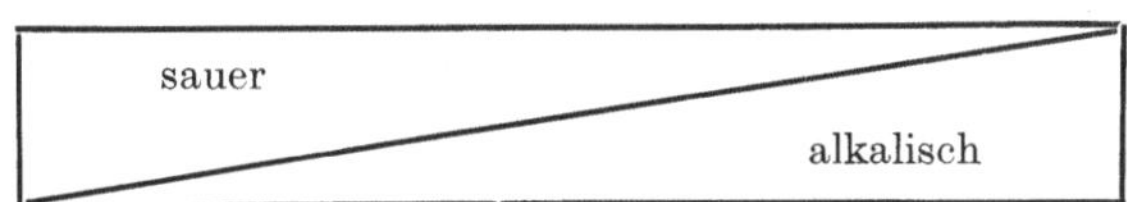

Der eine Keil wird mit der sauren, der andere mit der alkalischen Lösung des Indicators gefüllt. Blickt man nun durch die Wanne hindurch, so ergeben sich alle Mischfarben aus den beiden Färbungen des Indicators. Mittels einer geeigneten Vorrichtung wird die Farbe der mit dem Indicator versetzten zu untersuchenden Lösung mit den Mischfarben in der Keilwanne verglichen, wobei durch eine geeignete Vorrichtung auch eine Eigenfarbe oder Trübung der zu untersuchenden Lösung kompensiert werden kann. Bei Farbgleichheit wird an einer Skala des Instrumentes eine Zahl abgelesen, mittels welcher aus einer Tabelle der p_H-Wert der Lösung entnommen werden kann.

Auf etwas andere Weise wird die Farbmischung bei dem von *Leitz* für p_H-Messungen konstruierten Colorimeter erreicht. Das Instrument besteht aus drei übereinander angeordneten Paaren von Gefäßen, in welche wie bei den bekannten gewöhnlichen Colorimetern Glasstäbe tauchen. In zwei übereinanderliegende Gefäße kommt die saure bzw. alkalische Lösung des Farbstoffs. Die Farbmischung wird dadurch erzielt, daß sich die eintauchenden Glasstäbe zwangsläufig gegeneinander bewegen. In die daneben liegenden Gefäße kommt die mit dem Indicator versetzte Lösung bzw. destilliertes Wasser. Das oberste Paar Glasgefäße dient zum Ausgleich der Eigenfarbe der zu untersuchenden Lösung.

Diese Art der Messung setzt bereits den Besitz eines immerhin schon recht kostspieligen Instrumentes voraus, wodurch gerade der Vorteil des colorimetrischen Bestimmungsverfahrens aufgehoben wird. Das gleiche hinsichtlich der hohen Anschaffungskosten gilt für Apparate zur genauen Messung des absorbierten Lichtes z. B. mittels des Stufenphotometers von *Zeiß* oder für die Messung der Absorptionsspektren.

c) Messung in gefärbten oder trüben Lösungen.

Gefärbte oder trübe Lösungen bereiten bei der Messung besondere Schwierigkeiten. Ist die Färbung oder Trübung nicht besonders stark, so führt die Verwendung des obengenannten Prinzips des WALEPOLEschen Komparators zum Erfolg. Gut gepufferte Lösungen vertragen auch eine Verdünnung von 1 : 1 bis 1 : 4 mit destilliertem Wasser, ohne eine größere Veränderung des p_H-Wertes zu erleiden. Ist die Trübung oder Färbung so groß, daß diese Mittel erfolglos sind, so bringt man einige Tropfen der zu untersuchenden Lösung auf eine mit Vertiefungen versehene Porzellanplatte (Tüpfelplatte) und fügt den Indicator zu. Eine derartige Messung ist nicht sehr genau, weil besonders bei schlecht gepufferten Lösungen durch das ungünstige Verhältnis zwischen Menge der Lösung und Menge des Indicators Verschiebungen des p_H-Wertes auftreten (vgl. Säurefehler, S. 495).

Auf eine andere Art überwand WULFF (29) die Schwierigkeit bei der Messung trüber und farbiger Lösungen. Er färbte durchsichtige Folien mit bestimmten Indicatorfarbstoffen an. Bringt man solche Folien in Lösungen, so nehmen sie den Farbton an, der der $H^{\cdot}$-Konzentration der Lösung entspricht. Die Folie wird aus der Lösung genommen, mit destilliertem Wasser abgespritzt und mit einer (beigegebenen) Skala verglichen. Zu dem Apparat von Wulff gehören drei verschieden gefärbte Folien, welche den p_H-Bereichen 2,6—5,0, 5,0—7,2, 7,0—9,0 entsprechen. Die Vergleichsfolien unterscheiden sich um 0,2 p_H-Einheiten, so daß noch 0,1 p_H-Einheiten geschätzt werden können. Vergleicht man aber die Werte mit elektrometrisch ausgeführten Messungen, so erhält man doch oft wesentlich größere Abweichungen als 0,2 p_H-Einheiten, besonders dann, wenn der p_H-Wert an der Grenze von zwei Meßbereichen, z. B. bei p_H 5 liegt. Man bekommt dann unter Umständen sowohl mit der Folie 2,6—5,0 als auch mit der Folie p_H 5,0—7,2 eine Färbung, die in die Vergleichsskala eingereiht werden kann. Ferner sind die Färbungen der Vergleichsskala nicht lichtecht. Trotz dieser gelegentlich auftretenden Mängel ist das WULFFsche Foliencolorimeter dann das einzige Mittel zur p_H-Messung, wenn Undurchsichtigkeit der Lösung die colorimetrische und störende Stoffe die elektrometrische Bestimmung vereiteln.

Nach KOLTHOFF kann manchmal auch folgendes Verfahren bei trüben Lösungen zum Ziele führen. Bei Farbstoffen wie z. B. Jodeosin, läßt sich die gefärbte Form mit Äther ausschütteln. Die Menge der auszuschüttelnden Form hängt außer von dem Verteilungskoeffizienten noch von der $H^{\cdot}$-Konzentration ab, so daß die Farbtiefe des Äthers ein Maß für das p_H der wäßrigen Lösung ist. Zum Vergleich dienen Ätherlösungen, die auf die gleiche Weise (gleiche Mengen Indicator, Lösung und Äther) aus Lösungen mit bekanntem p_H hergestellt worden sind.

d) Fehlerquellen.

Die colorimetrischen Verfahren sind mit vielen Fehlerquellen behaftet, da sie neben den experimentellen Unzulänglichkeiten noch von dem Zustande des Beobachters abhängig sind. Besonders gilt das bei dem einfachen Vergleich von Färbungen. Folgende Punkte können Anlaß zu Irrtümern geben:

1. Der Beobachter besitzt

a) geringes Unterscheidungsvermögen für Farb- bzw. Helligkeitsunterschiede,

b) leichte Ermüdbarkeit des Auges.

2. Bei der Vorrichtung zur Messung können Fehler entstehen

a) durch ungünstige oder ungleiche Beleuchtung,

b) durch Unzulänglichkeiten der mechanischen oder optischen Einrichtung (bei Colorimetern usw.).

Die Vermeidung dieser Fehler ergibt sich von selbst. Es ist jedenfalls strenge Selbstkritik oder sorgfältige Auswahl geeigneter Personen notwendig, um das subjektive Moment möglichst auszuscheiden. Es sei hierbei nur daran erinnert, daß 3—4% aller Männer rot-grün-blind sind, während Frauen diese Unvollkommenheit des Sehapparates viel seltener besitzen.

B. p_H-Messungen in Nährböden.

a) In Nährlösungen.

Bei der Verwendung von Indicatoren ist es von größter Wichtigkeit, zu wissen, ob die zu messende Flüssigkeit gepuffert ist oder nicht. Alle Indicatorfarbstoffe sind Säuren oder Basen. Sie werden also in schwach gepufferten Lösungen als solche wirken, d. h. die $H^{\cdot}$-Konzentrationen verändern. Man mißt also nicht das p_H der Lösung, sondern das p_H, das sich aus dem der Lösung und dem des Indicators zusammensetzt. Je nach Natur und Menge des angewandten Indicators ist dieser Fehler verschieden. Er kann aber jedenfalls bei nicht gepufferten Lösungen sehr erheblich sein. Das Vorliegen einer schwach gepufferten Lösung erkennt man daran, daß bei steigendem Indicatorzusatz eine Veränderung des Farbtones infolge der p_H-Verschiebung auftritt.

Die Messung schwach gepufferter Lösungen erfordert besondere Maßnahmen (vgl. S. 494). Bei den jetzt zu besprechenden Meßverfahren wird vorausgesetzt, daß die zu untersuchende Lösung gepuffert ist.

1. Vorproben.

Universalindicatoren. Aus dem Abschnitt über Indicatoren (vgl. auch Abb. 292 u. 294) geht hervor, daß zur lückenlosen Messung der ganzen p_H-Skala mehrere Indicatoren notwendig sind, da die einzelnen Indicatoren nur einen beschränkten p_H-Bereich umfassen. Die eigentliche Messung wird deshalb erleichtert, wenn durch Vorproben der ungefähre p_H-Wert ermittelt und dadurch von vornherein die Wahl eines geeigneten Indicators ermöglicht wird.

Für die Vorprüfung sind besonders Universalindicatoren geeignet. Universalindicatoren bestehen aus einem Gemisch verschiedener Indicatorfarbstoffe, die so aufeinander abgestimmt sind, daß über ein großes p_H-Bereich hin eine stetige Veränderung des Farbtones erfolgt. Derartige Farbstoffe sind im Handel erhältlich (z. B. bei Merck), oder man mischt sie selbst nach Vorschriften zusammen, die mehrfach in der Literatur angegeben worden sind. Wenn keine allzu große Genauigkeit an die Messung gestellt wird und gepufferte Lösungen vorliegen, so genügt oft die Anwendung eines Universalindicators allein, da man mit diesem sicher eine Genauigkeit von 0,5, bei Übung auch bis 0,2 p_H-Einheiten erzielen kann.

Für Bodenuntersuchungen haben NIKLAS und HOCK (20) einen Universalindicator angegeben, der allerdings nur für den p_H-Bereich 3,5—7,6 brauchbar ist.

Universalindicator nach NIKLAS und HOCK.

4 Teile	Bromphenolblau	0,04 %	in Alkohol
1 Teil	Bromkresolpurpur	0,04 %	„ „
6 Teile	Methylrot	0,02 %	„ „
4 Teile	Bromthymolblau	0,04 %	„ „

Die im folgenden aufgeführten Indicatoren sind von etwa p_H 2 bis p_H 10—11 brauchbar. Sie setzen sich meist aus den gleichen Farbstoffen zusammen, unterscheiden sich aber in den Mengenverhältnissen.

Universalindicator nach EMIL BOGEN (3).

Phenolphthalein	0,10 g	in 500 cm³ Alkohol gelöst und mit n/10 NaOH bis zur Gelbfärbung ($p_H = 6$) versetzt.
Methylrot	0,20 g	
Dimethylaminoazobenzol (Dimethylgelb)	0,30 g	
Bromthymolblau	0,40 g	
Thymolblau	0,50 g	

Der Indicator zeigt folgende Färbungen:

p_H	Farbe	p_H	Farbe
2	rot	8	grün
4	orange	10	blau
6	gelb		

Universalindicator nach URK (27).

Methylorange	0,10 g	in 100 cm³ 70proz. Alkohol gelöst.
Methylrot	0,04 g	
Bromthymolblau	0,40 g	
Naphtholphthalein	0,32 g	
Phenolphthalein	0,50 g	
Kresolphthalein	1,6 g	

Verfasser erhielt bereits einen ganz brauchbaren Indicator, wenn aus der Vorschrift von URK das Naphtholphthalein weggelassen und die Menge des Methylrots auf 0,01 g heruntergesetzt wurde. Es empfiehlt sich außerdem, an Stelle von 100 cm³ Alkohol 500 cm³ zu verwenden. Neben Äthylalkohol hat sich auch hier der wesentlich billigere Isopropylalkohol als Lösungsmittel bewährt.

KOLTHOFF (14) hält die Mehrzahl der angegebenen Vorschriften zur Herstellung von Universalindicatoren für nicht besonders geeignet und empfiehlt folgende Mischung:

Dimethylgelb	15 cm³	0,1 g Farbstoff in 100 cm³ Alkohol
Methylrot	5 „	
Bromthymolblau	20 „	
Phenolphthalein	20 „	
Thymolphthalein	20 „	

Dieser Indicator zeigt folgende Umschläge:

p_H	Farbe	p_H	Farbe
2	schön rosa	7	gelblichgrün
3	orangerot	8	grün
4	orange	9	bläulichgrün
5	gelblichorange	10	violett
6	citronengelb	11	violett, etwas rötlicher als bei 10.

Mischindicatoren. Oft handelt es sich nur darum, festzustellen, ob das p_H einer Lösung größer oder kleiner als ein bestimmter Wert ist. Für diesen Zweck wurde von KOLTHOFF (13) eine Reihe von Indicatoren angegeben, welche aus zwei Farbstoffen bestehen, die so gewählt sind, daß sich die Farben vor und nach dem Umschlag möglichst scharf voneinander unterscheiden, und die Änderung in einem sehr engen Gebiet erfolgt.

Der Anwendungsbereich und die Herstellung dieser Mischindicatoren ist aus Tabelle 6 ersichtlich. — Über das Ansetzen der Natriumsalze einzelner Farbstoffe vgl. S. 467.

In diesem Zusammenhang sei auch auf die Verwendung von *Umbelliferon* als Indicator verwiesen (R. ROBL [24]). Umbelliferon, das leicht aus Apfelsäure und Resorcin darstellbar ist, fluoresciert z. B. unter der Analysenlampe in alkalischer Lösung, während es in saurer Lösung keine Fluorescenz zeigt. Der Umschlagsbereich liegt zwischen p_H 6,5 und 7,6. Ein fluorescierender Indicator, der 4 p_H-

Stufen umfaßt, wurde von G. KLEIN und H. LINSER (11) beschrieben. Das Aglykon des Fraxins, das Fraxetin, zeigt nämlich im ultravioletten Licht folgende Färbungen:

p_H 4	schwach rosa	p_H 7	stärker gelblichgrün
p_H 5	stärker rosa	p_H 8	sehr stark goldgrün
p_H 6	bläulichgrün		

Es dürften sich bei weiterem Nachforschen noch mehr derartige Stoffe finden lassen, um eine Indicatorreihe aufstellen zu können, mittels der die Messung stark gefärbter oder trüber Lösungen möglich wäre. (Vgl. auch MELLET und BISCHOFF [18] und DESHA, SHERRILL und HARRISON [5].)

Tabelle 6. Mischindicatoren nach KOLTHOFF.

Farbstoff	Gehalt der Lösung	Mischungsverhältnis	Umschlag bei p_H	Saure Farbe	Alkalische Farbe	Bemerkungen
)imethylgelb[3] . . . . Iethylenblau	0,1 % in Alkohol 0,1 % ,, ,,	1 : 1	3,25	blau-violett	grün	bei $p_H = 3{,}4$ noch grün; bei 3,2 blauviolett; ausgezeichneter Indicator.
Iethylorange[3] . . . . ndigocarmin	0,1 % in Wasser 0,25 % ,, ,,	1 : 1	4,1	violett	,,	guter Indicator besonders bei künstlicher Beleuchtung.
Iexamethoxytriphenylcarbinol . . . Iethylgrün	0,1 % in Alkohol 0,1 % ,, ,,	1 : 1	4,0	,,	,,	bei $p_H = 4$ blauviolett.
Iethylorange . . . . .nilinblau	0,1 % in Wasser 0,1 % ,, ,,	1 : 1	4,3	,,	,,	—
;romkresolblau[1] . . . Iethylrot	0,1 % in Alkohol 0,2 % ,, ,,	3 : 1	5,1	weinrot	,,	sehr scharfe Farbänderung, ausgezeichneter Indicator.
Iethylrot[3] . . . . . Iethylenblau	0,2 % ,, ,, 0,1 % ,, ,,	1 : 1	5,4	rotviolett	,,	bei $p_H = 5{,}4$ schmutzigblau, bei $p_H = 5{,}6$ schmutzig grün, bei $p_H = 5{,}2$ rotviolett.
3romkresolblau Na[1,2] . .lizarinsulfosaures Na	0,1 % in Wasser 0,1 % ,, ,,	1 : 1	5,6	violett	gelbgrün	bei $p_H = 5{,}6$ rotbraun, sehr guter Indicator.
:hlorphenolrot Na . . .nilinblau	0,1 % ,, ,, 0,1 % ,, ,,	1 : 1	5,8	grün	violett	bei $p_H = 5{,}8$ schwach violett.
3romkresolblau Na[1] . :hlorphenolrot Na . .	0,1 % ,, ,, 0,1 % ,, ,,	1 : 1	6,1	gelbgrün	blau-violett	bei $p_H = 5{,}4$ blaugrün, bei 5,8 blau mit Stich ins violett, bei 6,2 blauviolett.
3romkresolpurpur Na 3romthymolblau Na .	0,1 % ,, ,, 0,1 % ,, ,,	1 : 1	6,7	gelb	violett-blau	bei $p_H = 6{,}2$ gelbviolett, bei 6,6 violett, bei 6,8 blauviolett.
3romthymolblau Na . .zolithmin	0,1 % ,, ,, 0,1 % ,, ,,	2 : 1	6,9	violett	blau	—
Ieutralrot[3] . . . . . Iethylenblau	0,1 % in Alkohol 0,1 % ,, ,,	1 : 1	7,0	violett-blau	grün	bei $p_H = 7{,}0$ violettblau, ausgezeichn. Indicator.
Ieutralrot . . . . . 3romthymolblau . . .	0,1 % ,, ,, 0,1 % ,, ,,	1 : 1	7,2	rosa	,,	bei $p_H = 7{,}0$ schmutziggrün, bei 7,2 schwach rosa, 7,0 deutlich rosa.
:yanin[4] . . . . ?henolrot	0,1 % } in 50 proz. 0,1 % } Alkohol	2 : 1	7,3	gelb	violett	bei $p_H = 7{,}2$ orange, bei 7,4 schön violett, Farbe schwächt beim Stehen ab.

[1] Bromkresolblau = Bromkresolgrün. [2] Herstellung der Na-Salze vgl. S. 467.
[3] Mischung in dunkler Flasche aufbewahren. [4] Mischung nicht haltbar.

Tabelle 6 Fortsetzung.

Farbstoff	Gehalt der Lösung	Mischungsverhältnis	Umschlag bei p_H	Saure Farbe	Alkalische Farbe	Bemerkungen
Bromthymolblau Na . Phenolrot Na	0,1 % in Wasser 0,1 % „ „	1 : 1	7,5	gelb	violett	bei p_H = 7,2 schmutziggrün, bei 7,4 schwach violett, bei 7,6 stark violett, ausgezeichneter Indicator.
Kresolrot Na . . . . Thymolblau Na . . .	0,1 % „ „ 0,1 % „ „	1 : 3	8,3	„	„	bei p_H = 8,2 rosa, bei 8,4 deutlich violett, ausgezeichneter Indicator.
α-Naphtholphthalein . Kresolrot	0,1 % in Alkohol 0,1 % „ „	2 : 1	8,3	schwach rosa	„	bei p_H = 8,2 schwach violett, bei 8,4 stark violett.
α-Naphtholphthalein . Phenolphthalein . . .	0,1 % „ „ 0,1 % „ „	1 : 3	8,9	„	„	bei p_H = 8,6 schwach grün, bei 9,0 deutlich violett.
Phenolphthalein . . . Methylgrün	0,1 % „ „ 0,1 % „ „	1 : 2	8,9	grün	„	bei p_H = 8,8 fahlblau, bei 9,0 violett.
Thymolblau . . . . . Phenolphthalein . . .	0,1 % } in 50proz. 0,1 % } Alkohol	1 : 3	9,0	gelb	„	Farbe von gelb über grün nach violett, ausgezeichneter Indicator.
Phenolphthalein . . . Naphtholphthalein . .	0,1 % } in 50proz. 0,1 % } Alkohol	2 : 1	9,6	schwach rosa	„	Farbe über grün nach violett, ausgezeichneter Indicator.
Phenolphthalein . . . Thymolphthalein . . .	0,1 % in Alkohol 0,1 % „ „	1 : 1	9,9	farblos	violett	bei p_H = 9,6 rosa, bei 10,0 violett, scharf zu sehen.
Phenolphthalein . . . Nilblau	0,1 % „ „ 0,2 % „ „	1 : 2	10,0	blau	rot	bei p_H = 10,0 violett, ausgezeichn. Indicator.
Thymolphthalein . . . Alizaringelb	0,1 % „ „ 0,1 % „ „	2 : 1	10,2	gelb	violett	scharf zu sehen.
Nilblau . . . . Alizaringelb	0,1 % in Wasser 0,1 % „ „	2 : 1	10,8	grün	rotbraun	—

Indicatorpapiere. Weiterhin sind zur Vorprobe *Indicatorpapiere* geeignet, die allerdings eine viel geringere Empfindlichkeit besitzen als die Universalindicatoren. Eingehende Untersuchungen über diese Papiere finden sich bei KOLTHOFF. Letzten Endes stellen auch die Indicatorfolien des WULFFschen Foliencolorimeters nichts anderes dar als ein empfindliches Indicatorpapier.

In Tabelle 7 sind Indicatorpapiere aufgeführt, welche von KOLTHOFF als gut verwendbar bezeichnet werden. Ihre Herstellung ergibt sich aus den in der Tabelle angegebenen Zahlen. Man tränkt mit der Lösung gewöhnliches Filtrierpapier und läßt an einer Leine trocknen. Durch öfteres Umhängen sorgt man für gleichmäßige Verteilung. Das Trocknen kann durch einen Ventilator oder Heißluftapparat beschleunigt werden. Daß die Luft frei von Säuren oder Ammoniak sein muß, ist wohl selbstverständlich. Neben gewöhnlichem Filtrierpapier werden empfohlen: gehärtetes Filtrierpapier oder gutes Schreibpapier, ferner die Papiere von *Schleicher & Schüll* Nr. 595 und 602; auch das Papier für Tüpfelreaktionen Nr. 601 ist für manche Indicatoren gut brauchbar.

Der Umschlagspunkt eines Indicatorpapiers fällt nicht immer mit dem Umschlagspunkt des Farbstoffs in Lösung zusammen. Die Probe nimmt man so vor, daß man mit einem Glasstab oder noch besser mit einer feinen Pipette einen Tropfen der Lösung auf das Papier bringt. Die Farbreaktion tritt oft erst allmählich ein, wenn die Lösung in das Papier eingedrungen ist. Dabei können Capillarerscheinungen das Auftreten einer eindeutigen Reaktion verhindern. — Die Indicatorpapiere sind nur für gepufferte Lösungen brauchbar.

Tabelle 7. Empfindlichkeit der Indicatorpapiere (nach KOLTHOFF).

Indicator	Konzentration der Indicatorlösung, mit der das Papier getränkt wurde %	Empfindlichkeit gegen HCl	Empfindlichkeit gegen NaOH	Bemerkungen
Hämatoxylin	0,2	0,2 bis 1 n		von gelb nach kirschrot; sehr schön
Metylviolett	0,4	10^{-2}n		mit 10^{-2}n HCl blaugrün; n-HCl grüngelb
Methanilgelb	0,2	$5 \cdot 10^{-3}$n		alkalisch : gelb — rot : sauer
Tropaeolin 00	0,2	$4 \cdot 10^{-3}$n		
Dimethylgelb	0,2 (Alkohol)	$4 \cdot 10^{-4}$n		
Kongo	0,1 (Wasser)	$2 \cdot 10^{-4}$n		
Blaues Lackmus	1	10^{-3}n		
,, ,,	0,1	$2 \cdot 10^{-4}$n		
Violettes Lackmus	1	$4 \cdot 10^{-4}$n	$5 \cdot 10^{-5}$n	
Azolithmin	1	10^{-4}n	$5 \cdot 10^{-5}$n	
Rotes Lackmus	1		$2 \cdot 10^{-4}$n	
,, ,,	0,1		10^{-4}n	
α-Naphtholphthalein	0,1		$5 \cdot 10^{-5}$n	
Brillantgelb	1		10^{-5}n	sauer : gelb — rotbraun : alkalisch
Phenolrot	0,1		$5 \cdot 10^{-5}$n	sauer : gelb — rot : alkalisch
Kresolrot	0,1		$5 \cdot 10^{-5}$n	sauer : gelb — purpurrot : alkalisch
Phenolphthalein	1		$5 \cdot 10^{-5}$n	
,,	0,1		10^{-4}n	
Curcuma	0,2		10^{-3}n	sauer : gelb — rotbraun : alkalisch
Thymolphthalein	0,1		10^{-3}n	sauer : farblos — blau : alkalisch
Tropaeolin 0	0,2		$3 \cdot 10^{-3}$n	sauer : gelb — rotbraun : alkalisch

Eine besondere Art von Indicatorpapieren wurde von W. U. BEHRENS (2) angegeben. Diese Papiere sind mit drei Farbstoffen angefärbt, deren einzelne Farben sich am Umschlagspunkt zu Grau ergänzen. Es sind hierzu folgende Lösungen notwendig:

Bordeauxrot (MERCK) 0,1 % in Wasser (nur frisch bereitete Lösungen verwenden),
Brillantgrün (KAHLBAUM) 0,1 % in Wasser,
Metanilgelb (MERCK) 0,1 % in Alkohol,
Methylenblau (GRÜBLER) 0,1 % in Wasser,
Methylorange (MERCK) 0,05 % in 50proz. Alkohol,
Bromphenolblau (MERCK) 0,1 % in Alkohol,
Bromkresolgrün (GRÜBLER) 0,1 % in Alkohol,
Bromkresolpurpur (MERCK) 0,1 % in Alkohol,
Methylrot 0,1 % in 50proz. Alkohol,
Phenolrot 0,1 % in Alkohol,
Kresolrot 0,1 % in Alkohol.

Diese Stammlösungen werden nach den nachstehenden Angaben gemischt. Für einen halben Bogen verwende man 100-cm^3-Lösung. Die nicht aufgesaugte restliche Lösung ist nicht mehr verwendbar, da sie durch ungleichmäßige Adsorption der einzelnen Farbstoffe verändert ist. Das getrocknete Papier wird in Streifen geschnitten, wobei die Ränder verworfen werden. Die Aufbewahrung erfolgt in gut schließenden, braunen Pulverflaschen. Der Umschlagspunkt der einzelnen Papiere ist aus Tabelle 8 ersichtlich.

Zusammensetzung der Lösungen für *Metanilgelbpapier*.

I 40 cm³ Metanilgelblösung,
5 „ Brillantgrün,
10 „ Methylenblau,
5 „ Salzsäure konz.,
10 „ Alkohol,
5 „ Wasser.

II 40 cm³ Metanilgelblösung,
20 „ Bordeauxrot,
20 „ Methylenblau,
5 „ Salzsäure konz.,
10 „ Alkohol,
5 „ Wasser.

Die Metanilgelbpapiere müssen in gut verschließbarer Flasche aufbewahrt werden, damit sie keine Salzsäure abgeben können. *Nur für gut gepufferte Lösungen verwendbar.*

Methylorangepapier.

I 75 cm³ Methylorangelösung,
18 „ Brillantgrün,
12 „ Methylenblau,
II 75 cm³ Methylorangelösung,
12 „ Methylenblau.
III 75 cm³ Methylorangelösung,
4,5 „ Bordeauxrotlösung,
12 „ Methylenblaulösung.

Bromphenolblaupapier.

50 cm³ Bromphenolblaulösung,
20 „ Metanilgelb,
30 „ Wasser.

Bromkresolgrünpapier.

I 50 cm³ Bromkresolgrünlösung,
17,5 „ Bordeauxrotlösung,
32,5 „ Wasser.
II 50 cm³ Bromkresolgrünlösung,
30 „ Bordeauxrotlösung,
15 „ Metanilgelb.

Bromkresolpurpurpapiere.

I 50 cm³ Bromkresolpurpurlösung,
14 „ Bordeauxrotlösung,
4,5 „ Methylenblau,
32 „ Wasser.
II 50 cm³ Bromkresolpurpurlösung,
2 „ Bordeauxrotlösung,
6 „ Metanilgelb,
54 „ Wasser.

Methylrotpapier.

50 cm³ Methylrotlösung,
8 „ Bordeauxrotlösung,
15 „ Methylenblau,
27 „ Wasser.
Einen Tropfen Lauge, bis die Farbe in Grün umschlägt.

Phenolrotpapier.

I 50 cm³ Phenolrotlösung,
7,5 „ Methylenblaulösung,
42 „ Wasser.
II 50 cm³ Phenolrotlösung,
30 „ Brillantgrünlösung,
20 „ Wasser.

Kresolrotpapier.

50 cm³ Kresolrotlösung,
10 „ Brillantgrün,
40 „ Wasser.

Tabelle 8. Umschlagspunkte der Indicatorpapiere nach Behrens.

		p_H = 1 2 3 4 5 6 7 8	
Metanilgelbpapier I	lila	1,5	grün
„ II	lila	2,0	braungrün
Methylorangepapier I	violett	2,5	blaugrün
„ II	lila	3,0	grün
„ III	rot	3,5	gelbgrün
Bromphenolpapier	gelbgrün	4,0	violett
Bromkresolgrünpapier I	gelblichrosa	4,5	blau
„ II	gelblichrosa	5,0	grünblau
Bromkresolpurpurpapier I	schmutziggelb	5,5	violett
„ II	schmutziggelb	6,0	lila
Methylrotpapier	rot	6,5	grün
Phenolrotpapier I	gelbgrün	7,0	rot
„ II	grün	7,5	lila
Kresolrotpapier	grün	8,0	lila

Malonitril + α-Naphthochinon. Ein ganz anderes Prinzip der Farbbildung als bei den Indicatorlösungen liegt einer Reaktion zugrunde, die von W. KESTING (10) zum Nachweis geringer Unterschiede in der H˙-Konzentration vorgeschlagen worden ist. Dieses Verfahren beruht darauf, daß Malonitril mit α-Naphthochinon in Lösungen, deren p_H größer als 2,5 ist, einen blauen Farbstoff bildet. Die Geschwindigkeit, mit der diese Reaktion einsetzt, ist von dem p_H-Wert der Lösung abhängig, derart, daß sie mit größerem p_H-Wert der Lösung zunimmt.

Man verwendet eine 0,2proz. alkoholische Lösung von Malonitril und eine 0,3proz. alkoholische Lösung von α-Napthochinon. Die Lösungen sind längere Zeit haltbar. Man fügt zu den zu untersuchenden Lösungen (5 cm³) zuerst 5 Tropfen der Malonitrillösung hinzu, dann 5 Tropfen der α-Naphthochinonlösung, schüttelt um und beobachtet das Auftreten der Färbung. Die dunkler gefärbte Lösung hat den höheren p_H-Wert. Bei zu langem Warten verwischen sich die Farbunterschiede. Tritt die Färbung (bei höherer p_H-Stufe) zu schnell ein, so gibt man nur 3 oder 2 Tropfen der Reagenzien hinzu; umgekehrt kann man bei zu langsamem Erscheinen der Färbung bis zu 20 Tropfen gehen. Vergleichbar sind natürlich nur Proben mit gleichem Reagenszusatz.

Über p_H 11,5 ist die Reaktion nicht mehr zu gebrauchen, da hier der gebildete blaue Farbstoff in Grün umschlägt. Bei Verwendung von β-Naphthochinon an Stelle des α-Naphthochinons tritt ein derartiger Umschlag nicht ein. Man kann damit also noch größere p_H-Werte messen, nur läßt sich hiermit der Vorgang der Farbbildung nicht so gut beobachten, da der Farbenumschlag von Hellbraun nach Rot erfolgt.

Unter $p_H = 4,5$ bildet sich bei α-Naphthochinon der blaue Farbstoff nur sehr langsam. Zeigt die Lösung auch nach Stunden noch keine Blaufärbung, so besitzt sie ein p_H, das kleiner als 2,5 ist.

Die Reaktion gibt an sich nur relative Werte. Verwendet man aber Pufferlösungen mit bekanntem p_H als Vergleichslösungen, so können auch absolute Messungen ausgeführt werden. Nach den Angaben KESTINGS sind Unterschiede im p_H-Wert von 0,2 noch sehr gut, Unterschiede von 0,1 noch deutlich erkennbar.

2. Die Messung mit Puffern.

Die Bestimmung der H˙-Konzentration unter Verwendung von Puffern wird so ausgeführt, daß man die zu untersuchende Lösung und Lösungen mit bekanntem p_H (Puffer) mit einem Indicator versetzt und die auftretende Färbung vergleicht. Lösungen gleicher Färbung besitzen die gleiche H˙-Konzentration. Man bringt eine *bestimmte* Menge der Lösungen (5 oder 10 cm³, gegebenenfalls auch weniger) in Reagensgläser von *gleicher* Größe. Auf die vorteilhaften Eigenschaften der Vierkantgläser von Schott und Gen., Jena, wurde bereits hingewiesen. Dann fügt man eine *bestimmte* Menge der Indicatorlösung (0,2—0,3 cm³ = 3—8 Tropfen) hinzu — bei kleinen Mengen Lösung verdünnt man den Indicator entsprechend — und vergleicht den Farbton am besten im WALPOLEschen Komparator. Das Einhalten gleicher Mengen ist notwendig. Als Indicatoren lassen sich alle Farbstoffe verwenden, die in den Tabellen 1—5 aufgezählt sind.

Als Vergleichslösungen dienen z. B. Gemische schwacher Säuren mit ihren Alkalisalzen. Diese Gemische besitzen je nach den angewendeten Mengen ihrer Bestandteile ein ganz bestimmtes p_H, das durch Zusatz geringer Mengen Alkali oder Säure nur wenig verändert wird. Die H˙- bzw. OH′-Ionen werden unter Bildung äquivalenter Mengen freier schwacher Säure bzw. deren Salze abgefangen, wenn sie nicht in zu großer Menge zugegeben werden. Derartige Lösungen bezeichnet man als „*Puffer*".

Die Genauigkeit der Messung mit Puffern hängt naturgemäß von der Genauigkeit und Zuverlässigkeit der Pufferlösungen ab. Es ist daher die erforderliche Sorgfalt auf ihre Herstellung zu verwenden, wenn der hergestellte Puffer das in den Tabellen angegebene p_H zeigen soll. Man sollte außerdem nicht versäumen, die Puffer von Zeit zu Zeit elektrometrisch zu prüfen, wenn man hierzu Gelegenheit hat.

Zur Herstellung der Puffer dient gut ausgekochtes, also kohlensäurefreies Wasser, das man in einem Gefäß mit Natronkalkrohr hat abkühlen lassen. Manche Puffer neigen zu Schimmelbildung. Man kann diese durch Zusatz von etwas Toluol oder Thymol verhindern. Lösungen, in welchen Schimmelpilze auftreten, sind auf alle Fälle zu verwerfen.

Von der großen Zahl von angegebenen Puffern sollen im folgenden nur einige mitgeteilt werden, welche sich für die vorliegenden Zwecke bewährt haben.

Pufferlösungen nach SÖRENSEN (25).

Es sind folgende Ausgangslösungen notwendig:

1. genau eingestellte n/10 Salzsäure,
2. kohlensäurefreie n/10 Natronlauge (s. u.),
3. mol/10 Glykokollösung, welche

7,505 g Glykokoll und
5,85 g Natriumchlorid im Liter enthält,

4. mol/15 Monokaliumphosphatlösung, enthaltend

9,078 g KH_2PO_4 im Liter,

5. mol/15 Dinatriumphosphatlösung, enthaltend

11,1876 g $Na_2HPO_4 \cdot 2H_2O$ im Liter.

Bei Bezug von sekundärem Natriumphosphat ist auf die Bezeichnung „nach SÖRENSEN“ zu achten, da nur dieses den vorgeschriebenen Krystallwassergehalt von 2 Mol. H_2O besitzt. Gewöhnliches sekundäres Natriumphosphat hat 6 oder 12 Mol. Krystallwasser. Abweichende p_H-Werte bei Phosphatpuffern sind meist auf nicht einwandfreies sekundäres Natriumphosphat zurückzuführen.

6. n/10 Lösung von sekundärem Natriumcitrat aus

21,008 g kryst. Citronensäure $C_6H_8O_7 \cdot H_2O$
200 cm³ n-Natronlauge (carbonatfrei)

aufgefüllt auf 1 l,

7. Boratlösung aus

12,404 g Borsäure H_3BO_3
100 cm³ n-Natronlauge (carbonatfrei)

aufgefüllt auf 1 l.

Carbonatfreie Natronlauge wird erhalten, wenn man 250 g Natriumhydroxyd (aus Natrium) in einem engen Glaszylinder in 300 cm³ Wasser löst. Man läßt einige Tage gut verschlossen stehen, bis sich alles Carbonat, das in der konzentrierten Lauge unlöslich ist, zu Boden gesetzt hat. Von der klaren überstehenden Lauge pipettiert man (vorsichtig) die zur Herstellung der verdünnten Lösungen benötigten Mengen ab, nachdem man ihren Gehalt durch Titration mit n-Säure bestimmt hat.

Die Chemikalien zur Bereitung der Pufferlösungen erhält man heute meist in solcher Beschaffenheit, daß sich eine Nachprüfung des Reinheitsgrades erübrigt, besonders dann, wenn die Möglichkeit besteht, den Sollwert des Puffers elektrometrisch nachzuprüfen. Wo dies aber nicht möglich ist und Zweifel an der Zuverlässigkeit der Pufferlösung bestehen, bleibt nur die Nachprüfung der Chemikalien übrig. SÖRENSEN hat hierfür Vorschriften gegeben, die im folgenden (nach CLARK) wiedergegeben seien:

Glykokoll. 2 g sollen sich in 20 cm³ Wasser klar lösen. Die Lösung soll praktisch frei von Chlorid und Sulfat sein. 5 g sollen weniger als 2 mg Asche hinterlassen. 5 g sollen bei der Destillation mit 300 cm³ 5proz. Natronlauge weniger als 1 mg Ammoniakstickstoff geben. Der Stickstoffgehalt nach KJELDAHL soll 18,67 ± 0,1 % betragen.

Primäres Kaliumphosphat KH_2PO_4. Das Salz muß sich klar in Wasser lösen und frei von Chlorid und Sulfat sein. Beim Trocknen bei 100° und 20—30 mm Druck während eines Tages soll der Gewichtsverlust weniger als 0,1 % betragen. Beim Glühen soll es 13,23 ± 0,1 % an Gewicht verlieren.

Wird die Ausgangslösung des primären Kaliumphosphates mit Citrat-HCl-Pufferlösungen colorimetrisch gemessen, so soll das p_H zwischen Puffer „7“[1] und „8“ liegen. Wird zu 100 cm³ der Lösung 1 Tropfen einer n/10 Lauge oder Säure hinzugegeben, so soll sich die Farbe der mit einem Indicator versetzten Lösung stark verändern.

Sekundäres Natriumphosphat $Na_2HPO_4 \cdot 2H_2O$. Das Salz soll eine klare Lösung geben und frei von Chlorid und Sulfat sein. Beim Trocknen bei 100° und 20—30 mm Druck während eines Tages und nachfolgendem vorsichtigen Glühen soll der Verlust 25,28 ± 0,1 % betragen.

Die Ausgangslösung soll bei dem colorimetrischen Vergleich mit dem Borat-HCl-Puffer „10″ übereinstimmen und soll bei Zusatz von einem Tropfen n/10 Säure zu 100 cm³ über dem Borat-HCl-Puffer „8“ und bei Zusatz von einem Tropfen n/10 Lauge über dem Borat-NaOH-Puffer „8“ liegen.

Citronensäure $C_6H_8O_7 \cdot H_2O$. Die Säure soll sich klar in Wasser lösen, frei von Chlorid und Sulfat sein und beim Veraschen keinen Rückstand hinterlassen. Das Krystallwasser wird durch Trocknen bei 70° und 20—30 mm Druck bestimmt. Der Gewichtsverlust soll 8,58 ± 0,1 % betragen. Der Rückstand soll farblos sein. Der Säuregrad wird durch Titration mit 0,2 n Bariumhydroxyd und Phenolphthalein als Indicator bestimmt. Es wird bis zur deutlichen Rotfärbung titriert.

Borsäure H_3BO_3. 20 g sollen sich auf einem kräftig siedenden Wasserbad in 100 cm³ Wasser vollkommen lösen. Die Lösung wird in Eiswasser abgekühlt, von den ausgeschiedenen Krystallen abfiltriert und in folgender Weise untersucht. Sie soll keine Chlor- oder Sulfatreaktion geben. Von Methylorange soll sie orange gefärbt werden. Durch Zugabe von einem Tropfen n/10 HCl zu 5 cm³ soll die Farbe des Methyloranges in Rot umschlagen. 20 cm³ des Filtrats werden in einer Platinschale eingedampft und mit etwa 10 g Flußsäure und 5 cm³ konzentrierter Schwefelsäure abgeraucht. Nach dem Glühen soll der Rückstand weniger als 2 mg betragen.

In den folgenden Tabellen (9—15) der SÖRENSENschen Puffer sind die von WALBUM gemessenen Werte angegeben. Da im allgemeinen bei physiologischen Arbeiten Temperaturen über 40° nicht vorkommen, wurde auf die Wiedergabe der Werte über 40° verzichtet und nur die Werte für 10°, 20°, 30° und 40° angegeben, die dazwischenliegenden können leicht mit genügender Genauigkeit interpoliert werden.

Tabelle 9. Glykokoll-NaOH-Puffer.

Glykokoll . . 7,505 g } im Liter
NaCl . . . . 5,85 g }
NaOH: n/10.

Mischungsverhältnis		p_H bei			
Glykokoll cm³	NaOH cm³	10°	20°	30°	40°
9,5	0,5	8,75	8,53	8,32	8,12
9,0	1,0	9,10	8,88	8,67	8,45
8,0	2,0	9,45	9,31	9,08	8,85
7,0	3,0	9,90	9,66	9,42	9,18
6,0	4,0	10,34	10,09	9,83	9,58
5,5	4,5	10,68	10,42	10,17	9,91
5,1	4,9	11,29	11,01	10,74	10,46
5,0	5,0	11,53	11,25	10,97	10,70
4,9	5,1	11,80	11,51	11,22	10,93
4,5	5,5	12,34	12,04	11,74	11,44
4,0	6,0	12,65	12,33	12,03	11,72
3,0	7,0	12,92	12,60	12,29	11,98
2,0	8,0	13,12	12,79	12,47	12,15
1,0	9,0	13,23	12,90	12,57	12,25

[1] „7“ = 7 cm³ Citratlösung + 3 cm³ Salzsäure.

Tabelle 10. Borat-NaOH-Puffer.

Borat: 12,404 g H_3BO_3 + 100 cm³ n-NaOH im Liter.
NaOH: n/10.

Mischungsverhältnis		p_H bei			
Borat cm³	NaOH cm³	10°	20°	30°	40°
10	—	9,30	9,23[1]	9,15	9,08
9	1	9,42	9,35[1]	9,26	9,18
8	2	9,57	9,48	9,39	9,30
7	3	9,76	9,66[1]	9,55	9,44
6	4	10,06	9,94	9,80	9,67
5	5	11,24	11,04	10,83	10,61
4	6	12,64	12,32	12,00	11,68

Tabelle 11. Borat-HCl-Puffer.

Borat: 12,404 g H_3BO_3 + 100 cm³ n-NaOH im Liter.
HCl: n/10.

Mischungsverhältnis		p_H bei			
Borat cm³	HCl cm³	10°	20°	30°	40°
10,0	—	9,30	9,23	9,15	9,08
9,5	0,5	9,22	9,15	9,08	9,01
9,0	1,0	9,14	9,07	9,01	8,94
8,5	1,5	9,06	8,99	8,92	8,86
8,0	2,0	8,96	8,89	8,83	8,77
7,5	2,5	8,84	8,79	8,72	8,67
7,0	3,0	8,72	8,67	8,61	8,56
6,5	3,5	8,54	8,49	8,44	8,40
6,0	4,0	8,32	8,27	8,23	8,19
5,75	4,25	8,17	8,13	8,09	8,06
5,5	4,5	7,96	7,93	7,89	7,86
5,25	4,75	7,64	7,61	7.58	7,55

Tabelle 12. Citrat-HCl-Puffer.

Citrat: 21,008 g kryst. Citronensäure + 200 cm³ n-NaOH im Liter.
HCl: n/10.

Mischungsverhältnis		p_H bei	Mischungsverhältnis		p_H bei
Citrat cm³	HCl cm³	18°	Citrat cm³	HCl cm³	18°
0,0	10,0	1,04[2]	5,0	5,0	3,69
1,0	9,0	1,17	5,5	4,5	3,95
2,0	8,0	1,42	6,0	4,0	4,16
3,0	7,0	1,93	7,0	3,0	4,45
3,33	6,67	2,27	8,0	2,0	4,65
4,0	6,0	2,97	9,0	1,0	4,83
4,5	5,5	3,36	9,5	0,5	4,89
4,75	5,25	3,53	10,0	0,0	4,96

[1] Die Tabelle von WALBUM enthält nur die Werte für 18° und 22°. Der für 20° interpolierte Wert wurde aufgerundet.

[2] Die im Original auf drei Stellen angegebenen Werte wurden auf zwei Stellen aufgerundet.

Tabelle 13. Glykokoll-HCl-Puffer.
Glykokoll: 7,505 g Glykokoll + 5,85 NaCl im Liter.
HCl: n/10.

Mischungsverhältnis		p_H bei	Mischungsverhältnis		p_H bei
Glykokoll cm³	HCl cm³	18°	Glykokoll cm³	HCl cm³	18°
0,0	10,0	1,04[1]	6,0	4,0	2,28
1,0	9,0	1,15	7,0	3,0	2,61
2,0	8,0	1,25	8,0	2,0	2,92
3,0	7,0	1,42	9,0	1,0	3,34
4,0	6,0	1,65	9,5	0,5	4,68
5,0	5,0	1,93			

Tabelle 14. Phosphatpuffer.
Sekundäres Phosphat: 11,876 g $K_2HPO_4 \cdot 2\,H_2O$ im Liter.
Primäres Phosphat: 9,078 g KH_2PO_4 im Liter.

Mischungsverhältnis		p_H bei	Mischungsverhältnis		p_H bei
sekundäres Phosphat cm³	primäres Phosphat cm³	18°	sekundäres Phosphat cm³	primäres Phosphat cm³	18°
0,25	9,75	5,29[1]	5,0	5,0	6,81
0,5	9,5	5,59	6,0	4,0	6,98
1,0	9,0	5,91	7,0	3,0	7,17
2,0	8,0	6,24	8,0	2,0	7,38
3,0	7,0	6,47	9,0	1,0	7,73
4,0	6,0	6,64	9,5	0,5	8,04

Tabelle 15. Citrat-NaOH-Puffer.
Citrat: 21,008 kryst. Citronensäure + 200 cm³ n-NaOH im Liter.
NaOH: n/10.

Mischungsverhältnis		p_H bei			
Citrat cm³	NaOH cm³	10°	20°	30°	40°
10,0	—	4,93	4,96	5,00	5,04
9,5	0,5	4,99	5,02	5,06	5,10
9,0	1,0	5,08	5,11	5,15	5,19
8,0	2,0	5,27	5,31	5,35	5,39
7,0	3,0	5,53	5,57	5,60	5,64
6,0	4,0	5,94	5,98	6,01	6,04
5,5	4,5	6,30	6,34	6,37	6,41
5,25	4,75	6,65	6,69	6,72	6,76

In Abb. 297 ist das Pufferdiagramm von Sörensen (25) wiedergegeben, in welches die oben mitgeteilten Puffer eingezeichnet sind. Um nach diesem z. B. einen Puffer für $p_H = 6$ zu mischen, sieht man, welche Kurve von der Ordinate bei $p_H = 6$ geschnitten wird; es ist dies die Phosphatpufferkurve und die Citrat-Natron-Puffer-Kurve. Man geht nun von dem Schnittpunkt parallel zur Abszisse auf die Ordinate und liest da die „Mischungszahl" ab. Die Mischungszahl bedeutet die Anzahl Kubikzentimeter des einen Pufferbestandteiles, der durch den anderen auf 10 cm³ ergänzt wird, also in unserem Falle:

1,2 cm³ sekundäres Phosphat
8,8 „ primäres Phosphat

oder

6,4 cm³ Citrat
4,0 „ n/10-NaOH.

[1] Die Werte wurden von drei auf zwei Dezimalstellen aufgerundet.

Die Strichelung der Kurve bedeutet, daß in diesem Gebiet die p_H-Werte nicht mehr zuverlässig erhalten werden.

Aus dem Diagramm ist zu ersehen, daß der Phosphatpuffer für physiologische Zwecke besonders brauchbar ist, da er das Gebiet um den Neutralpunkt umfaßt.

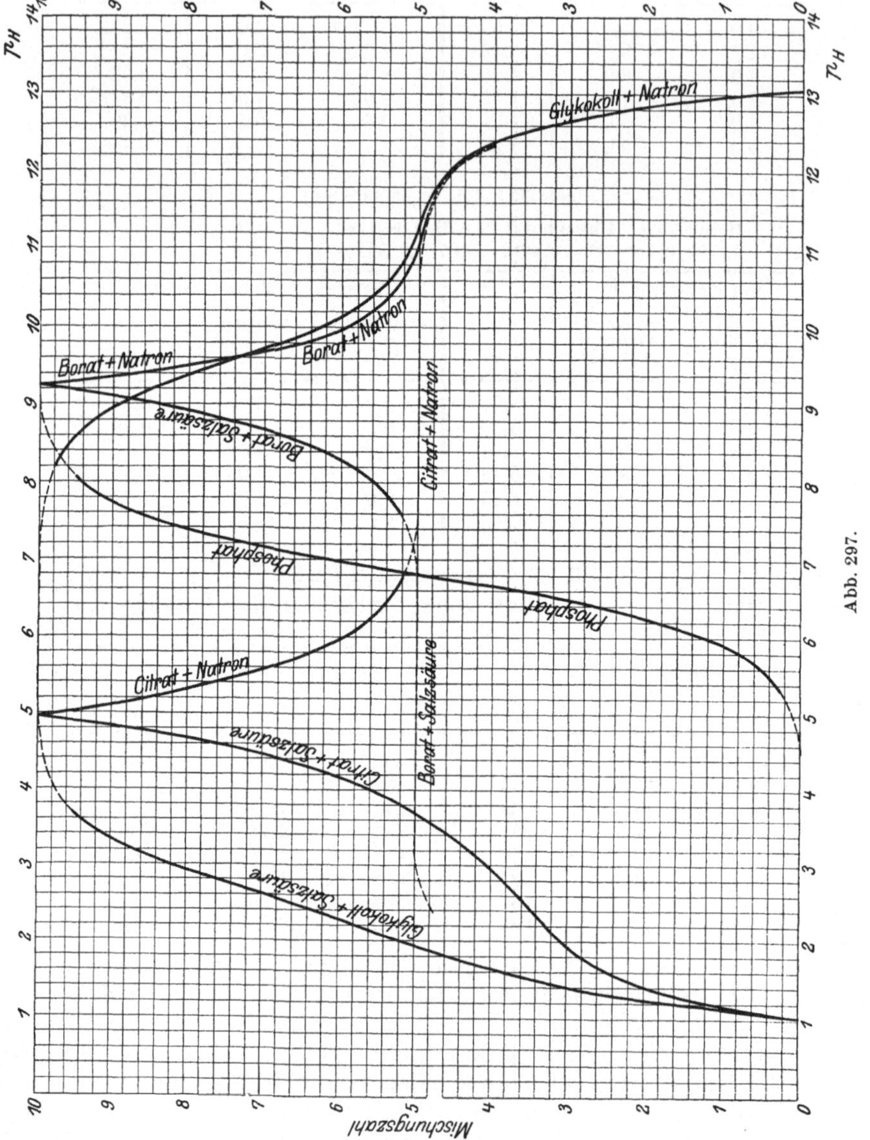

Abb. 297.

Andere vorteilhafte Pufferreihen wurden von CLARK und LUBS angegeben, von welchen der Phthalatpuffer (Tab. 16) hier erwähnt sei, da er — ergänzt durch einen Phosphatpuffer — mit wenig Lösungen ein großes Gebiet umfaßt. Als Ausgangslösung dient eine

m/5-Lösung von saurem Kaliumphthalat.

Man erhält das Salz auf folgende Weise. Etwa 60 g KOH werden in etwa 400 cm^3 Wasser gelöst. Hierzu gibt man 50 g resublimiertes Orthophthalsäureanhydrid des Handels.

Eine kleine Probe der Lösung wird abgekühlt und mit Phenolphthalein geprüft. Ist die Lösung noch alkalisch, so fügt man mehr Phthalsäureanhydrid, ist sie sauer, KOH hinzu. Ist die Lösung so eingestellt, daß man in der Probe — die letzten Proben nimmt man in einer verdünnten Lösung vor — eine schwache Rosafärbung erhält, so fügt man noch die gleiche Menge Phthalsäureanhydrid, die bereits in der Lösung enthalten ist, hinzu, bringt durch Erwärmen alles in Lösung, filtriert heiß und läßt das Salz langsam auskrystallisieren. Die Temperatur soll hierbei nicht unter 20° sinken, da sich sonst ein Salz anderer Zusammensetzung abscheidet. Die ausgeschiedenen Krystalle werden abgesaugt und noch zweimal aus destilliertem Wasser auskrystallisiert.

Zur Herstellung der Lösung wird das Salz bei 110—115° bis zum konstanten Gewicht getrocknet und davon 40,836 g zu einem Liter gelöst.

Tabelle 16.

1. $^1/_5$ mol. Kaliumbiphthalat, $^1/_5$ mol. Salzsäure.

Mischungsverhältnis		
Salzsäure cm³	Biphthalat cm³	p_H bei 20°
46,60	50	2,2
39,60	50	2,4
33,00	50	2,6
26,50	50	2,8
20,40	50	3,0
14,80	50	3,2
9,95	50	3,4
6,00	50	3,6
2,65	50	3,8

2. $^1/_5$ mol. Kaliumbiphthalat, $^1/_5$ mol. Natronlauge.

Mischungsverhältnis		
Natronlauge cm³	Biphthalat cm³	p_H bei 20°
0,40	50	4,0
3,65	50	4,2
7,35	50	4,4
12,00	50	4,6
17,50	50	4,8
23,65	50	5,0
29,75	50	5,2
35,25	50	5,4
39,70	50	5,6
43,10	50	5,8
45,40	50	6,0
47,00	50	6,2

3. $^1/_5$ mol. Kaliumbiphosphat, $^1/_5$ mol. Natronlauge.

Mischungsverhältnis		
Natronlauge cm³	Biphosphat cm³	p_H bei 20°
3,66	50	5,8
5,64	50	6,0
8,55	50	6,2
12,60	50	6,4
17,74	50	6,6
23,60	50	6,8
29,54	50	7,0
34,90	50	7,2
39,34	50	7,4
42,74	50	7,6
45,17	50	7,8
46,85	50	8,0

(Für alle drei Reihen:) Mit destilliertem Wasser auf 200 cm³ verdünnen.

Diese Reihe wird nach der alkalischen Seite zu durch einen Borat-NaOH-Puffer erweitert, für welchen CLARK und LUBS folgende Mischungsverhältnisse angeben (Tab. 17):

Tabelle 17. Borsäurepuffer nach CLARK und LUBS.

$^1/_5$ mol. Borsäure in $^1/_5$ mol. Kaliumchlorid.
$^1/_5$ mol. Natronlauge.

Mischungsverhältnis		p_H bei 20°	
Natronlauge cm³	Borsäure cm³		
2,65	50	7,8	mit dest. Wasser auf 200 cm³ verdünnt.
4,00	50	8,0	
5,90	50	8,2	
8,55	50	8,4	
12,00	50	8,6	
16,40	50	8,8	
21,40	50	9,0	
26,70	50	9,2	
32,00	50	9,4	
36,85	50	9,6	
40,80	50	9,8	
43,90	50	10,0	

Da die Pufferreihen sich überschneiden, empfiehlt es sich, die entsprechenden Gemische mit dem gleichen Indicator zu überprüfen.

Eine besondere Reihe eines Borax-Borat-Gemisches zur Messung von Seewasser hat PALITZSCH (zit. nach CLARK) angegeben und zugleich die Korrekturen für den Salzfehler des Indicators berücksichtigt. Da das Arbeiten mit Seewasser im Bereich botanisch-physiologischen Arbeitens liegt, so ist diese Tabelle hier angefügt (Tab. 18).

Die Herstellung der Pufferlösungen verursacht immerhin einigen Zeitaufwand, der durch die teilweise nicht allzu große Haltbarkeit der Vergleichslösungen noch vermehrt wird. Die Meßverfahren ohne Puffer suchen diesen Nachteil zu umgehen. Besonders vereinfacht ist die Messung bei Anwendung von Vergleichslösungen aus anorganischen Salzen (s. S. 493), doch liegen über die Brauchbarkeit solcher Mischungen noch wenig Erfahrungen vor. Mit großer Vorsicht sind Farbtafeln zu gebrauchen, die gewöhnlich nach einiger Zeit ausbleichen oder einen genaueren Farbvergleich nicht gestatten.

Tabelle 18. Borax-Borat-Puffer nach PALITZSCH.
Borax: 19,108 g $Na_2B_4O_7 \cdot 10\,H_2O$ im Liter.
Borsäure: 12,404 g H_3BO_3 + 2,925 g NaCl im Liter.

Mischungsverhältnis		p_H	p_H des Meereswassers bei dem Salzgehalt von S mg Salz im Liter											Indicator
Borax cm³	Borsäure cm³		S=36	30	26	22	18	14	10	6	4	2	1	
6,0	4,0	8,69	8,48	8,49	8,50	8,52	8,54	8,57	8,59	8,63	8,66	8,69	8,72	Phenolphthalein
5,5	4,5	8,60	8,39	8,40	8,41	8,43	8,45	8,48	8,50	8,54	8,57	8,60	8,63	
5,0	5,0	8,51	8,30	8,31	8,32	8,34	8,36	8,39	8,41	8,45	8,48	8,51	8,54	
4,5	5,5	8,41	8,20	8,21	8,22	8,24	8,26	8,29	8,31	8,35	8,38	8,41	8,44	
4,0	6,0	8,31	8,10	8,11	8,12	8,14	8,16	8,19	8,21	8,25	8,28	8,31	8,34	
3,5	6,5	8,20	7,99	8,00	8,01	8,03	8,05	8,08	8,10	8,14	8,17	8,20	8,23	
4,5	5,5	8,41	8,19	8,20	8,21	8,23	8,25	8,28	8,32	8,37	8,40	8,45	8,48	α-Naphtholphthalein
4,0	6,0	8,31	8,09	8,10	8,11	8,13	8,15	8,18	8,22	8,27	8,30	8,35	8,38	
3,5	6,5	8,20	7,98	7,99	8,00	8,02	8,04	8,07	8,11	8,16	8,19	8,24	8,27	
3,0	7,0	8,08	7,86	7,87	7,88	7,90	7,92	7,95	7,99	8,04	8,07	8,12	8,15	
2,5	7,5	7,94	7,72	7,73	7,74	7,76	7,78	7,81	7,85	7,90	7,93	7,98	8,01	
2,3	7,7	7,88	7,66	7,67	7,68	7,70	7,72	7,75	7,79	7,84	7,87	7,92	7,95	
2,0	8,0	7,78	7,56	7,57	7,58	7,60	7,62	7,65	7,69	7,74	7,77	7,82	7,85	
1,5	8,5	7,60	7,38	7,39	7,40	7,42	7,44	7,47	7,51	7,56	7,59	7,64	7,67	
1,0	9,0	7,36	7,14	7,15	7,16	7,18	7,20	7,23	7,27	7,32	7,35	7,40	7,43	
0,6	9,4	7,09	6,87	6,88	6,89	6,91	6,93	6,96	7,00	7,05	7,08	7,13	7,16	
0,3	9,7	6,77	6,55	6,56	6,57	6,59	6,61	6,64	6,68	6,73	6,76	6,81	6,84	

3. Die Messung ohne Puffer.

Diese Verfahren wurden von MICHAELIS und GYEMANT für einfarbige und von GILLESPIE für zweifarbige Indicatoren ausgearbeitet.

Die Verwendung einfarbiger Indicatoren.

Für schwache Säuren gilt die Beziehung:

$$(\mathrm{H}^{\cdot}) = k \cdot \frac{1-\alpha}{\alpha}\,.$$

Die Konzentration der $\mathrm{H}^{\cdot}$-Ionen ist proportional der Dissoziationskonstanten k und dem Verhältnis von undissoziierter zu dissoziierter Säure (α = Dissoziationsgrad). Logarithmiert man diese Gleichung und ersetzt α durch den Farbgrad F, so erhält man

$$p_{\mathrm{H}} = {}_{\mathrm{K}} + \log\frac{F}{1-F}\,,$$

worin p_{K} den negativen Logarithmus der Dissoziationskonstante — „Indicatorexponent" oder „Halbwertkonstante" — bedeutet.

Ist von einem Indicator p_{K} bekannt, so läßt sich p_{H} berechnen, wenn der Dissoziationsgrad ermittelt wird. Da bei einfarbigen Indicatoren der Farb*ton* gleich und nur die Farb*tiefe* entsprechend dem p_{H} zu- oder abnimmt, so läßt sich besonders leicht an diesen der Dissoziationsgrad bestimmen. MICHAELIS hat auch am p-Nitrophenol gezeigt (Abb. 291), daß die beobachteten Werte mit den berechneten vollkommen übereinstimmen.

Die Indicatoren, die hierfür in Frage kommen, sind bereits in Tabelle 5 auf S. 469 aufgeführt worden. In dieser Tabelle sind auch die p_{K}-Werte für 18° eingetragen. Da aber diese Werte von der Temperatur abhängig sind, hat sie MICHAELIS für die Nitrophenole, die ja wenigstens für physiologische Zwecke allein Bedeutung besitzen, für Temperaturen von 0—50° zusammengestellt (Tabelle 19).

Tabelle 19. p_{K} der Nitrophenole bei verschiedenen Temperaturen.

Temperatur	β-Dinitrophenol	α-Dinitrophenol	γ-Dinitrophenol	p-Nitrophenol	m-Nitrophenol
0	3,79	4,16	5,24	7.39	8,47
5	3,76	4,13	5,21	7,33	8.43
10	3,74	4,11	5.18	7,27	8,39
15	3,71	4,08	5,16	7,22	8,35
18	3,69	4,06	5,15	7,18	8,33
20	3,68	4,05	5,14	7,16	8,31
25	3,65	4,02	5,11	7,10	8,27
30	3.62	3,99	5,09	7,04	8,22
35	3,59	3,96	5,07	6,98	8,18
40	3,56	3,93	5,04	6,93	8,15
45	3,54	3.91	5,02	6,87	8,11
50	3,51	3,88	4,99	6,81	8,07

Die Berechnung der Ergebnisse wird erleichtert durch Tabelle 20, aus welcher die Werte von

$$\log\frac{F}{1-F} = \varphi$$

unmittelbar abgelesen werden können.

Tabelle 20. Werte für $\log\frac{F}{1-F} = \varphi$.

F	φ	F	φ	F	φ	F	φ
0,001	— 3,00	0.001	— 2,00	0,10	— 0,95	0,50	± 0
0,0012	— 2,91	0,012	— 1,90	0,12	— 0,85	0,55	+ 0,10
0,0014	— 2,85	0,015	— 1,81	0.14	— 0,79	0,60	+ 0,20
0,0016	— 2,80	0,025	— 1 60	0,16	— 0,71	0,65	+ 0,28
0,0018	— 2,75	0,03	— 1,51	0,18	— 0,65	0,70	+ 0,38
0,002	— 2,69	0,04	— 1,38	0,20	— 0,59	0,75	+ 0,49
0,003	— 2,52	0,05	— 1,28	0,25	— 0,47	0,80	+ 0,60
0,004	— 2,40	0,06	— 1,20	0,35	— 0,25	(0,85	+ 0,75)
0,005	— 2,30	0,07	— 1,12	0,40	— 0,18	(0,90	+ 0,97)
0,006	— 2,22	0,08	— 1,06	0,50	± 0	(0,95	+ 1,25)
0,007	— 2,15	0,09	— 1,00				
0,008	— 2,07	0,10	— 0,95				
0.010	— 2,00						

Weiterhin können die Werte für

$$\log \frac{F}{1-F}$$

dem Diagramm Abb. 298 entnommen werden.

Die Kurve I in diesem Diagramm ist ohne weiteres verständlich. Bei Kurve II müssen die Werte an der Ordinate durch 10, bei Kurve III durch 100 dividiert werden. Hierdurch ist auch bei kleinen Werten ein genaues Ablesen möglich.

Für die Indicatoren Phenolphthalein und Alizaringelb hat Michaelis nur eine empirische Tabelle (Tabelle 21 und 22) für die Temperatur von 18° angegeben, da diese Indicatoren seltener gebraucht werden.

Tabelle 21. Phenolphthalein bei 18°.

F	p_H	F	p_H	F	p_H	F	p_H
0,01	8,45	0,090	8,90	0,34	9,40	0,60	9,90
0,014	8,50	0,12	9,00	0,40	9,50	0,65	10,0
0,030	8,60	0,16	9,10	0,45	9,60	0,70	10,1
0,047	8,70	0,21	9,20	0,50	9,70	0,75	10,2
0,069	8,80	0,27	9,30	0,55	9,80	0,80	10,3

Tabelle 22. Alizaringelb G. G.

F	p_H	F	p_H
0,13	10,0	0,56	11,2
0,16	10,2	0,66	11,4
0,22	10,4	0,75	11,6
0,29	10,6	0,83	11,8
0,36	10,8	0,88	12,0
0,46	11,0		

Wurde die Messung mit Phenolphthalein oberhalb 18° ausgeführt, so errechnet sich der richtige Wert p_H nach der Formel

$$p_H r = p_H - (0{,}011 \cdot (t - 18^0)),$$

worin t die Beobachtungstemperatur bedeutet.

Um den Dissoziationsgrad bzw. den Farbgrad F zu bestimmen, verfährt man nach Michaelis in folgender Weise:

Nachdem man durch Vorproben (z. B. mittels eines Universalindicators) den ungefähren p_H-Bereich der zu untersuchenden Lösung festgestellt hat, füllt man in ein Reagensglas 10 cm³ der Lösung und fügt 1 cm³ des Indicators hinzu, der auf Grund der Vorprobe am geeignetsten erscheint. Die Lösung färbt sich mehr oder weniger gelb (bei Phenolphthalein rot). Die Farbtiefe wird bedingt durch den Dissoziationsgrad, der vom p_H der Lösung abhängig ist. Um den Dissoziationsgrad näher zu ermitteln, vergleicht man die Lösung mit Röhrchen, welche vollkommen dissoziierten Indicatorfarbstoff *in wechselnden Mengen* enthalten. Farbgleiche Röhrchen müssen dann gleichviel (dissoziierten) Farbstoff enthalten. Da bei den Vergleichslösungen, in welchen $\alpha = 1$ ist, die Mengen des angewandten Indicators bekannt sind, läßt sich unmittelbar in der zu untersuchenden Lösung die Menge des dissoziierten Farbstoffes feststellen.

Man gibt zu diesem Zweck in eine Reihe von Reagensgläsern, die dem zuerst verwendeten vollkommen gleichen müssen, je 9 cm³ frisch hergestellte 0,01 bis 0,02 n-Natronlauge. Genaue Einstellung der Normalität ist nicht notwendig. Nun verdünnt man den Indicator mit destilliertem Wasser im Verhältnis 1 : 10, fügt davon in das erste Reagensglas 0,5 cm³, in das zweite 1,0 cm³ und in das dritte 2 cm³ hinzu und füllt mit der Natronlauge auf 11 cm³ auf. Die Indicatorkonzentrationen entsprechen dann einer geometrischen Reihe mit dem Quotienten 2.

Man vergleicht nun mit der zu prüfenden Lösung und stellt fest, welchem Farbton sie am nächsten kommt. Jetzt stellt man gleicherweise wie oben Vergleichsröhrchen her, deren Indicatormengen zwischen denen der am ähnlichsten gefundenen Röhrchen liegen und am besten wieder eine geometrische Reihe. etwa mit dem Quotienten 1,2 oder 1,15, bilden. Auf diese Weise engt man den tatsächlichen Wert weiter ein. Hat man Farbgleichheit erhalten oder liegt der

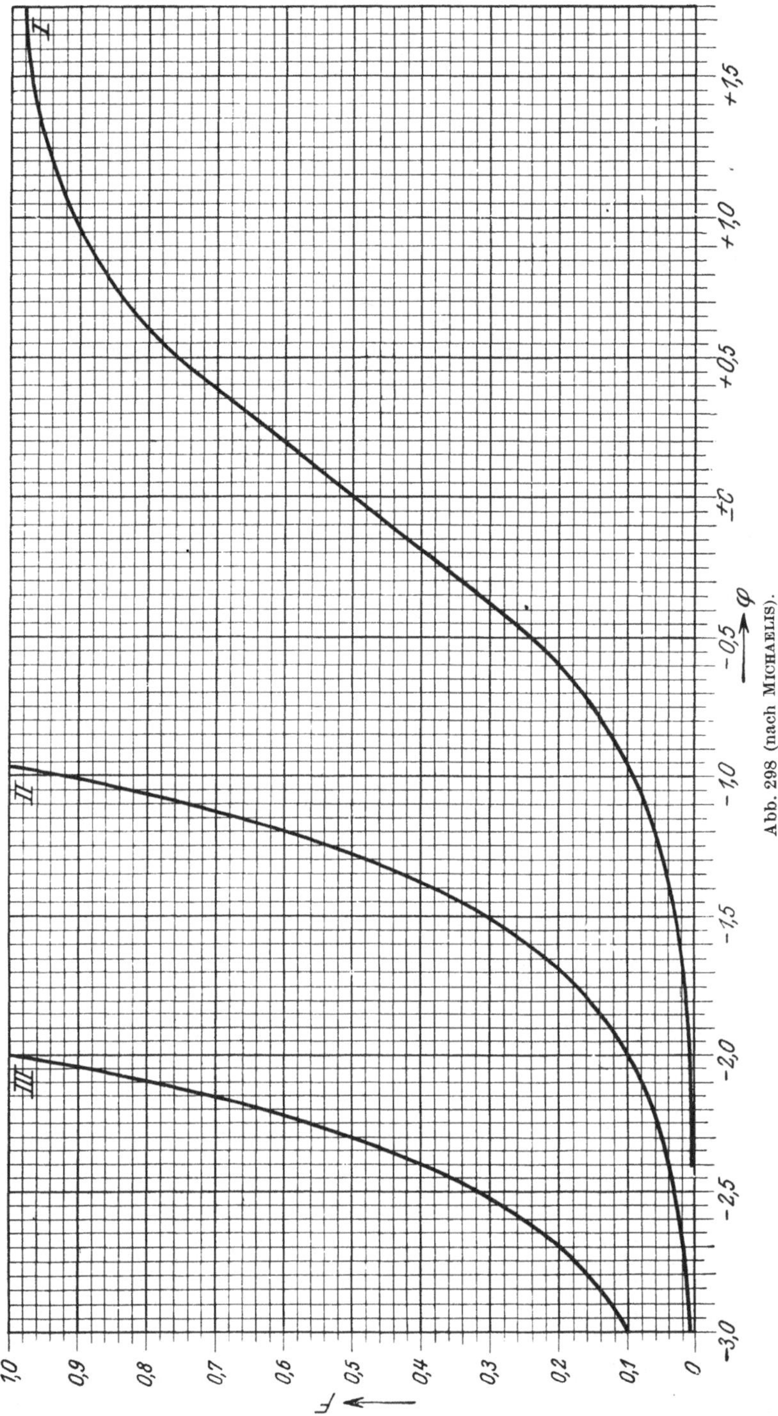

Abb. 298 (nach MICHAELIS).

Farbton zwischen zwei Färbungen mit geringem p_H-Abstand, so entspricht der Dissoziationsgrad bzw. der Farbgrad F dem Verhältnis von Indicatormenge im Vergleichsröhrchen ($= a$ cm³) zur Indicatormenge in der zu untersuchenden

Lösung (= 1,0 cm³), wobei zu berücksichtigen ist, daß der Indicator für die Vergleichslösungen 10fach verdünnt wurde. Es ist dann

$$F = \frac{0{,}1 \cdot a}{1{,}0}.$$

Die Berechnung des p_H erfolgt dann nach dieser Gleichung bzw. den Tabellen 19—22.

Bei ungepufferten Lösungen, z. B. Leitungswasser oder Meereswasser, macht sich der Säurefehler geltend, d. h. durch den Indicator, der eine schwache Säure ist, wird das p_H der Lösung nach der sauren Seite zu verschoben. Um diesen Fehler zu vermeiden, nimmt MICHAELIS als Stammindicator eine 10fache Verdünnung des ursprünglichen Indicators. Die Beobachtung erfolgt in langen Reagensgläsern mit etwa 50 cm³ Inhalt von oben, um bei der geringen Indicatormenge infolge Vergrößerung der Schichthöhe die Färbung zu erkennen.

Bei Meereswasser berechnet sich das p_H^- nach der Formel

$$p_H = p_K + \varphi + s + \vartheta.$$

s bedeutet eine Korrektur für den Salzfehler (= —0,16) und ϑ eine Korrektur für die Temperatur:

Temperatur	5	10	15	17,5	20	25	30	35	40
ϑ	+0,10	+0,06	+0,02	±0	—0,02	—0,06	—0,11	—0,15	—0,18

MICHAELIS hat sein Verfahren noch dadurch vereinfacht, daß er Indicatordauerreihen hergestellt hat, welche das jedesmalige Ansetzen von Vergleichslösungen überflüssig machen. Die Dauerreihen sind im Handel erhältlich, können aber auch sehr leicht selbst angesetzt werden. Man benötigt hierzu eine Anzahl gleicher Reagensgläser, die nach der Füllung mit Hilfe von Paraffin verschlossen werden, oder man benutzt vorteilhafterweise Einschmelzgläser, die nach der Füllung zugeschmolzen werden.

Man geht von folgenden Lösungen aus, die zum Gebrauch genau auf das 10fache verdünnt werden (z. B. 2 cm³ Indicator + 18 cm³ Wasser).

Stammlösungen.

I. m-Nitrophenol 0,300 g in 100 cm³ Wasser,
II. p-Nitrophenol 0,100 g in 100 cm³ Wasser,
III. γ-Dinitrophenol 0,100 g in 400 cm³ Wasser,
IV. α-Dinitrophenol 0,100 g in 200 cm³ Wasser,
V. β-Dinitrophenol 0,100 g in 300 cm³ Wasser.

In die Gläser gibt man die in der folgenden Aufstellung angegebenen Mengen Indicator und füllt mit 0,1 n-Natriumcarbonatlösung auf 7 cm³ auf.

I. Dauerreihe mit m-Nitrophenol.

Glas . . . . . Nr.	1	2	3	4	5	6	7	8	9
Indicator . . . cm³	5,2	4,2	3,0	2,3	1,5	1,0	0,66	0,43	0,27
p_H-Wert	8,4	8,2	8,0	7,8	7,6	7,4	7,2	7,0	6,8

II. Dauerreihe mit p-Nitrophenol.

Glas . . . . . Nr.	1	2	3	4	5	6	7	8	9
Indicator . . . cm³	4,05	3,0	2,0	1,4	0,94	0,63	0,40	0,25	0,16
p_H-Wert	7,0	6,8	6,6	6,4	6,2	6,0	5,8	5,6	5,4

III. Dauerreihe mit γ-Dinitrophenol.

Glas . . . . . Nr.	1	2	3	4	5	6	7	8
Indicator . . . cm³	6,6	5,5	4,5	3,4	2,4	1,65	1,1	0,78
p_H-Wert	5,4	5,2	5,0	4,8	4,6	4,4	4,2	4,0

IV. Dauerreihe mit α-Dinitrophenol.

Glas . . . . . Nr.	1	2	3	4	5	6	7	8	9
Indicator . . . cm³	6,7	5,7	4,6	3,4	2,5	1,74	1,20	0,78	0,51
p_H-Wert	4,4	4,2	4,0	3,8	3,6	3,4	3,2	3,0	2,8

V. Dauerreihe mit β-Dinitrophenol.

Glas . . . . . Nr.	1	2	3	4	5
Indicator . . . cm³	2,44	1,68	1,15	0,76	0,49
p_H-Wert	3,2	3,0	2,8	2,6	2,4

Da die Vergleichslösungen auf 7 cm³ aufgefüllt sind, muß auch die zu untersuchende Lösung das gleiche Volumen besitzen. Man verwende deshalb von ihr 6 cm³ und füge 1 cm³ Indicator hinzu. Es dürfen natürlich nur Röhrchen mit gleich großem Inhalt miteinander verglichen werden. In den Dauerreihen nach MICHAELIS befinden sich in den einzelnen Indicatorreihen eine größere Anzahl von Röhrchen, welche die gleiche Färbung besitzen. Man kann deshalb an der Zahl der Vergleichslösungen beträchtlich sparen, wenn nur eines von den gleich gefärbten Röhrchen verwendet wird; es entspricht dann je nach dem Indicator verschiedenen p_H-Stufen.

Die Dauerreihen nach MICHAELIS sind nach WINDISCH, DIETRICH und KOLBACH (28) und nach KOLTHOFF nicht lange haltbar. Es ist also auf alle Fälle notwendig, derartige Vergleichslösungen von Zeit zu Zeit mit frisch hergestellten zu vergleichen. Nach KOLTHOFF erhält man mit Chromaten und Dichromaten Dauerreihen, welche jahrelang haltbar sind. Ihre Herstellung ist aus Tabelle 23 zu ersehen.

4. Die Verwendung zweifarbiger Indicatoren.

Bei diesem Verfahren sind für jede p_H-Stufe zwei Vergleichsröhrchen notwendig, von welchen das eine eine bestimmte Menge der sauren und das andere eine bestimmte Menge der alkalischen Form des Indicators enthält. Werden die Röhrchen hintereinander gehalten, z. B. in einem WALPOLEschen Komparator betrachtet, so erhält man eine Mischfarbe, welche je nach den angewandten Mengen einer bestimmten p_H-Stufe entspricht. Eine Reihe solcher Röhrchenpaare gleicht gewissermaßen einem in einzelne Teile zerlegten BJERRUMschen Doppelkeil (vgl. S. 471).

Tabelle 23. Dauerreihe nach KOLTHOFF. Gültig für 15⁰.

cm³ 0,1 K_2CrO_4	0.3	0.45	0,7	1,1	1,5	1,8	2,3	3,1	3,7	4,0
entspricht dem p_H gegen α-Dinitrophenol (0,2 cm³ 0,1 % Indicator auf 10 cm³).	2,95	3,18	3,35	3,55	3,75	3,95	4,15	4,35	4,60	—
entspricht dem p_H gegen p-Nitrophenol (0,2 cm³ 0,3% Indicator auf 10 cm³)	(5,62)	5,70	5,78	5,93	6,1	6,24	6,45	6,8	7,05	7,15
(0,1 cm³ 0,3 % Indicator auf 10 cm³)	—	—	—	—	—	7,13	7,36	7,55	—	—

Temperaturkorrektur für α-Dinitrophenol 0,006 $(t - 15)$
,, ,, p-Nitrophenol 0,011 $(15 - t)$.

cm³ 0,1% $K_2Cr_2O_7$	0,23	0,35	0,55	0,72	1,1	1,55	1,8	2,2	3,0
entspricht dem p_H gegen γ-Dinitrophenol (0,2 cm³ 0,1% Indicator auf 10 cm³)	3,95	4,05	4,25	4,45	4,65	4,85	5,05	5,25	5,45
entspricht dem p_H gegen m-Nitrophenol (0,4 cm³ 0,3% Indicator auf 10 cm³)	7,0	7,2	7,5	7,7	7,9	8,1	8,3	8,5	—
entspricht dem p_H gegen Salicylgelb (0,2 cm³ 0,05% Indicator auf 10 cm³)	—	—	—	(9,8)	10,20	10,46	10,6	10,84	11,28
(0,2 cm³ 0,025% Indicator auf 10 cm³)	—	—	10,2	10,40	10,80	—	—	—	—

Temperaturkorrektur für γ-Dinitrophenol 0,004 (t — 15)
„ „ m-Dinitrophenol 0,008 (t — 15)
„ „ Salicylgelb 0,013 (t — 15).

Man fügt zu je 5 cm³ einer sauren und einer alkalischen Lösung bestimmte Mengen Indicatorlösung, zusammen 10 Tropfen, hinzu. Das Tropfenverhältnis und der dazugehörige p_H-Wert sind aus Tabelle 24 zu ersehen.

Tabelle 24. (Nach GILLESPIE.)

Tropfenverhältnis sauer : alk.	Bromphenolblau	Methylrot	Bromkresolpurpur	Bromthymolblau	Phenolrot	Kresolrot	Thymolblau
1:9	3,1	4,05	5,3	6,15	6,75	7,15	7,85
1,5:8,5	3,3	4,25	5,5	6,35	6,95	7,35	8,05
2:8	3,5	4,4	5,7	6,5	7,1	7,5	8,2
3:7	3,7	4,6	5,9	6,7	7,3	7,7	8,4
4:6	3,9	4,8	6,1	6,9	7,5	7,9	8,6
5:5	4,1	5,0	6,3	7,1	7,7	8,1	8,8
6:4	4,3	5,2	6,5	7,3	7,9	8,3	9,0
7:3	4,5	5,4	6,7	7,5	8,1	8,5	9,2
8:2	4,7	5,6	6,9	7,7	8,3	8,7	9,4
8,5:1,5	4,8	5,75	7,0	7,85	8,45	8,85	9,55
9:1	5,0	5,95	7,2	8,05	8,65	9,05	9,75
Saure Lös.	1 cm³ n/20 HCl	1 Tropfen n/20 HCl				1 Tropfen 2% KH_2PO_4	
alk. Lös.	1 Tropfen 0,2 proz. NaOH						2 Tr. 0,2 proz. NaOH

Die Indicatoren werden nach CLARK und LUBS (S. 467) angesetzt. Die in der Tabelle angegebenen Mengen Säure oder Lauge sind in 5 cm³ enthalten. Von der zu untersuchenden Lösung werden 5 cm³ mit 10 Tropfen des Indicators versetzt und mit den entsprechenden Vergleichslösungspaaren verglichen.

KOLTHOFF hat für einige Indicatorlösungen auch Dauerreihen aus Mischungen von Eisen (3)-Chlorid und Kobaltchlorid angegeben.

1. Eisen (3)-Chlorid: 11,262 g $FeCl_3 \cdot 6\,H_2O$ in 250 cm³ 1% HCl.
2. Kobaltchlorid: 18,2 g $CoCl_2 \cdot 6\,H_2O$ in 250 cm³ 1% HCl.

Das Mischungsverhältnis ist aus Tabelle 25 zu ersehen, ebenso die Menge des Indicators für 10 cm³.

Tabelle 25. Dauerreihen nach KOLTHOFF.

Verhältnis Fe:Co	Neutralrot 0,05 proz. 0,2 cm³	Methylrot 0,05 proz. 0,2 cm³	Methylorange 0,05 proz. 0,2 cm³	Tropaeolin 00 0,1 proz. 0,2 cm³
0,1	6,98	—	3,22	—
0,3	7,12	5,29	3,52	2,13
0,5	7,24	5,50	3,72	2,22
0,75	7,37	5,57	3,92	2,29
1,0	7,60	5,62	4,00	2,31
1,5	7,80	5,70	4,19	2,41
2,0	7,93	5,75	4,30	2,46
3,0	—	5,81	4,50	2,52

Nach JANKE und KROPACSKY (7) sind jedoch diese Mischungen im Gegensatz zu den Chromatlösungen nicht besonders brauchbar.

ABRAHAM TAUB (26) gibt für die Messung ohne Puffer folgende Indicatorlösungen an:

0,1 g Farbstoff wird in 50 cm³ neutralisiertem 95proz. Alkohol gelöst und mit den angegebenen Alkalimengen versetzt und auf 250 cm³ mit destilliertem Wasser aufgefüllt:

Metakresolpurpur . . .	26,5 ccm	n/100	NaOH
Thymolblau	21,5 „	„	„
Methylorange	0,0 „	„	„
Bromkresolgrün	14,5 „	„	„
Methylrot	37,0 „	„	„
Chlorphenolrot	23,5 „	„	„
Bromthymolblau . . .	16,0 „	„	„
Phenolrot	28,5 „	„	„
Kresolrot	26,3 „	„	„

Zum Versuch verwendet man 0,2—0,5 cm³ Indicatorlösung auf 10 cm³ Lösung. Vergleichstemperatur 20⁰. Salz- und Eiweißfehler müssen berücksichtigt werden. Die Dauervergleichslösungen setzen sich aus folgenden Lösungen zusammen:

1. n/2 Kobaltchlorid 59,497 g $CoCl_2 \cdot 6\,H_2O$ in 1 % HCl.
2. n/2 Eisen (3)-Chlorid 45,054 g $FeCl_3 \cdot 6\,H_2O$ in 1 % HCl.
3. n/2 Kupferchlorid 42,630 g $CuCl_2 \cdot 2\,H_2O$ in 1 % HCl.

Die Lösungen werden in folgender Weise gemischt:

1. Metakresolpurpur, 0,3 cm³.

p_H	Co	cm³ Fe	Cu	H_2O
1,2	9,0	—	1,0	—
1,4	6,5	0,1	—	3,4
1,6	5,5	0,2	—	4,3
1,8	4,4	0,5	—	5,1
2,0	4,1	1,3	—	4,6
2,2	2,8	2,1	—	5,1
2,4	2,3	2,7	—	5,0
2,6	1,7	3,3	—	5,0

2. Thymolsulfophthalein, 0,5 cm³.

p_H	Co	cm³ Fe	Cu	H_2O
1,6	5,3	—	—	4,7
1,8	3,9	0,3	—	5,8
2,0	3,2	0,8	—	6,0
2,2	2,2	1,8	—	6,0
2,4	1,9	2,2	—	5,9
2,6	1,6	2,7	—	5,7
2,8	1,3	3,0	—	5,7

3. Methylorange, 0,3 cm³.

p_H	Co	cm³ Fe	Cu	H_2O
3,0	8,1	0,3	—	1,6
3,2	7,5	0,6	—	1,9
3,4	6,5	1,0	—	2,5
3,6	5,8	1,9	—	2,3
3,8	4,8	2,9	—	2,3
4,0	4,0	4,0	—	2,0
4,2	3,4	5,0	—	1,6
4,4	2,8	5,8	—	1,4

4. Bromkresolgrün, 0,3 cm³.

p_H	Co	cm³ Fe	Cu	H_2O
3,8	0,3	2,2	0,5	7,0
4,0	0,6	1,8	1,8	5,8
4,2	0,7	1,6	3,0	4,7
4,4	0,9	0,8	5,1	3,2
4,6	1,1	0,5	7,0	1,4
4,8	0,9	0,3	8,8	—
5,0	0,5	0,2	9,3	—

5. Methylrot, 0,2 cm³.

p_H	Co	cm³ Fe	Cu	H_2O
4,8	9,8	—	0,2	—
5,0	5,9	0,3	—	3,8
5,2	5,0	0,7	—	4,3
5,4	3,7	2,3	—	4,0
5,6	2,9	2,8	—	4,3
5,8	1,9	4,0	—	4,1
6,0	1,4	5,3	—	3,3

6. Bromthymolblau, 0,2 cm³.

p_H	Co	cm³ Fe	Cu	H_2O
6,0	0,2	3,1	0,3	6,4
6,2	0,3	2,7	1,0	6,0
6,4	0,3	2,1	1,8	5,8
6,6	0,3	1,7	2,6	5,4
6,8	0,4	0,7	4,4	4,5
7,0	0,8	0,3	8,9	—
7,2	0,7	0,1	9,2	—

7. Kresolrot, 0,2 cm³.

p_H	Co	cm³ Fe	Cu	H_2O
7,2	1,0	2,8	—	6,2
7,4	1,4	2,2	—	6,4
7,6	2,1	1,2	0,7	6,0
7,8	3,0	0,1	0,1	5,2
8,0	4,6	—	—	1,7
8,2	5,6	—	—	—

8. Thymolblau, 0,4 cm³.

p_H	Co	cm³ Fe	Cu	H_2O
8,2	0,6	1,8	1,2	6,4
8,4	0,8	1,2	2,3	5,7
8,6	1,0	0,4	4,8	3,8
8,8	1,4	0,1	7,0	1,5
9,0	1,5	—	8,5	—

Es sei ferner auf ein „Farbennachbildungsverfahren" verwiesen, das nach LEIKOLA, ERKKI und PAAVO-NOPONEN (16) mit vier Grundfarbenskalen von je 15 Reagensgläsern eine Meßgenauigkeit von 0,1 p_H besitzen soll.

5. Die p_H-Messung in ungepufferten Lösungen.

Bei ungepufferten oder schlecht gepufferten Lösungen machen sich die sauren oder alkalischen Eigenschaften der Indicatoren geltend, indem sie den p_H-Wert der zu untersuchenden Lösung verändern. Bei ungepufferten Lösungen genügt es nicht, das Natriumsalz des Indicatorfarbstoffes zu verwenden oder die Indicatorlösung auf p_H 7,0 einzustellen. KOLTHOFF (12) wies darauf hin, daß bei ungepufferten Lösungen nur dann eine Messung mit Indicatoren möglich sei, wenn diese ungefähr das gleiche p_H besitzen wie die zu untersuchende Lösung. („Isohydrische" Indicatorlösungen.)

Zur Messung ungepufferter Lösungen verfährt man am besten nach W. H. PIERRE und J. FRANKLIN FUGDE (23) in folgender Weise: Man gibt zu der zu prüfenden Lösung steigende Mengen der Indicatorlösung, z. B. zu 5 cm³-Lösung 3, 5 und 8 Tropfen und erhält bei dem Vergleich mit Pufferlösungen z. B.

Indicator	Anzahl der Tropfen	p_H
Bromthymolblau nach CLARK	3	6,7
	5	6,4
	8	6,3

Mit zunehmender Tropfenzahl nimmt der p_H-Wert ab, d. h. die Indicatorlösung ist saurer als die Lösung und verschiebt deshalb den p_H-Wert nach der sauren Seite. Man gibt nun zu dem Indicator etwas Alkali und nimmt die Probe wieder vor. Erhält man jetzt unabhängig von der Tropfenzahl einen gleichbleibenden Wert, z. B. 6,8, so haben Lösung und Indicator dasselbe p_H, das zugleich auch den gesuchten Wert darstellt. Ist eine Übereinstimmung der Werte noch nicht erzielt, so muß ein weiterer Alkalizusatz zum Indicator erfolgen, bis bei steigender Tropfengabe keine Veränderung mehr eintritt.

6. Fehlerquellen.

Die Genauigkeit der colorimetrischen p_H-Messung wird von den Autoren je nach dem verwendeten Verfahren verschieden angegeben. Selbst bei Anwendung eines bestimmten Verfahrens ist die Genauigkeit noch je nach Indicator bzw. Indicatorbereich, sowie nach dem Pufferungsgrad der Lösung verschieden. Man wird sich wohl meist mit einer Genauigkeit von 0,1—0,2 p_H-Einheiten zufriedengeben. Manchmal treten auch noch größere Fehler auf. Es gelingt gewiß, bei Auswahl geeigneter Indicatoren diese Empfindlichkeit zu vergrößern. Bei Anwendung eines Colorimeters wird man sie noch etwas steigern können. Man bedenke aber, daß die colorimetrischen p_H-Bestimmungen mit einer ganzen Reihe von Fehlern behaftet sind. Erst wenn die Fehlerquellen und die Größe der Fehler genau ermittelt sind, hat es einen Sinn, die Genauigkeit der Messung über die obengenannte Grenze hinaus zu erhöhen.

Auf die Fehlerquellen beim Colorimetrieren wurde bereits hingewiesen (S. 472). Im besonderen kommen bei Anwendung von Indicatoren folgende Fehler in Betracht:

Säurefehler. Schwach gepufferte und ungepufferte Lösungen erleiden durch saure Farbstoffe eine Verschiebung ihres p_H-Wertes nach der sauren Seite hin. Entsprechendes gilt natürlich auch für basische Farbstoffe. Die Messung von destilliertem Wasser ist deshalb stets mit einem Fehler behaftet, der bis zu 2 p_H-Einheiten betragen kann. Zur Erkennung und Vermeidung des Säurefehlers verfahre man nach PIERRE und FUGDE (S. 494).

Salzfehler. Durch die Anwesenheit neutraler Salze wird die Farbe der sauren Indicatoren nach der alkalischen Seite, die der alkalischen Indicatoren nach der sauren Seite zu verschoben. Der Grad der Verschiebung ist abhängig von der Konzentration des Salzes und der Natur des Indicators. Seine Größe ermittelt man durch Vergleich mit einer potentiometrischen Messung mittels der Wasserstoffelektrode, die überhaupt in Zweifelsfällen nach Möglichkeit zum Vergleich herangezogen werden muß. Bei sauren Lösungen kann sie auch durch die Chinhydronelektrode ersetzt werden. Bei sehr verdünnten Lösungen und den Lösungen der Neutralsalze, insbesondere zwischen p_H 6 und 8, bereitet allerdings die potentiometrische Messung auch große Schwierigkeiten. — Über die Größe der Salzfehler der verschiedenen Indicatoren geben die Tabellen 26 und 27 (nach KOLTHOFF) einen Überblick. Der Salzfehler bei kleinem Elektrolytgehalt wurde von KOLTHOFF mit nicht neutralisierten Indicatorlösungen an CLARKschen Pufferlösungen ermittelt. Die Korrekturwerte beziehen sich daher auf diese Puffer. (Die Nachprüfung dieser Zahlen hält KOLTHOFF für erwünscht.) Die Salzfehler für die einfarbigen Indicatoren sind in Tabelle 28 angegeben. Die Zahlen bedeuten, wie auch in den anderen Tabellen, p_H-Einheiten, die je nach dem Vorzeichen von dem gefundenen Wert abgezogen oder zu ihm hinzugezählt werden müssen.

Für die Untersuchung sehr verdünnter Salzlösungen sind von den früher erwähnten Indicatoren besonders geeignet:

	p_H-Bereich		p_H-Bereich
Kresolrot	7,2—8,8	Bromkresolpurpur	5,2—6,8
Neutralrot	6,8—8,4	Methylrot	4,2—6,3
Bromthymolblau	6,0—7,6	Methylorange	3,1—4,4

Tabelle 26. Salzfehler der Indicatoren nach KOLTHOFF.

Indicator	Zugefügtes Salz	Salzkonzentration n	Korrektur in p_H	Bemerkungen
Tropaeolin 00	KCl	0,1	—0,03	Sehr geeigneter Indicator[1].
	,,	0,25	—0,04	
	,,	0,5	—0,04	
	,,	1	+0,08	
Thymolblau (bei der Zwischenstufe p_H = 1,2—2,8)	,,	0,1	—0,06	Sehr geeigneter Indicator. NaCl wie KCl.
	,,	0,2	—0,10	
	,,	0,5	—0,10	
	,,	1,0	—0,10	
Methylorange	,,	0,1	—0,08	Sehr geeigneter Indicator. NaCl ungefähr wie KCl.
	,,	0,25	—0,09	
	,,	0,5	—0,05	
	,,	1	+0,09	
Dimethylgelb	,,	0,1	—0,08	Wie Methylorange. Indicator nicht geeignet; schnell bei größerer Salzkonzentration ausgeflockt.

[1] RICHTER, Ztschr. analyt. Chem. **65**, 233, (1923).

Tabelle 26 Fortsetzung.

Indicator	Zugefügtes Salz	Salzkonzentrationen	Korrektur in p_H	Bemerkungen
Bromphenolblau	KCl	0,1	—0,05	Bei geringer Salzkonzentration große Fehler. Nicht geeignet für die Untersuchung sehr verdünnter Elektrolytlösungen.
	,,	0,25	—0,19	
	,,	0,50	—0,40	
	,,	1	—0,50	
	NaCl	0,1	—0,15	(Nicht korrigiert für den Salzeinfluß auf die Wasserstoffionenaktivität.)
	,,	0,5	—0,27	
	,,	1	—0,35	
Kongorot	,,	0,1	0,0	Ungeeignet für colorimetrische Bestimmungen.
	,,	0,2	—0,25	
	,,	0,5	—0,50	
	,,	1	—1,0	
Bromkresolpurpur	,,	0,5	—0,25	Geeigneter Indicator.
Methylrot	,,	0,5	+0,1	Sehr geeigneter Indicator.
p-Nitrophenol	,,	0,5	—0,05	Sehr geeigneter Indicator.
Azolitmin	,,	0,5	—0,55	Ungeeigneter Indicator. Bei anderen Salzkonzentrationen ebenfalls sehr große Fehler.
Bromthymolblau	,,	0,6	—0,19	[1].
Phenolrot	,,	0,5	—0,15	Bei sehr geringem Salzgehalt ändert die Korrektur das Vorzeichen.
Neutralrot	,,	0,6	+0,12	Sehr geeigneter Indicator.
Kresolrot	,,	0,5	—0,20	
Brillantgelb	,,	0,5	0,0	Geeigneter Indicator.
Phenolphthalein	,,	0,5	—0,17	Geeigneter Indicator.
Thymolblau (in der Zwischenstufe 8—9,6)	,,	0,5	—0,17	Geeigneter Indicator.
Nitramin	KCl	0,1	—0,06	Geeigneter Indicator.
	,,	0,25	—0,14	NaCl hat ungefähr denselben Einfluß.
	,,	0,5	—0,15	
	,,	1	—0,30	
Tropaeolin 0	,,	0,1	—0,38	Ungeeigneter Indicator.
	,,	0,25	—0,48	
	,,	0,5	—0,58	
	,,	1	—0,80	

Tabelle 27.

Korrekturwerte für den p_H-Wert bei geringem Elektrolytgehalt.

Gesamter Elektrolytgehalt	Thymolblau	Phenolphthalein	α-Naphtholblau	Phenolrot	Kresolrot	Neutralrot	Bromthymolblau
0,001 n	+ 0,25	+ 0,25	+ 0,18	+ 0,35	+ 0,17	— 0,09	+ 0,19
0,005 n	+ 0,19	+ 0,19	+ 0,14	+ 0,28	+ 0,15	— 0,04	+ 0,17
0,01 n	+ 0,13	+ 0,14	+ 0,10	+ 0,22	+ 0,12	— 0,00	+ 0,15
0,02 n	+ 0,05	+ 0,06	+ 0,00	+ 0,15	+ 0,09	— 0,00	+ 0,12
0,03 n				+ 0,09	+ 0,07	— 0,00	

Gesamter Elektrolytgehalt	Chlorophenolrot	Bromkresolpurpur	Bromkresolgrün	Methylrot	Alizarin	Methylorange	Bromphenolblau
0,001 n	+ 0,47	+ 0,13	+ 0,45	+ 0,17	+ 0,25	— 0,15	+ 0,25
0,005 n	+ 0,3	+ 0,10	+ 0,24	+ 0,10	+ 0,18	— 0,07	+ 0,20
0,01 n	+ 0,21	+ 0,09	+ 0,16	+ 0,06	+ 0,12	— 0,06	+ 0,17
0,02 n	+ 0,15	+ 0,08	+ 0,10	+ 0,03	+ 0,10	— 0,04	+ 0,15
0,03 n	+ 0,09	+ 0,07	+ 0,07	+ 0,00	+ 0,06	— 0,02	

[1] SAUNDERS, Proc. Cambr. Phil. Soc. 1, 30, (1923).

Tabelle 28. Salzfehler der Indicatoren von MICHAELIS.

Indicator	0,5 n-Salz	0,15 n-Salz	0,1 n-Salz	0,05 n-Salz
α-Dinitrophenol . .	— 0,20	— 0,10	—	—
β- „ . .	— 0,30	— 0,12	—	—
γ- „ . .	— 0,13	— 0,07	—	—
p-Nitrophenol . . .	— 0,05	— 0,00	—	—
m- „ . . .	— 0,16	— 0,11	— 0,10	— 0,05
Phenolphthalein . .	— 0,20	— 0,08	—	—

Eiweißfehler. Proteine und deren Abbaustoffe vermögen infolge ihrer amphoteren Natur saure und basische Farbstoffe zu *binden*, wodurch Verschiebung des Farbtons erfolgt. Ungeeignet sind Azofarbstoffe, geeignet p-Nitrophenol, Methylviolett und verwandte Farbstoffe. Die Phthaleine sind wohl für Proteinabbaustoffe, nicht aber für die Proteine selbst verwendbar.

Untersuchungen über den Eiweißfehler finden sich bei SÖRENSEN (25), PALITZSCH (22), JAUMAIN (9), LEPPER und MARTIN (17), CLARK.

Nach PALITZSCH zeigt die Messung von Hühnereiweiß in verdünnter Salzsäure mit Methylrot im Vergleich mit der elektrometrischen Messung folgende Fehler:

p_H elektrom.	p_H color.	Δ
4,99	4,75	+ 0,24
5,16	4,90	0,18
5,53	5,27	0,26
5,60	5,39	0,21
5,68	5,41	0,27
5,70	5,48	0,27

Der Eiweißfehler ist von der Natur des Proteins abhängig. Er muß deshalb von Fall zu Fall durch Vergleich mit der Wasserstoffelektrode festgestellt werden.

Einfluß der Temperatur. Von der Temperatur ist sowohl der Dissoziationsgrad des Wassers und der in Lösung befindlichen Salze wie auch des Indicators abhängig. Mit der Änderung der Temperatur ändert sich auch das p_H der Lösung und p_H des Indicators. Genaue Messungen sollten daher stets auch mit Temperaturangabe versehen sein. Die Tabelle 29 (nach KOLTHOFF) zeigt, wie sich die Umschlagsgebiete einiger Indicatoren bei 100° verschieben. Es ist ersichtlich, daß die Sulfophthaleine am wenigsten durch die Temperatur beeinflußt werden. Über die Temperaturabhängigkeit der Nitrophenole vgl. Tabelle 19.

Tabelle 29. Veränderung des Umschlagsgebietes der Indicatoren beim Erwärmen (p_W=14,2; bei 100° 12,2).

Indicatoren	18°		100°	
	p_H	p_{OH}	p_H	p_{OH}
Methylviolett	0,1— 3,2	14,1—11,0	0,5— 1,7	11,7—10,5
Thymolsulfophthalein	1,2— 2,8	13,0—11,4	1,2— 2,6	11,0— 9,6
Tropæolin 00	1,3— 3,3	12,9—10,9	0,8— 2,2	11,2—10,0
Dimethylgelb	2,9— 4,0	11,3—10,2	2,3— 3,5	9,9— 8,7
Methylorange	3,1— 4,4	11,1— 9,8	2,5— 3,7	9,7— 8,5
Methylrot	4,2— 6,3	10,0— 7,9	4,0— 6,0	8,2— 6,2
p-Nitrophenol	5,0— 7,0	9,2— 7,2	5,0— 6,5	7,2— 5,7
Phenolsulfophthalein	6,8— 8,4	7,4— 5,8	7,3— 8,3	4,9— 3,9
o-Kresolsulfophthalein . . .	7,2— 8,8	7,0— 5,4	7,6— 8,8	4,6— 3,4
Phenolphthalein	8,3—10,0	5,9— 4,2	8,1— 9,0	4,1— 3,2
Thymosulfophthalein	8,0— 9,6	6,2— 4,6	8,2— 9,2	4,0— 3,0
Thymolphthalein	9,3—10,5	4,9— 3,7	8,7— 9,5	3,5— 2,7
Nitramin	11,0—12,5	3,2— 1,7	9,0—10,5	3,2— 1,7

Alkoholfehler. Alkohol setzt die Dissoziation herab und beeinflußt obendrein den Farbton des Indicators. Aus Tabelle 30 (nach KOLTHOFF) können für einige Indicatoren Korrekturwerte bei Messung alkoholischer Lösungen entnommen werden. Die für 12° angegebenen Werte sind ohne weiteres bis 20° zu verwenden. Die p_K-Werte für die Nitrophenole sowie die p_H-Werte in Abhängigkeit vom Farbgrad bei Phenolphthalein in alkoholischer Lösung finden sich in Tabelle 31 und 32. Zur Herstellung der alkoholhaltigen Vergleichslösungen verfährt man bei den Nitrophenolen im allgemeinen wie auf S. 490, nur macht man bis 70% Alkohol mit 0,01 n-, über 70% mit 0,1 n-Natronlauge alkalisch. Die Genauigkeit derartiger Messungen ist nicht sehr groß. Wenn möglich, messe man elektrometrisch.

Tabelle 30. Alkoholfehler von Indicatoren ausgedrückt in p_H bei 12°.

Alkoholgehalt in Vol.-%	TB.	Tr. 00	BPB	DG.	MO.	Curc.	Phph.	TB.	Thph.	Tr. 0	Nitr.
10	0,00	— 0,06	+ 0,06	— 0,11	— 0,10	— 0,1	+ 0,06	+ 0,15	+ 0,1	+ 0,2	— 0,25
20	+ 0,02	— 0,23	+ 0,21	— 0,24	— 0,20	— 0,3	+ 0,10	+ 0,3	+ 0,3	+ 0,52	— 0,6
30	— 0,07	— 0,6	+ 0,35	— 0,48	— 0,47	— 0,4	+ 0,15	+ 0,5	+ 0,6	+ 0,3	— 0,9
40	+ 0,15	— 1,0	+ 0,38	— 0,8	— 0,9	— 0,5	+ 0,45	+ 0,7	+ 1,0	+ 0,5	— 1,05
50	+ 0,21	— 1,4	+ 0,38	— 1,1	— 1,2	— 0,6	+ 1,0	+ 0,8	+ 1,3	+ 0,65	— 1,1
60	+ 0,25	— 1,7	+ 0,77	— 1,4	— 1,5	— 0,5	+ 1,6	+ 0,9	+ 1,6	+ 0,8	— 1,15
70	+ 0,30	— 1,9	+ 1,0	— 1,7	— 1,8	— 0,5	+ 2,2	+ 1,0	+ 1,9	+ 0,9	— 1,25

TB. = Thymolblau; Tr. 00 = Tropæolin 00; BPB. = Bromphenolblau; DG. = Dimethylgelb; MO. = Methylorange; Curc. = Curcumin; Phph. = Phenolphthalein; Thph. = Thymolphthalein; Tr. 0 = Tropæolin 0; Nitr. = Nitramin.

Tabelle 31. Nach MICHAELIS und MIZUTANI für p_K der (19) Nitrophenolindicatoren bei verschiedenem Alkoholgehalt.

Indicator	p_K bei einem Alkoholgehalt in Vol.-% von									
	0	10	20	30	40	50	60	70	80	90
m-Nitrophenol .	8,37	8,56	8,75	8,97	9,15	9,40	9,64	9,92	10,24	10,73
p- „ . .	7,15	7,17	7,28	7,38	7,63	7,85	8,11	8,34	8,59	8,90
γ-Dinitrophenol .	5,15	5.20	5,23	5,39	5,45	5,58	5,70	5,95	6,08	6,40
α- „ . .	4,00	4,00	4,00	4,00	4,00	4,15	—	—	—	—

Tabelle 32. Tabelle über den Zusammenhang des Farbgrades F und p_H beim Phenolphthalein bei verschiedenem Alkoholgehalt.

F	p_H bei einem Alkoholgehalt in Vol.-% von										
	0	10	20	30	40	50	60	70	80	90	95
0,01	8,5	8,7	8,9	9,2	9,5	9,8	10,2	10,6	10,8	11,1	11,3
0,02	8,6	8,8	9,0	9,3	9,7	10,0	10,4	10,7	11.0	11,2	11,5
0,04	8,8	8,9	9,2	9,5	9,9	10,2	10,6	10,9	11,2	11,4	11.7
0,06	8,9	9,0	9,4	9,7	10,0	10,3	10,7	11,0	11,3	11,6	11,8
0,08	8,98	9,1	9,5	9,8	10,1	10,4	10,8	11,1	11,4	11,7	11,9
0,1	9,04	9,2	9,6	9,9	10,2	10,5	10,9	11,2	11,5	11,8	12,0
0,2	9.22	9,4	9,8	10,1	10,5	10,8	11,1	11,5	11,9	12,1	12,3
0,3	9,38	9,6	9,9	10,2	10,6	10,9	11,3	11,7	12,1	12,3	12,4
0,4	9,54	9,7	10,1	10,4	10,8	11,1	11,4	11,8	12,2	12,4	12,6
0,5	9,70	9,9	10,2	10,5	10,9	11,2	11,5	12,0	12,4	12,6	12,7

Fehler durch Kolloide. Kolloide können den Indicatorfarbstoff adsorbieren und dadurch den Farbton verändern. Störungen durch fettsaure Salze wurden von JARISCH (8) beobachtet. Das Auftreten dieses Fehlers und seine Größe kann nur durch den Vergleich mit der elektrometrischen Messung festgestellt werden.

b) p_H im Boden.

Die Bestimmung der H˙-Konzentration in Böden ist, gleichgültig, ob man sie elektrometrisch oder colorimetrisch mißt, sehr ungenau.

Welchem Verfahren der Vorzug zu geben ist, kann wohl heute noch nicht mit Sicherheit gesagt werden. Immerhin machen z. B. die Untersuchungen von CARSTEN OLSEN und K. LINDERSTRÖM-LANG (21) oder von STEPHAN KÜHN (15) wahrscheinlich, daß die colorimetrisch bestimmten Werte zuverlässiger sind als die mit der Chinhydronelektrode erhaltenen. Vgl. hierzu auch den Bericht des Ausschusses zur Prüfung der Methoden zur Bestimmung der Bodenreaktion (Bodenkundl. Forschungen 2, 144, 1930).

Die Schwierigkeiten beginnen bereits bei der Probenahme auf dem Felde, da schon in kleinem Raum die p_H-Werte große Unterschiede zeigen können. Die Entnahme zahlreicher Proben ist also notwendig. Weiterhin spielt die Tiefe, aus der die Probe entnommen wird, eine Rolle. Bei Topfkulturen wird es natürlich leichter sein, eine oder mehrere gute Durchschnittsproben aus verschiedenen Höhen zu erhalten.

Bei vielen Vorschriften zur Bestimmung des p_H in Böden findet man die Angabe, lufttrockene Erde zu verwenden. Wie aber B. AARNIO (1) festgestellt hat, verändern die Böden beim Trocknen den Aciditätsgrad je nach Herkunft ganz erheblich. Man wird also von einer Trocknung des Bodens absehen und ihn möglichst naturfrisch ohne längere Lagerung, die ebenfalls eine Verschiebung des p_H-Wertes verursachen könnte, zur Untersuchung bringen.

Zur Herstellung des Bodenauszuges nimmt man 10 g Boden und 10 cm³ kohlensäurefreies destilliertes Wasser oder 20 g Boden und 50 cm³ Wasser. Der Ausschuß zur Prüfung der Methoden zur Bestimmung der Bodenreaktion (a. a. O.) hält es für richtiger, an Stelle von destilliertem Wasser n-KCl-Lösung zu verwenden, da in diesem Falle sich biologische Witterungseinflüsse weniger bemerkbar machen. Wird aber gerade auf letztere Wert gelegt, so muß Wasser verwendet werden. Die Angaben über das Mengenverhältnis und die weitere Behandlung schwanken. Man schüttelt 1 Stunde und läßt noch 1 Stunde stehen, oder man schüttelt gut durch und läßt mindestens 24 Stunden stehen. Dann filtriert man durch ein quantitatives Filter, wobei die ersten Anteile verworfen werden. Saure Böden setzen sich leicht ab; es genügt dann, die überstehende klare Lösung mit einer Pipette vorsichtig abzusaugen. Selbstverständlich kann auch zentrifugiert werden. Die Filtrate sind meist farblos oder nur schwach gefärbt, so daß sie unmittelbar, gegebenenfalls unter Verwendung des WALEPOLEschen Komparators, zur colorimetrischen Messung verwendet werden können. Nur humusreiche Böden geben dunkler gefärbte Auszüge, die aber bis 1 : 4 mit Wasser verdünnt werden können, ohne daß sich der p_H-Wert wesentlich ändert.

Für die colorimetrische Messung gilt im allgemeinen dasselbe wie bei der Messung von Nährlösungen, nur muß hier eine besondere Auswahl der Indicatoren getroffen werden, da der Farbstoff mit Bestandteilen der Lösung weder reagieren noch von diesen absorbiert werden darf. Bewährt haben sich nach GILLESPIE die Indicatoren von CLARK und LUBS: Thymolblau, Bromphenolblau, Bromkresolpurpur, Bromthymolblau, Phenolrot, welchen WHERRY noch Methylrot hinzufügte. Auch die einfarbigen Indicatoren nach MICHAELIS sind geeignet[1].

Für jede Pflanze gibt es einen mehr oder weniger engen p_H-Bereich, innerhalb welchem sie ein besonders günstiges Wachstum zeigt. Werden diese Grenzen überschritten, so treten Schädigungen ein, die bis zum vollkommenen Absterben

[1] Über die Bestimmung von Moorwässern vgl. SMORODINZEW u. ADOWA: Arch. f. Hydrobiol. 17, 673 (1926). Die Messung mit Puffern gibt die besten Werte.

führen können. Der Bereich des günstigen Wachstums kann sich über mehrere p_H-Stufen erstrecken, und die Grenzen sind auch nicht scharf gezogen, es genügt also oft, zur Beurteilung des Bodens den p_H-Wert nur mit einer Genauigkeit von 1 oder 0,5 p_H-Einheiten zu bestimmen. In diesem Fall leisten die Universalindicatoren, die oben beschrieben wurden, sehr gute Dienste. Die Prüfung führt man vorteilhafterweise auf einer mit Vertiefungen versehenen Porzellanplatte aus. Auch das Foliencolorimeter von WULFF kann verwendet werden.

Literatur.

(*1*) AARNIO, B.: Mitteilung der Internationalen Bodenkundlichen Gesellschaft, N. F. **4**, 27 (1929).

(*2*) BEHRENS, W. U.: Ztschr. f. analyt. Ch. **73**, 129 (1928). — (*3*) BOGEN, EMIL: Journ. Amer. Med. Assoc. **89**, 199 (1927).

(*4*) DAVIS, C. E. u. H. M. SALISBURY: Ind. Engin. Chem. analyt. ed. **1**, 92 (1929). — (*5*) DESHA, L. J., R. E. SHERRILL u. L. M. HARRISON: Journ. Amer. Chem. Soc. **48**, 1493 (1926).

(*6*) JANKE, W. u. ST. KROPACSY: Biochem. Ztschr. **213**, 154 (1929). — (*7*) Ebenda **174**, 120 (1926). — (*8*) JARRISCH, A.: Ebenda **134**, 177 (1922). — (*9*) JAUMAIN, D.: Comptes rendus de la Soc. de biol. **93**, 860 (1925).

(*10*) KESTING, W.: Ztschr. f. angew. Ch. **41**, 358 (1928). — (*11*) KLEIN, G. u. H. LINSER: Biochem. Ztschr. **219**, 51 (1930). — (*12*) KOLTHOFF, J. M.: Ebenda **168**, 110 (1926). — (*13*) Ebenda **189**, 26 (1927). — (*14*) Pharm. Weekblad **66**, 67 (1929). — (*15*) KÜHN, ST.: Ztschr. f. Pflanzenernährung, Düng. u. Bodenk. A **15**, 13 (1930)

(*16*) LEIKOLA, ERKKI u. PAAVO NOPONEN: Acta Soc. Medic. fenn. Duodecim **11**, Heft 5, 1 (1929). — (*17*) LEPPER, C. H. u. CH. J. MARTIN: Biochem. Journ. **21**, 356 (1927).

(*18*) MELLET, R. u. M. A. BISCHOFF: C. r. **182**, 1616 (1926). — (*19*) MICHAELIS, L. u. M. MIZUTANI: Biochem. Ztschr. **147**, 7 (1924).

(*20*) NIKLAS u. HOCK: Ztschr. f. Pflanzenernährung u. Düng. A **3**, 402 (1924).

(*21*) OLSEN, C. u. K. LINDSTRÖM-LANG: C. r. du Lab. Carlsberg **17**, Nr 1 (1927).

(*22*) PALITZSCH, SVEN: C. r. du Lab. Carlsberg **10**, 162 (1911). — (*23*) PIERRE, W. H. u. J. FRANKLIN FUGDE: Journ. Amer. Chem. Soc. **50**, 1254 (1928).

(*24*) ROBL, R.: Ber. Dtsch. Chem. Ges. **59**, 1725 (1926).

(*25*) SÖRENSEN, S. P. H.: Biochem. Ztschr. **21**, 131 (1909); **22**, 352 (1909).

(*26*) TAUB, A.: Journ. Amer. Pharm. Assoc. **16**, 116 (1927).

(*27*) URK, H. W. VAN: Pharm. Weekblad **65**, 1246 (1929).

(*28*) WINDISCH, W., W. DIETRICH u. P. HOLBACH: Wchschr. f. Brauerei **39**, 79 (1922).

(*29*) WULFF, P. Kolloid. Ztschr. **40**, 341 (1926).

Neuere Literatur über Oxydations-Reduktions-Potentiale.

AUBEL, EUGEN: Über die Oxydationsreduktionspotentiale lebender Zellen und ihre Bedeutung. Ztschr. f. angew. Ch. **43**, 939 (1930).

GIBBS, H. D., W. L. HALL u. W. M. CLARK: Untersuchungen über Oxydoreduktion. XIII. Darstellung von Indophenolen, die als Oxydoreduktionsindicatoren dienen können. Publ. Health. Rep. **1928**, Suppl. 69; ref. Chem. Zentralblatt **1930 I**, 2571.

HIRSCH, PAUL, u. RUDOLF RUTER: Über Reduktionsoxydationspotentiale. II. Colorimetrische Bestimmung von Reduktionspotentialen. Ztschr. f. anal. Ch. **69**, 193 (1926). — HIRZNER, ROBERT A.: Beiträge zur physikalischen Chemie unserer Kulturböden. III. Adsorptions- und Redoxpotentiale. Ztschr. Pflanzenernährg usw. A **18**, 249 (1930).

MICHAELIS, L.: Oxydationsreduktionspotentiale. Monographien aus dem Gesamtgebiet der Physiologie der Pflanzen und der Tiere **17**. Berlin 1929. — MICHAELIS, L., u. E. S. GUZMAN BARRON: Oxydationsreduktionssystem von biologischer Bedeutung. IV. Vergleichende Untersuchung der Komplexe von Cystein mit den Metallen der Eisengruppe. Journ. Biol. Chem. **83**, 191 (1930); ref. Chem. Zentralblatt **1930 I**, 2902.

THUNBERG, T.: Die biologischen Reduktionsoxydationspotentiale. OPPENHEIMER: Handbuch der Biochemie des Menschen und der Tiere, 2. Aufl., Erg.-Bd., S. 213. Jena 1930. — TILLMANS, J.: Über die Bestimmung der elektrischen Reduktionsoxydationspotentiale und ihre Anwendung in der Lebensmittelchemie. Ztschr. f. Unters. Lebensmitt. **54**, 33 (1927). — TILLMANS, J., P. HIRSCH u. C. REINSHAGEN: Über die Anwendung von 2,6-Dichlorphenolindophenol als Reduktionsindicator bei der Untersuchung von Lebensmitteln. Ebenda **56**, 272 (1928). — TILLMANS, J., u. G. HOLLATZ: Das Verhalten von Nährstoffen und Lebensmitteln bei hohen Oxydationspotentialen. Ebenda **57**, 489 (1929).

C. p_H-Messungen in Pflanzen.

Zusammenfassende Darstellungen.

REISS, P.: Le p_H interieur cellulaire. Paris: Les presses universitaires de France. (Jahr nicht angegeben.)

SMALL, J.: Hydrogen ion concentration in plant cells and tissues. Protoplasma monographien 2. Berlin: Bornträger 1929.

Wie schon eingangs erwähnt, bietet die p_H-Messung in Pflanzen sehr große Schwierigkeiten, und die meisten Verfahren, die bis heute vorgeschlagen wurden, geben nicht mehr als eine Schätzung. Bereits bei der Messung in Preßsäften hat man, ganz abgesehen von Reaktionsänderungen infolge von Umsetzungen, mit vielen Fehlerursachen, wie Störung durch Proteine und Kolloide, ungenaue Ablesung in trüber oder gefärbter Lösung usw., zu rechnen. Alle diese Fehlerquellen kommen bei der Messung im Gewebe in erhöhtem Maße in Frage. Nach H. PFEIFFER (1) hat man folgende Fehlerquellen zu berücksichtigen:

1. Löslichkeitsunterschiede der Indicatoren. Löslichere Farbstoffe haben einen weiteren Umschlagsbereich als weniger lösliche. Im Gewebe kann aber die Löslichkeit eines Farbstoffes unkontrollierbar verändert werden.
2. Eigenfarbe des untersuchten Gegenstandes.
3. Chemische Bindung oder Adsorption des Indicators an Zellbestandteile. Auch eine chemische Veränderung ist möglich. *Lipoide* besitzen ein großes Lösungsvermögen für Farbstoffe.
4. Eiweißfehler vgl. S. 497.
5. Die Dielektrizitätskonstante des Plasmas ist von der des Wassers verschieden. Dadurch wird der Dissoziationsgrad des Indicators und damit p_K und der Umschlagbereich verschoben.
6. Temperaturfehler vgl. S. 497.
7. Alkoholfehler bei Anwendung alkoholischer Indicatorlösungen vgl. S. 498.

Die Messung von Säften kann nach einem der geschilderten Verfahren erfolgen. Meist wird man aber nicht so viel Flüssigkeit besitzen, um in Reagensgläsern die Versuche auszuführen. In solchen Fällen kann das WULFFsche Foliencolorimeter von Nutzen sein, oder man führt die Reaktion auf einer Tüpfelplatte (Porzellanplatte mit Vertiefungen) aus.

Ein Mikroverfahren haben WALTHER und ULRICH (4) beschrieben. Die Messung der mit Indicatorlösung versetzten Flüssigkeiten erfolgt in Capillarröhrchen von 5—7 mm Länge. Die gefüllten Röhrchen werden in einem geeigneten Gestell unter Paraffinöl in eine Cuvette gebracht, um Einflüsse von außen zu vermeiden. Unter dem Paraffinöl bildet sich auch die Oberfläche der Flüssigkeit gleichmäßiger aus, wodurch eine bessere Ablesung ermöglicht wird. Zur Füllung der Capillaren dient eine Mikrobürette, die mit Quecksilber, das durch eine eingekittete Mikrometerschraube bewegt werden kann, gefüllt ist. Die Capillare der Pipette trägt zwei Eichstriche, von welchen der erste bei einem Zehntel des gesamten Inhalts angebracht ist. Man saugt zuerst bis zu dem ersten Teilstrich die Indicatorlösung ein, die 2—4 mal so konzentriert ist wie bei gewöhnlichen Bestimmungen. Dann saugt man die zu messende Flüssigkeit ein, bis die Bürette bis zum zweiten Teilstrich gefüllt ist. Durch vorsichtiges Herausdrücken des Inhalts, wobei sich an der Spitze ein Tropfen bildet, und Zurücksaugen wird der Indicator mit der Lösung vermischt. Mit der gemischten Flüssigkeit werden dann die Beobachtungscapillaren gefüllt. Bei gefärbten Flüssigkeiten läßt sich auch das Prinzip des WALPOLEschen Komparators auf eine derartige Messung übertragen, indem man die entsprechenden Röhrchen hintereinander beobachtet.

Von der British Drug Houses Ltd. wird ein derartiger „Capillator“ mit Dauervergleichsröhrchen in den Handel gebracht, der sich nach JAMES SMALL sehr bewährt hat, und auch für andere Zwecke, z. B. bei Titrationen, mit Vorteil verwendet werden kann. — Ein Verfahren, das dem eben beschriebenen teilweise ähnlich ist, die Messung aber dadurch vereinfacht, daß die Beobachtung in Tropfen erfolgt, wurde von O. W. RICHARDS (2) angegeben.

Über die p_H-Messung in lebenden Pflanzen sind zahlreiche Untersuchungen angeführt worden. Eine gute Zusammenstellung der einschlägigen Literatur findet sich u. a. bei H. PFEIFFER, P. REISS und JAMES SMALL. Hier können nur einige Verfahren kurz erwähnt werden, die die verschiedenen Arbeitsweisen erkennen lassen.

1. Zur Vitalfärbung eignen sich nicht alle Indicatorfarbstoffe. Der Farbstoff muß leicht in das Gewebe eindringen und darf nicht giftig wirken. H. PFEIFFER (1) gibt folgende Farbstoffe nebst Umschlaggebieten als zur Vitalfärbung geeignet an:

Tropæolin 00	p_H	1,3—3,2	Rosolsäure	p_H	6,9— 8,0
Methylorange	p_H	3,1—4,4	α-Naphtholphthalein	p_H	7,3— 8,7
Alizarinsulfonsaures Natrium	p_H	3,7—5,2	Thymolsulfonphthalein	p_H	8,0— 9,6
Methylrot	p_H	4,2—6,3	β-Naphtholbenzein	p_H	9,0—11,0
p-Nitrophenol	p_H	5,0—7,0	Alizaringelb	p_H	10,1—12,1

Natürliche Farbstoffe dringen, soweit sie nicht schon im Untersuchungsobjekt an sich vorhanden sind, nur schwer ins Protoplasma ein. Die Beurteilung der Färbungen mit natürlichen Farbstoffen ist außerdem schwer, da ihr Verhalten gegenüber den verschiedenen Fehlerquellen noch nicht genügend bekannt ist.

Die Einführung des Farbstoffes in größere Pflanzenteile kann nach PFEIFFER mittels des Transpirationsstromes erfolgen. Hierzu eignen sich die Farbstoffe Phenolsulfonphthalein (Phenolrot) und Tetrabromphenolsulfophthalein (Bromphenolblau). G. SENN (3) bringt Pflanzenteile in Lösungen und evakuiert mittels der Wasserstrahlpumpe. WEBER (5) tränkt Blätter mit Lösungen dadurch, daß er sie in diesen zentrifugiert. Beiden Verfahren ist ein Fehler gemeinsam. Durch die Entfernung der Kohlensäure wird das Kohlensäuregleichgewicht gestört. Nach SMALL ist aber dieser Fehler geringer als die, die durch die übrigen Fehlerquellen verursacht werden.

Bei kleinen Objekten spritzt man die Indicatorlösung mittels des Mikromanipulators aus einer feinen Pipette in die zu untersuchenden Zellen. Die Indicatorlösungen sollen nicht zu konzentriert sein. Am besten verwendet man die üblichen Konzentrationen. Alkoholische Lösungen sind nicht geeignet. Es wurde auch empfohlen, feste Farbstoffpartikelchen einzuführen, doch dürfte dies nicht vorteilhaft sein, da hierbei die Konzentrationsverhältnisse des Indicators nicht übersehen werden können.

2. Ein besonderes Verfahren zur angenäherten p_H-Bestimmung in Pflanzenschnitten hat JAMES SMALL angegeben und als „range indicator method“ bezeichnet. Nach diesem Verfahren, das im folgenden mit Stufenverfahren bezeichnet sei, werden bei zweifarbigen Indicatoren nicht die Übergangsfarben, sondern die reine Säure- oder Alkalifarbe der Messung zugrunde gelegt. Zwischen diesen beiden Formen liegt der Umschlagsbereich von gewöhnlich 0,4 p_H-Einheiten. Durch Auswahl einer Reihe von Farbstoffen gelingt es nun, mehr oder weniger enge p_H-Gebiete (Stufen) festzulegen, durch die der gesuchte p_H-Wert eingeengt und damit ungefähr bestimmt wird. Die Farbstoffe (vgl. Tabelle 33) sind so ausgewählt, daß die beobachteten Farben beim Verdünnen ihren Ton nicht verändern.

Tabelle 33.

Indicator	Abkürzung	Alkalifarbe	p_H	Säurefarbe	p_H
Bromkresolpurpur	BCP	blaßblau bis tiefblau	> 6,2	gelb	< 5,9
Diæthylrot	DER	gelb	> 5,9	blaßrosa bis tiefrot	< 5,6
Methylrot	MR	gelb	> 5,6	blaßrosa bis tiefrot	< 5,2
Azobenzol-α-Naphthylamin .	BAN	gelb	> 4,8	blaßrosa bis tiefrot	< 4,4
Bromkresolgrün	BCG	blaßgrün bis tiefblau	> 4,4	gelb	< 4,0
Bromphenolblau	BPB	blaßgrün bis tiefblau	> 4,0	gelb	< 3,4
Bromthymolblau	BTB	grün bis blau	> 6,4	gelb	< 6,2
Phenolrot	PR	rosa bis rot	> 7,0	gelb	< 6,8

Von diesen Farbstoffen wirken Azobenzol-α-Naphthylamin und Bromphenolblau etwas giftiger auf die Zellen als die übrigen.

Für die Zusammensetzung der Indicatorlösungen gibt SMALL ursprünglich folgende Vorschrift:

Bromthymolblau . . . . 0,04% in 20proz. Alkohol als Mononatriumsalz,
Bromkresolpurpur . . . . 0,04% in 20proz. Alkohol als Mononatriumsalz,
Diäthylrot . . . . 0,02% in 60proz. Alkohol,
Methylrot . . . . 0,02% in 60proz. Alkohol,
Azobenzol-α-Naphthylamin (Hydrochlorid) . . . . 0,01% in 30proz. Alkohol,
Bromkresolgrün . . . . 0,04% in 20proz. Alkohol als Mononatriumsalz,
Bromphenolblau . . . . 0,04% in 20proz. Alkohol als Mononatriumsalz.

Die zur Bildung der Natriumsalze notwendigen Mengen Natronlauge können den Tabellen auf S. 467 und der Zusammenstellung auf S. 493 entnommen werden. Je sorgfältiger der Indicatorfarbstoff neutralisiert ist, um so empfindlicher ist er. Die Indicatorlösungen müssen in Flaschen aufbewahrt werden, die kein Alkali abgeben. SMALL verwendet hierzu Gefäße aus Bernstein (amber glass bottle).

Mit Ausnahme von Azobenzol-α-Naphthylamin können diese Farbstoffe auch in wäßriger Lösung verwendet werden. Der Vergleich der alkoholischen Lösungen mit den wäßrigen ergab, daß zwischen diesen beiden kein Unterschied hinsichtlich der auftretenden Farbtöne besteht. Auf Grund späterer Versuche gibt jedoch SMALL mit Rücksicht darauf, daß Pflanzensäfte manchmal nur wenig gepuffert sind, Indicatorlösungen mit höchstens 10% Alkohol oder rein wäßrigen Lösungen den Vorzug.

Die Messung wird in folgender Weise ausgeführt: Das zu untersuchende Material wird nach Möglichkeit so dünn geschnitten, daß es nur *eine* Zellschicht enthält. Man wäscht mit neutralem oder Leitfähigkeitswasser aus, um den Inhalt der angeschnittenen Zellen zu entfernen. Als Waschwasser verwendete SMALL destilliertes Wasser, welches unter Zusatz von etwas Phenolrot mit (in Belfast alkalisch reagierenden) Leitungswasser neutralisiert wurde. Der Zusatz von Phenolrot stört weiterhin nicht, sondern läßt stets erkennen, ob das Wasser noch neutral ist.

Die Schnitte werden nun 1—60 Minuten oder noch länger[1] in die Indicatorlösung gelegt, dann wieder mit neutralisiertem Wasser gewaschen und unter dem

[1] Man lasse die Schnitte nicht länger in der Indicatorlösung, als zum Erlangen einer deutlichen Färbung notwendig ist.

Mikroskop beobachtet. Daneben untersucht man ungefärbte Schnitte, um den Einfluß der Eigenfärbung auf die durch den Indicator verursachte Färbung beurteilen zu können. Das destillierte Wasser soll nicht älter als zwei Tage sein. Die gewöhnlichen Spritzflaschen vermeide man, weil das Wasser durch das Hineinblasen der Atemluft Kohlensäure aufnimmt. Wird der Schnitt mit einem Deckglas bedeckt, so kann unter Umständen durch die ausgeatmete Kohlensäure, die durch das Deckglas am Wegdiffundieren gehindert wird, eine Ansäuerung auftreten.

Manchmal bleiben Zellen mit Methylrot oder Diäthylrot fast farblos, da der Indicator schwer eindringt. Um zu entscheiden, ob die weniger gut sichtbare gelbe Form vorliegt, oder ob der Indicator überhaupt nicht aufgenommen wurde, wird der Schnitt im hängenden Tropfen in eine Gaskammer gebracht, durch welche Kohlensäure geleitet wird. War der Schnitt durch die genannten Farbstoffe gelb angefärbt, so tritt jetzt eine *rötliche* Färbung auf. Ähnlich verfährt man bei Bromkresolpurpur, indem man Ammoniak in die Gaskammer einleitet.

SMALL verwendet die Indicatoren in der folgenden Zusammenstellung (Tabelle 34) und bezeichnet die einzelnen p_H-Stufen mit Buchstaben.

Tabelle 34.

Farben und Indikatoren	p_H-Stufe	Abkürzung	Bemerkung
Blau bis purpur BCP	> 6,2	A	
Gelb BCP, gelb DER	< 5,9 > 5,9	a	etwa 5,9[1]
Gelb BCP, undeutl. DER, gelb MR	< 5,8 > 5,6	b	„ 5,6
Rot DER, gelb MR	< 5,6 > 5,6	c	„ 5,6
Rot DER, undeutl. MR, gelb BAN	< 5,6 > 4,8	d	
Rot MR, gelb BAN	< 5,2 > 4,8	e	
Rot MR, undeutl. BAN, grün bis blau BCG	< 5,2 > 4,4	f	
Rot BAN, grün BCG	< 4,4 > 4,4	g	„ 4,4
Rot BAN, undeutl. BCG, grün bis blau BPB	< 4,4 > 4,0	h	
Gelb BCG, grün bis blau BPB	< 4,0 > 4,0	i	„ 4,0
Gelb BPB	< 3,4	k	
Stufen mit großem p_H-Bereich			
Gelb BCP, grün bis blau BPB	< 5,8 > 4,0	X	= (a — b)
Rot DER, grün bis blau BPB	< 5,6 > 4,0	Y	= (d — h)
Rot MR, grün bis blau BPB	< 5,2 > 4,0	Z	= (e — h)
Höhere Stufen			
Gelb BTB, undeutl. BCP, gelb DER	< 6,2 > 5,9	B	niedriger als die unbestimmte Stufe A
Gelb BTB, blau bis purpur BCP	< 6,2 > 6,2	C	etwa 6,2
Gelb PR, undeutl. BTB, blau bis purpur BCP	< 6,8 > 6,2	D	
Gelb PR, grün bis blau BPB	< 6,8 > 6,4	E	

Das Stufenverfahren von SMALL erlaubt im Gegensatz zu den übrigen mikroskopischen, den p_H-Wert innerhalb enger Grenzen — je nach der in Frage kommenden Stufe zwischen 0,4—0,1 p_H-Einheiten — festzulegen. Das Verfahren benötigt keine kostspieligen und komplizierten Hilfsmittel, erfordert allerdings ein sorgfältiges und sauberes Arbeiten, Prüfung der Indicatorlösungen mit Puffern, um sich die Färbungen einzuprägen, und nicht zuletzt — wie alle colorimetrischen p_H-Bestimmungsverfahren — Selbstkritik.

Es fehlt nicht an Versuchen, die Schätzung der Färbungen unter dem Mikroskop genauer zu gestalten. So hat F. VLES (vgl. REISS) die Anwendung des BJERRUMschen Doppelkeils für mikroskopische Messungen vorgeschlagen. Zur

[1] Das Gelb mit BCP ist kräftiger als das unbestimmte Purpur bei 6,0—5,8.

Beleuchtung des Mikroskops wird ein Lichtstrahl verwendet, welcher vor dem Beleuchtungsspiegel durch einen Doppelkeil hindurchgeht. Der Doppelkeil kann durch ein Getriebe verschoben werden, so daß das zu untersuchende und mit Indicatorlösung versetzte Objekt in allen Umschlagsfarben des Indicators beobachtet werden kann. Nach REISS ist es bei dem Bromkresolpurpur möglich, eine Genauigkeit der Ablesung von 0,02 p_H-Einheiten zu erzielen. VLÈS hat weiterhin das Verfahren dadurch verfeinert, daß er ein Mikrocolorimeter seitlich am Okular anbrachte (vgl. REISS). So sehr derartige Vorrichtungen auch die Ablesegenauigkeit zu steigern vermögen, so ist doch zu bezweifeln, ob damit wirklich das p_H genauer gemessen wird, da — ganz abgesehen von den bei Verwendung von Indicatoren auftretenden Fehlerquellen — die Unterschiede in der Schichtdicke und die dadurch bedingte Verschiebung des Farbtons, ferner die ungleichmäßige Anfärbung und die Eigenfärbung des Präparates Fehler verursachen, die eine Genauigkeit, wie sie REISS angibt, um ein Vielfaches übersteigen.

Literatur.

(*1*) PFEIFFER, H.: Ztschr. f. wiss. Miskroskopie **42**, 396 (1925). — Protoplasma **1**, 434 (1926).
(*2*) RICHARDS, O. W.: Science (N. Y.) **1928** II, 185.
(*3*) SENN, G.: Die Gestalts- und Lageveränderungen der Pflanzenchromatophoren S. 88. 1908.
(*4*) WALTHER, O. A., u. J. ULLRICH: Bull. Soc. Chim. Biol. **8**, 1106 (1926).
(*5*) WEBER, F.: Protoplasma **1**, 581 (1927).

18. Calorimetrie.

Von **PAUL HIRSCH**, Oberursel a. T.

Mit 4 Abbildungen.

Die Einheit der Wärmemenge ist die Calorie. Man versteht unter einer Calorie die Wärmemenge, die notwendig ist, um die Temperatur von 1 g Wasser um 1° C zu erhöhen. Im CGS-System ist diese Wärmemenge gleich

$$4{,}189 \cdot 10^7 \text{ Erg} = 4{,}189 \text{ Joule}.$$

a) Reaktionswärme.

Biologisch interessant sind Bestimmungen von Reaktionswärmen (Reaktionen in Lösungen), z. B. von Fermentwirkungen. Man mißt, um die bei einem derartigen Vorgang entwickelte Wärme zu bestimmen, die Temperaturerhöhung, welche das betreffende System dabei erfährt.

Es dürfte hier zu weit führen, verschiedene Formen von zu solchen Bestimmungen geeigneten Calorimetern anzuführen. Es soll nur eine Type beschrieben werden.

Am gebräuchlichsten ist das Calorimeter nach OSTWALD. Es besteht aus einem Gefäß C von Silber, innen vergoldet, für 500 cm³ Inhalt auf Hartgummifuß. Das Gefäß ist in zwei vernickelte Schutzzylinder S und S^1 isoliert hineingestellt. Das ganze ist von dem mit Filz umkleideten Wasserschutzmantel W umgeben und auf eine Isolierplatte H aufgebaut. Zum Umrühren dient ein Rührer p.

Hat man eine Wärmetönung einer Reaktion zu messen, die durch Zusammenmischen zweier Lösungen bzw. Flüssigkeiten bewirkt wird, so bringt man eine der beiden Flüssigkeiten in das Calorimeter, die andere in ein sog. Mischgefäß nach Abb. 299. Dieses besteht aus einem Erlenmeyer mit isolierendem Griff in zwei ineinanderstehenden Zylindern mit Schutzmantel und isolierender Grundplatte. Hier benutzt man zum Rühren ein eingehängtes Thermometer. Haben beide Flüssigkeiten gleiche Temperatur, so gießt man den Inhalt des Erlenmeyerkolbens in einem Zug zu der im Calorimeter befindlichen Flüssigkeit.

Zum Ablesen der Wärmetönung im Calorimeter dient ein BECKMANN-Thermometer, das auf das entsprechende Temperaturintervall eingestellt ist. Man kann auch an Stelle der immerhin komplizierten und teuren OSTWALD-Apparatur zwei DEWARsche oder WEINHOLDsche Gefäße benutzen.

Ehe man mit einem Calorimeter die eigentlichen Bestimmungen ausführt, muß man seinen sog. Wasserwert bestimmen.

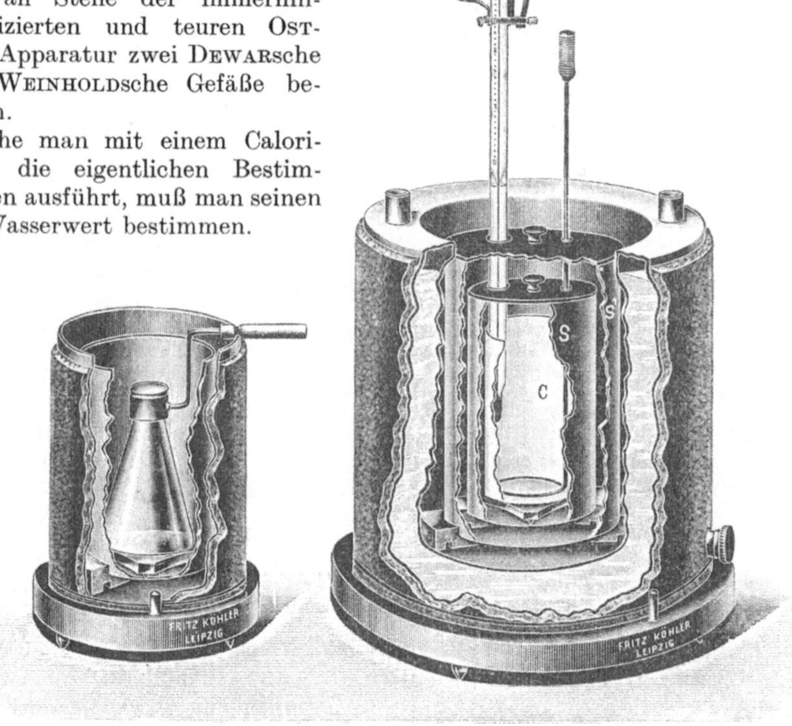

Abb. 299. Calorimeter und Mischgefäß nach OSTWALD.

Man versteht unter dem Wasserwert eines Calorimeters die demselben thermisch äquivalente Menge Wasser. Diese ist gleich Masse + spezifischer Wärme, da die spezifische Wärme des Wassers gleich 1 ist. Zur Masse gehören: inneres Gefäß, Rührer und Thermometer (soweit diese beiden eintauchen!).

Man ermittelt am zuverlässigsten und elegantesten den Wasserwert durch die elektrische Methode. Diese wird weiter unten an Hand eines Beispiels für einen Verbrennungscalorimeter gegeben werden; sie kann sinngemäß auch auf das eben besprochene Mischungscalorimeter übertragen werden.

Wichtig bei allen calorimetrischen Messungen ist die Bestimmung des Wärmeaustausches mit der Umgebung. Man trägt diesem Umstand in der Weise Rechnung, daß man den Gang des Thermometers genügend lange Zeit vor und nach der Umsetzung verfolgt und auf Grund dieser Beobachtungen die anzubringenden Berichtigungen ermittelt. Vorteilhaft beginnt man mit den Ablesungen, sobald die gesamte Apparatur mit Inhalt genau Zimmertemperatur angenommen hat und das Thermometer des Calorimeters nur noch langsam und gleichmäßig seinen Stand ändert. Diese Bestimmungsreihe nennt man Vorperiode. Durchschnittlich dürfte die Temperatur pro Minute um etwa 0,002° fallen. Die Hauptperiode beginnt mit dem Beginn der Reaktion, d. h. sobald der Inhalt des Mischgefäßes in das Calorimetergefäß eingegossen ist. Die Hauptperiode wird so lange ausgedehnt, bis das Thermometer wieder regelmäßigen Gang zeigt. Dieser Hauptperiode schließt sich die sog. Nachperiode an, in der man wiederum den regelmäßigen Gang des Thermometers — wie in der Hauptperiode — ermittelt. Durch Multiplikation des Wasserwertes des Calorimeters mit der eigentlichen Reaktionswärme — die auf nachstehende Weise ermittelt wird — berechnet man die bei der Reaktion gebildete Wärme in Calorien. Selbstverständlich muß während Vor-, Haupt- und Nachperiode die Temperatur alle halbe Minute abgelesen werden.

Zwei Beispiele sollen die Art und Weise der Rechnung näher beobachten. Das Thermometer möge während der Vor-, Nach- und Hauptperiode folgenden Gang gezeigt haben (1):

Vorperiode	Hauptperiode	Nachperiode
3,080	—	5,390
78	5,478	80
75	78	70
73	72	
70	60	
68	48	
Umsetzung	36	
	24	
	14	
	—	

Aus den Zahlen geht hervor, daß in der Vorperiode die Temperatur in jeder halben Minute um 0,002° fiel; während der Nachperiode betrug der Gang 0,010°, die Hauptperiode hat 11 halbe Minuten gedauert.

Nehmen wir nun an, der regelmäßige Gang der Vorperiode hätte sich unabhängig von der Reaktion bis zur Mitte der Hauptperiode fortgesetzt, und verfolgen wir ebenso den Gang der Nachperiode rückwärts bis zur Mitte der Hauptperiode, so ergeben sich die gesuchten Berichtigungen wie folgt. Am Schlusse der Vorperiode haben wir die Temperatur 3,068°; sie würde binnen $^{11}/_4$ Minuten um $0{,}002 \cdot \frac{11}{4} = 0{,}006^0$ weiter fallen auf 3,062°. Zum Beginn der Nachperiode ist die Temperatur 5,390°; rückwärts extrapoliert ergibt sich $5{,}390 + \frac{11}{4} \cdot 0{,}010 = 5{,}417$. Die Temperatur im Calorimeter würde demnach, wenn keine Wärme mit der Umgebung ausgetauscht wäre, infolge der Reaktion um 5,417 — 3,062 = 2,355° gestiegen sein.

Der Wärmewert des Calorimeters war zu 1186 ermittelt worden. Also entspricht diese Erwärmung um 2,355° einer Wärmemenge von 1186 · 2,355 = 2793 Calorien.

Beispiel einer genauen Berechnung des Wärmeaustausches. Das Thermometer wurde alle Minuten abgelesen.

Vorperiode		Hauptperiode		Nachperiode	
Minuten	Temperatur	Minuten	Temperatur	Minuten	Temperatur
0	18,042	10	—	20	21,970
1	057	11	19,8	21	943
2	073	12	21,0	22	917
3	088	13	21,7	23	891
4	102	14	21,9	24	865
5	118	15	22,01	25	839
6	131	16	22,04	26	812
7	145	17	22,04	27	786
8	160	18	22,018	28	760
9	173	19	21,996	29	735

In der Vorperiode, welche 9 Minuten währte, stieg das Thermometer von 18,042° auf 18,173°; die Temperaturänderung während 1 Minute war also im Mittel $\frac{18,173 - 18,042}{9}$ $= +0,0146^0$. Die mittlere Temperatur war während der Vorperiode ... $\frac{18,173 + 18,042}{2}$ $= 18,107^0$. Zu Beginn der Reaktion (nach 10 Minuten) betrug die berichtigte Temperatur $18,173 + 0,0146 = 18,188^0$.

Nach 20 Minuten wurde der Temperaturgang wieder gleichmäßig. In der 9 Minuten umfassenden Nachperiode änderte sich die Temperatur während einer Minute im Mittel um $\frac{21,735 - 21,970}{9} = -0,0261^0$; die mittlere Temperatur der Nachperiode war ... $\frac{21,735 + 21,970}{2} = 21,853^0$.

Der Unterschied zwischen den mittleren Temperaturen der Nachperiode und der Vorperiode betrug $21,853 - 18,107 = 3,746^0$; der Unterschied im Temperaturanstieg dieser beiden Perioden war $0,0146 - (-0,0261) = 0,0407$. Nehmen wir gemäß dem NEWTONschen Gesetze an, daß das Temperaturgefälle dem Temperaturunterschied proportional ist, so würde einem Temperaturunterschied von 1° die Geschwindigkeit $\frac{0,0407}{3,746} = 0,0108$ entsprechen. Nun kennen wir aber die Geschwindigkeit in der Vorperiode als $+0,0146$, können demnach umgekehrt aus ihr ableiten, um wieviel die Umgebung wärmer als das Calorimeter war. Wir finden $\frac{0,0146}{0,0107} = 1,350^0$; also hatte die Umgebung die Temperatur $18,107 + 1,350 = 19,457^0$. Ebensogut können wir aus den Daten der Nachperiode diese Temperatur berechnen: wir finden $-\frac{0,0261}{0,0108} = -2,418$ und $21,853 - 2,418 = 19,437^0$.

Die Temperatur der Umgebung betrug also während des Versuches rund 19,45°. Wenn das Calorimeter die Temperatur t hat, so erwärmt es sich, indem es Wärme aus der Umgebung aufnimmt, während einer Minute um $(19,45 - t) \cdot 0,0108^0$.

Nunmehr können wir den Temperaturgewinn, welchen das Calorimeter während der Reaktion durch den Wärmeaustausch erhält, von Minute zu Minute berechnen. Z. B. war zum Schluß der 10. Minute die Temperatur 18,188°, zum Schluß der 11. Minute 19,8°; also im Mittel während der 11. Minute 19,0°. Das Temperaturgefälle war $19,45 - 19,0 = 0,45^0$; also stieg durch den Wärmeaustausch das Thermometer um $0,45 \cdot 0,0108 = 0,0049^0$. In der folgenden Tabelle sind diese Zahlen für die ganze Hauptperiode zusammengestellt.

Verläuft die Umsetzung nicht sehr rasch, so muß die Rechnung genauer durchgeführt werden. Als Beispiel diene folgendes (1):

Zeit	Mittlere Temperatur	Temperaturgewinn
11. Minute	19,0°	— 0,45 · 0,0108
12. „	20,4°	— 0,95
13. „	21,35°	— 1,90
14. „	21,8°	— 2,35
15. „	21,96°	— 2,51
16. „	22,03°	— 2,58
17. „	22,04°	— 2,59
18. „	22,03°	— 2,58
19. „	22,01°	— 2,56
		Summe — 17,57 · 0,0108 = — 0,190°

Die Temperatur ist also am Ende der 19. Minute um 0,190° niedriger, als wenn keine Wärme an die Umgebung verlorengegangen wäre; ohne Wärmeaustausch wäre diese Endtemperatur 21,996 + 0,190 = 22,184°. Als die Reaktion einsetzte, hatte das Calorimeter die Temperatur 18,188°, also entsprach der betreffenden Umsetzung die Erwärmung 22,184 — 18,188 = 3,996°. (Bei der roheren Art der Berechnung ergibt sich 3,864° als Erwärmung durch die Reaktion, also ein um rund 3% zu kleiner Wert.)

b) Verbrennungswärme.

Zur Ermittlung der Verbrennungswärme organischer Substanzen bedient man sich des von BERTHELOT angegebenen Verfahrens, die Substanzen in einem druckfesten, mit komprimiertem Sauerstoff gefüllten Gefäße, der sog. „Bombe" zu verbrennen. Das beste Modell und auch das billigste ist hier die von ROTH angegebene Verbrennungsbombe aus Kruppschem Spezialstahl[1] (Abb. 300).

Da bei biologischen Untersuchungen nur geringe Substanzmengen zur Verfügung stehen, ist es ausgeschlossen, die normale Größe einer derartigen Bombe anzuwenden. So hat es nicht an Versuchen gefehlt, entsprechend der Mikroanalyse eine organische Mikrothermochemie zu schaffen. Bisher hat man zur Messung der kleinen Wärmetönungen das BUNSENsche Eiscalorimeter oder ein Metallcalorimeter mit Thermoelementen benutzt. Mit der vorliegenden *Mikrobombe nach* W. A. ROTH (Abb. 301) ist nun eine Apparatur gegeben, die wie üblich die Temperaturerhöhung eines Wassercalorimeter mittels eines BECKMANN-Thermometers mißt und einen Wasserwert von knapp 600 besitzt, so daß man für *drei* Bestimmungen weniger Substanz benötigt wie für eine einzige mit der üblichen Armatur. Die Bombe wird in zwei Modellen hergestellt: Bei dem einen bestehen Tiegel und Deckel aus V2A-Stahl, bei dem wohlfeileren aus Bronze, mit säurefester Auskleidung aus bromiertem Feinsilber. Die Armatur ist stets — wenn man nicht Platin wünscht — aus Silber-Silberbromid hergestellt. Beide Modelle sind dreiteilig. Die Zusammensetzung der gesamten Apparatur (Bombe, Schaufelrührer, Thermometer, Calorimeter, Schutzdeckel) geschieht leicht und sicher, da alles zwangsläufig in- und aufeinanderpaßt. Der Rührer wird am besten elektrisch mit ca. 70 Touren pro Minute angetrieben. Er ist so konstruiert, daß er zwischen den Füßen und über dem Deckel der Bombe für genügende Durchmischung sorgt. Voraussetzung ist gut konstante Rührung und Benut-

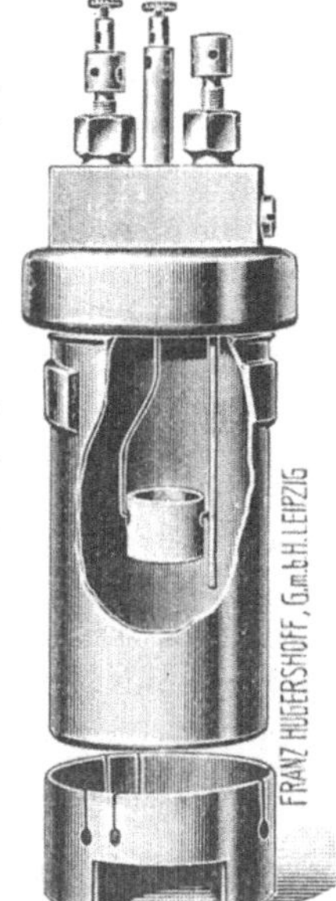

Abb. 300. Calorimeterbombe nach ROTH.

[1] Derartige Kruppstahlbomben werden von Franz Hugershoff G. m. b. H., Leipzig, hergestellt.

zung eines zuverlässigen BECKMANN-Thermometers, mit nicht zu enger Capillare, da am besten jede halbe Minute abgelesen wird. Alsdann ist die Meßgenauigkeit kaum geringer wie bei der üblichen großen Apparatur (s. Näheres Ztschr. f. Elektrochemie 1924, Augustheft). Auch zur raschen Analyse organischer Stoffe (Kohlenstoff, Wasserstoff, Schwefel, Asche oder bei Metallsätzen Oxyd bzw. Metall) eignet sich die Bombe gut. Beide Modelle erlauben zur Bestimmung der verdampfbaren oder gasförmigen Verbrennungsprodukte Luft durch die Bombe zu saugen.

Sollte der Bromidüberzug an einer Stelle schadhaft geworden sein, so genügt es, mit Hilfe eines Wattebäuschchens ein wenig Bromwasserstoffsäure aufzutupfen. Am besten eignet sich eine ca. $^1/_2$ n-HBr-Lösung, die man mit Brom gesättigt hat.

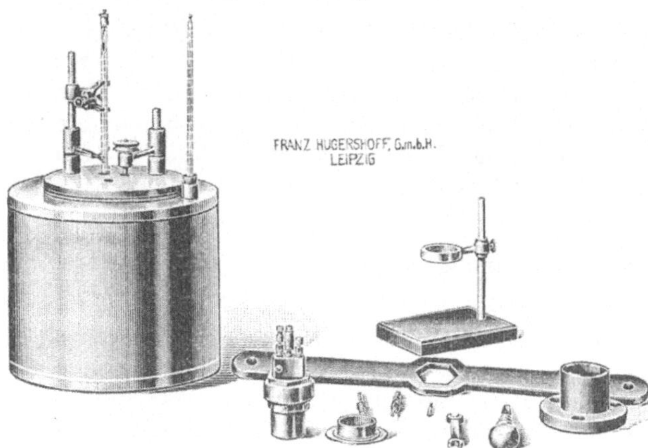

Abb. 301. Mikrocalorimeterbombe nach ROTH.

Das Arbeiten mit einer derartigen Bombe, ebenso die Art der Bestimmung des Wasserwertes sowie die Eichung desselben, sei an Hand eines Beispiels der absoluten Bestimmung der Verbrennungswärme von Benzoesäure nach ROTH, DOEPKE und BANSE (4) angegeben. Dieses Beispiel ist nicht mit einer Mikrobombe durchgeführt; die nachstehend gemachten Ausführungen von ROTH und seinen Mitarbeitern lassen sich jedoch sinngemäß auch auf die Mikrobombe übertragen.

Als Eichsubstanz diente reinste Benzoesäure von KAHLBAUM.

Als Thermometer wurde ein selbst kalibriertes, fast fehlerfreies BECKMANN-Thermometer von Max Tischer & Co., Ilmenau, benutzt, dessen Skala so gut war, daß man 0,0005° sehr sicher schätzen konnte. Die Temperaturerhöhungen wurden absichtlich variiert zwischen 1,1° und 2,0°. Die Temperatur in dem rings eingeschlossenen Kellerraum ohne Heizkörper war sehr konstant, so daß im Winter und im Sommer bei fast der gleichen Temperatur, im Mittel 20°, gearbeitet wurde. Die Temperaturunterschiede waren so gering, daß eine Korrektur für eine Veränderung des Gradwertes nicht angebracht zu werden brauchte (Nullpunkt des BECKMANN-Thermometers 17,2° und 18,2° C; also Änderung des Gradwertes etwa $^1/_{6000}$°).

Calorimeter und Bombe. Die Bombe war ein mit Platin ausgekleidetes und mit Platinarmatur versehenes Modell Langbein-Hugershoff, mit kleinem Ventilaufsatz und seitlicher Zuführung des Sauerstoffs; die Bombe tauchte fast ganz in das Calorimeterwasser ein. Der Sauerstoffdruck betrug stets 35 Atm. ROTH und seine Mitarbeiter (2, 3) benutzten das gewöhnliche große Calorimetermodell von Hugershoff mit großem Wassermantel und auf- und abgehenden Ringrührer. Zwei Deckel aus Ebonit bzw. Bakelit schlossen das eigentliche Calorimeter und das Schutzgefäß ab.

Wärmeaustausch mit der Umgebung. Es wurde nicht adiabatisch gearbeitet, da die elektrische Eichung schon einen zweiten Beobachter nötig machte. Die Korrektur für den Wärmeaustausch wurde in der von dem einen von ROTH und Mitarbeitern angegebenen Weise mit Hilfe des Rechenschiebers durch Integration der NEWTONschen Abkühlungsformel ausgewertet. Daß diese Art von Rechnung die gleichen Zahlen liefert wie adiabatisches Arbeiten, haben SCHLÄPFER und FIORONI (6) gezeigt. Die Methode dürfte also einwandfrei sein. Sie hat den großen Vorteil, daß man die wichtige Calorimeterkonstante, die ROTH und Mitarbeiter die „spezifische Gangänderung" nennen, den Wert von k in der NEWTONschen Formel $-\frac{d\vartheta}{dt} = k\cdot(\vartheta - \vartheta_x)$, in jedem Versuch berechnen muß. Diese Größe muß, wenn man immer in der gleichen Weise zusammenbaut und immer gleichmäßig rührt (etwa 100 Hübe pro Minute), konstant sein. Bei den Versuchen, sowohl beim langsamen elektrischen Heizen wie bei der schnell verlaufenden Verbrennung, betrug sie im Mittel 0,0011, d. h. das Calorimeter kühlte sich in der Ableseperiode (30 Sekunden) um $0{,}0011^0$ ab, wenn die Temperatur 1^0 höher lag als die Konvergenztemperatur.

Zur Berechnung von k wurde nicht die letzte Ablesung der Vor- und die erste Ablesung der Nachperiode benutzt, sondern sinngemäß die Mittel der Vor- und der Nachperiode. Denn die Gänge beziehen sich auf die mittleren Temperaturen, nicht auf ihren Anfang bzw. ihr Ende. Aus dem Gang und allen Ablesungen der Periode wurde der End- bzw. Anfangswert abgeleitet; die Differenzen gegen die direkt beobachtete Temperatur betrugen in seltenen Fällen $0{,}0005^0$.

In dem Wasserwert ist bei nicht diabatischem Arbeiten als unbekannter Faktor ein Teil des ersten Luftmantels enthalten, da sich ja dessen Temperatur ebenfalls meßbar ändert. Zwischen dem so gut wie konstanten Wassermantel, den Luftmänteln und dem eigentlichen Calorimetergefäß wird sich stets ein gewisses Temperaturgefälle einstellen. Je kleiner der Wasserwert eines Calorimeters ist, desto größere Störungen sind durch Unregelmäßigkeiten in diesem Temperaturgefälle zu befürchten, weil der Wasserwert des Luftmantels gegenüber dem des eigentlichen Calorimetergefäßes nicht ganz zu vernachlässigen ist. Das ist da eigentliche Problem der Mikrocalorimetrie. Bei dem Wasserwert in dem vorliegenden Fall von etwa 2850 g Wasser war die Gefahr nicht groß. Immerhin schlossen ROTH und Mitarbeiter niemals zwei Versuche (z. B. elektrische Eichung und Verbrennung) direkt aneinander an, indem sie die Nachperiode des ersten Versuchs als Vorperiode für den zweiten nahmen, sondern sorgten durch etwa viertelstündiges Rühren dafür, daß sich das stationäre Gleichgewicht vollkommen herstellte. Bei dieser Art zu arbeiten war es gleichgültig, wo sie die Nachperiode beginnen ließen, wo sie „abstrichen", obwohl die Konvergenztemperatur bei jedem folgenden Versuch ein wenig höher lag als beim vorhergehenden. Eine verschieden lange Heizdauer, Änderung der Spannung hatten ebensowenig Einfluß auf die Größe des gefundenen Wasserwertes wie die Benutzung verschiedener Einwaagen auf die gefundene Verbrennungswärme der Eichsubstanz. Auch das Vorzeichen und die Größe der Temperaturkorrektion waren irrelevant. Obwohl der zeitliche Temperaturanstieg bei der elektrischen Eichung und bei einer Verbrennung ganz verschieden war und die Hauptperiode bei der Eichung 17—24, bei der Verbrennung 8—10 Intervalle umfaßte, erhielten ROTH und Mitarbeiter Resultate, die nur durch die unvermeidlichen Fehler in der Temperaturbestimmung und der Messung der Heizdauer ein wenig schwankten, aber keinen systematischen Gang zeigten. Sie halten darum die nicht adiabatische Methode für korrekt und sicher.

Mit elektrischer Temperaturbestimmung, automatischer Aufzeichnung der Dauer des Stromschlusses und adiabatischem Arbeiten wird man die Fehlergrenzen noch etwas verkleinern können; doch standen die dazu nötigen Hilfsmittel nicht zur Verfügung. Es genügte Roth und seinen Mitarbeitern, daß die Mittelwerte der beiden unabhängigen Versuchsreihen mit verschieden vorbereiteter Säure, verschiedenen Widerständen und verschiedener Meßmethodik auf $^1/_{5000}$ übereinstimmen, während die mittlere Abweichung vom Mittel in beiden Reihen etwa 0,3 $^0/_{00}$ beträgt.

Elektrische Messungen. In der ersten Versuchsreihe benutzten Roth, Doepke und Banse eine von der PTR gelieferte Heizmanschette, die rings mit Messingblech umkleidet war. Der effektive Widerstand betrug 7,19 Ohm. Die Manschette wurde über die mit Sauerstoff und Verbrennungsgut beschickte Bombe gezogen. Die Spannung wurde gegen ein frisch von der PTR geeichtes Weston-Element von der Weston Co. gemessen. Zur Kompensation wurde ein ganz vorzüglicher Stöpselrheostat von O. Wolff, Berlin, verwendet, dessen Gesamtwiderstand 100000 Ohm betrug. Die in regelmäßigen Abständen gemachten Messungen ergaben, da die Batterie vorher durch einen ähnlichen Widerstand geschlossen worden war, fast konstante Einstellungen; die größte und regelmäßige Abnahme war 0,2 $^0/_{00}$. Der Heizwiderstand wurde häufig mit einem von der PTR geeichten Normalwiderstand von 10 Ohm verglichen, wobei die Meßzweige einem in sich absolut richtigen Spannungsteiler nach Wilsmore von Edelmann, München, entnommen wurden; der Widerstand blieb während der ganzen Messungsreihe konstant (Unsicherheit $< ^1/_{7000}$).

In der zweiten Versuchsreihe heizten sie mit einem selbstangefertigten, nicht umkleideten Widerstand: an zwei durch Streben versteiften Messungsringen befanden sich Häkchen, an denen gut schellackierter Manganindraht befestigt war. Der Widerstand der Heizspule war in den einzelnen Versuchen ein wenig verschieden, doch machte das nichts aus, denn sie maßen die Stromstärke jedesmal durch Bestimmung der Spannung, die über dem dahintergeschalteten, in einem Petroleumbad befindlichen 10 Ohm-Stück von O. Wolff abfiel. Der Temperaturkoeffizient des Widerstands war aus der Eichung der PTR genau bekannt. Bei der Kompensation wurde ein zweites geeichtes Weston-Element und ein zweiter Präzisionsstöpselkasten von O. Wolff, Berlin, benutzt. Die Stromstärke wurde ebenso wie die Spannung am Heizdraht regelmäßig bestimmt, beide waren so gut wie konstant. Verfasser glauben, daß die elektrischen Messungen, bei denen sie sich des Rates von Prof. Dr. Diesselhorst erfreuten, in der zweiten Versuchsreihe noch sicherer waren wie bei der ersten.

Zeitmessung. Die Stoppuhr besaß ein durchlaufendes Werk und war ein wirkliches Präzisionsinstrument; sie wurde häufig mit der astronomischen Uhr der Technischen Hochschule verglichen, doch war niemals eine Korrektur anzubringen.

Versuchsanordnung. Meist wurde die Bombe mit Sauerstoff von 35 Atm. und mit Benzoesäure beschickt, der Heizwiderstand wurde darüber gezogen und vor und nach der Verbrennung elektrisch geeicht. So wurde der gesamte Wasserwert der Apparatur gefunden; seine Änderung durch den Verbrennungsakt fällt in die unvermeidlichen Versuchsfehler. Diese direkte Art der Eichung hat der eine der Verfasser schon früher, wenn auch mit weit weniger vollkommenen Mitteln angewendet (5). Dieser direkte Weg schien ebenso sicher, vor allem aber bequemer als der indirekte, den Wasserwert der Bombe und des weiteren Zubehörs auf andere Weise zu bestimmen und den für den eigentlichen Versuch in Betracht kommenden additiv abzuleiten. Die Verbrennungen wurden in der dort üblichen Weise ausgeführt: Zündung mit Hilfe eines Platindrähtchens und eines angeknüpften Baumwollfädchens von etwa 3 mg Gewicht, Messung des Zündungsstromes mit zwei Siemensschen Zeigerinstrumenten und einer Stoppuhr, Titration der entstandenen Salpetersäure mit 1/14,8 äquinormaler Sodalösung und Kongorot. Die gesamte Korrektur betrug etwa 30 cal, d. h. etwa 1 % der gesamten Wärmetönung, war aber sehr genau zu ermitteln.

Da bei der ersten Versuchsreihe nicht regelmäßig abwechselnd geeicht und verbrannt wurde, wurden sämtliche Verbrennungswärmen von Benzoesäure mit dem Mittel aller in der betreffenden Versuchsreihe gefundenen Wasserwerte berechnet. In jeder Versuchsreihe war die Wassermenge fast immer konstant.

Im folgenden geben Verfasser einen typischen Eich- und Verbrennungsversuch, ferner alle zur Beurteilung der Resultate notwendigen Einzelheiten.

Erste Versuchsreihe. Benzoesäure in Pastillen, Messung der Spannung und des konstanten Widerstands, umkleidete Heizmanschette.

Zweite Versuchsreihe. Geschmolzene Benzoesäure, Messung von Spannung und Stromstärke, nichtumkleideter Heizwiderstand, gut schellackiert.

Die nach der üblichen Formel $\sqrt{\frac{\Sigma \Delta^2}{n(n-1)}}$ berechnete Unsicherheit der beiden elektrisch bestimmten Wasserwerte beträgt 0,2 bis knapp 0,3 ‰, die der Verbrennungswärme von Benzoesäure 0,15—0,2 ‰. Die Mittelwerte der beiden Versuchsreihen stimmen auf 0,2 ‰ überein, wobei zu bemerken ist, daß die geschmolzene Säure den höheren Wert ergibt. Die Zahlen sind in Versuchsreihe I 6321,9 cal, in Versuchsreihe II 6323,3 cal pro Gramm Benzoesäure, mit Platingewichten in Luft gewogen. Als Umrechnungsfaktor für Joules in cal_{15} wurde der Wert 4,184 benutzt.

Die beiden Mittelwerte differieren wenig, der *wahrscheinlichste Wert* ist 6323 cal_{15}, während DICKENSON 6324 cal_{15} angibt; der ältere deutsche Wert liegt etwa 1,3 ‰ höher. Der international angenommene Wert wird also bestätigt.

Typischer Eichversuch.

$$e = \frac{1,0188 \cdot 18019,4}{1019,1} \text{ Volt} = 18,013_8 \text{ Volt const.}$$

$$i = \frac{1,01875 \cdot 36986,2_4}{1986,2_4 \cdot 10,0013} = 1,8967_9 \text{ Amp., auf } 1/20000 \text{ const.}$$

$$t = 542,8''.$$

$$\frac{e \cdot i \cdot t}{4,184} = 4432,_7 \text{ cal}$$

1,0065°	Vorperiode
1,0090°	
1,0110°	
1,0135°	Gang + $0,0023_6$°
1,0160°	
1,0185°	
1,0205°	

——→

		Korrekturen
1,06°		
1,15°	Hauptperiode	+ $0,0023_3$°
1,24°		$0,0022_5$°
1,33°	26 Intervalle	$0,0021_5$°
1,42°		$0,0020_5$°
1,51°		$0,0019_3$°
1,59°	Spezifische Gangänderung	$0,0018_5$°
1,68°		$0,0017_3$°
1,77°	$\frac{0,0023_6 - 0,0005_0{}^0}{2,599^0 - 1,014^0} = 0,0011_7{}^0.$	$0,0016_4$°
1,85°		$0,0015_2$°
1,93°		$0,0014_3$°
2,02°		$0,0013_3$°

2,11°	Temperaturkorrektur für den Wärmeaustausch . . . . . — 0,0305°	0,0012$_4$°
2,20°		0,0011$_2$°
2,28°		0,0010$_3$°
2,37°		0,0009$_2$°
2,46°		0,0008$_3$°
2,55°		0,0007$_2$°
——→	Temperaturerhöhung . . . . 2,5975°	0,0006$_2$°
2,593°	für Kaliberfehler . . . . . . — 1,0210°	0,0005$_4$°
2,5950°	korrigiert . . . . 1,5765°	0,0005$_1$°
2,5955°		7 · 0,0005$_0$°
2,5960°		+ 0,0307$_2$°
2,5960°	Korrektur für Wärmeaustausch . . . . — 0,0305°	
2,5960°		
2,5965°	1,5460°	
2,5965°	Nachperiode	
2,5970°		
2,5975°		
2,5980°	Gang + 0,0005$_0$°	
2,5985°		
2,5990°		
2,5995°		
2,6000°		
2,6005°		
2,6010°	Wasserwert $= \frac{4432{,}_7}{1{,}546_0} = 2867{,}_2$ g	

Typischer Verbrennungsversuch.

0,72825 g Benzoesäure geschm.	
3,70 mg Faden à 3,89$_0$ cal	= 14,4 cal
2,1 Volt, 7,5 Amp., 2,0″	= 7,5 cal
3,9 cm³ Soda	= 3,9 cal
Korrektur	25,8 cal

		Korrekturen
1,6280°	Vorperiode	
1,6290°		
1,6300°		
1,6305°	Gang + 0,0007$_7$°	
1,6310°		
1,6320°		
1,6330°		
1,6335°		
1,94°	Hauptperiode	+ 0,0006$_1$°
2,94°		— 0,0001$_1$°
3,16°	10 Intervalle	0,0008$_0$°
3,22°		0,0009$_5$°
3,23°	Spezifische Gangänderung	0,0009$_9$°
3,24°	$\frac{0{,}0017_7}{3{,}239 - 1{,}63_1} = 0{,}0011_0$°	5 · 0,0010$_0$°
3,241°		— 0,0078$_5$°
3,242°		0,0006$_1$°
3,2425°	Temperaturkorrektur für den Wärmeaustausch = 0,0070°	— 0,0072$_4$°
3,2425°	Nachperiode	
3,2410°		
3,2405°		
3,2395°	Gang — 0,0010$_0$°	
3,2385°		
3,2375°		
3,2365°	Temperaturerhöhung . . . 3,2435°	
3,2355°	für den Kaliberfehler . . . — 1,6340°	
	korrigiert . . . . 1,6095°	
	Korrektur für den Wärmeaustausch . . . . + 0,0070°	
	1,6165°	

Mittlerer Wasserwert in der zweiten Versuchsreihe $2866,_4$ g
Also Gesamtentwicklung $2866,_4$ g · $1,6165^0 = 4633,_5$ cal
Korrektur . . . . — $25,_8$ cal

Für 0,77825 g Benzoesäure . . . . . . $4607,_7$ cal
Für 1 g Benzoesäure . . . . $6327,_1$ cal

Einige allgemeine Bemerkungen über die Technik sollen noch folgen. — Das Wasser in dem Calorimetergefäß wird genau gewogen oder gemessen. In die Bombe selbst gibt man etwa 2 cm³ Wasser genau gemessen mit einer Pipette. Faden oder Eisendraht und Substanz müssen auf 0,1 mg genau gewogen werden,

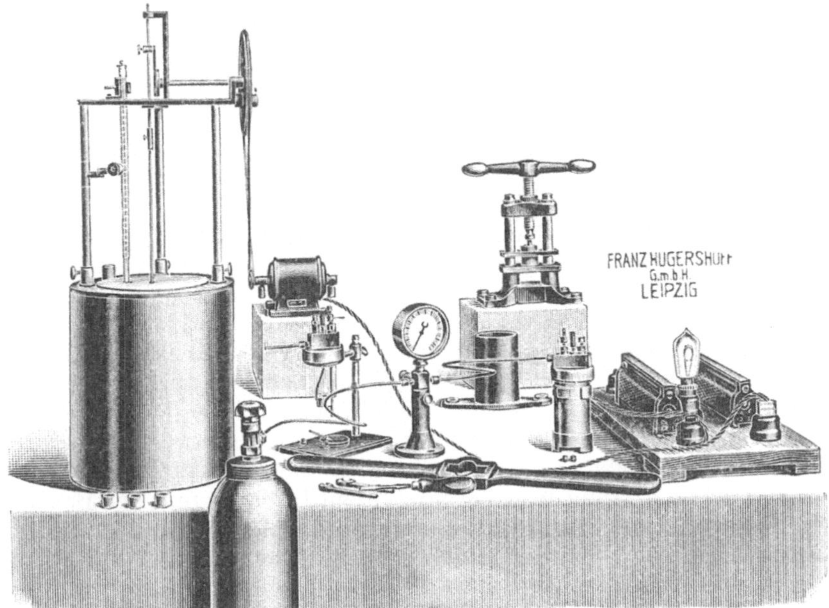

Abb. 302.

das Wasser auf 1 g. Man bringe ein wenig Vaseline auf den Rand des Deckels, wenn man eine Überfangschraube benutzt, damit nirgends Metall auf Metall kratzt. Der Deckel oder die Mutter werden mit einem großen Hebel zugeschraubt, durch das Ventil vorsichtig Sauerstoff eingelassen, bis das Manometer 25 Atm. Druck zeigt, die Bombe abgedreht, auf ihren Fuß gesetzt, der so hoch sein muß, daß der Rührer das Wasser unter der Bombe leicht wegsaugen kann. Zum Rühren sowie zum Einlassen des Sauerstoffes in die Bombe bedient man sich spezifischer Hilfsvorrichtungen, die aus nebenstehender Abb. 302 zu ersehen sind. Alle weiteren Details sind aus dem oben angegebenen Beispiel zu entnehmen.

Literatur.

(*1*) Arndt, Kurt: Handbuch der physikalisch-chemischen Technik, S. 397—400.

(*2*) Roth: Abderhaldens Handbuch der biologischen Arbeitsmethoden, Abt. II, T. 2 S. 1616ff. 1926. — (*3*) — Physikalisch-chemische Übungen, 4. Aufl., S. 71ff. 1928. — (*4*) Roth, Doepke u. Banse: Ztschr. f. physik. Ch. **133**, H. 5/6, 431—442. — (*5*) Roth u. Wallasch: Liebigs Ann. **407**, 125 (1914).

(*6*) Schläpfer u. Fioroni: Helv. chim. Acta **6**, 722 (1923).

II. Behandlung und Gesamtanalyse des Pflanzenmaterials.

Von R. BRIEGER, Berlin.

Mit 21 Abbildungen.

1. Materialbehandlung.

a) Vorbemerkungen.

Bei der Auswahl und Vorbereitung des Materials zur Pflanzenanalyse können verschiedene Gesichtspunkte maßgebend sein. Solche Gesichtspunkte können durch den bei der Untersuchung verfolgten Sonderzweck sowie durch das zur Verfügung stehende Material selbst bestimmend beeinflußt werden.

Was den Untersuchungszweck anlangt, so kann die Absicht vorliegen, sämtliche Inhaltstoffe der Pflanze nicht nur qualitativ, sondern auch möglichst quantitativ zu erfassen. Da die Zahl der Einzelbestandteile recht groß sein kann, und sie den verschiedenartigsten Körperklassen angehören werden, so wird man von vornherein auf eine möglichst weitgehende Trennung der Einzelbestandteile bedacht sein müssen, wenn man bei ihrer Identifizierung und der Bestimmung ihrer Menge erfolgreich sein will. Eine so breit angelegte Analyse erfordert von vornherein einen Plan. Man wird daher nach Anstellung von Vorproben, die einen ersten orientierenden Ausblick auf das zu erwartende Ergebnis gestatten, an Hand der nachbeschriebenen Vorbereitungsmethoden das Analysenmaterial in möglichst viele Einzelfraktionen zerlegen, um schon so die Trennung der einzelnen Inhaltstoffe der Pflanze vorzubereiten.

Die Untersuchung kann aber auch den weniger weitgehenden Zweck verfolgen, nur einen Gesamtüberblick über die Zusammensetzung einer vorliegenden Pflanze oder eines Pflanzenteils zu gewähren. Solche Untersuchungen werden für die Zwecke der Lebensmittelchemie oder zur Feststellung der technischen Verwertbarkeit der Pflanze oft ausgeführt. Dabei interessiert es zumeist nur zu wissen, wieviel Trockensubstanz und wieviel Mineralbestandteile, wieviel Fettkörper, Eiweißstoffe, lösliche und unlösliche Kohlehydrate die Pflanze enthält.

Eine solcherart auszuführende Analyse wird auch für die reine Forschung von Wichtigkeit dann sein, wenn ein noch ganz ununtersuchtes Pflanzenmaterial vorliegt. Führt man vor Inangriffnahme einer ins einzelne gehenden Analyse eine solche Untersuchung aus, so gewinnt man einen Überblick, der für den weiteren Gang der Arbeit von großem Wert sein kann.

Schließlich kann der Zweck einer Untersuchung der sein, nur einen einzelnen Inhaltstoff der Pflanze oder eine eng umschriebene Gruppe von Inhaltstoffen zu isolieren und näher zu untersuchen. Man kennt dann gewöhnlich schon das geeignete Verfahren zur Abtrennung des Stoffes oder der Stoffgruppe und wird die Vorbereitung des Materials dementsprechend einrichten (s. hierüber in den Spezialkapiteln).

Die Natur des gesuchten Stoffes wird dabei für die Vorbereitung natürlich in vielen Fällen bedeutsam sein. Sollen beispielsweise in der Pflanze vorhandene Enzyme festgestellt und untersucht werden, so wird man nur dann auf einen vollen Erfolg rechnen können, wenn man von möglichst frisch gesammeltem Material ausgeht, und wenn dieses Material nicht nur vor der Einwirkung von Chemikalien, sondern auch von physikalischen Einflüssen, wie der Anwendung künstlicher Wärme oder der infolge ungeeigneter Lagerung einsetzenden Selbsterhitzung bewahrt worden ist. Zur Untersuchung selbst wird man dann am besten von dem Preßsaft des Pflanzenmaterials ausgehen, wenn die Gewinnung eines solchen möglich ist. Eine Erhitzung muß dabei vermieden werden. Aus getrockneten Pflanzenteilen wird man allerdings kaum Preßsäfte erzielen können. Getrocknete Pflanzenteile zu Untersuchungen auf Enzyme zu verwenden, wird auch nicht allzu wertvoll sein, da stets damit gerechnet werden muß, daß bereits weitgehende Veränderungen dieser so labilen Stoffe eingetreten sind.

Sollen Alkaloide festgestellt werden, so wird man mit Zersetzungen viel weniger zu rechnen haben. Man kann sie ebenso aus frischem wie aus getrocknetem Material isolieren. Bei den zu ihrer Isolierung anzuwendenden Methoden ist zu beachten, daß dabei zumeist die Alkaloide aus der ursprünglichen Bindung, in der sie in der Pflanze vorliegen, gelöst werden.

Glykoside und ähnliche Stoffe sind im Gegensatz zu den Alkaloiden von ziemlich empfindlicher Natur. Da sie durch Hydrolyse gespalten werden, so muß alles vermieden werden, was die Hydrolyse herbeiführen bzw. beschleunigen kann. In erster Reihe sind hier die Enzymwirkungen zu nennen, so daß man also wird bemüht sein müssen, in der Pflanze vorhandene Enzyme abzutöten bzw. zu inaktivieren. Das kann geschehen durch rasches Erhitzen von Preßsäften oder wäßrigen Auszügen bis nahe unter den Siedepunkt oder durch Einwirkung von hochgradigem Weingeist.

Sollen flüchtige (aromatische) Inhaltstoffe das Ziel der Untersuchung sein, so wird man in erster Reihe darauf bedacht sein müssen, ihre Verflüchtigung zu verhindern. Man wird daher jede starke Erwärmung des Pflanzenmaterials unterlassen müssen und eine Trocknung nur bei gewöhnlicher Temperatur ohne Sonne und an einem luftigen Orte vernehmen. Man muß aber auch weiter Sorge tragen, daß das Untersuchungsmaterial, sobald es einmal getrocknet ist, nur noch möglichst wenig mit dem Sauerstoff der Luft in Berührung kommt, damit Veränderungen der oft recht leicht oxydierbaren flüchtigen Stoffe (Verharzung) vermieden werden.

Sollen in dem Pflanzenmaterial vorhandene Fette bzw. fette Öle nachgewiesen werden, so ist es empfehlenswert, von möglichst frischem Material auszugehen. Ist das Pflanzenmaterial andern Konservierungsmethoden als der natürlichen Trocknung an der Luft ohne künstliche Erwärmung unterworfen worden, so wird man kaum damit rechnen können, die Fette und Öle in unverändertem Zustande zu erhalten, auch Einwirkungen enzymatischer Natur können Veränderungen bewirken, von denen vor allem die Abspaltung freier Fettsäuren und das Auftreten von Ranzidität zu nennen sind.

Nicht außer acht zu lassen ist auch die Tatsache, daß das Ergebnis der Untersuchung von der Jahreszeit oder richtiger von dem Stadium der Vegetationsperiode, in dem die Pflanze sich befindet, weitgehend beeinflußt wird. Es ist durchaus nicht gleichgültig, ob die Sammlung zu Beginn, auf der Höhe oder zu Ende der Vegetationsperiode vorgenommen wird oder gar während der Ruhezeit, und es ist insbesondere auch zu beachten, daß bei mehrjährigen Pflanzen in den verschiedenen Vegetationsjahren verschiedenartige Ergebnisse bei der Untersuchung erzielt werden. Das dem so ist, kann nicht wundernehmen, denn es ist ja hinreichend bekannt, daß der Zellinhalt der einzelnen Pflanzenorgane in den Abschnitten der einzelnen Vegetationsperiode stark wechselt. Das gilt aber nicht nur für diejenigen Stoffe, über deren physiologische Bedeutung für die Pflanze wir unterrichtet und einig sind, sondern auch für die andern Stoffe, deren Bedeutung noch unklar oder umstritten ist. Im Interesse eindeutiger Untersuchungsergebnisse wird es daher stets zweckmäßig sein, Material, das zu verschiedenen Zeiten gesammelt worden ist, auch getrennt zu verarbeiten, und bei der Sammlung selbst nur solche Pflanzen zu sammeln, die sich im gleichen Vegetationsstadium befinden, also, um nur ein Beispiel zu nennen, wird man nicht gleichzeitig blühende, abgeblühte und noch nicht blühreife Pflanzen einsammeln, sondern, wenn es irgend angeht, nur blühende oder nur abgeblühte usw.

(Für Vergleichsuntersuchungen müssen die Proben unbedingt zur gleichen Tageszeit und unter möglichst gleichen Witterungsbedingungen gesammelt werden, da, wie bekannt, der Gehalt an Kohlehydraten, Eiweißabbauprodukten usw. im Verlauf einer Tagesperiode beträchtlichen Änderungen unterworfen ist.)

Vor Beginn einer Untersuchung einer Pflanze wird man sich auch die Frage vorlegen müssen, ob man dazu die gesamte Pflanze verwenden soll, oder ob es nicht zweckmäßiger ist, besonders für biochemische Fragen, die einzelnen Organe getrennt der Untersuchung zu unterwerfen oder wie bei Stoffen aus Sekreten oder Exkreten nur diese (durch Abzapfen usw.) zu isolieren (z. B. Milchsaft, Harze usw.).

b) Das Sammeln der Pflanzen.

Wie schon ausgeführt, kann bei der Pflanzenanalyse von Drogen oder von frischem Material ausgegangen werden. Frisches Material kann aus im Laboratorium gezüchteten Exemplaren stammen, wobei eine Sammeltätigkeit nicht in Frage kommt. Soll das Material aus eigens für den Zweck stammenden Kulturen entnommen werden, so sind im wesentlichen die gleichen Gesichtspunkte maßgebend wie bei der Sammlung wild wachsender Pflanzen.

Wild wachsendes Material kann selbst gesammelt werden, in welchem Falle man einen besseren Einfluß auf die Auswahl der zu sammelnden Pflanzen hat, als wenn die Sammlung von dritten Personen ausgeführt wird. Läßt man das Sammeln durch dritte Personen besorgen, so sollte man das gesammelte Material einer eingehenden Durchsicht in möglichst frischem Zustande unterziehen, um Verunreinigungen und ungeeignete Exemplare möglichst auszumerzen. Zunächst ist darauf zu achten, daß nur gesunde Pflanzen gesammelt werden, Pflanzen, die von Krankheiten befallen sind, können leicht Untersuchungsergebnisse liefern, die von denen gesunder Pflanzen wesentlich abweichen. Zum Beispiel können alkaloidhaltige Pflanzen durch Pilzbefall erhebliche Verluste an Alkaloiden erleiden. Es ist auch wichtig, zu beachten, daß die Pflanzen durch Einflüsse der Umwelt, wie z. B. Verstaubung in verkehrsreichen Gegenden, ein zur Untersuchung wenig geeignetes Material liefern können. Kann das Sammeln nicht durch Gewinnung der einzelnen Exemplare mit der Hand geschehen, sondern muß zu mechanischen Sammelmethoden, wie Mähen oder Abkämmen von Früchten mittels geeigneter Vorrichtungen gegriffen werden, so ist stets damit zu rechnen, daß das Untersuchungsmaterial mehr oder minder große Mengen fremden Materials enthält, das die Untersuchungsergebnisse beeinflussen wird. Lassen sich solche Methoden nicht umgehen, so muß dann wenigstens das gesammelte Material verlesen werden, um die Verunreinigungen nach Möglichkeit auszuschalten.

Es ist für das Ergebnis der Untersuchungen auch nicht gleichgültig, unter welchen äußeren Umständen die Sammlung vor sich geht. Sammelt man z. B.

während des Regens oder auch nur in einer sehr regenreichen Periode, so wird nicht nur der Feuchtigkeitsgehalt der Pflanze ein anderer sein, als wenn in einer Periode relativer oder absolut hoher Trockenheit gesammelt wird. Es muß vielmehr auch damit gerechnet werden, daß Material, das in einer Regenperiode gesammelt worden ist, dem Verderben viel leichter ausgesetzt ist als solches Material, dem beim Sammeln äußerlich keine Feuchtigkeit anhaftete.

Die geeignetste Tageszeit für das Einsammeln dürfte der frühe Vormittag sein, dabei sollen die Pflanzen nicht etwa taufeucht sein, sondern äußerlich trocken. Soll das Material dann frisch verarbeitet werden, so muß man es der Einwirkung direkter Sonnenbestrahlung nach dem Sammeln entziehen; auch wenn die Pflanzen getrocknet werden sollen, ist es unbedingt nötig, das gesammelte Material sofort nach dem Sammeln auf trockenem Boden ohne Sonne ausgebreitet zu trocknen (wegen der Gefahr photolytischer und thermischer Zersetzung vieler labiler Stoffe).

Wurzeln oder Wurzelstöcke und dergleichen Material werden gegraben. Dabei wird natürlich stets ein stark mit dem Erdboden verunreinigtes Sammelgut erhalten, das davon möglichst weitgehend befreit werden muß. Das kann am radikalsten durch Waschen in fließendem Wasser geschehen, wobei allerdings zu bedenken ist, daß dann die Möglichkeit zu rascher aber schonender Trocknung gegeben sein muß. Es wird daher oft ratsam sein, an die Stelle einer Wäsche lediglich eine Trocknung treten zu lassen, und man wird sich damit begnügen, nach dem Trocknen mechanisch die anhaftenden Erdbodenbestandteile möglichst zu entfernen. Wird die Pflanze aus trockenem sandigen Boden gegraben, und kann auf die dünnen Nebenwurzeln verzichtet werden, oder sind solche gar nicht vorhanden, so wird man von einem Waschen ganz absehen können.

Wird eine bestimmte, bereits bekannte Pflanze gesammelt, um sie einer Untersuchung zu unterwerfen, so sollte, wie bereits gesagt wurde, darauf geachtet werden, daß fremde Exemplare nicht in das Material hineinkommen. Das ist bei verwandten Arten mit ähnlichem äußeren Habitus nicht immer ganz leicht, aber dann gerade sehr wichtig, weil äußere Ähnlichkeit nicht immer von der Ähnlichkeit oder Gleichheit der Inhaltstoffe begleitet ist (s. KLEIN 7). Wird aber Pflanzenmaterial gesammelt, das noch unbekannt ist, so ist es geradezu unerläßlich, vor Beginn einer Untersuchung eine genaueste botanische Bestimmung vorzunehmen und sich dabei nicht etwa mit einer oberflächlichen Diagnose zu begnügen. Es ist schon häufig vorgekommen, daß unerwartete Resultate der chemischen Untersuchung nicht durch besondere Bedingungen, sondern lediglich durch unrichtige botanische Bestimmung zu erklären waren.

c) Das Konservieren, Stabilisieren und Trocknen von Pflanzenmaterial.

Das auf die eine oder andere Weise gesammelte Material wird man nun entweder in frischem Zustande verarbeiten oder erst in eine zur Aufbewahrung und zum Transport geeignete Form überführen. Zu dem letzten Zweck können verschiedene Methoden angewendet werden, von denen die am meisten geübte die Trocknung ist. Man kann aber auch an Stelle dessen die Pflanzen konservieren oder stabilisieren.

Eine *Konservierung* von Pflanzenmaterial kann einmal dem Zwecke dienen, Pilzbefall und dadurch bedingte Zersetzungen zu verhüten, dann aber auch dem anderen Zweck, die Selbstzersetzung labiler Pflanzeninhaltstoffe hintanzuhalten. Solche Stoffe sind z. B. die Enzyme, die einesteils durch Einflüsse der Umwelt selbst abgetötet werden, andernteils Zersetzungen anderer Pflanzeninhaltstoffe hervorrufen können. Die Konservierung frischen pflanzlichen Materials wird nicht allzu häufig geübt werden. Man kann es vornehmen durch Einwerfen in

90grädigen Weingeist oder durch Einlegen der Pflanzen in einen dicht schließenden Behälter, in dem sich ein seiner Größe angemessener mit Chloroform getränkter Wattebausch befindet. Soll lediglich eine Abtötung der Enzyme erreicht werden, so könnte das an sich einfach durch Erhitzen geschehen. Bei Pflanzen selbst kommt diese Methode aber gar nicht in Betracht, da die Temperatur dabei ziemlich unkontrollierbar ist.

(Noch sicherer verhindert man nachträgliche Enzymwirkung durch Eintragen des frischen Materials in siedendes Chloroform und bei kleinen Pflanzenmengen durch Zentrifugieren in Chloroform, das momentan das ganze Gewebe infiltriert und inaktiviert. Diese Methode bewährte sich besonders bei der Darstellung von Blausäure-, Senfölglykosiden usw.

Nach G. Klein hat sich am glänzendsten die Kältestabilisierung bewährt.

Bei größeren Pflanzenmengen bringt man am besten das locker gelagerte Material in die Lindesche Kühlkammer bei — 20° und beläßt das in wenigen Minuten kaltgefrorene Material bis zur Aufarbeitung darin.

Kleine und kleinste Materialmengen übergießt man mit flüssiger Kohlensäure, flüssigem Stickstoff oder flüssiger Luft. Sie sind momentan erstarrt. Das Material wird noch gefroren zerrieben und nach dem Auftauen sofort, feucht wie es ist, weiterverarbeitet, oder man bringt es noch gefroren und pulverisiert in einen Schwefelsäureexsiccator, wo die Feuchtigkeit beim Auftauen sofort absorbiert wird, so daß man in wenigen Stunden das ganze frische Material als exsiccatortrockenes Pulver stabilisiert hat.)

Bei Preßsäften kann eine allerdings irreversible Inaktivierung von Enzymen durch Erhitzen auf 70—80° erreicht werden. Soll hingegen die Inaktivierung nur eine zeitweilige sein, so muß man solche Methoden heranziehen, die schonend sind, und die weder dauernde Veränderungen des Untersuchungsmaterials bedingen noch Stoffe hineinbringen, die eine spätere Untersuchung beeinträchtigen können. So kann man Preßsäfte mit etwas Chloroform versetzen oder etwas Toluol darüberschichten, man kann aber auch so viel Alkohol zusetzen, daß weder bakterielle noch enzymatische Veränderungen zu erwarten sind. Um hierbei sicherzugehen, sind auf 1 Teil Preßsaft 2 Teile Weingeist von 90—96% zu verwenden. Immerhin muß man bei Anwendung dieser Methoden den Zusatz eines Stoffes mit in Kauf nehmen. Das insbesondere von Golaz und Siegfried empfohlene Verfahren zur *Stabilisierung* von Pflanzenmaterial mittels Alkoholdämpfen hat diesen Nachteil nicht, setzt aber das Vorhandensein einer geeigneten nicht ganz einfachen Apparatur voraus. Das Prinzip dieser Methode besteht darin, daß das frische Pflanzenmaterial in einem geschlossenen Behälter der Einwirkung des Dampfes siedenden Alkohols ausgesetzt wird. Bei genügend langer Einwirkung und Innehaltung der entsprechenden Temperatur werden die in der Pflanze enthaltenen Enzyme inaktiviert, so daß spätere Zersetzungsvorgänge ausgeschaltet sind, und die Isolierung der Inhaltstoff ein ihrer ursprünglichen Form begünstigt wird. Der später (S. 546) beschriebene Extraktionsapparat kann zur Stabilisierung verwendet werden, wenn man in den Extraktor lediglich Pflanzenmaterial ohne Lösungsmittel einbringt.

Das am häufigsten angewendete Konservierungsverfahren ist, wie schon gesagt wurde, die *Trocknung* der frischen Pflanze. Getrocknet wird immer unter Ausschluß von direktem Sonnenlicht. Je nach der Art des Materials wird diese Trocknung rascher oder langsamer verlaufen. Sie ist auch bei ungünstiger Witterung möglich, wenn über entsprechend große gedeckte, aber dem freien Durchzug ausgesetzte Räume verfügt werden kann. Krautiges Material wird so rasch und ausreichend getrocknet. Auch mit holzigem Material kann man in derselben Weise verfahren, wenn es sich um nicht allzu kompakte Teile handelt. Dicke

Stengel oder Wurzelteile wird man jedoch vor der Trocknung zweckmäßigerweise in kleine Streifen oder Scheiben zerteilen, die man an Schnüren zum Trocknen aufhängen kann. Ebenso wird man mit Knollen, Zwiebeln usw. verfahren. Reife Früchte werden, wenn sie saftig sind, ähnlich zu behandeln sein, andere schon an sich trockene Früchte werden einer Trocknung gar nicht oder nur ganz oberflächlich bedürfen.

Kommt man mit der natürlichen Trocknung nicht aus, so muß zur künstlichen Trocknung geschritten werden. Soll dieses Verfahren zu einem gleichmäßigen und nicht schon durch die Trocknung veränderten Produkte führen, so muß die künstliche Wärmezufuhr mittels geeigneter Apparate geschehen. Die besonders früher vielfach und bei primitiven Völkern auch heute noch geübte Trocknung an offenen Feuern, das Dörren oder Rösten, wird stets ein ungleichmäßiges Produkt liefern, je nachdem die zu trocknenden Teile der direkten Einwirkung der Flamme ausgesetzt oder entzogen waren, und bei den von der Flamme direkt betroffenen Teilen wird, wenn auch nicht gleich mit sichtbarer Ankohlung, so doch mit Zersetzungen der Inhaltstoffe zu rechnen sein.

Soll daher mit künstlicher Wärme getrocknet werden, so wird man sich am besten einer Einrichtung bedienen, die es gestattet, über das zu trocknende Material einen erwärmten Luftstrom zu führen, dessen Temperatur man messen und regulieren kann. Hierzu ist jedoch eine recht umfangreiche Apparatur erforderlich, die am Orte der Einsammlung nur in seltenen Fällen zur Verfügung stehen wird. Selbst über regulierbare Trockenschränke ohne Durchlüftung wird man nur gelegentlich an der Sammelstelle verfügen können. Man kann sich dann damit helfen, daß man an Ort und Stelle nur eine Vortrocknung an der Luft durchführt und nach eiligem Versand die eigentliche Trocknung erst im Laboratorium folgen läßt. Den Transport vorgetrockneten Materials wird man zweckmäßigerweise in Gefäßen mit doppelten Böden ausführen, wobei der Raum zwischen eigentlichem und Doppelboden, der natürlich siebartig durchlöchert sein muß, mit frisch gebranntem Kalk in groben Stücken (ohne pulverförmige Anteile!) anzufüllen ist. Durch Bedecken des Siebbodens mit Sackleinewand oder Mull ist dafür zu sorgen, daß das Pflanzenmaterial nicht durch Kalkstaub verunreinigt werden kann.

Soll das getrocknete Pflanzenmaterial nicht sofort in seiner ganzen Menge verarbeitet werden, so wird es sich stets empfehlen, der Trocknung, sei sie auf natürlichem oder künstlichem Wege erfolgt, eine Nachtrocknung anzuschließen, die in der eben beschriebenen Weise mittels gebranntem Kalke auszuführen ist. Die Trocknung über Kalk hat vor der über anderen wasserentziehenden Agenzien wesentliche Vorteile. Gebrannter Kalk ist billig und wohl überall zu beschaffen. Konzentrierte Schwefelsäure ist viel weniger handlich und auch selbst für Versuche, die in dem üblichen Exsiccator vorgenommen werden können, nicht zu empfehlen, da sie bei der Verunreinigung durch organische Materie, die selten ganz zu vermeiden ist, zu schwefliger Säure reduziert wird, die infolge ihrer Gasform auf das zu trocknende Material in unerwünschter Weise einwirken kann. Für die Trocknung in größerem Maßstabe scheidet Schwefelsäure schon der flüssigen Form wegen aus, wie auch deshalb, weil sie in Holz- oder Blechapparaten keine Verwendung finden kann. Das geschmolzene Chlorcalcium zerfließt bei der Wasseraufnahme und ist aus diesem Grunde für größere undurchsichtige Apparaturen nicht allzu empfehlenswert. Gebrannter Kalk kann in Holz- oder Blechkästen ohne Schwierigkeit angewendet werden. Besteht der Trockenkasten aus Holz, so dürfte es zweckmäßig sein, den Kalk in einem Blecheinsatz in den Doppelboden zu bringen, da dadurch die Erneuerung und Reinigung sehr erleichtert wird. Gebrannter Kalk kann nicht ganz ein Drittel seines Gewichtes an Wasser binden. Ein gewisser Nachteil des gebrannten Kalkes liegt darin, daß er bei der Wasseraufnahme zwar zerfällt aber trocken bleibt. Man darf sich daher durch seine trockene Beschaffenheit nicht darüber hinwegtäuschen lassen, daß er verbraucht sein kann und erneuert werden muß. Dieser Nachteil ist aber bei richtiger Wartung nicht allzu schwerwiegend, da das entstandene Calciumhydroxyd, wenn auch nicht weiter wasserbindend, so doch keinesfalls schädlich wirken kann. Hat man den Kalk in einem Einsatz in den Trockenkasten gebracht, so kann man den Trocknungsvorgang auch insofern leicht überwachen, als man vor Beginn der Trocknung den Einsatzkasten mitsamt dem Kalk wägen kann. Durch Nachprüfung des Gewichts ist man dann stets in der Lage festzustellen, wieviel Wasser etwa aufgenommen wurde, und man weiß so stets, ob der Kalk zu erneuern und ob die Trocknung beendet ist.

Zur Kontrolle, ob die Trocknung noch fortzusetzen ist, empfiehlt es sich, vor Beginn des Trocknungsprozesses nach den Regeln der Analyse, also durch Trocknen im Trockenschrank bei 100° im Wägeglas bis zum konstanten Gewicht, festzustellen, wieviel Wasser das zu trocknende Material überhaupt enthält. Enthält die Pflanze allerdings erhebliche Mengen flüchtiger Inhaltstoffe außer Wasser, so kann dieser Weg nicht eingeschlagen werden, vielmehr muß der Wassergehalt auf andere Weise (z. B. durch Destillieren mit Toluol oder Xylol in einem besonderen Apparate (hierüber s. später S. 561) bestimmt werden.

Wenn man auch im Kalktrockenkasten die Feuchtigkeit nicht restlos entfernen kann, so gelingt es aber doch bis auf etwa 3—4%. Dieser Trockenheitsgrad reicht auch vollkommen aus, um in dem Material alle durch Wassergehalt etwa möglichen Zersetzungsvorgänge auszuschließen.

Bei nicht zu grobem Material wird die Trocknung bis zu dem gewünschten Grade unschwer gelingen. In vielen Fällen wird man aber, wenn ein gewisser Trockenheitsgrad erreicht ist, das Material vor der weiteren Trocknung zerkleinern müssen. Über die dafür in Frage kommenden Vorrichtungen und Arbeiten s. den Abschnitt „Zerkleinern".

Ist die Trocknung beendet, so wird man für geeignete Aufbewahrung Sorge tragen. Kleinere Mengen sollten stets in gut schließende Glasstopfengläser abgefüllt werden, wobei Gefäßen aus farbigem Glase der Vorzug zu geben ist. Für größere Quantitäten verwende man Blechdosen oder Dosen aus Hartpappe mit eingefalztem Deckel. Wenn es wichtig ist, den Zutritt von Luftfeuchtigkeit völlig auszuschließen, so überzieht man die Stopfen von Glasgefäßen mit einer Schicht von Hartparaffin (Ceresin), indem man die Gefäße in geschmolzenes Ceresin eintaucht. Die Falzdeckel von Dosen kann man durch Übergießen mit geschmolzenem Ceresin ebenfalls völlig abdichten. Zu beachten ist allerdings, daß Blech- und Pappdosen, die nicht aus einem Stück gezogen sind, nicht nur am Deckel, sondern auch an dem Bodenfalz Feuchtigkeit durchlassen können, so daß man evtl. auch diesen Falz mit Paraffin überziehen wird. Auch Gefäße mit Doppelboden, der mit frischem Ätzkalk gefüllt ist, sind zur Aufbewahrung geeignet.

Die bisher beschriebenen Trocknungsmaßnahmen gingen von der Vorstellung aus, daß das zur Untersuchung bestimmte Material selbst gesammelt oder zum mindesten in frischem Zustande bezogen worden ist. Häufig wird man aber darauf angewiesen sein, für die Untersuchungen Drogenmaterial aus dem Handel zu entnehmen. Es kann nur empfohlen werden, solches Material, selbst wenn es beim Bezug durchaus den Eindruck macht, gut getrocknet zu sein, einer Nachtrocknung über Kalk in der eben beschriebenen Weise zu unterziehen, wenn man sich davor schützen will, daß sich das Untersuchungsmaterial im Laufe der Untersuchung verändert.

Über Trocknungsmethoden siehe ferner S. 61.

d) Das Zerkleinern von Pflanzen.

Frisches Pflanzenmaterial zerkleinert man bei kleinen Mengen mit einem Wiegemesser, bei größeren Mengen durch Hindurchtreiben durch einen Fleischwolf. Für harte Wurzeln, Hölzer oder Früchte wird auch bei frischem Material das weiter unten für Drogen beschriebene Verfahren in Betracht kommen. Das durch den Wolf getriebene Material wird oft schon von selbst Flüssigkeit absondern, die natürlich sorgsam zu sammeln ist. Im übrigen sei betreffs der Weiterverarbeitung solchen frischen Materials auf die Abschnitte Preßsäfte und Auszüge verwiesen. Hartes Material, insbesondere Drogen, erfordern eine wesentlich umfangreichere Arbeit, um sie in einen zur weiteren Behandlung geeigneten Zustand zu überführen. Es ist nämlich für den Erfolg der späteren Bearbeitung durchaus nicht gleichgültig, wie und bis zu welchem Grade zerkleinert worden ist.

Soll bei der weiteren Verarbeitung eine Wasserdampfdestillation vorgenommen werden, sind also aus dem pflanzlichen Material flüchtige Stoffe zu gewinnen, so muß bei der Zerkleinerung jede Erwärmung möglichst vermieden werden. Die Bestimmung des Deutschen Arzneibuches 6. Ausgabe, daß gewisse Drogen jeweils vorgeschriebene Mengen ätherischer Öle enthalten sollen, hat zu einer eingehenderen Beschäftigung mit dieser Materie geführt, wobei es sich zeigte, daß z. B. beim Pulvern von aromatischen Drogen sehr erhebliche Ölmengen, bis zu 50%, ja sogar noch mehr, verloren gehen können. Um solches Material für die Untersuchung zu zerkleinern, wird man sich daher, sofern nicht bloßes Zerschneiden ausreicht, mit einer Quetschung begnügen. Für kleine Mengen kann diese Arbeit mit der Hand im Stampfmörser ausgeführt werden. Handelt es sich aber um größere Mengen, so verwendet man am besten hierzu ein Walzwerk mit verstellbaren Walzen. Auf die Verstellbarkeit ist deshalb Wert zu legen, weil man dann mit dem im Einzelfalle experimentell festzustellenden geringsten Druck arbeiten und so das Material weitgehend schonen kann. Wo ein Walzwerk für derartige Zwecke nicht vorhanden ist, und ein solches wird wohl nur selten anzutreffen sein, verwendet man eine Dreiwalzen-Farben- oder Salbenreibmaschine. Man muß dann nur die vorderste Walze so weit abstellen, daß sie von der Mittelwalze nichts abnimmt, und man läßt dann die Droge zwischen den richtig eingestellten hinteren Walzen hindurchlaufen.

Während man so die Droge für eine Wasserdampfdestillation in einem Arbeitsgange vorbereiten kann, bedarf es zur Zerkleinerung für die Extraktion oder für andere Arbeiten viel umfangreicherer Arbeiten. Man darf dabei ihre Ausführung nicht allzu leicht nehmen, da von ihnen das Ergebnis der Analyse, besonders in quantitativer Hinsicht, oft weitgehend beeinflußt wird. Das leuchtet ohne weiteres ein, wenn man bedenkt, daß die Stoffe, um deren Isolierung und Nachweis es sich handelt, nicht durch den ganzen Pflanzenkörper gleichmäßig verteilt zu sein pflegen, und daß die verschiedenen Teile und Organe einer Pflanze sehr erhebliche Festigkeitsunterschiede aufweisen, und demzufolge der Zerkleinerung ganz verschieden hohen Widerstand entgegensetzen. Einen wirklichen Einblick in die vorliegenden Verhältnisse kann man aber nur gewinnen, wenn die betreffende Pflanze oder der betreffende Pflanzenteil restlos der Untersuchung zugeführt, wenn er also restlos zerkleinert und ausgezogen wird.

Die erste mit der zu zerkleinernden Droge auszuführende Manipulation besteht bei Wurzeln, Hölzern, Wurzelstöcken und härteren Kräutern darin, daß sie mittels eines Schneidemessers zerschnitten werden. Abb. 303 veranschaulicht ein solches Drogenschneidemesser. Die Handhabung ergibt sich aus der Abbildung selbst. Sind nur kleinere Mengen zu zerkleinern, so wird man das zerschnittene Material oder, falls Zerschneiden nicht erforderlich war, das ursprüngliche in einen Stampfmörser geben, und durch Stampfen weiterzerkleinern,

Früchte, Samen u. dgl. werden ebenfalls zunächst im Stampfmörser behandelt. Steht ein Walzwerk oder ein Kollergang zur Verfügung, so kann man an die Stelle des Zerstampfens auch ein Hindurchgehen durch den Kollergang treten lassen. Weder durch das Stampfen noch durch das Walzen wird man jedoch den wünschenswerten Grad der Zerkleinerung bereits erreichen können. Die Überführung in den gewünschten Zerkleinerungsgrad erfolgt vielmehr endgültig in einer Kugelmühle, wenn ein feineres, in einer Gewürz- oder einer Excelsiormühle,

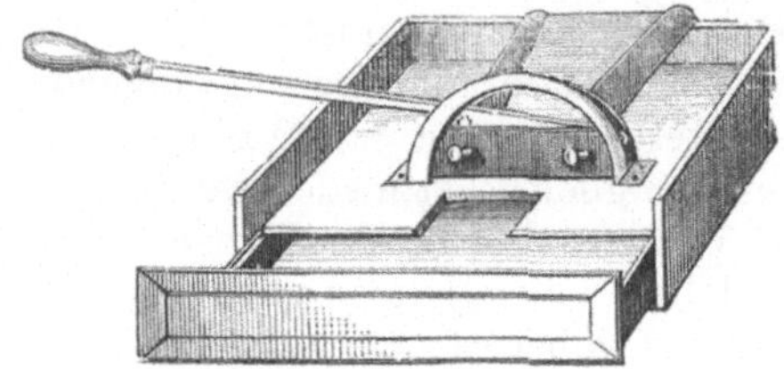

Abb. 303. Drogenschneidemesser.

Abb. 304. Einfache Drogenmühle für Handbetrieb (Gewürzmühle).

wenn ein gröberes Pulver erwünscht ist. Gewöhnlich wird man für Extraktionszwecke ein gröberes Pulver dem feinen vorziehen, denn es ist eine Erfahrungstatsache, daß ein grobes Pulver, wie es einer Siebmaschenweite von 0,75 mm Maschenweite entspricht, für Extraktionszwecke am besten geeignet ist. Derartige Mühlen zeigen die Abb. 304—306, einen Kollergang die Abb. 307.

Bei der Zerkleinerung solcher Drogen, die lange zähe Fasern oder sehr harte Elemente

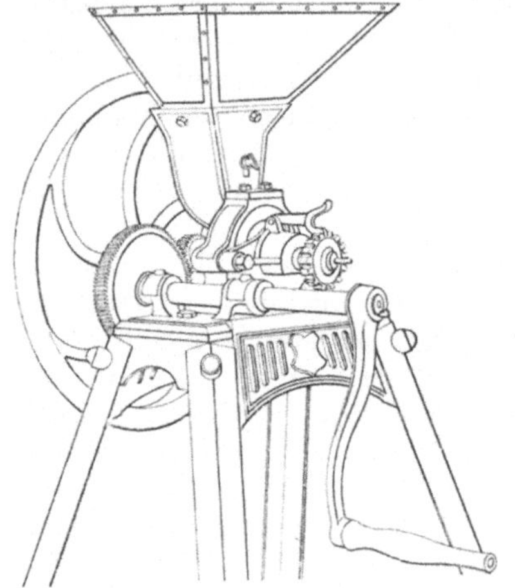

Abb. 305. Excelsiormühle für Handbetrieb.

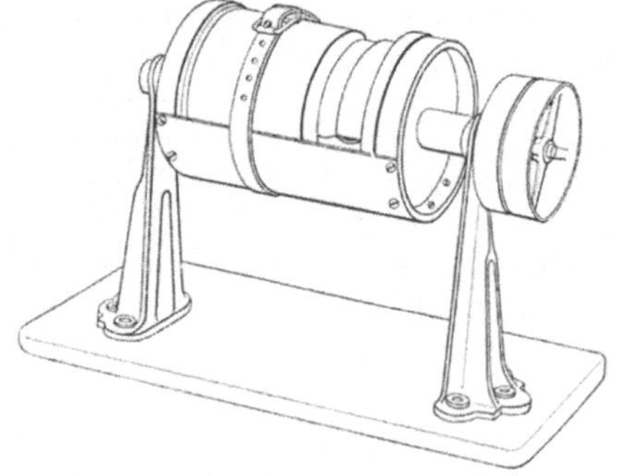

Abb. 306. Kugelmühle für Kraftantrieb.

enthalten, stößt man leicht auf Schwierigkeiten, und es ist nicht immer ganz einfach, ihrer Herr zu werden. Bei sehr harten Samen z. B. wird man mit einer von Hand betriebenen Mühle gelegentlich nicht zum Ziele kommen, und man muß dann eine solche für Kraftantrieb wählen. Mangelt es an einer derartigen Einrichtung, so tut man gut, sich mit einer Drogenschneideanstalt in Verbindung zu setzen, wobei man sich jedoch ausbedingen muß, daß das Zerkleinern auf einer vorher gut gereinigten Mühle vorzunehmen ist, und man muß weiter ausdrücklich vorschreiben, daß die Droge *völlig* zu zerkleinern ist, und daß gröbere Bestandteile nicht abgesiebt werden dürfen. Dieser Punkt ist besonders wichtig. Drogen, die schwierig zu bearbeiten sind, lassen sich gewöhnlich nicht in einem Gange auf den gewünschten Feinheitsgrad bringen. Bei den schon obenerwähnten Drogen mit zähen Fasern z. B., erhält man zunächst ein Gemenge von feinerem Pulver und unzerkleinerten Fasern. Für Handelszwecke werden solche Produkte dann gewöhnlich gesiebt, wobei die groben Fasern zurückbleiben. Wollte man nun hier ähnlich verfahren, so würde das Untersuchungsergebnis ein ganz falsches Bild zeigen. Man muß zwar, um eine weitere Zerkleinerung überhaupt zu ermöglichen, auch hier absieben, man darf aber dann die groben Teile nicht verwerfen, sondern man muß sie nochmals oder noch mehrere Male dem gleichen Zerkleinerungsprozeß unterwerfen, um schließlich ein für die Weiterverarbeitung geeignetes Mahlprodukt der gesamten Droge zu erhalten. Über Siebe soll hier lediglich ausgeführt werden, daß die Verwendung solcher, die Gewebe aus Kupfer-, Messing- oder Bronzedraht besitzen, unzweckmäßig ist, da die auf diesen Metallen sich bildende Oxydschicht schon mit Pflanzensäuren reagieren kann. Es sind Siebe mit verschiedener Maschenweite in Gebrauch, und zwar enthalten gewöhnlich die amtlichen Arzneibücher darüber Angaben. Bei den Siebbezeichnungen gibt man entweder die einzelne Maschenweite an oder die Zahl der Maschen je cm^2 Siebfläche.

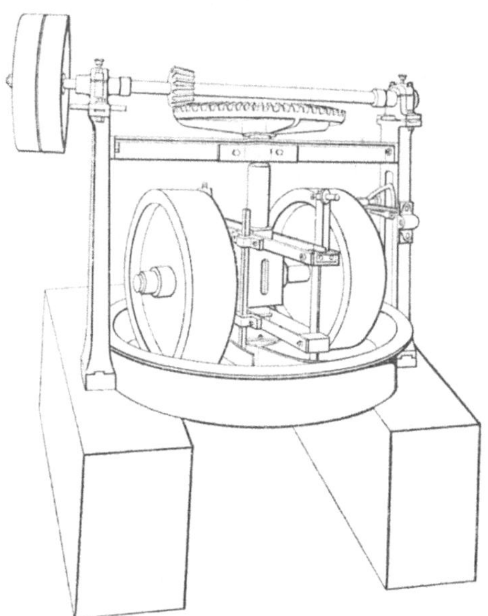
Abb. 307. Kollergang.

Weitgehende Trocknung erleichtert die Zerkleinerung sehr. Man darf aber nicht übersehen, daß ein weitgehend getrocknetes Drogenmaterial eine sehr hygroskopische Masse darstellt, die besonders bei Schwankungen der Luftfeuchtigkeit wieder erhebliche Feuchtigkeitsmengen aufnehmen kann. Soll daher zerkleinertes Material nach beendeter Zerkleinerung nicht sofort weiterverarbeitet, sondern aufbewahrt werden, so ist es stets zweckmäßig, es einer nochmaligen Trocknung im Kalktrockenkasten zu unterwerfen und es erst dann in geeignete Gefäße abzufüllen. Das auf die eine oder andere Weise zerkleinerte und auch sonst vorbereitete Material wird, wenn man von der mikroskopischen Untersuchung oder der Sublimation absehen will, nicht direkt zu analytischen Arbeiten verwendet, sondern es werden Preßsäfte, Auszüge oder Wasserdampfdestillate hergestellt, die das Material für die eigentlichen Untersuchungen darstellen.

e) Das Auspressen von Pflanzenmaterial.

Durch Pressen kann man aus Pflanzenmaterial wäßrige Preßsäfte, fette und ätherische Öle gewinnen. *Preßsäfte* können, was der Erwähnung ja eigentlich nicht bedarf, nur aus frischen Pflanzen bereitet werden. Getrocknete Pflanzenteile werden zwar gelegentlich noch soviel Feuchtigkeit enthalten, daß ein Auspressen unter hohem Druck noch bescheidene Mengen an Flüssigkeit ergeben könnte. Zu Untersuchungen dürfte aber ein solcher Preßsaft kaum brauchbar sein.

Die Gewinnung fetter Öle durch Pressen wird vornehmlich industriell betrieben. Für analytische Zwecke wird man fette Öle wohl in der Mehrzahl der Fälle durch Extraktion gewinnen. Bei ätherischen Ölen wird man ebenfalls entweder ein Extraktionsverfahren, vornehmlich aber die Wasserdampfdestillation anwenden, um sie zu gewinnen.

Zur *Gewinnung fetter Öle durch Pressen* muß man, selbst wenn es sich um recht fettreiche Pflanzenteile handelt, gewöhnlich hohe Drucke anwenden, wie man sie auch im Laboratorium durch Benutzung einer hydraulischen Presse erzielen kann. Zu diesem Zwecke müssen die Pflanzenteile, es wird sich gewöhnlich wohl um Samen handeln, gemahlen werden. Für kleinere Mengen kann an Stelle dessen ein Zerreiben oder Zerstampfen im Reib- oder Stampfmörser treten. Das Mahlgut wird dann in ein Filtertuch eingepackt und unter sehr langsam gesteigertem Druck, in der Weise, wie es später noch genauer beschrieben wird, ausgepreßt. Dabei ist zu beachten, daß häufig eine geraume Zeit vergeht, ehe der Erfolg des Pressens durch Abfließen von Öl erkennbar wird. Durch das Auspressen fetthaltiger Pflanzenteile werden aber nicht nur die Öle, sondern auch der wäßrige Inhalt der Zellen zum Abfluß gebracht, so daß also nicht reines Öl, sondern ein zum Teil mit festen Partikeln versetztes Gemisch von Öl mit wäßriger Flüssigkeit erhalten wird, das erst durch ruhiges Stehen in einem zylindrischen Gefäß zum Absetzen gebracht werden muß. Dann zieht man das Öl von oben ab und filtriert es, um die letzten fremden Bestandteile zu entfernen.

Das Auspressen von Ölen hat den Vorteil, daß andere Inhaltstoffe der Pflanzen, die bei der Extraktion mit Fettlösungsmitteln mit ausgezogen werden könnten, hier im Preßrückstande verbleiben. Die gewonnenen Öle sind also reiner, quantitativ vollständiger arbeitet aber die Extraktion.

Die Gewinnung wäßriger Preßsäfte aus frischen Pflanzen spielt in allen den Fällen eine Rolle, in denen solche Inhaltstoffe möglichst unverändert gewonnen werden sollen, die schon durch gelinde Wärme und durch sonst neutrale Lösungsmittel, wie z. B. Weingeist, Veränderungen erfahren. Zumeist handelt es sich um Eiweißstoffe oder eiweißartige Substanzen, wie sie z. B. in den Enzymen vorliegen. Je nach dem Wassergehalt des betreffenden Pflanzenkörpers wird man bereits mit einfacheren oder erst mit hoch wirksamen Pressen zum Ziele kommen.

Die einfachsten Pressen sind die sog. *Spindelpressen*, bei denen gewöhnlich ein Preßkasten vorhanden ist, in dem ein schwerer Preßstempel von oben her auf das Preßgut drückt. Der Preßstempel ist an einer Spindel befestigt, die durch eine Schraubenführung vermittels einer Stange oder eines Handrades angetrieben wird. Der Wirkungsgrad solcher Spindelpressen ist direkt und allein von der Körperkraft des Pressenden abhängig (Abb. 308).

Bei der *Differentialhebelpresse* (Abb. 309) wird der Druck durch ein Differentialgetriebe beim Ausführen kreisbogenförmiger Bewegungen mit dem Hebel auf Kosten der Zahl der Bewegungen erheblich verstärkt, so daß der erzielbare Druck wesentlich höher als bei der einfachen Spindelpresse ist.

Schließlich benutzt man zur Erzielung hoher Drucke *hydraulische Pressen*, bei denen die Kraftübertragung durch mechanisch betriebene Druckpumpen bewirkt wird.

Das auszupressende Material wird nur in seltenen Fällen unzerkleinert Verwendung finden können. Sollen größere Mengen ausgepreßt werden, so wird man das Zerkleinern am einfachsten dadurch bewerkstelligen, daß man das Material durch einen Fleischwolf dreht. Diese Apparate werden meistens aus Metall hergestellt. Sind sie an den Teilen, mit dem die zu zerkleinernden Materialien in Berührung kommen sollen, emailliert, so sind sie für die vorliegenden Zwecke verwendbar. Wölfe mit blanken Metallteilen sollten jedoch keine Verwendung finden. Saftreiches Material läßt bereits beim Durchtreiben durch den Wolf einen Teil des Saftes austreten, den man natürlich auffängt. Der den Wolf verlassende Brei wird in ein Filter- (Kolier-) Tuch eingeschlagen. *Filtertücher* sind aus gröberem oder feinerem Baumwoll- oder Leinengewebe hergestellte quadratische Tücher von solchen Abmessungen, daß beim Einschlagen des Preßgutes in das Tuch die Enden gut deckend übereinandergeschlagen werden können. Bei sehr saftreichem

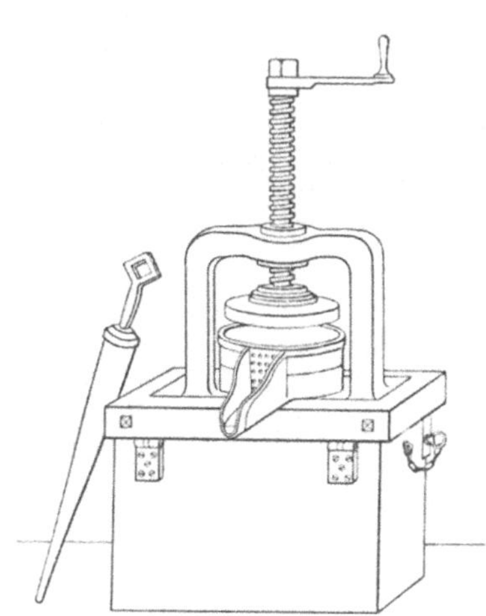

Abb. 308. Spindelpresse.

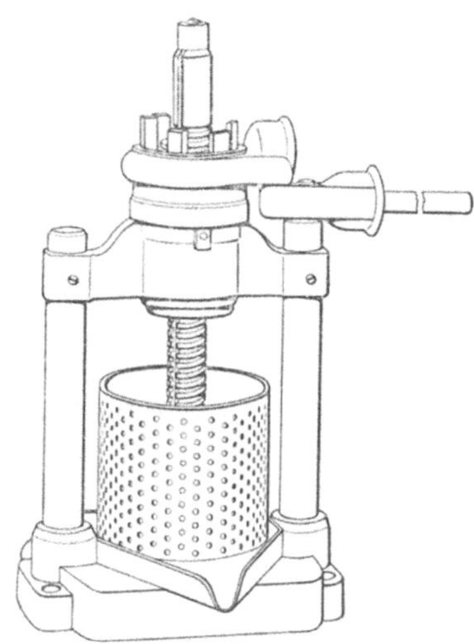

Abb. 309. Differentialhebelpresse.

Material legt man das Filtertuch, ehe der Brei aufgebracht wird, über ein sog. Tenakulum , das auf einer Schale von passender Größe liegt. Ein Tenakulum ist ein quadratischer Rahmen aus dünnen aber stabilen Holzleisten von der durch die Abb. 310 veranschaulichten Form. An den Stellen, an denen die Holzleisten sich kreuzen, sind von unten her lange Nägel durch die Leisten getrieben, die nach oben herausstehen. An diesen Nägeln wird das Filtertuch festgespannt. Nun bringt man den Brei auf das Tuch und läßt zunächst den freiwillig abfließenden Saft in die Schale abtropfen. Dann hebt man das Filtertuch derart ab, daß man in jeder Hand zwei benachbarte Enden hält, läßt das Tuch in der Mitte beutelförmig einsinken und dreht nun gleichzeitig mit beiden Händen das Tuch zusammen, wobei man mit der einen Hand auf den Körper zu, mit der andern von ihm fortdreht, wodurch ein leichter Preßdruck auf den Inhalt des Tuches ausgeübt wird. Man muß natürlich darauf achten, daß nicht durch zu rasches Drehen ein Teil des Tuchinhaltes mit herausgedreht wird. Bei dieser Prozedur fließt eine weitere Menge des Preßsaftes heraus. Tropft nun nichts mehr ab, so legt man das Tuch auf eine glatte Unterlage, öffnet es und formt nun durch kreuzweises Übereinanderlegen der Enden einen zum Einbringen in die Presse geeigneten Beutel, dessen Bodenfläche etwa den Abmessungen der Bodenfläche der Presse entsprechen soll. Nun legt man den Beutel in die Presse ein, und zieht diese langsam an. Je langsamer und gleichmäßiger das Anziehen geschieht, um so größer wird die Ausbeute an Preßsaft werden.

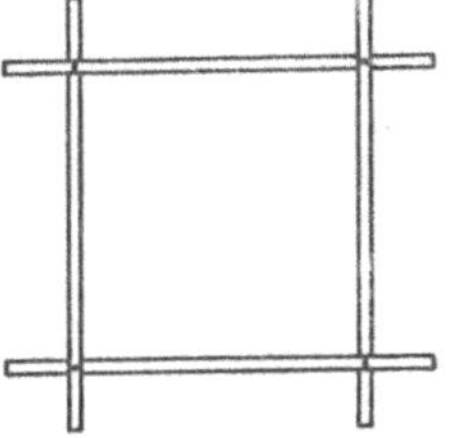

Abb. 310. Tenakel.

Bei Pflanzenmaterial, daß im Wolf oder auch beim Pressen mit der Hand keinen Saft gibt, verfährt man unter Fortlassung der ersten Prozeduren entsprechend. Auch hierbei ist es wichtig, den Druck langsam und stetig zu steigern. Geschieht das, so hat der Preßsaft Zeit zum Ausfließen, ehe die zwischen den festen Teilen befindlichen Kanäle so zusammengepreßt sind, daß die Flüssigkeit nicht mehr durchtreten kann. Je viscoser eine solche Flüssigkeit ist, um so schwerer wird sie durchdringen, um so langsamer muß daher die Drucksteigerung ausgeführt werden. Sobald Saft auszutreten beginnt, stellt man das weitere Anziehen der Presse vorläufig ein und wartet, bis der Saftstrom fast versiegt ist, erst dann verstärkt man den Druck.

Der ausfließende Saft wird meist noch von festen Bestandteilen durchsetzt sein. Die erwünschte Klärung kann durch Absetzenlassen, durch Filtration und durch Zentrifugieren erreicht werden. Von diesen Manipulationen ist die letzte die am schnellsten zum Ziele führende, die erste die schonendste. Welche von ihnen man anwendet, wird nicht nur von den Eigenschaften des Saftes selbst abhängen, sondern auch von seiner guten oder schlechten Haltbarkeit. Dabei wird es natürlich von Bedeutung sein, ob eine Konservierung durch Zusätze (Chloroform, Thymol, Nipagin, Überschichten mit Toluol usw.) zulässig ist oder nicht. Aufbewahrung bei möglichst tiefer Temperatur wird Zersetzung wenn nicht hemmen, so doch wesentlich verlangsamen. In manchen Fällen wird es auch angängig sein, durch Zusatz von Weingeist eine Konservierung zu bewirken. Bei Untersuchungen auf Eiweißstoffe oder Enzyme wird man allerdings von einem solchen die Eiweißstoffe koagulierenden bzw. die Enzyme möglicherweise inaktivierenden Zusatz absehen müssen.

Ist Weingeistzusatz zulässig, und liefert das Pflanzenmaterial wenig Preßsaft, so kann man von vornherein dem Mahlgute etwas Weingeist zufügen, und man kann dann den Preßkuchen nach dem Entleeren der Presse unter Zusatz von etwas Weingeist zerkleinern, um ihn dann erneut auszupressen.

Prinzipiell kann natürlich ein gleiches Verfahren auch unter Verwendung von Wasser platzgreifen, es ist nur zu bedenken, daß durch Wasserzusatz die Zersetzungsmöglichkeiten nicht wie bei Alkoholzusatz verringert, sondern im Gegenteil vergrößert werden.

Liegt ein Material zur Herstellung eines Preßsaftes vor, dessen Zellen eine recht widerstandsfähige Membran besitzen, so wird auf dem beschriebenen Wege kein brauchbares Ergebnis zu erzielen sein. Es ist naturgemäß erste Voraussetzung für die Gewinnung von Preßsaft, daß die Zellwände bei der Preßarbeit zerreißen und so ihren Inhalt austreten lassen. Um das zu erreichen, wendet man das besonders für kleinere Mengen empfehlenswerte Verfahren an, das man die Pflanzenteile sehr fein und gleichmäßig in einer Reibschale mit einer solchen Menge geschlämmten und geglühten Kieselgurs verreibt, daß eine homogene, leicht bröckelnde Masse entsteht. Diese Masse wird dann in der beschriebenen Weise in ein Tuch eingeschlagen und unter Anwendung hohen Druckes, mittels einer hydraulischen Presse ausgepreßt. Eine für kleine Materialmengen und sehr hohe Drucke eingerichtete Presse ist die bekannte BUCHNER-Presse oder die von KLEINMANN (8) für kleine Mengen angegebene. (Vgl. auch S. 94.)

f) Die Wasserdampfdestillation.

Destillationsverfahren werden angewendet, wenn flüchtige Stoffe aus Pflanzenmaterial abgetrennt werden sollen. Direkte Destillation kommt allerdings kaum für die Isolierung flüchtiger Stoffe selbst, vielmehr für die Reinigung bereits anderweitig isolierter flüchtiger Stoffe durch nochmalige Destillation (Rektifikation) in Frage. Die direkte Destillation kommt als Verfahren zur Isolierung von Pflanzeninhaltstoffen schon deshalb so wenig zur Anwendung, weil die Mehrzahl der hier in Betracht kommenden Stoffe erst bei einer so hohen

Temperatur destilliert, daß das Pflanzenmaterial bereits Zersetzungen ausgesetzt ist, bei denen andere flüchtige Stoffe entstehen (Verkokung). Demgegenüber hat die Wasserdampfdestillation den Vorzug, daß bei Temperaturen von 100° oder wenig darüber gearbeitet wird, Temperaturen, bei denen die eben erwähnten Zersetzungen noch nicht stattfinden.

Die Isolierung hochsiedender flüchtiger Stoffe mittels Wasserdampfdestillation wird durch die Tatsache ermöglicht, daß der Dampfdruck flüchtiger Stoffe schon weit unter ihrem Siedepunkt verhältnismäßig groß ist. Das Prinzip der Wasserdampfdestillation besteht darin, daß das zu bearbeitende Pflanzenmaterial in einer Destillierblase zusammen mit Wasser derart erhitzt wird, daß das Wasser zum Sieden kommt und überdestilliert. Dabei geht dann der flüchtige Stoff mit über. Der Raum über dem Siedegut in der Destillierblase füllt sich nämlich entsprechend dem für die herrschende Temperatur gültigen partiellen Dampfdruck des flüchtigen Stoffes mit dessen Dampf an, und dieser Dampf wird von dem sich bildenden Wasserdampf, der dann mit Dampf des flüchtigen Stoffes gesättigt ist, mechanisch mitgenommen. Der Raum über dem Destilliergut ist nunmehr mit Dampf des flüchtigen Stoffes nicht mehr gesättigt, es geht also eine neue Menge davon in die Dampfphase über, die wieder mit dem Wasserdampf übergeht, und so fort. In dem Kühler wird dann neben dem Wasserdampf auch der Dampf des flüchtigen Stoffes aus dem Pflanzenmaterial kondensiert, und beide Kondensate sammeln sich in der Vorlage an. Sind die zu destillierenden Stoffe basisch und also in der Zelle an organische Säuren gebunden (Ammoniak, Amine, flüchtige Alkaloide, wie Coniin, Hygrin, Nicotin), so müssen sie erst durch Alkalizusatz (5% Na_2CO_3 + 10% NaCl), sind sie sauer und also an Kationen gebunden, durch Säurezusatz (Phosphorsäure) in Freiheit gesetzt werden.

Die Ausführung eines Wasserdampfdestillation kann im wesentlichen in zwei Modifikationen vorgenommen werden, die sich jedoch nur bezüglich der Technik und eventuell bezüglich der quantitativen, nicht aber bezüglich der qualitativen Ausbeute unterscheiden. Das primitivere, aber häufig und besonders zur Bearbeitung größerer Mengen angewendete Verfahren besteht darin, daß man das grob zerkleinerte Pflanzenmaterial mit Wasser gut durcharbeitet und dann zusammen mit einer größeren Wassermenge in eine geräumige Destillierblase einfüllt. Dann wird angeheizt, und wenn die Hauptmenge des Wassers übergegangen ist, wird durch Öffnen der Destillierblase oder durch gesondertes Auffangen einer kleinen Menge des letzten Kondensates festgestellt, ob noch erhebliche Mengen flüchtiger Stoffe in der Destillierblase enthalten sein können. Sofern man das nicht in ganz roher Weise lediglich durch Geruchsprüfung feststellen will, empfiehlt es sich, eine gewisse Menge des zuletzt gesondert aufgefangenen Kondensates mit Kochsalz in Pulverform zu versetzen, und zwar auf 100 cm³ etwa 30 g. Nachdem das Kochsalz in Lösung gegangen ist, wobei wenn nötig leicht anzuwärmen ist, da das Lösen des Salzes unter Wärmeverlust stattfindet und daher recht lange dauern kann, stellt man entweder durch den Augenschein fest, ob sich noch aus der Lösung Öltropfen ausscheiden, oder man schüttelt die Lösung mit niedrigsiedendem Petroläther, der durch Rektifikation von über 50—60° siedenden Anteilen befreit worden ist, aus. Die Petrolätherlösung wird dann zunächst im Wasserbade von der Hauptmenge des Petroläthers befreit, und der Rest davon wird durch Einblasen eines trockenen Luftstromes mit einem Handgebläse entfernt. Anstatt mit dem Handgebläse Luft über die in einem Kölbchen befindliche Petrolätherlösung zu blasen, kann man auch mittels eines doppelt durchbohrten Stopfens durch den zwei rechtwinklig gebogene Glasrohre hindurchgeführt sind, die beide wenig über der Lösung enden, einen langsamen Luftstrom mit der Luftpumpe hindurchsaugen. In diesem Falle empfiehlt es sich, um zu verhüten, daß sich aus der Luft stammender Wasserdampf in dem Kölbchen kondensiert und zu Täuschungen Anlaß gibt, einen Trockenturm mit Chlorcalcium vorzulegen. Der Trockenturm wird dabei gegen das Kölbchen in der Richtung des Luftstromes durch einen Wattebausch verschlossen, um das Mitreißen von pulverförmigen Bestandteilen durch den Luftstrom auszuschließen.

Ist so festgestellt, daß der Inhalt der Destillierblase noch flüchtige Stoffe enthält, so wird erneut Wasser aufgegossen, und die Destillation wird wieder in Gang gebracht. Dieses immerhin umständliche Verfahren, bei dem die quantitative Ausbeute häufig unbefriedigend ist, trotzdem große Wassermengen angewendet werden, und das an eine räumlich recht umfangreiche Apparatur gebunden ist, kann durch die eigentliche Wasserdampfdestillation vereinfacht und verbessert werden.

Der Unterschied gegen das bisher beschriebene Verfahren besteht darin, daß der Wasserdampf nicht in der Destillierblase selbst erzeugt wird, sondern in einer besonderen, der eigentlichen vorgeschalteten Blase. Die folgende Abb. 311 veranschaulicht am besten das Prinzip einer solchen Wasserdampfdestillation.

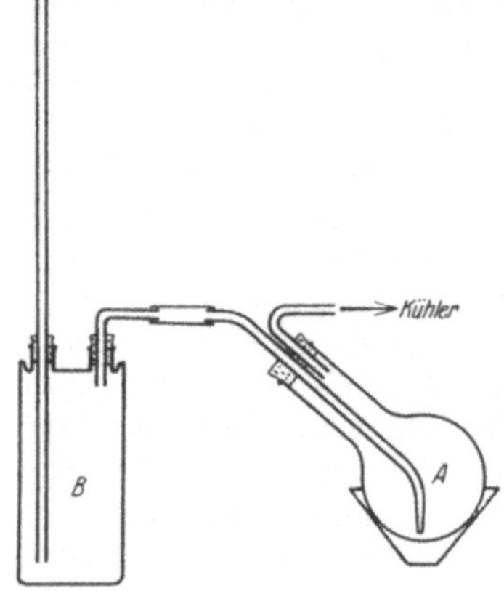

Abb. 311. Apparatur für Wasserdampfdestillation.

Die hier wiedergegebene Glasapparatur kann direkt zu solchen Wasserdampfdestillationen Verwendung finden. Für Arbeiten in größerem Maßstabe wird man keine Glas-, sondern eine Metallapparatur verwenden, wie sie von Maschinenbauanstalten geliefert werden. Das Prinzip ist dabei aber trotz konstruktiver Abweichungen das gleiche.

Das zu bearbeitende Pflanzenmaterial wird wieder zerkleinert, mit Wasser durchgearbeitet und dann ohne Zugabe größerer Wassermengen in die ziemlich kleine Blase *A* eingefüllt.

Diese wird wie in der Abbildung schräg gestellt, um die Zuführung des Wasserdampfes zu erleichtern und seine Ausnützung möglichst günstig zu gestalten. Der Wasserdampf selbst wird in dem (Blech-) Gefäß *B* erzeugt, das mit einem Steigrohr versehen ist, um einen gewissen Druck des Wasserdampfes, der zur Überwindung des durch die in *A* stehende Flüssigkeit bedingten Gegendruckes erforderlich ist, zu erzielen. Der Wasserdampf wird nun durch das (an seinem in der Blase *A* befindlichen Ende verjüngten) Glasrohr in das Destilliergut eingeführt. Das Glasrohr ist so zu biegen, daß der Wasserdampf den Blaseninhalt an der Stelle größter Schichtdicke durchstreichen muß. Um zu verhüten, daß sich in *A* ein Teil des eingeleiteten Wasserdampfes kondensiert, wird *A* selbst durch eine Flamme so weit erhitzt, daß das Flüssigkeitsniveau in *A* möglichst konstant bleibt, d. h. bis mehr an dem Siedepunkt. Ist die in dem Pflanzenmaterial enthaltene flüchtige Substanz mit Wasserdämpfen sehr schwer flüchtig, so kann man zur Erhöhung der Temperatur in *A* an Stelle von Wasser zum Anfeuchten des Pflanzenmaterials eine etwas höher siedende Salzlösung verwenden, und man schaltet dann zwischen den Wasserkessel und die Blase *A* einen sog. Überhitzer ein. Überhitzer sind besondere, zumeist aus Kupfer- oder Eisenblech hergestellte Metallkörper, durch die der Wasserdampf hindurchgeleitet wird, während der Überhitzer zugleich durch einen Bunsenbrenner erhitzt wird. Zur Messung der Temperatur des überhitzten Wasserdampfes ist hinter den Überhitzer ein Thermometer einzuschalten. Darüber sowie über Wasserdampfdestillation im luftverdünnten Raum siehe auch dieses Handbuch S. 139—141.

Natürlich kann der Wasserdampf zur Ausführung der Wasserdampfdestillation auch einer vorhandenen Dampfleitung entnommen werden, sofern er sicher frei von Schmieröl- u. dgl. Bestandteilen ist, also ein einwandfreies klares und ohne Rückstand flüchtiges Kondensat liefert, wovon man sich erst durch einen Blindversuch überzeugen muß. Überhitzen solchen Wasserdampfes wird meist nicht erforderlich sein, da im großen erzeugter Dampf gewöhnlich unter Druck steht. Im Gegenteil kann es erforderlich werden, den Dampfdruck durch Zwischenschaltung eines Reduzierventils auf niedrigeren Druck zu reduzieren, da eine Glasapparatur höheren Druck nicht aushalten würde, auch müßte mit dem Mitreißen von Pflanzenmaterial gerechnet werden. Mit mehr als 1—1,5 Atm. Überdruck sollte jedenfalls nicht gearbeitet werden. Wird der Dampf aus einer unter Druck stehenden Dampfleitung entnommen, so ist es auch erforderlich, Vorsorge zu tragen, daß bei Druckschwankungen keine Störungen der Wasserdampfdestillation erfolgen. Insbesondere muß ein Zurücksaugen des Blaseninhaltes in die Dampfleitung verhütet werden, und zu diesem Zwecke schaltet man am einfachsten eine Saugflasche umgekehrt in die Leitung vor die Blase ein, in dem man den Saugstutzen mit dem Dampfventil verbindet, und die nach der Blase führende Dampfleitung in Form eines rechtwinklig gebogenen Glasrohres durch einen durchbohrten Stopfen derart in die Saugflasche einführt, daß das Rohr nur etwa 1 cm weit in die Saugflasche hineinragt. Die Größe der Saugflasche ist so zu wählen, daß bei einem Zurücksteigen des gesamten Inhalts der Blase in die Saugflasche die Flüssigkeit den Saugstutzen nicht erreicht.

Abb. 312. Florentiner Flasche.

Die Blase *A* ist durch einen doppeltdurchbohrten Stopfen verschlossen, durch dessen Bohrung das schon oben beschriebene Dampfeinleitungsrohr geführt ist. Durch die andere Bohrung ist das kurz hinter ihr endende Entbindungsrohr zu führen, dessen anderes Ende vermittels eines einfach durchbohrten Stopfens in den Kühler mündet. Spiralrohrkühler sind unzweckmäßig, da sich häufig bereits im Kühlrohr Anteile der übergehenden flüchtigen Stoffe ausscheiden. Man wählt daher einen Kühler mit geradem, ziemlich weitem Rohr von genügender Länge. Wenn der übergehende flüchtige Stoff leicht krystallisiert, kann es vorkommen, daß das Kühlrohr durch Krystallmassen verstopft wird. Darauf ist zu achten, und der Zufluß des Kühlwassers ist so zu leiten, daß Verstopfungen vermieden werden. Das Kühlerende läßt man entweder frei in ein schräg gestelltes Auffanggefäß münden, oder man verbindet es durch einen Vorstoß mit dem Kondensatsammelgefäß. Als solches kommen Rundkolben, Florentiner Flaschen oder Scheidetrichter in Frage. Scheidetrichter wird man bei der Verarbeitung kleiner Mengen sowie dann wählen, wenn die flüchtige Substanz flüssig ist. Man kann dann, ohne Überführung in andere Gefäße eine Trennung der wäßrigen von der öligen Schicht vornehmen, wobei es zweckmäßig sein kann, vorher die wäßrige Schicht mit Kochsalz zu sättigen. Das gleiche Verfahren wird man anwenden, wenn die zu gewinnende Substanz der wäßrigen Schicht nur durch Ausschütteln entzogen werden kann. Bei Verarbeitung größerer Mengen und wenn die zu gewinnende Substanz eine Flüssigkeit ist, die leichter als Wasser ist, fängt man das Kondensat zweckmäßigerweise in einer Florentiner Flasche auf (Abb. 312). In dieser Flasche sammelt sich das Öl auf der Oberfläche der wäßrigen Schicht, die durch den seitlichen, vom Boden ausgehenden Stutzen in dem Maße, in dem Kondensat entsteht, in ein größeres Sammelgefäß abzufließen beginnt, sobald der Flüssigkeitsspiegel in der Florentiner Flasche über den höchsten Punkt des Abflußrohres gestiegen ist.

Selbst wenn die mit dem Wasserdampf übergehende Substanz anscheinend in Wasser unlöslich ist, wird man sich doch nicht nur damit begnügen, dieses unlösliche Produkt zu sammeln, denn ein Teil wird stets in dem Wasser gelöst sein. Diese gelösten Anteile gewinnt man je nach ihrer Natur in verschiedener Weise, was man durch Vorprobe an kleinen Mengen feststellt. Der eine Vorgang besteht darin, daß man zunächst 30 g Kochsalz in 100 g wäßrigem Destillat löst und dann die Lösung mehrmals mit kleinen Mengen Äther oder Petroläther ausschüttelt. Beim Vorversuch verdampft man von jeder Ausschüttlung den Äther getrennt, um zu sehen, ob die letzte Ausschüttlung nahezu oder völlig leer war. Führt das Ausschütteln nicht zu dem gewünschten Ergebnis, weil die auszuschüttelnde Substanz in Wasser zu leicht und im Extraktionsmittel zu wenig löslich ist, so wende man einen Perforator (s. S. 551) an, vermittels dessen es gewöhnlich gelingt, wäßrige Lösungen erschöpfend mit Äther usw. zu extrahieren.

Sind sehr große Mengen wäßriges Destillat aufzuarbeiten, so kommt auch das Verfahren der *Kohobation* dafür in Betracht. Dieses Verfahren besteht darin, daß das gesamte wäßrige Destillat für sich nochmals der Destillation so lange unterworfen wird, bis etwa ein Fünftel der Gesamtmenge wieder kondensiert ist. Dieses Kondensat wird dann in der vorstehend beschriebenen Weise behandelt.

Wenn eine Wasserdampfdestillation abgebrochen werden soll, ist es zweckmäßig, einige Zeit vor Beendigung das Kühlwasser abzustellen. Auf diese Weise wird erreicht, daß im Kühler etwa ausgeschiedenes Kondensat restlos in das Sammelgefäß übergespült wird. **Vor** Entfernung der Flammen und **vor** Abstellung der Dampfzufuhr sind die Verbindungen zwischen Blase und Dampferzeuger und zwischen Blase und Kühler zu lösen, um jedes Zurücksteigen unmöglich zu machen.

g) Die Herstellung von Pflanzenauszügen.

Die Herstellung von Pflanzenauszügen (Extrakten) kann auf verschiedenen Wegen erfolgen. Abgesehen davon, daß man auf kaltem oder auf warmem Wege Auszüge herstellen kann, wird das Ergebnis auch verschiedenartig ausfallen, ja nachdem man das Extraktionsmittel, das Menstruum, wählt. Um eine völlige Erschöpfung des Pflanzenmaterials zu erreichen, muß man andere Methoden anwenden, als wenn man sich mit einer oberflächlicheren Extraktion begnügen will. Solche weniger erschöpfenden Methoden können aber auch ihre Vorzüge haben. Das wird besonders dann der Fall sein, wenn nicht so sehr die Menge als die Qualität des Extraktes bedeutungsvoll ist, denn die erschöpfende Extraktion erfordert die Anwendung größerer Mengen von Extraktionsmitteln, so daß man gewöhnlich anschließend an die Extraktion eindampfen muß, eine Operation, die in vielen Fällen, besonders bei unsachgemäßer Ausführung, zu Zersetzungen führen kann. Es kann auch vorkommen, daß bei erschöpfender Extraktion größere Mengen von für den vorliegenden Zweck unerwünschten Stoffen mit in Lösung gehen, während sie bei einem weniger erschöpfenden Ausziehen mehr oder weniger ungelöst bleiben. Man kann folgende Methoden zur Herstellung von Auszügen unterscheiden: die Maceration, die Digestion, die Perkolation und die Extraktion.

Von diesen Methoden sind die Maceration und die Digestion unvollständig, die Perkolation und die Extraktion vollständig erschöpfende Verfahren. Maceration und Perkolation arbeiten bei gewöhnlicher, die beiden anderen bei erhöhter Temperatur.

Die wichtigeren Verfahren sind Perkolation und Extraktion. Da man im Verlaufe des Untersuchungsganges von Pflanzenmaterial gewöhnlich verschiedene Lösungsmittel anwendet, wobei jeweils andere Inhaltstoffe extrahiert werden, so ist es wichtig, Vorsorge zu tragen, daß einmal bei jedem Arbeitsabschnitt so lange extrahiert wird, bis die zuletzt aufgefangenen Extraktmengen leer sind, und daß zweitens vor Verwendung eines neuen Extraktionsmittels das alte entfernt wird, was gewöhnlich durch Verdunsten geschehen kann.

Es wird natürlich nicht immer erforderlich sein, sämtliche Extraktionsmittel nacheinander anzuwenden, da einige vielleicht nichts oder wenig aufnehmen. Hierfür können wertvolle Hinweise aus den Extraktgehaltsbestimmungen (S. 566) gewonnen werden. Vielfach wird es auch empfehlenswert sein, durch die Herstellung von Auszügen aus kleinen Mengen, 100—200 g, in Vorversuchen festzustellen, welcher Arbeitsgang für den vorliegenden Fall am zweckmäßigsten erscheint.

1. Die Maceration.

Dieses Verfahren besteht darin, daß man die auszuziehende Substanz in nur grob zerkleinertem Zustande mit der fünffachen, zehnfachen oder zwanzigfachen Menge des Extraktionsmittels übergießt und in einem lose verschlossenen Gefäße bei Zimmertemperatur etwa eine Woche lang stehenläßt. Durch häufiges Umschütteln sorgt man für gleichmäßige Mischung. Die Lösung der löslichen Bestandteile des Pflanzenmaterials geht nicht so weit vonstatten, bis eine für die herrschende Temperatur und das vorliegende Lösungsmittel gesättigte Lösung vorliegt, sondern nur so weit, daß die entstandene Lösung sowohl innerhalb als außerhalb der Zellen des Pflanzenmaterials den gleichen osmotischen Druck aufweist. Damit ist nämlich ein Gleichgewichtszustand erreicht, der also von den Eigenschaften der Zellmembranen und dem Dispersitätsgrade der in Lösung gehenden Stoffe weitgehend abhängt. Als Extraktionsmittel für solche Macerationen wird meistens Alkohol verschiedener Stärken verwendet. Nach 8—10tägigem Stehen wird die Hauptmenge der Flüssigkeit klar abgegossen, dann wird der Rest durch ein Filtertuch (Kolatorium) geseiht und das auf dem Tuche gesammelte Pflanzenmaterial, daß zumeist noch recht erhebliche Flüssigkeitsmengen enthält, mittels einer „Tinkturenpresse" (s. das Kapitel Preßsäfte, S. 525) abgepreßt. Man vereinigt dann die gesamte Flüssigkeit und läßt sie einige Zeit (mehrere Tage) lagern, bis sich ein Bodensatz abgeschieden und die überstehende Flüssigkeit geklärt hat.

Ob der so gewonnene Auszug direkt weiterverarbeitet oder erst von Weingeist befreit und konzentriert wird, hängt von den Umständen des Einzelfalles ab. (Über Filtrieren, Eindampfen usw. s. w. u.)

2. Die Digestion.

Dieses Verfahren besteht darin, daß man einen Ansatz wie bei der Maceration macht, ihn jedoch nicht bei gewöhnlicher Temperatur, sondern bei einer solchen von etwa 30—40° hält. Es leuchtet ohne weiteres ein, daß es besonderer Vorrichtungen bedarf, um eine solche Temperatur mehrere Tage hindurch konstant innezuhalten. Für einige Stunden läßt es sich aber ohne Schwierigkeit durchführen. Das Verfahren dürfte auch nicht allzu häufig Anwendung finden, da es gegenüber einer Extraktion in der Wärme keine wesentlichen Vorzüge aufweist.

3. Die Perkolation.

Die Perkolation ist das Verfahren der Wahl, wenn ein erschöpfender Auszug auf kaltem Wege hergestellt werden soll. Ihr Prinzip beruht darin, daß das Pflanzenmaterial in einem geeigneten Apparate, der noch näher beschrieben wird, derart mit dem Extraktionsmittel behandelt wird, daß das in das Pflanzenmaterial von oben her eindringende Lösungsmittel durch ständig nachfließendes weiteres Lösungsmittel verdrängt wird. Das Pflanzenmaterial kommt also stets mit immer neuen Lösungsmittelmengen in Berührung, gibt an diese lösliche Stoffe ab und wird, während die Lösung unten abtropft, von immer neuen Lösungsmittelmengen durchzogen.

Apparate, wie sie für diese Zwecke gebräuchlich sind, siehe in den Abb. 313 und 314. Wenn sich auch die Ausführungsformen gelegentlich unterscheiden, so ist das Prinzip doch stets das gleiche. Die Gefäße haben Zylinder- oder Kegel-

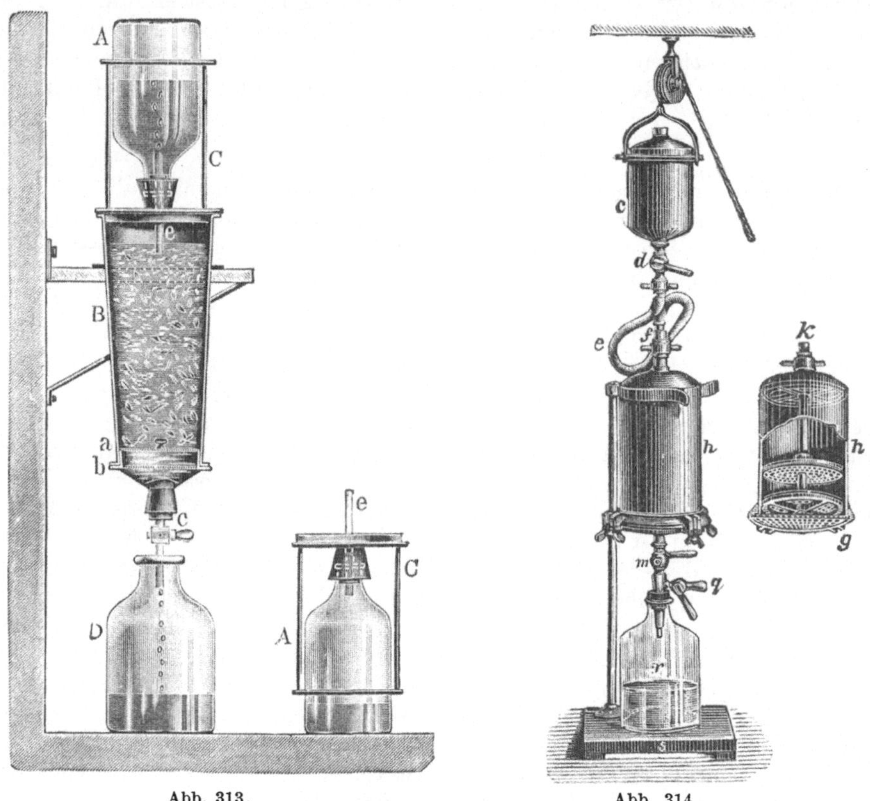

Abb. 313. Abb. 314.
Perkolatoren.

form. Man verschließt den konischen Teil mittels eines einfach durchbohrten Stopfens, durch den ein kurzes Glasrohr hindurchgeführt ist. Nach unten zu wird das Glasrohr durch Gummischlauch mit einem einseitig ausgezogenen Röhrchen verbunden. Entweder wird der Gummischlauch mit einem Schraubenquetschhahn armiert, oder man ersetzt das ausgezogene Glasrohr durch ein Hahnrohr. Im Innern des Perkolators wird zunächst über den Stopfen etwas Mull gebracht, dann legt man in den Perkolator eine Porzellansaugscheibe und darüber einige Lagen Mull oder eine Scheibe aus poröser Glasmasse (Schott & Gen., Jena). Auf den Mull oder die Glasscheibe wird nun das entsprechend (s. u.) angefeuchtete Pflanzenmaterial gepackt. Das Einfüllen geschieht langsam in kleinen Portionen, und man trägt Vorsorge, daß die Füllmasse ganz gleichmäßig eingedrückt wird. Dazu bedient man sich am besten eines zylinderförmigen Holzstückes von geeigneter Dicke, das eine ganz ebene Bodenfläche aufweist, mit der das Pflanzenmaterial von oben her, an der Wandung des Perkolators entlanggehend, leicht eingestampft wird. Ehe eine neue Menge Masse eingefüllt wird, muß die vorhergehende stets ganz gleichmäßig eingedrückt sein. Auf diese Prozedur ist größte Sorgfalt zu verwenden, da von ihr das Gelingen der Perkolation wesentlich abhängt. Ist die Masse nicht gleichmäßig eingedrückt worden, so bilden sich leicht bei der nachfolgenden Operation Spalten, in denen dann das Extraktionsmittel hindurchläuft, ohne seinen Weg durch das Pflanzenmaterial hindurch zu suchen.

Das zur Extraktion in den Perkolator zu packende Pflanzenmaterial bedarf entsprechender Vorbereitung. Man verwendet grobes Pulver, dessen Herstellung im Abschnitt Zerkleinern angegeben worden ist. Das Pulver wird mit einer ausreichenden Menge des Lösungsmittels gut durchfeuchtet. Dabei ist so viel Lösungsmittel anzuwenden, und es ist so sorgsam durchzuarbeiten, daß keinerlei trocknes Pulver mehr vorhanden ist, und die Masse von einer dünnen Schicht des Extraktionsmittels bedeckt ist. Das Durcharbeiten geschieht am besten in einer Schale, die man dann gut bedeckt, etwa 24 Stunden lang, stehenläßt, falls das Extraktionsmittel nicht zu leicht flüchtig ist. Soll mit Äther, Petroläther oder Chloroform perkoliert werden, so packt man die durchfeuchtete Masse sofort in den Perkolator. Ist die richtig vorbereitete Masse in den Perkolator gepackt worden, so gießt man von dem Menstruum so viel auf, daß die Masse davon gut bedeckt ist. Dann deckt man ein mit einem Brett beschwertes Tuch oder eine Glasplatte über den Perkolator und läßt ihn so einige Zeit (24—48 Stunden) stehen. Bei der nun folgenden Operation des Perkolierens ist es von großer Wichtigkeit, daß das Extraktionsmittel nicht so weit abläuft, daß die Masse nicht mehr davon bedeckt ist. Würde das eintreten, so würde dadurch die Entstehung der schon oben erwähnten Spalten sehr begünstigt und damit der Erfolg der Operation in Frage gestellt werden. Um nun den Apparat nicht ständig überwachen zu müssen, wird eine Flasche, die mit dem Extraktionsmittel ganz voll angefüllt worden ist, umgekehrt auf den oberen Rand des Perkolators aufgesetzt, so daß der Flaschenhals in den Perkolator hineinragt, und die Flaschenmündung gerade in die über der Masse stehenden Flüssigkeit eintaucht. Sinkt nun der Flüssigkeitsspiegel über der Masse, so entleert sich so lange weitere Flüssigkeit aus der Flasche, bis der Spiegel wieder die Flaschenmündung verschließt. Ist der Apparat derart vorbereitet, so kann die eigentliche Perkolation beginnen. Man öffnet den Hahn oder Quetschhahn am Ablauf zunächst nur ganz langsam und regelt den Flüssigkeitsablauf derart, daß in der Minute etwa 10—15 Tropfen Perkolat abfließen, wenn die Pflanzenmasse 1 kg oder weniger betrug. Bei größeren Mengen kann man rascher ablaufen lassen, so daß bei etwa 10 kg 60—70 Tropfen in der Minute abtropfen. Gewöhnlich fängt man die ersten Anteile Perkolat gesondert auf, und zwar so viel, daß die abgelaufene Menge etwa 80% der zur Extraktion genommenen trockenen Pflanzenmasse entsprechen. Soll der gewonnene Auszug in flüssiger Form weiterverarbeitet werden, so wird dieser „Vorlauf" an einem möglichst kühlen Orte bis zur Beendigung der Perkolation aufbewahrt. Soll der Auszug dagegen völlig oder wenigstens teilweise von dem Lösungsmittel befreit werden, was durch Verdampfen geschieht, so behandelt man den Vorlauf gesondert für sich, oder man bewahrt ihn so lange auf, bis der gesamte „Nachlauf" eingedampft worden ist und setzt den Verlauf erst zuletzt zu, damit die gelösten Stoffe möglichst kurze Zeit erhitzt werden.

Bei der Gewinnung weiterer Abläufe kann dann auch die Abtropfgeschwindigkeit ohne Schaden etwas erhöht werden. Um festzustellen, wann der Endpunkt der Perkolation erreicht ist, kann man sich verschiedener Hilfsmittel bedienen. Man kann z. B. lediglich den Geschmack feststellen, wenn es sich um eine Pflanze mit ausgesprochen hervortretendem Geschmack handelt. Bei einer Alkaloiddroge kann man sich mit Vorteil eines Alkaloidfällungsreagenzes, wie es z. B. Mayers Reagens darstellt, bedienen, indem man einige Tropfen des Perkolats auf einem auf schwarzer Unterlage liegenden Uhrglase mit einem Tropfen Mayers Reagens versetzt. Am sichersten geht man, wenn man einige Kubikzentimeter des Perkolats auf einem großen Uhrglas eindunstet und feststellt, ob noch ein nennenswerter Verdunstungsrückstand erhalten wird.

Ist der Endpunkt erreicht, so wird im Gegensatz zur Maceration alles Lösliche aus dem Pflanzenmaterial restlos ausgezogen sein. Ob man tatsächlich stets bis zur restlosen Erschöpfung perkolieren soll, muß im Einzelfall entschieden werden. Häufig genug werden die letzten Anteile des Perkolates nur noch so geringe Mengen löslicher Stoffe enthalten, daß man auf sie verzichten kann.

Eine neuerdings von Breddin (2) empfohlene Abart der Perkolation stellt die sog. *Diakolation* dar. Breddin geht von dem Gedanken aus, daß einmal bei konischen Perkolatoren die Flüssigkeit in der Mitte des Perkolators kürzere Strecken zu durchlaufen hat als an den Seiten, was ungleichmäßige Extraktion bedingt, und daß ferner durch die Regelung des Abtropfens durch einen Hahn im Innern des Perkolators eine Flüssigkeitsstauung eintritt, die ebenfalls unzweckmäßig ist. Er hat daher Röhrenperkolatoren bestimmter Bauart angegeben (Hersteller Bartsch, Quilitz & Co. A.-G., Berlin NW 40, Döberitzer Str. 3/4) und ein bestimmtes Arbeitsverfahren ausgebildet, über dessen Einzelheiten a. a. O. nachzulesen ist. Der Hauptvorzug dieses Verfahrens dürfte darin liegen, daß es mit sehr geringen Mengen Menstruum gelingt, die Drogen völlig zu erschöpfen, so daß Auszüge, von denen ein Teil und weniger einem Teil Droge entsprechen, bereitet werden können, ohne daß eine Eindampfarbeit ausgeführt werden müßte.

Es ist oben bereits gesagt worden, daß bei der Perkolation die ersten Anteile des Ablaufs gesondert aufgefangen werden. Sie enthalten die Hauptmasse der löslichen Bestandteile des auszuziehenden Pflanzenmaterials.

Der gesamte sog. Nachlauf wird durch Abdampfen konzentriert. Früher führte man diese Operation stets auf dem Wasser- bzw. Dampfbade aus, wobei man, um das Abdampfen zu beschleunigen, rührte. Bei dieser Methode geht erstens der gesamte Weingeist verloren. (Hat man mit Äther oder mit Petroläther perkoliert, so kann natürlich ein solches Abdampfen nicht in Frage kommen, sondern lediglich ein Abdestillieren des Äthers oder Petroläthers.) Das Abdampfen weingeistiger oder wäßriger Perkolate im Wasserbade hat aber noch zwei weitere Nachteile, einmal wird das Abdampfgut dabei auf nahezu 100° erhitzt, und zwar recht lange Zeit, was wohl bei nicht hydrolysierbaren Inhaltstoffen unbedenklich ist, bei Glykosiden oder andern durch Wasser aufspaltbaren Stoffen aber zu weitgehenden Veränderungen führt. Dann aber wird durch das Rühren in offenen Gefäßen ein intensives Einmischen von Luftsauerstoff in die Flüssigkeit bewirkt, und es ist demzufolge unvermeidlich, daß Oxydationen vor sich gehen. Das Abdampfen bei Wasserbadtemperatur in offenen Gefäßen unter Rühren hat daher durch Erhitzung, Hydrolyse und Oxydation bedingte Veränderungen des aus der Droge ausgezogenen Materials zur unausbleiblichen Folge.

Alle diese Mißstände lassen sich durch *Vakuumverdampfung* vollkommen vermeiden. Die Vakuumverdampfung von Extraktbrühen setzt allerdings das Vorhandensein wirklich geeigneter Vakuumapparate voraus. Es wird vielfach empfohlen, sich solche Vakuumapparaturen bei Bedarf selbst zusammenzubauen, es muß jedoch betont werden, daß man dabei im allgemeinen nicht gut fährt, da zu viele Einzelheiten zu beachten sind. Bei der Vakuumverdampfung größerer Mengen von Extraktbrühen kommt es nicht darauf an, bei möglichst hohem

Vakuum zu arbeiten, sondern bei einem optimalen Vakuum. Einmal darf natürlich die Abdampftemperatur nicht zu hoch sein, um eine Überhitzung des Abdampfgutes zu verhüten. Sie wird also nicht über 40—45° liegen dürfen. Dementsprechend muß das Vakuum genügende Höhe besitzen, damit die Wasserweingeistmischung stets im Sieden bleibt. Weiter ist aber zu beachten, daß möglichst restlose Kondensation der übergehenden Weingeistwassermischung eintreten muß, da sonst die Pumpe überlastet und durch die unkondensierten Dämpfe auch geschädigt wird. In dieser Beziehung ist man natürlich von der Kühlwassertemperatur abhängig, und man darf nicht so hoch evakuieren, daß der Siedepunkt des Siedegutes unterhalb der Kühlwassertemperatur liegt. Wäre das der Fall, so würde eine Kondensation im Kühler nicht stattfinden, vielmehr würde der Dampf des Lösungsmittels den Kühler unkondensiert passieren und durch die Pumpe in Gasform abgesaugt werden. Abgesehen davon, daß je nach Art des Pumpenmaterials und der Zusammensetzung des Dampfes Beschädigungen der Pumpe möglich sind, wird die Wirksamkeit der Pumpe durch die großen Mengen des Dampfes, die sie abzusaugen hat, stark herabgesetzt. Wie die Verhältnisse hier liegen, ergibt sich z. B. aus der Tatsache, daß 1 kg Wasserdampf bei 760 mm Druck den Raum von 1,669 m³ einnimmt, bei 100 mm Druck von 11,25 m³ und bei 30 mm Druck von 34,96 m³. Für Alkohol sind die entsprechenden Zahlen 0,625 m³, 4,17 m³ und 13,0 m³. Diese Zahlen besagen also, daß, wenn 1 kg Wasser verdampft wird, bei gewöhnlichem Luftdruck etwa 1,7 m³ Dampf die Apparatur durchstreichen, bei 30 mm Druck aber fast 35 m³. Diese Mengen müssen natür-

Tabelle 1.

Grade	Wasser	Äthylalkohol	Chloroform	Äthyläther	Tetrachlorkohlenstoff	Grade	Wasser	Äthylalkohol	Chloroform	Äthyläther	Tetrachlorkohlenstoff
C	mm	mm	mm	mm	mm	C	mm	mm	mm	mm	mm
10	9,2	24,1	100	286,8	56,3	26	25,9	62,5			
11	9,8	25,6				27	26,7	66,2			
12	10,5	27,2				28	28,4	70,1			
13	11,2	28,9				29	30,0	74,1			
14	12,0	30,7				30	31,8	78,4	240,0	634,8	141,1
15	12,8	32,6				31	33,7				
16	13,6	34,6				32	35,7				
17	14,5	36,8				33	37,7				
18	15,5	39,1				34	39,9				
19	16,5	41,5				35	42,2				
20	17,5	44,0	158,4	432,8	91,3	36	44,6				
21	18,6	46,7				37	47,0				
22	19,8	49,5				38	49,7				
23	21,1	52,5				39	52,4				
24	22,4	55,7				40	55,3	133,7			
25	23,7	59,0			116,0						

lich jeden einzelnen Querschnitt der Apparatur durchstreichen, und daraus ergibt sich als erstes Gebot, daß die Teile des Vakuumapparates, die bestimmt von Dampf durchstrichen werden, entsprechend weit gehalten sein müssen. Das kommt besonders für die Verbindung des Siedegefäßes mit dem Kühler in Betracht, und in dieser Hinsicht ist die Mehrzahl der Vakuumapparate durch eine Fehlkonstruktion belastet. Das Rohr, das diese Verbindung darstellt, muß möglichst weit und kurz sein, da bei ihm, im Gegensatz zu jedem gewöhnlichen Destillierapparat, bei dem ein langes Verbindungsrohr als Kolonne wirkt, keinesfalls mit einer beginnenden Kondensation gerechnet werden kann. Findet nun aber auch im Kühler die Kondensation aus den oben beschriebenen Gründen nicht statt, so müssen die großen Dampfmengen auch durch die weiteren Teile der Apparatur gesaugt werden, die zum Teil besonders eng gehalten sind, wie etwa die Pumpenventile selbst. Die vorstehende Tabelle der Sättigungsdrucke für Wasser, Weingeist und einige andere Flüssigkeiten zeigt die Beziehungen, die hier obwalten. Die Bedeutung der Tabelle für die Vakuumverdampfung und die Benutzungsweise wird an einem Beispiel klar werden.

Es sei eine Flüssigkeit abzudampfen, die neben Extraktivstoffen Weingeist und Wasser enthält. Es ist festgestellt, daß die Kühlwassertemperatur 15^0 beträgt. Bei 15^0 siedet reiner (absoluter) Äthylalkohol bei einem Drucke von 32,6 mm. Es muß also, um restlose Kondensation des Weingeistes zu gewährleisten, der ja allerdings auch anfangs nicht ganz rein, sondern mit Wasserdampf gemischt übergeben wird, bei einem Drucke gearbeitet werden, der über 32,6 mm liegt. Man wird das Vakuum zweckmäßigerweise nicht unter etwa 50 mm heruntergehen lassen. Bei etwa 50 mm Druck siedet Weingeist bei 22^0, Wasser aber erst bei 38^0. Man wird also die Temperatur des Heizbades, um ruhiges stetiges Sieden zu gewährleisten, anfangs etwa auf 40^0 halten und dann langsam auf 55—60^0 hinaufgehen lassen.

Durch Beobachtung des Druckes und der Temperatur im Siederaum, also der Temperatur der jeweils übergehenden Dämpfe, kann man nun aber noch eine weitere sehr wichtige Feststellung machen, die besonders dann wertvoll ist, wenn die Extraktion anfangs mit ziemlich hochprozentigem Weingeist vorgenommen wurde, und erst später verdünnterer Weingeist angewendet worden ist. In solchen Fällen pflegen die Extrakte, selbst wenn vor der eigentlichen Extraktion entfettet worden ist, noch geringe Mengen Fette, ferner aber auch Farbstoffe (Chlorophyll) und ähnliche, die spätere Untersuchung durch Schmierenbildung erschwerende „Verunreinigungen" zu enthalten. Um sie wirksam zu entfernen, muß das Extrakt bis zur *völligen Entfernung des Weingeistes* abgedampft werden, da selbst geringe Weingeistmengen oft störend wirken. Ein einfaches Kriterium hierfür ist die Messung des Druckes und der Siedetemperatur. Wenn in unserm Beispiel bei etwa 50 mm Druck die Temperatur an dem inneren Thermometer rund 38^0 beträgt und die Flüssigkeit dabei regelmäßig siedet, so muß das Siedegut im Apparat praktisch frei von Weingeist sein. Ob es im Einzelfalle nun geraten ist, das Eindampfen zu unterbrechen und die weitere Verarbeitung des Extraktes zu beginnen, oder ob man noch weiter, bis fast zur Trockne (ganz läßt sie sich ohne Vakuumtrockenschrank nicht erreichen) eindampft, muß von Fall zu Fall entschieden werden. Es kann erhebliche Vorteile bieten, wenn bis zur völligen Trockne verdampft wird, da ein zerreibliches Trockenextrakt viel leichter mit verschiedenen Lösungsmitteln ausgezogen werden kann, als das Ausschütteln flüssiger Extrakte manchmal gelingt. In andern Fällen wird man auch wieder die ziemlich weit eingedickten, aber noch fließenden Extrakte mit organischen Lösungsmitteln, wie absolutem Alkohol, Äther oder Chloroform behandeln, um ihnen darin lösliche Stoffe zu entziehen, oder man wird sie im Gegenteil mit Wasser aufnehmen, um in Wasser unlösliche Stoffe abfiltrieren zu können.

Jeder Vakuumverdampfapparat besteht aus drei Hauptteilen, dem Siedegefäß, dem Kühler mit Kondensatsammelgefäß und der Luftpumpe. Man unterscheidet gewöhnlich Apparaturen aus Glas und solche aus Metall. Wenn auch die Metallapparaturen größere Stabilität besitzen, so haben sie doch den Nachteil, daß in ihnen der Siedevorgang weniger gut zu beobachten ist. Laboratoriumsapparate werden am besten nicht ganz aus Metall bestehen. Die Beschreibung der Vakuumverdampfapparatur soll hier an Hand des Apparates von KUMMER vorgenommen werden, der einheitlich durchkonstruiert und zweckmäßig gebaut ist. Die Abb. 315 gibt einen solchen Apparat schematisch gezeichnet wieder. (Hersteller Dr. Kummer G. m. b. H., Berlin-Steglitz, Kantstr. 5.)

In einem kupfernen Wasserbad mit konstantem Niveau hängt eine Porzellanschale mit flachem Boden zur Aufnahme des Siedegutes, auf die die gläserne Haube durch einen gut passenden Schliff aufgesetzt ist. Die Glocke besitzt drei Öffnungen, den Thermometerstutzen, einen Stutzen für einen kurzen Hahn und in der Mitte den Hauptstutzen, durch den einerseits der gegen ein Einzugsrohr auswechselbare Einlauftrichter und andererseits das Entbindungsrohr mit dem Siederaum verbunden sind. Das Entbindungsrohr steht an seinem andern Ende durch einen Schliff mit dem Kühler in Verbindung, der durch einen Vorstoß mit dem einen der Kondensatsammelgefäße in Verbindung steht. Dieses Kondensatsammelgefäß ist durch ein besonderes Hahnsystem einmal mit einem zweiten Kondensatsammelgefäß und dann mit dem Manometer und dem zur Pumpe führenden Sicherheitsgefäß verbunden. Durch dieses Hahnsystem kann die

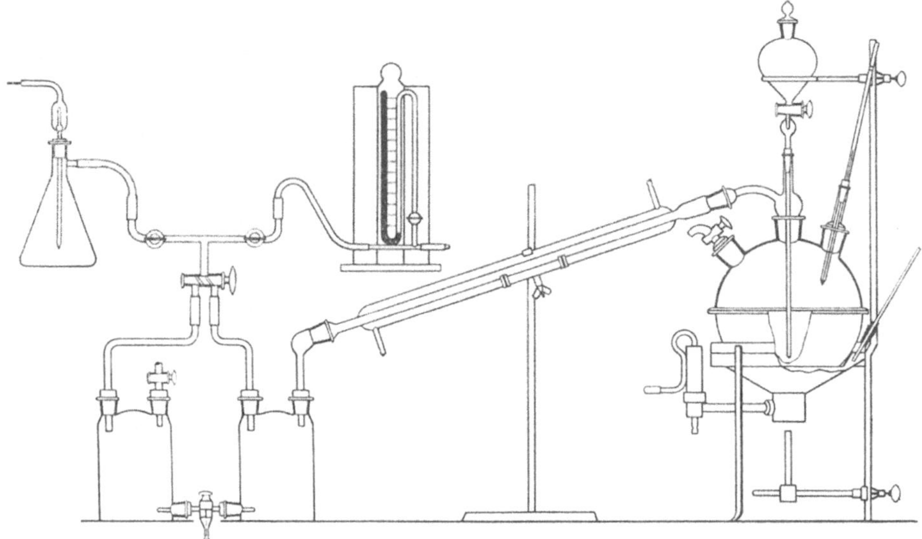

Abb. 315. Vakuumapparatur nach KUMMER.

Destillation kontinuierlich gestaltet werden, indem man, wenn das Kondensatsammelgefäß voll ist, durch Umstellung der Hähne das Kondensat auf das zweite Gefäß hinüberziehen kann, aus dem es dann, nach Zurückstellen der Hähne, wodurch das zweite Gefäß aus dem Vakuumsystem ausgeschaltet wird, nach außen bei gewöhnlichem Luftdruck entleert werden kann. Bei dieser Überleitung des Kondensats wird das Vakuum im Siedegefäß und dem Kühler nicht aufgehoben, so daß die Abdampftätigkeit nicht unterbrochen wird. Um auch ein Nachfüllen von Siedegut ohne Unterbrechung des Vakuums möglich zu machen, ist der Hauptstutzen mit dem Tropftrichter armiert, der für das Nachfüllen kleinerer Mengen ausreicht. Handelt es sich um größere Quantitäten, die nachlaufen sollen, so kann der Tropftrichter durch einen Einlaufhahn ersetzt werden, mit Hilfe dessen man infolge der Heberwirkung des Vakuums aus einem größeren am Boden stehenden Vorratsgefäß ständig neues Siedegut nachziehen kann.

Das Wasserbad ist so konstruiert, daß es sowohl durch Gas als auch durch Dampf beheizt werden kann, und zwar kann die Dampfbeheizung durch eine geschlossene Schlange erfolgen, es kann aber auch, nach vorheriger Entleerung des Wassers aus dem Heizbehälter direkter Dampf eingeleitet werden, so daß das Siedegefäß nach Wunsch sich in heißem Wasser oder in Wasserdampf selbst befindet. Schließlich ist noch eine Wasserschlange in das Wasserbad eingelegt, die zu Kühlzwecken dienen soll. Es kann nämlich gerade bei der Vakuumverdampfung leicht vorkommen, daß durch Unachtsamkeit oder auch aus andern Gründen eine zu starke Erhitzung des Siedegutes eintritt, bei der Überhitzung oder zu stürmisches Hochsieden zu erwarten ist. Bei einem offenen Siedekessel kann man sich durch Abheben des Kessels von der Heizquelle helfen. Bei der starren Vakuumapparatur ist das unmöglich. Das durch die Kühlschlange im Bedarfsfalle durch das Heizbad umlaufende kalte Wasser setzt die zu hohe Temperatur raschest und in ausreichendem Maße herab.

Die Zwischenschaltung eines Sicherheitsgefäßes ist bei Verwendung einer Wasserstrahlluftpumpe eine dringende Notwendigkeit, aber auch bei andern Pumpensystemen zu empfehlen. Bei der Wasserstrahlluftpumpe muß stets mit Schwankungen im Wasserdruck gerechnet werden, und es ist daher nicht ausgeschlossen, daß einmal Wasser aus der Wasserleitung in die Vakuumapparatur hineingesaugt wird. Wenn auch bei der Vakuumverdampfung das Kondensat nicht so wertvoll ist wie bei der Vakuumdestillation, so kann ein Zurücksteigen von Wasser in das Kondensatsammelgefäß doch zu unliebsamen Folgen führen, die durch Zwischenschaltung einer Sicherheitsflasche vermieden werden können. Im übrigen ist eine Wasserstrahlpumpe für derartige Arbeiten stets nur ein nicht allzu brauchbarer Notbehelf, weil einmal ihre Leistungsfähigkeit nicht allzu groß ist, und weil Druckschwankungen in der Wasserleitung, auch wenn kein Rücksaugen erfolgt, den ruhigen und ungestörten Ablauf der Vakuumverdampfung unterbrechen.

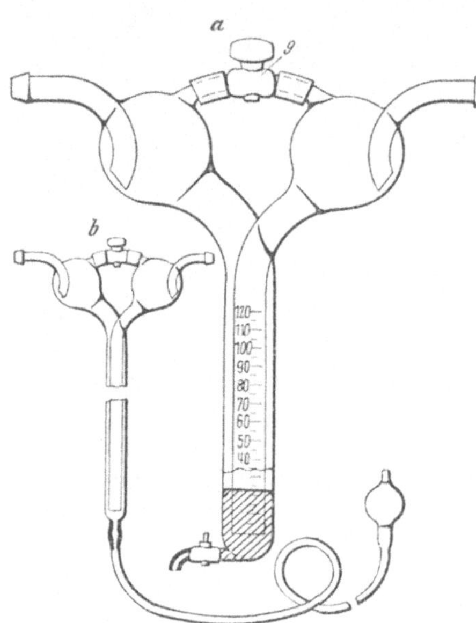

Abb. 316. Druckregler für Vakuumapparate nach Kummer.

Neben einer Reihe großer Vorteile hat die Vakuumverdampfung auch ihre Schwächen, die jedoch nicht unüberwindlich sind. Der eine Mangel ist der, daß es ohne ständige Überwachung oder ohne geeignete Hilfsmittel nur schwer gelingt, gleichmäßiges Sieden bei gleichbleibendem Druck zu erzielen. In dieser Hinsicht kann nun die Arbeit sehr erleichtert werden, wenn man den automatischen Druckregler von Kummer anwendet. Der in Abb. 316 gezeigte Apparat gestattet eine genaue Einstellung des Druckes durch ein Quecksilberniveau, das so wirkt, daß zwar jeder Überdruck aus der Vakuumapparatur durch die Luftpumpe abgesaugt wird, ein weiteres Sinken des Druckes aber ausgeschlossen ist. Solange der eingestellte Druck in der Apparatur nicht überschritten wird, läuft die Pumpe leer.

Ein zweites Moment, das die Vakuumverdampfung sehr behindert, ist das starke Schäumen des Siedegutes, das bei vielen, besonders saponinhaltigen, Pflanzenauszügen das Arbeiten sehr erschwert. Von den zahlreichen, in der Literatur angegebenen Mitteln zur Verhütung des Schäumens sind die meisten nicht wirksam oder nicht anwendbar. Das Auftropfen von Äther oder von gewissen Alkoholen ist nicht immer durchführbar, auch ist, selbst wenn die Kostenfrage außer acht bleiben kann, noch zu bedenken, daß das Siedegut oder das Kondensat in unerwünschter Weise verunreinigt wird. Siedenlassen unter einer Öldecke ist ebensowenig durchführbar. Rühren erfordert besondere konstruktive Komplikationen der Apparatur, die auch sehr kostspielig sind und zudem bei stärkerem Eindicken oft versagen. Ein neuerdings von KUMMER (9) für diesen Zweck gebauter Apparat, der ein neues Prinzip anwendet, hat sich auch bei stark schäumenden Stoffen als wirksam erwiesen. Das Prinzip dieses Apparates ist darin zu sehen, daß durch automatisches Öffnen und Schließen eines regulierbaren Ventiles in einstellbaren Zwischenräumen kleine dosierbare Luftstöße von oben her auf die siedende Flüssigkeit auftreffen, die die Schaumdecke jedesmal sofort zerreißen und niederdrücken. Der nach einmaliger Einstellung automatisch arbeitende Apparat gewährleistet ruhiges Sieden. Die dabei eingeführten Luftmengen sind so klein, daß eine Störung der Konstanz des Vakuums nicht zu befürchten ist, die Ausschläge betragen stets nur wenige Millimeter.

Als Luftpumpe hat sich eine elektrisch angetriebene Ölpumpe als recht zweckmäßig erwiesen.

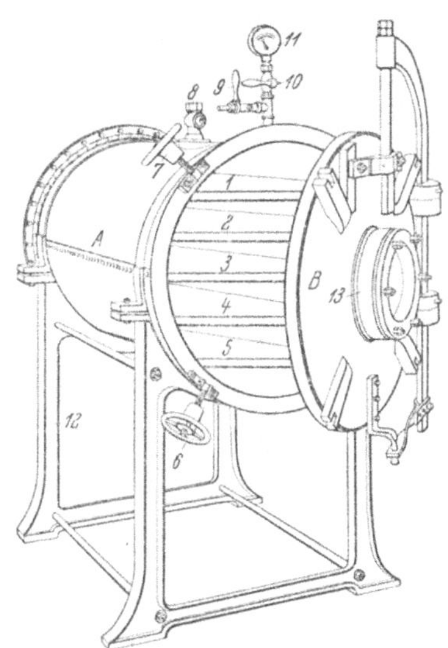

Abb. 317. Vakuumtrockenschrank. 1—5 herausziehbare Trockenhorden.

Ist das Siedegut zu einem dicken Extrakte eingedampft und besteht der Wunsch, es in ein Trockenextrakt zu überführen, so kommt es auf die Menge an, um zu entscheiden, ob das Austrocknen in der Siedeapparatur möglich ist oder in einem besonderen Vakuumtrockenschrank erfolgen muß. Ist die Menge so gering, daß die Gefäßwandungen von dem Extrakt nur messerrückendick bedeckt sind, so dürfte das Austrocknen im Verdampfer gelingen. Man überführt dann das Kondensat restlos in das zweite Gefäß, das dann entleert wird, und steigert nunmehr die Temperatur des Heizbades und gleichzeitig das Vakuum, und zwar dieses auf die volle Leistungsfähigkeit der Pumpe. Jede Luftzufuhr von außen wird dabei unterbunden. Die Entleerung des Kondensatsammelgefäßes war notwendig, um zu verhüten, daß das Kondensat darin zu sieden beginnt. Die Temperatur wird nur langsam gesteigert, kann aber mit fortschreitender Austrocknung höher getrieben werden, da dann Zersetzungen mangels Wasser weniger zu befürchten sind. Bei dieser Prozedur muß sich der Inhalt des Siedegefäßes gewaltig aufblähen, und die Schaumblasen müssen nicht zusammensinken, sondern stehenbleiben. Wenn die Blasen stehenbleiben und auch nicht mehr höhergehen, wird das Erhitzen abgebrochen und unter Vakuum erkalten gelassen. Nach dem Erkalten läßt man langsam Luft eintreten, der Schaleninhalt muß sich dann durch Schaben (aber nicht mit scharfem Werkzeug!) leicht von der Schale abheben lassen. Gelingt das nicht recht, so lasse man die Schale über Nacht im Kalttrockenkasten stehen. Für größere Mengen muß man sich eines besonderen Vakuumtrockenschrankes bedienen, wie ihn Abb. **317** zeigt. In ihm gelangt das dickflüssige Extrakt auf Platten dünn ausgestrichen im Vakuum zur Austrocknung.

Will man nicht Trockenextrakte, sondern flüssige Auszüge untersuchen, so wird mit dem Eindampfen nur so weit gegangen als es erforderlich ist, um den Weingeist vollständig zu entfernen (bzw. die organischen Lösungsmittel). In Fällen, wo auch darauf nicht besonderer Wert gelegt wird, unterbricht man die

Verdampfung dann, wenn der Inhalt des Siedekessels etwa 20% von der zur Herstellung des Auszugs angewendeten Pflanzenmenge beträgt und vermengt ihn dann mit den anfangs zurückgestellten 80%. Von einem so hergestellten Auszuge entspricht dann ein Teil Auszug einem Teile auszuziehender Pflanzenmasse.

Die Behandlung des schon obenerwähnten Vorlaufs, der, wie gesagt, die Hauptmenge der löslichen Inhaltstoffe der Pflanze enthält, wird verschieden sein, je nach dem, ob der Vorlauf, so wie er ist, mit zur Untersuchung herangezogen werden soll oder nicht. Im ersten Falle wird er bis zur Fertigstellung des Eindampfrückstandes des Nachlaufs kühl aufbewahrt und dann damit vermischt. Soll der Vorlauf auch von Weingeist befreit oder auch in ein Trockenextrakt verwandelt werden, so hebt man ihn so lange auf, bis der Nachlauf weit genug eingedampft ist, und gibt dann erst den Vorlauf hinzu, damit er nur möglichst kurze Zeit der Hitze ausgesetzt wird. Hierbei ist dann allerdings besonders sorgfältig auf Verhütung des Überschäumens zu achten, denn wenn dieser gewöhnlich hoch alkoholhaltige und an Pflanzenextraktivstoffen reiche Vorlauf in den Apparat eingezogen wird, setzt plötzlich gesteigerte Verdampfung ein.

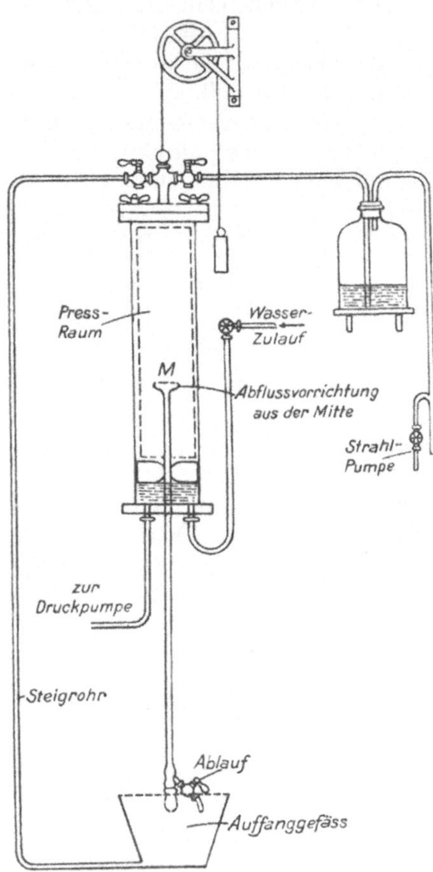

Abb. 318. Preßperkolationsapparat nach BRUNS. Schematische Darstellung.

In vielen Fällen wird man sich mit Vorteil an Stelle der bisher beschriebenen Perkolation des *Reperkolations*verfahrens bedienen können, das besonders in allen den Fällen geeignet ist, in denen zur Erschöpfung relativ große Mengen des Menstruums verwendet werden müssen. Zur Ausführung der Reperkolation geht man in folgender Weise vor: Die zu extrahierende Pflanzenmasse wird zunächst in der oben beschriebenen Weise vorbereitet. Dann wird sie jedoch nicht in einen, sondern in mehrere, vielleicht vier kleinere Perkolatoren gepackt, die hier durch die Zahlen *1*—*4* bezeichnet werden sollen. Man gewinnt zunächst den Vorlauf aus *1*. Dann beginnt man mit der Nachlaufgewinnung aus *1* und verwendet den Nachlauf von *1* fortlaufend dazu, ihn auf *2* aufzugießen. Nach Gewinnung des Vorlaufs von *2*, der mit dem Vorlauf von *1* vereinigt wird, verwendet man den Nachlauf von *2* zum Aufgießen bei *3*. Den hier sich ergebenden Vorlauf vereinigt man wieder mit den bereits erhaltenen Vorläufen und gießt den Nachlauf von *3* bei *4* auf. Es ist dann außer den vier Vorläufen, die aber zusammen nicht mehr ausmachen wie der auch bei gewöhnlicher Perkolation zu gewinnende Vorlauf, nur der Nachlauf von *4*, so daß diese Arbeit viel rascher vonstatten gehen wird.

Sollen sehr große Mengen von Pflanzenmaterial ausgezogen werden, so wird man am besten das sog. *Preßperkolationsverfahren* anwenden. Der hierbei zu verwendende BRUNSsche Apparat ist in Abb. 318 schematisch dargestellt. Der Apparat arbeitet in der Weise, daß das einmal in den Preßraum eingebrachte Extraktionsgut vor beendeter Extraktion nicht wieder herausgenommen zu werden braucht. Die Extraktionsflüssigkeit wird von der Druckpumpe her eingedrückt, und zugleich wird durch Betätigung der Wasserstrahlpumpe die Luft aus dem Preßraum abgesaugt, so daß gleichmäßige Durchfeuchtung stattfindet. Dann wird mit Wasserdruck das entstandene Extrakt ausgepreßt. Nun wird durch erneutes Evakuieren neues Extraktionsmittel angesaugt und so fort bis zur völligen Erschöpfung.

4. Die Extraktion.

Während bei der Perkolation die Auszüge auf kaltem Wege gewonnen werden, erfolgt dies bei der Extraktion auf warmem Wege. Die zur Anwendung kommenden Verfahren sind z. T. ganz primitive, z. T. aber solche, bei denen besondere Apparate verwendet werden. Ohne jede Apparatur stellt man Auszüge her, indem man das am besten grob gepulverte Pflanzenmaterial mit dem Menstruum, mit dem die Extraktion geschehen soll, durchfeuchtet, dann unter Zugabe größerer Lösungsmittelmengen auskocht oder auch nur bei Wasserbadtemperatur erwärmt, abpreßt und die Extraktion des Preßrückstandes dann noch einmal oder auch mehrmals in der gleichen Weise wiederholt. Die Preßflüssigkeiten werden dann filtriert und eingedampft, wobei man am besten wieder die Vakuumapparatur (s. vorigen Abschnitt) verwendet. Das geschilderte Verfahren ist mit einer ganzen Anzahl von Mängeln behaftet, deren größter der ist, daß zu einer auch nur annähernd vollkommenen Erschöpfung große Mengen Lösungsmittel und eine öftere Wiederholung der Prozedur erforderlich sind. In Anbetracht der großen Flüssigkeitsmengen ist dann auch die Filtration zeitraubend und die Verdampfung langwierig. Soll die Extraktion mit organischen, leichtflüchtigen Lösungsmitteln erfolgen, so ist diese Methode überhaupt nicht anwendbar, aber selbst wenn man z. B. verdünnten Weingeist als Lösungsmittel nehmen will, muß mit erheblichen Verlusten an Weingeist gerechnet werden, ja es ist nicht einmal während der Extraktion eine gleichbleibende Zusammensetzung des Monstruums gewährleistet. Beim Arbeiten mit Wasser allein muß man wieder berücksichtigen, daß, abgesehen von durch Inhaltstoffe des Pflanzenmaterials selbst bedingte hydrolytische Prozesse, durch das lang andauernde Verarbeiten in offenen Gefäßen aus der Luft stammende Mikroorganismen das Extraktionsgut reichlich befallen können, die dann ihrerseits Veränderungen unkontrollierbarer Art bewirken können.

Obwohl diese Art der Extraktion bei der Herstellung von Auszügen für gewerbliche Zwecke noch vielfach Verwendung findet, dürfte sie für analytische Zwecke nur dann angebracht sein, wenn mit absoluter Erschöpfung des Materials nicht gerechnet werden muß.

Zur Vermeidung der genannten Mängel des Verfahrens ist man schon längst zu apparativen Methoden übergegangen, wobei wieder zwei Haupttypen zu unterscheiden sind.

Der eine davon arbeitet im wesentlichen nach dem Prinzipe des Auskochens am Rückflußkühler. Für Laboratoriumszwecke wird man sich daher in solchen Fällen auch am einfachsten eines Kolbens von entsprechenden Abmessungen bedienen, der, sei es direkt, sei es auf dem Wasserbade, erhitzt wird, und der sowohl das auszuziehende Material als auch das Extraktionsmittel enthält. Der Kolben wird mit einem Rückflußkühler von passenden Abmessungen verbunden und nun eine Zeitlang, mindestens wohl eine Stunde, je nach Lage des Falles aber auch länger, ausgezogen. Nach dem Abkühlen wird dann die Hauptmenge des Auszuges von dem Pflanzenmaterial abgegossen, dann wird abgepreßt und der Preßrückstand erneut in der gleichen Weise behandelt. Im übrigen wird wie oben verfahren.

Bei dieser Methode werden also nur die äußeren Einflüsse und die Verluste an Extraktionsmitteln ausgeschaltet, nicht aber die Menge der Extraktionsflüssigkeit verringert.

Der andere Typ der Extraktionsverfahren wird durch die bekannte *Soxhletextraktion* repräsentiert. Das Prinzip dieser Methode liegt darin, daß die Extraktionsflüssigkeit nicht von vornherein mit dem Extraktionsgut in Berührung gebracht wird. Vielmehr befinden sich beide in getrennten Behältern derart, daß das Menstruum in dem einen Behälter zum Sieden erhitzt wird und nach Kondensation der Dämpfe in den zweiten, das Extraktionsgut enthaltenden Behälter eintritt, dort das auszuziehende Material durchdringt, um dann, mit löslichen Bestandteilen beladen, durch einen geeigneten Heber abgezogen und in das Siedegefäß zurückgeleitet zu werden. Es kursiert also in der Apparatur eine verhältnismäßig sehr geringe Menge des Extraktionsmittels. Die löslichen Bestandteile des Pflanzenmaterials sammeln sich in dem Siedegefäß an, während das Extraktionsgut ständig von frisch kondensierten und also noch nicht mit gelösten Stoffen beladenen Mengen des Lösungsmittels durchzogen wird. Den Typus dieser Apparate stellt, wie schon gesagt, der SOXHLETsche dar, wie ihn die Abb. 319 zeigt. Er besteht aus einem weithalsigen Rundkolben als Siedegefäß, mit dem durch Korkstopfen- oder Schliffverbindung ein Aufsatz verbunden ist. Dieser besteht aus einem weiten Rohr, auf dem das Extraktionsgefäß sich befindet. Aus dem weiten Rohr tritt seitlich ein ebenfalls noch ziemlich weitlumiges Rohr aus, das an dem Extraktionsgefäß vorbeigeführt ist, und in dessen obersten Teil einmündet. Durch dieses Rohr werden die Extraktionsmitteldämpfe aus dem Siedegefäß in den oberen Teil des Extraktionsgefäßes geleitet, von wo sie in den auf das Extraktionsgefäß aufgesetzten, oft auch kugelförmigen Kühler gelangen, in dem sie kondensiert werden. Von dort tropfen sie in das Extraktionsgefäß zurück, in dem sich die zu extrahierende Pflanzensubstanz in grob bis fein gepulvertem Zustande befindet. Am Boden des Extraktionsgefäßes ist seitlich ein ziemlich enges Rohr angesetzt, das an der Außenwand des Extraktionsgefäßes bis zu einer bestimmten Höhe hinaufführt, dann umgebogen ist und dann wieder parallel zu dem aufsteigenden Aste hinabführt, und zwar über den Boden des Extraktionsgefäßes hinunter bis zu dem weiten Rohr, durch dessen Wandung hindurch es über dem Siedegefäß mündet. Dieses Heberrohr bewirkt selbsttätiges restloses Abhebern der im Extraktionsgefäß angesammelten Flüssigkeit in das Siedegefäß, sobald die Extraktionsflüssigkeit in dem Extraktionsgefäß bis über den Scheitelpunkt des Heberrohrs gestiegen ist, das sich als mit dem Extraktionsgefäß kommunizierende Röhre ebenfalls mit Flüssigkeit gefüllt hat.

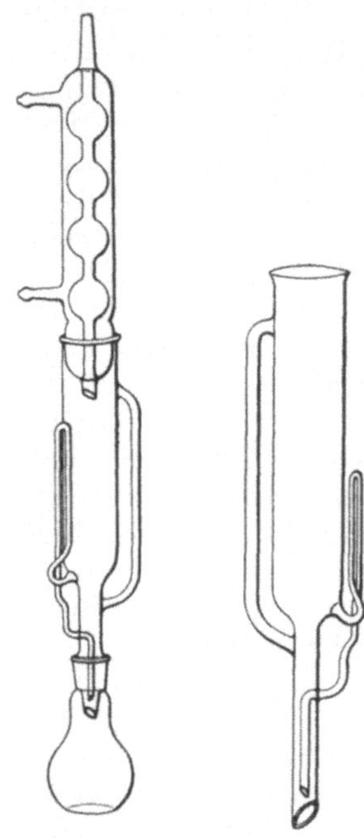

Abb. 319. SOXHLETscher Extraktionsapparat. Links vollständig, rechts nur der Extraktionsaufsatz mit selbsttätigem Heber.

Die Füllung des Extraktionsgefäßes mit Extraktionsgut erfolgt mit einer solchen Menge des Pflanzenmaterials, daß sich das Extraktionsgut bei voller

Füllung des Extraktionsgefäßes mit Flüssigkeit 1 bis mehrere Zentimeter unter dem Flüssigkeitsspiegel befindet. Ganz zu unterst in das Extraktionsgefäß kommt als Abschluß gegen die Öffnung der Heberröhre eine Schicht Watte, die zugleich verhütet, daß in die Heberröhre und damit in das Siedegefäß etwas von dem zu extrahierenden Material mitgelangen kann. Auf diese Watteschicht wird das Pflanzenmaterial eingetragen, festgedrückt und dann wieder mit einer festen Watteschicht verstopft. Sehr feinpulvrige, schwer benetzbare Materialien, die extrahiert werden sollen, und bei denen zu befürchten ist, daß sie leicht aufgeschwemmt oder doch in das Heberrohr mitgerissen werden, packt man wohl auch in eine Wattepatrone. Diese wird so hergestellt, daß man einen Streifen Filtrierpapier geeigneter Größe mit einer Watteschicht bedeckt, die einen etwas kleineren Flächeninhalt aufweist. Diese Papier- und Wattelage rollt man über einem eigens für diesen Zweck hergestellten, den Abmessungen des Extraktionsgefäßes entsprechenden Holzzylinder derart, und zwar fest, zusammen, daß die Watte innen und das Papier außen liegt. Dabei muß die Papier-Watte-Lage am unteren Ende des Holzzylinders so weit über das Ende hinausragen, daß nach dem Falten des Papiers einschließlich der Watte über die Kante des Holzes und Herausziehen des Holzzylinders (unter drehenden Bewegungen) ein zylinderförmiger Hohlkörper zurückbleibt, der außen aus Papier und innen aus Watte besteht, an der einen Seite ganz geschlossen und an der anderen offen ist. In diese Patrone bringt man erst etwas Watte, dann das Extraktionsmaterial, dann wieder etwas Watte als Abschluß. Die so gefüllte Patrone wird in das Extraktionsgefäß eingeschoben. Die Abmessungen des Papiers und der Watteschicht ergeben sich aus der Höhe des Extraktionsraumes und der Dicke des Holzzylinders ohne Schwierigkeiten.

Die Menge des Extraktionsmittels ist so zu bemessen, daß auch bei voller Füllung des Extraktionsgefäßes im Siedegefäß noch ein ausreichender Überschuß bleibt. Um die richtige Füllung zu erreichen, stellt man erst den Apparat nach Beschickung des Extraktionsgefäßes mit Extraktionsgut zusammen. Dann läßt man durch die obere Kühlermündung so viel Extraktionsflüssigkeit einlaufen, daß der Inhalt des Extraktionsgefäßes eben bedeckt ist. Man muß nun eine Zeitlang stehenlassen, damit sich das Pflanzenmaterial und die Watte bzw. Patrone mit Flüssigkeit ganz vollsaugen können. Man füllt so lange Extraktionsflüssigkeit nach, wobei man vermeidet, daß der Heber in Tätigkeit treten kann, bis man an dem auch bei einigem Stehen unveränderten Flüssigkeitsniveau im Extraktionsgefäß feststellt, daß weitere Flüssigkeit nicht aufgenommen wird. Nun gibt man so viel Flüssigkeit nach, daß der Heber in Tätigkeit tritt, wartet, bis alles abgelaufen ist, und gießt dann erneut so viel Flüssigkeit auf, daß sie im Extraktionsgefäß bis zu etwa $^1/_4$—$^1/_3$ der Gesamthöhe steht.

Wenn man bei sehr schwerlöslichen Inhaltstoffen viele Stunden extrahieren muß, so werden trotz guter Kühlung Verluste an Extraktionsmittel, besonders wenn dieses leicht flüchtig ist, kaum zu vermeiden sein. Man muß dann während der Extraktion gelegentlich noch etwas Extraktionsmittel nachfüllen.

Neben den in die Augen springenden Vorzügen dieser Methode zeigen sich aber zwei Nachteile, von denen der eine in der Gebrechlichkeit der Apparatur liegt, der andere darin, daß die Extraktion in der Kälte erfolgt. Der Abstellung dieser Mängel dient eine große Anzahl anderer Konstruktionen, die jedoch sämtlich auf dem gleichen Prinzip beruhen. Die wesentliche Änderung besteht gewöhnlich darin, daß an Stelle des seitlichen Siederohres ein das Extraktionsgefäß einschließlich Heber umfassender Mantel vorhanden ist, in dem die Dämpfe des Lösungsmittels aufsteigen. Dabei wird einmal Erwärmung des Extraktionsgutes bis nahe an den Siedepunkt des Lösungsmittels erreicht und die besonders zerbrechliche Heberröhre wird äußeren Eingriffen entzogen. (Über Extraktionsapparate siehe auch dieses Handbuch S. 128ff.)

Die beschriebenen Apparate besitzen sämtlich den Nachteil, daß mit ihnen nur sehr beschränkte Mengen Pflanzenmaterial extrahiert werden können. Besonders der Soxhletsche und ihm ähnliche Apparate gestatten nur die Verarbeitung so kleiner Mengen, daß mit einer Charge nur wenige Untersuchungen ausgeführt werden können. Will man mehrere Hundert Gramm oder gar ein oder einige Kilogramm extrahieren, so sind hierfür Metallapparate erforderlich, die bei prinzipiell gleicher Arbeitsweise doch konstruktiv wesentlich unterschiedlich gebaut sind. Diese „Extrakteure" bestehen zumeist aus einem Siedegefäß, aus dem die Lösungsmitteldämpfe in einen Kühler aufsteigen, aus dem sie in ein Sammelgefäß fließen. Aus diesem gelangen sie in das eigentliche Extraktionsgefäß, den Extraktor, in dem sich die zu extrahierende Pflanzensubstanz befindet. Am Extraktor ist ähnlich wie bei dem Soxhletschen Apparat ein Heber angebracht, der die Lösung aus dem Extraktor in das Siedegefäß zurückleitet. Die Beheizung geschieht durch Dampf, und zwar sind sowohl das Siedegefäß als auch der Extraktor mit Dampfmantel ausegrüstet, so daß die Extraktion nach Wahl in der Kälte oder bei erhöhter Temperatur vor sich gehen kann. Das Pflanzenmaterial befindet sich im Extraktor zwischen mit Flanell belegten Siebplatten, so daß ein Mitreißen von Pflanzenteilen vermieden wird. Diese Art von Extraktoren ist meistenteils mit verschiedenen Absperrhähnen ausgerüstet, so daß man auch an Stelle einer kontinuierlichen Extraktion wie beim Soxhletapparat anders verfahren kann. Man kann nämlich auch den Extraktor von vornherein mit Lösungsmittel füllen und längere Zeit das darin befindliche Material am Rückflußkühler auskochen. Dann kann man durch Umstellung der Hähne das Extrakt in die Destillierblase abziehen, neues Lösemittel in den Extraktor geben, wieder weiterkochen und zugleich das Extrakt in der Destillierblase einengen. Welche Arbeitsweise man verwendet, ist im Einzelfalle nach der Löslichkeit der zu extrahierenden Stoffe zu entscheiden.

Bei der Besprechung der Herstellung von Auszügen möge auch die Arbeit des **Klärens** und **Filtrierens** kurz besprochen werden, die eine der am häufigsten im Laboratorium angewendeten Operationen ist. Die Häufigkeit der Anwendung hindert jedoch nicht, daß sich viele Experimentatoren über die Bedeutung der Operation und über die Vielseitigkeit der Ausführungsformen im unklaren sind.

Mit dem am meisten geübten Filtrieren nahe verwandt und gewissermaßen als seine Vorstufe anzusehen ist die Operation des Klärens von Flüssigkeiten, die besonders dann bedeutungsvoll ist, wenn größere Flüssigkeitsmengen verarbeitet werden sollen. Aber selbst bei kleinsten Flüssigkeitsmengen kann es sich lohnen, sie vor Beginn der Filtration zu klären, da die dann folgende Filtration wesentlich beschleunigt wird.

Jede Filtration hat den Zweck, die in einer Lösung schwebenden ungelösten Bestandteile von der Lösung quantitativ zu trennen. Dabei kann das Unlösliche Verunreinigung sein, so daß der Hauptzweck des Filtrierens in der Gewinnung einer blanken Lösung besteht; es kann aber auch der umgekehrte Fall vorliegen, daß das Unlösliche gewonnen werden soll, das Filtrat aber kein Interesse besitzt. Bringt man eine Flüssigkeit auf ein Filter, so wird es von dem Verhältnis der Teilchengröße der festen Schwebestoffe zu der Porenweite des Filters abhängen, ob die schwebenden Teilchen durch das Filter hindurchgehen oder von ihm zurückgehalten werden. Natürlich bestehen hier zahlreichste Arten von Übergängen. Sind die schwebenden Teilchen so klein, daß sie restlos mit durchgehen, so kann noch sooft wiederholtes Aufgießen nicht zum Erfolge führen; sind sie dagegen so groß, daß auch die kleinsten nicht in die Poren des Filters eindringen können, so erfolgt sofort völlige Trennung, und das Filtrat läuft blank und — das ist wichtig — rasch durch. Ist der Niederschlag nicht nur grobflockig, sondern auch locker, so daß ein Zusammenballen der Teilchen nicht stattfindet, so wird auch eine verhältnismäßig große Niederschlagsmenge lediglich durch einfache Filtration rasch und vollkommen von der Flüssigkeit getrennt werden können.

Ein solcher Fall wird natürlich ziemlich selten sein. Wenn nun, wie es meist der Fall sein wird, die schwebenden Teilchen sehr verschiedenartige Abmessungen zeigen, so wird eine Anzahl von ihnen durch die Poren durchdringen, eine andere Zahl wird in die Poren eindringen und in ihnen liegenbleiben. Gießt man solche Flüssigkeiten auf ein Filter, so läuft anfangs ein trübes Filtrat ab, das in einem späteren Stadium, wenn nämlich die in den Poren liegengebliebenen Teilchen diese zu verstopfen beginnen, blank wird. Die Verstopfung der Poren hat naturgemäß eine Verlangsamung des Filtrierens zur Folge, und das kann so weit gehen, daß praktisch Stillstand eintritt.

Diese Feststellungen zeigen, da sie für sämtliche Arten des Filtrierens in gleicher Weise gültig sind, daß es stets wünschenswert ist, vor Beginn der Filtration eine möglichst weitgende Trennung von klarer Flüssigkeit und Schwebestoffen bzw. Niederschlag zu erreichen. Das geschieht durch das Klären. In der überwiegenden Zahl der Fälle wird die Klärung durch einfaches Absitzenlassen erreicht. Man verwendet hierzu Gefäße, die bei möglichst geringer Bodenfläche möglichst hoch sind, also Zylinder aus Glas oder zylinderförmige Töpfe aus Porzellan oder Ton. Je nach der Art des Niederschlages wird er sich innerhalb kurzer Zeit oder auch erst beim Stehen über Nacht oder durch mehrere Tage hindurch völlig absetzen. Man wird natürlich zu überlegen haben, ob das Material im Hinblick auf seine etwa vorhandene Zersetzlichkeit ein so langes Lagern verträgt.

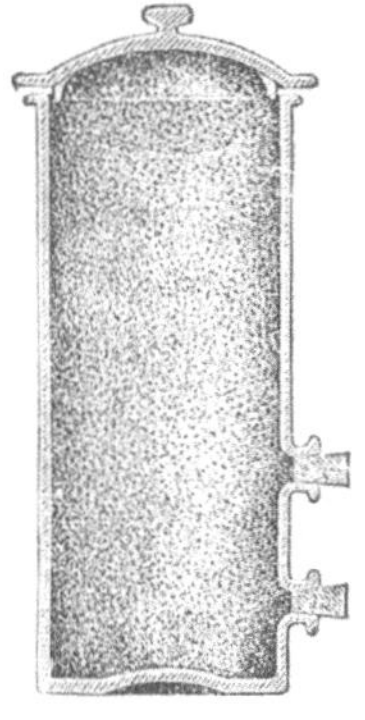

Abb. 320. Sedimentiergefäß mit seitlichem Stutzen.

Hat die Flüssigkeit abgesetzt, so gießt man das über dem Bodensatz Stehende möglichst restlos ab. Da sich manche Niederschläge schon durch geringe Erschütterungen oder Lageveränderungen wieder erheblich aufwirbeln lassen, ist hier Vorsicht am Platze. Größere Flüssigkeitsmengen läßt man wohl stets in Gefäßen sedimentieren, die an verschiedenen Stellen der Seitenwandung mit Abflußstutzen versehen sind, damit ungehinderter Abfluß der über dem Niveau dieser Stutzen stehenden Flüssigkeitsmenge bewirkt werden kann (Abb. 320). Das Abziehen der überstehenden Flüssigkeit kann auch mittels eines Hebers vorgenommen werden, dessen einfachste Form in einem U-förmigen Glasrohrstück besteht, das über den Rand des Gefäßes gelegt wird. An beiden Enden sind über das Glasrohr Gummischläuche von geeigneter Länge gezogen. Der eine ragt weit genug in die abzusaugende Flüssigkeit hinein, also bis möglichst nahe an den oberen Rand des Bodensatzes, der andere längere hängt an der Außenwand herab. Durch Saugen daran wird der Heber in Tätigkeit gesetzt, und die ablaufende Flüssigkeit wird dann aufgefangen. Da das Saugen an einem Gummischlauche wohl stets zu der unerwünschten Erscheinung führt, daß der Saugende etwas von der Flüssigkeit in den Mund bekommt, kann man folgende einfache Verbesserung anbringen. Das Ende des nach außen führenden Gummischlauches wird mit einem T-förmigen Glasrohr armiert. Den seitlichen Stutzen des T-Rohres armiert man mit einem kurzen Gummischlauchstück, in dessen anderes Ende man ein längeres Glasrohr einführt. Ein Quetschhahn sorgt für

Verschluß. Zum Ansaugen nimmt man das Ende des Glasrohres in den Mund, verschließt das senkrecht nach unten mündende Ende des T-Stückes mit dem Finger der einen Hand und öffnet mit der anderen den Quetschhahn. Saugt man nun, so sieht man, wenn die Flüssigkeit in das T-Rohr eintritt. Sobald das der Fall ist, schließt man den Quetschhahn und öffnet den Fingerverschluß der anderen Rohrmündung. Die Flüssigkeit läuft nun in das vorbereitete Auffanggefäß ab.

Die beim Abziehen ablaufende Flüssigkeit wird in den seltensten Fällen so klar sein, wie es wünschenswert erscheint. Man kann sie dann durch ein geeignetes Filter filtrieren, wobei man, da nennenswerte Mengen Unlösliches nicht vorhanden sind, mit raschem Durchlauf rechnen kann.

Die Behandlung des Bodensatzes im Dekantiergefäß wird je nach den Umständen verschieden sein. Ist der Bodensatz unwichtig und ist so viel Flüssigkeit durch Absetzen gewonnen worden, daß auf die geringe, im Bodensatz noch enthaltene Füssigkeitsmenge verzichtet werden kann, so wird man den Bodensatz ganz verwerfen. Soll die Flüssigkeit noch gewonnen werden, so wird man, nachdem man von der dekantierten Flüssigkeit den letzten Anteil aufs Filter gebracht hat, das Filtratauffanggefäß wechseln, und dann, ehe noch alles vom Filter abgelaufen ist, den aufgerührten Bodensatz auf das Filter aufbringen. Das Wechseln des Auffanggefäßes ist erforderlich, weil erfahrungsgemäß beim Aufgießen des Bodensatzes häufig eine Trübung des ersten Filtrates, das nach dem Aufgießen abläuft, stattfindet. Damit würde aber, wenn das Auffanggefäß nicht gewechselt wurde, das gesamte bisher erhaltene Filtrat verunreinigt werden.

Ist nicht so sehr am Filtrat als vielmehr an dem Bodensatz gelegen, so wird man ihn, wenn es angeht, noch reinigen, ehe man ihn auf das Filter aufbringt, da ein Auswaschen auf dem Filter nicht immer so leicht und vollkommen auszuführen ist als im Dekantiergefäß selbst. Zu diesem Zweck übergießt man den Bodensatz unter Rühren mit Wasser oder dem geeigneten Lösungsmittel, wie es der Zusammensetzung des Filtrates oder dem vorliegenden Zweck am besten entspricht und läßt dann, nachdem man für gute Durchmischung gesorgt hat, wieder absetzen. Dabei verhalten sich die Niederschläge insofern verschieden, als manche sich um so schneller absetzen, je reiner sie werden, manche aber gerade im Gegenteil mit zunehmender Reinheit Neigung zeigen, in der Schwebe zu bleiben. Das ist auch ganz verständlich, denn es ist bekannt, daß einerseits zahlreiche Stoffe in reinen Lösungsmitteln unlöslich, in Gegenwart gewisser Substanzen aber löslich sind, und daß andererseits Stoffe, die etwa in reinem Wasser kolloid löslich sind, bei Gegenwart von Salzen ausgeflockt und somit als Niederschläge abgeschieden werden.

Das Dekantieren mit jedesmal erneuter Waschflüssigkeit wiederholt man gegebenenfalls mehrmals, so daß man, wenn man den Niederschlag abfiltriert hat, wenig oder gar nicht auf dem Filter auszuwaschen hat.

In den Fällen, in denen das Filtrat und nicht der Bodensatz weiterverarbeitet werden soll, und in denen es durch keines der Filtrationsverfahren, einschließlich des Dekantierens gelingt, klare Filtrate zu erhalten, kann man versuchen, eine Klärung durch Zusätze zu erreichen. Die Grundlage für diesen Klärungsvorgang ist in der Absorption der Schwebestoffe an die Klärmittel zu sehen. Dabei ist es nun von Wichtigkeit, sich die Frage vorzulegen, ob nicht auch von den im Filtrat gelösten Stoffen Teile durch das Adsorptionsmittel mit niedergerissen werden. Bei echt gelösten Stoffen wird das nicht in dem Umfange zu befürchten sein wie bei kolloid gelösten; ausgeschlossen ist es aber bei keinem löslichen Körper. Die Adsorptionsfähigkeit der einzelnen Klärmittel ist nun sehr verschieden, und zwar nicht nur relativ zu anderen Adsorbenzien, sondern auch relativ zu den einzelnen Adsorbenden selbst. Es ist daher nicht möglich, bestimmte Klärmittel für alle Fälle zu empfehlen, sondern es muß stets der Entscheidung für den Einzelfall überlassen bleiben, das geeignete Klärmittel zu finden. Solche Klärmittel sind weißer Ton (Bolus), die verschiedenen Kohlesorten (Holzkohle, tierische Kohle, Zuckerkohle, medizinischen Kohlen, wobei es weniger auf die Herkunft — Ausgangsmaterial — der Kohle als auf die Art ihrer Bereitung ankommt), Kieselgur, Talkum (Speckstein), Cellulosebrei (hergestellt durch Schütteln von reinen Filtrierpapierabfällen mit kochendem Wasser bis zur Breibildung. Statt pulverförmige Klärmittel zuzusetzen kann man auch so vorgehen, daß man gewisse Niederschläge in der zu klärenden Flüssigkeit erzeugt; als solche kommen z. B. Calciumcarbonat bzw. Calciumphosphat in Betracht, die man erzeugt, indem man genau berechnete Mengen von Calciumchlorid in Lösung mit Natriumcarbonat bzw. -phosphat umsetzt. Durch einen Vorversuch muß man nicht nur das geeignetste Klärmittel, sondern auch seine Menge feststellen. Weißer Ton und Talkum werden gelöste Stoffe noch am wenigsten mitreißen, aber auch Kieselgur und selbst hoch adsorbierende Kohlen können Anwendung finden, wenn man nur die gerade erforderliche Menge verwendet. Auf jeden Fall muß man sich nach erfolgter Klärung überzeugen, ob das Absorptionsmittel wichtige Bestandteile mitgerissen hat. Zu diesem Zwecke kocht man den Filterrückstand mit Wasser, mit Weingeist, mit angesäuertem Wasser oder mit schwach alkalischem Wasser aus und untersucht die Auszüge nach dem später beim allgemeinen Untersuchungsgang angegebenen Verfahren.

Eine der Klärung durch Dekantieren im Ergebnis sehr ähnliche Trennungsmethode von Flüssigkeit und Schwebestoffen ist das *Zentrifugieren*, das natürlich an das Vorhandensein geeigneter Apparate geknüpft ist. Im allgemeinen bedient man sich elektrisch angetriebener Zentrifugen, da solche mit Handbetrieb unbequem zu bedienen und weniger wirksam sind.

Die Filtration kann in sehr verschiedener Weise ausgeführt werden. Man unterscheidet Filtration bei gewöhnlichem und bei vermindertem bzw. erhöhtem Druck.

Die Filtration bei gewöhnlichem Luftdruck oder richtiger ohne Druckdifferenz wird gewöhnlich vermittels Filtrierpapier vorgenommen unter Verwendung gläserner Trichter. Ein so einfaches Gerät ein solcher Trichter auch ist, so ist es doch erwiesen, daß die meisten Trichter für Filtrationszwecke insofern schlecht geeignet sind, als der Neigungswinkel, den die Trichterwand bildet, vielfach von 60^0 erheblich abweicht. Auch finden sich oft Trichter, deren Wand ungleichmäßig ist, so daß zwischen Trichterwand und Filter Zwischenräume entstehen und ein glattes Anlegen des Filters nicht möglich ist. Das ist aber von größter Bedeutung für den guten und raschen Verlauf der Filtration. Das in den Trichter eingelegte Filter soll derartige Abmessungen haben, daß ein etwa 1—2 cm breiter Rand des Trichters über das Filter hinausragt. Ein umgekehrt über den Trichterrand hinausragendes Filter ist zu verwerfen. Von Sonderfällen abgesehen, soll das Filter, ehe man die zu filtrierende Flüssigkeit aufgießt, angefeuchtet werden, und zwar mit derjenigen Flüssigkeit, die in der Zusammensetzung dem Lösungsmittel der zu filtrierenden Flüssigkeit entspricht, also z. B. mit Wasser bei einer wäßrigen Lösung, mit Weingeist bei einer weingeistigen usw. Das Aufgießen der Flüssigkeit geschehe stets vom oberen Rande aus und so, daß das Filter nicht ganz gefüllt ist. Man lasse nie ganz ablaufen, ehe man weiteres Material aufgießt, sondern sorge für möglichst ständige gleichmäßige Füllung des Filters. Ganz unzweckmäßig ist es, wenn man während des Filtrierens durch

Vernachlässigung rechtzeitigen Aufgießens das Filter mit Inhalt teilweise trocken werden läßt.

Man verwendet zum Filtrieren zwei Arten von Filtern, sog. glatte und sog. Faltenfilter. Das glatte Filter wird man vorzugsweise dann anwenden, wenn man den Niederschlag sammeln will, das Faltenfilter dagegen, wenn es hauptsächlich oder lediglich auf das Filtrat ankommt.

Der Erfolg des Filtrierens ist auch vielfach von der Filtrierpapiersorte, die verwendet wird, abhängig; die Fabrikanten stellen gewöhnlich verschiedene Sorten her, die je nachdem für die Filtration wäßriger, weingeistiger oder öliger Flüssigkeiten Verwendung finden sollen.

Die Filtration durch Papierfilter ohne Druckdifferenz hat den Nachteil, daß sie nur bei leicht filtrierenden Flüssigkeiten mit der wünschenswerten Geschwindigkeit vonstatten geht. Besonders dann, wenn voluminösere Niederschläge abfiltriert werden müssen, stellen sich Schwierigkeiten ein, indem selbst anfangs rasch durchlaufende Filtrate ihre Durchlaufgeschwindigkeit bald stark verlangsamen. In solchen Fällen empfiehlt es sich, zur Filtration mit Druckdifferenz zu greifen. Während man in der Industrie fast ausschließlich mit Filterpressen arbeitet, bei denen die zu filtrierende Flüssigkeit unter Überdruck in die Filterapparate eingepreßt wird, wendet man im Laboratorium meistens das entgegengesetzte Prinzip an, indem man die ablaufende Flüssigkeit absaugt.

Betreffs Einzelheiten sei auf den Abschnitt „Filtrieren" S. 83ff. verwiesen.

5. Das Ausschütteln.

Bei der Aufarbeitung der Auszüge aus Pflanzenmaterial wird man sich häufig des Ausschüttelns bedienen.

Unter Ausschütteln versteht man den Vorgang, der Lösung eines Stoffes in einem Lösungsmittel *A* diesen Stoff durch ein anderes Lösungsmittel *B*, in dem er auch löslich ist, zu entziehen.

Dabei ist Voraussetzung, daß die beiden Lösungsmittel *A* und *B* praktisch ineinnader nicht löslich sind. Gewöhnlich herrscht über die Grenzen dieses Verfahrens Unklarheit. Wenn man z. B. der ätherischen Lösung einer Alkaloidbase dieses Alkaloid durch Ausschütteln mit einer verdünnten Säure entziehen will, so liegt Ausschütteln im engeren Sinne nicht vor. Hier ist ein quantitativer Erfolg ohne weiteres möglich, denn die Säure bildet mit dem Alkaloid ein Salz, das in dem Äther praktisch unlöslich, in Wasser aber leicht löslich ist. Ebenso liegt der Fall, wenn man der alkalischen Lösung einer Seife in Wasser die Fettsäure mit Petroläther dadurch entzieht, daß man nach dem Ansäuern mit Schwefelsäure mit Petroläther ausschüttelt. Durch das Ansäuern wird die in Wasser praktisch unlösliche Fettsäure ausgeschieden, und sie geht daher quantitativ in den Petroläther in Lösung.

Ganz anders liegen aber die Dinge, wenn der Stoff in beiden Lösungsmitteln löslich ist. In diesem Falle ist der *Verteilungssatz* zu berücksichtigen, der besagt, daß ein in zwei nicht miteinander mischbaren Lösungsmitteln löslicher Körper sich in den beiden Lösungsmitteln dem Löslichkeitsverhältnis in den einzelnen Lösungsmitteln entsprechend derart verteilt, daß Lösungen von gleichem Sättigungsgrade entstehen. Ist z. B. die Löslichkeit des Stoffes in dem Lösungsmittel *A* durch den Koeffizienten 1, die in *B* durch den Koeffizienten 30 gekennzeichnet, so wird bei Anwendung gleicher Mengen Lösungsmittel in *B* stets die 30fache Menge des Stoffes in Lösung sein wie in *A*. Mit anderen Worten heißt das, daß man, um den in *B* gelösten Stoff daraus mittels *A* auszuschütteln, 30 Teile *A* auf 1 Teil *B* nehmen müßte, um auch nur die Hälfte des Stoffes nach *A* zu überführen. Bei der zweiten gleichartigen Ausschüttlung würde in *B* noch ein Viertel, bei der dritten ein Achtel der Gesamtmenge vorhanden sein. Man hätte also mit 9 l *A* aus 100 cm³ *B* immer nur sieben Achtel der Gesamtmenge ausgeschüttelt.

Dieses Beispiel zeigt, daß die Möglichkeiten des quantitativen Ausschüttelns recht begrenzte sein können, und daß, selbst wenn die Verhältnisse günstiger als in dem Beispiel liegen, stets eine ganze Reihe wiederholter Ausschüttelungen erforderlich ist. Eine wesentliche Vereinfachung des Ausschüttelns stellt das Arbeiten mit sog. *Perforatoren* dar, Geräten, die es gestatten, in ähnlicher Weise wie beim SOXHLETschen Extraktionsapparat mit kleinen im System kreisenden Mengen des einen Lösungsmittels die Lösung in dem anderen Lösungsmittel auszuziehen. Die weiteste Verbreitung dürfte wohl der Perforator von KEMPF (4) genießen, der allerdings nur das Perforieren wäßriger Lösungen mit solchen Lösungsmitteln gestattet, die leichter als Wasser sind (Abb. 321).

In dem Kölbchen befindet sich z. B. Äther, der durch Erhitzen auf dem Wasserbade zum Sieden gebracht wird. Er steigt in dem äußeren Glasmantel auf, erwärmt dadurch die in dem inneren Glasgefäß enthaltene wäßrige Lösung annähernd auf seinen Siedepunkt und wird dann in dem Kugelkühler kondensiert. Der Äther tropft dann in den im Innern des zylindrischen Gefäßes befindlichen Langrohrtrichter und tritt so von unten in die wäßrige Flüssigkeit ein. Um den unteren Rohrteil des Trichters ist eine Glasspirale gelegt, die den Äther zwingt, nicht geradlinig aufzusteigen, sondern der Spirale folgend die wäßrige Flüssigkeit zu durchlaufen, wobei, abgesehen von der Verlängerung des Weges, noch ein gewisser Mischeffekt erzielt wird. Der mit dem zu lösenden Stoffe beladene Äther sammelt sich über dem Wasser an und läuft durch Öffnungen in der Glaswand in das Siedegefäß zurück, wenn er einen genügend hohen Stand erreicht hat.

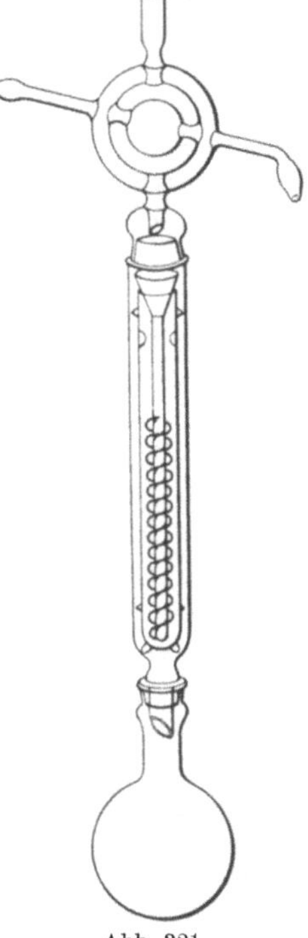

Abb. 321. Perforator nach KEMPF.

Auf diese Weise kann man in Wasser leicht lösliche Stoffe mittels Lösungsmitteln, in denen diese Stoffe schwerer löslich sind, quantitativ extrahieren.

Andere Perforatoren gestatten das Arbeiten sowohl mit Lösungsmitteln, die leichter als Wasser sind, als auch mit solchen die schwerer sind. So z. B. der allerdings nur für kleine Flüssigkeitsmengen geeignete GADAMERsche, der Perforator nach HAGEMANN oder nach PREGL.

Beim Arbeiten mit Perforatoren oder Soxhletapparaten usw. ist es wichtig den sehr störenden Siedeverzug der organischen Lösungsmittel möglichst zu beseitigen. Es geschieht dies durch ein Stückchen Bimsstein oder ein einseitig zugeschmolzenes, mit der Öffnung nach außen eingeführtes Capillarröhrchen.

Wenn sich beim Ausschütteln wäßriger Lösungen mit organischen Lösungsmitteln Emulsionen bilden, so ist es nicht immer einfach, sie zur Trennung zu bringen. Oft hilft die Zugabe von wenig hochprozentigem Weingeist oder von verdünnter Schwefelsäure oder konzentrierter Natriumchloridlösung, wobei natürlich vorher zu überlegen ist, ob solche Zusätze unbedenklich sind. In vielen Fällen trennen sich die Emulsionen zwar ganz gut, aber es bleibt in der ätherischen (petrolätherischen) Schicht ein Schleier von festen oder flüssigen Schwebestoffen zurück. Solche Lösungen kann man leicht und völlig klären, wenn man 1—2 g Tragantpulver zugibt und kräftig durchschüttelt. Ist die Klärung nicht ausreichend, so liegt das gewöhnlich daran, daß die der organischen Lösung beigemischte Wassermenge sehr gering war. Zusatz von 1—2 cm³ Wasser und erneutes Schütteln führt dann zu dem gewünschten Erfolge.

Über Ausschütteln, Perforieren usw. siehe auch S. 120ff. dieses Handbuches.

6. Einiges über Lösungsmittel.

Wer sich mit der Analyse von Pflanzen befaßt, hat ständig mit verschiedenartigen Lösungsmitteln zu arbeiten. Es ist daher angebracht, einige allgemeine Bemerkungen über Lösungsmittel zu machen, da das Gelingen der Arbeiten und die Beurteilung der Ergebnisse oft weitergehender von der Qualität des Lösungsmittels abhängig sind, als man vielleicht annehmen möchte. Über Lösungsmittel finden sich auch Angaben auf S. 67 und 120 dieses Handbuches.

Wasser. Eines der hauptsächlichsten Lösungsmittel ist das Wasser. Es sollte stets nur als destilliertes Wasser Anwendung finden. Aber der Begriff des destillierten Wassers ist ein etwas dehnbarer. Nicht jedes Wasser, das als Kondensat aus einer Dampfleitung erhalten wird, ist für die Zwecke der Pflanzenuntersuchung brauchbar. Im allgemeinen wird man mit der durch die Arzneibücher festgelegten Qualität auskommen können, wobei besonders folgende Prüfungen bestanden werden müssen:

1. Destilliertes Wasser darf weder rotes noch blaues Lackmuspapier verändern.

2. 100 g Wasser dürfen beim Eindampfen in einer gewogenen Glas- oder Porzellanschale höchstens 1 mg Rückstand hinterlassen.

3. Kocht man 100 cm³ Wasser in einem Kolben 3 Minuten lang mit 1 cm³ verdünnter Schwefelsäure (1 + 5) und 0,3 cm³ Kaliumpermanganatlösung (1 : 1000), so darf die rote Farbe nicht verschwinden. Da das Wasser auch bei Verschwinden der Farbe einwandfrei sein kann, weil der verwendete Kolben etwas organische Substanz an seiner Wandung haften hatte, so wiederhole man, falls Entfärbung eingetreten ist, die Prüfung nochmals, nachdem man zuvor den Kolben unter Zugabe von soviel Kaliumpermanganatlösung, daß die Färbung bestehen blieb, ausgekocht hat.

Wasser, das diese Proben hält, kann als einwandfrei bezeichnet werden, wenn es vor Staub und Bakterienbefall geschützt aufbewahrt wird. Beim Stehen löst es Luft und somit Sauerstoff, und daher werden jodometrische Titrationen, die mit solchem Wasser ausgeführt werden, ungenau, da Jodwasserstoff (also saure Lösungen von Jodsalzen) schon durch Luftsauerstoff erheblich oxydiert wird. *Zu jodometrischen Titrationen sollte daher stets frisch ausgekochtes Wasser* Verwendung finden; zu sehr genauen derartigen Bestimmungen aber am besten Wasser, das im Kohlensäurestrom ausgekocht und erkaltet ist.

Die weitverbreitete Ansicht, daß Wasser beim Stehen an der Luft Kohlensäure bis zu verhältnismäßig großen Mengen aufnehme, ist, trotzdem sie auch in Arzneibücher übergegangen ist, durchaus irrig. Wasser hat kurz nach dem Destillieren den Höchstgehalt an gelöster Kohlensäure; bei der Aufbewahrung findet ein Rückgang des Kohlensäuregehaltes statt. Frisch destilliertes Wasser zeigt gewöhnlich ein p_H, das bei etwa 5,2—5,5 liegt. Destilliertes Wasser, das einige Zeit gestanden hat, zeigt dagegen ein p_H von etwa 5,6—5,9. Auch durch nochmalige Redestillation ist das p_H nicht näher an 7 heranzubringen, es sei denn, daß unter ganz besonderen Kautelen gearbeitet wird. Einfacher ist es aber, wenn ein Lösungsmittel mit einem p_H zwischen 6 und 7 erforderlich ist, eine geeignete Pufferlösung zu verwenden.

Nicht zu übersehen ist, daß destilliertes Wasser fast stets recht erhebliche Mengen an Bakterien der verschiedensten Art enthält bzw. enthalten kann. In allen Fällen, in denen das bedeutungsvoll sein könnte, ist daher Wasser zu verwenden, das durch bakteriendichte Filter (Berkefeld-Filter, Seitz-E-K-Filter) filtriert worden ist.

Weingeist. Weingeist (Alkohol) wird in verschiedenen Stärken und sehr häufig als Lösungsmittel verwendet. Der Weingeist ist gewöhnlich in zwei Stärken im Handel, mit 95—96 Volumenprozent und dann als sog. absoluter Alkohol. Aus dem 95—96proz. Weingeist werden die verdünnteren Sorten hergestellt, wobei man infolge der dabei eintretenden Kontraktion nicht bestimmte Gewichts- oder Raummengen miteinander mischen kann, sondern an Hand des spezifischen Gewichts entsprechend einstellen muß. Die am meisten gebräuchlichen Stärken haben folgende spezifische Gewichte bei $15^0/15^0$:

Volumenprozent		Volumenprozent	
90	0,8343	60	0,9139
85	0,8499	55	0,9248
80	0,8642	55	0,9347
70	0,8904	40	0,9521
65	0,9025		

Will man den Weingeist selbst einstellen, so beachte man, daß beim Mischen von Wasser mit Weingeist erstens Erwärmung und zweitens Verdrängung der in dem Wasser gelösten Gase stattfindet. Man darf daher die Bestimmung des spezifischen Gewichtes stets erst nach entsprechender Klärung und Temperierung vornehmen.

Selbst wenn der Weingeist beim Einkaufe untersucht und als den Anforderungen, wie sie nach den Arzneibüchern und für Reagenzienzwecke zu stellen sind, entsprechend befunden worden ist, so wird er doch bei der Aufbewahrung Veränderungen erfahren, die für seine analytische Verwendung sehr zu beachten sind; besonders ist hier das Auftreten saurer Reaktion infolge Oxydation des Alkohols zu Säure zu nennen. Da bei zahlreichen Untersuchungen, die im Laufe einer Analyse auszuführen sind, gerade die Reaktion von Bedeutung ist und oft genug auch der Säuregehalt gemessen werden soll, so muß der Alkohol *ständig*, nicht nur beim Einkauf, auf seine Reaktion geprüft und, wenn erforderlich, neutralisiert werden. Sind in alkoholischen Lösungen Säuregehaltsbestimmungen (acidimetrische Titrationen) auszuführen, so setzt man vor Inangriffnahme der Arbeit den Indicator, gewöhnlich Phenophthalein, zu dem Weingeist zu und fügt dann so lange tropfenweise $^1/_{10}$ n-Kalilauge zu, bis eine eben bestehen bleibende Rosafärbung auftritt. Dann erst gibt man den Weingeist dem Reaktionsgemisch zu oder bereitet mit ihm die erforderlichen Lösungen. Ist ein solches Verfahren nicht durchführbar, so kann sauer reagierender Weingeist durch Schütteln mit etwas Calcium- oder Magnesiumcarbonat entsäuert werden. Er wird dann durch Destillation gereinigt, wobei man das überschüssige Carbonat vorher nicht abzufiltrieren braucht. (S. a. die Angaben auf S. 67 und 121 dieses Handbuches. Über die Herstellung völlig wasserfreien Alkohols und über Wassergehaltsbestimmungen in Alkohol siehe ADICKES, BRUNNERT und LÜCKER [1].)

Äther. Äther, auch Schwefeläther genannt, ist Diäthyläther. Der handelsübliche Äther ist fast nie ganz rein, er enthält oft geringe Mengen Alkohol und auch Wasser, die bei vielen Arbeiten auch nicht stören. Darüber hinaus enthält Äther aber häufig, da er der Einwirkung von Licht und Luftsauerstoff sehr zugänglich ist, andre Verunreinigungen, und wenn er sie beim Einkauf noch nicht enthält, so entstehen sie leicht in ihm während der Lagerung. Durch Oxydation bilden sich Aldehyde, später auch Säuren und daneben die sehr zu fürchtenden Peroxyde. Bei der Pflanzenanalyse wird man häufig mit handelsüblichem Äther auskommen, wenn er nur frei von Säure und Peroxyden ist. Bei manchen Arbeiten wird es aber oft erwünscht sein, einen Äther zu verwenden, der völlig frei von Weingeist und Wasser ist. Um diesen letzten Grad der Reinheit zu erreichen, bewahrt man den Äther über Draht oder Scheibchen aus blankem, von den Krusten befreitem metallischem Natrium auf und rektifiziert den jeweiligen Bedarf. (S. a. S. 68.) Von der Säurefreiheit des Äthers muß man sich stets durch Prüfung seiner Reaktion mittels angefeuchteten blauen Lackmuspapiers in der Weise überzeugen, daß man 5 cm^3 Äther in einem Glasschälchen bei Zimmertemperatur von selbst verdunsten läßt und den feuchten Beschlag, der in dem Schälchen verbleibt, prüft. Sauren Äther behandle man in der gleichen Weise wie dies bei Weingeist angegeben ist.

Die Verunreinigung des Äthers mit Peroxyden ist gefährlich, weil beim Verdunsten von mit solchem Äther hergestellten Lösungen, besonders wenn dies in der Wärme geschieht, sehr heftige Explosionen auftreten können, und zwar tritt die Detonation erst ein, wenn der Äther selbst verdampft ist und das Gefäß, in dem die Ätherlösung enthalten war, nur noch die Rückstände dieser Lösung enthält. Besonders wenn die Lösung Fette oder terpenartige Substanzen enthält, sind solche Explosionen beobachtet worden. Das geeignetste Reagens auf Peroxyde ist Vanadinschwefelsäure. Beim Schütteln von 10 cm^3 Äther mit 2 cm^3 Vanadinschwefelsäure darf weder in dem Äther noch in der Schwefelsäure eine rote oder auch nur rosa Färbung zu beobachten sein. Man sollte es sich zur Regel machen, frisch gekauften Äther stets zuerst und vor allen Dingen, ehe man ihn anderweitig untersucht oder zu Arbeiten verwendet, auf Peroxyde zu prüfen. Da Äther beim Lagern leicht peroxydhaltig werden kann, so sollte man diese Prüfung von Zeit zu Zeit wiederholen. Um Äther von Peroxyden, die auf diese Weise nachgewiesen worden sind, zu befreien, schüttle man ihn mit etwas konzentrierter wäßriger Ferrosulfatlösung (Eisenvitriollösung), hebe ihn von der wäßrigen Schicht ab, trockne ihn durch Schütteln mit getrocknetem Natriumsulfat und rektifiziere ihn dann.

100 Teile Äther lösen etwa 3 Teile Wasser.

Äther, dessen Siedepunkt bei 34—35° liegt, ist eine sehr feuergefährliche Flüssigkeit, besonders gefährlich ist ein Gemisch von Ätherdampf und Luft. Man hüte sich besonders davor, mit Äther in der Nähe offener Flammen oder offenen Lichtes zu arbeiten, und da Ätherdampf sehr viel schwerer als Luft ist, so darf auf keinen Fall eine Flamme unterhalb der Öffnungen, aus denen Ätherdämpfe abfließen können, vorhanden sein.

Petroläther. Petroläther ist der bei 40—60° siedende Anteil des Petroleums. Er ist ein vorzügliches Lösungsmittel für Fette, Harze und ähnliche Stoffe und hat vor dem Äther den Vorzug, daß er kein Wasser löst. Mit absolutem Alkohol ist Petroläther in jedem Verhältnis mischbar, nicht aber mit verdünnterem Weingeist. Der im Handel befindliche Petroläther enthält häufig höher siedende Anteile, z. T. solche, die erst weit über 100° flüchtig sind. Dadurch können leicht Irrtümer entstehen, z. B. wenn man ein Fett auf unverseifbare Bestandteile prüft, indem man es verseift und die Seifenlösung mit Petroläther ausschüttelt. Dunstet man dann den Petroläther ab, so täuschen die in ihm enthaltenen hochsiedenden Bestandteile Unverseifbares vor. Es ist daher auf jeden Fall anzuempfehlen, den Petroläther unter genauer Kontrolle mit dem Thermometer zu rektifizieren und nur die zwischen 40° und 55° bis höchstens 60° übergehenden Anteile für die Zwecke der Pflanzenanalyse zu verwenden.

Petroläther ist in ähnlicher Weise feuergefährlich wie Äther.

Chloroform. Ein Chloroform, das den Anforderungen eines Arzneibuches entspricht, ist für die Zwecke der Pflanzenanalyse ohne weiteres geeignet, wenn man beachtet, daß auch bei ihm infolge der Einwirkung von Luftsauerstoff bei der Lagerung Säurebildung eintreten kann, und zwar würde hier Salzsäure entstehen. Man prüft die Reaktion des mit Chloroform geschüttelten Wassers mit Lackmuspapier, auch darf Wasser, das mit Chloroform geschüttelt worden ist, mit Silbernitratlösung keine Trübung geben. Um Fehlschlüsse bei diesen Prüfungen auszuschließen, schüttelt man 10 cm^3 Chloroform mit 5 cm^3 Wasser einmal kräftig durch, hebt sofort 2,5 cm^3 Wasser ab und prüft dieses. Für manche Zwecke kann der Alkoholgehalt (0,5—1 p · c) des käuflichen Chloroforms stören. Um den Weingeist zu entfernen, schüttelt man das Chloroform mehrmals mit kleinen Wassermengen aus, trocknet und rektifiziert dann. Chloroform ohne Alkoholgehalt ist besonders leicht zersetzlich.

Einige Hinweise über die Art und Weise, *wie man niedrig siedende Lösungsmittel rektifiziert*, mögen diesen Abschnitt beschließen.

Um jede Feuersgefahr auszuschließen, ist Dampf aus einer Dampfleitung die geeignetste Heizquelle.

Wenn solcher nicht zur Verfügung steht, rektifiziert man aus dem Wasserbade oder heize mit elektrischen Heizkörpern. Als Siedegefäß verwende man stets Rundkolben, nie solche mit flachem Boden, da diese viel leichter springen. Zwischen dem Siedegefäß, dem Kühler und der Vorlage müssen feste, gut schließende Verbindungen hergestellt werden. Gummistopfen sollten dabei nicht angewendet werden, da sie von manchen der Lösungsmitteldämpfe angegriffen werden. Gute porenfreie Korke leisten vorzügliche Dienste, wenn man keine Glasschliffverbindungen verwenden kann. Als Kühler verwende man einen senkrecht stehenden Schlangenkühler von hoher Wirksamkeit. Als Vorlage eignet sich besonders gut eine Saugflasche, deren Saugstutzen man mit einem langen Gummischlauch armiert, der vom Arbeitstisch bis auf den Fußboden oder, falls dies möglich ist, in einen Wasserabfluß reicht. Auf diese Weise leitet man etwa unverdichtete Dämpfe ab.

Lösungsmittelbrände versuche man nicht mit Wasser zu löschen, besonders dann nicht, wenn das Lösungsmittel spezifisch leichter als Wasser ist, sondern am besten durch Kohlensäureschaum-Feuerlöscher. Im Notfalle leistet Aufwerfen von Natrium bicarbonicum gute Dienste. Ein brauchbares Feuerlöschmittel ist auch Tetrachlorkohlenstoff, dessen Dämpfe die Flammen ersticken. Dabei bildet sich leicht das sehr giftige Phosgen, so daß Vorsicht bei Verwendung dieses Mittels am Platze ist.

2. Gesamtanalyse der Pflanzen.

Abgesehen davon, daß gewisse allgemeine Feststellungen stets und bei jeder Pflanzenanalyse gleichmäßig ausgeführt werden sollten, wird es nicht möglich sein, einen Analysengang aufzustellen, der immer innezuhalten wäre, und der dann stets ohne Schwierigkeiten zur Erkennung der Einzelbestandteile einer Pflanze führen könnte. Dazu ist das gesamte Gebiet der Pflanzeninhaltstoffe viel zu weit verzweigt und vielseitig. Immerhin kann man aber bei der Innehaltung gewisser allgemeiner Grundsätze und Untersuchungsrichtlinien die zu leistende Arbeit wesentlich erleichtern.

Im folgenden soll nun der Versuch unternommen werden, einen solchen Analysengang aufzustellen. Dabei soll folgende Gliederung innegehalten werden:

Die Untersuchung zerfällt in eine Voruntersuchung und eine Hauptuntersuchung. Die *Voruntersuchung* ermittelt gewisse „äußerliche" Kennzahlen, die

Hauptuntersuchung will die einzelnen Inhaltstoffe erfassen. Um dafür Hinweise zu gewinnen, werden erst *Vorproben* ausgeführt, auf Grund deren man dann den Untersuchungsgang genauer festlegen kann.

A. Die Voruntersuchung.

Diese **Voruntersuchung** verfolgt den Zweck, eine allgemeine Übersicht über die Zusammensetzung der Pflanze zu geben. Einer der Hauptbestandteile der Pflanzen ist das Wasser. Man wird daher zunächst feststellen, wie hoch ihr Wassergehalt ist. Was nach Wegtrocknung des Wassers übrigbleibt, wird gewöhnlich als „Trockensubstanz" bezeichnet. Hierbei wäre allerdings stillschweigend vorausgesetzt, daß das Wasser der einzige flüchtige Bestandteil der Pflanze ist, was bekanntlich nicht immer zutrifft. Die Bestimmung der Trockensubstanz ist daher nicht stets gleichbedeutend mit der Bestimmung des Wassergehaltes.

Die Bestimmung der Trockensubstanz ist deshalb wichtig, weil ihre Menge die gegebene Bezugszahl ist, auf die die anderen quantitativen Analysendaten stets bezogen werden sollten. Es ist bekannt, daß der Feuchtigkeitsgehalt der frischen Pflanzen je nach der Jahreszeit und den Witterungsbedingungen stark schwankt. Daß aber auch der Feuchtigkeitsgehalt von Drogen — also getrocknetem Pflanzenmaterial — erheblich von den Einflüssen der Umwelt abhängig ist, wird nicht so allgemein beachtet. Tatsächlich ist es der Fall: Jeder Drogenhändler weiß, daß ein Ballen irgendeiner bei trockenem Wetter zum Versand gebrachten Droge, wenn während des Transportes ein Wetterumschlag eintritt, erheblich an Gewicht zunimmt und umgekehrt.

Daraus ergibt sich, daß man für Vergleichszwecke brauchbare Analysenzahlen nur erhalten kann, wenn man sie auf die Trockensubstanz der Pflanze bezieht.

Die Trockensubstanz ihrerseits besteht aus organischen und anorganischen Bestandteilen, ganz allgemein gesprochen. Daher gibt das Verhältnis von organischer, also verbrennbarer Materie, zu anorganischer eine weitere Kennzahl, die zur Charakterisierung brauchbar ist. Aus diesem Grunde wird man von jeder Pflanzenmaterie den „*Aschengehalt*" bestimmen. Nun darf aber nicht übersehen werden, daß das Pflanzenmaterial häufig durch Bodenbestandteile und ähnliches verunreinigt ist, und durch diese Verunreinigung wird der Aschengehalt verändert. Interessant ist aber nur die „physiologische Asche" der Pflanze. Um diese festzustellen, löst man die bei der Bestimmung des Aschengehaltes erhaltene glühbeständige Masse in verdünnter Salzsäure, in der der größte Teil der anorganischen Salze löslich ist. Unlöslich sind eigentlich nur Silicate, andere in verdünnter Salzsäure unlösliche Salze kommen in Pflanzenaschen kaum in Betracht, falls die Aschenbestimmung richtig ausgeführt wurde.

Eine weitere interessante Kennzahl ergibt sich aus der Fragestellung: Wieviel von den in der Trockensubstanz enthaltenen Inhaltstoffen ist in gewissen Lösungsmitteln löslich? Schon aus der Fragestellung ist ersichtlich, daß es sich nicht um eine, sondern eigentlich um eine Reihe von Kennzahlen handelt. Man spricht allgemein vom „*Extraktgehalt*" *der Droge* und unterteilt diesen Begriff dann in Wasserextrakt, Alkoholextrakt, Ätherextrakt und Petrolätherextrakt. Wird lediglich von Extraktgehalt schlechthin gesprochen, so ist darunter ein weingeistiges Extrakt zu verstehen.

Mit diesen Feststellungen wird die Voruntersuchung im allgemeinen beendet sein. In Sonderfällen kann man noch eine Bestimmung der Eiweißstoffe, der Kohlehydrate, des Fettes, der ätherischen Öle und der Rohfaser anschließen.

Wie man sieht, gibt diese „Voruntersuchung" lediglich einen allgemeinen Einblick in die Zusammensetzung des Pflanzenmaterials, ohne daß man näheres über die Natur der einzelnen Inhaltstoffe erfahren hätte.

Die **Hauptuntersuchung.** Die einzelnen Inhaltstoffe zu ermitteln ist der Hauptuntersuchung überlassen, wobei man zweckmäßigerweise, ehe man in die eigentliche Hauptuntersuchung eintritt, gewisse *Vorproben* ausführt, um Anhaltspunkte für die Anlage der Analyse zu erhalten. Zu solchen Vorproben gehören z. B. die Ausführung einer Mikrosublimation, die Herstellung wäßriger Auszüge und ihre Prüfung mit gewissen Fällungsreagenzien zum Nachweise von Alkaloiden oder von Gerbstoffen, die Anwendung von Farbreagenzien zum Nachweis von Phenolen, die Prüfung mit FEHLINGscher Lösung auf reduzierende Stoffe und anderes mehr. Besonderer Bedeutung wird dabei der Mikrosublimation mit anschließenden Mikroreaktionen beizumessen sein.

Nach Ausführung der Vorproben wird man in die eigentliche Hauptuntersuchung eintreten, wobei man zur Isolierung flüchtiger Stoffe eine *Wasserdampfdestillation* ausführen wird. Dann wird man aus dem Pflanzenmaterial *Auszüge* herstellen, wobei verschiedenartige Extraktionsmethoden bereits eine einigermaßen weitgehende Trennung der Inhaltstoffe gestatten. Während man bei Drogen lediglich auf die Extraktion beschränkt ist, kann man bei der Untersuchung frischer Pflanzen daneben auch den *Preßsaft* untersuchen, wodurch man wertvolle Einblicke in die bei der Extraktion vor sich gehenden Änderungen der ursprünglichen Bindungen einzelner Inhaltstoffe erhalten wird. Für manche Untersuchungen, wie die auf enzymatische Substanzen, wird die Verwendung von Preßsäften von besonderer Bedeutung sein. Schließlich kann man Stoffe, deren Reinabscheidung aus Extrakten nicht gelingen will, vielleicht durch *Sublimation*, wenn nicht im großen, so doch im kleinen feststellen und identifizieren, ja möglicherweise sogar einer quantitativen Bestimmung zugänglich machen. Die Untersuchung auf die anorganischen Inhaltstoffe der Pflanze wird man teils mit der Asche, teils mit Auszügen oder Preßsäften durchführen.

Hat man auf dem einen oder andern Wege die Gegenwart bestimmter Stoffe in der Pflanze oder zum mindesten im Auszuge nachgewiesen, so wird sich weiter die Frage erheben, in welchen Organen diese Stoffe lokalisiert sind. Diese Frage kann vielleicht schon durch eine getrennte Untersuchung der einzelnen Organe genügend geklärt werden. Aber man will ja noch weiter wissen, in welchen Teilen des Zellgewebes der einzelnen Organe die betreffenden Stoffe auftreten. Auch auf solche Fragen kann man in einzelnen Fällen eine Auskunft geben, so z. B. für Saponine durch die Untersuchungen mit Blutgelatine nach KOFLER, oder für Alkaloide, wenn man die von MOLISCH, KLEIN und anderen ausgebildeten Methoden der Histochemie der Pflanzen anwendet.

Während man anorganische Inhaltstoffe analytisch, sowohl qualitativ als auch quantitativ, erfassen kann, ohne sie isoliert zu haben, wird bei organischen Inhaltstoffen allgemein zu gelten haben, daß ihr Vorhandensein erst dann zweifelsfrei nachgewiesen ist, wenn sie rein dargestellt und chemisch identifiziert sind. Der Chemiker wird Farbenreaktionen, Fällungsreaktionen und ähnliches, seien sie makrochemisch oder mikrochemisch ausgeführt, und ebenso physiologische Nachweise stets nur als zur Unterstützung der Identifizierung, nicht aber zur Identifizierung selbst genügend anerkennen können. Restlos identifiziert ist eine Substanz, sobald *Elementaranalyse* und *Molekulargewichtsbestimmung* ausgeführt, sowie *Schmelzpunkt* (*Siedepunkt*) und *optisches Verhalten* bestimmt und mit den Zahlen bereits bekannter Stoffe übereinstimmend befunden worden sind. Reaktionen können diese Identifizierung stützen aber nicht ersetzen. Ein besonders beweiskräftiges Kriterium ist es, wenn man den *Mischschmelzpunkt* bestimmt,

d. h. den Schmelzpunkt eines Gemisches der gefundenen mit der für damit identisch gehaltenen anderweitig beschafften Substanz. Besteht die Identität, so ist der Mischschmelzpunkt nicht niedriger als die Schmelzpunkte der einzelnen Stoffe. Liegt der Mischschmelzpunkt aber tiefer, so bestehen bestimmt Unterschiede, und seien es auch nur solche einer Isomerie.

Die Darstellung von Analysenergebnissen. Analysenresultate, soweit sie quantitativen Inhalt haben, sollten stets nach bestimmten Gesichtspunkten dargestellt werden. Dabei ist nicht etwa nur an die äußere Anordnung gedacht, sondern gerade und hauptsächlich an ihren inneren Wert. Es ist eine analytische Regel, daß **jede** *Zahlenangabe* mit einer solchen Stellenzahl auszustatten ist, daß die vorletzte Zahl als sicher bestimmt, die letzte als möglicherweise ungenau zu gelten hat. Davon sind auch Nullen nicht ausgenommen. „1 %“ und „1,000 %“ besagen ganz Verschiedenes. Eine Wägung auf der Analysenwaage von 1,4536 g besagt, daß die Dezimale 6 also die Zehntelmilligramme nicht genau bestimmt sind. Wollte man also bei einer auf dieser Wägung fußenden Berechnung so viel Stellen anwenden, daß die letzte Stelle des Rechenergebnisses Hundertstelmilligrammen entspricht, so macht man **unrichtige** Angaben, da, wenn die Zehntelmilligramme schon ungenau sind, man über die Hundertstel gar nichts mehr aussagen kann. Eingehender kann man sich über diese Verhältnisse orientieren, wenn man die entsprechenden Bemerkungen in Küster-Thiel, Logarithmische Rechentafeln, oder Anselmino-Brieger, Pharmazeutisches Rechenbuch, studiert. Die Verwendung solcher Tafeln, von denen besonders die letztgenannte auch viel für den Pflanzenanalytiker wichtiges Zahlenmaterial enthält, bewahrt am besten vor der unzweckmäßigen Darstellung von Analysenergebnissen.

a) Die Bestimmung des Trockenrückstandes und des Wassers.

Der Trockenrückstand eines Pflanzenmaterials ist der von der Pflanzenmasse nach Entfernung der bei etwa 100° flüchtigen Bestandteile verbleibende Rückstand. Bei Pflanzen, die keine aromatischen Bestandteile (ätherische Öle) enthalten, bestehen die bei 100° flüchtigen Bestandteile aus Wasser. In solchen Fällen ist also die Bestimmung des Trockenrückstandes identisch mit einer Wassergehaltsbestimmung.

Der Gehalt einer Pflanze an Trockensubstanz und ebenso an Wasser ist natürlich keine unwandelbare, chemisch genau definierbare Größe. Es hat daher schon von vornherein keinen Zweck, eine solche Bestimmung etwa auf Bruchteile von Prozenten genau ausführen zu wollen, was an sich auch schwer durchzuführen sein würde. Man kann sich daher damit begnügen, die Ergebnisse auf Zehntelprozente anzugeben oder, wenn man Grenzen aufstellen will, die Zahlen innerhalb ganzer Prozente schwanken zu lassen. Die Angabe von Zehntelprozenten besagt dann, daß die ganzen Prozente genau, die Zehntelprozente mit Unsicherheit bestimmt sind. Jedenfalls muß man sich darüber im klaren sein, daß schon in den Zehntelprozenten die Unsicherheit eine solche sein wird, daß die Angabe weiterer Stellen wenig Sinn hat. Will man Ergebnisse miteinander vergleichen, so wird das nur dann überhaupt möglich sein, wenn man die an sich vieler Wandlungen fähigen Methoden zur Bestimmung für den Einzelfall so genau unter Angabe auch der kleinsten Einzelheiten festlegt, daß eine Wiederholung des Versuches unter den gleichen Bedingungen möglich ist.

Zur Bestimmung muß das Material zerkleinert werden. Bei frischen Pflanzen wird eine ausreichende Menge, also mindestens ein vollständiges Exemplar der Pflanze oder ein ganzes Organ der Pflanze durch Schneiden mit einem scharfen Messer oder Wiegemesser so weit zerkleinert als es möglich ist, ohne daß dabei natürlich Saft verlorengehen darf. Dann bringt man einige Gramm der gut gemischten Masse in ein Wägeglas mit Glasstopfen von breiter Form, das nach dem 1 Stunde dauernden Trocknen im Trockenschrank bei 100° und folgendem Erkalten im Exsiccator über Schwefelsäure auf der Analysenwaage gewogen worden ist. Man wägt wieder und trocknet dann 1 Stunde lang im Wassertrockenschrank oder in einem elektrisch auf 100—103° geheizten Trockenschrank. Man verschließt dann das Wägeglas, bringt zum Abkühlen in einen Exsiccator und wägt nach halbstündigem Stehen darin. Dann erhitzt man nochmals 15 Minuten lang im Trockenschrank, läßt wieder im Exsiccator abkühlen und wägt nochmals. Wenn die Gewichtsdifferenz zwischen den beiden Wägungen weniger als 1% der im Wägeglas enthaltenen Trockensubstanz beträgt, so kann man die Trocknung als beendet betrachten. Kleine Schwankungen werden stets vorkommen; eine völlige Gewichtskonstanz läßt sich nicht erreichen, da einmal das Material stark hygroskopisch ist, dann aber bei lang andauerndem Erhitzen sich Zersetzungen bemerkbar machen können, die das Gewicht sowohl nach unten (Verflüchtigung) wie auch nach oben (Oxydationen) verändern können.

Sind sehr saftreiche frische Pflanzen auf ihren Gehalt an Trockensubstanz zu untersuchen, bei denen eine Zerkleinerung ohne Saftverlust nicht möglich ist, so wird man die Bestimmung der Trockensubstanz in zwei Phasen vornehmen müssen. Die erste Phase wird darin bestehen, daß man eine ausreichende Menge des Materials in ein sehr geräumiges Wägeglas bringt, gegebenenfalls auch zwischen zwei entsprechend dimensionierte Petrischalen, die zuvor im Exsiccator getrocknet und dann gewogen worden sind. Man stellt dann das so gefüllte Wägegefäß, nachdem man das Gewicht von Gefäß + Masse bestimmt hat, in den frisch mit Kalk beschickten Kalktrockenkasten. Nach 24 Stunden wägt man wieder und kennt nun den Feuchtigkeitsverlust der Pflanzenmasse, sowie das Gewicht des jetzigen Inhaltes des Wägegefäßes. Man entleert es, zerkleinert nunmehr die Masse in der gewünschten Weise, was jetzt ohne Schwierigkeiten gelingen wird und führt nunmehr die anfangs beschriebene Trockensubstanzbestimmung mit einem aliquoten Teil des Materials durch.

Die Durchführung der Berechnung zeigt folgendes Beispiel:

Gewicht des ersten Wägeglases leer	50,145 g
Gewicht des Wägeglases + Inhalt	65,248 g
Gewicht der ungetrockneten Pflanze	15,103 g
Gewicht nach dem Vortrocknen über Kalk	59,359 g
Vorläufiger Wasserverlust	5,889 g
In Prozenten: 38,99.	
Gewicht der Gesamtmenge vorgetrockneter Pflanzenmasse	9,214 g
Gewicht des zweiten Wägeglases leer	28,247 g
Gewicht des zweiten Wägeglases + Inhalt	29,468 g
Einwaage an vorgetrockneter Pflanzenmasse	1,221 g
Gewicht nach dem Trocknen	28,824 g
Trockenverlust	0,644 g
In Prozenten der Einwaage: 52,74.	

Gesamttrockenverluste	52,74
	38,99
	90,73 %
Abzurunden auf	90,7 %
Mithin Trockensubstanz	9,3 %

Soll die Bestimmung der Trockensubstanz in einer Droge ausgeführt werden, so ist zu beachten, daß beim Zerkleinern, wie es von den Drogenschneideanstalten im großen vorgenommen wird, bereits erhebliche Veränderungen des Gehaltes an Feuchtigkeit und aromatischen Stoffen eintreten, da das fabrikmäßige Zerkleinern bestimmt mit erheblicher Erwärmung verbunden ist. Es muß aber auch noch damit gerechnet werden, daß, da die einzelnen Elemente des Pflanzenkörpers dem Zerkleinern verschieden hohen Widerstand entgegenstellen, eine teilweise Entmischung durch Absieben stattgefunden hat.

Es ist daher nicht angängig, wenn man etwa eine vorliegende ganze Droge untersuchen will, die Trockensubstanzbestimmung an einem aus dem Handel bezogenen Pulver der gleichen Droge auszuführen, sondern man muß sich schon die Mühe nehmen, die Zerkleinerung der erforderlichen Menge selbst, und zwar möglichst ohne Erhitzung durchzuführen. Läßt man nämlich größere Mengen einer Droge längere Zeit eine oder mehrere Mahlvorrichtungen passieren, so wird stets eine Erwärmung stattfinden.

Bei der bisher beschriebenen Methode der Bestimmung der Trockensubstanz war auf das Vorhandensein anderer flüchtiger Stoffe als Wasser keine Rücksicht genommen worden. Enthält das Material z. B. noch ätherische Öle, so werden diese beim Trocknen bei 100° sich größtenteils verflüchtigen. Ob sie das allerdings restlos tun, und ob nicht z. B. durch Sauerstoffaufnahme während des Erhitzens teilweise aus ihnen nichtflüchtige Stoffe mit höherem Gewicht entstehen, läßt sich nicht ohne weiteres voraussagen. In solchen Fällen kann man die Bestimmung der Trockensubstanz ohne Anwendung von Wärme vornehmen, indem man die beschickten Wägegläser 24 Stunden lang in einem frisch mit Ätzkalk oder mit gekörntem Chlorcalcium beschickten Exsiccator beläßt. Ein Schwefelsäureexsiccator ist aus zwei Gründen nicht zu empfehlen, einmal weil Schwefelsäure durch etwa hineingefallene organische Stoffe unter Bildung von gasförmiger schwefliger Säure zersetzt wird, die mit dem Pflanzenmaterial infolge ihrer Gasform leicht in Reaktion treten kann, dann aber auch, weil man ja eine Verflüchtigung der aromatischen Stoffe, die auch bei gewöhnlicher Temperatur meist einen nicht unerheblichen Dampfdruck aufweisen, nicht völlig verhindern kann. Während ihre Dämpfe aber kaum mit Kalk noch mit Chlorcalcium reagieren, tun sie das höchstwahrscheinlich mit Schwefelsäure, wobei wieder unkontrollierbare Zersetzungsprodukte sich bilden können, und weitere Verflüchtigung begünstigt werden kann. Nach 24 Stunden wird gewogen, dann nochmals 24 Stunden lang im Exsiccator getrocknet und wieder gewogen.

Auch dieses Verfahren wird nicht in allen Fällen voll befriedigen können.

Während die beiden vorbeschriebenen Verfahren den Trockenrückstand bestimmen ließen, kann man auch das Wasser direkt und ebenso die ätherischen Öle bestimmen.

Wasserbestimmung. Zur Wasserbestimmung sind zahlreiche Methoden angegeben worden, eine vergleichende Übersicht findet sich bei Bleyer und Braun (1a). Hier möge nur die von J. F. Hoffmann angegebene und von Marcusson ausgebaute Methode näher beschrieben werden. Das Prinzip dieser später vielfach modifizierten Methode beruht darauf, daß man die Masse, deren Wassergehalt bestimmt werden soll, mit Benzol, Toluol oder Xylol an einem besonders gebauten Rückflußkühler erhitzt. Mit siedendem Toluol oder Xylol (Toluol siedet bei etwa 110°, Xylol bei 136—140°) gehen zugleich die Wasserdämpfe mit über, und das Dampfgemisch wird im Rückflußkühler kondensiert. Das Kondensatgemisch tropft aus diesem in ein Sammelgefäß, das im unteren Teil aus einer kalibrierten und mit Einteilung versehenen Röhre besteht. Da das Wasser der spezifisch schwerere Anteil ist, setzt es sich im unteren Teile des Rohres ab, während das organische Lösungsmittel auf ihm schwimmt. Das Sammelgefäß ist nun so dimensioniert, daß überschüssiges Toluol oder Xylol stets wieder in das Siedegefäß abfließt und so in der Apparatur kreist. Durch entsprechend langes Sieden gelingt es, das Wasser quantitativ in das geteilte Rohr zu überführen, nach völligem Erkalten kann seine Menge dann abgelesen werden. Die Abb. 322 veranschaulicht einen solchen Apparat, wie solche in vielen Modifikationen angegeben worden sind.

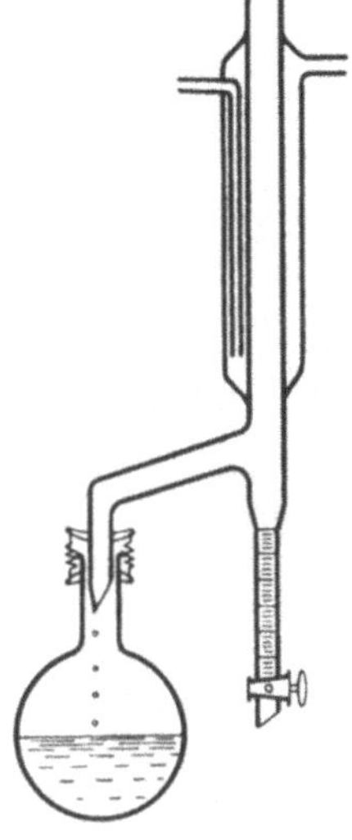

Abb. 322. Apparat zur Wasserbestimmung.

Die ätherischen Öle usw. stören bei diesem Verfahren an sich nicht, da sie ja zwar mitdestillieren, aber im organischen Lösungsmittel in Lösung bleiben. Allerdings wird man gelegentlich die unerfreuliche Beobachtung machen, daß eben infolge eines Gehaltes an solchen flüchtigen Stoffen keine glatte Trennung von Wasser und Lösungsmittel stattfindet, sondern Emulsionsbildung einsetzt. In solchen Fällen wird man den Versuch unternehmen, dem zu untersuchenden Material die ätherischen Öle zunächst in der Hauptmenge durch Schütteln mit niedrigsiedendem Petroläther zu entziehen. Zu diesem Zweck wird man eine gewogene Menge Material mit etwa der 10fachen Menge eines Petroläthers, der bei 60° völlig flüchtig ist, in einem Kölbchen etwa eine Stunde lang unter häufigem Schütteln stehenlassen. Dann gießt man den Petroläther möglichst restlos ab, eventuell unter Verwendung eines kleinen Wattefilters, läßt den Petroläther, der sich noch in der Masse befindet, möglichst verdunsten und führt mit der so behandelten Masse die Wasserbestimmung aus. Durch solche Komplikationen wird die Genauigkeit der Methode ungünstig beeinflußt. Um Emulsionsbildung zu vermeiden, ist auch der Zusatz gewisser Mengen (5—6%) Amylalkohol zu dem hochsiedenden Lösemittel vorgeschlagen worden. Dadurch wird zwar die Emulsionsbildung hintangehalten, aber der Amylalkohol löst stets gewisse Mengen Wasser, so daß für genaue Bestimmungen eine Korrektur vorgenommen werden muß, deren Höhe durch einen blinden Versuch — Versieden einer genau gewogenen Wassermenge mit dem Lösungsmittelgemisch — bestimmt werden muß.

Schließlich sind noch Apparate gebaut worden, um die Wasserbestimmungen nach dem gleichen Prinzip, jedoch mit Flüssigkeiten auszuführen, die spezifisch schwerer als Wasser sind (FRIEDRICHS [3]).

b) Die Bestimmung des Gehaltes einer Pflanze an ätherischem Öl.

Es sind in der Literatur verschiedene Verfahren beschrieben worden, von denen hier die Vorschrift des Deutschen Arzneibuches 6. Ausgabe angeführt werden soll, die bei Beachtung gewisser Punkte recht brauchbare Ergebnisse liefert:

„*Die Bestimmung des ätherischen Öles* in Drogen wird in folgender Weise ausgeführt:

Wenn bei einzelnen Drogen nichts anderes angegeben ist, so werden 10 g des Drogenpulvers — unzerkleinerte Drogen sind zunächst in ein grobes Pulver zu verwandeln — in einem Rundkolben von etwa 1 l Inhalt mit 300 cm³ Wasser übergossen und nach Hinzufügung einiger Tariergranaten, die zuvor mit roher Salzsäure gereinigt worden sind, oder eines Siedestäbchens unter Verwendung eines gewöhnlichen, zweimal rechtwinklig gebogenen, etwa 30 cm langen Destillationsrohrs und eines senkrecht absteigenden, kurzen Kühlers, dessen Rohr etwa 55 cm und dessen Kühlmantel etwa 22 cm lang ist, der Destillation unterworfen. Die Erhitzung des Kolbens erfolgt auf dem Drahtnetz mit Hilfe eines kräftigen Bunsenbrenners. Als Vorlage dient ein Kolben oder Scheidetrichter von etwa 300 cm^3 Inhalt, den man bei 150 und 200 cm^3 mit einer Marke versehen hat. Sobald 150 cm^3 Destillat übergegangen sind, wird die Flamme vorübergehend entfernt und nach dem Aufhören des Siedens der Inhalt des Kolbens ohne Lösung der Verschlüsse durch vorsichtiges Umschwenken in drehende Bewegung versetzt, bis die der Kolbenwand anhaftenden Pulverteilchen wieder in der Flüssigkeit verteilt sind. Sodann wird erneut zum Sieden erhitzt, bis nochmals 50 cm^3 übergegangen sind. Hierbei ist die Kühlung vorübergehend abzustellen, falls das Kühlrohr durch Abscheidung von ätherischem Öle verursachte Trübungen erkennen läßt, jedoch nur eben bis zum Verschwinden dieser Trübungen. Ein Eintauchen des Kühlrohrs in das Destillat ist zu vermeiden. Das erhaltene Destillat, etwa 200 cm^3, wird im Scheidetrichter mit 60 g Natriumchlorid versetzt und die Lösung dreimal mit je 20 cm^3 Pentan ausgeschüttelt. Die vereinigten Ausschüttelungen läßt man einige Minuten lang stehen und führt sie dann in ein gewogenes, weithalsiges Kölbchen von 100 cm^3 Inhalt über, wobei genau darauf zu achten ist, daß keine Tröpfchen der Salzlösung mit in das Kölbchen gelangen. Das Pentan wird sodann auf einem mäßig erwärmten Wasserbade vorsichtig abdestilliert. Die letzten Anteile des Lösungsmittels entfernt man durch sehr vorsichtiges Einblasen von trockener Luft, setzt das Kölbchen eine halbe Stunde lang in den Exsiccator und stellt das Gewicht fest. Nach weiterem, viertelstündigem Stehenlassen im Exsiccator darf der Gewichtsverlust nur wenige Milligramm betragen, andernfalls ist das Kölbchen im Exsiccator so lange zu belassen, bis die Differenz der in viertelstündigen Zwischenräumen erfolgenden Wägungen höchstens 0,002 g beträgt."

Bei der Ausführung der Bestimmung nach diesem Verfahren ist folgendes zu beachten: Das Verwandeln der Droge in ein grobes Pulver muß unter besonderer Vermeidung jeder Erhitzung vor sich gehen, da sonst erhebliche Verluste an aromatischen Stoffen eintreten. Als Vorlage nimmt man zweckmäßigerweise nur einen Scheidetrichter, in dem dann das Ausschütteln sofort erfolgen kann. Das Natriumchlorid ist im Destillat durch Umschwenken völlig zu lösen. Das zum Ausschütteln des Öls zu verwendende Pentan ist ein besonders niedrig siedender Anteil des Erdöls. Es soll bei 32° völlig ohne Rückstand flüchtig sein. Man kann sich solches Pentan selbst herstellen, indem man niedrig siedenden Petroläther in der Weise rektifiziert, daß nur die unter 32° siedenden Anteile übergehen. Für die Aufbewahrung solchen Pentans ist zu beachten, daß es infolge seines niedrigen Siedepunktes sehr leicht zur Verflüchtigung neigt. Im Sommer wird es von selbst ins Sieden geraten können, wenn es im Laboratorium aufbewahrt wird. Es ist natürlicherweise sehr feuergefährlich. Man sollte es daher nur in einem kühlen Keller aufbewahren.

Besonders wichtig ist es, darauf zu achten, daß die Pentanlösung des ätherischen Öls keine Salzlösung mitführt, da dadurch das Gewicht natürlich sehr erheblich beeinflußt wird. Geschieht es doch einmal, so sieht man die Salzlösung als Tropfen am Boden des weithalsigen Kolbens. In diesem Falle führt man das Verfahren zunächst nicht in der vorgeschriebenen Weise durch, sondern gießt die Hauptmenge der Pentanlösung in ein anderes gewogenes Kölbchen ab, wobei man darauf achtet, daß das Tröpfchen Salzlösung in dem ersten Kölbchen zurückbleibt. Nunmehr gibt man in das erste Kölbchen eine Messerspitze getrocknetes Natriumsulfat und mischt durch Schwenken so, daß das Tröpfchen Salzlösung verschwindet. Man läßt eine Viertelstunde unter häufigem Schwenken stehen, gießt dann die klare Pentanlösung möglichst weitgehend ab und spült die Salzmasse mehrmals mit kleinen Pentanmengen (3—5 cm^3 drei- bis viermal) nach, wobei man jedesmal vor dem Abgießen wartet, bis das Pentan sich ganz geklärt hat.

c) Die Bestimmung des Aschengehaltes.

Der Begriff Asche als solcher bedarf keiner Definition; jedermann weiß, daß es sich dabei um die unverbrennbaren, aus anorganischen Salzen bestehenden Bestandteile des Pflanzenkörpers handelt. Trotzdem der Begriff so einfach erklärt ist, hängt die Höhe des Aschengehaltes nicht etwa nur von den physiologisch begründeten Faktoren ab, wie sie durch die Eigentümlichkeiten der Pflanzen überhaupt gegeben sind, sondern auch in sehr erheblichem Maße von der Art der Bestimmungsmethode, die angewendet wird. Daß dem so ist, wird sofort einleuchten, wenn man bedenkt, daß die Pflanze ja nicht jeweils nur ein anorganisches Salz enthält, und daß an der Aschenbildung nicht nur die anorganischen Säuren, sondern auch die organischen beteiligt sind, die bei der Verbrennung sich nicht restlos verflüchtigen, sondern deren Verbrennungsprodukt, die Kohlensäure, ihrerseits mit den anorganischen Basen Carbonate bildet, wobei z. T. (und zwar je nach den Umständen — z. B. der Temperatur — verschieden weitgehend) die anorganischen Säuren aus ihrer Salzbindung verdrängt werden können. Aus diesem Grunde wird sogar häufig, um möglichst alle Salze in Carbonate überzuführen, Ammoniumcarbonat zugesetzt, wobei sich dann die Ammoniumsalze der vorhandenen Säuren zum größten Teil verflüchtigen, während Carbonate zurückbleiben, die allerdings bei höherer Temperatur z. T. in Oxyde übergehen werden. Zu hoch soll aber überhaupt nicht erhitzt werden, da dann auch Alkalicarbonate teilweise flüchtig sind. Aus alledem ergibt sich, daß die Aschengehaltsbestimmung eine Konventionsmethode ist, die nur bei genauer Innehaltung einmal festgesetzter Bedingungen reproduzierbare und vergleichbare Werte ergeben kann.

In der Hauptsache unterscheidet man zwei verschiedene Arten des Veraschungsverfahrens. Das eine beruht darauf, daß man die zu veraschende Substanz mit feinem, entsprechend vorgereinigtem Quarzsand mischt und dann in ihm zur Verbrennung bringt. Dieses Verfahren gewährleistet zwar eine recht weitgehende Verbrennung der organischen Substanz, gestattet aber naturgemäß eine spätere Untersuchung der erhaltenen Asche nicht, und es ist aus diesem Grunde nicht allgemeiner Anwendung fähig. Dieses Verfahren ist in die 6. Ausgabe des Deutschen Arzneibuches aufgenommen, und seine Ausführung wird dort wie folgt beschrieben:

„Ein Porzellantiegel wird bis zu etwa einem Drittel mit gereinigtem Sande gefüllt, geglüht und nach halbstündigem Stehen im Exsiccator gewogen. Die Reinigung des Sandes hat in der Weise zu geschehen, daß man Seesand mit Salzsäure digeriert und dann mit Wasser vollkommen auswäscht; hierauf wird der Sand getrocknet und geglüht. Von der zu veraschenden Substanz schichtet man 0,5 g bis 2 g auf den Sand, wägt genau, mischt mit einem Glasstab oder Silberspatel die Substanz unter den Sand und wischt den Glasstab oder Spatel mit einer Federfahne über dem Tiegel ab. Die Verbrennung leitet man unter Schrägstellung des Tiegels vom Rande des letzteren aus mit möglichst kleiner Flamme ein und schiebt, indem man die Flamme vergrößert, allmählich den Brenner nach dem Boden des Tiegels hin. In den meisten Fällen geht auf diese Weise die Veraschung glatt und rasch vor sich, was an der Farbe des Sandes leicht zu erkennen ist. Verascht die Substanz sehr träge, so läßt man erkalten, bringt durch Schräghalten des Tiegels und leichtes Gegenklopfen den Inhalt in die Lage, daß er einen Teil des Tiegelbodens freiläßt. Auf diesen träufelt man nun 5—10 Tropfen rauchende Salpetersäure, bringt den Sand wieder in horizontale Lage und erhitzt auf einer Asbestplatte über ganz kleiner Flamme bis zur Trockne und glüht alsdann über freier Flamme. Nun mischt man den erkalteten Tiegelinhalt mit etwas gepulverter Oxalsäure, glüht nochmals kurze Zeit und wägt nach halbstündigem Stehenlassen im Exsiccator.

Den Sand kann man wiederholt zu Veraschungen benutzen. Bei *Safran* empfiehlt es sich, diesen erst auf dem Sande zur Verkohlung zu bringen und dann nach genügender Abkühlung die Kohle unter den Sand zu mischen."

Durch die Schrägstellung des Tiegels soll möglichst weitgehender Luftzutritt ermöglicht werden. Bei der Zugabe der rauchenden Salpetersäure werden die Salze zum größten Teil in Nitrate übergeführt, die dann durch das Erhitzen mit Oxalsäure in Carbonate verwandelt werden. Bei Substanzen, die sich leicht veraschen lassen, sollte man, trotzdem die Vorschrift das nicht erwähnt, den Zusatz von Oxalsäure zur Überführung in Carbonate doch ebenso vornehmen, da andernfalls eine möglichst weitgehende Überführung in Carbonate nicht gewährleistet ist.

Es ist schon gesagt worden, daß nach diesem Verfahren eine weitere Untersuchung der Asche nicht möglich ist. Das ist aber in der Mehrzahl der Fälle wichtig. Überall da, wo die Möglichkeit bestanden hat, daß beim Einsammeln des Materials Bodenbestandteile — Sand — unter das Pflanzenmaterial gelangen, wird die erhaltene Aschenmenge nicht dem tatsächlichen Aschengehalt der Pflanzensubstanz entsprechen. Will man diese mechanische Verunreinigung jedoch in Abzug bringen, so muß man die Asche als solche vorliegen haben. Man kann dann durch Lösen in Salzsäure die Pflanzenasche, die bis auf den meist geringen Gehalt an Silicaten in dieser Säure, falls nicht zu hoch erhitzt wurde, restlos löslich ist, vom Sande trennen. Ferner wird man auch öfters den Wunsch haben, die Asche selbst einer qualitativen oder auch quantitativen Untersuchung zu unterziehen. Um die Asche als solche der Untersuchung zugänglich zu machen, muß ein anderes Veraschungsverfahren gewählt werden. Hierbei ist es aber besonders wichtig, genau festgelegte Bedingungen innezuhalten, damit man vergleichbare Werte erhält.

Zur Ausführung der Veraschung ohne Sand wägt man 3—5 g des Pflanzenmaterials in eine Porzellanschale von 4—5 cm Durchmesser mit rundem Boden. Die Verwendung eines Porzellantiegels, wie es vielfach üblich ist, ist nicht so empfehlenswert, da die Schicht in einem solchen Tiegel höher ist als in einer Schale. Verfügt man über eine flache Platinschale, wie sie z. B. in der Weinanalyse gebräuchlich ist, so kann diese mit Vorteil verwendet werden. Die Veraschung ist nun *langsam* und mit kleiner Flamme *vom Rande her* einzuleiten. Die vielfach übliche Verwendung sog. Pilzbrenner kann nicht als vorteilhafter bezeichnet werden als die Verwendung einfacher Bunsenbrennerflammen. Besonders zu Anfang erhitze man vorsichtig. Entwickeln sich brennbare Dämpfe, die sich entzünden, so lasse man sie ruhig abbrennen, sorge nur dafür, daß nicht durch zu stürmisches Erhitzen Rauch ausgestoßen wird, der Pflanzenteilchen mitreißt. Da während des Erhitzens ein Zutritt von Luftsauerstoff durch die Verbrennungsgase der Flamme, die die Schale umspülen, verhindert wird, so fördert es den Verbrennungsvorgang wesentlich, wenn man von Zeit zu Zeit die Flamme vorübergehend entfernt. Man kann dann beobachten, wie beim Zurückziehen der Flamme ein Aufglimmen des Schaleninhalts stattfindet.

Ist der erste Teil der Veraschung vorüber, so daß sich brennbare Dämpfe nicht mehr entwickeln, so wird der Inhalt der Schale in den meisten Fällen sich als schwarze kohlige Masse darstellen. Nun löscht man die Flamme und läßt erkalten. Nach völligem Erkalten, nicht eher, zerreibt man die kohlige Masse mittels eines abgerundeten dicken Glasstabes vorsichtig, wobei man, um ein Verstäuben zu verhüten, einige Tropfen Wasser oder Weingeist zusetzt. Ob man Wasser nimmt oder Weingeist, richtet sich nach der weiteren Verarbeitung der Masse. Man kann diese nämlich nach dem Zerreiben sofort weiter erhitzen, oder man kann sie erst ausziehen. Will man, was bei leicht veraschbaren Substanzen meist zum Ziele führt, sofort weitererhitzen, so setzt man also zunächst einige Tröpfchen Weingeist zu, die man, sobald die Masse zerrieben und das Glasstäbchen mit etwas Weingeist abgespült ist, auf dem Wasserbade wieder verdunstet. Dann bringt man das Porzellanschälchen wieder auf das Dreieck und erhitzt weiter mit dem Bunsenbrenner. Auch jetzt wird erst mit kleiner Flamme und unter zeitweiligem Wegziehen des Brenners erhitzt, bis die Masse grau geworden ist. Nun gibt man einige Tropfen einer konzentrierten Lösung von Ammoniumnitrat oder Ammoniumcarbonat zu, trocknet auf dem Wasserbade ein und erhitzt dann von neuem mit dem Bunsenbrenner. Hat man Ammoniumnitrat gewählt, was besonders dann zu empfehlen ist, wenn noch größere Mengen Kohle durch die relativ schwarze Färbung zu erkennen sind, so soll das neuerliche Erhitzen vorsichtig vom Rande her begonnen werden, wobei man ein Aufglimmen der ganzen Masse wird beobachten können. Ist dies vorüber, so steigert man die Hitze, jedoch nicht über dunkle Rotglut hinaus. Hat die Asche reinweiße Farbe angenommen, so setzt man etwas Oxalsäure zu, um die Carbonatbildung durchzuführen, glüht nochmals und bringt die Schale in den Exsiccator zum Erkalten. Es wird dann gewogen, durch nochmaliges kurzes Glühen, Erkaltenlassen und Wägen wird Gewichtskonstanz festgestellt.

Das andere Verfahren unterscheidet sich von dem ersten dadurch, daß man die Kohle beim Zerreiben mit heißem Wasser anfeuchtet. Nach dem Zerreiben gibt man noch einige Kubikzentimeter heißen Wassers zu und filtriert dann die Kohle auf einem Filter von bekanntem Aschegehalt ab. Man wäscht Schale, Glasstab und Filter mit etwas heißem Wasser nach, trocknet das Filter im Trockenschrank bei 100^0 und verascht es über der Schale in der Platindrahtspirale. Nunmehr gibt man das Filtrat wieder in die Schale, spült das Kölbchen, in dem man das Filtrat gesammelt hatte, mit etwas Wasser nach und dampft auf dem Wasserbade zur Trockne ein, nachdem man noch einige Stückchen Ammoniumcarbonat zugegeben hatte. Nach dem völligen Eintrocknen bringt man die Schale wieder auf das Dreieck und beginnt nun erneut vorsichtig zu erhitzen. Enthielt die Schale eine große Menge von Salzen, so ist zu befürchten, daß infolge des Dekrepitierens der Salzkrystalle, die häufig Krystallwasser einschließen, ein Verspritzen stattfindet. Um dem vorzubeugen, kann man die Salzmasse wieder, wie oben beschrieben, mit etwas Weingeist verreiben, den Weingeist abdunsten, wobei dann das Wasser mitverdunstet, und dann erst mit dem eigentlichen Erhitzen beginnen. Auch hier soll nicht weiter als bis zur dunklen Rotglut erhitzt werden, um die Verflüchtigung von Alkalisalzen zu verhindern. Hat man nach dem letzten Verfahren gearbeitet, so ist von der durch Wägung festgestellten Aschenmenge das Gewicht der Filterasche abzuziehen.

An die Feststellung des Aschengehaltes schließt sich die Bestimmung des in 10proz. Salzsäure unlöslichen Anteils der Asche zu. Zu diesem Zwecke erwärmt man die Asche in dem Schälchen mit 10proz. Salzsäure, wobei unter Aufbrausen Kohlendioxyd entweicht. Die Lösung wird durch ein gewogenes Filter filtriert, das zunächst noch mit einigen Kubikzentimetern der gleichen erwärmten Säure und dann mit Wasser bis zum Verschwinden der Salzsäurereaktion im Filtrate nachgewaschen wird. Dann wird das Filter im Trockenschrank zunächst auf dem Trichter, dann in einem gewogenen Wägeglas getrocknet und nach dem Erkalten im Exsiccator gewogen, wobei die Trocknung bis zur Gewichtskonstanz wiederholt wird. Die Pflanzenasche selbst enthält, richtige Veraschung vorausgesetzt, nur sehr geringe Mengen in Salzsäure unlöslicher Bestandteile. Die Bestimmung dieses in Salzsäure unlöslichen Teils der Asche ist daher einerseits ein Kriterium dafür, inwieweit das Pflanzenmaterial durch Sand verunreinigt war, andererseits erhält man in dem in Salzsäure löslichen Anteil einen Vergleichswert, um die Einflüsse der Umwelt, Witterung, Düngung usw. auf den Stoffwechsel der Pflanze und ihre Entwicklung zu studieren.

Daß der Aschengehalt und deren Gehalt an in Salzsäure Unlöslichem stets in Prozenten der Trockensubstanz der untersuchten Pflanzenmasse auszudrücken ist, bedarf wohl eigentlich der Erwähnung ebensowenig wie es selbstverständlich erscheint, daß die Bestimmung der Asche nur mit gut getrocknetem Material ausgeführt werden darf.

d) Die Bestimmung des Extraktgehaltes.

Die Bestimmung des Extraktgehaltes hat von der trockenen Droge auszugehen. Unter dem Extrakt versteht man die Menge an Inhaltstoffen der Pflanze, die in einem bestimmten Lösungsmittel löslich sind. Daraus folgt schon, daß man, je nach der Art des verwendeten Lösungsmittels sehr verschieden hohe Extraktgehalte erhalten wird. Es ist daher auch stets erforderlich, das verwendete Lösungsmittel genau anzugeben. Darüber hinaus ist aber auch die Art und Weise, wie gearbeitet wird, von wesentlichem Einfluß auf das Ergebnis. Man kann kalt oder warm oder bei Siedetemperatur des Lösungsmittels extrahieren, man kann während der Extraktion, die verschieden lange Zeit hindurch ausgeführt wird, nur gelegentlich umrühren oder schütteln, oder dies dauernd tun. Man muß daher auch stets das Extraktionsverfahren genau beschreiben, da es sich um Konventionsmethoden handelt. Folgende Methode kann als üblich angesehen werden:

Die Bestimmung wird in der Weise ausgeführt, daß 1 g der grob gepulverten trockenen Pflanzenmasse mit 50 cm^3 des betreffenden Lösungsmittels in einem Kolben übergossen wird. Der Kolben wird lose verschlossen und sein Gewicht samt Inhalt genau festgestellt. Dann läßt man etwa eine Stunde bei Zimmertemperatur stehen, erhitzt dann am Rückflußkühler, wobei man eine solche Heizquelle wählt, daß das Lösungsmittel 2 Stunden lang dauernd in schwachem Sieden gehalten wird. Nach zweistündigem Sieden entfernt man die Heizquelle, verschließt den Kolben wiederum lose, läßt erkalten und wägt nach, um festzustellen, ob ein Verlust an Lösungsmittel eingetreten ist. Wenn nötig, ergänzt man das Gewicht, schüttelt gut durch und filtriert dann die Lösung ab. 25 cm^3 davon werden nunmehr in einer gewogenen flachen Porzellanschale auf dem Wasserbade erwärmt, bis das Lösungsmittel verdunstet ist, dann wird die Schale im Trockenschrank bei 100^0 getrocknet, und nach halbstündigem Stehen im Exsiccator wird gewogen. Die Menge des Rückstandes mit 2 multipliziert, ergibt den Extraktgehalt in 1 g Masse für das angewendete Lösungsmittel.

Enthält die Pflanze flüchtige Stoffe, die in dem angewendeten Lösungsmittel löslich sind, so muß damit gerechnet werden, daß diese flüchtigen Stoffe beim Trocknen im Trockenschrank verlorengehen. In solchen Fällen wird man also genauer von dem nichtflüchtigen Extrakt der betreffenden Pflanze sprechen. Es darf auch nicht übersehen werden, daß angegeben werden muß, ob sich der ermittelte Extraktgehalt auf lufttrockene Masse oder Trockensubstanz bezieht.

B. Die Hauptuntersuchung.

Bei der Voruntersuchung haben wir einige Kennzahlen erhalten, die aber über Einzelbestandteile der Pflanze noch nichts aussagen. Wir haben den Wassergehalt bzw. den Gehalt an Wasser und an flüchtigen Stoffen festgestellt; wir wissen, ob die Pflanze viel oder wenig anorganische Bestandteile enthält, und wir haben durch die Bestimmung der in bestimmten Lösungsmitteln löslichen Anteile gewisse Hinweise erhalten. Eine Pflanze, die z. B. ein hohes Äther- oder Petrolätherextrakt liefert, wird voraussichtlich einen größeren Gehalt an Fetten enthalten. Weitgehendere Schlüsse wird aber die Voruntersuchung zu ziehen kaum gestatten. Dies ist der Hauptuntersuchung vorbehalten.

Die Hauptuntersuchung zerfällt in zwei Teile insofern, als man zunächst bestrebt ist, die zahlreichen verschiedenartigen Bestandteile des Pflanzenkörpers voneinander zu trennen und zum mindestens nach Körperklasen zu scheiden. In einem späteren Stadium der Arbeit soll dann die weitere Aufteilung, Reinigung und Isolierung der Einzelstoffe erfolgen. Als erste dieser Arbeiten unternimmt man

die Wasserdampfdestillation

um die mit Wasserdampf flüchtigen Stoffe zu gewinnen. Es folgt als zweite Arbeit

die Extraktion

zu dem Zwecke, die in den verschiedenen Lösungsmitteln löslichen Stoffe auszuziehen. Die so gewonnenen Extrakte werden einer Reihe von Operationen unterworfen, um die in ihnen enthaltenen Stoffe weiterzutrennen und zu reinigen, bis schließlich die Aufarbeitung der Einzelfraktionen zu reinen Substanzen führt. An Stelle oder neben der Untersuchung von Auszügen wird die

Untersuchung des Preßsaftes ausgeführt, und schließlich folgt als letzte Phase der Hauptuntersuchung die

Bestimmung der anorganischen Bestandteile.

Ehe man nun die eigentliche Hauptuntersuchung beginnt, führt man eine Reihe von **Vorproben** aus, aus denen sich Schlüsse auf einzelne Pflanzeninhaltstoffe ziehen lassen. Als solche Vorproben sollen hier besprochen werden:

1. Die Mikrosublimation.
2. Herstellung und Prüfung eines Petrolätherauszuges.
3. Die Herstellung und Prüfung eines wäßrigen Auszuges.
4. Die Herstellung und Prüfung eines sauer-wäßrigen Auszuges.
5. Die Herstellung und Prüfung eines alkalisch-wäßrigen Auszuges.

a) Vorproben.

1. Die Mikrosublimation.

Die Mikrosublimation beruht auf der Beobachtung, daß eine große Anzahl organischer Substanzen, wie sie sich in Pflanzen finden, sublimierbar sind. Es ist dabei, und das ist besonders bedeutsam, nicht erforderlich, bis zu einer so hohen Temperatur zu erhitzen, daß etwa der Siedepunkt der betreffenden Substanz erreicht wird, ja die Mehrzahl der sublimierbaren Stoffe zersetzt sich schon, wenn man verhältnismäßig wenig über den Schmelzpunkt erhitzt. Die Sublimation erfolgt vielmehr bereits bei weit unter dem Schmelzpunkt liegenden Wärmegraden, nur ist es erforderlich, eine ausreichend lange Zeit auf die Sublimation zu verwenden.

Zur Ausführung der Mikrosublimation sind eine Reihe von Apparaturen angegeben worden. Der erste, der die Mikrosublimation für Zwecke der Pflanzenanalyse ausbildete, dürfte NESTLER gewesen sein, der auf einem mit einer Glasplatte bedeckten Uhrglase arbeitete. Die Apparatur erfuhr dann einen weiteren Ausbau, so u. a. von TUNMANN, ROSENTHALER, MOLISCH, R. EDER, KEMPF, WERNER, KLEIN, TIEDEMANN usw. Betreffs Einzelheiten der Apparatur und Methodik sei auf das Kapitel Mikrosublimation S. 317, verwiesen. Die Sublimate werden in der Regel an Deckgläschen erhalten und man kann durch häufiges Wechseln der Deckgläschen ganze Reihen von Sublimaten aus einem Untersuchungsobjekt herstellen, wodurch man manchmal schon bei dieser Vorprobe eine Trennung verschiedener Drogeninhaltsstoffe erzielen kann.

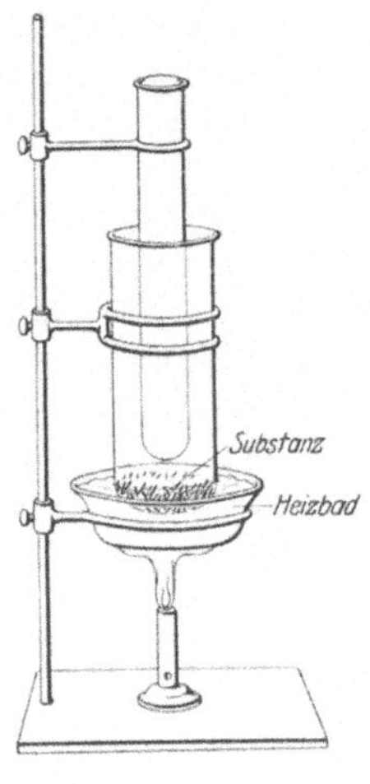

Abb. 323.

Die Mikrosublimation kann auch im Vakuum ausgeführt werden. Diese Arbeitsweise gestattet naturgemäß noch solche Substanzen zu sublimieren, die bei gewöhnlichem Drucke zersetzt werden. Sie wird jedoch an dieser Stelle des Untersuchungsganges zur Anstellung von Vorproben nur seltener Verwendung finden, öfters dagegen, wenn es sich darum handelt, eine bestimmte Substanz, die man von Begleitsubstanzen auf anderem Wege nicht trennen kann, zu isolieren und rein darzustellen.

Naturgemäß ist es bei diesen Apparaten nicht möglich, die Deckgläschen während der Sublimation zu wechseln, so daß die Herstellung von Reihensublimaten ausgeschlossen ist, es sei denn, man wolle alle paar Minuten das Vakuum unterbrechen. Den Vorzug dieser Apparate, daß man durch Eintauchen des unteren Röhrenteils in ein Heizbad bei genau gemessener konstanter Temperatur arbeiten kann, kann man sich auch ohne Vakuumapparatur verschaffen. Tatsächlich ist dieser Vorteil nicht gering zu veranschlagen, besonders dann, wenn aus einer und derselben Pflanzenmasse verschiedene Sublimate erhalten werden können. Einen geeigneten und einfachen Apparat kann man selbst in folgender Weise bauen: Man klemmt ein weites Reagensrohr in einen Stativhalter ein, beschickt es mit dem Untersuchungsmaterial und führt von oben ein engeres mit Wasser gefülltes Reagensrohr ein, das bis 10 mm über das Untersuchungsmaterial reicht. Das engere Rohr kann man beliebig oft auswechseln.

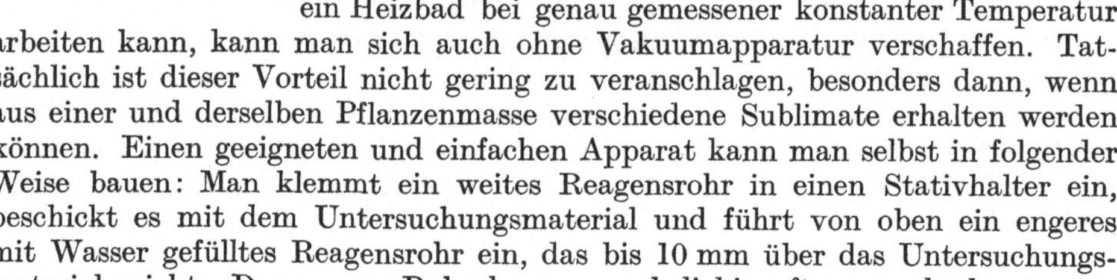

Die *Mikrodestillation* soll eine besondere Behandlung unter den Vorproben nicht finden. Die Apparatur ist im Grunde die gleiche oder wenigstens ähnliche wie bei der Mikrosublimation. Man bringt im einfachsten Falle die Substanz in ein kleines Glasschälchen, das mit einem Uhrglas bedeckt ist. Erwärmt wird zumeist auf der Asbestplatte mittels Mikrobrenner, und zur Kühlung wird auf das Uhrglas etwas Wasser gegeben. Das Destillat sammelt sich dann an der Unterseite des Uhrglases an.

Die auf die eine oder andere Weise erhaltenen Mikrosublimate können nun in verschiedenartiger Weise weiterbehandelt werden. Zunächst prüfe man, ob sie flüssig oder fest sind, was sich meist schon mit bloßem Auge, gelegentlich aber erst bei schwacher Vergrößerung, genau feststellen läßt. Es kommt auch vor, daß man in einer Flüssigkeit Ausscheidungen von mehr oder weniger deutlich als krystallisiert erkennbaren Massen beobachten kann. Flüssige Mikrosublimate prüfe man stets auf ihre Reaktion, indem man mittels einer Glascapillare eine geringe Menge auf zuvor befeuchtetes empfindliches blaues und rotes Lackmuspapier bringt. Alkalische Reaktion wird wohl nun sehr selten zu beobachten sein, saure dagegen häufiger. Flüssige Mikrosublimate bringt man dann vor weiterer Bearbeitung in einen Exsiccator, in dem man sie einige Zeit stehenläßt.

Dabei verdunstet etwa vorhandenes Wasser, und in ihm gelöste Stoffe bleiben zurück. Tritt beim Stehen im Exsiccator keine Krystallisation ein, so kann man versuchen, eine solche anzuregen, indem man vom Rande des Tropfens her mit einer blanken Präpariernadel Kratzbewegungen auf dem Deckglas ausführt. Ist bei der Ausführung der Sublimation zeitlich nach dem flüssigen Sublimat ein festes erhalten worden, so kann man auch mittels eines Capillarröhrchens eine Spur davon entnehmen und sie in das nicht krystallisierende Sublimat übertragen, um so ein Animpfen zu versuchen. Führt keiner dieser Versuche zu einer Ausscheidung fester Bestandteile, so führe man folgende Versuche mit dem flüssigen Sublimate aus:

1. Man versuche, ob das Sublimat mit Wasser mischbar ist.

2. Man lasse vom Rande her etwas konzentrierte Kalilauge zufließen, und man beobachte die Vorgänge, ob überhaupt keine Mischung eintritt oder ob ein Lösungsvorgang, dem eventuell eine Krystallisation folgt, zu beobachten ist. In Alkalilauge sind löslich Säuren und Phenole; die entstehenden Salze bzw. Phenolate krystallisieren eventuell aus. Findet Lösung nicht statt, so setze man ein Tröpfchen Weingeist zu und erwärme auf dem Wasserbade oder über dem Mikrobrenner bis zum beginnenden Aufsieden. Wenn hierbei Lösung erfolgt, so deutet das auf das Vorliegen von Estern, Lactonen, Säureanhydriden. Findet Lösung nicht statt, so ist deshalb aber die Abwesenheit eines Körpers aus den genannten drei Klassen nicht ohne weiteres auszuschließen, da gelegentlich auch sehr schwer verseifbare Verbindungen vorkommen.

Ist in wäßriger Alkalilauge Lösung eingetreten, so kann man den Versuch mit wäßriger Alkalicarbonatlösung wiederholen, wobei dann zwar Säuren, nicht aber Phenole in Lösung gehen werden.

3. Man lasse vom Rande her etwas wäßrige oder auch alkoholische Salzsäure zufließen. Findet Lösung statt, so kann mit dem Vorliegen einer basischen Substanz gerechnet werden. Man beobachte weiter, ob aus der Lösung Krystalle ausfallen.

4. Man prüfe, ob das Sublimat mit Weingeist mischbar ist; zu der weingeistigen Lösung lasse man vom Rande her ein Tröpfchen 1 : 100 verdünnter Eisenchloridlösung zufließen und beobachte, ob Färbungen auftreten. Violette, blaue, grüne Farbtöne deuten auf phenolgruppenhaltige Verbindungen.

Im übrigen lese man über die weitere Prüfung der flüssigen Sublimate auch die Ausführungen über die Prüfung der festen Sublimate nach.

War das Sublimat von vornherein, fest oder ist es nach kurzem Stehen fest geworden, so prüfe man zunächst unter dem Mikroskope, ob Krystalle oder nur amorphe Massen zu erkennen sind.

Aus der Krystallform bereits Schlüsse auf die Natur des vorliegenden Sublimates zu ziehen, wird zwar dem erfahrenen Mikrochemiker in Einzelfällen möglich sein. Näheres läßt sich im allgemeinen mit den optischen und sonstigen physikalischen Konstanten (Schmelzpunkt) und durch chemische Reaktionen erschließen.

Sind Krystalle bei der Betrachtung unter dem Mikroskope nicht zu erkennen, so kann man solche in vielen Fällen auf verschiedenem Wege erzielen. Einmal kann man das Sublimat einer Resublimation unterwerfen, wobei auf möglichst gleichmäßige und niedrige Temperatur größter Wert zu legen ist. Da jetzt ein häufiger Wechsel der Deckgläser nicht erforderlich ist, kann mit Vorteil einer der obenerwähnten modernen Apparate verwendet werden, wobei man durch Änderungen der Temperatur und des Druckes Trennungen erreichen kann.

Ein anderer Weg beruht auf dem Umkrystallisieren aus einem geeigneten Lösungsmittel, das durch Vorversuche festzustellen wäre. Ist die Substanz z. B. in Weingeist löslich, so setzt man etwas davon zu, löst, wenn nötig, unter gelindem Anwärmen und läßt dann das Lösungsmittel am besten ohne Erwärmen freiwillig verdunsten.

Eine dritte Möglichkeit, aus amorphen Massen Krystalle zu erhalten, besteht darin, daß man sie umfällt. Das ist dann möglich, wenn man eine Substanz vorliegen hat, die in einem Lösungsmittel leicht, in einem anderen schwer oder gar nicht löslich ist. Ist z. B. eine Substanz in Weingeist leicht löslich, in Wasser aber schwer, so wird eine weingeistige Lösung wahrscheinlich durch Wasserzusatz bei geeigneten Konzentrationsverhältnissen getrübt werden. Man kann also in möglichst wenig Weingeist lösen und dann vom Rande her Wasser zufließen lassen. Man beobachtet nun, ob sich Krystalle ausscheiden, was besonders dann gelingen kann, wenn der Wasserzufluß langsam und ohne starke Bewegung vor sich geht.

Obwohl es also verschiedene Möglichkeiten gibt, nicht oder schlecht krystallisierte Massen in gut krystallisierende umzuwandeln, so erscheint es doch fraglich, ob gerade bei den Vorproben besonderer Wert auf gute Krystalle zu legen ist, da, wie schon gesagt, aus der Krystallform nicht allzu weitgehende Schlüsse gezogen werden können.

Die folgenden Untersuchungen können einigen Aufschluß über die Eigenschaften von Mikrosublimaten geben.

1. Löslichkeit. Die Feststellung des geeigneten Lösungsmittels ist insofern bedeutsam, als ja bei der Hauptuntersuchung der Erfolg vom Lösungsmittel oft weitgehend abhängig ist. Dabei ist nicht nur wichtig zu wissen, in welchem Lösungsmittel sich ein Stoff leicht löst, sondern vielmehr gerade besonders wertvoll, diejenigen Lösungsmittel zu kennen, in denen er nur schwer löslich ist, und aus denen er leicht wieder auskrystallisiert. Als Lösungsmittel, mit denen Versuche anzustellen ratsam ist, seien genannt: absoluter Alkohol, Weingeist von 90, 70 und eventuell 50 Gewichtsprozent, Äther, Azeton, Methylalkohol, Chloroform, Benzol und Petroläther.

2. Reaktion. Die Feststellung der Reaktion einer Lösung ist bei wäßrigen und weingeistigen Lösungen angebracht. Dabei werde jedoch das in dem Abschnitt „Einiges über Lösungsmittel" Gesagte beachtet.

3. Verhalten gegen Säuren. Ist die Substanz zwar nicht in Wasser, wohl aber in verdünnter (1proz.) Salzsäure löslich, so besitzt sie basischen Charakter. Es könnte also z. B. ein Alkaloid vorliegen. Die mit der Säure entstandene Lösung, die möglichst wenig sauer sein soll, wird mit einem Tröpfchen eines Alkaloidreagenzes versetzt. Am geeignetsten, weil sehr empfindlich, ist vielleicht Mayers Reagens (Kaliumquecksilberjodid). Nur der *negative Ausfall* der Reaktion ist für die *Abwesenheit von Alkaloiden* beweisend; bei positivem Ausfall kann es sich trotzdem um eine andere Substanz als ein Alkaloid handeln. Vermutet man ein Alkaloid, so kann man versuchen, durch die Anstellung von Farbreaktionen einen weiteren Aufschluß zu erhalten. Als Farbreagenzien kommen besonders die sog. „unreinen Schwefelsäuren", d. h. die unter verschiedenen Namen bekannten Reagenzien in Betracht, die aus konzentrierter Schwefelsäure mit Zusätzen geringer Mengen oxydierend oder reduzierend wirkender Stoffe bestehen (Erdmanns, Froehdes, Marquis' Reagens u. a.). Aber auch diese Reaktionen haben mehr negativen Wert insofern, als der negative Ausfall derartiger Versuche (nie einen, sondern stets mehrere verschiedene anstellen!) die Anwesenheit des einen oder anderen vermuteten Alkaloids auszuschließen gestattet.

Findet bei der Einwirkung der 1proz. Salzsäure nicht sofort Lösung statt, so kann man versuchen, ob bei gelindem nicht zu kurzem Erwärmen Lösung oder vorübergehende Lösung mit folgender Abscheidung anders aussehender Körper stattfindet. Ist dies der Fall, so kann mit der Anwesenheit einer durch verdünnte Säuren hydrolisierbaren Substanz, wie solche im Pflanzenkörper oft gefunden werden, gerechnet werden.

4. Verhalten gegen Alkalien. Hierbei können drei Stufen der Einwirkung unterschieden werden. Ätzende Alkalien oder ihre Lösungen, also Kali- bzw. Natronlauge, lösen Säuren und Phenole sofort. Ester, esterartige Verbindungen, Säureanhydride, Lactone werden nicht sofort aber bei kürzerem oder längerem Erwärmen in Lösung gehen. Carbonate (Na- bzw. Kaliumcarbonat) lösen Säuren aber nicht Phenole. Sehr leicht hydrolisierbare Ester sowie Säureanhydride und Lactone lösen sich unter Umständen auch in Alkalicarbonatlösungen auf, besonders bei längerem Stehen, während Bicarbonate nur auf Säuren lösend wirken.

Sämtliche hier genannten Stoffe fallen aus den alkalischen Lösungen durch Säurezusatz wieder unverändert aus, mit Ausnahme der Ester, bei denen eine Spaltung stattgefunden hat. Bei Phenolen kann man beobachten, daß die Phenolate nur in verdünnten Lösungen der Ätzalkalien löslich sind, in konzentrierten dagegen wieder ausfallen. Ähnliches kann auch bei Säuren vorkommen.

Rotfärbung auf Zusatz von Kalilauge deutet auf Oxymethylanthrachinone hin.

5. Verhalten gegen FEHLING*sche Lösung.* Eine nicht zu geringe Menge des Sublimates wird mit etwas 1proz. Salzsäure mehrmals durch die Flamme gezogen, so daß schwaches Aufsieden erfolgt. Dann wird ein Tropfen *frisch bereiteter* FEHLINGscher Lösung zugegeben und erneut zum Sieden erhitzt. Bei Gegenwart von glukosidartigen Substanzen, aus denen durch das Erhitzen mit Säure ein reduzierender Zucker abgespalten wurde, tritt Abscheidung von rotem Kupferoxydul ein. Es ist darauf zu achten, daß die Reaktion des Gemisches nach Zusatz der FEHLINGschen Lösung alkalisch ist, sonst kann der Ausfall der Reaktion zu Irrtümern Anlaß geben.

6. Verhalten gegen Eisenchloridlösung. Verbindungen, die Phenolcharakter tragen, geben mit stark verdünnter Eisenchloridlösung Färbungen, die violett, blau, grün und schwärzlich sein können. Voraussetzung ist die Abwesenheit stärkerer Säuren. Allzu großer diagnostischer Wert ist dieser Reaktion aber überhaupt nicht beizumessen.

7. Schmelzpunktbestimmung. Ist bei der Ausführung der Sublimation ein so reichliches Sublimat erhalten worden, daß die Ausführung einer Schmelzpunktbestimmung durchführbar erscheint, so lasse man diese Gelegenheit keinesfalls vorübergehen. Besteht die Möglichkeit, vorher eine Resublimation auszuführen, so tue man dies und verwende zur Schmelzpunktbestimmung die mittlere, dabei erhaltene Fraktion. Die Bestimmung des Schmelzpunktes einer Substanz ist eine der am einfachsten auszuführenden Arbeiten und dabei eines der beweiskräftigsten Kriterien für die Identität einer Verbindung. Wenn auch der besonders günstige Fall, daß man aus dem Schmelzpunkte des Mikrosublimates seine Identität sofort einwandfrei feststellen kann, nur in seltenen Fällen gegeben sein wird, so ist die Bestimmung dieser Konstante doch auf jeden Fall wertvoll. Hat man den Schmelzpunkt bestimmt, so sehe man in einem geeigneten Tabellenwerk (z. B. KEMPFF und KUTTER [6]) nach, welche Substanzen bei der betreffenden Temperatur schmelzen. Liegt die Möglichkeit vor, daß eine der den gleichen Schmelzpunkt aufweisenden Substanzen in dem Sublimat vorliegen könnte, und kann man ein Muster dieser Substanz beschaffen, so stelle man eine Mischung gleicher Teile von dieser Substanz und vom Sublimat her und bestimme den Schmelzpunkt erneut. Tritt keine Erniedrigung des Schmelzpunktes ein, so kann das Sublimat im allgemeinen als mit der betreffenden Substanz identifiziert angesehen werden. Der Schmelzpunkt kann auch als sog. Mikroschmelzpunkt bestimmt werden. Für diese Arbeit sind besondere Apparate (S. 318) angegeben worden. Zu beachten ist bei Schmelzpunktbestimmungen jeder Art, daß vergleichbare Ergebnisse genaue Innehaltung einer bestimmten Methodik zur Voraussetzung haben. So ist z. B. die Geschwindigkeit des Erhitzens von wesentlicher Bedeutung für die Höhe des Schmelzpunktes, besonders bei solchen Verbindungen, die leicht spaltbar sind.

Zur Schmelzpunktbestimmung verwende man nur fein zerriebene und nach dem Zerreiben 24 Stunden im Exsiccator aufbewahrte Substanzen an.

2. Die Herstellung und Prüfung eines Petrolätherauszuges.

Etwa 1 g der Pflanzenmasse wird mit etwa 10 cm³ niedrig siedendem Petroläther unter öfterem Schütteln einige Zeit lang im Reagensglase stehengelassen. Von dem Petroläther gießt man dann zunächst etwa 1—2 cm³ auf ein Uhrglas und erwärmt auf dem schwach angeheizten Wasserbade bis zum Verdunsten des Petroläthers. Bleibt dabei kein Rückstand, so sind fette Öle und Fette sowie aromatische Stoffe in der Pflanze nicht enthalten. Ist der Rückstand flüssig, so benetze man ein Stück Filtrierpapier mit der petrolätherischen Lösung und lasse den Petroläther verdunsten. Bleibt ein Fettfleck auf dem Papier zurück, so lasse man es längere Zeit an einem warmen luftigen Orte liegen. Man beobachte dann, ob der Fleck bestehen bleibt, in welchem Falle mit der Anwesenheit fetter Öle zu rechnen ist, oder ob er verschwindet, was auf das Fehlen von fettem und auf die Gegenwart von ätherischem Öle schließen läßt. Bei grünen Pflanzenteilen kann auch Chlorophyll einen „Fettfleck" erzeugen, und ähnlich können sich Harze verhalten. Ist der nach dem Verdunsten des Petroläthers verbleibende Rückstand nicht flüssig, so kann eine Mikrosublimation gewisse weitere Aufschlüsse geben (s. d.).

3. Herstellung und Prüfung eines wäßrigen Auszuges.

Man erwärmt etwa 10 g des zu untersuchenden Materials mit der 10fachen Menge Wassers einige Zeitlang unter häufigem Rühren auf dem Wasserbade auf etwa 50—60°. Man läßt erkalten und filtriert. Die Reaktion dieses Auszuges gegen Lackmuspapier wird meistens schwach sauer sein. Stark saure Reaktion deutet auf die Anwesenheit beträchtlicher Mengen freier Säure.

Den schwach sauren Auszug versetzt man direkt, einen stark sauren nach Abstumpfen der Säure bis zur schwach sauren Reaktion, einen alkalischen nach Zusatz von verdünnter Essigsäure bis zur eben bemerkbaren sauren Reaktion mit einigen Tropfen verdünnter Eisenchloridlösung. Auftretende blaue oder grüne Färbungen deuten auf die Anwesenheit von Gerbstoffen. Es können aber auch andere, besonders freie Phenolgruppen führende Stoffe zu Färbungen Anlaß geben.

Ein anderer Teil des Auszugs werde mit Bleiazetatlösung versetzt, wobei häufig Niederschläge entstehen, da Bleiazetat Säuren, Schleime, Eiweißstoffe und Gerbstoffe fällen kann. Man setzt so lange Bleiazetatlösung zu, wobei man aber einen Überschuß daran vermeidet, bis im Filtrate weiterer Zusatz von 1 Tropfen Bleiazetatlösung keinen Niederschlag mehr erzeugt. Nunmehr filtriert man und gibt zu dem blanken Filtrate so lange Bleiessig zu, bis die Reaktion gegen Lackmuspapier schwach alkalisch wird. Entsteht hierbei ein Niederschlag, so kann mit der Anwesenheit glykosidartiger Stoffe gerechnet werden, und es empfiehlt sich, später eine Untersuchung nach der Bleimethode vorzunehmen.

Einen weiteren Anteil der Lösung versetzt man mit frisch gemischter FEHLINGscher Lösung. Man erhitzt sodann bis zum einmaligen Aufsieden. Tritt hierbei Abscheidung von rotem Kupferoxyd auf, so ist mit der Anwesenheit reduzierender Zuckerarten zu rechnen. Ist keine Reduktion eingetreten, so erhitzt man eine neue Menge des Auszuges mit einigen Tropfen verdünnter Salzsäure, wobei man etwa eine Minute im Sieden erhält. Dann neutralisiert man mit Natronlauge, wobei ein geringer Laugenüberschuß bis zur schwach alkalischen Reaktion nicht schadet, fügt jetzt FEHLINGsche Lösung zu und kocht wieder auf. Tritt hierbei eine Reduktion zu rotem Kupferoxydul auf, so kann mit der Gegenwart von Polysacchariden oder Glykosiden gerechnet werden.

Ist die Anwesenheit von Glykosiden wahrscheinlich, so kann man auf folgende einfache Weise mittels der von GUIGNARD angegebenen Reaktion auf Blausäure abspaltende Glykoside prüfen (ROSENTHALER [11]). Man bringt etwas von dem Untersuchungsmaterial in ein Reagensglas mit etwas Wasser und einigen Tropfen verdünnter Schwefelsäure. Dann verschließt man lose durch einen Stopfen, der ein Stück Pikratpapier im oberen Teile des Reagensglases festklemmt. Das Pikratpapier wird durch Eintauchen von Filtrierpapier in eine Lösung von 1 g Pikrinsäure und 10 g Natriumcarbonat in 89 g Wasser und Trocknen bereitet. Es ist gelb und wird durch sich entwickelnde Blausäure gerötet. Tritt innerhalb von 24 Stunden keine Rötung auf, so erhitzt man zum Sieden und beobachtet erneut.

4. Herstellung und Prüfung eines sauer-wäßrigen Auszuges.

1—2 g des Untersuchungsmaterials werden mit 10—20 cm³ Wasser, dem einige Tropfen verdünnter Salzsäure zugesetzt sind, auf dem Wasserbade unter Rühren erwärmt. Man filtriert und setzt einige Tropfen MAYERS Reagens (Quecksilberjodidjodkalium) zu. Tritt ein Niederschlag auf, so kann mit der Anwesenheit von Alkaloiden gerechnet werden. Es ist jedoch zu beachten, daß der negative Ausfall der Reaktion zwar für die Abwesenheit von Alkaloiden beweisend ist, während der positive Ausfall auch von anderen Stoffen bedingt sein kann.

5. Herstellung und Prüfung eines alkalisch-wäßrigen Auszuges.

Man schüttle eine kleine Menge der Droge, etwa 1 g, mit Wasser, dem einige Tropfen Natriumcarbonatlösung zugesetzt sind. Man beobachte nun, ob Schaumbildung auftritt, die einige Zeit bestehen bleibt. Ein solcher Schaum kann von Saponinsäure, aber auch von Gerbstoff, Schleim, Eiweißstoffen hervorgerufen werden. Saponinschaum zeichnet sich durch besondere Beständigkeit aus. Man erhitze dann die schäumende Anschüttlung zum Sieden. Dabei koagulieren Eiweißstoffe, so daß der durch sie bedingte Schaum beim Erhitzen zusammensinkt, während Saponinschaum bestehen bleibt und an Höhe womöglich noch zunimmt.

b) Eigentliche Untersuchung.

1. Die Untersuchung des Wasserdampfdestillates.

Die bei der Wasserdampfdestillation aus der Pflanzenmasse erhaltenen Substanzen können den verschiedenartigsten Körperklassen angehören. Wir finden darunter Kohlenwasserstoffe, Alkohole, Aldehyde, Ketone, Säuren, Ester, Phenole, Phenoläther, Lactone, Oxyde, Chinone, Basen, Nitrile, Sulfide, Merkaptane, Senföle usw. Sehr häufig wird das erhaltene Körpergemisch flüssig und wohlriechend sein: „Ätherische Öle“.

Die Wasserdampfdestillation ist im allgemeinen als eine schonende Darstellungs- bzw. Isolierungsform anzusehen, so daß man bei vielen der gewonnenen Körper mit Recht wird annehmen können, daß sie als solche im Pflanzenorganismus bereits vorgebildet existieren. Bei einer nicht unbeträchtlichen Anzahl wird man aber auch mit der gegenteiligen Tatsache rechnen müssen, nämlich in allen den Fällen, in denen die betreffenden Stoffe durch Hydrolyse aus ihrer ursprünglichen Bindung in Freiheit gesetzt sein können. Das heiße Wasser, mit dem die Pflanzenteile bei der Wasserdampfdestillation in innige Berührung kommen, kann leicht hydrolysierbare esterartige Bindungen bereits aufspalten. Wir wissen auch, daß eine Anzahl „ätherischer Öle", wie das ätherische Bittermandel- und das ätherische Senföl als solche im Pflanzenorganismus nicht vorgebildet sind, sondern in Glykosidform vorliegen, aus der sie durch Einwirkung enzymatischer Stoffe in Freiheit gesetzt werden, sobald der Zellinhalt nach der Zertrümmerung der Zellwand mit Wasser in Berührung kommt.

Eine ganze Reihe der durch Wasserdampfdestillation isolierbaren Stoffe wird man auch in einem späteren Stadium der Analyse mit einer Extraktionsmethode wiederfinden, wenn man nämlich in der weiter unten zu beschreibenden Weise Auszüge aus dem Pflanzenmaterial mit Petroläther, Äther oder absolutem Alkohol herstellt. Dabei werden sich natürlich die bei der Wasserdampfdestillation erst durch Spaltung entstandenen Stoffe nicht als solche finden lassen, so daß schon aus diesen Feststellungen Schlüsse über die Bindung, in der die betreffenden Körper in der Pflanze vorliegen, gezogen werden können.

Ein großer Vorzug der Wasserdampfdestillation vor den Extraktionsmethoden ist darin zu erblicken, daß gerade diejenigen Bestandteile, die die Isolierung häufig besonders erschweren, wie die Farbstoffe und die zu Schmierenbildung neigenden Harz- und Fettsubstanzen mühelos abgetrennt werden, da sie mit Wasserdämpfen nicht flüchtig sind.

Ehe man an die Aufarbeitung des Wasserdampfdestillates geht, empfiehlt es sich, einige orientierende Vorproben zu machen. Die Bestimmung der *optischen Aktivität* und der *Refraktion* hat in diesem Stadium noch wenig diagnostischen Wert. Man bestimmt sie lediglich als Kennzahlen, um für späteren Untersuchungen am gleichen Pflanzenmaterial einen Index zu gewinnen, an dem man schon gewissermaßen „äußerlich" erkennen kann, ob die Zusammensetzung des isolierten Körpergemisches im großen ganzen die gleiche oder eine wesentlich andere ist.

Die *Bestimmung des spezifischen Gewichtes* gibt schon eher die Möglichkeit, außer einer Konstante für Vergleichszwecke gewisse Schlüsse über die Zusammensetzung zu ziehen. Kohlenwasserstoffe, und insbesondere auch aliphatische Verbindungen, zeigen gewöhnlich ein sehr viel niedrigeres spezifisches Gewicht als Nichtkohlenwasserstoffe und als aromatische Verbindungen. Liegt das spezifische Gewicht unter 0,9, so wird man damit rechnen können, daß die Hauptmenge der isolierten Stoffe aus Terpenen oder Verbindungen aus der Fettreihe besteht. Liegt aber das spezifische Gewicht bei oder über 1,0, so werden aromatische Verbindungen, ferner, falls Stickstoff- bzw. Schwefelgehalt nachgewiesen ist, Nitrile, Sulfide oder senfölartige Verbindungen anwendbar sein.

Die Feststellung, ob die vorliegenden Stoffe *Stickstoff* bzw. *Schwefel* enthalten, geschieht am einfachsten in folgender Weise: Man bringt etwa 0,01 bis 0,02 g des zu untersuchenden Stoffes in ein Glühröhrchen aus schwer schmelzbarem Glase und gibt dann die zehnfache Menge blankes, von den Krusten befreites Natrium zu. Jetzt erhitzt man zuerst vorsichtig in der Weise, daß man das Röhrchen von oben her in die Flamme einführt, so daß das Natrium schmilzt. Man führt nun tiefer in die Flamme ein, wobei — oft unter Verpuffung — Reaktion stattfindet. Man glüht nach erfolgter Reaktion noch etwa 1 Minute und läßt dann das noch heiße Glühröhrchen in ein weites Reagensglas hineingleiten, das mit etwa 5 cm^3 Wasser beschickt ist. Das Reagensglas hat man vorher schräg und zugleich locker in eine Stativklemme eingespannt, und man hat ein Porzellanschälchen so daruntergesetzt, daß bei einer etwaigen Zertrümmerung des Reagensglases die Bruchstücke und vor allem die Flüssigkeit in dem Schälchen aufgefangen werden.

Läßt man das noch heiße Glühröhrchen in das so vorbereitete Reagensglas eingleiten, so springt es, und sein Inhalt kommt mit dem Wasser in Berührung. Da gewöhnlich noch etwas unverändertes metallisches Natrium vorhanden ist, so tritt leicht eine stürmische Reaktion mit dem Wasser ein, die jedoch infolge der geringen Menge unbedenklich ist. Immerhin empfiehlt es sich, *unter dem Abzug* zu arbeiten. Die erhaltene wäßrige Lösung wird einmal kurz aufgekocht und durch ein kleines Filter filtriert. Es wird mit 2—3 cm^3 heißem Wasser nachgewaschen. Das Filtrat wird in zwei Teile geteilt.

Stickstoffnachweis (LASSAIGNEsche Probe). Man setzt einen Tropfen gesättigter Ferrosulfatlösung zu, kocht einmal auf, überzeugt sich, daß die Reaktion alkalisch gegen Lackmuspapier ist, setzt einen Tropfen verdünnter Ferrichloridlösung zu und kühlt ab. Dann säuert man mit Salzsäure *schwach* an. Auftreten eines blauen Niederschlages oder einer blauen bis blaugrünen Färbung ist für die Anwesenheit von Stickstoff entscheidend. Bei dem Glühen mit Natrium bildet sich aus stickstoffhaltiger organischer Substanz Natriumcyanid, das mit Ferrosulfat Natriumferrocyanid liefert, das dann mit Ferrichlorid Berlinerblau bildet. Je nach der Stickstoffmenge tritt grünblaue bis blaue Färbung oder sofort ein blauer Niederschlag auf.

Schwefelnachweis. Zu einem Teil der zweiten Hälfte setzt man einige Tropfen gesättigte Nitroprussidnatriumlösung zu. Eine violette Färbung zeigt Schwefel an. Die Reaktion ist sehr empfindlich. Um sich ein Bild von der zu erwartenden Schwefelmenge zu machen, setzt man zu dem Rest der Lösung einige Tropfen Bleiazetatlösung und dann Essigsäure bis zur sauren Reaktion. Es entsteht schwarzes Bleisulfid entweder als schwache oder stärkere Färbung oder bei größeren Mengen Schwefel als Niederschlag.

Während der Nachweis von Stickstoff und Schwefel ziemlich einfach zu erbringen ist, kann die Gegenwart von *Sauerstoff* in den vorliegenden Verbindungen nur durch Elementaranalyse festgestellt werden.

Eine für die weitere Untersuchung brauchbare Vorprobe wird in der Weise ausgeführt, daß man eine kleine Menge des zu untersuchenden Materials in eine Kältemischung einbringt und beobachtet, ob sich *feste Bestandteile* ausscheiden. Dabei wird man gewöhnlich schon mit Abkühlung auf etwa 0^0 auskommen. Paraffinkohlenwasserstoffe, höhere Fettsäuren aber auch gewisse aromatische bzw. hydroaromatische Bestandteile krystallisieren bei Abkühlung aus.

Nach diesen Vorproben kann man an die weitere Bearbeitung des durch Wasserdampfdestillation isolierten Körpergemisches gehen, wobei man entweder sofort mit einer fraktionierten Destillation beginnt, um das Gemisch möglichst in einzelne Bestandteile zu zerlegen, oder man schlägt den jetzt zu beschreibenden Weg ein, in dessen Verlaufe man sich an geeigneten Stellen dann auch der fraktionierten Destillation bedient, um weitere Trennungen vorzunehmen.

Ist durch die LASSAIGNEsche Probe Stickstoff nachgewiesen worden, so ist mit der Anwesenheit *basischer Stoffe* zu rechnen. Man kann sie dem Wasserdampfdestillat entziehen, indem man einige Gramm mit etwa der doppelten Menge Petroläther versetzt und dann mit verdünnter, etwa 1 proz. Salzsäure mehrmals im Scheidetrichter ausschüttelt. Die wäßrigen Ausschüttelungen werden vereinigt und in einem Scheidetrichter nach Zugabe von Äther oder Petroläther mit Natriumcarbonatlösung bis zur bleibenden alkalischen Reaktion versetzt. Dann wird erneut mit Äther ausgeschüttelt. Nach mehrfachem Ausschütteln werden die ätherischen Lösungen vereinigt, mittels getrocknetem Natriumsulfat entwässert, filtriert und durch Abdestillieren vom Äther befreit.

Von den oben aufgeführten Körpergruppen können die *Säuren* und die *Phenole* dem Gemisch durch kalte wäßrige Kalilauge entzogen werden. Zu diesem Zweck löst man eine geeignete Menge in der gleichen Menge Petroläther und schüttelt mit verdünnter 3—5proz. wäßriger Kalilauge mehrmals aus. Während die Mehrzahl der Phenole und die Säuren schon beim ersten Ausschütteln so gut wie quantitativ in die wäßrige Schicht übergehen, ist zu beachten, daß dies bei einigen Phenolen, wie z. B. Thymol und Carvacrol, nicht der Fall ist, da diese umgekehrt aus 5proz. wäßrigen Laugen durch Ausschütteln mit Äther in die Ätherschicht übergehen. Die wäßrigen Ausschüttelungen werden vereinigt, in einen Schütteltrichter überführt und mit verdünnter Schwefelsäure angesäuert, nachdem man Petroläther oder Äther zur Aufnahme des Säuren- und Phenolgemisches zugesetzt hat. Die gegen Lackmuspapier kräftig sauer reagierende wäßrige Schicht wird abgelassen, die Ätherlösung mit etwas Wasser gewaschen und dann mit Natriumcarbonatlösung geschüttelt, wobei darauf zu achten ist, daß bei Gegenwart von Säuren Kohlendioxydentwicklung einsetzt. Nach Beendigung der Kohlendioxydentwicklung wird die wäßrige Schicht abgelassen und das Ausschütteln in der gleichen Weise nochmals wiederholt. Da Phenole in Natriumcarbonatlösung nicht löslich sind, sind die etwa vorhandenen Säuren in der wäßrigen, die Phenole in der ätherischen Schicht enthalten. Wenn durch Ausschütteln eine Trennung von Phenolen und Säuren nicht durchführbar ist, weil die Phenole an sich wasserlöslich sind, so geht man in der Weise vor, daß man durch die mit Kalilauge erhaltene wäßrige Lösung der Säuren und Phenole zunächst längere Zeit einen Kohlendioxydstrom leitet, um überschüssiges Hydroxyd in Carbonat bzw. Bicarbonat zu verwandeln. Die Phenolate werden dabei zerlegt und die Phenole werden frei. Führt man nunmehr eine Wasserdampfdestillation durch, so gehen die Phenole mit dem Wasserdampf über, während die Säuren als Salze in der Blase zurückbleiben. Die Phenole werden dann, am besten durch Perforieren (s. S. 551) mit Äther in diesen übergeführt.

Die auf die eine oder andere Weise erhaltene ätherische Schicht wird nach dem Trocknen mit getrocknetem Natriumsulfat vom Äther durch Abdestillieren befreit. Es bleiben die *Phenole* zurück. Die Identifizierung der Phenole erfolgt durch Überführung in Ester oder in Urethane, Phenylurethane, Diphenylurethane usw., wobei meist gut krystallisierende Verbindungen erhalten werden.

Die wäßrige Schicht wird in einen Scheidetrichter übergeführt, mit Äther oder Petroläther versetzt und mit verdünnter Schwefelsäure in kleinen Portionen bis zum Aufhören der Kohlendioxydentwicklung versetzt. Dann wird noch ein kleiner Überschuß von Schwefelsäure zugegeben und ausgeschüttelt. Die ätherischen Ausschüttelungen werden vereinigt, mit getrocknetem Natriumsulfat getrocknet und vom Äther durch Abdestillieren befreit. Es bleiben die *Säuren* zurück.

Um festzustellen, ob das Wasserdampfdestillat *Aldehyde und Ketone* enthält, kann man z. B. mit ammoniakalischer Silbernitratlösung prüfen, die durch Aldehyde, manchmal unter Bildung eines Silberspiegels, zu metallischem Silber reduziert wird. Ketone und ebenso die Aldehyde geben charakteristisch krystallisierende Semicarbazone, Oxime, Hydrazone usw. Zur Isolierung von Aldehyden und Ketonen schüttelt man einen Teil des Destillates mit konzentrierter (30proz.) wäßriger Natriumbisulfitlösung. Mit Natriumbisulfit bilden die Aldehyde und eine Anzahl von Ketonen krystallisierbare, meist in Wasser lösliche Verbindungen. Für die Aldehyde trifft dies fast ausnahmslos zu, für Ketone dann, wenn es sich um Methylketone handelt. Man geht in der Weise vor, daß man eine bestimmte Menge des flüssigen Gemisches, so wie es ist oder nach Zusatz von wenig Alkohol, mit der gleichen bis doppelten Menge der Natriumbisulfitlösung in einem Kölbchen kräftig durchschüttelt. Dabei kann äußerlich keine Veränderung eintreten; in der Mehrzahl der Fälle wird sich jedoch eine krystallisierende Ausscheidung bilden, falls Aldehyde oder Methylketone zugegen sind. Man setzt dann, wenn erforderlich, warmes Wasser bis zur Lösung zu und trennt die wäßrige Lösung im Schütteltrichter von der öligen Schicht ab.

Ist die ausgeschiedene Verbindung, was in einigen Fällen vorkommt, in Wasser sehr schwer löslich, so kann man umgekehrt die Krystallmasse dadurch von dem anhaftenden Öl befreien, daß man sie nach der durch Absaugen erfolgten Trennung von der wäßrigen Flüssigkeit mit Äther übergießt, in dem sich die öligen Anteile lösen. Man saugt wieder ab, wäscht noch einige Male mit etwas Äther nach und breitet schließlich zum Trocknen aus.

Um die in den Bisulfitverbindungen vorliegenden Aldehyde oder Ketone wieder abzuscheiden, trägt man die Krystallmasse oder die erhaltene wäßrige Lösung entweder in überschüssige Natriumcarbonatlösung oder in verdünnte Schwefelsäure (Abzug!) ein und erwärmt, wobei sich die Aldehyde oder Ketone in Form einer öligen Schicht abscheiden, die man nach dem Abkühlen in Äther oder Petroläther aufnimmt, abtrennt, trocknet und zur Entfernung des Äthers oder Petroläthers auf dem Wasserbade abdunstet.

Es ist übrigens zu beachten, daß ungesättigte Alkohole mit Natriumbisulfitlösung ebenfalls reagieren können, wenn sie stundenlang damit geschüttelt werden. Auch hierbei entstehen krystallisierende Verbindungen.

Die mit Natriumbisulfitlösung nicht reagierenden Ketone können durch die Behandlung mit anderen Reagenzien isoliert werden. So kann man z. B. mit Hydroxylamin Oxime, mit Semicarbacid Semicarbazone und mit substituierten Hydrazinen (Phenylhydrazin u. a. m.) Hydrazone enthalten, die zumeist gut krystallisierende Verbindungen darstellen, die sich auch leicht wieder in die Ausgangsprodukte zerlegen lassen.

Da aber nicht jedes Keton hierbei in derselben Weise reagiert, ist es nur möglich, diesen Weg anzudeuten. Es muß von Fall zu Fall das darüber im Kapitel Ketone Gesagte eingesehen werden.

Durch Behandlung des Wasserdampfdestillates mit alkoholischer Kalilauge in der Siedehitze am Rückflußkühler kann man eine weitere Anzahl möglicherweise vorhandener Körpergruppen der Isolierung bzw. Erkennung näherbringen, nämlich die *Ester* und die *Lactone*. Diese, die inneren Ester von *Oxysäuren*, werden dabei in die Salze dieser Oxysäuren verwandelt, während die Ester verseift werden, wobei die Salze der betreffenden Säuren und die Alkohole entstehen. Da die Verseifbarkeit der Ester sehr verschieden rasch vor sich geht, so empfiehlt es sich, das Reaktionsgemisch zwei Stunden lang am Rückflußkühler im Sieden zu erhalten. Um zu verhüten, daß die Reaktion infolge zu geringen Kalilaugenzusatzes unvollständig verläuft, setzt man zu Beginn etwas Phenolphthaleinlösung zu und sorgt dafür, daß während des Erhitzens stets Rötfärbung bestehen bleibt. Am besten ist es, den Versuch von vornherein quantitativ anzulegen, indem man eine genau gemessene Menge weingeistiger Normal- oder $^1/_2$-Normalkalilauge zusetzt und nach beendeter Erhitzung durch Rücktitration des Laugenüberschusses feststellt, ob eine Verseifung überhaupt stattgefunden hat. Dabei ist zu beachten, daß freie Säuren, wenn sie vorhanden sind, ebenfalls Kalilauge verbrauchen. Darüber siehe weiter unten „Säure-, Ester-, Verseifungszahl". Bei der Behandlung mit alkoholischer Kalilauge werden etwa vorhandene Aldehyde und Ketone meistens weitgehend, jedoch nicht in einheitlicher Weise, verändert.

Zur weiteren Aufarbeitung des Reaktionsgemisches entfernt man nach beendeter Verseifung auf dem Wasserbade den Weingeist möglichst weitgehend und schüttelt nach dem Erkalten die wieder deutlich alkalisch gemachte Mischung mit Petroläther aus, um die öligen wasserunlöslichen Bestandteile zu entfernen. Die wäßrige Lösung enthält die Kaliumsalze der vorhandenen Säuren bzw. Oxysäuren, die dann durch Ausschütteln mit Äther, nachdem man mit Schwefelsäure deutlich sauer gemacht hat, aufgenommen werden.

Die aus den Estern durch Verseifung frei gewordenen *Alkohole* lassen sich aus dem Gemisch nicht nach einer einheitlich anzugebenden Methode abscheiden, wie überhaupt für die etwa vorhandenen Alkohole keine allgemein anwendbaren Isolierungs-, sondern lediglich Nachweismethoden angegeben werden können.

Der Nachweis des Vorhandenseins unveresterter Alkohole geschieht in der Weise, daß man den Verbrauch an Kalilauge zur Verseifung der Ester bestimmt und dann die Bestimmung wiederholt, nachdem man zuvor eine Acetylierung vorgenommen hat. Sind freie Alkohole vorhanden, so werden sie dabei in die Essigsäureester übergeführt, und der jetzt festgestellte Verbrauch an Kalilauge zur Verseifung der ursprünglichen und der Acetylester ist ein entsprechend höherer.

Ist die Gegenwart von Alkoholen festgestellt worden, so kann man ihre Isolierung nach verschiedenen Methoden versuchen. Man kann z. B. etwa gleiche Mengen der Substanz mit Phenylisocyanat mischen und die nach einigem Stehen ausgeschiedenen Krystalle der entstandenen Phenylurethane durch Waschen mit Benzol von überschüssigem Phenylisocyanat befreien. Man wäscht dann mit Wasser und krystallisiert aus Alkohol, Petroläther oder Essigester um. Die in vielen Fällen bei gewöhnlicher Temperatur einsetzende Reaktion kann in anderen Fällen erst durch Erwärmen im Einschmelzrohr durchgeführt werden. Weitere Möglichkeiten zur Isolierung der Alkohole bestehen darin, daß man sie durch Verestern in schwer lösliche Ester, z. B. der Bernsteinsäure, Benzoesäure, Phthalsäure überführt.

Um in einem vorliegenden Wasserdampfdestillat den Gehalt an *freien Säuren, freien Alkoholen und Estern* einer für Vergleichszwecke geeigneten Messung zu unterziehen, bestimmt man die Säure-, Ester-, Verseifungszahl und die Esterzahl nach dem Acetylieren. Diese Zahlenangaben werden in Milligrammen Kaliumhydroxyd auf 1 g des Wasserdampfdestillates gemacht. Die *Säurezahl* gibt also an, wieviel Milligramm Kaliumhydroxyd zur Bindung der in 1 g des Produktes enthaltenen freien Säuren erforderlich sind, die *Esterzahl,* wieviel Milligramm Kaliumhydroxyd zur Verseifung der Ester aus 1 g des Produktes verbraucht werden. Die *Verseifungszahl* ist die Summe aus der Säure- und der Esterzahl. Die *Esterzahl nach der Acetylierung* ist in ihrer Bedeutung nach dem oben Gesagten ohne weiteres verständlich.

Zur Bestimmung der *Säurezahl* löst man etwa 1 g auf der Analysenwaage genau gewogenes Wasserdampfdestillat in 20—25 cm^3 *neutralem,* absolutem oder 95grädigem Alkohol, setzt etwa 1 cm^3 Phenolphthaleinlösung zu und titriert kalt mit weingeistiger $^1/_2$-Normalkalilauge bis zur bleibenden Rötung.

Betrug die Einwaage 0,9846 g, der Verbrauch an $^1/_2$-Normalkalilauge (die im Kukibzentimeter 28,055 mg KOH enthalten soll) vom Faktor 1,012 1,2 cm^3, so ist die Säurezahl

$$\text{S.-Z.} = \frac{1{,}2 \cdot 1{,}012 \cdot 28{,}055}{0{,}9846}.$$

Zur Bestimmung der *Esterzahl* versetzt man das oben bei der Bestimmung der S.-Z. erhaltene Gemisch mit 25 cm^3 weingeistiger $^1/_2$-Normalkalilauge und hält das Gemisch 1 Stunde lang am Rückflußkühler auf dem Wasserbade im schwachen Sieden, wobei gelegentliches Umschwenken ratsam ist. Nach 1 Stunde läßt man erkalten und titriert den unverbrauchten Laugenüberschuß mit $^1/_2$-Normalsalzsäure zurück. Die Berechnung ist die gleiche wie oben, nur setzt man an Stelle der verbrauchten Kalilaugenmenge die Differenz ein (Menge der vorgelegten Kalilauge — Menge der verbrauchten Salzsäure, wobei der Normalitätsfaktor beider Lösungen zu berücksichtigen ist). Die erhaltene Esterzahl E.-Z., vermehrt um die S.-Z., gibt die Verseifungszahl des Produktes an.

Um nun die *Esterzahl nach der Acetylierung* zu bestimmen, nimmt man etwa 5 g des Wasserdampfdestillates, bringt sie in ein sog. Acetylierungskölbchen, d. h. ein eiförmiges Kölbchen mit eingeschliffenem Steigrohr, setzt 5 g Essigsäureanhydrid und 1 g wasserfreies Natriumacetat zu und erhält auf einem Asbestdrahtnetz 1 Stunde lang im Sieden. Nach dem Erkalten setzt man 20 cm^3 Wasser zu und erwärmt unter lebhaftem Schwenken etwa 15 Minuten lang auf dem siedenden Wasserbade, wobei das überschüssige Essigsäureanhydrid in Essigsäure übergeführt wird. Man bringt die Masse nun in einen Scheidetrichter, läßt die wäßrige Schicht ab, wäscht das Öl mehrmals mit Wasser nach, bis der wäßrige Ablauf blaues Lackmuspapier nicht mehr rötet, setzt dann zu dem Öl im Scheidetrichter etwa 1,5 g getrocknetes Natriumsulfat und bringt nach tüchtigem Schütteln das Öl auf ein kleines trockenes Filter. Von dem filtrierten Öl wägt man etwa 1,5 g auf der Analysenwaage genau ab, setzt 3—5 cm^3 absoluten Alkohol und einige Tropfen Phenolphthaleinlösung zu und gibt dann tropfenweise unter Schwenken so lange $^1/_2$-Normalkalilauge zu, bis bleibende Rötung auftritt. Dann wird weiter, wie oben beschrieben, bei der Bestimmung der Esterzahl verfahren, indem man 25 cm^3 $^1/_2$-Normalkalilauge zusetzt, verseift und titriert.

Da Aldehyde und auch manche Ketone unter Verbrauch von Lauge zersetzt werden, kann bei Anwesenheit von Körpern dieser beiden Klassen eine Bestimmung der vorbeschriebenen Zahlen nicht vorgenommen werden. Phenole würden das Ergebnis ebenfalls verändern; sie sind daher zuvor durch Ausschütteln mit 3—5proz. Kalilauge zu entfernen, wobei man natürlich quantitativ arbeiten muß, um die nachher gewonnenen Zahlen auf das ursprüngliche, nicht auf das von Phenolen befreite Präparat beziehen zu können.

Enthält das Wasserdampfdestillat *Phenoläther*, so kann ihre Gegenwart durch eine Methoxylbestimmung nach ZEISEL nachgewiesen werden. Die Methode besteht darin, daß die zu untersuchende Substanz mit rauchender Jodwasserstoffsäure destilliert wird, wobei der vorliegende Phenoläther in Phenol und Alkyljodid gespalten wird. Das Alkyljodid setzt sich mit der vorgelegten alkoholischen Silberlösung zu einer Jodsilberdoppelverbindung um, die durch Kochen mit Wasser unter Bildung von Jodsilber zerlegt wird. Das abgeschiedene Jodsilber wird gewogen und daraus der Gehalt an Oxyalkyl — gewöhnlich auf Oxymethyl — berechnet. Näheres siehe darüber GATTERMANN (4). Die Methode läßt sich auch als Mikromethode ausgestalten. Darüber siehe PREGEL (10). Über eine maßanalytische Modifikation der ZEISELschen Methode, die auch mikrochemisch ausgeführt werden kann, siehe auch VIEBÖCK und SCHWAPPACH (13).

Bei den in Wasserdampfdestillat enthaltenen *Kohlenwasserstoffen* wird es sich meistens um terpenartige Stoffe handeln, die z. T. durch ihre Siedepunkte Rückschlüsse auf ihre Konstitution gestatten. Terpene sieden im allgemeinen unter 190°, Sesquiterpene erst über 250°. Zu ihrer Trennung und Identifizierung stehen außer der fraktionerten Destillation eine Reihe von Reaktionen zur

Verfügung, da diese Kohlenwasserstoffe mit Halogen (Brom), mit Halogenwasserstoffen, mit Natriumnitrit bei Gegenwart von Eisessig, mit Amylnitrit in Gegenwart hochprozentiger Salzsäure charakteristische Verbindungen geben, die z. T. leicht wieder in die Ausgangsprodukte zurückverwandelt werden können. Auch

Auch die *Oxyde* (Zineol z. B.) lassen sich durch Additionsprodukte (z. B. mit Bromwasserstoff, mit Phosphorsäure, mit Resorcin) abscheiden und isolieren.

Ist die Anwesenheit von schwefelhaltigen Verbindungen nachgewiesen, so wird es gelingen können, sie als Thioharnstoffe zu isolieren oder als Quecksilberverbindungen zu fällen. Um die Thioharnstoffe aus den Senfölen zu gewinnen, versetzt man das Produkt mit etwa dem gleichen Volumen Weingeist und dann mit Ammoniak im Überschusse. Erwärmen fördert die Reaktion; die Thioharnstoffe sind in Wasser leicht löslich und können daher mittels Wasser von den anderen Bestandteilen des untersuchten Produktes getrennt werden.

Während die Säuren, die Phenole, die Aldehyde und die Ketone aus dem Wasserdampfdestillat leicht isoliert werden konnten, sind die anderen noch genannten Stoffe durch chemische Methoden meist nicht herauszuholen. Hier wird man nur mit sorgfältigst auszuführender fraktionierter Destillation, wobei die Einzelfraktionen durch nochmalige Fraktionierung weiterbearbeitet werden können, weiterkommen.

Die fraktionierte Destillation kann sowohl bei normalem als auch vermindertem Drucke ausgeführt werden. Sie ist im Abschnitt „Destillation“ beschrieben.

Betreffs der ins einzelne gehenden Aufarbeitung der auf dem einen oder anderen Wege erhaltenen Fraktionen des Wasserdampfdestillates sei noch besonders auf das Kapitel „Ätherische Öle“ in einem späteren Bande hingewiesen.

2. Die Untersuchung von Pflanzenauszügen.

Bei der Untersuchung von Pflanzen an Hand ihrer Auszüge benutzt man gewöhnlich folgenden Gang: Petrolätherextrakt, Ätherextrakt, Chloroformextrakt, weingeistige Auszüge, Auszüge mit Wasser, wobei zuerst kaltes, dann heißes, dann angesäuertes und dann mit Kali- bzw. Natronlauge alkalisiertes Wasser verwendet wird. In den drei ersten Extrakten wird man neben anderen Inhaltstoffen auch den bei einer Wasserdampfdestillation isolierten Körpern bzw. ihren Muttersubstanzen wieder begegnen. Wegen der großen Zahl der Stoffe, die darin enthalten sein können, hat das Weingeistextrakt schon immer als das Kernstück der Pflanzenanalyse gegolten, und es sind gerade dafür besondere Untersuchungsgänge ausgearbeitet worden, so z. B. das *Verfahren von* STAS-OTTO. Vielfach ist von den Autoren auch das Weingeistextrakt aus Pflanzenmassen sofort hergestellt worden, ohne erst mit Petroläther, Äther oder Chloroform zu extrahieren. Eine Aufarbeitungsmethode, die sowohl an geeigneten Stellen im Rahmen des hier niedergelegten Untersuchungsganges wie auch als vollständiges Untersuchungsverfahren Anwendung finden kann, ist die *Bleifällungsmethode*, zu der meist wäßrige, seltener weingeistige Auszüge verwendet werden. Nach Erschöpfung der Pflanzenmasse durch die verschiedenen Lösungsmittel bleibt schließlich ein unlöslicher Rückstand, dessen Untersuchung am Schluß dieses Abschnittes beschrieben wird. Bei der Vielzahl der Möglichkeiten, die sich im Laufe einer Pflanzenanalyse ergeben, kann auch dieser Teil des Ganges nur Anhaltspunkte für die Handlungsweise im Einzelfalle geben.

α) *Petrolätherextrakt.*

Nach den für die Perkolation angegebenen Regeln stellt man ein Petrolätherextrakt her, wobei man durch Verdunstenlassen kleiner Auszugsmengen auf dem

Wasserbade feststellt, ob überhaupt nennenswerte Mengen in Petroläther übergehen. Durch eine im SOXHLETschen Extraktionsapparat in kleinem Maßstabe ausgeführte Extraktion mit siedendem Petroläther überzeugt man sich davon, ob eine solche Extraktion mit dem siedenden Lösungsmittel zu quantitativ anderen Ergebnissen führen dürfte als die kalte Behandlung. Zersetzungen durch Extraktion mit siedendem Petroläther sind im allgemeinen nicht zu erwarten, so daß qualitative Unterschiede zwischen kaltem und warmem Petrolätherextrakt kaum anzunehmen sind.

In das Petrolätherextrakt können zahlreiche Stoffe übergehen. Vor allen Dingen sind hier zu finden Fette, fette Öle, Wachse, Lipoidsubstanzen (Lecithin), Phytosterine, Harze, ferner alle die unter dem Sammelbegriff „ätherische Öle" zusammenfaßbaren Stoffe, wie Ester, Alkohole, Phenole, Kohlenwasserstoffe (Terpene) u. a., sodann Farbstoffe (z. B. Chlorophyll), schließlich Glykoside und in einzelnen Fällen auch Alkaloide, wenn sie nicht in Form von Salzen, sondern als freie Basen im Pflanzenkörper vorhanden sind.

Von den genannten Stoffen sind nur wenige als wasserlöslich anzusehen. Es kann sich hierbei um Glykoside und, wenn man angesäuertes Wasser anwendet, um Alkaloide handeln. Man wird daher zunächst eine kleinere Menge des Petrolätherextraktes mit Wasser, das man mit etwa 1 % Salzsäure versetzt hat, mehrmals ausschütteln. Die vereinigten wäßrigen Ausschüttelungen versetzt man mit überschüssiger Natriumcarbonatlösung und schüttelt die schwach alkalische Lösung dann wieder mehrmals mit Petroläther aus. Die vereinigten Petrolätherlösungen werden mit etwas getrocknetem Natriumsulfat entwässert, filtriert und in einem Schälchen auf dem Wasserbade zur Verjagung des Petroläthers erwärmt. Bleibt hierbei ein Rückstand, so wird das gesamte Petroltäherextrakt in der gleichen Weise behandelt. Das mit Wasser dem Petrolätherextrakt entzogene Gemisch wird nach (A), das von den wasserlöslichen Teilen befreite Petrolätherextrakt nach (B) behandelt.

(A). Man wird im allgemeinen nur mit der Anwesenheit von *Alkaloiden* und *Glykosiden* zu rechnen haben. Um festzustellen, ob Glykoside vorliegen, ist es am einfachsten, die folgende Reaktion auf die in den Glykosiden enthaltene Zuckerkomponente anzustellen. Man versetzt 1—2 cm^3 der wäßrigen Lösung mit einigen Tropfen einer 20proz. weingeistigen Lösung von α-Naphthol und unterschichtet die Mischung mit konzentrierter Schwefelsäure. Bei Gegenwart von Glykosiden tritt ein blauer bis violetter Ring auf, beim Schütteln nimmt die ganze Flüssigkeit diese Farbe an. Um festzustellen, ob Alkaloide vorhanden sind, versetzt man einige Tropfen der wäßrigen sauren Lösung mit einem Tropfen MAYERS Reagens. Entsteht kein Niederschlag, so sind Alkaloide nicht vorhanden. Entsteht aber ein Niederschlag, so ist dieser für das Vorhandensein von Alkaloiden noch nicht sicher beweisend. Der Nachweis wäre vielmehr entweder durch die Feststellung des Stickstoffgehaltes nach LASSAIGNE (s. S. 574) zu führen oder durch den Nachweis des Säurebindungsvermögens der Alkaloide. Zu diesem Zwecke versetzt man eine etwa 2—3 g der extrahierten Pflanzensubstanz entsprechende Anzahl von Kubikzentimetern der sauren wäßrigen Lösung mit überschüssigem Natriumcarbonat, schüttelt mit Petroläther mehrmals aus, vereinigt die Petrolätherauszüge, wäscht sie einige Male mit je einigen Kubikzentimetern Wasser, überzeugt sich davon, daß das Waschwasser nicht alkalisch reagiert und schüttelt die Petrolätherlösung nunmehr mit 10 cm^3 $^1/_{100}$ Normalsalzsäure einige Minuten durch. Nach dem Absitzen läßt man die Säureschicht ab, wäscht mit etwas Wasser nach, gibt das Waschwasser zu der sauren Lösung und titriert nach Zusatz einiger Tropfen Methylrotlösung als Indicator mit $^1/_{100}$ Normalkalilauge den Säureüberschuß zurück. Bei Anwendung von der etwa

3 g entsprechenden Menge Auszug und bei Annahme eines (sehr niedrigen) Molekulargewichts der Alkaloide von etwa 150 würde einem Alkaloidgehalt von 0,1 % einem Säureverbrauch von 2,0 cm^3 entsprechen. Bei Annahme eines sehr hohen Molekulargewichts der Alkaloide mit 600 würde unter den gleichen Umständen nur 0,5 cm^3 $^1/_{100}$ Normalsalzsäure zur Bindung der Alkaloide verbraucht worden sein. Ist in Ansehung dieser Zahlen das Ergebnis derart, daß der Verbrauch an Säure möglicherweise innerhalb der Versuchsfehlergrenzen liegt, so wiederhole man den Versuch mit entsprechend anderen Mengen.

Sind nur Glykoside nachgewiesen, so führt man sie durch Ausschütteln mit Petroläther wieder in diesen über, trocknet die Lösung und destilliert den Petroläther ab.

Sind nur Alkaloide nachgewiesen, so geht man in der gleichen Weise vor, nur muß man die saure Lösung vor dem Ausschütteln alkalisieren.

Liegt ein Gemisch von Glykosiden und Alkaloiden vor, so muß man die Trennung durchzuführen versuchen, indem man die wäßrige saure Lösung ausschüttelt oder perforiert, wobei nur das Glykosid, nicht aber das Alkaloid in das Lösungsmittel übergehen wird. Eine Ausnahme machen nur einige wenige infolge sehr schwach basischer Eigenschaften zur Salzbildung kaum befähigte Alkaloide, wie z. B. Colchicin. Auch Coffein geht in Spuren aus saurer Lösung in Äther über. Ob man zum Ausschütteln Petroläther, Äther, Chloroform verwendet, muß von Fall zu Fall entschieden werden.

(B). Die mit Wasser ausgeschüttelte Petrolätherlösung wird zunächst zur Entfernung etwa aufgenommener Säurespuren mit wenig Wasser einige Male gewaschen und dann durch Schütteln mit getrocknetem Natriumsulfat getrocknet. Dann wird der Petroläther möglichst restlos abdestilliert. Nunmehr wird zunächst wieder an einer kleinen Menge des Extraktes untersucht, ob es in siedendem Weingeist von 90 % völlig oder teilweise löslich ist. Mit Ausnahme der fetten Öle bzw. Fette werden sich sämtliche möglichen Stoffe in siedendem 90proz. Weingeist lösen. Die Fette und fetten Öle werden allerdings auch teilweise in diesem Lösungsmittel löslich sein, und zwar je nach ihrer Natur in verschieden hohem Maße, so daß die weingeistige Lösung mit ihnen bis zu einem gewissen Grade verunreinigt sein kann. Es wird nicht immer ganz einfach sein, hier eine glatte Trennung zu bewerkstelligen. Beim Erkalten der siedenden Lösung werden Wachse, Sterine und wohl auch die Hauptmenge der Fette ausgeschieden werden, aber z. B. Ricinusöl ist in 3—4 Teilen Weingeist von 90 % auch bei gewöhnlicher Temperatur glatt löslich.

Genaue Vorschriften für die weitere Aufarbeitung eines solchen Lösungsgemisches lassen sich schwer geben. Mit Wasserdämpfen flüchtige Stoffe können durch Wasserdampfdestillation abgetrieben werden, wobei allerdings Hydrolyse mancher nichtflüchtiger Stoffe eintreten könnte. Drei Wege stehen für die weitere Aufarbeitung, sei es mit, sei es ohne Wasserdampfdestillation, zur Verfügung.

Der eine Weg ist der, daß man die weingeistige Lösung, nachdem durch Abkühlung entfernbare Stoffe ausgeschieden worden sind, abdestilliert und den Rückstand mit anderen Lösungsmitteln behandelt, wie Äther, Chloroform, Benzol, Methylalkohol, Aceton, verdünntem Weingeist usw. Stellt man hierbei fest, daß eines dieser Lösungsmittel nur einen Teil des Stoffgemenges löst, so kann man diese Lösung für sich weiter untersuchen, man kann aber auch mit Vorteil den zweiten Weg beschreiten. Dieser besteht darin, daß man erneut eine Lösung in Weingeist herstellt, und zwar unter Verwendung von möglichst wenig Lösungsmittel, und daß man nun diese Lösung mit einem der anderen Lösungsmittel nach und nach versetzt. Es wird dabei gut gerührt, und wenn auf Zusatz einer kleinen Menge des Lösungsmittels eine Ausscheidung entsteht, wird versucht, durch längeres Rühren eventuell unter gelindem Anwärmen wieder möglichst viel in Lösung zu bringen. Sobald ein völliges Wiederlösen nicht mehr gelingt, überläßt man das Gemisch zunächst einige Zeit sich selbst, wobei, wenn es erwärmt worden ist, möglichst langsames Erkaltenlassen zweckmäßig ist. Man beobachtet dann, ob sich eine Abscheidung gebildet hat. Ist dies der Fall, so entfernt man sie durch Abgießen oder Filtrieren und fährt erst dann mit dem weiteren Zusatz des zweiten Lösungsmittels zu. Jedesmal, wenn die Abscheidung ausfallender Stoffe erfolgt, trennt man diese ab. So erhält man eine Reihe von Fällungen, die im einzelnen zu untersuchen sind. Sie werden natürlich noch nicht analysenrein sein. Zum Zwecke der weiteren Reinigung kann für flüssige Stoffe Rektifikation bzw. erneutes Umfällen versucht werden. Für feste Abscheidungen kommt in Frage: Umkrystallisieren aus dem die Fällung bewirkenden Lösungsmittel oder aus einem Gemisch davon mit Weingeist, ferner Sublimation, schließlich Umkrystallisieren aus einem anderen als den bisher verwendeten Lösungsmitteln. Diese Methode der *fraktionierten Fällung* ist, da sie mit indifferenten Lösungsmitteln arbeitet, eine der schonendsten Trennungsmethoden, die überhaupt angewendet werden können. Hat man zu einer solchen fraktionierten Fällung ein Lösungsmittel angewendet, und ist alles damit Fällbare abgeschieden, so kann man der jetzt vorliegenden Mischung entweder ein drittes Lösungsmittel zusetzen, um weitere Fällungen zu erzielen, oder aber man destilliert das Lösungsmittelgemisch erst wieder ab, nimmt erneut in wenig Weingeist von 90 % auf und beginnt nun mit dem dritten Lösungsmittel fraktioniert zu fällen.

In geeigneten Fällen kann auch Wasser als derartiges Fällungsmittel Anwendung finden. Wenn es die Natur des Stoffes gestattet, ist hierbei die Anwendung höherer Wärmegrade zu empfehlen, indem man die weingeistige Lösung in heißes Wasser eingießt, nachdem man in einem Vorversuch die etwa erforderliche Wassermenge durch Eingiessen von Wasser in die kalte weingeistige Lösung ermittelt hat.

Der dritte Weg ist der, daß man wäßrige oder weingeistige Alkalien anwendet, und zwar zunächst in der Kälte, um möglichst ohne Zersetzungsvorgänge einzelne Bestandteile des Gemisches herauszulösen, was besonders bei den Harzen und bei Fettsäuren gelingen wird. Der in den kalten Laugen nichtlösliche Anteil läßt sich dann vielleicht durch Lösungsmittel eher zur Krystallisation bringen. Schließlich kann man auch durch Verseifung mit weingeistiger Kalilauge die verseifbaren und die unverseifbaren Bestandteile voneinander trennen.

Zu diesem Zwecke geht man in der Weise vor, daß man auf etwa 10 g des Gemisches etwa 5 g Kaliumhydroxyd in etwa 50 cm^3 absolutem Alkohol gelöst zugibt und eine Stunde lang am Rückflußkühler im Sieden erhält. Sind Wachse zugegen und nicht vorher in der oben beschriebenen Weise zur Abscheidung gebracht worden, so wird man auch 2 Stunden lang erhitzen müssen, um vollkommene Verseifung zu erzielen. Nach beendeter Verseifung verdünnt man mit etwa 50 cm^3 Wasser, verjagt den Alkohol der Hauptmenge nach auf dem Wasserbade, führt den Rückstand in einen Schütteltrichter über und läßt erkalten. Dann setzt man Petroläther zu und bringt die darin löslichen Bestandteile unter Vermeidung heftigen Schüttelns nur durch sanftes Schwenken in Lösung. Man wiederholt das Ausschütteln mit Petroläther noch mehrere Male, vereinigt die petrolätherischen Ausschüttelungen in einem geeigneten Kölbchen und verjagt den Petroläther. Nunmehr wiederholt man mit dem aus der Petrolätherlösung verbleibenden Rückstand die Verseifung mit etwa 0,5 g Kaliumhydroxyd gelöst in 10—20 cm^3 absolutem Alkohol und nimmt das Unverseifte wiederum, wie oben beschrieben, in Petroläther auf. Die nunmehr erhaltene petrolätherische Lösung wird zur Entfernung von Seifenresten zuerst mit Wasser mehrfach gewaschen und zuletzt mit etwas Calciumsulfatlösung geschüttelt, um etwa noch zurückgehaltene Seifenreste in unlösliche Kalkseifen zu überführen, die sich dann als feines Häutchen zwischen den beiden Flüssigkeitsschichten absetzen. Man läßt die wäßrige Schicht ab, schüttelt die petrolätherische zur Trocknung mit getrocknetem Natriumsulfat und filtriert. Dann wird der Petroläther abdestilliert.

Die bei dieser Prozedur erhaltenen Seifenlösungen können zur Untersuchung der Fettsäuren verwendet werden, indem man die vereinigten wäßrigen Lösungen in einen Schütteltrichter bringt, verdünnte Schwefelsäure im Überschuß zusetzt und mit Petroläther ausschüttelt. Die petrolätherische Lösung wird getrocknet und der Petroläther bei niedriger Temperatur abdestilliert. Es ist dabei nicht immer ganz einfach, die letzten Reste Petroläther zu entfernen. Das sollte aber keinesfalls durch Erhitzen auf höhere Temperatur und bei Luftzutritt erfolgen, da dabei die Fettsäuren Veränderungen erfahren können. Es ist besser, die Entfernung der letzten Petrolätherreste im Vakuum vorzunehmen.

Enthält die Pflanzenmasse, und demzufolge das Petrolätherextrakt, „aromatische Stoffe", so kommen für deren Nachweis und Isolierung alle die bei der Behandlung des Wasserdampfdestillates angeführten Möglichkeiten in Betracht, sei es, daß man sie im Petrolätherextrakt direkt zu fassen sucht, sei es, daß man das Petrolätherextrakt für sich einer Wasserdampfdestillation unterwirft, um die damit flüchtigen von den nichtflüchtigen Stoffen zu trennen.

β) *Ätherextrakt.*

Die mit Petroläther erschöpfte Pflanzensubstanz wird nach dem Verdunsten des ihr noch anhaftenden Petroläthers mit Äther ausgezogen. Auch hierbei kann man sowohl bei gewöhnlicher Temperatur als auch in der Siedehitze des Lösungsmittels arbeiten. Wachse, Fette, fette Öle und die unter der Sammelbezeichnung „Ätherische Öle" zusammengefaßten Stoffe wird man aller Voraussicht nach mit Petroläther erschöpfend ausgezogen haben. In das Ätherextrakt können sie daher nicht mehr übergehen. Man wird darin Glykoside, Alkaloide, Harze, Farbstoffe, vielleicht auch einzelne Säuren finden können.

Das Ätherextrakt wird mit Natriumsulfat getrocknet und durch Destillation aus dem Wasserbade von Äther befreit, und der Rückstand wird zunächst auf die Anwesenheit von Glykosiden und Alkaloiden wie beim Petrolätherextrakt geprüft.

Der Rückstand des Ätherextraktes wird zunächst mit Wasser behandelt, in dem sich einige Bestandteile, z. B. in Wasser und Äther lösliche Säuren, lösen können. Ist die Gegenwart von Alkaloiden erwiesen, so werden diese dem Gemisch mit angesäuertem Wasser entzogen. Dann wird man wieder mittels anderer Lösungsmittel, wie Weingeist, Chloroform usw. (s. Petrolätherextrakt), eine Trennung erstreben. Harzsubstanzen kann man dem Gemisch, sei es durch direkte Behandlung des Rückstandes, sei es durch Ausschütteln der ätherischen Lösung, mit Alkalien (verdünnte Natronlauge) entziehen.

Der Äther ist auch das geeignete Extraktionsmittel für die Untersuchung der Flechten und die Gewinnung der Flechtensäure aus ihnen. Dabei sollte allerdings ein möglichst keinen Alkohol enthaltender Äther verwendet werden. Ein geeignetes Lösungsmittel für Flechtensäuren ist ferner Aceton.

γ) *Chloroformextrakt.*

Für das Chloroformextrakt gilt im allgemeinen das gleiche wie für das Ätherextrakt. Ob es überhaupt zweckmäßig ist, neben dem Ätherextrakt auch ein solches mit Chloroform herzustellen, muß im Einzelfalle entschieden werden. Manche Körper sind in Chloroform besonders gut löslich, so z. B. kautschukartige Stoffe.

δ) *Alkoholextrakt.*

Wenn hier zunächst von dem Alkoholextrakt, also *einem* Extrakt die Rede ist, so deshalb, weil einige allgemeine Vorbemerkungen diesem wichtigsten Teile des Untersuchungsganges vorausgeschickt werden sollen. In Wirklichkeit wird man oft gut tun, nicht ein, sondern mehrere Weingeistextrakte mit Weingeist von verschiedener Stärke herzustellen. Wenn man allerdings, wie es in diesem Untersuchungsgange vorgesehen ist, schon vorher mit Petroläther und Äther oder Chloroform extrahiert hat, so werden diejenigen Stoffe, die die Isolierung und Reindarstellung vieler Inhaltstoffe recht sehr erschweren, bereits zum größten Teile ausgezogen worden sein, so daß man mit einem Weingeistextrakt auskommen wird. Andere Autoren empfehlen aber, wie es z. B. bei STAS, ERDMANN, DRAGENDORFF, OTTO u. a. der Fall war, von vornherein nur alkoholische Extrakte herzustellen. Arbeitet man nach den Vorschlägen eines dieser Autoren, wie sie z. B. in dem bekannten und weiter unten beschriebenen Ausmittelungsgange von STAS-OTTO eingeführt sind, ohne vorhergehende Äther- bzw. Petrolätherextraktion, weil z. B. Fette bzw. fette Öle in der Pflanzenmasse nicht enthalten sind, so kann es vorkommen, daß die Aufarbeitung durch Verschmieren recht erschwert wird. In einem solchen Falle wird man dann, nachdem ein Vorversuch die Sachlage geklärt hat, lieber mehrere Alkoholextrakte herstellen, z. B. ein erstes mit kaltem absolutem oder 95—96grädigem Weingeist, durch den dann die zur Schmierenbildung neigenden Stoffe, wie z. B. Farbstoffe (Chlorophyll) oder Harze zuerst herausgelöst werden. Den Rest der Inhaltstoffe kann man dann vielleicht mit heißem verdünnteren Weingeist, z. B. solchem von 70 oder von 55 % herauslösen.

Nachstehend seien die folgenden, von verschiedenen Autoren angegebenen Arbeitsmethoden erwähnt bzw. näher besprochen.

ROSENTHALER (11) läßt das Untersuchungsmaterial nach Erschöpfung mit Petroläther und Äther bzw. Chloroform erst mit absolutem Alkohol in der Siedehitze, dann mit 70proz. Weingeist ebenfalls bei Siedetemperatur ausziehen. Im Anschluß daran folgt die Extraktion mit wäßrigen Flüssigkeiten.

GRAFE (5) läßt nach erfolgter Petroläther-, Äther- und Chloroformextraktion mit Weingeist von 55 % und im Anschluß daran mit wäßrigen Flüssigkeiten ausziehen.

Nach ZELLNER (14) ist der Untersuchungsgang der folgende: Das feinst gepulverte Pflanzenmaterial wird mit 95proz. Weingeist ausgekocht. Das so erhaltene Extrakt wird so lange mit warmem Wasser versetzt, als sich noch etwas abscheidet. Die Abscheidung wird abfiltriert und im Vakuum getrocknet. Das getrocknete Material wird nacheinander mit Petroläther (I) und Äther (II) extrahiert, wobei ein Rückstand (III) verbleiben kann. Das obenerwähnte Filtrat, das aus einer wäßrig-weingeistigen Lösung besteht, wird im Vakuumapparat eingeengt und mit Äther und Chloroform (IV) ausgeschüttelt. Der Rückstand (V), der äther- bzw. chloroformlösliche Anteile nicht mehr enthält, wird weiter für sich aufgearbeitet. Das mit Alkohol erschöpfte Pflanzenmaterial wird mit Wasser weiter ausgezogen.

Der Ausmittlungsgang von STAS-OTTO schließlich sieht als Extraktionsmittel Weingeist vor, läßt jedoch vor Beginn der Extraktion mit Weinsäure deutlich sauer machen. Auch hier wird in der Siedehitze extrahiert.

Wie man sieht, verwenden die meisten Autoren siedenden Weingeist, ohne dabei darauf Rücksicht zu nehmen, ob die zu isolierenden Inhaltstoffe Siedehitze auch wirklich vertragen. Daß das z. B. bei allen den Stoffen, bei denen glykosidartige Bindungen vorhanden sind, zu Veränderungen der ursprünglichen Struktur führen kann, ist bekannt. Der Ausmittlungsgang von Stas-Otto ist in erster Reihe auf Alkaloide zugeschnitten, die durch den sauren Weingeist in Lösung gebracht werden sollen. Daß aber andere Körper dabei weitgehend verändert werden können, bedarf des Beweises nicht. Man denke nur an die verschiedenen Salze, die dabei vielleicht in Tartrate und freie Säuren gespalten werden, an die Inversion von Kohlehydraten usw. Solche Überlegungen lassen es geraten erscheinen, neben Untersuchungen nach einem der genannten Gänge auch noch Untersuchungen von auf kaltem Wege, also mittels Perkolation, hergestellten Weingeistextrakten vorzunehmen, da man in ihnen viele der Inhaltstoffe in anderer, jedenfalls dem Naturzustande weniger entfernter Form vorfinden wird.

In folgendem soll das Untersuchungsverfahren nach Stas-Otto näher beschrieben werden. Die einzelnen Stadien dieses Verfahrens können für die Untersuchung von weingeistigen Auszügen, die in anderer Weise hergestellt worden sind, als Muster dienen.

Verfahren nach Stas-Otto. Das Untersuchungsmaterial wird mit der 2—5fachen Menge Weingeist von mindestens 90, besser 95% übergossen und dann unter Rühren so viel in Weingeist gelöste Weinsäure zugesetzt, bis eben deutlich saure Reaktion auftritt. Natürlich erfordert diese Arbeit eine gewisse Zeit, denn auch das Pflanzenmaterial muß erst völlig von der Weinsäure durchtränkt sein, ehe man die Reaktionsfeststellung als endgültig betrachten kann. Die von anderen Autoren gelegentlich empfohlene Verwendung von mit 1% Weinsäure versetztem Weingeist ist nicht empfehlenswert. Es soll so wenig Säure verwendet werden wie möglich ist. Während die einen Autoren lediglich mehrfaches Digerieren (s. Digestion, S. 533) während mehrerer Stunden vorschreiben, wird von anderer Seite Auskochen am Rückflußkühler ($^1/_2$—1 Stunde lang) empfohlen. Keines der Verfahren wird eine so vollkommene Erschöpfung der Droge bewirken als die Perkolation mit Weingeist entsprechender Stärke, wobei man anfangs Weinsäure zusetzt und das Gemisch aus Pflanzenmasse und Weingeist erst einige Stunden bei etwa 30—40^0 stehenläßt. Dann überzeugt man sich, daß die Reaktion auch wirklich sauer ist, packt nun in den Perkolator und verwendet zum Perkolieren nur für den Vorlauf (S. 533) weinsäurehaltigen Weingeist, für den Nachlauf aber Weingeist ohne Weinsäurezusatz.

Die auf die eine oder andere Weise erhaltenen filtrierten Auszüge werden im Vakuumapparat zur völligen Entfernung des Weingeistes eingedampft, was an Hand des Manometers und Thermometers festzustellen ist (S. 537). Dann filtriert man von harzigen (Chlorophyll-) Ausscheidungen (A) ab. Nun wird (stets im Vakuumapparat) bis zur Dicke eines dicken Extraktes eingedampft und dann mit absolutem Alkohol unter sorgsamen Anrühren aufgenommen, wobei man beobachtet, ob Ausscheidungen auftreten.

Ist dies der Fall, so setzt man so lange absoluten Alkohol zu, als noch Ausscheidungen sich bilden, läßt absitzen, filtriert den Niederschlag (*N*) ab und dampft nun erneut im Vakuum möglichst weitgehend ab. Der jetzt erhaltene Rückstand wird unter Rühren mit möglichst wenig angewärmtem Wasser in Lösung gebracht. Die wäßrige Lösung soll auch ohne Filtrieren klar sein; ist sie es nicht, so müßte das Eindampfen im Vakuum, Aufnehmen mit absolutem Alkohol, Filtrieren und Wiedereindampfen im Vakuum nochmals wiederholt werden.

Die so erhaltene wäßrige Lösung wird enthalten die in Weingeist und zugleich in Wasser löslichen Salze und Säuren und vor allem Glykoside, Bitterstoffe, ähnliche Körper sowie Alkaloide als weinsaure Salze. Zuerst prüft man einen Tropfen der Lösung auf einem Uhrglas mit Mayers Reagens. Tritt keine Trübung oder kein Niederschlag auf, so ist im folgenden eine Untersuchung auf Alkaloide nicht erforderlich. Der weitere Verlauf des Untersuchungsganges zerfällt in folgende Phasen:

1. Die wäßrige Lösung wird zuerst, sauer wie sie ist, mit Äther ausgeschüttelt. Zu dieser und den folgenden ähnlichen Operationen bedient man sich am besten eines Perforators, um die ausschüttelbaren Stoffe wirklich quantitativ gewinnen zu können. Da die saure wäßrige Lösung gewöhnlich an den Äther stark färbende Stoffe abgibt, ist es zweckmäßig, erst einmal im Schütteltrichter mit Äther auszuschütteln, wobei die Hauptmenge der färbenden Substanzen in den Äther überzugehen pflegt, und dann zu perforieren. Das erste Ätherextrakt wird am besten auch getrennt untersucht. Das Ätherextrakt aus der sauren Flüssigkeit kann einzelne Alkaloide, wie z. B. Colchicin, Coffein sowie einige Glykoside, enthalten.

Zur weiteren Reinigung der aus der ätherischen Lösung nach dem Trocknen mit Natriumsulfat durch Abdunsten oder Abdestillieren des Äthers erhaltenen Rückstände behandelt man diese mit den verschiedenen organischen Lösungsmitteln, die zu diesem Zwecke zur Verfügung stehen.

2. Die mit Äther erschöpfend ausgeschüttelte saure wäßrige Lösung wird in einen Schütteltrichter übergeführt, mit Äther überschichtet, einmal durchgeschüttelt und dann mit Natronlauge deutlich alkalisch gemacht. Die Innehaltung dieser Reihenfolge der Handgriffe verhütet, daß Alkaloide auf Laugenzusatz in gröberen Krystallen ausgeschieden werden, wodurch ihre Löslichkeit im Äther verlangsamt wird. Natronlauge setzt die bisher als weinsaure Salze in der Lösung vorhandenen Alkaloide in Freiheit. Dabei entstehen aus denjenigen Alkaloiden, die freie Phenolhydroxylgruppen aufweisen, Phenolate. Bei dem nun folgenden erneuten Ausschütteln mit Äther gehen die freien Basen, nicht aber die Phenolate in diesen über. In Anbetracht der Tatsache, daß auch die freien Alkaloidbasen gewöhnlich in Wasser nicht unerheblich löslich sind, kommt man auch hier wieder mit Perforieren am besten zum Ziele. Die ätherische Lösung wird mit getrocknetem Natriumsulfat getrocknet. Sie kann Alkaloide und Glykoside enthalten, und zwar ist die weitaus größte Zahl der bekannten Alkaloide in dieser Fraktion zu erwarten.

Die beste Reinigung der Alkaloide erzielt man, wenn man die ätherischen Lösungen nicht abdunstet, sondern mit geringen Mengen Salzsäure mehrmals ausschüttelt. Die vereinigten salzsauren Auszüge werden dann mit Natriumcarbonatlösung alkalisch gemacht und mit Äther ausgeschüttelt. Nach dem Trocknen und Verdunsten des Äthers erhält man dann die Alkaloide in reinerer Form.

An Stelle von Salzsäure kann auch Essigsäure Verwendung finden, und es kann zweckmäßig sein, die erzielten sauren wäßrigen Alkaloidlösungen vor dem Alkalisieren mit Natriumcarbonatlösung im Vakuumapparat auf ein kleines Volumen einzuengen.

3. Die ausgeschüttelte alkalische wäßrige Lösung enthält, wie schon gesagt, die in Form von Phenolaten vorliegenden Alkaloide. Um diese abzuscheiden und ausschüttelbar zu machen, wird mit Salzsäure bis zur eben auftretenden sauren Reaktion versetzt und dann mit Ammoniakflüssigkeit alkalisch gemacht. Das Ausschütteln erfolge diesmal mit Amylalkohol oder Chloroform. Auch hier reinigt man die Alkaloide am besten in der Weise, daß man die Hauptmenge des Lösungsmittels nach dem Trocknen abdunstet oder abdestilliert und dann mit angesäuertem Wasser auszieht. Die wäßrigen Flüssigkeiten werden dann erneut mit Ammoniak alkalisiert und mit Chloroform ausgeschüttelt.

4. Die mit Chloroform bzw. Amylalkohol erschöpfte ammoniakalische wäßrige Lösung wird nun zunächst darauf geprüft, ob sie nach dem Ansäuern noch

mit MAYERS Reagens einen Niederschlag gibt, in welchem Falle mit der Anwesenheit von Alkaloiden von der Konstitution quaternärer Ammoniumbasen zu rechnen ist. Um diese zu gewinnen, kann man entweder Fällungsreagenzien anwenden, oder man verdampft die wäßrige Lösung unter Zugabe von gewaschenem Sand im Vakuum zur Trockne, nachdem man sie vorher mit Natronlauge annähernd neutralisiert hat. Den zerriebenen Trockenrückstand zieht man mehrmals mit absolutem Alkohol aus, leitet Kohlendioxyd in die vereinigten alkoholischen Lösungen, um etwa vorhandenes Ätzalkali in Carbonat zu verwandeln, filtriert das unlöslich ausfallende Carbonat ab, verdunstet den Alkohol und nimmt den Verdunstungsrückstand mit heißem Wasser auf, filtriert abermals, verdampft wieder zur Trockne und extrahiert nochmals mit Alkohol, um die Alkaloide weiterzureinigen.

Will man nicht in dieser Weise vorgehen, sondern mit Fällungsmitteln arbeiten, so säuert man die ammoniakalisch-wäßrige Lösung mit Salzsäure schwach an und setzt so lange Gerbsäure zu, als noch ein Niederschlag entsteht. Man kann auch mit anderen Alkaloidfällungsmitteln arbeiten, z. B. mit Kaliumwismutjodid, mit Phosphormolybdän- bzw. Phosphorwolframsäure oder mit Kieselwolframsäure, schließlich auch mit Gold- bzw. Platinchlorid und einigen anderen Reagenzien, worüber im Abschnitt Alkaloide nachzulesen wäre.

Den mit Gerbsäure ausgefällten Niederschlag arbeitet man in der Weise auf, daß man den Niederschlag mit Weingeist anreibt und dann mit frisch gefälltem Blei- oder Zink- oder Magnesiumhydroxyd behandelt. Das Alkaloid geht dabei in Lösung, die Lösung wird filtriert, der Alkohol eingedampft und, wenn nötig, über das salzsaure oder essigsaure Salz gereinigt. In ähnlicher Weise werden auch andere Alkaloidniederschläge behandelt.

Die obenerwähnten ätherischen Ausschüttelungen sowohl der sauren (1) als auch der natronalkalischen (2) wäßrigen Lösungen können außer Alkaloiden Glykoside, Bitterstoffe usw. enthalten.

Um Glykoside nachzuweisen, setzt man der wäßrigen oder weingeistigen Lösung einige Tropfen einer 20proz. weingeistigen α-Naphthollösung zu und unterschichtet mit konzentrierter Schwefelsäure. Auftreten eines blauen oder violetten Ringes ist für Glykoside beweisend, deren Zuckerkomponente mit dieser Reaktion nachgewiesen wird. Die Reinigung der Glykoside und ihre Trennung erfolgt durch Umlösen und Fällen mit Äther, Essigäther oder Petroläther, Verbleiben bei der Extraktion mit dem einen oder anderen Lösungsmittel Rückstände, so sind diese mit der eben beschriebenen Reaktion erneut auf Glykosidcharakter zu prüfen.

Die Trennung und Reinigung von Alkaloiden und Glykosiden kann auch durch Sublimation erfolgen, und zwar wird man dabei am besten im Vakuum arbeiten. Durch Innehaltung bestimmter Drucke und Temperaturen kann man eine schon ziemlich weitgehende Trennung bewirken.

Die Prüfung auf Bitterstoffe erfolgt lediglich durch — *sehr* vorsichtiges — Probieren mit der Zunge. Da die Bitterstoffe eine einheitliche chemische Struktur nicht aufweisen, so lassen sich weder allgemeingültige Reaktionen noch Reinigungs- und Darstellungsmethoden angeben. Vielfach wird man mit der Bleimethode Erfolge erzielen können.

Über die weitere Untersuchung der Alkaloidgemische soll an dieser Stelle nicht berichtet werden. Näheres darüber siehe in dem Abschnitt „Alkaloide“, Bd. IV dieses Handbuches.

Glykoside werden in der Weise weiter untersucht, daß man z. B. das Verfahren von Bourquelot anwendet, nachdem zunächst der Gehalt des Pflanzenauszuges an vergärbaren bzw. optisch aktiven Zuckern bestimmt wird. Dann wird das Glykosid mittels Emulsin gespalten und erneut die Menge des nun vorhandenen Zuckers bestimmt. Aus dem Reaktionsgemisch kann dann das Aglykon (Genin) des Glykosids erhalten werden. Nicht sämtliche Glykoside lassen sich durch Emulsin spalten. Dagegen gelingt dies stets durch Erhitzen — wenn nötig unter Druck — mit Salzsäure. Auch hierbei tritt Spaltung in Zucker und Aglykon ein. Es ist übrigens bemerkenswert, daß manche Glykoside durch entsprechende Variation der Spaltungsmethoden mehrfach spaltbar sind. Das ist oft dann der Fall, wenn an der Glykosidbildung mehrere verschiedene Zuckerarten bzw. Moleküle beteiligt sind. Bekannt ist z. B., daß Amygdalin durch Emulsin in Benzaldehyd, Cyanwasserstoff und Glykose gespalten wird, durch einen Hefeauszug aber in Mandelsäurenitrilglykosid und Glykose.

Bei dem hauptsächlich auf die Ausmittlung von Alkaloiden, Glykosiden und Bitterstoffen eingestellten STAS-OTTOschen Gange hat man anfangs beim Eindunsten des weingeistigen Auszuges im Vakuum, Fällen mit absolutem Alkohol und Aufnehmen in Wasser (s. S. 586) Niederschläge (A) und (N) erhalten, die bisher unberücksichtigt geblieben sind. Darin können jedoch eine Reihe von Stoffen enthalten sein, deren Untersuchung wichtig ist. Ebenso hat man am Ende der Operation, nachdem man den mit Sand gemischten Trockenrückstand mit absolutem Alkohol ausgezogen hat, noch einen Rückstand behalten, der möglicherweise wasserlösliche Stoffe enthält.

Sowohl die obenerwähnten Fällungen (A) und (N) wie auch den zuletztgenannten Rückstand wird man daher noch mit Wasser behandeln (natürlich getrennt), um festzustellen, ob noch etwas in Lösung geht. In Betracht kommen Salze, lösliche Kohlehydrate und Gerbstoffe oder deren Zersetzungsprodukte (Phlobaphene).

Zum Nachweis von löslichen Kohlehydraten (Zuckern) eignet sich die oben angegebene (S. 588) Reaktion mit α-Naphthol. Das Vorhandensein von Salzen gibt sich an der beim Verbrennen auf dem Platinblech zurückbleibenden Asche zu erkennen. Gerbstoffe und ihre Spaltprodußte schließlich lösen sich in verdünnten Alkalien und werden durch Säuren wieder ausgefällt. Die Aufarbeitung der aus den erwähnten Niederschlägen erhaltenen Lösungen kann nach der später zu beschreibenden Bleimethode geschehen.

ε) *Wasserextrakte.*

Die nach der einen oder anderen Methode mittels Weingeist ausgezogene Pflanzenmasse wird nun einer Bearbeitung mit wäßrigen Flüssigkeiten unterworfen.

Kaltwasserextrakt. Die Herstellung des Kaltwasserextraktes sollte stets im Perkolator erfolgen, da dies die bequemste und erfolgreichste Form des Extrahierens mit kalten Extraktionsmitteln ist. Da jedoch die Perkolation immerhin nicht unerhebliche Zeit in Anspruch nimmt, so muß mit Gärungserscheinungen gerechnet werden. Um sie zu verhüten, setzt man dem als Menstruum zu verwendenden Wasser Chloroform in der Menge von 1 g je Liter zu. Zweckmäßigerweise wendet man hierbei das Reperkolationsverfahren (s. S. 542) an.

In dem wäßrigen Auszug können sich noch Glykoside und Bitterstoffe finden, ferner Schleim, Pflanzengummi, Eiweiß, Salze und solche Zuckerarten, die in Weingeist nicht in Lösung gegangen sind. Zum Nachweis von Eiweißarten kann man sich verschiedener Reaktionen bedienen. Erhitzt man z. B. einige Kubikzentimeter der wäßrigen Lösung zum Sieden, so scheiden sich Albumine in Form von Flocken aus. Beim Ansäuern mit Salpetersäure gehen diese nicht in Lösung. Beim Versetzen der Lösung mit Kalilauge und dann mit einem Tropfen Kupfersulfatlösung entstehen rote bis rotviolette Färbungen (Biuretreaktion). Mit

Millons Reagens können beim Erwärmen rote Färbungen auftreten. Schließlich färben sich Eiweißstoffe, falls sie in fester Form vorliegen, mit starker Salpetersäure gelb und beim nachfolgenden Betupfen mit Ammoniak orangerot.

Das Vorhandensein von Zuckerarten kann in der oben näher beschriebenen Weise nachgewiesen werden.

Zur weiteren Aufarbeitung des Kaltwasserextraktes versetzt man es mit dem gleichen Volumen Weingeist, wodurch ein Gemisch von Eiweiß, Schleim und Salzen ausgeschieden werden wird. Man kann nun eine Trennung der Bestandteile des Niederschlages in verschiedener Weise versuchen. Man löst ihn wieder in Wasser und versucht durch Erhitzen mit wenig Essigsäure das Eiweiß zu koagulieren und es so vom Schleim zu trennen. Die Salze kann man vorher oder auch nachher durch Dialyse abtrennen, und den Schleim kann man dann schließlich wieder mit Alkohol fällen. Ob es aber stets gelingen wird, den Schleim ganz von Eiweiß, d. h. von stickstoffhaltigen Bestandteilen zu befreien, erscheint zweifelhaft. Mitunter wird man auch Schleim und Eiweiß erfolgreich nach der Bleimethode trennen können.

Die Salze kann man aus dem Dialysat meist nicht gewinnen, da die Lösung dabei sehr stark verdünnt worden ist. Von den Eiweißstoffen sind sie durch Erhitzen ziemlich leicht zu trennen; eine Trennung vom Schleim ist weniger einfach.

Am ehesten wird man noch so erfolgreich vorgehen können, daß man die mit Alkohol erzielte Fällung auf einer Filternutsche scharf absaugt, mit wenig Alkohol nachwäscht und dann etwas Wasser nachgießt. Sind die Salze in Wasser leicht löslich, so kann man hoffen, daß sie in dem zuerst entstehenden verdünnten Weingeist in Lösung gehen ehe der Schleim aufquillt und das Filter verstopft. Quantitativ ist ein solches Verfahren natürlich nicht.

Das oben bei der Fällung mit Weingeist erhaltene Wasserweingeistgemisch wird im Vakuum von Alkohol befreit und eingedickt. Etwa entstehende Ausscheidungen kann man abtrennen, den Rest wird man nach der Bleimethode aufarbeiten, falls man nicht durch Anwendung verschiedener Lösungsmittel (Alkohol, Aceton, Methylalkohol) weitere Trennungen durchführen kann.

Heißwasserextrakt. Nach der erschöpfenden Extrahierung mit kaltem Wasser nimmt man die Pflanzenmasse aus dem Perkolator, um durch Auskochen mit Wasser ein Heißwasserextrakt herzustellen. Dabei wird der Erfolg weitgehend von der Arbeitsweise abhängen. Man geht am besten derart vor, daß man in einer geräumigen Schale, die etwa zur Hälfte mit Wasser gefüllt ist, dieses Wasser zum Sieden erhitzt. Die Wassermenge betrage etwa das 10fache vom Gewichte der Pflanzenmasse. Diese selbst wird mit kaltem Wasser zu einem dünnen, gießbaren Brei derart angerieben, daß keinerlei Klümpchen entstehen. Sobald das Wasser in der Schale kocht, gießt man unter ständigem Rühren den Pflanzenbrei so langsam zu, daß die Masse in der Schale ständig im Sieden bleibt. Nur wenn man so vorgeht, hat man die Sicherheit, daß die etwa vorhandene Stärke wirklich weitgehend verkleistert wird. Man hält einige Zeit im Kochen. Die Trennung der Lösung von der ungelösten Pflanzenmasse ist nicht immer ganz einfach, da die Pflanzenmasse in dem Stärkekleister schwer absetzt. Hier muß man nun das geeignetste Verfahren unter den verschiedenen Möglichkeiten: Heißwassertrichter, Abnutschen, Zentrifugieren erproben. Außer Stärke können gegebenenfalls auch Schleime, ferner Pektinstoffe und Inulin in Lösung gehen, sowie Xylan. Aus Pilzmassen würde Glykogen, aus Flechtenmassen die Flechtenzellulose (Lichenin) in die Lösung übergehen. Die Pektinstoffe werden z. T. bereits durch das Kochen mit heißem Wasser verändert werden. Die in Lösung befindlichen Stoffe werden nach dem Eindampfen der Lösung in Vakuum mit Weingeist gefällt. Daß Stärke mit Jodlösung Blaufärbung (kalt) hervorruft, ist bekannt. Eine ähnliche Färbung gibt das Lichenin, während das Glykogen rote bis braune und der Inulin gelbe Färbungen erzeugen.

Inulin ist von den genannten Stoffen der einzige, der beim Eindampfen seiner Lösung krystallisiert erhalten werden kann. Betreffs der Einzelheiten der Reindarstellung und Identifizierung sei auf die Kapitel Kohlehydrate und Membranstoffe verwiesen.

Eine quantitative Erschöpfung der Pflanzenmasse mit heißem Wasser wird nur schwer gelingen. Hat man filtriert, so kann man auf dem Filter mit kochendem Wasser nachwaschen, hat man zentrifugiert, so verteilt man noch 1—2mal in heißem Wasser und zentrifugiert erneut.

Saures Wasserextrakt. a) *kalt.* Den Filterrückstand von der Heißwasserextraktion verteilt man in Wasser, dem man 1% Salzsäure zugesetzt hat und maceriert die Masse unter öfterem Umschütteln ein paar Tage lang. In Lösung können hierbei gehen: Alkaloide, besonders dann, wenn bei der Extraktion mit Weingeist kein Zusatz von Säure erfolgt ist, ferner schwer lösliche Salze, schließlich Eiweißstoffe. Zu den schwer löslichen Salzen sind z. B. die Calciumsalze der Weinsäure und der Oxalsäure zu zählen, wobei zu beachten ist, daß Calciumtartrat bei der Behandlung der Pflanzenmasse nach STAS-OTTO auf weinsäurehaltigen Alkohol sich gebildet haben könnte. Hat man also früher die Masse unter Verwendung von Weinsäure ausgezogen, so muß der Nachweis von Weinsäure in einem Material erbracht werden, das mit weinsäurehaltigem Weingeist nicht in Berührung war.

Die Anwesenheit der Alkaloide stellt man in der oben beschriebenen Weise mittels MAYERS Reagens fest. Auf Eiweißstoffe prüft man mit dem MILLONschen Reagens oder durch Ausführung der Biuretreaktion, wie dies oben beim Kaltwasserextrakt beschrieben ist. Sind Eiweißstoffe festgestellt, so setzt man Ammoniumsulfat bis zur Sättigung zu, wozu für je 3 Teile Flüssigkeit etwa 2 Teile Ammoniumsulfat erforderlich sein werden. Die Eiweißstoffe werden dabei ausgesalzen. Das Filtrat der Lösung versetzt man mit Natronlauge bis zum Auftreten deutlich alkalischer Reaktion, falls die Gegenwart von Alkaloiden nachgewiesen ist. Dann wird mit Äther ausgeschüttelt oder perforiert, um die Alkaloide in den Äther überzuführen. Enthielt die Flüssigkeit schwer lösliche Calciumsalze organischer Säuren, so können diese bei der Alkalisierung der Lösung ausfallen. In diesem Falle würde man mit Ausschütteln nicht zum Ziele kommen, wohl aber mit Perforieren, wobei man die Flüssigkeit, wie sie ist, ohne Rücksicht auf den Niederschlag in den Perforator einbringt. Nach Beendigung des Perforierens säuert man dann mit Salzsäure an, um das ausgefallene Salz wieder in Lösung zu bringen. Man erwärmt die wäßrige Lösung, bis sie nicht mehr nach Äther riecht. Dann erhitzt man sie zum Sieden und läßt während des Siedens Natriumcarbonatlösung so lange zufließen, als noch ein Niederschlag entsteht. Die heiße Lösung wird filtriert, nachdem man sich davon überzeugt hat, daß in den ersten Anteilen des Filtrates weiterer Natriumcarbonatzusatz keinen Niederschlag mehr erzeugt. Das Filtrat wird dann mit Essigsäure sauer gemacht und mit Bleiacetatlösung versetzt, wobei die Bleisalze der organischen Säuren ausfallen. Es kommen hauptsächlich in Betracht Weinsäure, Zitronensäure, Apfelsäure, Bernsteinsäure, Oxalsäure. Die Bleisalze werden abfiltriert, gewaschen und nach dem Suspendieren in Wasser mit Schwefelwasserstoff zerlegt. Es fällt Bleisulfid aus, das abfiltriert wird. Die durch Einleiten von Kohlendioxyd vom Schwefelwasserstoff befreite Lösung enthält dann die Säuren in freier Form.

Die oben erhaltene ätherische Alkaloidlösung wird zur weiteren Verarbeitung direkt abgedampft oder, falls eine Reinigung erforderlich erscheint, mit salzsäurehaltigem Wasser ausgeschüttelt und die salzsaure Lösung der Alkaloide dann erneut alkalisiert (Natriumcarbonat) und ausgeschüttelt.

Wenn die Pflanzenmasse Stärke oder andere Kohlehydrate enthalten hatte, die in Wasser nur schwer in Lösung gingen, so wird, wie schon oben gesagt wurde, damit gerechnet werden müssen, daß eine quantitative Erschöpfung mit heißem Wasser nicht stattgefunden hat. Es werden dann in dem Salzsäureauszug Produkte der Hydrolyse dieser Stoffe zu finden sein, also z. B. Dextrine oder reduzierende Zucker. Sie werden jedoch die Aufarbeitung nicht erheblich beeinflussen.

Saures Wasserextrakt. b) *warm.* An das Macerieren mit Salzsäure enthaltendem Wasser schließt man zweckmäßigerweise ein Auskochen mit dem gleichen Menstruum an. Hierbei wird die Hydrolyse noch vorhandener Kohlehydrate gefördert. Dabei werden auch die Pentosane und die sog. Hemicellulosen — ein chemisch wenig genau umschriebener Ausdruck — hydrolysiert. Die Pentosane liefern dabei Pentosen, die Hemicellulosen verschiedene Zuckerarten. Will man nicht diese Hydrolyseprodukte, sondern die Ausgangsstoffe selbst fassen, so wird man anstatt mit warmer verdünnter Säure mit Natronlauge auskochen.

Alkalisches Wasserextrakt. Dieser Auszug wird durch Kochen mit 5proz. Natronlauge hergestellt. Dabei gehen in Lösung: noch etwa vorhandene Eiweißstoffe und Membranstoffe, die sog. Hemicellulosen und Pentosane. Auch Phlobaphene können in diesen Auszug übergehen. Die Pentosane und Hemicellulosen kann man zur Abscheidung bringen, wenn man die Lösung nach dem Erkalten mit Salzsäure ansäuert und mit Weingeist versetzt. Durch Hydrolyse mit verdünnter Säure kann man sie dann in ihre Spaltprodukte überführen, und zwar erhält man aus den Hemicellulosen verschiedene Zucker, aus den Pentosanen Pentosen bzw. Methylpentosen, die man durch weitere Behandlung mit Salzsäure, wobei Furfurol bzw. Methylfurfurol entstehen, und im Anschluß daran auszuführende Farbreaktionen identifiziert.

ζ) *Rückstand.*

Nach dem Auskochen mit Säuren und Natronlauge (oder umgekehrt) verbleiben schließlich als unlösliche Stoffe nur noch Lignin und Cellulose. Auf Lignin prüft man mit verschiedenen Farbreaktionen, von denen die bekannteste die mit Phloroglucin-Salzsäure ist, wobei mit Lignin Rotfärbung eintritt.

Um Cellulose und Lignin zu trennen, stehen verschiedene Wege offen. Cellulose wird im Gegensatz zu Lignin von höchstkonzentrierter Salzsäure langsam hydrolysiert und geht dabei in Lösung. Ferner löst sich Cellulose in Kupferoxyammoniak. Für Cellulose wird auch der Ausdruck „Rohfaser" gebraucht. Das Kupferoxydammoniak wird am besten bei Bedarf frisch bereitet, indem man eine Kupfersulfatlösung in der Kälte mit einem geringen Überschuß von Natronlauge versetzt, den ausfallenden Niederschlag absaugt, mit Wasser gut auswäscht und dann in 20proz. Ammoniakflüssigkeit einträgt. So frisch bereitete Kupferoxydammoniaklösung besitzt ein viel besseres Lösungsvermögen für Cellulose als gealterte vorrätige Lösung.

Das Lignin geht in Lösung, während die Rohfaser ungelöst zurückbleibt, wenn man die Masse mit Salpetersäure übergießt, etwas Kaliumchlorat zugibt, anwärmt und nach Beginn der Gasentwicklung beiseite stellt, bis diese beendet ist. Während diese Methode hauptsächlich für kleinere Versuche geeignet erscheint, ist es zur Verarbeitung größerer Quantitäten ratsam, mit Sulfitlauge zu arbeiten, die man aus in Wasser suspendiertem Calciumcarbonat (100 g auf 3 l Wasser) durch Einleiten von Schwefeldioxyd herstellt, wobei so lange einzuleiten ist, bis alles gelöst ist. Das Kochen der Masse mit der Sulfitlauge muß unter Umständen im Autoklaven erfolgen, um die Ligninsubstanzen völlig in Lösung zu bringen.

η) *Bleifällungsmethode.*

Die Verwendung von Bleiacetat und basischem Bleiacetat zur Untersuchung von Pflanzenstoffen geht im wesentlichen auf ROHLEDER zurück und ist zur Zeit nahezu 100 Jahre alt. Trotz dieses Alters der Methode kann man aber nicht sagen, daß über ihr Wesen völlige Klarheit herrsche. Daß sauer reagierende Stoffe dazu neigen, mit Blei un- oder schwer lösliche Salze, die häufig basischen Charakter tragen, zu bilden, ist bekannt. Man kennt auch die Neigung von organischen Verbindungen mit OH-, $C\langle^{O}_{H}$- und C=O-Gruppen zur Bildung komplexer Verbindungen mit gewissen Metallen. Auch lose Anlagerungsverbindungen solcher organischer Stoffe mit Metallhydroxyden sind denkbar, und schließlich darf nicht übersehen werden, daß unlösliche Verbindungen, wie sie die obengenannten Bleisalze darstellen, in statu nascendi die Eigenschaft besitzen, hochmolekulare Stoffe adsorptiv beim Ausfallen mitzureißen. Welcher Art nun die mit Blei-Acetat bzw. -Subacetat entstehenden Fällungen sind, ist keineswegs geklärt. Daß es vielfach nur adsorptive Fällungen sein werden, ergibt sich schon aus dem Umstande, daß es häufig auch durch Variation der Versuchsbedingungen nicht gelingt, die Fällung zu einer quantitativen zu gestalten, sowie auch daraus, daß man den Niederschlägen einen Teil der gefällten Stoffe lediglich durch Behandlung mit indifferenten organischen Lösungsmitteln wieder entziehen kann.

Diese Unsicherheiten der Bleimethode, die eben durch den Umstand bedingt sind, daß es sich meist nicht um nach stöchiometrischen Verhältnissen ablaufende chemische Reaktionen handelt, sind der Grund dafür, daß der gern exakt arbeitende Chemiker sich nur mit Unlust und im Notfalle dieser Methode bedienen will. Es ist nicht ganz unberechtigt, wenn mit einem gewissen Spott gesagt wird, daß man bei der Reinigung irgendeiner Substanz nach der Bleimethode nur oft genug zu fällen brauche, um die Reinigung bis zu einem so hohen Grade der Reinheit durchzuführen, daß am Ende weder von der reinen Substanz noch von den Verunreinigungen etwas übrigbleibt. Es wird gut sein, wenn man sich beim Arbeiten nach der Bleimethode die geschilderten Verhältnisse stets vor Augen hält, um nie zu vergessen, daß diese Methode quantitative Ergebnisse nur in besonderen Ausnahmefällen zeitigen kann. Stets wird man gut tun, wenn nach der Bleimethode die Trennung irgendwelcher Substanzen gelungen und ihr Charakter damit festgestellt ist, auf Grund dieser Kenntnisse nach Wegen zu suchen, die es gestatten, die nun erkannten Stoffe noch auf andre Weise aus dem Untersuchungsmaterial zu isolieren. Diesen Nachteilen der Bleimethode stehen jedoch Vorteile gegenüber, die es immer noch geraten erscheinen lassen, diese Methode bei der Pflanzenanalyse zu verwenden. Einer der Hauptvorzüge ist der Umstand, daß die durch Bleifällung gereinigten Pflanzenauszüge meistens weitgehend entfärbt und von solchen Stoffen befreit sind, die durch ihre Neigung zur Schmierenbildung die Krystallisationsfähigkeit anderer Inhaltstoffe sehr beeinträchtigen. Außerdem gelingt es mittels der Bleimethode häufig, eine größere Zahl von Fraktionen aus dem Stoffgemenge, wie es im Pflanzenorganismus vorliegt, herauszuholen, als dies nach andern Methoden möglich ist.

Die Bleimethode kann sowohl zur Untersuchung einzelner Fraktionen verwendet werden, die z. B. im Laufe des Untersuchungsganges nach STAS-OTTO erhalten wurden, als auch zur Untersuchung eines eigens für diesen Zweck hergestellten Pflanzenauszuges. Zu einer Vorprobe ist die Bleifällung ja bereits (s. S. 572) empfohlen worden. Ist dabei weder mit Bleiacetatlösung noch mit Bleiessig ein Niederschlag entstanden, so hat eine Untersuchung nach der Bleifällungsmethode natürlich keinen Zweck.

Als Fällungsmittel werden angewendet Bleiacetat und Bleiessig. Bleiacetat ist das Bleisalz der Essigsäure, es riecht zwar schwach nach Essigsäure, zeigt aber trotzdem in Lösungen nicht gleichmäßig saure Reaktion, sondern es bläut rotes Lackmuspapier, wenn es in konzentrierter wäßriger Lösung vorliegt. Die verdünntere wäßrige Lösung, wie sie z. B. in der Stärke von 10% zu Fällungen nach der Bleimethode verwendet wird, reagiert aber bereits infolge hydrolytischer Spaltung schwach sauer. Da zudem mit Bleiacetat besonders die in der Pflanze enthaltenen Pflanzensäuren ausfallen, auch dann, wenn sie im Auszuge nicht als Salze, sondern frei vorliegen, so ist die zuerst anzuwendende Fällung mit Bleiacetatlösung eine Fällung im schwach sauren Medium. Die nun folgende Fällung mit Bleiessig ist dagegen eine Fällung im alkalischen Medium. Bleiessig ist eine Flüssigkeit, die in der Weise hergestellt wird, daß man Bleioxyd durch Anreiben und Digerieren mit einer Bleiacetatlösung in dieser zur Lösung bringt. (Die Bezeichnung Bleiessig ist im Grunde genommen recht ungeschickt.) Bleiessig ist also eine Lösung eines *basischen* Bleiacetates in Wasser, die gegen Lackmus alkalisch reagiert und auch beim Verdünnen saure Reaktion nicht annimmt. Gegen Phenolphthalein reagieren weder Bleiacetat noch Bleiessig alkalisch. Man kann sich also gewissermaßen vorstellen, daß der Bleiessig eine Bleiacetatlösung ist, die durch Zusatz von Bleihydroxyd derart gepuffert ist, daß sie zwar selbst nur schwach alkalisch reagiert, aber größere Mengen Säuren aufnehmen kann, ohne ihre alkalische Reaktion zu verlieren. Diese Überlegung ist deshalb von Bedeutung, weil die mit Bleiacetat gefällten Lösungen, die im weiteren Gange mit Bleiessig gefällt werden sollen, sehr verschieden stark sauer sein können. Solange aber in ihnen noch saure Reaktion besteht, kann naturgemäß Bleiessig keinen Niederschlag bewirken, da Bleiessig chemisch ja kein anderes Fällungsmittel ist als Bleiacetat auch. Erst die Umstellung der Reaktion bewirkt erneut auftretende Fällungen. Ist daher in dem Filtrat vom Bleiacetatniederschlag sehr viel freie Säure vorhanden, so wird man eine sehr erhebliche Menge Bleiessig zusetzen müssen, ehe erneut ein Niederschlag auftritt, während ein nur schwach saures Filtrat vielleicht schon auf den ersten Tropfen Bleiessig einen Niederschlag fallen läßt. Wenn es nach dem Gesagten also einerseits falsch wäre, die weitere Untersuchung deshalb abzubrechen, weil der erste Tropfen Bleiessig im Filtrate keinen Niederschlag erzeugt, so ist doch auf der andern Seite ein großer Bleiüberschuß unerwünscht, weil man ja das Blei später wieder ausfällen muß. Man prüfe daher das Filtrat vom Bleiacetatniederschlage nach jedem Bleiessigzusatz auf seine Reaktion. Ist diese alkalisch, ohne daß ein Niederschlag entsteht, so fällt mit Bleiessig nichts aus. Man kann bei stark sauren Flüssigkeiten auch so vorgehen, daß man zu der Flüssigkeit frisch gefälltes Bleihydroxyd in kleinen Anteilen so lange zusetzt, als das Bleihydroxyd glatt beim Umschwenken in Lösung geht. Erst nachher wird Bleiessig zugegeben. Man stellt das erforderliche Bleihydroxyd her, indem man eine ziemlich stark verdünnte Bleiacetatlösung kalt unter ständigem Rühren mit Ammoniakflüssigkeit versetzt, bis dieses durch den Geruch erkennbar vorwaltet. Man dekantiert mehrmals mit destilliertem Wasser und verwendet dann die Anschüttelung des Bleihydroxyds mit Wasser zum Neutralisieren der sauren Flüssigkeit.

Die Ausführung der Untersuchung nach der Bleifällungsmethode geschehe in folgender Weise. Die im Verlaufe des allgemeinen Untersuchungsganges für die Behandlung nach der Bleimethode zurückgestellten Niederschläge werden, wenn möglich, in Wasser, sonst in verdünntem Weingeist gelöst. Ein aus der Pflanzenmasse herzustellender Auszug wird mit Wasser oder verdünntem Weingeist durch Auskochen bereitet. Soll dieser letzte Weg eingeschlagen werden, so ist es stets empfehlenswert, vorerst mit Petroläther zu extrahieren und erst die so von Fetten usw. befreite Masse mit Wasser oder verdünntem Weingeist auszukochen.

Die auf die eine oder andre Weise erhaltene Lösung wird tropfenweise mit Bleiacetatlösung so lange versetzt, bis ein neu einfallender Tropfen keinen Niederschlag mehr erzeugt. Der Niederschlag (I) wird abfiltriert, wozu man am besten eine Filternutsche verwendet. Das Filtrat wird beiseite gestellt und der Niederschlag wird zuerst mit wenig Bleiacetatlösung, dann so lange mit Wasser gewaschen, bis das Filtrat blaues Lackmuspapier nicht mehr rötet. Die vereinigten Waschwässer werden auf ein kleines Volumen auf dem Wasserbade eingedampft und mit dem Filtrat vom Niederschlag (I) vereinigt. Unter Berücksichtigung des oben (S. 594) Gesagten wird nun so lange tropfenweise mit Bleiessig versetzt, bis der letzte einfallende Tropfen keinen Niederschlag mehr erzeugt. Der Niederschlag (II) wird wiederum abfiltriert und das Filtrat beiseite gestellt. Der Niederschlag wird wieder zuerst mit einigen Tropfen Bleiessig, dann mit Wasser gewaschen. Die Waschwässer werden auf ein kleines Volumen eingedampft und mit dem Filtrat vom Niederschlag (II) vereinigt. Diese Flüssigkeit (III) wird ebenfalls der Untersuchung unterworfen.

Der *Niederschlag* (I) wird nach erfolgtem Auswaschen in Weingeist von 90 % suspendiert und längere Zeit am Rückflußkühler damit erwärmt, wobei jedoch auf ständiges Sieden nicht besonders Wert zu legen ist. Es wird filtriert, und einige Tropfen des Filtrates werden auf einem Uhrglase eingedunstet. Verbleibt dabei ein Rückstand, so wird der Niederschlag (I) nochmals mit Weingeist erwärmt, dann wird abfiltriert und der auf dem Filter verbleibende Rückstand (Niederschlag [Ia]) mit Weingeist nachgewaschen. Die vereinigten Filtrate werden mit wenig Essigsäure angesäuert und mit Schwefelwasserstoffgas behandelt, bis alles Blei ausgefallen ist. Es wird filtriert, der Niederschlag von Bleisulfid wird mit etwas Schwefelwasserstoffwasser und dann mit destilliertem Wasser ausgewaschen, und die Waschwässer werden mit dem Filtrat vereinigt. Dann leitet man durch die Flüssigkeit so lange Kohlendioxyd, bis der Schwefelwasserstoffgeruch verschwunden ist. Entfernung des Schwefelwasserstoffes durch Kochen ist hier wie überhaupt nicht ratsam, da sich dabei stets Schwefel abscheiden kann. Die vom Schwefelwasserstoff befreite Flüssigkeit wird eingedunstet (Vakuumapparat) und dann in den mit Schwefelsäure beschickten Vakuumexsiccator verbracht, um festzustellen, ob sich krystallisierbare Bestandteile ausscheiden. Ist das der Fall, so werden sie von der Mutterlauge getrennt, die dann erneut im Vakuum eingedampft und in den Vakuumexsiccator zur Krystallisation verbracht wird. Das *ausgefällte Bleisulfid darf nicht verworfen werden,* ehe man sich in der später zu beschreibenden Weise davon überzeugt hat, daß es keinerlei Pflanzenstoffe mitgerissen hat.

Der *Niederschlag* (*Ia*) wird in 10proz. Essigsäure eingetragen. Löst er sich hierbei vollkommen, so wird die Flüssigkeit durch Einleiten von Schwefelwasserstoff von Blei befreit, dann wird zur Entfernung des Schwefelwasserstoffes Kohlendioxyd eingeleitet. Die vom Schwefelwasserstoff befreite Flüssigkeit wird im Vakuum auf ein kleines Volumen eingedampft und dann in den Vakuumexsiccator verbracht.

Hat sich der Niederschlag (Ia) in Essigsäure nicht völlig gelöst, so muß zunächst festgestellt werden, ob überhaupt etwas in Lösung ging, was durch Zusatz von Bleiessig zu einigen Tropfen des Filtrates erfolgt. Ist etwas in Lösung gegangen, fällt also mit Bleiessig etwas aus, so zieht man den Niederschlag Ia mit Essigsäure von 10 % aus, filtriert ab und erhält so außer dem Filtrat den *Niederschlag* (*Ib*). Das Filtrat wird wie oben die essigsaure Lösung des Niederschlages (Ia) behandelt, während der Niederschlag (Ib) in Wasser suspendiert und dann mit Schwefelwasserstoffgas behandelt wird. Auch hier vertreibt man den Schwefelwasserstoff nach beendeter Fällung wieder mit Kohlendioxyd und dampft dann die Lösungen ein, um sie schließlich in den Vakuumexsiccator zur Krystallisation zu bringen.

Der *Niederschlag* (*II*) wird erst für sich mit Weingeist ausgezogen, wie das oben bei (I) beschrieben worden ist. Dabei entsteht ein Filtrat, das mit Schwefelwasserstoff und dann mit Kohlendioxyd behandelt, darauf eingedampft und zur Krystallisation beiseite gestellt wird. Der in Weingeist ungelöste Teil des Niederschlages, *Niederschlag* (*IIa*), wird in Wasser suspendiert und mit Kohlendioxyd längere Zeit behandelt, wobei gewöhnlich in ihm enthaltene wasserlösliche Kohlenhydrate abgespalten werden. Der jetzt entstandene bzw. verbleibende *Niederschlag* (*IIb*) wird durch Filtrieren von der wäßrigen Lösung getrennt, die dann ihrerseits mit Schwefelwasserstoff entbleit, mit Kohlendioxyd vom Schwefelwasserstoff befreit, eingedampft und zur Krystallisation in den Vakuumexsiccator verbracht wird. Der Niederschlag IIb wird dann in der Weise aufgearbeitet, daß man ihn in Wasser suspendiert, mit Schwefelwasserstoff das Blei fällt, filtriert, den Schwefelwasserstoff mit Kohlendioxyd austreibt, eindampft und in den Vakuumexsiccator verbringt.

Die *Flüssigkeit* (*III*) kann außer Bleisalzen der Essigsäure noch zahlreiche Stoffe enthalten, sei es, daß sie weder durch Bleiacetat noch durch Bleiessig überhaupt fällbar sind, sei es, daß die vorliegenden Bedingungen ihre vollständige Ausfällung verhinderten. Jedenfalls wird diese Lösung weitgehend entfärbt und von solchen Inhaltstoffen, die die Krystallisation erschweren, befreit sein, so daß die weitere Aufarbeitung wesentlich erleichtert ist. Die Flüssigkeit (III) wird zunächst in einer Probe darauf untersucht, ob durch Ammoniakzusatz ein Niederschlag entsteht. Ist dies der Fall, so fällt man die ganze Flüssigkeitsmenge mit Ammoniakflüssigkeit und behandelt Niederschlag und Filtrat getrennt in der gleich zu beschreibenden Weise. Entsteht durch Ammoniakzusatz kein Niederschlag, so wird die gesamte Flüssigkeit durch Schwefelwasserstoff entbleit, durch Kohlendioxyd von Schwefelwasserstoff befreit und dann im Vakuum eingedampft. Die Trennung der zahlreichen, möglicherweise hier zu findenden Stoffe geschieht in der Weise, wie dies im allgemeinen Untersuchungsgange, besonders auch bei dem Verfahren nach Stas-Otto beschrieben worden ist.

Es bleibt nun noch übrig, die Untersuchung der verschiedenen im Laufe der Ausführung der Bleifällungsmethode entstandenen *Bleisulfidniederschläge* zu besprechen. *Jeder einzelne Bleisulfidniederschlag ist für sich aufzubewahren und zu untersuchen*, da stets damit gerechnet werden muß, daß das Bleisulfid beim Ausfallen organische Stoffe mitgerissen hat. Es empfiehlt sich, die im folgenden zu beschreibenden Untersuchungen zuerst mit kleinen Mengen des Niederschlages auszuführen, ehe man die Gesamtmenge verarbeitet.

Jeder Bleisulfidniederschlag wird für sich zuerst mit Wasser, dann mit Weingeist ausgekocht, schließlich mit verdünnter Ammoniakflüssigkeit (etwa 1 : 10) bei Wasserbadwärme behandelt. Jede dieser Flüssigkeiten wird für sich abfiltriert und eingedampft, wobei sich ergibt, ob ein Rückstand verbleibt. Das Bleisulfid wird dann nach Rosenthaler (12) zu Bleisulfat oxydiert, indem man die Suspension in Wasser mit 30proz. Wasserstoffperoxyd (Perhydrol) tropfenweise versetzt, bis der schwarze Niederschlag weiß geworden ist. Das gebildete Bleisulfat wird zuerst mit Wasser, dann mit Weingeist ausgekocht, und die beiden Auszüge werden jeder für sich getrennt durch Eindampfen untersucht, ob in ihnen irgendwelche organischen Substanzen enthalten sind.

3. Die Untersuchung des Preßsaftes.

Der Preßsaft der frischen Pflanze ist vor allem das Ausgangsmaterial für die Untersuchungen auf Enzyme. Darüber soll an dieser Stelle aber nichts ausgeführt werden, vielmehr sei auf das Kapitel „Enzyme", im Bd. IV verwiesen. Im übrigen kann der Preßsaft natürlich auch zur Feststellung aller in ihm gelöst enthaltener anderer Inhaltstoffe der Pflanze dienen. Da bei einer solchen Untersuchung Enzyme stören würden, wird der Preßsaft sofort nach der Gewinnung entweder bis nahezu zum Sieden erhitzt oder mit dem doppelten Volumen an 95—96grädigen Weingeist versetzt. Die dabei ausfallenden Niederschläge, wohl meist Eiweißstoffe, bei Anwendung von Weingeist möglicherweise aber auch noch andere Substanzen, werden abfiltriert. Das Filtrat wird eingeengt und, wenn nötig, dabei von Weingeist befreit. Dann wird es in der bei den Auszügen genauer beschriebenen Art und Weise weiter untersucht. Der Niederschlag wird mit Wasser behandelt, wobei völlige oder teilweise Lösung eintreten kann. Bei Hitzebehandlung kann der Niederschlag auch nur aus koagulierten Eiweißstoffen bestehen. Ist eine Lösung entstanden, so kann man diese nach der Bleimethode aufzuarbeiten versuchen.

4. Die Untersuchung auf anorganische Bestandteile.

Die in der Pflanze enthaltenen anorganischen Bestandteile finden sich nach der Veraschung nur noch zum Teil in der Asche wieder. Von den Kationen wird man alle mit Ausnahme des Ammoniaks in der Asche finden können, die Anionen dagegen werden zum großen Teil verflüchtigt oder doch zum mindesten verändert sein können, und es muß auch damit gerechnet werden, daß einige Säuren aus dem in der Pflanze in anderer Verbindungsform vorhandenen Elementen bei der Veraschung entstanden sind.

Um die Kationen nachzuweisen und quantitativ zu bestimmen, wird man entweder in der bei der Aschengehaltsbestimmung (S. 563) beschriebenen Weise veraschen, oder man wird eine der nassen Veraschungsmethoden wählen. Diese mit Schwefelsäure, Schwefel- und Salpetersäure, auch mit Schwefelsäure und Wasserstoffsuperoxyd arbeitenden Verfahren sind im Abschnitte „Untersuchung von Aschen", Bd. II, näher beschrieben. Die Kationen werden bei der trocknen Veraschung in die Carbonate, bei der nassen in die Sulfate verwandelt und können dann nach den Methoden der anorganischen Analyse nachgewiesen und quantitativ bestimmt werden, wobei man je nach den Umständen Makro- oder Mikromethoden heranziehen kann.

Für die Aufschließung zum Nachweise der Anionen läßt sich eine einzelne Methode, die allgemein anwendbar wäre, nicht angeben. Folgende Wege stehen zur Verfügung:

1. Nachweis in Auszügen. Man stellt einen wäßrigen Auszug durch Kochen der Pflanzenmasse mit Wasser her, läßt erkalten und schüttelt mit Petroläther oder Chloroform aus. Je nachdem, ob dabei schon eines dieser Lösungsmittel genügt, um die in beiden löslichen Stoffe aufzunehmen, oder ob ein Versuch ergibt, daß nach der Anwendung des einen das andere auch noch etwas aufnimmt, schüttelt man nur mit einem oder mit beiden aus. Das ist notwendig, da viele organische Stoffe die Reaktionen zum Nachweise anorganischer Verbindungen hemmen oder stören können. Man erwärmt dann, bis der Lösungsmittelgeruch verschwunden ist und verwendet einen Teil des wäßrigen Auszuges nach Ansäuern mit Salpetersäure zum Halogennachweis mittels Silbernitratlösung. Auch Nitrate, Sulfate, Phosphate kann man in dem wäßrigen Auszuge nachweisen. Über die Einzelheiten siehe Bd. II dieses Werkes.

Lassen sich die störenden organischen Verbindungen aus der wäßrigen Lösung durch Ausschütteln nicht entfernen, so verdampft man die Lösung zur Trockne und verascht den Trockenrückstand nach einem für den Nachweis der betreffenden Säure geeigneten Verfahren.

Sollen quantitative Bestimmungen ausgeführt werden, so muß man für eine erschöpfende Extraktion der Pflanzensubstanz dadurch sorgen, daß man das Auskochen mit Wasser mehrfach wiederholt. An sich könnte man zur Ausführung quantitativer Bestimmungen andere Aufschließungsmethoden heranziehen, die bequemer und sicherer arbeiten, aber man weiß dann nicht, ob die gefundenen Säuren tatsächlich als solche im Pflanzenorganismus bereits vorgebildet waren oder erst bei der Aufschließung aus organischen Verbindungen entstanden sind. Das könnte z. B. beim Schwefel der Fall sein, der dann bei der Oxydation zu der betreffenden Säure verbrannt wird. Ähnliches kommt für Jod in Betracht.

Da immerhin auch damit zu rechnen ist, daß wasserunlösliche anorganische Salze in der Pflanze enthalten sind, so stelle man noch einen Auszug mit stark verdünnter Salzsäure (1 : 100) her und untersuche auch diesen in entsprechender Weise. Über unlösliche Salze wird auch vielfach die mikroskopische Untersuchung Aufschluß oder zum mindesten Hinweise ergeben.

2. Nachweis in Mineralisierungsprodukten. An Veraschungsmethoden kommen in Betracht die Veraschung mit Salpeter und Soda, die Veraschung mit Calciumhydroxyd und Kaliumcarbonat und die Veraschung mit Magnesiumoxyd. Nitrate kann man in den Produkten der Veraschung natürlich nicht nachweisen. Bei der Salpeter-Soda-Schmelze ist zu beachten, daß dabei Nitrite entstehen, die durch Kochen der Lösung mit Schwefelsäure vollkommen zerstört werden müssen, da sie sonst bei jodometrischen Bestimmungen Anlaß zu Irrtümern geben.

Sollen Fette verascht werden, so empfiehlt es sich, sie vorher mit Kalilauge zu verseifen und dann unter Zusatz von Ätzkalk oder Magnesia einzutrocknen und zu veraschen.

Veraschungen müssen stets bei möglichst niedriger Temperatur ausgeführt werden, da bei hohen Temperaturen Verluste durch Verflüchtigung eintreten können.

(Es sei nochmals betont, daß im vorstehenden allgemein bewährte Analysengänge für die wichtigsten Gruppen von Pflanzeninhaltstoffen geboten wurden.

Für die Erfassung spezieller seltener oder nur in geringen Mengen vorkommender Stoffe oder Körperklassen, immer aber bei physiologischer Verfolgung spezieller Stoffe, wird die Ausarbeitung eines ganz spezifischen Analysen- und Bestimmungsganges unvermeidlich sein.)

Literatur.

(*1*) F. ADDICKES, W. BRUNNERT, O. LÜCKER: Ber. D. chem. Ges. 1930, S. 2753.

(*1a*) BLEYER u. BRAUN: Zeitschr. anal. Chem. (1931), **83**, 241. — (*2*) BREDDIN: Pharm. Ztg. **1930,** 336, 436, 707, 1261, 1320; **1931,** 400.

(*3*) FRIEDRICHS: Chem.-Ztg. **1929,** Nr 29.

(*4*) GATTERMANN: Praxis des organischen Chemikers. — (*5*) GRAFE: Ernährungsphysiologisches Praktikum. Paul Parey.

(*6*) KEMPF u. KUTTER: Schmelzpunkttabellen. Vieweg & Sohn. — (*7*) KLEIN: Sitzber. Akad. Wiss., Wien (Mathnaturw. Kl.) Abt. I. **130,** 296, (1921). — (*8*) KLEINMANN: Pharm. Ztg. **1928,** 1498. — (*9*) KUMMER: Ebenda **1928,** 1246.

(*10*) PREGL: Quantitative Mikroanalyse.

(*11*) ROSENTHALER: Arch. d. Pharm. **1902,** 57. — (*12*) Grundzüge der chemischen Pflanzenuntersuchung.

(*13*) VIEBÖCK u. SCHWAPPACH: Ber. D. chem. Ges. 1930, 2818, 3207.

(*14*) ZELLNER: Arch. der Pharm. **1924,** 381.

Sachverzeichnis.